ARITMETICA

DR. AURELIO BALDOR

JEFE DE LA CATEDRA DE
MATEMATICAS, **STEVENS
ACADEMY,** HOBOKEN,
NEW-JERSEY, U.S.A.

PROFESOR DE LA CATEDRA DE
MATEMATICAS, **SAINT PETER'S
COLLEGE,** JERSEY CITY,
NEW-JERSEY.

FUNDADOR, DIRECTOR Y JEFE DE
LA CATEDRA DE MATEMATICAS
DEL COLEGIO BALDOR,
HABANA, CUBA.

.OBRA APROBADA Y
RECOMENDADA COMO TEXTO
PARA LOS INSTITUTOS DE
SEGUNDA ENSEÑANZA DE LA
REPUBLICA POR EL MINISTERIO DE
EDUCACION, PREVIO INFORME
FAVORABLE DE LA JUNTA TECNICA
DE DIRECTORES DE INSTITUTOS DE
SEGUNDA ENSEÑANZA.

TEORICO • PRACTICA
CON 7008 EJERCICIOS Y PROBLEMAS

**NOVENA REIMPRESION
MEXICO, 1994**

COMPAÑIA CULTURAL EDITORA Y DISTRIBUIDORA DE TEXTOS AMERICANOS,
S.A. (CCEDTA) Y CODICE AMERICA, S.A. MIAMI, FLORIDA; U.S.A.
PUBLICACIONES CULTURAL, S.A. de C.V. MEXICO

PUBLICACIONES
CULTURAL

Derechos reservados en español:
© COMPAÑÍA CULTURAL EDITORA Y DISTRIBUIDORA
DE TEXTOS AMERICANOS, S.A. (CCEDTA)

De esta edición:
©1983, CÓDICE AMÉRICA, S.A.
1925 Brickell Avenue, Suite 1401 D,
Miami, Florida; U.S.A.

De esta edición:

© 1983, por PUBLICACIONES CULTURAL, S.A. de C.V.
Renacimiento 180, Colonia San Juan Tlihuaca,
Delegación Azcapotzalco, Código Postal 02400, México, D.F.

Miembro de la Cámara Nacional de la Industria Editorial.
Registro número 129

ISBN 84-357-0079-8 (Códice, S.A.)
ISBN 968-439-213-3 (Publicaciones Cultural, S.A.)

Primera edición: 1983

Impreso en México   Octava reimpresión: 1993
Printed in Mexico   Novena reimpresión: 1994

Para responder a la gentil deferencia que han tenido con esta
obra los Profesores y Alumnos de la América Latina, hemos introducido, en la presente edición, una serie de mejoras que tienden a
que este libro sea más eficaz e interesante.

Hemos procurado que la presentación constituya por sí sola una
poderosa fuente de motivación para el trabajo escolar. El contenido
ha sido cuidadosamente revisado y se han introducido diversos
cuadros y tablas para un aprendizaje más vital y efectivo. El uso
del color, en su doble aspecto estético y funcional, hace de esta
obra, sin lugar a dudas, la aritmética más pedagógica y novedosa
de las publicadas hasta hoy en idioma español.

Esperamos que el profesorado de Hispanoamérica sepa aquila-
tar el tremendo esfuerzo rendido por todos los técnicos que han intervenido en la confección de esta obra. Sólo nos queda reiterar
nuestro más profundo agradecimiento por la acogida que le han
dispensado siempre.

Los Editores

Esta obra se terminó de imprimir en enero de 1994
en los talleres de RR Donnelley México, S.A. de C.V.
Avenida Central No. 235, San Juan del Río
Querétaro, México

La edición consta de 45,000 ejemplares más
sobrantes para reposición.

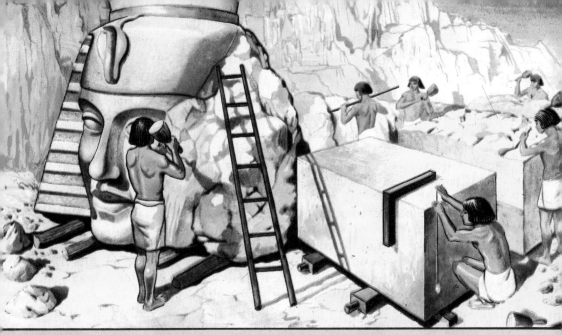

Los orígenes empíricos de la matemática egipcia la despojaron de las fantasías de la magia. La rigurosa experiencia como fuente de la Aritmética puede comprobarse en el documento matemático más antiguo que se posee: el papiro descubierto por Rhind en el siglo XIX, que el escriba Ahmes (A'h-mose) copió en 1650 A. C., de una obra anterior. Este papiro, llamado de Rhind o Ahmes, figura en el Museo Británico.

PRELIMINARES

① LA NATURALEZA. CUERPOS Y FENOMENOS NATURALES

La **Naturaleza** es el conjunto de todo lo que existe.

Cuerpo es todo lo que ocupa un lugar en el espacio. Todos los seres del Universo, como nosotros mismos, los animales, las plantas, el agua, el aire, un libro, una silla, etc., son cuerpos.

Fenómenos naturales son los cambios o transformaciones que sufren los cuerpos. El crecimiento de los animales y las plantas, la evaporación del agua, la caída de los cuerpos por la atracción de la gravedad, la combustión de un pedazo de madera, son ejemplos de fenómenos naturales.

② VOLUMEN DE LOS CUERPOS

El volumen de un cuerpo está dado por el lugar que ocupa en el espacio en un momento determinado.

Observando los cuerpos que se presentan en la Naturaleza y separando mentalmente sus cualidades, menos las que se refieren a sus volúmenes, para fijarnos exclusivamente en este atributo común a todos ellos, podemos llegar al concepto de **volumen.**

El concepto de volumen es general. Es decir, no se refiere a ningún cuerpo determinado, sino al atributo común que tienen todos los cuerpos de ocupar un lugar en el espacio.

3 LIMITE DE LOS CUERPOS. SUPERFICIE

Pensemos en una pelota de goma en el aire. Imaginemos una onda esférica que partiendo de su centro vaya irradiando hasta rebasar el límite de la pelota. Llamamos **superficie** de la pelota a ese límite donde termina la pelota y comienza el aire, pero sin incluir ni pelota ni aire. También se dice que es la superficie del aire en contacto con la pelota.

Llamamos superficie, pues, al límite que separa unos cuerpos de otros.

Observando los cuerpos que se presentan en la Naturaleza y separando mentalmente todas sus otras características, para fijarnos exclusivamente en sus superficies, podemos llegar a tener el concepto de superficie.

El concepto de superficie es general; no se refiere a la superficie de ningún cuerpo determinado, sino a ese atributo, común a todos los cuerpos, de tener un límite que los separa de los demás.

4 TRAYECTO ENTRE DOS PUNTOS. LONGITUD. DISTANCIA

Imaginemos dos puntos (1) cualesquiera en el espacio, A y B por ejemplo, y pensemos en varios de los trayectos que podrían seguir uno de ellos, si fuese móvil, para llegar al otro. Se dice que cada uno de esos trayectos tiene una determinada **longitud.**

Considerando los trayectos que podrían recorrerse entre dos puntos o entre muchos pares de puntos, y fijándonos exclusivamente en que cada uno representa una longitud, separemos mentalmente toda otra característica o cualidad de los mismos y podremos llegar así al concepto de longitud.

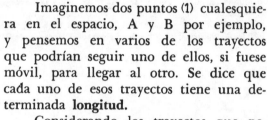

FIGURA 1

De todos los trayectos que se pueden recorrer entre dos puntos, el más corto de todos tiene una especial significación. Se le suele llamar el menor trayecto, la menor distancia, o sencillamente la **distancia** entre esos dos puntos. En el caso de la figura, se lee distancia AB.

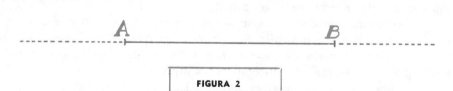

FIGURA 2

( ) Un punto es una simple posición en el espacio. Carece, pues, de volumen.

Prolongando indefinidamente esta distancia sobre ۱ misma dirección y en ambos sentidos, podríamos tener una idea de ᵡ ᴜe en Geometría se conoce como línea recta o simplemente **recta**. En este caso, la pɪ.mitiva distancia entre los dos puntos viene a ser un **segmento** de esta recta (segmento AB, figura 2).

Si la distancia se prolongase en un solo sentido indefinidamente, tendríamos una idea de lo que se conoce como **semirrecta** (figura 3). Suele decirse que A es el origen de la semirrecta.

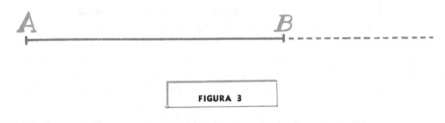

FIGURA 3

5 DIMENSIONES DE LOS CUERPOS

Consideremos un cuerpo de forma regular, como un ladrillo (figura 4); y determinemos en él tres pares de puntos, A y B; B y C, y C y D.

Las distancias AB, BC y CD, se dice que representan las dimensiones de ese cuerpo. La distancia AB representa la primera dimensión (largo); la distancia BC representa la segunda dimensión (ancho), y la distancia CD representa la tercera dimensión (profundidad).

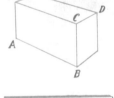

FIGURA 4

Sobre otros cuerpos similares pueden considerarse también tres pares de puntos tales que sus respectivas distancias sean perpendiculares entre sí en el espacio. Ellas representarán las dimensiones de esos cuerpos.

Todos los cuerpos tienen tres dimensiones, aun cuando no sea tan fácil de determinar como en el ladrillo; en cuerpos de forma esférica como una bola de billar, o de forma irregular como un pedazo de roca, se pueden determinar las tres dimensiones, sólo que resulta un poco más difícil esta determinación.

FIGURA 5

6 CANTIDAD DE MATERIA QUE CONTIENE UN CUERPO. MASA MATERIAL. PESO

MASA MATERIAL

Con frecuencia se definen también los cuerpos como porciones limitadas de materia (1), lo que no contradice, en modo alguno, la definición dada anteriormente.

La cantidad de materia que tiene un cuerpo se llama **masa material** de ese cuerpo.

Tomemos dos pedazos de hierro que tengan el mismo volumen a la temperatura ambiente. Ambos tienen la misma cantidad de materia (la misma masa material), por ser también igual la sustancia que los forman (hierro). Apliquemos calor a uno de ellos, al B, por ejemplo. Aumentará de volumen en virtud del fenómeno físico llamado dilatación de los cuerpos por el calor. Tenemos entonces dos cuerpos, A y B', con la misma cantidad de materia y distinto volumen.

Si pudiésemos disminuir en el cuerpo caliente B', la porción aumentada hasta igualar su volumen con el cuerpo A, tendríamos dos cuerpos con el mismo volumen y distinta cantidad de materia.

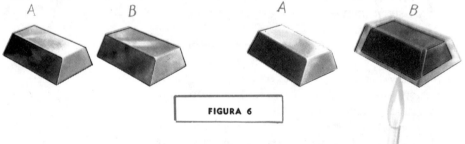

FIGURA 6

Observando los cuerpos que se presentan en la Naturaleza y separando mentalmente todas sus otras cualidades, para fijarnos exclusivamente en el atributo común a todos los cuerpos de estar formados por materia, llegamos al concepto de **masa material.**

PESO

No es posible determinar directamente la cantidad de materia que contiene un cuerpo; pero se sabe que mientras mayor es la masa material de un cuerpo, mayor es la atracción que la gravedad ejerce sobre él, es decir, mayor es su **peso.** Esta relación entre la masa material y el peso es constante y proporcional.

Observando los cuerpos que se presentan en la Naturaleza y separando mentalmente todas sus otras cualidades, para fijarnos exclusivamente

(1) La noción de materia es también un concepto intuitivo. Piénsese, sin embargo, en la sustancia de que están hechas todas las cosas.

en la atracción que la gravedad ejerce sobre ellos, llegamos al concepto de **peso**.

Debido a la relación constante que existe entre la masa material de un cuerpo y su peso, hasta el punto de expresarse con el mismo número (**551**), nosotros prescindiremos en esta obra de hablar de un modo sistemático de la masa material de los cuerpos, para referirnos sólo a su peso. Pero téngase presente que los de masa material y de peso son dos conceptos distintos.

7 PLURALIDADES

Consideremos los cuerpos que se encuentran en una habitación en un momento dado. Constituyen lo que se llama un conjunto de cuerpos.

Imaginemos otros conjuntos de cuerpos como los libros que están sobre una mesa o las frutas que hay en una cesta. Imaginemos inclusive, conjuntos de entes inmateriales como las ideas de un razonamiento.

Observando los conjuntos de cuerpos o de entes inmateriales que se puedan considerar en la Naturaleza y separando mentalmente todas sus características particulares para fijarnos exclusivamente en su condición de ser conjuntos de cosas, llegamos al concepto de **pluralidad**. El concepto de pluralidad, que es un concepto intuitivo, coincide, pues, con el concepto genérico de conjunto; pero reservaremos el término **conjunto** para designar los conjuntos de cosas, es decir, en su acepción específica, y el de pluralidad para su acepción genérica.

El de pluralidad es, pues, un concepto general. No se refiere a la pluralidad de ningún conjunto determinado, sino al atributo común a todos los conjuntos de estar integrados por entes, materiales o no.

Podemos pensar también en **pluralidades de ciertos cuerpos** como pluralidades de naranjas, pluralidades de lápices, pluralidades de puntos. Estos conceptos siguen siendo generales, pues no se refieren a ningún conjunto determinado de naranjas, ni de lápices, ni de puntos; pero su generalidad es menor, desde luego, que la del concepto de pluralidad, porque excluye de su connotación todos los conjuntos que no sean de naranjas, lápices o puntos.

8 ABSTRACCION. CONCEPTOS ABSTRACTOS

El proceso intelectual mediante el cual separamos mentalmente las cualidades particulares de varios objetos para fijarnos exclusivamente en uno o en varios atributos comunes a todos ellos, recibe el nombre de **abstracción**. El concepto que es resultado de una abstracción recibe el nombre de **concepto abstracto** ( ).

---

(1) En rigor, la operación mental que nos conduce al concepto se llama **generalización simple**. La abstracción es sólo el instrumento mental con el cual aislamos los atributos que queremos recoger en ese concepto.

Los conceptos de volumen, superficie, longitud, masa material, peso y pluralidad de cosas, son conceptos abstractos, pues son el resultado de abstracciones, como puede apreciarse al releer los párrafos anteriores.

Otro importantísimo concepto abstracto es el de número, que estudiaremos en el próximo Capítulo.

(9) MAGNITUDES Y CANTIDADES

Los conceptos abstractos de volumen, superficie, longitud, masa material, peso, pluralidad, pluralidad de cosas, tiempo, temperatura, velocidad, fuerza, amplitud angular, reciben el nombre de magnitudes.

Los casos específicos o concretos, que por observación y abstracción de los cuales hemos llegado a los conceptos abstractos antes mencionados, se llaman cantidades. Así, son cantidades: el volumen **de este libro,** la superficie **de mi pelota,** la longitud **de aquel camino,** los alumnos **de esa aula,** el tiempo **que hace que nació Newton,** la velocidad **de ese automóvil,** etc.

Nótese que dos o más casos particulares correspondientes a la misma magnitud pueden compararse, pudiendo determinarse si son iguales o no. Se pueden comparar, por ejemplo, la longitud de un lápiz con la longitud de una regla, y determinarse si esas longitudes son iguales o desiguales.

FIGURA 7

Magnitudes son, pues, los conceptos abstractos en cuyos estados particulares (cantidades) puede establecerse la igualdad y la desigualdad.

Cantidades son los estados particulares de las magnitudes.

Los de magnitud y cantidad son a su vez conceptos abstractos.

(10) CLASES DE MAGNITUDES

Atendiendo a su naturaleza las magnitudes pueden ser **continuas** y **discontinuas.**

Magnitudes continuas son aquellas que, como la longitud y el volumen, dan idea de totalidad, sin partes o elementos naturales identificables. Otras magnitudes continuas son: la superficie, la masa material, el tiempo, la presión, la fuerza electromotriz, el peso, la temperatura, la velocidad.

Magnitudes discontinuas son las pluralidades de cosas (7), como las pluralidades de libros, de mesas, de rectas, etc. Estas magnitudes también se llaman **discretas.**

Las magnitudes también se dividen en **escalares** y **vectoriales.**

Magnitudes escalares son las que no poseen dirección, como la longitud, el peso, el área, el volumen, el tiempo. Estas magnitudes quedan completamente definidas por un **número** que expresa su medida.

Así, la longitud es una magnitud escalar, porque diciendo que una regla tiene, por ejemplo, 20 cm, queda perfectamente determinada la longitud de la regla.

Magnitudes vectoriales son las que poseen dirección y sentido, como la fuerza y la velocidad. Para que estas magnitudes queden definidas no basta conocer su valor, representado por un número, sino que es necesario, además, conocer su dirección y su sentido. Si yo digo, por ejemplo, que la velocidad de un móvil es 4 cm por segundo (lo que quiere decir que recorre 4 cm en cada segundo), con esto sólo, no queda definida la velocidad, pues para ello tendré que especificar cuál es la **dirección** que sigue el móvil en su movimiento, por ejemplo, vertical, y en qué **sentido** se mueve, por ejemplo, de abajo a arriba.

⑪ CLASES DE CANTIDADES

Según sean estados particulares de una u otra clase de magnitud, las cantidades pueden ser continuas, discontinuas, escalares y vectoriales.

Cantidades continuas son los estados particulares de magnitudes continuas, como el volumen de una naranja, la longitud de una carretera, la temperatura de mi cuerpo, la velocidad de un cohete.

Cantidades discontinuas o discretas son los estados particulares de magnitudes discontinuas, como los alumnos de un colegio, las hojas de un libro, las pelotas que hay en una caja.

Cantidades escalares son los estados particulares de las magnitudes escalares, como la longitud de un lápiz, el área de una sala, el volumen de un cuerpo.

Cantidades vectoriales son los estados particulares de las magnitudes vectoriales, como la velocidad de un corredor, la velocidad de un automóvil.

Cantidades homogéneas son las cantidades de una misma magnitud, como el volumen de una piedra y el volumen de una caja; cantidades heterogéneas son cantidades de distintas magnitudes, como la longitud de un terreno y el peso de una persona.

➤ EJERCICIO 1

1. Mencione cinco ejemplos de cuerpos animados, cinco de cuerpos inanimados, cinco de cuerpos extraterrestres.
2. ¿Son cuerpos una piedra y una gota de agua? ¿Qué diferencia hay entre ellos?
3. ¿Existe algún cuerpo en la Naturaleza que carezca de volumen?
4. ¿Qué diferencia hay entre la superficie de un cuerpo sólido y la superficie de un líquido?
5 ¿Qué se quiere decir al expresar que el concepto de superficie es general?

(12) LA CIENCIA MATEMATICA

Cuando consideramos las cantidades, es decir, los estados particulares de las magnitudes, podemos apreciar no sólo que pueden ser objeto de **comparación** y determinar **igualdad** o **desigualdad** entre esos estados, sino las **variaciones** que puede sufrir un mismo estado para tomar otros, en virtud de los fenómenos naturales **(1)** (distancia entre dos móviles que aumenta o disminuye; volumen de un sólido que se hace mayor por la acción del calor; presión de un gas encerrado que varía al variar su volumen...).

La Ciencia Matemática tiene por objeto el estudio tanto de las magnitudes como de las cantidades, que son las variaciones de aquélla en el tiempo y en espacio (estados particulares).

(13) CLASIFICACION DE LA CIENCIA MATEMATICA

Los criterios que generalmente se fijan para clasificar la Ciencia Matemática en elemental y superior son algo arbitrarios.

Las tres ramas mejor caracterizadas de la Ciencia Matemática son, en general, la Aritmética, el Algebra y la Geometría. Mas, siguiendo un criterio cuantitativo (suma total de asuntos estudiados) y otro cualitativo (complejidad de los asuntos objeto de estudio), cualquiera de estas tres ramas presenta una serie de niveles que pueden orientarse hacia lo elemental o hacia lo superior.

FORMA EN QUE SE CONSTITUYE LA CIENCIA MATEMATICA

(14) CONCEPTOS INTUITIVOS

En toda consideración sobre el carácter de una ciencia, hay que distinguir entre objetos y sus relaciones y propiedades de los objetos y sus relaciones.

Objeto, desde el punto de vista de la ciencia, no tiene que ser necesariamente una cosa material. Es objeto un libro; pero es objeto también el espacio, un razonamiento, un punto geométrico. Es decir, son objetos aquellos datos o sistemas de datos que se presentan a nuestra experiencia con cierta perdurabilidad o identidad a través del tiempo.

La inteligencia humana tiene conocimiento de los objetos de diversas maneras. Hay conocimientos puramente intuitivos, es decir, conocimientos que logramos por intuición sensible, por contacto directo con los objetos sin que medien para ello otros conocimientos anteriores. La mente los capta sin razonamiento alguno. De este tipo es el conocimiento de espacio, materia, unidad, pluralidad, ordenación y correspondencia, entre otros.

Estos conocimientos reciben el nombre de **conceptos primitivos** o **intuitivos** y también el de **nociones intuitivas,** y tienen mucha importancia como fundamento de la Ciencia Matemática

15 DEFINICIONES

La definición expresa una noción compleja mediante la enumeración de las nociones más simples que la integran. Por eso se dice que los objetos representados por las nociones intuitivas no son definibles, por no existir nociones previas que las integren.

Son ejemplos de definiciones:

Cantidad es el estado de una magnitud.

Triángulo es el polígono de tres lados.

16 PROPIEDADES

Las propiedades de los conceptos primitivos y de los conceptos definibles forman, por decirlo así, toda la armazón teórica de la Ciencia Matemática y se enuncian en forma de proposiciones lógicas, evidentes o no. Estas propiedades son los postulados y los teoremas.

17 POSTULADOS

Del mismo modo que existen los conceptos primitivos, hay ciertas propiedades fundamentales de carácter también intuitivo y, por tanto, de captación espontánea. Son los postulados.

Postulado es una verdad intuitiva que tiene suficiente evidencia para ser aceptada como tal.

Son ejemplos de postulados:

Todo objeto es igual a sí mismo.

La suma de dos números es única.

18 TEOREMA

Hay otras propiedades que han ido surgiendo a partir de un corto número de propiedades intuitivas. Tienen un carácter eminentemente deductivo; requiriéndose este tipo de razonamiento lógico (demostración) para que puedan ser aceptados con el carácter de verdades absolutas. Son los teoremas.

Teorema es, pues, una verdad no evidente, pero demostrable.

Son ejemplos de teoremas:

Si un número termina en cero o en cinco es divisible por cinco.

Si un número divide a otros varios divide también a su suma.

Tanto el teorema como el postulado tienen una parte condicional (hipótesis) y una conclusión (tesis) que se supone se cumple caso de tener validez la hipótesis. En el postulado este cumplimiento se acepta tácitamente. En el teorema es necesaria la demostración, que consiste en una serie de razonamientos eslabonados, los cuales se apoyan en propiedades intuitivas (postulados), en otros teoremas ya demostrados o en ambos.

19 LEMA

Es un teorema que debe anteponerse a otro por ser necesario para la demostración de este último.

20 COROLARIO

Es una verdad que se deriva como consecuencia de un teorema.

21 RECIPROCO

Recíproco de un teorema es otro teorema cuya hipótesis es la tesis del primero (llamado teorema directo) y cuya tesis es la hipótesis del directo. Ejemplo:

Teorema directo: **Si un número termina en cero o en cinco** (hipótesis), **será divisible por cinco** (tesis).

Teorema recíproco: **Si un número es divisible por cinco** (hipótesis), **tiene que terminar en cero o en cinco** (tesis).

No siempre los recíprocos son ciertos; para que sean ciertos tienen que cumplir determinadas condiciones.

22 ESCOLIO

Es una advertencia u observación sobre alguna cuestión matemática.

23 PROBLEMA

Es una cuestión práctica en la que hay que determinar cantidades desconocidas llamadas incógnitas, por medio de sus relaciones con cantidades conocidas, llamadas datos del problema.

	CONCEPTOS	PROPIEDADES
CAPTACION ESPONTANEA	Conceptos intuitivos	**Postulados**
ELABORACION RACIONAL	**Definiciones**	**Teoremas**

FIGURA 8

En la ilustración basada en un friso asirio, aparece Assurbanipal (Sardanápalo) guiando a sus soldados en una batalla. Los pueblos mesopotámicos representaban los números con marcas en forma de cuña de acuerdo con su escritura cuneiforme; así, una marca para el uno; dos para el dos, hasta el nueve. Para el diez, cien, etc., usaban signos convencionales. En la ilustración pueden verse los cuatro primeros números.

CAPITULO |

NOCIONES SOBRE CONJUNTOS

24 UNIDADES

La observación de **un solo** ser u objeto, considerado aisladamente, como una persona, una silla, un pizarrón, un libro, nos da la idea de **unidad.**

Estos ejemplos que hemos puesto de unidades son de muy diversa naturaleza y propiedades, pero todos ellos tienen de común que son **una sola cosa** de su especie. La palabra **uno** se aplica a cualquiera de esos seres tan diversos, prescindiendo de sus cualidades especiales. En este caso, efectuamos también una abstracción (8).

25 PLURALIDAD, CONJUNTO Y ELEMENTO

Ya hemos visto (7) que el de pluralidad es un concepto genérico y el de conjunto, específico.

Pueden considerarse las **pluralidades** (genéricamente hablando) como magnitudes discontinuas, y los **conjuntos,** como las cantidades correspondientes a esas magnitudes. Así puedo hablar en general de la **pluralidad de libros** (magnitud), y del **conjunto** que forman los libros de mi biblioteca (cantidad).

13

Los entes que integran un conjunto pueden ser materiales o no. Así, los alumnos de una clase, los libros de una biblioteca, las naciones de América, los miembros de una familia, son conjuntos formados por entes materiales; mientras que los puntos de una recta, las rectas de un plano, los vértices de un polígono, las ideas de un razonamiento, son conjuntos formados por entes inmateriales.

Cada uno de los seres u objetos que integran un conjunto es un **elemento** del conjunto. Así, cada uno de los alumnos de una clase es un elemento del conjunto formado por los alumnos de esa clase; cada uno de los vértices de un polígono es un elemento del conjunto formado por todos los vértices de dicho polígono. Como vemos, la noción de elemento coincide con la de unidad.

Tanto el de unidad como el de conjunto y el de pluralidad son conceptos intuitivos.

Para ulteriores desarrollos tiene suma importancia, el siguiente postulado que ha sido llamado Postulado Fundamental de la Aritmética.

A todo conjunto se le puede añadir o quitar uno de sus elementos.

(26) RELATIVIDAD DE LOS TERMINOS CONJUNTO Y ELEMENTO

Los términos **conjunto** y **elemento** son relativos. Lo que es conjunto con relación a unidades inferiores, puede ser considerado como unidad con relación a un conjunto superior. Así, una **docena** es un conjunto con relación a las doce cosas que la integran; pero con relación a la **gruesa**, que consta de doce docenas, la docena es un elemento.

(27) CLASES DE CONJUNTOS

Considerados aisladamente, los conjuntos pueden ser homogéneos y heterogéneos; ordenables o no ordenables; finitos e infinitos; de elementos naturales y de elementos convencionales. Al comparar conjuntos puede suceder que éstos sean iguales o no iguales; coordinables y no coordinables.

CONJUNTOS HOMOGENEOS Y HETEROGENEOS

Suele decirse que un conjunto es **homogéneo** cuando los elementos que lo integran son de la misma especie y **heterogéneo** cuando sus elementos no son de la misma especie.

Sin embargo, el concepto de especie está sujeto al criterio de homogeneidad que se considere. Este criterio debe fijarse claramente.

CONJUNTOS ORDENABLES Y NO ORDENABLES

Siempre que en un conjunto pueda fijarse un criterio de ordenación tal que permita determinar la posición de un elemento con respecto a los demás, se dice que es **ordenable.** Los alumnos de un aula constituyen un conjunto ordenable con respecto a su estatura, a su edad o a su aprovechamiento en matemática.

Conjunto **no ordenable** es aquél en el cual no se puede fijar tal criterio. Las moléculas de un gas constituyen un conjunto no ordenable, debido a que el constante movimiento que realizan no permite establecer una ordenación entre ellas.

CONJUNTOS FINITOS E INFINITOS

Cuando todos los elementos de un conjunto ordenable, sean o no entes materiales, puedan ser considerados uno por uno, real o imaginariamente en determinado tiempo, se dice que el conjunto es **finito**.

Así, el conjunto de las naciones de América es finito, porque podemos enunciarlas a todas, una por una, en un tiempo determinado; el conjunto de los alumnos de un aula es finito, porque yo puedo designar a cada uno por su nombre en un tiempo determinado.

Son **infinitos** los conjuntos en los que no se cumplen las condiciones anteriores. Es decir, los conjuntos en los cuales si se intentase considerar uno por uno sus elementos, real o imaginariamente, esta operación no tendría fin en el tiempo.

Son infinitos los puntos de una recta; las rectas que pueden pasar por un punto; los diámetros de una circunferencia, etc.

CONJUNTOS DE ELEMENTOS NATURALES
Y DE ELEMENTOS CONVENCIONALES

Son **conjuntos de elementos naturales** las cantidades discontinuas, como los lápices de una caja y los empleados de una oficina. En estos conjuntos, los elementos son perfectamente identificables de un modo natural.

Cuando una cantidad continua ha sido real o imaginariamente **seccionada** en elementos artificiales iguales, el conjunto de estos elementos se comporta de un modo similar a las cantidades discontinuas. Se dice entonces, que forman un **conjunto de elementos convencionales**.

COMPARACION DE CONJUNTOS. CONJUNTOS IGUALES
CONJUNTOS PARCIALES. CONJUNTOS NO IGUALES

Al comparar dos conjuntos K y L, puede suceder:

1º Que todo elemento del conjunto K esté en el conjunto L y viceversa.

2º Que K y L tengan alguno o algunos elementos comunes.

3º Que K y L no tengan ningún elemento común.

En el primer caso, se dice que los conjuntos son **iguales**. El conjunto formado por las letras A, B, C y D es igual al conjunto formado por las letras D, C, B y A.

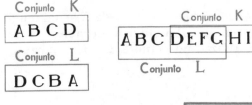

FIGURA 9

En el segundo caso se dice que el conjunto tormado por los elementos comunes es **parcial** con respecto a K y **parcial** con respecto a L. Así, el conjunto formado por las letras D, E, F y G es parcial con respecto al conjunto formado por las letras A, B, C, D, E, F y G, y es también parcial con respecto al conjunto formado por las letras D, E, F, G, H e I.

En el tercer caso, se dice que el conjunto K y el conjunto L son dos conjuntos **no iguales.** El conjunto formado por las letras A, B, C, D y E, es un conjunto **no igual** al formado por las letras F, G, H, I y J.

CONJUNTOS COORDINABLES Y NO COORDINABLES

Véanse números 28 y 29.

➤ **EJERCICIO 2**

1. Cite cinco ejemplos de unidades materiales.
2. Cite cinco ejemplos de unidades inmateriales.
3. Cite cinco conjuntos que conozca.
4. Cite tres ejemplos de conjuntos iguales.

(28) CORRESPONDENCIA ENTRE ELEMENTOS

El ejemplo siguiente ilustra este concepto.

En la sala de una casa hay un conjunto de personas integrado por Carlos, Juan, Pedro y Roque, y en la sombrerera un conjunto de sombreros. Al marcharse, cada persona toma un sombrero, de este modo: ╱

Carlos..	sombrero	negro
Juan...	"	carmelita
Pedro..	"	gris
Roque..	"	azul

Cada persona ha tomado un sombrero y cada sombrero pertenece a una persona distinta, sin que quede ninguna persona sin sombrero ni ningún sombrero sin dueño. En este caso decimos que entre el conjunto de las personas y el conjunto de los sombreros existe una **correspondencia perfecta** o **biunívoca** que también se llama **coordinación.**

Cuando se establece una coordinación, se llaman **elementos homólogos** a los elementos que se corresponden. Así, en el ejemplo anterior son elementos homólogos: Carlos y sombrero negro; Juan y sombrero carmelita; Pedro y sombrero gris; Roque y sombrero azul.

Generalizando la noción ilustrada con el ejemplo anterior podemos decir que:

Dos conjuntos son coordinables cuando entre sus elementos puede establecerse una correspondencia biunívoca o perfecta, de modo que a cada elemento del primer conjunto corresponda uno y sólo un elemento del segundo conjunto, y a cada elemento del segundo conjunto corresponda uno y sólo un elemento del primer conjunto.

A los conjuntos coordinables se les llama también **equivalentes**.

(29) CONJUNTOS NO COORDINABLES

Cuando entre dos conjuntos no puede establecerse una correspondencia perfecta, porque **sobran** elementos de uno de los conjuntos, los conjuntos son **no coordinables**.

Así, si en una clase entra un conjunto de alumnos y después de ocupar todas las sillas del aula quedan algunos alumnos de pie, el conjunto de los alumnos no es coordinable con el conjunto de las sillas del aula.

(30) ALGUNOS POSTULADOS SOBRE LA COORDINACION DE CONJUNTOS

1) Si a cada uno de dos conjuntos coordinables se añade o suprime un elemento, los conjuntos que resultan son coordinables.

CONJUNTOS	1er. CASO	2do. CASO
A B C D	A B C D E	A B C
A B C D	A B C D E	A B C

2) Dados dos conjuntos finitos, o son coordinables o uno de ellos es coordinable con parte del otro.

Tenemos un conjunto de pomos y un conjunto de tapas. Si intentamos colocar una tapa a cada pomo, puede suceder lo siguiente:

a) Cada pomo queda con su tapa.

b) Algunos pomos se quedan sin tapas.

c) Después de tapar todos los pomos, sobran algunas tapas.

FIGURA 10

En el primer caso los dos conjuntos son coordinables.

En el segundo caso una parte del conjunto de pomos es coordinable con el conjunto de tapas.

En el tercer caso una parte del conjunto de tapas es coordinable con el conjunto de pomos.

3) Si dos conjuntos finitos están coordinados de cierta manera, la coordinación siempre será posible de cualquier otro modo que se ensaye.

A continuación exponemos tres modos (de los muchos que hay) de coordinar los conjuntos ABCDE y MNOPQ:

FIGURA 11

$$1 \quad \begin{matrix} A & B & C & D & E \\ \updownarrow & \updownarrow & \updownarrow & \updownarrow & \updownarrow \\ M & N & O & P & Q \end{matrix} \qquad 2 \quad \begin{matrix} A & B & C & D & E \\ \updownarrow & \updownarrow & \updownarrow & \updownarrow & \updownarrow \\ M & O & N & P & Q \end{matrix} \qquad 3 \quad \begin{matrix} C & D & A & B & E \\ \updownarrow & \updownarrow & \updownarrow & \updownarrow & \updownarrow \\ O & P & N & M & Q \end{matrix}$$

Corolario: Si dos conjuntos finitos no son coordinables de un cierto modo, la coordinación nunca será posible, cualquiera que sea el modo de ensayarla.

Tenemos un conjunto de lápices en un aula. Repartimos los lápices dando uno a cada alumno y al final quedan varios alumnos sin lápices, lo que indica que el conjunto de lápices no es coordinable con el conjunto de alumnos. Si entonces recogemos todos los lápices y los distribuimos de otro modo, dando siempre uno a cada alumno, es evidente que al final quedará el mismo número de alumnos sin lápices que antes.

➤ **EJERCICIO 3**

1. Coordine de todos los modos posibles los conjuntos formados por las letras de las palabras **casa** y **mesa**; **rosal** y **plato**.

2. Explique cuándo serán coordinables un conjunto de sombreros y un conjunto de personas; un conjunto de sillas y un conjunto de personas; un conjunto de alumnos y un conjunto de suspensos.

3. Explique cuándo no son coordinables un conjunto de alumnos y un conjunto de sobresalientes; un conjunto de soldados y un conjunto de rifles; un conjunto de automóviles y un conjunto de choferes.

4. ¿Son coordinables los conjuntos de letras **cama** y **mesa**; **Adán** y **nada**; **tabla** y **bala**; **toca** y **tacón**?

(31) CARACTERES DE LA COORDINACION DE CONJUNTOS

Carácter idéntico: **Todo conjunto es coordinable con sí mismo.**

Carácter recíproco: **Si un conjunto es coordinable con otro, ese otro conjunto es coordinable con el primero.**

Carácter transitivo: **Si un conjunto es coordinable con otro, y éste es coordinable con un tercero, el primero es coordinable con el tercero.**

(32) SUCESION FUNDAMENTAL DE CONJUNTOS

La serie o sucesión de conjuntos finitos

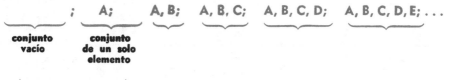

en la cual cada conjunto tiene un elemento más que el conjunto anterior y en la que puede suponerse que A es **un conjunto de un solo elemento,** que tiene un elemento más que el conjunto nulo anterior o **conjunto que carece de elementos,** representa la **sucesión fundamental de los conjuntos finitos.**

Añadiendo un elemento a un conjunto cualquiera de la sucesión fundamental, que eventualmente quisiera considerarse como el último (**25**), obtenemos uno mayor (siguiente). Añadiendo a éste un elemento más, obtenemos el que le sigue, y así sucesivamente.

En esta sucesión no hay dos conjuntos que sean coordinables entre sí. Por tanto, todo conjunto finito cualquiera es coordinable con uno y sólo con uno de la sucesión fundamental.

Por lo general, para representar la sucesión fundamental de conjuntos finitos se utilizan las letras mayúsculas del alfabeto, en la forma ilustrada arriba.

EL NUMERO NATURAL

(33) CONCEPTO DE NUMERO NATURAL

La figura 12 representa un conjunto de ruedas y un conjunto de cajas, coordinable a la vez con el conjunto A, B, de la sucesión fundamental, y, por tanto, coordinables entre sí.

En la figura 13 representamos varios conjuntos coordinables a la vez con el conjunto A, B, C, de la sucesión fundamental, y, por tanto, coordinables entre sí.

En la figura 14 representamos varios conjuntos coordinables con el conjunto A, B, C, D, de la sucesión fundamental, y, por tanto, coordinables entre sí.

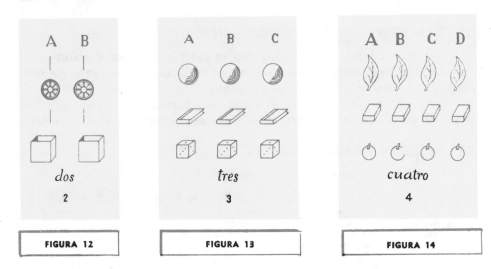

FIGURA 12   FIGURA 13   FIGURA 14

Pudiésemos continuar con ejemplos similares y representar conjuntos de cosas que fuesen coordinables respectivamente a su vez, con los conjuntos de la sucesión fundamental: A, B, C, D, E; A, B, C, D, E, F, ..., etcétera. Pudiésemos también representar varios "conjuntos de un solo elemento" que fuesen coordinables con el conjunto A de la sucesión fundamental. Inclusive pudiésemos imaginar varios conjuntos vacíos, que vendrían a ser coordinables con el conjunto nulo de la sucesión fundamental (**32**).

La coordinación de los conjuntos representados en la figura 12, hace surgir en nuestra mente la idea del **dos**.

La coordinación, en la figura 13, hace surgir la idea del **tres**; y en la figura 14, la idea del **cuatro**.

Puede comprenderse que en forma similar y con otros ejemplos, podemos hacer surgir en nuestra mente, la idea del **cinco**, del **seis**..., así como del **uno** y del **cero**.

Los conceptos de cero, de uno, de dos, de tres, de cuatro, de cinco, de seis..., etc., son conceptos abstractos, y representan, respectivamente, la propiedad común a todos los conjuntos coordinables entre sí. Se dice que los conceptos de cero, de uno, de dos, de tres, etc., son números naturales.

Número natural es, pues, un concepto abstracto que simboliza cierta propiedad común a todos los conjuntos coordinables entre sí.

(34) SERIE DE LOS NUMEROS NATURALES

Se ha visto que cada conjunto de la sucesión fundamental representa un número. Esos números los llamamos cero, uno, dos, tres, cuatro, cinco, etc., y los representamos 0, 1, 2, 3, 4, 5, etc., de este modo:

Conj. nulo;	A;	A, B;	A, B, C;	A, B, C, D;	A, B, C, D, E; ...
cero	uno	dos	tres	cuatro	cinco
0	1	2	3	4	5

y esta sucesión o serie infinita es lo que se llama **serie de los números naturales** o **serie natural de los números.**

ESCOLIO

Dado lo difícil del concepto, se incurre muchas veces en el error de creer que las **palabras** cero, uno, dos, tres, cuatro, etc., y los **signos** 0, 1, 2, 3, 4, etc., **son** los números naturales, lo cual no es cierto. Esas palabras y esos signos no son los números naturales sino solamente el **medio** de que nos valemos para **expresar** y **representar** los números naturales (del mismo modo que un caballo representado en un cuadro **no es un caballo,** sino la **representación** o **imagen** de un caballo).

Así, ¿qué es **tres?** Una **palabra** con la cual expresamos la pluralidad común a toda la serie de conjuntos coordinables entre sí y con el conjunto *A, B, C* de la sucesión fundamental.

¿Qué es **6?** Un **signo** con el que representamos en la escritura la pluralidad común a toda la serie de conjuntos coordinables entre sí y con el conjunto *A, B, C, D, E, F* de la sucesión fundamental.

(35) OPERACION DE CONTAR

La coordinación de conjuntos es una operación que con frecuencia se realiza. Por ejemplo:

El administrador de un teatro que quiere que cada uno de los espectadores que asistan a una función tenga su asiento de modo que no queden espectadores de pie ni tampoco asientos vacíos, tiene que coordinar el conjunto de los espectadores con el conjunto de los asientos. Para ello, manda a hacer tantas entradas como asientos hay en el teatro y va entregando una a cada espectador que viene a comprarla a la taquilla. Cuando se entregue la última entrada a un espectador, ya estarán ocupados todos los asientos, o sea, que el conjunto de los espectadores y el conjunto de los asientos estarán coordinados.

En este caso, lo que ha hecho el administrador del teatro ha sido coordinar el conjunto de los espectadores con el conjunto de las entradas, que a su vez era coordinable con el conjunto de los asientos del teatro, o sea, que hemos **contado** tantos espectadores como asientos hay en el teatro, utilizando para ello como **conjunto de referencia** o tipo de comparación el conjunto de las entradas.

Para **contar** los objetos y coordinar conjuntos cuando sea necesario, se utiliza como conjunto de referencia un **conjunto fijo** que es el **conjunto de los números naturales.**

Contar un conjunto es coordinar sus elementos con una parte de la serie de los números naturales comenzando por el 1.

| **Ejemplo** | Para contar las letras de la palabra *latino*, procedemos así: | 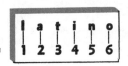 | Lo que hemos hecho ha sido coordinar el conjunto de letras con el conjunto de los números naturales del 1 al 6. |

36 OPERACION DE MEDIR

Cuando una cantidad continua ha sido real o imaginariamente seccionada en elementos artificiales iguales, el conjunto de estos elementos se comporta de una manera similar a las cantidades discretas y puede, por tanto, ser objeto de conteo.

El agua contenida en un recipiente (cantidad discreta) puede vaciarse en una serie de frascos iguales para después contar los frascos que resultan llenos, es decir, las porciones de agua contenidas en aquél.

La distancia entre dos puntos (cantidad continua) puede ser también seccionada en partes iguales por varios puntos, para luego contar las distancias entre cada dos puntos consecutivos.

Medir es comparar dos cantidades homogéneas. Supongamos la longitud de una mesa y la longitud de una regla (cantidades homogéneas). Llevemos la longitud de la regla sobre la longitud de la mesa, y supongamos que cabe exactamente doce veces. Hemos medido la longitud de la mesa con la longitud de la regla. Una de las cantidades, en este caso la longitud de la regla, se llama unidad de medida. La otra cantidad es la cantidad que se mide. Pudiera medirse también en forma similar la superficie de la pizarra con la superficie de una hoja de papel; el peso de un libro con el peso de otro libro, etc.

A diferencia de lo que sucede con las cantidades discretas, las unidades de medida no son naturales, sino convencionales.

37 NUMEROS ABSTRACTOS Y CONCRETOS

El número abstracto es el número propiamente dicho. Así, 1 (uno), 5 (cinco), 18 (dieciocho) representan números abstractos.

Cuando coordinamos los elementos de un conjunto homogéneo de cosas (cantidad discontinua), digamos, por ejemplo, los limones que hay en una caja, con una parte de la serie de números naturales (abstractos), comenzando por el uno, es decir, cuando contamos los elementos de un conjunto homogéneo de cosas (35), el resultado es un número concreto.

Cuando coordinamos los elementos iguales determinados artificialmente en una cantidad continua por medio de una medición, pongamos por caso, la longitud de un pedazo de soga que al medirse con la longitud de un metro ha quedado imaginariamente seccionado en cuatro porciones iguales a la longitud de él, con una parte de los números naturales, comenzando por el uno, estamos, en cierta forma, contando también. Sólo que en este caso, las unidades no son naturales, como sucede con las cantidades discontinuas, sino convencionales (**27**), y la coordinación se va efectuando al mismo tiempo que la medición, es decir, al mismo tiempo que la comparación de la unidad de medida (convencional) con la cantidad que se mide. En este caso el resultado es también un número concreto.

Este tipo de número concreto se representa también por el cardinal abstracto correspondiente a la parte de los números naturales empleada para la coordinación y el nombre de la unidad convencional utilizada para medir la cantidad continua.

Si en esta medición se llegó al número cuatro, se dice cuatro metros y se escribe 4 metros. Este es, pues, un número concreto.

Otros números concretos son 25 sillas, 32 vacas, 150 kilómetros, 16 kilogramos.

38 SERIES DE NUMEROS CONCRETOS

Cuando se tiene una serie de dos o más números concretos puede suceder que sean homogéneos o heterogéneos.

Son **homogéneos** los números concretos que representan estados de la misma magnitud. Por ejemplo:

> 5 metros, 8 metros
> 2 lápices, 12 lápices, 17 lápices

Son **heterogéneos** los números concretos que representan estados de distinta magnitud. Por ejemplo:

> 25 libros, 8 vacas
> 5 metros, 19 kilogramos, 4 litros

Los números **complejos** o **denominados** podemos definirlos como las series de números concretos homogéneos que representan estados de la misma magnitud continua, expresados en distintas unidades concretas pertenecientes a un mismo sistema de medida. Así, 6 metros, 8 decímetros y 4 centímetros es un número complejo o denominado.

39 NUMERO CARDINAL

Cuando contamos los elementos de un conjunto, el número que corresponde al **último** elemento se llama **número cardinal** del conjunto.

El número cardinal del conjunto MNPQRSTUV es 9 porque _____ ↗

El número cardinal de un conjunto representa el conjunto.

40 CARACTERES DEL NUMERO CARDINAL

1 El número cardinal de un conjunto siempre es el mismo, cualquiera que sea el orden en que se cuenten sus elementos.

Contando de tres modos distintos las letras de la palabra **libreta** tendremos:

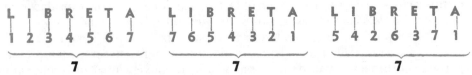

En el primer caso contamos de izquierda a derecha; en el segundo, de derecha a izquierda, y en el tercero, en orden alfabético, y en todos ellos el número correspondiente al último elemento ha sido el 7, que es el número cardinal del conjunto.

2) Todos los conjuntos coordinables entre sí tienen el mismo número cardinal, cualquiera que sea la naturaleza de sus elementos.

Consideremos tres conjuntos: uno de personas, otro de letras y otro de lápices, coordinables entre sí, como se indica a continuación:

Pedro	A	lápiz verde.	1
Rosa	M	lápiz rojo.	2
María	O	lápiz negro	3
Elsa	R	lápiz azul.	4

El conjunto de personas Pedro-Rosa-María-Elsa está coordinado con el conjunto de letras AMOR y con el conjunto de lápices, y cada uno de ellos a su vez está coordinado con el conjunto de números naturales del 1 al 4, luego **el 4 es el número cardinal** de estos tres conjuntos, coordinables entre sí.

El número cardinal representa todos los conjuntos coordinables entre sí, prescindiendo de la naturaleza y del orden de sus elementos.

41) NUMERO ORDINAL

Cuando se cuentan los elementos de un conjunto, el número natural que corresponde **a cada elemento** del conjunto se llama **número ordinal** de dicho elemento.

Así, al contar las letras de la palabra CABLES, tenemos:

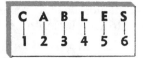

Aquí vemos que, contando de izquierda a derecha, el número ordinal de la letra C es el 1, o sea, que la C es el **primer** elemento; el número ordinal de la A es el 2, o sea, que la A es el **segundo** elemento; el número ordinal de la E es el 5, o sea, que la E es el **quinto** elemento, etc.

Si se varía el **orden,** varía el número ordinal de cada elemento. En efecto, contando en orden alfabético, tenemos:

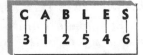

El **número ordinal** representa un elemento de un conjunto teniendo en cuenta el orden de los mismos.

Los números ordinales, en rigor, se representan 1º, 2º, 3º, 4º, etc., pero en la práctica suelen emplearse los números 1, 2, 3, 4, etc., porque se sobreentiende que el elemento al que corresponde el 1 al contar en un orden dado es el 1º, el elemento al que corresponde el 2 es el 2º, etc.

En resumen:

El **número cardinal** representa un conjunto y el **número ordinal** representa un elemento teniendo en cuenta el orden.

➤ **EJERCICIO 4**

1. ¿Cómo coordinaría el conjunto de las habitaciones de un hotel con un conjunto de huéspedes utilizando como conjunto de referencia piedrecitas?
2. ¿Qué quiere decir que en una sala hay 25 personas?
3. ¿Qué operación hace Vd. para saber que tiene 8 lápices?
4. Si un conjunto de personas y otro de mesas son coordinables con el conjunto ABCDE de la sucesión fundamental, ¿cuál es el número cardinal de estos conjuntos?
5. ¿Qué es el 3? ¿Qué es el 5? ¿Qué es el 9?

(42) LA ARITMETICA Y SU OBJETO

El concepto de número natural sufre una serie de ampliaciones a través del desarrollo de la Ciencia Matemática. Una de estas ampliaciones es la de considerar al cero como un número que representaría la única propiedad común a todos los conjuntos nulos o carentes de elementos.

Otras de las ampliaciones son las que se refieren a los números fraccionarios (**336**) y a los números irracionales (**482**).

Una nueva ampliación nos lleva al concepto de número negativo [1]. Este concepto transforma todo el sistema de los números naturales, fraccionarios e irracionales. Los números negativos constituyen uno de los fundamentos del cálculo algebraico.

Tanto los números naturales como los fraccionarios e irracionales reciben el nombre de números reales.

Una considerable e importantísima ampliación del campo numérico, tiene lugar con la introducción de los números no reales (complejos).

Suele dársele el nombre de número entero (positivo o negativo) al número real que no es fraccionario ni irracional. Los números naturales son, pues, los números enteros positivos.

Definiremos, pues, la Aritmética General como la Ciencia Matemática que tiene por objeto el estudio de los números (naturales o no).

La Aritmética Elemental, que es la que se desarrolla en esta obra, tiene por objeto el estudio de los números reales positivos.

( ) Baldor, Algebra Elemental (11).

Griegos y romanos no tuvieron una adecuada manera de representar los números, lo que les impidió hacer mayores progresos en el cálculo matemático. Los hindúes, en cambio, habían desarrollado un práctico sistema de notación numeral, al descubrir el cero y el valor posicional de las cifras. Los árabes dieron a conocer el sistema en Europa a partir del siglo VIII (D. C.). Por eso, nuestras cifras se llaman indoarábigas.

CAPITULO II

NUMERACION

ESTUDIO DEL SISTEMA DECIMAL

(43) LA NUMERACION es la parte de la Aritmética que enseña a expresar y a escribir los números.

La numeración puede ser **hablada** y **escrita**.

Numeración hablada es la que enseña a expresar los números.

Numeración escrita es la que enseña a escribir los números.

(44) GENERACION DE LOS NUMEROS

Los números se forman por agregación de unidades. Así, si a una unidad o número uno agregamos una unidad, resulta el número dos; si a éste agregamos otra unidad, resulta el número tres; si a éste agregamos otra unidad, resulta el número cuatro, y así sucesivamente.

De lo anterior se deduce que la **serie natural de los números no tiene fin** porque, por grande que sea un número, siempre podremos formar otro mayor agregándole una unidad.

45 CIFRAS O GUARISMOS son los signos que se emplean para representar los números.

Las cifras que empleamos, llamadas cifras **arábigas** porque fueron introducidas por los árabes en España, son 0, 1, 2, 3, 4, 5, 6, 7, 8 y 9.

El cero recibe el nombre de cifra **no significativa** o cifra **auxiliar** y las demás son **cifras significativas.**

46 CIFRA CERO

Hemos visto **(34)** que el 0 representa los conjuntos **nulos** o conjuntos que carecen de elementos.

Así pues, la cifra cero carece de valor absoluto y se emplea para escribirla en el lugar correspondiente a un orden cuando en el número que se escribe no hay unidades de ese orden. La palabra cero proviene de la voz árabe **ziffero**, que significa **lugar vacío.**

47 NUMERO DIGITO es el que consta de una sola cifra, como 2, 3, 7, 8.

48 NUMERO POLIDIGITO es el que consta de dos o más cifras, como 18, 526.

49 SISTEMA DE NUMERACION es un conjunto de reglas que sirven para expresar y escribir los números.

50 BASE de un sistema de numeración es el número de unidades de un orden que forman una unidad del orden inmediato superior. Así, en el sistema decimal empleado por nosotros, la base es 10 porque 10 unidades de primer orden forman una decena; diez decenas forman una centena, etc.

En el sistema **duodecimal**, que también se emplea mucho en la práctica, la base es 12 porque 12 unidades forman una **docena** y 12 docenas forman una **gruesa.**

51 PRINCIPIOS FUNDAMENTALES

En los sistemas de numeración se cumplen los siguientes principios:

1) **Un número de unidades de un orden cualquiera, igual a la base, forma una unidad del orden inmediato superior.**

2) **Toda cifra escrita a la izquierda de otra representa unidades tantas veces mayores que las que representa la anterior, como unidades tenga la base.** Este es el principio del valor relativo.

3) En todo sistema, con tantas cifras como unidades tenga la base, contando el cero, se pueden escribir todos los números.

Estos principios se aclararán convenientemente con el estudio del sistema decimal y de los demás sistemas de numeración que se hace a continuación. (Ver número **70**).

ESTUDIO DEL SISTEMA DECIMAL

(52) SISTEMA DECIMAL O DECUPLO es el que tiene por base 10. Es el que empleamos nosotros.

NUMERACION DECIMAL HABLADA

(53) BASE DEL SISTEMA DECIMAL

La base del sistema decimal es 10, lo que significa que **diez unidades de un orden cualquiera constituyen una unidad del orden inmediato superior y viceversa, una unidad de un orden cualquiera está formada por diez unidades del orden inmediato inferior.**

(54) PRINCIPIO FUNDAMENTAL O CONVENIO DE LA NUMERACION DECIMAL HABLADA

Es que **diez unidades de un orden cualquiera forman una unidad del orden inmediato superior.**

(55) NOMENCLATURA

La numeración decimal consta de órdenes y subórdenes.
Veamos su formación.

(56) ORDENES

Si al número 1, que es la **unidad de primer orden,** añadimos sucesivamente, y una a una, unidades, formaremos los números **dos, tres, cuatro, cinco,** etc., hasta llegar a **diez** unidades, que ya forman una decena o unidad del orden superior inmediato.

Decena es la **unidad de segundo orden** y es la reunión de diez unidades. A una decena añadimos los nombres de los nueve primeros números y obtendremos el **once, doce, trece,** etc., hasta llegar a **veinte** o dos decenas; a éste añadimos nuevamente los nombres de los nueve primeros números y formamos el **veintiuno, veintidós. veintitrés,** etc., hasta **treinta** o tres decenas y procediendo de modo semejante obtendremos el **cuarenta** o cuatro decenas, **cincuenta** o cinco decenas, etc., hasta llegar a **cien** o diez decenas, que ya forman una unidad del orden superior inmediato.

Centena es la **unidad de tercer orden** y es la reunión de **diez decenas** o cien unidades.

Si a la centena añadimos los nombres de los noventa y nueve primeros números, iremos formando los números **ciento uno, ciento dos, ciento tres,** etc., hasta llegar a **doscientos** o dos centenas; si con éste procedemos de modo semejante, iremos obteniendo **trescientos** o tres centenas, **cuatrocientos** o cuatro centenas, etc., hasta llegar a diez centenas o **mil,** que ya forman una unidad del orden superior inmediato.

Millar es la **unidad de cuarto orden** y es la reunión de diez centenas o mil unidades. Si al millar añadimos los nombres de los novecientos noventa y nueve primeros números, iremos obteniendo los números sucesivos hasta llegar a **dos mil** o dos millares; **tres mil** o tres millares, etc., hasta **diez** mil o diez millares, que ya forman una unidad del orden superior inmediato.

Decena de millar es la **unidad de quinto orden** y es la reunión de **diez millares** o **diez mil** unidades. Añadiendo a una decena de millar los nombres de los nueve mil novecientos noventa y nueve primeros números, formaremos el **veinte mil** o dos decenas de millar, **treinta mil** o tres decenas de millar, etc., hasta llegar a diez decenas de millar, o **cien mil,** y que constituyen una unidad del orden superior inmediato.

Centena de millar es la **unidad de sexto orden** y es la reunión de diez decenas de millar. De modo semejante llegaremos al **millón** o **unidad de séptimo orden** que consta de diez centenas de millar o mil millares; **decena de millón** o **unidad de octavo orden,** que consta de diez millones; **centena de millón** o **unidad de noveno orden; unidad de millar de millón** o **unidad de décimo orden; decena de millar de millón** o **unidad de undécimo orden; centena de millar de millón** o **unidad de duodécimo orden; billón** o **unidad de décimo tercer orden** y que es la reunión de un millón de millones; **trillón** o **unidad de décimo noveno orden** que es la reunión de un millón de billones; **cuatrillón** o **unidad de vigésimo quinto orden** que es la reunión de un millón de trillones; **quinquillón** o **unidad de trigésimo primer orden;** etc.

OBSERVACION

En algunos países como Estados Unidos de América, Francia y Alemania, tienen un criterio distinto al nuestro. Llaman **billón** al **millar de millones** o unidad de décimo orden; **trillón** a nuestro **billón; cuatrillón** a nuestro **millar de billones,** etc.

57 CLASES Y PERIODOS

La reunión de **tres órdenes,** comenzando por las unidades simples, constituye una **clase;** así, las unidades, decenas y centenas forman la **clase de las unidades;** las unidades de millar, decenas de millar y centenas de millar forman la **clase de los millares;** las unidades de millón, decenas de millón y centenas de millón forman la **clase de los millones;** las unidades de millar de millón, decenas de millar de millón y centenas de millar de millón forman la **clase de los millares de millón;** las unidades de billón, decenas de billón y centenas de billón forman la **clase de los billones,** y así sucesivamente.

La reunión de dos clases forman un **período.** Así, la clase de las unidades y la clase de los millares forman el **período de las unidades;** la clase de los millones y la de los millares de millón forman el **período de los millones;** la clase de los billones y la de los millares de billón forman el **período de los billones;** y así sucesivamente.

(58) SUBORDENES

Del mismo modo que la decena consta de diez unidades, la centena de diez decenas, etc., podemos suponer que la unidad simple o de primer orden está dividida en diez partes iguales que reciben el nombre de **décimas** y que constituyen el **primer suborden;** cada décima se divide en otras diez partes iguales llamadas **centésimas** y que forman el **segundo suborden;** cada centésima se divide en otras diez partes iguales llamadas **milésimas** que forman el **tercer suborden;** y así sucesivamente se van obteniendo las **diezmilésimas** o **cuarto suborden;** las **cienmilésimas** o **quinto suborden;** las **millonésimas** o **sexto suborden;** etc.

➤ EJERCICIO 5

1. ¿Qué forman diez decenas; diez centenas de millar; diez millones?
2. ¿Qué forman cien decenas; cien centenas; cien millones?
3. ¿Qué forman mil unidades; mil decenas; mil centenas?
4. ¿Qué forman mil millares; diez mil centenas; cien mil decenas?
5. ¿Qué forman cien decenas de millar; mil centenas de millar; diez mil millones; un millón de millones?
6. ¿Cuántas unidades tiene una unidad de tercer orden; de cuarto orden; de quinto orden?
7. ¿Cuántas decenas tiene una unidad de cuarto orden; de quinto orden; de séptimo orden?
8. ¿Cuántos millares tiene un millón; cuántas decenas de millar tiene una decena de millar de millón; cuántos millones un billón?
9. ¿Cuántas centenas hay en 4 millares; en 6 millones; en 5 centenas de millar?
10. ¿Cuántas décimas hay en una unidad; en una decena; en un millar?
11. ¿Cuántas centésimas hay en una decena; cuántas milésimas en una centena; cuántas diezmilésimas en un millar?
12. ¿Cuántas décimas hay en 3 unidades; en 2 decenas; en 3 centenas?
13. ¿Cuántas centésimas hay en 6 centenas; en 3 millares; en 2 unidades de cuarto orden?

14. ¿Cuántas décimas forman 2 centenas; cuántas centésimas 2 decenas; cuántas milésimas 3 centenas?

15. ¿Cuáles son las decenas de decenas; las centenas de las decenas; los millares de centena; los millones de millón?

16. ¿Cuáles son las décimas de centenas; las centésimas de los millares; las millonésimas de los billones?

17. ¿Cuáles son las décimas de decena; las centésimas de decena; las milésimas de centena; las milésimas de decena?

18. ¿Qué orden representa la primera cifra de la izquierda de un número de 3 cifras; de 4 cifras; de 6 cifras?

19. ¿Qué orden representan la primera y tercera cifra de la izquierda de un número de 4 cifras; de 5 cifras; de 6 cifras?

20. ¿Cuántos guarismos tiene un número cuya cifra de mayor orden representa decenas de centena; centenas de millar; millares de millón; billones?

NUMERACION DECIMAL ESCRITA

⑤⑨ PRINCIPIO FUNDAMENTAL O CONVENIO DE LA NUMERACION DECIMAL ESCRITA

Es que **toda cifra escrita a la izquierda de otra representa unidades diez veces mayores que las que representa la anterior y viceversa, toda cifra escrita a la derecha de otra representa unidades diez veces menores que las que representa la anterior.**

Así, si a la izquierda de la cifra 4 ponemos 5, formamos el número 54, en el cual el 4 representa unidades y el 5, por estar escrito a la izquierda del 4, representa unidades diez veces mayores que las que representa éste, o sea, decenas. Si a la izquierda del 54 escribimos un 8, formaremos el número 854, donde el 5 representa decenas y el 8 por estar escrito a su izquierda representa unidades diez veces mayores, o sea centenas.

⑥⓪ VALOR ABSOLUTO Y RELATIVO

Toda cifra tiene dos valores: **absoluto y relativo.**

Valor absoluto es el que tiene el número por su figura, y **valor relativo** es el que tiene el número por el lugar que ocupa.

Así, en el número 4344 el valor absoluto de los tres 4 es el mismo: **cuatro unidades,** pero el valor relativo del 4 de la derecha es 4 unidades del primer orden; el valor relativo del 4 de las decenas es $4 \times 10 = 40$ unidades de primer orden; el valor relativo del 4 de los millares es $4 \times 10 \times 10 \times 10 = 4000$ unidades del primer orden.

El valor relativo del 3 es $3 \times 10 \times 10 = 300$ unidades del primer orden.

➤ EJERCICIO 6

1. Diga el valor relativo de cada una de las cifras de:

16	364	13000	1432057
50	1963	72576	25437056
105	2184	890654	103470543

2. ¿En cuántas unidades disminuyen los números

176 cambiando el 7 por 0?
294 „ „ 2 y el 9 por 0?
1362 „ „ 1, el 3 y 6 por 0?
23140 „ „ 1 por 0 y el 4 por 3?
186754 „ „ 6 por 4 y el 5 por 2?
974532 „ „ 4 por 3, el 5 por 4 y el 3 por 0?

3. ¿En cuántas unidades aumentan los números

76 cambiando el 7 por 9?
123 „ „ 1 por 2 y el 2 por 3?
354 „ „ 4 y el 5 por 6?
321 „ „ 3 por 5, el 2 por 4 y el 1 por 4?
2615 „ „ 2 por 4, el 6 por 8 y el 5 por 6?

4. ¿Aumentan o disminuyen y cuánto en cada caso los números

86 cambiando el 8 por 6 y el 6 por 8?
1234 „ „ 2 por 3, el 3 por 2 y el 4 por 6?
8634 „ „ 8 por 6, el 6 por 7 y el 3 por 5?
19643 „ „ 1 por 2, el 9 por 0, el 6 por 9 y el 4 por 5?

(61) REGLA PARA ESCRIBIR UN NUMERO

Para escribir un número se van anotando las unidades correspondientes a cada orden, comenzando por las superiores, poniendo un cero en el lugar correspondiente al orden del cual no haya unidades y separando con un punto los órdenes de los subórdenes.

Ejemplo

Escribir el número cinco mil treinta y cuatro unidades y ocho décimas. Lo escribiremos de este modo: 5034.8, donde vemos que cada cifra ocupa el lugar correspondiente al orden que representa: 5 millares, 3 decenas, 4 unidades y 8 décimas y como no había centenas en el número dado hemos puesto cero en el lugar correspondiente a las centenas.

➤ EJERCICIO 7

1. Escribir los números: catorce mil treinta y dos; ciento cuarenta y nueve mil ocho; trescientos cuatro mil seis; ochocientos mil ocho; novecientos nueve mil noventa; dos millones, dos mil doscientos dos; quince millones, dieciséis mil catorce; ciento cuarenta y cuatro millones, ciento cuarenta y cuatro; ciento dieciséis millones, trescientos ochenta y seis mil, quinientos catorce; doscientos catorce mil millones, seiscientos quince; dos billones, dos millones, dos unidades; tres mil tres billones, trescientos treinta mil, trescientos treinta; seis trillones, seis billones, seiscientos sesenta millones, seiscientos mil, seiscientos seis.

2. Escribir los números: catorce milésimas; diecinueve cienmilésimas; trescientas cuatro millonésimas; dos mil ochenta diezmillonésimas; mil treinta y y dos mil millonésimas; seis millonésimas; seis milbillonésimas.

3. Escribir los números: ciento cuatro unidades, ocho centésimas; dos mil ciento seis unidades, ocho milésimas; treinta mil treinta unidades, ciento cuatro cienmilésimas; dos millones, dos mil dos unidades, dos mil dos millonésimas.

4. Escribir los números: cincuenta y cuatro décimas; doscientas dos centésimas; cinco mil cinco milésimas; diecinueve mil nueve diezmilésimas; tres millones, tres mil cuatro cienmilésimas; quince mil millones, quince millonésimas.

5. Escribir los números: trescientas cuatro décimas; nueve mil nueve centésimas; catorce mil catorce milésimas; ciento nueve mil seis diezmilésimas; un millón de cienmilésimas.

6. Escriba los números que constan de 7 unidades de tercer orden, 4 del primer suborden y 3 del tercer suborden; 5 unidades del cuarto orden y 5 del cuarto suborden; 6 unidades del quinto orden, 4 del segundo, 8 del cuarto suborden y 6 del quinto suborden.

7. Escribir los números: catorce decenas; ciento treinta y cuatro millares; catorce decenas de millar; diecinueve centenas de millón; doscientas treinta y cuatro decenas de millar de millón; catorce centenas de millón.

8. Escribir los números: seis decenas de decenas; ocho centenas de centenas; nueve millares de décimas; catorce millares de milésimas; nueve décimas de decenas; veintidós centésimas de millar; nueve diezmilésimas de decena; treinta y dos millonésimas de centena; tres cienmillonésimas de millar.

9. Escriba el menor y el mayor número de dos cifras; de 4 cifras; de 5 cifras, de 7 cifras.

10. Escriba el menor y el mayor número de la 1ª clase; de la 2ª clase; de la 3ª clase.

11. Escriba el número superior e inferior inmediato a 2100, 3200, 4500.

(62) REGLA PARA LEER UN NUMERO

Para leer un número se divide en grupos de a seis cifras empezando por la derecha, colocando entre el primero y el segundo grupo y abajo el número 1, entre el segundo y el tercero el número 2, entre el tercero y el cuarto el número 3, y así sucesivamente. Cada grupo de seis cifras se divide por medio de una coma en dos grupos de a tres. Hecho esto, se empieza a leer el número por la izquierda, poniendo la palabra trillón donde haya un tres, billón donde haya un dos, millón donde haya un uno y mil donde se encuentre una coma. Si el número tiene parte decimal se lee ésta a continuación de la parte entera, dándole la denominación del último suborden.

Ejemplo

Leer el número 56784321903423456.245. Para leerlo escribiremos de este modo: $56,784_2321,903_1423,456.245$ y se leerá: 56 mil 784 billones, 321 mil 903 millones, 423 mil 456 unidades y 245 milésimas.

> **EJERCICIO 8**

1. Leer los números:

964	84103725	2005724568903
1032	463107105	40725032543108
14265	9432675321	724056431250172
132404	96723416543	2000002002002002
1030543	100001001001	3000003030000030

2. Leer los números:

0.4	0.00074	0.472003056
0.18	0.130046	0.0725631235
0.415	0.00107254	0.432003561003
0.0016	0.100000003	0.0000000000500

3. Leer los números:

6.4	86.00325	1444.4444444
84.25	151234.76	6995.0072545
9.003	84.000356	72567854.70325
16.0564	184.7256321	9465432161.00007

(63) CONSECUENCIAS

De lo anteriormente expuesto se deduce:

1) Un número no varía porque se añadan ceros a su izquierda, porque el valor absoluto y relativo de cada cifra permanece idéntico.

2) Si a la derecha de un número añadimos uno, dos, tres, etc., ceros, el número se hace diez, cien, mil, etc., veces mayor porque el valor relativo de cada cifra se hace diez, cien, mil, etc., veces mayor.

3) Si de la derecha de un número entero se separan con un punto decimal una, dos, tres, etc., cifras, el número se hace diez, cien, mil, etc., veces menor porque el valor relativo de cada cifra se hace diez, cien, mil, etc., veces menor.

4) Si en un número decimal se corre el punto decimal uno, dos, tres, etc., lugares a la derecha el número se hace diez, cien, mil, etc., veces mayor, porque el valor relativo de cada cifra se hace diez, cien, mil, etc., veces mayor.

5) Si en un número decimal corremos el punto decimal uno, dos, tres, etc., lugares a la izquierda, el número se hace diez, cien, mil, etc., veces menor porque el valor relativo de cada cifra se hace diez, cien, mil, etc., veces menor.

➤ EJERCICIO 9

1. ¿Cuál de estos números 17, 017 y 0017 es el mayor?
2. Hacer los números 8, 25, 326, diez, cien, mil veces mayores.
3. ¿Cuántas veces es el número 5600 mayor que 56; que 560. ¿Por qué?
4. Háganse los números 9, 39, 515, diez, cien, mil veces menores.
5. ¿Cuántas veces es 34 menor que 340, 3400, 34000? ¿Por qué?
6. Hacer el número 456.89 diez, cien, mil, diez mil veces mayor y menor. Dé la razón.
7. Reducir 9 a décimas; 14 a centésimas; 19 a milésimas.
8. Reducir 0.9 a decenas; 0.14 a centenas; 0.198 a millares.
9. ¿Qué relación hay entre los números 12345, 1234.5 y 123.45?
10. ¿Qué relación hay entre los números 0.78, 78 y 780?

Aunque los egipcios, griegos y romanos tenían formas distintas de representar los números, la base de su numeración era decimal. Otros pueblos elaboraron distintos sistemas; por ejemplo, los babilonios tenían como base el sesenta; los mayas, en América, desarrollaron un sistema de base veinte. En el siglo XVII, Leibnitz descubrió la numeración de base binaria, y la posibilidad de infinitos sistemas de numeración.

ESTUDIO DE OTROS SISTEMAS DE NUMERACION

CAPITULO

64 POSIBILIDAD DE OTROS SISTEMAS DE NUMERACION

En el sistema decimal que hemos estudiado la base es 10. Si en lugar de 10 tomamos como base 2, 3, 4, 5, 6, etc., tendremos otros sistemas de numeración en que se cumplirán principios semejantes a los establecidos para el sistema decimal.

Así, en el sistema de base 2 se cumplirá: 1) **Que dos unidades de un orden forman una del orden superior inmediato.** 2) **Que toda cifra escrita a la izquierda de otra representa unidades dos veces mayores que las que representa ésta.** 3) **Que con dos cifras se pueden escribir todos los números.**

Principios semejantes se cumplirán en los sistemas cuya base sea 3, 4, 5, 6, etc.

Entonces, los sistemas de numeración **se diferencian unos de otros por su base.**

Como podemos tomar por base cualquier número, el número de sistemas es **ilimitado.**

65 NOMENCLATURA

Atendiendo a su base, los sistemas se denominan: el de base 2, **binario;** el de base 3, **ternario;** el de base 4, **cuaternario;** el de base 5, **quinario;**

el de base 6, **senario;** el de base 7, **septenario;** el de base 8, **octonario;** el de base 9, **nonario;** el de base 10, **decimal** o **décuplo;** el de base 11, **undecimal;** el de base 12, **duodecimal;** de base 13, de base 14, de base 15, etc.

(66) NOTACION

Para indicar el sistema en que está escrito un número, se escribe abajo y a su derecha un número pequeño que indica la base, el cual recibe el nombre de **subíndice.** Así 11_2 indica que este número está escrito en el sistema binario; 432_5 indica que este número está escrito en el sistema quinario; 8956_{12} indica que este número está escrito en el sistema duodecimal.

Cuando un número no lleva subíndice, está escrito en el sistema decimal.

(67) NUMERO DE CIFRAS DE UN SISTEMA

En todo sistema se emplean tantas cifras, contando el cero, como unidades tiene la base.

En el sistema binario, cuya base es 2, se emplean dos cifras, que son: el 0 y el 1. El 2 no puede emplearse, porque en este sistema dos unidades de un orden cualquiera forman una del orden inmediato superior y el 2 se escribirá 10, lo que significa: cero unidades del primer orden y una del segundo.

En el sistema ternario, cuya base es 3, se emplean tres cifras que son: el 0, el 1 y el 2. El 3 ya no puede escribirse en este sistema, porque tres unidades de un orden cualquiera forman una del orden inmediato superior y el 3 se escribirá 10, lo que significa: cero unidades del primer orden y una del segundo.

En el sistema cuaternario, cuya base es 4, se emplean cuatro cifras, que son: el 0, el 1, el 2 y el 3. El 4 no puede escribirse, porque siendo la base del sistema, forma ya una unidad del orden inmediato superior y se escribirá 10, lo que significa: cero unidades del primer orden y una del segundo.

Por análoga razón, las cifras que se emplean en el sistema quinario son: el 0, el 1, el 2, el 3 y el 4; en el sistema senario: el 0, el 1, el 2, el 3, el 4 y el 5; en el septenario: 0, 1, 2, 3, 4, 5 y 6, etc.

Cuando la base del sistema es mayor que 10, las cifras que pasan de 10 se suelen representar por medio de letras, de esta manera: la **a** representa el 10; la **b** representa el 11; la **c,** el 12; la **d,** el 13; la **e,** el 14; la **f,** el 15; y así sucesivamente.

Por lo tanto, las cifras del sistema undecimal son: 0, 1, 2, 3, 4, 5, 6, 7, 8, 9 y **a;** las del sistema duodecimal son: 0, 1, 2, 3, 4, 5, 6, 7, 8, 9, **a y b;** las del sistema de base 13 son las anteriores y además **c;** las del de base 14. las del de base 13 y además **d;** etc.

68 CIFRAS COMUNES

Las cifras comunes a todos los sistemas son el 0 y el 1.

69 BASE COMUN

La base de todos los sistemas se escribe del mismo modo: 10.

Parecerá una contradicción decir esto, cuando antes hemos dicho que los sistemas se diferencian unos de otros por su base; pero es que 10 no representa siempre diez unidades, sino una unidad del segundo orden, que en cada sistema tendrá distinto valor. Así, en el binario, 10 representa 2 unidades, o sea la base, porque en este sistema cada unidad del segundo orden tiene dos unidades del primero; en el ternario, 10 representa 3 unidades, o sea la base, porque en este sistema cada unidad del segundo orden representa tres unidades del primero; en el de base 9, 10 representará 9 unidades, o sea la base, porque en este sistema cada unidad del segundo orden tiene 9 unidades del primero, y así sucesivamente.

70 PRINCIPIOS FUNDAMENTALES

Explicamos ahora los principios fundamentales expuestos en el número 51, aplicados a los sistemas distintos del decimal.

1) **En todo sistema, un número de unidades de cualquier orden, igual a la base, forma una unidad del orden inmediato superior.**

Esto significa que en el sistema binario, de base 2, dos unidades de un orden cualquiera forman una unidad del orden inmediato superior; en el sistema ternario o de base 3, tres unidades de un orden cualquiera forman una unidad del orden inmediato superior; en el sistema cuaternario o de base 4, cuatro unidades de un orden cualquiera forman una unidad del orden inmediato superior; en el sistema nonario, 9 unidades de cualquier orden forman una unidad del orden inmediato superior; en el sistema duodecimal, 12 unidades de cualquier orden forman una unidad del orden inmediato superior, y así sucesivamente.

2) **En todo sistema una cifra escrita a la izquierda de otra representa unidades tantas veces mayores que las que representa la anterior, como indique la base.**

Esto significa que en el número 123_5 escrito como lo indica el subíndice, en el sistema quinario, el 2, escrito a la izquierda del 3, representa unidades que son cinco veces mayores que las que representa el 3; y el 1, escrito a la izquierda del 2, representa unidades que son cinco veces mayores que las que representa el 2, o sea veinticinco veces mayores que las que representa el 3.

En el número 6543_9, el 4 que está escrito a la izquierda del 3 representa unidades que son nueve veces mayores que las que representa el 3; el 5 representa unidades nueve veces mayores que las que representa el 4, o sea ochenta y una veces mayores que las que representa el 3; y el 6, escrito a la izquierda del 5 representa unidades que son nueve veces mayores que las que representa el 5, o sea, ochenta y una veces mayores que las que representa el 4 y setecientas veintinueve veces mayores que las que representa el 3.

3) **En todo sistema, con tantas cifras como unidades tenga la base, se pueden escribir todos los números.**

Esto significa que en el sistema binario o de base 2, con dos cifras que son el 0 y el 1, se pueden escribir todos los números; en el sistema ternario o de base 3, como la base tiene tres unidades, con tres cifras que son el 0, el 1 y el 2, se pueden escribir todos los números; en el sistema septenario o de base 7, como la base tiene siete unidades, con siete cifras, que son el 0, el 1, el 2, el 3, el 4, el 5 y el 6, se pueden escribir todos los números, etc.

> **EJERCICIO 10**

1. ¿Cuántos sistemas de numeración hay?
2. ¿En qué se distinguen unos de otros los sistemas de numeración?
3. ¿Cómo se sabe en qué sistema está escrito un número?
4. ¿En qué sistema no se emplea subíndice?
5. Diga qué cifras se emplean en el sistema quinario, nonario, undecimal, duodecimal, en el de base 13, de base 15, en el vigesimal.
6. ¿Existe la cifra 7 en el sistema de base 6; el 9 en el de base 8; el 7 en el de base 5?
7. ¿Por qué no se emplea la cifra 5 en el sistema ternario; en el cuaternario?
8. ¿Cómo se escribe la base en el sistema quinario; en el octonario; en el de base 15? ¿Cuántas unidades representa en cada uno?

(71) **VALOR RELATIVO DE LAS CIFRAS DE UN NUMERO ESCRITO EN UN SISTEMA CUALQUIERA**

Conociendo el lugar que ocupa una cifra y la base del sistema en que está escrito el número, podemos hallar su valor relativo.

1) **Valor relativo de las cifras del número 123_4**

La cifra 1 representa unidades de tercer orden, pero como la base es 4, cada unidad de tercer orden contiene 4 del segundo y como cada unidad del segundo orden contiene 4 del primero, el valor relativo de la cifra 1 es $1 \times 4 \times 4 = 16$ unidades del primer orden.

La cifra 2, que representa unidades del segundo orden, contiene $2 \times 4 = 8$ unidades del primer orden, luego su valor relativo es 8.

El valor relativo de la cifra 3 es 3 unidades del primer orden.

2) **Valor relativo de las cifras del número 2340_6**

Valor relativo de la cifra 2: $2 \times 6 \times 6 \times 6 = 432$ unidades del 1er. orden
„   „   „ „ „ 3: $3 \times 6 \times 6 = 108$ „   „   „   „
„   „   „ „ „ 4: $4 \times 6 = 24$ „   „   „   „

➤ **EJERCICIO 11**

1. Hallar el valor relativo de cada una de las cifras de los números:

11_2 223_4 312_5 564 879_{11} 7245_{20}

21_3 2342_5 436_7 703_9 ab_{15} 10023_{30}

2. ¿Cuántas unidades del primer orden contiene cada uno de los números siguientes?

20_3 312_5 2134_7 7012_{11} $7ab2_{15}$

112_4 2002_6 7010_9 20314_{12} $4cd63_{20}$

3. Escriba el número que representa: 2 unidades del primer orden en el sistema binario; 3 ídem en el ternario; 9 ídem en el nonario.

4. Escriba el número que representa: 3 unidades del primer orden en el sistema binario; 4 ídem en el ternario; 5 ídem en el cuaternario; 10 ídem en el undecimal; 12 ídem en el undecimal.

5. Escriba el número que representa: 4 unidades del primer orden en el sistema binario; 5 ídem en el ternario; 6 ídem en el cuaternario; 8 ídem en el senario.

6. Escriba el número que representa: 6 unidades del primer orden en el sistema binario: 9 ídem en el ternario; 12 ídem en el cuaternario.

7. Escriba el número que representa: 9 unidades del primer orden en el sistema senario; en el septenario; en el nonario.

8. Escriba el número que representa: 8 unidades del primer orden en el sistema cuaternario; 10 ídem en el quinario; 12 ídem en el senario; 18 ídem en el nonario.

9. Escriba el número que representa: 15 unidades del primer orden en el sistema quinario; 18 ídem en el senario; 21 ídem en el septenario: 45 ídem en el de base 15.

CONVERSION DE UN NUMERO ESCRITO EN UN SISTEMA A OTRO DISTINTO

Se pueden considerar los tres casos que a continuación se estudian.

(72) PRIMER CASO

Convertir un número escrito en el sistema decimal a otro sistema distinto.

REGLA

Se divide el número y los sucesivos cocientes por la base del nuevo sistema, hasta llegar a un cociente menor que el divisor. El nuevo número se forma escribiendo de izquierda a derecha el último cociente y todos los residuos colocados a su derecha, de uno en uno, aunque sean ceros.

Ejemplos

(1) Convertir 85 al sistema ternario.

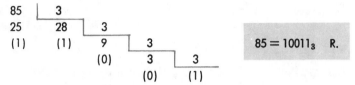

$$85 = 10011_3 \quad \text{R.}$$

(2) Convertir 3898 al sistema duodecimal.

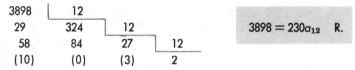

$$3898 = 230a_{12} \quad \text{R.}$$

OBSERVACION

Cuando el último cociente o alguno de los residuos sea mayor que 9 se pone en su lugar la letra correspondiente.

➤ EJERCICIO 12

Convertir:

1.	123	al sistema	binario.	R.	1111011_2.
2.	871	„ „	ternario.	R.	1012021_3.
3.	3476	„ „	quinario.	R.	102401_5.
4.	10087	„ „	de base 7.	R.	41260_7.
5.	1007	„ „	de base 8.	R.	1757_8.
6.	78564	„ „	nonario.	R.	128683_9.
7.	87256	„ „	duodecimal	R.	$425b4_{12}$
8.	120022	„ „	de base 20.	R.	$f012_{20}$.
9.	14325	„ „	de base 30.	R.	fqf_{30}.
10.	86543	„ „	de base 32.	R.	$2kgf_{32}$.

(73) SEGUNDO CASO

Convertir un número escrito en un sistema distinto del decimal al sistema decimal.

REGLA

Se multiplica la primera cifra de la izquierda del número dado por la base y se suma con este producto la cifra siguiente. El resultado de esta suma se multiplica por la base y a este producto se le suma la tercera cifra y así sucesivamente hasta haber sumado la última cifra del número dado.

Ejemplos

(1) Convertir 11101_2 al sistema decimal.

$1 \times 2 = 2$	$2 + 1 = 3$
$3 \times 2 = 6$	$6 + 1 = 7$
$7 \times 2 = 14$	$14 + 0 = 14$
$14 \times 2 = 28$	$28 + 1 = 29$

$$11101_2 = 29. \quad \text{R.}$$

(2) Convertir el número $89ab3_{12}$ al sistema decimal.

$8 \times 12 = 96$	$96 + 9 = 105$
$105 \times 12 = 1260$	$1260 + 10 = 1270$
$1270 \times 12 = 15240$	$15240 + 11 = 15251$
$15251 \times 12 = 183012$	$183012 + 3 = 183015$

$$89ab3_{12} = 183015. \quad \text{R.}$$

➤ **EJERCICIO 13**

Convertir al decimal:

1.	1101_2.	**R.** 13.	6. $7ab5_{12}$.	**R.** 13673.
2.	32012_4.	**R.** 902.	7. $cda6_{15}$.	**R.** 43581.
3.	5431_6.	**R.** 1243.	8. $8efa_{18}$.	**R.** 51472.
4.	76321_8.	**R.** 31953.	9. $heg34_{20}$.	**R.** 2838464.
5.	20078_9.	**R.** 13193.	10. $abcd_{30}$.	**R.** 280273.

(74) TERCER CASO

Convertir un número escrito en un sistema distinto del decimal a otro sistema que no sea el decimal.

REGLA

Se reduce el número dado primero al sistema decimal y de éste al pedido.

Ejemplos

(1) Convertir el número 2211_3 al sistema de base 7.

2211_3 al decimal:

$2 \times 3 = 6$	$6 + 2 = 8$
$8 \times 3 = 24$	$24 + 1 = 25$
$25 \times 3 = 75$	$75 + 1 = 76.$

76 al de base 7:

```
  76  | 7
 (6)   10 | 7
       (3)  (1)
```

$$2211_3 = 136_7 \quad \text{R.}$$

(2) Convertir abe_{15} al sistema de base 13.

abe_{15} al decimal:

$$10 \times 15 = 150 \qquad 150 + 11 = 161$$
$$161 \times 15 = 2415 \qquad 2415 + 14 = 2429.$$

2429 al de base 13:

```
2429  | 13
 112    186  | 13
 089     56    14  | 13
(11)    (4)    (1)   (1)
```

$$abe_{15} = 114b_{13} \quad \text{R.}$$

➤ EJERCICIO 14

Convertir:

1. 1002_3 al cuaternario. **R.** 131_4.
2. 432_7 al ternario. **R.** 22010_3.
3. $b56_{12}$ al quinario. **R.** 23100_5.
4. $54cd_{15}$ al duodecimal. **R.** $a494_{12}$.
5. $c00b_{18}$ al de base 23. **R.** $5h76_{23}$.

6. $5ab4_{14}$ al de base 7. **R.** 64114_7.
7. $abcd_{20}$ „ „ „ 9. **R.** 138108_9.
8. $ef4c_{21}$ „ „ „ 22. **R.** $chg9_{22}$.
9. $hf00c_{25}$ „ „ „ 30. **R.** $8eiq2_{30}$.
10. $8a0d_{24}$ „ „ „ 15. **R.** $2472a_{15}$.

➤ EJERCICIO 15

1. De un lugar en que se emplea el sistema binario nos remiten 1101 bultos postales. ¿Cómo escribiremos ese número? **R.** 9.
2. De México enviamos a un comerciante que emplea el sistema duodecimal 5678 barriles de aceite. ¿Cómo escribirá ese número dicho comerciante? **R.** 3352_{12}.
3. Pedimos 18 automóviles a un individuo que emplea el sistema de base 18. ¿Cómo escribe ese individuo el número de automóviles que nos envía? **R.** 10_{18}.
4. Un comerciante que emplea el sistema quinario pide 4320 sombreros a otro que emplea el sistema de base 13. ¿Cómo escribirá este comerciante el número de sombreros que envía al primero? **R.** 360_{13}.

75) NOTACION LITERAL

En Matemática, cuando se quieren generalizar las cuestiones, las propiedades de los números o los razonamientos, las cantidades se representan por **letras**.

Así, cuando yo pruebo que $(a + b)^2 = a^2 + 2ab + b^2$, la propiedad que he demostrado es **general** y diré que el cuadrado de la suma de dos números **cualesquiera** es igual al cuadrado del **primero**, más el duplo del **primero** por el **segundo** más el cuadrado del **segundo**.

Cuando en una cuestión cualquiera asignamos a una letra un valor determinado, dicha letra no puede representar, en la misma cuestión, otro valor distinto del que le hemos asignado.

Para que una misma letra pueda representar distintos valores hay que diferenciarlos por medio de comillas, por ejemplo, a', a'', a''', que se leen

a prima, a segunda, a tercera o por medio de subíndices, por ejemplo, a_1, a_2, a_3, que se leen **a subuno, a subdós, a subtrés.**

76 REPRESENTACION GRAFICA DE LOS NUMEROS NATURALES

Los números naturales se representan geométricamente por medio de **segmentos** de recta.

Para ello se elige un segmento cualquiera, por ejemplo: OA (figura 15), que representa el 1; OA es el segmento **unidad.**

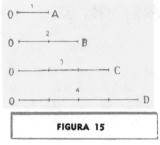

FIGURA 15

Entonces, cada número natural se representa por un segmento que contiene el segmento unidad tantas veces como elementos tiene el conjunto que representa el número.

Así, el 2 se representa por un segmento OB que contiene 2 veces el segmento unidad; el 3 se representa por un segmento OC que contiene tres veces el segmento unidad; el 4 se representa por el segmento OD, etc.

Para representar sobre una semirecta la serie de los números naturales se procede de este modo:

O	A	B	C	D	E	F	G	H	I
0	1	2	3	4	5	6	7	8	9

FIGURA 16

A partir del origen O (figura 16) se toman sucesivamente segmentos iguales al segmento escogido como unidad y tendremos que el segmento OA representa el 1; el segmento OB el 2; el segmento OC el 3; el segmento OD el 4 y así sucesivamente. El 0, que representa el conjunto nulo, se representa por un **segmento nulo:** el punto O, origen.

Vemos que los puntos $O, A, B, C, D \ldots$ son los extremos de los segmentos $OO = 0$, $OA = 1$, $OB = 2$, $OC = 3$, $OD = 4$, etc., todos de origen O. En la práctica se dice que el **extremo** de cada segmento representa un número natural. Así, el punto A representa el 1; el punto B, el 2; el punto C, el 3; el punto F, el 6; el punto I, el 9, etc.

La **distancia** de cada uno de los puntos $O, A, B, C, D \ldots$ al origen O se llama **abscisa** de ese punto. Así, OA es la abscisa del punto A, OB la abscisa del punto B, OE la abscisa del punto E, etc., y esas abscisas se expresan por el **número** que corresponde al punto. Así, la abscisa del punto A es 1, la de B es 2, la de D es 4, la de H es 8, etc.

La **escala** de una cinta métrica, de un nonio, de una regla, de un termómetro no son más que semirectas que llevan marcadas las abscisas de cada uno de sus puntos.

EX NVMERIS RERVM
QVANTITATEM
EX LITTERIS AVTEM
EARVM PVLCHRITVDINEM
· DISCIMVS ·

La contribución de los romanos a las Matemáticas estuvo limitada a algunas nociones de Agrimensura, sur-
gidas de la necesidad de medir y fijar las fronteras del vasto imperio. No obstante, la huella romana se observa
todavía hoy a través de su numeración, que ha sido fijada por el uso, en los capítulos de los libros; en la sucesión de los reyes; en la notación de los siglos; y, especialmente, en las inscripciones históricas.

NUMERACION ROMANA

CAPITULO IV

(77) LA NUMERACION ROMANA es el sistema de representación de los
números empleado por los romanos. La numeración romana no utiliza el principio del valor relativo, pues el valor de los símbolos siempre
es el mismo, sin que influya el **lugar** que ocupan.

La numeración romana parece ser resto de un sistema de numeración
de base 5.

SU USO EN LA ACTUALIDAD

Se usa muy poco. Solamente se emplea para fechas, algunas veces;
para numerar los capítulos de una obra; en algunos relojes, etc.

(78) SIMBOLOS QUE EMPLEA. SUS VALORES

Los símbolos que emplea la numeración romana son: I que vale 1;
V que vale 5; X que vale 10; L que vale 50; C que vale 100; D que vale
500 y M que vale 1000.

Además, **una rayita** colocada encima de una letra indica tantos millares como unidades tenga ese símbolo; **dos rayitas** encima de cualquier
símbolo indican tantos millones como unidades tenga el símbolo; **cuatro
rayitas,** tantos billones como unidades indique el símbolo; **seis rayitas,** tantos trillones como unidades tenga el símbolo.

45

79 REGLAS PARA LA REPRESENTACION DE LOS NUMEROS

Son tres:

1) Si a la **derecha** de una cifra colocamos otra **igual** o **menor,** el valor de la primera queda aumentado con el de la segunda.

Ejemplo	LV equivale a L + V = 55.

2) Si a la **izquierda** de una cifra colocamos otra **menor,** el valor de ésta se resta de la anterior.

Ejemplo	IV equivale a V − I = 4.

3) Nunca se pueden emplear **más de tres símbolos iguales** seguidos a la derecha de otra cifra mayor, ni aislados; ni **más de uno** a la izquierda de otra mayor. Así, el 40 no se escribe XXXX, sino XL; el 9 no se escribe VIIII, sino IX; el 70 no se escribe XXXC, sino LXX.

Ejemplos

NUMEROS ARABIGOS	NUMEROS ROMANOS	NUMEROS ARABIGOS	NUMEROS ROMANOS
1	I	234	CCXXXIV
2	II	580	DLXXX
3	III	1,000	M
4	IV	2,000	MM
5	V	2,349	MMCCCXLIX
6	VI	3,000	MMM
7	VII	4,000	$\overline{\text{IV}}$
8	VIII	5,609	$\overline{\text{V}}$DCIX
9	IX	50,190	$\overline{\text{L}}$CXC
10	X	1,000,000	$\overline{\overline{\text{M}}}$
13	XIII	2,000,000	$\overline{\overline{\text{MM}}}$
18	XVIII	20,000,000	$\overline{\overline{\text{XX}}}$
30	XXX	Billón	$\overline{\overline{\overline{\text{M}}}}$
40	XL		
65	LXV	Trillón	$\overline{\overline{\overline{\overline{\text{M}}}}}$
105	CV	4,132,208	$\overline{\overline{\text{IV}}}$CXXXIICCVIII

► EJERCICIO 16

Leer los números siguientes:

1. LVIII
2. CCCXXXIII
3. DCIII
4. DCCXXXII

5. CMXLV
6. MMCCIV
7. $\overline{V}$DC
8. $\overline{DL}$X

9. $\overline{MXIX}$CXV
10. $\overline{VIV}$CCVI
11. $\overline{VIDVII}$CC
12. $\overline{\overline{MXVI}}$

13. $\overline{\overline{XMM}}$XXV
14. $\overline{\overline{MMIIC}}$VIII
15. $\overline{\overline{VLIII}}$
16. $\overline{\overline{\overline{MXV}}}$

► EJERCICIO 17

Escribir los números siguientes en el sistema romano:

1. 209.
2. 343.
3. 1,937.
4. 4143.
5. 81,000.
6. 124,209.

7. 245,708.
8. 300,000.
9. 300,018.
10. 325,208.
11. $4_1135,506$.
12. $6_1000,000$.

13. $20_1778,908$.
14. $54_1000,008$.
15. $1,384_1435,786$.
16. $45,789_1000,324$.
17. 4 billones.
18. 14 trillones.

► EJERCICIO 18

Escribir con números arábigos los números romanos de los ejercicios siguientes:

1. Colón descubrió la América en el año MCDXCII y murió en el año MDVI.
2. Don Benito Juárez murió el XVIII de julio de MDCCCLXXII.
3. La Invasión comenzó el XXII de octubre de MDCCCXCV y terminó el mismo día del MDCCCXCVI.
4. La República de Venezuela proclamó su independencia el día V del VII mes del año MDCCCXI.
5. El cuadrante del meridiano terrestre tiene aproximadamente $\overline{\overline{X}}$ de metros.
6. Céspedes dio el Grito de Yara el día X de octubre de MDCCCLXVIII.

El problema de las igualdades no fue conocido por los antiguos en su forma aritmética. El primero que utilizó el signo igual (=), y expuso algunas cuestiones teóricas sobre las igualdades fue Robert Recorde, en su obra "The Ground of Arts", publicada en Londres en 1542. Más tarde, en el siglo XVII, el inglés Harriot y el francés Bouguer establecieron el uso de los signos mayor que (>) y menor que (<).

RELACIONES DE IGUALDAD Y DESIGUALDAD

CAPITULO V

80 IGUALDAD ENTRE NUMEROS NATURALES

Sabemos (38, 2º) que todos los conjuntos coordinables entre sí tienen el mismo número cardinal. Por tanto, podemos decir que:

Números iguales son los que representan conjuntos coordinables.

> *Ejemplo*

Si en un tranvía cada persona ocupa un asiento de modo que no queda ningún asiento vacío ni ninguna persona de pie, ambos conjuntos están coordinados, luego si a es el número que representa el conjunto de personas y b el número que representa el conjunto de asientos, tendremos que los números a y b son iguales (o son el mismo número), lo cual se expresa por la *notación*

$$a = b \quad \text{y se lee } a \text{ igual a } b.$$

La expresión $a = b$ es una *igualdad* en la cual a que está a la izquierda del signo $=$ es el *primer miembro* y b que está a la derecha del signo $=$ es el *segundo miembro*.

81 DESIGUALDAD ENTRE NUMEROS NATURALES

Cuando dos conjuntos no son coordinables entre sí tienen **desigual número**. Por tanto, podemos decir que:

Números desiguales son los que representan conjuntos no coordinables.

> *Ejemplos*

Si en un tranvía no es posible lograr que cada pasajero ocupe un asiento y cada asiento esté ocupado por una sola persona, ambos conjuntos no son coordinables y ello obedecerá a que hay *más* personas que asientos o *más* asientos que personas. Entonces, si a es el número que representa el conjunto de personas y b el número que representa el conjunto de asientos, diremos que a es desigual a b. Si hay *más personas que asientos* después que cada asiento esté ocupado por una persona, quedarán personas de pie; entonces el conjunto de los asientos está coordinado con *una parte* del conjunto de personas y en este caso diremos que el número de personas a es *mayor* que el número de asientos b o que el número de asientos es menor que el número de personas lo cual se expresa con la siguiente notación:

$$a > b \text{ o } b < a.$$

Luego, un número a es *mayor* que otro número b cuando el conjunto que representa b es coordinable con *una parte* del conjunto que representa a.

Si hay *más asientos que personas* o menos personas que asientos, después que cada persona ocupe un asiento quedarán asientos vacíos; entonces el conjunto de personas estará coordinado con una parte del conjunto de asientos y en este caso diremos que el número de personas a es menor que el número de asientos b o que el número de asientos es *mayor* que el número de personas, lo que expresa con la notación:

$$a < b \text{ o } b > a.$$

Luego, un número a es *menor* que otro número b cuando el conjunto que representa a es coordinable con *una parte* del conjunto que representa b.

Al escribir una desigualdad hay que poner el número *menor* junto al vértice del signo $<$ y el número *mayor* junto a la abertura. Así,

$$5 < 8$$
$$10 > 6.$$

El *primer miembro* de una desigualdad es el número que está a la izquierda del signo $<$ o $>$ y el segundo miembro es el número que está a la derecha. Así, en $5 < 8$, 5 es el primer miembro y 8 el segundo miembro.

82 POSTULADO DE RELACION

Sea a el número de elementos del conjunto A y b el número de elementos del conjunto B. Necesariamente, tiene que ocurrir una de estas dos cosas: A **es coordinable con** B o no lo es.

Si A es coordinable con B, $a = b$.

Si A no es coordinable con B, ello será debido a que A tenga más elementos que B y entonces $a > b$ o a que A tenga menos elementos que B y entonces $a < b$. Podemos, pues, enunciar el siguiente:

POSTULADO

Dados dos números a y b necesariamente tiene que verificarse una y sólo una de estas tres posibilidades: $a = b$, $a > b$ o $a < b$.

Estas tres posibilidades se **completan,** es decir, necesariamente tiene que verificarse una de ellas. En efecto: Es imposible que un número a no sea igual, ni menor ni mayor que otro número b. Es imposible que la edad de una persona no sea ni 20 años, ni menos de 20 años, ni más de 20 años.

Estas posibilidades se **excluyen** mutuamente, es decir, que si se verifica una de ellas las otras dos no pueden verificarse. Así,

> Si $a = b$, no es $a > b$ ni $a < b$.
> Si $a > b$, no es $a = b$ ni $a < b$.
> Si $a < b$, no es $a = b$ ni $a > b$.

Si una persona tiene 20 años, no tiene ni más ni menos de 20 años; si tiene menos de 20 años, no tiene ni 20 años ni más de 20 años; si tiene más de 20 años, no tiene 20 años ni menos de 20 años.

83 SIGNOS DOBLES EN LA DESIGUALDAD

Si una de las tres posibilidades no se verifica, necesariamente tiene que verificarse una de las otras dos. Así:

Si a no es igual a b,   necesariamente $a > b$ o $a < b$. ( )
Si a no es mayor que b,   „ $a = b$ o $a < b$. ( )
Si a no es menor que b,   „ $a = b$ o $a > b$. ( )

Para expresar que un número **no es igual** a otro se emplea el signo $\neq$, que es el signo $=$ cruzado por una raya; para indicar que **no es mayor** que otro, se emplea el signo $\not>$, y para indicar que **no es menor** que otro se emplea el signo $\not<$.

Empleando los signos $\neq$, $\not>$ y $\not<$, las relaciones **(1)**, **(2)** y **(3)** pueden escribirse:

> Si $a \neq b$, necesariamente $a \lesseqgtr b$.
> Si $a \not> b$, „ $a \gtreqless b$.
> Si $a \not< b$, „ $a \lesseqgtr b$.

Vemos, pues, que el signo $\neq$ (no igual) equivale al signo doble $\lesseqgtr$ (mayor o menor que); el signo $\not>$ (no mayor) equivale al signo doble $\gtreqless$ (igual o menor que) y el signo $\not<$ (no menor) equivale al signo doble $\lesseqgtr$ (igual o mayor que).

EJERCICIO 19

1. Establecer la relación adecuada entre los números 3 y 5; 9 y 7.
   R. $3 < 5$; $9 > 7$.

2. ¿Qué significa que el número m es igual a n; que $m > n$; que $m < n$?
   R. Que el conjunto que representa m es coordinable con el que representa n; que el conjunto que representa n es coordinable con una parte del conjunto que representa m; que el conjunto que representa m es coordinable con una parte del conjunto que representa n.

3. En un colegio hay x dormitorios e y pupilos. ¿Cuándo será $x = y$, cuándo $x > y$ y cuándo $x < y$, de acuerdo con la coordinación de los conjuntos que ellos representan? **R.** Cuando el conjunto de pupilos sea coordinable con el conjunto de dormitorios; cuando el conjunto de pupilos sea coordinable con una parte del conjunto de dormitorios; cuando el conjunto de dormitorios sea coordinable con una parte del conjunto de pupilos.

4. a es un número de jóvenes y b un número de muchachas. ¿Qué relaciones se podrán escribir si al formar parejas sobran jóvenes; si sobran muchachas; si no sobran jóvenes ni muchachas? **R.** $a > b$; $a < b$; $a = b$.

5. ¿Por qué cierto número de lápices es igual a cierto número de naranjas?
   R. Porque ambos conjuntos son coordinables.

6. Explique cuándo cierto número de personas es menor que cierto número de sombreros. **R.** Cuando el conjunto de personas es coordinable con una parte del conjunto de sombreros.

7. Explique por qué el número de profesores de un colegio es mayor que el número de aulas del colegio. **R.** Porque el conjunto de aulas es coordinable con una parte del conjunto de profesores.

8. Reparto x lápices entre los n alumnos de una clase dando uno a cada alumno y quedan alumnos sin lápices. ¿Qué podrás escribir? **R.** $x < n$.

9. En un tranvía de 32 asientos entran x personas y no quedan asientos vacíos. ¿Qué relación puede escribir? **R.** $x = 32$ o $x > 32$.

10. Reparto m lápices entre los 18 alumnos de una clase y sobran lápices. ¿Qué puede escribir? **R.** $m > 18$.

11. En un ómnibus que tiene 20 asientos entran n personas y no quedan personas de pie. ¿Qué relación puede escribir? **R.** $n < 20$ o $n = 20$.

12. La velocidad x de un automóvil que poseo no puede pasar de 140 Kms. por hora. ¿Qué puede escribir? **R.** $x = 140$ o $x < 140$.

13. Si la velocidad x de un auto no puede bajar de 8 Kms. por hora, ¿qué puede escribir? **R.** $x = 8$ o $x > 8$.

14. Yo no tengo 34 años. Si mi edad es x años, ¿qué puede escribir?
    R. $x < 34$ o $x > 34$.

15. Para contraer matrimonio un hombre necesita tener 14 años cumplidos. Si Juan que tiene n años se casa, ¿cuál es su edad? **R.** $n = 14$ años o $n > 14$ años.

16. Si a es la edad de una niña que se examina de Ingreso, ¿qué edad tiene la niña?   **R.** $a = 13$ o $a > 13$.

17. Con los x centavos que tengo puedo comprar una entrada para el cine. Si la entrada no cuesta más de 20 centavos, ¿qué puede escribir?   **R.** $x = 20$, $x < 20$ o $x > 20$.

18. Con 30 cts. puedo comprar una entrada que cuesta x cts. ¿Qué relación puede escribir?   **R.** $x = 30$ o $x < 30$.

19. Con 50 cts. no puedo comprar una entrada que cuesta x cts. ¿Qué relación puede escribir?   **R.** $x > 50$.

20. En un colegio hay n aulas y no hay diez aulas. ¿Qué puede escribir?   **R.** $n < 10$ o $n > 10$.

21. Para ser representante hay que tener 21 años cumplidos. Si Roberto García es Representante, ¿cuál es su edad?   **R.** 21 años o más de 21.

(84) REPRESENTACION GRAFICA DE LA IGUALDAD Y LA DESIGUALDAD

Sabemos que cada número natural se representa gráficamente por un segmento que contiene al **segmento unidad** tantas veces como elementos tiene el conjunto que representa el número.

Dos números son iguales cuando representan dos conjuntos coordinables, o sea, dos conjuntos que tienen **igual número de elementos,** luego dos números iguales se representarán por dos segmentos que contengan **igual número de veces** al segmento unidad, o sea, por dos segmentos **iguales.** Así: $4 = 4$ se representa:

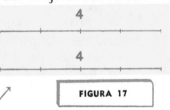

FIGURA 17

Cuando un número es **mayor** que otro el conjunto que representa el número mayor tiene **más elementos** que el conjunto que representa el número menor, luego el segmento que representa el número mayor contendrá al segmento unidad más veces que el segmento que representa el número menor, o sea, que ambos segmentos serán **desiguales.** Así: $7 > 4$ se representa:

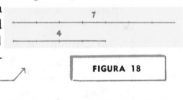

FIGURA 18

Cuando un número es **menor** que otro, el segmento que representa el número menor contiene **menos veces** al segmento unidad que el que representa el número mayor. Así: $5 < 6$ se representa:

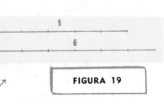

FIGURA 19

En resumen: **Segmentos iguales** representan **números iguales** y **segmentos desiguales** representan **números desiguales.**

➤ **EJERCICIO 20**

Representar gráficamente:

1. $3 = 5$.   3. $3 > 2$.   5. $8 < 10$.   7. $15 = 15$.
2. $5 < 8$.   4. $6 > 4$.   6. $9 > 5$.   8. $7 < 12$.

(85) LEYES DE LA IGUALDAD

Las leyes o caracteres de la igualdad son tres:

1) Carácter idéntico.   Todo número es igual a sí mismo.

$$a = a.$$

2) Carácter recíproco.   Si un número es igual a otro, éste es igual al primero.

Ejemplo

Así, si: $a = b, \ b = a.$

Si la edad de Pedro es igual a la de Rosa, la de Rosa es igual a la de Pedro.

El carácter recíproco de las igualdades nos permite invertir los dos miembros de una igualdad sin que la igualdad varíe.

3) Carácter transitivo.   Si un número es igual a otro y éste es igual a un tercero, el primero es igual al tercero.

Ejemplo

Así, si: $a = b$ y $b = c, \ a = c.$

Si la edad de Pedro es igual a la de Juan y la de Juan es igual a la de Enrique, Pedro y Enrique tienen la misma edad.

El carácter transitivo de las igualdades se suele enunciar diciendo que dos cosas iguales a una tercera son iguales entre sí o también que si dos igualdades tienen un miembro común, con los otros dos miembros se puede formar igualdad.

(86) LEYES DE LA DESIGUALDAD

En la desigualdad no existe el carácter idéntico, pues es imposible que un número sea mayor o menor que él mismo.   Así, es imposible que $m > m$ o que $m < m$.

Tampoco existe el carácter recíproco.   Si un número es mayor que otro, este último no puede ser mayor que el primero, sino menor.   Así, siendo $a > b$ no se verifica que $b > a$, sino que $b < a$.

Lo anterior nos dice que **si se invierten los miembros de una desigualdad, cambia el signo de la desigualdad.** Así, para invertir los miembros de la desigualdad $5 < 7$ hay que escribir $7 > 5$.

Las desigualdades sólo tienen **carácter transitivo,** que vamos a estudiar.

(87) CARACTER TRANSITIVO DE LAS RELACIONES DE MAYOR Y MENOR

1) Si un número es mayor que otro y éste es mayor que un tercero, el primero es mayor que el tercero.

Así, si:

$$a > b \text{ y } b > c, \, a > c.$$

Ejemplo

Si el aula Martí tiene mayor número de alumnos que el aula Agramonte y ésta tiene mayor número de alumnos que años su profesor, el aula Martí tiene más alumnos que años el profesor.

2) Si un número es menor que otro y éste es menor que un tercero, el primero es menor que el tercero.

Así, si:

$$a < b \text{ y } b < c, \, a < c.$$

Ejemplo

Si Pedro tiene más pesos que yo años y Enrique tiene más primos que pesos tiene Pedro, mis años son menos que los primos de Enrique.

Las propiedades anteriores 1 y 2 se pueden enunciar de este modo: *Si se tienen dos desigualdades del mismo sentido (es decir, ambas con > o ambas con <) tales que el segundo miembro de la primera sea igual al primer miembro de la segunda, de ellas resulta otra desigualdad del mismo sentido, cuyo primer miembro es el primer miembro de la primera desigualdad y cuyo segundo miembro es el segundo miembro de la segunda desigualdad.*

Así: $7 > 5$ y $5 > 3$ luego $7 > 3$.
$3 < 8$ y $8 < 11$ „ $3 < 11$.
$9 > 7$ y $11 > 9$ „ $11 > 7$.
$7 < 8$ y $4 < 7$ „ $4 < 8$.

Si dos desigualdades como las anteriores fueran de *distinto* sentido, el primer miembro de la primera puede ser igual, menor o mayor que el segundo miembro de la segunda.

Así: $3 < 5$ y $5 > 2$ y $3 > 2$.
$8 > 6$ y $6 < 9$ y $8 < 9$.
$7 > 4$ y $4 < 7$ y $7 = 7$.

➤ **EJERCICIO 21**

1. Aplicar el carácter recíproco de las igualdades a $x = y$; $a + b = c$; $p = q + r$. **R.** $y = x$; $c = a + b$; $q + r = p$.

2. Mis x años son tantos como los y hermanos de Enrique. ¿Qué puede escribir de acuerdo con el carácter recíproco de las igualdades? **R.** $y = x$.

3. Aplicar el carácter transitivo a las igualdades siguientes:

$$m = n \quad \text{y} \quad n = p. \qquad \textbf{R.} \quad m = p.$$
$$' p = q \quad \text{y} \quad r = p. \qquad \textbf{R.} \quad q = r.$$
$$x = y \quad \text{y} \quad n = y. \qquad \textbf{R.} \quad x = n.$$
$$a + b = c \quad \text{y} \quad x = a + b. \qquad \textbf{R.} \quad c = x.$$

4. Mi aula tiene tantos alumnos como años tengo yo y María tiene tantos primos como alumnos tiene mi aula, luego... ¿Qué carácter aplica para ello **R.** Transitivo.

5. $m = n + p$ y $n + p = c + d$ luego... **R.** $m = c + d$.

6. Si $m > n$ resulta que $n \, ? \, m$. **R.** $n < m$.

7. Siendo $x < y$ resulta que $y \, ? \, x$. **R.** $y > x$.

8. ¿Qué se deriva de cada una de las parejas siguientes de desigualdades de acuerdo con el carácter transitivo?:

$$7 > 5 \quad \text{y} \quad 5 > 2. \qquad \textbf{R.} \quad 7 > 2.$$
$$9 > 3 \quad \text{y} \quad 3 > 2. \qquad \textbf{R.} \quad 9 > 2.$$
$$a < b \quad \text{y} \quad b < m. \qquad \textbf{R.} \quad a < m.$$
$$m < n \quad \text{y} \quad n < p. \qquad \textbf{R.} \quad m < p.$$

9. **De**

$$6 > 3 \quad \text{y} \quad 2 < 3 \quad \text{resulta que...} \qquad \textbf{R.} \quad 6 > 2.$$
$$9 < 11 \quad \text{y} \quad 9 > 7 \quad \text{resulta que...} \qquad \textbf{R.} \quad 7 < 11.$$
$$20 > 6 \quad \text{y} \quad 3 < 6 \quad \text{resulta que...} \qquad \textbf{R.} \quad 20 > 5.$$

10. Expresar el carácter transitivo de la relación de mayor con los números 8, 3 y 7. **R.** $8 > 7$ y $7 > 3$ luego $8 > 3$.

11. Represente gráficamente el carácter transitivo de la relación de menor con los números 2, 5 y 9. **R.** $2 < 5$ y $5 < 9$ luego $2 < 9$.

12. Exprese el carácter transitivo de la relación de menor con 11, 9 y 7. **R.** $7 < 9$ y $9 < 11$ luego $7 < 11$.

13. Represente gráficamente el carácter transitivo de la relación mayor con tres números consecutivos.

14. De $m > n$ y $m < p$, resulta que... **R.** $p > n$.

15. Pedro es mayor que María y menor que Jorge. ¿Cuál es el mayor de los tres? **R.** Jorge.

16. Mi casa es menor que la de B y mayor que la de C. ¿Cuál de las tres es la menor? **R.** La de C.

17. Yo tengo más dinero que tú y menos que tu primo. ¿Quién es el más rico? **R.** Tu primo.

88 COMBINACION DE IGUALDADES Y DESIGUALDADES

Estudiaremos los 3 casos siguientes:

1) Combinación de igualdades y desigualdades que tengan todas el signo $>$.

Ejemplos

(1) Combinar $a = b$, $b > c$, $c > d$ y $d > e$.

Tendremos: $a = b > c > d > e$ y de aquí $a > e$.

(2) Combinar $m > n$, $p > r$, $q = m$ y $n = p$.

Tendremos: $q = m > n = p > r$ y de aquí $q > r$:

Vemos pues, que cuando todos los signos de desigualdad son $>$ se deduce la relación de *mayor* entre el primer miembro y el último.

2) Combinación de igualdades con desigualdades que tengan todas el signo $<$.

Ejemplos

(1) Combinar $a = b$, $b < c$, $c < d$ y $d < e$.

Tendremos: $a = b < c < d < e$ y de aquí $a < e$.

(2) Combinar $p < q$, $r < s$, $r = q$, $s = m$ y $n > m$.

Tendremos: $p < q = r < s = m < n$ y de aquí $p < n$.

Vemos pues, que cuando todos los signos de desigualdad son $<$ se deduce la relación de *menor* entre el primer miembro y el último.

3) Combinación de igualdades y desigualdades no todas del mismo sentido.

Ejemplo

Combinar $a = b$, $b > c$, $c > m$ y $m < p$.

Tendremos: $a = b > c > m < p$.

De aquí no se puede deducir relación alguna entre a y p pues puede ser $a = p$, $a > p$ o $a < p$.

89 ORDENAMIENTO DE LOS NUMEROS NATURALES

Hemos visto en el número **34**, que los números naturales son solamente símbolos que representan la sucesión fundamental de conjuntos finitos, y como en esta sucesión cada conjunto tiene **un elemento menos** que el siguiente, cada conjunto de la sucesión fundamental es **parcial** con relación al siguiente, luego cada número natural que representa un conjunto dado es **menor** que el número que representa el conjunto siguiente. Por tanto,

$$0 < 1, \ 1 < 2, \ 2 < 3, \ 3 < 4, \ 4 < 5, \text{ etc.}$$

y combinando estas desigualdades, resulta:

$$0 < 1 < 2 < 3 < 4 < 5 < 6 < 7 \ldots\ldots$$

Vemos, pues, que los elementos de la serie natural de los números están ordenados en orden ascendente.

⮞ EJERCICIO 22

1. Reunir en una sola expresión $a = b$, $b > c$, $c > d$ y hallar la relación entre a y d.   **R.** $a = b > c > d$; $a > d$.

2. Combinar $a = m$, $m < n$, $n < p$ y hallar la relación final.
   R. $a = m < n < p$; $a < p$.

3. Combinar $7 > 5$, $3 = 3$, $5 > 3$, $3 > 2$ y hallar la relación final.
   R. $7 > 5 > 3 = 3 > 2$; $7 > 2$.

4. Combinar $x > y$, $z > p$, $q = p$, $q > r$, $y = z$ y hallar la relación final.
   R. $x > y = z > p = q > r$; $x > r$.

5. Reunir en una sola expresión $c < d$, $e = f$, $d < e$, $f = g$, $h > g$ y hallar la relación final.   **R.** $c < d < e = f = g < h$; $c < h$.

6. Reunir en una sola expresión $b = c$, $c < d$ y $a > b$. ¿Puede hallar la relación entre a y d?   **R.** $a > b = c < d$; no.

7. Combinar $m = n$, $p < q$, $q > r$, $n > p$. ¿Hay relación final?
   R. $m = n > p < q > r$; no.

8. Combinar $x < y$, $z > y$, $p > z$, $a = x$. ¿Hay relación final?
   R. $a = x < y < z < p$; sí, $a < p$.

9. A es mayor que B, D es mayor que F y B es igual a D. ¿Quién es mayor, A o F?   **R.** A.

10. M es menor que N, P es igual a Q, P es mayor que N y Q es menor que S. ¿Cómo es M con relación a S?   **R.** $M < S$.

11. A es mayor que B, D es mayor que E, H es igual a I, H es menor que F, F es igual a E, C es menor que B y D es igual a C. ¿Cómo es A con relación a I?   **R.** $A > I$.

12. Carlos dice a un amigo: Yo soy mayor que tú, tú eres mayor que Enrique, Pedro y Juan son jimaguas, Sofía es más joven que Juan y Pedro es más joven que Enrique. ¿Cuál es el mayor?   **R.** Carlos.

13. Pedro es más alto que Juan, Carlos más bajo que Enrique, Carlos más alto que Roberto y Enrique más bajo que Juan. ¿Quién es el más alto?
    R. Pedro.

14. En un examen Rosa obtuvo menos puntos que María, Laura menos que Edelmira, Noemí igual que Sara, Rosa más que Carmelina, Laura igual que María y Noemí más que Edelmira. ¿Quién obtuvo más puntos de todas y quién menos?   **R.** Más puntos Sara y Noemí; menos puntos Carmelina.

La primera operación aritmética que se conoció fue la suma. Para resolver esta operación siempre se recurría a elementos concretos, puesto que no se había llegado a un grado suficiente de abstracción matemática. En América, los incas, que alcanzaron un elevado nivel de cultura, practicaban la suma haciendo nudos en unas cuerdas de vivos colores que iban juntando hasta formar el llamado quipo.

OPERACIONES ARITMETICAS: SUMA **CAPITULO** **VI**

90 OPERACIONES ARITMETICAS

Las operaciones aritméticas son siete: suma o adición, resta o substracción, multiplicación, división, potenciación, radicación y logaritmación.

91 CLASIFICACION

Las operaciones aritméticas se clasifican en operaciones de **composición o directas** y operaciones de **descomposición o inversas.**

La suma, la multiplicación y la potenciación son operaciones **directas** porque en ellas, conociendo ciertos **datos,** se halla un **resultado.**

La resta, la división, la radicación y la logaritmación son operaciones **inversas.**

La resta es inversa de la suma; la división es inversa de la multiplicación; la radicación y la logaritmación son inversas de la potenciación. Estas operaciones se llaman **inversas** porque en ellas, conociendo el **resultado** de la operación directa correspondiente y **uno de sus datos,** se halla el **otro dato.**

SUMA

92 SUMA DE CONJUNTOS

Sumar dos o más conjuntos (sumandos), que no tienen elementos comunes, es reunir en un solo conjunto (suma) todos los elementos que integran los conjuntos dados y sólo ellos.

Así, sumar los conjuntos

AB, MNP, QRS

es formar el conjunto ABMNPQRS, que contiene todos los elementos de los conjuntos dados y sólo ellos.

Sumar los conjuntos

. . .
. . . .
. . . . . .

es formar el conjunto . . . .

Podemos, pues, decir que:

Conjunto suma de varios conjuntos dados (sumandos) que no tienen elementos comunes, es el conjunto que contiene todos los elementos de los conjuntos sumandos y sólo ellos.

Así, el conjunto **alumnos de Bachillerato** de un colegio es el conjunto suma de los conjuntos **alumnos de 1er. año, alumnos de 2º año, alumnos de 3er. año, alumnos de 4º año y alumnos de 5º año.**

93 SUMA DE NUMEROS NATURALES

Suma de varios números naturales es el número cardinal del conjunto suma de los conjuntos cuyos números cardinales son los números dados.

Así, al sumar los conjuntos

. .   cuyo número cardinal es 2
. . .   „   „   „   „ 3
y . . . . „   „   „   „ 4

obtenemos el conjunto

. . . .

cuyo número cardinal es 9 (que se obtiene contando sus elementos). Por tanto, 9 es la suma de 2, 3 y 4, lo que se expresa:

$$2 + 3 + 4 = 9.$$

94 REPRESENTACION GRAFICA DE LA SUMA

> *Ejemplos*

(1) Representar gráficamente la suma $2 + 4 = 6$.

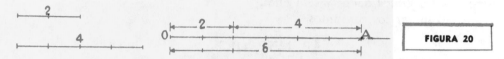

FIGURA 20

Se representan los sumandos (fig. 20) por segmentos como se vio en el número **76** y se transportan los segmentos sumandos consecutivamente sobre una semirecta a partir de su origen O. El segmento total que resulta $OA = 6$ es la representación gráfica de la suma $2 + 4 = 6$.

(2) Representar gráficamente la suma $1 + 3 + 5 = 9$.

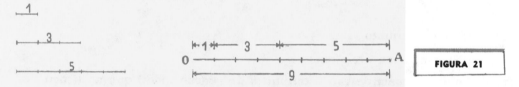

FIGURA 21

El segmento total $OA = 9$ (fig. 21) es la representación gráfica de la suma
$$1 + 3 + 5 = 9.$$

➤ EJERCICIO 23

1. Formar el conjunto suma de los conjuntos de letras *al, mis, por.* **R.** Almispor.
2. ¿Cuál es el conjunto suma de los conjuntos *alumnas* y *alumnos* de un colegio? **R.** El conjunto formado por todos los alumnos del colegio.
3. El Congreso de nuestra Patria es el conjunto suma de... **R.** La Cámara y el Senado.
4. ¿Qué es la provincia de la Habana con relación a los municipios de la Habana? **R.** El conjunto suma.
5. Si se juntan en una caja varios lápices azules, varios rojos y varios blancos, ¿qué se obtiene? **R.** El conjunto suma.
6. Representar con números la suma de los conjuntos de letras *Lima, mía, fe.* **R.** 9.
7. Formar el conjunto suma de los conjuntos de letras siguientes y hallar el número cardinal de la suma:
   a) *cabo, tuve.*
   b) *mesa, pobre, fin.*
   c) *libro, puse.*

   R. cabotuve, 8; mesapobrefin, 12; libropuse, 9.

8. Representar gráficamente las sumas:

a) $3 + 4$. c) $2 + 5 + 6$.
b) $5 + 8$. d) $1 + 4 + 2 + 7$.

9. ¿Por dónde se empieza la adición y por qué?

10. ¿Cuándo se puede empezar la suma por cualquier columna?

11. Contar

De 5 en 5 desde el 6 al 36, del 7 al 57, del 8 al 53.
„ 6 „ 6 „ „ 8 „ 56, „ 9 „ 63, „ 10 „ 82.
„ 7 „ 7 „ „ 24 „ 59, „ 25 „ 95, „ 26 „ 96.
„ 8 „ 8 „ „ 30 „ 102, „ 31 „ 111, „ 32 „ 128.
„ 9 „ 9 „ „ 45 „ 108, „ 46 „ 136, „ 47 „ 155.
„ 11 „ 11 „ „ 20 „ 119, „ 21 „ 153, „ 22 „ 187.
„ 12 „ 12 „ „ 7 „ 151, „ 6 „ 174, „ 9 „ 177.
„ 13 „ 13 „ „ 9 „ 139, „ 13 „ 143, „ 11 „ 167.

12. Escribir y sumar las cantidades siguientes: 3 unidades de tercer orden, 2 de segundo, 1 del primero; 4 del cuarto orden, 15 del primero; 14 del cuarto orden, 132 del primero.

13. Escribir y sumar las cantidades: 2 decenas de decenas, 6 unidades; 3 centenas, 8 decenas de centenas, 4 décimas de centenas; 5 millares de centenas, 6 decenas de décimas, 1 millar de centenas.

14. Escribir y sumar las cantidades: 8 unidades del quinto orden, 7 millares de centésimas; 4 centenas de millar, 2 milésimas de millar; 9 millares de millar, 4 decenas de centenas, 6 centésimas de millar; 8 millones de centenas, 5 centenas de centenas, 6 decenas de decenas.

(95) CASOS PARTICULARES DE LA SUMA

1) Sumando unidad. Hemos visto (**34**) que el 1 representa los conjuntos de un solo elemento.

Sumando conjuntos de un solo elemento, tenemos:

1 silla + 1 silla + 1 silla = 3 sillas.
1 pera + 1 pera + 1 pera = 3 peras.

Vemos, pues, que el número 3 es la suma de **tres** sumandos 1. Del propio modo:

$$4 = 1 + 1 + 1 + 1$$

o sea que el número 4 es la suma de **cuatro** sumandos 1 y en general:

$$a = 1 + 1 + 1 \ldots \text{ (} a \text{ sumandos 1).}$$

Por tanto, **cuando todos los sumandos son 1 la suma es igual al número de sumandos.**

2) Sumando nulo. Módulo de la adición. Sabemos que el 0 representa los conjuntos nulos o conjuntos que carecen de elementos.

Si a un conjunto cualquiera, por ejemplo, a un conjunto de n sillas, le sumamos un conjunto nulo, la suma será el mismo conjunto de n sillas. Por tanto, tenemos que:

$$n + 0 = n.$$

El 0 es el único número que sumado con otro no lo altera. El 0 es el módulo de la suma.

(96) LEYES DE LA SUMA

Las leyes de la suma son cinco: ley de uniformidad, ley conmutativa, ley asociativa, ley disociativa y ley de monotonía.

(97) I. LEY DE UNIFORMIDAD

Esta ley puede enunciarse de tres modos que son equivalentes:

1) La suma de varios números dados tiene un valor único o siempre es igual.

$$3 \text{ sillas} + 4 \text{ sillas} = 7 \text{ sillas.}$$
$$3 \text{ mesas} + 4 \text{ mesas} = 7 \text{ mesas.}$$
$$3 \text{ días} + 4 \text{ días} = 7 \text{ días.}$$

Vemos, pues, que la suma de 3 y 4, cualquiera que sea la naturaleza de los conjuntos que ellos representen, siempre es 7.

2) Las sumas de números respectivamente iguales son iguales.

Si en cada aula de un colegio cada asiento está ocupado por un alumno de modo que no queda ningún alumno sin asiento ni ningún asiento vacío, tenemos que el número de alumnos de cada aula es igual al número de asientos del aula.

Si sumamos los números que representan los alumnos de cada una de las aulas, esta suma será igual a la suma de los números que representan los asientos de cada una de las aulas.

3) Suma de igualdades. Sumando miembro a miembro varias igualdades, resulta una igualdad.

Así, sumando miembro a miembro las igualdades

$$a = b$$
$$c = d$$
$$m = n$$

resulta $\overline{a + c + m = b + d + n.}$

(98) **II. LEY CONMUTATIVA**

El orden de los sumandos no altera la suma.

Ejemplo

Si en la suma

2 libros + 3 libros + 4 libros = 9 libros

cambiamos el orden de los conjuntos sumandos, el conjunto suma no varía, porque contiene el mismo número de elementos y así, tenemos:

3 libros + 2 libros + 4 libros = 9 libros.
4 libros + 3 libros + 2 libros = 9 libros.

Por tanto, podemos escribir que:

2 + 3 + 4 = 3 + 2 + 4 = 4 + 3 + 2 = 2 + 4 + 3, etc.

(99) **III. LEY ASOCIATIVA**

La suma de varios números no varía sustituyendo varios sumandos por su suma.

Ejemplos

(1) Si A tiene 5 años, B 6 años y C 8 años, sumando edades, tendremos:

5 años + 6 años + 8 años = 19 años.

El mismo resultado se obtiene si sumamos primero las edades de A y B, lo cual se indica incluyendo estas cantidades en un paréntesis, y a esta suma le añadimos la edad de C:

(5 años + 6 años) + 8 años = 19 años
$\underbrace{\qquad\qquad}$
11 años

porque en ambos casos el conjunto suma contendrá el mismo número de años. Luego tenemos que 5 + 6 + 8 = (5 + 6) + 8.

(2) Igualmente se tendrá:

3 + 4 + 5 + 6 = (3 + 4) + (5 + 6) = 3 + (4 + 5 + 6).

(100) **PARENTESIS**

Los paréntesis o signos de agrupación tienen cuatro formas:

( )   llamados **paréntesis ordinarios.**
[ ]   „   **corchetes** o **paréntesis angulares.**
{ }   „   **llaves.**
——   **vínculo** o **barra.**

(101) **SU USO COMO SIGNOS DE AGRUPACION**

Los paréntesis son signos de asociación o agrupación, pues se usan para asociar o agrupar los números indicando una operación. Cuando una operación se encierra en un paréntesis, ello indica **que dicha operación tiene que efectuarse primero,** y con **el resultado de ella** se verifica la otra operación indicada.

Ejemplos

(1) En la expresión $(3+4)+6$ el paréntesis indica que primero se efectúa la suma $(3+4)=7$ y este resultado se suma con 6:
$$(3+4)+6=7+6=13. \quad R.$$

(2) En $(2+5)+(6+4)$ los paréntesis indican que primero se efectúan las sumas $(2+5)=7$ y $(6+4)=10$ y luego se suman ambas:
$$(2+5)+(6+4)=7+10=17. \quad R.$$

(3) En la expresión $100-[18+(6-4)]$ los paréntesis indican que primero se efectúa $(6-4)=2$, este resultado se suma con 18; $18+2=20$ y 20 se resta de 100:
$$100-20=80. \quad R.$$

(102) IV. LEY DISOCIATIVA

La suma de varios números no se altera descomponiendo uno o varios sumandos en dos o más sumandos.

Esta ley es recíproca de la ley asociativa.

Ejemplos

(1) En la suma $10+3$, puesto que $10=8+2$, tendremos que:
$$10+3=8+2+3.$$

(2) En la suma $12+15$, puesto que $12=9+3$ y $15=7+6+2$, tendremos:
$$12+15=9+3+7+6+2.$$

SUMA DE IGUALDADES Y DESIGUALDADES

(103) V. LEY DE MONOTONIA

Consta de dos partes:

1) Sumando miembro a miembro desigualdades del mismo sentido con igualdades resulta una desigualdad del mismo sentido.

Ejemplos

(1) Siendo
$$8 > 3$$
$$5 = 5$$
resulta $8+5 > 3+5$
$$13 > 8.$$

(2) Siendo
$$a < b$$
$$c = d$$
$$e < f$$
$$g = h$$
resulta $a+c+e+g < b+d+f+h.$

2) Sumando miembro a miembro varias desigualdades del mismo sentido, resulta otra desigualdad del mismo sentido.

Ejemplos

(1) Siendo

$$5 > 3$$
$$4 > 2$$

resulta $5 + 4 > 3 + 2$
$9 > 5.$

(2) Siendo

$$a < b$$
$$c < d$$
$$e < f$$

resulta $a + c + e < b + d + f.$

ESCOLIO

Si se suman desigualdades de sentido contrario, el resultado no puede anticiparse, pudiendo ser una desigualdad o una igualdad.

Ejemplos

(1)

$$8 > 3$$
$$5 < 12$$

$8 + 5 < 3 + 12$
$13 < 15.$

(2)

$$5 < 7$$
$$8 > 2$$

$5 + 8 > 7 + 2$
$13 > 9$

(3)

$$5 < 9$$
$$6 > 2$$

$5 + 6 = 9 + 2$
$11 = 11.$

➤ EJERCICIO 24

1. ¿Cuál es el módulo de la adición? ¿Por qué?   **R.** El 0, porque **sumado** con otro número no lo altera.

2. ¿Cuándo la suma es igual a un sumando?   **R.** Cuando todos los sumandos menos uno son 0.

3. ¿Cuándo la suma es igual al número de sumandos?   **R.** Cuando todos los sumandos son 1.

4. Si P es la suma de P sumandos, ¿cuáles son los sumandos?   **R.** Todos son 1.

5. Sumar las **igualdades:**

a) $\begin{cases} 6 = 6 \\ a = b. \end{cases}$ b) $\begin{cases} m = n \\ p = q. \end{cases}$ c) $\begin{cases} c = d \\ a = 3 \\ m = n. \end{cases}$ d) $\begin{cases} a = b + c \\ m + n = p. \end{cases}$

   R. *a)* $6+a=6+b.$ *b)* $m+p=n+q.$ *c)* $c+a+m=d+3+n.$
   d) $a+m+n=b+c+p.$

6. Aplicar la ley de uniformidad a las igualdades:

a) $\begin{cases} a = 3 + 1 \\ 6 = b + c. \end{cases}$ b) $\begin{cases} x + y = z \\ 5 + 6 = 11 \end{cases}$ c) $\begin{cases} a + b = c + d \\ 18 = m + n \\ x = 9 + y. \end{cases}$

   R. *a)* $a+6=4+b+c.$ *b)* $x+y+11=z+11.$
   c) $a+b+18+x=c+d+m+n+9+y.$

7. Si $a + b + c = S$, ¿cuál será la suma de $b + c + a$? ¿Por qué?   **R.** S, por la ley conmutativa.

8. $m + n + p + q = p + q + m + n = m + q + p + n$ por.....   **R.** La ley conmutativa.

9. Aplicar la ley conmutativa a la suma $a + b + c$ escribiéndola de 6 modos distintos.   **R.** $a+b+c$, $a+c+b$, $b+a+c$, $b+c+a$, $c+a+b$, $c+b+a$.

10. La suma $2 + 3 + 5 + 6$ se puede escribir de 24 modos distintos aplicando la ley.... Escribirla de 12 modos distintos.   **R.** Conmutativa; $2+3+5+6$, $2+3+6+5$, $2+6+5+3$, $2+6+3+5$, $2+5+3+6$, $2+5+6+3$, etc.

11. $2 + 3 + 4 = 5 + 4$ por la ley....   **R.** Asociativa.

12. Siendo $m + n + p = q$ podremos escribir que $(m + n) + p = q$ por la ley.....   **R.** Asociativa.

13. Siendo $m + n + p = q$ y $(m + n) = a$ podremos escribir por la ley asociativa que....   **R.** $a + p = q$.

14. Escribir la suma $6 + 5 + 4$ de tres modos distintos aplicando la ley asociativa.   **R.** $(6 + 5) + 4$, $(6 + 4) + 5$, $6 + (5 + 4)$.

15. Escribir la suma $1 + 2 + 3 + 4$ de 6 modos distintos aplicando la ley asociativa.   **R.** $(1 + 2) + 3 + 4$, $(1 + 3) + 2 + 4$, $(1 + 4) + 2 + 3$, $(2 + 3) + (1 + 4)$, $(2 + 4) + (1 + 3)$, $(3 + 4) + (1 + 2)$.

16. Puesto que $8 = 5 + 3$ tendremos que $8 + 6 = \ldots$ por la ley disociativa. **R.** $8 + 6 = 5 + 3 + 6$.

17. Transformar la suma $9 + 7$ en una suma equivalente de 4 sumandos. ¿Qué ley se aplica?   **R.** $5 + 4 + 6 + 1$; la ley disociativa.

18. Aplicar la ley.... a la suma $15 + 10 + 8$ para transformarla en una suma de 9 sumandos.   **R.** Disociativa: $2 + 4 + 9 + 1 + 7 + 2 + 4 + 3 + 1$.

19. Efectuar las operaciones siguientes:
    a) $8 + (5 + 3)$.
    b) $(4 + 3) + (5 + 6)$.
    c) $3 + (2 + 1) + (4 + 6 + 5)$.
    d) $(9 + 4) + 3 + (6 + 1) + (7 + 5)$.
    e) $(12 + 15) + (3 + 2 + 1) + 4 + (5 + 3 + 2 + 8)$.
    f) $15 + [9 - (3 + 2)]$.
    g) $150 - [18 + (5 - 3) + (6 - 2)]$.
    R. a) 16. b) 18. c) 21. d) 35. e) 55. f) 19. g) 126.

20. Sumar las desigualdades:

a) $\begin{cases} 5 > 3 \\ 11 > 9. \end{cases}$ b) $\begin{cases} 11 < 13 \\ 7 < 10. \end{cases}$ c) $\begin{cases} 3 > 2 \\ 5 > 1 + 3 \\ 8 > 3. \end{cases}$ d) $\begin{cases} a < b. \\ m < n + p. \\ q + r < s. \end{cases}$

    R. a) $16 > 12$. b) $18 < 23$. c) $16 > 9$. d) $a+m+q+r < b+n+p+s$.

21. Aplicar la ley de monotonía en:

a) $\begin{cases} a = b. \\ c > d. \end{cases}$ b) $\begin{cases} 8 = a. \\ 9 > 5. \end{cases}$ c) $\begin{cases} m = n. \\ p > q. \\ r = s. \end{cases}$ d) $\begin{cases} a < b. \\ c = d. \\ e = f. \\ p + q < 10. \end{cases}$

    R. a) $a+c > b+d$.   b) $17 > 5+a$.   c) $m+p+r > n+q+s$.
    d) $a+c+e+p+q < b+d+f+10$.

(104) PRUEBAS Y COMPROBACIONES

La prueba de la suma puede verificarse de tres modos:

1) **Por la ley conmutativa.** Como según esta ley el orden de los sumandos no altera la suma, se suman los sumandos de abajo hacia arriba y esta suma tiene que ser igual a la obtenida sumando de arriba a abajo, si la operación está correcta.

| Ejemplo |

$$164780 \text{ prueba.}$$

$$
\begin{array}{r}
1234 \\
+\quad 5659 \\
84325 \\
73562 \\
\hline
164780
\end{array}
$$

2) **Por la ley asociativa.** Como según esta ley la suma no se altera sustituyendo varios sumandos por su suma, se verifican sumas parciales con los sumandos, y la suma de estas sumas parciales tiene que ser igual a la suma total.

| Ejemplo |

$$
\begin{array}{r}
\left.\begin{array}{r} 3184 \\ 215 \end{array}\right\} 3399 \\
+\ \left.\begin{array}{r} 729 \\ 6134 \\ 9318 \end{array}\right\} 16181 \\
\hline
19580 \qquad 19580
\end{array}
$$

3) **Por la prueba del 9.** Véase número **272**.

(105) ALTERACIONES DE LOS SUMANDOS

1) **Si un sumando aumenta o disminuye un número cualquiera, la suma aumenta o disminuye el mismo número.**

En efecto: El conjunto suma es la **reunión** de los elementos de los conjuntos sumandos. Si los elementos de uno de los conjuntos sumandos aumentan o disminuyen y el conjunto suma no aumenta o disminuye en el mismo número de elementos, la suma no sería la reunión de los elementos de los sumandos, o sea, que no sería suma.

| Ejemplo |

$$8 + 3 = 11$$
$$(8 + 2) + 3 = 11 + 2 = 13$$
$$(8 - 2) + 3 = 6 + 3 = 9.$$

2) **Si un sumando aumenta un número cualquiera y otro sumando disminuye el mismo número, la suma no varía.**

En efecto: Al aumentar un conjunto sumando en un número cualquiera de elementos la suma aumenta en el mismo número de elementos,

pero al disminuir otro conjunto sumando en el mismo número de elementos, la suma disminuye el mismo número de elementos que había aumentado, luego no varía.

> **EJERCICIO 25**

1. ¿Qué alteración sufre una suma si un sumando aumenta 6 unidades y
   otro aumenta 8? **R. Aumenta 14 unidades.**

2. $a + b + c = 10$. ¿Cuál sería la suma si a aumenta 3, b aumenta 5 y c
   aumenta 10? **R. 28.**

3. $m + n = 52$. ¿Cuál será la suma si m disminuye 4 y n disminuye 6? **R. 42.**

4. $x + a = 59$. ¿Cuál será la suma si x aumenta 8 y a disminuye 8? **R. 59.**

5. $x + b = 1516$. ¿Cuál será la suma si x disminuye 35 y b aumenta 86?
   R. 1567.

6. $a + b + c = 104$. ¿Cuál será la suma $(a + 5) + (b - 8) + (c + 9)$? **R. 110.**

7. Un sumando aumenta 56 unidades y hay tres sumandos que disminuyen 6
   cada uno. ¿Qué le sucede a la suma? **R. Aumenta 38 unidades.**

8. Un sumando dismiuye 6, otro 4, otro 7 y otros tres aumentan cada uno 5.
   ¿Qué le sucede a la suma? **R. Disminuye 2 unidades.**

9. $5 + a + 9 = 20$. Hallar:

   a) $7 + a + 9 = \ldots$ d) $5 + (a - 2) + 9 = \ldots$
   b) $4 + a + 6 = \ldots$ e) $11 + (a - 3) + 9 = \ldots$
   c) $8 + a + 12 = \ldots$ f) $5 + (a + b) + 9 = \ldots$

   R. a) 22. b) 16. c) 26. d) 18. e) 23. f) $20 + b$.

10. $a + x + 19 = 80$. Hallar el valor de m cuando:

    a) $(a - 4) + (x + 5) + m = 80$.   c) $(a + 5) + (x + 2) + m = 80$.
    b) $(a + 4) + (x - 6) + m = 80$.   d) $(a - 3) + (x - 4) + m = 80$.

    R. a) 18. b) 21. c) 12. d) 26.

> **EJERCICIO 26**

1. ¿Cuánto costó lo que al venderse en $12517 deja una pérdida de $1318?
   R. $13835.

2. ¿A cómo hay que vender lo que ha costado 9309 bolívares para ganar
   1315? **R. 10624 bolívares.**

3. Después de vender una casa perdiendo $3184 presté $2006 y me quedé
   con $15184. ¿Cuánto me había costado la casa? **R. $20374.**

4. El menor de 4 hermanos tiene 21 años y cada uno le lleva 2 años al que
   le sigue. ¿Cuál es la suma de las edades? **R. 96 años.**

5. Hallar la edad de un padre que tiene 15 años más que la suma de las
   edades de 4 hijos que tienen, el 4º, 3 años; el 3º, 1 año más que el 4º;
   el 2º, 3 años más que el 3º, y el 1º tanto como los otros juntos. **R. 43 años.**

6. Una casa de comercio ganó en 1961, $32184; en 1962, $14159 más que el año anterior; en 1963 tanto como en los dos años anteriores juntos; en 1964 tanto como en los tres años anteriores y en 1965, $12136 más que lo que ganó en 1964 y 1962. ¿Cuánto ha ganado en los cinco años? R. $529641.

7. Si ganara $56 menos al mes podría gastar $35 en alquiler, $40 en manutención, $18 en colegio para mis hijos, $59 en otros gastos y podría ahorrar $32 al mes. ¿Cuánto gano al mes? R. $240.

8. Para trasladarse de una ciudad a otra una persona ha recorrido: 38 millas en auto; a caballo 34 millas más que en auto; en ferrocarril 316 millas más que en auto y a caballo; y en avión 312 millas. Si todavía le faltan 516 millas para llegar a su destino, ¿cuál es la distancia entre las dos ciudades? R. 1364 millas.

9. La superficie de la provincia de Matanzas excede en 223 Kms.^{2} a la superficie de la Habana; Pinar del Río tiene 5056 Kms.^{2} más que Matanzas; Las Villas tiene 7911 Kms.^{2} más que Pinar del Río; Camagüey 4687 Kms.^{2} más que Las Villas y Oriente 10752 Kms.^{2} más que Camagüey. Si la superficie de la.provincia de la Habana es 8221 Kms.^{2}, ¿cuál es la superficie de Cuba? R. 114524 Kms.^{2}

10. ¿Cuál será la población de Cuba sabiendo que Pinar del Río tiene 52642 habitantes más que Matanzas; Camagüey 169834 habitantes más que Pinar del Río; Las Villas 411906 habitantes más que Camagüey; la Habana 508641 habitantes más que Las Villas; que Matanzas tiene 395780 habitantes y que Oriente tiene 258803 habitantes más que la Habana? R. 5829029 hab.

11. Un hombre que nació en 1911 se casó a los 25 años; 3 años después nació su primer hijo y murió cuando el hijo tenía 27 años. ¿En que año murió? R. 1966.

12. Compré un libro que me costó $16; un traje que me costó $35; una cámara fotográfica que me costó $42 más que el libro y el traje juntos; un anillo que me costó $13 más que el libro, el traje y la cámara; y un auto que me costó $1235 más que todo lo anterior. Si me sobran $211, ¿cuánto dinero tenía? R. $2048.

13. Roberto Hernández acabó el Bachillerato a los 15 años; se graduó de abogado 6 años después; se casó 5 años después; se embarcó para Méjico 7 años después y 12 años después obtuvo una Cátedra. Si Roberto tuviera 12 años más habría nacido en 1909. ¿En qué año obtuvo su Cátedra? R. En 1966.

14. Cada uno de 6. hermanos recibió por herencia $316 más que el anterior por orden de edad, y el menor recibió $10132. Se pagó un legado de $5614 y se separaron $415 para gastos. ¿A cuánto ascendía la herencia? R. $71561.

15. En reparar un auto se gastaron $86; en ponerle gomas $62; en pintura $19 y al venderlo en $136 menos que el costo, se recibieron $854. ¿Cuánto ha costado en total el auto? R. $1157.

16. Un auto abierto costó $984; uno cerrado $195 más que el abierto, y un camión tanto. como los dos autos júntos. En chapas se gastaron $56 y en bocinas $35 más que en las chapas. ¿En cuanto se vendieron si se obtuvo una ganancia de $1200? R. $5673.

El signo más antiguo para indicar la resta lo encontramos en el famoso papiro de Rhind, tal como lo escribían los egipcios (𝗔). Se cuenta que los signos actuales de suma y resta se debe a que los mercaderes antiguos iban haciendo unas marcas en los bultos de mercancías. Cuando pesaban los sacos les ponían un signo más (+) o un signo (—), segun tuvieran mayor o menor cantidad de la estipulada.

RESTA O SUBSTRACCION CAPITULO VII

(106) RESTA. SU OBJETO COMO INVERSA DE LA SUMA

La resta es una operación inversa de la suma que tiene por objeto, dada la suma de dos sumandos (minuendo) y uno de ellos (substraendo), hallar el otro sumando (resta, exceso o diferencia).

El signo de la resta es — colocado entre el substraendo y el minuendo.

Siendo a el minuendo, b el substraendo y d la diferencia, tendremos la notación:

$$a - b = d.$$

De acuerdo con la definición de resta, **la diferencia sumada con el substraendo tiene que dar el minuendo.**

Así, en la resta $9 - 4 = 5$ se tiene que $5 + 4 = 9$
y en $8 - 2 = 6$ se tiene que $6 + 2 = 8$.
En general, siendo $a - b = d$ se tendrá que $b + d = a$.

(107) ¿POR QUE LA RESTA ES INVERSA DE LA SUMA?

La resta es inversa de la suma porque en ésta, dados los sumandos, hay que hallar su suma, mientras que en la resta, dada la suma de dos sumandos y uno de ellos, se halla el otro sumando.

(108) PRUEBAS

La prueba de la resta puede verificarse de tres modos:

1) Sumando el substraendo con la diferencia, debiendo dar el minuendo.

| Ejemplo |

$$\begin{array}{r} 93254 \\ - \ 58076 \\ \hline 35178 \end{array}$$

Prueba:

$$\begin{array}{r} 58076 \text{ s.} \\ + \ 35178 \text{ d.} \\ \hline 93254 \text{ m.} \end{array}$$

2) Restando la diferencia del minuendo, debiendo dar el substraendo.

| Ejemplo |

$$\begin{array}{r} 15200 \\ - \ 13896 \\ \hline 1304 \end{array}$$

$$\begin{array}{r} 15200 \text{ m.} \\ - \ 1304 \text{ d.} \\ \hline 13896 \text{ s.} \end{array}$$

3) Por la prueba del 9. (Véase número **274**).

➤ **EJERCICIO 27**

1. ¿Por qué la resta se empieza por la derecha?

2. ¿En qué caso es indiferente comenzar la resta por cualquier columna?

3. Si el substraendo se suma con la diferencia, se obtiene... **R.** El minuendo.

4. Si se resta la diferencia del minuendo, se obtiene.... **R.** El substraendo.

5. Si se suma el minuendo con el substraendo y la diferencia, se obtiene.... **R.** El doble del minuendo.

6. Si del minuendo se resta la diferencia y de esta resta se quita el substraendo, se obtiene.... **R.** 0.

7. Restando del minuendo la suma del substraendo y la diferencia, se obtiene.... **R.** 0.

8. Siendo $m + n = p$, se tendrá que m es .... de n y p que n es .... entre p y m. **R.** La diferencia; la diferencia.

9. Siendo $m - n = p$ se verifica que $n = $ .... y $m = $ .... **R.** $n = m - p$, $m = p + n$.

10. Si $a + b = c$ se verifica que $b = $ .... y $a = $ .... **R.** $b = c - a$, $a = c - b$.

11. $56 + n = 81$, ¿qué número es n? **R.** $n = 25$.

12. $a - 315 = 618$, ¿qué número es a? **R.** $a = 933$.

13. $a - x = 36$ y $a = 85$, ¿qué número es x? **R.** $x = 49$.

14. $a - b = 14$ y $a - 14 = 36$, ¿qué número es b? **R.** $b = 36$.

15. $a - 36 = 81$, ¿qué número es a? **R.** $a = 117$.

16. $a - m = 5$ y $a + m + 5 = 12$, ¿qué número es m? **R.** $m = 1$.

17. $a - b = c$. Siendo $b + c = 30$ y $a - c = 13$, ¿qué número es c?   **R.** $c = 17$.

18. Restar sucesivamente: 3, 4, 5, 7, 8 de cada uno de los números 24, 32, 45, 65, 72, 83, 97.

19. Restar sucesivamente: 11, 12, 13, 14, 15 de cada uno de los números 54, 65, 76, 87, 98, 110.

20. Hallar la diferencia entre 4 millones, 17 decenas de millar, 34 decenas y 6 centenas de decenas, 8 decenas de decena, 14 unidades.

21. Hallar la diferencia entre dos números formados de este modo: el primero 9 unidades de séptimo orden, 6 de cuarto orden y 8 de tercero y el segundo, 14 unidades de quinto orden, 6 de cuarto orden, 5 de tercero y 8 de primero.

➤ EJERCICIO 28

1. Si el minuendo es 342 y el resto 156, ¿cuál es el substraendo?   **R.** 186.

2. Si el substraendo es 36815 y el resto 9815, ¿cuál es el minuendo?   **R.** 46630.

3. Tenía $918. Compré un traje y me quedaron $868. ¿Cuánto me costó el traje?   **R.** $50.

4. Después de gastar $319 me quedaron $615. ¿Cuánto tenía al principio?   **R.** $934.

5. Si tuviera 35 caballos más de los que tengo tendría 216. ¿Cuántos caballos tiene mi hermano si el número de los míos excede al número de los suyos en 89?   **R.** 92.

6. Si recibiera $145 podría comprarme un auto de $560. ¿Cuánto tengo?   **R.** $415.

7. La suma de dos números es 518 y el mayor es 312. Hallar el menor.   **R.** 206.

8. El duplo del menor de dos números es 618 y la suma de ambos 14673. Hallar el número mayor.   **R.** 14364.

9. El triplo de la suma de dos números es 63 y el duplo del menor, 20. Hallar el mayor.   **R.** 11.

10. El mayor de dos números es 9876 y la diferencia entre ambos es 3456. Hallar el menor.   **R.** 6420.

11. El menor de dos números es 12304 y la diferencia entre ambos 1897. Hallar el mayor.   **R.** 14201.

12. La diferencia de dos números es 8 y el mayor excede a la diferencia en 12. Hallar el mayor.   **R.** 20.

13. La suma de dos números es 150 y la mitad del mayor 46. Hallar el menor.   **R.** 58.

14. La diferencia de dos números es 1400 y el duplo del menor 1200. Hallar el mayor.   **R.** 2000.

15. El menor de dos números es 36 y el doble del exceso del mayor sobre el menor es 84. Hallar el mayor.   **R.** 78.

16. ¿En cuánto excede la suma de 756 y 8134 a la diferencia entre 5234 y 1514? **R.** En 5170.

17. Al vender una casa en $12138 gano $1815. ¿Cuánto me había costado la casa? **R.** $10323.

18. Si Pedro tuviera 12 años menos tendría 48 años, y si Juan tuviera 13 años más tendría 23 años. ¿Cuánto más joven es Juan que Pedro? **R.** 50 años.

19. A nació en 1941, B en 1963 y C en 1923. ¿En cuánto excedía en 1966 la edad de C a la diferencia de las edades de A y B? **R.** 21 años.

20. Si vendiera mi auto por $1654, ganaría $319. Si al vender otra máquina en $835 perdí $164, ¿cuál me costó más y cuánto? **R.** Mi auto, $336 más.

21. A tiene 15 años; B, 2 años más que A; C, 5 años menos que A y B juntos, y D, 9 años menos que los tres anteriores juntos ¿Cuál es la suma de las cuatro edades? **R.** 109 años.

22. Tenía $3054. Compré un auto y me quedé con $1965. Entonces recibí $873, compré un solar y me quedaron $732. ¿Cuánto me costó el auto y cuánto el solar? **R.** Auto, $1098; solar, $2106.

23. El lunes deposito 500 bolívares en el Banco, el martes pago 256, el miércoles pago 96 y el jueves deposito 84. Si presto entonces 45, ¿cuánto tengo? **R.** 187 bolívares.

24. Si vendo un caballo en $84, ganando $18, ¿cuánto me había costado? **R.** $66.

25. Compré una casa por $12500 y un automóvil por $8000. Vendí la casa en $12564 y el automóvil en $11676. ¿Gané o perdí, y cuánto? **R.** Gané $3740.

26. Tenía 4500 bolívares; presté 872, pagué una deuda y me quedaron 1345. ¿Cuánto debía? **R.** 2283 bolívares.

27. Un hombre deja 9500 sucres para repartir entre sus tres hijos y su esposa. El mayor debe recibir 2300; el segundo 500 menos que el mayor; el tercero tanto como los dos primeros y la esposa lo restante. ¿Cuánto recibió ésta? **R.** 1300 sucres.

28. Enrique compra un auto y más tarde lo vende por $5400, perdiendo $850. Si entonces gana en un negocio $2300, ¿cuánto más que antes de comprar el auto tiene ahora? **R.** $1450.

29. Si la diferencia de dos números es 14560 y el duplo del mayor 60000, ¿en cuánto excede el número 76543 a la diferencia de los dos números? **R.** En 61103.

30. Un comerciante pide 3000 Kgs. de mercancías. Primero le mandan 854 Kgs., más tarde 123 Kgs. menos que la primera vez y después 156 Kgs. más que la primera vez. ¿Cuánto falta por enviarle? **R.** 405 Kgs.

31. Si me sacara 2500 colones en la Lotería tendría 5634. Si mi hermano tiene 936 menos que yo, y mi prima 893 menos que mi hermano y yo juntos, ¿cuánto tenemos entre los tres? **R.** 9771 colones.

(109) REPRESENTACION GRAFICA DE LA RESTA

| Ejemplo | Representar gráficamente la diferencia 7 — 4. |

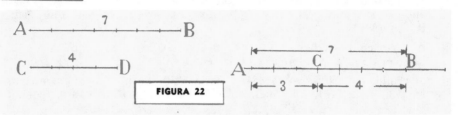

FIGURA 22

Se representa el minuendo (fig. 22) por un segmento AB = 7 y el substraendo por un segmento CD = 4. Se transporta el segmento substraendo CD sobre el segmento minuendo AB de modo que coincidan dos de sus extremos; en la figura se ha hecho coincidir D con B.
El segmento CA = 3 representa la diferencia 7 — 4.

➤ **EJERCICIO 29**

Efectuar gráficamente:

1. 3 — 1.	4. 6 — 4.	7. 10 — 3.
2. 4 — 3.	5. 8 — 3.	8. 18 — 7.
3. 5 — 2.	6. 9 — 2.	9. 9 — 9.

(110) LEYES DE LA RESTA

Las leyes de la resta son dos: la ley de uniformidad y la ley de monotonía.

(111) I. LEY DE UNIFORMIDAD

Esta ley puede enunciarse de dos modos que son equivalentes:

1) **La diferencia de dos números tiene un valor único o siempre es igual.** Así, la diferencia 7 — 2 tiene un valor único 7 — 2 = 5, porque 5 es el único número que sumado con 2 da 7.

$11 - 3 = 8$ únicamente porque 8 es el único número que sumado con 3 da **11**.

2) Puesto que dos números iguales son el mismo número, se tiene que: **Restando miembro a miembro dos igualdades, resulta otra igualdad.**
Así, siendo

$$a = 3$$
$$5 = b$$

resulta $\overline{a - 5 = 3 - b}$.

RESTA DE IGUALDADES Y DESIGUALDADES

(112) **II. LEY DE MONOTONIA**

Esta ley consta de tres partes:

1) **Si de una desigualdad (minuendo) se resta una igualdad (substraendo), siempre que la resta se pueda efectuar, resulta una desigualdad del mismo sentido que la desigualdad minuendo.**

| *Ejemplos* |

$$8 > 5$$
$$2 = 2$$
$$\overline{}$$
$$8 - 2 > 5 - 2$$
$$6 > 3.$$

$$6 < 7$$
$$4 = 4$$
$$\overline{\phantom{6-4<7-4}}$$
$$6 - 4 < 7 - 4$$
$$2 < 3.$$

$$a > b$$
$$c = d$$
$$\overline{}$$
$$a - c > b - d.$$

2) **Si de una igualdad (minuendo) se resta una desigualdad (substraendo), siempre que la resta se pueda efectuar, resulta una desigualdad de sentido contrario que la desigualdad substraendo.**

| *Ejemplos* |

$$9 = 9$$
$$5 > 3$$
$$\overline{\phantom{9-5<9-3}}$$
$$9 - 5 < 9 - 3$$
$$4 < 6.$$

$$8 = 8$$
$$2 < 7$$
$$\overline{}$$
$$8 - 2 > 8 - 7$$
$$6 > 1.$$

$$a = b$$
$$c < d$$
$$\overline{}$$
$$a - c > b - d.$$

3) **Si de una desigualdad se resta otra desigualdad de sentido contrario, siempre que la resta sea posible, resulta una desigualdad del mismo sentido que la desigualdad minuendo.**

| *Ejemplos* |

$$7 > 4$$
$$2 < 3$$
$$\overline{}$$
$$7 - 2 > 4 - 3$$
$$5 > 1$$

$$3 < 8$$
$$2 > 1$$
$$\overline{\phantom{3-2<8-1}}$$
$$3 - 2 < 8 - 1$$
$$1 < 7.$$

$$a < b$$
$$c > d$$
$$\overline{\phantom{a-c<b-d.}}$$
$$a - c < b - d.$$

ESCOLIO

Si se restan miembro a miembro dos desigualdades del **mismo sentido,** el resultado no puede anticiparse, pues puede ser una desigualdad del mismo sentido que las dadas o de sentido contrario o una igualdad.

Ejemplos

$9 > 4$	$8 > 5$	$5 < 8$
$7 > 3$	$7 > 2$	$4 < 7$
$9 - 7 > 4 - 3$	$8 - 7 < 5 - 2$	$5 - 4 = 8 - 7$
$2 > 1.$	$1 < 3.$	$1 = 1$

➤ **EJERCICIO 30**

1. Si $a - m = p$ y $b = a$ y $c = m$, ¿qué se verifica, según la ley de uniformidad? **R.** $b - c = p.$

2. Siendo $m = n$ y $p = q$, ¿qué se puede escribir según la ley de uniformidad? **R.** $m - p = n - q.$

3. Aplicar la ley de uniformidad en:

   a) $\begin{cases} a = b. \\ 3 = 3. \end{cases}$ b) $\begin{cases} 5 = 5. \\ m = n. \end{cases}$ c) $\begin{cases} x = y. \\ p = q. \end{cases}$

   R. a) $a - 3 = b - 3.$ b) $5 - m = 5 - n.$ c) $x - p = y - q.$

4. Si en el aula Martí hay el mismo número de alumnos que en el aula Juárez y de cada una se retiran 10 alumnos, ¿qué sucederá y por cuál ley? **R.** Quedará igual número de alumnos en ambas, por la ley de uniformidad.

5. Escribir lo que resulta restando c de ambos miembros de $a + b = d + f$. **R.** $a + b - c = d + f - c.$

6. Restar m de ambos miembros de $a + m = b + m$. **R.** $a = b.$

7. Aplicar la ley de monotonía en:

   a) $\begin{cases} 7 > 5. \\ a = b. \end{cases}$ b) $\begin{cases} a > b. \\ 5 = 5. \end{cases}$ c) $\begin{cases} m < n. \\ c = d. \end{cases}$

   R. a) $7 - a > 5 - b.$ b) $a - 5 > b - 5.$ c) $m - c < n - d.$

8. Aplicar la ley de monotonía en:

   a) $\begin{cases} a = b. \\ 3 > 2. \end{cases}$ b) $\begin{cases} m = n. \\ 6 < 9. \end{cases}$ c) $\begin{cases} x = y. \\ b > d. \end{cases}$

   R. a) $a - 3 < b - 2.$ b) $m - 6 > n - 9.$ c) $x - b < y - d.$

9. Aplicar la ley de monotonía en:

   a) $\begin{cases} 8 > 5. \\ 2 < 3. \end{cases}$ b) $\begin{cases} a < b. \\ 4 > 2. \end{cases}$ c) $\begin{cases} m < n. \\ x > y. \end{cases}$

   R. a) $6 > 2.$ b) $a - 4 < b - 2.$ c) $m - x < n - y.$

10. ¿Qué se obtiene restando $c < d$ de $a < b$ y $m > n$ de $b > c$? **R.** No se puede saber.

11. Pedro es hoy dos años mayor que su hermano. Hace 5 años, ¿quién era el mayor? ¿Qué ley se aplica? **R.** Pedro; la ley de monotonía.

12. María y Rosa tienen la misma edad. La edad que tenía María hace 5 años, ¿era mayor o menor que la que tenía Rosa hace 7 años? ¿Por qué? **R.** Mayor; por la ley de monotonía.

13. A y B tienen el mismo dinero. Si A perdiera \$8 y B \$7, ¿quién se quedaría con más dinero? ¿Por qué? **R.** B; por la ley de monotonía.

14. A es más joven que B. ¿Quién era mayor, A hace 10 años o B hace 7 años? ¿Qué ley se aplica?   **R.** B; por la ley de monotonía.

15. El pastor Carlos tiene más ovejas que el pastor Enrique. Si a Enrique se le mueren más ovejas que a Carlos, ¿quién se queda con más ovejas? ¿Qué ley se aplica?   **R.** Carlos; ley de monotonía.

16. *A* tiene más dinero que *B*. Si *A* gastara más que *B*, ¿quién se quedaría con más dinero?   **R.** No se sabe.

17. Carlos es el hermano menor de Roberto. ¿Quién era mayor, Carlos hace 4 años o Roberto hace 9 años?   **R.** No se sabe.

(113) ALTERACIONES DEL MINUENDO Y EL SUBSTRAENDO

1) **Si el minuendo aumenta o disminuye un número cualquiera y el substraendo no varía, la diferencia queda aumentada o disminuida en el mismo número.**

En efecto: Sabemos que el minuendo es la suma de dos sumandos que son el substraendo y la diferencia. Si el minuendo, que es la suma, aumenta o disminuye un número cualquiera, y uno de los sumandos, el substraendo, no varía, el otro sumando, la diferencia, necesariamente tiene que aumentar o disminuir el mismo número, porque si no el minuendo no sería la suma del substraendo y la diferencia.

Ejemplos	

$$9 - 7 = 2 \qquad\qquad 8 - 5 = 3$$
$$(9 + 3) - 7 = 2 + 3 \qquad (8 - 2) - 5 = 3 - 2$$
$$12 - 7 = 5 \qquad\qquad 6 - 5 = 1.$$

2) **Si el substraendo aumenta o disminuye un número cualquiera y el minuendo no varía, la diferencia disminuye en el primer caso y aumenta en el segundo el mismo número.**

En efecto: Si el substraendo, que es uno de los sumandos, aumenta o disminuye un número cualquiera y el minuendo, que es la suma, no varía, el otro sumando, la diferencia, tiene que disminuir en el primer caso y aumentar en el segundo el mismo número, porque si no la suma o minuendo variaría.

Ejemplos	

$$10 - 3 = 7 \qquad\qquad 15 - 9 = 6$$
$$10 - (3 + 5) = 7 - 5 \qquad 15 - (9 - 4) = 6 + 4$$
$$10 - 8 = 2. \qquad\qquad 15 - 5 = 10.$$

3) **Si el minuendo y el substraendo aumentan o disminuyen a la vez un mismo número, la diferencia no varía.**

En efecto: Al aumentar el minuendo cualquier número de unidades la diferencia aumenta el mismo número, pero al aumentar el substraendo el mismo número, la diferencia disminuye el mismo número, luego no varía.

Del propio modo, al disminuir el minuendo un número cualquiera de unidades, la diferencia disminuye en el mismo número, pero al disminuir el substraendo el mismo número de unidades, la diferencia aumenta el mismo número, luego no varía.

Ejemplos		

$$15 - 6 = 9$$
$$(15 + 2) - (6 + 2) = 9$$
$$17 - 8 = 9$$

$$17 - 11 = 6$$
$$(17 - 3) - (11 - 3) = 6$$
$$14 - 8 = 6.$$

➤ **EJERCICIO 31**

1. ¿Qué alteración sufre una resta si el minuendo aumenta 8 unidades; si disminuye 14 unidades? **R.** Aumenta 8 unidades; disminuye 14 unidades.

2. ¿Qué alteración sufre una resta si el substraendo aumenta 4 unidades; si disminuye 5? **R.** Disminuye 4 unidades; aumenta 5 unidades.

3. ¿Qué alteración sufre una resta si el minuendo aumenta 8 unidades y el substraendo aumenta otras 8 unidades? **R.** Ninguna.

4. ¿Qué alteración sufre una resta si el minuendo disminuye 40 unidades y el substraendo aumenta 23? **R.** Disminuye 63 unidades.

5. ¿Qué alteración sufre la resta si el minuendo aumenta 8 unidades y el substraendo aumenta 14? **R.** Disminuye 6 unidades.

6. Si el minuendo y el substraendo se aumentan en 10 unidades, ¿qué le sucede a la resta? ¿Y si disminuyen 7 unidades cada uno? **R.** No varía; no varía.

7. Siendo $a - b = 17$, escribir la diferencia en cada uno de los casos siguientes:

    a) $(a + 5) - b = \ldots$ d) $a - (b - 1) = \ldots$
    b) $a - (b + 3) = \ldots$ e) $(a + 2) - (b + 2) = \ldots$
    c) $(a - 4) - b = \ldots$ f) $(a - 2) - (b - 2) = \ldots$

                R. a) 22.   b) 14.   c) 13.   d) 18.   e) 17.   f) 17.

8. Siendo $m - n = 35$, escribir la diferencia en cada uno de los casos siguientes:

    a) $(m + 5) - (n + 3) = \ldots$ c) $(m - 3) - (n - 8) = \ldots$
    b) $(m - 7) - (n + 4) = \ldots$ d) $(m + 6) - (n - 2) = \ldots$

                R. a) 37.   b) 24.   c) 40.   d) 43.

9. Siendo $79 - b = 50$, reemplazar en los casos siguientes la palabra **minuendo** por un número:

            minuendo $- b = 54.$
            minuendo $- b = 42.$

                R. a) 83   b) 71.

10. Siendo $x - 35 = 90$, reemplazar la palabra **substraendo** por un número:

         $x -$ substraendo $= 81.$
         $x -$ substraendo $= 106.$

                R. a) 44.   b) 19.

11. Siendo $a - b = 11$, diga cuatro alteraciones que puedan realizarse en a, en b o en ambos a la vez, para que la diferencia sea 13. **R.** Pueden hacerse muchas combinaciones.

12. Siendo $m - n = 15$, diga cuatro alteraciones que podrían realizarse en a, en b o en ambos a la vez para que la diferencia fuera 13. **R.** Pueden hacerse muchas combinaciones.

El espíritu práctico que animaba a los romanos no les permitió hacer grandes progresos en los problemas teóricos de las ciencias matemáticas. Esto se comprende mejor aún, si se piensa en las deficiencias de su sistema de numeración, que crearon siguiendo la huella de los griegos. Los hindúes llegaron a cuestiones más abstractas, tal como se puede apreciar en el manuscrito Bakhshali que data del siglo VII (D. C.).

OPERACIONES INDICADAS DE SUMA Y RESTA

CAPITULO

Haremos el estudio de las operaciones indicadas de suma y resta primero desde un punto de vista **práctico,** y luego bajo un aspecto **teórico.**

I. PRACTICA

114 OPERACIONES INDICADAS DE SUMA Y RESTA EN QUE NO HAY SIGNOS DE AGRUPACION

Estas operaciones se efectúan **en el orden que se hallan.**

Ejemplos

(1) Efectuar $5 + 4 - 3 + 2$.

Diremos: $5 + 4 = 9$; $9 - 3 = 6$; $6 + 2 = 8$, luego:

$$5 + 4 - 3 + 2 = 8. \quad R.$$

(2) Efectuar $8 - 3 + 4 - 1 + 9 - 7$.

Diremos:

$$8 - 3 = 5; \ 5 + 4 = 9; \ 9 - 1 = 8; \ 8 + 9 = 17; \ 17 - 7 = 10, \text{ luego:}$$
$$8 - 3 + 4 - 1 + 9 - 7 = 10. \quad R.$$

➤ EJERCICIO 32

Efectuar:

1. $3+2-4-1$.	**R.**	0.
2. $7-3+6-2+8$.	**R.**	16.
3. $11-4+13-2-6+3$.	**R.**	15.
4. $19+15-18-10+4-7+9$.	**R.**	12.
5. $32-19+43-18+35-53$	**R.**	20.
6. $59-42+108-104+315-136-48$.	**R.**	152.
7. $300-41-63-56-31+89-114+1056$.	**R.**	1140.
8. $915+316-518-654+673-185+114+2396$.	**R.**	3057.

(115) OPERACIONES INDICADAS EN QUE HAY SIGNOS DE AGRUPACION

Deben efectuarse en este orden: **Primero, las operaciones encerradas dentro de los paréntesis, hasta convertirlas en un solo número y luego efectuar las operaciones que queden indicadas, como en los casos anteriores.**

Ejemplos

(1) Efectuar $(7-2)+(5+4)-(3-2)$.

Efectuamos primero las operaciones encerradas entre los paréntesis:

$$7-2=5, \quad 5+4=9, \quad 3-2=1 \text{ y tendremos:}$$
$$(7-2)+(5+4)-(3-2)=5+9-1=13. \quad R.$$

(2) Efectuar $350-(7-2+5)-(6+3)+(9+8-2)$.

Tendremos:

$$350-(7-2+5)-(6+3)+(9+8-2)=350-10-9+15=346 \quad R.$$

➤ EJERCICIO 33

Efectuar:

1. $(4+5+3)+8$.	**R.**	20.	**12.** $(43-15)-19$.	**R.**	9.
2. $60-(8+7+5)$.	**R.**	40.	**13.** $(9+4+5)-(7+3+2)$.	**R.**	6.
3. $150-(14-6)$.	**R.**	142.	**14.** $(11-5)-(9-3)$.	**R.**	0.
4. $(8+4+3)+(6+5+11)$.	**R.**	37.	**15.** $(7+6)-(9-8)$.	**R.**	12.
5. $(9-6)+4$.	**R.**	7.	**16.** $(11-5)-4$.	**R.**	2.
6. $(5+6)+(7+8)$.	**R.**	26.	**17.** $(9-4)+(3+2+5)$.	**R.**	15.
7. $(8-6)+(7-4)$.	**R.**	5.	**18.** $(9-4)+(8-3)$.	**R.**	10.
8. $(9+5)+(7-2)$.	**R.**	19.	**19.** $(85-40)-(95-80)$.	**R.**	30.
9. $56-(3+5+11)$.	**R.**	37.	**20.** $(14+6-4)-(9-7-2)$.	**R.**	16.
10. $(8+7+4)-16$.	**R.**	3.	**21.** $450-(14-6+5-4)$.	**R.**	441.
11. $89-(56-41)$.	**R.**	74.	**22.** $(9-6+3)-2-(8-7+1)$.	**R.**	2.

23. $(14+5)-(6-4+3)+(6-4+2)$.   **R.** 18.

24. $250-(6-4+5)-8-(9-5+3)$.   **R.** 228.

25. $300 \ (5-2)-(9-3)-(+5-4)$.   **R.** 292.

26. $(7-5)+(13-4)-(17+3)+(18-9)$.   **R.** 0.

27. $(15-7)+(6-1)-(9-6)+(19+8)-(3-1)+(4+5)$.   **R.** 44.

28. $(13-5+6)-(21+2-18)+(7-5)-(8-2+1)$.   **R.** 4.

29. $350-2-125+4-(31-30)-(7-1)-(5-4+1)$.   **R.** 218.

30. $(8-1)-(16-9)+4-1+9-6+(11-6)-(9-4)$.   **R.** 6.

Ejemplos

(3) Efectuar $30 + [84 - (7 - 2)]$.

Cuando hay un signo de agrupación encerrado dentro de otro, debe efectuarse primero la operación encerrada en el *más interior*. Así, en este caso efectuamos primero la operación $(7 - 2) = 5$, y tendremos:

$$30 + [84 - (7 - 2)] = 30 + [84 - 5] = 30 + 79 = 109. \quad \text{R.}$$

(4) Efectuar $800 - [45 + \{ (8 - 4) + (7 - 2) \}]$.

Efectuamos primero $8 - 4 = 4$ y $7 - 2 = 5$ y tendremos:

$$800 - [45 + \{ (8 - 4) + (7 - 2) \}] = 800 - [45 + \{ 4 + 5 \}]$$
$$= 800 - [45 + 9] = 800 - 54 = 746. \quad \text{R.}$$

➤ **EJERCICIO 34**

Efectuar:

1. $40+[25-(3+2)]$.   **R.** 60.

2. $60+[4+2)-5]$.   **R.** 61.

3. $150-[(5-1)-(4-3)]$.   **R.** 147.

4. $250+[(7-2)+(4-1)+(3-2)]$.   **R.** 259.

5. $450-[6+\{4-(3-1)\}]$.   **R.** 442.

6. $520+[8-3+\{9-(4+2-1)\}]$.   **R.** 529.

7. $(150-5)-\{14+(9-6+3)\}$.   **R.** 125.

8. $500-\{6+[(14-6)-(7-2)+(4-1)]\}$.   **R.** 488.

9. $500-\{14-[7-(6-5+4)]\}$.   **R.** 488.

10. $856+\{19-3-[6+(5-3)-(2+1)+(5-3)]\}$.   **R.** 865.

11. $[8+(4-2)]+[9-(3+1)]$.   **R.** 15.

12. $[(6-4)-(3-2)]-[(9-7)-(6-5)]$.   **R.** 0.

13. $8+[9-\{6-(5-4)\}]+14-\{11-[7-(3-2)]\}$.   **R.** 21.

14. $250-[(6+4)-(3-1)+2]+\{16-[(8+3)-(12-10)]\}$.   **R.** 247.

II. TEORIA

Estudiaremos ahora el modo de efectuar las operaciones indicadas de suma y resta, fundado en las **propiedades** de la suma y la resta. Es necesario conocer este método porque si las cantidades están representadas por letras no podemos efectuar las operaciones encerradas en los paréntesis y por tanto no se puede aplicar el método explicado anteriormente.

SUMA

(116) **SUMA DE UN NUMERO Y UNA SUMA INDICADA**

Para sumar un número con una suma indicada se suma el número con uno cualquiera de los sumandos de la suma.

Sea la operación $(2 + 3 + 4) + 5$. Decimos que:

$$(2 + 3 + 4) + 5 = 2 + (3 + 5) + 4 = 14.$$

En efecto: Al sumar el número 5 con el sumando 3, la suma $(2 + 3 + 4)$ queda aumentada en 5 unidades porque **(105)** si un sumando se aumenta en un número cualquiera la suma queda aumentada en dicho número.

En general: $(a + b + c) + d = a + (b + d) + c.$

(117) **SUMA DE DOS SUMAS INDICADAS**

Para sumar dos sumas indicadas se suman todos los sumandos que la forman.

Sea la operación $(5 + 6) + (7 + 8)$. Decimos que:

$$(5 + 6) + (7 + 8) = 5 + 6 + 7 + 8 = 26.$$

En efecto: Al añadir la suma $7 + 8$ al sumando 6 de la primera suma, esta suma queda aumentada en $7 + 8$ unidades por la misma razón del caso anterior.

En general: $(a + b) + (c + d + e) = a + b + c + d + e.$

(118) **SUMA DE UN NUMERO Y UNA DIFERENCIA INDICADA**

Para sumar un número con una diferencia indicada, se suma el número con el minuendo y de esta suma se resta el substraendo.

Sea la operación $(7 - 5) + 4$. Decimos que:

$$(7 - 5) + 4 = (7 + 4) - 5 = 11 - 5 = 6.$$

En efecto: Al sumar el número 4 al minuendo, la diferencia $7 - 5$ queda aumentada en 4 porque **(113)** hemos visto que si el minuendo se aumenta en un número cualquiera, la diferencia queda aumentada en ese número.

En general: $(a - b) + c = (a + c) - b.$

119 SUMA DE DIFERENCIAS INDICADAS

Para sumar dos o más diferencias indicadas, se suman los minuendos y de esta suma se resta la suma de los substraendos.

Sea la operación $(8 - 5) + (6 - 4)$. Decimos que:

$$(8 - 5) + (6 - 4) = (8 + 6) - (5 + 4) = 14 - 9 = 5.$$

En efecto: Al sumar al minuendo 8 el minuendo 6, la diferencia $(8-5)$ queda aumentada en 6 unidades, pero al sumar al substraendo 5 el substraendo 4, la diferencia $(8 - 5)$ queda disminuida en 4, luego si $(8 - 5)$ aumenta 6 y disminuye 4, queda aumentada en 2 unidades, que es la diferencia $6 - 4$.

En general: $(a - b) + (c - d) = (a + c) - (b + d)$.

120 SUMA DE UNA SUMA Y UNA DIFERENCIA INDICADA

Para sumar una suma con una diferencia indicada, se suma el minuendo con uno de los sumandos de la suma y de esta suma se resta el substraendo.

Sea la operación $(4 + 5) + (8 - 6)$. Decimos que:

$$(4 + 5) + (8 - 6) = (4 + 5 + 8) - 6 = 17 - 6 = 11.$$

En efecto: Al añadir el minuendo 8 al sumando 5, la suma $4 + 5$ queda aumentada en 8 unidades, pero al restar el substraendo 6 queda disminuida en 6 unidades, luego si la suma $(4 + 5)$ aumenta 8 y disminuye 6, aumenta 2, que es la diferencia $8 - 6$.

En general: $(a + b) + (c - d) = (a + b + c) - d.$

RESTA

121 RESTA DE UN NUMERO Y UNA SUMA INDICADA

Para restar de un número una suma indicada, se restan del número, uno, a uno, todos los sumandos de la suma.

Sea la operación $25 - (2 + 3 + 4)$. Decimos que:

$$25 - (2 + 3 + 4) = 25 - 2 - 3 - 4 = 16.$$

En efecto: Si 25 se disminuye primero en 2, después en 3 y luego en 4, queda disminuido en 9 unidades que es la suma $2 + 3 + 4$.

En general: $a - (b + c + d) = a - b - c - d.$

122 RESTA DE UNA SUMA INDICADA Y UN NUMERO

Para restar de una suma indicada un número, se resta el número de cualquier sumando de la suma.

Sea la operación $(4 + 5 + 6) - 3$. Probar que:

$$(4 + 5 + 6) - 3 = (4 - 3) + 5 + 6 = 12.$$

En efecto: Al restar el 3 de uno de los sumandos de la suma, ésta queda disminuida en 3 unidades (105).

En general: $(a + b + c) - d = (a - d) + b + c.$

(123) RESTA DE UN NUMERO Y UNA DIFERENCIA INDICADA

Para restar de un número una diferencia indicada, se suma el substraendo con el número y de esta suma se resta el minuendo.

Sea la operación $50 - (8 - 5)$. Decimos que:

$$50 - (8 - 5) = (50 + 5) - 8 = 47.$$

En efecto: Sabemos (113) que si al minuendo y al substraendo de una diferencia se suma un mismo número, la diferencia no varía. Añadiendo 5 al minuendo y al substraendo de la diferencia $50 - (8 - 5)$, tenemos:

$$50 - (8 - 5) = (50 + 5) - (8 - 5 + 5) = (50 + 5) - 8$$

porque si a 8 le restamos 5 y le sumamos 5, queda 8.

En general: $a - (b - c) = (a + c) - b.$

(124) RESTA DE UNA DIFERENCIA INDICADA Y UN NUMERO

Para restar de una diferencia indicada un número, se resta del minuendo la suma del substraendo y el número.

Sea la operación $(15 - 7) - 6$. Decimos que:

$$(15 - 7) - 6 = 15 - (7 + 6) = 15 - 13 = 2.$$

En efecto: Al sumar 6 con el substraendo 7, la diferencia $15 - 7$ queda disminuida en 6 unidades porque (113) si al substraendo se suma un número cualquiera, la diferencia queda disminuida en este número.

En general: $(a - b) - c = a - (b + c).$

(125) RESTA DE DOS SUMAS INDICADAS

Para restar dos sumas indicadas se restan de la primera suma, uno a uno, todos los sumandos de la segunda suma.

Sea la operación $(4 + 5) - (2 + 3)$. Decimos que:

$$(4 + 5) - (2 + 3) = 4 + 5 - 2 - 3 = 4.$$

En efecto: Si de la suma $(4 + 5)$ restamos primero 2 y después 3, esta suma queda disminuida en 5 unidades que es la suma $2 + 3$.

En general: $(a + b) - (c + d) = a + b - c - d.$

(126) RESTA DE DOS DIFERENCIAS INDICADAS

Para restar dos diferencias indicadas, se suma el minuendo de la primera con el substraendo de la segunda y de esta suma se resta la suma del substraendo de la primera con el minuendo de la segunda.

Sea la operación $(8-1)-(5-3)$. Decimos que:

$$(8-1)-(5-3)=(8+3)-(5+1)=11-6=5.$$

En efecto: Al sumar el substraendo 3 con el minuendo 8 la diferencia $(8-1)$ queda aumentada en 3 unidades, pero al sumar el minuendo 5 con el substraendo 1 la diferencia $(8-1)$ queda disminuida en 5 unidades; luego si $(8-1)$ aumenta 3 y disminuye 5, en definitiva disminuye 2, que es la diferencia $5-3$.

En general: $(a-b)-(c-d)=(a+d)-(b+c).$

(127) RESTA DE UNA SUMA Y UNA DIFERENCIA INDICADA

Para restar de una suma una diferencia indicada, se suma el substraendo con la suma indicada y de esta suma se resta el minuendo.

Sea la operación $(8+4)-(3-2)$. Probar que:

$$(8+4)-(3-2)=(8+4+2)-3=14-3=11.$$

En efecto: Al sumar el substraendo 2 con la suma $(8+4)$ esta suma queda aumentada en 2 unidades, pero al restar el minuendo 3 disminuye 3 unidades, luego si aumenta 2 y disminuye 3, disminuye 1 unidad que es la diferencia $(3-2)$.

En general: $(a+b)-(c-d)=(a+b+d)-c.$

➤ EJERCICIO 35

Efectuar, aplicando las reglas estudiadas:

1. $(7+8)+9$.   **R.** 24.
2. $(m+n)+p$.   **R.** $m+n+p$.
3. $(7+6)+(4+5+1)$.   **R.** 23.
4. $(x+y)+(2+a)$.   **R.** $x+y+2+a$.
5. $(9-3)+4$.   **R.** 10.
6. $(a-m)+n$.   **R.** $a-m+n$.
7. $(8-x)+4$.   **R.** $12-x$.
8. $(4-3)+(5-2)$.   **R.** 4.
9. $(9-5)+(7-2)+(4-1)$.   **R.** 12.
10. $(a-x)+(m-n)$.   **R.** $a-x+m-n$.
11. $(7+5)+(6-3)$.   **R.** 15.
12. $(b+c)+(m-n)$.   **R.** $b+c+m-n$.
13. $19-(4+5+1)$.   **R.** 9.
14. $a-(b+7)$.   **R.** $a-b-7$.
15. $(9+8+7)-14$.   **R.** 10.
16. $(m+n+p)-x$.   **R.** $m+n+p-x$.
17. $53-(23-15)$.   **R.** 45.
18. $x-(m-n)$.   **R.** $x-m+n$.
19. $(7-6)-1$.   **R.** 0.
20. $(11-2)-6$.   **R.** 3.
21. $(a-x)-y$.   **R.** $a-x-y$.
22. $(6+5)-(7+3)$.   **R.** 1.
23. $(c+d)-(m+n)$.   **R.** $c+d-m-n$.
24. $(9-3)-(8-2)$.   **R.** 0.
25. $(11-2)-(7-5)$.   **R.** 7.
26. $(a-x)-(m-n)$.   **R.** $a-x-m+n$.
27. $(9+8)+(5-3)$.   **R.** 19.
28. $(4+3+9)-(3-2)$.   **R.** 15.
29. $(a+x)-(x-2)$.   **R.** $a+2$.
30. $(8-3)-(5-4)$.   **R.** 4.

CASOS PARTICULARES

128 LA SUMA DE DOS NUMEROS MAS SU DIFERENCIA ES IGUAL AL DUPLO DEL MAYOR

Sean los números 8 y 5. Decimos que:

$$(8 + 5) + (8 - 5) = 2 \times 8 = 16.$$

En efecto: Sabemos (118) que para sumar una suma con una diferencia, se suma el minuendo de la diferencia con uno de los sumandos de la suma y de esta suma se resta el substraendo, luego:

$$(8 + 5) + (8 - 5) = 8 + 5 + 8 - 5 = 8 + 8 + 5 - 5 = 8 + 8 = 2 \times 8.$$

En general: $(a + b) + (a - b) = 2a.$

129 LA SUMA DE DOS NUMEROS MENOS SU DIFERENCIA ES IGUAL AL DUPLO DEL MENOR

Sean los números 8 y 5. Decimos que:

$$(8 + 5) - (8 - 5) = 2 \times 5 = 10.$$

En efecto: Sabemos (127) que para restar de una suma una diferencia se suma el substraendo con la suma y de esta suma se resta el minuendo, luego:

$$(8 + 5) - (8 - 5) = 8 + 5 + 5 - 8 = 5 + 5 + 8 - 8 = 5 + 5 = 2 \times 5.$$

En general: $(a + b) - (a - b) = 2b.$

➤ **EJERCICIO 36**

Hallar, por simple inspección, el resultado de:

1. $(7+2)+(7-2)$.   R. 14.
2. $(8+3)+(8-3)$.   R. 16.
3. $(9+4)-(9--4)$.   R. 8.
4. $(7+1)-(7-1)$.   R. 2.
5. $(6-5)+(6+5)$.   R. 12.
6. $(4+7)+(7-4)$.   R. 14.
7. $(9-4)-(9+4)$.   R. −8.

8. $(a+x)+(a-x)$.   R. 2a.
9. $(n-m)+(n+m)$.   R. 2n.
10. $(a+5)+(5-a)$.   R. 10.
11. $(3+a)+(a-3)$.   R. 2a.
12. $(m-8)+(8+m)$.   R. 2m.
13. $(10+30)-(30-10)$.   R. 20.
14. $(q+p)-(p-q)$.   R. 2q.

El complemento aritmético, que es una consecuencia del carácter decimal de nuestro sistema de numeración ha sido empleado como procedimiento auxiliar para la resolución de las operaciones de sumar y restar, y también para resolver las operaciones combinadas de suma y resta. Tiene poco uso.

COMPLEMENTO ARITMETICO

CAPITULO **IX**

130 COMPLEMENTO ARITMETICO de un número es la diferencia entre dicho número y una unidad de orden superior a su cifra de mayor orden.

Ejemplos

El comp. aritmético de 98 es $100 - 98 = 2$
El comp. aritmético de 356 es $1000 - 356 = 644$.
El comp. aritmético de 1250 es $10000 - 1250 = 8750$.
El comp. aritmético de 14200 es $100000 - 14200 = 85800$.

131 REGLA PRACTICA PARA HALLAR EL COMPLEMENTO DE UN NUMERO

Se restan de 9 todas las cifras del número, empezando por la izquierda, menos la última cifra significativa, que se resta de 10. Si el número termina en ceros, a la derecha de la última resta se escriben estos ceros.

Ejemplos

(1) Hallar el complemento aritmético de 346.

Diremos: De 3 a 9, 6; de 4 a 9, 5; de 6 a 10, 4, luego el complemento aritmético de 346 es 654. R.

(2) Hallar el complemento aritmético de 578900.

Diremos: De 5 a 9, 4; de 7 a 9, 2; de 8 a 9, 1; de 9 a 10, 1, luego el complemento aritmético es 421100. R.

➤ **EJERCICIO 37**

Hallar el complemento aritmético de:

1. 10.	4. 453.	7. 32987.	10. 421594.
2. 72.	5. 560.	8. 500700.	11. 239000.
3. 300.	6. 1920.	9. 89116.	12. 78996000.

(132) APLICACION DEL COMPLEMENTO ARITMETICO PARA EFECTUAR LA RESTA

Para efectuar la resta por medio del complemento aritmético **se suma el minuendo con el complemento aritmético del substraendo, poniéndole a éste delante una unidad con signo menos, que se tendrá en cuenta al efectuar la suma.**

Ejemplos

(1) Efectuar 1034 − 615 por medio del complemento aritmético.

El complemento aritmético de 615 es 385. Ahora *sumamos* el minuendo 1034 con 1385, que es el complemento aritmético con una unidad con signo menos delante, y tendremos:

$$1034$$
$$+\ 1385$$
$$\overline{0419}$$

La diferencia entre 1034 y 615 es 419 R. que se puede comprobar efectuando la resta.

$$1034$$
$$-\ 615$$
$$\overline{0419}$$

(2) Efectuar por el complemento aritmético 7289 − 5400.

El complemento aritmético de 5400 es 4600. Ahora sumamos 7289 con $\overline{14600}$ y tendremos:

$$7289 \qquad\qquad 7289$$
$$+\ 14600 \qquad \text{Prueba:}\ -\ 5400$$
$$\overline{01889\ \text{R.}} \qquad\qquad \overline{1889}$$

➤ **EJERCICIO 38**

Efectuar por el complemento aritmético:

1. $73 - 54$.	6. $18564 - 5610$.
2. $198 - 115$.	7. $99900 - 10000$.
3. $954 - 930$.	8. $143765 - 20000$.
4. $1215 - 843$.	9. $123456 - 54000$.
5. $7700 - 3000$.	10. $53789543 - 56470$.

(133) **APLICACION DEL COMPLEMENTO ARITMETICO PARA EFECTUAR VARIAS SUMAS Y RESTAS COMBINADAS**

Para efectuar sumas y restas combinadas por medio del complemento aritmético **se suman todos los sumandos con los complementos aritméticos de los substraendos, poniendo delante de cada complemento una unidad con signo menos, que se tomará en cuenta al efectuar la suma.**

> *Ejemplos*

(1) Efectuar por los complementos $56 - 41 + 83 - 12$.

$$
\begin{array}{r}
56 \\
\text{Comp. aritmético de } 41 \ldots \ldots \quad \overline{1}59 \\
+\ \ 83 \\
\text{Comp. aritmético de } 12 \ldots \ldots \quad \overline{1}88 \\
\hline
086 \text{ R.}
\end{array}
$$

(2) Efectuar por los complementos

$$14208 - 3104 + 8132 - 1245 - 723 + 2140.$$

$$
\begin{array}{r}
14208 \\
\text{Comp. aritmético de } 3104 \ldots \ldots \quad \overline{1}6896 \\
+\ \ 8132 \\
\text{Comp. aritmético de } 1245 \ldots \ldots \quad \overline{1}8755 \\
\text{Comp. aritmético de } 723 \ldots \ldots \quad \overline{1}277 \\
2140 \\
\hline
19408. \text{ R.}
\end{array}
$$

➤ **EJERCICIO 39**

Efectuar por los complementos:

1. $19-8+6$.	R. 17.
2. $35-22-6+4$.	R. 11.
3. $123-96+154-76$.	R. 105.
4. $810-700+560-90$	R. 580.
5. $14-9-20+42-80+300-23$.	R. 224.
6. $1274-863-14-10+3340-19$.	R. 3708.
7. $20180+14208-45209+29314-8164$.	R. 10329.
8. $54209-1349-10000-4000-6250$.	R. 32610.

La operación de multiplicar resultaba muy compleja para los antiguos. Los griegos se auxiliaban de la tabla pitagórica, que ya conocían antes de nacer Pitágoras. Los babilonios empleaban tablas de cuadrados. Entre los romanos, la operación era lenta y trabajosa, como se observa en la ilustración, debido a su notación numeral. El signo de multiplicar, cruz de San Andrés, se atribuye a W. Oughtred, hacia 1647.

MULTIPLICACION

CAPITULO X

(134) MULTIPLICACION. SU OBJETO

La **multiplicación** es una operación de composición que tiene por objeto, dados números llamados multiplicando y multiplicador, hallar un número llamado producto que sea respecto del multiplicando lo que el multiplicador es respecto de la unidad.

Así, multiplicar 4 (multiplicando) por 3 (multiplicador) es hallar un número que sea respecto de 4 lo que 3 es respecto de 1, pero 3 es tres veces 1, luego el producto será tres veces 4, o sea 12. Igualmente, multiplicar 8 por 5 es hallar un número que sea respecto de 8 lo que 5 es respecto de 1, pero 5 es cinco veces 1, luego el producto será 5 veces 8, o sea 40.

En general, multiplicar a por b es hallar un número que sea respecto de a lo que b es respecto de 1.

NOTACION

El producto de dos números se indica con el signo $\times$ o con un punto colocado entre los **factores,** que es el nombre que se da al multiplicando y multiplicador.

Así, el producto de 6 por 5 se indica 6×5 ó 6.5.

Cuando los factores son literales o un número y una letra, se suele omitir el signo de multiplicación entre los factores.

Así, el producto de *a* por *b* se indica $a \times b$, *a.b* o simplemente *ab*. El producto de 7 por *n* se indica $7 \times n$, *7.n* o mejor *7n*.

(135) RELACION ENTRE EL PRODUCTO Y EL MULTIPLICANDO

Consideraremos 4 casos:

1) **Si el multiplicador es cero, el producto es cero.** Así, $5 \times 0 = 0$, porque el multiplicador 0 indica la ausencia de la unidad, luego el producto tiene que indicar la ausencia del multiplicando.

2) **Si el multiplicador es 1, el producto es igual al multiplicando.** Así, $4 \times 1 = 4$, porque siendo el multiplicador igual a la unidad, el producto tiene que ser igual al multiplicando.

El número 1 es el único número que multiplicado por otro da un producto igual a este último y por esto se dice que 1 es el **módulo** de la multiplicación.

3) **Si el multiplicador es > 1, el producto es $>$ el multiplicando.** Así, $7 \times 6 = 42 > 7$, porque siendo $6 > 1$, el producto tiene que ser $>$ el multiplicando.

4) **Si el multiplicador es < 1, el producto es $<$ el multiplicando.** Así, $8 \times 0.5 = 4$, porque siendo 0.5 la mitad de la unidad, el producto tiene que ser la mitad del multiplicando.

De lo anterior se deduce que **multiplicar no es siempre aumentar.**

(136) DEFINICION DE LA MULTIPLICACION CUANDO EL MULTIPLICADOR ES UN NUMERO NATURAL

Cuando el multiplicador es un número natural, la multiplicación es **una suma abreviada que consta de tantos sumandos iguales al multiplicando como unidades tenga el multiplicador.**

Ejemplos

$4 \times 3 = 4 + 4 + 4 = 12.$
$5 \times 6 = 5 + 5 + 5 + 5 + 5 + 5 = 30.$
$ac = a + a + a + a \ldots c$ veces

(137) MULTIPLICACION POR LA UNIDAD SEGUIDA DE CEROS

Para multiplicar un entero por la unidad seguida de ceros se añaden al entero tantos ceros como ceros acompañen a la unidad.

Ejemplos

(1) $54 \times 100 = 5400$, porque el valor relativo de cada cifra se ha hecho 100 veces mayor. **(63).**

(2) $1789 \times 1000 = 1789000$ porque el valor relativo de cada cifra se ha hecho 1000 veces mayor.

(138) MULTIPLICACION DE DOS NUMEROS TERMINADOS EN CEROS

Se multiplican los números como si no tuvieran ceros y a la derecha de este producto se añaden tantos ceros como haya en el multiplicando y multiplicador.

Ejemplo

$$4300 \times 25000 = 107500000. \quad \text{R.}$$

(139) NUMERO DE CIFRAS DEL PRODUCTO

En el producto hay siempre tantas cifras como haya en el multiplicando y multiplicador juntos o una menos.

Así, el producto 345×23 ha de tener cuatro cifras o cinco.

En efecto: $345 \times 23 > 345 \times 10$, y como este último producto $345 \times 10 = 3450$ tiene cuatro cifras, el producto 345×23, que es mayor que él, no puede tener menos de cuatro cifras.

Por otra parte, $345 \times 23 < 345 \times 100$, pero este producto $345 \times 100 = 34500$ tiene cinco cifras, luego el producto 345×23, que es menor que este último producto, no puede tener más de cinco cifras.

(140) REPRESENTACION GRAFICA DEL PRODUCTO

Ejemplos

(1) Representar gráficamente 3×2.

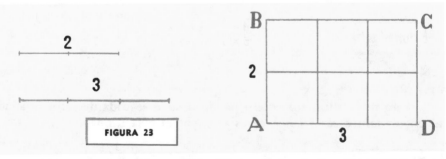

FIGURA 23

Se representan gráficamente (fig. 23) el multiplicando 3 y el multiplicador 2 por medio de segmentos, según se vio en el núm. **76,** y se construye un rectángulo cuya *base* sea el segmento que representa el 3 y cuya *altura* sea el segmento que representa el 2. El rectángulo ABCD que consta de dos filas horizontales de 3 cuadrados cada una es la representación gráfica del producto $3 \times 2 = 6$ porque el desarrollo de este producto es $3 \times 2 = 3 + 3 = 6$.

(2) Representar gráficamente el producto 4 × 5.

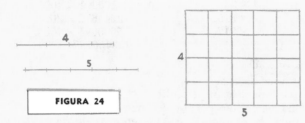

FIGURA 24

El rectángulo de la figura 24 formado por 4 filas horizontales de 5 cuadrados cada una o sea de $5 + 5 + 5 + 5 = 20$ cuadrados es la representación gráfica del producto 5 × 4 porque el desarrollo de este producto es:

$$5 \times 4 = 5 + 5 + 5 + 5 = 20$$

141 PRODUCTO CONTINUADO

Para hallar el producto de más de dos números como $2 \times 3 \times 4 \times 5$ se halla primero el producto de dos de ellos; luego se multiplica este producto por el tercer factor; luego este segundo producto por el factor siguiente y así hasta el último factor.

Así, en este caso, tendremos:

$2 \times 3 = 6;$ $6 \times 4 = 24;$ $24 \times 5 = 120$
luego $2 \times 3 \times 4 \times 5 = 120.$ R.

142 PRUEBAS DE LA MULTIPLICACION

La prueba de la multiplicación puede realizarse de tres modos: 1) Cambiando el orden de los factores, debiendo darnos el mismo producto, si la operación está correcta, según la ley conmutativa de la multiplicación que veremos pronto.   2) Dividiendo el producto por uno de los factores, debiendo darnos el otro factor.   3) Por la prueba del 9 que se estudia en el número **277**.

➤ EJERCICIO 40

1. ¿Cuál es el módulo de la multiplicación? ¿Por qué?
2. Siendo el multiplicando 48, ¿cuál debe ser el multiplicador para que el producto sea 48; el doble de 48; su tercera parte; 5 veces mayor que 48; cero?
3. Si el multiplicando es 6, ¿cuál será el multiplicador si el producto es 18; si es 3; si es cero?
4. Siendo $ab = 3a,$ ¿que número es b?
5. Siendo $mn = m,$ ¿qué número es n?
6. Siendo $a.5 = b,$ ¿qué valor tiene b con relación a a?
7. Siendo $5a = 20,$ ¿qué número es a? ¿Por qué?
8. Expresar en forma de suma los productos $3 \times 4;$ $5 \times 7;$ $6 \times 8.$
9. Expresar en forma de suma los productos $a.4,$ $b.5,$ $c.9.$
10. Expresar en forma de suma los productos $ab,$ $mn,$ $cd.$

11. Efectuar:

234 × 56.	100001 × 1001.
1228 × 315.	3245672 × 2003.
4444 × 917.	5000045 × 7004.
12345 × 6432.	12345678 × 12004.

12. Efectuar las operaciones siguientes:

856 por una decena.
54325 por una decena de millar.
1 centena de millar por 14 decenas.
17 décimas de centenas por 145 centenas de decena.
8 centenas por 19 centenas de millar.

13. Efectuar:

324 × 100.	20 × 30.
1215 × 1000.	400 × 40.
198654 × 100000.	12000 × 3400.
766534 × 10000000.	70000 × 42000.

14. ¿Cuántas cifras tendrán los productos: 13×4; 45×32; 176×543; 1987×515?

15. Representar gráficamente los productos:

4 × 2.	5 × 5.	7 × 8.
3 × 6.	6 × 6.	11 × 14.

16. Hallar el resultado de

a) 3 × 4 × 5.   c) 8 × 7 × 6 × 3.
b) 2 × 2 × 3 × 4.   d) 5 × 11 × 13 × 7.

➤ **EJERCICIO 41**

1. A 6 cts. cada lápiz, ¿cuánto importarán 7 docenas? **R.** $5.04.

2. Enrique vende un terreno de 14 áreas a $500 el área y recibe en pago otro terreno de 800 metros cuadrados a razón de $3 el metro cuadrado. ¿Cuánto le adeudan? **R.** $4600.

3. Se compran 8 libros a $2 uno, 5 lapiceros a $1 uno y 4 plumas fuentes a $3 cada una. Si se vende todo en $18, ¿cuánto se pierde? **R.** $15.

4. Se compran 216 docenas de lapiceros a $5 la docena. Si se venden a razón de $1 cada 2 lapiceros, ¿cuál es el beneficio obtenido? **R.** $216.

5. Se compran 84 metros cuadrados de terreno a $3 el metro, y se venden a $60 la docena de metros. ¿Cuánto se gana? **R.** $168.

6. Se compran 40 lápices por $2. ¿Cuánto se ganará si se venden todos a 72 cts. la docena? **R.** $0.40.

7. Un auto sale de Ciudad México hacia Monterrey a 60 Kms. por hora y otro sale de Ciudad México hacia Acapulco a 70 Kms. por hora. Si salen a las 10 de la mañana, ¿a qué distancia se hallarán a la 1 de la tarde? **R.** 390 Kms.

8. Dos autos salen de dos ciudades distantes entre sí 720 Kms. uno hacia el otro. El primero anda 40 Kms. por hora y el segundo 30 Kms. por hora. Si salen ambos a las 8 a. m., ¿a qué distancia se encontrarán a las 11 a. m.? **R.** 510 Kms.

9. Compré 14 trajes a $30; 22 sombreros a $2 y 8 bastones a $5. Vendiendo los trajes por $560, cada sombrero a $1 y cada bastón a $3, ¿gano o pierdo y cuánto? **R.** Gano $102.

10. Compré 115 caballos a $70; 15 se murieron y el resto lo vendí a $80 cada caballo. ¿Gané o perdí y cuánto? **R.** Perdí $50.

11. Un albañil que hace 6 metros cuadrados de pared en un día ha empleado 8 días en hacer un trabajo. Si le pagan a $6 cada metro de pared, ¿cuánto debe recibir? **R.** $288.

12. Juan gana $6 por día de trabajo y trabaja 5 días a la semana. Si gasta $21 a la semana, ¿cuánto puede ahorrar en 8 semanas? **R.** $72.

13. Se han vendido 14 barriles de harina a $18 cada uno con una pérdida de $2 por cada barril; 20 sacos de arroz a $4 cada uno con una ganancia de $1 por saco y 7 sacos de frijoles a $15 cada uno con una pérdida de $3 por saco. ¿Cuál fue el costo de toda la mercancía que vendí? **R.** $466.

14. Pedro tiene $65, Patricio el doble de lo que tiene Pedro menos $16 y Juan tanto como los dos anteriores juntos más $18. Si entre todos gastan $124, ¿cuál es el capital común que queda? **R.** $252.

15. Un ganadero compró 80 cabezas de ganado a $40 una. Vendió 30 a $45 y 25 a $48. ¿Cuánto debe obtener de las que quedan para que la ganancia total sea de $400? **R.** $1050.

(143) LEYES DE LA MULTIPLICACION

Las leyes de la multiplicación son 6: Ley de uniformidad, ley conmutativa, ley asociativa, ley disociativa, ley de monotonía y ley distributiva.

(144) I. LEY DE UNIFORMIDAD

Esta ley puede enunciarse de tres modos que son equivalentes:

1) **El producto de dos números tiene un valor único o siempre igual.**

| Ejemplo |

5 sillas × 2 = 10 sillas.
5 mesas × 2 = 10 mesas.
5 días × 2 = 10 días.

Vemos pues, que el producto 5 × 2, cualquiera que sea la naturaleza de los conjuntos que estos números representen, siempre es 10, luego podemos escribir:

$$5 \times 2 = 10, \text{ siempre.}$$

2) **Los productos de números respectivamente iguales son iguales.**

| Ejemplo |

Si en un aula cada asiento está ocupado por un alumno de modo que no quedan asientos vacíos ni alumnos de pie, ambos conjuntos están coordinados, luego el número de alumnos a es igual al número de sillas b. Es evidente que para sentar a triple número de alumnos, $a \times 3$ alumnos, harían falta triple número de sillas, $b \times 3$ sillas, y tendríamos $a \times 3 = b \times 3$.

3) Producto de dos igualdades. Multiplicando miembro a miembro varias igualdades resulta otra igualdad.

Ejemplos

(1) Siendo

$$a = b$$
$$c = d$$
$$\overline{\text{resulta} \quad ac = bd.}$$

(2) Siendo

$$6 = 2.3$$
$$a = c$$
$$mn = p$$
$$\overline{\text{resulta} \quad 6amn = 6cp.}$$

(145) II. LEY CONMUTATIVA

El orden de los factores no altera el producto.

Se pueden considerar dos casos: 1) Que se trate de dos factores. 2) Que se trate de más de dos factores.

1) Que se trate de dos factores.

Sea el producto 6×4. Vamos a demostrar que $6 \times 4 = 4 \times 6$. En efecto:

$$6 \times 4 = 6 + 6 + 6 + 6 = 24$$
$$4 \times 6 = 4 + 4 + 4 + 4 + 4 + 4 = 24$$

y como dos cosas iguales a una tercera son iguales entre sí, tendremos:

$$6 \times 4 = 4 \times 6.$$

En general: $\qquad ab = ba.$

2) Que se trate de más de dos factores.

Sea el producto $5 \times 4 \times 3 \times 2$. Vamos a demostrar que invirtiendo el orden de los factores no se altera el producto.

En efecto: El producto $5 \times 4 \times 3 \times 2$ se puede considerar descompuesto en estos dos factores: 5.4 y 3.2, y como para dos factores ya está demostrado que el orden de los mismos no altera el producto, tendremos:

$$5.4 \times 3.2 = 3.2 \times 5.4.$$

El mismo producto $5 \times 4 \times 3 \times 2$ se puede considerar descompuesto en otros dos factores: 5.4.3 y 2 y como el orden de los mismos no altera el producto, tendremos:

$$5.4.3 \times 2 = 2 \times 5.4.3.$$

Por medio de estas descomposiciones podemos hacer todas las combinaciones posibles de factores y en cada caso se demuestra que el orden de los mismos no altera el producto; luego queda demostrado lo que nos proponíamos.

En general: $\qquad abcd = bacd = cadb,$ etc.

(146) III. LEY ASOCIATIVA

El producto de varios números no varía sustituyendo dos o más factores por su producto.

$$2 \times 3 \times 4 \times 5 = 120$$

Ejemplos

$$\underbrace{(2 \times 3)}_{6} \times 4 \times 5 = 120$$

$$\underbrace{(2 \times 3)}_{6} \times \underbrace{(4 \times 5)}_{20} = 120$$

En general: $abcd = (ab)cd = a(bcd)$.

El *paréntesis* indica que primero deben efectuarse los productos encerrados dentro de ellos y luego las otras operaciones indicadas.

(147) IV. LEY DISOCIATIVA

El producto de varios números no varía descomponiendo uno o más factores en dos o más factores.

Ejemplos

(1) Sea el producto 8×5. Puesto que $8 = 4 \times 2$, tendremos:
$$8 \times 5 = 4 \times 2 \times 5.$$

(2) Sea el producto 10×12. Puesto que $10 = 5 \times 2$ y $12 = 3 \times 4$, tendremos:
$$10 \times 12 = 5 \times 2 \times 3 \times 4.$$

PRODUCTO DE IGUALDADES Y DESIGUALDADES

(148) V. LEY DE MONOTONIA

Consta de dos partes:

1) Multiplicando miembro a miembro desigualdades del mismo sentido e igualdades, resulta una desigualdad del mismo sentido que las dadas.

Ejemplos

(1) Siendo $8 > 3$, $4 = 4$
resulta $8 \times 4 > 3 \times 4$
$32 > 12$

(2) Siendo $5 = 5$, $3 < 6$, $2 < 4$
resulta $5 \times 3 \times 2 < 5 \times 6 \times 4$
$30 < 120$.

(3) Siendo $a > b$, $c = d$, $e > f$, $g = h$
resulta $aceg > bdfh$.

2) **Multiplicando miembro a miembro varias desigualdades del mismo sentido resulta una desigualdad del mismo sentido que las dadas.**

Ejemplos

(1) Siendo $\quad\quad 5 > 3$
$\quad\quad\quad\quad\quad\quad 6 > 4$

resulta $\quad \dfrac{}{5 \times 6 > 3 \times 4}$
$\quad\quad\quad\quad\quad 30 > 12.$

(2) Siendo $\quad\quad a < b$
$\quad\quad\quad\quad\quad\quad c < d$
$\quad\quad\quad\quad\quad\quad e < f$

resulta $\quad \dfrac{}{ace < bdf.}$

ESCOLIO

Si se multiplican miembro a miembro desigualdades de **sentido contrario,** el resultado no puede anticiparse, pues puede ser una desigualdad de cualquier sentido o una igualdad.

Ejemplos

(1) Multiplicando

$\quad\quad\quad\quad\quad\quad\quad\quad 6 > 3$
$\quad\quad\quad\quad\quad\quad\quad\quad 4 < 15$

resulta $\quad\quad \dfrac{}{6 \times 4 < 3 \times 15}$
$\quad\quad\quad\quad\quad\quad\quad 24 < 45,$ desigualdad.

(2) Multiplicando

$\quad\quad\quad\quad\quad\quad\quad\quad 3 < 4$
$\quad\quad\quad\quad\quad\quad\quad\quad 8 > 6$

resulta $\quad\quad \dfrac{}{3 \times 8 = 4 \times 6}$
$\quad\quad\quad\quad\quad\quad\quad 24 = 24,$ igualdad.

(149) **VI. LEY DISTRIBUTIVA**
Véase número **153.**

➤ **EJERCICIO 42**

1. Multiplicar las igualdades:

a) $\begin{cases} 5 = 5. \\ 4 = 4. \end{cases}$
b) $\begin{cases} a = b. \\ x = y. \end{cases}$
c) $\begin{cases} a = 3. \\ b = 5. \\ 4 = c. \end{cases}$
d) $\begin{cases} 8 = 4 \times 2. \\ 5 \times 3 = 15. \\ 7 \times 4 = 14 \times 2. \end{cases}$

$\quad\quad$ **R.** a) $20 = 20.$ b) $ax = by.$ c) $4ab = 15c.$ d) $3360 = 3360.$

2. Aplicar la ley de uniformidad a las igualdades:

a) $\begin{cases} a = bc. \\ mn = h. \end{cases}$
b) $\begin{cases} 5 = a. \\ xy = 6. \\ 4 = 2 \times 2. \end{cases}$
c) $\begin{cases} 5 \times 6 = 30. \\ ac = bd. \\ 6 \times 3 = 18. \end{cases}$

$\quad\quad$ **R.** a) $amn = bch.$ b) $20xy = 24a.$ c) $540ac = 540bd.$

3. Siendo $abc = 30$, $bac = \ldots$, $cba = \ldots$ ¿Por qué?   **R.** $bac = 30$; $cba = 30$ por la ley conmutativa.

4. ¿Dónde habrá más lápices, en 8 cajas de 10 lápices cada una o en 10 cajas de 8 lápices cada una? ¿Qué ley aplica?   **R.** Igual en las dos; la ley conmutativa.

5. ¿Cuál es el mayor de los productos 8.7.6.5 y 7.5.6.8?   **R.** Son iguales.

6. Escribir el producto 2.3.4 de 6 modos distintos aplicando la ley conmutativa.   **R.** 2.3.4, 2.4.3, 3.2.4, 3.4.2, 4.2.3.

7. El producto $abcd$ se puede escribir de 24 modos distintos aplicando la ley conmutativa. Escríbalo de nueve modos distintos.   **R.** Por ejemplo: $abcd$, $abdc$, $acbd$, $acdb$, $adbc$, $adcb$, $bacd$, $badc$, $bcad$.

8. $3.5.6 = 15.6$ por la ley....   **R.** Asociativa.

9. Siendo $3ab = 90$ y $a = 5$, ¿qué puede escribir aplicando la ley asociativa?   **R.** $15b = 90$.

10. Escriba el producto 6×9 de tres modos distintos aplicando la ley disociativa.   **R.** $2 \times 3 \times 9$, $6 \times 3 \times 3$, $2 \times 3 \times 3 \times 3$.

11. Puesto que $20 = 5 \times 4$, tendremos, por la ley disociativa que $20 \times 3 = \ldots$.   **R.** $20 \times 3 = 5 \times 4 \times 3$.

12. Transforme el producto 8×6 en un producto equivalente de 4 factores. ¿Qué ley aplica?   **R.** $1 \times 2 \times 3 \times 2$. Ley disociativa.

13. Aplique la ley disociativa al producto $10 \times 18 \times 12$ transformándolo en un producto equivalente de 8 factores.   **R.** $2 \times 5 \times 2 \times 3 \times 3 \times 2 \times 2 \times 3$.

14. Multiplique las desigualdades:

a) $\begin{cases} 9 > 2. \\ 5 > 4. \end{cases}$ b) $\begin{cases} 1 < 2. \\ 3 < 5. \\ 6 < 8. \end{cases}$ c) $\begin{cases} a > b. \\ c > d. \\ e > f. \end{cases}$ d) $\begin{cases} 5 < 6. \\ m < n. \\ a < p. \\ 3 < 4. \end{cases}$

   R. a) $45 > 8$.   b) $18 < 80$.   c) $ace > bdf.$.   d) $15am < 24np$.

15. Aplicar la ley de monotonía en:

a) $\begin{cases} a = b. \\ c > d. \end{cases}$ b) $\begin{cases} 5 > 3. \\ m = n. \end{cases}$ c) $\begin{cases} 8 > 6. \\ a = b. \\ c = d. \end{cases}$ d) $\begin{cases} 3 < 5. \\ 4 = 4. \\ p < q. \\ a < b. \end{cases}$

   R. a) $ac > bd$.   b) $5m > 3n$.   c) $8ac > 6bd$.   d) $12ap < 20bq$.

16. Halle el resultado de multiplicar miembro a miembro en los casos siguientes:

a) $\begin{cases} 5 > 4. \\ a < b. \end{cases}$ b) $\begin{cases} m < p. \\ n > q. \end{cases}$

   R. a) No se sabe.   b) No se sabe.

(150) ALTERACIONES DE LOS FACTORES

I. Si el multiplicando se multiplica o divide por un número, el producto queda multiplicado o dividido por el mismo número.

1) Que el multiplicando se multiplique por un número.

Sea el producto 57 × 6. Por definición sabemos que:

$$57 \times 6 = 57 + 57 + 57 + 57 + 57 + 57.$$

Multipliquemos el multiplicando 57 por un número, 2 por ejemplo, y tendremos:

$$(57 \times 2)6 = 57 \times 2 + 57 \times 2 + 57 \times 2 + 57 \times 2 + 57 \times 2 + 57 \times 2.$$

Ahora bien: Esta segunda suma contiene el mismo número de sumandos que la primera, pero cada sumando de la segunda es el doble de cada sumando de la primera, luego la segunda suma, o sea, el segundo producto, será el doble de la primera suma o primer producto; luego al multiplicar el multiplicando por 2, el producto queda multiplicado por 2.

2) Que el multiplicando se divida por un número.

Sea el producto 57 × 6. Por definición, sabemos que:

$$57 \times 6 = 57 + 57 + 57 + \underline{57} + 57 + 57.$$

Dividiendo el multiplicando por un número, 3 por ejemplo, tendremos:

$$(57 \div 3) \times 6 = 57 \div 3 + 57 \div 3 + 57 \div 3 + 57 \div 3 + 57 \div 3 + 57 \div 3$$

Ahora bien: Esta segunda suma contiene el mismo número de sumandos que la anterior, pero cada sumando de ésta es la tercera parte de cada sumando de la anterior, luego la segunda suma, o sea, el segundo producto será la tercera parte de la suma primera o producto anterior; luego al dividir el multiplicando por 3 el producto ha quedado dividido por 3.

II. Si el multiplicador se multiplica o divide por un número, el producto queda multiplicado o dividido por dicho número.

Sea el producto 57 × 6. Multipliquemos o dividamos el multiplicador por un número, 2 por ejemplo, y tendremos:

$$57 \times (6 \overset{\div}{\times} 2)$$

y como el orden de factores no altera el producto, resulta:

$$57 \times (6 \overset{\div}{\times} 2) = (6 \overset{\div}{\times} 2) \times 57$$

con lo cual este caso queda comprendido en el anterior.

III. Si el multiplicando se multiplica por un número y el multiplicador se divide por el mismo número o viceversa, el producto no varía.

En efecto: Al multiplicar uno de los factores por un número, el producto queda multiplicado por dicho número, pero al dividir el otro factor por el mismo número, el producto queda dividido por el mismo número, luego no varía.

EJERCICIO 43

1. ¿Qué alteración sufre el producto de 88×5 si el 88 se multiplica por 4; si se divide por 11? **R.** Queda multiplicado por 4; queda dividido por 11.

2. ¿Qué alteración sufre el producto de 16×8 si el 8 lo multiplicamos por 3; si lo dividimos por 4? **R.** Queda multiplicado por 3: queda dividido por 4.

3. ¿Qué alteración sufre el producto de 6×5 si el 6 lo multiplicamos por 4 y el 5 lo multiplicamos por 5? **R.** Queda multiplicado por 20.

4. ¿Qué alteración sufre el producto de 24×14 si el 24 lo dividimos por 6 y el 14 lo multiplicamos por 2? **R.** Queda dividido por 3.

5. 72 es el producto de dos factores. ¿Qué variación experimentará este producto si el multiplicando lo multiplicamos por 3 y el multiplicador por 4) **R.** Se convierte en 864.

6. 84 es el producto de dos factores. ¿Cuál sería este producto si el multiplicando lo multiplicamos por 5 y el multiplicador también lo multiplicamos por 5? **R.** 2100.

7. ¿Qué alteración sufrirá el producto de 150×21 si el 150 lo multiplicamos por 3 y el 21 lo dividimos por 3? **R.** Ninguna.

8. Siendo $ab = 60$, escribir los productos:

   a) $(3a)b = \ldots$

   b) $a(2b) = \ldots$

   c) $(2a)(4b) = \ldots$

   d) $(a \div 5)b = \ldots$

   e) $a(b \div 5) = \ldots$

   f) $(a \div 2)(b \div 2) = \ldots$

   R. a) 180. b) 120. c) 480. d) 12. e) 12. f) 15.

9. $8a = b$. Escribir los productos:

   a) $24a = \ldots$

   b) $4a = \ldots$

   c) $8(2a) = \ldots$

   d) $16(2a) = \ldots$

   e) $2(5a) = \ldots$

   í) $2(4a) = \ldots$

   R. a) $3b$. b) $\dfrac{b}{2}$. c) $2b$. d) $4b$. e) $\dfrac{5}{4}b$. f) b.

10. $ab = 60$. Escribir los productos:

   a) $(4a)(b \div 2) = \ldots$

   b) $(2a)(b \div 4) = \ldots$

   c) $(6a)(b \div 3) = \ldots$

   d) $(a \div 2)(b \div 10) = \ldots$

   R. a) 120. b) 30. c.) 120. d) 3.

Poco se conoce del desarrollo de la Aritmética china antes de la Era Cristiana, pero es seguro que no ignoraban muchos de los problemas que preocuparon a los hindúes y egipcios. Antes del uso del ábaco (suanpan), representaban los números utilizando varillas de bambú llamadas sangi. La obra más antigua que se conoce sobre matemáticas chinas es el Chiu-Chang, del siglo I (A. C.), copiado de una obra anterior.

OPERACIONES INDICADAS DE MULTIPLICACION

CAPITULO XI

I. PRACTICA

(151) OPERACIONES INDICADAS DE MULTIPLICACION EN QUE NO HAY SIGNOS DE AGRUPACION

Deben efectuarse en este orden: **Primero, los productos indicados y luego las sumas o restas.**

Ejemplos

(1) Efectuar $5 + 3 \times 4 - 2 \times 7$.

Efectuamos primero los productos $3 \times 4 = 12$ y $2 \times 7 = 14$, y tendremos:
$$5 + 3 \times 4 - 2 \times 7 = 5 + 12 - 14 = 3. \quad R.$$

(2) Efectuar $8 - 2 \times 3 + 4 \times 5 - 6 \times 3$.
$$8 - 2 \times 3 + 4 \times 5 - 6 \times 3 = 8 - 6 + 20 - 18 = 4. \quad R.$$

➤ EJERCICIO 44

1. $9 + 2 \times 3$.   R. 15.
2. $5 \times 4 - 2$.   R. 18.
3. $30 - 7 \times 3$.   R. 9.
4. $3 \times 4 + 5 \times 6$.   R. 42.
5. $9 \times 3 - 4 \times 2$.   R. 19.
6. $15 - 5 \times 3 + 4$.   R. 4.

7. $9+6\times4-5$.	**R. 28.**	14. $50+5\times6-4-7\times2+4$.	**R. 66.**
8. $5\times7-3+8\times2$.	**R. 48.**	15. $18\times3\times2-1-5\times2\times3-9$.	**R. 68.**
9. $75-3\times4+6-5\times3$.	**R. 54.**	16. $5\times4+3\times2-4\times3+8\times6$.	**R. 62.**
10. $3\times2+7\times4-21$.	**R. 13.**	17. $300-5\times7-8\times3-2\times6$.	**R. 229.**
11. $5\times1+6\times2+7\times3$.	**R. 38.**	18. $3\times9+4\times8-5\times3+6-4\times2$.	**R. 42.**
12. $24\times2-3\times5-4\times6$.	**R. 9.**	19. $2\times7-5\times4+3\times6-2\times11+13$.	**R. 3.**
13. $49-3\times2\times5+8-4\times2$.	**R. 19.**	20. $8-2\times2+6+7\times3-3\times4+16$.	**R. 35.**

(152) OPERACIONES INDICADAS DE MULTIPLICACION EN QUE HAY SIGNOS DE AGRUPACION

Deben efectuarse en este **orden: Primero, las operaciones encerradas en los paréntesis y luego las operaciones que queden indicadas.**

> *Ejemplos*

(1) Efectuar $(5+3)2+3(6-1)$.

En la práctica se suele suprimir el signo $\times$ entre un número y un paréntesis o entre dos paréntesis. Así, en este ejemplo, $(5+3)2$ equivale a $(5+3)\times2$ y $3(6-1)$ equivale a $3\times(6-1)$.

Efectuamos primero los paréntesis: $(5+3)=8$ y $(6-1)=5$, y tendremos:
$$(5+3)2+3(6-1)=8\times2+3\times5=16+15=31. \quad \text{R.}$$

(2) Efectuar $(8-2)5-3(6-4)+3(7-2)(5+4)$.

Efectuando primero los paréntesis, tendremos:
$$(8-2)5-3(6-4)+3(7-2)(5+4)$$
$$=6\times5-3\times2+3\times5\times9=30-6+135=159. \quad \text{R.}$$

➤ **EJERCICIO 45**

Efectuar:

1. $(6+5+4)3$.	**R. 45.**	6. $(8+6+4)2$.	**R. 36.**
2. $(3+2)(4+5)$.	**R. 45.**	7. $(20-15+30-10)5$.	**R. 125.**
3. $(20-14)(8-6)$.	**R. 12.**	8. $(50\times6\times42\times18)9$.	**R. 2041200.**
4. $(8+5+3)(6-4)$.	**R. 32.**	9. $(5-2)3+6(4-1)$.	**R. 27.**
5. $(20-5+2)(16-3+2-1)$.	**R. 238.**	10. $3(8-1)+4(3+2)-3(5-4)$.	**R. 38.**

11. $(7-5)4+3(4-2)+(8-2)5-2(11-10)$.   **R. 42.**
12. $(11-4)5-4(6+2)+4(5-3)-2(8-6)$.   **R. 7.**
13. $(3+2)(5-1)+(8-1)3-4(6-2)$.   **R. 25.**
14. $(5-1)(4-2)+(7-3)(4-1)$.   **R. 20.**
15. $(3-2)(4-1)+6(8-4)+(7-2)(9-7)$.   **R. 37.**
16. $3(9-2)+2(5-1)(4+3)+3(6-4)(8-7)$ **R. 83.**
17. $(8-2)3-2(5+4)+3(6-1)$.   **R. 15.**
18. $300-3(5-2)+(6+1)(9-3)+4(8+1)$.   **R. 369.**
19. $500+6(3+1)+(8-5)3-2(5+4)$.   **R. 515.**
20. $6[3+(5-1)2]$.   **R. 66.**

21. $8[(5-3)(4+2)]$.   **R.**   96.

22. $9[(10-4)2+(30-20)2]$.   **R.**   288.

23. $[(5+2)3+(6-1)5][(8+6)3-(4-1)2]$.   **R.** 1656.

24. $\{15+(9-5)2\}\{(6\times4)3+(5-4)(4-3)\}$.   **R.** 1679.

25. $800+\{20-3\times4+5[18-(6-1)3+(5-2)4]\}$.   **R.**   883.

II. TEORIA

Estudiaremos ahora el modo de efectuar las operaciones indicadas de multiplicación sin efectuar lo encerrado dentro de los paréntesis, método indispensable cuando las cantidades están representadas por letras.

LEY DISTRIBUTIVA DE LA MULTIPLICACION

(153) PRODUCTO DE UNA SUMA POR UN NUMERO

Para multiplicar una suma indicada por un número se multiplica cada sumando por este número y se suman los productos parciales.

Ejemplos

(1) Efectuar $(5+4)2$ Decimos que:
$$(5+4)2 = 5 \times 2 + 4 \times 2 = 10 + 8 = 18. \quad \text{R.}$$
En efecto:
$$(5+4)2 = (5+4)+(5+4) = 5+4+5+4 = 5+5+4+4$$
$$= (5+5)+(4+4) = 5 \times 2 + 4 \times 2.$$

(2) Efectuar $(3+6+9)5$.
$$(3+6+9)\ 5 = 3 \times 5 + 6 \times 5 + 9 \times 5 = 15 + 30 + 45 = 90. \quad \text{R.}$$
En general: $(a+b+c)n = an + bn + cn.$

La propiedad aplicada en los tres ejemplos anteriores constituye la *ley distributiva de la multiplicación respecto de la suma.*

(154) PRODUCTO DE UNA RESTA POR UN NUMERO

Para multiplicar una resta indicada por un número se multiplican el minuendo y el substraendo por este número y se restan los productos parciales.

Ejemplos

(1) Efectuar $(8-5)3$.   Decimos que:
$$(8-5)3 = 8 \times 3 - 5 \times 3 = 24 - 15 = 9. \quad \text{R.}$$
En efecto: Multiplicar $(8-5)3$ equivale a tomar $(8-5)$ como sumando tres veces, o sea:
$$(8-5)3 = (8-5)+(8-5)+(8-5)$$
$$= (8+8+8)-(5+5+5) = 8 \times 3 - 5 \times 3.$$

(2) Efectuar $(15 - 9)6$.

$$(15 - 9)6 = 15 \times 6 - 9 \times 6 = 90 - 54 = 36. \quad R.$$

En general: $(a - b)n = an - bn.$

La propiedad aplicada en los dos ejemplos anteriores constituye la *ley distributiva de la multiplicación con relación a la resta.*

(155) SUMA ALGEBRAICA

Una expresión como $7 - 2 + 9 - 3$ que contiene varios signos + o − es una **suma algebraica.**

En esta suma algebraica, 7, 2, 9 y 3 son los **términos** de la suma. Los términos que van precedidos del signo + o que no llevan signo delante son **positivos.** Así, en este caso, 7 y 9 son positivos. Los términos que van precedidos del signo − son **negativos.** Así, en este caso, − 2 y − 3 son negativos.

En la suma algebraica $a + b - c - d + e$, los términos positivos son a, b y e, y los negativos, $- c$ y $- d$.

(156) PRODUCTO DE UNA SUMA ALGEBRAICA POR UN NUMERO

Como hemos probado que la multiplicación es distributiva con relación a la suma y a la resta, tenemos que:

Para multiplicar una suma algebraica por un número se multiplica cada término de la suma por dicho número, poniendo delante de cada producto parcial el signo + si el término que se multiplica es positivo y el signo − si es negativo.

> ## Ejemplo

(1) Efectuar $(8 - 2 + 6 - 3)5$.

$$(8 - 2 + 6 - 3)5 = 8 \times 5 - 2 \times 5 + 6 \times 5 - 3 \times 5.$$
$$= 40 - 10 + 30 - 15 = 45. \quad R$$

En general: $(a - b + c - d)n = an - bn + cn - dn.$

(157) FACTOR COMUN

En la suma algebraica $2 \times 5 + 3 \times 2 - 4 \times 2$ los términos son los productos 2×5, 3×2 y 4×2. En cada uno de estos productos aparece el factor 2; 2 es un **factor común.**

Igualmente en la suma algebraica $9 \times 3 - 3 \times 5 - 3 \times 2 + 8 \times 3$ el 3 es un factor común; en la suma $ab + bc - bd$ el factor común es b; en la suma $5ay + 5ax - 5an$ el factor común es $5a$.

(158) LA OPERACION DE SACAR FACTOR COMUN

> ### Ejemplos

(1) Sabemos, por la ley distributiva, que:

$$(8+6)5 = 8 \times 5 + 6 \times 5.$$

Invirtiendo los miembros de esta igualdad, tenemos:

$$8 \times 5 + 6 \times 5 = 5(8+6).$$

Aquí vemos que en el primer miembro tenemos el factor común 5 y en el segundo miembro aparece el factor común 5 *multiplicando* a un paréntesis dentro del cual hemos escrito $8+6$ que es *lo que queda* en el primer miembro dividiendo cada término por 5. Hemos *sacado* el factor común 5.

(2) Sabemos, por la ley distributiva, que

$$(9-7)2 = 9 \times 2 - 7 \times 2.$$

Invirtiendo tenemos.

$$9 \times 2 - 7 \times 2 = 2(9-7).$$

En el primer miembro tenemos el factor común 2 y en el segundo miembro aparece el 2 multiplicando a un paréntesis dentro del cual hemos puesto lo que queda en el primer miembro dividiendo cada término por el factor común 2. Hemos *sacado* el factor común 2.

(3) Sacar el factor común en $9 \times 8 + 8 \times 3 - 8$.

$$9 \times 8 + 8 \times 3 - 8 = 8(9+3-1). \quad \text{R.}$$

(4) Sacar el factor común en $ab - ac + a - am$.

$$ab - ac + a - am = a(b-c+1-m). \quad \text{R.}$$

(5) Sacar el factor común en $7ax - 7ab + 7am$.

$$7ax - 7ab + 7am = 7a(x-b+m). \quad \text{R.}$$

(6) Sacar el factor común en $4ab + 2ac - 8an$.

$$4ab + 2ac - 8an = 2a(2b+c-4n). \quad \text{R.}$$

➤ **EJERCICIO 46**

Efectuar, aplicando la ley distributiva:

1. $(8+3)2$.	R. 22.	10. $5(a+b+c)$.	R. $5a+5b+5c$.
2. $(7-5)3$.	R. 6.	11. $a(5-3+2)$.	R. $4a$.
3. $(9+6-2)5$.	R. 65.	12. $(a-b+c-d)x$.	R. $ax-bx+cx-dx$.
4. $(b+c)a$.	R. $ab+ac$.	13. $(11+9+7+6)8$.	R. 264.
5. $(x-y)m$.	R. $mx-my$.	14. $(m-n)3$.	R. $3m-3n$.
6. $(a+m-x)n$.	R. $an+mn-nx$.	15. $2a(b+c-d)$.	R. $2ab+2ac-2ad$.
7. $9(15+8+4)$.	R. 243.	16. $8x(11-3)$.	R. $64x$.
8. $7(25-18)$.	R. 49.	17. $(2a-3b+5c)4$.	R. $8a-12b+20c$.
9. $3(2-1+5)$.	R. 18.	18. $3(11-6+9-7+1)$.	R. 24.

Sacar el factor común en las expresiones siguientes:

19. $3\times2+5\times2$. **R.** $2(3+5)$.
20. $ab+ac$. **R.** $a(b+c)$.
21. $5\times8-7\times5$. **R.** $5(8-7)$.
22. $9\times3+3\times4+5\times3$. **R.** $3(9+4+5)$,
23. $6\times5-7\times6+6$. **R.** $6(5-7+1)$.
24. $ab-ac+a$. **R.** $a(b-c+1)$.

25. $5x-xy$. **R.** $x(5-y)$.
26. $8a-4b$. **R.** $4(2a-b)$.
27. $2\times9-9+3\times9$. **R.** $9(2-1+3)$.
28. $5xy-5xz$. **R.** $5x(y-z)$.
29. $7ab+6ac$. **R.** $a(7b+6c)$.
30. $x^2y-x^2z-x^2$. **R.** $x^2(y-z-1)$

31. $3\times5+5\times6-5+5\times9$. **R.** $5(3+6-1+9)$.
32. $ax-am+an-a$. **R.** $a(x-m+n-1)$.
33. $9\times5-12\times7+6\times11$. **R.** $3(15-28+22)$.
34. $3b+6ab-9b+12b$. **R.** $3b(1+2a-3+4)$.
35. $9\times7\times2+5\times3\times9-2\times4\times9$. **R.** $9(14+15-8)$.
36. $5ab-10ac+20an-5a$. **R.** $5a(b-2c+4n-1)$.
37. $ax^2y-9ay+ay-3ay$. **R.** $ay(x^2-9+1-3)$.
38. $15a^2bx+3ax-9anx-6amx$. **R.** $3ax(5ab+1-3n-2m)$.

PRODUCTO DE SUMAS Y DIFERENCIAS

(159) PRODUCTO DE DOS SUMAS

Para multiplicar dos sumas indicadas se multiplican todos los términos de la primera por cada uno de los términos de la segunda y se suman los productos parciales.

Ejemplos

(1) Efectuar $(6+5)(3+2)$. Decimos que:
$$(6+5)(3+2)=6\times3+5\times3+6\times2+5\times2$$
$$=18+15+12+10=55.$$

En efecto: El producto $(6+5)(3+2)$ se compondrá de tres veces $(6+5)$ más dos veces $(6+5)$, luego:
$$(6+5)(3+2)=(6+5)3+(6+5)2$$
$$=6\times3+5\times3+6\times2+5\times2.$$

(2) Efectuar $(9+7)(5+4)$.
$$(9+7)(5+4)=9\times5+7\times5+9\times4+7\times4$$
$$=45+35+36+28=144. \quad \text{R.}$$

En general:
$$(a+b+c)(m+n)=am+bm+cm+an+bn+cn.$$

(160) PRODUCTO DE SUMA POR DIFERENCIA

Para multiplicar una suma por una diferencia se suman los productos de cada término de la suma por el minuendo y de esta suma se restan los productos de cada término de la suma por el substraendo.

Ejemplo

(1) Efectuar $(9 + 7)(5 - 4)$. Decimos que:

$$(9 + 7)(5 - 4) = 9 \times 5 + 7 \times 5 - 9 \times 4 - 7 \times 4$$
$$= 45 + 35 - 36 - 28 = 16. \quad \text{R.}$$

En efecto: El producto $(9 + 7)(5 - 4)$ se compondrá de cinco veces $(9 + 7)$ menos cuatro veces $(9 + 7)$, luego:

$$(9 + 7)(5 - 4) = (9 + 7) \, 5 - (9 + 7) \, 4$$
$$= (9 \times 5 + 7 \times 5) - (9 \times 4 + 7 \times 4) = 9 \times 5 + 7 \times 5 - 9 \times 4 - 7 \times 4.$$
$$\textbf{(125)}.$$

En general: $(a + b)(c - d) = ac + bc - ad - bd.$

(161) CASO PARTICULAR. PRODUCTO DE LA SUMA DE DOS NUMEROS POR SU DIFERENCIA

El producto de la suma de dos números por su diferencia es igual a la diferencia de los cuadrados de los dos números.

Ejemplos

(1) Efectuar $(6 + 5)(6 - 5)$. Decimos que:

$$(6 + 5)(6 - 5) = 6^2 - 5^2 = 36 - 25 = 9.$$

En efecto: Aplicando la regla explicada en el número anterior, tenemos:

$$(6 + 5)(6 - 5) = 6 \times 6 + 5 \times 6 - 6 \times 5 - 5 \times 5$$
$$= 6 \times 6 - 5 \times 5 = 6^2 - 5^2.$$

(2) Efectuar $(9 - 3)(9 + 3)$.

$$(9 - 3)(9 + 3) = 9^2 - 3^2 = 81 - 9 = 72. \quad \text{R.}$$

En general:

$$(a + b)(a - b) = a^2 - b^2.$$

(162) PRODUCTO DE DOS DIFERENCIAS

Para multiplicar dos diferencias indicadas se suma el producto de los minuendos con el producto de los substraendos y de esta suma se restan los productos de cada minuendo por el otro substraendo.

Ejemplos

(1) Efectuar $(7-4)(3-2)$. Decimos que:

$$(7-4)(3-2) = 7 \times 3 + 4 \times 2 - 7 \times 2 - 4 \times 3$$
$$= 21 + 8 - 14 - 12 = 3.$$

En efecto: El producto $(7-4)(3-2)$ se compondrá de tres veces $(7-4)$ menos dos veces $(7-4)$, luego:

$$(7-4)(3-2) = (7-4)3 - (7-4)2$$
$$= (7 \times 3 - 4 \times 3) - (7 \times 2 - 4 \times 2)$$
$$= (7 \times 3 + 4 \times 2) - (7 \times 2 + 4 \times 3) \quad \textbf{(126)}.$$
$$= 7 \times 3 + 4 \times 2 - 7 \times 2 - 4 \times 3 \quad \textbf{(125)}. \quad \text{R.}$$

(2) Efectuar $(5-3)(8-6)$.

$$(5-3)(8-6) = 5 \times 8 + 3 \times 6 - 5 \times 6 - 3 \times 8$$
$$= 40 + 18 - 30 - 24 = 4. \quad \text{R.}$$

En general: $(a-b)(c-d) = ac + bd - ad - bc.$

➤ EJERCICIO 47

Efectuar, aplicando las reglas estudiadas:

1. $(7+2)(5+4)$.   R. 81.
2. $(a+b)(m+n)$.   R. $am+bm+an+bn$.
3. $(5+3)(4-2)$.   R. 16.
4. $(8-5)(6+9)$.   R. 45.
5. $(a+b)(m-n)$ R. $am+bm-an-bn$.
6. $(9-3)(7-2)$.   R. 30.
7. $(a-b)(m-n)$.   R. $am+bn-an-bm$.
8. $(8+3+2)(5+7)$.   R. 156.
9. $(a-b)(4+3)$.   R. $4a-4b+3a-3b=7a-7b$.
10. $(m+n)(5-2)$.   R. $5m+5n-2m-2n=3m+3n$.
11. $(8-2)(11+9+6)$.   R. 156.
12. $(15-7)(9-4)$.   R. 40.
13. $(25+3)(x-y)$.   R. $25x+3x-25y-3y=28x-28y$.
14. $(a+3)(b+6)$.   R. $ab+3b+6a+18$.

Hallar, por simple inspección el resultado de:

15. $(3+2)(3-2)$.   R. 5.
16. $(8-5)(8+5)$.   R. 39.
17. $(m+n)(m-n)$.   R. m^2-n^2.
18. $(a-3)(a+3)$.   R. a^2-9.

19. $(5-b)(b+5)$.   R. $25-b^2$.
20. $(2a-7)(7+2a)$.   R. $4a^2-49$.
21. $(4+7)(7-4)$.   R. 33.
22. $(b-a)(a+b)$.   R. b^2-a^2.

23. $(9+b)(9-b)$.   R. $81-b^2$.

(163) REGLA GENERAL PARA MULTIPLICAR SUMAS ALGEBRAICAS

De acuerdo con las reglas aplicadas en los números anteriores, tenemos que:

$$(a + b)(c + d) = ab + bc + ad + bd.$$
$$(a + b)(c - d) = ac + bc - ad - bd.$$
$$(a - b)(c - d) = ac - bc - ad + bd.$$

Observando estos resultados, vemos que lo que hemos hecho ha sido multiplicar **cada término del primer paréntesis por cada término del segundo paréntesis** poniendo **delante** de cada producto el signo + cuando los dos factores que se multiplican tienen **signos iguales** (los dos + o los dos −) y el signo − cuando tienen **signos distintos.** El primer término de cada producto, que no lleva ningún signo delante, se entenderá que es positivo.

Podemos, por tanto, enunciar la siguiente:

REGLA GENERAL

Para multiplicar dos sumas algebraicas se multiplica cada término de la primera suma por cada término de la segunda suma, poniendo delante de cada producto el signo + cuando los dos términos que se multiplican tienen signos iguales, y el signo − cuando tienen signos distintos.

Esta regla general es de gran utilidad porque para el alumno es muy difícil retener cada una de las reglas anteriores.

Vamos a resolver varios casos aplicando esta regla general.

Ejemplos

(1) Efectuar $(8 - 6)(5 + 4)$ por la regla general

$$(8 - 6)(5 + 4) = 8 \times 5 - 6 \times 5 + 8 \times 4 - 6 \times 4$$
$$= 40 - 30 + 32 - 24 = 18 \cdot \quad R.$$

Hemos multiplicado 8 por 5 y como 8 y 5 tienen signos iguales (porque al no llevar signo delante llevan +) delante del producto 8×5 va un + (que no se escribe por ser el primer término, pero va sobreentendido). Después multiplicamos −6 por 5 poniendo delante de este producto el signo − porque 6 y 5 tienen signos distintos; luego 8 por 4, poniendo + delante del producto porque 8 y 4 tienen signos iguales y por último −6 por 4 poniendo delante del producto − porque tienen signos distintos.

(2) Efectuar $(9-3)(8-5)$ por la regla general.

$$(9-3)(8-5) = 9 \times 8 - 3 \times 8 - 9 \times 5 + 3 \times 5$$
$$= 72 - 24 - 45 + 15 = 18. \quad R.$$

Hemos multiplicado 9 por 8 poniendo delante + (que se sobreentiende) porque 8 y 9 tienen signo +; -3 por 8, este producto lleva delante signo $-$ porque tienen signos distintos; 9 por -5, este producto lleva $-$ delante porque son signos distintos y -3 por -5, este producto lleva delante + porque son signos iguales.

(3) Efectuar $(7-4+2)(6-5)$.

$$(7-4+2)(6-5) = 7 \times 6 - 4 \times 6 + 2 \times 6 - 7 \times 5 + 4 \times 5 - 2 \times 5$$
$$= 42 - 24 + 12 - 35 + 20 - 10 = 5. \quad R.$$

(4) Efectuar $(a-b-c)(m-x)$.

$$(a-b-c)(m-x) = am - bm - cm - ax + bx + cx. \quad R.$$

➤ **EJERCICIO 48**

Efectuar, aplicando la regla general:

1. $(8+3)(5+2)$.   **R.** 77.
2. $(4-1)(5+3)$.   **R.** 24.
3. $(9-7)(6-3)$.   **R.** 6.
4. $(8+6)(5-2)$.   **R.** 42.
5. $(15-6)(9-4)$.   **R.** 45.
6. $(11+3)(8-5)$.   **R.** 42.

7. $(9+7)(4+8)$.   **R.** 192.
8. $(a-b)(m-n)$.   **R.** $am-bm-an+bn$.
9. $(8-7)(x-y)$.   **R.** $8x-7x-8y+7y=x-y$.
10. $(9-7+2)(5+6)$.   **R.** 44.
11. $(4-3)(6+5-2)$.   **R.** 9.
12. $(a-b)(c+d)$.   **R.** $ac-bc+ad-bd$.

13. $(m+n)(x-y)$.   **R.** $mx+nx-my-ny$.
14. $(p-q)(m-n)$.   **R.** $mp-mq-np+nq$.
15. $(a+b-c)(r-s)$.   **R.** $ar+br-cr-as-bs+cs$.
16. $(b-4)(5-2+3)$.   **R.** $5b-20-2b+8+3b-12=6b-24$.
17. $(a-b-c)(m+n-p)$.   **R.** $am-bm-cm+an-bn-cn-ap+bp+cp$.
18. $(7-4+3)(5-2-1)$.   **R.** 12.
19. $(a-b+c-d)(m-n)$.   **R.** $am-bm+cm-dm-an+bn-cn+dn$.
20. $(5+3)(4-2+5-3)$.   **R.** 32.

(164) PRODUCTO DE UN PRODUCTO INDICADO POR UN NUMERO

Para multiplicar un producto indicado por un número se multiplica uno de los factores del producto por dicho número.

Vamos a multiplicar el producto 4×5 por 6.

Decimos que basta multiplicar uno solo de los factores, bien el 4 o el 5, por el multiplicador 6.

Multiplicando el factor 5, tenemos:

$$(4 \times 5)6 = 4(5 \times 6) = 4(30) = 120. \quad R.$$

Multiplicando el factor 4, tenemos:

$$(4 \times 5)6 = (4 \times 6)5 = 24 \times 5 = 120. \quad R.$$

En efecto: Al multiplicar uno de los factores del producto 4×5 por el multiplicador 6, el producto 4×5 queda multiplicado por 6 porque hemos visto (150) que si el multiplicando o multiplicador se multiplican por un número, el producto queda multiplicado por dicho número.

Si se trata de un producto de más de dos factores, se procederá del mismo modo, multiplicando **uno solo** de los factores por el multiplicador. Así:

$$(2 \times 3 \times 4)5 = 2(3 \times 5)4 = 2 \times 15 \times 4 = 120. \quad \text{R.}$$

En este caso la regla se justifica considerando el producto $2 \times 3 \times 4$ descompuesto en dos factores, de este modo: $2 \times (3 \times 4)$ y aplicándole la regla dada para el caso de dos factores.

(165) PRODUCTO DE DOS PRODUCTOS INDICADOS

Para multiplicar dos productos indicados se forma un solo producto con todos los factores.

Vamos a multiplicar el producto 2×3 por el producto $4 \times 5 \times 6$. Decimos que:

$$(2 \times 3)(4 \times 5 \times 6) = 2 \times 3 \times 4 \times 5 \times 6 = 720. \quad \text{R.}$$

En efecto: Al multiplicar el factor 3 del producto 2×3 por el producto $4 \times 5 \times 6$, el producto 2×3 queda multiplicado por el producto $4 \times 5 \times 6$, según el caso anterior.

➤ EJERCICIO 49

Efectuar, aplicando las reglas anteriores:

1. $(4 \times 5)3$.   **R.** 60.
2. $5(3 \times 7)$.   **R.** 105.
3. $(3a)a$.   **R.** $3a^2$.
4. $(7a^2b)a$.   **R.** $7a^3b$.
5. $(5 \times 6 \times 7)2$.   **R.** 420.

6. $(7 \times 3)2 - (4 \times 5)2$.   **R.** 2.
7. $(6 \times 5)9 + (3 \times 4)3$.   **R.** 306.
8. $(5 \times 7)(3 \times 8)$.   **R.** 840.
9. $(abc)(ab^2c^2)$ **R.** $a^2b^3c^3$.
10. $(4 \times 3 \times 5)(2 \times 4 \times 6)$.   **R.** 2880.

Babilonios e hindúes fueron los primeros en conocer la división. Los métodos actuales para resolver la división se derivan de los hindúes, que disponían en una mesa de arena los elementos de la operación: dividendo, divisor, cociente y residuo. Estos conocimientos fueron transmitidos a Europa por los árabes. Leonardo de Pisa los expuso en 1202. Oughtred, en 1647, propuso el signo (:) para indicar la división.

DIVISION

CAPITULO XII

(166) DIVISION SU OBJETO

La división es una operación inversa de la multiplicación que tiene por objeto, dado el producto de dos factores (dividendo) y uno de los factores (divisor), hallar el otro factor (cociente).

NOTACION

El signo de la división es ÷ o una rayita horizontal o inclinada colocada entre el dividendo y el divisor.

Así, la división de D (dividendo) entre d (divisor) y siendo c el cociente, se indica de los tres modos siguientes:

$$D \div d = c. \qquad \frac{D}{d} = c. \qquad D/d = c.$$

De acuerdo con la definición, podemos decir que **dividir un número (dividendo) entre otro (divisor) es hallar un número (cociente) que multiplicado por el divisor dé el dividendo.**

Así, dividir 20 entre 4 es hallar el número que multiplicado por 4 dé 20. Este número es 5, luego $20 \div 4 = 5$.

Del propio modo: $\qquad 8 \div 4 = 2$ porque $2 \times 4 = 8$, $\qquad$ y en general, si $D \div d = c$ es

$$\frac{15}{5} = 3 \text{ porque } 3 \times 5 = 15, \qquad \text{porque } cd = D.$$

113

Ya que el dividendo es el producto del divisor por el cociente, es evidente que **el dividendo dividido entre el cociente tiene que dar el divisor.**

Así:
$$14 \div 2 = 7 \quad y \quad 14 \div 7 = 2.$$
$$18 \div 6 = 3 \quad y \quad 18 \div 3 = 6.$$

En general si $D \div d = c$ se verifica que $D \div c = d$.

(167) COCIENTE

Etimológicamente la palabra **cociente** significa **cuántas veces.** El cociente indica las veces que el dividendo contiene al divisor. Así, en $10 \div 5 = 2$, el cociente 2 indica que el dividendo 10 contiene dos veces al divisor 5.

(168) DIVISION EXACTA

La división es **exacta** cuando existe un número entero que multiplicado por el divisor da el dividendo, o sea, cuando el dividendo es múltiplo del divisor.

Así, la división $24 \div 3 = 8$ es exacta, porque $8 \times 3 = 24$. El número entero 8 es el **cociente exacto** de 24 entre 3 e indica que 24 contiene a 3, ocho veces exactamente.

La división $\frac{36}{9} = 4$ es exacta porque $4 \times 9 = 36$. El número entero **4** es el cociente exacto de 36 entre 9 e indica que 36 contiene a 9 cuatro veces exactamente.

(169) REPRESENTACION GRAFICA DE LA DIVISION EXACTA

| *Ejemplo* | Representar gráficamente la división $12 \div 3$. |

FIGURA 25

Primero (fig. 25) representamos gráficamente, por medio de segmentos, el dividendo 12 y el divisor 3. El segmento $AB = 12$ representa el dividendo y el segmento $CD = 3$ representa el divisor. Se transporta el segmento divisor sobre el segmento dividendo consecutivamente, a partir del extremo A, y vemos que el segmento divisor está contenido 4 veces exactamente en el segmento dividendo. Este número de veces, 4, que el dividendo contiene al divisor, representa el cociente exacto de 12 entre 3.

➤ **EJERCICIO 50**

1. Siendo $3a = 18$, se tendrá que $18 \div a = \ldots$ y $a = \ldots$ **R.** 3, 6.
2. Si $85 = 5x$, ¿qué número es x?   **R.** 17.
3. Siendo $ab = m$, se tendrá que $m \div a = \ldots$ y $m \div b \ldots$ **R.** *b, a.*

4. Si $a \div b = c$, se tendrá que $a \div c = \ldots$ y $bc = \ldots$ **R.** b, a.

5. Siendo $\frac{12}{3} = n$, se tendrá que $3n = \ldots$ y $\frac{12}{n} = \ldots$ **R.** 12, 3.

6. Siendo $\frac{a}{5} = 32$, ¿qué número es a? **R.** 160.

7. Si $\frac{x}{y} = 6$, se tendrá que $\frac{x}{6} = \ldots$ y que $6y = \ldots$ **R.** y, x.

8. Si en una división exacta el dividendo es 2940 y el cociente 210, ¿cuál es el divisor? **R.** 14.

9. Si el cociente exacto es 851 y el divisor 93, ¿cuál es el dividendo? **R.** 79143.

10. Si al dividir x entre 109 el cociente es el duplo del divisor, ¿qué número es x? **R.** 23762.

11. Se reparten $731 entre varias personas, por partes iguales, y a cada una tocan $43. ¿Cuántas eran las personas? **R.** 17.

12. Uno de los factores del producto 840 es 12. ¿Cuál es el otro factor? **R.** 70.

13. ¿Por cuál número hay que dividir a 15480 para que el cociente sea 15? **R.** 1032.

14. Representar gráficamente las divisiones:

     a) $9 \div 3$.   c) $16 \div 4$.   e) $36 \div 4$.

     b) $10 \div 2$.   d) $21 \div 7$.   f) $20 \div 5$.

(170) DIVISION ENTERA O INEXACTA

Cuando no existe ningún número entero que multiplicado por el divisor dé el dividendo, o sea, cuando el dividendo no es múltiplo del divisor, la división es **entera** o **inexacta**.

Así, la división $23 \div 6$ es entera o inexacta porque no existe ningún número entero que multiplicado por 6 nos dé 23, o sea, que 23 no es múltiplo de 6.

(171) DIVISION ENTERA POR DEFECTO Y POR EXCESO

La división $23 \div 6$ no es exacta porque 23 no es múltiplo de 6, pero se tiene que:

$$3 \times 6 = 18 < 23 \quad \text{y} \quad 4 \times 6 = 24 > 23$$

lo que indica que el cociente exacto de $23 \div 6$ es mayor que 3 y menor que 4. En este caso, 3 es el **cociente por defecto** y 4 el **cociente por exceso**.

En la división entera $40 \div 7$ se tiene que

$$5 \times 7 = 35 < 40 \quad \text{y} \quad 6 \times 7 = 42 > 40$$

lo que nos dice que el cociente exacto sería mayor que 5 y menor que 6. 5 es el cociente por defecto y 6 el cociente por exceso.

En general, si D no es múltiplo de d, el cociente $D \div d$ está comprendido entre dos números consecutivos. Si llamamos c al menor, el mayor será $c + 1$, y tendremos:

$$cd < D \quad \text{y} \quad (c + 1)d > D.$$

El cociente exacto de la división $D \div d$ será mayor que c y menor que $c + 1$. Entonces, c es el cociente por defecto y $c + 1$ el cociente por **exceso.**

(172) RESIDUO POR DEFECTO

En la división $23 \div 4$ el cociente por defecto es 5. Si del dividendo 23 restamos el producto 4×5, la diferencia $23 - 4 \times 5 = 3$ es el **residuo por defecto.**

En la división $42 \div 9$ el cociente por defecto es 4 y la diferencia $42 - 9 \times 4 = 6$ es el residuo por defecto.

En general, si llamamos c al cociente por defecto de $D \div d$, el residuo por defecto r vendrá dado por la fórmula:

$$r = D - dc. \qquad (1)$$

Residuo por defecto de una división entera es **la diferencia entre el dividendo y el producto del divisor por el cociente por defecto.**

En la diferencia de la igualdad (1) anterior, como en toda diferencia, el minuendo D tiene que ser la suma del substraendo dc y la diferencia r, luego:

$$D = dc + r$$

y en la misma igualdad (1) por ser la resta del minuendo y la diferencia igual al substraendo, tendremos:

$$D - r = dc.$$

(173) RESIDUO POR EXCESO

En la división $23 \div 4$ el cociente por exceso es 6. Si del producto 6×4 restamos el dividendo 23, la diferencia $4 \times 6 - 23 = 1$ es el **residuo por exceso.**

En la división $42 \div 9$ el cociente por exceso es 5 y la diferencia $9 \times 5 - 42 = 3$ es el residuo por exceso.

En general, siendo c el cociente por defecto de $D \div d$, el cociente por exceso será $c + 1$ y el residuo por exceso r' vendrá dado por la fórmula:

$$r' = d(c + 1) - D \qquad (2)$$

Residuo por exceso es **la diferencia entre el producto del divisor por el cociente por exceso y el dividendo.**

En la diferencia (2) anterior el minuendo es igual a la suma del substraendo y la diferencia, luego

$$D + r' = d(c + 1)$$

y como el minuendo menos la diferencia da el sustraendo, se tendrá:

$$d(c + 1) - r' = D.$$

(174) SUMA DE LOS DOS RESIDUOS

1) Consideremos la división entera $26 \div 7$.

El cociente por defecto es 3 y el residuo por defecto $26 - 7 \times 3 = 5$.
El cociente por exceso es 4 y el residuo por exceso es $7 \times 4 - 26 = 2$.
Sumando los dos residuos tenemos: $5 + 2 = 7$, **que es el divisor.**

2) Consideremos la división $84 \div 11$.

El cociente por defecto es 7 y el residuo por exceso $84 - 7 \times 11 = 7$.
El cociente por exceso es 8 y el residuo por exceso $11 \times 8 - 84 = 4$.
La suma de los dos residuos $7 + 4 = 11$, **es el divisor.**

La suma de los restos por defecto y por exceso es igual al divisor.

DEMOSTRACION GENERAL

Hemos establecido antes **(172** y **173)** que el residuo por defecto r y el residuo por exceso r' vienen dados por las fórmulas:

$$r = D - dc \quad (1)$$
$$r' = d(c + 1) - D.$$

Efectuando el producto $d(c + 1)$ en esta última igualdad, se tiene:

$$r' = dc + d - D. \quad (2)$$

Sumando **(1)** y **(2)** se tiene:

$$r + r' = D - dc + dc + d - D$$

y simplificando D y $-D$, $-dc$ y $+dc$, queda:

$$r + r' = d$$

que era lo que queríamos demostrar.

(175) REPRESENTACION GRAFICA DE LA DIVISION ENTERA POR DEFECTO

Ejemplo   Representar gráficamente la división $9 \div 4$, por defecto.

FIGURA 26

El segmento $AB = 9$ (fig. 26) representa el dividendo y el segmento $CD = 4$ el divisor. Se transporta el segmento divisor sobre el segmento dividendo, consecutivamente, a partir del extremo A y vemos que el divisor está contenido en el dividendo 2 veces (cociente 2) y que sobra el segmento $MB = 1$, que representa el residuo por defecto.

176 REPRESENTACION GRAFICA DE LA DIVISION ENTERA POR EXCESO

| Ejemplo | Representar gráficamente la división 9 ÷ 4 por exceso |

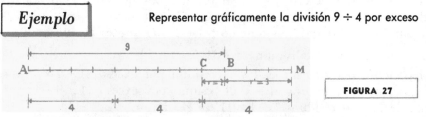

FIGURA 27

En la figura 27 está representada gráficamente la división por exceso 9 ÷ 4. El cociente por exceso es 3 (las veces que se ha llevado el divisor 4 sobre el dividendo 9) y el residuo por exceso es el segmento $BM = 3$. En la figura está representado también, gráficamente, que la suma del resto por exceso que es el segmento $BM = 3$ y el resto por defecto $CB = 1$ es igual al segmento $CM = 4$, que es el divisor.

177 LA DIVISION COMO RESTA ABREVIADA

La representación gráfica de la división exacta y la división entera nos hacen ver que la división no es más que una **resta abreviada** en la cual el divisor se resta todas las veces que se pueda del dividendo y el cociente indica el número de restas.

➤ **EJERCICIO 51**

1. Hallar el cociente por defecto y por exceso en:
   a) 18 ÷ 5.   b) 27 ÷ 8.   c) 31 ÷ 6.   d) 42 ÷ 15.   e) 80 ÷ 15.   f) 60 ÷ 13.
   R. a) 3, 4.   b) 3, 4.   c) 5, 6.   d) 2, 3.   e) 5, 6.   f) 4, 5.

2. Hallar los restos por defecto y por exceso en:
   a) 9 ÷ 2.   b) 11 ÷ 4.   c) 19 ÷ 5.   d) 27 ÷ 8.   e) 54 ÷ 16.   f) 87 ÷ 24.
   R. a) 1, 1.   b) 3, 1.   c) 4, 1.   d) 3, 5.   e) 6, 10.   f) 15, 9.

3. Sin hacer operación alguna, diga cuál será la suma de ambos restos en:
   a) 19 ÷ 9.   b) 23 ÷ 8.   c) 95 ÷ 43.   d) 105 ÷ 36.   e) 8 ÷ a.   f) b ÷ c.
   R. a) 9.   b) 8.   c) 43.   d) 36.   e) a.   f) c.

4. $D = 83$, $c = 9$, $d = 9$. Hallar r.   **R.** $r = 2$.

5. $d = 8$, $c = 11$, $r = 3$. Hallar D.   **R.** $D = 91$.

6. $D = 102$, $c = 23$, $r = 10$. Hallar d.   **R.** $d = 4$.

7. $d = 1563$, $c = 17$, $r = 16$. Hallar D.   **R** $= 26587$.

8. $d = 80$, $D = 8754$, $r = 34$. Hallar c.   **R.** $c = 109$.

9. Se repartió cierto número de manzanas entre 19 personas y después de dar 6 manzanas a cada persona sobraron 8 manzanas. ¿Cuántas manzanas había?   **R.** 122.

10. Si $163 se reparten entre cierto número de personas, a cada una tocarían $9 y sobrarían $10. ¿Cuál es el número de personas?   **R.** 17.

11. Repartí 243 lápices entre 54 personas y sobraron 27 lápices. ¿Cuántos lápices di a cada una?   **R.** 4.

12. $D = 93$, $d = 12$, cociente por exceso $= 8$. Hallar r'.   **R.** $r' = 3$.

13. $d = 11$, cociente por exceso $= 6$ y $r' = 4$. Hallar D.   **R.** $D = 62$.

14. $D = 89$, $r' = 1$, $d = 9$. Hallar el cociente por exceso.   **R.** $c' = 10$

15. Si el divisor es 11 y el resto por defecto es 6, ¿cuál es el resto por exceso? **R.** $r' = 5$.

16. Si el divisor es 31 y el resto por exceso 29, ¿cuál es el resto por defecto? **R.** $r = 2$.

17. El cociente por defecto es 7, $r = 2$, $r' = 2$, ¿cuál es el dividendo?   **R.** $D = 30$.

18. El cociente por defecto es 4, $r = 6$ y $r' = 5$. Hallar D.   **R.** $D = 50$.

19. El cociente por defecto es 8, el divisor 6 y el residuo 4.   Hallar el dividendo.   **R.** $D = 52$.

20. ¿Cuál es el menor número que debe restarse del dividendo, en una división inexacta, para que se haga exacta?   **R.** r.

21. ¿Qué número hay que restar de 520 para que la división $520 \div 9$ sea exacta?   **R.** 7.

22. ¿Cuál es el menor número que debe añadirse al dividendo, en una división inexacta, para que se haga exacta?   **R.** r'.

23. ¿Qué número debe añadirse a 324 para que la división $324 \div 11$ sea exacta?   **R.** 6.

24. Si el dividendo es 86, el cociente por defecto 4 y el residuo por defecto 6, ¿cuál es el divisor?   **R.** 20.

25. Si el dividendo es 102, el divisor 9 y el residuo por defecto 3, ¿cuál es el cociente por defecto?   **R.** 11.

26. Si en una división el dividendo se aumenta en un número igual al divisor, ¿qué variación sufre el cociente? ¿Y el residuo?   **R.** Aumenta 1; no varía.

27. El dividendo es 42 y el divisor 6. ¿Qué relación tiene el cociente de la división $(42 + 6) \div 6$ con el cociente de la división anterior? **R.** Vale 1 más.

28. Si en una división se disminuye el dividendo en un número igual al divisor, ¿qué le sucede al cociente? ¿Y al residuo?   **R.** Disminuye en 1; no varía.

29. ¿Qué relación guarda el cociente de la división $96 \div 8$ con el cociente de la división $(96 - 8) \div 8$?   **R.** Vale 1 más.

(178) DIVISION POR LA UNIDAD SEGUIDA DE CEROS

Para dividir un entero por la unidad seguida de ceros, se separan de su derecha, con un punto decimal, tantas cifras como ceros acompañen a la unidad, porque con ello el valor relativo de cada cifra se hace tantas veces menor como indica el divisor.

Ejemplos	(1) $567 \div 10 = 56.7$. R.	(3) $985678 \div 1000 = 985.678$. R.
	(2) $1254 \div 100 = 12.54$. R.	(4) $400 \div 100 = 4$. R.
	(5) $76000 \div 1000 = 76$. R.	

(179) NUMERO DE CIFRAS DEL COCIENTE

El cociente tiene siempre una cifra más que las cifras que quedan a la derecha del primer dividendo parcial.

Así, al dividir 54678 entre 78 separamos en el dividendo, para empezar la operación, las tres primeras cifras de la izquierda, quedando dos a la derecha, luego el cociente tendrá una cifra más que estas dos que quedan a la derecha, o sea, tres cifras.

(180) PRUEBAS DE LA DIVISION

Puede verificarse de tres modos:

1) Multiplicando el divisor por el cociente y sumándole el residuo por defecto, tiene que darnos el dividendo si la operación está correcta.

2) Si la división es exacta, dividiendo el dividendo entre el cociente, tiene que darnos el divisor. Si no es exacta, se resta el residuo del dividendo, y esta diferencia, dividida entre el cociente, tiene que dar el divisor.

3) Por la prueba del 9. (Véase el número **280**), y del 11 (Véase el número **281**).

➤ **EJERCICIO 52**

1. Efectuar las divisiones siguientes:

$824 \div 14.$	$14 \div 10.$	$5600 \div 100.$
$7245 \div 26.$	$456 \div 100.$	$4000 \div 1000.$
$12345 \div 987.$	$1234 \div 1000.$	$870000 \div 10000.$
$875993 \div 4356.$	$645378 \div 100000.$	$5676000 \div 1000000.$
$10987654 \div 8756.$	$180 \div 10.$	$98730000 \div 10000000.$

2. Si 14 libros cuestan $84, ¿cuánto costarían 9 libros?   **R.** $54.

3. Si 25 trajes cuestan $250, ¿cuánto costarían 63 trajes?   **R.** $630.

4. Si 19 sombreros cuestan $57, ¿cuántos sombreros podría comprar con $108?   **R.** 36.

5. Cambio un terreno de 12 caballerías a $5000 una, por otro que vale a $15000 la caballería. ¿Cuántas caballerías tiene éste?   **R.** 4 cab.

6. Tenía $2576. Compré víveres por valor de $854 y con el resto frijoles a $6 el saco. ¿Cuántos sacos de frijoles compré?   **R.** 287.

7. Se reparten 84 libras de víveres entre 3 familias compuestas de 7 personas cada una. ¿Cuántas libras recibe cada persona?   **R.** 4 lbs.

8. ¿Cuántos días se necesitarán para hacer 360 metros de una obra si se trabajan 8 horas al día y se hacen 5 metros en una hora?   **R.** 9 días.

9. Se compran 42 libros por $126 y se vende cierto número por $95 a $5 uno. ¿Cuántos libros me quedan y cuánto gané en cada uno de los que vendí?   **R.** 23; $2.

10. Patricio compra cierto número de caballos por $2120 a $40 uno. Vendió 40 caballos por $1680. ¿Cuántos caballos le quedan y cuánto ganó en cada uno de los que vendió?   **R.** 13; $2.

11. Un muchacho compra el mismo número de lápices que de plumas por 84 cts. Cada lápiz vale 5 cts. y cada pluma 7 cts. ¿Cuántos lápices y cuántas plumas ha comprado?   **R.** 7.

12. Compro cierto número de sacos de azúcar por $675 y luego los vendo por $1080, ganando así $3 por saco. ¿Cuántos sacos compré?   **R.** 135.

13. ¿Cuántos sacos tendrá una partida de víveres que compré por $144 si al revender 12 de esos sacos por $72 gano $2 en cada uno?   **R.** 36.

(181) LEYES DE LA DIVISION

Las leyes de la división exacta son tres: ley de uniformidad, ley de monotonía y ley distributiva.

(182) I. LEY DE UNIFORMIDAD

Esta ley puede enunciarse de dos modos:

1) El cociente de dos números tiene un valor único o siempre es igual.

Así, el cociente $20 \div 5$ tiene un valor único, 4, porque 4 es el único número que multiplicado por 5 da 20.

$36 \div 12 = 3$ únicamente, porque 3 es el único número que multiplicado por 12 da 36.

2) Puesto que dos números iguales son el mismo número, se tiene que: **Dividiendo miembro a miembro dos igualdades, resulta otra igualdad.**

Así, siendo $\begin{cases} a = b \\ c = d \end{cases}$ resulta $\dfrac{a}{c} = \dfrac{b}{d}$.

(183) II. LEY DE MONOTONIA

Esta ley consta de tres partes:

1) Si una desigualdad (dividendo) se divide entre una igualdad (divisor), siempre que la división sea posible, resulta una desigualdad del mismo sentido que la desigualdad dividendo.

Ejemplos

$8 > 6$	$12 < 15$	$a > b$
$2 = 2$	$3 = 3$	$c = d$
$8 \div 2 > 6 \div 2$	$12 \div 3 < 15 \div 3$	$a \div c > b \div d.$
$4 > 3.$	$4 < 5.$	

2) Si una igualdad (dividendo) se divide entre una desigualdad (divisor), siempre que la división sea posible, resulta una desigualdad de sentido contrario que la desigualdad divisor.

Ejemplos

$8 = 8$	$30 = 30$	$a > b$
$4 > 2$	$5 < 6$	$c < d$
$8 \div 4 < 8 \div 2$	$30 \div 5 > 30 \div 6$	$a \div c > b \div d.$
$2 < 4.$	$6 > 5.$	

3) Si una desigualdad (dividendo) se divide entre otra desigualdad de sentido contrario (divisor), siempre que la división sea posible, resulta una desigualdad del mismo sentido que la desigualdad dividendo.

Ejemplos

$12 > 8$	$15 < 30$	$a > b$
$2 < 4$	$5 > 3$	$c < d$
$12 \div 2 > 8 \div 4$	$15 \div 5 < 30 \div 3$	$a \div c > b \div d.$
$6 > 2.$	$3 < 10.$	

ESCOLIO

Si se dividen miembro a miembro dos desigualdades del **mismo sentido,** el resultado no puede anticiparse, pues puede ser una desigualdad de ese mismo sentido o de sentido contrario o una igualdad.

Ejemplos		

$$20 > 6 \qquad\qquad 12 > 10 \qquad\qquad 15 < 20$$
$$4 > 2 \qquad\qquad\;\; 4 > 2 \qquad\qquad\;\; 3 < 4$$

$$\overline{20 \div 4 > 6 \div 2} \qquad \overline{12 \div 4 < 10 \div 2} \qquad \overline{15 \div 3 = 20 \div 4}$$
$$5 > 3 \qquad\qquad\quad 3 < 5. \qquad\qquad\quad 5 = 5.$$

(184) III. LEY DISTRIBUTIVA

Véase número **191.**

➤ **EJERCICIO 53**

1. ¿Cuántos valores puede tener el cociente $15 \div 5$? ¿Por qué? **R.** 3 es el valor único, por la ley de uniformidad.

2. Aplicar la ley de uniformidad a las igualdades siguientes:

$$\text{a)} \begin{cases} a = b \\ 3 = 3. \end{cases} \qquad \text{b)} \begin{cases} 5 = 5 \\ x = y. \end{cases} \qquad \text{c)} \begin{cases} c = d \\ m = n. \end{cases}$$

R. a) $\frac{a}{3} = \frac{b}{3}$. b) $\frac{5}{x} = \frac{5}{y}$. c) $\frac{c}{m} = \frac{d}{n}$.

3. Siendo $a = b$ y $p = q$, ¿qué se verifica según la ley de uniformidad?

R. $\frac{a}{p} = \frac{b}{q}$.

4. En un aula hay igual número de alumnos que en otra. Si el número de alumnos de cada aula se reduce a la mitad, ¿qué sucederá y por cuál ley? **R.** Queda igual número de alumnos en las dos, por la ley de uniformidad.

5. Escribir lo que resulta dividiendo por 4 los dos miembros de $a + b = c + d$.

R. $\frac{a+b}{4} = \frac{c+d}{4}$.

6. Aplicar la ley de monotonía de la división en:

$$\text{a)} \begin{cases} 8 > 5 \\ a = b. \end{cases} \qquad \text{b)} \begin{cases} x < y \\ 3 = 3. \end{cases} \qquad \text{c)} \begin{cases} m < n \\ a = b. \end{cases}$$

R. a) $\frac{8}{a} > \frac{5}{b}$, b) $\frac{x}{3} < \frac{y}{3}$ c) $\frac{m}{a} < \frac{n}{b}$.

7. Aplicar la ley de monotonía de la división en:

$$\text{a)} \begin{cases} a = b \\ 5 > 2. \end{cases} \qquad \text{b)} \begin{cases} m = n \\ 3 < 7. \end{cases} \qquad \text{c)} \begin{cases} c = d \\ m > n. \end{cases}$$

R. a) $\frac{a}{5} < \frac{b}{2}$. b) $\frac{m}{3} > \frac{n}{7}$. c) $\frac{c}{m} < \frac{d}{n}$.

8 Aplicar la ley de monotonía de la división en:

$$\text{a)} \begin{cases} 20 > 15 \\ 4 < 5. \end{cases} \qquad \text{b)} \begin{cases} a < b \\ 3 > 2. \end{cases} \qquad \text{c)} \begin{cases} x > y. \\ m < n. \end{cases}$$

R. a) $5 > 3$. b) $\frac{a}{3} < \frac{b}{2}$ c) $\frac{x}{m} > \frac{y}{n}$.

9. ¿Puede decir lo que resulta dividiendo $a > b$ entre $c > d$? ¿Y $m < n$ entre $3 < 5$? **R. No.**

10. Juan tiene doble edad que Pedro. La edad de María es la mitad de la de Pedro y la de Rosa la mitad de la de Juan. ¿Quién es mayor, María o Rosa y por cuál ley? **R. Rosa, por la ley de monotonía**

11. A y B tienen igual dinero. ¿Qué es más, la tercera parte de lo que tiene A o la mitad de lo que tiene B? ¿Qué ley se aplica? **R. La mitad de lo que tiene B. Ley de monotonía.**

12. A tiene más dinero que B. ¿Qué es más, la tercera parte de lo que tiene A o la cuarta parte de lo que tiene B? ¿Qué ley se aplica? **R. La tercera parte de lo que tiene A. Ley de monotonía.**

13. A tiene la quinta parte de lo que tiene B. C tiene la décima parte de lo que tiene A y D la quinta parte de lo que tiene B. ¿Quién tiene más, C o D? ¿Qué ley se aplica? **R. D, por la ley de monotonía.**

14. María es mayor que Rosa. ¿Qué es más, la quinta parte de la edad de Rosa o la mitad de la edad de María? **R. La mitad de la edad de María.**

15. La edad de María es mayor que la de Rosa. ¿Qué es más, la cuarta parte de la edad de María o la mitad de la edad de Rosa? **R. No se sabe.**

16. Jesús es más joven que yo. La edad de Ernesto es la mitad de la edad de Jesús y la de Carlos la tercera parte de la mía. ¿Quién es mayor, Ernesto o Carlos? **R. No se sabe.**

(185) SUPRESION DE FACTORES Y DIVISORES

Estudiaremos dos casos:

1) **Si un número se divide entre otro y el cociente se multiplica por el divisor, se obtiene el mismo número.**

Vamos a probar que $(a \div b)b = a$.

En efecto: Llamando c al cociente de dividir a entre b, tenemos:

$$a \div b = c \quad (1)$$

y como el cociente multiplicado por el divisor tiene que dar el dividendo, tendremos:

$$cb = a$$

y como $c = a \div b$, según se ve en (1), sustituyendo este valor de c en la igualdad anterior, queda:

$$(a \div b)b = a.$$

2) **Si un número se multiplica por otro y el producto se divide por este último, se obtiene el mismo número.**

Vamos a probar que $(a.b) \div b = a$.

En efecto: En la igualdad anterior está expresada una división en la que el dividendo es $(a.b)$, el divisor b y el cociente a. Si la división es legítima, es necesario que el cociente multiplicado por el divisor dé el dividendo y en efecto: $a.b = a.b$, luego queda demostrado lo que nos proponíamos.

186 Lo demostrado anteriormente nos permite decir que **siempre que un número aparezca en una expresión cualquiera como factor y divisor puede suprimirse sin que la expresión se altere.**

$\boxed{Ejemplos}$

(1) $5 \div 6 \times 6 = 5$. R.

(2) $8 \times 4 \div 4 = 8$. R.

(3) $\dfrac{9 \times 3 \times 2}{9 \times 3} = 2$. R.

(4) $\dfrac{abcmn}{acn} = bm$. R.

➤ **EJERCICIO 54**

Simplificar, suprimiendo las cantidades que sean a la vez factores y divisores:

1. $8 \div 3 \times 3$.

2. $ac \div c$.

3. $8.4.5 \div 8.4$.

4. $3ab \div 3a$.

5. $5bc \div 5c$.

6. $2.3.5.6 \div 3.6$.

7. $7.4 \div 4 + 5 \div 6.6$.

8. $9 \div 7.7 - 5 \div 3.3$.

9. $(a + b)c \div c$.

10. $5(a - b) \div (a - b)$.

11. $\dfrac{3 \times 7 \times 6}{3 \times 6}$.

12. $\dfrac{4 \times 7 \times 8 \times 9}{2 \times 7 \times 9}$.

13. $\dfrac{8abm}{4ab}$.

14. $\dfrac{20c \div c}{5}$.

15. $\dfrac{8(a + b)c}{4(a + b)}$.

187 **ALTERACIONES DEL DIVIDENDO Y EL DIVISOR EN LA DIVISION EXACTA**

1) **Si el dividendo se multiplica por un número, no variando el divisor, el cociente queda multiplicado por el mismo número.**

Sea la división $D \div d = c$. Decimos que

$$Dm \div d = cm.$$

Esta división será legítima si el divisor d multiplicado por el cociente cm da el dividendo Dm y en efecto:

$$d.cm = d(D \div d)m = Dm.$$

(En el segundo paso se ha sustituido c por su igual $D \div d$ y en el tercer paso se ha suprimido d como factor y divisor).

2) **Si el dividendo se divide por un número, no variando el divisor, el cociente queda dividido por el mismo número.**

Sea la división $D \div d = c$. Decimos que:

$$(D \div m) \div d = c \div m.$$

Esta división será legítima si el divisor d multiplicado por el cociente $c \div m$, da el dividendo $D \div m$, y en efecto:

$$d.c \div m = d(D \div d) \div m = D \div m.$$

(En el tercer paso se ha suprimido d como factor y divisor).

3) Si el divisor se multiplica por un número, no variando el dividendo, el cociente queda dividido por dicho número.

Sea la división $D \div d = c$. Decimos que

$$D \div dm = c \div m.$$

Esta división será legítima si el divisor dm, multiplicado por el cociente $c \div m$, da el dividendo D, y en efecto:

$$dm.c \div m = dm(D \div d) \div m = D.$$

(En el tercer paso se han suprimido las d y las m que aparecen como factor y divisor).

4) Si el divisor se divide por un número, no variando el dividendo, el cociente queda multiplicado por el mismo número.

Sea la división $D \div d = c$. Decimos que

$$D \div (d \div m) = cm.$$

Esta división será legítima si el cociente cm multiplicado por el divisor $d \div m$ da el dividendo D, y en efecto:

$$cm.d \div m = (D \div d)m.d \div m = D.$$

(En el último paso se suprimen las d y las m que aparecen como factor y divisor).

5) Si el dividendo y el divisor se multiplican o dividen por un mismo número, el cociente no varía.

En efecto: Según se ha visto antes, al multiplicar el dividendo por un número, el cociente queda multiplicado por ese número, pero al multiplicar el divisor por el mismo número el cociente queda dividido por dicho número; luego, el cociente no varía.

Del propio modo, al dividir el dividendo por un número, el cociente queda dividido por dicho número, pero al dividir el divisor por el mismo número, el cociente queda multiplicado por dicho número; luego, el cociente no varía.

Ejemplos

(1) Al dividir $3500 \div 500$ podemos tachar los dos ceros del dividendo y los dos del divisor, y queda: $\quad 3500 \div 500 = 35 \div 5 = 7$

porque lo que hemos hecho ha sido dividir el dividendo y el divisor por el mismo número 100, con lo cual, según se acaba de probar, el cociente no varia.

(2) Al dividir $15.4.7 \div 5.4.7$ podemos suprimir los factores 4 y 7 comunes al dividendo y al divisor, con lo cual el cociente no varía, y tenemos:

$$15.4.7 \div 5.4.7 = 15 \div 5 = 3.$$

(188) ALTERACIONES DEL DIVIDENDO Y EL DIVISOR EN LA DIVISION ENTERA

1) **Si el dividendo y el divisor de una división entera se multiplican por un mismo número, el cociente no varía y el residuo queda multiplicado por dicho número.**

Sea D el dividendo, d el divisor, c el cociente y r el residuo. Tendremos:

$$D = dc + r. \quad (1)$$

Multiplicando el dividendo y el divisor por m, quedará Dm y dm.

Decimos que al dividir Dm entre dm el cociente será el mismo de antes c y el residuo será rm.

Esto será cierto si en esta división el dividendo es igual al producto del divisor por el cociente más el residuo, o sea si:

$$Dm = dm.c + rm$$

y esta igualdad es legítima, porque multiplicando por m los dos miembros de (1), se tiene:

$$Dm = (dc + r)m$$

o sea $\quad Dm = dm.c + rm \quad (2)$

luego, queda probado lo que nos proponíamos.

2) **Si el dividendo y el divisor se dividen por un mismo número divisor de ambos, el cociente no varía y el residuo queda dividido por el mismo número.**

En el número anterior, partiendo de la igualdad (1), llegamos a la igualdad (2); luego, recíprocamente, si partimos de (2), llegamos a (1), lo cual prueba lo que estamos demostrando.

➤ EJERCICIO 55

1. ¿Qué alteración sufre el cociente $760 \div 10$ si 760 se multiplica por 8; si se divide por 4? **R.** Queda multiplicado por 8; queda dividido por 4.

2. ¿Qué variación sufre el cociente $1350 \div 50$ si el 50 se multiplica por 7; si se divide por 10? **R.** Queda dividido por 7; queda multiplicado por 10.

3. ¿Qué alteración sufre el cociente $4500 \div 9$ si 4500 se multiplica por 6 y 9 se divide por 3; si 4500 se divide por 4 y 9 se multiplica por 3? **R.** Queda multiplicado por 18; queda dividido por 12.

4. ¿Qué alteración sufre el cociente $858 \div 6$ si 858 se multiplica por 2 y 6 se divide por 2; si 858 se divide por 6 y 6 se multiplica por sí mismo? **R.** Queda multiplicado por 4; queda dividido por 36.

5. ¿Cuánto aumenta el cociente si se añade el divisor al dividendo, permaneciendo igual el divisor? **R. 1.**

6. ¿Qué le sucede al cociente si se resta el divisor del dividendo, permaneciendo igual el divisor? **R. Disminuye 1.**

7. Si en la división $72 \div 8$ sumamos 8 con 72 y esta suma se divide entre 8, ¿qué le sucede al cociente? **R. Aumenta 1.**

8. Si en la división $216 \div 6$ restamos 6 de 216 y esta diferencia se divide por el mismo divisor, ¿qué le sucede al cociente? **R. Disminuye 1.**

9. $60 \div 10 = 6$. Diga, sin efectuar la operación, cuál sería el cociente en los casos siguientes:

    a) $(60 \times 2) \div 10$.   c) $60 \div (10 \times 2)$.   e) $(60 \div 5) \div (10 \div 5)$.

    b) $(60 \div 2) \div 10$.   d) $60 \div (10 \div 2)$.   f) $(60 \times 2) \div (10 \times 2)$.

                       R. a) 12. b) 3. c) 3. d) 12. e) 6. f) 6.

10. Diga, sin efectuar la división, si es cierto que:
$$20 \div 4 = 10 \div 2 = 40 \div 8 = 5 \div 1 \text{ y por qué.}$$

11. Explique por qué $9 \div 3 = 27 \div 9 = 81 \div 27$.

12. $a \div b = 30$. Escriba los cocientes siguientes:

    a) $2a \div b = \dots$ d) $a \div \dfrac{b}{3} = \dots$

    b) $\dfrac{a}{2} \div b = \dots$ e) $3a \div 3b = \dots$

    c) $a \div 3b = \dots$ f) $\dfrac{a}{5} \div \dfrac{b}{5} = \dots$

               R. a) 60. b) 15. c) 10. d) 90. e) 30. f) 30.

13. $24 \div a = b$. Escriba los cocientes:

    a) $48 \div a = \dots$ d) $24 \div \dfrac{a}{5} = \dots$

    b) $8 \div a = \dots$ e) $120 \div \dfrac{a}{5} = \dots$

    c) $24 \div 2a = \dots$ f) $4 \div 6a = \dots$

              R. a) $2b$. b) $\dfrac{b}{3}$. c) $\dfrac{b}{2}$. d) $5b$. e) $25b$. f) $\dfrac{b}{36}$.

14. $\dfrac{a}{b} = 60$. Escriba los cocientes:

    a) $\dfrac{4a}{2b} = \dots$ d) $\dfrac{a \div 10}{b \div 5} = \dots$

    b) $\dfrac{3a}{6b} = \dots$ e) $\dfrac{5a}{b \div 4} = \dots$

    c) $\dfrac{a \div 3}{b \div 2} = \dots$ f) $\dfrac{a \div 5}{6b} = \dots$

             R. a) 120. b) 30. c) 40. d) 30. e) 1200. f) 2.

Siendo la división la más compleja de las operaciones elementales de la Aritmética, es lógico que los mate
máticos tuvieran que pasar muchas vicisitudes desde el uso del rudimentario ábaco, hasta las más modernas
representaciones de las operaciones indicadas. El empleo de la raya horizontal entre los números para indicar la división, se debe a Leonardo de Pisa (Fibonaci, hijo de Bonaci), que la tomó de los textos árabes

OPERACIONES INDICADAS DE DIVISION **CAPITULO** XIII

I. PRACTICA

(189) **OPERACIONES INDICADAS DE DIVISION O MULTIPLICACION EN QUE NO HAY SIGNOS DE AGRUPACION**

Deben efectuarse en este orden: **Primero, los cocientes y productos indicados, y luego las sumas o restas.**

Ejemplos

(1) Efectuar $6 \div 3 + 4 \div 4$.

Efectuamos *primero* los cocientes $6 \div 3 = 2$ y $4 \div 4 = 1$, y tenemos $6 \div 3 + 4 \div 4 = 2 + 1 = 3$. R.

(2) Efectuar $5 \times 4 \div 2 + 9 \div 3 - 8 \div 2 \times 3$.

$$\frac{5 \times 4 \div 2 + 9 \div 3 - 8 \div 2 \times 3}{= 10 + 3 - 12 = 1. \quad R.}$$

> ### EJERCICIO 56

Efectuar:

1. $8 + 6 \div 3$.	R. 10.	
2. $15 \div 5 - 2$.	R. 1.	
3. $12 \div 4 \times 3 + 5$.	R. 14.	
4. $12 \div 3 \times 4 \div 2 \times 6$.	R. 48.	
5. $5 \times 6 \div 2 \times 4 \div 2 \times 7$.	R. 210.	
6. $10 \div 2 + 8 \div 4 - 21 \div 7$.	R. 4.	
7. $15 + 6 \div 3 - 4 \div 2 + 4$.	R. 19.	
8. $6 \div 2 + 8 \div 4$.	R. 5.
9. $6 + 8 \div 2 - 3 \times 3 + 4$.	R. 5.
10. $50 - 4 \times 6 + 3 \times 5 - 9 \div 3$.	R. 38.
11. $3 \times 6 \div 2 + 10 \div 5 \times 3$.	R. 15.
12. $50 \div 5 - 16 \div 2 + 12 \div 6$.	R. 4.
13. $3 + 4 \times 5 - 5 + 4 \times 2$.	R. 26.
14. $8 \times 5 + 4 - 3 \times 2 + 6 \div 3$.	R. 40.

15. $72 \div 8 + 3 - 4 \times 2 \div 4 + 6.$ R. 16.
16. $50 + 15 \div 5 \times 3 - 9 \div 3 \times 4 + 6 \times 4 \div 6.$ R. 51.
17. $4 \times 5 - 3 \times 2 + 10 \div 5 - 4 \div 2.$ R. 14.
18. $10 \div 5 + 4 - 16 \div 8 - 2 + 4 \div 4 - 1.$ R. 2.
19. $6 \times 5 \times 4 \div 20 + 20 \div 5 \div 4.$ R. 7.
20. $6 \times 5 + 4 - 8 \div 4 \times 2 \times 3 - 5 + 16 \div 4 - 3.$ R. 18.
21. $9 + 5 - 4 + 3 - 8 + 5 \times 3 - 20 \div 4 \times 3.$ R. 5.
22. $40 \div 5 \times 5 + 6 \div 2 \times 3 + 4 - 5 \times 2 \div 10.$ R. 52.

(190) OPERACIONES INDICADAS DE DIVISION EN QUE HAY SIGNOS DE AGRUPACION

Deben efectuarse en este orden: **Primero, las operaciones encerradas en los paréntesis y luego las operaciones que queden indicadas, como en el caso anterior.**

Ejemplos

(1) Efectuar $(5 + 4) \div 3 + (8 - 4) \div 2.$
Efectuamos primero los paréntesis, y tenemos:
$(5 + 4) \div 3 + (8 - 4) \div 2 = 9 \div 3 + 4 \div 2 = 3 + 2 = 5.$ R.

(2) Efectuar $(30 - 10) \div (7 - 2) + (9 - 4) \div 5 + 3.$
$(30 - 10) \div (7 - 2) + (9 - 4) \div 5 + 3$
$= 20 \div 5 + 5 \div 5 + 3 = 4 + 1 + 3 = 8.$ R.

➤ EJERCICIO 57

Efectuar:

1. $(15 + 20) \div 5.$ R. 7.
2. $(30 - 24) \div 6.$ R. 1.
3. $(9 + 7 - 2 + 4) \div 9.$ R. 2.
4. $(5 \times 6 \times 3) \div 15.$ R. 6.
5. $(3 + 2) \div 5 + (8 + 10) \div 2.$ R. 10.
6. $(5 - 2) \div 3 + (11 - 5) \div 2.$ R. 4.
7. $(9 + 6 - 3) \div 4 + (8 - 2) \div 3 - (5 - 3) \div 2.$ R. 4.
8. $(3 \times 2) \div 6 + (19 - 1) \div (5 + 4).$ R. 3.
9. $(6 + 2) \div (11 - 7) + 5 \div (6 - 1).$ R. 3.
10. $150 \div (25 \times 2) + 32 \div (8 \times 2).$ R. 5.
11. $200 \div (8 - 6) \ (5 - 3).$ R. 200.
12. $(9 - 6) \div 3 + (15 - 3) \div (7 - 3) + (9 \div 3).$ R. 7.
13. $8 \div 2 \times 5 + (9 - 1) \div 8 - 3.$ R. 18.
14. $500 - (31 - 6) \div 5 - 3 \div (4 - 1).$ R. 494.
15. $(5 \times 4 \times 3) \div (15 - 3) + 18 \div (11 - 5) 3.$ R. 14.
16. $(30 - 20) \div 2 + (6 \times 5) \div 3 + (40 - 25) \div (9 - 6).$ R. 20.
17. $8 + 4 \div 2 \times 3 - 4 \div (2 \times 2).$ R. 13.
18. $(15 - 2) 4 + 3 (6 \div 3) - 18 \div (10 - 1).$ R. 56.
19. $300 \div [(15 - 6) \div 3 + (18 - 3) \div 5].$ R. 50.
20. $9 [15 \div (6 - 1) - (9 - 3) \div 2].$ R. 0.
21. $[15 + (8 - 3) 5] \div [(8 - 2) \div 2 + 7].$ R. 4.
22. $(9 + 3) 5 - 2 \div (3 - 2) + 8 \times 6 \div 4 \div 2 + 5$ R. 69.
23. $[(9 - 4) \div 5 + (10 - 2) \div 4] + 9 \times 6 \div 18 + 2.$ R. 8.
24. $500 - \{(6 - 1) 8 \div 4 \times 3 + 16 \div (10 - 2)\} - 5.$ R. 463.

II. TEORIA

Estudiamos a continuación el modo de efectuar las operaciones indicadas de división sin efectuar las operaciones encerradas en los paréntesis, método que es indispensable cuando las cantidades se representan por **letras**.

LEY DISTRIBUTIVA DE LA DIVISION

(191) COCIENTE DE UNA SUMA ENTRE UN NUMERO

Para dividir una suma indicada por un número, se divide cada sumando por este número y se suman los cocientes parciales.

Ejemplos

(1) Efectuar $(9 + 6) \div 3$.

Decimos que $(9 + 6) \div 3 = 9 \div 3 + 6 \div 3 = 3 + 2 = 5$. R.

En efecto: $9 \div 3 + 6 \div 3$ será el cociente buscado si multiplicado por el divisor 3 reproduce el dividendo $(9 + 6)$ y en efecto, por la ley distributiva de la multiplicación, tenemos:

$$(9 \div 3 + 6 \div 3) 3 = (9 \div 3) 3 + (6 \div 3) 3 = 9 + 6.$$

porque 3 como factor y divisor se suprime.

(2) Efectuar $(15 + 20 + 30) \div 5$.

$(15 + 20 + 30) \div 5 = 15 \div 5 + 20 \div 5 + 30 \div 5 = 3 + 4 + 6 = 13$. R.

En general:

$$(a + b + c) \div m = a \div m + b \div m + c \div m.$$

La propiedad explicada en los ejemplos anteriores constituye la *ley distributiva de la división respecto de la suma.*

(192) COCIENTE DE UNA RESTA ENTRE UN NUMERO

Para dividir una resta indicada entre un número se dividen el minuendo y el sustraendo por este número y se restan los cocientes parciales.

Ejemplos

(1) Efectuar $(20 - 15) \div 5$.

$$(20 - 15) \div 5 = 20 \div 5 - 15 \div 5 = 4 - 3 = 1. \quad R.$$

En efecto: $20 \div 5 - 15 \div 5$ será el cociente buscado si multiplicado por el divisor 5 se reproduce el dividendo $(20 - 15)$ y en efecto, por la ley distributiva de la multiplicación, tenemos:

$$(20 \div 5 - 15 \div 5) 5 = (20 \div 5) 5 - (15 \div 5) 5 = 20 - 15$$

porque 5 como factor y divisor se suprime.

(2) Efectuar $(35 - 28) \div 7$.

$$(35 - 28) \div 7 = 35 \div 7 - 28 \div 7 = 5 - 4 = 1. \quad \text{R.}$$

En general: $(a - b) \div m = a \div m - b \div m.$

La propiedad explicada en los ejemplos anteriores constituye la *ley distributiva de la división respecto de la resta.*

(193) COCIENTE DE UNA SUMA ALGEBRAICA ENTRE UN NUMERO

Como se ha probado que la división es distributiva respecto de la suma y de la resta, tendremos que:

Para dividir una suma algebraica por un número se divide cada término por dicho número, poniendo delante de cada cociente parcial el signo + si el término que se divide es positivo y el signo − si es negativo.

Ejemplos

(1) Efectuar $(15 - 10 + 20) \div 5$.

$$(15 - 10 + 20) \div 5 = 15 \div 5 - 10 \div 5 + 20 \div 5 = 3 - 2 + 4 = 5. \quad \text{R.}$$

En general: $(a - b + c - d) \div m = a \div m - b \div m + c \div m - d \div m.$

➤ EJERCICIO 58

Efectuar:

1. $(9+6) \div 3..$ R. 5.
2. $(18-12) \div 6.$ R. 1.
3. $(12-8+4) \div 2.$ R. 4.
4. $(18+15+30) \div 3.$ R. 21.
5. $(54-30) \div 4.$ R. 6.
6. $(15-9+6-3) \div 3.$ R. 3.
7. $(32-16-8) \div 8.$ R. 1.

8. $(16-12-2+10) \div 2.$ R. 6.
9. $(a+b) \div m.$ R. $a \div m + b \div m.$
10. $(c-d) \div n.$ R. $c \div n - d \div n.$
11. $(2a-4b) \div 2.$ R. $a-2b.$
12. $(x-y+z) \div 3..$ R. $x \div 3 - y \div 3 + z \div 3.$
13. $(5a-10b+15c) \div 5.$ R. $a-2b+3c.$
14. $(6-a-c) \div 3.$ R. $2-a \div 3 - c \div 3.$

(194) COCIENTE DE UN PRODUCTO ENTRE UN NUMERO

Para dividir un producto indicado entre un número se divide uno solo de los factores del producto por dicho número.

Ejemplos

(1) Efectuar $(6 \times 5) \div 2$.

Dividimos solamente el factor 6 entre 2 y tenemos:

$$(6 \times 5) \div 2 = (6 \div 2) 5 = 3 \times 5 = 15. \quad \text{R.}$$

En efecto: $(6 \div 2) 5$ será el cociente buscado si multiplicado por el divisor 2 da el dividendo 6×5 y como (**164**) para multiplicar un producto indicado por un número basta multiplicar uno de sus factores por dicho número, tendremos: $(6 \div 2) 5 \times 2 = (6 \div 2 \times 2) \times 5 = 6 \times 5$

porque 2 como factor y divisor se suprime.

2) Efectuar $(17 \times 16 \times 5) \div 8$.

$$(17 \times 16 \times 5) \div 8 = 17 \times (16 \div 8) \times 5 = 17 \times 2 \times 5 = 170. \quad R.$$

En general: $(abc) \div m = (a \div m) bc.$

195 COCIENTE DE UN PRODUCTO ENTRE UNO DE SUS FACTORES

Para dividir un producto entre uno de sus factores basta suprimir ese factor en el producto.

Ejemplos

1) Efectuar $(7 \times 8) \div 8$.

$(7 \times 8) \div 8 = 7$, porque 8 como factor y divisor se suprime.

2) Efectuar $(5 \times 4 \times 3) \div 4$.

$$(5 \times 4 \times 3) \div 4 = 5 \times 3 = 15. \quad R.$$

En general: $(abc) \div b = ac. \quad R.$

$(abcd) \div (ad) = bc. \quad R.$

➤ **EJERCICIO 59**

Efectuar, aplicando las reglas anteriores:

1.	$(9\times4)\div2.$	R. 18.
2.	$(abc)\div3.$	R. $(a\div3)bc.$
3.	$(5\times6)\div5.$	R. 6.
4.	$(mnp)\div n.$	R. $mp.$
5.	$(5\times9\times8)\div3.$	R. 120.
6.	$(7\times6\times5)\div6.$	R. 35.
7.	$(4\times7\times25\times2)\div25.$	R. 56.
8.	$(3\times5\times8\times4)\div(3\times8).$	R. 20.
9.	$(5a\times6b)\div5a.$	R. $6b.$
10.	$6xy\div3x.$	R. $2y.$
11.	$(5\times4+3\times2)\div2.$	R. 13.
12.	$(8\times3-5\times3)\div3.$	R. 3.
13.	$(ab+bc-bd)\div b.$	R. $a+c-d.$
14.	$(8\times6-7\times4+5\times8)\div2.$	R. 30.
15.	$(3x-6y-9z)\div3.$	R. $x-2y-3z.$
16.	$(2ab+4ac-6ad)\div2a.$	R. $b+2c-3d.$

A partir de los trabajos de interpretación de la escritura cuneiforme en 1929 por O. Neugebauer, se ha puesto de relieve la contribución babilónica al progreso de las matemáticas. En las tablillas y puestas en lenguas modernas, y que datan de 2000-1200 A. C., aparecen infinidad de problemas resueltos de modo ingenioso. Estos problemas tuvieron su origen en la activa vida comercial del pueblo babilónico.

PROBLEMAS TIPOS SOBRE NUMEROS ENTEROS

(196) **PROBLEMA** es una cuestión práctica en la que hay que determinar ciertas cantidades desconocidas llamadas **incógnitas,** conociendo sus relaciones con cantidades conocidas llamadas **datos** del problema.

RESOLUCION

Resolver un problema es realizar las operaciones necesarias para hallar el valor de la incógnita o incógnitas.

COMPROBACION

Comprobar un problema es cerciorarse de que los valores que se han hallado para las incógnitas, al resolver el problema, satisfacen las condiciones del mismo.

(197) **La suma de dos números es 124 y su diferencia 22. Hallar los números.**

Hemos visto **(128)** que la suma de dos números más su diferencia es igual al duplo del mayor, luego:

$$124 + 22 = 146 = \text{duplo del número mayor.}$$

Entonces: $146 \div 2 = 73$ será el número mayor.

Como la suma de los dos números es 124, siendo el mayor 73, el menor será $124 - 73 = 51$. 73 y 51. R.

133

COMPROBACION

Consiste en ver si los dos números hallados, 73 y 51, cumplen las condiciones del problema, de que su suma sea 124 y su diferencia 22, y en efecto:

$$73 + 51 = 124$$
$$73 - 51 = 22$$

luego el problema está bien resuelto.

Otro modo de resolver este problema. Como (129) la suma de dos números menos su diferencia es igual al duplo del menor, tendremos:

$$124 - 22 = 102 = \text{duplo del número menor,}$$

luego $102 \div 2 = 51 = $ número menor.

El mayor será: $124 - 51 = 73$.

➤ EJERCICIO 60

1. La suma de dos números es 1250 y su diferencia 750. Hallar los números. **R.** 1000 y 250.

2. La suma de dos números es 45678 y su diferencia 9856. Hallar los números. **R.** 27767. y 17911.

3. El triplo de la suma de dos números es 1350 y el duplo de su diferencia es 700. Hallar los números. **R.** 400 y 50.

4. La mitad de la suma de dos números es 850 y el cuádruplo de su diferencia 600. Hallar los números. **R.** 925 y 775.

5. Un muchacho tiene 32 bolas entre las dos manos y en la derecha tiene 6 más que en la izquierda. ¿Cuántas bolas tiene en cada mano. **R.** 19 en la derecha; 13 en la izquierda.

6. Una pecera con sus peces vale 260 bolívares, y la pecera vale 20 bolívares más que los peces. ¿Cuánto vale la pecera y cuánto los peces? **R.** Pecera, bs. 140; peces, bs. 120.

7. Un hotel de dos pisos tiene 48 habitaciones, y en el segundo piso hay 6 habitaciones más que en el primero. ¿Cuántas hay en cada piso? **R.** 1º, 21, 2º, 27.

8. La suma de dos números excede en 3 unidades a 97 y su diferencia excede en 7 a 53. Hallar los números. **R.** 80 y 20.

9. Una botella y su tapón valen 80 cts., y la botella vale 70 cts. más que el tapón. ¿Cuánto vale la botella y cuánto vale el tapón? **R.** Botella, 75 cts.; tapón, 5 cts.

10. La edad de un padre y la de su hijo suman 90 años. Si el hijo nació cuando el padre tenía 36 años, ¿cuáles son las edades actuales? **R.** 63 y 27.

11. 8534 excede en 1400 a la suma de dos números y en 8532 a su diferencia. Hallar los dos números. **R.** 3568 y 3566.

12. Cuando Rosa nació, María tenía 30 años. Ambas edades suman hoy 28 años más que la edad de Elsa, que tiene 50 años. ¿Qué edad tiene Matilde, que nació cuando Rosa tenía 11 años? **R.** 13 años.

198 ¿Cuál es el número que sumado con su duplo da 45?

45 es el número que se busca más dos veces dicho número, o sea, el triplo del número buscado; luego, el número buscado será $45 \div 3 = 15$. R.

COMPROBACION

Sumando 15 con su duplo $15 \times 2 = 30$, tenemos:

$$15 + 30 = 45;$$

luego, se cumplen las condiciones del problema.

➤ EJERCICIO 61

1. ¿Cuál es el número que sumado con su duplo da 261?   R. 87.
2. ¿Cuál es el número que sumado con su triplo da 384?   R. 96.
3. 638 excede en 14 unidades a la suma de un número con su quíntuplo. ¿Cuál es ese número?   R. 104.
4. La edad de Claudio es el cuádruplo de la de Alfredo, y si ambas edades se suman y a esta suma se añade 17 años, el resultado es 42 años. Hallar las edades.   R. Alfredo 5 años, Claudio 20.

199 La suma de dos números es 102, y su cociente, 5. Hallar los números.

Cuando se divide la suma de dos números entre su cociente **aumentado en 1**, se obtiene el menor de los dos números, luego:

$$102 \div (5 + 1) = 102 \div 6 = 17 = \text{número menor.}$$

El mayor será: $102 - 17 = 85$.   85 y 17. R.

COMPROBACION

Consiste en ver si 85 y 17 cumplen las condiciones del problema, y en efecto:

$$85 + 17 = 102$$
$$85 \div 17 = 5.$$

➤ EJERCICIO 62

1. La suma de dos números es 450 y su cociente 8. Hallar los números. R. 400 y 50.
2. La suma de dos números es 3768 y su cociente 11. Hallar los números. R. 3454 y 314.
3. El duplo de la suma de dos números es 100 y el cuádruplo de su cociente 36. Hallar los números.   R. 45 y 5.
4. 800 excede en 60 unidades a la suma de dos números y en 727 a su cociente. Hallar los números.   R. 730 y 10.
5. La edad de A es 4 veces la de B y ambas edades suman 45 años. ¿Qué edad tiene cada uno?   R. A, 36 años; B, 9 años.
6. Entre A y B tienen $12816, y B tiene la tercera parte de lo que tiene A. ¿Cuánto tiene cada uno?   R. A, $9612; B, $3204.

200 La diferencia de dos números es 8888, y su cociente, 9. Hallar los números.

Cuando se divide la diferencia de dos números entre su cociente **disminuido en 1**, se obtiene el número menor, luego:

$$8888 \div (9 - 1) = 8888 \div 8 = 1111 = \text{número menor.}$$

El número menor es 1111 y como la diferencia de los dos números es 8888, el número mayor se hallará sumando el menor con la diferencia de ambos, luego:

$$1111 + 8888 = 9999 = \text{número mayor.}$$
$$9999 \text{ y } 1111. \quad \textbf{R.}$$

COMPROBACION

Los números hallados, 9999 y 1111, cumplen las condiciones del problema, porque:

$$9999 - 1111 = 8888$$
$$9999 : 1111 = 9.$$

➤ **EJERCICIO 63**

1. La diferencia de dos números es 150 y su cociente 4. Hallar los números. **R.** 200 y 50.
2. El cociente de dos números es 12 y su diferencia 8965. Hallar los números. **R.** 9780 y 815.
3. La mitad de la diferencia de dos números es 60 y el duplo de su cociente es 10. Hallar los números. **R.** 150 y 30.
4. La diferencia de dos números excede en 15 a 125 y su cociente es tres unidades menor que 11. Hallar los números. **R.** 160 y 20.
5. 2000 excede en 788 a la diferencia de dos números y en 1995 a su cociente. Hallar los números. **R.** 1515 y 303.
6. Hoy la edad de A es cuatro veces la de B, y cuando B nació A tenía 12 años. Hallar ambas edades actuales. **R.** 16 y 4.

201 Dos correos salen de dos ciudades, A y B, distantes entre sí 150 Kms., a las 7 a. m., y van uno hacia el otro. El que sale de A va a 8 Kms. por hora y el que sale de B va a 7 Kms. por hora. ¿A qué hora se encontrarán y a qué distancia de A y de B?

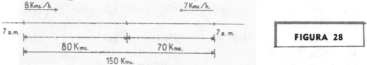

FIGURA 28

El que sale de A anda 8 Kms./h. (figura 28) y el de B anda 7 Kms./h., luego en una hora se acercan $8 + 7 = 15$ Kms. y como la distancia que separa A de B es de 150 Kms., se encontrarán al cabo de 150 Kms. $\div$ 15 Kms. = 10 horas.

Habiendo salido a las 7 a. m., se encontrarán a las 5 p. m. **R.**

En las 10 horas que se ha estado moviendo el móvil que salió de A ha recorrido 8 Kms. $\times$ 10 = 80 Kms.; luego, el punto de encuentro dista de A 80 Kms. y de B distará 150 Kms. $-$ 80 Kms. = 70 Kms. **R.**

COMPROBACION

El que salió de *B*, en las 10 horas que ha estado andando para encontrar al de *A*, ha recorrido 10 × 7 Kms. = 70 Kms., que es la distancia del punto de encuentro al punto *B*.

202 Dos autos salen de dos ciudades, **A** y **B**, situadas a **1400 Kms.** de distancia, y van uno hacia el otro. El de A sale a las 6 a. m. a 100 Kms./h. y el de B sale a las 8 a. m. y va a 50 Kms./h. ¿A qué hora se encontrarán y a qué distancia de los puntos A y B?

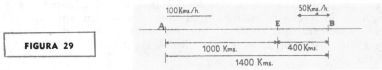

FIGURA 29

El que sale de *A* (figura 29), de 6 a 8 de la mañana recorre 2 × 100 Kms. = 200 Kms.; luego a las 8 a. m., cuando sale el de *B*, la distancia que los separa es de 1400 Kms. − 200 Kms. = 1200 Kms.

A partir de las 8 a. m., en cada hora se acercan 100 Kms. + 50 Kms. = 150 Kms.; luego, para encontrarse, necesitarán 1200 Kms. ÷ 150 Kms. = 8 horas, a partir de las 8 a. m.; luego, se encontrarán a las 4 p. m. R.

El que salió de *A* ha estado andando desde las 6 a. m. hasta las 4 p. m., o sea, 10 horas, a razón de 100 Kms. por hora, para encontrar al otro; luego, ha recorrido 10 × 100 Kms. = 1000 Kms.; luego, el punto de encuentro *E* dista 1000 Kms. de *A* y 1400 − 1000 = 400 Kms. de *B*. R.

COMPROBACION

De 8 a. m. a 4 p. m., o sea en 8 horas, el que salió de *B* ha recorrido 8 × 50 Kms. = 400 Kms., que es la distancia hallada del punto de encuentro al punto *B*.

➤ EJERCICIO 64

1. Dos autos salen de dos ciudades A y B distantes entre sí 840 Kms. y van al encuentro. El de A va a 50 Kms./h. y el de B a 70 Kms./h. Si salieron a las 6 a. m., ¿a qué hora se encontrarán y a qué distancia de A y de B? **R.** A la 1 p. m.; a 350 Kms. de A y 490 Kms. de B.

2. Dos móviles salen de dos puntos A y B que distan 236 Kms. y van al encuentro. Si el de A sale a las 5 a. m. a 9 Kms./h. y el de B a las 9 a. m. a 11 Kms./h., ¿a qué hora se encontrarán y a qué distancia de A y de B? **R.** A las 7 p. m.; a 126 Kms. de A y 110 Kms. de B.

3. Un auto sale de Sta. Clara hacia la Habana a las 6 a. m. a 30 Kms./h. y otro de la Habana hacia Sta. Clara a las 6½ a. m a 20 Kms./h. ¿A qué distancia se hallarán a las 9 a. m. sabiendo que entre Sta. Clara y la Habana hay 300 Kms.? **R.** A 160 Kms.

4. A las 6 a. m. sale un auto de A a 60 Kms./h. y va al encuentro de otro que sale de B a 80 Kms./h., a la misma hora. Sabiendo que se encuentran a las 11 a. m., ¿cuál es la distancia entre A y B? **R.** 700 Kms.

5. Dos autos salen de dos puntos C y D distantes entre sí 360 Kms. a las 8 a. m. y a las 12 del día se encuentran en un punto que dista 240 Kms. de D. Hallar las velocidades de ambos autos. **R.** El de C a 30 Kms./h., el de D a 60 Kms./h.

6. Dos autos salen a la misma hora de dos ciudades A y B distantes 320 Kms. y van al encuentro. Se encuentran a la 1 p. m. en un punto que dista 120 Kms. de A. ¿A qué hora salieron sabiendo que el de A iba a 30 Kms./h. y el de B a 50 Kms./h. **R.** 9 a. m.

7. Dos móviles parten de M y N distantes entre sí 99 Kms. y van al encuentro. El de M sale a las 6 a. m. a 6 Kms./h. y el de N a las 9 a. m. a 3 Kms./h. Sabiendo que el de M descansa de 12 a 3 p. m. y a las 3 emprende de nuevo su marcha a la misma velocidad anterior, ¿a qué hora se encontrará con el de N que no varió su velocidad desde que salió y a qué distancia de M y N? **R.** A las 8 p. m.; a 66 Kms. de M y 33 Kms. de N.

203 **Dos autos salen a las 9 a. m. de dos puntos, A y B (B está al este de A), distantes entre sí 60 Kms.. y van ambos hacia el este. El de A va a 25 Kms./h. y el de B a 15 Kms./h. ¿A qué hora se encontrarán y a qué distancia de A y B?**

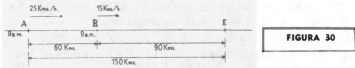

FIGURA 30

Mientras el de B (figura 30) recorre 15 Kms. hacia el este en 1 hora, el de A recorre 25 Kms. en el mismo sentido en 1 hora; luego, el de A se acerca al de B 25 − 15 = 10 Kms. en cada hora; luego, para alcanzarlo tendrá que andar durante 60 Kms. ÷ 10 Kms. = 6 horas, y como salieron a las 9 a. m. lo alcanzará a las 3 p. m. **R.**

El de A ha andado 6 horas a razón de 25 Kms. en cada hora para alcanzar al de B; luego, el punto de encuentro está a 25 Kms. × 6 = 150 Kms. de A y a 150 Kms. − 60 Kms. = 90 Kms. de B. **R.**

COMPROBACION

El que salió de B en 6 horas ha recorrido 15 Kms. × 6 = 90 Kms., que es la distancia hallada del punto de encuentro al punto B.

204 **Un auto sale de A a las 7 a. m., a 60 Kms./h., hacia el este, y a las 9 a. m. sale de B, situado a 30 Kms. al oeste de A, otro auto a 90 Kms./h. para alcanzarlo. ¿A qué hora lo alcanzará y a qué distancia de A y de B?**

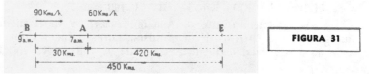

FIGURA 31

El de A (figura 31) salió a las 7 a. m. a 60 Kms./h.; luego, de 7 a 9 a. m. ha recorrido 2×60 Kms. $= 120$ Kms., así que a las 9 a. m. la ventaja que le lleva al que sale de B es de 30 Kms. $+ 120$ Kms. $= 150$ Kms.

A partir de las 9 a. m. el de B se acerca al de A a razón de $90 - 60 = 30$ Kms. en cada hora; luego, lo alcanzará al cabo de 150 Kms. $\div$ 30 Kms. $= 5$ horas, después de las 9 a. m., o sea, a las 2 p. m.   R.

En 5 horas el auto que salió de B ha recorrido 5×90 Kms. $= 450$ Kms.; luego, el punto de encuentro E se halla a 450 Kms. a la derecha de B y a $450 - 30 = 420$ Kms. a la derecha de A.   R.

COMPROBACION

De 7 a. m. a 2 p. m. hay 7 horas, y en esas 7 horas el que salió de A ha recorrido 7×60 Kms. $= 420$ Kms., que es la distancia hallada antes de A al punto de encuentro.

➤ **EJERCICIO 65**

1. Un corredor da a otro una ventaja de 10 ms. Si la velocidad del que tiene ventaja es de 6 ms. por seg. y la del otro 8 ms. por seg., ¿en cuánto tiempo alcanzará éste al primero?   **R. 5 seg.**

2. Un auto que va a 40 Kms./h. lleva una ventaja de 75 Kms. a otro que va a 65 Kms./h. ¿En cuánto tiempo alcanzará éste al primero? **R. 3 horas.**

3. Dos correos salen de dos ciudades M y N (N está al oeste de M) distantes entre sí 8 Kms. y van ambos hacia el este. El de M sale a las 6 a. m. y anda 1 Km./h. y el de N sale a las 8 a. m. y anda 3 Kms./h. ¿A qué hora se encontrarán y a qué distancia de M y N? **R. 1 p. m.; a 7 Kms. de M y 15 Kms. de N.**

4. Un auto salió de Valencia hacia Maracaibo a las 9 a. m. a 40 Kms./h. ¿A qué hora lo alcanzará otro auto que salió de Caracas a las 12 del día a 80 Kms./h., sabiendo que la distancia entre Caracas y Valencia es de 160 Kms. y a qué distancia de Caracas y Valencia? **R. A las 7 p. m. a 560 Kms. de Caracas y a 400 Kms. de Valencia.**

5. Un auto sale de Ibagué hacia Cali a las 4 p. m. a 50 Kms./h. ¿A qué hora lo alcanzará otro auto que sale de Bogotá a las 2 p. m. a 75 Kms./h. siendo la distancia entre Bogotá e Ibagué de 225 Kms.? **R. A las 7 p. m.**

6. Un auto sale de Imperial hacia Lima a las 5 a. m. a 50 Kms./h. y otro de Lima hacia Trujillo a las 7 a. m. a 80 Kms./h. ¿A qué distancia se hallarán a las 10 a. m. sabiendo que de Imperial a Lima hay 175 Kms.? **R. 165 Kms.**

7. Un auto sale de A hacia la derecha a 90 Kms./h. a las 12 del día y en el mismo instante otro sale de B hacia la derecha a 75 Kms./h (B está a la derecha de A). El de A alcanza al de B a las 7 p. m. ¿Cuál es la distancia entre A y B? **R. 105 Kms.**

8. Un auto sale de Caracas hacia San Juan de los Morros a las 8 a. m. a 35 Kms./h. (Distancia entre Caracas y San Juan de los Morros, 140 Kms.). ¿A qué hora salió otro auto que iba a 70 Kms./h. si llegaron al mismo tiempo a San Juan de los Morros? **R. 10 a. m.**

9. Dos autos salen de dos ciudades A y B distantes entre sí 100 Kms., ambos hacia el este. (B está más al este que A). El de B sale a las 6 a. m. a 60 Kms. por hora y el de A a las 8 a. m. a 80 Kms./h. ¿A qué hora se encontrarán sabiendo que se han detenido, el que salió de B de 12 a 1 y el que salió de A de 12 a 2 para almorzar, reanudando después su marcha a las mismas velocidades anteriores? **R.** 12 p. m.

(205) Un hacendado lleva al Banco tres bolsas con dinero. La 1ª y la 2ª juntas tienen $350; la 2ª y la 3ª juntas, $300, y la 1ª y la 3ª juntas, $250. ¿Cuánto tiene cada bolsa?

$$1ª \text{ bolsa} + 2ª \text{ bolsa} = \$350$$
$$2ª \text{ bolsa} + 3ª \text{ bolsa} = \$300$$
$$1ª \text{ bolsa} + 3ª \text{ bolsa} = \$250$$
$$\overline{\text{Suma: } \$900}$$

La suma $900 contiene dos veces lo de la primera bolsa, más dos veces lo de la segunda, más dos veces lo de la tercera, luego la mitad de la suma $900 ÷ 2 = $450 = 1ª bolsa + 2ª bolsa + 3ª bolsa.

Si las tres juntas tienen $450, y la 1ª y la 2ª, $350, la tercera tendrá $450 − $350 = $100.

La segunda tendrá $300 − $100 = $200.

La primera tendrá $350 − $200 = $150.

1ª, $150; 2ª, $200; 3ª, $100. **R.**

COMPROBACION

La 1ª y la 2ª bolsa tendrán $150 + $200 = $350.
La 2ª y la 3ª bolsa   „ $200 + $100 = $300.
La 1ª y la 3ª bolsa   „ $150 + $100 = $250.

Luego, los valores hallados para las incógnitas satisfacen las condiciones del problema.

➤ **EJERCICIO 66**

1. En un colegio hay tres aulas. La 1ª y la 2ª juntas tienen 85 alumnos; la 2ª y la 3ª, 75 alumnos; la 1ª y la 3ª, 80 alumnos. ¿Cuántos alumnos hay en cada clase? **R.** 1ª, 45; 2ª, 40; 3ª, 35.

2. La edad de Pedro y la de Juan suman 9 años; la de Juan y la de Enrique, 13 años y la de Pedro y la de Enrique, 12 años. Hallar las tres edades. **R.** Pedro, 4 años; Juan, 5; Enrique, 8.

3. Un saco y un pantalón valen 75 bolívares; el pantalón y su chaleco, 51 bolívares y el saco y el chaleco, 66 bolívares. ¿Cuánto vale cada pieza? **R.** Saco, bs. 45; pantalón, bs. 30; chaleco, bs. 21.

4. Un hacendado lleva al banco tres bolsas que contienen dinero. El duplo de lo que contienen la 1ª y la 2ª bolsa es 14000 bolívares; el triplo de lo que contienen la 1ª y la 3ª es 24000 bolívares y la mitad de lo que contienen la 2ª y la 3ª es 4500 bolívares. ¿Cuánto contiene cada bolsa? **R.** 1ª, bs. 3000; 2ª, bs. 4000; 3ª, bs. 5000.

206 Multiplico un número por 6 y añado 15 al producto; resto 40 de esta suma y la diferencia la divido por 25, obteniendo como cociente 71. ¿Cuál es el número?

Esta clase de problemas se comienza por el fin y se van haciendo operaciones inversas a las indicadas en el problema.

El resultado final es 71. Este 71 proviene de dividir entre 25, luego multiplicamos por 25:

$$71 \times 25 = 1775.$$

A este resultado, 1775, le sumamos 40:

$$1775 + 40 = 1815.$$

A 1815 se le resta 15:

$$1815 - 15 = 1800$$

y finalmente, 1800 se divide entre 6:

$$1800 \div 6 = 300. \quad \text{R.}$$

COMPROBACION

Consiste en ver si multiplicando 300 por 6, añadiendo 15 a este producto, restando 40 de esta suma y dividiendo la diferencia por 25, se obtiene como cociente 71, y en efecto:

$$300 \times 6 \ = 1800$$
$$1800 + 15 = 1815$$
$$1815 - 40 = 1775$$
$$1775 \div 25 = 71$$

luego, 300 satisface las condiciones del problema.

➤ EJERCICIO 67

1. Si a un número añado 23, resto 41 de esta suma y la diferencia la multiplico por 2, obtengo 132. ¿Cuál es el número? **R.** 84.

2. ¿Cuál es el número que multiplicado por 5, añadiéndole 6 a este producto y dividiendo esta suma entre 2 se obtiene 23? **R.** 8.

3. ¿Cuál es el número que sumado con 14, multiplicando esta suma por 11, dividiendo el producto que resulta entre 44 y restando 31 de este cociente, se obtiene 1474? **R.** 6006.

4. Tenía cierta cantidad de dinero. Pagué una deuda de 86 colones; entonces recibí una cantidad igual a la que me quedaba y después presté 20 colones a un amigo. Si ahora tengo 232 colones, ¿cuánto tenía al principio? **R.** 212 colones.

5. El lunes perdí 40 colones; el martes gané 125 colones; el miércoles gané el doble de lo que tenía el martes, y el jueves, después de perder la mitad de lo que tenía, me quedan 465 colones. ¿Cuánto tenía antes de empezar a jugar? **R.** 225 colones.

(207) Un depósito se puede llenar por dos llaves. Una vierte 150 litros en 5 minutos y la otra 180 litros en 9 minutos. ¿Cuánto tiempo tardará en llenarse el depósito, estando vacío y cerrado el desagüe, si se abren a un tiempo las dos llaves, sabiendo que su capacidad es de 550 litros?

La 1ª llave vierte 150 litros en 5 minutos; luego, en un minuto vierte $150 \div 5 = 30$ litros.

La 2ª llave vierte 180 litros en 9 minutos; luego, en un minuto vierte $180 \div 9 = 20$ litros.

Las dos llaves juntas vierten en un minuto $30 + 20 = 50$ litros.

Como la capacidad del depósito es de 550 litros, tardarán en llenarlo $550 \div 50 = 11$ minutos. **R.**

COMPROBACION

La 1ª llave, en 11 minutos, vierte $11 \times 30 = 330$ litros.

La 2ª llave, en 11 minutos, vierte $11 \times 20 = 220$ litros.

Las dos llaves juntas, en 11 minutos, echarán $330 + 220 = 550$ litros, que es la capacidad del depósito.

(208) Un estanque tiene dos llaves, una de las cuales vierte 117 litros en 9 minutos y la otra 112 litros en 8 minutos, y un desagüe por el que salen 42 litros en 6 minutos. El estanque contenía 500 litros de agua y abriendo las dos llaves y el desagüe al mismo tiempo se acabó de llenar en 48 minutos. ¿Cuál es la capacidad del estanque?

La 1ª llave vierte $117 \div 9 = 13$ litros por minuto.

La 2ª llave vierte $112 \div 8 = 14$ litros por minuto.

Las dos llaves juntas vierten $13 + 14 = 27$ litros por minuto.

Por el desagüe salen $42 \div 6 = 7$ litros por minuto.

Si en un minuto las dos llaves echan 27 litros y salen 7 litros por el desagüe, quedan en el estanque 20 litros en cada minuto; luego, en 48 minutos, que es el tiempo que tarda en acabar de llenarse el estanque, se han quedado $20 \times 48 = 960$ litros, y como éste tenía ya 500 litros, la capacidad del estanque es $500 + 960 = 1460$ litros. **R.**

COMPROBACION

La capacidad total hallada es 1460 litros. Quitando los 500 litros que ya había en el estanque, quedan $1460 - 500 = 960$ litros de capacidad. Estos 960 litros se llenan en $960 \div 20 = 48$ minutos.

➤ **EJERCICIO 68**

1. Un estanque cuya capacidad es de 300 litros está vacío y cerrado su desagüe. ¿En cuánto tiempo se llenará si abrimos al mismo tiempo tres llaves que vierten, la 1ª, 36 litros en 3 minutos; la 2ª, 48 litros en 6 minutos y la 3ª, 15 litros en 3 minutos? **R. 12 min.**

2. Un lavabo tiene una llave que vierte 24 litros en 4 minutos y un desagüe por el que salen 32 litros en 16 minutos. Si estando vacío el lavabo y abierto el desagüe se abre la llave, ¿en cuánto tiempo se llenará el lavabo si su capacidad es de 84 litros?   **R.** 21 min.

3. Si a un estanque de 480 litros de capacidad que está lleno se le abre el desagüe, se vacía en 1 hora. Si estando vacío y cerrado el desagüe, se abre su llave de agua, se llena en 40 minutos. ¿En cuánto tiempo se llenará, si estando vacío y abierto el desagüe, se abre la llave?   **R.** 2 h.

4. Un estanque se puede llenar por dos llaves, una de las cuales vierte 200 litros en 5 minutos y la otra 150 litros en 6 minutos. El estanque tiene un desagüe por el que salen 8 litros en 4 minutos. ¿En cuánto tiempo se llenará el estanque, si estando vacío, se abren al mismo tiempo las dos llaves y el desagüe, sabiendo que su capacidad es de 441 litros?   **R.** 7 min.

5. Un estanque tiene tres grifos que vierten: el 1º, 50 litros en 5 minutos; el 2º, 91 litros en 7 minutos y el 3º, 108 litros en 12 minutos, y dos desagües por los que salen 40 litros en 5 minutos y 60 litros en 6 minutos, respectivamente. Si estando vacío el estanque y abiertos los desagües, se abren las tres llaves al mismo tiempo, necesita 40 minutos para llenarse. ¿Cuál es su capacidad?   **R.** 560 l.

6. Un depósito cuya capacidad es de 53227 litros tiene dos llaves que vierten, una 654 ls. en 3 minutos y la otra 1260 ls. en 4 minutos y dos desagües por los que salen, respectivamente, 95 ls. en 5 minutos y 102 ls. en 6 minutos. Si en el estanque hay ya 45275 litros de agua y se abren a un tiempo las dos llaves y los desagües, ¿en cuánto tiempo se acabará de llenar?   **R.** 16 min.

7. Un depósito tiene tres llaves que vierten: la 1ª, 68 ls. en 4 minutos; la 2ª, 108 ls. en 6 minutos y la 3ª, 248 ls. en 8 minutos y un desagüe por el que salen 55 ls. en 5 minutos. Si el desagüe está cerrado y se abren las tres llaves al mismo tiempo, el depósito se llena en 53 minutos. ¿En cuánto tiempo puede vaciarlo el desagüe estando lleno y cerradas las llaves?   **R.** 5 h. 18 min.

8. Si estando lleno un depósito se abre su desagüe por el que salen 54 ls. en 9 minutos, el depósito se vacía en 5 horas. Si estando vacío y abierto el desagüe se abren dos llaves que vierten juntas 21 litros por minuto, ¿en cuánto tiempo se llenará el estanque?   **R.** 2 h.

9. Un estanque tiene agua hasta su tercera parte, y si ahora se abrieran una llave que echa 119 ls. en 7 minutos y un desagüe por el que salen 280 litros en 8 minutos, el depósito se vaciaría en 53 minutos. ¿Cuál es la capacidad del estanque?   **R.** 2862 l.

10. Si en un estanque que está vacío y cuya capacidad es de 3600 litros, se abrieran al mismo tiempo tres llaves y un desagüe, el estanque se llenaría en 15 minutos. Por el desagüe salen 240 litros en 4 minutos. Si el estanque tiene 600 litros de agua y está cerrado el desagüe, ¿en cuánto tiempo lo acabarán de llenar las tres llaves?   **R.** 10 min.

209 Un comerciante compró 30 trajes a $20 uno.   Vendió 20 trajes a $18 cada uno.   ¿A cómo tiene que vender los restantes para no perder?

Costo de los 30 trajes a $20 uno: 30 × 20 = $600.

Para no perder, es necesario que de la venta saque estos $600 que gastó.

De la venta de 20 trajes a $18 uno, sacó: 20 × $18 = $360; luego, lo que tiene que sacar de los trajes restantes para no perder es $600 − $360 = $240.

Habiendo vendido 20 trajes, le quedan 30 − 20 = 10 trajes.

Si de estos 10 trajes tiene que sacar $240, cada traje tendrá que venderlo a $240 ÷ 10 = $24.   **R.**

COMPROBACION

Al vender los 10 trajes que le quedaban a $24, obtuvo 10 × $24 = $240, y de los 20 trajes que ya había vendido antes a $18 obtuvo 20 × $18 = $360; luego, en total obtuvo de las ventas $240 + $360 = $600, que es el costo; luego, no pierde.

(210) **Compré cierto número de bueyes por $5600.   Vendí 34 bueyes por $2210, perdiendo en cada uno $5.   ¿A cómo hay que vender el resto para que la ganancia total sea de $2130?**

Costo de los bueyes: $5600.

Para ganar en total $2130 hay que sacar de la venta $5600+$2130=$7730.

De la primera venta que hice obtuve ya $2210; luego, lo que tengo que sacar de los bueyes que me quedan es $7730 − $2210 = $5520.

Ahora vamos a ver cuántos bueyes quedaron.

Precio de venta de un buey: $2210 ÷ 34 = $65.   Al vender cada buey a $65, perdí $5 en cada uno; luego, el precio de compra fue de $70 cada buey.

Si cada buey me costó $70 y el importe total de la compra fue de $5600, compré $5600 ÷ $70 = 80 bueyes.

Como ya se vendieron 34 bueyes, quedan 80 − 34 = 46 bueyes.

De estos 46 bueyes que me quedan tengo que obtener $5520, luego cada buey hay que venderlo a $5520 ÷ 46 = $120.   **R.**

COMPROBACION

Vendiendo los 46 bueyes que le quedaban a $120, obtiene 46 × $120 = $5520, y como de la primera venta obtuvo $2210, ha obtenido en total $5520 + $2210 = $7730.   Como el costo fue de $5600, la ganancia es $7730 − $5600 = $2130; luego, se cumplen las condiciones del problema.

➤ EJERCICIO 69

1. Compré 500 sombreros a $6 uno. Vendí cierto número en $500, a $5 uno. ¿A cómo tengo que vender el resto para no perder?   **R.** $6.25.

2. Un librero compró 15 libros a 12 quetzales cada uno. Habiéndose deteriorado algo 9 de ellos, tuvo que venderlos a 8 quetzales uno. ¿A cómo tiene que vender los restantes para no perder?   **R.** Q. 18.

3. Un comerciante compró 11 trajes por 3300 bolívares. Vendió 5 a bs. 240 uno. ¿A cómo tiene que vender los restantes para ganar bs. 900?   **R.** bs. 500.

4. Compré 80 libros por 5600 soles. Vendí una parte por 5400, a 90 cada uno. ¿Cuántos libros me quedan y cuánto gané en cada uno de los que vendí? **R.** Quedan 20; gané 20 soles.

5. Un comerciante compró 600 sacos de frijoles a $8 cada uno. Por la venta de cierto número de ellos a $6 uno, recibe $540. ¿A cómo tendrá que vender los restantes para ganar en total $330? **R.** $9.

6. Un comerciante compró cierto número de sacos de azúcar por 600 bolívares y los vendió por 840, ganando 2 en cada saco. ¿Cuántos sacos compró y cuánto pagó por cada uno? **R.** 120; 5 bolívares.

7. Vendí 60 sacos de azúcar por 480 bolívares, ganando 3 en cada uno. ¿Por cuántos sacos estaba integrado un pedido que hice al mismo precio y por el cual pagué 400? **R.** 80 sacos.

8. Un hacendado compra cierto número de vacas por 24000 colones. Vende una parte por 8832 a 276 una, perdiendo 24 en cada vaca. ¿A cómo tiene que vender las restantes para ganar 1392? **R.** 345 colones.

9. Compré cierto número de libros por 600 soles. Vendí 40 perdiendo 2 en cada uno y recibí 320. ¿A cómo tengo que vender los restantes si quiero ganar 60? **R.** 17 soles.

10. Un caballista compró cierto número de caballos por $10000. Vendió una parte por $8400 a $210 cada uno y ganó en esta operación $400. ¿Cuántos caballos había comprado y cuánto ganó en cada uno de los que vendió? **R.** 50; $10.

11. Compré 514 libros por 4626 bolívares. Vendí una parte por 3600, ganando 3 en cada libro y otra parte por 912, perdiendo 1 en cada libro. ¿A cómo vendí los restantes si en total gané 1186? **R.** 13 bolívares.

12. Un comerciante compró cierto número de sacos de frijoles por $2496, a $8 uno. Vendió una parte por $720, ganando $1 en cada saco, y otra parte por $1720, ganando $2 en cada saco. ¿A cómo vendió cada uno de los sacos restantes si en total obtuvo una utilidad de $784? **R.** $14.

13. Un hacendado compró 815 vacas por $48900. Vendió una parte en $20475, ganando $5 en cada una, y otra parte en $5500, perdiendo $5 en cada una. ¿A cómo vendió las restantes si en total perdió $2925? **R.** $50.

14. Un comerciante compró 20 trajes. Vendió 5 a 75 bolívares, 6 a 60, 7 a 45 y el resto a 70, obteniendo así una utilidad de 390. ¿Cuál fue el costo de cada traje? **R.** 40 bolívares.

15. Compré cierto número de pares de zapatos por 4824 bolívares, a 36 uno. Al vender una parte en 1568, perdí 8 en cada par. Si el resto lo vendí ganando 32 en cada par, ¿gané o perdí en total y cuánto? **R.** Gané bs. 2048.

16. Compré 90 libros. Vendí 35 de ellos por $280, perdiendo $3 en cada uno, y 30 ganando $1 en cada uno. ¿A cómo vendí los que me quedaban si en definitiva no gané ni perdí? **R.** $14.

17. Un importador adquiere cierto número de automóviles por $108000. Vendió una parte por $46400, a $400 cada uno, perdiendo $100 en cada uno, y otra parte por $36000, ganando $100 en cada uno. ¿A cómo vendió los restantes si en definitiva tuvo una ganancia de $4000? **R.** $740.

(211) Un capataz contrata un obrero ofreciéndole **$5 por cada día que tra-**
baje y $2 por cada día que, a causa de la lluvia, no pueda trabajar.
Al cabo de 23 días el obrero recibe $91. ¿Cuántos días trabajó y
cuántos no trabajó?

Si el obrero hubiera trabajado los 23 días hubiera recibido 23×$5=$115.

Como solamente ha recibido $91, la diferencia $115 − $91 = $24 proviene de los días que no pudo trabajar.

Cada día que no trabaja deja de recibir $5 − $2 = $3, luego no trabajó
$24 ÷ $3 = 8 días, y trabajó 23 − 8 = 15 días.   R.

COMPROBACION
En 15 días que trabajó recibió 15 × $5 = $75.
En 8 días que no trabajó recibió 8 × $2 = $16.
En total recibió $75 + $16 = $91.

➤ **EJERCICIO 70**

1. Un capataz contrata un obrero ofreciéndole 70 sucres por cada día que
trabaje y 40 por cada día que, sin culpa suya, no pueda trabajar. Al cabo
de 35 días el obrero ha recibido 2000. ¿Cuántos días trabajó y cuántos
no trabajó?   **R.** Trabajó 20 días, no trabajó 15 días.

2. Se tienen $129 en 36 billetes de a $5 y de a $2. ¿Cuántos billetes son
de a $5 y cuántos de a $2?   **R.** 19 de $5, 17 de $2.

3. En un teatro las entradas de adulto costaban 9 bolívares y las de niños 3.
Concurrieron 752 espectadores y se recaudaron bs. 5472. ¿Cuántos espectadores eran adultos y cuántos niños?   **R.** 536 adultos y 216 niños.

4. En un ómnibus iban 40 excursionistas. Los hombres pagaban 40 cts. y
las damas 25 cts. Los pasajes costaron en total $13.45. ¿Cuántos excursio-
nistas eran hombres y cuántos damas?   **R.** 23 hombres y 17 damas.

5. Un comerciante pagó 45900 sucres por 128 trajes de lana y de gabardina.
Por cada traje de lana pagó 300 y por cada traje de gabardina 400. ¿Cuántos trajes de cada clase compró?   **R.** 53 de lana y 75 de gabardina.

6. Para tener $12.30 en 150 monedas que son de a cinco y diez centavos,
¿cuántas deben ser de a cinco y cuántas de a diez?   **R.** 54 de a cinco,
96 de a diez.

7. Cada día que un alumno sabe sus lecciones, el profesor le da 5 vales, y
cada día que no las sabe el alumno, tiene que darle al profesor 3 vales.
Al cabo de 18 días el alumno ha recibido 34 vales. ¿Cuántos días supo
sus lecciones el alumno y cuántos no las supo?   **R.** Las supo 11 días,
no las supo 7 días.

8. Un padre le pone 9 problemas a su hijo, ofreciéndole 5 cts. por cada
problema que resuelva, pero por cada problema que no resuelva el muchacho perderá 2 cts. Después de trabajar en los 9 problemas el muchacho recibe 31 cts. ¿Cuántos problemas resolvió y cuántos no resolvió?
R. Resolvió 7, no resolvió 2.

9. Un padre pone 15 problemas a su hijo, ofreciéndole 4 cts. por cada uno
que resuelva, pero a condición de que el muchacho perderá 2 cts. por
cada uno que no resuelva. Después de trabajar en los 15 problemas,
quedaron en paz. ¿Cuántos problemas resolvió el muchacho y cuántos
no resolvió?   **R.** Resolvió 5, no resolvió 10.

10. Un capataz contrata un obrero, ofreciéndole $12 por cada día que trabaje pero con la condición de que, por cada día que el obrero, por su voluntad, deje de ir al trabajo, tendrá que pagarle al capataz $4. Al cabo de 18 días el obrero le debe al capataz $24. ¿Cuántos días ha trabajado y cuántos días, ha dejado el obrero de ir al trabajo? **R.** Trabajó 3 días, dejó de ir 15 días.

➤ EJERCICIO 71

MISCELANEA

1. Dos hombres ajustan una obra en $60 y trabajan durante 5 días. Uno recibe un jornal de $4 diarios. ¿Cuál es el jornal del otro? **R.** $8.

2. Vendo varios lápices en 96 cts., ganando 4 cts. en cada uno. Si me habían costado 72 cts., ¿cuántos lápices he vendido? **R.** 6.

3. Una persona gana $8 a la semana y gasta 75 cts. diarios. ¿Cuánto podrá ahorrar en 56 días? **R.** $22.

4. Si me saco 1000 bolívares en la lotería, compro un automóvil de 7500 y me quedan 500. ¿Cuánto tengo? **R.** 7000 bolívares.

5. Con el dinero que tengo puedo comprar 6 periódicos y me sobran 5 cts., pero si quisiera comprar 13 periódicos me faltarían 30 cts. ¿Cuánto vale cada periódico? **R.** 5 cts.

6. Un reloj que adelanta 4 minutos en cada hora señala las 4 y 20. Si ha estado andando 8 horas, ¿cuál es la hora exacta? **R.** 3 y 48 min.

7. ¿Por qué número se multiplica 815 cuando se convierte en 58680? **R.** Por 72.

8. 10602 es el producto de tres factores. Si dos de los factores son 18 y 19, ¿cuál es el otro factor? **R.** 31.

9. A tiene 16 años; a B le faltan 8 años para tener 10 años más que el doble de lo que tiene A y a C le sobran 9 años para tener la mitad de la suma de las edades de A y B. ¿En cuánto excede 70 años a la suma de las edades de B y C disminuida en la edad de A? **R.** 18 años.

10. Un hombre que tenía 750 soles compró un libro que le costó 60; un par de zapatos que le costó 20 menos que el doble del libro y un traje cuyo precio excede en 360 a la diferencia entre el precio de los zapatos y el precio del libro. ¿Cuánto le sobró? **R.** 190 soles.

11. Si A tuviera $17 menos, tendría $18. Si B tuviera $15 más, tendría $38. Si C tuviera $5 menos, tendría $10 más que A y B juntos. Si D tuviera $18 menos, tendría $9 más que la diferencia entre la suma de lo que tienen B y C y lo que tiene A. ¿Cuánto tienen entre los cuatro? **R.** $219.

12. Para ir de Ciudad Juárez a Tehuantepec, un viajero recorre la primera semana 216 Kms.; la segunda 8 Kms. menos que el doble de lo que recorrió la primera; la tercera 83 Kms. más que en la primera y segunda semana juntas y la cuarta 96 Kms. menos que en las tres anteriores. Si aún le faltan 245 Kms. para llegar a su destino, ¿cuál es la distancia entre las dos ciudades? **R.** 2875 Kms.

13. ¿Cuál es la distancia recorrida por un atleta en una carrera de obstáculos si ha vencido 15 obstáculos que distan 6 metros uno de otro, y si la línea de arrancada dista 4 metros del primer obstáculo y la meta del último 8 metros? **R.** 96 m.

14. Se pierden $150 en la venta de 50 barriles de aceite a $60 uno. Hallar el precio de compra. **R.** $63.

15. ¿Cuántos meses (de 30 días) ha trabajado una persona que ha ahorrado $180 si su jornal diario es de $5 y gasta $2 diarios? **R.** 2 meses.

16. Se compran libretas a $20 el millar. Si las vendo a 5 cts., ¿cuál es mi ganancia en 80 libretas? **R.** $2.40.

17. Compro igual número de vacas y caballos por 12375 sucres. ¿Cuántas vacas y caballos habré comprado si el precio de una vaca es de 600 y el de un caballo 525? **R.** 11.

18. Un hacendado compra igual número de caballos, vacas, bueyes y terneros en $5735. Cada caballo le costó $50, cada vaca $60, cada buey $70, y cada ternero $5. ¿Cuántos animales de cada clase compró? **R.** 31.

19. Se reparten 39870 sucres entre tres personas. La primera recibe 1425 más que la tercera y la segunda 1770 más que la tercera. ¿Cuánto recibe cada una? **R.** 1ª, 13650 sucres; 2ª, 13995 sucres; 3ª, 12225 sucres.

20. A tiene 9 años, B tantos como A y C, C tantos como A y D; D tiene 7 años. ¿Cuál es la edad de M, que si tuviera 15 años menos tendría igual edad que los cuatro anteriores juntos? **R.** 72 años.

21. A tiene 42 años; las edades de A, B y C suman 88 años y C tiene 24 años menos que A. ¿Cuál es la edad de B y cuál la de C? **R.** B, 28 años; C, 18 años.

22. Tengo $67 en 20 billetes de a $5 y de a $2. ¿Cuántos billetes tengo de cada denominación? **R.** 9 de $5 y 11 de $2.

23. Un empleado que gana $65 semanales ahorra cada semana cierta suma. Cuando tiene ahorrados $98 ha ganado $455. ¿Cuánto ahorra a la semana? **R.** $14.

24. Para poder gastar 70 soles diarios y ahorrar 6720 al año, tendría que ganar 660 más al mes. ¿Cuál es mi sueldo mensual? (Mes de 30 días). **R.** 2000 soles.

25. Mi sueldo me permite tener los siguientes gastos anuales: $480 en alquiler, $600 en alimentación de mi familia y $540 en otros gastos. Si además ahorro $35 al mes, ¿cuál es mi sueldo mensual? **R.** $170.

26. ¿Por cuál número hay que dividir a 589245 para que el cociente sea 723? **R.** Por 815.

27. ¿Por cuál número hay que multiplicar el exceso de 382 sobre 191 para obtener 4202 como producto? **R.** Por 22.

28. Gano 6920 sucres en la venta de 173 sacos de mercancías a 240 uno. Hallar el costo de un saco. **R.** 200 sucres.

29. Un librero adquiere cierto número de libros por 144 bolívares. Si hubiera comprado 11 libros más hubiera pagado 408. ¿Cuántos libros ha comprado y cuánto ganará si cada libro lo vende por 29? **R.** 6; bs. 30.

30. Un viajero, asomado a la ventanilla de un tren que va a 36 Kms. por hora, observa que un tren estacionado en una vía adyacente pasa ante él en 12 segundos. ¿Cuál será la longitud de este tren? **R.** 120 m.

31. Un viajero desde la ventanilla de un tren que va a 72 Kms. por hora, ve pasar ante él en 4 segundos, otro tren que va por una vía paralela adyacente, en sentido contrario, a 108 Kms. por hora. ¿Cuál es la longitud de este tren? **R.** 200 m.

32. Un estanque de 300 litros de capacidad tiene una llave que vierte 20 litros en 2 minutos y un desagüe por el que salen 24 litros en 3 minutos. ¿En cuánto tiempo se acabará de llenar el estanque si teniendo ya 200 litros de agua abrimos al mismo tiempo la llave y el desagüe? **R. 50 min.**

33. ¿Entre cuántas personas se reparten 185 naranjas si a cada persona tocaron 10 y sobraron 15 naranjas? **R. Entre 17.**

34. Tengo 17 billetes de $50. Si vendo 6 vacas a $75 cada una y una casita por $950, ¿cuántos trajes de $45 podré comprar con el total de ese dinero? **R. 50 trajes.**

35. El producto de dos números es 7533, y uno de los números es 81. ¿En cuánto excede el duplo de la suma de los dos números a la mitad de su diferencia? **R. En 342.**

36. Compré 120 libros a 8 colones; vendí 80, perdiendo 2 en cada uno, y 20 más al costo. ¿A cómo vendí los restantes si en definitiva no gané ni perdí? **R. A 16 colones.**

37. Un empleado que gana $7 diarios gasta $14 semanales. ¿Cuántos días tendrá que trabajar para comprar un auto de $560? **R. 112 días.**

38. Un comerciante compró cierto número de trajes por 15600 colones, a 130 cada uno, y por cada 12 trajes que compró le regalaron 1. Vendió 60 trajes, ganando 50 en cada uno; 30 trajes, perdiendo 50 en cada uno; se le echaron a perder 6 trajes y el resto lo vendió perdiendo 30 en cada uno. ¿Ganó o perdió en total y cuánto? **R. Perdió 240 colones.**

39. Un importador no quiere vender 6 automóviles cuando le ofrecen 37000 soles por cada uno. Varios meses después vende los 6 por 216000. Si en este tiempo ha gastado 6840 por concepto de alquiler del local y otros gastos, ¿cuál es su pérdida en cada máquina? **R. 2140 soles.**

40. Un librero adquiere 500 libros a 2 colones cada uno y luego 6 docenas de libros a 60 cada una. Si luego los vende todos por 1932, ¿cuánto gana en cada libro? **R. 1 colón.**

41. Un importador que ha adquirido 80 sacos de frijoles a 30 colones y que ha pagado además 2 por conducción de cada saco, quiere saber cuánto tendrá que sacar de la venta de esa mercancía para ganar 6 por saco. **R. 3040 colones.**

42. Tengo alquilada una casa que me produce $5 diarios y un automóvil que me produce $2 diarios. Mi gasto diario es $2 por alojamiento y $1 de comida, pero el sábado y el domingo los paso en casa de un amigo. ¿Cuánto ahorraré en 8 semanas? **R. $272.**

43. ¿Por cuál número se multiplica 634 cuando se aumenta en 3170? **R. Por 6.**

44. ¿Por qué número se divide 16119 cuando se disminuye en 14328? **R. Por 9.**

45. Un hacendado vende 118 caballos a 700 bolívares y cierto número de vacas a 600. Con el importe total de la venta compró una casa de 146560 y le sobraron 3240. ¿Cuántas vacas vendió? **R. 112.**

46. Un comerciante compró sombreros, pagando 480 colones por cada 16 sombreros. Si los tiene que vender a 24, ¿cuántos sombreros ha vendido cuando su pérdida asciende a 192 colones? **R. 32.**

47. Vendí por 445 colones los libros que me habían costado 885, perdiendo así 4 colones en cada libro. ¿Cuántos libros tenía? **R. 110.**

48. Repartí $87 entre *A* y *B* de modo que *A* recibió $11 más que *B*. ¿Cuánto le tocó a cada uno? **R.** *A*, $49; *B*, $38.

49. Un hombre da 6210 quetzales y 103 caballos que valen Q. 54 cada uno, a cambio de un terreno que compra a Q. 654 el área. ¿Cuántas áreas tiene el terreno? **R.** 18.

50. Con el dinero que tenía compré cierto número de cuadernos a 16 cts. y me sobraron $3. Si cada cuaderno me hubiera costado 20 cts. no me hubiera sobrado más que $1. ¿Cuántos cuadernos he comprado? **R.** 50.

51. Con el dinero que tenía compré cierto número de entradas a 13 cts. cada una y me sobraron 8 cts. Si cada entrada me hubiera costado 19 cts. me hubieran faltado 16 cts. ¿Cuántas entradas compré y cuánto dinero tenía? **R.** 4, $0.60.

52. Un hacendado compró 64 bueyes por $12800. En mantenerlos ha gastado $800. Si se mueren 14 bueyes y el resto los vende a $300, ¿gana o pierde y cuánto en cada buey de los que quedaron? **R.** Gana $28 en cada uno.

53. Un ganadero compra 40 caballos a 100 quetzales cada uno y por cada 10 que compra recibe uno de regalo. En mantenerlos ha gastado Q. 600. Si los vende todos por Q. 4248, ¿gana o pierde y cuánto en cada caballo? **R.** Pierde Q. 8 en cada uno.

54. Adquiero 60 libros. Al vender 30 libros por 660 sucres gano 6 por libro. ¿Cuánto me costaron los 60 libros? **R.** 960 sucres.

55. ¿A cómo he de vender lo que me ha costado 6300 quetzales para que la ganancia sea la tercera parte del costo? **R.** Q. 8400.

56. Cuando vendo una casa gano 6300 colones, lo que representa la tercera parte de lo que me costó. ¿En cuánto vendí la casa? **R.** 25200 colones.

57. Un hombre compró periódicos a 8 por 24 cts. y los vendió a 9 por 45 cts., ganando así 62 cts. ¿Cuántos libros a $6 cada uno puede comprar con el producto de la venta de tantos caballos como periódicos compró a $18 cada caballo? **R.** 93.

58. Un hacendado compró cierto número de vacas por 1785 balboas. Si hubiera comprado 7 vacas más y cada una de éstas le hubiera costado 10 menos, habría pagado por todas 2450. ¿Cuántas vacas compró? **R.** 17.

59. Si vendo a 80 balboas cada uno de los caballos que tengo, pierdo 600, y si los vendo a 65 balboas, pierdo 1500. ¿Cuántos caballos tengo y cuánto me costó cada uno? **R.** 60; 90 balboas.

60. ¿A cómo tengo que vender los libros que he comprado a $6 para ganar en 15 libros el precio de compra de 5 libros? **R.** A $8.

61. Un agente recibe cierto número de cuadernos para vender a 5 cts. Se le estropean 15 cuadernos, y vendiendo los restantes a 8 cts. cada uno, no tuvo pérdida. ¿Cuántos cuadernos le fueron entregados? **R.** 40.

62. Cuando vendo una casa por 12600 balboas gano el doble del costo más 600. ¿Cuánto me costó la casa? **R.** 4000 balboas.

63. Un capataz ofrece a un obrero un sueldo anual de $190 y un caballo. Al cabo de 8 meses el obrero es despedido, recibiendo $110 y el caballo. ¿Cuál era el valor del caballo? **R.** $50.

64. Si en cada caja de lápices cabe una docena, ¿cuántas cajas harán falta para guardar 108 lápices? **R.** 9 cajas.

65. Un comerciante compró 5 bastones, 9 sombreros, 14 libros y cierto número de cigarreras por $298. Vendió los bastones a $8, ganando $3 en cada uno; los sombreros a $18, perdiendo $2 en cada uno, y los libros a $3, ganando $1 en cada uno. ¿Cuántas cigarreras había comprado si al venderlas a $6 ganó $1 en cada una? **R.** 13.

66. Un hombre compró cierto número de anillos por $3300, a $60 cada uno. Vendió 15, ganando $20 en cada uno; 28, perdiendo $20 en cada uno y se le perdieron 5. ¿A cómo vendió los anillos que le quedaban si en definitiva ganó $49? **R.** A $147.

67. Vendo un anillo por $325; si lo hubiera vendido por $63 más, ganaría $89. ¿Cuánto me costó el anillo? **R.** $299.

68. Vendo un anillo por $186; si lo hubiera vendido por $12 menos, perdería $30. ¿Cuánto me costó el anillo? **R.** $204.

69. ¿A qué hora y a qué distancia de Lima alcanzará un auto, que sale a las 11 a. m. a 50 Kms. por hora hacia Chiclayo, a otro auto que va en la misma dirección y que pasó por Lima a las 5 a. m. a 30 Kms. por hora? **R.** A las 8 p. m., a 450 Kms. de Lima.

70. 11 personas iban a comprar una finca que vale 214500 soles, contribuyendo por partes iguales. Se suman otros amigos y deciden formar parte de la sociedad, con lo cual cada uno aporta 3000 menos que antes. ¿Cuántos fueron los que se sumaron a los primeros? **R.** 2.

71. Se compran en un teatro 5 entradas de hombre y 6 de mujer por $27, y más tarde se compran 8 de hombre y 6 de mujer por $36. ¿Cuánto cuesta cada entrada de hombre y cuánto cada una de mujer? **R.** De hombre, $3; de mujer, $2.

72. Se reparten $4893 entre tres personas de modo que la segunda reciba $854 más que la tercera y la primera $110 más que la segunda. Hallar la parte de cada persona. **R.** 1ª, $1989; 2ª, $1879; 3ª, $1025.

73. Se reparte una herencia de 45185 bolívares entre cuatro personas. La primera recibe 800 menos que la segunda; la segunda 2000 más que la tercera; la tercera 3143 más que la cuarta. Hallar la parte de cada persona. **R.** 1ª, bs. 12482; 2ª, bs. 13282; 3ª, bs. 11282; 4ª, bs. 8139.

74. Un capataz contrata un obrero por 80 días ofreciéndole $5 por cada día que trabaje y $3 por cada día que, a causa de la lluvia, no pueda trabajar. Al cabo de 80 días el obrero ha recibido $350. ¿Cuántos días trabajó y cuántos no trabajó? **R.** Trabajó 55 días, no trabajó 25 días.

75. Un padre pone 12 problemas a su hijo con la condición de que por cada problema que resuelva el muchacho recibirá 10 cts. y por cada problema que no resuelva perderá 6 cts. Después de trabajar en los 12 problemas el muchacho recibe 72 cts. ¿Cuántos problemas resolvió y cuántos no resolvió? **R.** Resolvió 9; no resolvió 3.

76. Compré cierto número de caballos por $4500. Por la venta de una parte recibí $4000 a razón de $100 por cada caballo, y en esta operación gané $10 por caballo. ¿A cómo tuve que vender los restantes si en definitiva tuve una pérdida de $100? **R.** $40.

De unas tablillas encontradas en las orillas del Eufrates, se deduce que los primeros que aplicaron la elevación a potencia fueron los sacerdotes mesopotámicos, quienes resolvían la multiplicación sin necesidad de recurrir al ábaco, pues empleaban la tabla de cuadrados, al basarse en el principio que dice "el producto de dos números es siempre igual al cuadrado de su promedio, menos el cuadrado de su semidiferencia"

ELEVACION A POTENCIA Y SUS OPERACIONES INVERSAS   CAPITULO

212 **LA POTENCIACION O ELEVACION A POTENCIAS** es una operación de composición que tiene por objeto hallar las potencias de un número.

213 **POTENCIA** de un número es el resultado de tomarlo como factor dos o más veces.

Así, 9 es una potencia de 3 porque $3 \times 3 = 9$; 64 es una potencia de 4 porque $4 \times 4 \times 4 = 64$.

214 **NOMENCLATURA Y NOTACION**

El número que se multiplica por sí mismo se llama **base** de la potencia. A la derecha y arriba de la base se escribe un número pequeño llamado **exponente**, que indica las veces que la base se repite como factor.

La segunda potencia o **cuadrado** de un número es el resultado de tomarlo como factor dos veces. Así: $5^2 = 5 \times 5 = 25$.

La tercera potencia o **cubo** de un número es el resultado de tomarlo como factor tres veces. Así: $2^3 = 2 \times 2 \times 2 = 8$.

La cuarta potencia de un número es el resultado de tomarlo cuatro veces como factor. Así: $3^4 = 3 \times 3 \times 3 \times 3 = 81$.

La quinta, la sexta, la séptima, etc., potencia de un número es el resultado de tomarlo como factor cinco, seis, siete, etc., veces. Así:

$$2^5 = 2 \times 2 \times 2 \times 2 \times 2 = 32$$
$$3^6 = 3 \times 3 \times 3 \times 3 \times 3 \times 3 = 729$$
$$2^7 = 2 \times 2 \times 2 \times 2 \times 2 \times 2 \times 2 = 128$$

y en general, la **enésima** potencia de un número es el resultado de tomarlo como factor n veces. Así:

$$A^n = A \times A \times A \times A \dots\dots\dots n \text{ veces.}$$

(215) POTENCIAS SUCESIVAS

Toda cantidad elevada a cero equivale a 1. Así: $2^0 = 1$, $5^0 = 1$.

Se ha convenido en llamar primera potencia de un número al mismo número. Así: $3^1 = 3$, $5^1 = 5$.

Por tanto, las potencias sucesivas de 2 serán:

$$2^0 = 1, \ 2^1 = 2, \ 2^2 = 4, \ 2^3 = 8, \ 2^4 = 16, \ 2^5 = 32, \text{ etc.,}$$

y las potencias sucesivas de 3 serán:

$$3^0 = 1, \ 3^1 = 3, \ 3^2 = 9, \ 3^3 = 27, \ 3^4 = 81, \ 3^5 = 243, \text{ etc.}$$

Las potencias sucesivas de 10 serán:

$$10^0 = 1, \ 10^1 = 10, \ 10^2 = 100, \ 10^3 = 1000, \ 10^4 = 10000,$$
$$10^5 = 100000, \text{ etc.}$$

➤ EJERCICIO 72

Desarrollar:

1. 6^3.	4. 3^6.	7. 5^5.	10. 31^2.	13. 11^5.
2. 5^4.	5. 2^8.	8. 8^4.	11. 415^2.	14. 1034^2.
3. 7^3.	6. 3^9.	9. 9^6.	12. 18^4.	15. 3^{12}.

Hallar el valor de:

16. $2^0 \times 2$.   **R. 2.**

17. $3^0 \times 5^4$.   **R. 625.**

18. $4^2 \times 3^2$.   **R. 144.**

19. $5^0 \times 3^7 \times 6^0$.   **R. 2187.**

20. $2^0 \times 3^0 \times 4^0 \times 5^0$.   **R. 1.**

21. $3^3 \times 4^2 \times 5^4$.   **R. 270000.**

22. $2^{10} \times 10^2 \times 8^0$.   **R. 102400.**

23. $6^2 \times 9^0 \times 2^{10}$.   **R. 36864.**

24. $\dfrac{3^0}{2^2 \times 3^2}$.   **R. $\frac{1}{36}$.**

25. $\dfrac{5^3}{3^0}$.   **R. 125.**

26. $\dfrac{3^2 \times 3^0}{9}$.   **R. 1.**

27. $\dfrac{2^4 \times 5^2}{5^0 \times 4^2}$.   **R. 25.**

28. $\dfrac{3^4 \times a^0}{9^2 \times b^0}$.   **R. 1.**   **31.** $3^3 \times 2^2 - 3^0 \times 4^0$.   **R. 107.**

29. $\dfrac{5^5 \times 2^3}{10^2 \times 5^0}$.   **R. 250.**   **32.** $8 \times 5^0 - 5^0$.   **R. 7.**

30. $3^0 \times \dfrac{5^2}{4^0}$.   **R. 25.**   **33.** $a^0 b^0 + c^0 + 4d^0$.   **R. 6.**

(216) CUADRADO

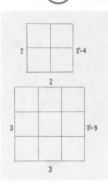

La segunda potencia de un número se llama **cuadrado** de este número porque representa siempre (en unidades de área) el área de un cuadrado cuyo lado sea dicho número (en unidades de longitud).

Así, si un cuadrado (figura 32) tiene de lado 2 cms., el área de dicho cuadrado es: $2 \times 2 = 4$ cms.²; si el lado es 3 cms., el área del cuadrado es: $3 \times 3 = 9$ cms.²; si el lado es 4 metros, el área del cuadrado es: $4 \times 4 = 16$ metros², etc. En general n^2 representa el área de un cuadrado cuyo lado sea n.

FIGURA 32

Por su mucha utilidad, el alumno debe conocer los cuadrados de los 20 primeros números:

NUMERO	CUADRADO	NUMERO	CUADRADO	NUMERO	CUADRADO
1..........	1	8.........	64	15.........	225
2..........	4	9.........	81	16.........	256
3..........	9	10.........	100	17.........	289
4..........	16	11.........	121	18.........	324
5..........	25	12.........	144	19.........	361
6..........	36	13.........	169	20.........	400
7..........	49	14.........	196		

(217) CUBO

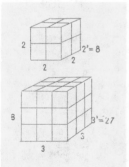

La tercera potencia de un número se llama **cubo** de este número, porque representa (en unidades de volumen) el volumen de un cubo cuya arista sea dicho número (en unidades de longitud).

Así, si la arista de un cubo (figura 33) es 2 cms., el volumen de dicho cubo será: $2 \times 2 \times 2 = 8$ cms.³; si la arista es 3 cms., el volumen del cubo será: $3 \times 3 \times 3 = 27$ cms.³.

FIGURA 33

En general, n^3 representa el volumen de un cubo cuya arista es n.

Por su utilidad, el alumno debe conocer de memoria los cubos de los 20 primeros números:

NUMERO	CUBO	NUMERO	CUBO	NUMERO	CUBO
1	1	8	512	15	3375
2	8	9	729	16	4096
3	27	10	1000	17	4913
4	64	11	1331	18	5832
5	125	12	1728	19	6859
6	216	13	2197	20	8000
7	343	14	2744		

(218) COMPARACION DE POTENCIAS DE LA MISMA BASE

1) **Si la base es > 1, cuanto mayor es el exponente, mayor es la potencia.**

Así, como $2 > 1$, tenemos: $\quad 2^0 < 2^1 < 2^2 < 2^3 \ldots\ldots\ldots < {}^n$

2) **Si la base es 1, todas las potencias son iguales.**

Así, $\qquad\qquad 1^0 = 1^1 = 1^2 = 1^3 \ldots\ldots = 1^n.$

3) **Si la base es < 1, cuanto mayor es el exponente, menor es la potencia.**

Así, como $0.5 < 1$, tendremos: $\quad 0.5^0 > 0.5^1 > 0.5^2 > 0.5^3 \ldots\ldots > 0.5^n.$

(219) PRODUCTO DE POTENCIAS DE IGUAL BASE

Para multiplicar potencias de la misma base se suman los exponentes.
Sea el producto $a^2.a^3$. Decimos que $a^2.a^3 = a^{2+3} = a^5$.
En efecto:
$$a^2.a^3 = (a.a)(a.a.a) = a.a.a.a.a = a^5.$$

Ejemplos

(1) $2^2.2^4 = 2^{2+4} = 2^6 = 64.$ R.
(2) $3^3.3.3^4 = 3^{3+1+4} = 3^8 = 6561.$ R.
(3) $5^m.5^n = 5^{m+n}$ R.
(4) $a.a^x.a^2 = a^{1+x+2} = a^{x+3}.$ R.

(220) COCIENTE DE POTENCIAS DE IGUAL BASE

Para dividir potencias de la misma base se restan los exponentes.
Sea el cociente $a^7 \div a^3$. Decimos que $a^7 \div a^3 = a^{7-3} = a^4$.
En efecto: a^4 será el cociente de esta división si multiplicado por el divisor a^3 reproduce el dividendo a^7 y efectivamente:
$$a^4.a^3 = a^{4+3} = a^7.$$

Ejemplos

(1) $3^5 \div 3^2 = 3^{5-2} = 3^3 = 27.$ R.
(2) $a^4 \div a = a^{4-1} = a^3.$ R.
(3) $2^m \div 2^n = 2^{m-n}.$ R.
(4) $a \div a^m = a^{1-m}.$ R.

➤ **EJERCICIO 73**

Efectuar, aplicando las reglas anteriores:

1. $3^2 . 3$.	R. 27.	13. $5^m \div 5^n$.	R. 5^{m-n}.
2. $a^2 . a^3 . a^5$.	R. a^{10}.	14. $6^x \div 6$.	R. 6^{x-1}.
3. $2m . 3m . m^6$.	R. $6m.^8$	15. $a^{12} \div (a^3 . a . a^2)$.	R. a^6.
4. $2^2 . 2^3 . 2^4$.	R. 512.	16. $x^{10} \div (x . x^2)$.	R. x^7.
5. $4a . a^x . 5a^2$.	R. $20a^{3+x}$.	17. $(2^4 . 2) \div 2^2$.	R. 8.
6. $3 . 3^2 . 3^3 . 3^4$.	R. 59049.	18. $(5^5 . 5^3 . 5^6) \div 5^{14}$.	R. 1.
7. $5 . 5^2 . 5^m$.	R. 5^{3+m}.	19. $(2^8 . 2^5) \div (2^{10} . 2^3)$.	R. 1.
8. $a^3 \div a$.	R. a^2.	20. $(a^6 . a^5) \div (a^3 . a)$.	R. a^7.
9. $a^6 \div a^4$.	R. a^2.	21. $(x . x^6) \div (x^5 . x^2)$.	R. 1.
10. $3^5 \div 3^5$.	R. 1.	22. $x^{20} \div (x^6 . x^8 . x)$.	R. x^5.
11. $2^8 \div 2^3$.	R. 32.	23. $(3^5 . 3^6 . 3^{15}) \div (3^9 . 3^{14})$.	R. 27.
12. $a^x \div a^x$.	R. 1.	24. $x^{30} \div (x^6 . x^5 . x)$.	R. x^{18}.

(221) OPERACIONES INVERSAS DE LA POTENCIACION

En la potenciación, conociendo la base y el exponente, hallamos la potencia.

Ahora bien: Como la potenciación no es conmutativa, pues no se puede permutar la base por el exponente, resulta que las operaciones inversas de la potenciación son dos:

1) La **radicación,** que consiste, conociendo la potencia y el exponente, en hallar la base.

2) La **logaritmación,** que consiste, conociendo la potencia y la base, en hallar el exponente.

I. RADICACION

(222) RADICACION

Como $5^2 = 25$, el número 5 que elevado al cuadrado da 25, es la **raíz cuadrada** de 25, lo que se expresa con la notación:

$$\sqrt[2]{25} = 5.$$

El signo $\sqrt{}$ se llama **signo radical,** 25 es la **cantidad subradical,** 5 es la raíz cuadrada y el número 2 que va en el signo radical es el **índice** o **grado** de la raíz, el cual indica que 5 elevado al cuadrado da 25.

En la práctica el índice 2 se omite. Así: $\sqrt[2]{9}$ se escribe $\sqrt{9}$.

Como $4^3 = 64$, el número 4, que elevado al cubo da 64, es la raíz cúbica de 64, lo que se expresa con la notación:

$$\sqrt[3]{64} = 4.$$

Aquí la cantidad subradical es 64 y el índice o grado es 3, el cual indica que 4 elevado al cubo da 64.

Igualmente: $\sqrt[4]{16} = 2$ significa que $2^4 = 16$

$\sqrt[5]{243} = 3$ significa que $3^5 = 243$

y en general: $\sqrt[n]{a} = b$ significa que $b^n = a$.

Podemos decir que:

Raíz de un número es el número que elevado a la potencia que indica el índice reproduce la cantidad subradical.

➤ **EJERCICIO 74**

Hallar:

1. $\sqrt{81}$. **R.** 9. 4. $\sqrt[3]{216}$. **R.** 6. 7. $\sqrt[6]{64}$. **R.** 2.
2. $\sqrt{100}$. **R.** 10. 5. $\sqrt[4]{81}$. **R.** 3. 8. $\sqrt[5]{243}$. **R.** 3.
3. $\sqrt[3]{27}$. **R.** 3. 6. $\sqrt[5]{32}$. **R.** 2. 9. $\sqrt[7]{128}$. **R.** 2.
10. Si 8 es la raíz cúbica de un número, ¿cuál es este número? **R.** 512.
11. Si 31 es la raíz cuadrada de un número, ¿cuál es este número? **R.** 961.
12. ¿Cuál es el número cuya raíz cuarta es 4? **R.** 256.
13. ¿Cuál es el número cuya raíz sexta es 2? **R.** 64.

Hallar la cantidad subradical en:

14. $\sqrt{a} = 7$. **R.** 49. 17. $\sqrt[4]{a} = 5$. **R.** 625.
15. $\sqrt{b} = 11$. **R.** 121. 18. $\sqrt[5]{a} = 7$. **R.** 16807.
16. $\sqrt[3]{a} = 7$. **R.** 343. 19. $\sqrt[6]{m} = 2$. **R.** 64.
20. Siendo $a^3 = b$ se verifica que $\sqrt[3]{b} = \ldots$ **R.** a.
21. Siendo $5^4 = 625$ se verifica que $\sqrt[4]{625} = \ldots$ **R.** 5.

(223) RAIZ EXACTA Y ENTERA

Una raíz es **exacta** cuando elevada a la potencia que indica el índice reproduce la cantidad subradical.

Así 3 es la raíz cuadrada exacta de 9 porque $3^2 = 9$; 9 es la raíz cúbica exacta de 729 porque $9^3 = 729$.

Cuando no existe ningún número entero que elevado a la potencia que indica el índice reproduzca la cantidad subradical, la raíz es **inexacta** o **entera.**

Así, la raíz cuadrada de 38 es entera o inexacta, porque no existe ningún número entero que elevado al cuadrado dé 38.

Las raíces inexactas son llamadas **radicales,** que se estudiarán ampliamente más adelante.

(224) SUPRESION DE INDICE Y EXPONENTE

Cuando la cantidad subradical está elevada a un exponente igual que el índice, ambos pueden suprimirse.

Así: $\sqrt{3^2} = 3$ porque 3 elevado al cuadrado da 3^2.

$\sqrt[3]{5^3} = 5$ porque 5 elevado al cubo da 5^3.

$\sqrt[n]{a^n} = a$ porque a elevado a n da a^n.

(225) CONDICION DE POSIBILIDAD DE LA RADICACION EN LA ARITMETICA DE LOS NUMEROS NATURALES

Para que sea posible la radicación exacta de los números naturales es necesario que el número natural al cual se le extrae la raíz sea una potencia perfecta de igual grado que el índice de la raíz, de otro número natural.

Así, los únicos números naturales que tienen raíz cuadrada exacta son los **cuadrados perfectos**, o sea, los números naturales que sean el cuadrado de otro número natural, como:

1 que es el cuadrado de 1.
4 ,, ,, ,, ,, ,, 2.
9 ,, ,, ,, ,, ,, 3.
16 ,, ,, ,, ,, ,, 4, etc.

Los únicos números naturales que tienen raíz cúbica exacta son los **cubos perfectos,** o sea los números naturales que son el cubo de otro número natural, como:

8 que es el cubo de 2.
27 ,, ,, ,, ,, ,, 3.
64 ,, ,, ,, ,, ,, 4.
125 ,, ,, ,, ,, ,, 5, etc.

Los únicos números naturales que tienen raíz cuarta exacta son los números naturales que resultan de elevar a la cuarta potencia otro número natural, como:

16 que es la cuarta potencia de 2,
81 ,, ,, ,, ,, ,, 3.
256 ,, ,, ,, ,, ,, 4,
625 ,, ,, ,, ,, ,, 5, etc.

En general, **para que un número natural tenga raíz exacta de grado** n **es necesario que dicho número sea la enésima potencia de otro número natural.**

II. LOGARITMACION

(226) Como $3^2 = 9$, el número 2, que es el **exponente** a que hay que elevar la **base** 3 para que dé 9, es el logaritmo de 9 de base 3, lo que se expresa con la notación:

$$\log_3 9 = 2.$$

El subíndice representa siempre la base del sistema.

Como $5^3 = 125$, el número 3, que es el **exponente** a que hay que elevar la base 5 para que dé 125, es el logaritmo de 125 de base 5, lo que se expresa con la notación:

$$\log_5 125 = 3.$$

Igualmente: Como $7^2 = 49$, resulta que $\log_7 49 = 2$,
como $3^5 = 243$, resulta que $\log_3 243 = 5$,
como $2^8 = 256$, resulta que $\log_2 256 = 8$,

y en general, si $a^x = b$, resulta que $\log_a b = x$.

Podemos decir que:

Logaritmo de un numero con relación a otro llamado base es el ex ponente a que hay que elevar la base para que dé dicho número.

(227) LOGARITMOS VULGARES

Los logaritmos más usados son los de base 10, que se llaman **logaritmos vulgares.** En éstos el subíndice 10 se omite, de modo que cuando no hay subíndice se sobreentiende que la base es 10. Así:

$$10^0 = 1 \quad \therefore \log 1 \quad = 0,$$
$$10^1 = 10 \quad \therefore \log 10 \quad = 1,$$
$$10^2 = 100 \quad \therefore \log 100 \quad = 2,$$
$$10^3 = 1000 \therefore \log 1000 = 3, \text{ etc.}$$

(228) CONDICION DE POSIBILIDAD DE LA LOGARITMACION EN LA ARITMETICA DE LOS NUMEROS NATURALES

Para que el logaritmo de un número natural con respecto a una base dada sea otro número natural, es necesario que el número sea una potencia perfecta de la base.

Así: $\log_2 8 = 3$ porque $2^3 = 8$

pero $\log_3 8$ no es un número natural porque 8 no es una potencia perfecta de 3; igualmente $\log 100 = 2$ porque $10^2 = 100$, pero $\log 105$ no es un número natural porque 105 no es una potencia perfecta de 10.

➤ EJERCICIO 75

En cada uno de los casos siguientes, escriba el log de la potencia:

1. $2^2 = 4$. **R.** $\log_2 4 = 2$.
2. $2^4 = 16$. **R.** $\log_2 16 = 4$.
3. $3^3 = 27$. **R.** $\log_3 27 = 3$.
4. $3^5 = 243$. **R.** $\log_3 243 = 5$.
5. $5^0 = 1$. **R.** $\log_5 1 = 0$.
6. $4^3 = 64$. **R.** $\log_4 64 = 3$.
7. $5^2 = 25$. **R.** $\log_5 25 = 2$.
8. $5^4 = 625$. **R.** $\log_5 625 = 4$.
9. $6^2 = 36$. **R.** $\log_6 36 = 2$.
10. $7^4 = 2401$. **R.** $\log_7 2401 = 4$.
11. $2^8 = 512$. **R.** $\log_2 512 = 8$.
12. $2^{10} = 1024$. **R.** $\log_2 1024 = 10$.
13. $a^3 = b$. **R.** $\log_a b = 3$.
14. $x^6 = m$. **R.** $\log_x m = 6$.

15. $a^m = c$. **R.** $\log_a c = m$.
16. $5^{a+1} = x$. **R.** $\log_5 x = a + 1$.
17. $6^{x-2} = 518$. **R.** $\log_6 518 = x - 2$.
18. $a^{3x} = b$. **R.** $\log_a b = 3x$.
19. $a^n = 8x$. **R.** $\log_a 8x = n$.
20. $x^{2a} = a + b$. **R.** $log_x (a + b) = 2a$.
21. $\log_3 9 = \ldots$ **R.** 2.
22. $\log_4 16 = \ldots$ **R.** 2.
23. $\log_6 1 = \ldots$ **R.** 0.
24. $\log_8 512 = \ldots$ **R.** 3.
25. $\log_2 64 = \ldots$ **R.** 6.
26. $\log_3 729 = \ldots$ **R.** 6.
27. $\log_9 729 = \ldots$ **R.** 3.
28. $\log 10000 = \ldots$ **R.** 4.

¿Puede hallar:

29. $\log_3 11$? **R.** No.   30. $\log_2 21$? **R.** No.   31. $\log_5 36$? **R.** No.
32. Siendo $\log_3 x = a$, ¿qué puede escribir? **R.** $3^a = x$.
33. Siendo $\log_a 8 = 3$, ¿qué puede escribir? **R.** $a^3 = 8$.
34. Siendo $\log_x 81 = 4$, ¿qué número es x? **R.** 3.
35. Siendo $\log_x 512 = a + 1$, ¿qué número es a? **R.** 2.
36. Siendo $\log_3 243 = x - 1$, ¿qué número es x? **R.** 6.

Hallar el número:

37. Cuyo $\log_3$ es 4. **R.** 81.   39. Cuyo $\log_5$ es 4. **R.** 625.
38. Cuyo $\log_2$ es 6. **R.** 64.   40. Cuyo $\log_2$ es 9. **R.** 512.

Hacia el siglo III (A. C.), los griegos alcanzaron un elevado grado de abstracción en las ciencias matemáticas. La misma palabra Aritmética es de origen griego. Para ellos, esta ciencia era una rigurosa teoría de los números. Sus investigaciones los llevaron muy pronto al concepto de número primo, de donde partió Eratóstenes para descubrir su curioso método de determinación de los números primos en la serie natural.

NUMEROS PRIMOS Y COMPUESTOS, **CAPITULO** XVI
MULTIPLOS Y DIVISORES

(229) **NUMERO PRIMO ABSOLUTO O SIMPLE** es el que sólo es divisible por sí mismo y por la unidad.

| *Ejemplo* |

> 5, 7, 11, 29, 37, 97.

(230) **NUMERO COMPUESTO** o no primo es aquel que además de ser divisible por sí mismo y por la unidad lo es por otro factor.

| *Ejemplos* |

14 es compuesto porque además de ser divisible por 14 y por 1, es divisible por 2 y por 7; 21 es compuesto porque además de ser divisible por sí mismo y por la unidad es divisible por 3 y por 7.

(231) **MULTIPLO** de un número es el número que contiene a éste un número exacto de veces.

Así, 14 es múltiplo de 2 porque 14 contiene a 2 siete veces; 20 es múltiplo de 5 porque contiene a 5 cuatro veces.

Los múltiplos de un número se forman **multiplicando este número** por la serie infinita de los números naturales 0, 1, 2, 3 . . . . . . ; luego, todo número tiene **infinitos múltiplos**.
Así, la serie infinita de los múltiplos de 5 es: ———————

$$0 \times 5 = 0$$
$$1 \times 5 = 5$$
$$2 \times 5 = 10$$
$$3 \times 5 = 15$$
$$4 \times 5 = 20$$
$$5 \times 5 = 25, \text{ etc.}$$

El número 5 en este caso es el **módulo** de esta serie infinita.
En general, la serie infinita de los múltiplos de n es:

$$0 \times n, \ 1 \times n, \ 2 \times n, \ 3 \times n, \ 4 \times n, \ 5 \times n \ldots \ldots$$

(232) **NOTACION**

Para indicar que 10 es múltiplo de 5 se escribe:

$$10 = \text{m. de } 5$$

o también escribiendo **un punto** encima del módulo:

$$10 = \overset{.}{5}.$$

Que 28 es múltiplo de 7 se expresa:

$$28 = \text{m. de } 7 \quad \text{ó} \quad 28 = \overset{.}{7}.$$

En general, para indicar que a es múltiplo de b se escribe:

$$a = \text{m. de } b \quad \text{o} \quad a = \overset{.}{b}.$$

(233) **SUBMULTIPLO, FACTOR O DIVISOR** de un número es el número que está contenido en el primero un número exacto de veces.

Ejemplos

4 es submúltipio de 24 porque está contenido en 24 seis veces; 8 es factor o divisor de 64 porque está contenido en 64 ocho veces.
Los divisores de un número se llaman *partes alícuotas* (partes iguales) de ese número. Así 5 es divisor de 20 y es una parte alícuota de 20 porque 20 puede dividirse en 4 partes iguales que cada una valga 5; 4 también es una parte alícuota de 20 porque 20 puede dividirse en 5 partes iguales que cada una valga 4.
Parte alícuota de un número es, por tanto, una de las partes iguales en que se puede·dividir dicho número.

(234) NUMERO PAR es todo número múltiplo de 2.

La fórmula general de los números pares es $2n$, siendo n un número entero cualquiera, ya sea par o impar, pues si es par, multiplicado por 2 dará otro número par, y si es impar, multiplicado por 2 dará un número par.

Todos los números pares, excepto el 2, son compuestos.

(235) NUMERO IMPAR es el que no es múltiplo de 2. La fórmula general de los números impares es $2n \pm 1$, siendo n un número entero cualquiera, pues $2n$ representa un número par, que aumentado o disminuido en una unidad dará un número impar.

(236) EQUIMULTIPLOS son dos o más números que contienen a otros un mismo número de veces.

Ejemplos

14, 24 y 32 son equimúltiplos de 7, 12 y 16, porque el 14 contiene al 7 dos veces, el 24 contiene al 12 dos veces y el 32 contiene al 16 dos veces.

Para hallar dos o más equimúltiplos de varios números dados se multiplican éstos por un mismo factor. Los *productos* serán los equimúltiplos de los números dados.

Hallar tres números que sean equimúltiplos de 5, 6 y 7.

$$5 \times 4 = 20, \qquad 6 \times 4 = 24, \qquad 7 \times 4 = 28.$$

20, 24 y 28 son equimúltiplos de 5, 6 y 7.

(237) EQUIDIVISORES

Dos o más números son equidivisores de otros cuando están contenidos en éstos el mismo número de veces.

Ejemplos

5, 6 y 7 son equidivisores de 20, 24 y 28, porque el 5 está contenido en el 20 cuatro veces, el 6 en el 24 cuatro veces y el 7 en el 28 cuatro veces.

Para hallar dos o más equidivisores de otros números dados basta dividir estos números por un mismo número. Los *cocientes* serán los equidivisores.

Hallar tres equidivisores de los números 50, 80 y 90.

$$50 \div 10 = 5, \qquad 80 \div 10 = 8, \qquad 90 \div 10 = 9.$$

5, 8 y 9 son equidivisores de 50, 80 y 90.

➤ EJERCICIO 76

1. ¿Cuántos divisores tiene un número primo?

2. Dígase si los números siguientes son o no primos y por qué: 13, 17, 19, 24, 31, 37, 38, 45, 68, 79, 111, 324.

3. De los números siguientes, decir cuáles son primos y cuáles son compuestos; 12, 57, 43, 87, 97, 124, 131, 191.

4. ¿Cuántos múltiplos tiene un número?

5. ¿Cuál es el menor múltiplo de un número?

6. Formar cuatro múltiplos de cada uno de los números 5, 6, 12 y 13.

7. Hallar todos los múltiplos menores que 100 de los números 14 y 23.

8. Hallar los múltiplos menores que 400 de los números 45, 56, 72 y 87.

9. Si un número es múltiplo de otro, ¿qué es éste del primero?

10. ¿Cuál es el residuo de dividir un número entre uno de sus divisores?

11. ¿Cuál es el mayor divisor de 784? ¿Y el menor?

12. ¿Son compuestos todos los números pares? ¿Son pares todos los números compuestos?

13. ¿Son primos todos los números impares? ¿Son impares todos los números primos?

14. Diga cuáles son los tres menores números que se pueden añadir a un número par para hacerlo impar.

15. Diga cuáles son los tres menores números que se deben restar de un número par para hacerlo impar.

16. Diga cuáles son los tres números menores que se pueden añadir a un número impar para hacerlo par y cuáles se deben restar con el mismo objeto.

17. Mencione tres partes alícuotas de 45. ¿Es 9 parte alícuota de 45? ¿Y 7, y 8, y 15?

18. Halle cuatro equimúltiplos de los números 8, 12, 14 y 16.

19. Halle ocho equimúltiplos de 7, 8, 9, 10, 11, 13, 24 y 56.

20. Halle tres equidivisores de 24, 48 y 96.

21. Halle cinco equidivisores de 120, 240, 560, 780 y 555.

PRINCIPIOS FUNDAMENTALES DE LA DIVISIBILIDAD

CAPITULO XVII

(1)

(238) I. TEOREMA

Todo número que divide a otros varios, divide a su suma.

Sea el número 5, que divide a 10, 15 y 20 (hipótesis). Vamos a probar que 5 divide a $10 + 15 + 20 = 45$, o sea que $10 + 15 + 20$ es $m.$ de 5.

En efecto: $10 = 5 \times 2$; $15 = 5 \times 3$; $20 = 5 \times 4$.

Sumando miembro a miembro estas igualdades, según la ley de uniformidad de la suma, tenemos: $10 + 15 + 20 = 5 \times 2 + 5 \times 3 + 5 \times 4$.

Sacando el factor común 5 en el segundo miembro de esta última igualdad, tenemos: $$10 + 15 + 20 = 5(2 + 3 + 4)$$

o sea $10 + 15 + 20 = 5 \times 9$

lo que nos dice que la suma $10+15+20$, o sea 45, contiene a 5 nueve veces; luego, 5 divide a la suma $10+15+20$, que era lo que queríamos demostrar.

DEMOSTRACION GENERAL

Sea el número n que divide a los números a, b y c (hipótesis). Vamos a probar que n divide a la suma $a + b + c$.

(1) Como estos son los primeros teoremas que se demuestran, hacemos en cada caso una demostración con números como preparación para la demostración general con letras.

En efecto: Sea q el cociente de dividir a entre n, q' el cociente de dividir b entre n y q'' el cociente de dividir c entre n. Como el dividendo es el producto del divisor por el cociente, tendremos:

$$a = nq$$
$$b = nq'$$
$$c = nq''$$

Sumando miembro a miembro estas igualdades, tenemos:

$$a + b + c = nq + nq' + nq''$$

Sacando n factor común:

$$a + b + c = n(q + q' + q'')$$

lo que nos dice que $a + b + c$ contiene a n un número exacto de veces, $q + q' + q''$ veces, o sea que n divide a la suma $a + b + c$, que era lo que queríamos demostrar.

(239) II. TEOREMA

Todo número que no divide a otros varios divide a su suma, si la suma de los residuos que resultan de dividir éstos entre el número que no los divide, es divisible por este número.

Sea el numero 7, que no divide a 15, ni a 37, ni a 46, pero el residuo de dividir 15 entre 7 es 1, el de dividir 37 entre 7 es 2 y el de dividir 46 entre 7 es 4, y la suma de estos residuos, $1 + 2 + 4 = 7$, es divisible por 7 (hipótesis).

Vamos a probar que 7 divide a $15 + 37 + 46 = 98$ (tesis).

En efecto:
$$15 = 7 \times 2 + 1$$
$$37 = 7 \times 5 + 2$$
$$46 = 7 \times 6 + 4.$$

Sumando estas igualdades:

$$15 + 37 + 46 = 7 \times 2 + 7 \times 5 + 7 \times 6 + 1 + 2 + 4.$$

Sacando factor común 7:

$$15 + 37 + 46 = 7(2 + 5 + 6) + (1 + 2 + 4)$$

o sea $\quad 15 + 37 + 46 = 7 \times 13 + 7.$

Ahora bien, en el segundo miembro, 7 divide a 7×13 porque es un múltiplo de 7 y divide a 7, porque todo número es divisible por sí mismo; luego, 7 divide a su suma $15 + 37 + 46$ o sea 98, porque según el teorema anterior todo número que divide a otros divide a su suma, que era lo que queríamos demostrar.

DEMOSTRACION GENERAL

Sea el número n que no divide a los números a, b ni c.

Sea r el residuo de dividir a entre n; r' el residuo de dividir b entre n, r'' el residuo de dividir c entre n y la suma $r + r' + r''$ divisible por n (hipótesis).

Vamos a probar que n divide a $a + b + c$ (tesis).

En efecto: Siendo q el cociente de dividir a entre n, q' el de dividir b entre n y q'' el de dividir c entre n, tendremos:

$$a = nq + r$$
$$b = nq' + r'$$
$$c = nq'' + r''$$

porque en toda división inexacta el dividendo es igual al producto del divisor por el cociente, más el residuo.

Sumando miembro a miembro estas igualdades, tenemos:

$$a + b + c = nq + nq' + nq'' + r + r' + r''.$$

Sacando n factor común:

$$a + b + c = n(q + q' + q'') + (r + r' + r'').$$

Ahora bien: n divide al sumando $n(q + q' + q'')$ porque este número es múltiplo de n y divide al sumando $(r + r' + r'')$ porque en la hipótesis hemos supuesto que la suma de los residuos era divisible por n; luego, si n divide a estos dos sumandos, tiene que dividir a su suma, que es $a + b + c$, porque según el teorema anterior, todo número que divide a varios sumandos, divide a su suma. Luego, n divide a $a + b + c$, que era lo que queríamos demostrar.

(240) III. TEOREMA

Si un número divide a todos los sumandos de una suma, menos a uno de ellos, no divide a la suma, y el residuo que se obtiene al dividir la suma entre el número, es el mismo que se obtiene dividiendo el sumando no divisible entre dicho número.

Sea el número 5, que divide a 10 y a 15 pero no divide a 22, siendo 2 el residuo de dividir 22 entre 5 (hipótesis). Vamos a demostrar que 5 no divide a $10 + 15 + 22 = 47$ y que el residuo de dividir 47 entre 5 es 2, igual al residuo de dividir 22 entre 5 (tesis).

En efecto:
$$10 = 5 \times 2$$
$$15 = 5 \times 3$$
$$22 = 5 \times 4 + 2.$$

Sumando miembro a miembro estas igualdades, según la ley de uniformidad, tenemos:

$$10 + 15 + 22 = 5 \times 2 + 5 \times 3 + 5 \times 4 + 2.$$

Sacando el factor común 5 en el segundo miembro, tenemos:

$$10 + 15 + 22 = 5(2 + 3 + 4) + 2$$

o sea $10 + 15 + 22 = 5 \times 9 + 2$

y esta última igualdad demuestra el teorema, pues ella nos dice que el número 5 está contenido en la suma 9 veces, pero no exactamente, pues sobra el residuo 2, luego 5 no divide a $10 + 15 + 22$. Además, ella nos dice que el residuo de dividir $10 + 15 + 22$ entre 5 es 2, igual al residuo de dividir 22 entre 5.

DEMOSTRACION GENERAL

Sea el número n que divide a a y a b, pero no divide a c; sea r el residuo de dividir c entre n (hipótesis). Vamos a demostrar que n no divide a $a + b + c$ y que el residuo de dividir la suma $a + b + c$ entre n es el mismo que el de dividir c entre n, o sea r (tesis).

En efecto: Llamemos q al cociente de dividir a entre n; q' al cociente de dividir b entre n; q'' al cociente de dividir c entre n siendo r el residuo de esta división.

Tendremos:
$$a = nq$$
$$b = nq'$$
$$c = nq'' + r.$$

Sumando miembro a miembro estas igualdades, tenemos:

$$a + b + c = nq + nq' + nq'' + r$$
$$\text{o sea} \quad a + b + c = n(q + q' + q'') + r$$

y esta última igualdad demuestra el teorema, pues ella nos indica que el número n no está contenido en la suma $a + b + c$ un número exacto de veces, pues está contenido en ella $q + q' + q''$ veces pero sobra el residuo r; luego, n no divide a $a + b + c$.

Además, ella nos dice que el residuo de dividir $a + b + c$ entre n es r, que es el mismo residuo que resulta de dividir c entre n. Luego queda demostrado lo que nos proponíamos.

(241) IV. TEOREMA

Todo número que divide a otro divide a sus múltiplos.

Sea el número 5, que divide a 10 (hipótesis). Vamos a probar que 5 divide a cualquier múltiplo de 10; por ejemplo, a $10 \times 4 = 40$ (tesis).

En efecto: $10 \times 4 = 10 + 10 + 10 + 10.$

Ahora bien, 5 divide a todos los sumandos 10 del segundo miembro por hipótesis; luego, dividirá a su suma que es 10×4 o sea 40, porque hay un teorema (238) que dice que todo número que divide a varios sumandos divide a su suma; luego, 5 divide a 40, que era lo que queríamos demostrar.

DEMOSTRACION GENERAL

Sea el número n que divide al número a (hipótesis). Vamos a probar que n divide a cualquier múltiplo de a, por ejemplo a ab (tesis).

En efecto: $ab = a + a + a + a \ldots \ldots b$ veces.

Ahora bien: n divide a todos los sumandos a del segundo miembro por hipótesis; luego, dividirá a su suma, que es ab, porque hay un teorema (238) que dice que todo número que divide a varios sumandos divide a su suma; luego, n divide a ab, que era lo que queríamos demostrar.

242 **V. TEOREMA**

Todo número que divide a otros dos, divide a su diferencia.

Sea el número 3, que divide a 18 y a 12 (hipótesis). Vamos a probar que 3 divide a la diferencia $18 - 12 = 6$ (tesis).

En efecto:
$$18 = 3 \times 6$$
$$12 = 3 \times 4.$$

Restando miembro a miembro estas igualdades, tenemos:
$$18 - 12 = 3 \times 6 - 3 \times 4.$$

Sacando 3 factor común en el segundo miembro:
$$18 - 12 = 3(6 - 4)$$
o sea $18 - 12 = 3 \times 2$

lo que nos dice que la diferencia $18 - 12$, o sea 6, contiene a 3 dos veces, o sea, que 3 divide a $18 - 12$, que era lo que queríamos demostrar.

DEMOSTRACION GENERAL

Sea el número n que divide a a y a b siendo $a > b$ (hipótesis). Vamos a probar que n divide a $a - b$ (tesis).

En efecto: Sea q el cociente de dividir a entre n y q' el cociente de dividir b entre n. Como en toda división exacta el dividendo es igual al producto del divisor por el cociente, tenemos:
$$a = nq$$
$$b = nq'$$

Restando miembro a miembro estas igualdades, según la ley de uniformidad de la resta, tenemos:
$$a - b = nq - nq'.$$

Sacando n factor común en el segundo miembro:
$$a - b = n(q - q')$$

lo que nos dice que la diferencia $a - b$ contiene a n un número exacto de veces $q - q'$ veces; luego, n divide a la diferencia $a - b$, que era lo que queríamos demostrar.

243 **VI. TEOREMA**

Todo número que no divide a otros dos, divide a su diferencia si los residuos por defecto que resultan de dividir estos dos números entre el número que no los divide son iguales.

Sea el número 5, que no divide a 28 ni a 13, pero el residuo por defecto de dividir 28 entre 5 es 3 y el residuo de dividir 13 entre 5 también es 3 (hipótesis). Vamos a probar que 5 divide a la diferencia $28 - 13 = 15$ (tesis).

En efecto:
$$28 = 5 \times 5 + 3$$
$$13 = 5 \times 2 + 3.$$

Restando miembro a miembro estas igualdades, tenemos:
$$28 - 13 = 5 \times 5 - 5 \times 2 + 3 - 3.$$

Sacando 5 factor común en el segundo miembro:
$$28 - 13 = 5(5 - 2) + (3 - 3)$$

y como $3 - 3 = 0$, nos queda:
$$28 - 13 = 5(5 - 2)$$
o sea $28 - 13 = 5 \times 3$

lo que nos dice que la diferencia $28 - 13$, o sea 15, contiene a 5 tres veces; luego, 5 divide a la diferencia $28 - 13$, que era lo que queríamos demostrar.

DEMOSTRACION GENERAL

Sea el número n que no divide a a ni a b; r el residuo de dividir a entre n y b entre n (hipótesis). Vamos a probar que n divide a la diferencia $a - b$.

En efecto: Siendo q el cociente de dividir a entre n y q' el cociente de dividir b entre n, como r es el residuo en ambos casos, tenemos:
$$a = nq + r$$
$$b = nq' + r.$$

Restando estas igualdades:
$$a - b = nq - nq' + r - r$$

y como $r - r = 0$, nos queda:
$$a - b = nq - nq'.$$

Sacando n factor común:
$$a - b = n(q - q')$$

lo que nos dice que la diferencia $a - b$ contiene a n un número exacto de veces, $(q - q')$ veces o sea que n divide a la diferencia $a - b$, que era lo que queríamos demostrar.

(244) VII. TEOREMA

Todo número que divide a la suma de dos sumandos y a uno de éstos, tiene que dividir al otro sumando.

Sea la suma $8 + 10 = 18$. El número 2 divide a 18 y a 10 (hipótesis). Vamos a probar que 2 divide a 8 (tesis).

En efecto: $18 - 10 = 8$. 2 divide a 18 y a 10 por hipótesis; luego, tiene que dividir a su diferencia 8, porque hay un teorema (242) que dice que todo número que divide a otros dos divide a su diferencia; luego, 2 divide a 8, que era lo que queríamos demostrar.

DEMOSTRACION GENERAL

En la suma $a + b = s$, el número n divide a s y al sumando a (hipótesis). Vamos a probar que n divide al otro sumando b (tesis).

En efecto: $s - a = b$. El número n divide a s y a a por hipótesis, luego tiene que dividir a su diferencia b porque hay un teorema que dice (242) que todo número que divide a otros dos divide a su diferencia, luego n divide a b, que era lo que queríamos demostrar.

(245) VIII. TEOREMA

Todo número que divide a uno de dos sumandos y no divide al otro, no divide a la suma.

Sea la suma $10 + 13 = 23$. El número 5 divide a 10 y no divide a 13 (hipótesis). Vamos a probar que 5 no divide a 23 (tesis).

En efecto: $23 - 10 = 13$. Si 5 dividiera a 23, como 5 divide a 10 (por hipótesis), tendría que dividir a la diferencia entre 23 y 10, que es 13, porque todo número que divide a otros dos divide a su diferencia, pero es imposible que 5 divida a 13, porque va contra lo que hemos supuesto; luego, 5 no divide a 23.[1]

DEMOSTRACION GENERAL

Sea la suma $a + b = s$. El número n divide a a y no divide a b (hipótesis). Vamos a probar que n no divide a s (tesis).

En efecto: $s - a = b$. Si n diviera a s, como n divide a a por hipótesis, tendría que dividir a la diferencia entre s y a que es b, porque todo número que divide a otros dos divide a su diferencia, pero es imposible que n divida a b porque va contra lo que hemos supuesto, luego n no divide a s, que era lo que queríamos demostrar.

(246) IX. TEOREMA

Todo número que divide al dividendo y al divisor de una división inexacta, divide al residuo.

Sea la división $\dfrac{24}{6} \underline{|9\,}_{2}$ El número 3 divide al dividendo 24 y al divisor 9 (hipótesis). Vamos a probar que 3 divide al residuo 6 (tesis).

En toda división inexacta el residuo por defecto es la diferencia entre el dividendo y el producto del divisor por el cociente; luego:

$$24 - 9 \times 2 = 6.$$

[1] Este método de demostración se llama de "reducción al absurdo".

Ahora bien: En la diferencia anterior 3 divide a 24 y a 9 por hipótesis. Si 3 divide a 9, tiene que dividir a 9×2 que es un múltiplo de 9, porque hay un teorema (241) que dice que todo número que divide a otro divide a sus múltiplos, y si 3 divide al minuendo 24 y al sustraendo 9×2, tiene que dividir a su diferencia que es el residuo 6, porque todo número que divide a otros dos divide a su diferencia; luego, 3 divide a 6, que era lo que queríamos demostrar.

DEMOSTRACION GENERAL

Sea la división $D \lfloor d$. El número n divide al dividendo D y al divisor d (hipótesis). Vamos a probar que n divide al residuo R (tesis).

En efecto:
$$D - dc = R.$$

Ahora bien, en la diferencia anterior n divide a D y a d por hipótesis. Si n divide a d tiene que dividir a dc porque todo número que divide a otro, divide a sus múltiplos y si n divide a D y a dc tiene que dividir a su diferencia, que es R, porque todo número que divide a otros dos, divide a su diferencia; luego, n divide a R, que era lo que queríamos demostrar.

(247) X. TEOREMA

Todo número que divide al divisor y al resto de una división inexacta, divide al dividendo.

Sea la división $\dfrac{28 \lfloor 8}{4 \ \ 3}$. El número 2 divide al divisor 8 y al residuo por defecto 4 (hipótesis). Vamos a probar que 2 divide al dividendo 28 (tesis).

En efecto: En toda división inexacta el dividendo es igual al producto del divisor por el cociente más el residuo; luego:
$$28 = 8 \times 3 + 4.$$

Ahora bien, 2 divide a 8 y 4 por hipótesis. Si 2 divide a 8, tiene que dividir a 8×3, que es un múltiplo de 8, porque todo número que divide a otro, divide a sus múltiplos, y si 2 divide a 8×3 y a 4, tiene que dividir a su suma porque hay un teorema (238) que dice que todo número que divide a otros varios divide a su suma; luego, 2 divide a 28, que era lo que queríamos demostrar.

DEMOSTRACION GENERAL

Sea la división $D \lfloor d$. Sea el número n que divide a d y a R (hipótesis). Vamos a probar que n divide a D (tesis).

En efecto:
$$D = dc + R.$$

Ahora bien, n divide a d y a R por hipótesis. Si n divide a d, tiene que dividir a dc porque hay un teorema que dice que todo número que divide a otro, divide a sus múltiplos, y si n divide a dc y a R, tiene que dividir a su suma, que es D, porque todo número que divide a otros dos divide a su suma (**238**); luego, n divide a D, que era lo que queríamos demostrar.

➤ **EJERCICIO 77**

1. ¿Qué es la suma de un múltiplo de 5 con otro múltiplo de 5? ¿Por qué?
2. ¿Por qué no puede ser impar la suma de dos números pares?
3. ¿Qué clase de número será la suma de tres números pares? ¿Por qué?
4. ¿Es par o impar la suma de dos números impares? ¿Por qué?
5. ¿Será divisible por 5 la suma de 17, 21 y 37? ¿Por qué?
6. ¿Será divisible por 5 la suma de 9, 11 y 25? ¿Por qué?
7. ¿Será divisible por 5 la suma de 17, 21 y 36? ¿Por qué?
8. ¿Será divisible por 3 la suma de 6, 9 y 11? ¿Por qué?
9. Si un número divide al sustraendo y al resto, divide al minuendo. ¿Por qué?
10. Diga, sin efectuar la división, cuál es el residuo de dividir la suma de 11, 14 y 21 entre 7. ¿Por qué?
11. Diga, sin efectuar la división, cuál es el residuo de dividir la suma de 21 y 35 entre 5. ¿Por qué?
12. ¿Es par o impar la suma de un número par con uno impar? ¿Por qué?
13. ¿3 divide a 9? ¿Por qué divide a 27?
14. ¿Qué es la diferencia entre un múltiplo de 11 y otro múltiplo de 11? ¿Por qué?
15. Si un número divide al minuendo y al resto, ¿divide al sustraendo? ¿Por qué?
16. ¿Divide 7 a 21 y 35? ¿Dividirá a 14? ¿Por qué?
17. ¿Es par o impar la diferencia entre dos números pares? ¿Por qué?
18. ¿Es divisible por 2 la diferencia de dos números impares? ¿Por qué?
19. ¿Divide 5 a la diferencia de 132 y 267? ¿Por qué?
20. ¿Es divisible por 2 la diferencia entre un número par y uno impar? ¿Por qué?
21. ¿Divide 3 a 19 y 21? ¿Dividirá a 40? ¿Por qué?
22. Si un número divide al sustraendo y no divide al resto, ¿divide al minuendo? ¿Por qué?
23. ¿Qué clase de número es el residuo de la división de dos números pares, si los hay? ¿Por qué?
24. Si el divisor y el resto de una división inexacta son múltiplos de 5, ¿qué ha de ser el dividendo? ¿Por qué?
25. El residuo de la división de 84 entre 9 es 3. Diga sin efectuar la división, ¿cuál será el residuo de dividir 168 entre 28; 28 entre 3.
26. ¿Qué clase de números son los múltiplos de los números pares? ¿Por qué?

Euclides, hacia el 300 A. C., demostró en sus "Elementos", los teoremas básicos de la divisibilidad de los números enteros, lo que permitió a Gauss en 1801, deducir el teorema fundamental de la Aritmética. Más tarde, alrededor de 1875, el matemático alemán Dedekind (1831-1916), llevó a cabo la generalización de los caracteres de divisibilidad, extendiéndolos a los números racionales y a los ideales.

CARACTERES DE DIVISIBILIDAD **CAPITULO** XVIII

(248) **CARACTERES DE DIVISIBILIDAD** son ciertas señales de los números que nos permiten conocer, por simple inspección, si un número es divisible por otro.

(249) **DIVISIBILIDAD POR LAS POTENCIAS DE 10**

Sabemos **(178)** que para dividir un número terminado en ceros por la unidad seguida de ceros, se suprimen de la derecha del número tantos ceros como ceros acompañen a la unidad, y lo que queda es el cociente exacto. Así:

$$850 \div 10 = 85$$
$$12500 \div 100 = 125$$
$$18000 \div 1000 = 18, \text{ etc.}$$

Luego, **un número es divisible por 10 cuando termina en cero,** porque suprimiendo este cero queda dividido por 10 y lo que queda es el cociente exacto. Así 70, 180 y 1560 son divisibles por 10.

Un número es divisible por $10^2 = 100$ cuando termina en dos ceros porque suprimiendo estos ceros queda dividido por 100 y lo que queda es el cociente exacto. Así 800, 1400 y 13700 son divisibles por 100.

Un número es divisible por $10^3 = 1000$ cuando termina en tres ceros; por $10^4 = 10000$ cuando termina en cuatro ceros; por $10^5 = 100000$ cuando termina en cinco ceros, etc. Así, 8000 es divisible por 1000; 150000 es divisible por 10000; 800000 es divisible por 100000, etc.

En general, todo número terminado en ceros es divisible por la unidad seguida de tantos ceros como ceros haya a la derecha del número.

DIVISIBILIDAD POR 2

(250) TEOREMA

Un número es divisible por 2 cuando termina en cero o cifra par.

1) **Que el número termine en cero.** Sea, por ejemplo, el número 40. 40 es divisible por 10 porque termina en cero y 10 es divisible por 2. Ahora bien, si 2 divide a 10, tiene que dividir a 40, que es múltiplo de 10, porque todo número que divide a otro, divide a sus múltiplos.

2) **Que el número termine en cifra par.** Sea, por ejemplo, el número 86. Descomponiendo este número en decenas y unidades, tenemos:

$$86 = 80 + 6.$$

En la suma anterior, 2 divide a 80 porque termina en cero y también divide a 6 porque todo número par es divisible por 2; luego, si 2 divide a 80 y a 6, dividirá a su suma 86, porque todo número que divide a varios sumandos divide a su suma (**238**).

3) **Que el número no termine en cero ni en cifra par.** En este caso el número termina en cifra impar y no es divisible por 2.

Sea, por ejemplo, $97 = 90 + 7$. 2 divide a 90, pero no a 7; luego, no divide a su suma, que es 97, porque hay un teorema que dice que si un número divide a un sumando y no divide al otro, no divide a la suma (**245**).

Además, el **residuo** de dividir el número entre 2 es el que se obtiene dividiendo por 2 la cifra de las unidades (**240**). Este residuo, cuando existe, siempre es 1.

DIVISIBILIDAD POR 5

(251) TEOREMA

Un número es divisible por 5 cuando termina en cero o cinco.

1) **Que el número termine en cero.** Sea, por ejemplo, el número 70. 70 es divisible por 10 porque termina en cero, y 10 es divisible por 5 porque lo contiene 2 veces. Ahora bien, si 5 divide a 10, dividirá a 70, que es múltiplo de 10, porque todo número que divide a otro, divide a sus múltiplos.

2) **Que el número termine en cinco.** Sea, por ejemplo, el número 145. Descomponiendo este número en decenas y unidades, tendremos:

$$145 = 140 + 5.$$

En la suma anterior, 5 divide a 140 porque termina en cero, y también divide a 5 porque todo número es divisible por sí mismo; luego, si el 5 divide a 140 y a 5, dividirá a su suma, que es 145, porque todo número que divide a varios sumandos, divide a la suma.

3) **Que el número no termine en cero ni cinco.** En este caso el número no es divisible por 5.

Sea, por ejemplo, $88 = 80 + 8$. 5 divide a 80, pero no a 8; luego, no divide a 88, porque si un número divide a un sumando y no divide al otro, no divide a la suma.

Además, el **residuo** de dividir el número entre 5 es el que se obtiene dividiendo entre 5 la cifra de las unidades **(240)**. Así, el residuo de dividir 88 entre 5 es el que se obtiene dividiendo 8 entre 5, o sea, 3.

DIVISIBILIDAD POR 4

(252) **TEOREMA**

Un número es divisible por 4 cuando sus dos últimas cifras de la derecha son ceros o forman un múltiplo de cuatro.

1) **Que las dos últimas cifras de la derecha sean ceros.** Sea, por ejemplo, el número 600. 600 es divisible por 100 porque termina en dos ceros, y 100 es divisible por 4 porque lo contiene 25 veces; luego, si 4 divide a 100, dividirá a 600, que es múltiplo de 100, porque todo número que divide a otro, divide a sus múltiplos.

2) **Que las dos últimas cifras de la derecha formen un múltiplo de 4.** Sea, por ejemplo, el número 416. Descomponiendo este número en centenas y unidades, tendremos:

$$416 = 400 + 16.$$

En la suma anterior, 4 divide a 400 porque termina en dos ceros, y a 16, por suposición, porque hemos supuesto que las dos últimas cifras forman un múltiplo de 4; luego, si el 4 divide a 400 y a 16, dividirá a su suma, que es 416, porque si un número divide a varios sumandos, divide a la suma.

3) **Que las dos últimas cifras de la derecha no sean ceros ni formen un múltiplo de 4.** El número no es divisible por 4.

Sea, por ejemplo, $314 = 300 + 14$. 4 divide a 300, pero no a 14; luego, no divide a su suma 314, porque todo número que divide a un sumando y no divide al otro no divide a la suma.

Además, el **residuo** de dividir el número entre 4 es el que se obtiene dividiendo entre 4 el número que forman las dos últimas cifras de la derecha **(240)**. Así, el residuo de dividir 314 entre 4 es el residuo de dividir 14 entre 4, o sea, 2.

DIVISIBILIDAD POR 25

(253) TEOREMA

Un número es divisible por 25 cuando sus dos últimas cifras de la derecha son ceros o forman un múltiplo de 25.

1) **Que las dos últimas cifras de la derecha sean ceros.** Sea, por ejemplo, el número 800. 800 es divisible por 100 porque termina en dos ceros, y 100 es divisible por 25 porque lo contiene 4 veces; luego, si 25 divide a 100, dividirá a 800, que es múltiplo de 100, porque todo número que divide a otro, divide a sus múltiplos.

2) **Que las dos últimas cifras de la derecha formen un múltiplo de 25.** Sea, por ejemplo, el número 650. Descomponiendo este número en centenas y unidades, tendremos:

$$650 = 600 + 50.$$

En la suma anterior, 25 divide a 600 porque termina en dos ceros, y divide a 50 por suposición, porque hemos supuesto que las dos últimas cifras forman un múltiplo de 25. Luego, si el 25 divide a 600 y a 50, dividirá a su suma, que es 650, porque todo número que divide a varios sumandos divide a la suma.

3) **Que las dos últimas cifras de la derecha no sean ceros ni formen un múltiplo de 25.** El número no es divisible por 25.

Sea, por ejemplo, $834 = 800 + 34$. 25 divide a 800, pero no a 34; luego, no divide a la suma, porque si un número divide a un sumando y no divide al otro, no divide a la suma.

Además, el **residuo** de dividir el número entre 25 es el que resulta de dividir el número que forman las dos últimas cifras entre 25. Así, el residuo de dividir 834 entre 25 es el de dividir 34 entre 25, o sea, 9.

DIVISIBILIDAD POR 8

(254) TEOREMA

Un número es divisible por 8 cuando sus tres últimas cifras de la derecha son ceros o forman un múltiplo de 8.

1) **Que las tres últimas cifras de la derecha sean ceros.** Sea, por ejemplo, el número 5000. 5000 es divisible por 1000 porque termina en tres ceros, y 1000 es divisible por 8 porque lo contiene 125 veces; luego, si el 8 divide a 1000, dividirá a 5000, que es múltiplo de 1000 porque todo número que divide a otro, divide a sus múltiplos.

2) **Que las tres últimas cifras de la derecha formen un múltiplo de 8**
Sea, por ejemplo, el número 6512. Descomponiendo este número en millares y unidades, tendremos:

$$6512 = 6000 + 512.$$

En la suma anterior, 8 divide a 6000 porque termina en tres ceros, y
a 512, por suposición, porque hemos supuesto que el número formado
por las tres últimas cifras es múltiplo de 8; luego, si el 8 divide a 6000
y a 512, dividirá a su suma, que es 6512, porque si un número divide a
todos los sumandos, divide a la suma.

3) **Que las tres últimas cifras no sean ceros ni formen un múltiplo de 8.** El número no es divisible por 8.

Sea, por ejemplo, 7124 = 7000 + 124. 8 dividè a 7000, pero no a 124;
luego, no divide a la suma 7124, porque si un número divide a un sumando y no divide al otro, no divide a la suma.

Además, el **residuo** de dividir el número entre 8 es el que resulta de
dividir el número que forman las tres últimas cifras de la derecha entre 8.
Así, el residuo de dividir 7124 entre 8 es el de dividir 124 entre 8, o sea, 4.

DIVISIBILIDAD POR 125

(255) TEOREMA

Un número es divisible por 125 cuando sus tres últimas cifras de la
derecha son ceros o forman un múltiplo de 125.

1) **Que las tres últimas cifras de la derecha sean ceros.** Sea, por
ejemplo, el número 8000. 8000 es divisible por 1000 porque termina en
tres ceros, y 1000 es divisible por 125 porque lo contiene 8 veces; luego, si
125 divide a 1000, dividirá a 8000, que es múltiplo de 1000, porque todo
número que divide a otro, divide a sus múltiplos.

2) **Que las tres últimas cifras de la derecha formen un múltiplo
de 125.** Sea, por ejemplo, el número 4250. Descomponiendo este número
en millares y unidades, tendremos:

$$4250 = 4000 + 250.$$

En esta suma, 125 divide a 4000 porque termina en tres ceros, y a
250, por suposición; luego, si el 125 divide a 4000 y a 250, dividirá a su
suma, que es 4250, porque todo número que divide a varios sumandos divide a la suma.

3) **Que las tres últimas cifras de la derecha no sean ceros ni formen
un múltiplo de 125.** El número no es divisible por 125.

Sea, por ejemplo, $8156 = 8000 + 156$. 125 divide a 8000, pero no a 156; luego, no divide a su suma, porque si un número divide a un sumando y no divide al otro, no divide a la suma.

Además, el residuo de dividir el número entre 125 es el de dividir el número que forman las tres últimas cifras de la derecha entre 125.

Así, el residuo de dividir 8156 entre 125 es el de dividir 156 entre 125, o sea, 31.

DIVISIBILIDAD POR 3

(256) LEMA PRIMERO

La unidad, seguida de cualquier número de ceros, es igual a un múltiplo de 3 más la unidad.

En efecto:
$$10 = \quad 3 \times 3 + 1 = \text{m. de } 3 + 1.$$
$$100 = \quad 33 \times 3 + 1 = \text{m. de } 3 + 1.$$
$$1000 = \quad 333 \times 3 + 1 = \text{m. de } 3 + 1.$$
$$10000 = 3333 \times 3 + 1 = \text{m. de } 3 + 1.$$

(257) LEMA SEGUNDO

Una cifra significativa, seguida de cualquier número de ceros, es igual a un múltiplo de 3 más la misma cifra.

En efecto:

$$20 = 10 \times 2 = (\text{m. de } 3 + 1) \times 2 = (\text{m. de } 3) \times 2 + 1 \times 2 = \text{m. de } 3 + 2.$$

$$500 = 100 \times 5 = (\text{m. de } 3 + 1) \times 5 = (\text{m. de } 3) \times 5 + 1 \times 5 = \text{m. de } 3 + 5.$$

$$6000 = 1000 \times 6 = (\text{m. de } 3 + 1) \times 6 = (\text{m. de } 3) \times 6 + 1 \times 6 = \text{m. de } 3 + 6.$$

(258) TEOREMA

Todo número entero es igual a un múltiplo de 3 más la suma de los valores absolutos de sus cifras.

Sea un número entero cualquiera; por ejemplo, 1356.
Vamos a demostrar que

$$1356 = \text{m. de } 3 + (1 + 3 + 5 + 6) = \text{m. de } 3 + 15.$$

En efecto: Descomponiendo este número en sus unidades de distinto orden, tendremos:

$$1356 = 1000 + 300 + 50 + 6.$$

Aplicando los lemas anteriores, tendremos:

$$1000 = \text{m. de } 3 + 1$$
$$300 = \text{m. de } 3 + 3$$
$$50 = \text{m. de } 3 + 5$$
$$6 = 6$$

Sumando ordenadamente estas igualdades, tendremos:

$$1356 = m.\ de\ 3 + (1 + 3 + 5 + 6)$$

o sea,

$$1356 = m.\ de\ 3 + 15,$$

que era lo que queríamos demostrar.

259 COROLARIO

Un número es divisible por 3 cuando la suma de los valores absolutos de sus cifras es múltiplo de 3.

En efecto: Según el teorema anterior, todo número entero es igual a un múltiplo de 3 más la suma de los valores absolutos de sus cifras.

Luego, si la suma de los valores absolutos de las cifras de un número es múltiplo de 3, dicho número se puede descomponer en dos sumandos: uno m. de 3, que evidentemente es divisible por 3, y el otro, la suma de los valores absolutos de sus cifras, que también es múltiplo de 3; y si los dos sumandos son divisibles por 3, su suma, que será el número dado, también será divisible por 3, porque hay un teorema que dice que todo número que divide a varios sumandos también divide a la suma.

Así, por ejemplo, el número 4575 será divisible por 3 porque la suma de los valores absolutos de sus cifras, $4 + 5 + 7 + 5 = 21$, es un múltiplo de 3.

En efecto: Según el teorema anterior, $4575 = m.\ de\ 3 + 21.$

El sumando m. de 3, evidentemente, es divisible por 3, y el otro sumando, 21, **que es la suma de los valores absolutos de las cifras de 4575,** también es divisible por 3. Luego, si el 3 divide a los dos sumandos, tiene que dividir a su suma, que es 4575, porque todo número que divide a otros varios tiene que dividir a su suma.

ESCOLIO

Si la suma de los valores absolutos de las cifras de un número **no es múltiplo de 3,** dicho número **no es divisible por 3.**

Así, por ejemplo, el número 989 no es divisible por 3, porque la suma de los valores absolutos de sus cifras, $9 + 8 + 9 = 26$, no es múltiplo de 3.

En efecto: Sabemos que $989 = m.\ de\ 3 + 26.$

El sumando m. de 3, evidentemente, es divisible por 3, pero el otro sumando, 26, **que es la suma de los valores absolutos,** no es divisible por 3; luego, la suma de esos dos sumandos, que es el número 989, no será divisible por 3, porque hay un teorema que dice que si un número divide a uno de dos sumandos y no divide al otro, tampoco divide a la suma.

Además, en este caso, el **residuo** de dividir el número entre 3 es el que se obtiene dividiendo entre 3 la suma de los valores absolutos de sus cifras. Así, el residuo de dividir 989 entre 3 es el que resulta de dividir $9 + 8 + 9 = 26$ entre 3, o sea, 2.

DIVISIBILIDAD POR 9

(260) La divisibilidad por 9 se demuestra de modo análogo a la divisibilidad por 3, pero poniendo nueve donde diga tres; así que consta de los dos lemas, el teorema y el corolario siguientes:

LEMA PRIMERO. La unidad seguida de cualquier número de ceros es igual a un múltiplo de 9 más la unidad.

LEMA SEGUNDO. Una cifra significativa seguida de cualquier número de ceros es igual a un múltiplo de 9 más la misma cifra.

TEOREMA. Todo número entero es igual a un múltiplo de 9 más la suma de los valores absolutos de sus cifras.

COROLARIO. Un número es divisible por 9 cuando la suma de los valores absolutos de sus cifras es múltiplo de 9.

Las demostraciones son análogas a las de la divisibilidad por 3.

Además, el **residuo** de dividir un número entre 9 es el que se obtiene dividiendo entre 9 la suma de los valores absolutos de sus cifras.

DIVISIBILIDAD POR 11

(261) **LEMA PRIMERO**

La unidad, seguida de un número par de ceros, es igual a un múltiplo de 11 más la unidad.

En efecto:

$$100 \overline{\big|\, 11} \qquad\qquad 100 = 11 \times 9 + 1 = \text{m. de } 11 + 1.$$
$$1 \quad 9$$

$$10000 \overline{\big|\, 11} \qquad 10000 = 909 \times 11 + 1 = \text{m. de } 11 + 1.$$
$$100 \quad 909$$
$$1$$

(262) **LEMA SEGUNDO**

La unidad, seguida de un número impar de ceros, es igual a un múltiplo de 11 menos la unidad.

En efecto:

$$10 = 11 - 1 = \text{m. de } 11 - 1.$$

$$1000 \overline{\big|\, 11}$$
$$10 \quad 90 \qquad\qquad 1000 = 11 \times 90 + 10 = \text{m. de } 11 + 10 = \text{m. de } 11 + 11 - 1 = \text{m. de } 11 - 1.$$

$$100000 \overline{\big|\, 11}$$
$$100 \quad 9090 \qquad 100000 = 11 \times 9090 + 10 = \text{m. de } 11 + 10 = \text{m. de } 11 + 11 - 1 = \text{m. de } 11 - 1.$$
$$10$$

263) LEMA TERCERO

Una cifra significativa, seguida de un número par de ceros, es igual a un múltiplo de 11 más la misma cifra.

En efecto:

$400 = 100 \times 4 = (\text{m. de } 11 + 1) \times 4 = (\text{m. de } 11) \times 4 + 1 \times 4 = \text{m. de } 11 + 4.$

$60000 = 10000 \times 6 = (\text{m. de } 11 + 1) \times 6 = (\text{m. de } 11) \times 6 + 1 \times 6 = \text{m. de } 11 + 6.$

264) LEMA CUARTO

Una cifra significativa, seguida de un número impar de ceros, es igual a un múltiplo de 11 menos la misma cifra.

En efecto:

$90 = 10 \times 9 = (\text{m. de } 11 - 1) \times 9 = (\text{m. de } 11) \times 9 - 1 \times 9 = \text{m. de } 11 - 9.$

$4000 = 1000 \times 4 = (\text{m. de } 11 - 1) \times 4 = (\text{m. de } 11) \times 4 - 1 \times 4 = \text{m. de } 11 - 4.$

265) TEOREMA

Todo número entero es igual a un múltiplo de 11 más la diferencia entre la suma de los valores absolutos de sus cifras de lugar impar y la suma de los valores absolutos de sus cifras de lugar par, contando de derecha a izquierda.

Sea, por ejemplo, el número 13947. Vamos a demostrar que

$13947 = \text{m. de } 11 + [(7 + 9 + 1) - (4 + 3)] = \text{m. de } 11 + (17 - 7) = \text{m. de } 11 + 10.$

En efecto: Descomponiendo este número en sus unidades de distinto orden, tendremos:

$$13947 = 10000 + 3000 + 900 + 40 + 7.$$

Aplicando los lemas anteriores, tendremos:

$10000 = \text{m. de } 11 + 1$
$3000 = \text{m. de } 11 - 3$
$900 = \text{m. de } 11 + 9$
$40 = \text{m. de } 11 - 4$
$7 = 7$

Sumando ordenadamente estas igualdades:

$13947 = \text{m. de } 11 + [(7 + 9 + 1) - (4 + 3)] = \text{m. de } 11 + (17 - 10)$

o sea

$$13947 = \text{m. de } 11 + 10$$

que era lo que queríamos demostrar

266) COROLARIO

Un número es divisible por 11 cuando la diferencia entre la suma de los valores absolutos de sus cifras de lugar impar y la suma de los valores absolutos de sus cifras de lugar par, de derecha a izquierda, es cero o múltiplo de 11.

1) **Que la diferencia entre la suma de los valores absolutos de las cifras de lugar impar y la suma de los valores absolutos de las cifras de lugar par sea cero.**

Sea, por ejemplo, el número 4763, en el cual tenemos

$$(3 + 7) - (6 + 4) = 10 - 10 = 0.$$

Vamos a demostrar que este número es divisible por 11.

En efecto: Según el teorema anterior, tenemos:

$$4763 = \text{m. de } 11 + [(3 + 7) - (6 + 4)] = \text{m. de } 11 + 0$$

o sea $$4763 = \text{m. de } 11.$$

2) **Que la diferencia entre la suma de los valores absolutos de las cifras de lugar impar y la suma de los valores absolutos de las cifras de lugar par sea múltiplo de 11.**

Sea, por ejemplo, el número 93819, en el cual tenemos:

$$(9 + 8 + 9) - (1 + 3) = 26 - 4 = 22 = \text{m. de } 11.$$

Vamos a demostrar que este número es divisible por 11.

En efecto: Sabemos que

$$93819 = \text{m. de } 11 + [(9 + 8 + 9) - (1 + 3)] = \text{m. de } 11 + (26 - 4),$$

o sea, $$93819 = \text{m. de } 11 + 22.$$

Aquí vemos que el número 93819 es la suma de dos sumandos que son m. de 11 y 22. Uno de ellos m. de 11, evidentemente es divisible por 11, y el otro sumando, 22, **qué es la diferencia entre la suma de los valores absolutos de las cifras de lugar impar y la suma de los valores absolutos de las cifras de lugar par,** también es múltiplo de 11; luego, si el 11 divide a los dos sumandos, tiene que dividir a su suma, que es el número 93819, porque hay un teorema que dice que si un número divide a otros varios, también divide a su suma.

OBSERVACION

Si la diferencia entre la suma de los valores absolutos de las cifras de lugar impar y la suma de los valores absolutos de las cifras de lugar par de un número **no es cero ni múltiplo de 11,** dicho número **no es múltiplo de 11.**

Sea, por ejemplo, el número 5439, en el cual tendremos:

$$(9 + 4) - (3 + 5) = 13 - 8 = 5.$$

Sabemos que

$$5439 = \text{m. de } 11 + [(9 + 4) - (3 + 5)]$$

o sea, $$5439 = \text{m. .de } 11 + 5.$$

El sumando m. de 11, evidentemente, es divisible por 11, pero el otro sumando, 5, no lo es; luego, su suma, que es el número 5439, tampoco será divisible por 11, porque todo número que divide a uno de dos sumandos y no divide al otro, tampoco divide a la suma.

Además, en este caso, el **residuo** de dividir el número entre 11 es el que se obtiene dividiendo entre 11 la diferencia entre la suma de los valores absolutos de las cifras de lugar impar y la suma de los valores absolutos de las cifras de lugar par.

Así, el residuo de dividir 1829 entre 11 es el que resulta de dividir $(9 + 8) - (2 + 1) = 14$ entre 11, o sea, 3.

Si la suma de las cifras de lugar impar es **menor** que la suma de las cifras de lugar par, se aumenta la primera en el múltiplo de 11 necesario para que la substracción sea posible. Ello no hace variar el residuo.

Así, quiero saber cuál es el residuo de la división de 8291 entre 11. Tengo: $(1 + 2) - (9 + 8) = 3 - 17$. Como no puedo restar, añado al 3 el múltiplo de 11 que necesito para que la resta sea posible, en este caso 22, y tengo: $(3 + 22) - 17 = 25 - 17 = 8$. El residuo de 8291 entre 11 es 8.

(267) DIVISIBILIDAD POR 7

Un número es divisible por 7 cuando separando la primera cifra de la derecha, multiplicándola por 2, restando este producto de lo que queda a la izquierda y así sucesivamente, da cero o múltiplo de 7.

Ejemplos

(1) Para saber si el número 2058 es divisible por 7, haremos lo siguiente:

$$205'8 \times 2 = 16$$
$$-\ 16$$
$$\overline{}$$
$$18'9 \times 2 = 18$$
$$-18$$
$$\overline{0}$$

da cero, luego 2058 es divisible por 7.

(2) Averiguar si el número 2401 es divisible o no por 7.

$$240'1 \times 2 = 2$$
$$-\ 2$$
$$\overline{}$$
$$23'8 \times 2 = 16$$
$$-16$$
$$\overline{07}$$

da múltiplo de 7, luego 2401 es divisible por 7.

(3) Averiguar si 591 es o no divisible por 7.

$$59'1 \times 2 = 2$$
$$-\ 2$$
$$\overline{}$$
$$5'7 \times 2 = 14$$
$$-14$$
$$\overline{9}$$

no da 0 ni múltiplo de 7, luego 591 no es divisible por 7.

OBSERVACION

Si el producto de la primera cifra de la derecha por 2 no se puede restar de lo que queda a la izquierda, se invierten los términos de la resta.

268 DIVISIBILIDAD POR 13

Un número es divisible por 13 cuando, separando la primera cifra de la derecha, multiplicándola por 9, restando este producto de lo que queda a la izquierda y así sucesivamente, da cero o múltiplo de 13.

Ejemplos

(1) Averiguar si el número 1456 es múltiplo de 13.

$$145'6 \times 9 = 54$$
$$- \quad 54$$
$$\overline{09'1 \times 9 = 9}$$
$$- \quad 9$$
$$\overline{0}$$

da cero, luego 1456 es divisible por 13.

(2) Averiguar si 195 es divisible por 13.

$$19'5 \times 9 = 45$$
$$- 45$$
$$\overline{26}$$

da 26, que es múltiplo de 13, luego 195 es divisible por 13.

(3) Averiguar si 2139, es divisible por 13.

$$213'9 \times 9 = 81$$
$$- \quad 81$$
$$\overline{13'2 \times 9 = 18}$$
$$- \quad 18$$
$$\overline{5}$$

da 5, luego 2139 no es divisible por 13.

269 DIVISIBILIDAD POR 17

Un número es divisible por 17 cuando, separando la primera cifra de la derecha, multiplicándola por 5, restando este producto de lo que queda a la izquierda y así sucesivamente, da cero o múltiplo de 17.

Ejemplos

(1) Averiguar si el número 2142 es m. de 17.

$$214'2 \times 5 = 10$$
$$- \quad 10$$
$$\overline{20'4 \times 5 = 20}$$
$$- 20$$
$$\overline{0}$$

da cero, luego 2142 es divisible por 17.

(2) Averiguar si 3524 es m. de 17.

$$352'4 \times 5 = 20$$
$$- \quad 20$$
$$\overline{33'2 \times 5 = 10}$$
$$- 10$$
$$\overline{23}$$

da 23, luego 3524 no es divisible por 17.

270 DIVISIBILIDAD POR 19

Un número es divisible por 19 cuando, separando la primera cifra de la derecha, multiplicándola por 17, restando este producto de lo que queda a la izquierda y así sucesivamente, da cero o múltiplo de 19.

> **Ejemplos**

$$17'1 \times 17 = 17$$

(1) Averiguar si 171
es divisible por 19.

$$- 17$$
$$\overline{\quad 0 \quad}$$

da cero, luego
171 es m. de 19.

$$150'1 \times 17 = 17$$
$$- 17$$

(2) Averiguar
si 1501 es m. de 19.

$$\overline{13'3} \times 17 = 51$$
$$- 51$$
$$\overline{\quad 38 \quad}$$

da 38, que es m. de 19, luego 1501 es divisible por 19.

DIVISIBILIDAD POR NUMEROS COMPUESTOS

Véase número **297**.

> ### EJERCICIO 78

1. ¿Por cuáles de los números 2, 3, 4, 5 son divisibles 84, 375, 136?
2. ¿Por cuáles de los números 2, 3, 4, 5, 11 y 25 son divisibles 175, 132, 165, 1893, 12344, 12133?
3. ¿Por cuales de los números 8, 125, 11 y 13 son divisibles 8998, 1375, 7512, 8192?
4. ¿Por cuáles de los números 7, 11, 13, 17 y 19 son divisibles 91, 253, 169, 187, 209, 34573, 2227, 2869?
5. Diga, por simple inspección, cuál es el residuo de dividir 85 entre 2; 128 entre 5, 215 entre 4; 586 entre 25; 1046 entre 8.
6. Diga, por simple inspección, cuál es el residuo de dividir 95 entre 3; 1246 entre 3; 456789 entre 3; 986547 entre 9; 2345 entre 11; 93758 entre 11; 7234 entre 11; 928191 entre 11.
7. Diga cuál es la menor cifra que debe añadirse al número 124 para que resulte un número de 4 cifras múltiplo de 3.
8. Diga qué tres cifras distintas pueden añadirse al número 562 para formar un múltiplo de 3 de 4 cifras.
9. Diga qué cifra debe suprimirse en 857 para que resulte un número de dos cifras múltiplo de 3.
10. Diga qué cifra debe añadirse a la derecha de 3254 para que resulte un múltiplo de 11 de cinco cifras.
11. Para hallar el mayor múltiplo de 3 contenido en 7345, ¿en cuánto se debe disminuir este número?
12. Diga cuál es el mayor múltiplo de 9 contenido en 7276.
13. Para hallar el mayor múltiplo de 11 contenido en 2738, ¿en cuánto se debe disminuir este número?
14. ¿Cuál es la diferencia entre 871 y el mayor múltiplo de 9 contenido en él?

PRUEBA DE LAS OPERACIONES FUNDAMENTALES
POR LOS CARACTERES DE DIVISIBILIDAD

(271) Los caracteres de divisibilidad, principalmente por 9 y por 11, se aplican a la prueba de las operaciones fundamentales, constituyendo lo que se llama **prueba del 9 y prueba del 11.**

Para ello hay que tener presente que **el residuo de dividir un número entre 9 se obtiene dividiendo entre 9 la suma de los valores absolutos de las cifras del número** y que **el residuo de dividir un número entre 11 se obtiene dividiendo entre 11 la diferencia entre la suma de los valores absolutos de las cifras de lugar impar y la suma de los valores absolutos de las cifras de lugar par del número.**

En la práctica, para hallar el residuo de dividir un número entre 9 o **exceso sobre 9** del número, se suma cada cifra con la siguiente, restando 9 cada vez que la suma sea 9 o mayor que 9, y si alguna cifra del número es 9, no se tiene en cuenta.

Así, para hallar el residuo de dividir 64975 entre 9, diremos: 6 y 4, 10; menos 9, 1; 1 y 7, 8 (el 9 no se toma en cuenta); 8 y 5, 13; menos 9, 4. El residuo de dividir el número entre 9 es 4.

I. SUMA

PRUEBA DEL 9

(272) Se halla el residuo entre 9 de cada sumando; el residuo entre 9 de la suma de estos residuos tiene que ser igual, si la operación está correcta, al residuo entre 9 de la suma total.

Ejemplo	Operación	Prueba	
	2345	Residuo entre 9 de 2345..............	5
	+ 7286	" " " " 7286..............	5
	138797	" " " " 138797..............	8
	———	Suma de estos residuos.................	18
	148428	Residuo de esta suma entre 9............	0
		Residuo de la suma 148428 entre 9.......	0

PRUEBA DEL 11

(273) El procedimiento es semejante. Así, en el ejemplo anterior, tendremos:

Residuo entre 11 de 2345. $(5+3)-(4+2)=8-6=2.$
Residuo entre 11 de 7286: $(6+2)-(8+7)=8-15$
$= (8+11)-15=4.$
Residuo entre 11 de 138797 $(7+7+3)-(9+8+1)=17-18$
$= (17+11)-18=10.$

Suma de estos residuos 16
Residuo de esta suma entre 11 .... $6-1=5$
Residuo de la suma 148428 entre 11: .... $(8+4+4)-(2+8+1)=16-11=5$

II. RESTA

274 El minuendo de una resta es la suma de dos sumandos, que son el sustraendo y la diferencia. Por tanto, podemos aplicar, para probar la resta, la regla dada para probar la suma, considerando como sumandos el sustraendo y la diferencia y como suma total el minuendo.

PRUEBA DEL 9

275 Se halla el residuo entre 9 del sustraendo y de la diferencia; el residuo entre 9 de la suma de estos residuos tiene que ser igual, si la operación está correcta, al residuo entre 9 del minuendo.

Ejemplo

Operación	Prueba	
75462	Residuo entre 9 de 61034..	5
− 61034	„ „ „ „ 14428..	1
	Suma de estos residuos	6
14428	Residuo entre 9 de 6......	6
	Residuo entre 9 de 75462...	6

PRUEBA DEL 11

276 El procedimiento es semejante. Así, en el ejemplo anterior, se tendrá:

Residuo entre 11 de 61034.......... $(4+6)-(3+1)=10-4=6$
Residuo entre 11 de 14428....... $(8+4+1)-(2+4)=13-6=7$
Suma de estos residuos.. 13
Residuo entre 11 de 13................................ $3-1=2$
Residuo entre 11 de 75462....... $(2+4+7)-(6+5)=13-11=2.$

III. MULTIPLICACION

PRUEBA DEL 9

277 Se halla el residuo entre 9 del multiplicando y del multiplicador; el residuo entre 9 del producto de estos residuos tiene que ser igual, si la operación está correcta, al residuo entre 9 del producto total.

Ejemplo

Operación	Prueba	
186	Residuo de 186 entre 9..............	6
× 354	Residuo de 354 entre 9..............	3
	Producto de estos residuos............	18
744	Residuo entre 9 de 18..............	0
930	Residuo entre 9 del producto 65844....	0
558		
65844		

En la práctica la operación suele disponerse como se indica a continuación:

Residuo de 186

6

Residuo de 6 × 3   0   0   Residuo de 65844

3

Residuo de 354

PRUEBA DEL 11

278 En el ejemplo anterior se tendrá:

Residuo entre 11 de 186.............. $(6+1)-8=7-8=(7+11)-8=10$
Residuo entre 11 de 354 .... $(4+3)-5=7-5=2$
Producto de estos residuos..   20
Residuo entre 11 de este producto................. $0-2=(0+11)-2=9$
Residuo entre 11 del producto 65844........ $(4+8+6)-(4+5)=18-9=9.$

IV. DIVISION

279 Como el dividendo de una división exacta es el producto de dos factores que son el divisor y el cociente, para probar una división exacta, aplicaremos la regla dada para probar un producto considerando como factores el divisor y el cociente y como producto el dividendo.

Si la división es inexacta, el dividendo es la suma de dos sumandos que son el producto del divisor por el cociente y el residuo; luego, podremos aplicar la regla anterior y la regla dada para la suma.

PRUEBA DEL 9

280 Se halla el residuo entre 9 del divisor y del cociente; se multiplican estos residuos y al producto que resulte se le añade el residuo entre 9 del residuo de la división, si lo hay. El residuo entre 9 de esta suma tiene que ser igual, si la operación está correcta, al residuo entre 9 del dividendo.

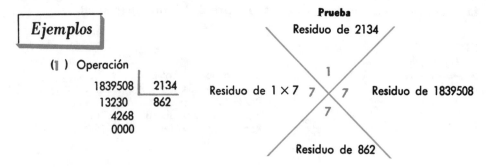

| *Ejemplos* |

(1) Operación

```
1839508 | 2134
 13230   | 862
  4268
  0000
```

Prueba
Residuo de 2134

1

Residuo de 1 × 7   7   7   Residuo de 1839508

7

Residuo de 862

(2) Operación

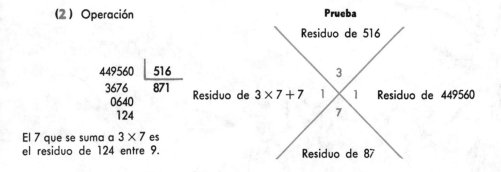

Prueba

Residuo de 516

449560 | 516
3676 871
0640
124

3

Residuo de 3 × 7 + 7 1   1 Residuo de 449560

7

El 7 que se suma a 3 × 7 es
el residuo de 124 entre 9.

Residuo de 87

PRUEBA DEL 11

281 El procedimiento es semejante, pero hallando los residuos entre 11, del modo como se han hallado antes.

Así, en el ejemplo anterior tendremos:

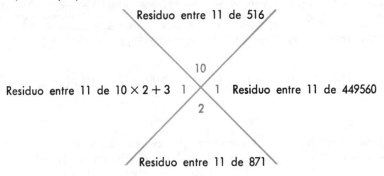

Residuo entre 11 de 516

10

Residuo entre 11 de 10 × 2 + 3 1   1 Residuo entre 11 de 449560

2

Residuo entre 11 de 871

282 GARANTIA DE ESTAS PRUEBAS

Es relativa. Si la prueba no cumple los requisitos que se han indicado en cada caso, **podemos tener la seguridad de que la operación está mal,** pero si la prueba da bien, **no podemos tener la seguridad de que la operación está correcta,** pues las cifras pueden estar mal halladas, pero ser la suma de sus valores absolutos igual a la de las cifras correctas, y la prueba dar bien.

Además, en la prueba del 9 no se atiende al lugar que ocupan las cifras, así que teniendo cifras iguales a las correctas, pero en distinto orden, la prueba dará bien. La prueba del 11, por tener en cuenta el lugar de las cifras, es de más garantía que la del 9, pero es mucho más laboriosa.

Al descubrir Euclides la infinitud de la serie de los números primos, alcanzó su máximo desarrollo la teoría de los números entre los griegos. No se volvieron a hacer progresos en este campo, hasta que Fermat, en 1630-65, propuso su teorema sobre los exponentes primos. L. S. Dickson afirma en su "History of theory of numbers" que los chinos ya conocían este problema en el 500 A. C., cuando el número era dos.

TEORIA DE LOS NUMEROS PRIMOS **CAPITULO** XIX

(283) Hemos visto **(229)** que **números primos absolutos** son los que solamente son divisibles por ellos mismos y por 1, como 17, 31, 53.

(284) **NUMEROS PRIMOS ENTRE SI O NUMEROS PRIMOS RELATIVOS** son dos o más números que no tienen más divisor común que 1.

El mayor divisor común o máximo común divisor de varios números primos entre sí es 1. Así, 8 y 15 son primos entre sí o primos relativos porque su único factor común es 1, porque 8 es divisible por 2, pero 15 no, y 15 es divisible por 3 y por 5, pero 8 no.

7, 12 y 15 son primos entre sí porque 7 no divide a 12 ni a 15; 2 divide a 12, pero no a 7 ni a 15; 3 divide a 12 y a 15, pero no a 7; 5 divide a 15, pero no a 7 ni a 12; luego, su único divisor común es 1.

12, 14 y 18 **no son** primos entre sí, porque 2 los divide a todos; 35, 70 y 45 tampoco son primos entre sí porque 5 los divide a todos.

Obsérvese que para que dos o más números sean primos entre sí **no es necesario que sean primos absolutos.** Así, 8 no es primo, 15 tampoco, y sin embargo, son primos entre sí; 7 es primo, 12 no lo es y 25 tampoco y son primos entre sí. Ahora bien, si dos o más números son **primos absolutos cada uno de ellos**, evidentemente serán primos entre sí.

(285) NUMEROS PRIMOS ENTRE SI DOS A DOS son tres o más números tales que cada uno de ellos es primo con cada uno de los demás.

Así, 8, 9 y 17 son primos dos a dos, porque el 8 es primo con 9 y con 17, y el 9 es primo con 17; 5, 11, 14 y 39 son primos dos a dos, porque 5 es primo con 11, con 14 y con 39; 11 es primo con 14 y con 39; y 14 es primo con 39.

10, 15, 21 y 16 son primos entre sí, porque el único número que los divide a **todos** es 1, pero **no son** primos dos a dos, porque 15 y 21 tienen el factor común 3.

Si varios números son primos dos a dos, necesariamente son primos entre sí, pero siendo primos entre sí pueden no ser primos dos a dos.

(286) NUMEROS CONSECUTIVOS son dos o más números enteros tales, que cada uno se diferencia del anterior en una unidad.

Los números consecutivos representan conjuntos que se diferencian en un elemento.

Ejemplos

5 y 6; 21 y 22; 7, 8 y 9; 18, 19, 20 y 21.

Dos números enteros consecutivos se expresan por las fórmulas n y $n = 1$.
Así, si n es 5, $n + 1$ será 6 y $n - 1$ será 4. Evidentemente, 5 y 6 ó 4 y 5 son consecutivos.
De dos números consecutivos, uno es *par* y otro *impar*.
Dos números enteros consecutivos son primos entre sí. En efecto: Si los números consecutivos n y $n + 1$ tuvieran un divisor común distinto de la unidad, este divisor común dividiría a su diferencia, porque todo divisor de dos números divide a su diferencia **(242)**; pero la diferencia entre n y $n + 1$ es la unidad, luego ese divisor tendría que dividir a la unidad, lo cual es imposible.
Las fórmulas para expresar tres o más números enteros consecutivos son: n, $n + 1$, $n + 2$, $n + 3$... o también, n, $n - 1$, $n - 2$, $n - 3$... *Tres o más números enteros consecutivos son primos entre sí.*

➤ **EJERCICIO 79**

1. Escribir dos números, tres números, cuatro números primos entre sí.
2. Escribir dos números compuestos, tres números compuestos primos entre sí.
3. Escribir cuatro números compuestos primos entre sí.
4. Escribir cuatro números impares, seis números impares, primos entre sí.
5. ¿Es posible que varios números pares sean primos entre sí?
6. ¿Puede haber varios números múltiplos de 3 que sean primos entre sí?
7. Diga si los siguientes grupos de números son o no primos entre sí:

    a) 9, 14 y 21.   e) 22, 33, 44, 55 y 91.
    b) 12, 24 y 42.   f) 14, 21, 28, 35 y 26.
    c) 35, 18, 12 y 28.   g) 34, 51, 68, 85 y 102.
    d) 26, 39, 42 y 65.

8. Los números 23, 46 y 69 no son primos entre sí porque...

9. 42, 63, 91 y 105 no son primos entre sí porque...

10. ¿Son primos dos a dos los siguientes grupos de números?:

    a) 5, 8 y 10.   d) 18, 45 y 37.

    b) 6, 35 y 18.   e) 13, 17, 16 y 24.

    c) 9, 25 y 14.   f) 22, 35, 33 y 67.

11. Escribir tres números, cuatro números primos entre sí dos a dos.

12. Escribir tres números compuestos, cuatro números compuestos, primos entre sí dos a dos.

13. Los números 8, 9, 10 y 15, ¿son primos entre sí? ¿Y primos dos a dos?

14. Decir si los siguientes grupos de números son primos entre sí y si lo son dos a dos:

    a) 10, 18 y 21.   d) 24, 36, 42, 60 y 81.

    b) 14, 26, 34 y 63.   e) 7, 9, 11, 13, 15 y 17.

    c) 19, 38, 57 y 76.   f) 5, 7, 17, 10, 14 y 32.

15. De los números 24, 31, 27, 36, 42, 53 y 14 formar: Un grupo de cuatro números que no sean primos entre sí; un grupo de cuatro que sean primos entre sí; un grupo de cuatro que sean primos dos a dos.

16. De los números 28, 35, 17, 14, 26 y 15 formar un grupo de tres números que no sean primos entre sí; un grupo de cinco que sean primos entre sí y un grupo de tres que sean primos dos a dos.

17. Escribe cinco números impares primos entre sí dos a dos.

18. Diga si los números 14, 18, 24, 35 y 56 son primos entre sí y si lo son dos a dos.

19. Diga si los números 17, 24, 35, 59 y 97 son primos entre sí y si lo son dos a dos.

20. De los números 24, 31, 35, 37, 45, 47, 49, 57, 67, 83 y 87 formar un grupo de cinco números que sean primos entre sí y un grupo de tres números que sean primos entre sí dos a dos.

21. De los números 24, 31, 35, 37, 45, 47, 57, 67, 83 y 86 formar un grupo de cinco números primos entre sí dos a dos.

22. Las edades de Pedro y Juan son dos números enteros consecutivos cuya suma es 51. Si Pedro es el menor, ¿cuál es la edad de cada uno?

23. Si Enrique tiene un año menos que Basilio y ambas edades suman 103 años, ¿cuál es la edad de cada uno?

24. Las edades de Pedro, Juan y Enrique que son tres números enteros consecutivos, suman 87 años. Si Enrique es el menor y Pedro el mayor, ¿cuál es la edad de cada uno?

25. Un comerciante compró el lunes cierto número de sacos de frijoles; el martes compró un saco más que los que compró el lunes; el miércoles uno más que el martes, y el jueves uno más que el miércoles. Si en los 4 días adquirió 102 sacos, ¿cuántos compró cada día?

26. ¿Qué factor común tienen 8 y 9; 10, 11 y 12; 84, 83, 82 y 81?

PRINCIPIOS FUNDAMENTALES SOBRE NUMEROS PRIMOS

(287) I. TEOREMA

Todo número compuesto tiene por lo menos un factor primo mayor que 1.

Sea el número compuesto N. Vamos a demostrar que N tiene por lo menos un factor primo mayor que 1.

En efecto: N, por ser compuesto, tiene que poseer algún divisor distinto de sí mismo y de la unidad que llamaremos N', el cual tiene que ser primo o compuesto. Si N' es primo, ya queda demostrado el teorema, porque N tendrá un divisor primo mayor que 1. Si N' es compuesto tendrá que tener un divisor distinto de N' y de la unidad que llamaremos N'', el cual será divisor de N porque N es múltiplo de N' y todo número que divide a otro divide a sus múltiplos. N'' ha de ser primo o compuesto. Si N'' es primo queda demostrado el teorema; si es compuesto tiene que tener un divisor distinto de N'' y de la unidad que llamaremos N''', el cual dividirá a N. Este N''' ha de ser primo o compuesto. Si es primo, queda demostrado el teorema y si es compuesto tendrá que tener otro divisor distinto de sí mismo y de la unidad, que llamaremos N'''', el cual dividirá a N y así sucesivamente. Ahora bien, como estos divisores se van haciendo cada vez menores, pero siempre mayores que la unidad, y no habiendo un número ilimitado de divisores, llegaremos necesariamente a un número primo, que dividirá a N. Luego N tiene por lo menos un divisor primo mayor que 1.

Ejemplo	El número compuesto 14 es divisible por los números primos 2 y 7; el número compuesto 121 es divisible por el número primo 11.

(288) II. TEOREMA

La serie de los números primos es ilimitada, o sea, que por grande que sea un número primo, siempre hay otro número primo mayor.

Sea el número primo P tan grande como se quiera. Vamos a demostrar que hay otro número primo mayor que P.

Para hacer la demostración formemos el producto de todos los números primos menores que P, multipliquémoslo por P, añadamos la unidad y sea N el resultado:

$$1 \times 2 \times 3 \times 5 \times 7 \times 11 \times 13 \times \ldots\ldots\ldots \times P + 1 = N.$$

N evidentemente es mayor que P y tiene que ser primo o compuesto. Si N es primo queda demostrado el teorema, porque habrá un número primo mayor que P. Si N es compuesto tiene que poseer un divisor primo mayor que 1, porque hay un teorema (**287**) que dice que todo número compuesto tiene por lo menos un divisor primo mayor que 1. Ese divisor primo de N tiene que ser menor que P, igual a P o mayor que P. Ahora bien, el divisor primo de N no puede ser menor que P, porque dividiendo a N por cualquiera de los números primos menores que P daría de residuo la unidad; no puede ser igual a P, porque dividiendo a N por P daría también de residuo la unidad; luego, si N necesita tener un divisor primo y ese divisor primo no es menor que P ni igual a P, tiene que ser mayor que P. Luego hay un número primo mayor que P, al cual se puede aplicar el mismo razonamiento; luego, la serie de los números primos es ilimitada.

(**289**) **III. TEOREMA**

Si un número primo no divide a otro número, necesariamente es primo con él.

Sea el número primo a, que no divide al número b. Vamos a demostrar que a es primo con b, o sea, que a y b son primos entre sí.

En efecto: El número a, por ser primo, solamente es divisible por a y por 1. Por lo tanto, los únicos divisores comunes que pueden tener a y b son a ó 1. Ahora bien: a no puede ser divisor común de a y b, porque suponemos que a no divide a b; luego, el único divisor común de a y b es 1, o sea, que a y b son primos entre sí, que era lo que queríamos demostrar.

Ejemplo	El número primo 5 no divide a 14; 5 y 14 son primos entre sí.

(**290**) **IV. TEOREMA**

Todo número que divide a un producto de dos factores y es primo con uno de ellos, necesariamente divide al otro factor. [1]

Sea el número a que divide al producto bc y es primo con b. Vamos a demostrar que a tiene que dividir al otro factor c.

En efecto: Como a y b son primos entre sí, su mayor divisor común es 1. Multiplicando los números a y b por c resultarán los productos ac y bc; y el m. c. d. de estos productos será $1 \times c$, o sea c, porque si dos números se multiplican por un mismo número, su m. c. d. queda multiplicado por ese mismo número (**314**). Ahora bien: a divide al producto ac por ser un factor de este producto y al producto bc por suposición; luego dividirá al m. c. d. de ac y bc que es c, porque todo número que divide a

_____

[1] Nuestro deseo de seguir el orden del Programa Oficial, nos ha hecho tratar esta materia aquí.

otros dos, divide a su m. c. d. **(313)**. Luego a divide a c, que era lo que queríamos demostrar.

| **Ejemplo** | 5 divide al producto $7 \times 10 = 70$, y como es primo con 7, divide a 10. |

(291) V. TEOREMA

Todo número primo que divide a un producto de varios factores, divide por lo menos a uno de ellos.

Sea el número primo P que divide al producto $abcd$. Vamos a demostrar que P tiene que dividir a uno de estos factores.

En efecto: El producto $abcd$ se puede considerar descompuesto en dos factores, de este modo: $a(bcd)$.

Si P divide a a, queda demostrado el teorema y si P no divide a a será primo con él, porque hay un teorema **(289)** que dice que si un número primo no divide a otro número es primo con él y P tendrá que dividir al otro factor bcd, porque hay un teorema **(290)** que dice que si un número divide al producto de dos factores y es primo con uno de ellos, tiene que dividir al otro. Luego, P divide al producto bcd.

Este producto se puede considerar descompuesto en dos factores, de este modo: $b(cd)$. Si P divide al factor b queda demostrado el teorema; si no lo divide es primo con él, y tendrá que dividir al otro factor cd; por las razones anteriores.

Si P divide al factor c, queda demostrado el teorema; si no lo divide es primo con él y tendrá que dividir al otro factor, que es d. Luego, P divide a uno de los factores, que era lo que queríamos demostrar.

| **Ejemplo** | El número primo 3 que divide al producto $5 \times 8 \times 6 = 240$, tiene que dividir por lo menos a uno de los factores y, en efecto, divide a 6. |

(292) VI. TEOREMA

Todo número primo que divide a una potencia de un número tiene que dividir a este número.

Sea el número primo P que divide a a^n. Vamos a demostrar que P divide a a

En efecto: Por definición de potencia, sabemos que

$$a^n = a \times a \times a \times a . . . . . . n \text{ veces.}$$

Ahora bien: El número primo P divide a a^n, por suposición, luego divide a su igual $a \times a \times a \times a . . . . n$ veces. Si P divide a este producto, tiene que dividir a uno de sus factores, porque todo número primo que divide a un producto de varios factores tiene que dividir a uno de ellos (291), pero todos los factores son a; luego, P divide a a, que era lo que queríamos demostrar.

> **Ejemplo**
>
> El número primo 3 divide a 216 que es 6^3 y también divide a 6.

293 VII TEOREMA

Si dos números son primos entre sí. todas sus potencias también son números primos entre sí.

Sean los números a y b, primos entre sí. Vamos a demostrar que dos potencias cualesquiera de estos números, por ejemplo, a^m y b^n, también son números primos entre sí.

En efecto: Por definición de potencia, sabemos que:

$$a^m = a \times a \times a \times a......m \text{ veces.}$$
$$b^n = b \times b \times b \times b......n \text{ veces.}$$

Ahora bien: Si las potencias a^m y b^n no fueran números primos entre sí, tendrían un factor primo común, por ejemplo, P. Si P dividiera a a^m y a b^n, tendría que dividir a a y a b, según el teorema anterior, lo cual va contra lo que hemos supuesto, porque hemos supuesto que a y b son primos entre sí. Luego a^m y b^n no pueden tener ningún factor común, o sea, que son números primos entre sí, que era lo que queríamos demostrar.

> **Ejemplo**
>
> 2 y 3 son primos entre sí y dos potencias cualesquiera de estos números, por ejemplo, 32 que es 2^5 y 81 que es 3^4 también son números primos entre sí.

294 FORMACION DE UNA TABLA DE NUMEROS PRIMOS

Explicación del procedimiento empleado.

Para formar una tabla de números primos desde el 1 hasta un número dado, se escribe la serie natural de los números desde la unidad hasta dicho número. Hecho esto, a partir del 2, que se deja, se tacha su cuadrado 4 y a partir del 4 se van tachando de dos en dos lugares todos los números siguientes múltiplos de 2. A partir del 3, que se deja, se tacha su cuadrado 9 y desde el 9 se tachan de tres en tres lugares todos los números siguientes múltiplos de 3. A partir del 5, que se deja, se tacha su cuadrado 25 y desde el 25 se tachan de cinco en cinco lugares todos los números siguientes múltiplos de 5. A partir del 7, que se deja, se tacha su cuadrado 49 y desde el 49 se van tachando de siete en siete lugares todos los números siguientes múltiplos de 7. A partir del 11, del 13, del 17 y los siguientes números primos se procede de modo semejante: Se dejan esos números, se tacha su cuadrado, y a partir de éste se tachan los números siguientes, de tantos en tantos lugares como unidades tenga el número primo de que se trate. La operación termina al llegar a un número primo, cuyo cuadrado quede fuera del límite dado. Los números primos son los que quedan sin tachar.

| **Ejemplo** | Formar una tabla de números primos del 1 al 150. Escribiremos la serie natural de los números del 1 al 150 y aplicaremos el procedimiento anterior: |

1	2	3	4	5	6	7	8	9	10
11	12	13	14	15	16	17	18	19	20
21	22	23	24	25	26	27	28	29	30
31	32	33	34	35	36	37	38	39	40
41	42	43	44	45	46	47	48	49	50
51	52	53	54	55	56	57	58	59	60
61	62	63	64	65	66	67	68	69	70
71	72	73	74	75	76	77	78	79	80
81	82	83	84	85	86	87	88	89	90
91	92	93	94	95	96	97	98	99	100
101	102	103	104	105	106	107	108	109	110
111	112	113	114	115	116	117	118	119	120
121	122	123	124	125	126	127	128	129	130
131	132	133	134	135	136	137	138	139	140
141	142	143	144	145	146	147	148	149	150

Los números primos del 1 al 150 son: 1, 2, 3, 5, 7, 11, 13, 17, 19, 23, 29, 31, 37, 41, 43, 47, 53, 59, 61, 67, 71, 73, 79, 83, 89, 97, 101, 103, 107, 109, 113, 127, 131, 137, 139 y 149.

En esta tabla la operación termina al llegar al número primo 13, cuyo cuadrado, 169, queda fuera de la tabla.

Este procedimiento se conoce con el nombre de *Criba de Eratóstenes* (1).

ESCOLIO

Al escribir los números puede prescindirse de los números pares, excepto el 2, porque como se ve todos los números pares se tachan.

(1) Se llama *Criba* porque al tachar los números se van formando como agujeros y de *Eratóstenes* porque fue este célebre matemático griego el creador de este procedimiento.

EJERCICIO 80

1. Formar una tabla de números primos del 1 al 50.
2. Idem del 1 al 100.
3. Idem del 1 al 200.
4. Idem del 1 al 300.

(295) MANERA DE CONOCER SI UN NUMERO DADO ES PRIMO O NO

TEOREMA **Para conocer si un número dado es primo o no, se divide dicho número por todos los numeros primos menores que él y si se llega, sin obtener cociente exacto, a una división inexacta en que el cociente sea igual o menor que el divisor, el número dado es primo. Si alguna división es exacta, el número dado no es primo.**

Ejemplo

Sea el número 179 que queremos averiguar si es o no primo. Lo dividimos por 2, 3, 5, 7, 11 y 13 sin obtener cociente exacto y al dividirlo por 13 nos da 13 de cociente. Vamos a demostrar que 179 es primo, para lo cual bastará demostrar que no es divisible por ningún número primo mayor que 13.

En efecto: Si 179 fuera divisible por algún número primo mayor que 13, por ejemplo 17, el cociente de esta división exacta sería menor que 13, porque si al dividir 179 entre 13 nos dio 13 de cociente, al dividirlo entre 17, mayor que 13, el cociente será menor que 13. Sea a este cociente. Como la división sería exacta, tendríamos:

$$179 = 17 \times a.$$

179 sería divisible por a. Si a fuera primo, como es menor que 13, 179 sería divisible por un número primo menor que 13, lo cual por hipótesis, es falso. Si a fuera compuesto, como que es menor que 13, forzosamente tendría un factor primo menor que 13, que dividiría a 179, lo cual es imposible. Luego, si 179 no es divisible por ningún número primo, es primo, ya que si fuera compuesto tendría por lo menos un factor primo mayor que 1. **(287).**

Ejemplos

(1) Averiguar si 191 es o no primo.

191	2		191	3		191	5		191	7
11	95		11	63		41	38		51	27
1			2			1			2	

191	11		191	13		191	17
81	17		61	14		21	11
4			9			4	

En esta última división el cociente 11 es menor que el divisor 17 y la división es inexacta, luego 191 es primo.

(2) Averiguar si 853 es o no primo.
En la práctica no vamos a hacer las divisiones por 2, 3, 5, 7 ni 11 (siempre que se vea que el cociente ha de ser mayor que el divisor) sino que aplicaremos los caracteres de divisibilidad que conocemos para ver si el número dado es o no divisible por estos números.

Así, en este caso, tenemos: 853 no es divisible por 2, porque no termina en cifra par; no es divisible por 3 porque $8 + 5 + 3 = 16$ no es múltiplo de 3; tampoco lo es por 5 porque no termina en cero ni en 5; no lo es por 7 porque: ↗

$$85'3 \times 2 = 6$$
$$- \quad 6$$
$$\overline{7'9} \times 2 = 18$$
$$- \quad 18$$
$$\overline{11} \text{ no da 0 ni múltiplo de 7.}$$

Tampoco es divisible por 11 porque $(3 + 8) - 5 = 11 - 5 = 6$ no da cero ni múltiplo de 11.
En cada uno de estos casos, si se hubiera dividido, el cociente evidentemente no hubiera sido igual ni menor que el divisor.
Ahora procedemos a dividir por 13, 17, 19, etc.:

$$
\begin{array}{r|l}
853 & 13 \\
73 & 65 \\
8 &
\end{array}
\qquad
\begin{array}{r|l}
853 & 17 \\
003 & 50
\end{array}
\qquad
\begin{array}{r|l}
853 & 19 \\
093 & 44 \\
17 &
\end{array}
$$

$$
\begin{array}{r|l}
853 & 23 \\
163 & 37 \\
02 &
\end{array}
\qquad
\begin{array}{r|l}
853 & 29 \\
273 & 29 \\
12 &
\end{array}
$$

En esta última división *inexacta* el cociente es igual al divisor, luego 853 es primo.

(3) Averiguar si 391 es primo.
Aplicando los caracteres de divisibilidad, vemos que no es divisible por 2, 3, 5, 7 ni 11. Tendremos: →

$$
\begin{array}{r|l}
391 & 13 \\
01 & 30
\end{array}
\qquad
\begin{array}{r|l}
391 & 17 \\
51 & 23 \\
0 &
\end{array}
$$

Esta última división es exacta, luego 391 es compuesto.

➤ EJERCICIO 81

Averiguar si son o no primos los números siguientes:

1. 97.	9. 259.	17. 601.	25. 997.
2. 139.	10. 271.	18. 683.	26. 1009.
3. 169.	11. 289.	19. 713.	27. 1099.
4. 197.	12. 307.	20. 751.	28. 1201.
5. 211.	13. 361.	21. 811.	29. 1207.
6. 221.	14. 397.	22. 841.	30. 1301.
7. 229.	15. 541.	23. 881.	31. 1309.
8. 239.	16. 529.	24. 961.	32. 2099.

(296) **TEOREMA**

Si un número es divisible por dos o más factores primos entre sí dos a dos, es también divisible por su producto.

Sea el número N divisible por los factores a, b y c, que son primos entre sí dos a dos. Vamos a probar que N es divisible por el producto ab y por el producto abc.

En efecto: Como N es divisible por a, llamando q al cociente de dividir N entre a, tendremos:

$$N = aq. \quad (1)$$

El factor b divide a N por hipótesis, luego divide a su igual aq, pero como es primo con a por hipótesis, dividirá a q, porque todo número que divide al producto de dos factores y es primo con uno de ellos, tiene que dividir al otro factor (**290**). Llamando q' al cociente de dividir q entre b, tendremos:

$$q = bq'. \quad (2)$$

Multiplicando miembro a miembro las igualdades (1) y (2), tendremos:

$$Nq = aqbq'.$$

Dividiendo ambos miembros por q, para lo cual basta suprimir ese factor en cada producto, la igualdad no varía y tendremos:

$$N = abq' \quad \text{o sea} \quad N = (ab)q'$$

igualdad que demuestra la primera parte del teorema, pues ella nos dice que el número N contiene al producto ab un número exacto de veces, q' veces, o sea, que N es divisible por el producto ab, que era lo primero que queríamos demostrar.

Ahora bien: c divide a N por hipótesis, luego dividirá a su igual aq, pero como es primo con a dividirá a q; si divide a q dividirá a su igual bq', pero como es primo con b dividirá a q'. Llamando q'' al cociente de dividir q' entre c, tendremos:

$$q' = cq''. \quad (3)$$

Multiplicando miembro a miembro las igualdades (1), (2) y (3), tendremos:

$$Nqq' = aqbq'cq''$$

Dividiendo ambos miembros de esta igualdad por q y por q', para lo cual basta suprimir esos factores en ambos productos, la igualdad no varía y tendremos:

$$N = abcq'' \quad \text{o sea} \quad N = (abc)q''$$

igualdad que demuestra la segunda parte del teorema, pues ella nos indica que el número N contiene al producto abc un número exacto de veces, q'' veces, o sea que N es divisible por el producto abc, que era lo que queríamos demostrar.

(297) DIVISIBILIDAD POR NUMEROS COMPUESTOS

De acuerdo con lo demostrado en el teorema anterior, si un número es divisible por dos factores primos entre sí, será divisible por su producto, luego:

Un número es divisible por 6 cuando es divisible a la vez por 2 y por 3, o sea, cuando termina en cero o cifra par y la suma de los valores absolutos de sus cifras es múltiplo de 3.

Un número es divisible por 12 cuando es divisible a la vez por 3 y por 4, o sea, cuando la suma de los valores absolutos de sus cifras es múltiplo de 3 y sus dos últimas cifras de la derecha son ceros o forman un múltiplo de 4.

Un número es divisible por 14 cuando es divisible a la vez por 2 y por 7; por 15 cuando es divisible a la vez por 3 y por 5; por 18 cuando es divisible a la vez por 2 y por 9; por 20 cuando es divisible a la vez por 4 y por 5; etc.

➤ **EJERCICIO 82**

1. Enunciar los caracteres de divisibilidad por 6, 12, 15, 18, 22, 24, 26, 28, 30, 45, 90.

2. Diga si los números 11, 18, 24, 36 y 27 son divisibles por 6.

3. Diga por cuáles de los números 12, 15 y 18 son divisibles los números 36, 45, 72, 300, 450, 1200, 3945 y 9972.

4. Diga por cuales de los números 14, 22 y 35 son divisibles los números 98, 968, 455, 448 y 6919.

5. Si un número es divisible por 4 y por 6, ¿ha de ser necesariamente divisible por 24?

6. Si 20 es divisible por 2 y por 4, ¿por qué no es divisible por $2 \times 4 = 8$?

7. Si un número es divisible por 2, 3 y 6, ¿ha de ser necesariamente divisible por $2 \times 3 \times 6 = 36$?

8. ¿Cómo es que 90 no divide a 120 si este número es divisible por 3, 6 y 5 y $3 \times 6 \times 5 = 90$?

(298) TEOREMA

Todo número primo mayor que 3 equivale a un múltiplo de 6 aumentado o disminuido en una unidad.

Sea N un número primo mayor que 3. Vamos a demostrar que

$$N = \text{m. de } 6 \pm 1.$$

En efecto: Dividamos N entre 6, sea q el cociente y R el residuo. Tendremos:

$$N = 6q + R.$$

Siendo 6 el divisor, necesariamente $R < 6$. R no puede ser cero, porque si fuera cero, N sería divisible por 6, lo cual es imposible porque N es primo; luego R tiene que ser 1, 2, 3, 4 ó 5.

R no puede ser 2 porque tendríamos:

$$N = 6q + 2$$

y siendo estos dos sumandos divisibles por 2, su suma *N* sería divisible por 2 **(238)**, lo cual es imposible porque *N* es primo.

R no puede ser 3 porque tendríamos:

$$N = 6q + 3$$

y siendo estos dos sumandos divisibles por 3, su suma *N* sería divisible por 3, lo cual es imposible porque *N* es primo.

R no puede ser 4 porque tendríamos:

$$N = 6q + 4$$

y siendo estos dos sumandos divisibles por 2, *N* sería divisible por 2, cual es imposible.

Luego, si *R* tiene que ser 1, 2, 3, 4 ó 5 y no puede ser 2, 3 ni 4, necesariamente tiene que ser 1 ó 5.

Si *R* es 1, tendremos:

$$N = 6q + 1 = \textbf{m. de 6 + 1.}$$

Si *R* es 5, tendremos:

$$N = 6q + 5 = \text{m. de } \ 6 + 5 = \text{m. de } 6 + (6 - 1) = \textbf{m. de 6 - 1.}$$

Luego, queda demostrado lo que nos proponíamos.

Ejemplos

$$11 = 12 - 1 = \text{m. de } 6 - 1.$$
$$19 = 18 + 1 = \text{m. de } 6 + 1.$$

(299) TEOREMA

El producto de tres números enteros consecutivos es siempre divisible por 6.

Sean los números enteros consecutivos *n*, $n + 1$ y $n + 2$ y *P* su producto. Tendremos:

$$n(n + 1)(n + 2) = P$$

De tres números enteros consecutivos, uno al menos necesariamente es par, y uno, necesariamente, es múltiplo de 3.

Si 2 divide por lo menos a uno de estos factores, dividirá a *P*, que es múltiplo de ese factor, y si 3 divide a uno de estos factores, dividirá a *P*, que es múltiplo de ese factor. Ahora bien, siendo *P* divisible por 2 y por 3, que son primos entre sí, será divisible por 6, porque **(296)** si un número es divisible por dos factores primos entre sí, es divisible por su producto. Luego, *P* es divisible por 6, que era lo que queríamos demostrar.

Con los trabajos de Fermat (1601-65), Euler (1707-83) y Gauss (1777-1855) sobre la teoría de los números, se echaron las bases de la Aritmética moderna o superior. En 1850, Tchebycheff realizó un notable progreso sobre los números primos. En 1932, el francés Landau, completó el trabajo de aquél sobre la distribución de los números primos, demostrando lo que el inglés Hardy llamó teorema de Tauber.

CAPITULO XX

DESCOMPOSICION EN FACTORES PRIMOS

(300) **Descomponer un número en sus factores primos** es convertirlo en un producto indicado de factores primos.

(301) **TEOREMA**

Todo número compuesto es igual a un producto de factores primos.

Sea el número compuesto N. Vamos a demostrar que N es igual a un producto de factores primos.

En efecto: N tendrá por lo menos un divisor primo que llamaremos a, porque todo número compuesto tiene por lo menos un factor primo mayor que la unidad **(287)**.

Dividiendo N entre a nos dará un cociente exacto que llamaremos b, y como el dividendo es igual al producto del divisor por el cociente, tendremos:

$$N = ab: \quad (1)$$

Si b fuera primo, ya estaba demostrado el teorema. Si b no es primo, tendrá por lo menos un divisor primo que llamaremos c, y llamando q al cociente de dividir b entre c, tendremos:

$$b = cq:$$

Sustituyendo este valor de b en la igualdad (1), tendremos:

$$N = acq \qquad (2)$$

Si q es primo. queda demostrado el teorema. Si es compuesto, tendrá un divisor primo que llamaremos d, y siendo q' el cociente de dividir q entre d, tendremos:

$$q = dq'.$$

Sustituyendo este valor de q en (2), tendremos:

$$N = acdq'.$$

Si q' es primo, queda demostrado el teorema. Si no lo es, tendrá un divisor primo y así sucesivamente. Ahora bien, como los cocientes van disminuyendo, llegaremos necesariamente a un cociente primo, que dividido por sí mismo dará de cociente la unidad y entonces el número N será igual a un producto de factores primos; que era lo que queríamos demostrar.

(302) REGLA PARA DESCOMPONER UN NUMERO COMPUESTO EN SUS FACTORES PRIMOS

Se divide el número dado por el menor de sus divisores primos; el cociente se divide también por el menor de sus divisores primos y así sucesivamente con los demás cocientes, hasta hallar un cociente primo, que se dividirá por sí mismo.

Ejemplos

(1) Descomponer 204 en sus factores primos.

$$
\begin{array}{r|l}
204 & 2 \\
102 & 2 \\
51 & 3 \\
17 & 17 \\
1 &
\end{array}
$$

$204 = 2^2 \times 3 \times 17.$ R.

Los factores primos de 204 son 2, 3 y 17.

(2) Descomponer 25230 en factores primos.

$$
\begin{array}{r|l}
25230 & 2 \\
12615 & 3 \\
4205 & 5 \\
841 & 29 \\
29 & 29 \\
1 &
\end{array}
$$

$25230 = 2 \times 3 \times 5 \times 29^2.$ R.

Los divisores primos de 25230 son 2, 3, 5 y 29.

OBSERVACION

La experiencia nos dice que los alumnos, cuando están descomponiendo y se encuentran un número, como 841 en el ejemplo anterior, que no es divisible por los números primos pequeños 2, 3, 5, 7 y 11, tienden a creer que es *primo*, con una gran probabilidad de equivocarse. Lo que hay que hacer en estos casos es aplicar la regla estudiada en el número **295** para averiguar si el número es primo o no.

➤ **EJERCICIO 83**

Descomponer en sus factores primos los números siguientes:

1.	64.	11.	341.	21.	2401.	31.	13690.
2.	91.	12.	377.	22.	2093.	32.	15700.
3.	96.	13.	408.	23.	2890.	33.	20677.
4.	121.	14.	441.	24.	3249.	34.	21901.
5.	160.	15.	507.	25.	3703.	35.	47601.
6.	169.	16.	529.	26.	3887.	36.	48763.
7.	182.	17.	686.	27.	5753.	37.	208537.
8.	289.	18.	861.	28.	5887.	38.	327701.
9.	306.	19.	906.	29.	9410.	39.	496947.
10.	385.	20.	1188.	30.	12740.		

(303) TEOREMA

Un número compuesto no puede descomponerse más que en un solo sistema de factores primos.

Sea el número N, que descompuesto en sus factores primos es igual a $abcd$. Supongamos que el mismo número N admitiera otra descomposición en factores primos y sea ésta $a'b'c'd'$. Vamos a demostrar que la primera descomposición $abcd$ es igual a la segunda $a'b'c'd'$.

En efecto. Tenemos:

$$N = abcd$$
$$N = a'b'c'd'$$

y como dos cosas iguales a una tercera son iguales entre sí, tendremos:

$$abcd = a'b'c'd'.$$

Ahora bien: El factor primo a divide al producto $abcd$ por ser factor suyo, luego dividirá al producto $a'b'c'd'$, que es igual al anterior. Si a divide a este producto, tiene que dividir a uno de sus factores, porque hay un teorema que dice que todo número primo que divide a un producto de varios factores tiene que dividir por lo menos a uno de ellos, por ejemplo a a', luego $a = a'$, porque para que un número primo divida a otro número primo es necesario que sean iguales. Por lo tanto, dividiendo el producto $abcd$ por a, para lo cual basta suprimir este factor y el producto $a'b'c'd'$ por a', para lo cual bastará suprimir este factor, la igualdad subsistirá y tendremos:

$$bcd = b'c'd$$

El factor primo b divide al producto bcd por ser uno de sus factores, luego dividirá a su igual $b'c'd'$; pero si b divide al producto $b'c'd'$, tiene que dividir a uno de sus factores, por ejemplo, a b', luego $b = b'$, por ser ambos números primos. Si dividimos el producto bcd por b y el producto $b'c'd'$ por b', la igualdad subsistirá y tendremos:

$$cd = c'd'.$$

El factor primo c divide al producto cd, luego dividirá a su igual $c'd'$, y si c divide a $c'd'$, dividirá a uno de sus factores, por ejemplo, a c', luego $c = c'$. Dividiendo el producto cd por c y el producto $c'd'$ por c', la igualdad subsistirá y tendremos:

$$d = d'.$$

Por lo tanto, si $a = a'$, $b = b'$, $c = c'$ y $d = d'$, o sea, si los factores de la primera descomposición son iguales a los de la segunda, ambas descomposiciones son iguales y no hay dos descomposiciones, sino una sola, que era lo que queríamos demostrar.

DIVISORES SIMPLES Y COMPUESTOS DE UN NUMERO COMPUESTO

(304) HALLAR CUANTOS DIVISORES SIMPLES Y COMPUESTOS TIENE UN NUMERO COMPUESTO

REGLA

Para conocer cuántos divisores simples y compuestos ha de tener un número, se descompone en sus factores primos. Hecho esto, se escriben los exponentes de los factores primos teniendo en cuenta que si un factor no tiene exponente se considera que tiene de exponente la unidad; se suma a cada exponente la unidad y los números que resulten se multiplican entre sí. El producto indicará el número total de divisores.

Ejemplos

(1) Sea el número 900. Para saber cuántos divisores simples y compuestos va a tener, lo descompondremos en sus factores primos:

900	2
450	2
225	3
75	3
25	5
5	5
1	

$$900 = 2^2 \times 3^2 \times 5^2$$

Escribiremos los exponentes 2, 2 y 2. A cada uno le sumamos la unidad y multiplicamos los números que resulten:

$$(2 + 1) \times (2 + 1) \times (2 + 1) = 3 \times 3 \times 3 = 27 \text{ divisores}$$

entre simples o primos y compuestos tendrá el número 900.

$$1008 = 2^4 \times 3^2 \times 7.$$

(2) Averiguar cuántos divisores tendrá el número 1008.

```
1008 | 2
 504 | 2
 252 | 2
 126 | 2
  63 | 3
  21 | 3
   7 | 7
   1 |
```

Tendrá:
$(4 + 1) \times (2 + 1) \times (1 + 1) = 5 \times 3 \times 2 = 30$ divisores
entre primos y compuestos.

Ya sabemos hallar *cuántos* divisores tiene un número compuesto; ahora vamos a encontrar *cuáles* son esos divisores.

(305) HALLAR TODOS LOS FACTORES SIMPLES Y COMPUESTOS DE UN NUMERO

REGLA

Se descompone el número compuesto dado en sus factores primos. Hecho esto, se escriben en una línea la unidad y las potencias sucesivas del primer factor primo, y se pasa una raya. Se multiplica esta primera fila de divisores por las potencias del segundo factor primo y al terminar se pasa una raya. Se multiplican todos los divisores así hallados por las potencias del tercer factor primo y así sucesivamente hasta haber multiplicado por las potencias del último factor primo.

Ejemplos

(1) Hallar todos los divisores de 1800.

```
1800 | 2
 900 | 2
 450 | 2
 225 | 3
  75 | 3
  25 | 5
   5 | 5
   1 |
```

$$1800 = 2^3 \times 3^2 \times 5^2$$

2^3	2 2^2 2^3
3^2	3 3^2
5^2	5 5^2

Ahora escribimos en una línea la unidad y las potencias del primer factor primo que son 2, $2^2 = 4$, $2^3 = 8$; pasamos una raya y multiplicamos esos factores por 3; $3 \times 1 = 3$, $3 \times 2 = 6$, $3 \times 4 = 12$, $3 \times 8 = 24$, y después esos mismos factores de la primera fila por $3^2 = 9$ obteniendo: $9 \times 1 = 9$, $9 \times 2 = 18$, $9 \times 4 = 36$, $9 \times 8 = 72$; hecho esto pasamos otra raya y multiplicamos todos los divisores que hemos obtenido hasta ahora, primero por 5 y luego por $5^2 = 25$ y tendremos:

1	2	4	8
3	6	12	24
9	18	36	72
5	10	20	40
15	30	60	120
45	90	180	360
25	50	100	200
75	150	300	600
225	450	900	1800

Aquí tenemos todos los divisores simples y compuestos de 1800. Los simples o primos son 1, 2, 3 y 5 y todos los demás son compuestos.
El último divisor que se halle siempre tiene que ser igual al número dado.

(2) Hallar todos los factores simples y compuestos de 15925 hallando antes el número de divisores.

$$15925 = 5^2 \times 7^2 \times 13.$$

```
15925 | 5
 3185 | 5      Tendrá (2 + 1)(2 + 1)(1 + 1) = 3 × 3 × 2 = 18 div.
  637 | 7
   91 | 7                        5² | 5 5²
   13 | 13     Hallando los divisores:   7² | 7 7²
    1 |                          13 | 13
```

Tendremos:

	1	5	25
7 por la 1a. fila..........	7	35	175
7² = 49 por la 1a. fila..........	49	245	1225
13 por todos los anteriores......	13	65	325
	91	455	2275
	637	3185	15925

Contando los divisores obtenidos veremos que son 18, que es el número que hallamos antes.

➤ EJERCICIO 84

Hallar todos los divisores simples y compuestos de los números siguientes, hallando primero el número de divisores:

1. 54.   **R.** 8 fact.: 1, 2, 3, 6, 9, 18, 27, 54.

2. 162.   **R.** 10 fact.: 1, 2, 3, 6, 9, 18, 27, 54, 81, 162.

3. 150.   **R.** 12 fact.: 1, 2, 3, 6, 5, 10, 15, 30, 25, 50, 75, 150.

4. 1029.   **R.** 8 fact.: 1, 3, 7, 21, 49, 147, 343, 1029.

5. 210.   **R.** 16 fact.: 1, 2, 3, 6, 5, 10, 15, 30, 7, 14, 21, 42, 35, 70, 105, 210.

6. 315.   **R.** 12 fact.: 1, 3, 9, 5, 15, 45, 7, 21, 63, 35, 105, 315,

7. 130.   **R.** 8 fact.: 1, 2, 5, 10, 13, 26, 65, 130.

8. 340.   **R.** 12 fact.: 1, 2, 4, 5, 10, 20, 17, 34, 68, 85, 170, 340.

9. 216.   **R.** 16 fact.: 1, 2, 4, 8, 3, 6, 12, 24, 9, 18, 36, 72, 27, 54, 108, 216.

10. 1521. **R.** 9 fact.: 1, 3, 9, 13, 39, 117, 169, 507, 1521.

11. 108.   **R.** 12 fact.: 1, 2, 4, 3, 6, 12, 9, 18, 36, 27, 54, 108.

12. 204.   **R.** 12 fact.: 1, 2, 4, 3, 6, 12, 17, 34, 68, 51, 102, 204.

13. 540.   **R.** 24 fact.: 1, 2, 4, 3, 6, 12, 9, 18, 36, 27, 54, 108, 5, 10, 20, 15, 30, 60, 45, 90, 180, 135, 270, 540.

14. 735.   **R.** 12 fact.: 1, 3, 5, 15, 7, 21, 35, 105, 49, 147, 245, 735.

15. 1080. **R.** 32 fact.: 1, 2, 4, 8, 3, 6, 12, 24, 9, 18, 36, 72, 27, 54, 108, 216, 5, 10, 20, 40, 15, 30, 60, 120, 45, 90, 180, 360, 135, 270, 540, 1080.

16. 2040. **R.** 32 fact.: 1, 2, 4, 8, 3, 6, 12, 24, 5, 10, 20, 40, 15, 30, 60, 120, 17, 34, 68, 136, 51, 102, 204, 408, 85, 170, 340, 680, 255, 510, 1020, 2040.

17. 3366. **R.** 24 fact.: 1, 2, 3, 6, 9, 18, 11, 22, 33, 66, 99, 198, 17, 34, 51, 102, 153, 306, 187, 374, 561, 1122, 1683, 3366.

18. 4020. **R.** 24 fact.: 1, 2, 4, 3, 6, 12, 5, 10, 20, 15, 30, 60, 67, 134, 268, 201, 402, 804, 335, 670, 1340, 1005, 2010, 4020.

19. 567. **R.** 10 fact.: 1, 3, 9, 27, 81, 7, 21, 63, 189, 567.

20. 4459. **R.** 8 fact.: 1, 7, 49, 343, 13, 91, 637, 4459.

21. 5819. **R.** 6 fact.: 1, 11, 23, 253, 529, 5819.

22. 6727. **R.** 6 fact.: 1, 7, 31, 217, 961, 6727.

23. 3159. **R.** 12 fact.: 1, 3, 9, 27, 81, 243, 13, 39, 117, 351, 1053, 3159.

24. 5929. **R.** 9 fact.: 1, 7, 49, 11, 77, 539, 121, 847, 5929.

25. 5915. **R.** 12 fact.: 1, 5, 7, 35, 13, 65, 91, 455, 169, 845, 1183, 5915.

26. 6006. **R.** 32 fact.: 1, 2, 3, 6, 7, 14, 21, 42, 11, 22, 33, 66, 77, 154, 231, 462, 13, 26, 39, 78, 91, 182, 273, 546, 143, 286, 429, 858, 1001, 2002, 3003, 6006.

27. 3025. **R.** 9 fact.: 1, 5, 25, 11, 55, 275, 121, 605, 3025.

28. 6591. **R.** 8 fact.: 1, 3, 13, 39, 169, 507, 2197, 6591.

29. 9702. **R.** 36 fact.: 1, 2, 3, 6, 9, 18, 7, 14, 21, 42, 63, 126, 49, 98, 147, 294, 441, 882, 11, 22, 33, 66, 99, 198, 77, 154, 231, 462, 693, 1386, 539, 1078, 1617, 3234, 4851, 9702.

30. 14161. **R.** 9 fact.: 1, 7, 49, 17, 119, 833, 289, 2023, 14161.

(306) **NUMEROS PERFECTOS** son los números que son iguales a la suma de todos sus factores, excepto el mismo número. 6, 28 y 496 son números perfectos.

(307) **NUMEROS AMIGOS** son dos números tales que cada uno de ellos es igual a la suma de los divisores del otro, como 220 y 284.

En el siglo IV (A. C.), Euclides, un genial griego, logró reunir los principales conocimientos matemáticos de su época. Todo lo relacionado con la Aritmética, lo expuso en los libros VII, VIII, IX y X de sus "Elementos". Entre los curiosos datos aritméticos que se encuentran en esa portentosa obra, aparece el método de resolución del Máximo Común Divisor, que hoy llamamos de divisiones sucesivas.

MAXIMO COMUN DIVISOR   CAPITULO   XXI

(308) MAXIMO COMUN DIVISOR de dos o más números es el **mayor número que los divide a todos exactamente.**

Se designa por las iniciales *m. c. d.*

> *Ejemplos*

(1) 18 y 24 son divisibles por 2, por 3 y por 6. ¿Hay algún número mayor que 6 que divida a 18 y a 24? No. Entonces, 6 es el m. c. d. de 18 y 24.

(2) 60, 100 y 120 son divisibles por 2, 4, 5, 10 y 20. No hay ningún número mayor que 20 que los divida a los tres. Entonces 20 es el m. c. d. de 60, 100 y 120.

(309) M. C. D. POR INSPECCION

Cuando los números son pequeños, puede hallarse muy fácilmente el m. c. d. por simple inspección.

Como el m. c. d. de varios números tiene que ser divisor del **menor** de ellos, procederemos así:

Nos fijamos en el número **menor** de los dados. Si éste divide a **todos** los demás, será el m. c. d. Si no los divide, buscamos cuál es el **mayor** de los divisores del menor que los divide a todos y éste será el m. c. d. buscado.

Ejemplos

(1) Hallar el m. c. d. de 18, 12 y 6.
El número menor 6 divide a 18 y a 12 luego 6 es el m. c. d. de 18, 12 y 6.   R.

(2) Hallar el m. c. d. de 20, 90 y 70.
20 no divide a 70, 10 es el mayor divisor de 20 que divide a 90 y a 70.
10 es el m. c. d. de 20, 90 y 70.   R.

(3) Hallar el m. c. d. de 48, 72 y 84.
48 no divide a los demás.   De los divisores de 48, 24 no divide a 84; 12
divide a 72 y a 84.   12 es el m. c. d. de 48, 72 y 84.   R.

> ### EJERCICIO 85

Hallar por simple inspección el m. c. d. de:

1.	15 y 30.	R. 15.	7.	24 y 32.	R. 8.	13.	16, 24 y 40.	R. 8.
2.	8 y 12.	R. 4.	8.	3, 6 y 9.	R. 3.	14.	22, 33 y 44.	R. 11.
3.	9 y 18.	R. 9.	9.	7, 14 y 21.	R. 7.	15.	20, 28, 36 y 40.	R. 4.
4.	20 y 16.	R. 4.	10.	18, 27 y 36.	R. 9.	16.	15, 20, 30 y 60.	R. 5.
5.	18 y 24.	R. 6.	11.	24, 36 y 72.	R. 12.	17.	28, 42, 56 y 70.	R. 14.
6.	21 y 28.	R. 7.	12.	30, 42 y 54.	R. 6.	18.	32, 48, 64 y 80.	R. 16.

(310) METODOS PARA HALLAR EL M. C. D.

Cuando no es fácil hallar el m. c. d. por inspección, éste puede hallarse por dos métodos:

1) **Por divisiones sucesivas.**   2) **Por descomposición en factores primos.**

I. M. C. D. POR DIVISIONES SUCESIVAS

Se pueden considerar dos casos: a) Que se trate de dos números.
b) Que se trate de más de dos números.

M. C. D. DE DOS NUMEROS POR DIVISIONES SUCESIVAS

La regla para este caso se funda en el siguiente teorema.

(311) TEOREMA

**El m. c. d. del dividendo y el divisor de una división inexacta es igual
al del divisor y el residuo.**

En efecto: En los principios fundamentales de la divisibilidad demostramos que todo número que divide al dividendo y al divisor de una
división inexacta divide al residuo (**246**) y que todo número que divide
al divisor y al residuo de una división inexacta divide al dividendo (**247**).
Por lo tanto, todo factor común del dividendo y el divisor será factor común del divisor y el residuo; luego el m. c. d., que no es sino el mayor

de estos factores comunes, será igual para el dividendo y el divisor que para el divisor y el residuo.

> **Ejemplo**
>
> En la división 350 | 80 el m. c. d. de 350 y 80 es 10 que
>
> 30 4
>
> también es el m. c. d. de 80 y 30.

(312) REGLA PRACTICA PARA HALLAR EL M. C. D. DE DOS NUMEROS POR DIVISIONES SUCESIVAS

Se divide el mayor de los números dados por el menor. Si la división es exacta, el menor es el m. c. d. Si la división es inexacta, se divide el divisor por el primer residuo; el primer residuo por el segundo residuo, éste por el tercero y así sucesivamente hasta obtener una división exacta. El último divisor será el m. c. d.

> **Ejemplos**

(1) Hallar el m. c. d. de 150 y 25.

	6
150	25
00	

El m. c. d. de 150 y 25 es 25. R.

(2) Hallar el m. c. d. de 2227 y 2125.

		1	20	1	5
2227	2125	102	85	17	
102	85	17	00		

El m. c. d. de 2227 y 2125 es 17. R.

Si al hallar el m. c. d. encontramos *un residuo que sea primo y la división siguiente no es exacta*, no es necesario continuar la operación; podemos afirmar que el m. c. d. es 1 o sea que los números son primos entre sí.

Así, al hallar el m. c. d. de 1471 y 462, tenemos:

		3	5	2
1471	462	85	37	
85	37	11		

Hemos encontrado el residuo primo 37 y la división siguiente no es exacta. Digo que el m. c. d. es 1. En efecto: El m. c. d. de 1471 y 462 es el de 462 y 85 y éste es el de 85 y 37. Ahora bien, como 37 es primo, el m. c. d. de 85 y 37 sólo puede ser 37 ó 1; 37 no lo es porque la división de 85 entre 37 no es exacta, luego tiene que ser 1, es decir que 1471 y 462 son primos entre sí.

➤ EJERCICIO 86

Hallar por divisiones sucesivas el m. c. d. de:

1. 137 y 2603. **R.** 137.
2. 1189 y 123656. **R.** 1189.
3. 144 y 520. **R.** 8.
4. 51 y 187. **R.** 17.
5. 76 y 1710. **R.** 38.
6. 93 y 2387. **R.** 31.
7. 111 y 518. **R.** 37.
8. 212 y 1431. **R.** 53.
9. 948 y 1975. **R.** 79.
10. 1164 y 3686. **R.** 194.
11. 303 y 1313. **R.** 101.
12. 19578 y 47190. **R.** 78.

13.	19367 y 33277.	**R. 107.**	17.	77615 y 108661.	**R. 15523.**
14.	207207 y 479205.	**R. 207.**	18.	65880 y 92415.	**R. 915.**
15.	9879 y 333555.	**R. 111.**	19.	1002001 y 2136134.	**R. 11011.**
16.	35211 y 198803.	**R. 121.**	20.	4008004 y 4280276.	**R. 4004.**

(313) TEOREMA

Todo divisor de dos números divide a su m. c. d.

Sea el número N que divide a A y B. Hallemos el m. c. d. de A y B llamando Q, Q' y Q'' a los cocientes, R y R' a los residuos:

	Q	Q'	Q''
A	B	R	
R	R'	**0**	

Vamos a demostrar que N divide a R', que es el m. c. d. de A y B.

En efecto: Si N divide a A y B, dividendo y divisor de la primera división, dividirá al residuo R, porque hay un teorema que dice que todo número que divide al dividendo y al divisor de una división inexacta divide al residuo (**246**). En la segunda división de B entre R, N que divide al dividendo y al divisor, dividirá al residuo R', que es el m. c. d. de A y B.

| **Ejemplo** | El m. c. d. de 80 y 60 es 20. Todos los divisores comunes de 80 y 60 como 2, 4, 5 y 10 dividen a 20. |

(314) TEOREMA

Si se multiplican o dividen dos números por un mismo número, su m. c. d. queda multiplicado o dividido por el mismo número.

Sean A y B los números. Hallemos su m. c. d.:

	Q	Q'	Q''
A	B	R	R'
R	R'	**0**	

Vamos a demostrar que si A y B se multiplican o dividen por un mismo número n, R', que es su m. c. d., también quedará multiplicado o dividido por n.

En efecto: Si A y B se multiplican o dividen por n, el residuo R quedará multiplicado o dividido por n, porque si el dividendo y el divisor de una división inexacta se multiplican o dividen por un mismo número, el residuo queda multiplicado o dividido por dicho número (**188**). En la segunda división, el dividendo B y el divisor R están multiplicados o divididos por n, luego el residuo R' también quedará multiplicado o dividido por n. Pero R' es el m. c. d. de A y B; luego, queda demostrado lo que nos proponíamos.

| **Ejemplo** | El m. c. d. de 80 y 24 es 8. Si multiplicamos $80 \times 3 = 240$ y $24 \times 3 = 72$ y hallamos el m. c. d. de 240 y 72 encontraremos que es 24 o sea 8×3. |

M. C. D. DE MAS DE DOS NUMEROS POR DIVISIONES SUCESIVAS

La regla para resolver este caso es la contenida en el siguiente teorema.

(315) TEOREMA

Para hallar el m. c. d. de más de dos números por divisiones sucesivas se halla primero el de dos de ellos; después el de otro de los números dados y el m. c. d. hallado; después el de otro número y el segundo m. c. d., y así sucesivamente hasta el último número. El último m. c. d. es el m. c. d. de todos los números dados.

Sean los números A, B, C y D. Hallemos el m. c. d. de A y B y sea éste d; hallemos el de d y C y sea éste d'; hallemos el de d' y D y sea éste d''. Vamos a demostrar que d'' es el m. c. d. de A, B, C y D.

$$
\left.\begin{array}{l}
A\ldots\ \\
B\ldots\
\end{array}\right\}d\ldots\left.\begin{array}{l}
\\
\\
C\ldots\ldots\ldots\
\end{array}\right\}d'\ldots\left.\begin{array}{l}
\\
\\
\\
D\ldots\ldots\ldots\ldots\
\end{array}\right\}d''
$$

En efecto: el m. c. d. de A, B, C y D divide a todos estos números, luego si divide a A y a B dividirá a su m. c. d., que es d, porque todo divisor de dos números divide a su m. c. d (313); si divide a d, como también divide a C, por ser uno de los números dados dividirá al m. c. d. de d y C, que es d', y si divide a d', como también divide a D, dividirá al m. c. d. de d' y D, que es d''; luego d'' no puede ser menor que el m. c. d. de A, B, C y D, porque si fuera menor, éste no podría dividirlo.

Por otra parte, d'' divide a D y a d' por ser su m. c. d.; si divide a d', dividirá a C y a d, que son múltiplos de d', y si divide a d, dividirá a A y a B, que son múltiplos de d, luego d'' es divisor común de A, B, C y D; pero no puede ser mayor que el m. c. d. de estos números porque éste, como su nombre lo indica, es el mayor divisor común de estos números.

Ahora bien: Si d'' no es menor ni mayor que el m. c. d. de A, B, C y D, será igual a dicho m. c. d. Luego, d'' es el m. c. d. de A, B, C y D.

Ejemplo

Hallar el m. c. d. de 4940, 4420, 2418 y 1092 por divisiones sucesivas.

Conviene empezar por los dos números menores ya que se termina más rápidamente.

Hallemos el m. c. d. de 2418 y 1092:

	2	4	1	2
2418	1092	234	156	78
234	156	78	00	

Ahora hallamos el m. c. d. de 4420 y 78: →

	56	1	1
4420	78	52	26
520	26	0	
52			

Ahora hallamos el m. c. d. de 4940 y 26: →

	190
4940	26
234	
000	

El m. c. d. de 4940, 4420, 2418 y 1092 es 26.   R.

OBSERVACION

Al hallar el m. c. d. de varios números si *alguno de los números dados es múltiplo de otro puede prescindirse del mayor.*
Así, si queremos hallar el m. c. d. de 529, 1058, 690 y 2070, como 1058 es múltiplo de 529 prescindimos de 1058 y como 2070 es múltiplo de 690 prescindimos de 2070. Nos quedamos con 529 y 690 y hallamos el m. c. d. de estos números que es 23. 23 será el m. c. d. de 529, 1058, 690 y 2070.

> ### EJERCICIO 87

Hallar por divisiones sucesivas el m. c. d. de:

1. 2168, 7336 y 9184.   **R.** 8.
2. 425, 800 y 950.   **R.** 25.
3. 1560, 2400 y 5400.   **R.** 120.
4. 78, 130 y 143.   **R.** 13.
5. 153, 357 y 187.   **R.** 17.
6. 236, 590 y 1239.   **R.** 59.
7. 465, 651 y 682.   **R.** 31.
8. 136, 204, 221 y 272.   **R.** 17.
9. 168, 252, 280 y 917.   **R.** 7.
10. 770, 990, 1265 y 3388.   **R.** 11.
11. 1240, 1736, 2852 y 3131.   **R.** 31.
12. 31740, 47610, 95220 y 126960.   **R.** 15870.
13. 45150, 51600, 78045 y 108489.   **R.** 129.
14. 63860, 66340; 134385 y 206305.   **R.** 155.
15. 500, 560, 725, 4350 y 8200.   **R.** 5.
16. 432, 648, 756, 702 y 621.   **R.** 27.
17. 3240, 5400, 5490, 6300 y 7110.   **R.** 90.
18. 486, 729, 891, 1944 y 4527.   **R.** 9.

(316) TEOREMA

Todo divisor de varios números divide a su m. c. d.

Sea el número N que divide a A, B, C y D.   Vamos a demostrar que N divide al m. c. d. de A, B, C y D.

Hallémoslo: ⟶

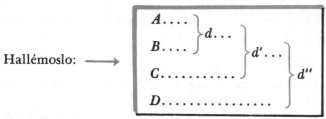

En efecto: Como que N divide a todos los números dados, dividirá a A y a B, y si divide a estos dos números dividirá a su m. c. d., que es d, porque todo divisor de dos números divide a su m. c. d. **(313)**. Si N divide a d, como también divide a C, por ser uno de los números dados, dividirá al m. c. d de d y C, que es d', y si divide a d', como también divide a D, dividirá al m. c. d. de d' y D, que es d''. Pero d'' es el m. c. d. de A, B, C y D; luego, queda demostrado lo que nos proponíamos.

| *Ejemplo* | El m. c. d. de 100, 150 y 75 es 25. El 5 que es divisor común de estos números divide también a 25. |

(317) TEOREMA

Si se multiplican o dividen más de dos números por un mismo número, su m. c. d. quedará multiplicado o dividido por el mismo número.

Sean los números A, B, C y D.
Hallemos su m. c. d.: ⟶

$$\left.\begin{array}{l} A\ldots\ldots \\ B\ldots\ldots \end{array}\right\} d\ldots \left.\begin{array}{l} \\ \\ C\ldots\ldots\ldots\ldots \end{array}\right\} d'\ldots \left.\begin{array}{l} \\ \\ \\ D\ldots\ldots\ldots\ldots\ldots \end{array}\right\} d''$$

Vamos a demostrar que si A, B, C y D se multiplican o dividen por un mismo número n, su m. c. d., que es d'', también quedará multiplicado o dividido por n.

En efecto: Si A y B se multiplican o dividen por n, su m. c. d., d también, quedará multiplicado o dividido por n **(314)**. Si d queda multiplicado o dividido por n, como C también lo está, el m. c. d. de d y C, que es d', también quedará multiplicado o dividido por n, y si d' queda multiplicado o dividido por n, como D también lo está, el m. c. d. de d' y D, que es d'', también quedará multiplicado o dividido por n. Pero d'' es el m. c. d. de A, B, C y D; luego, queda demostrado lo que nos proponíamos.

| *Ejemplo* |

El m. c. d. de 36, 48 y 60 es 12.
Si dividimos $36 \div 6 = 6$, $48 \div 6 = 8$ y $60 \div 6 = 10$ y hallamos el m. c. d. de 6, 8 y 10 encontraremos que es 2 o sea $12 \div 6$.

(318) TEOREMA

Los cocientes que resultan de dividir dos o más números por su m. c. d. son primos entre sí.

Sean los números A, B y C, cuyo m. c. d. es d. Al dividir estos números por su m. c. d., que es d, también d quedará dividido por sí mismo, porque si varios números se dividen por un mismo número su m. c. d.

queda dividido por dicho número (317). Pero $\dfrac{d}{d} = 1$; luego, 1 será el m. c. d. de los cocientes, o sea, que estos cocientes serán primos entre sí.

| *Ejemplo* | Dividiendo 30 y 45 por su m. c. d. 15, los cocientes 30 ÷ 15 = 2 y 45 ÷ 15 = 3 son primos entre sí. |

➤ **EJERCICIO 88**

1. Cite tres divisores comunes de los números 12, 24 y 48.
2. Diga, por inspección, cuál es el m. c. d. de 7 y 11; de 8, 9 y 10; de 25, 27 y 36.
3. Si 24 es el divisor y 8 el residuo de una división inexacta, ¿será 4 factor común del dividendo y el divisor? ¿Por qué?
4. Si 18 es el dividendo y 12 el divisor, ¿será 3 factor común del divisor y el residuo? ¿Por qué?
5. Siendo 7 divisor común de 35 y 140, ¿será divisor del m. c. d. de estos dos números? ¿Por qué?
6. ¿Será 11 divisor del m. c. d. de 33 y 45?
7. ¿Será 9 divisor del m. c. d. de 18, 36, 54 y 108? ¿Por qué?
8. 8 es el m. c. d. de 32 y 108. ¿Cuál será el m. c. d. de 64 y 216?
9. 9 es el m. c. d. de 18, 54 y 63. ¿Cuál será el m. c. d. de 6, 18 y 21? ¿Por qué?
10. ¿Pueden ser 4 y 6 los cocientes de dividir dos números por su m. c. d.?

II. M. C. D. POR DESCOMPOSICION EN FACTORES PRIMOS

(319) TEOREMA

El m. c. d. de varios números descompuestos en sus factores primos es el producto de sus factores primos comunes, afectados de su menor exponente.

Sean los números A, B y C, cuyo m. c. d. es D. Dividamos estos números por el producto de sus factores primos comunes afectados de su menor exponente, que llamaremos P, y sean a, b y c los cocientes:

$$\frac{A}{P} = a, \qquad \frac{B}{P} = b, \qquad \frac{C}{P} = c.$$

Es evidente que los cocientes a, b y c serán primos entre sí, porque al dividir los números dados por P, que es el producto de los factores primos comunes con su menor exponente, los cocientes no tendrán más factor común que la unidad.

Ahora bien: Al dividir los números A, B y C por P, su m. c. d. D también ha quedado dividido por P, porque si se dividen varios números por otro, su m. c. d. queda dividido por dicho número (**317**); luego, el m. c. d. de los cocientes a, b y c será $\dfrac{D}{P}$; pero sabemos que el m. c. d. de estos cocientes es la unidad; luego, $\dfrac{D}{P} = 1$ y por lo tanto $D = P$, o sea que D, el m. c. d. de los números dados A, B y C, es igual a P, el producto de los factores primos comunes afectados de su menor exponente.

320 REGLA PRACTICA PARA HALLAR EL M. C. D. DE VARIOS NUMEROS POR DESCOMPOSICION EN FACTORES PRIMOS

Se descomponen los números dados en sus factores primos. El m. c. d. se forma con el producto de los factores primos comunes con su menor exponente.

Ejemplos

(1) Hallar el m. c. d. de 1800, 420, 1260 y 108.

1800	2
900	2
450	2
225	3
75	3
25	5
5	5
1	

420	2
210	2
105	3
35	5
7	7
1	

1260	2
630	2
315	3
105	3
35	5
7	7
1	

108	2
54	2
27	3
9	3
3	3
1	

$$1800 = 2^3 \times 3^2 \times 5^2.$$
$$420 = 2^2 \times 3 \times 5 \times 7.$$
$$1260 = 2^2 \times 3^2 \times 5 \times 7.$$
$$108 = 2^2 \times 3^3.$$

Para hallar el m. c. d. multiplicamos el 2 que es factor común por estar en las cuatro descomposiciones, afectado del exponente 2 que es el menor; por 3 que también está en las cuatro descomposiciones, afectado del exponente 1 que es el menor; los demás factores no se toman por no estar en todas las descomposiciones. Luego:

m. c. d. de 1800, 420, 1260 y 108 $= 2^2 \times 3 = 12$. R.

(2) Hallar el m. c. d. de 170, 2890, 204 y 5100 por descomposición en factores. Como 2890 es múltiplo de 170 porque $2890 \div 170 = 17$ y como 5100 es múltiplo de 204 porque $5100 \div 204 = 25$ prescindimos de 2890 y 5100 y hallamos el m. c. d. de 170 y 204. Tendremos:

170	2
85	5
17	17
1	

204	2
102	2
51	3
17	17
1	

m. c. d. $= 2 \times 17 = 34$.

34 es el m. c. d. de 170, 2890, 204 y 5100. R.

321 METODO ABREVIADO

El m. c. d. de varios números por descomposición en factores primos puede hallarse rápidamente **dividiendo al mismo tiempo todos los números dados por un factor común, los cocientes nuevamente por un factor común y así sucesivamente hasta que los cocientes sean primos entre sí. El m. c. d. es el producto de los factores comunes.**

Ejemplos

(1) Hallar el m. c. d. de 208, 910 y 1690 por el método abreviado.

208	910	1690	2
104	455	845	13
8	35	65	

m. c. d. $= 2 \times 13 = 26$.

208, 910 y 1690 tenían el factor común 2. Los dividimos entre 2 y obtuvimos los cocientes 104, 455 y 845. Estos cocientes tenían el factor común 13, los dividimos entre 13 y obtuvimos los cocientes 8, 35 y 65 que no tienen ningún divisor común. El m. c. d. es $2 \times 13 = 26$. R.

(2) Hallar el m. c. d. de 3430, 2450, 980 y 4410 por el método abreviado.

3430	2450	980	4410	10
343	245	98	441	7
49	35	14	63	7
7	5	2	9	

m. c. d. $= 10 \times 7^2 = 490$. R.

➤ **EJERCICIO 89**

Hallar por descomposición en factores primos (puede usarse el método abreviado) el m. c. d. de:

1. 20 y 80. **R. 20.**
2. 144 y 520. **R. 8.**
3. 345 y 850. **R. 5.**
4. 19578 y 47190. **R. 78.**
5. 33, 77 y 121. **R. 11.**
6. 425, 800 y 950. **R. 25.**
7. 2168, 7336 y 9184. **R. 8.**
8. 54, 76, 114 y 234. **R. 2.**
9. 320, 450, 560 y 600. **R. 10.**
10. 858, 2288 y 3575. **R. 143.**
11. 464, 812 y 870. **R. 58.**
12. 98, 294, 392 y 1176. **R. 98.**
13. 1560, 2400, 5400 y 6600. **R. 120.**
14. 840, 960, 7260 y 9135. **R. 15.**
15. 3174, 4761, 9522 y 12696. **R. 1587.**
16. 171, 342, 513 y 684. **R. 171.**
17. 500, 560, 725, 4350 y 8200. **R. 5.**
18. 850, 2550, 4250 y 12750. **R. 850.**
19. 465, 744, 837 y 2511. **R. 93.**
20. 600, 1200, 1800 y 4800. **R. 600.**
21. 57, 133, 532 y 1824. **R. 19.**
22. 2645, 4232, 4761 y 5819. **R. 529.**
23. 2523, 5046, 5887 y 7569. **R. 841.**
24. 961, 2821, 2418 y 10571. **R. 31.**
25. 2738, 9583, 15059, 3367 y 12691. **R. 37.**

➤ **EJERCICIO 90**

1. Hallar el m. c. d. de los siguientes grupos de números:

   a) 540 y 1050   b) 910, 490 y 560   c) 690, 5290 y 920

   hallando previamente todos los factores simples y compuestos de cada número. **R.** a) 30. b) 70. c) 230.

2. ¿Se podrán dividir tres varillas de 20 cms., 24 cms. y 30 cms. en pedazos de 4 cms. de longitud sin que sobre ni falte nada entre cada varilla?

3. Se tienen tres varillas de 60 cms., 80 cms. y 100 cms. de longitud respectivamente. Se quieren dividir en pedazos de la misma longitud sin que sobre ni falte nada. Diga tres longitudes posibles para cada pedazo.

4. Si quiero dividir cuatro varillas de 38, 46, 57 y 66 cms. de longitud en pedazos de 9 cms. de longitud, ¿cuántos cms. habría que desperdiciar en cada varilla y cuántos pedazos obtendríamos de cada una?

5. Un padre da a un hijo 80 cts., a otro 75 cts. y a otro 60 cts., para repartir entre los pobres, de modo que todos den a cada pobre la misma cantidad. ¿Cuál es la mayor cantidad que podrán dar a cada pobre y cuántos los pobres socorridos? **R.** 5 cts.; 43 pobres.

6. Dos cintas de 36 metros y 48 metros de longitud se quieren dividir en pedazos iguales y de la mayor longitud posible. ¿Cuál será la longitud de cada pedazo? **R.** 12 ms.

7. ¿Cuál será la mayor longitud de una medida con la que se puedan medir exactamente tres dimensiones de 140 metros, 560 metros y 800 metros? **R.** 20 ms.

8. Se tienen tres cajas que contienen 1600 libras, 2000 libras y 3392 libras de jabón respectivamente. El jabón de cada caja está dividido en bloques del mismo peso y el mayor posible. ¿Cuánto pesa cada bloque y cuántos bloques hay en cada caja? **R.** 16 lbs.; en la 1ª, 100; en la 2ª, 125; en la 3ª, 212.

9. Un hombre tiene tres rollos de billetes de banco. En uno tiene $4500, en otro $5240 y en el tercero $6500. Si todos los billetes son iguales y de la mayor denominación posible, ¿cuánto vale cada billete y cuántos billetes hay en cada rollo? **R.** $20; en el 1º, 225; en el 2º, 262; en el 3º, 325.

10. Se quieren envasar 161 kilos, 253 kilos y 207 kilos de plomo en tres cajas, de modo que los bloques de plomo de cada caja tengan el mismo peso y el mayor posible. ¿Cuánto pesa cada pedazo de plomo y cuántos caben en cada caja? **R.** 23 kilos; en la 1ª, 7; en la 2ª, 11; en la 3ª, 9.

11. Una persona camina un número exacto de pasos andando 650 cms., 800 cms. y 1000 cms. ¿Cuál es la mayor longitud posible de cada paso? **R.** 50 cms.

12. ¿Cuál es la mayor longitud de una regla con la que se puede medir exactamente el largo y el ancho de una sala que tiene 850 cms. de largo y 595 cms. de ancho? **R.** 85 cms.

13. Compré cierto número de trajes por $2050. Vendí una parte por $15000, cobrando por cada traje lo mismo que me había costado. Hallar el mayor valor posible de cada traje y en ese supuesto, ¿cuántos trajes me quedan? **R.** $50; quedan 11.

14. Se tienen tres extensiones de 3675, 1575 y 2275 metros cuadrados de superficie respectivamente y se quieren dividir en parcelas iguales. ¿Cuál ha de ser la superficie de cada parcela para que el número de parcelas de cada una sea el menor posible? **R.** 175 m.²

(322) HALLAR LOS DIVISORES COMUNES A DOS O MAS NUMEROS

Los divisores comunes de dos o más números son divisores del m. c. d. de estos números, porque todo divisor de dos o más números divide a su m. c. d. (**313** y **316**). Por tanto, para hallar los divisores comunes a dos o más números, hallaremos el m. c. d. de estos números y luego los factores simples y compuestos de este m. c. d., y estos factores serán los divisores comunes a los números dados.

> ## Ejemplos

Hallar los factores comunes a 180 y 252.

Hallemos el m. c. d. de estos números: ⟶

	1	2	2
252	180	72	36
72	36	0	

Ahora hallamos los factores simples y compuestos de 36:

$$36 = 2^2 \times 3^2.$$

36	2
18	2
9	3
3	3
1	

2^2	2	2^2
3^2	3	3^2

1	2	4
3	6	12
9	18	36

Los factores comunes a 180 y 252 son 1, 2, 3, 4, 6, 9, 12, 18 y 36.   R.

➤ EJERCICIO 91

Hallar los factores comunes a:

1. 18 y 72.   **R.** 1, 2, 3, 6, 9 y 18.
2. 40 y 200.   **R.** 1, 2, 4, 5, 8, 10, 20 y 40.
3. 48 y 72.   **R.** 1, 2, 3, 4, 6, 8, 12, 16, 24 y 48.
4. 60 y 210.   **R.** 1, 2, 3, 5, 6, 10, 15 y 30.
5. 90 y 225.   **R.** 1, 3, 5, 9, 15 y 45.
6. 147 y 245.   **R.** 1, 7 y 49.
7. 320 y 800.   **R.** 1, 2, 4, 5, 8, 10, 16, 20, 32, 40, 80 y 160.
8. 315 y 525.   **R.** 1, 3, 5, 7, 15, 21, 35 y 105.
9. 450 y 1500.   **R.** 1, 2, 3, 5, 6, 10, 15, 25, 30, 50, 75 y 150.
10. 56, 84 y 140.   **R.** 1, 2, 4, 7, 14 y 28.
11. 120, 300 y 360.   **R.** 1, 2, 3, 4, 5, 6, 10, 12, 15, 20, 30 y 60.
12. 204, 510 y 459.   **R.** 1, 3, 17 y 51.
13. 400, 500, 350 y 250.   **R.** 1, 2, 5, 10, 25 y 50.
14. 243, 1215, 2430 y 8100.   **R.** 1, 3, 9, 27 y 81.

No se olvidó Euclides en sus "Elementos", de ofrecer un método para la resolución del Mínimo Común Múltiplo (M. C. M.), de dos números. Para resolver el M. C. M., Euclides propuso la siguiente regla: "El producto de dos números dividido entre el M. C. D. de ambos números, da el Mínimo Común Múltiplo". Como se verá, este procedimiento resultaba más trabajoso que el que utilizamos en la actualidad.

MINIMO COMUN MULTIPLO   CAPITULO

(323) **MULTIPLO COMUN** de dos o más números es todo número que contiene exactamente a cada uno de ellos.

Así, 40 es múltiplo común de 20 y 8 porque 40 contiene a 20 dos veces y a 8 cinco veces exactamente.

90 es múltiplo común de 45, 18 y 15 porque $90 \div 45 = 2$, $90 \div 18 = 5$ y $90 \div 15 = 6$, sin que sobre residuo en ningún caso.

(324) **MINIMO COMUN MULTIPLO** de dos o más números es el **menor** número que contiene un número exacto de veces a cada uno de ellos. Se designa por las iniciales **m. c. m.**

Ejemplos

(1) 36 contiene exactamente a 9 y a 6; 18 también contiene exactamente a 9 y a 6.
¿Hay algún número menor que 18 que contenga exactamente a 9 y a 6?
No. Entonces 18 es el m. c. m. de 9 y 6.

(2) 60 es divisible por 2, 3 y 4; 48 también, 24 también y 12 también. Como no hay ningún número menor que 12 que sea divisible por 2, 3 y 4 tendremos que 12 es el m. c. m. de 2, 3 y 4.

325 MINIMO COMUN MULTIPLO POR INSPECCION

La teoría del m. c. m. es de gran importancia por sus numerosas aplicaciones.

Cuando se trata de hallar el m. c. m. de números pequeños éste puede hallarse muy fácilmente por simple inspección, de este modo:

Como el m. c. m. de varios números tiene que ser múltiplo del **mayor** de ellos, **se mira a ver si el mayor de los números dados contiene exactamente a los demás. Si es así, el mayor es el m. c. m. Si no los contiene, se busca cuál es el menor múltiplo del número mayor que los contiene exactamente y éste será el m. c. m. buscado.**

Ejemplos

(1) Hallar el m. c. m. de 8 y 4.
Como el mayor 8 contiene exactamente a 4, 8 es el m. c. m. de 8 y 4. R.

(2) Hallar el m. c. m. de 8, 6 y 4.
8 contiene exactamente a 4 pero no a 6. De los múltiplos de 8, $8 \times 2 = 16$ no contiene exactamente a 6, $8 \times 3 = 24$ contiene exactamente a 6 y 4. 24 es el m. c. m. de 8, 6 y 4. R.

(3) Hallar el m. c. m. de 10, 12 y 15.
15 no contiene a los demás; $15 \times 2 = 30$ no contiene a 12; $15 \times 3 = 45$ tampoco; $15 \times 4 = 60$ contiene cinco veces a 12 y 6 veces a 10. 60 es el m. c. m. de 10, 12 y 15. R.

➤ EJERCICIO 92

Diga, por simple inspección, cuál es el m. c. m. de:

1.	7 y 14.	R. 14.	16.	30, 15 y 60.	R. 60.
2.	9 y 18.	R. 18.	17.	121, 605 y 1210.	R. 1210.
3.	3, 6 y 12.	R. 12.	18.	2, 6 y 9.	R. 18.
4	5, 10 y 20.	R. 20.	19.	5, 10 y 15.	R. 30.
5.	4, 8, 16 y 32.	R. 32.	20.	3, 5 y 6.	R. 30.
6.	10, 20, 40 y 80.	R. 80.	21.	2, 3 y 9.	R. 18.
7.	2, 6, 18 y 36.	R. 36.	22.	2, 3, 4 y 6.	R. 12.
8.	3, 15, 75 y 375.	R. 375.	23.	2, 3, 5 y 6.	R. 30.
9.	4 y 6.	R. 12.	24.	3, 4, 10 y 15.	R. 60.
10.	8 y 10.	R. 40.	25.	4, 5, 8 y 20.	R. 40.
11.	9 y 15.	R. 45.	26.	2, 5, 10 y 25.	R. 50.
12.	14 y 21.	R. 42.	27.	4, 10, 15, 20 y 30.	R. 60.
13.	12 y 15.	R. 60.	28.	5, 10, 15, 30 y 45.	R. 90.
14.	16 y 24.	R. 48.	29.	2, 4, 10, 20, 25 y 30.	R. 300.
15.	21 y 28.	R. 84.	30.	7, 14, 21, 35 y 70.	R. 210.

326 METODOS PARA HALLAR EL M. C. M.

Cuando no es fácil hallar el m. c. m. por simple inspección por no ser pequeños los números, éste puede ser hallado por dos métodos:

1) Por el m. c. d.   **2)** Por descomposición en factores primos.

I. M. C. M. POR EL M. C. D.

Se pueden considerar dos casos: a) Que se trate de dos números. b) Que se trate de más de dos números.

M. C. M. DE DOS NUMEROS POR EL M. C. D.

La regla para este caso se funda en el siguiente teorema.

(327) TEOREMA

El m. c. m. de dos números es igual a su producto dividido por su m. c. d.

En efecto: El producto de los dos números dados será múltiplo común de ambos, pues contendrá a cada factor tantas veces como unidades tenga el otro. Si dividimos este producto por un factor común a los dos números dados, el cociente seguirá siendo múltiplo común de los dos números dados, aunque menor que el anterior; luego, si dividimos el producto por el mayor factor común de los dos números dados, que es su m. c. d., el cociente será también múltiplo común de los dos y el menor posible.

(328) REGLA PRACTICA PARA HALLAR EL M. C. M. DE DOS NUMEROS POR EL M. C. D.

Se multiplican los números dados y se divide este producto por el m. c. d. de ambos. El cociente será el m. c. m.

Ejemplos

(1) Hallar el m. c. m. de 84 y 120 por el m. c. d.

Hallemos el m. c. d.:

	1	2	3
120	84	36	12
36	12	0	

m. c. d. = 12.

El m. c. m. será: $\dfrac{120 \times 84}{12} = 120 \times 7 = 840$. R.

Obsérvese que para dividir el producto 120 × 84 por 12 basta dividir uno de los factores, por ejemplo el 84, por 12.

(2) Hallar el m. c. m. de 238 y 340.

Hallemos el m. c. d.:

	1	2	3
340	238	102	34
102	34	00	

m. c. d. = 34

El m. c. m. de 238 y 340 será: $\dfrac{238 \times 340}{34} = 238 \times 10 = 2380$. R.

329) CASO ESPECIAL

Si los dos números dados son primos entre sí, el m. c. m. es su producto, porque siendo su m. c. d. la unidad, al dividir su producto por 1 queda igual.

Así, el m. c. m. de 15 y 16, que son primos entre sí, será $15 \times 16 = 240$. **R.**
El m. c. m. de 123 y 143 será $123 \times 143 = 17589$. **R.**

➤ **EJERCICIO 93**

Hallar, por medio del m. c. d., el m. c. m. de:

1.	8 y 9.	**R.** 72.	13.	80 y 120.	**R.** 240.
2.	36 y 37.	**R.** 1332.	14.	96 y 108.	**R.** 864.
3.	96 y 97.	**R.** 9312.	15.	104 y 200.	**R.** 2600.
4.	101 y 102.	**R.** 10302.	16.	125 y 360.	**R.** 9000.
5.	14 y 21.	**R.** 42.	17.	124 y 160.	**R.** 4960.
6.	15 y 45.	**R.** 45.	18.	140 y 343.	**R.** 6860.
7.	45 y 90.	**R.** 90.	19.	254 y 360.	**R.** 45720.
8.	105 y 210.	**R.** 210.	20.	320 y 848.	**R.** 16960.
9.	109 y 327.	**R.** 327.	21.	930 y 3100.	**R.** 9300.
10.	12 y 40.	**R.** 120.	22.	7856 y 9293.	**R.** 73005808.
11.	16 y 30.	**R.** 240.	23.	9504 y 14688.	**R.** 161568.
12.	12 y 44.	**R.** 132.	24.	10108 y 15162.	**R.** 30324.

25. El m. c. d. de dos números es 2 y el m. c. m. 16. Hallar el producto de los dos números. **R.** 32.

26. El m. c. d. de dos números es 115 y el m. c. m. 230. ¿Cuál es el producto de los dos números? **R.** 26450.

27. El m. c. m. de dos números es 450 y el m. c. d. 3. Si uno de los números es 18, ¿cuál es el otro? **R.** 75.

28. El m. c. m. de dos números primos entre sí es 240. Si uno de los números es 15, ¿cuál es el otro? **R.** 16.

M. C. M. DE MAS DE DOS NUMEROS POR EL M. C. D.

La regla para este caso se funda en el siguiente teorema.

330) TEOREMA

El m. c. m. de varios números no se altera porque se sustituyan dos de ellos por su m. c. m.

Sean los números A, B, C y D. Hallemos el m. c. m. de A y B y sea éste m; hallemos el de m y C y sea éste m'; hallemos el de m' y D y sea éste m''. Vamos a demostrar que m'' es el m. c. m. de A, B, C y D.

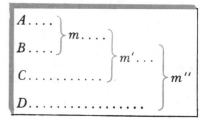

En efecto: Todo múltiplo común de A, B, C y D, por serlo en particular de A y B, será múltiplo de su m. c. m. m, porque todo múltiplo de dos números es múltiplo de su m. c. m. Por otra parte, todo múltiplo común de m, C y D, por serlo en particular de m, lo será de sus divisores A y B, luego será múltiplo común de A, B, C y D. Por lo tanto, A, B, C y D tienen los mismos múltiplos comunes que m, C y D; luego el m. c. m., que no es sino el menor de estos múltiplos comunes, será el mismo para A, B, C y D que para m, C y D.

Según esto, podemos sustituir A y B por su m. c. m., que es m; m y C los podemos sustituir por su m. c. m., que es m', quedando solamente m' y D. El m. c. m. de m' y D, que es m'', será el m. c. m. de A, B, C y D.

(331) REGLA PRACTICA PARA HALLAR EL M. C. M. DE MAS DE DOS NUMEROS POR EL M. C. D.

Se halla primero el m. c. m. de dos de ellos, luego el de otro de los números dados y el m. c. m. hallado, después el de otro de los números dados y el segundo m. c. m. hallado y así sucesivamente hasta el último número. El último m. c. m. será el m. c. m. de todos los números dados.

Si alguno de los números dados es divisor de otro, puede suprimirse al hallar el m. c. m. La operación con los restantes se debe empezar por los mayores, ya que se termina más pronto.

Ejemplo

Hallar el m. c. m. de 400, 360, 180, 54 y 18.
Como 18 es divisor de 54 y 180 de 360, prescindimos de ambos y nos quedamos con 400, 360 y 54.
Hallemos el m. c. m. de 400 y 360:

$$\frac{400 \times 360}{40} = 10 \times 360 = 3600$$

	1	9
400	360	40
40	00	

m. c. d. $= 40$.

Hallemos el m. c. m. de 3600 y 54:

$$\frac{3600 \times 54}{18} = 3600 \times 3 = 10800$$

	66	1	2
3600	54	36	18
360	18	0	
36			

m. c. d. $= 18$.

10800 es el m c. m. de 400, 360, 180, 54 y 18. R.

(332) CASO ESPECIAL

Si los números dados son primos dos a dos, el m. c. m. es su producto, porque 1 es el m. c. d. de dos cualesquiera de ellos.

Así, por ejemplo, el m. c. m. de 2, 3, 5 y 17 será:

$$2 \times 3 \times 5 \times 17 = 510. \quad \text{R.}$$

➤ **EJERCICIO 94**

Hallar, por medio del m. c. d., el m. c. m. de:

1. 2, 3 y 11.	R. 66.	12. 9, 12, 16 y 25.	R. 3600.
2. 7, 8, 9 y 13.	R. 6552.	13. 16, 84 y 114.	R. 6384.
3. 15, 25 y 75.	R. 75.	14. 110, 115 y 540.	R. 136620.
4. 2, 4, 8 y 16.	R. 16.	15. 210, 360 y 548.	R. 345240.
5. 5, 10, 40 y 80.	R. 80.	16. 100, 500, 2100 y 3000.	R. 21000.
6. 7, 14, 28 y 56.	R. 56.	17. 56, 72, 124 y 360.	R. 78120.
7. 15, 30, 45 y 60.	R. 180.	18. 105, 306, 405 y 504.	R. 385560.
8. 3, 5, 15, 21 y 42.	R. 210.	19. 13, 91, 104 y 143.	R. 8008.
9. 100, 300, 800 y 900.	R. 7200.	20. 58, 85, 121, 145 y 154.	R. 4175710.
10. 15, 30, 60 y 180.	R. 180.	21. 108, 216, 306, 2040 y 4080.	R. 36720.
11. 8, 10, 15 y 32.	R. 480.	22. 33, 49, 165, 245 y 343.	R. 56595

II. M. C. M. POR DESCOMPOSICION EN FACTORES

(333) TEOREMA

El m. c. m. de varios números descompuestos en sus factores primos es igual al producto de los factores primos comunes y no comunes afectados de su mayor exponente.

Sean los números A, B y C que descompuestos en sus factores primos equivalen: ⟶

$$A = 2^3 \times 3^3 \times 5.$$
$$B = 2^4 \times 3^2 \times 5^2 \times 7.$$
$$C = 2 \times 3^2 \times 11.$$

Vamos a demostrar que el **m. c. m.** de A, B y C será $2^4 \times 3^3 \times 5^2 \times 7 \times 11$.

Para demostrar que $2^4 \times 3^3 \times 5^2 \times 7 \times 11$ es el m. c. m. tenemos que demostrar dos cosas: **1)** Que es común múltiplo de A, B y C. **2)** Que es el menor común múltiplo de estos números.

En efecto: El producto $2^4 \times 3^3 \times 5^2 \times 7 \times 11$ es **común múltiplo** de A, B y C porque contiene todos los factores primos de estos números con iguales o mayores exponentes, y es el **menor múltiplo común** de A, B y C porque cualquier otro producto menor habría de tener o algún factor primo de menos, en cuyo caso no sería múltiplo del número que contuviera a ese factor; por ejemplo, el producto $2^4 \times 3^3 \times 5^2 \times 7$ será menor que $2^4 \times 3^3 \times 5^2 \times 7 \times 11$, pero no será múltiplo de C porque no contiene el factor primo 11 que se halla en la descomposición de C; o teniendo los mismos factores primos, alguno estaría elevado a un exponente menor, en cuyo caso no sería múltiplo del número que contuviera ese factor elevado a un exponente mayor; por ejemplo, $2^3 \times 3^3 \times 5^2 \times 7 \times 11$ no sería múltiplo de B porque el factor primo 2 está elevado en este producto a la tercera potencia, y en el número B está a la cuarta potencia. Luego, si ningún otro número menor que el producto $2^4 \times 3^3 \times 5^2 \times 7 \times 11$ puede ser común múltiplo de A, B y C, el producto $2^4 \times 3^3 \times 5^2 \times 7 \times 11$ es el m. c. m. de los números dados.

334 REGLA PRACTICA PARA HALLAR EL M. C. M. DE VARIOS NUMEROS POR DESCOMPOSICION EN FACTORES PRIMOS

Se descomponen los números en sus factores primos y el m. c. m. se forma con el producto de los factores primos comunes y no comunes afectados de su mayor exponente.

Ejemplos

(1) Hallar el m. c. m. de 50, 80, 120 y 300.

50	2
25	5
5	5
1	

80	2
40	2
20	2
10	2
5	5
1	

120	2
60	2
30	2
15	3
5	5
1	

300	2
150	2
75	3
25	5
5	5
1	

$$50 = 2 \times 5^2.$$
$$80 = 2^4 \times 5.$$
$$120 = 2^3 \times 3 \times 5.$$
$$300 = 2^2 \times 3 \times 5^2.$$

El m. c. m. estará formado por el factor primo 2 elevado a su mayor exponente que es 4, multiplicado por el factor primo 5 elevado a su mayor exponente que es 2, multiplicado por el factor primo 3, elevado a su mayor exponente que es 1. Luego

$$\text{m. c. m. de } 50, 80, 120 \text{ y } 300 = 2^4 \times 5^2 \times 3 = 1200. \quad R.$$

(2) Hallar el m. c. m. de 24, 48, 56 y 168.
Como el 24 es divisor de 48 y 56 de 168, prescindimos de 24 y 56 y hallaremos solamente el m. c. m. de 48 y 168, porque todo múltiplo común de estos números será múltiplo de sus divisores 24 y 56:

48	2
24	2
12	2
6	2
3	3
1	

168	2
84	2
42	2
21	3
7	7
1	

$$48 = 2^4 \times 3.$$

$$168 = 2^3 \times 3 \times 7.$$

$$\text{m. c. m.} = 2^4 \times 3 \times 7 = 336.$$

336 será el m. c. m. de 24, 48, 56 y 168. R.

335 METODO ABREVIADO

El m. c. m. por descomposición en factores se puede hallar más rápidamente de este modo:

Se divide cada uno de los números dados por su menor divisor; lo propio se hace con los cocientes hasta obtener que todos los cocientes sean 1. El m. c. m. es el producto de todos los divisores primos.

Ejemplos

(1) Hallar el m. c. m. de 30, 60 y 190 por el método abreviado. Prescindimos de 30 divisor de 60 y tenemos:

60	190	2
30	95	2
15	95	3
5	95	5
1	19	19
	1	

m. c. m. $= 2^2 \times 3 \times 5 \times 19 = 1140.$ R.

El número que no es divisible por un factor primo se repite debajo como se ha hecho dos veces con 95.

(2) Hallar el m. c. m. de 360, 480, 500 y 600 por el método abreviado.

360	480	500	600	2
180	240	250	300	2
90	120	125	150	2
45	60	125	75	2
45	30	125	75	2
45	15	125	75	3
15	5	125	25	3
5	5	125	25	5
1	1	25	5	5
		5	1	5
		1		

m. c. m. $= 2^5 \times 3^2 \times 5^3$
$= 32 \times 9 \times 125 = 36000.$ R.

➤ EJERCICIO 95

Hallar por descomposición en factores primos (puede emplearse el método abreviado), el m. c. m. de:

1. 32 80. **R. 160.**
2. 46 y 69. **R. 138.**
3. 18, 24 y 40. **R. 360.**
4. 32, 48 y 108. **R. 864.**
5. 5, 7, 10 y 14. **R. 70.**
6. 2, 3, 6, 12 y 50. **R. 300.**
7. 100, 500, 700 y 1000. **R. 7000.**
8. 14, 38, 56 y 114. **R. 3192.**
9. 13, 19, 39 y 342. **R. 4446.**
10. 15, 16, 48 y 150. **R. 1200.**
11. 14, 28, 30 y 120. **R. 840.**
12. 96, 102, 192 y 306. **R. 9792.**
13. 108, 216, 432 y 500. **R. 54000.**
14. 21, 39, 60 y 200. **R. 54600.**
15. 81, 100, 300, 350 y 400. **R. 226800.**
16. 98, 490, 2401 y 4900. **R. 240100.**
17. 91, 845, 1690 y 2197. **R. 153790.**
18. 529, 1058, 1587 y 5290. **R. 15870.**
19. 841, 1682, 2523 y 5887. **R. 35322.**
20. 5476, 6845, 13690, 16428 y 20535. **R. 82140.**

➤ EJERCICIO 96

1. Con 10 cts., ¿podré comprar un número exacto de lápices de a 3 cts. y de a 5 cts.?
2. Con 30 cts., ¿podré comprar un número exacto de lápices de a 3 cts., 5 cts. y 6 cts. cada uno? ¿Cuántos de cada precio?
3. ¿Con qué cantidad, menor que 40 cts., podré comprar un número exacto de manzanas de a 4 cts., 6 cts. y 9 cts. cada una?

4. ¿Puede Ud. tener 50 cts. en piezas de cinco, diez y veinte centavos?

5. ¿Cuál es la menor suma de dinero que se puede tener en piezas de cinco, diez y veinte centavos?

6. ¿Cuál es la menor suma de dinero que se puede tener en billetes de a $2, de a $5 o de a $20 y cuántos billetes de cada denominación harían falta en cada caso?

7. Hallar la menor distancia que se puede medir exactamente con una regla de 2, de 5 o de 8 pies de largo. **R.** 40 p.

8. ¿Cuál es la menor suma de dinero con que se puede comprar un número exacto de libros de a $3, $4, $5 u $8 cada uno y cuántos libros de cada precio podría comprar con esa suma? **R.** $120; 40 de $3, 30 de $4, 24 de $5 y 15 de $8.

9. Para comprar un número exacto de docenas de pelotas de a 80 cts. la docena o un número exacto de docenas de lápices a 60 cts. la docena, ¿cuál es la menor suma de dinero necesaria? **R.** $2.40.

10. ¿Cuál es la menor cantidad de dinero que necesito para comprar un número exacto de trajes de a $30, $45 o $50 cada uno si quiero que en cada caso me sobren $25? **R.** $475.

11. ¿Cuál es la menor capacidad de un estanque que se puede llenar en un número exacto de minutos por cualquiera de tres llaves que vierten: la 1ª, 12 litros por minuto; la 2ª, 18 litros por minuto y la 3ª, 20 litros por minuto? **R.** 180 litros.

12. ¿Cuál es la menor capacidad de un estanque que se puede llenar en un número exacto de segundos por cualquiera de tres llaves que vierten: la 1ª, 2 litros por segundo; la 2ª, 30 litros en 2 segundos y la 3ª, 48 litros en 3 segundos? **R.** 240 litros.

13. Hallar la menor capacidad posible de un depósito que se puede llenar en un número exacto de minutos abriendo simultáneamente tres llaves que vierten: la 1ª, 10 litros por minuto; la 2ª, 12 litros por minuto y la 3ª, 30 litros por minuto, y cuántos minutos tardaría en llenarse. **R.** 52 litros; 1 min.

14. ¿Cuál será la menor longitud de una varilla que se puede dividir en pedazos de 8 cms., 9 cms. o 15 cms. de longitud sin que sobre ni falte nada y cuántos pedazos de cada longitud se podrían sacar de esa varilla? **R.** 360 cms.; 45 de 8, 40 de 9 y 24 de 15.

15. Hallar el menor número de bombones necesario para repartir entre tres clases de 20 alumnos, 25 alumnos o 30 alumnos, de modo que cada alumno reciba un número exacto de bombones y cuántos bombones recibirá cada alumno de la 1ª, de la 2ª o de la 3ª clase. **R.** 300 bomb.; de la 1ª, 15; de la 2ª, 12; de la 3ª, 10.

16. Tres galgos arrancan juntos en una carrera en que la pista es circular. Si el primero tarda 10 segundos en dar una vuelta a la pista, el segundo 11 segundos y el tercero 12 segundos, ¿al cabo de cuántos segundos pasarán juntos por la línea de salida y cuántas vueltas habrá dado cada uno en ese tiempo? **R.** 660 seg. u 11 min.; el 1º, 66; el 2º, 60; el 3º, 55.

17 Tres aviones salen de una misma ciudad, el 1º cada 8 días, el 2º cada 10 días y el 3º cada 20 días. Si salen juntos de ese aeropuerto el día 2 de enero, ¿cuáles serán las dos fechas más próximas en que volverán a salir juntos? (el año no es bisiesto). **R.** 11 de febrero y 23 de marzo.

El origen de las fracciones comunes o quebrados es muy remoto. Los babilonios, egipcios y griegos han dejado pruebas de que conocían las fracciones. Cuando Juan de Luna tradujo al latín, en el siglo XII, la Aritmética de Al-Juarizmi, empleó fractio para traducir la palabra árabe al-kasr, que significa quebrar, romper. Este uso se generalizó junto con la forma ruptus, que prefería Leonardo de Pisa.

NUMEROS FRACCIONARIOS. PROPIEDADES GENERALES

CAPITULO XXIII

(336) AMPLIACION DEL CAMPO DE LOS NUMEROS. NUMEROS FRACCIONARIOS

Hemos visto (12) que las cantidades **discontinuas** o pluralidades, como las manzanas de un cesto, están constituidas por elementos naturalmente separados unos de otros, mientras que las cantidades **continuas,** como la longitud de una sala, constituyen un todo cuyos elementos no están naturalmente separados entre sí.

La medición de las cantidades continuas y las divisiones inexactas han hecho que se amplíe el campo de los números con la introducción de los **números fraccionarios.**

(337) MEDIDA DE CANTIDADES CONTINUAS. UNIDAD PRINCIPAL Y UNIDADES SECUNDARIAS

Para medir una cantidad continua, por ejemplo la longitud del segmento AB (figura 34), se elige una longitud cualquiera, por ejemplo, la longitud del segmento CD como unidad de medida, y esta es la **unidad principal.**

FIGURA 34

231

Para realizar la medida transportamos el segmento unidad *CD* consecutivamente sobre el segmento *AB* a partir de uno de sus extremos y encontramos que el segmento *AB* contiene tres veces exactamente al segmento *CD*, o sea, que la medida del segmento *AB* es 3 veces la unidad principal o segmento *CD*. Pero no siempre sucede que la unidad principal esté contenida un número exacto de veces en la cantidad que se mide.

Así, por ejemplo, si queremos medir la longitud del segmento *NM* (figura 35) siendo la unidad principal el segmento *CD*, nos encontramos, al transportar *CD* sobre *NM*, que éste contiene 3 veces a *CD* y nos sobra el segmento *PM*. Entonces tomamos como unidad de medida la mitad de *CD* (**unidad secundaria**) y llevándola sobre *NM* a partir del extremo *N*, vemos que está contenida 7 veces exactamente en *NM*. Entonces decimos que la medida del segmento *NM* es 7 veces la mitad del segmento *CD*, o sea, $^7/_2$ de *CD*.

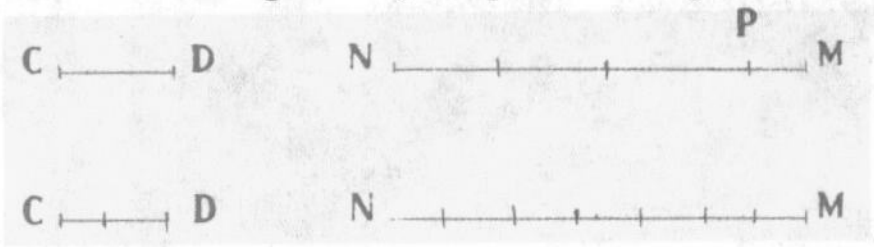

C⊢———⊣ D   N ⊢—+—+—⊣ M

C⊢—+—⊣ D   N ⊢—+—+—+—+—⊣ M

FIGURA 35

Como se ve, ha habido necesidad de introducir un nuevo número, el número fraccionario $^7/_2$, en el cual el 2 (**denominador**) indica que la unidad principal que es la longitud de *CD* se ha dividido en dos partes iguales, y el 7 (**numerador**), que *NM* contiene siete de estas partes. Del propio modo, si queremos medir la longitud del segmento *EF* (figura 36) siendo *CD* la unidad principal, nos encontramos, al transportar *CD* sobre *EF*, que este segmento es menor que la unidad principal *CD*. Si tomamos como unidad la mitad de *CD*, línea *a)*, o su tercera parte, línea *b)*, y las llevamos sobre *EF*, vemos que este segmento no contiene exactamente a estas **unidades secundarias**. Tomando como unidad de medida la cuarta parte de *CD*, línea *c)*, vemos que ésta está contenida tres veces exactamente en *EF*. Entonces decimos que la medida del segmento *EF* es 3 veces la cuarta parte de *CD*, o sea, $^3/_4$ de *CD*. Véase que en el número fraccionario $^3/_4$ el denominador 4 indica que la **unidad secundaria** que se ha empleado es la cuarta parte de la unidad principal, y el numerador 3 indica las veces que *EF* contiene a dicha unidad secundaria.

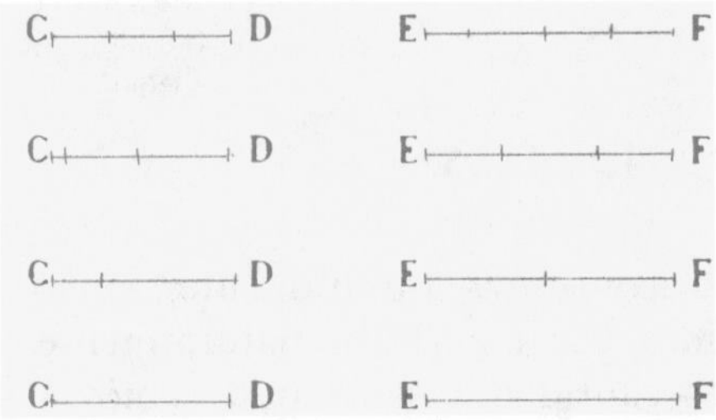

C⊢—+—+—⊣ D   E⊢—+—+—⊣ F

C⊢—+—+—⊣ D   E⊢—+—+—⊣ F

C⊢—+—⊣ D   E⊢—+—⊣ F

C⊢———⊣ D   E⊢————⊣ F

FIGURA 36

En resumen: **Unidad principal** es la unidad elegida y **unidades secundarias** son cada una de las partes iguales en que se divide la unidad principal.

(338) NECESIDAD DEL NUMERO FRACCIONARIO EN LAS DIVISIONES INEXACTAS

Otra necesidad del empleo de los números fraccionarios la tenemos en las divisiones inexactas.

La división exacta no siempre es posible, porque muchas veces no existe ningún número entero que multiplicado por el divisor dé el dividendo. Así, la división de 3 entre 5 no es exacta porque no hay ningún número entero que multiplicado por 5 dé 3.

Entonces ¿cómo expresar el cociente exacto de 3 entre 5? Pues únicamente por medio del número fraccionario $^3/_5$.

Del propio modo, el cociente exacto de 4 entre 7 se expresa $^4/_7$ y el de 9 entre 5 se expresa $^9/_5$.

Lo anterior nos dice que **todo número fraccionario representa el cociente exacto de una división en la cual el numerador representa el dividendo y el denominador el divisor.**

(339) NUMERO FRACCIONARIO O QUEBRADO es el que expresa una o varias partes iguales de la unidad principal.

Si la unidad se divide en **dos** partes iguales, estas partes se llaman **medios;** si se divide en **tres** partes iguales, estas partes se llaman **tercios;** en **cuatro** partes iguales, **cuartos;** en **cinco** partes iguales, **quintos;** en **seis** partes iguales, **sextos;** etc.

(340) TERMINOS DEL QUEBRADO. SU CONCEPTO

Un quebrado consta de dos términos, llamados **numerador** y **denominador.**

El **denominador** indica en cuántas partes iguales se ha dividido la unidad principal, y el **numerador,** cuántas de esas partes se toman.

Así, en el quebrado **tres cuartos,** $\frac{3}{4}$, el denominador 4 indica que la unidad se ha dividido en cuatro partes iguales, y el numerador 3, que se han tomado tres de esas partes iguales.

En el quebrado **siete novenos,** $\frac{7}{9}$, el denominador 9 indica que la unidad se ha dividido en nueve partes iguales, y el numerador 7, que se han tomado siete de esas partes.

(341) NOTACION

Para escribir un quebrado se escribe el numerador arriba separado por una raya oblicua u horizontal del denominador. Así, cuatro quintos se escribe $\frac{4}{5}$ o $^4/_5$, cinco octavos se escribe $\frac{5}{8}$ o $^5/_8$

(342) NOMENCLATURA

Para leer un quebrado se enuncia primero el numerador y después el denominador. Si el denominador es 2, se lee medios; si es 3, tercios; si es 4, cuartos; si es 5, quintos; si es 6, sextos; si es 7, séptimos; si es 8, octavos; si es 9, novenos, 'y si es 10, décimos.

Si el denominador es mayor que 10, se añade al número la terminación **avo**.

Así, $\frac{3}{8}$ se lee tres octavos; $\frac{5}{7}$ se lee cinco séptimos; $\frac{3}{11}$ se lee tres onceavos; $\frac{4}{15}$ se lee cuatro quinceavos.

(343) INTERPRETACION

Todo quebrado puede considerarse como el **cociente** de una división en la cual el numerador representa el dividendo y el denominador el divisor.

Así, $\frac{2}{3}$ representa el cociente de una división en la cual el numerador 2 es el dividendo y el denominador 3 el divisor.

En efecto: Si $\frac{2}{3}$ es el cociente de la división de 2 entre 3, multiplicando este cociente $\frac{2}{3}$ por el divisor 3, debe darnos el dividendo 2, y efectivamente:

$$2 \text{ tercios} \times 3 = 2 \text{ tercios} + 2 \text{ tercios} + 2 \text{ tercios} = 6 \text{ tercios} = 2$$

porque si 3 **tercios** constituyen una unidad, 6 **tercios,** que es el doble, formarán 2 unidades.

(344) CLASES DE QUEBRADOS

Los quebrados se dividen en **quebrados comunes** y **quebrados decimales.**

Quebrados comunes son aquellos cuyo denominador no es la unidad seguida de ceros, como $\frac{3}{4}$, $\frac{7}{8}$, $\frac{9}{13}$.

Quebrados decimales son aquellos cuyo denominador es la unidad seguida de ceros, como $\frac{7}{10}$, $\frac{9}{100}$, $\frac{11}{1000}$.

Los quebrados, tanto comunes como decimales, pueden ser **propios, iguales a la unidad** o **impropios.**

Quebrado **propio** es aquel cuyo numerador es menor que el denominador. Ejemplos: $\frac{2}{3}$, $\frac{3}{4}$, $\frac{5}{7}$.

Todo quebrado propio es **menor** que la unidad. Así, $\frac{3}{4}$ es menor que la unidad porque la unidad la hemos dividido en 4 partes iguales y sólo hemos tomado 3 de esas partes; por tanto, a $\frac{3}{4}$ le falta $\frac{1}{4}$ **para ser** igual a $\frac{4}{4}$ o sea la unidad.

Quebrado **igual a la unidad** es aquel cuyo numerador es igual al denominador. Ejemplos: $\frac{6}{6}$, $\frac{7}{7}$, $\frac{8}{8}$.

Quebrado **impropio** es aquel cuyo numerador es mayor que el denominador. Ejemplos: $\frac{3}{2}$, $\frac{4}{3}$, $\frac{7}{5}$.

Todo quebrado impropio es **mayor** que la unidad. Así, $\frac{7}{5}$ es mayor que la unidad porque la unidad la hemos dividido en 5 partes iguales y hemos tomado 7 de estas partes; por tanto, $\frac{7}{5}$ excede en $\frac{2}{5}$ a $\frac{5}{5}$, o sea la unidad.

(345) NUMERO MIXTO es el que consta de entero y quebrado. Ejemplos: $1\frac{2}{3}$, $4\frac{3}{5}$.

Todo número mixto contiene un número exacto de unidades y además una o varias partes iguales de la unidad.

➤ **EJERCICIO 97**

1. ¿Cómo se llaman las partes iguales en que se divide la unidad si se divide en 12 partes, 15 partes, 27 partes, 56 partes iguales?

2. ¿Cuántos tercios hay en una unidad, en 2 unidades, en 3 unidades?

3. ¿Cuántos novenos hay en una unidad, en 4 unidades, en 7 unidades?

4. ¿Cuántos treceavos hay en 2 unidades, en 5 unidades?

5. ¿Cuántos medios hay en la mitad de una unidad; cuántos tercios en la tercera parte de una unidad; cuántos octavos en la octava parte de una unidad?

6. ¿Cuántos cuartos, sextos y décimos hay en media unidad?

7. ¿Cuántos medios y cuartos hay en dos unidades y media?

8. Si una manzana la divido en 5 partes iguales y a un muchacho le doy tres de esas partes y a otro el resto, ¿cómo se llaman las partes que he dado a cada uno?

9. En los quebrados $\frac{5}{9}$, $\frac{4}{23}$, $\frac{11}{15}$ y $\frac{18}{43}$, dígase lo que significan el numerador y el denominador.

10. ¿Cómo pueden interpretarse los quebrados $\frac{5}{6}$, $\frac{7}{9}$, $\frac{11}{12}$? Demuéstrese.

11. Leer los quebrados $\frac{17}{10}$, $\frac{37}{108}$, $\frac{125}{316}$, $\frac{211}{819}$, $\frac{1504}{97654}$.

12. Escríbanse los quebrados: siete décimos; catorce diecinueveavos, doscientos cincuenta, ciento treinta y dosavos; cincuenta y nueve, cuatrocientos ochenta y nueveavos; mil doscientos cincuenta y tres, tres mil novecientos ochenta y nueveavos.

13. De los quebrados siguientes, diga cuáles son mayores, cuáles menores y cuales iguales a la unidad: $\frac{5}{7}$, $\frac{16}{9}$, $\frac{15}{15}$, $\frac{31}{96}$, $\frac{114}{113}$, $\frac{19}{14}$, $\frac{103}{103}$, $\frac{1350}{887}$, $\frac{95}{162}$, $\frac{162}{95}$, $\frac{95}{95}$.

14. Diga cuánto hay que añadir a cada uno de los quebrados siguientes para que sean iguales a la unidad: $\frac{8}{11}$, $\frac{14}{25}$, $\frac{18}{19}$, $\frac{106}{231}$, $\frac{245}{897}$.

15. Diga en cuánto excede cada uno de los quebrados siguientes a la unidad:

$$\frac{9}{7}, \frac{15}{11}, \frac{23}{11}, \frac{89}{7}, \frac{314}{237}, \frac{1089}{1000}.$$

16. ¿Cuál es el menor y el mayor quebrado propio de denominador 23; 25; 32; 89?

17. Diga en cuánto aumenta cada uno de los quebrados $\frac{2}{3}, \frac{4}{5}, \frac{7}{8}$, al añadir 3 al numerador.

18. Diga en cuánto disminuye cada uno de los quebrados $\frac{7}{8}, \frac{10}{9}, \frac{17}{35}$ al restar 6 al numerador.

PROPIEDADES DE LAS FRACCIONES COMUNES

(346) TEOREMA

De varios quebrados que tengan igual denominador es mayor el que tenga mayor numerador.

Sean los quebrados $\frac{7}{4}, \frac{5}{4}$ y $\frac{3}{4}$. Decimos que $\frac{7}{4}$ es el mayor de estos tres quebrados.

En efecto: Todos estos quebrados representan partes iguales de la unidad, o sea cuartos; luego será el mayor el que contenga mayor número de partes, que es $\frac{7}{4}$.

(347) TEOREMA

De varios quebrados que tengan igual numerador, es mayor el que tenga menor denominador.

Sean los quebrados $\frac{2}{3}, \frac{2}{5}$ y $\frac{2}{7}$. Decimos que $\frac{2}{3}$ es el mayor de estos tres quebrados.

En efecto: Estos tres quebrados contienen el mismo número de partes de la unidad, dos cada uno; pero las partes del primero son mayores que las del segundo o tercero, pues en el primero la unidad está dividida en tres partes iguales; en el segundo, en cinco, y en el tercero, en siete; luego, $\frac{2}{3}$ es el mayor.

(348) TEOREMA

Si a los dos términos de un quebrado propio se suma un mismo número, el quebrado que resulta es mayor que el primero.

Sea el quebrado $\frac{5}{7}$. Sumemos un mismo número, 2 por ejemplo, a sus dos términos y tendremos $\frac{5+2}{7+2} = \frac{7}{9}$. Decimos que $\frac{7}{9} > \frac{5}{7}$.

En efecto: A $\frac{7}{9}$ le faltan $\frac{2}{9}$ para ser igual a $\frac{9}{9}$, o sea la unidad, y a $\frac{5}{7}$

le faltan $\frac{2}{7}$ para ser igual a $\frac{7}{7}$, o sea la unidad; pero $\frac{2}{9}$ es menor que $\frac{2}{7}$; luego, a $\frac{7}{9}$ le falta menos para ser igual a la unidad que a $\frac{5}{7}$, o sea, $\frac{7}{9} > \frac{5}{7}$.

(349) TEOREMA

Si a los dos términos de un quebrado propio se resta un mismo número, el quebrado que resulta es menor que el primero.

Sea el quebrado $\frac{5}{7}$. Restemos un mismo número, 2 por ejemplo, a sus dos términos y tendremos $\frac{5-2}{7-2} = \frac{3}{5}$. Decimos que $\frac{3}{5} < \frac{5}{7}$.

En efecto: A $\frac{3}{5}$ le faltan $\frac{2}{5}$ para ser igual a $\frac{5}{5}$, o sea la unidad, y a $\frac{5}{7}$ le faltan $\frac{2}{7}$ para ser igual a $\frac{7}{7}$, o sea la unidad; pero $\frac{2}{5}$ es mayor que $\frac{2}{7}$; luego, a $\frac{3}{5}$ le falta más para ser igual a la unidad que a $\frac{5}{7}$, o sea, $\frac{3}{5} < \frac{5}{7}$.

(350) TEOREMA

Si a los dos términos de un quebrado impropio se suma un mismo número, el quebrado que resulta es menor que el primero.

Sea el quebrado $\frac{7}{5}$. Sumemos un mismo número, 2 por ejemplo, a sus dos términos y tendremos: $\frac{7+2}{5+2} = \frac{9}{7}$. Decimos que $\frac{9}{7} < \frac{7}{5}$.

En efecto: $\frac{9}{7}$ excede a la unidad en $\frac{2}{7}$ y $\frac{7}{5}$ excede a la unidad en $\frac{2}{5}$; pero $\frac{2}{7}$ es menor que $\frac{2}{5}$; luego, $\frac{9}{7} < \frac{7}{5}$.

(351) TEOREMA

Si a los dos términos de un quebrado impropio se resta un mismo número, el quebrado que resulta es mayor que el primero.

Sea el quebrado $\frac{7}{5}$. Restemos un mismo número, 2 por ejemplo, a sus dos términos y tendremos: $\frac{7-2}{5-2} = \frac{5}{3}$. Decimos que $\frac{5}{3} > \frac{7}{5}$.

En efecto: $\frac{5}{3}$ excede a la unidad en $\frac{2}{3}$, y $\frac{7}{5}$ excede a la unidad en $\frac{2}{5}$; pero $\frac{2}{3}$ es mayor que $\frac{2}{5}$; luego, $\frac{5}{3} > \frac{7}{5}$.

> **EJERCICIO 98**

1. Diga cuál de los quebrados siguientes es el mayor, cuál el menor y por qué: $\frac{7}{10}, \frac{7}{16}, \frac{7}{19}$ y $\frac{7}{23}$.

2. Diga cuál de los quebrados siguientes es el mayor, cual el menor y por qué: $\frac{5}{6}, \frac{11}{6}, \frac{13}{6}$ y $\frac{19}{6}$.

3. ¿Cuánto falta a $\frac{3}{5}$ para ser la unidad? ¿Y a $\frac{5}{7}$? ¿Cuál será mayor $\frac{3}{5}$ o $\frac{5}{7}$?

4. ¿En cuánto exceden $\frac{4}{3}$ y $\frac{17}{14}$ a la unidad? ¿Cuál será mayor de los dos?

5. Escribir de menor a mayor los quebrados $\frac{3}{5}, \frac{11}{13}$ y $\frac{5}{7}$.

6. Escribir de mayor a menor los quebrados $\frac{21}{17}, \frac{9}{5}$ y $\frac{7}{3}$.

7. ¿Aumenta o disminuye $\frac{8}{13}$ si se suma 5 a sus dos términos; si se resta 3?

8. ¿Cuál es mayor $\frac{11}{15}$ o $\frac{7}{11}$; $\frac{7}{9}$ u $\frac{11}{13}$?

9. ¿Disminuye o aumenta $\frac{16}{11}$ si se suma 6 a sus dos términos; si se resta 5?

10. ¿Cuál es mayor $\frac{17}{12}$ o $\frac{14}{9}$; $\frac{6}{5}$ u $\frac{9}{8}$?

(352) TEOREMA

Si el numerador de un quebrado se multiplica por un número, sin variar el denominador, el quebrado queda multiplicado por dicho número, y si se divide, el quebrado queda dividido por dicho número.

En efecto: Ya sabemos que el quebrado representa el cociente de una división en la cual el numerador es el dividendo y el denominador el divisor. Ahora bien, si el dividendo de una división se multiplica o divide por un número, el cociente queda multiplicado o dividido por dicho número (187); luego, al multiplicar o dividir el numerador, que es el dividendo, por un número, el quebrado, que es el cociente, quedará multiplicado o dividido por el mismo número.

(353) TEOREMA

Si el denominador de un quebrado se multiplica o divide por un número, el quebrado queda dividido en el primer caso y multiplicado en el segundo por el mismo número.

En efecto: Hay un teorema que dice que si el divisor se multiplica o divide por un número el cociente queda dividido en el primer caso y multiplicado en el segundo por dicho número (187); luego, al multiplicar o dividir el denominador, que es el divisor, por un número, el quebrado, que es el cociente, quedará dividido en el primer caso y multiplicado en el segundo por el mismo número.

(354) TEOREMA

Si los dos términos de un quebrado se multiplican o dividen por un mismo número, el quebrado no varía.

En efecto: Al multiplicar el numerador por un número, el quebrado queda multiplicado por ese mismo número (352), pero al multiplicar el denominador por dicho número, el quebrado queda dividido por el mismo número (353), luego no varía.

Del mismo modo, al dividir el numerador por un número, el quebrado queda dividido por dicho número (352), pero al dividir el denominador por el mismo número el quebrado queda multiplicado por el mismo número (353), luego no varía.

➤ EJERCICIO 99

1. ¿Qué alteración sufre el quebrado $\frac{8}{11}$ si multiplicamos el numerador por 2; si lo dividimos por 4?

2. ¿Qué alteración sufre el quebrado $\frac{16}{19}$ sustituyendo el 16 por 32, por 2?

3. ¿Es $\frac{20}{31}$ mayor o menor que $\frac{4}{31}$ y cuántas veces?

4. ¿Qué alteración experimenta $\frac{5}{6}$ si multiplicamos el denominador por 3; si lo dividimos por 2?

5. ¿Qué alteración sufre el quebrado $\frac{7}{8}$ si sustituimos el 8 por 2, por 24?

6. ¿Es $\frac{7}{51}$ mayor o menor que $\frac{7}{17}$ y cuántas veces?

7. ¿Qué sucede al quebrado $\frac{22}{105}$ si sustituimos el denominador por 5, por 35?

8. ¿Qué alteración sufre el quebrado $\frac{14}{28}$ si multiplicamos sus dos términos por 3, si lo dividimos por 2?

9. ¿Qué alteración sufre el quebrado $\frac{9}{15}$ sustituyendo el 9 por 3 y el 15 por 5?

10. ¿Cuál de los quebrados $\frac{2}{3}$, $\frac{8}{12}$ y $\frac{16}{24}$ es el mayor?

11. ¿Cuál de los quebrados $\frac{1}{5}$, $\frac{3}{15}$, $\frac{27}{135}$ y $\frac{6}{30}$ es el menor?

12. Dado el quebrado $\frac{7}{9}$ hallar tres quebrados equivalentes de términos mayores.

13. Dado el quebrado $\frac{75}{125}$, hallar dos quebrados equivalentes de términos mayores y dos de términos menores.

14. Hacer los quebrados $\frac{2}{3}$, $\frac{8}{4}$ y $\frac{5}{6}$ tres veces mayores sin que varíe el denominador.

15. Hacer los quebrados $\frac{5}{6}$ $\frac{7}{8}$ y $\frac{11}{12}$ dos veces mayores sin que varíe el numerador.

16. Hacer los quebrados $\frac{8}{9}$, $\frac{16}{31}$ y $\frac{32}{45}$ ocho veces menores sin que varíe el denominador.

17. Hacer los quebrados $\frac{1}{2}$, $\frac{1}{3}$ y $\frac{1}{4}$ cinco veces menores sin que varíe el numerador.

$$I' \Gamma'' = \frac{1}{5}$$
$$II \Delta = \frac{2}{10}$$

Los números fraccionarios tuvieron su origen en las medidas. Los babilonios utilizaban como único denominador el sesenta. Los egipcios empleaban la unidad como numerador; para representar 7/8, escribían 1/2, 1/4, 1/8. Los griegos marcaban el numerador con un acento y el denominador con dos; o colocaban el denominador como un exponente. Hiparco introdujo las fracciones babilónicas en la Astronomía griega.

REDUCCION Y SIMPLIFICACION DE QUEBRADOS
CAPITULO **XXIV**

(355) CONVERTIR UN MIXTO EN QUEBRADO

REGLA

Se multiplica el entero por el denominador, al producto se añade el numerador y esta suma se parte por el denominador.

> *Ejemplo*

Convertir $5\frac{2}{3}$ en quebrado impropio:

$$5\frac{2}{3} = \frac{5 \times 3 + 2}{3} = \frac{17}{3}. \quad \text{R.}$$

Una unidad equivale a 3 tercios, luego en 5 unidades hay 15 tercios, más los dos tercios que ya tenemos suman 17 tercios.

 EJERCICIO 100

Convertir en quebrados, por simple inspección:

1. $1\frac{1}{2}$.   2. $1\frac{1}{4}$.   3. $1\frac{1}{8}$.   4. $2\frac{1}{2}$.   5. $3\frac{1}{4}$.

6. $4\frac{1}{5}$. 9. $8\frac{1}{2}$. 12. $9\frac{5}{6}$. 15. $10\frac{5}{7}$. 18. $15\frac{2}{3}$.

7. $6\frac{2}{5}$ 10. $8\frac{3}{7}$. 13. $10\frac{1}{3}$. 16. $11\frac{2}{5}$. 19. $16\frac{1}{4}$.

8. $7\frac{3}{4}$. 11. $9\frac{2}{3}$. 14. $10\frac{3}{8}$. 17. $12\frac{3}{4}$. 20. $18\frac{2}{3}$.

➤ **EJERCICIO 101**

Convertir en quebrados:

1. $15\frac{3}{8}$. 5. $20\frac{3}{19}$. 9. $42\frac{7}{25}$. 13. $5\frac{3}{106}$. 17. $90\frac{19}{37}$.

2. $12\frac{3}{11}$. 6. $17\frac{5}{18}$. 10. $53\frac{9}{17}$. 14. $8\frac{1}{102}$. 18. $101\frac{13}{18}$.

3. $16\frac{7}{8}$. 7. $23\frac{4}{23}$. 11. $60\frac{3}{17}$. 15. $25\frac{7}{73}$. 19. $102\frac{15}{17}$.

4. $19\frac{3}{11}$. 8. $31\frac{5}{31}$. 12. $65\frac{7}{80}$. 16. $90\frac{19}{31}$. 20. $500\frac{8}{67}$.

(356) HALLAR LOS ENTEROS CONTENIDOS EN UN QUEBRADO IMPROPIO

REGLA

Se divide el numerador por el denominador. Si el cociente es exacto, éste representa los enteros; si no es exacto, se añade al entero un quebrado que tenga por numerador el residuo y por denominador el divisor.

Ejemplos

(1) Hallar los enteros contenidos en $\frac{32}{4}$.

$$\begin{array}{c|c} 32 & 4 \\ \hline 0 & 8 \end{array} \qquad \frac{32}{4} = 8. \text{ R.}$$

Una unidad contiene $\frac{4}{4}$, luego en $\frac{32}{4}$ habrá tantas unidades como veces esté contenido 4 en 32 o sea 8.

(2) Convertir en quebrado $\frac{335}{228}$.

$$\begin{array}{c|c} 335 & 228 \\ \hline 107 & 1\frac{107}{228} \end{array} \qquad \frac{335}{228} = 1\frac{107}{228}. \text{ R.}$$

➤ **EJERCICIO 102**

Hallar por simple inspección, los enteros contenidos en:

1. $\frac{12}{3}$. 5. $\frac{108}{12}$. 9. $\frac{8}{5}$. 13. $\frac{63}{10}$. 17. $\frac{95}{18}$.

2. $\frac{21}{7}$. 6. $\frac{125}{25}$. 10. $\frac{19}{7}$. 14. $\frac{80}{11}$. 18. $\frac{100}{11}$.

3. $\frac{32}{8}$. 7. $\frac{7}{2}$. 11. $\frac{25}{8}$. 15. $\frac{85}{19}$. 19. $\frac{102}{19}$.

4. $\frac{81}{9}$. 8. $\frac{5}{2}$. 12. $\frac{31}{4}$. 16. $\frac{93}{30}$. 20. $\frac{112}{11}$.

> **EJERCICIO 103**

Hallar los enteros contenidos en:

1. $\dfrac{115}{35}$.   6. $\dfrac{354}{61}$.   11. $\dfrac{815}{237}$.   16. $\dfrac{4200}{954}$.   21. $\dfrac{54137}{189}$.

2. $\dfrac{174}{53}$.   7. $\dfrac{401}{83}$.   12. $\dfrac{1001}{184}$.   17. $\dfrac{8632}{1115}$.   22. $\dfrac{60185}{419}$.

3. $\dfrac{195}{63}$.   8. $\dfrac{563}{54}$.   13. $\dfrac{1563}{315}$.   18. $\dfrac{9732}{2164}$.   23. $\dfrac{89356}{517}$.

4. $\dfrac{215}{73}$.   9. $\dfrac{601}{217}$.   14. $\dfrac{2134}{289}$.   19. $\dfrac{12485}{3284}$.   24. $\dfrac{102102}{1111}$.

5. $\dfrac{318}{90}$.   10. $\dfrac{743}{165}$.   15. $\dfrac{3115}{417}$.   20. $\dfrac{34136}{7432}$.   25. $\dfrac{184236}{17189}$.

(357) REDUCIR UN ENTERO A QUEBRADO

El modo más sencillo de reducir un entero a quebrado es ponerle por denominador la unidad.

> **Ejemplos**

$$5 = \dfrac{5}{1}; \quad 17 = \dfrac{17}{1}$$

(358) REDUCIR UN ENTERO A QUEBRADO DE DENOMINADOR DADO

REGLA

Se multiplica el entero por el denominador y el producto se parte por el denominador.

> **Ejemplos**

(1) Reducir 6 a quebrado equivalente de denominador 7. $\quad 6 = \dfrac{6 \times 7}{7} = \dfrac{42}{7}$. R

Si una unidad equivale a 7 séptimos, 6 unidades serán $6 \times 7 = 42$ séptimos.

(2) Reducir 17 a novenos. $\quad 17 = \dfrac{17 \times 9}{9} = \dfrac{153}{9}$. R.

Si una unidad contiene 9 novenos, 17 unidades contendrán $17 \times 9 = 153$ novenos.

> **EJERCICIO 104**

Reducir:

1. $2 = \dfrac{}{2}$.   5. $5 = \dfrac{}{8}$.   9. $9 = \dfrac{}{6}$.   13. $11 = \dfrac{}{9}$.   17. $20 = \dfrac{}{4}$.

2. $3 = \dfrac{}{2}$.   6. $6 = \dfrac{}{4}$.   10. $7 = \dfrac{}{11}$.   14. $12 = \dfrac{}{10}$.   18. $25 = \dfrac{}{5}$.

3. $4 = \dfrac{}{3}$.   7. $7 = \dfrac{}{2}$.   11. $5 = \dfrac{}{12}$.   15. $13 = \dfrac{}{11}$.   19. $30 = \dfrac{}{9}$.

4. $5 = \dfrac{}{1}$.   8. $8 = \dfrac{}{5}$.   12. $6 = \dfrac{}{13}$.   16. $18 = \dfrac{}{7}$.   20. $36 = \dfrac{}{3}$.

➤ **EJERCICIO 105**

Reducir:

1. 2 a tercios. R. $\frac{6}{3}$.

2. 3 a cuartos. R. $\frac{12}{4}$.

3. 4 a cuartos. R. $\frac{16}{4}$.

4. 5 a tercios. R. $\frac{15}{3}$.

5. 9 a novenos. R. $\frac{81}{9}$.

6. 15 a onceavos R. $\frac{165}{11}$.

7. 26 a treceavos. R. $\frac{338}{13}$.

8. 31 a 22avos. R. $\frac{682}{22}$.

9. 43 a 51avos. R. $\frac{2193}{51}$.

10. 61 a 84avos. R. $\frac{5124}{84}$.

11. 84 a 92 avos. R. $\frac{7728}{92}$.

12. 95 a 95avos. R. $\frac{9025}{95}$.

13. 101 a 12avos. R. $\frac{1212}{12}$.

14. 153 a 14avos. R. $\frac{2142}{14}$.

15. 201 a 32avos. R. $\frac{6432}{32}$.

16. 306 a 53avos. R. $\frac{16218}{53}$.

17. 1184 a 15avos. R. $\frac{17760}{15}$.

18. 2134 a 17avos. R. $\frac{36278}{17}$.

19. 3216 a 40avos. R. $\frac{128640}{40}$.

20. 5217 a 32avos. R. $\frac{166944}{32}$.

➤ **EJERCICIO 106**

Reducir:

1. 96 a quebrado equivalente de denominador R. $\frac{1440}{15}$.

2. 99 „ „ „ „ „ R. $\frac{2277}{23}$.

3. 104 „ „ „ „ „ R. $\frac{1976}{19}$.

4. 186 „ „ „ „ „ R. $\frac{4092}{22}$.

5. 201 „ „ „ „ „ R. $\frac{8241}{41}$.

6. 255 „ „ „ „ „ R. $\frac{9945}{39}$.

7. 301 „ „ „ „ „ R. $\frac{8127}{27}$.

8. 405 „ „ „ „ „ R. $\frac{11340}{28}$.

9. 999 „ „ „ „ „ R. $\frac{13986}{14}$.

10. 1000 „ „ „ „ „ R. $\frac{56000}{56}$.

11. 2356 a quebrado equivalente de denominador   R. $\frac{44764}{19}$.

12. 3789 „   „   „   „   „   R. $\frac{64413}{17}$.

13. 4444 „   „   „   „   „   R. $\frac{66660}{15}$.

14. 8888 „   „   „   „   „   R. $\frac{97768}{11}$.

(359) REDUCIR UNA FRACCION A TERMINOS MAYORES O MENORES

Se pueden considerar dos casos:

1) **Reducir una fracción a otra fracción equivalente de denominador dado, cuando el nuevo denominador es múltiplo del primero, o reducir una fracción a términos mayores.**

REGLA

El denominador de la nueva fracción será el dado. Para hallar el numerador se multiplica el numerador del quebrado dado por el cociente que resulta de dividir los dos denominadores.

Ejemplos

(1) Convertir $\frac{3}{4}$ en quebrado equivalente de denominador 24. $\frac{3}{4} = \frac{3 \times 6}{24} = \frac{18}{24}$. R

Para que 4 se convierta en 24 hay que multiplicarlo por 6, luego para que el quebrado no varíe hay que multiplicar el numerador por 6, $3 \times 6 = 18$. **(354)**.

(2) Convertir $\frac{2}{7}$ en treinta y cincoavos. $\frac{2}{7} = \frac{2 \times 5}{35} = \frac{10}{35}$ R.

Para que 7 se convierta en 35 hay que multiplicarlo por 5; luego, para que el quebrado no varíe hay que multiplicar el numerador por 5, $2 \times 5 = 10$.

➤ EJERCICIO 107

Reducir, por simple inspección:

1. $\frac{1}{2} = \frac{}{4}$.   5. $\frac{2}{3} = \frac{}{12}$.   9. $\frac{2}{7} = \frac{}{21}$.   13. $\frac{2}{11} = \frac{}{33}$.   17. $\frac{2}{16} = \frac{}{45}$.

2. $\frac{1}{3} = \frac{}{6}$.   6. $\frac{3}{4} = \frac{}{20}$.   10. $\frac{1}{8} = \frac{}{24}$.   14. $\frac{5}{12} = \frac{}{24}$.   18. $\frac{7}{16} = \frac{}{80}$.

3. $\frac{1}{4} = \frac{}{12}$.   7. $\frac{3}{5} = \frac{}{25}$.   11. $\frac{2}{9} = \frac{}{36}$.   15. $\frac{1}{13} = \frac{}{39}$.   19. $\frac{11}{20} = \frac{}{100}$.

4. $\frac{1}{5} = \frac{}{20}$.   8. $\frac{1}{6} = \frac{}{18}$.   12. $\frac{1}{10} = \frac{}{40}$.   16. $\frac{1}{14} = \frac{}{56}$.   20. $\frac{13}{30} = \frac{}{180}$.

> **EJERCICIO 108**

Reducir:

1. $\frac{3}{5}$ a 35avos. **R.** $\frac{21}{35}$.

2. $\frac{1}{6}$ a 42avos. **R.** $\frac{7}{42}$.

3. $\frac{6}{7}$ a 63avos. **R.** $\frac{54}{63}$

4. $\frac{7}{8}$ a 96avos. **R.** $\frac{84}{96}$.

5. $\frac{5}{11}$ a 121avos **R.** $\frac{55}{121}$.

6. $\frac{4}{13}$ a 130avos. **R.** $\frac{40}{130}$.

7. $\frac{8}{17}$ a 102avos. **R.** $\frac{48}{102}$.

8. $\frac{12}{19}$ a 133avos. **R.** $\frac{84}{133}$.

9. $\frac{8}{21}$ a 105avos. **R.** $\frac{40}{105}$.

10. $\frac{9}{22}$ a 176avos. **R.** $\frac{72}{176}$.

11. $\frac{24}{25}$ a 200avos. **R.** $\frac{192}{200}$.

12. $\frac{23}{26}$ a 104avos. **R.** $\frac{92}{104}$.

13. $\frac{33}{29}$ a 174avos. **R.** $\frac{198}{174}$.

14. $\frac{79}{83}$ a 415avos. **R.** $\frac{395}{415}$.

15. $\frac{9}{114}$ a 798avos. **R.** $\frac{63}{798}$.

16. $\frac{1}{11}$ a 1331avos. **R.** $\frac{121}{1331}$.

17. $\frac{3}{13}$ a 1690avos. **R.** $\frac{390}{1690}$.

18. $\frac{5}{23}$ a 5290avos. **R.** $\frac{1150}{5290}$.

19. $\frac{7}{29}$ a 841avos. **R.** $\frac{203}{841}$.

20. $\frac{11}{31}$ a 9610avos. **R.** $\frac{3410}{9610}$.

> **EJERCICIO 109**

Reducir:

1. $\frac{11}{76}$ a quebrado equivalente de denominador 684. **R.** $\frac{99}{684}$.

2. $\frac{7}{65}$,, ,, ,, ,, ,, 520. **R.** $\frac{56}{520}$.

3. $\frac{13}{72}$,, ,, ,, ,, ,, 576. **R.** $\frac{104}{576}$.

4. $\frac{7}{81}$,, ,, ,, ,, ,, 729. **R.** $\frac{63}{729}$.

5. $\frac{11}{91}$,, ,, ,, ,, ,, 637. **R.** $\frac{77}{637}$.

6. $\frac{7}{94}$,, ,, ,, ,, ,, 752. **R.** $\frac{56}{752}$.

7. $\frac{13}{98}$,, ,, ,, ,, ,, 882. **R.** $\frac{117}{882}$.

8. $\frac{7}{102}$,, ,, ,, ,, ,, 816. **R.** $\frac{56}{816}$.

9. $\frac{113}{123}$,, ,, ,, ,, ,, 1107. **R.** $\frac{1017}{1107}$.

10. $\frac{7}{12}$,, ,, ,, ,, ,, 1296. **R.** $\frac{756}{1296}$.

11. $\frac{5}{18}$,, ,, ,, ,, ,, 3600. **R.** $\frac{1000}{3600}$.

12. $\frac{19}{23}$ a quebrado equivalente de denominador 1058. **R.** $\frac{874}{1058}$.

13. $\frac{32}{41}$,, ,, ,, ,, ,, 3690. **R.** $\frac{2880}{3690}$.

14. $\frac{7}{81}$,, ,, ,, ,, ,, 7290. **R.** $\frac{630}{7290}$.

2) Reducir una fracción dada a otra fracción equivalente de denominador dado, cuando el nuevo denominador es divisor del primero o reducir una fracción a términos menores.

REGLA

El denominador de la nueva fracción será el dado. Para hallar el numerador se divide el numerador del quebrado dado por el cociente que resulta de dividir los dos denominadores.

Ejemplos

(1) Convertir $\frac{15}{24}$ en quebrado equivalente de denominador 8. $\dfrac{15}{24} = \dfrac{15 \div 3}{8} = \dfrac{5}{8}$. R.

Para que 24 se convierta en 8 hay que dividirlo entre 3; luego, para que el quebrado no varíe hay que dividir el numerador entre 3, $15 \div 3 = 5$. **(354)**.

(2) Convertir $\frac{49}{91}$ en treceavos. $\dfrac{49}{91} = \dfrac{49 \div 7}{13} = \dfrac{7}{13}$ R.

Para que 91 se convierta en 13 hay que dividirlo entre 7; luego, para que el quebrado no varíe hay que dividir el numerador entre 7, $49 \div 7 = 7$.

→ **EJERCICIO 110**

Reducir, por simple inspección:

1. $\frac{2}{4} = \frac{}{2}$.   5. $\frac{9}{24} = \frac{}{8}$.   9. $\frac{8}{22} = \frac{}{11}$.   13. $\frac{9}{27} = \frac{}{3}$.   17. $\frac{24}{32} = \frac{}{4}$.

2. $\frac{4}{6} = \frac{}{3}$.   6. $\frac{10}{18} = \frac{}{9}$.   10. $\frac{32}{24} = \frac{}{3}$.   14. $\frac{6}{27} = \frac{}{9}$.   18. $\frac{12}{33} = \frac{}{11}$.

3. $\frac{4}{8} = \frac{}{2}$.   7. $\frac{15}{20} = \frac{}{4}$.   11. $\frac{15}{25} = \frac{}{5}$.   15. $\frac{20}{28} = \frac{}{7}$.   19. $\frac{20}{34} = \frac{}{17}$.

4. $\frac{6}{10} = \frac{}{5}$.   8. $\frac{16}{20} = \frac{}{5}$.   12. $\frac{13}{26} = \frac{}{2}$.   16. $\frac{20}{30} = \frac{}{3}$.   20. $\frac{30}{60} = \frac{}{2}$.

→ **EJERCICIO 111**

Reducir:

1. $\frac{7}{14}$ a medios.   **R.** $\frac{1}{2}$.   3. $\frac{8}{20}$ a quintos.   **R.** $\frac{2}{5}$.

2. $\frac{6}{15}$ a quintos.   **R.** $\frac{2}{5}$.   4. $\frac{20}{24}$ a sextos.   **R.** $\frac{5}{6}$.

5. $\frac{25}{35}$ a séptimos. R. $\frac{5}{7}$.

6. $\frac{54}{27}$ a novenos. R. $\frac{18}{9}$.

7. $\frac{27}{36}$ a cuartos. R. $\frac{3}{4}$.

8. $\frac{50}{55}$ a 11avos. R. $\frac{10}{11}$.

9. $\frac{60}{90}$ a 18avos. R. $\frac{12}{18}$.

10. $\frac{96}{126}$ a 21avos. R. $\frac{16}{21}$.

11. $\frac{84}{128}$ a 32avos. R. $\frac{21}{32}$.

12. $\frac{119}{364}$ a 52avos. R. $\frac{17}{52}$.

13. $\frac{225}{335}$ a 67avos. R. $\frac{45}{67}$.

14. $\frac{126}{729}$ a 81avos. R. $\frac{14}{81}$.

15. $\frac{512}{776}$ a 97avos. R. $\frac{64}{97}$.

16. $\frac{640}{816}$ a 102avos. R. $\frac{80}{102}$.

17. $\frac{999}{1179}$ a 131avos. R. $\frac{111}{131}$.

18. $\frac{343}{1771}$ a 253avos. R. $\frac{49}{253}$.

19. $\frac{192}{4488}$ a 561avos. R. $\frac{24}{561}$.

20. $\frac{490}{7007}$ a 1001avos. R. $\frac{70}{1001}$.

➤ EJERCICIO 112

Reducir:

1. $\frac{84}{595}$ a quebrado equivalente de denominador 85. R. $\frac{12}{85}$.

2. $\frac{91}{672}$,, ,, ,, ,, ,, 96. R. $\frac{13}{96}$.

3. $\frac{480}{824}$,, ,, ,, ,, ,, 103. R. $\frac{60}{103}$.

4. $\frac{343}{924}$,, ,, ,, ,, ,, 132. R. $\frac{49}{132}$.

5. $\frac{365}{990}$,, ,, ,, ,, ,, 198. R. $\frac{73}{198}$.

6. $\frac{516}{816}$,, ,, ,, ,, ,, 204. R. $\frac{129}{204}$.

7. $\frac{915}{1430}$,, ,, ,, ,, ,, 286. R. $\frac{183}{286}$.

8. $\frac{912}{1204}$,, ,, ,, ,, ,, 301. R. $\frac{228}{301}$.

9. $\frac{729}{1395}$,, ,, ,, ,, ,, 465. R. $\frac{243}{465}$.

10. $\frac{654}{3006}$,, ,, ,, ,, ,, 501. R. $\frac{109}{501}$.

11. $\frac{726}{3828}$,, ,, ,, ,, ,, 638. R. $\frac{121}{638}$.

12. $\frac{93}{961}$, ,, ,, ,, ,, 31. R. $\frac{3}{31}$.

13. $\frac{1300}{1690}$,, ,, ,, ,, ,, 13. R. $\frac{10}{13}$.

14. $\frac{320}{2720}$,, ,, ,, ,, ,, 17. R. $\frac{2}{17}$.

(360) FRACCION IRREDUCIBLE es toda fracción cuyos dos términos son primos entre sí.

Así, $\frac{13}{14}$ es una fracción irreducible porque sus dos términos, 13 y 14, son primos entre sí; $\frac{17}{23}$ es otra fracción irreducible.

Cuando una fracción es irreducible se dice que está **reducida a su más simple expresión** o a su **mínima expresión.**

(361) TEOREMA

Si los dos términos de una fracción irreducible se elevan a una potencia, la fracción que resulta es también irreducible.

Sea el quebrado irreducible $\frac{a}{b}$. Vamos a demostrar que si elevamos los dos términos de este quebrado a una misma potencia, por ejemplo a n, la fracción que resulta, $\frac{a^n}{b^n}$, es también irreducible.

En efecto: Que la fracción $\frac{a^n}{b^n}$ es irreducible significa que sus dos términos a y b son primos entre sí. Ahora bien: Hay un teorema (**293**) que dice que si dos números son primos entre sí, sus potencias de cualquier grado también lo son; luego, a^n y b^n son primos entre sí; luego $\frac{a^n}{b^n}$ es un quebrado irreducible, que era lo que queríamos demostrar.

SIMPLIFICACION DE FRACCIONES

(362) SIMPLIFICAR UNA FRACCION es convertirla en otra fracción equivalente cuyos términos sean menores.

REGLA

Para simplificar una fracción se dividen sus dos términos sucesivamente por los factores comunes que tengan.

Ejemplos

(1) Reducir a su más simple expresión $\frac{1350}{2550}$.

$$\frac{1350^{(10}}{2550} = \frac{135^{(3}}{255} = \frac{45^{(5}}{85} = \frac{9}{17} \quad \text{R.}$$

Primero dividimos 1350 y 2550 por su factor común 10 y obtenemos 135 y 255; dividimos 135 y 255 por su factor común 3 y obtenemos 45 y 85; dividimos 45 y 85 por su factor común 5 y obtenemos 9 y 17. Como 9 y 17 son primos entre sí, la fracción $\frac{9}{17}$ es irreducible y es equivalente a $\frac{1350}{2550}$ porque no hemos hecho más que dividir los dos términos de cada fracción por el mismo número con lo cual el valor de la fracción no se altera (**354**).

(2) Reducir a su mínima expresión $\frac{12903}{16269}$.

$$\frac{12903(^8}{16269} = \frac{4301(^{11}}{5423} = \frac{391}{493}.$$

Como 391 y 493 no son números pequeños no podemos asegurar, a simple vista, que son primos entre sí. Para convencernos *hallamos el m. c. d. de 391 y 493.* Si son primos entre sí su m. c. d. será 1; si no lo son, el factor o los factores comunes que aún tengan aparecerán en el m. c. d.:

	1	3	1	5
493	391	102	85	17
102	85	17	0	

m. c. d. = 17.

391 y 493 no son primos entre sí porque tienen el factor común 17.

Ahora dividimos 391 y 493 por su m. c. d. 17 y tendremos:

$$\frac{391 \div 17}{493 \div 17} = \frac{23}{29}.$$

Esta fracción $\frac{23}{29}$, sin duda alguna es irreducible (**318**), luego:

$$\frac{12903}{16269} = \frac{23}{29}. \quad R.$$

EJERCICIO 113

Reducir a su más simple expresión.

1. $\frac{28}{36}$.　R. $\frac{7}{9}$.
2. $\frac{54}{108}$.　R. $\frac{1}{2}$.
3. $\frac{54}{96}$.　R. $\frac{9}{16}$.
4. $\frac{72}{144}$.　R. $\frac{1}{2}$.
5. $\frac{84}{126}$.　R. $\frac{2}{3}$.
6. $\frac{99}{165}$.　R. $\frac{3}{5}$.
7. $\frac{162}{189}$.　R. $\frac{6}{7}$.
8. $\frac{114}{288}$.　R. $\frac{19}{48}$.
9. $\frac{343}{539}$.　R. $\frac{7}{11}$.
10. $\frac{121}{143}$.　R. $\frac{11}{13}$.

11. $\frac{306}{1452}$.　R. $\frac{51}{242}$.
12. $\frac{168}{264}$.　R. $\frac{7}{11}$.
13. $\frac{72}{324}$.　R. $\frac{2}{9}$.
14. $\frac{98}{105}$.　R. $\frac{14}{15}$.
15. $\frac{594}{648}$.　R. $\frac{11}{12}$.
16. $\frac{539}{833}$.　R. $\frac{11}{17}$.
17. $\frac{260}{286}$.　R. $\frac{10}{11}$.
18. $\frac{2004}{3006}$.　R. $\frac{2}{3}$.
19. $\frac{1955}{3910}$.　R. $\frac{1}{2}$.
20. $\frac{286}{1859}$.　R. $\frac{2}{13}$.

21. $\frac{1470}{4200}$.　R. $\frac{7}{20}$.
22. $\frac{7854}{9922}$.　R. $\frac{357}{451}$.
23. $\frac{4459}{4802}$.　R. $\frac{13}{14}$.
24. $\frac{1798}{4495}$.　R. $\frac{2}{5}$.
25. $\frac{1690}{3549}$.　R. $\frac{10}{21}$.
26. $\frac{2016}{3584}$.　R. $\frac{9}{16}$.
27. $\frac{1598}{1786}$.　R. $\frac{17}{19}$.
28. $\frac{4235}{25410}$.　R. $\frac{1}{6}$.
29. $\frac{1573}{11011}$.　R. $\frac{1}{7}$.
30. $\frac{2535}{20280}$.　R. $\frac{1}{8}$.

363 REDUCIR UNA FRACCION A SU MAS SIMPLE EXPRESION POR MEDIO DE UNA SOLA OPERACION

REGLA

Hállese el m. c. d. de los dos términos de la fracción y divídanse numerador y denominador por su m. c. d.

Ejemplo

Reducir a su mínima expresión $\dfrac{7293}{17017}$

	2	3
17017	7293	2431
2431	0000	

m. c. d. = 2431.

Ahora dividimos 7293 y 17017 por su m. c. d. 2431: $\dfrac{7293 \div 2431}{17017 \div 2431} = \dfrac{3}{7}$. R.

➤ EJERCICIO 114

Reducir a su mínima expresión por medio de una sola operación.

1. $\dfrac{98}{147}$.   R. $\dfrac{2}{3}$.

2. $\dfrac{273}{637}$.   R. $\dfrac{3}{7}$.

3. $\dfrac{332}{415}$.   R. $\dfrac{4}{5}$.

4. $\dfrac{285}{513}$.   R. $\dfrac{5}{9}$.

5. $\dfrac{252}{441}$.   R. $\dfrac{4}{7}$.

6. $\dfrac{623}{979}$.   R. $\dfrac{7}{11}$.

7. $\dfrac{370}{444}$.   R. $\dfrac{5}{6}$.

8. $\dfrac{2002}{5005}$.   R. $\dfrac{2}{5}$.

9. $\dfrac{3003}{6006}$.   R. $\dfrac{1}{2}$.

10. $\dfrac{1212}{1515}$.   R. $\dfrac{4}{5}$.

11. $\dfrac{1503}{2338}$.   R. $\dfrac{9}{14}$.

12. $\dfrac{343}{7007}$.   R. $\dfrac{7}{143}$.

13. $\dfrac{411}{685}$.   R. $\dfrac{3}{5}$.

14. $\dfrac{6170}{7404}$.   R. $\dfrac{5}{6}$.

15. $\dfrac{2478}{3186}$.   R. $\dfrac{7}{9}$.

16. $\dfrac{1727}{1884}$.   R. $\dfrac{11}{12}$.

17. $\dfrac{2006}{7021}$.   R. $\dfrac{2}{7}$.

18. $\dfrac{4359}{11624}$.   R. $\dfrac{3}{8}$.

19. $\dfrac{7075}{11320}$.   R. $\dfrac{5}{8}$.

20. $\dfrac{2138}{19242}$.   R. $\dfrac{1}{9}$.

21. $\dfrac{2401}{19208}$.   R. $\dfrac{1}{8}$.

22. $\dfrac{12460}{21805}$.   R. $\dfrac{4}{7}$.

23. $\dfrac{8505}{13365}$.   R. $\dfrac{7}{11}$.

24. $\dfrac{16005}{18139}$.   R. $\dfrac{15}{17}$.

25. $\dfrac{32828}{35092}$.   R. $\dfrac{29}{31}$.

26. $\dfrac{40620}{69054}$.   R. $\dfrac{10}{17}$.

27. $\dfrac{154508}{170772}$.   R. $\dfrac{19}{21}$.

28. $\dfrac{126014}{162018}$.   R. $\dfrac{7}{9}$.

29. $\dfrac{150025}{210035}$.   R. $\dfrac{5}{7}$.

30. $\dfrac{691320}{881433}$.   R. $\dfrac{40}{51}$.

364 SIMPLIFICACION DE EXPRESIONES COMPUESTAS

Para simplificar expresiones fraccionarias cuyo numerador sea un producto indicado y su denominador otro producto, se van dividiendo los factores del numerador y denominador por sus factores comunes hasta que no haya factores comunes al numerador y denominador.

Ejemplo

Simplificar $\dfrac{12 \times 10 \times 35}{16 \times 14 \times 21}$.

Tendremos:

$$\dfrac{\overset{1}{\overset{3}{\cancel{12}}} \times \overset{5}{\cancel{10}} \times \overset{5}{\cancel{35}}}{\underset{4}{\cancel{16}} \times \underset{7}{\cancel{14}} \times \underset{\underset{1}{3}}{\cancel{21}}} = \dfrac{1 \times 5 \times 5}{4 \times 7 \times 1} = \dfrac{25}{28} \quad \text{R.}$$

Dividimos 12 y 16 entre 4 y obtenemos de cocientes 3 y 4; 10 y 14 entre 2 y obtenemos de cocientes 5 y 7; 35 y 21 entre 7 y obtenemos de cocientes 5 y 3; 3 y 3 entre 3 y obtenemos los cocientes 1 y 1. En el numercdor queda $1 \times 5 \times 5$ y en el denominador $4 \times 7 \times 1$ o sea $\dfrac{25}{28}$.

> **EJERCICIO 115**

Simplificar:

1. $\dfrac{2 \times 6}{6 \times 8}$ R. $\dfrac{1}{4}$.

2. $\dfrac{10 \times 7}{7 \times 5}$.   R. 2.

3. $\dfrac{9 \times 8}{18 \times 6}$.   R. $\dfrac{2}{3}$.

4. $\dfrac{2 \times 6}{14 \times 8}$.   R. $\dfrac{3}{28}$.

5. $\dfrac{3 \times 2 \times 5}{6 \times 4 \times 10}$.   R. $\dfrac{1}{8}$.

6. $\dfrac{5 \times 20 \times 18}{3 \times 6 \times 10}$.   R. 10.

7. $\dfrac{49 \times 56 \times 32}{14 \times 143 \times 84}$.   R. $\dfrac{224}{429}$.

8. $\dfrac{8 \times 9 \times 49 \times 33}{21 \times 28 \times 11 \times 6}$.   R. 3.

9. $\dfrac{17 \times 28 \times 204 \times 3200}{50 \times 100 \times 49 \times 34}$.   R. $37\dfrac{53}{175}$.

10. $\dfrac{2 \times 3 \times 5 \times 6 \times 7}{4 \times 12 \times 10 \times 18 \times 14}$.   R. $\dfrac{1}{96}$.

11. $\dfrac{12 \times 9 \times 25 \times 35 \times 34}{16 \times 10 \times 27 \times 49 \times 17}$.   R. $\dfrac{25}{28}$.

12. $\dfrac{350 \times 1200 \times 4000 \times 620 \times 340}{1000 \times 50 \times 200 \times 800 \times 170}$.   R. $260\dfrac{2}{5}$.

REDUCCION DE QUEBRADOS AL MINIMO COMUN DENOMINADOR

(365) REGLA

Se simplifican los quebrados dados. Hecho esto, se halla el mínimo común múltiplo de los denominadores y éste será el denominador común. Para hallar los numeradores se divide el m. c. m. entre cada denominador y el cociente se multiplica por el numerador respectivo.

Ejemplos

(1) Reducir al mínimo común denominador $\frac{2}{3}, \frac{35}{60}$ y $\frac{5}{180}$.

Simplificamos los quebrados y queda: $\frac{2}{3}, \frac{7}{12}, \frac{1}{36}$.

Hallaremos el m. c. m. de los denominadores 3, 12 y 36 que será 36 porque 3 y 12 son divisores de 36. *36 será el denominador común.*
Para hallar el numerador del primer quebrado dividimos el m. c. m. 36 entre el primer denominador: $36 \div 3 = 12$, y multiplicamos este cociente 12 por el primer numerador 2, $12 \times 2 = 24$.
Para hallar el segundo denominador dividimos el m. c. m. 36 entre el denominador del segundo quebrado 12, $36 \div 12 = 3$ y multiplicamos este cociente 3 por el segundo numerador 7, $3 \times 7 = 21$.
Para hallar el tercer numerador dividimos el m. c. m. 36 entre el tercer denominador 36, $36 \div 36 = 1$, y este cociente 1 lo multiplicamos por el tercer numerador 1, $1 \times 1 = 1$.

$$\begin{array}{ll} 36 \div 3 = 12 & \dfrac{2}{3} = \dfrac{2 \times 12}{36} = \dfrac{24}{36}. \\[2mm] 36 \div 12 = 3 & \dfrac{7}{12} = \dfrac{7 \times 3}{36} = \dfrac{21}{36}. \\[2mm] 36 \div 36 = 1 & \dfrac{1}{36} = \dfrac{1 \times 1}{36} = \dfrac{1}{36}. \end{array}$$

m. c. m. = 36   R.

(2) Reducir al mínimo común denominador los quebrados $\frac{3}{4}, \frac{5}{7}, \frac{5}{8}$ y $\frac{11}{14}$.

Hallamos el m. c. m. de 8 y 14, pues 4 está contenido en 8 y 7 en 14.

$$\begin{array}{l|l} 8 & 2 \\ 4 & 2 \\ 2 & 2 \\ 1 & \end{array} \qquad \begin{array}{l|l} 14 & 2 \\ 7 & 7 \\ 1 & \end{array}$$

m. c. m. = $2^3 \times 7 = 56$.

$$\begin{array}{ll} 56 \div 4 = 14 & \dfrac{3}{4} = \dfrac{3 \times 14}{56} = \dfrac{42}{56}. \\[2mm] 56 \div 7 = 8 & \dfrac{5}{7} = \dfrac{5 \times 8}{56} = \dfrac{40}{56}. \\[2mm] 56 \div 8 = 7 & \dfrac{5}{8} = \dfrac{5 \times 7}{56} = \dfrac{35}{56}. \\[2mm] 56 \div 14 = 4 & \dfrac{11}{14} = \dfrac{11 \times 4}{56} = \dfrac{44}{56}. \end{array}$$

R.

► EJERCICIO 116

Reducir al mínimo común denominador, por simple inspección:

1. $\dfrac{1}{2}$, $\dfrac{1}{4}$. **R.** $\dfrac{2}{4}$, $\dfrac{1}{4}$.

2. $\dfrac{1}{3}$, $\dfrac{1}{6}$. **R.** $\dfrac{2}{6}$, $\dfrac{1}{6}$.

3. $\dfrac{2}{5}$, $\dfrac{1}{15}$. **R.** $\dfrac{6}{15}$, $\dfrac{1}{15}$.

4. $\dfrac{1}{7}$, $\dfrac{4}{21}$. **R.** $\dfrac{3}{21}$, $\dfrac{4}{21}$.

5. $\dfrac{1}{3}$, $\dfrac{2}{9}$. **R.** $\dfrac{3}{9}$, $\dfrac{2}{9}$.

6. $\dfrac{1}{5}$, $\dfrac{1}{10}$, $\dfrac{3}{20}$. **R.** $\dfrac{4}{20}$, $\dfrac{2}{20}$, $\dfrac{3}{20}$.

7. $\dfrac{2}{3}$, $\dfrac{1}{6}$, $\dfrac{1}{12}$. **R.** $\dfrac{8}{12}$, $\dfrac{2}{12}$, $\dfrac{1}{12}$.

8. $\dfrac{1}{4}$, $\dfrac{1}{8}$, $\dfrac{1}{16}$. **R.** $\dfrac{4}{16}$, $\dfrac{2}{16}$, $\dfrac{1}{16}$.

9. $\dfrac{1}{6}$, $\dfrac{1}{12}$, $\dfrac{1}{24}$. **R.** $\dfrac{4}{24}$, $\dfrac{2}{24}$, $\dfrac{1}{24}$.

10. $\dfrac{2}{3}$, $\dfrac{5}{9}$, $\dfrac{7}{18}$. **R.** $\dfrac{12}{18}$, $\dfrac{10}{18}$, $\dfrac{7}{18}$.

11. $\dfrac{1}{2}$, $\dfrac{3}{4}$, $\dfrac{1}{8}$, $\dfrac{3}{16}$. **R.** $\dfrac{8}{16}$, $\dfrac{12}{16}$, $\dfrac{2}{16}$, $\dfrac{3}{16}$.

12. $\dfrac{1}{3}$, $\dfrac{2}{9}$, $\dfrac{5}{27}$, $\dfrac{1}{81}$. **R.** $\dfrac{27}{81}$, $\dfrac{18}{81}$, $\dfrac{15}{81}$, $\dfrac{1}{81}$.

13. $\dfrac{1}{5}$, $\dfrac{3}{10}$, $\dfrac{7}{20}$, $\dfrac{11}{40}$. **R.** $\dfrac{8}{40}$, $\dfrac{12}{40}$, $\dfrac{14}{40}$, $\dfrac{11}{40}$.

14. $\dfrac{1}{6}$, $\dfrac{3}{10}$, $\dfrac{7}{15}$, $\dfrac{4}{30}$. **R.** $\dfrac{5}{30}$, $\dfrac{9}{30}$, $\dfrac{14}{30}$, $\dfrac{4}{30}$.

15. $\dfrac{1}{6}$, $\dfrac{7}{9}$, $\dfrac{5}{12}$, $\dfrac{7}{36}$. **R.** $\dfrac{6}{36}$, $\dfrac{28}{36}$, $\dfrac{15}{36}$, $\dfrac{7}{36}$.

16. $\dfrac{1}{3}$, $\dfrac{1}{4}$. **R.** $\dfrac{4}{12}$, $\dfrac{3}{12}$.

17. $\dfrac{3}{4}$, $\dfrac{1}{10}$. **R.** $\dfrac{15}{20}$, $\dfrac{2}{20}$.

18. $\dfrac{7}{10}$, $\dfrac{4}{15}$. **R.** $\dfrac{21}{30}$, $\dfrac{8}{30}$.

19. $\dfrac{1}{6}$, $\dfrac{1}{9}$. **R.** $\dfrac{3}{18}$, $\dfrac{2}{18}$.

20. $\dfrac{5}{8}$, $\dfrac{11}{12}$. **R.** $\dfrac{15}{24}$, $\dfrac{22}{24}$.

► EJERCICIO 117

Reducir al mínimo común denominador:

$\dfrac{3}{8}$, $\dfrac{7}{30}$. **R.** $\dfrac{45}{120}$, $\dfrac{28}{120}$.

$\dfrac{7}{12}$, $\dfrac{11}{15}$. **R.** $\dfrac{35}{60}$, $\dfrac{44}{60}$.

$\dfrac{1}{6}$, $\dfrac{2}{9}$, $\dfrac{3}{8}$. **R.** $\dfrac{12}{72}$, $\dfrac{16}{72}$, $\dfrac{27}{72}$.

$\dfrac{1}{10}$, $\dfrac{3}{15}$, $\dfrac{8}{25}$. **R.** $\dfrac{5}{50}$, $\dfrac{10}{50}$, $\dfrac{16}{50}$.

$\dfrac{1}{10}$, $\dfrac{3}{27}$, $\dfrac{7}{30}$. **R.** $\dfrac{9}{90}$, $\dfrac{10}{90}$, $\dfrac{21}{90}$.

$\dfrac{5}{6}$, $\dfrac{7}{20}$, $\dfrac{11}{25}$. **R.** $\dfrac{250}{300}$, $\dfrac{105}{300}$, $\dfrac{132}{300}$.

$\dfrac{7}{15}$, $\dfrac{2}{45}$, $\dfrac{11}{60}$. **R.** $\dfrac{84}{180}$, $\dfrac{8}{180}$, $\dfrac{33}{180}$.

$\dfrac{1}{2}$, $\dfrac{2}{9}$, $\dfrac{7}{12}$, $\dfrac{11}{24}$. **R.** $\dfrac{36}{72}$, $\dfrac{16}{72}$, $\dfrac{42}{72}$, $\dfrac{33}{72}$.

9. $\dfrac{1}{6}$, $\dfrac{7}{14}$, $\dfrac{1}{20}$, $\dfrac{1}{30}$. **R.** $\dfrac{10}{60}$, $\dfrac{30}{60}$, $\dfrac{3}{60}$, $\dfrac{2}{60}$.

10. $\dfrac{3}{5}$, $\dfrac{1}{12}$, $\dfrac{5}{8}$, $\dfrac{7}{120}$. **R.** $\dfrac{72}{120}$, $\dfrac{10}{120}$, $\dfrac{75}{120}$, $\dfrac{7}{120}$.

11. $\dfrac{7}{8}$, $\dfrac{3}{4}$, $\dfrac{15}{48}$, $\dfrac{1}{64}$. **R.** $\dfrac{56}{64}$, $\dfrac{48}{64}$, $\dfrac{20}{64}$, $\dfrac{1}{64}$.

12. $\dfrac{3}{16}$, $\dfrac{1}{21}$, $\dfrac{2}{15}$, $\dfrac{7}{48}$. **R.** $\dfrac{315}{1680}$, $\dfrac{80}{1680}$, $\dfrac{224}{1680}$, $\dfrac{245}{1680}$.

13. $\dfrac{5}{11}$, $\dfrac{7}{121}$, $\dfrac{8}{9}$, $\dfrac{5}{44}$. **R.** $\dfrac{1980}{4356}$, $\dfrac{252}{4356}$, $\dfrac{3872}{4356}$, $\dfrac{495}{4356}$.

14. $\dfrac{2}{24}$, $\dfrac{18}{48}$, $\dfrac{5}{22}$, $\dfrac{7}{44}$. **R.** $\dfrac{22}{264}$, $\dfrac{99}{264}$, $\dfrac{60}{264}$, $\dfrac{42}{264}$.

15. $\dfrac{3}{14}$, $\dfrac{1}{9}$, $\dfrac{5}{36}$, $\dfrac{3}{28}$. **R.** $\dfrac{54}{252}$, $\dfrac{28}{252}$, $\dfrac{35}{252}$, $\dfrac{27}{252}$.

16. $\dfrac{2}{13}$, $\dfrac{3}{21}$, $\dfrac{5}{25}$, $\dfrac{3}{169}$. **R.** $\dfrac{455}{5915}$, $\dfrac{845}{5915}$, $\dfrac{1183}{5915}$, $\dfrac{105}{5915}$.

Las reglas para la resolución de las operaciones con números fraccionarios o quebrados, datan de la época de Aryabhata, siglo VI y Bramagupta, siglo VII, ambos después de Jesucristo. Un estudio más amplio y sistemático de las operaciones con quebrados lo ofrecieron los también hindúes, Mahavira, en el siglo IX y Bháskara en el siglo XII. Dichas reglas son las mismas que se emplean actualmente.

OPERACIONES CON NUMEROS FRACCIONARIOS   **CAPITULO** XXV

I. SUMA

366 SUMA DE QUEBRADOS DE IGUAL DENOMINADOR

REGLA

Se suman los numeradores y esta suma se parte por el denominador común. Se simplifica el resultado y se hallan los enteros si los hay.

| *Ejemplos* | Efectuar $\dfrac{7}{9} + \dfrac{10}{9} + \dfrac{4}{9}$. |

$$\frac{7}{9} + \frac{10}{9} + \frac{4}{9} = \frac{7 + 10 + 4}{9} = \frac{21}{9} = \text{(simplif.)} = \frac{7}{3} = 2\frac{1}{3}. \quad \text{R.}$$

➤ **EJERCICIO 118**

Simplificar:

1. $\dfrac{1}{3} + \dfrac{2}{3}$.   **R.** 1.

2. $\dfrac{2}{5} + \dfrac{3}{5} + \dfrac{4}{5}$.   **R.** $1\frac{4}{5}$.

3. $\dfrac{3}{8} + \dfrac{5}{8} + \dfrac{2}{8}$.   **R.** $1\frac{1}{4}$.

4. $\dfrac{2}{9} + \dfrac{5}{9} + \dfrac{7}{9}$.   **R.** $1\frac{5}{9}$.

5. $\dfrac{3}{11}+\dfrac{7}{11}+\dfrac{12}{11}.$ R. 2.   10. $\dfrac{5}{21}+\dfrac{10}{21}+\dfrac{23}{21}+\dfrac{4}{21}.$ R. 2.

6. $\dfrac{3}{4}+\dfrac{1}{4}+\dfrac{5}{4}+\dfrac{7}{4}.$ R. 4.   11. $\dfrac{5}{24}+\dfrac{7}{24}+\dfrac{11}{24}+\dfrac{13}{24}+\dfrac{17}{24}.$ R. $2\dfrac{5}{24}.$

7. $\dfrac{1}{6}+\dfrac{7}{6}+\dfrac{11}{6}+\dfrac{13}{6}.$ R. $5\dfrac{1}{3}.$ 12. $\dfrac{18}{53}+\dfrac{32}{53}+\dfrac{40}{53}+\dfrac{1}{53}+\dfrac{16}{53}.$ R. $2\dfrac{1}{53}.$

8. $\dfrac{5}{7}+\dfrac{8}{7}+\dfrac{10}{7}+\dfrac{15}{7}.$ R. $5\dfrac{3}{7}.$ 13. $\dfrac{41}{79}+\dfrac{37}{79}+\dfrac{25}{79}+\dfrac{71}{79}+\dfrac{63}{79}.$ R. 3.

9. $\dfrac{3}{17}+\dfrac{8}{17}+\dfrac{11}{17}+\dfrac{23}{17}.$ R. $2\dfrac{11}{17}.$ 14. $\dfrac{17}{84}+\dfrac{3}{84}+\dfrac{5}{84}+\dfrac{11}{84}+\dfrac{6}{84}.$ R. $\dfrac{1}{2}.$

(367) SUMA DE QUEBRADOS DE DISTINTO DENOMINADOR

REGLA

Se simplifican los quebrados dados si es posible. Después de ser irreducibles se reducen al mínimo común denominador y se procede como en el caso anterior.

Ejemplo   Efectuar $\dfrac{12}{48}+\dfrac{21}{49}+\dfrac{23}{60}.$

Simplificando los quebrados, queda: $\dfrac{1}{4}+\dfrac{3}{7}+\dfrac{23}{60}.$

Reduzcamos al mínimo común denominador. Hallamos el m. c. m. de los denominadores para lo cual prescindimos de 4 por ser divisor de 60 y como 60 y 7 son primos entre sí, el m. c. m. será su producto: $60 \times 7 = 420$.

420 será el mínimo común denominador. Tendremos:

$$\frac{1}{4}+\frac{3}{7}+\frac{23}{60}=\frac{105+180+161}{420}=\frac{446}{420}=(simplif.)=\frac{223}{210}=1\frac{13}{210}. \quad R.$$

➤ **EJERCICIO 119**

Simplificar:

1. $\dfrac{2}{3}+\dfrac{5}{6}.$ R. $1\dfrac{1}{2}.$ 8. $\dfrac{7}{5}+\dfrac{8}{15}+\dfrac{11}{60}.$ R. $2\dfrac{7}{60}.$

2. $\dfrac{5}{12}+\dfrac{7}{24}.$ R. $\dfrac{17}{24}.$ 9. $\dfrac{9}{10}+\dfrac{8}{15}+\dfrac{13}{75}.$ R. $1\dfrac{91}{150}.$

3. $\dfrac{5}{8}+\dfrac{11}{64}.$ R. $\dfrac{51}{64}.$ 10. $\dfrac{3}{21}+\dfrac{1}{2}+\dfrac{2}{.49}.$ R. $\dfrac{67}{98}.$

4. $\dfrac{7}{24}+\dfrac{11}{30}.$ R. $\dfrac{79}{120}.$ 11. $\dfrac{3}{5}+\dfrac{7}{4}+\dfrac{11}{6}.$ R. $4\dfrac{11}{60}.$

5. $\dfrac{8}{26}+\dfrac{15}{39}.$ R. $\dfrac{9}{13}.$ 12. $\dfrac{1}{12}+\dfrac{1}{16}+\dfrac{1}{18}.$ R. $\dfrac{29}{144}.$

6. $\dfrac{5}{4}+\dfrac{7}{8}+\dfrac{1}{16}.$ R. $2\dfrac{3}{16}.$ 13. $\dfrac{7}{50}+\dfrac{11}{40}+\dfrac{13}{60}.$ R. $\dfrac{379}{600}.$

7. $\dfrac{1}{2}+\dfrac{1}{4}+\dfrac{1}{8}.$ R. $\dfrac{7}{8}.$ 14. $\dfrac{8}{60}+\dfrac{13}{90}+\dfrac{7}{120}.$ R. $\dfrac{121}{360}.$

15. $\dfrac{5}{14}+\dfrac{7}{70}+\dfrac{3}{98}.$ **R.** $\dfrac{239}{490}.$

16. $\dfrac{13}{121}+\dfrac{4}{55}+\dfrac{9}{10}.$ **R.** $1\dfrac{97}{1210}.$

17. $\dfrac{2}{3}+\dfrac{5}{7}+\dfrac{2}{21}+\dfrac{4}{63}.$ **R.** $1\dfrac{34}{63}.$

18. $\dfrac{3}{4}+\dfrac{5}{8}+\dfrac{2}{5}+\dfrac{3}{10}.$ **R.** $2\dfrac{3}{40}.$

19. $\dfrac{7}{20}+\dfrac{3}{40}+\dfrac{1}{80}+\dfrac{3}{15}.$ **R.** $\dfrac{51}{80}.$

20. $\dfrac{2}{300}+\dfrac{5}{500}+\dfrac{2}{1000}+\dfrac{7}{250}$ **R.** $\dfrac{7}{150}.$

21. $\dfrac{5}{16}+\dfrac{2}{48}+\dfrac{1}{9}+\dfrac{3}{18}.$ **R.** $\dfrac{91}{144}.$

22. $\dfrac{6}{17}+\dfrac{1}{34}+\dfrac{1}{51}+\dfrac{4}{3}.$ **R.** $1\dfrac{25}{34}.$

23. $\dfrac{7}{90}+\dfrac{11}{30}+\dfrac{3}{80}+\dfrac{7}{40}.$ **R.** $\dfrac{473}{720}.$

24. $\dfrac{8}{72}+\dfrac{71}{144}+\dfrac{5}{36}+\dfrac{8}{27}.$ **R.** $1\dfrac{17}{432}.$

25. $\dfrac{7}{39}+\dfrac{11}{26}+\dfrac{2}{3}+\dfrac{8}{9}.$ **R.** $2\dfrac{37}{234}.$

26. $\dfrac{1}{3}+\dfrac{1}{9}+\dfrac{1}{18}+\dfrac{7}{24}+\dfrac{11}{30}.$ **R.** $1\dfrac{19}{120}.$

27. $\dfrac{7}{25}+\dfrac{8}{105}+\dfrac{9}{21}+\dfrac{11}{50}+\dfrac{1}{63}.$ **R.** $1\dfrac{13}{360}.$

28. $\dfrac{19}{18}+\dfrac{61}{72}+\dfrac{13}{216}+\dfrac{1}{10}+\dfrac{3}{5}.$ **R.** $2\dfrac{179}{270}.$

29. $\dfrac{1}{324}+\dfrac{1}{162}+\dfrac{5}{108}+\dfrac{1}{14}+\dfrac{1}{21}.$ **R.** $\dfrac{11}{63}.$

30. $\dfrac{1}{900}+\dfrac{101}{300}+\dfrac{13}{60}+\dfrac{17}{45}+\dfrac{19}{54}.$ **R.** $1\dfrac{767}{2700}.$

(368) SUMA DE NUMEROS MIXTOS

La suma de números mixtos puede verificarse por dos procedimientos.

PRIMER PROCEDIMIENTO. REGLA

Se suman separadamente los enteros y los quebrados. A la suma de los enteros se añade la suma de los quebrados, y el resultado de esta suma será la suma total.

| *Ejemplo* | Sumar $5\dfrac{2}{3}+6\dfrac{4}{8}+3\dfrac{1}{6}.$ |

Suma de los enteros: $5+6+3=14.$

Suma de los quebrados:

$$\dfrac{2}{3}+\dfrac{4}{8}+\dfrac{1}{6}=\dfrac{2}{3}+\dfrac{1}{2}+\dfrac{1}{6}=\dfrac{4+3+1}{6}=\dfrac{8}{6}=\dfrac{4}{3}=1\dfrac{1}{3}.$$

La suma de los enteros 14, se suma con la suma de los quebrados $1\dfrac{1}{3}$:

$$14+1\dfrac{1}{3}=15\dfrac{1}{3}\quad\text{R.}$$

SEGUNDO PROCEDIMIENTO. REGLA

Se reducen los mixtos a quebrados y se suman estos quebrados.

| *Ejemplo* | Sumar $5\dfrac{2}{3}+6\dfrac{4}{8}+3\dfrac{1}{6}$ (los mismos del ej. anterior). |

$$\dfrac{17}{3}+\dfrac{13}{2}+\dfrac{19}{6}=\dfrac{34+39+19}{6}=\dfrac{92}{6}=\dfrac{46}{3}=15\dfrac{1}{3}.\quad\text{R.}$$

➤ **EJERCICIO 120**

Simplificar:

1. $3\frac{1}{4}+5\frac{3}{4}.$ R. 9.

2. $8\frac{3}{7}+6\frac{5}{7}.$ R. $15\frac{1}{7}.$

3. $9\frac{3}{5}+4\frac{1}{10}.$ R. $13\frac{7}{10}.$

4. $7\frac{1}{8}+3\frac{5}{24}.$ R. $10\frac{1}{3}.$

5. $12\frac{5}{6}+13\frac{7}{9}.$ R. $26\frac{11}{18}.$

6. $1\frac{1}{10}+1\frac{1}{100}.$ R. $2\frac{11}{100}.$

7. $5\frac{1}{8}+6\frac{3}{20}.$ R. $11\frac{11}{40}.$

8. $8\frac{7}{20}+5\frac{11}{25}.$ R. $13\frac{79}{100}.$

9. $3\frac{1}{65}+11\frac{1}{26}.$ R. $14\frac{7}{130}.$

10. $7\frac{9}{55}+8\frac{13}{44}.$ R. $15\frac{101}{220}.$

11. $5\frac{4}{5}+6\frac{2}{5}+8\frac{3}{5}.$ R. $20\frac{4}{5}.$

12. $8\frac{1}{9}+10\frac{7}{9}+16\frac{1}{9}.$ R. 35.

13. $1\frac{1}{2}+2\frac{1}{3}+1\frac{1}{6}.$ R. 5.

14. $5\frac{3}{4}+6\frac{1}{3}+8\frac{1}{12}.$ R. $20\frac{1}{6}.$

15. $2\frac{1}{5}+4\frac{1}{10}+8\frac{3}{25}.$ R. $14\frac{21}{50}.$

16. $3\frac{3}{4}+5\frac{5}{9}+7\frac{1}{12}.$ R. $16\frac{7}{18}.$

17. $4\frac{1}{6}+3\frac{1}{10}+2\frac{1}{15}.$ R. $9\frac{1}{3}.$

18. $1\frac{1}{8}+5\frac{3}{20}+6\frac{5}{10}.$ R. $12\frac{23}{40}.$

19. $6\frac{1}{27}+4\frac{1}{18}+1\frac{1}{54}.$ R. $11\frac{1}{9}.$

20. $1\frac{1}{42}+3\frac{1}{14}+10\frac{11}{84}.$ R. $14\frac{19}{84}.$

21. $6\frac{1}{11}+7\frac{5}{11}+8\frac{2}{11}+4\frac{3}{11}.$ R. 26.

22. $4\frac{1}{4}+5\frac{1}{8}+7\frac{1}{16}+1\frac{1}{32}.$ R. $17\frac{15}{32}.$

23. $3\frac{1}{5}+4\frac{1}{10}+1\frac{1}{50}+2\frac{3}{25}.$ R. $10\frac{11}{25}.$

24. $1\frac{1}{5}+3\frac{1}{4}+2\frac{1}{15}+4\frac{1}{60}.$ R. $10\frac{8}{15}.$

25. $5\frac{3}{7}+3\frac{1}{14}+2\frac{1}{6}+7\frac{1}{2}.$ R. $18\frac{1}{6}.$

26. $1\frac{1}{5}+4\frac{1}{80}+5\frac{1}{16}+2\frac{1}{40}.$ R. $12\frac{3}{10}.$

27. $2\frac{1}{18}+6\frac{7}{15}+4\frac{1}{45}+7\frac{1}{90}.$ R. $19\frac{5}{9}.$

28. $4\frac{1}{31}+1\frac{1}{62}+1\frac{3}{93}+4\frac{1}{4}.$ R. $10\frac{119}{372}.$

29. $1\frac{1}{10}+1\frac{1}{100}+1\frac{1}{1000}+1\frac{1}{10000}.$ R. $4\frac{1111}{10000}.$

30. $3\frac{1}{160}+2\frac{1}{45}+4\frac{7}{60}+1\frac{1}{800}.$ R. $10\frac{527}{3600}.$

(369) SUMA DE ENTEROS, MIXTOS Y QUEBRADOS

REGLA

Se suman los enteros con los enteros de los números mixtos, se suman los quebrados y a la suma de los enteros se añade la suma de los quebrados.

Ejemplo

Efectuar $5+4\frac{7}{8}+\frac{3}{9}+4\frac{1}{12}.$

Sumando los enteros: $5+4+4=13.$

Sumando los quebrados:

$$\frac{7}{8}+\frac{3}{9}+\frac{1}{12}=\frac{7}{8}+\frac{1}{3}+\frac{1}{12}=\frac{21+8+2}{24}=\frac{31}{24}=1\frac{7}{24}.$$

$$13+1\frac{7}{24}=14\frac{7}{24}. \quad \text{R.}$$

9 Aritmética

➤ **EJERCICIO 121**

Simplificar:

1. $7 + \frac{8}{7}$.   R. $8\frac{1}{7}$.

2. $18 + \frac{6}{5}$.   R. $19\frac{1}{5}$.

3. $\frac{14}{12} + 60$.   R. $61\frac{1}{6}$.

4. $14 + 5\frac{2}{3}$.   R. $19\frac{2}{3}$.

5. $8\frac{1}{4} + 6 + \frac{3}{8}$.   R. $14\frac{5}{8}$.

6. $\frac{3}{48} + 10 + 3\frac{1}{5} + 8$.   R. $21\frac{21}{80}$.

7. $6 + 2\frac{1}{30} + 5 + 7\frac{1}{45}$.   R. $20\frac{1}{18}$.

8. $2\frac{1}{20} + 3\frac{5}{40} + 9 + \frac{7}{36}$.   R. $14\frac{133}{360}$.

9. $\frac{7}{45} + 4 + \frac{11}{60} + 2\frac{1}{90}$.   R. $6\frac{7}{20}$.

10. $4 + \frac{7}{48} + 8\frac{1}{57} + \frac{1}{114}$.   R. $12\frac{9}{76}$.

11. $(\frac{1}{4} + \frac{1}{2} + \frac{1}{3}) + \frac{1}{6}$.   R. $1\frac{1}{4}$.

12. $(\frac{3}{80} + \frac{5}{40}) + (\frac{5}{4} + \frac{1}{8})$.   R. $1\frac{43}{80}$.

13. $(3 + 2\frac{3}{5}) + (4\frac{1}{3} + \frac{3}{20})$.   R. $10\frac{1}{12}$.

14. $(\frac{7}{8} + \frac{5}{32}) + (6\frac{1}{6} + 7\frac{1}{4})$.   R. $14\frac{43}{96}$.

15. $(9 + \frac{1}{18}) + (\frac{7}{24} + 6)$.   R. $15\frac{25}{72}$.

16. $(7\frac{3}{5} + 4\frac{1}{12} + 1\frac{1}{24}) + (6 + \frac{1}{18})$.   R. $18\frac{281}{360}$.

17. $(\frac{1}{28} + \frac{7}{14} + \frac{5}{56}) + (1 + \frac{1}{112})$.   R. $1\frac{71}{112}$.

18. $(6 + \frac{1}{32} + 4\frac{1}{5}) + (\frac{1}{16} + 2\frac{1}{10})$.   R. $12\frac{63}{160}$.

19. $(\frac{1}{5} + \frac{1}{3} + \frac{1}{6} + \frac{1}{30}) + (\frac{1}{10} + \frac{3}{25} + \frac{4}{50})$ R. $1\frac{1}{30}$.

20. $(5\frac{1}{6} + 2\frac{1}{9} + 3\frac{1}{12}) + (\frac{3}{5} + \frac{7}{3} + \frac{2}{15})$.   R. $13\frac{77}{180}$.

➤ **EJERCICIO 122**

1. Un hombre camina $4\frac{1}{2}$ Kms. el lunes, $8\frac{2}{3}$ Kms. el martes, 10 Kms. el miércoles y $\frac{5}{8}$ de Km. el jueves. ¿Cuánto ha recorrido en los cuatro días? R. $23\frac{19}{24}$ Kms.

2. Pedro ha estudiado $3\frac{2}{3}$ horas, Enrique $5\frac{3}{4}$ horas y Juan 6 horas. ¿Cuánto han estudiado los tres juntos? R. $15\frac{5}{12}$ h.

3. Un campesino ha cosechado 2500 kilos de papas, $250\frac{1}{8}$ de trigo y $180\frac{2}{9}$ de arroz. ¿Cuántos kilos ha cosechado en conjunto? R. $2930\frac{25}{72}$ kilos.

4. Tres varillas tienen: la 1ª, $8\frac{2}{5}$ pies de largo; la 2ª, $10\frac{3}{10}$ pies y la 3ª $14\frac{1}{20}$ pies. ¿Cuál es la longitud de las tres? R. $32\frac{3}{4}$ p.

5. El lunes ahorré $\$2\frac{3}{4}$; el martes $\$5\frac{5}{8}$; el miércoles $\$7\frac{1}{12}$ y el jueves $\$1\frac{1}{24}$ ¿Cuánto tengo? R. $\$16\frac{1}{2}$.

6. Un hombre recorre en la 1ª hora 10 Kms., en la 2ª $9\frac{2}{7}$ Kms., en la 3ª $8\frac{3}{14}$ Kms. y en la 4ª $6\frac{1}{56}$ Kms. ¿Cuánto ha recorrido en las cuatro horas? R. $33\frac{29}{56}$ Kms.

7. Cuatro hombres pesan $150\frac{3}{4}$, $160\frac{5}{8}$, $165\frac{1}{12}$ y 180 libras respectivamente. ¿Cuánto pesan entre los cuatro? **R.** $656\frac{11}{24}$ lbs.

8. Pedro tiene $22\frac{2}{9}$ años, Juan $6\frac{1}{3}$ años más que Pedro y Matías tanto como Juan y Pedro juntos. ¿Cuánto suman las tres edades? **R.** $101\frac{5}{9}$ a.

9. Un muchacho tenía $\$\frac{3}{5}$ y su padre le dio $\$\frac{7}{20}$. ¿Qué parte de \$1 tiene?
R. $\frac{19}{20}$.

10. Un cosechero vendió $350\frac{2}{3}$ kilos de papas, $750\frac{5}{12}$ kilos de arroz, $125\frac{3}{8}$ kilos de frijoles y $116\frac{1}{18}$ kilos de café. ¿Cuántos kilos de mercancías ha vendido? **R.** $1342\frac{37}{72}$ kilos

II. RESTA

(370) RESTA DE QUEBRADOS DE IGUAL DENOMINADOR

REGLA

Se restan los numeradores y esta diferencia se parte por el denominador común. Se simplifica el resultado y se hallan los enteros si los hay.

| *Ejemplo* | Efectuar $\dfrac{7}{12} - \dfrac{5}{12}$. |

$$\frac{7}{12} - \frac{5}{12} = \frac{2}{12} = (\text{simplif.}) = \frac{1}{6}. \quad \textbf{R.}$$

➤ **EJERCICIO 123**

Simplificar, por simple inspección:

1. $\frac{4}{5} - \frac{1}{5}$. **R.** $\frac{3}{5}$.

2. $\frac{11}{14} - \frac{5}{14}$. **R.** $\frac{3}{7}$.

3. $\frac{17}{20} - \frac{7}{20}$. **R.** $\frac{1}{2}$.

4. $\frac{8}{15} - \frac{3}{15}$. **R.** $\frac{1}{3}$.

5. $\frac{9}{16} - \frac{5}{16}$. **R.** $\frac{1}{4}$.

6. $\frac{24}{35} - \frac{10}{35}$. **R.** $\frac{2}{5}$.

7. $\frac{19}{42} - \frac{12}{42}$. **R.** $\frac{1}{6}$.

8. $\frac{7}{8} - \frac{5}{8} - \frac{1}{8}$. **R.** $\frac{1}{8}$.

9. $\frac{11}{12} - \frac{7}{12} - \frac{4}{12}$. **R.** 0.

10. $\frac{23}{25} - \frac{11}{25} - \frac{7}{25}$. **R.** $\frac{1}{5}$.

11. $\frac{46}{51} - \frac{20}{51} - \frac{9}{51}$. **R.** $\frac{1}{3}$.

12. $\frac{35}{84} - \frac{19}{84} - \frac{8}{84}$. **R.** $\frac{2}{21}$.

13. $\frac{7}{2} - \frac{1}{2} - \frac{3}{2} - \frac{1}{2}$. **R.** 1.

14. $\frac{13}{8} - \frac{3}{8} - \frac{5}{8} - \frac{1}{8}$. **R.** $\frac{1}{2}$.

15. $\frac{19}{21} - \frac{2}{21} - \frac{4}{21} - \frac{6}{21}$. **R.** $\frac{1}{3}$.

(371) RESTA DE QUEBRADOS DE DISTINTO DENOMINADOR

REGLA

Se simplifican los quebrados si es posible. Una vez irreducibles, se reducen al mínimo común denominador y se restan como en el caso anterior.

| Ejemplo | Efectuar $\dfrac{5}{40} - \dfrac{4}{320}$ |

Simplificando los quebrados, queda: $\dfrac{1}{8} - \dfrac{1}{80}$

Reduciendo al mínimo común denominador: $\dfrac{1}{8} - \dfrac{1}{80} = \dfrac{10 - 1}{80} = \dfrac{9}{80}$. R.

➤ **EJERCICIO 124**

Simplificar:

1. $\dfrac{1}{2} - \dfrac{1}{6}$. R. $\dfrac{1}{3}$.

2. $\dfrac{3}{5} - \dfrac{1}{10}$. R. $\dfrac{1}{2}$.

3. $\dfrac{7}{12} - \dfrac{1}{4}$. R. $\dfrac{1}{3}$.

4. $\dfrac{11}{8} - \dfrac{7}{24}$. R. $1\dfrac{1}{12}$.

5. $\dfrac{3}{7} - \dfrac{2}{49}$. R. $\dfrac{19}{49}$.

6. $\dfrac{3}{8} - \dfrac{1}{12}$. R. $\dfrac{7}{24}$.

7. $\dfrac{7}{6} - \dfrac{7}{8}$. R. $\dfrac{7}{24}$.

8. $\dfrac{11}{10} - \dfrac{14}{15}$. R. $\dfrac{1}{6}$.

9. $\dfrac{11}{12} - \dfrac{7}{16}$. R. $\dfrac{23}{48}$.

10. $\dfrac{7}{62} - \dfrac{3}{155}$. R. $\dfrac{29}{310}$.

11. $\dfrac{7}{80} - \dfrac{1}{90}$. R. $\dfrac{11}{144}$.

12. $\dfrac{11}{150} - \dfrac{2}{175}$. R. $\dfrac{13}{210}$.

13. $\dfrac{93}{120} - \dfrac{83}{150}$. R. $\dfrac{133}{600}$.

14. $\dfrac{101}{114} - \dfrac{97}{171}$. R. $\dfrac{109}{342}$.

15. $\dfrac{57}{160} - \dfrac{17}{224}$. R. $\dfrac{157}{560}$.

16. $\dfrac{1}{2} - \dfrac{1}{8} - \dfrac{1}{40}$. R. $\dfrac{7}{20}$.

17. $\dfrac{3}{15} - \dfrac{1}{45} - \dfrac{1}{90}$. R. $\dfrac{1}{6}$.

18. $\dfrac{3}{2} - \dfrac{2}{121} - \dfrac{5}{11}$. R. $1\dfrac{7}{242}$.

19. $\dfrac{7}{35} - \dfrac{1}{100} - \dfrac{11}{1000}$. R. $\dfrac{179}{1000}$.

20. $\dfrac{19}{36} - \dfrac{7}{80} - \dfrac{11}{90}$. R. $\dfrac{229}{720}$.

(372) RESTA DE ENTERO Y QUEBRADO

REGLA

Se quita una unidad al entero, que se pone en forma de quebrado de igual denominador que el quebrado dado, y se restan ambos quebrados.

| Ejemplos | (1) Efectuar $15 - \dfrac{3}{8}$. |

$$15 - \dfrac{3}{8} = 14\dfrac{8}{8} - \dfrac{3}{8} = 14\dfrac{5}{8}. \text{ R.}$$

(2) Efectuar $75 - \dfrac{11}{126}$

$$75 - \dfrac{11}{126} = 74\dfrac{126}{126} - \dfrac{11}{126} = 74\dfrac{115}{126}. \text{ R.}$$

➤ **EJERCICIO 125**

Simplificar, por simple inspección:

1. $8 - \dfrac{2}{3}$. R. $7\dfrac{1}{3}$.

2. $9 - \dfrac{9}{10}$. R. $8\dfrac{1}{10}$.

3. $13 - \dfrac{7}{8}$. R. $12\dfrac{1}{8}$.

4. $16 - \dfrac{1}{11}$. R. $15\dfrac{10}{11}$.

5. $25 - \dfrac{2}{13}$. R. $24\dfrac{11}{13}$.

6. $30 - \dfrac{7}{24}$. R. $29\dfrac{17}{24}$.

7. $32 - \dfrac{17}{80}$.   R. $31\dfrac{63}{80}$.

8. $81 - \dfrac{1}{90}$.   R. $80\dfrac{89}{90}$.

9. $93 - \dfrac{45}{83}$.   R. $92\dfrac{38}{83}$.

10. $106 - \dfrac{104}{119}$.   R. $105\dfrac{15}{119}$.

11. $125 - \dfrac{1}{125}$.   R. $124\dfrac{124}{125}$.

12. $215 - \dfrac{3}{119}$.   R. $214\dfrac{119}{119}$.

13. $316 - \dfrac{11}{415}$.   R. $315\dfrac{404}{415}$.

14. $819 - \dfrac{7}{735}$.   R. $818\dfrac{104}{105}$.

(373) RESTA DE NUMEROS MIXTOS

Se puede efectuar por dos procedimientos:

PRIMER PROCEDIMIENTO. REGLA

Se restan separadamente los enteros y los quebrados y a la resta de los enteros se añade la resta de los quebrados.

Ejemplos

(1) Efectuar $15\dfrac{5}{8} - 10\dfrac{7}{12}$.

Resta de los enteros: $15 - 10 = 5$.

Resta de los quebrados: $\dfrac{5}{8} - \dfrac{7}{12} = \dfrac{15 - 14}{24} = \dfrac{1}{24}$.

A la diferencia de los enteros, 5, añado la diferencia de los quebrados $\dfrac{1}{24}$ y tengo: $5 + \dfrac{1}{24} = 5\dfrac{1}{24}$. R.

(2) Efectuar $9\dfrac{2}{7} - 5\dfrac{3}{4}$.

Resta de los enteros: $9 - 5 = 4$.

Resta de los quebrados: $\dfrac{2}{7} - \dfrac{3}{4} = \dfrac{8 - 21}{28}$.

No podemos efectuar esta resta, lo que nos indica que el quebrado $\dfrac{2}{7}$ es menor que $\dfrac{3}{4}$.

Para efectuar la resta, quitamos una unidad de la diferencia de los enteros 4, quedando $4 - 1 = 3$ enteros y esta unidad la ponemos en forma de $\dfrac{7}{7}$, se la añadimos a $\dfrac{2}{7}$ y tendremos: $\left(\dfrac{7}{7} + \dfrac{2}{7}\right) - \dfrac{3}{4} = \dfrac{9}{7} - \dfrac{3}{4} = \dfrac{36 - 21}{28} = \dfrac{15}{28}$.

A los enteros que nos quedaron después de quitar la unidad o sea 3, añadimos esta diferencia de los quebrados y tenemos: $3 + \dfrac{15}{28} = 3\dfrac{15}{28}$. R.

SEGUNDO PROCEDIMIENTO. REGLA

Se reducen los mixtos a quebrados y se restan como quebrados.

> **Ejemplo**

Efectuar $5\dfrac{1}{6} - 3\dfrac{1}{8}$.

$$5\frac{1}{6} - 3\frac{1}{8} = \frac{31}{6} - \frac{25}{8} = \frac{124-75}{24} = \frac{49}{24} = 2\frac{1}{24}. \quad R.$$

➤ **EJERCICIO 126**

Simplificar:

1. $6\frac{5}{6} - 3\frac{1}{6}$.   R. $3\frac{2}{3}$.
2. $7\frac{3}{5} - 4\frac{3}{10}$.   R. $3\frac{3}{10}$.
3. $8\frac{5}{6} - 5\frac{1}{12}$.   R. $3\frac{3}{4}$.
4. $9\frac{7}{8} - 2\frac{5}{24}$.   R. $7\frac{2}{3}$.
5. $10\frac{5}{6} - 2\frac{7}{9}$.   R. $8\frac{1}{18}$.
6. $12\frac{2}{3} - 7\frac{1}{11}$.   R. $5\frac{19}{33}$.
7. $6\frac{23}{30} - 2\frac{7}{40}$.   R. $4\frac{71}{120}$.
8. $11\frac{3}{8} - 5\frac{1}{24}$.   R. $6\frac{1}{3}$.
9. $19\frac{5}{7} - 12\frac{8}{105}$.   R. $7\frac{67}{105}$.
10. $14\frac{11}{45} - 5\frac{7}{60}$.   R. $9\frac{28}{180}$.
11. $9\frac{1}{6} - 7\frac{2}{3}$.   R. $1\frac{1}{2}$.
12. $8\frac{1}{8} - 2\frac{3}{4}$.   R. $5\frac{3}{8}$.
13. $25\frac{7}{50} - 14\frac{6}{25}$.   R. $10\frac{9}{10}$.
14. $80\frac{3}{8} - 53\frac{5}{9}$.   R. $26\frac{59}{72}$.
15. $115\frac{5}{27} - 101\frac{7}{9}$.   R. $13\frac{11}{27}$.
16. $182\frac{13}{90} - 116\frac{11}{40}$.   R. $65\frac{313}{360}$.
17. $215\frac{23}{80} - 183\frac{7}{50}$.   R. $32\frac{59}{400}$.
18. $312\frac{11}{90} - 219\frac{5}{36}$.   R. $92\frac{59}{60}$.
19. $301\frac{3}{45} - 300\frac{7}{80}$.   R. $\frac{47}{48}$.
20. $401\frac{11}{51} - 400\frac{9}{17}$.   R. $\frac{35}{51}$.

(374) RESTA DE ENTERO Y MIXTO

REGLA

Se quita una unidad al entero, que se pone en forma de quebrado de igual denominador que el quebrado del sustraendo y luego se restan separadamente los enteros y los quebrados.

> **Ejemplos**

(1) Efectuar $6 - 4\dfrac{1}{3}$.

Quitamos una unidad a 6 que la ponemos en forma de $\dfrac{3}{3}$ y tendremos:

$$6 - 4\frac{1}{3} = 5\frac{3}{3} - 4\frac{1}{3} = 1\frac{2}{3} \quad R.$$

(2) Efectuar $50 - 14\frac{3}{5}$

$$50 - 14\frac{3}{5} = 49\frac{5}{5} - 14\frac{3}{5} = 35\frac{2}{5}. \quad R.$$

➤ **EJERCICIO 127**

Simplificar:

1. $9 - 4\frac{1}{2}$. R. $4\frac{1}{2}$.

6. $18 - 3\frac{3}{11}$. R. $14\frac{8}{11}$.

11. $50 - 18\frac{18}{19}$. R. $31\frac{1}{19}$.

2. $12 - 1\frac{7}{9}$. R. $10\frac{2}{9}$.

7. $20 - 4\frac{1}{20}$. R. $15\frac{19}{20}$.

12. $60 - 36\frac{41}{45}$. R. $23\frac{4}{45}$.

3. $10 - 5\frac{3}{4}$. R. $4\frac{1}{4}$.

8. $21 - 5\frac{1}{30}$. R. $15\frac{29}{30}$.

13. $70 - 46\frac{104}{113}$. R. $23\frac{9}{113}$.

4. $14 - 13\frac{15}{17}$. R. $\frac{2}{17}$.

9. $31 - 6\frac{2}{35}$. R. $24\frac{33}{35}$.

14. $95 - 51\frac{251}{301}$. R. $43\frac{50}{301}$.

5. $16 - 2\frac{7}{10}$. R. $13\frac{3}{10}$.

10. $40 - 35\frac{11}{42}$. R. $4\frac{31}{42}$.

15. $104 - 79\frac{301}{323}$. R. $24\frac{22}{323}$.

(375) RESTA DE MIXTO Y ENTERO

REGLA

Se resta el entero de los enteros del número mixto.

| *Ejemplo* | Efectuar $14\frac{1}{8} - 9$. |

Restando 9 del 14 queda $14 - 9 = 5$, luego nos queda $5\frac{1}{8}$. R.

➤ **EJERCICIO 128**

Simplificar:

1. $16\frac{3}{5} - 6$.

3. $18\frac{2}{9} - 6$.

5. $27\frac{17}{19} - 16$.

7. $40\frac{2}{11} - 17$.

9. $42\frac{8}{65} - 19$.

2. $1\frac{7}{8} - 1$.

4. $20\frac{3}{4} - 14$.

6. $35\frac{23}{25} - 18$.

8. $31\frac{3}{82} - 30$.

10. $53\frac{7}{16} - 49$.

III. SUMA Y RESTA COMBINADAS

(376) SUMA Y RESTA COMBINADAS DE QUEBRADOS

REGLA

Se simplifican los quebrados dados si es posible. Se reducen al mínimo común denominador y se efectúan operaciones.

| *Ejemplo* | Efectuar $\frac{14}{60} - \frac{1}{8} - \frac{16}{64} + \frac{15}{36}$. |

Simplificando, queda:

$$\frac{7}{30} - \frac{1}{8} - \frac{1}{4} + \frac{5}{12} = \frac{28 - 15 - 30 + 50}{120} = \frac{78 - 45}{120} = \frac{33}{120} = \text{(simplif.)} = \frac{11}{40}. \quad R.$$

➤ **EJERCICIO 129**

Simplificar:

1. $\dfrac{2}{3} + \dfrac{5}{6} - \dfrac{1}{12}$.   **R.** $1\dfrac{5}{12}$.

2. $\dfrac{3}{4} - \dfrac{5}{8} + \dfrac{7}{12}$.   **R.** $\dfrac{17}{24}$.

3. $\dfrac{7}{12} + \dfrac{5}{9} - \dfrac{4}{24}$.   **R.** $\dfrac{35}{36}$.

4. $\dfrac{11}{15} - \dfrac{7}{30} + \dfrac{3}{10}$.   **R.** $\dfrac{4}{5}$.

5. $\dfrac{6}{9} + \dfrac{15}{25} - \dfrac{8}{15}$.   **R.** $\dfrac{11}{15}$.

6. $\dfrac{5}{6} - \dfrac{1}{90} + \dfrac{4}{7}$.   **R.** $1\dfrac{124}{315}$.

7. $\dfrac{4}{41} + \dfrac{7}{82} - \dfrac{1}{6}$.   **R.** $\dfrac{2}{123}$.

8. $\dfrac{11}{26} + \dfrac{9}{91} - \dfrac{3}{39}$.   **R.** $\dfrac{81}{182}$.

9. $\dfrac{31}{108} - \dfrac{43}{120} + \dfrac{59}{150}$.   **R.** $\dfrac{1739}{5400}$.

10. $\dfrac{111}{200} + \dfrac{113}{300} - \dfrac{117}{400}$.   **R.** $\dfrac{767}{1200}$.

11. $\dfrac{1}{4} - \dfrac{1}{5} + \dfrac{1}{6} - \dfrac{1}{8}$.   **R.** $\dfrac{11}{120}$.

12. $\dfrac{1}{6} - \dfrac{1}{7} + \dfrac{1}{12} - \dfrac{1}{14}$.   **R.** $\dfrac{1}{28}$.

13. $\dfrac{1}{9} + \dfrac{1}{15} - \dfrac{1}{6} + \dfrac{1}{30}$.   **R.** $\dfrac{2}{45}$.

14. $\dfrac{2}{40} + \dfrac{7}{80} - \dfrac{11}{36} + \dfrac{13}{72}$.   **R.** $\dfrac{1}{80}$.

15. $\dfrac{1}{50} - \dfrac{2}{75} + \dfrac{7}{150} - \dfrac{1}{180}$.   **R.** $\dfrac{31}{900}$.

16. $\dfrac{7}{20} + \dfrac{11}{320} + \dfrac{1}{160} - \dfrac{3}{80}$.   **R.** $\dfrac{113}{320}$.

17. $\dfrac{13}{2} - \dfrac{1}{32} - \dfrac{1}{64} - \dfrac{1}{128}$.   **R.** $6\dfrac{57}{128}$.

18. $\dfrac{15}{16} - \dfrac{1}{48} - \dfrac{1}{96} - \dfrac{1}{80}$.   **R.** $\dfrac{143}{160}$.

19. $\dfrac{7}{11} - \dfrac{1}{121} - \dfrac{1}{1331} + \dfrac{1}{6}$.   **R.** $\dfrac{6341}{7986}$.

20. $\dfrac{8}{7} - \dfrac{2}{49} - \dfrac{3}{343} + \dfrac{5}{2}$.   **R.** $3\dfrac{407}{686}$.

(377) **SUMA Y RESTA COMBINADAS DE ENTEROS, QUEBRADOS Y MIXTOS**

REGLA GENERAL

A los enteros se pone por denominador la unidad, los mixtos se reducen a quebrados; se simplifican los quebrados si es posible y se efectúan operaciones con estos quebrados.

$Ejemplo$	Efectuar $14 - 2\dfrac{3}{16} - \dfrac{1}{8} + \dfrac{5}{6}$.

$$\dfrac{14}{1} - \dfrac{35}{16} - \dfrac{1}{8} + \dfrac{5}{6} = \dfrac{672 - 105 - 6 + 40}{48} = \dfrac{712 - 111}{48} = \dfrac{601}{48} = 12\dfrac{25}{48}. \quad \text{R.}$$

➤ **EJERCICIO 130**

Simplificar:

1. $3 + \dfrac{3}{5} - \dfrac{1}{8}$.   **R.** $3\dfrac{19}{40}$.

2. $6 + 1\dfrac{1}{3} - \dfrac{2}{5}$.   **R.** $6\dfrac{14}{15}$.

3. $9 - 5\dfrac{1}{6} + 4\dfrac{1}{12}$.   **R.** $7\dfrac{11}{12}$.

4. $35 - \dfrac{1}{8} - \dfrac{3}{24}$.   **R.** $34\dfrac{3}{4}$.

5. $80 - 3\dfrac{3}{5} - 4\dfrac{3}{10}$.   **R.** $72.\dfrac{1}{10}$.

6. $6\dfrac{1}{15} - 4\dfrac{1}{30} + \dfrac{7}{25}$.   **R.** $2\dfrac{47}{150}$.

7. $\dfrac{7}{20} + 3\dfrac{1}{16} - 2\dfrac{1}{5}$.   **R.** $1\dfrac{17}{80}$.

8. $9\dfrac{2}{3} + 5\dfrac{7}{48} - \dfrac{1}{60}$.   **R.** $14\dfrac{191}{240}$.

9. $8\frac{3}{7} + 4\frac{3}{56} - \frac{1}{98}.$ R. $12\frac{185}{392}.$

10. $9 + \frac{5}{8} - 3 + 2\frac{1}{9}.$ R. $8\frac{53}{72}.$

11. $16\frac{1}{3} - 14\frac{2}{5} + 7\frac{2}{9}.$ R. $9\frac{7}{45}.$

12. $9\frac{3}{8} - 4\frac{1}{40} + 6\frac{1}{60}.$ R. $11\frac{11}{80}.$

13. $14\frac{7}{25} - 6\frac{3}{50} + 8\frac{11}{40}.$ R. $16\frac{99}{200}.$

14. $16\frac{5}{14} + 7\frac{1}{7} - 5\frac{3}{56}.$ R. $18\frac{25}{56}.$

15. $4\frac{1}{3} - 2 + 3 - \frac{1}{9}.$ R. $5\frac{2}{9}.$

16. $9 + \frac{1}{4} - \frac{1}{2} + 3.$ R. $11\frac{3}{4}.$

17. $6 + 5\frac{1}{3} - 4\frac{1}{6} - 1\frac{1}{2}.$ R. $5\frac{2}{3}.$

18. $3\frac{1}{5} - \frac{5}{8} + \frac{7}{40} - 1.$ R. $1\frac{3}{4}.$

19. $6\frac{1}{19} - 2\frac{3}{38} + 5\frac{1}{76} - \frac{1}{2}.$ R. $8\frac{37}{76}.$

20. $\frac{3}{8} + \frac{17}{16} + \frac{32}{6} - 2\frac{3}{5}.$ R. $4\frac{41}{240}.$

21. $9 - \frac{1}{108} - \frac{1}{216} - \frac{1}{144}.$ R. $8\frac{47}{48}.$

22. $5\frac{1}{6} - 2\frac{1}{32} + \frac{7}{64} - \frac{1}{18}.$ R. $3\frac{109}{576}.$

23. $9 + 6\frac{1}{20} - 3\frac{1}{75} + \frac{11}{320}.$ R. $12\frac{341}{4800}.$

24. $5\frac{7}{9} - 3\frac{1}{3} - \frac{11}{36} + \frac{1}{4}.$ R. $2\frac{7}{18}.$

25. $16\frac{1}{4} - 3\frac{1}{8} - 2\frac{4}{7} - \frac{3}{28}.$ R. $10\frac{25}{56}.$

26. $50\frac{3}{5} - 6 - 8\frac{1}{50} - 2\frac{3}{10}.$ R. $34\frac{7}{25}.$

27. $\frac{1}{3} + 4\frac{1}{5} - 2\frac{1}{2} + \frac{1}{6} - \frac{1}{9}.$ R. $2\frac{4}{45}.$

28. $4\frac{7}{15} - \frac{1}{9} + \frac{1}{12} - \frac{1}{36} - 1.$ R. $3\frac{37}{90}.$

29. $7\frac{1}{2} - 5\frac{1}{4} + 6\frac{1}{8} - 6\frac{1}{6} + 6\frac{1}{9}.$ R. $8\frac{23}{72}.$

30. $25 - \frac{7}{30} + 4\frac{1}{20} - \frac{1}{50} - \frac{1}{6} - 3.$ R. $25\frac{63}{100}.$

➤ EJERCICIO 131

MISCELANEA

Simplificar:

1. $\frac{3}{8} - (\frac{1}{6} + \frac{1}{12}).$ R. $\frac{1}{8}.$

2. $4\frac{1}{2} + (\frac{3}{5} - \frac{1}{6}).$ R. $4\frac{4}{15}.$

3. $7\frac{1}{4} - (4 - \frac{1}{2}).$ R. $3\frac{3}{4}.$

4. $3\frac{5}{8} - (2\frac{3}{4} + \frac{1}{8}).$ R. $\frac{3}{4}.$

5. $9 - (\frac{1}{2} - \frac{1}{3}).$ R. $8\frac{5}{6}.$

6. $\frac{1}{6} + (\frac{1}{2} - \frac{1}{8}).$ R. $\frac{13}{24}.$

7. $50 - (6 - \frac{1}{5}).$ R. $44\frac{1}{5}.$

8. $27 - (3\frac{3}{8} - 2\frac{1}{4})$ R. $25\frac{7}{8}.$

9. $7\frac{3}{5} + (6\frac{1}{3} - \frac{2}{9}).$ R. $13\frac{32}{45}.$

10. $14 - (2\frac{1}{2} - 1\frac{3}{5}).$ R. $13\frac{1}{10}.$

11. $18 - (\frac{1}{2} + \frac{1}{3} + \frac{1}{4}).$ R. $16\frac{11}{12}.$

12. $500 - (\frac{1}{8} + \frac{9}{5} - \frac{3}{40}).$ R. $498\frac{3}{20}.$

13. $16\frac{1}{5} - (\frac{1}{5} + \frac{1}{10} - \frac{1}{20}).$ R. $15\frac{19}{20}.$

14. $7\frac{2}{5} + (3\frac{1}{2} - 1\frac{1}{3} + \frac{1}{6}).$ R. $9\frac{11}{15}.$

15. $\frac{1}{8} + (4\frac{1}{15} - \frac{1}{60} + \frac{3}{80}).$ R. $4\frac{17}{80}.$

16. $6\frac{3}{4} - (2\frac{1}{9} - \frac{1}{18} + 1).$ R. $3\frac{25}{36}.$

17. $(\frac{1}{2} + \frac{1}{3}) - \frac{5}{6}.$ R. $0.$

18. $(\frac{2}{3} + \frac{3}{4} + \frac{1}{12}) - 1\frac{1}{2}.$ R. $0.$

19. $(\frac{1}{2} - \frac{1}{3}) - \frac{1}{6}.$ R. $0.$

20. $(\frac{1}{2} + \frac{4}{3}) - (\frac{1}{2} + \frac{1}{6}).$ R. $1\frac{1}{6}.$

21. $(\frac{6}{14} + \frac{3}{7}) - (\frac{1}{3} + \frac{1}{6}).$ R. $\frac{5}{14}.$

22. $(8\frac{1}{4} + \frac{1}{8} - 5) - 3\frac{1}{3}.$ R. $\frac{1}{24}.$

23. $(6 - \frac{1}{5}) - (4 - \frac{1}{3}).$ R. $2\frac{2}{15}.$

24. $(20 - \frac{1}{10}) - (8 - \frac{1}{25}).$ R. $11\frac{47}{50}.$

25. $(4\frac{1}{2} - 3\frac{1}{4}) + (6\frac{1}{5} - 5\frac{1}{6})$. **R.** $2\frac{17}{60}$.

26. $18 - (2\frac{1}{2} + 3\frac{1}{3} + 4\frac{1}{4} + 5\frac{1}{5})$. **R.** $2\frac{43}{60}$.

27. $(6 - \frac{1}{2} + \frac{1}{3}) - (2 - \frac{1}{2} + 1)$. **R.** $3\frac{1}{3}$.

28. $(\frac{1}{2} + \frac{1}{3} + \frac{1}{4}) - (\frac{1}{8} + \frac{1}{16} + \frac{1}{32})$. **R.** $\frac{83}{96}$.

29. $(\frac{7}{30} - \frac{1}{60} + \frac{1}{4}) + (\frac{5}{3} + \frac{7}{5} - \frac{1}{20})$. **R.** $3\frac{29}{60}$.

30. $180 - 3\frac{1}{5} - (2\frac{1}{3} + \frac{1}{6} - \frac{1}{9})$. **R.** $174\frac{37}{90}$.

> ## EJERCICIO 132

1. Si tengo $\$\frac{7}{8}$, ¿cuánto me falta para tener $1? **R.** $\$\frac{1}{8}$.

2. Debo $183 y pago $\$42\frac{2}{7}$. ¿Cuánto me falta por pagar? **R.** $\$140\frac{5}{7}$.

3. Una calle tiene $50\frac{2}{3}$ ms. de longitud y otra $45\frac{5}{8}$ ms. ¿Cuántos metros tienen las dos juntas y cuánto falta a cada una de ellas para tener 80 ms. de largo? **R.** $96\frac{7}{24}$ m.; $29\frac{1}{3}$ m.; $34\frac{3}{8}$ m.

4. Tengo $\$6\frac{3}{5}$. ¿Cuánto necesito para tener $\$8\frac{1}{6}$? **R.** $\$1\frac{17}{30}$.

5. Un hombre gana mensualmente $200. Gasta $\$50\frac{2}{9}$ en alimentación de su familia; $60 en alquiler y $\$18\frac{3}{8}$ en otros gastos. ¿Cuánto puede ahorrar mensualmente? **R.** $\$71\frac{29}{72}$.

6. Tenía $50. Pagué $\$16\frac{2}{9}$ que debía; gasté $\$5\frac{3}{7}$ y después recibí $\$42\frac{1}{6}$. ¿Cuánto tengo ahora? **R.** $\$70\frac{65}{126}$.

7. Si empleo $\frac{5}{8}$ del día en trabajar; ¿qué parte del día descanso? **R.** $\frac{3}{8}$.

8. La cuarta parte del día la emplea un niño en estudiar; la sexta parte en hacer ejercicios y la novena en divertirse. ¿Qué parte del día le queda libre? **R.** $\frac{17}{36}$.

9. Un hombre vende $\frac{1}{3}$ de su finca, alquila $\frac{1}{8}$ y lo restante lo cultiva. ¿Qué porción de la finca cultiva? **R.** $\frac{13}{24}$.

10. Un hombre vende $\frac{1}{3}$ de su finca, alquila $\frac{1}{8}$ del resto y lo restante lo cultiva? ¿Qué porción de la finca cultiva? **R.** $\frac{7}{12}$.

11. Tres obreros tienen que tejer 200 ms. de tela. Uno teje $53\frac{2}{7}$ ms. y otro $\frac{15}{34}$ ms. ¿Cuánto tiene que tejer el tercero? **R.** $146\frac{65}{238}$ m.

12. Perdí $\frac{1}{5}$ de mi dinero y presté $\frac{1}{8}$. ¿Qué parte de mi dinero me queda? **R.** $\frac{27}{40}$.

13. Perdí $\frac{1}{5}$ de mi dinero y presté $\frac{1}{8}$ de lo que me quedaba. ¿Qué parte de mi dinero me queda? **R.** $\frac{7}{10}$.

14. Los $\frac{3}{8}$ de una finca se venden, $\frac{2}{5}$ del resto se siembran de caña y el resto de tabaco. ¿Qué parte de la finca se siembra de tabaco? **R.** $\frac{3}{8}$.

15. ¿Qué número se debe añadir a $3\frac{2}{5}$ para igualar la suma de $6\frac{1}{3}$ y $2\frac{1}{9}$? **R.** $5\frac{2}{45}$.

IV. MULTIPLICACION

(378) MULTIPLICACION DE QUEBRADOS

REGLA

Para multiplicar dos o más quebrados se multiplican los numeradores y este producto se parte por el producto de los denominadores. El resultado se simplifica y se hallan los enteros si los hay.(1)

| *Ejemplos* |

(1) Efectuar $\dfrac{5}{7} \times \dfrac{3}{4} \times \dfrac{17}{8}$

$$\frac{5}{7} \times \frac{3}{4} \times \frac{17}{8} = \frac{5 \times 3 \times 17}{7 \times 4 \times 8} = \frac{255}{224} = 1\frac{31}{224}$$

(2) Efectuar, cancelando: $\dfrac{4}{9} \times \dfrac{2}{8} \times \dfrac{3}{6}$

$$\frac{4}{9} \times \frac{2}{8} \times \frac{3}{6} = \frac{\overset{1}{\cancel{4}} \times \overset{1}{\cancel{2}} \times \overset{1}{\cancel{3}}}{\underset{3}{\cancel{9}} \times \underset{2}{\cancel{8}} \times \underset{3}{\cancel{6}}} = \frac{1 \times 1 \times 1}{3 \times 2 \times 3} = \frac{1}{18}$$

➤ EJERCICIO 133

Simplificar:

1. $\frac{2}{3} \times \frac{3}{2}$. **R.** 1.

2. $\frac{4}{5} \times \frac{10}{9}$. **R.** $\frac{8}{9}$.

3. $\frac{7}{8} \times \frac{16}{21}$. **R.** $\frac{2}{3}$.

4. $\frac{52}{24} \times \frac{4}{13}$. **R.** $4\frac{1}{6}$.

5. $\frac{18}{15} \times \frac{90}{36}$. **R.** 3.

6. $\frac{21}{22} \times \frac{11}{49}$. **R.** $\frac{3}{14}$.

7. $\frac{13}{4} \times \frac{72}{39}$. **R.** 6.

8. $\frac{24}{102} \times \frac{51}{72}$. **R.** $\frac{1}{6}$.

9. $\frac{2}{3} \times \frac{6}{7} \times \frac{1}{4}$. **R.** $\frac{1}{7}$.

10. $\frac{3}{4} \times \frac{4}{5} \times \frac{5}{6}$. **R.** $\frac{1}{2}$.

11. $\frac{6}{7} \times \frac{7}{8} \times \frac{8}{9}$. **R.** $\frac{2}{3}$.

12. $\frac{7}{19} \times \frac{19}{13} \times \frac{26}{21}$. **R.** $\frac{2}{3}$.

13. $\frac{23}{34} \times \frac{17}{28} \times \frac{7}{69}$. **R.** $\frac{1}{24}$.

14. $\frac{90}{51} \times \frac{41}{108} \times \frac{34}{82}$. **R.** $\frac{5}{18}$.

15. $\frac{2}{3} \times \frac{6}{5} \times \frac{10}{9} \times \frac{1}{8}$. **R.** $\frac{1}{9}$.

16. $\frac{7}{8} \times \frac{8}{11} \times \frac{22}{14} \times \frac{1}{4}$. **R.** $\frac{1}{4}$.

17. $\frac{5}{6} \times \frac{7}{10} \times \frac{3}{14} \times \frac{1}{5}$. **R.** $\frac{1}{40}$.

18. $\frac{3}{5} \times \frac{17}{19} \times \frac{5}{34} \times \frac{38}{75}$. **R.** $\frac{1}{25}$.

(1) El procedimiento de eliminar uno a uno los numeradores y denominadores, cuando existe un factor común a ellos, se llama cancelación. Debe emplearse siempre que sea posible, puesto que es más rápido y seguro. Al cancelar iremos tachando los numeradores y denominadores que tienen un factor común. Cuando operamos en esta forma, la fracción producto viene dada en su mínima expresión.

(379) MULTIPLICACION DE NUMEROS MIXTOS

REGLA

Se reducen a quebrados y se multiplican como tales.

Ejemplo

Efectuar $5\dfrac{2}{3} \times 2\dfrac{4}{5} \times 4\dfrac{1}{9}$.

$$5\frac{2}{3} \times 2\frac{4}{5} \times 4\frac{1}{9} = \frac{17}{3} \times \frac{14}{5} \times \frac{37}{9} = \frac{17 \times 14 \times 37}{3 \times 5 \times 9} = \frac{8806}{135} = 65\frac{31}{135}. \quad \text{R.}$$

➤ **EJERCICIO 134**

Simplificar:

1. $1\frac{1}{2} \times 1\frac{2}{3}$.   R. $2\frac{1}{2}$.

2. $3\frac{1}{4} \times 1\frac{1}{13}$.   R. $3\frac{1}{2}$.

3. $5\frac{1}{4} \times 2\frac{2}{9}$.   R. $11\frac{2}{3}$.

4. $6\frac{2}{7} \times 1\frac{3}{11}$.   R. 8.

5. $3\frac{1}{6} \times 2\frac{4}{19}$.   R. 7.

6. $8\frac{1}{9} \times 1\frac{2}{73}$.   R. $8.\frac{1}{3}$.

7. $14\frac{4}{5} \times 5\frac{5}{6}$.   R. $86\frac{1}{3}$.

8. $1\frac{1}{2} \times 1\frac{1}{3} \times 1\frac{1}{5}$.   R. $2\frac{2}{5}$.

9. $2\frac{5}{6} \times 3\frac{3}{4} \times 1\frac{1}{17}$.   R. $11\frac{1}{4}$.

10. $9\frac{2}{8} \times 1\frac{1}{83} \times 2\frac{3}{21}$ R. 20.

11. $8\frac{1}{3} \times 5\frac{1}{4} \times 1\frac{3}{25}$.   R. 49.

12. $10\frac{1}{10} \times 3\frac{1}{101} \times 1\frac{3}{152}$.   R. 31.

13. $1\frac{1}{5} \times 1\frac{1}{9} \times 1\frac{1}{8} \times 1\frac{3}{5}$.   R. $2\frac{2}{5}$.

14. $2\frac{1}{7} \times 2\frac{4}{5} \times 3\frac{1}{3} \times 4\frac{1}{2}$.   R. 90.

15. $3\frac{1}{4} \times 1\frac{1}{3} \times 1\frac{11}{26} \times 1\frac{1}{37}$.   R. $6\frac{1}{3}$.

16. $6\frac{1}{3} - 2\frac{1}{4} \times 3\frac{1}{5} \times 2\frac{1}{19}$.   R. $93\frac{3}{5}$.

17. $1\frac{2}{7} \times 1\frac{5}{9} \times 2\frac{1}{6} \times 2\frac{4}{7}$.   R. $11\frac{1}{7}$.

18. $8\frac{2}{5} \times 2\frac{4}{7} \times 7\frac{1}{9} \times 2\frac{7}{10}$.   R. $414\frac{18}{25}$.

19. $8\frac{8}{7} \times 1\frac{47}{108} \times 3\frac{33}{61} \times 15\frac{1}{2} \times 1\frac{19}{31}$.   R. $1107\frac{1}{7}$.

20. $2\frac{4}{39} \times 2\frac{1}{6} \times 1\frac{1}{41} \times 4\frac{1}{3} \times 2\frac{4}{7}$.   R. 52.

---

(380) MULTIPLICACION DE ENTERO, MIXTO Y QUEBRADO

REGLA

A los enteros se pone por denominador la unidad; los mixtos se reducen a quebrados y se multiplican todos como quebrados.

Ejemplo

Efectuar $14 \times 3\dfrac{4}{5} \times \dfrac{1}{12} \times \dfrac{3}{14}$.

$$14 \times 3\frac{4}{5} \times \frac{1}{12} \times \frac{3}{14} = \frac{14}{1} \times \frac{19}{5} \times \frac{1}{12} \times \frac{3}{14} = \frac{14 \times 19 \times 1 \times 3}{5 \times 12 \times 14} = \frac{19}{20}. \quad \text{R.}$$

EJERCICIO 135

Simplificar:

1. $3 \times \frac{1}{3} \times \frac{3}{5}$. **R.** $\frac{3}{5}$.

2. $2\frac{1}{2} \times \frac{1}{5} \times 2$. **R.** 1.

3. $3\frac{1}{4} \times \frac{2}{13} \times \frac{1}{3}$. **R.** $\frac{1}{6}$.

4. $\frac{5}{6} \times \frac{9}{7} \times 2\frac{1}{3}$. **R.** $2\frac{1}{2}$.

5. $1\frac{1}{2} \times 1\frac{2}{3} \times \frac{6}{35}$. **R.** $\frac{3}{7}$.

6. $\frac{7}{9} \times 2\frac{1}{4} \times \frac{18}{35}$. **R.** $\frac{9}{10}$.

7. $\frac{11}{12} \times 24 \times \frac{7}{121}$. **R.** $1\frac{3}{11}$.

8. $\frac{5}{9} \times \frac{7}{8} \times 4\frac{1}{3} \times \frac{4}{35}$. **R.** $\frac{13}{54}$.

9. $13 \times \frac{5}{6} \times \frac{3}{10} \times \frac{5}{26}$. **R.** $\frac{5}{8}$.

10. $2\frac{1}{3} \times 3\frac{1}{4} \times 4\frac{1}{5} \times \frac{1}{637}$. **R.** $\frac{1}{20}$.

11. $\frac{11}{18} \times 2\frac{1}{9} \times 36 \times \frac{1}{38}$. **R.** $1\frac{2}{9}$.

12. $7\frac{2}{3} \times \frac{11}{46} \times \frac{1}{121} \times 66$. **R.** 1.

13. $19 \times 5\frac{3}{14} \times \frac{2}{73} \times \frac{7}{19}$. **R.** 1.

14. $36 \times \frac{1}{84} \times \frac{14}{9} \times \frac{1}{6}$. **R.** $\frac{1}{9}$.

15. $5\frac{1}{8} \times \frac{1}{82} \times 6\frac{1}{3} \times 48$. **R.** 19.

16. $9\frac{1}{3} \times 7\frac{5}{7} \times 20\frac{1}{3} \times \frac{1}{1708}$. **R.** $\frac{6}{7}$.

17. $\frac{11}{36} \times \frac{18}{121} \times 2\frac{3}{5} \times \frac{1}{169} \times 715$. **R.** $\frac{1}{2}$.

18. $7\frac{2}{9} \times 18 \times \frac{5}{13} \times 6\frac{1}{3} \times \frac{1}{20}$. **R.** $15\frac{5}{6}$.

19. $5\frac{2}{31} \times \frac{11}{157} \times \frac{62}{77} \times 21 \times 1\frac{1}{6}$. **R.** 7.

20. $\frac{11}{26} \times 52 \times 3\frac{1}{13} \times 1\frac{6}{7} \times \frac{5}{33}$. **R.** $19\frac{1}{21}$.

EJERCICIO 136

MISCELANEA

Simplificar:

1. $(\frac{3}{5} \times \frac{1}{3}) \times 5\frac{1}{16}$. **R.** $1\frac{1}{80}$.

2. $16 \times (14\frac{1}{16} \times 5\frac{1}{6})$. **R.** $1162\frac{1}{2}$.

3. $(\frac{1}{2} - \frac{1}{3}) \times 6$. **R.** 1.

4. $(\frac{1}{2} + \frac{3}{4}) \times \frac{1}{5}$. **R.** $\frac{1}{4}$.

5. $(1 - \frac{3}{8}) \times 1\frac{3}{5}$. **R.** 1.

6. $72 \times (\frac{7}{8} + \frac{2}{9})$. **R.** 79.

7. $(5\frac{2}{3} - \frac{2}{9}) \times 3$. **R.** $16\frac{1}{2}$.

8. $(4 + 2\frac{3}{5}) \times \frac{1}{66}$. **R.** $\frac{1}{10}$.

9. $(8 - \frac{2}{9}) \times \frac{1}{35}$. **R.** $\frac{2}{9}$.

10. $(16\frac{3}{5} - \frac{7}{10}) \times \frac{1}{159}$. **R.** $\frac{1}{10}$.

11. $(\frac{1}{8} + 5\frac{1}{4} - \frac{1}{20}) \times 9\frac{1}{16}$. **R.** $48\frac{33}{128}$.

12. $(1\frac{3}{4} - \frac{1}{8} - \frac{1}{16}) \times \frac{2}{3}$. **R.** $1\frac{1}{24}$.

13. $(7\frac{2}{9} + 5\frac{1}{6} - 12\frac{5}{18}) \times 27$. **R.** 3.

14. $\frac{2}{3} \times (10\frac{1}{4} \times \frac{1}{16}) \times 2\frac{1}{40}$. **R.** $\frac{1107}{1280}$.

15. $(2 + \frac{1}{4}) \times (6 - \frac{1}{30})$. **R.** $13\frac{17}{40}$.

16. $(2 - \frac{1}{4}) \times (6 + \frac{1}{30})$. **R.** $10\frac{67}{120}$.

17. $(\frac{2}{3} - \frac{1}{4}) \times (\frac{2}{3} + \frac{3}{4})$. **R.** $\frac{85}{144}$.

18. $(7\frac{2}{5} + 5\frac{1}{6}) \times (28\frac{1}{4} + 1\frac{3}{4})$. **R.** 377.

19. $(11\frac{1}{10} - 10) \times (13 - 9\frac{2}{5})$. **R.** $3\frac{24}{25}$.

20. $(\frac{7}{8} + \frac{2}{9}) \times (36 \times \frac{1}{79})$. **R.** $\frac{1}{2}$.

21. $(\frac{11}{180} - \frac{1}{45}) \times (90 \times \frac{1}{14})$. **R.** $\frac{1}{4}$.   26. $(\frac{3}{16} + \frac{1}{4} - \frac{1}{40}) \times (\frac{4}{9} + \frac{1}{90} - \frac{1}{3})$. **R.** $\frac{121}{2400}$

22. $(2 - \frac{1}{3} - \frac{1}{5}) \times (6 - \frac{1}{11})$. **R.** $8\frac{2}{3}$.   27. $(2\frac{1}{3} + 3\frac{1}{4}) \times (3 + 4\frac{1}{4} + \frac{1}{16})$. **R.** $40\frac{53}{64}$.

23. $(\frac{9}{3} - \frac{1}{4} - \frac{1}{8} - \frac{1}{16}) \times 8$. **R.** $32\frac{1}{2}$.   28. $150 \times (\frac{9}{32} + 5 + \frac{1}{16}) \times \frac{1}{14}$. **R.** $57\frac{57}{224}$.

24. $(9\frac{1}{12} + \frac{7}{16} - 2\frac{1}{3} - 2) \times 1\frac{1}{83}$. **R.** $5\frac{1}{4}$.   29. $(\frac{1}{3} - \frac{1}{5}) \times (\frac{1}{60} + \frac{10}{25}) \times 5\frac{4}{15}$. **R.** $\frac{79}{270}$.

25. $(\frac{5}{24} - \frac{1}{32}) \times (\frac{7}{8} + \frac{1}{80} - \frac{1}{4})$. **R.** $\frac{289}{2560}$.   30. $(3\frac{1}{2} + \frac{1}{8}) \times (6 - \frac{2}{3}) \times (5\frac{1}{4} + \frac{1}{12})$. **R.** $103\frac{1}{9}$.

(381) **FRACCION DE FRACCION** es una o varias partes de un número entero, quebrado o mixto.

Ejemplos

$$\frac{2}{3} \text{ de } 5; \quad \frac{1}{4} \text{ de } \frac{3}{5}; \quad \frac{2}{3} \text{ de } 4\frac{1}{6}.$$

(382) **REDUCCION DE UNA FRACCION DE FRACCION A FRACCION SIMPLE**

Ejemplos

(1) Hallar los $\frac{3}{5}$ de 40.

Diremos: $\frac{1}{5}$ de 40 es $40 \div 5 = 8$ y los $\frac{3}{5}$ serán $8 \times 3 = 24$. R.

En estos casos la palabra de equivale al *signo de multiplicar* y así, en este caso, podíamos haber multiplicado $\frac{3}{5}$ por 40 y tendríamos:

$$\frac{3}{5} \times 40 = \frac{3 \times 40}{5} = \frac{3 \times 8}{1} = 24. \quad \text{R.}$$

(2) Hallar los $\frac{2}{3}$ de 5.

Diremos: $\frac{1}{3}$ de 5 es $5 \div 3 = \frac{5}{3}$ y los $\frac{2}{3}$ serán: $\frac{5}{3} \times 2 = \frac{10}{3} = 3\frac{1}{3}$. R.

Multiplicando ambas cantidades obtenemos el mismo resultado.

$$\frac{2}{3} \times 5 = \frac{10}{3} = 3\frac{1}{3}. \quad \text{R.}$$

porque el de equivale al signo de multiplicar.

(3) Hallar los $\frac{5}{7}$ de $\frac{1}{2}$.

$$\frac{5}{7} \times \frac{1}{2} = \frac{5 \times 1}{7 \times 2} = \frac{5}{14}. \quad \text{R.}$$

(4) Hallar los $\dfrac{7}{8}$ de $4\dfrac{1}{6}$.

$$\frac{7}{8} \times 4\frac{1}{6} = \frac{7}{8} \times \frac{25}{6} = \frac{175}{48} = 3\frac{31}{48}. \quad R.$$

➤ **EJERCICIO 137**

Hallar:

1. $\dfrac{2}{3}$ de 12.   **R. 8.**

2. $\dfrac{5}{6}$ de 42.   **R. 35.**

3. $\dfrac{7}{8}$ de 108.   **R. $94\dfrac{1}{2}$.**

4. $\dfrac{2}{9}$ de 13.   **R. $2\dfrac{8}{9}$.**

5. $\dfrac{11}{12}$ de 96.   **R. 88.**

6. $\dfrac{9}{17}$ de 51.   **R. 27.**

7. $\dfrac{3}{4}$ de 81.   **R. $60\dfrac{3}{4}$.**

8. $\dfrac{3}{5}$ de $\dfrac{1}{3}$.   **R. $\dfrac{1}{5}$.**

9. $\dfrac{2}{3}$ de $\dfrac{3}{5}$.   **R. $\dfrac{2}{5}$.**

10. $\dfrac{6}{5}$ de $\dfrac{2}{9}$.   **R. $\dfrac{4}{15}$.**

11. $\dfrac{11}{7}$ de $\dfrac{35}{22}$.   **R. $2\dfrac{1}{2}$.**

12. $\dfrac{18}{41}$ de 164.   **R. 72.**

13. $\dfrac{3}{8}$ de $3\dfrac{1}{3}$.   **R. $1\dfrac{1}{4}$.**

14. $\dfrac{5}{9}$ de $2\dfrac{1}{4}$.   **R. $1\dfrac{1}{4}$.**

15. $\dfrac{7}{10}$ de $9\dfrac{1}{7}$.   **R. $6\dfrac{2}{5}$.**

16. $\dfrac{10}{11}$ de $2\dfrac{4}{9}$.   **R. $2\dfrac{2}{9}$.**

17. $\dfrac{5}{13}$ de $5\dfrac{5}{12}$.   **R. $2\dfrac{1}{12}$.**

18. $\dfrac{7}{29}$ de $84\dfrac{1}{10}$.   **R. $20\dfrac{3}{10}$.**

(383) FRACCIONES MULTIPLES

Las fracciones múltiples no son más que productos indicados y se resuelven multiplicando todos los números dados.

Ejemplos

(1) Hallar los $\dfrac{2}{3}$ de los $\dfrac{5}{6}$ de 10.

$$\frac{2}{3} \times \frac{5}{6} \times \frac{10}{1} = \frac{2 \times 5 \times 10}{3 \times 6} = \frac{5 \times 10}{3 \times 3} = \frac{50}{9} = 5\frac{5}{9}. \quad R.$$

(2) Hallar los $\dfrac{7}{9}$ de los $\dfrac{3}{5}$ de $\dfrac{8}{24}$.

$$\frac{7}{9} \times \frac{3}{5} \times \frac{8}{24} = \frac{7 \times 3 \times 8}{9 \times 5 \times 24} = \frac{7}{3 \times 5 \times 3} = \frac{7}{45}. \quad R.$$

(3) Hallar los $\dfrac{5}{9}$ de los $\dfrac{3}{17}$ de los $\dfrac{3}{7}$ del doble de 100.

$$\frac{5}{9} \times \frac{3}{17} \times \frac{3}{7} \times \frac{2}{1} \times \frac{100}{1} = \frac{5 \times 3 \times 3 \times 2 \times 100}{9 \times 17 \times 7}$$

$$= \frac{5 \times 2 \times 100}{17 \times 7} = \frac{1000}{119} = 8\frac{48}{119}. \quad R.$$

➤ **EJERCICIO 138**

Hallar:

1. $\dfrac{2}{3}$ de $\dfrac{1}{2}$ de 12.   **R. 4.**

2. $\dfrac{3}{4}$ de $\dfrac{1}{5}$ de 40.   **R. 6.**

3. $\dfrac{5}{6}$ de $\dfrac{1}{9}$ de 108.   **R. 10.**

4. $\dfrac{3}{7}$ de $\dfrac{1}{10}$ de 140.   **R. 6.**

5. $\frac{3}{8}$ de los $\frac{3}{5}$ de 120. **R.** 27.

6. $\frac{2}{7}$ de los $\frac{3}{8}$ de 112. **R.** 12.

7. $\frac{5}{11}$ de los $\frac{7}{9}$ de 33. **R.** $11\frac{2}{3}$.

8. $\frac{5}{6}$ de la mitad de 84. **R.** 35.

9. $\frac{7}{11}$ de los $\frac{6}{5}$ de 440. **R.** 336.

10. $\frac{3}{8}$ de los $\frac{2}{3}$ de $\frac{1}{2}$ de 96. **R.** 12.

11. $\frac{5}{6}$ de los $\frac{3}{5}$ del triplo de 40. **R.** 60.

12. $\frac{1}{4}$ de los $\frac{5}{6}$ de $\frac{1}{8}$ de 16. **R.** $\frac{5}{12}$.

13. $\frac{5}{9}$ de los $\frac{8}{40}$ de los $\frac{5}{7}$ del doble de 50. **R.** $7\frac{59}{63}$.

14. $\frac{4}{9}$ de los $\frac{5}{6}$ de la mitad del triplo de 200. **R.** $111\frac{1}{9}$.

15. $\frac{3}{4}$ de $\frac{1}{10}$ del triplo de los $\frac{7}{12}$ de $\frac{1}{5}$ de $5\frac{1}{3}$. **R.** $\frac{7}{50}$.

➤ **EJERCICIO 139**

1. A $\$\frac{7}{8}$ el Kg. de una mercancía, ¿cuánto valen 8 Kgs., 12 Kgs.? **R.** $7, $10\frac{1}{2}$.

2. Un reloj adelanta $\frac{3}{7}$ de minuto en cada hora. ¿Cuánto adelantará en 5 horas; en medio día; en una semana? **R.** $2\frac{1}{7}$ min.; $5\frac{1}{7}$ min.; 1 h. 12 min.

3. Tengo $86. Si compro 3 libros de $\$1\frac{1}{8}$ cada uno y seis objetos de a $\$\frac{7}{8}$ cada uno, ¿cuánto me queda? **R.** $\$77\frac{3}{8}$.

4. Para hacer un metro de una obra un obrero emplea 6 horas. ¿Cuánto empleará para hacer $14\frac{2}{3}$ metros; $18\frac{5}{33}$ metros? **R.** 88 hs., $108\frac{10}{11}$ hs.

5. Compré tres sombreros a $\$2\frac{3}{5}$ uno; 6 camisas a $\$3\frac{3}{4}$ una. Si doy para cobrar un billete de $50, ¿cuánto me devuelven? **R.** $\$19\frac{7}{10}$.

6. Tenía $\$54\frac{2}{3}$. compré 8 plumas fuentes a $\$4\frac{1}{4}$ una; 9 libros a $\$2\frac{1}{4}$ uno y luego me pagan $\$15\frac{3}{10}$ ¿Cuánto tengo ahora? **R.** $\$15\frac{29}{48}$.

7. Si de una soga de 40 metros de longitud se cortan tres partes iguales de $5\frac{2}{3}$ metros de longitud, ¿cuánto falta a lo que queda para tener $31\frac{5}{8}$ metros? **R.** $8\frac{5}{8}$ m.

8. Si compro 10 libros de a $\$\frac{4}{5}$ uno y entrego en pago 2 metros de tela de a $\$1\frac{5}{8}$ el metro, ¿cuánto debo? **R.** $\$4\frac{3}{4}$.

9. Compré 16 caballos a $\$80\frac{1}{5}$ uno y los vendí a $\$90\frac{3}{10}$ uno. ¿Cuánto gané? **R.** $\$161\frac{3}{5}$.

10. A $\$\frac{11}{10}$ el saco de naranjas, ¿cuánto pagaré por tres docenas de sacos? **R.** $\$39\frac{3}{5}$.

11. Tenía $40 y gasté los $\frac{3}{8}$. ¿Cuánto me queda? **R.** $25.

12. Si tengo $25 y hago compras por los $\frac{6}{5}$ de esta cantidad, ¿cuánto debo? **R.** $5.

13. Un hombre es dueño de los $\frac{3}{4}$ de una goleta y vende $\frac{8}{11}$ de su parte. ¿Qué parte de la goleta ha vendido? **R.** $\frac{9}{44}$.

14. Si me deben una cantidad igual a los $\frac{7}{8}$ de $96 y me pagan los $\frac{3}{4}$ de lo que me deben, ¿cuánto me deben aún? **R.** $21.

15. Un hombre es dueño de los $\frac{2}{5}$ de una finca y vende $\frac{1}{2}$ de su parte. ¿Qué parte de la finca le queda? **R.** $\frac{1}{5}$.

16. Un mechero consume $\frac{3}{4}$ Kgs. de aceite por día. ¿Cuánto consumirá en $\frac{5}{6}$ de día? **R.** $\frac{5}{8}$ Kg.

17. Si un auto anda 60 Kms. por hora, ¿cuánto andará en $\frac{3}{5}$, en $\frac{1}{8}$, en $\frac{2}{11}$ y en $\frac{7}{9}$ de hora? **R.** 36; $7\frac{1}{2}$; $10\frac{10}{11}$; $46\frac{2}{3}$ Kms.

18. Un obrero ajusta una obra en $200 y hace los $\frac{7}{20}$ de ella. ¿Cuánto recibirá? **R.** $70.

19. Un obrero ajusta una obra en $300 y ya ha cobrado una cantidad equivalente a los $\frac{11}{15}$ de la obra. ¿Cuánto le falta por cobrar? **R.** $80.

20. ¿Cuántos litros hay que sacar de un tonel de 560 litros para que queden en él los $\frac{6}{7}$ del contenido? **R.** 80 l.

21. La edad de María es $\frac{1}{2}$ de los $\frac{2}{3}$ de la de Juana. Si ésta tiene 24 años, ¿cuántos tiene María? **R.** 8. a.

22. Me deben los $\frac{3}{4}$ de $88. Si me pagan los $\frac{2}{11}$ de $88, ¿cuánto me deben? **R.** $50.

23. En un colegio hay 324 alumnos y el número de alumnas es los $\frac{7}{18}$ del total? ¿Cuántos varones hay? **R.** 198.

24. De una finca de 20 hectáreas, se venden los $\frac{2}{5}$ y se alquilan los $\frac{8}{4}$ del resto. ¿Cuánto queda? **R.** 3 hectáreas.

V. DIVISION

(384) DIVISION DE QUEBRADOS

REGLA

Para dividir dos quebrados se multiplica el dividendo por el divisor invertido. Se simplifica el resultado y se hallan los enteros si los hay. ( )

( ) Después de invertir el divisor debe cancelarse si es posible.

Ejemplo

Efectuar $\dfrac{14}{55} \div \dfrac{8}{35}$.

$$\dfrac{14}{55} \div \dfrac{8}{35} = \dfrac{14}{55} \times \dfrac{35}{8} = \dfrac{14 \times 35}{55 \times 8} = \dfrac{7 \times 7}{11 \times 4} = \dfrac{49}{44} = 1\dfrac{5}{44}. \quad \text{R.}$$

➤ EJERCICIO 140

Simplificar:

1. $\dfrac{3}{5} \div \dfrac{7}{10}$. **R.** $\dfrac{6}{7}$.

2. $\dfrac{5}{6} \div \dfrac{2}{3}$. **R.** $1\dfrac{1}{4}$.

3. $\dfrac{7}{8} \div \dfrac{14}{9}$. **R.** $\dfrac{9}{16}$.

4. $\dfrac{3}{5} \div \dfrac{6}{7}$. **R.** $\dfrac{7}{10}$.

5. $\dfrac{8}{9} \div \dfrac{4}{3}$. **R.** $\dfrac{2}{3}$.

6. $\dfrac{6}{11} \div \dfrac{5}{22}$. **R.** $2\dfrac{2}{5}$.

7. $\dfrac{5}{12} \div \dfrac{3}{4}$. **R.** $\dfrac{5}{9}$.

8. $\dfrac{11}{14} \div \dfrac{7}{22}$. **R.** $2\dfrac{23}{49}$.

9. $\dfrac{3}{8} \div \dfrac{5}{6}$. **R.** $\dfrac{9}{20}$.

10. $\dfrac{19}{21} \div \dfrac{38}{7}$. **R.** $\dfrac{1}{6}$.

11. $\dfrac{3}{4} \div \dfrac{4}{3}$. **R.** $\dfrac{9}{16}$.

12. $\dfrac{21}{30} \div \dfrac{6}{7}$. **R.** $\dfrac{49}{60}$.

13. $\dfrac{25}{32} \div \dfrac{5}{8}$. **R.** $1\dfrac{1}{3}$.

14. $\dfrac{30}{41} \div \dfrac{3}{82}$. **R.** 20.

15. $\dfrac{50}{61} \div \dfrac{25}{183}$. **R.** 6.

16. $\dfrac{72}{91} \div \dfrac{6}{13}$. **R.** $1\dfrac{5}{7}$.

17. $\dfrac{104}{105} \div \dfrac{75}{36}$. **R.** $\dfrac{416}{875}$.

18. $\dfrac{150}{136} \div \dfrac{135}{180}$. **R.** $1\dfrac{8}{17}$.

19. $\dfrac{216}{316} \div \dfrac{1080}{948}$. **R.** $\dfrac{3}{5}$.

20. $\dfrac{51}{76} \div \dfrac{57}{1520}$. **R.** $17\dfrac{17}{19}$.

(385) DIVISION DE UN ENTERO POR UN QUEBRADO O VICEVERSA

REGLA

Se pone al entero por denominador la unidad y se dividen como quebrados.

Ejemplo

Efectuar $150 \div \dfrac{16}{83}$.

$$150 \div \dfrac{16}{83} = \dfrac{150}{1} \div \dfrac{16}{83} = \dfrac{150}{1} \times \dfrac{83}{16} = \dfrac{150 \times 83}{16} = \dfrac{75 \times 83}{8} = \dfrac{6225}{8} = 778\dfrac{1}{8} \quad \text{R.}$$

➤ EJERCICIO 141

Simplificar:

1. $8 \div \dfrac{1}{2}$. **R.** 16.

2. $15 \div \dfrac{3}{4}$. **R.** 20.

3. $9 \div \dfrac{2}{3}$. **R.** $13\dfrac{1}{2}$.

4. $6 \div \dfrac{5}{6}$. **R.** $7\dfrac{1}{5}$.

5. $7 \div \dfrac{3}{5}$. **R.** $11\dfrac{2}{3}$.

6. $26 \div \dfrac{1}{8}$. **R.** 208.

7. $21 \div \dfrac{42}{5}$. **R.** $2\dfrac{1}{2}$.

8. $52 \div \dfrac{14}{65}$. **R.** $241\dfrac{3}{7}$.

9. $\dfrac{3}{8} \div 5$. **R.** $\dfrac{3}{40}$.

10. $\dfrac{6}{7} \div 9$. **R.** $\dfrac{2}{21}$.

11. $\dfrac{11}{12} \div 44$. **R.** $\dfrac{1}{48}$.

12. $\dfrac{18}{50} \div 39$. **R.** $\dfrac{1}{150}$.

13. $\dfrac{50}{73} \div 14$. **R.** $\dfrac{25}{511}$.

14. $\dfrac{81}{97} \div 18$. **R.** $\dfrac{9}{194}$.

15. $\dfrac{16}{41} \div 16$. **R.** $\dfrac{1}{41}$.

(386) DIVISION DE NUMEROS MIXTOS

REGLA

Se reducen a quebrados y se dividen como tales.

| $Ejemplo$ | | Efectuar $14\dfrac{1}{12} \div 5\dfrac{1}{9}$. |

$$14\frac{1}{12} \div 5\frac{1}{9} = \frac{169}{12} \div \frac{46}{9} = \frac{169}{12} \times \frac{9}{46} = \frac{169 \times 9}{12 \times 46} = \frac{169 \times 3}{4 \times 46} = \frac{507}{184} = 2\frac{139}{184}. \quad R.$$

➤ EJERCICIO 142

Simplificar:

1. $1\dfrac{1}{2} \div 2\dfrac{1}{3}$.   R. $\dfrac{9}{14}$.

2. $2\dfrac{1}{3} \div 3\dfrac{1}{2}$.   R. $\dfrac{2}{3}$.

3. $3\dfrac{1}{4} \div 4\dfrac{1}{3}$.   R. $\dfrac{3}{4}$.

4. $5\dfrac{1}{4} \div 6\dfrac{1}{5}$.   R. $\dfrac{105}{124}$.

5. $7\dfrac{1}{6} \div 8\dfrac{1}{7}$.   R. $\dfrac{301}{342}$.

6. $2\dfrac{3}{5} \div 3\dfrac{9}{10}$.   R. $\dfrac{2}{3}$.

7. $1\dfrac{6}{11} \div 1\dfrac{5}{6}$.   R. $\dfrac{102}{121}$.

8. $1\dfrac{1}{8} \div 3\dfrac{3}{5}$.   R. $\dfrac{5}{16}$.

9. $5\dfrac{2}{3} \div 8\dfrac{1}{2}$.   R. $\dfrac{2}{3}$.

10. $7\dfrac{3}{4} \div 5\dfrac{3}{8}$.   R. $1\dfrac{19}{43}$.

11. $1\dfrac{8}{27} \div 1\dfrac{1}{9}$.   R. $1\dfrac{1}{6}$.

12. $8\dfrac{3}{4} \div 13\dfrac{1}{3}$.   R. $\dfrac{21}{32}$.

13. $6\dfrac{3}{7} \div 1\dfrac{1}{14}$.   R. 6.

14. $5\dfrac{5}{9} \div 3\dfrac{7}{11}$.   R. $1\dfrac{19}{36}$.

15. $5\dfrac{6}{11} \div 2\dfrac{13}{22}$.   R. $2\dfrac{8}{57}$.

16. $3\dfrac{12}{31} \div 2\dfrac{13}{31}$.   R. $1\dfrac{2}{5}$.

17. $1\dfrac{8}{109} \div 1\dfrac{133}{218}$.   R. $\dfrac{2}{3}$.

18. $4\dfrac{1}{50} \div 24\dfrac{3}{25}$.   R. $\dfrac{1}{6}$.

19. $1\dfrac{11}{52} \div 7\dfrac{7}{26}$.   R. $\dfrac{1}{6}$.

20. $1\dfrac{99}{716} \div 9\dfrac{19}{179}$.   R. $\dfrac{1}{8}$.

➤ EJERCICIO 143

MISCELANEA

Simplificar:

1. $(\dfrac{1}{2} \div \dfrac{3}{4}) \div \dfrac{3}{2}$.   R. $\dfrac{4}{9}$.

2. $(3\dfrac{2}{5} \div \dfrac{17}{3}) \times 1\dfrac{2}{3}$.   R. 1.

3. $(\dfrac{1}{3} + \dfrac{2}{30}) \div \dfrac{1}{6}$.   R. $2\dfrac{2}{5}$.

4. $(8 + \dfrac{3}{4}) \div 4\dfrac{1}{5}$.   R. $2\dfrac{1}{12}$.

5. $(4 - \dfrac{1}{3}) \div \dfrac{11}{6}$.   R. 2.

6. $(5\dfrac{1}{4} - 4) \div 1\dfrac{1}{2}$.   R. $\dfrac{5}{6}$.

7. $(\dfrac{5}{6} \div 3\dfrac{1}{4}) \div 1\dfrac{2}{3}$.   R. $\dfrac{2}{13}$.

8. $\dfrac{3}{5} \div (\dfrac{2}{3} + \dfrac{5}{6})$.   R. $\dfrac{2}{5}$.

9. $\dfrac{9}{10} \div (2\dfrac{1}{3} - 1\dfrac{1}{4})$.   R. $\dfrac{54}{65}$.

10. $\dfrac{5}{6} \div (\dfrac{2}{3} \times \dfrac{6}{5})$.   R. $1\dfrac{1}{24}$.

11. $(1 - \dfrac{1}{3}) \div (1 - \dfrac{1}{5})$.   R. $\dfrac{5}{6}$.

12. $(2 + \dfrac{7}{8}) \div (2 - \dfrac{1}{9})$.   R. $1\dfrac{71}{136}$.

13. $(7 + 3\dfrac{1}{8}) \div (14 + 6\dfrac{1}{4})$.   R. $\dfrac{1}{2}$.

14. $(60 - \dfrac{1}{8}) \div (30 - \dfrac{1}{16})$.   R. 2.

15. $(\dfrac{5}{8} \times \dfrac{10}{50}) \div 10\dfrac{1}{12}$.   R. $\dfrac{3}{242}$.

16. $(10 \div \dfrac{5}{6}) \div 10\dfrac{9}{32}$.   R. $1\dfrac{55}{329}$.

17. $(\frac{3}{5} \times \frac{10}{9} \times \frac{3}{4}) \div 3\frac{1}{2}$.   **R.** $\frac{1}{7}$.   21. $(150\frac{1}{8} \div \frac{1}{8}) \div (4 \times 2\frac{7}{8})$.   **R.** $104\frac{10}{23}$.

18. $(\frac{1}{2} + \frac{3}{4} - \frac{1}{8}) \div 1\frac{3}{5}$.   **R.** $\frac{45}{64}$.   22. $(\frac{7}{30} + \frac{7}{90} + \frac{1}{3}) \div \frac{1}{9}$.   **R.** $5\frac{4}{5}$.

19. $(2\frac{1}{3} + 3\frac{1}{4} - 3\frac{1}{8}) \div \frac{1}{12}$.   **R.** $29\frac{1}{2}$.   23. $(\frac{1}{6} + \frac{1}{3} - \frac{1}{45}) \div 1\frac{1}{90}$.   **R.** $\frac{48}{91}$.

20. $(6 - \frac{3}{5} + \frac{1}{10}) \div 5\frac{1}{2}$.   **R.** 1.   24. $(2 \times \frac{6}{5}) \div (2 + \frac{3}{8})$.   **R.** $1\frac{1}{95}$.

25. $(5 \div \frac{1}{5}) \div (2 \div \frac{1}{3})$.   **R.** $4\frac{1}{6}$.

26. $(19\frac{2}{3} + \frac{1}{4}) \div (4\frac{1}{5} \times \frac{5}{42} \times \frac{1}{6})$.   **R.** 239.

27. $(\frac{1}{2} - \frac{1}{3}) \times (2 - \frac{1}{5}) \div (1 - \frac{1}{3})$.   **R.** $\frac{9}{20}$.

28. $(4 - \frac{1}{4}) \times (5 - \frac{1}{5}) \div \frac{1}{18}$.   **R.** 324.

29. $(\frac{1}{2} \times \frac{4}{3}) \div (\frac{1}{2} \div 6) \div (\frac{1}{2} + \frac{1}{4})$.   **R.** $10\frac{2}{3}$.

30. $(2\frac{1}{3} - 1\frac{1}{6}) \div (3\frac{1}{4} + 2\frac{1}{8}) \div \frac{28}{129}$.   **R.** 1.

31. $\frac{3}{5}$ de $(\frac{8}{9} \div \frac{1}{6})$.   **R.** $3\frac{1}{5}$.

32. $\frac{5}{6}$ del los $(\frac{2}{3} \div \frac{3}{2})$ de 72.   **R.** $26\frac{2}{3}$.

33. $\frac{1}{8}$ del los $(\frac{5}{6} \div \frac{1}{2})$ de 150.   **R.** $31\frac{1}{4}$.

34. $\frac{5}{41}$ del los $(\frac{8}{9} \div 4\frac{1}{3})$ del doble de $\frac{5}{12}$.   **R.** $\frac{100}{4797}$.

35. $\frac{3}{11}$ del doble de la mitad de los $(\frac{1}{3} \div \frac{1}{14})$ de $14\frac{2}{5}$.   **R.** $18\frac{18}{55}$.

➤ **EJERCICIO 144**

1. Diez obreros pueden hacer $14\frac{2}{11}$ ms. de una obra en 1 hora. ¿Cuántos metros hace cada obrero en ese tiempo?   **R.** $1\frac{23}{55}$ ms.

2. A $\$2\frac{8}{11}$ el kilo de una mercancía, ¿cuántos kilos puedo comprar con \$80?   **R.** $35\frac{1}{5}$ kilos

3. ¿Cuál es la velocidad por hora de un automóvil que en $5\frac{2}{37}$ horas recorre $202\frac{6}{37}$ Kms.?   **R.** 40 Kms.

4. Un hombre puede hacer una obra en $18\frac{7}{36}$ días. ¿Qué parte de la obra puede hacer en $5\frac{1}{3}$ días?   **R.** $\frac{192}{655}$.

5. La distancia entre dos ciudades es de 140 Kms. ¿Cuántas horas debe andar un hombre que recorre los $\frac{3}{14}$ de dicha distancia en una hora, para ir de una ciudad a otra?   **R.** $4\frac{2}{3}$ h.

6. ¿Cuántas varillas de $\frac{1}{4}$ de metro de longitud se pueden sacar de una varilla de $\frac{5}{12}$ metros de largo?   **R.** $1\frac{2}{3}$ v.

7. Si una llave vierte $8\frac{1}{4}$ litros de agua por minuto, ¿cuánto tiempo empleará en llenar un depósito de $90\frac{3}{4}$ litros de capacidad?   **R.** 11 min.

8. Si una llave vierte $3\frac{3}{4}$ litros y otra $2\frac{1}{5}$ litros de agua por minuto, ¿en cuánto tiempo llenarán un depósito de $59\frac{1}{2}$ litros de capacidad? **R.** 10 min.

9. Si tengo $50, ¿a cuántos muchachos podré dar 1\frac{2}{3}$ por cabeza?   **R.** A 30.

10. Si $$\frac{7}{8}$ se reparten entre 6 personas, ¿cuánto toca a cada una?   **R.** $$\frac{7}{48}$.

11. Si un hombre hace un trabajo en 8 días, ¿qué parte del trabajo puede hacer en 1 día, en $1\frac{3}{4}$ días, en $3\frac{1}{2}$ días?   **R.** $\frac{1}{8}$, $\frac{7}{32}$, $\frac{7}{16}$.

12. Si un kilogramo de frijoles cuesta los $\frac{3}{4}$ de uno de manteca, ¿con cuántos kilogramos de frijoles podré comprar 15 de manteca?   **R.** Con 20.

13. Si en 20 minutos estudio los $\frac{2}{3}$ de una página de un libro, ¿en cuánto tiempo podré estudiar 10 páginas?   **R.** 5 h.

14. ¿Por qué número hay que dividir $6\frac{2}{5}$ para obtener 3 de cociente? **R.** Por $2\frac{2}{15}$.

15. Repartí 18\frac{2}{5}$ entre varias personas y a cada una tocó 3\frac{17}{25}$. ¿Cuántas eran las personas?   **R.** 5.

VI. FRACCIONES COMPLEJAS

(387) FRACCION COMPLEJA es aquella cuyo numerador o denominador, o ambos, son quebrados.

> ### *Ejemplos*
>
> $$\frac{^3/_4}{^2/_5}, \quad \frac{4}{^1/_6}, \quad \frac{^3/_7}{6}, \quad \frac{4^1/_5}{^2/_9}.$$

(388) SU REDUCCION A SIMPLE

Para reducir una fracción compleja a simple, **se efectúa la división del numerador entre el denominador.**

> ### *Ejemplos*
>
> (1) Simplificar $\dfrac{^3/_{17}}{^9/_{34}}$.
>
> $$\frac{^3/_{17}}{^9/_{34}} = \frac{3}{17} \div \frac{9}{34} = \frac{3}{17} \times \frac{34}{9} = \frac{3 \times 34}{17 \times 9} = \frac{2}{3}. \quad \textbf{R.}$$

(2) Simplificar $\dfrac{17}{^3/_{11}}$.

$$\dfrac{17}{^3/_{11}} = \dfrac{17}{1} \div \dfrac{3}{11} = \dfrac{17}{1} \times \dfrac{11}{3} = \dfrac{187}{3} = 62\dfrac{1}{3}.\ \text{R.}$$

(3) Simplificar $\dfrac{^5/_{12}}{10}$.

$$\dfrac{^5/_{12}}{10} = \dfrac{5}{12} \div \dfrac{10}{1} = \dfrac{5}{12} \times \dfrac{1}{10} = \dfrac{5}{12\ \ 10} = \dfrac{1}{24}.\ \text{R.}$$

(4) Simplificar $\dfrac{\dfrac{^1/_2}{^2/_3}}{\dfrac{^1/_5}{^1/_{10}}}$

$$\dfrac{\dfrac{^1/_2}{^2/_3}}{\dfrac{^1/_5}{^1/_{10}}} = \dfrac{\dfrac{1}{2} \div \dfrac{2}{3}}{\dfrac{1}{5} \div \dfrac{1}{10}} = \dfrac{\dfrac{1}{2} \times \dfrac{3}{2}}{\dfrac{1}{5} \times \dfrac{10}{1}} = \dfrac{^3/_4}{2} = \dfrac{3}{8}.\ \text{R.}$$

389 **INVERSO** de un quebrado es otro quebrado que tiene por numerador el denominador del primero y por denominador el numerador del primero.

Así, el inverso de 4 ó $\frac{4}{1}$ es $\frac{1}{4}$; el inverso de $\frac{5}{6}$ es $\frac{6}{5}$; el de $\frac{7}{9}$ es $\frac{9}{7}$.

El inverso de un quebrado proviene de **dividir la unidad entre dicho quebrado.**

Así:
$$1 \div 5 = \dfrac{1}{1} \div \dfrac{5}{1} = \dfrac{1}{1} \times \dfrac{1}{5} = \dfrac{1}{5}.$$

$$1 \div \dfrac{3}{8} = \dfrac{1}{1} \div \dfrac{3}{8} = \dfrac{1}{1} \times \dfrac{8}{3} = \dfrac{8}{3}.$$

Por lo tanto, siempre que tengamos una fracción compleja cuyo numerador sea la unidad, para reducirla a simple, no hay más que invertir el quebrado del denominador.

Ejemplos $\dfrac{1}{^3/_4} = \dfrac{4}{3}.$ R. $\dfrac{1}{^1/_6} = \dfrac{6}{1} = 6.$ R.

➤ **EJERCICIO 145**

Simplificar:

1. $\dfrac{5}{^3/_8}$.   R. $13\frac{1}{3}$.   2. $\dfrac{^7/_8}{10}$.   R. $\dfrac{7}{80}$.   3. $\dfrac{^3/_5}{^1/_{10}}$.   R. 6.

4. $\dfrac{{}^2/_3}{{}^3/_7}.$ R. $1\dfrac{5}{9}.$ 5. $\dfrac{4^1/_3}{6^1/_3}.$ R. 13.   6. $\dfrac{{}^2/_{19}}{6^4/_5}.$ R. $\dfrac{5}{323}.$

7. $\dfrac{{}^5/_8}{{}^3/_{16}}.$ R. $3\dfrac{1}{3}.$ 8. $\dfrac{7^3/_4}{{}^1/_8}.$ R. 62.   9. $\dfrac{5}{\dfrac{1}{{}^1/_2}}.$ R. $2\dfrac{1}{2}.$

10. $\dfrac{15}{\dfrac{1}{{}^1/_4}}.$ R. $3\dfrac{1}{2}.$ 11. $\dfrac{16}{\dfrac{1}{{}^1/_4}}.$ R. 4.   12. $\dfrac{\dfrac{1}{{}^1/_5}}{15}.$ R. $\dfrac{1}{3}.$

13. $\dfrac{\dfrac{1}{{}^5/_6}}{15}.$ R. $\dfrac{2}{25}.$ 14. $\dfrac{\dfrac{1}{{}^3/_5}}{\dfrac{1}{{}^3/_8}}.$ R. $\dfrac{5}{8}.$ 15. $\dfrac{\dfrac{1}{5^3/_4}}{\dfrac{1}{4^1/_5}}.$ R. $\dfrac{84}{115}.$

16. $\dfrac{\dfrac{3}{{}^3/_4}}{\dfrac{1}{{}^1/_6}}.$ R. $\dfrac{2}{3}.$ 17. $\dfrac{\dfrac{6}{{}^5/_8}}{\dfrac{{}^3/_5}{2}}.$ R. 32.   18. $\dfrac{\dfrac{{}^2/_3}{{}^3/_5}}{\dfrac{{}^1/_6}{{}^2/_5}}.$ R. $2\dfrac{2}{3}.$

19. $\dfrac{\dfrac{5^2/_3}{{}^1/_4}}{\dfrac{6^1/_2}{{}^1/_6}}.$ R. $\dfrac{68}{117}.$ 20. $\dfrac{\dfrac{{}^1/_3}{4^1/_5}}{\dfrac{{}^1/_2}{3^2/_5}}.$ R. $\dfrac{34}{63}.$

(390) EXPRESION FRACCIONARIA COMPLEJA

Es una fracción compleja en cuyo numerador o denominador, o en ambos, hay operaciones indicadas.

Ejemplos

$$\dfrac{\dfrac{1}{4}+\dfrac{1}{3}}{8\times\dfrac{1}{5}} \qquad \dfrac{\left(6+\dfrac{2}{3}\right)\div 5}{\dfrac{2}{{}^1/_8}}$$

(391) SIMPLIFICACION DE UNA EXPRESION FRACCIONARIA COMPLEJA

Se efectúan las operaciones del numerador y denominador hasta convertirlos en un solo quebrado, y se efectúa la división de estos dos quebrados.

Ejemplos

(1) Simplificar $\dfrac{(^1/_6 + ^1/_9 - ^1/_{12}) \times ^6/_7}{8 \div \dfrac{1}{^1/_4}}$

$$\frac{(^1/_6 + ^1/_9 - ^1/_{12}) \times ^6/_7}{8 \div \dfrac{1}{^1/_4}} = \frac{^7/_{36} \times ^6/_7}{8 \div 4} = \frac{^1/_6}{2} = \frac{1}{6} \times \frac{1}{2} = \frac{1}{12}.$$

(2) Simplificar $\dfrac{\dfrac{2 + ^2/_5}{3} + \dfrac{5^1/_4}{^3/_2}}{\dfrac{3^3/_5}{^1/_2} - \dfrac{^1/_4}{^1/_2}} \times \left(235\dfrac{1}{5} \div 4\dfrac{1}{5}\right).$

Efectuando el numerador: $\dfrac{2 + ^2/_5}{3} + \dfrac{5^1/_4}{^3/_2} = \dfrac{^{12}/_5}{3} + \dfrac{^{21}/_4}{^3/_2} = \dfrac{4}{5} + \dfrac{7}{2} = \mathbf{\dfrac{43}{10}}.$

Efectuando el denominador: $\dfrac{3^3/_5}{^1/_2} - \dfrac{^1/_4}{^1/_2} = \dfrac{^{18}/_5}{^1/_2} - \dfrac{^1/_4}{^1/_2} = \dfrac{36}{5} - \dfrac{1}{2} = \mathbf{\dfrac{67}{10}}.$

Efectuando el paréntesis: $235\dfrac{1}{5} \div 4\dfrac{1}{5} = \dfrac{1176}{5} \times \dfrac{5}{21} = \mathbf{56}.$

Tendremos: $\dfrac{^{43}/_{10}}{^{67}/_{10}} \times 56 = \dfrac{43}{67} \times 56 = \dfrac{2408}{67} = \mathbf{35\dfrac{63}{67}}.$ R.

(3) Simplificar $\dfrac{3}{2 + \dfrac{^1/_5}{3 - ^1/_4}}.$

Esta clase de fracciones se reducen a simples realizando las operaciones indicadas de *abajo hacia arriba* como se indica con los cuadritos:

$$\frac{3}{2 + \dfrac{^1/_5}{\boxed{3 - ^1/_4}}} = \frac{3}{2 + \dfrac{\boxed{^1/_5}}{\boxed{^{11}/_4}}} = \frac{3}{\boxed{2 + \dfrac{4}{55}}}$$

$$= \frac{3}{^{114}/_{55}} = \frac{3}{1} \times \frac{55}{114} = \frac{55}{38} = 1\frac{17}{38}. \text{ R.}$$

➤ **EJERCICIO 146**

Simplificar:

1. $\dfrac{\dfrac{1}{3} + \dfrac{2}{5} + \dfrac{1}{30}}{^{23}/_{30}}.$ **R.** 1.

2. $\dfrac{4\dfrac{1}{2} - 3\dfrac{2}{3} + ^1/_4}{2 - ^1/_5}.$ **R.** $\dfrac{65}{108}.$

3. $\dfrac{^1/_{10} + ^1/_{100} - ^1/_{1000}}{10}.$ **R.** $\dfrac{109}{10000}.$

4. $\dfrac{^2/_5 + ^3/_{10} - ^1/_{20}}{^2/_3 + ^1/_9 + ^5/_6}.$ **R.** $\dfrac{11}{29}$

5. $\dfrac{4\dfrac{1}{7} - 2\dfrac{1}{14} + 3\dfrac{1}{2}}{6\dfrac{2}{3} + 5\dfrac{5}{9} - 10\dfrac{1}{18}}.$ **R.** $2\dfrac{4}{7}$

6. $\dfrac{\dfrac{3}{4} + \dfrac{5}{6} \times \dfrac{3}{5}}{\dfrac{1}{2} - \dfrac{2}{7} \times \dfrac{7}{5}}.$ **R.** 12

7. $\dfrac{\frac{7}{8}+1\frac{1}{4}-\frac{3}{2}\times\frac{4}{9}}{2\frac{1}{2}-1\frac{1}{10}+\frac{1}{14}\times\frac{7}{5}}$. **R.** $\frac{35}{36}$.

8. $\dfrac{(\frac{3}{5}+\frac{1}{8}-\frac{7}{24})\times3\frac{1}{13}}{5-\frac{2}{3}}$. **R.** $\frac{4}{13}$.

9. $\dfrac{(\frac{1}{10}+{}^{2}/_{25}+{}^{3}/_{40})\times{}^{1}/_{6}}{{}^{1}/_{8}-{}^{1}/_{12}}$. **R.** $1\frac{1}{50}$.

10. $\dfrac{(5\frac{7}{36}-4\frac{1}{18}+1\frac{1}{72})\times36}{78-\frac{1}{2}}$. **R.** 1.

11. $\dfrac{(6\frac{1}{8}-{}^{1}/_{20}-{}^{1}/_{55})\div{}^{2}/_{7}}{({}^{1}/_{3}-{}^{1}/_{12})\times4{}^{4}/_{5}}$. **R.** $17\frac{703}{1056}$.

12. $\dfrac{\left(9\div\frac{1}{{}^{1}/_{3}}\times{}^{4}/_{5}\right)\times{}^{5}/_{12}}{6\div\frac{1}{{}^{1}/_{2}}}$. **R.** $\frac{1}{3}$.

13. $\dfrac{\frac{2}{{}^{3}/_{5}}+\frac{4}{{}^{6}/_{7}}}{\frac{1}{{}^{1}/_{5}}-\frac{1}{{}^{1}/_{3}}}$. **R.** 4.

14. $\dfrac{\frac{1}{{}^{1}/_{3}}-\frac{1}{{}^{1}/_{2}}}{\frac{2}{{}^{1}/_{5}}+\frac{4}{{}^{1}/_{10}}}$. **R.** $\frac{1}{50}$.

15. $\dfrac{\frac{{}^{1}/_{2}}{{}^{1}/_{3}}+\frac{{}^{1}/_{4}}{{}^{1}/_{5}}-\frac{{}^{1}/_{5}}{{}^{1}/_{6}}}{\frac{{}^{1}/_{6}}{{}^{1}/_{7}}+\frac{{}^{1}/_{4}}{{}^{1}/_{8}}-\frac{{}^{1}/_{8}}{{}^{1}/_{9}}}$. **R.** $\frac{186}{245}$.

16. $\dfrac{\frac{2-{}^{1}/_{3}}{8}+\frac{{}^{5}/_{6}}{3}}{(5\div{}^{1}/_{8})\times({}^{1}/_{5}\div{}^{1}/_{10})}$. **R.** $\frac{7}{1152}$.

17. $\dfrac{\frac{{}^{3}/_{4}}{{}^{1}/_{6}}+\frac{5{}^{2}/_{3}}{{}^{1}/_{12}}}{6+(8-{}^{1}/_{4})}+3$. **R.** $8\frac{3}{11}$.

18. $\dfrac{\frac{8}{{}^{1}/_{4}}+2-\frac{{}^{1}/_{2}}{{}^{1}/_{4}}}{3\div(\frac{5}{3}\times\frac{6}{5})}$. **R.** $21\frac{1}{3}$.

19. $\dfrac{\frac{1+\frac{1}{2}}{3}+\frac{1-\frac{1}{3}}{2}}{\frac{2\frac{1}{2}}{{}^{5}/_{6}}-\frac{{}^{1}/_{3}}{{}^{1}/_{6}}}\times(23{}^{1}/_{2}\div\frac{47}{12})$. **R.** 5.

20. $\dfrac{\frac{2-\frac{2}{5}}{{}^{4}/_{5}}+\frac{3-{}^{1}/_{3}}{{}^{4}/_{3}}}{\frac{4-{}^{1}/_{4}}{{}^{1}/_{2}}+\frac{5-{}^{1}/_{5}}{24}}\times\left(\frac{7}{20}\times\frac{11}{2}\right)$. **R.** 1.

21. $\dfrac{\frac{1}{1-{}^{1}/_{5}}+\frac{1}{1-{}^{1}/_{6}}}{\frac{1}{1-{}^{1}/_{3}}-\frac{1}{1-{}^{1}/_{8}}}\times\left(\frac{1}{7}+\frac{2}{49}-\frac{62}{343}\right)$ **R.** $\frac{1}{50}$.

22. $1+\dfrac{3}{2+\dfrac{4}{1-{}^{1}/_{4}}}$. **R.** $1\frac{9}{22}$.

23. $2+\dfrac{5}{2+\dfrac{1}{3+{}^{1}/_{8}}}$. **R.** $4\frac{9}{58}$.

24. $3+\dfrac{1}{3+\dfrac{1}{1-{}^{1}/_{3}}}$. **R.** $3\frac{2}{9}$.

25. $5+\dfrac{2}{1+\dfrac{{}^{1}/_{2}}{2-{}^{1}/_{4}}}$. **R.** $6\frac{5}{9}$.

26. $\dfrac{5}{6+\dfrac{{}^{1}/_{3}-{}^{1}/_{5}}{3}}$. **R.** $\frac{225}{272}$.

En las numerosas inscripciones egipcias descifradas se encuentran variadísimos problemas con números fraccionarios. Con su peculiar sistema de fracciones con la unidad como numerador, resolvían los problemas de la vida diaria, tales como la distribución del pan, las medidas de la tierra, la construcción de las pirámides, etcétera. Algunos de los problemas presentados en el papiro de Ahmes tienen todavía actualidad.

PROBLEMAS TIPOS SOBRE QUEBRADOS COMUNES

CAPITULO **XXVI**

(392) Si añadimos 1 al numerador y 3 al denominador de $\frac{3}{4}$, ¿aumenta o disminuye este quebrado y cuánto?

Al añadir 1 al numerador y 3 al denominador, $\frac{3}{4}$ se convierte en $\frac{3+1}{4+3} = \frac{4}{7}$. Para saber si el quebrado $\frac{3}{4}$ ha aumentado o disminuido al convertirse en $\frac{4}{7}$, tenemos que reducir ambos a un común denominador.

$$\frac{3}{4} = \frac{3 \times 7}{4 \times 7} = \frac{21}{28} \qquad \frac{4}{7} = \frac{4 \times 4}{7 \times 4} = \frac{16}{28}.$$

Aquí vemos que $\frac{3}{4}$ ha disminuido porque su valor era $\frac{21}{28}$ y se ha convertido en $\frac{16}{28}$, y lo que ha disminuido es:

$$\frac{21}{28} - \frac{16}{28} = \frac{5}{28}. \qquad \text{R}$$

➤ **EJERCICIO 147**

1. ¿Aumenta o disminuye y cuánto $\frac{7}{9}$ al añadir 1 al numerador y 4 al denominador? **R. Dis.** $\frac{19}{117}$.

2. ¿Qué variación sufre $\frac{10}{9}$ al añadir 2 al numerador y 5 al denominador?
   R. Dis. $\frac{16}{63}$

3. ¿Qué alteración sufre $\frac{7}{11}$ al añadir 5 al numerador y 3 al denominador?
   R. Aum. $\frac{17}{77}$

4. ¿Qué variación sufre $\frac{13}{8}$ al añadir 7 al numerador y 4 al denominador?
   R. Aum. $\frac{3}{24}$

5. ¿Aumenta o disminuye $\frac{5}{6}$ al añadir 3 a sus dos términos y cuánto?
   R. Aum. $\frac{1}{18}$.

6. ¿Aumenta o disminuye $\frac{8}{9}$ al restar 5 a sus dos términos y cuánto?
   R. Dis. $\frac{5}{36}$.

7. ¿Aumenta o disminuye $\frac{8}{7}$ al añadir 4 a sus dos términos y cuánto?
   R. Dis. $\frac{4}{77}$.

8. ¿Aumenta o disminuye $\frac{9}{7}$ y cuánto al restar 3 a sus dos términos? **R.** Aum. $\frac{3}{14}$.

9. Si tengo lápices que valen $\$\frac{7}{10}$ y los vendo por $\$\frac{9}{13}$, ¿gano o pierdo y cuánto? **R.** Pierdo $\$\frac{}{130}$.

10. ¿Qué será más ventajoso, vender 50 sacos de azúcar a $\$5\frac{3}{8}$ o a $\$5\frac{4}{9}$ y cuál sería la diferencia de precio en la venta total? **R.** A $\$5\frac{4}{9}$; $\$3\frac{17}{36}$.

(393) **¿Por cuál número se multiplica $\frac{5}{6}$ cuando se convierte en $2\frac{3}{7}$?**

$2\frac{3}{7}$ es el producto y $\frac{5}{6}$ un factor. Para hallar el otro factor no hay más que dividir el producto entre el factor conocido:

$$2\frac{3}{7} \div \frac{5}{6} = \frac{17}{7} \times \frac{6}{5} = \frac{102}{35} = 2\frac{32}{35}.$$

Luego se multiplica por $2\frac{32}{35}$. **R.**

➤ **EJERCICIO 148**

1. ¿Por qué número se multiplica $\frac{1}{2}$ cuando se convierte en $\frac{3}{4}$; $\frac{1}{8}$ cuando se convierte en $\frac{3}{7}$, $\frac{3}{5}$ cuando se convierte en 6? **R.** Por $\frac{3}{2}$; $\frac{24}{7}$; 10.

2. ¿Por cuál número hay que multiplicar $14\frac{2}{9}$ para obtener $5\frac{1}{6}$? **R.** Por $\frac{93}{256}$.

3. ¿Por cuál número hay que multiplicar a 7 para que dé 8; a 9 para que dé 10; a 14 para obtener 3? **R.** Por $\frac{8}{7}$; $\frac{10}{9}$; $\frac{3}{14}$;

4. ¿Por qué número se multiplica $\frac{5}{6}$ cuando se añade 2 a sus dos términos; cuando se resta 2 a sus dos términos? **R.** Por $\frac{21}{20}$; $\frac{9}{10}$.

5. ¿Por cuál número se multiplica $\frac{11}{9}$ cuando se resta 4 a sus dos términos; cuando se añade 5 a sus dos términos? **R.** Por $1\frac{8}{55}$; $\frac{72}{77}$.

6. ¿Por cuál número se multiplica 6 cuando se convierte en 4; 3 cuando se convierte en 1; 11 cuando se convierte en 12?   **R.** Por $\frac{2}{3}$; $\frac{1}{3}$; $1\frac{1}{11}$.

7. ¿Por cuál número se multiplica $\frac{7}{8}$ cuando se añade 5 al numerador y 3 al denominador; cuando se resta 3 de 7 y se cambia el 8 por 10?   **R.** Por $1\frac{19}{77}$; $\frac{16}{35}$.

8. ¿Por cuál número multiplico el precio de compra de un objeto que me costó \$15 al venderlo por \$20?   **R.** Por $1\frac{1}{3}$.

(394) **¿Por qué número se divide 80 cuando se convierte en $\frac{3}{5}$?**

80 es el dividendo y $\frac{3}{5}$ el cociente. Para hallar el divisor no hay más que dividir el dividendo entre el cociente:

$$80 \div \frac{3}{5} = \frac{80}{1} \times \frac{5}{3} = \frac{400}{3} = 133\frac{1}{3}.$$

Luego se divide por $133\frac{1}{3}$.   **R.**

➤ **EJERCICIO 149**

1. ¿Por qué número se divide 8 cuando se convierte en 6; 9 cuando se convierte en 7; 11 cuando se convierte en 19?   **R.** Por $\frac{4}{3}$; $1\frac{2}{7}$; $\frac{11}{19}$.

2. ¿Por cuál número hay que dividir a 7 para obtener 8; a 9 para que dé 10; a 14 para que dé 3; a 50 para tener $\frac{1}{4}$?   **R.** Por $\frac{7}{8}$; $\frac{9}{10}$; $4\frac{2}{3}$; 200.

3. ¿Por cuál número hay que dividir a $5\frac{2}{5}$ para tener $6\frac{1}{3}$?   **R.** Por $\frac{81}{95}$.

4. ¿Por cuál número se divide $\frac{5}{6}$ cuando se añade 2 a cada uno de sus términos; cuando se resta 2 a cada uno de sus términos?   **R.** Por $\frac{20}{21}$; $1\frac{1}{9}$.

5. ¿Por cuál número se divide $\frac{11}{9}$ cuando se resta 4 a sus dos términos; cuando se añade 5 a los dos?   **R.** Por $\frac{55}{63}$; $1\frac{5}{72}$.

6. ¿Por cuál número se divide $\frac{7}{8}$ cuando se añade 5 al numerador y 3 al denominador; cuando se resta 3 de 7 y se cambia el 8 por 10?   **R.** Por $\frac{77}{96}$; $2\frac{3}{16}$.

7. ¿Por cuál número divido el precio de compra de un objeto que me costó \$15 cuando lo vendo por \$20?   **R.** Por $\frac{3}{4}$.

8. Si en lugar de dar 60 cts. a un muchacho le doy 80 cts., ¿por cuál número he dividido lo que pensaba darle antes?   **R.** Por $\frac{3}{4}$.

9. Si en lugar de comprar arroz a $3\frac{3}{4}$ cts. libra lo compro a $4\frac{1}{4}$ cts., ¿por cuál número se ha dividido el precio primitivo?   **R.** Por $\frac{15}{17}$.

10. Si en lugar de estudiar 5 horas estudio 3, ¿por cuál número he dividido el número primitivo de horas?   **R.** Por $\frac{5}{3}$.

395 ¿Qué parte de 10 es 4?

Diremos: 1 es $\frac{1}{10}$ de 10; luego, 4 será cuatro veces mayor, o sea, $\frac{1}{10} \times 4 = \frac{4}{10} = \frac{2}{5}$.

Luego, 4 es los $\frac{2}{5}$ de 10.   **R.**

Como se ve por lo hecho, no hay más que dividir las dos cantidades dadas, poniendo como divisor o denominador la cantidad que lleva el **de** delante.

396 ¿Qué parte de $\frac{2}{3}$ es $\frac{7}{8}$?

Dividimos, poniendo a $\frac{2}{3}$ como divisor:

$$\frac{7}{8} \div \frac{2}{3} = \frac{7}{8} \times \frac{3}{2} = \frac{21}{16}.$$

Luego, $\frac{7}{8}$ es los $\frac{21}{16}$ de $\frac{2}{3}$.   **R.**

➤ **EJERCICIO 150**

1. Hallar qué parte de 5 es 4; de 6 es 7; de 9 es 8.   **R.** $\frac{4}{5}$; $\frac{7}{6}$; $\frac{8}{9}$.

2. ¿Qué parte de 15 es 20; de 12 es 18; de 24 es 30?   **R.** $\frac{4}{3}$; $\frac{3}{2}$; $\frac{5}{4}$.

3. ¿Qué parte de 20 es 5; de 18 es 4; de 5 es 6?   **R.** $\frac{1}{4}$; $\frac{2}{9}$; $\frac{6}{5}$.

4. ¿Qué parte de $\frac{5}{6}$ es $\frac{2}{7}$; de $\frac{1}{2}$ es $3\frac{1}{5}$?   **R.** $\frac{12}{35}$; $\frac{32}{5}$.

5. ¿Qué fracción de $4\frac{3}{4}$ es $5\frac{1}{8}$; de $7\frac{5}{6}$ es 24?   **R.** $\frac{41}{38}$; $\frac{144}{47}$.

6. ¿Qué parte de un peso son 6 cts.; 18 cts.; 40 cts.?   **R.** $\frac{3}{50}$; $\frac{9}{50}$; $\frac{2}{5}$.

7. ¿Qué parte de una pieza de 60 ms. es $14\frac{2}{5}$ ms.; $\frac{5}{6}$ ms.; 12 ms.?
   R. $\frac{6}{25}$; $\frac{1}{72}$; $\frac{1}{5}$.

8. Juan tenía bs. 60 y gastó bs. 18. ¿Qué parte de su dinero gastó y qué parte ahorró?   **R.** $\frac{3}{10}$. $\frac{7}{10}$.

9. Un hombre que gana 80 sucres mensuales, gasta 25. Qué parte de su sueldo gasta y qué parte ahorra?   **R.** $\frac{5}{16}$; $\frac{11}{16}$.

10. Un hacendado tenía una finca de 200 hectáreas y vendió $\frac{1}{6}$ de 48 hectáreas. ¿Qué parte de la finca le queda?   **R.** $\frac{24}{25}$.

11. ¿Qué parte del costo se pierde cuando se vende en 15 soles lo que ha costado 20? **R.** $\frac{1}{4}$.

12. Un padre reparte $1 entre sus tres hijos. A uno da 50 cts., a otro 40 cts. y a otro el resto. ¿Qué parte del peso ha dado a cada uno de los hijos? **R.** $\frac{1}{2}$; $\frac{2}{5}$; $\frac{1}{10}$.

13. Si me deben los $\frac{3}{5}$ de 500 colones y me pagan los $\frac{2}{3}$ de 300, ¿qué parte de lo que me debían me han pagado y qué parte me adeudan? **R.** $\frac{2}{3}$, $\frac{1}{3}$.

14. Una botella llena de líquido pesa 3 Kgs. y el peso de la botella es $\frac{7}{8}$ de Kg. ¿Qué parte del peso total es el peso del líquido? **R.** $\frac{17}{24}$.

15. Cuando vendo por 24 cts. lo que me había costado 16, ¿qué parte del costo y de la venta es la ganancia? **R.** $\frac{1}{2}$ del costo $\frac{1}{3}$ de la venta.

16. Cuando vendo en 500 bolívares un caballo que me había costado 425, ¿qué parte es mi ganancia del costo y del precio de venta? **R.** $\frac{3}{17}$ del costo; $\frac{3}{20}$ de la venta.

17. ¿Qué parte de un cargamento de arroz que vale 4500 lempiras podré comprar si vendo 7 caballos a 500 cada uno? **R.** $\frac{7}{9}$.

(397) **Un caballo que costó 1250 sucres se vende por los $\frac{2}{5}$ del costo. ¿Cuánto se pierde?**

Para saber en cuánto se ha vendido el caballo hay que hallar los $\frac{2}{5}$ de 1250 sucres:

$$\frac{1}{5} \text{ de 1250 será } 1250 \div 5 = 250 \text{ y los } \frac{2}{5} \text{ serán } 250 \times 2 = 500 \text{ sucres.}$$

Si el caballo se ha vendido en 500 sucres se han perdido $1250 - 500 = 750$ sucres. **R.**

(398) **Tenía $90. Perdí los $\frac{3}{5}$ y presté $\frac{5}{6}$ del resto. ¿Cuánto me queda?**

Perdí $\frac{3}{5}$ de $90. $\frac{1}{5}$ de $90 es $90 \div 5 = \$18$ y los $\frac{3}{5}$ serán $\$18 \times 3 = \$54$. El resto será $\$90 - \$54 = \$36$.

Presté $\frac{5}{6}$ del resto, o sea, $\frac{5}{6}$ de $36:

$$\frac{1}{6} \text{ de \$36 es } \$36 \div 6 = \$6 \text{ y los } \frac{5}{6} \text{ serán } \$6 \times 5 = \$30.$$

Si perdí $54 y presté $30, me quedan $\$90 - (\$54 + \$30) = \$90 - \$84 = \$6$. **R.**

➤ **EJERCICIO 151**

1. ¿Cuánto pierdo cuando vendo por los $\frac{3}{7}$ del costo lo que me ha costado Q 84? **R.** Q. 48.

2. ¿Cuánto gano cuando vendo por los $\frac{13}{9}$ del costo lo que me ha costado 108 soles? **R.** 48 soles.

3. ¿Gano o pierdo y cuánto, cuando vendo por los $\frac{3}{5}$ de los $\frac{7}{2}$ del costo lo que me ha costado $40? **R.** Gano $44.

4. Al vender un caballo en 910 colones gano los $\frac{5}{13}$ de la venta. Hallar el costo. **R.** 560 colones.

5. ¿Qué parte del costo pierdo cuando vendo por $65 lo que me había costado $80? **R.** $\frac{3}{16}$.

6. Compré un traje por $30 y lo vendo ganando los $\frac{3}{10}$ del costo. Hallar el precio de venta. **R.** $39.

7. Un obrero ajusta una obra por $56 y hace los $\frac{4}{7}$ de ella. ¿Cuánto recibe y cuánto le falta cobrar? **R.** Recibe $32; faltan $24.

8. Me deben los $\frac{7}{9}$ de 90 lempiras y me pagan los $\frac{3}{5}$ de 90. ¿Cuánto me deben aún? **R.** 16 lempiras.

9. De los 84 cts. que tenía, perdí $\frac{2}{7}$ y presté $\frac{5}{14}$. ¿Cuánto me queda? **R.** 30 cts.

10. De una ciudad a otra hay 210 Kms. Un día ando los $\frac{3}{7}$ de esa distancia, otro día los $\frac{2}{21}$ y un tercer día los $\frac{7}{30}$. ¿A qué distancia estoy entonces del punto de llegada? **R.** 51 Km.

11. De una finca de 500 hectáreas se cultivan $\frac{3}{20}$, se alquila $\frac{1}{10}$ y lo restante se vende a 5000 bolívares la hectárea. ¿Cuánto importa la venta? **R.** bs. 1875000.

12. Con los $65 que tenía compré libros por $15 y gasté en un traje los $\frac{7}{10}$ del resto. ¿Cuánto me queda? **R.** $15.

13. Una viajera tiene que recorrer 75 Kms. Un día anda los $\frac{3}{5}$ de dicha distancia y otro día $\frac{1}{3}$ del resto. ¿Cuánto le falta por recorrer? **R.** 20 Kms.

14. Un muchacho tiene que hacer 30 problemas. Un día resuelve los $\frac{3}{10}$ y al día siguiente los $\frac{4}{7}$ del resto. ¿Cuántos problemas le faltan por resolver aún? **R.** 9.

15. Tenía $96. Con los $\frac{5}{12}$ de esta cantidad compré libros y con los $\frac{3}{8}$ de lo que me quedó compré un traje. ¿Cuánto me queda? **R.** $35.

16. A 2\frac{1}{2}$ el quintal de una mercancía, ¿cuánto importarán tres pedidos, de los cuales, el primero contiene 5 quintales; el segundo $\frac{2}{5}$ de lo que contiene el anterior, y el tercero $\frac{1}{10}$ de lo que contiene el segundo? **R.** $18.

17. Un padre deja al morir $4500 para repartir entre sus tres hijos. El mayor debe recibir $\frac{2}{9}$ de la herencia; el segundo $\frac{1}{5}$ de la parte del anterior, y el tercero lo restante. ¿Cuánto recibirá cada uno? **R.** Mayor, $1000; 2º, $200; 3º, $3300.

18. Tengo 9000 sucres. Si presto los $\frac{3}{10}$ de esta cantidad; gasto una cantidad igual a los $\frac{4}{5}$ de lo que presté e invierto una cantidad igual a los $\frac{5}{9}$ de lo que gasté, ¿cuánto me quedará? **R.** 2940 sucres.

19. De los $2000 que tenía dí a mi hermano los $\frac{3}{5}$; a mi primo Juan los $\frac{3}{8}$ del resto y a mi sobrino los $\frac{3}{5}$ del nuevo resto. ¿Cuánto me queda? **R.** $200.

20. Tenía ahorrados $1120. En enero invertí la mitad de esta cantidad; en febrero la mitad de lo que me quedaba; en marzo la mitad de lo que tenía después de los gastos anteriores, y en abril la mitad de lo que tenía después de los gastos anteriores. Si con lo que me quedaba compré en mayo un caballo, ¿cuánto me costó el caballo? **R.** $70.

(399) ¿Qué hora es cuando el reloj señala los $\frac{2}{3}$ de $\frac{1}{2}$ del doble de las 6 de la mañana?

Como se trata de una fracción múltiple, no hay más que multiplicar todas las cantidades:

$$\frac{2}{3} \times \frac{1}{2} \times \frac{2}{1} \times \frac{6}{1} = 4.$$

Serán las 4 de la mañana. R.

➤ **EJERCICIO 152**

1. Si me pagan los $\frac{2}{3}$ de los $\frac{2}{5}$ de $150, ¿cuánto recibiré? **R.** $40.

2. ¿Qué hora es cuando el reloj señala los $\frac{5}{4}$ de $\frac{1}{2}$ del triplo de las 8 a. m.? **R.** 3 p. m.

3. Si me debían los $\frac{3}{8}$ de 840 bolívares y me pagan los $\frac{3}{4}$ de los $\frac{5}{14}$ de 840, ¿cuánto me deben? **R.** 90 bolívares.

4. De una finca de 4200 hectáreas se venden los $\frac{2}{3}$ de $\frac{1}{7}$ y se alquilan los $\frac{3}{4}$ de los $\frac{4}{5}$ de la finca. ¿Cuántas hectáreas quedan? **R.** 1280 há.

5. Si vendo una casa por los $\frac{3}{8}$ de los $\frac{5}{9}$ de $7200 y un caballo por $\frac{1}{2}$ de $\frac{1}{3}$ de $\frac{1}{4}$ de $2400, ¿cuánto recibiré en total? **R.** $1600.

6. De una finca de 6300 hectáreas se venden primero los $\frac{5}{6}$ de los $\frac{2}{3}$ y más tarde los $\frac{2}{9}$ de los $\frac{5}{7}$ de los $\frac{9}{5}$. ¿Cuánto queda? **R.** 1000 há.

7. ¿Cuánto pierdo cuando vendo por los $\frac{2}{5}$ de los $\frac{9}{10}$ del costo lo que me ha costado 5000 soles? **R.** 3200 soles.

8. Una persona tiene derecho a recibir los $\frac{7}{20}$ de $2000. Si cobra $\frac{1}{2}$ de $\frac{1}{4}$ de $2000, ¿cuánto le deben? **R.** $450.

9. Una persona es dueña de los $\frac{3}{10}$ de un terreno valuado en $10000. ¿Cuánto recibirá si vende los $\frac{7}{10}$ de $\frac{1}{2}$ de su parte?   **R.** $1050.

10. Un reloj adelanta por hora los $\frac{2}{5}$ de los $\frac{3}{4}$ de 40 minutos. ¿Cuánto adelantará en 10 horas?   **R.** 2 hs.

(400) **Los $\frac{3}{4}$ de un número son 60.   ¿Cuál es el número?**

Si los $\frac{3}{4}$ del número que se busca son 60, $\frac{1}{4}$ del número será $60 \div 3 = 20$, y los $\frac{4}{4}$, o sea el número buscado, será $20 \times 4 = 80$.   **R.**

➤ **EJERCICIO 153**

1. ¿Cuál es el número cuyos $\frac{2}{5}$ equivalen a 50?   **R.** 125.

2. Los $\frac{3}{4}$ de un número son 120. ¿Cuál es el número?   **R.** 160.

3. Pedro tiene 9 años y la edad de Pedro es los $\frac{3}{2}$ de la de Enrique. ¿Qué edad tiene éste?   **R.** 6 a.

4. Con los $65 que tengo no podría pagar más que los $\frac{13}{14}$ de mis deudas. ¿Cuánto debo?   **R.** $70.

5. Compré un traje y un anillo. El traje me costó $45 y esta cantidad es los $\frac{5}{9}$ del precio del anillo. ¿Cuánto costó éste?   **R.** $81.

6. Un hombre gasta en alimentación de su familia los $\frac{2}{5}$ de su sueldo mensual. Si un mes gasta por ese concepto 82 lempiras, ¿cuál ha sido su sueldo ese mes?   **R.** 205 lempiras.

7. Si los $\frac{2}{3}$ de los $\frac{3}{4}$ de un número equivalen a 24, ¿cuál es el número?   **R.** 48.

8. ¿Cuál es el número en el cual los $\frac{5}{6}$ de sus $\frac{3}{22}$ equivalen a 80?   **R.** 704.

9. Una casa tiene 28 ms. de altura y esta altura representa los $\frac{4}{7}$ de los $\frac{7}{8}$ de la altura de otro edificio. ¿Cuál es la altura de éste?   **R.** 56 ms.

10. Si los $\frac{3}{8}$ de un quintal de mercancías valen 24 cts., ¿cuánto vale el quintal?   **R.** 64 cts.

11. Se corta un pedazo de 36 cms. de una varilla. Si ese pedazo cortado es los $\frac{3}{4}$ de los $\frac{4}{5}$ de la varilla, ¿cuál será la longitud de ésta?   **R.** 60 cms.

12. En un colegio hay 42 alumnos varones que representan los $\frac{3}{13}$ del total de alumnos. ¿Cuántos alumnos hay y cuántas niñas? **R.** 182 al.; 140 niñas.

13. $\frac{2}{15}$ de metro de casimir valen bs. 4. ¿Cuánto valen 6 ms.?   **R.** bs. 180.

14. Los $\frac{15}{79}$ de una obra importan $75. ¿Cuánto importarían 4 obras iguales?   **R.** $1580.

15. Un comerciante vende los $\frac{8}{35}$ de sus efectos por 512 soles. ¿Cuánto importan los efectos que le quedan?   **R.** 1728 soles.

16. En accidente se averían $\frac{7}{11}$ de las mercancías que lleva un camión. Si la avería importa $91, ¿cuál era el valor de las mercancías? **R.** $143.

17. Al vender los $\frac{4}{11}$ de su finca un hombre se queda con 60 hectáreas de tierra menos. ¿Cuál era la extensión de la finca? **R.** 165 hectáreas.

18. Se venden 14 ms. de tela que son los $\frac{2}{7}$ de una pieza. ¿Cuántos metros habrá en 8 piezas iguales? **R.** 392 m.

19. Si poseo los $\frac{3}{4}$ de una finca y vendo los $\frac{2}{5}$ de mi parte por $9000, ¿cuál es el valor de la finca? **R.** $30000.

20. Un hombre que es dueño de los $\frac{3}{4}$ de un edificio vende $\frac{3}{11}$ de su parte por $7290. ¿Cuál es el valor del edificio? **R.** $35640.

(401) **Los $\frac{2}{3}$ de la edad de Mario son 24 años y la edad de Roberto es los $\frac{4}{9}$ de la de Mario. Hallar ambas edades.**

Si $\frac{2}{3}$ de la edad de Mario son 24 años, $\frac{1}{3}$ de su edad será $24 \div 2 = 12$ años, y los $\frac{3}{3}$ de su edad, o sea su edad, será $12 \times 3 = 36$ años.

La edad de Roberto es $\frac{4}{9}$ de la de Mario, o sea, $\frac{4}{9}$ de 36 años. $\frac{1}{9}$ de 36 años es $36 \div 9 = 4$ años, y los $\frac{4}{9}$ serán $4 \times 4 = 16$ años.

Mario tiene 36 años, y Roberto, 16 años. **R.**

➤ **EJERCICIO 154**

1. Los $\frac{4}{5}$ de un número son 40. ¿Cuántos serán los $\frac{3}{10}$ del número? **R.** 15.

2. ¿Cuánto son los $\frac{3}{8}$ de un número cuyos $\frac{5}{7}$ equivalen a 80? **R.** 42.

3. La edad de Enrique es los $\frac{5}{6}$ de la de Juan y $\frac{4}{5}$ de la de Juan equivalen a 24 años. Hallar ambas edades. **R.** J., 30 a.; E., 25.

4. Si prestara $\frac{7}{9}$ de mi dinero prestaría $14. ¿Cuánto me ha costado un traje que compré con los $\frac{5}{6}$ de mi dinero? **R.** $15.

5. Los $\frac{5}{9}$ de una pieza de tela importan 65 sucres. ¿Cuánto vale la pieza y cuánto los $\frac{7}{13}$ de la pieza? **R.** 117 sucres; 63 sucres.

6. ¿Cuánto son los $\frac{3}{25}$ de una pieza de tela cuyos $\frac{4}{15}$ equivalen a 60 ms.? **R.** 27 ms.

7. Los $\frac{2}{3}$ de un cargamento de frutas valen $50. ¿Cuánto vale el resto? **R.** $25.

8. Al cortar un pedazo de 36 cms. de longitud de una varilla he cortado los $\frac{6}{7}$ de la varilla. ¿Cuál es la longitud de la parte que queda? **R.** 6 cms.

9. Si al comprar un traje de $33 gasto los $\frac{11}{13}$ de mi dinero, ¿cuánto me queda? **R.** $6.

10. $180 representan los $\frac{2}{3}$ de los $\frac{5}{6}$ de mi dinero. ¿Cuánto me costará un caballo que comprara con los $\frac{7}{18}$ de mi dinero? **R. $126.**

11. La extensión de mi finca es los $\frac{2}{3}$ de los $\frac{7}{8}$ de la extensión de la finca de Pedro Suárez y los $\frac{4}{9}$ de los $\frac{3}{4}$ de la extensión de esta finca son 12 hectáreas. Hallar la extensión de ambas fincas. **R. La de P. S., 36 hectáreas; la mía, 21 hectáreas.**

12. $\frac{1}{2}$ de $\frac{1}{3}$ de $\frac{1}{4}$ de la edad de Juan Pérez son 3 años y la edad de su nieto es $\frac{1}{4}$ de $\frac{1}{9}$ de la suya. Hallar ambas edades. **R. J. P., 72 a.; nieto, 2 a.**

(402) **Con los $\frac{3}{8}$ y los $\frac{2}{7}$ de mi dinero compré una casa de $7400. ¿Cuánto tenía y cuánto me quedó?**

El dinero empleado ha sido $\frac{3}{8} + \frac{2}{7} = \frac{37}{56}$ de mi dinero y como lo empleado ha sido $7400, tendremos que $\frac{37}{56}$ de mi dinero = $7400; luego, $\frac{1}{56}$ de mi dinero será $7400 \div 37 = $200, y los $\frac{56}{56}$, o sea todo mi dinero antes de gastar nada, será $200 \times 56 = $11200, **R.**; luego, me quedan $11200 − $7400 = $3800. **R.**

(403) **Una pecera con sus peces ha costado $48. Sabiendo que el precio de la pecera es los $\frac{5}{11}$ del precio de los peces, hallar el precio de los peces y de la pecera.**

El precio de los peces lo representamos por sus $\frac{11}{11}$. Si el precio de la pecera es los $\frac{5}{11}$ del precio de los peces y por ambas cosas se han pagado $48, tendremos que:

$$\frac{11}{11} + \frac{5}{11} = \frac{16}{11} \text{ del precio de los peces} = \$48.$$

Si $\frac{16}{11}$ del precio de los peces equivalen a $48, $\frac{1}{11}$ de dicho precio será $48 \div 16 = $3, y los $\frac{11}{11}$, o sea el precio de los peces, será $3 \times 11 = $33. **R.**

Si el precio de la pecera es los $\frac{5}{11}$ del precio de los peces y sabemos que $\frac{1}{11}$ del precio de los peces equivale a $3, los $\frac{5}{11}$, precio de la pecera, serán $3 \times 5 = $15. **R.**

➤ **EJERCICIO 155**

1. Con los $\frac{3}{4}$ y los $\frac{2}{9}$ de mi dinero compré un caballo de $105. ¿Cuánto tenía y cuánto me quedó? **R. $108; $3.**

2. Cortando los $\frac{2}{9}$ y los $\frac{3}{7}$ de una varilla, la longitud de ésta ha disminuido en 82 cms. ¿Cuál era la longitud de la varilla?   **R.** 126 cms.

3. Los $\frac{3}{7}$ más los $\frac{2}{9}$ de una pieza de tela son 164 ms. Hallar la longitud de la pieza.   **R.** 252 ms.

4. La suma de la sexta, la novena y la duodécima parte de un número es 26. Hallar el número.   **R.** 72.

5. $\frac{3}{11}$ de una pieza de tela más $\frac{5}{33}$ de la misma menos $\frac{1}{3}$ de ella valen, 18 bolívares. ¿Cuánto vale la pieza entera?   **R.** 198 bolívares.

6. ¿Cuál es el número cuyos $\frac{3}{13}$ aumentados en sus $\frac{5}{26}$ y disminuidos en sus $\frac{5}{13}$, equivalen a 120?   **R.** 3120.

7. La edad de Pedro es $\frac{1}{7}$ de la de Juan, y ambas edades suman 24 años. Hallar ambas edades.   **R.** J., 21 a.; P., 3 a.

8. María tiene $\frac{3}{8}$ de lo que tiene Juana, y si ambas suman sus fondos, el capital total sería de $121. ¿Cuánto tiene cada una?   **R.** J., $88; M., $33.

9. Se compra un perro con su collar por 540 sucres, y el precio del collar es $\frac{1}{26}$ del precio del perro. Hallar el precio del perro y del collar.   **R.** P., 520 sucres; coll., 20 sucres.

10. Un traje y un sombrero han costado $56. Sabiendo que el precio del sombrero es los $\frac{3}{5}$ del precio del traje, hallar el precio del traje y del sombrero.   **R.** T., $35; somb., $21.

(404) ¿Cuál es el número que tiene 28 de diferencia entre sus $\frac{2}{3}$ y sus $\frac{3}{8}$? 28 será los $\frac{2}{3} - \frac{3}{8} = \frac{7}{24}$ del número; luego, $\frac{1}{24}$ del número será $28 \div 7 = 4$, y los $\frac{24}{24}$, o sea, el número buscado: $4 \times 24 = 96$.   **R.**

➤ **EJERCICIO 156**

1. ¿Cuál es el número que tiene 22 de diferencia entre sus $\frac{5}{6}$ y sus $\frac{2}{9}$? **R.** 36.

2. Los $\frac{7}{11}$ de un número exceden en 207 a los $\frac{2}{13}$. ¿Cuál es el número? **R.** 429.

3. Si en lugar de recibir los $\frac{3}{8}$ de una cantidad me entregan los $\frac{2}{7}$, pierdo 50 soles. ¿Qué cantidad me deben?   **R.** 560 soles.

4. Si en lugar de comprar un traje con los $\frac{3}{5}$ de lo que tengo invierto en otro los $\frac{2}{7}$ de mi dinero, ahorro $33. ¿Cuánto tengo?   **R.** $105.

5. Si en vez de ahorrar los $\frac{2}{7}$ de lo que me dio mi padre guardo $\frac{1}{9}$, ahorraría 55 colones menos. ¿Cuánto me dio mi padre?   **R.** 315 colones.

6. Un pedazo equivalente a los $\frac{5}{11}$ de una varilla excede en 68 centímetros a otro equivalente a $\frac{1}{9}$ de la varilla. Hallar la longitud de la varilla.   **R.** 198 cms.

405 ¿De qué número es 84 dos quintos más?

El número desconocido lo representamos por sus $\frac{5}{5}$. Si 84 es $\frac{2}{5}$ más que dicho número, 84 será los $\frac{5}{5} + \frac{2}{5} = \frac{7}{5}$ del número; luego, $\frac{1}{5}$ del número será $84 \div 7 = 12$, y los $\frac{5}{5}$, o sea el número buscado, será $12 \times 5 = 60$ R.

406 ¿De qué número es 50 dos séptimos menos?

50 será los $\frac{7}{7} - \frac{2}{7} = \frac{5}{7}$ del número buscado; luego, $\frac{1}{7}$ del número buscado será $50 \div 5 = 10$, y los $\frac{7}{7}$, o sea el número buscado, será:

$$10 \times 7 = 70. \text{R.}$$

➤ **EJERCICIO 157**

1. ¿De qué número es 49 un sexto más?   **R.** De 42.
2. ¿De qué número es 96 un onceavo más?   **R.** De 88.
3. ¿De qué número es 98 cinco novenos más?   **R.** De 63.
4. ¿De qué número es 56 dos novenos menos?   **R.** De 72.
5. ¿De qué número es 108 un décimo menos?   **R.** De 120.
6. ¿De qué número es 1050 siete doceavos menos?   **R.** De 2520.
7. ¿De qué número es 30 un cuarto menos?   **R.** De 40.
8. ¿De qué número es 100 un noveno más?   **R.** De 90.
9. ¿De qué número es 93 un cuarto de un octavo menos? **R.** De 96.
10. ¿De qué número es 49 un medio de un tercio más?   **R.** De 42.

11. Cuando vendo un lápiz por 12 cts., gano $\frac{1}{5}$ del costo. ¿Cuánto me costó?   **R.** 10 cts.

12. Al vender una casa en 10200 quetzales gano los $\frac{3}{17}$ del costo. Hallar el costo.   **R.** 8670 quetzales.

13. Cuando vendo un lápiz por 9 cts., pierdo $\frac{2}{5}$ del costo. ¿Cuánto me costó el lápiz?   **R.** 15 cts.

14. Vendo una casa por 8998 balboas, perdiendo $\frac{2}{13}$ de lo que me costó. ¿Cuánto me costó la casa?   **R.** 10634 balboas.

15. 63 ms. excede en sus $\frac{2}{7}$ a la longitud de una pieza de tela. Hallar la longitud de la pieza.   **R.** 49 ms.

16. $33 es $\frac{4}{7}$ más que el dinero de Pedro. ¿Cuánto tiene Pedro?   **R.** $21.

17. La edad de Elsa es $\frac{7}{18}$ menos que la edad de Rosa. Si Elsa tiene 22 años, ¿qué edad tiene Rosa?   **R.** 36 a.

18. Cuando vendo un reloj en 36 lempiras, gano $\frac{2}{9}$ del precio de venta. ¿Cuánto me había costado el reloj?   **R.** 28 lempiras.

19. Cuando vendo un reloj por 90 bolívares, pierdo $\frac{2}{9}$ del precio de venta. ¿Cuánto me había costado el reloj?   **R.** 110 bolívares.

20. Andando los $\frac{3}{8}$ de la distancia entre dos pueblos me faltan aún 60 Kms. para llegar a mi destino. ¿Cuál es la distancia entre los dos pueblos? **R.** 96 Kms.

(407) **Después de gastar $\frac{1}{3}$ de mi dinero, me quedo con $42. ¿Cuánto tenía?**

Todo mi dinero, antes de gastar nada, lo represento por sus $\frac{3}{3}$. Si he gastado $\frac{1}{3}$, me quedan $\frac{3}{3} - \frac{1}{3} = \frac{2}{3}$ de mi dinero; luego, $42 es los $\frac{2}{3}$ de mi dinero.

Por lo tanto, $\frac{1}{3}$ de mi dinero será $42 ÷ 2 = $21, y los $\frac{3}{3}$, o sea todo el dinero: $21 × 3 = $63. **R.**

(408) **Después de gastar $\frac{2}{5}$ y $\frac{3}{7}$ de mi dinero, me quedo con $60. ¿Cuánto tenía y cuánto gasté?**

He gastado $\frac{2}{5} + \frac{3}{7} = \frac{29}{35}$ de mi dinero. Todo lo que tenía, antes de gastar nada, lo represento por sus $\frac{35}{35}$; luego, me quedan $\frac{35}{35} - \frac{29}{35} = \frac{6}{35}$. Por lo tanto, $60 es los $\frac{6}{35}$ de mi dinero.

Si $60 es los $\frac{6}{35}$ de mi dinero, $\frac{1}{35}$ será $60 ÷ 6 = $10 y los $\frac{35}{35}$, o sea, todo mi dinero, será $10 × 35 = $350. **R.**

Gasté los $\frac{29}{35}$ de $350. $\frac{1}{35}$ de $350 es $350 ÷ 35 = $10, y los $\frac{29}{35}$ serán $10 × 29 = $290. **R.**

➤ **EJERCICIO 158**

1. Perdí los $\frac{3}{8}$ de lo que tenía y me quedan $40. ¿Cuánto tenía y cuánto gasté? **R.** Tenía $64; gasté $24.

2. Los $\frac{2}{9}$ de mis lápices son blancos y los 21 restantes azules. ¿Cuántos lápices tengo en total y cuántos son blancos? **R.** 27; 6.

3. Los $\frac{7}{9}$ de la superficie de un terreno están fabricados y los 84 metros cuadrados restantes, constituyen un patio. ¿Cuál es la superficie del terreno? **R.** 378 ms.²

4. Regalo $\frac{3}{5}$ de mi dinero y me quedo con 60 soles. ¿Cuánto tenía y cuánto regalé? **R.** 150; 90 soles.

5. Presté $\frac{2}{3}$ de los $\frac{5}{6}$ de mi dinero y me quedé con 100 bolívares. ¿Cuánto tenía y cuánto presté? **R.** 225; 125 bolívares.

6. Me quedaron 54 gallinas después de vender $\frac{2}{11}$ de las que tenía. ¿Cuántas gallinas tenía? **R.** 66.

7. Si tuviera $\frac{1}{4}$ menos de la edad que tengo, tendría 21 años. ¿Qué edad tengo? **R.** 28 años.

8. Vendí $\frac{1}{5}$ de $\frac{1}{7}$ de mi finca y me quedaron 68 hectáreas. ¿Cuál era la extensión de mi finca? **R.** 70 hectáreas.

9. Habiendo salido 80 alumnos de un colegio, permanecen en el mismo los $\frac{3}{8}$ del total de alumnos. ¿Cuántos alumnos hay en el colegio? **R.** 128.

10. Si gastara $65 me quedaría con los $\frac{2}{15}$ de lo que tengo. ¿Cuánto tengo? **R** $75.

11. .Los $\frac{2}{5}$ de mis lápices son blancos, $\frac{1}{3}$ son azules y los 12 restantes, verdes. ¿Cuántos lápices tengo? **R.** 45.

12. Los $\frac{2}{9}$ de una finca están sembrados de caña, los $\frac{5}{8}$ de café y las 22 caballerías restantes, de tabaco. ¿Cuál es la extensión de la finca? **R.** 144 cab.

13. Ayer perdí los $\frac{3}{7}$ de mi dinero y hoy presté $\frac{8}{8}$. Si me quedan 33 sucres, ¿cuánto tenía y cuánto perdí? **R.** 168; 72 sucres.

14. $\frac{2}{5}$ de las gallinas de un campesino son blancas, $\frac{1}{3}$ son negras y las 20 restantes pintadas. ¿Cuántas gallinas tiene en total, cuántas blancas y cuántas negras? **R.** 75; b., 30; n., 25.

15. Habiendo andado los $\frac{3}{8}$ y los $\frac{4}{7}$ de la distancia entre dos pueblos, me faltan 9 Kms. para llegar a mi destino. ¿Cuál es la distancia entre los dos pueblos? **R.** 168 Kms.

16. Un hombre al morir manda entregar los $\frac{7}{18}$ de su fortuna a su hijo mayor, los $\frac{5}{11}$ al hijo menor y los 620 córdobas restantes a un sobrino. ¿Cuál era su fortuna y cuánto recibió cada hijo? **R.** 3960 córdobas; may., 1540; men., 1800.

17. Después de gastar 80 soles me queda $\frac{1}{2}$ y $\frac{1}{3}$ de mi dinero. ¿Cuánto tenía? **R.** 480 soles.

18. **Doy a Pedro** $\frac{1}{5}$, a Juan $\frac{3}{11}$ y a Claudio $\frac{2}{9}$ de mis bolas y me quedan 302. ¿Cuántas bolas tenía y cuántas di a Pedro? **R.** 990; 198.

19. $\frac{1}{11}$ de las aves de una granja son gallos, $\frac{2}{13}$ son gallinas, $\frac{5}{143}$ palomas y las 206 aves restantes son patos. ¿Cuántas aves hay en la granja? **R.** 286.

20. $\frac{5}{22}$ de los alumnos de un colegio están en clase; $\frac{1}{11}$ en recreo; $\frac{1}{22}$ en el baño y los 70 alumnos restantes en estudio. ¿Cuántos alumnos hay en el colegio y cuántos en cada ocupación? **R.** 110; en clase, 25; en recreo, 10; en el baño, 5.

21. Se ha vendido $\frac{1}{3}$, $\frac{1}{6}$ y $\frac{2}{7}$ de una pieza de tela de la que quedan 9 ms. ¿Cuál era la longitud de la pieza? **R.** 42 ms.

22. **Doy a Pedro** $\frac{1}{4}$, a Juan $\frac{1}{8}$, a Enrique $\frac{1}{16}$ y a Ernesto $\frac{1}{32}$ de mis galletas y me quedan 51 galletas. ¿Cuántas galletas tenía y cuántas di a cada uno? **R.** 96; a P., 24; a J., 12; a Enr., 6; a Ernesto, 3.

409 $\frac{1}{5}$ de los alumnos de un colegio está en clase, $\frac{2}{9}$ de lo anterior en recreo y los 68 alumnos restantes en el comedor. Hallar el total de alumnos.

En clase hay $\frac{1}{5}$ del total.

En recreo hay $\frac{2}{9}$ de $\frac{1}{5}$ del total, o sea $\frac{2}{45}$ del total.

Ahora sumamos la parte que está en clase con la que está en recreo:

$$\frac{1}{5} + \frac{2}{45} = \frac{9+2}{45} = \frac{11}{45}.$$

El número total de alumnos lo represento por sus $\frac{45}{45}$. Si los que hay en clase y en recreo son $\frac{11}{45}$ del total, quedarán:

$$\frac{45}{45} - \frac{11}{45} = \frac{34}{45}.$$

Por lo tanto, los 68 alumnos restantes serán los $\frac{34}{45}$ del total; luego, $\frac{1}{45}$ del total será $68 \div 34 = 2$, y los $\frac{45}{45}$, o sea el total de alumnos, será: $2 \times 45 = 90$ alumnos.   **R.**

EJERCICIO 159

1. Doy a Pedro $\frac{1}{6}$ de mi dinero, a Juan $\frac{2}{5}$ de lo anterior y me quedo con 46 colones. ¿Cuánto tenía?   **R.** 60 colones.

2. Gasté los $\frac{3}{8}$ de lo que tenía e invertí una parte igual a los $\frac{2}{5}$ de lo anterior. Si tengo aún $57, ¿cuánto tenía al principio?   **R.** $120.

3. De una pieza de tela se venden primero los $\frac{2}{9}$ y luego una parte igual a los $\frac{5}{6}$ de lo anterior. Si aún quedan 80 ms., ¿cuál era la longitud de la pieza?   **R.** 135 ms.

4. Invertí primero los $\frac{2}{7}$ de mi capital, después una parte igual a los $\frac{3}{4}$ de lo anterior y me quedaron $854. ¿Cuánto tenía al principio? **R.** $1708.

5. El lunes leí los $\frac{3}{11}$ de un libro, el martes una parte igual a los $\frac{3}{5}$ de lo anterior y aún me faltan por leer 93 páginas. ¿Cuántas páginas tiene el libro y cuántas leí el lunes?   **R.** 165; 45.

6. Un comerciante vendió los $\frac{7}{22}$ de los sacos de frijoles que había comprado; se le picaron y tuvo que desechar una parte igual a los $\frac{11}{7}$ de lo anterior y aún le quedan 16 sacos para vender. ¿Cuántos sacos había comprado y cuántos vendió?   **R.** 88; 28.

7. Un hacendado vendió primero los $\frac{5}{6}$ de su finca y más tarde una parte igual a $\frac{1}{8}$ de lo anterior. Si le quedan 9 hectáreas, ¿cuál era la extensión de la finca?   **R.** 144 hectáreas.

8. Un padre deja a su hijo mayor $\frac{3}{11}$ de su fortuna, al segundo $\frac{3}{33}$; al tercero $\frac{1}{4}$ de lo que ha dado a los otros dos, y al cuarto los 8400 bolívares restantes. ¿A cuánto ascendía la fortuna?   **R.** 14400 bolívares.

9. Un jugador pierde en la ruleta $\frac{1}{5}$ de su dinero; en el keno $\frac{1}{8}$ y en apuestas una parte igual a los $\frac{2}{3}$ de lo que perdió en el keno. Si aún le quedan $213, ¿cuánto tenía al principio y cuánto perdió en cada ocasión?   **R.** $360; rul., $72; keno, $45; ap., $30.

(**410**) **Un padre deja a su hijo mayor $\frac{1}{3}$ de su herencia; al segundo, $\frac{2}{5}$ del resto, y al tercero, los $2000 restantes. ¿A cuánto ascendía la herencia?**

El mayor recibe $\frac{1}{3}$ de la herencia.

El resto será lo que queda después de haber dado al hijo mayor $\frac{1}{3}$ de la herencia, o sea el $\frac{3}{3} - \frac{1}{3} = \frac{2}{3}$ de la herencia.

El segundo recibe $\frac{2}{5}$ de $\frac{2}{3}$, o sea, $\frac{4}{15}$ de la herencia.

El primero y el segundo juntos han recibido $\frac{1}{3} + \frac{4}{15} = \frac{3}{5}$ de la herencia; luego, la parte que queda será $\frac{5}{5} - \frac{3}{5} = \frac{2}{5}$ de la herencia.

Por lo tanto, los $2000 que recibe el tercero son los $\frac{2}{5}$ de la herencia.

Si $\frac{2}{5}$ de la herencia equivalen a $2000, $\frac{1}{5}$ de la herencia será $2000 \div 2 = 1000, y los $\frac{5}{5}$, o sea toda la herencia, será: $1000 \times 5 = 5000.   **R.**

➤ **EJERCICIO 160**

1. Ayer perdí los $\frac{3}{7}$ de mi dinero y hoy los $\frac{3}{8}$ de lo que me quedaba. Si todavía tengo $10, ¿cuánto tenía al principio?   **R.** $28.

2. Un cartero dejó en una oficina $\frac{1}{6}$ de las cartas que llevaba; en un banco $\frac{2}{9}$ del resto y todavía tiene 70 cartas para repartir. ¿Cuántas cartas le dieron para repartir?   **R.** 108 cartas.

3. Se venden los $\frac{2}{9}$ de una finca y se alquila $\frac{1}{3}$ del resto. Si quedan 28 hectáreas, ¿cuál era la extensión de la finca?   **R.** 54 hectáreas.

4. La semana pasada leí los $\frac{5}{7}$ de un libro y esta semana ya he leído los $\frac{2}{5}$ de lo que faltaba. Si aún me faltan por leer 60 páginas, ¿cuántas páginas tiene el libro?   **R.** 350.

5. Un auto recorre un día los $\frac{7}{10}$ de la distancia entre dos ciudades y al día siguiente los $\frac{5}{6}$ de lo que le falta para llegar a su destino. Si aún está a 22 Kms. de su destino, ¿cuál es la distancia entre las dos ciudades?   **R.** 440 Kms.

6. Si doy a mi hermano mayor los $\frac{5}{18}$ de lo que tengo y a mi hermano menor los $\frac{9}{13}$ de lo que me queda, me quedaría con 56 sucres. ¿Cuánto tengo?   **R**. 252 sucres.

7. Habiendo cortado ya los $\frac{3}{7}$ de una varilla se corta un nuevo pedazo cuya longitud es los $\frac{7}{8}$ de lo que quedaba. Si lo que queda ahora de la varilla tiene 9 cms. de longitud, ¿cuál era la longitud de la varilla en un principio?   **R**. 126 cms.

8. Una epidemia mató los $\frac{5}{8}$ de las reses de un ganadero y después él vendió los $\frac{2}{3}$ de las que le quedaban. Si aún tiene 16 reses, ¿cuántas tenía al principio, cuántas murieron y cuántas vendió?   **R**. 128; mur. 80; vendió 32.

9. Gasto $\frac{1}{4}$ de mi dinero en libros; $\frac{1}{3}$ en paseos; $\frac{1}{6}$ en pelotas; $\frac{1}{9}$ del resto en limosnas y me quedan $16. ¿Cuánto tenía al principio?   **R**. $72.

10. Un viajero recorre $\frac{1}{4}$ de la distancia entre dos ciudades a pie; $\frac{1}{5}$ a caballo; $\frac{1}{8}$ del resto en auto y los 55 Kms. restantes en tren. ¿Cuál es la distancia entre las dos ciudades?   **R**. 120 Kms.

411 **Un hombre deposita en un Banco los $\frac{2}{3}$ de su dinero y en otro Banco 500 bolívares. Si lo que ha depositado representa los $\frac{6}{7}$ de su dinero, ¿cuánto tiene?**

Lo depositado ha sido $\frac{2}{3}$ del dinero + bs. 500, y esto equivale a los $\frac{6}{7}$ de su dinero; luego, bs. 500 representa la diferencia entre los $\frac{6}{7}$ y los $\frac{2}{3}$ de su dinero, o sea, $\frac{6}{7} - \frac{2}{3} = \frac{4}{21}$ de su dinero.

Si bs. 500 es los $\frac{4}{21}$ de su dinero, $\frac{1}{21}$ de su dinero será bs. $500 \div 4 =$ bs. 125, y los $\frac{21}{21}$ de su dinero, o sea todo su dinero, será: bs. $125 \times 21 =$ bs. 2625.   **R**.

412 **Un hombre al morir dispone lo siguiente: A su amigo Pedro le deja $\frac{1}{5}$ de su capital; a otro amigo, Juan, le deja $\frac{2}{7}$ del resto, y a un asilo le deja $3400. Si la cantidad repartida así es los $\frac{5}{6}$ de su capital, ¿cuál era su capital?**

A Pedro le deja $\frac{1}{5}$ de su capital.

A Juan le deja $\frac{2}{7}$ del resto, o sea, $\frac{2}{7} \times \frac{4}{5} = \frac{8}{35}$ de su capital.
Por lo tanto, a Pedro y a Juan les ha dejado:

$$\frac{1}{5} + \frac{8}{35} = \frac{15}{35} = \frac{3}{7} \text{ de su capital.}$$

Esta cantidad más los $3400 que le deja al asilo son los $\frac{5}{6}$ de su capital, o sea, $\frac{3}{7}$ del capital + $3400 = $\frac{5}{6}$ del capital.

Por lo tanto, los $3400 serán la diferencia entre los $\frac{5}{6}$ y los $\frac{3}{7}$ de su capital, o sea, $\frac{5}{6} - \frac{3}{7} = \frac{17}{42}$ de su capital.

Si $3400 es los $\frac{17}{42}$ de su capital, $\frac{1}{42}$ de dicho capital será $3400 ÷ 17 = $200, y los $\frac{42}{42}$, o sea todo el capital, que es lo que se busca, será:

$$\$200 \times 42 = \$8400. \quad \text{R.}$$

➤ **EJERCICIO 161**

1. Compro un caballo con los $\frac{3}{8}$ de mi dinero y un reloj de $20. Si lo empleado ha sido los $\frac{2}{5}$ de mi dinero, ¿cuánto tenía? **R. $800.**

2. Dí a mi hermano los $\frac{2}{7}$ de lo que tenía y a mi primo $38. Si con esto he dispuesto de los $\frac{5}{8}$ de mi dinero, ¿cuánto tenía? **R. $112.**

3. Después de vender los $\frac{3}{4}$ de un rollo de alambre y 30 ms. más, queda $\frac{1}{6}$ del alambre que había al principio. ¿Cuál era la longitud del rollo de alambre antes de vender nada? **R. 360 ms.**

4. Después de vender los $\frac{2}{7}$ y los $\frac{3}{8}$ de mi finca y de alquilar 13 caballerías, me queda una parte igual a los $\frac{3}{28}$ del total de la finca. ¿Cuál era la extensión de la finca? **R. 56 cab.**

5. Los libros de Pedro equivalen a los $\frac{7}{9}$ de los libros que poseo y Enrique posee 28 libros. Si los libros de Pedro junto con los de Enrique representan los $\frac{7}{8}$ de los libros que poseo, ¿cuántos libros tengo? **R. 288.**

6. La edad de Julia es los $\frac{3}{7}$ de la mía y la hermana de Julia tiene 8 años. La suma de las edades de Julia y su hermana equivale a los $\frac{5}{9}$ de mi edad. ¿Cuál es mi edad y cuál la de Julia? **R. 63 a; J., 27 a.**

7. Los caballos de Pedro equivalen a la mitad de los míos; los de Enrique a la tercera parte de los míos. Si a los caballos de Pedro y Enrique sumo los 50 caballos de Roberto, resultarían los $\frac{7}{8}$ de los caballos que tengo. ¿Cuántos caballos tengo y cuántos tienen Pedro y Enrique? **R. 1200; P., 600; E., 400.**

8. Doy a mi amigo Juan $\frac{2}{5}$ de mis tabacos; a Fernando la mitad de los que me quedan y a Federico 40 tabacos. Si lo que he repartido es los $\frac{5}{6}$ del total de tabacos que tenía, ¿cuántos tabacos tenía al principio. **R. 300.**

9. Cuando un hombre muere deja ordenado que se entregue a su padre la quinta parte de su fortuna; a su hermano mayor los $\frac{2}{3}$ del resto y a un asilo 6000 soles. Si lo que ha mandado entregar es los $\frac{14}{15}$ de su fortuna, ¿cuál era la fortuna? **R. 30000 soles.**

10. Un hombre al morir dispone que se entregue a su padre la quinta parte de su fortuna; a su hermano mayor $\frac{1}{3}$ del resto; a su segundo hermano la mitad de lo que queda y a su tercer hermano $6000. Si el dinero de que ha dispuesto equivale a los $\frac{9}{10}$ de su fortuna, ¿cuál era ésta? **R.** $36000.

(413) **Pedro puede hacer un trabajo en 5 días y Juan en 8 días. ¿En cuántos días podrán hacer el trabajo los dos juntos?**

Pedro hace todo el trabajo en 5 días; luego, en un día hará $\frac{1}{5}$ del trabajo.

Juan hará en un día $\frac{1}{8}$ del trabajo.

Los dos juntos harán en un día $\frac{1}{5} + \frac{1}{8} = \frac{13}{40}$ del trabajo.

Si en un día hacen los dos $\frac{13}{40}$ del trabajo, para hacer $\frac{1}{40}$ tardarán $1 \div 13 = \frac{1}{13}$ de día y para hacer los $\frac{40}{40}$, todo el trabajo, tardarán:

$$\frac{1}{13} \times 40 = \frac{40}{13} = 3\frac{1}{13} \text{ días.} \quad \textbf{R.}$$

(414) **Dos llaves abiertas a la vez pueden llenar un estanque en 5 horas y una de ellas sola lo puede llenar en 8 horas. ¿En cuánto tiempo puede llenar el estanque la otra llave?**

Las dos llaves llenan el estanque en 5 horas; luego, en 1 hora llenarán $\frac{1}{5}$ del estanque.

Una de ellas sola lo llena en 8 horas; luego, en una hora llena $\frac{1}{8}$ del estanque.

Por lo tanto, la otra llave en una hora llenará $\frac{1}{5} - \frac{1}{8} = \frac{3}{40}$ del estanque.

Si en una hora, o sea 60 minutos, esta llave llena $\frac{3}{40}$ del estanque, para llenar $\frac{1}{40}$ del mismo tardará $60 \div 3 = 20$ minutos, y para llenar los $\frac{40}{40}$, o sea todo el estanque, tardará:

$$20 \times 40 = 800 \text{ minutos} = 13\frac{1}{3} \text{ horas.} \quad \textbf{R.}$$

➤ **EJERCICIO 162**

1. A puede hacer una obra en 6 horas y B en 7 horas. ¿En cuánto tiempo harían la obra los dos juntos? **R.** $3\frac{3}{13}$ hs.

2. A puede hacer una obra en 5 días, B en 6 días y C en 7 días. ¿En cuánto tiempo pueden hacer la obra los tres juntos? **R.** $1\frac{103}{107}$ ds.

3. Un estanque se puede llenar por tres llaves. La 1ª lo puede llenar en 5 horas, la 2ª en 10 horas y la 3ª en 8 horas. ¿En cuánto tiempo se llenará el estanque, si estando vacío y cerrado el desagüe, se abren al mismo tiempo las tres llaves? **R.** $2\frac{6}{17}$ hs.

4. Un lavabo de mi casa tiene dos llaves de agua y una ducha. Una de las llaves puede llenar el lavabo en 25 segundos; la otra en 15 segundos y la ducha en 50 segundos, estando cerrado el desagüe. ¿En cuánto tiempo se llenará el lavabo, si estando vacío y cerrado el desagüe, abro las dos llaves y la ducha al mismo tiempo? **R.** $7\frac{17}{19}$ seg.

5. *A* puede hacer una obra en $2\frac{1}{3}$ días; *B* en $1\frac{5}{9}$ y *C* en $4\frac{1}{5}$ días. ¿En cuánto tiempo harán la obra si trabajan los tres juntos? **R.** $\frac{42}{55}$ de día.

6. Si cierro el desagüe a un lavabo de mi casa y abro la pila del agua, ésta emplea 8 segundos para llenarlo, y si estando lleno, cierro la llave del agua y abro el desagüe, éste lo vacía en 15 segundos. ¿En cuánto tiempo se llenará el lavabo, si estando vacío y abierto el desagüe, abro la pila? **R.** $17\frac{1}{7}$ seg.

7. Un estanque tiene dos llaves y un desagüe. La primera llave lo puede llenar en 8 horas y la segunda en 5 horas, estando el estanque vacío y cerrado el desagüe. El desagüe puede vaciarlo, estando lleno y cerradas las pilas, en 20 horas. ¿En cuánto tiempo se llenará el estanque si estando vacío se abren al mismo tiempo las dos llaves y el desagüe? **R.** $3\frac{7}{11}$ hs.

8. Estando vacío un lavabo y cerrado el desagüe abro las dos pilas del agua y el lavabo se llena en 15 segundos. Si no hubiera abierto más que una pila hubiera tardado 25 segundos en llenarse. En cuánto tiempo puede llenar la otra pila el lavabo? **R.** $37\frac{1}{2}$ seg.

9. Estando vacío un estanque y cerrado el desagüe, abro las tres pilas de agua y el estanque se llena en 2 horas. Si hubiera abierto solamente dos de las pilas hubiera tardado 3 horas para llenarse. ¿En cuánto tiempo puede llenar el estanque la tercera pila? **R.** 6 hs.

10. *A*, *B* y *C* trabajando juntos pueden hacer una obra en tres días. *A*, trabajando solo, puede hacerla en 18 días y *B*, trabajando solo, la hubiera hecho en 14 días. ¿En cuántos días puede hacer *C* la obra? **R.** $4\frac{11}{13}$ de día.

11. Un estanque tiene dos pilas de agua. Si estando vacío el estanque y cerrado el desagüe abro solamente la de la derecha, tarda 5 horas en llenarse y si hubiera abierto solamente la llave de la izquierda, hubiera tardado 6 horas en llenarse. Si el desagüe está cerrado y el estanque lleno hasta los $\frac{2}{7}$ de su capacidad, ¿en cuánto tiempo acabará de llenarse abriendo las dos llaves al mismo tiempo? **R.** $1\frac{43}{77}$ hs.

415 ¿Cuál es el número que aumentado en sus $\frac{2}{5}$ y disminuido en sus $\frac{3}{7}$ equivale a 102?

El número que buscamos lo representamos por sus $\frac{5}{5}$. Luego $\frac{5}{5}$ del

número $+ \frac{2}{5}$ del número $- \frac{3}{7}$ del número $= \frac{5}{5} + \frac{2}{5} - \frac{3}{7} = \frac{34}{35}$ del número $= 102$.

Por lo tanto, $\frac{1}{35}$ del número será $102 \div 34 = 3$ y los $\frac{35}{35}$, o sea el número buscado: $3 \times 35 = 105$. R.

416 Preguntado Juan por su edad, responde: Mi edad, aumentada en sus $\frac{5}{6}$ y en 10 años, equivale a 43 años. ¿Cuál es la edad de Juan?

La edad de Juan la representamos por sus $\frac{6}{6}$. Luego, $\frac{6}{6} + \frac{5}{6} = \frac{11}{6}$ de la edad de Juan, más 10 años, equivalen a 43 años.

Si los $\frac{11}{6}$ de la edad de Juan, más 10 años, equivalen a 43 años, es evidente que los $\frac{11}{6}$ solos serán 33 años, es decir: $\frac{11}{6}$ de la edad $= 33$ años.

Por lo tanto, $\frac{1}{6}$ de la edad de Juan será $33 \div 11 = 3$ años y los $\frac{6}{6}$ o sea toda la edad será $3 \times 6 = 18$ años. R.

➤ **EJERCICIO 163**

1. ¿Cuál es el número que aumentado en sus $\frac{3}{5}$ y disminuido en sus $\frac{5}{7}$ equivale a 93? **R.** 105.

2. Si me pagaran una cantidad igual a los $\frac{3}{7}$ de lo que tengo, podría gastar una cantidad igual a los $\frac{8}{9}$ de lo que tengo y me sobrarían 68 bolívares. ¿Cuánto tengo? **R.** 126 bolívares.

3. Si comprara un traje con los $\frac{3}{8}$ del dinero que tengo y me pagaran una cantidad que me deben que equivale a los $\frac{2}{3}$ de lo que tengo, tendría $93. ¿Cuánto tengo? **R.** $72.

4. Si se aumentara en su sexta parte el dinero que tengo y recibiera después 20 soles, tendría 69. ¿Cuánto tengo? **R.** 42 soles.

5. Si ganara 20 sucres después de perder la sexta parte de lo que tengo me quedaría con 60. ¿Cuánto tengo? **R.** 48 sucres.

6. Si me pagaran una cantidad que me deben que equivale a los $\frac{2}{7}$ de lo que tengo, podría gastar $30 y me quedarían $150. ¿Cuánto tengo? **R.** $140.

7. Preguntado un hacendado por el número de hectáreas de sus fincas, responde: El número de ellas, aumentado en sus $\frac{3}{7}$ y en 14 hectáreas equivale a 154 hectáreas. ¿Cuántas hectáreas tienen todas sus tierras? **R.** 98 hectáreas.

8. El número de alumnos de una clase es tal que aumentado en sus $\frac{2}{5}$, disminuido en sus $\frac{2}{3}$ y añadiéndole 20 da por resultado 152. Hallar el número de alumnos.   **R.** 180.

9. He recibido $50 después de haber gastado los $\frac{2}{3}$ de lo que tenía al principio y ahora tengo $60. ¿Cuánto tenía al principio?   **R.** $30.

(417) **Los $\frac{3}{4}$ más los $\frac{2}{5}$ de un número exceden en 36 al número. Hallar el número.**

$\frac{3}{4}$ del número $+ \frac{2}{5}$ del número $= \frac{3}{4} + \frac{2}{5} = \frac{23}{20}$ del número.

El número que buscamos lo representaremos por sus $\frac{20}{20}$. Por lo tanto, la suma de los $\frac{3}{4}$ y los $\frac{2}{5}$ del número excede al número en $\frac{23}{20} - \frac{20}{20}$ $= \frac{3}{20}$ del número. Luego, $\frac{3}{20}$ del número equivalen a 36, que es el exceso de dicha suma sobre el número que se busca.

Si $\frac{3}{20}$ del número equivalen a 36, $\frac{1}{20}$ del número será $36 \div 3 = 12$ y los $\frac{20}{20}$, o sea el número buscado será: $12 \times 20 = 240$.   **R.**

➤ **EJERCICIO 164**

1. Los $\frac{2}{3}$ más los $\frac{5}{6}$ de un número exceden en 9 al número. Hallar el número.   **R.** 18.
2. La suma de los $\frac{3}{4}$ de un número con sus $\frac{3}{8}$ excede en 40 al número. Hallar el número.   **R.** 320.
3. Si adquiero un reloj cuyo costo es los $\frac{2}{5}$ de lo que tengo y un mueble cuyo costo es los $\frac{5}{6}$ de los que tengo, quedaría debiendo 28 colones. ¿Cuánto tengo?   **R.** 120 colones
4. Vendo los $\frac{2}{3}$ de una pieza de tela y luego me hacen un pedido equivalente a los $\frac{7}{9}$ de la longitud que tenía la pieza antes de vender lo que ya vendí. Si para servir este pedido necesitaría que la pieza hubiera tenido 8 metros más de longitud, ¿cuál es la longitud de la pieza? **R.** 18 ms.
5. Los $\frac{15}{8}$ de un número menos su cuarta parte exceden en 30 unidades al número. ¿Cuál es el número?   **R.** 48.
6. Las reses de Hernández son los $\frac{9}{7}$ de las reses que tiene García. Hernández puede vender una parte de sus reses igual a $\frac{}{8}$ de las que tiene García y entonces tendrá 36 reses más que éste. ¿Cuántas reses tiene cada uno? **R.** H., 288; G., 224.

7. Los $\frac{5}{6}$ más los $\frac{2}{5}$ más la tercera parte de un número suman 34 unidades más que el número. Hallar el número. **R.** 60.

8. Le preguntan a un pastor por el número de sus ovejas y responde: La mitad, más los tres cuartos, más la quinta parte de mis ovejas equivale al número de ellas más 36. ¿Cuántas ovejas tiene el pastor? **R.** 80.

→ EJERCICIO 165

MISCELANEA

1. Una tubería vierte en un estanque 200 litros de agua en $\frac{3}{4}$ de hora y otra 300 litros en el mismo tiempo. ¿Cuánto vierten las dos juntas en 2 horas? **R.** $1333\frac{1}{3}$ ls.

2. Compro por 22 quetzales cierta cantidad de vino que envaso en 50 envases de $\frac{3}{4}$ de litro y lo vendo a razón de Q. $\frac{16}{25}$ el litro? ¿Cuánto gano en la venta? **R.** Q. 2.

3. Con 60 bolívares puedo comprar 15 litros de vino. Qué parte de un litro puedo comprar con bs. 1? **R.** $\frac{1}{4}$ de l.

4. Para vaciar un depósito que contiene 500 litros de agua se abren tres desagües. Uno vierte $18\frac{2}{3}$ litros por mínuto, otro $14\frac{2}{5}$ litros por minuto y el tercero $14\frac{3}{10}$ litros por minuto. ¿En cuánto tiempo se vaciará el estanque? **R.** $10\frac{790}{1421}$ min.

5. He recibido $50 después de haber gastado $\frac{2}{3}$ de lo que tenía al principio y tengo ahora $4 más que al principio. ¿Cuánto tenía? **R.** $69.

6. Si gastara los $\frac{2}{5}$ de lo que tengo y diera una limosna de $22 me quedaría con los $\frac{2}{7}$ de lo que tengo. ¿Cuánto tengo ahora? **R.** $70.

7. Si gastara $\frac{2}{7}$ de lo que tengo y 8 sucres más, lo que tengo se disminuiría en sus $\frac{2}{5}$. ¿Cuánto tengo? **R.** 70 sucres.

8. Un ladrillo pesa 10 libras más medio ladrillo. ¿Cuánto pesa ladrillo y medio? **R.** 30 lbs.

9. Los $\frac{4}{6}$ de un número equivalen a los $\frac{2}{5}$ de 150. ¿Cuál es el número? **R.** 90.

10. Una hacienda pertenece a tres propietarios. Al primero corresponden $\frac{5}{12}$; al segundo $\frac{1}{3}$, y al tercero $\frac{1}{4}$. Si se vende en 75000 bolívares, ¿cuánto corresponde a cada uno? **R.** 1º, 31250; 2º, 25000 y 3º, 18750 bolívares.

11. Si se mueren $\frac{2}{7}$ de mis ovejas y compro 37 ovejas más, el número de las que tenía al principio queda aumentado en sus $\frac{3}{8}$. ¿Cuántas ovejas tenía al principio? **R.** 56.

12. Si se mueren $\frac{3}{5}$ de las palomas de un corral y se compran 2674 palomas, el número de las que había al principio queda aumentado en $\frac{1}{3}$ de las que había al principio. ¿Cuántas palomas había al principio? **R.** 2865.

13. Si doy a mi hermano los $\frac{2}{5}$ de lo que tengo más $2, me quedan $4. ¿Cuánto tengo? **R.** $10.

14. Si doy a mi hermano $\frac{2}{5}$ de lo que tengo menos 2 lempiras, me quedarían 11. ¿Cuánto tengo? **R.** 15 lempiras.

15. Si doy a Pedro $\frac{2}{7}$ de lo que tengo más $4, y a Enrique $\frac{2}{9}$ de lo que tengo más $6, me quedarían $21. ¿Cuánto tengo? **R.** $63.

16. Pérez es dueño de los $\frac{2}{7}$ de una hacienda, García de $\frac{1}{9}$ y Hernández del resto. Si la hacienda se vende por $12600, ¿cuánto recibe cada uno? **R.** P., $3600; G., $1400; H., $7600.

17. Después de vender los $\frac{2}{5}$ de una pieza de tela vendo una parte igual a la diferencia entre los $\frac{2}{9}$ y $\frac{1}{10}$ de la longitud primitiva de la pieza. Si quedan 43 ms.. ¿cuál era la longitud de la pieza? **R.** 90 ms.

18. Un padre reparte 48 soles entre sus dos hijos. Los $\frac{3}{7}$ de la parte que dio al mayor equivalen a los $\frac{3}{5}$ de la parte que dio al menor. ¿Cuánto dio a cada uno? **R.** May., 28; men., 20 soles.

19. Dos hermanos pagan una deuda que asciende a los $\frac{2}{5}$ de $55000. La parte que pagó el menor equivale a los $\frac{2}{9}$ de la parte que pagó el mayor. ¿Cuánto pagó cada uno? **R.** May., $18000; men., $4000.

20. Reparto cierta cantidad entre mis tres hermanos. Al mayor doy $\frac{1}{7}$; al mediano $\frac{1}{8}$ y al menor el resto. Si al menor le he dado $34 más que al mediano, ¿cual fue la cantidad repartida y cuánto recibió cada uno? **R.** $56; may., $8; med., $7; menor., $41.

21. Cuando vendo un auto en 18000 sucres gano los $\frac{2}{7}$ del costo. En cuanto tendría que venderlo para ganar los $\frac{3}{5}$ del costo? **R.** 22400 sucres.

22. He gastado los $\frac{5}{6}$ de mi dinero. Si en lugar de gastar los $\frac{5}{6}$ hubiera gastado los $\frac{3}{4}$ de mi dinero, tendría ahora $18 más de lo que tengo. ¿Cuánto gasté? **R.** $180.

FRACCIONES CONTINUAS CAPITULO **XXVII**

(418) FRACCION CONTINUA es una fracción de la forma siguiente:

$$0 + \cfrac{1}{2 + \cfrac{1}{3 + \cfrac{1}{4}}} \qquad \cdot \qquad 2 + \cfrac{1}{5 + \cfrac{1}{6 + \cfrac{1}{8 + \cfrac{1}{4}}}}$$

(419) FRACCION INTEGRANTE

Se llama fracción integrante a cada fracción que tiene por numerador la unidad y por denominador un entero.

Así, en los ejemplos anteriores, las fracciones integrantes son:

Las del primer ejemplo, $\frac{1}{2}$, $\frac{1}{3}$ y $\frac{1}{4}$ y las del segundo $\frac{1}{5}$, $\frac{1}{6}$, $\frac{1}{8}$ y $\frac{1}{4}$.

(420) COCIENTE INCOMPLETO

Se llama así a la parte entera de una fracción continua y a los denominadores de las fracciones integrantes.

Así, en la fracción $\qquad 4 + \cfrac{1}{3 + \cfrac{1}{5 + \cfrac{1}{6}}}$

los cocientes incompletos son 4, 3, 5 y 6.

306

**421 REDUCCION DE UNA FRACCION ORDINARIA
O DECIMAL A CONTINUA**

1) **Reducción de una fracción ordinaria propia a continua. Regla.**
Se halla el m. c. d., por divisiones sucesivas, del numerador y denominador
de la fracción. La parte entera de la fracción continua será cero y los denominadores de las fracciones integrantes serán los cocientes de las divisiones.

| Ejemplo | Reducir a fracción continua $\dfrac{35}{157}$. |

Hallemos el m. c. d. de 35 y 157:

	4	2	17
157	35	17	1
17	1	0	

Tendremos:
$$\frac{35}{157} = 0 + \cfrac{1}{4 + \cfrac{1}{2 + \cfrac{1}{17}}} \quad R.$$

2) **Reducción de una fracción ordinaria impropia a continua. Regla.**
Se procede como en el caso anterior, pero la parte entera de la fracción
continua será el primer cociente.

| Ejemplos | Reducir a fracción continua $\dfrac{237}{101}$. |

Hallemos el m. c. d. de 237 y 101:

	2	2	1	7	1	3
237	101	35	31	4	3	1
35	31	4	3	1	0	

La parte entera de la fracción continua que vamos a formar será 2, porque 2 es el primer cociente de las divisiones. Por lo tanto, tendremos:

$$\frac{237}{101} = 2 + \cfrac{1}{2 + \cfrac{1}{1 + \cfrac{1}{7 + \cfrac{1}{1 + \cfrac{1}{3}}}}} \quad R.$$

3) **Reducción de una fracción decimal a fracción continua. Regla.**
Se reduce la fracción decimal a quebrado por el procedimiento que veremos más tarde, y a este quebrado se aplican las reglas anteriores.

➤

EJERCICIO 166

Reducir a fracción continua:

1. $\dfrac{8}{17}$. **R.** $\dfrac{1}{2+}\ \dfrac{1}{3}$.

8. $\dfrac{15}{131}$. **R.** $\dfrac{1}{8+}\ \dfrac{1}{1+}\ \dfrac{1}{2+}\ \dfrac{1}{1+}\ \dfrac{1}{3}$.

2. $\dfrac{7}{19}$. **R.** $\dfrac{1}{2+}\ \dfrac{1}{1+}\ \dfrac{1}{2+}\ \dfrac{1}{2}$.

9. $\dfrac{79}{1410}$. **R.** $\dfrac{1}{17+}\ \dfrac{1}{1+}\ \dfrac{1}{5+}\ \dfrac{1}{1+}\ \dfrac{1}{1+}\ \dfrac{1}{2+}\ \dfrac{1}{2}$.

3. $\dfrac{67}{78}$. **R.** $\dfrac{1}{1+}\ \dfrac{1}{6+}\ \dfrac{1}{11}$.

10. $\dfrac{196}{27}$. **R.** $7+\dfrac{1}{3+}\ \dfrac{1}{1+}\ \dfrac{1}{6}$.

4. $\dfrac{19}{1050}$. **R.** $\dfrac{1}{55+}\ \dfrac{1}{3+}\ \dfrac{1}{1+}\ \dfrac{1}{4}$.

11. $\dfrac{85}{37}$. **R.** $2+\dfrac{1}{3+}\ \dfrac{1}{2+}\ \dfrac{1}{1+}\ \dfrac{1}{3}$.

5. $\dfrac{131}{2880}$. **R.** $\dfrac{1}{21+}\ \dfrac{1}{2+}\ \dfrac{1}{1+}\ \dfrac{1}{2+}\ \dfrac{1}{16}$.

12. $\dfrac{285}{126}$. **R.** $2+\dfrac{1}{3+}\ \dfrac{1}{1+}\ \dfrac{1}{4+}\ \dfrac{1}{2}$.

6. $\dfrac{23}{79}$. **R.** $\dfrac{1}{3+}\ \dfrac{1}{2+}\ \dfrac{1}{3+}\ \dfrac{1}{3}$.

13. $\dfrac{547}{232}$. **R.** $2+\dfrac{1}{2+}\ \dfrac{1}{1+}\ \dfrac{1}{3+}\ \dfrac{1}{1+}\ \dfrac{1}{7+}\ \dfrac{1}{2}$.

7. $\dfrac{31}{2040}$. **R.** $\dfrac{1}{65+}\ \dfrac{1}{1+}\ \dfrac{1}{4+}\ \dfrac{1}{6}$.

14. $\dfrac{3217}{1900}$. **R.** $1+\dfrac{1}{1+}\ \dfrac{1}{2+}\ \dfrac{1}{3+}\ \dfrac{1}{1+}\ \dfrac{1}{6+}\ \dfrac{1}{5+}\ \dfrac{1}{4}$.

15. $\dfrac{2308}{1421}$. **R.** $1+\dfrac{1}{1+}\ \dfrac{1}{1+}\ \dfrac{1}{1+}\ \dfrac{1}{1+}\ \dfrac{1}{1+}\ \dfrac{1}{19+}\ \dfrac{1}{9}$.

REDUCCION DE UNA FRACCION CONTINUA A FRACCION ORDINARIA

(422) REDUCIDA

La fracción ordinaria equivalente a una parte de la fracción continua, comprendida entre el primer cociente incompleto y cada uno de los demás cocientes incompletos, se llama **fracción reducida** o **convergente**.

(423) LEY DE FORMACION DE LAS REDUCIDAS

La primera y segunda reducidas de una fracción continua pueden ser halladas muy fácilmente por simple inspección. A partir de la tercera, las reducidas se forman de acuerdo con la siguiente **ley**:

Se multiplica el último cociente incompleto de la parte de fracción continua que consideramos, por los dos términos de la reducida anterior; al numerador de este quebrado se suma el numerador de la reducida ante-precedente y al denominador se suma el denominador de la reducida anteprecedente.

Ejemplo

Formar todas las *reducidas* de $2 + \cfrac{1}{3 + \cfrac{1}{4 + \cfrac{1}{5 + \frac{1}{6}}}}$

La *primera reducida* es la parte entera $2 = \frac{2}{1}$.

La *segunda reducida* o fracción ordinaria equivalente a $2 + \frac{1}{3}$ es $\frac{7}{3}$.

La *tercera reducida* o fracción ordinaria equivalente a $2 + \cfrac{1}{3 + \frac{1}{4}}$ se forma multi-

plicando el último cociente incompleto 4 por los dos términos de la reducida ante-

rior $\frac{7}{3}$ y tendremos $\frac{4 \times 7}{4 \times 3}$; al numerador de este quebrado se suma el numerador

2 de la *primera* reducida y al denominador se suma el denominador 1 de la *primera*

reducida y tendremos:

$$2 + \cfrac{1}{3 + \frac{1}{4}} = \frac{4 \times 7 + 2}{4 \times 3 + 1} = \frac{30}{13}.$$

La *cuarta reducida* o fracción ordinaria equivalente a $2 + \cfrac{1}{3 + \cfrac{1}{4 + \frac{1}{5}}}$ se forma

multiplicando el último cociente incompleto 5 por los dos términos de la

tercera reducida $\frac{30}{13}$ y tendremos $\frac{5 \times 30}{5 \times 13}$; al numerador de este quebrado se suma

el numerador 7 de la *segunda* reducida y al denominador se suma el denominador

3 de la *segunda* reducida y tendremos:

$$2 + \cfrac{1}{3 + \cfrac{1}{4 + \frac{1}{5}}} = \frac{5 \times 30 + 7}{5 \times 13 + 3} = \frac{157}{68}$$

La *quinta reducida* o fracción ordinaria equivalente a la fracción continua dada

$$2 + \cfrac{1}{3 + \cfrac{1}{4 + \cfrac{1}{5 + \frac{1}{6}}}}$$

se forma multiplicando el último cociente incompleto 6 por los dos términos de la cuarta reducida $\frac{157}{68}$ y tendremos $\frac{6 \times 157}{6 \times 68}$; al numerador de este quebrado se suma el numerador 30 de la *tercera* reducida y al denominador se suma el denominador 13 de la tercera reducida y tendremos:

$$2 + \cfrac{1}{3 + \cfrac{1}{4 + \cfrac{1}{5 + \cfrac{1}{6}}}} = \frac{6 \times 157 + 30}{6 \times 68 + 13} = \frac{972}{421} \quad \text{R.}$$

➤ **EJERCICIO 167**

Reducir a fracción ordinaria las fracciones continuas siguientes, hallando todas· las reducidas:

$1 + \cfrac{1}{2 + \frac{1}{2}}.$ R. $\frac{1}{1}; \frac{3}{2}; \frac{7}{5}.$

5. $0 + \cfrac{1}{2 + \cfrac{1}{3 + \cfrac{1}{4 + \frac{1}{2}}}}$ R. $\frac{1}{2}; \frac{3}{7}; \frac{13}{30}; \frac{29}{67}.$

$2 + \cfrac{1}{1 + \cfrac{1}{1 + \frac{1}{2}}}.$ R. $\frac{3}{1}; \frac{3}{1}; \frac{5}{2}; \frac{13}{5}.$

6. $1 + \cfrac{1}{5 + \cfrac{1}{4 + \cfrac{1}{1 + \frac{1}{3}}}}.$ R. $\frac{1}{1}; \frac{6}{5}; \frac{25}{21}; \frac{31}{26}; \frac{118}{99}.$

$0 + \cfrac{1}{1 + \cfrac{1}{2 + \frac{1}{3}}}.$ R. $\frac{1}{1}; \frac{2}{3}; \frac{7}{10}.$

7. $1 + \cfrac{1}{4 + \cfrac{1}{1 + \cfrac{1}{1 + \cfrac{1}{2 + \frac{1}{5}}}}}.$ R. $\frac{1}{1}; \frac{5}{4}; \frac{6}{5}; \frac{11}{9}; \frac{28}{23}; \frac{151}{124}.$

$2 + \cfrac{1}{3 + \cfrac{1}{1 + \cfrac{1}{1 + \frac{1}{2}}}}.$ R. $\frac{2}{1}; \frac{7}{3}; \frac{9}{4}; \frac{16}{7}; \frac{41}{18}.$

8. $3 + \cfrac{1}{2 + \cfrac{1}{3 + \cfrac{1}{4 + \cfrac{1}{1 + \frac{1}{5}}}}}.$ R. $\frac{3}{1}; \frac{7}{2}; \frac{24}{7}; \frac{103}{30}; \frac{127}{37}; \frac{738}{215}.$

La primera discusión sistemática sobre las fracciones decimales, se debe a Simón Stevin (1548-1620), de Brujas. En 1585 apareció publicada en Leyden su famosa obra "La Thiende". Esta obra fue dada a conocer por Robert Norton, en una traducción inglesa editada en Londres en 1608, bajo el título de "La Disme" o "The Art of Tenths or Decimall Arithmetike". Pronto fueron adoptados los decimales.

FRACCIONES DECIMALES CAPITULO XXVIII

(424) QUEBRADO O FRACCION DECIMAL es todo quebrado cuyo denominador es la unidad seguida de ceros.

> *Ejemplos*

$$\frac{3}{10}, \quad \frac{17}{100}, \quad \frac{31}{1000}.$$

(425) NOTACION DECIMAL

Para escribir un quebrado decimal en notación decimal se sigue el principio fundamental de la numeración decimal escrita (**59**), según el cual **toda cifra escrita a la derecha de otra representa unidades diez veces menores que las que representa la anterior.**

Así, $\frac{3}{10}$ se escribirá 0.3; $\frac{17}{100}$ se escribirá 0.17; $\frac{31}{1000}$ se escribirá 0.031. Por lo tanto, podemos enunciar la siguiente:

(426) REGLA PARA ESCRIBIR UN DECIMAL

Se escribe la parte entera si la hay, y si no la hay, un cero y en seguida el punto decimal. Después se escriben las cifras decimales teniendo cuidado de que cada una ocupe el lugar que le corresponde.

311

Ejemplos

(1) Escribir setenta y cinco milésimas: $\frac{75}{1000}$.

Escribimos la parte entera cero y en seguida el punto decimal. Hecho esto, ponemos un cero en el lugar de las décimas, porque no hay décimas en el número dado, a continuación las centésimas que hay en 75 milésimas que son 7, y después, las cinco milésimas y quedará: 0.075.   R.

(2) Escribir 6 unidades 817 diezmilésimas: $6\frac{817}{10000}$.

Escribimos la parte entera 6 y en seguida el punto decimal. Ponemos cero en el lugar de las décimas; 8 en el lugar de las centésimas 1 en el lugar de las milésimas y 7 en el lugar de las diezmilésimas y tendremos: 6.0817.   R.

➤ EJERCICIO 168

Escribir en notación decimal:

1. 8 centésimas.
2. 19 milésimas.
3. 115 diezmilésimas.
4. 1315 diezmilésimas.
5. 9 cienmilésimas.
6. 318 cienmilésimas.
7. 1215 millonésimas.
8. 9 millonésimas.
9. 899 diezmillonésimas.
10. 23456 cienmillonésimas.
11. 11 décimas.
12. 115 centésimas.
13. 1215 milésimas.
14. 32456 diezmilésimas.
15. 133346 cienmilésimas.
16. 218 décimas.

17. 7546 centésimas.
18. 203456 centésimas.
19. 657892 diezmilésimas.
20. 12345678 millonésimas.
21. 978 décimas.
22. 4321 centésimas.
23. 234567 milésimas.
24. 6 unid. 8 centésimas.
25. 7 unid. 19 milésimas.
26. 9 unid. 9 milésimas.
27. 8 unid. 8 diezmilésimas.
28. 6 unid. 215 diezmilésimas.
29. 34 unid. 16 cienmilésimas.
30. 315 unid. 315 millonésimas.
31. 42 unid. 42 diezmillonésimas.
32. 167 unid. 167 cienmillonésimas.

➤ EJERCICIO 169

Escribir en notación decimal:

1. $\frac{7}{10}$.
2. $\frac{35}{100}$.
3. $\frac{8}{1000}$.
4. $\frac{17}{10000}$.

5. $\frac{315}{100000}$.
6. $\frac{623}{1000000}$.
7. $6\frac{3}{10}$.
8. $9\frac{18}{100}$.

9. $4\frac{3}{1000}$.
10. $6\frac{19}{1000}$.
11. $19\frac{18}{1000}$.
12. $123\frac{123}{10000}$.

13. $315\frac{8}{100000}$.
14. $219\frac{7}{1000000}$.
15. $1215\frac{319}{10000000}$.
16. $823\frac{1}{100000000}$.

(427) NOMENCLATURA

Para leer un decimal se enuncia primero la parte entera si la hay y a continuación la parte decimal, dándole el nombre de las unidades inferiores.

Ejemplos

(1) 3.18 se lee: Tres unidades, dieciocho centésimas.

(2) 4.0019 se lee: Cuatro unidades, diecinueve diezmilésimas.

(3) 0.08769 se lee: Ocho mil setecientas sesenta y nueve cienmilésimas.

➤ EJERCICIO 170

Leer:

1. 0.8.	5. 0.0015.	9. 1.015.	13. 2.000016.
2. 0.15.	6. 0.00015.	10. 7.0123.	14. 4.0098765.
3. 0.09.	7. 0.000003.	11. 8.00723.	15. 15.000186.
4. 0.003.	8. 0.0000135.	12. 1.15678.	16. 19 000000018.

(428) PROPIEDADES GENERALES DE LAS FRACCIONES DECIMALES

1) Un decimal no se altera porque se añadan o supriman ceros a su derecha, porque con ello el valor relativo de las cifras no varía.

Así, lo mismo será 0.34 que 0.340 ó 0.3400.

2) Si en un número decimal se corre el punto decimal a la derecha uno o más lugares, el decimal queda multiplicado por la unidad seguida de tantos ceros como lugares se haya corrido el punto a la derecha, porque al correr el punto decimal a la derecha un lugar, el valor relativo de cada cifra se hace diez veces mayor; luego, el número queda multiplicado por 10; al correrlo dos lugares a la derecha, el valor relativo de cada cifra se hace cien veces mayor; luego, el número queda multiplicado por 100; etc.

Así, para multiplicar 0.876 por 10, corremos el punto decimal a la derecha un lugar y nos queda 8.76; para multiplicar 0.93245 por 100, corremos el punto decimal a la derecha dos lugares y nos queda 93.245; para multiplicar 7.54 por 1000, corremos el punto decimal a la derecha tres lugares, pero como no hay más que dos cifras decimales, quitaremos el punto decimal y añadiremos un cero a la derecha y nos quedará 7540; para multiplicar 0.789 por 100000, tendríamos 78900.

3) Si en un número decimal se corre el punto decimal a la izquierda uno o más lugares, el decimal queda dividido por la unidad seguida de tantos ceros como lugares se haya corrido el punto a la izquierda, porque al correr el punto decimal a la izquierda uno dos, tres, etc., lugares el valor relativo de cada cifra se hace diez, cien, mil, etc., veces menor; luego, el número quedará dividido por 10, 100, 1000, etc.

Así, para dividir 4.5 por 10 corremos el punto decimal a la izquierda un lugar y nos queda 0.45; para dividir 0.567 por 100 corremos el punto decimal a la izquierda dos lugares y nos queda 0.00567; para dividir 15.43 por 1000 corremos el punto decimal a la izquierda tres lugares y nos queda 0.01543.

➤ **EJERCICIO 171**

Efectuar:

1. 0.4 × 10.
2. 7.8 × 10.
3. 0.324 × 10.
4. 0.7654 × 10.
5. 7.5 × 100.
6. 0.103 × 100.
7. 0.1234 × 100.

8. 17.567 × 100.
9. 3.4 × 1000.
10. 0.188 × 1000.
11. 0.455 × 1000.
12. 0.188 × 1000.
13. 0.1 × 10000.
14. 45.78 × 10000.

15. 8.114 × 10000.
16. 14.0176 × 10000.
17. 0.4 × 100000.
18. 7.89 × 1000000.
19. 0.724 × 1000000.
20. 8.1234 × 10000000.

➤ **EJERCICIO 172**

Efectuar:

1. 0.5 ÷ 10.
2. 0.86 ÷ 10.
3. 0.125 ÷ 10.
4. 3.43 ÷ 10.
5. 0.4 ÷ 100.
6. 3.18 ÷ 100.
7. 16.134 ÷ 100.

8. 0.7256 ÷ 100.
9. 2.5 ÷ 1000.
10. 0.18 ÷ 1000.
11. 7.123 ÷ 1000.
12. 14.136 ÷ 1000.
13. 3.6 ÷ 10000.
14. 0.19 ÷ 10000.

15. 3.125 ÷ 10000.
16. 0.7246 ÷ 10000.
17. 0.7 ÷ 100000.
18. 0.865 ÷ 100000.
19. 723.05 ÷ 1000000.
20. 815.23 ÷ 10000000.

OPERACIONES CON FRACCIONES DECIMALES

I. SUMA

(429) REGLA

Se colocan los sumandos unos debajo de los otros de modo que los puntos decimales queden en columna. Se suman como números enteros, poniendo en el resultado el punto de modo que quede en columna con los de los sumandos.

Ejemplo

Sumar 0.03, 14.005, 0.56432 y 8.0345.

```
        0.03
       14.005
   +    0.56432
        8.0345

Suma....  22.63382.  R.
```

➤ EJERCICIO 173

Efectuar:

1. $0.3 + 0.8 + 3.15$.
2. $0.19 + 3.81 + 0.723 + 0.1314$.
3. $0.005 + 0.1326 + 8.5432 + 14.00001$.
4. $0.99 + 95.999 + 18.9999 + 0.999999$.
5. $16.05 + 0.005 + 81.005 + 0.00005 + 0.000005$.
6. $5 + 0.3$.
7. $8 + 0.14$.
8. $15 + 0.54$.
9. $16 + 0.1936$.
10. $75 + 0.07$.
11. $81 + 0.003$.
12. $115 + 0.0056$.
13. $800 + 0.00318$.
14. $19 + 0.84 + 7$.
15. $93 + 15.132 + 31$.
16. $108 + 1345.007 + 235$.
17. $350 + 9.36 + 0.00015 + 32$.
18. $19.75 + 301 + 831 + 831.019 + 13836$.
19. $1360 + 0.87645 + 14 + 93.72 + 81 + 0.0000007$.
20. $857 + 0.00000001 + 0.00000000891$.

II. RESTA

(430) REGLA

Se coloca el sustraendo debajo del minuendo, de modo que los puntos decimales queden en columna, añadiendo ceros, si fuere necesario, para que el minuendo y el sustraendo tengan igual número de cifras decimales.

Hecho esto, se restan como números enteros, colocando en la resta el punto decimal en columna con los puntos decimales del minuendo y sustraendo.

Ejemplos

Restar 14.069 de 234.5

$$
\begin{array}{r}
234.500 \\
- \ 14.069 \\
\hline
\end{array}
$$

Resta...   220.431.   R.

➤ EJERCICIO 174

Efectuar:

1. $0.8 - 0.17$.
2. $0.39 - 0.184$.
3. $0.735 - 0.5999$.
4. $8 - 0.3$.
5. $19 - 0.114$.
6. $315 - 0.786$.
7. $814 - 0.00325$.
8. $15 - 0.764 - 4.16$.
9. $837 - 14.136 - 8.132 - 0.756432$.
10. $539.72 - 11.184 - 119.327$.

➤ **EJERCICIO 175**

Efectuar:

1.	$0.3 + 0.5 - 0.17.$	R. 0.63.
2.	$0.184 + 0.9345 - 0.54436.$	R. 0.57414.
3.	$3.18 + 14 - 15.723.$	R. 1.457.
4.	$9.374 + 380 - 193.50783.$	R. 195.86617.
5.	$0.76 + 31.893 - 14.$	R. 18.653.
6.	$15.876 + 32 - 14.$	R. 33.876.
7.	$5.13 + 8.932 + 31.786 + 40.1567 - 63.$	R. 23.0047.
8.	$31 + 14.76 + 17 - 8.35 - 0.003.$	R. 54.407.
9.	$8 - 0.3 + 5 - 0.16 - 3 + 14.324.$	R. 23.864.
10.	$15 + 18.36 - 71 + 80.1987 - 0.000132.$	R. 42.558568.
11.	$14.782 - 13 + 325.73006 - 81.574325 + 53.$	R. 298.937735.
12.	$800 - 31.6 - 82.004 + 19 - 0.762356 - 0.00000001.$	R. 704.63364399.
13.	$56.32 - 51 - 0.00325 - 0.764328 + 32.976.$	R. 37.528422.
14.	$5000 - 315.896 - 31.7845 - 32.976356 + 50.00000008.$	R. 4669.34314408.
15.	$(8 + 5.19) + (15 - 0.03) + (80 - 14.784).$	R. 93.376.
16.	$50 - (6.31 + 14).$	R. 29.69.
17.	$1351 - (8.79 + 5.728).$	R. 1336.482.
18.	$(75 - 0.003) - (19.351 - 14) + 0.00005.$	R. 69.64605.
19.	$(16.32 - 0.045) - (5.25 + 0.0987 + 0.1 + 0.03).$	R. 10.7963.
20.	$14134 - (78 - 15.7639 + 6 - 0.75394).$	R. 14066.51784.

III. MULTIPLICACION

(431) REGLA

Para multiplicar dos decimales o un entero por un decimal, se multiplican como si fueran enteros, separando de la derecha del producto con un punto decimal tantas cifras decimales como haya en el multiplicando y el multiplicador.

Ejemplos

$$\begin{array}{r} 14.25 \\ \times 3.05 \\ \hline 7125 \\ 4275 \\ \hline 43.4625 \quad \text{R.} \end{array}$$

$$\begin{array}{r} 1894 \\ \times 0.05 \\ \hline 94.70. \quad \text{R.} \end{array}$$

➤ **EJERCICIO 176**

Efectuar:

1.	$0.5 \times 0.3.$	R. 0.15.	10.	$14 \times 0.08.$	R. 1.12.
2.	$0.17 \times 0.83.$	R. 0.1411.	11.	$35 \times 0.0009.$	R. 0.0315.
3.	$0.001 \times 0.0001.$	R. 0.0000001.	12.	$143 \times 0.00001.$	R. 0.00143.
4.	$8.34 \times 14.35.$	R. 119.679.	13.	$134 \times 0.873.$	R. 116.982.
5.	$16.84 \times 0.003.$	R. 0.05052.	14.	$1897 \times 0.132.$	R. 250.404.
6.	$7.003 \times 5.004.$	R. 35.043012.	15.	$3184 \times 3.726.$	R. 11863.584.
7.	$134.786 \times 0.1987.$	R. 26.7819782.	16.	$0.187 \times 19.$	R. 3.553.
8.	$1976.325 \times 0.762438.$	R. 1506.82528035.	17.	$314.008 \times 31.$	R. 9734.248.
9.	$5 \times 0.7.$	R. 3.5.	18.	$0.000001 \times 8939.$	R. 0.008939.

19. $(0.5 + 0.76) \times 5.$ **R.** 6.3.
20. $(8.35 + 6.003 + 0.01) \times 0.7.$ **R.** 10.0541.
21. $(14 + 0.003 + 6) \times 9.$ **R.** 180.027.
22. $(131 + 0.01 + 0.0001) \times 14.1.$ **R.** 1847.24241.
23. $(0.75 - 0.3) \times 5.$ **R.** 2.25.
24. $(0.978 - 0.0013) \times 8.01.$ **R.** 7.823367.
25. $(14 - 0.1) \times 31.$ **R.** 430.9.
26. $(1543 - 0.005) \times 51.$ **R.** 78692.745.

IV. DIVISION

 DIVISION DE DOS DECIMALES

REGLA

Para dividir dos decimales, si no son homogéneos, es decir, si no tienen el mismo número de cifras decimales, se hace que lo sean añadiendo ceros al que tenga menos cifras decimales. Una vez homogéneos el dividendo y el divisor, se suprimen los puntos y se dividen como enteros.

> ## Ejemplos

Dividir 5.678 entre 0.546. Como son homogéneos, suprimiremos los puntos decimales y quedará 5678 entre 546: →

$$\begin{array}{r|l} 5678 & 546 \\ \hline 0218 & 10 \end{array}$$

Siempre que la división no sea exacta, como en este caso, debe aproximarse. Para ello, ponemos punto decimal en el cociente, añadimos un cero a cada residuo y lo dividimos entre el divisor, hasta tener *cuatro* cifras decimales en el cociente Así, en el caso anterior, tendremos:

$$\begin{array}{r|l} 5678 & 546 \\ \hline 02180 & 10.3992 \\ 5420 & \\ 5060 & \\ 1460 & \\ 368 & \end{array}$$

Basta expresar el cociente con tres cifras decimales, pero para ello tenemos que fijarnos en si *la cuarta cifra decimal es menor, igual o mayor que* 5.

Si la cuarta cifra decimal es menor que 5, se desprecia esa cifra decimal. Así, en la división anterior el cociente será 10.399, porque la cuarta cifra decimal 2, por ser menor que 5, se desprecia. 10.399 es el *cociente por defecto* de esta división, ya que es *menor* que el verdadero cociente.

Si la cuarta cifra decimal es mayor que 5, se aumenta una unidad a la cifra de las milésimas. Así, en la división de 0.89 entre 0.81, tendremos: →

$$\begin{array}{r|l} 89 & 81 \\ \hline 800 & 1.0987 \\ 710 & \\ 620 & \\ 53 & \end{array}$$

Como la cuarta cifra decimal es 7, mayor que 5, se suprime, pero se *añade* una unidad a la cifra de las milésimas 8, y quedará 1.099. 1.099 es el *cociente por exceso* de esta división, ya que es *mayor* que el verdadero cociente.

Si la cuarta cifra decimal es 5, se suprime y se añade una unidad a las milésimas. Así, si el cociente de una división es 0 7635 lo expresaremos 0.764, *cociente por exceso.*

➤ **EJERCICIO 177**

Efectuar:

1.	$0.9 \div 0.3$.	R. 3.	11.	$0.89356 \div 0.314$.	R. 2.840.
2.	$0.81 \div 0.27$.	R. 3.	12.	$0.7248 \div 0.184$.	R. 3.939.
3.	$0.64 \div 0.04$.	R. 16.	13.	$0.5 \div 0.001$.	R. 500.
4.	$0.125 \div 0.005$.	R. 25.	14.	$0.86 \div 0.0043$.	R. 200.
5.	$0.729 \div 0.009$.	R. 81.	15.	$0.27 \div 0.0009$.	R. 300.
6.	$0.243 \div 0.081$.	R. 3.	16.	$31.63 \div 8.184$.	R. 3.865.
7.	$0.32 \div 0.2$.	R. 1.6.	17.	$14.6 \div 3.156$.	R. 4.626.
8.	$0.1284 \div 0.4$.	R. 0.321.	18.	$8.3256 \div 14.3$.	R. 0.582.
9.	$0.7777 \div 0.11$.	R. 7.07.	19.	$12.78 \div 123.1001$.	R. 0.104.
10.	$0.7356 \div 0.1$.	R. 7.356.	20.	$9.183 \div 0.00012$.	R. 76525.

(433) DIVISION DE UN ENTERO POR UN DECIMAL O VICEVERSA

REGLA

Se pone punto decimal al entero y se le añaden tantos ceros como cifras decimales tenga el decimal. Una vez homogéneos dividendo y divisor, se suprimen los puntos decimales y se dividen como enteros.

Ejemplos

(1) Dividir 56 entre 0.114. Ponemos punto decimal al 56 y le añadimos tres ceros, porque el decimal tiene tres cifras decimales y queda: $56.000 \div 0.114$. Ahora suprimimos los puntos y dividimos como enteros:

```
56000  | 114
1040     491.22807
0140
 0260
 0320
 0920        Cociente por defecto: 491.228.
 00800
  002
```

(2) Dividir 56.03 entre 19. Ponemos punto decimal a 19 y le añadimos dos ceros y nos queda $56.03 \div 19.00$. Ahora suprimimos los puntos decimales y dividimos como enteros:

```
5603   | 1900
18030    2.9489
09300
17000        Cociente por exceso: 2.949.
18000
0900
```

➤ **EJERCICIO 178**

Efectuar:

1. $5 \div 0.5.$	**R.** 10.	11. $0.6 \div 6.$	**R.** 0.1.
2. $13 \div 0.13.$	**R.** 100.	12. $0.21 \div 21.$	**R.** 0.01.
3. $16 \div 0.64.$	**R.** 25.	13. $0.64 \div 16.$	**R.** 0.04.
4. $8 \div 0.512.$	**R.** 15.625.	14. $0.729 \div 9.$	**R.** 0.081.
5. $12 \div 0.003.$	**R.** 4000.	15. $0.003 \div 12.$	**R.** 0.00025.
6. $93 \div 0.0186.$	**R.** 5000.	16. $0.0186 \div 93.$	**R.** 0.0002.
7. $500 \div 0.00125.$	**R.** 400000.	17. $0.00125 \div 500.$	**R.** 0.0000025.
8. $17 \div 0.143.$	**R.** 118.881.	18. $0.132 \div 132.$	**R.** 0.001.
9. $154 \div 0.1415.$	**R.** 1088.339.	19. $0.8976 \div 19.$	**R.** 0.047.
10. $1318 \div 0.24567.$	**R.** 5364.9204.	20. $19.14 \div 175.$	**R.** 0.109.

(434) SIMPLIFICACION DE FRACCIONES COMPLEJAS CON DECIMALES

Se efectúan todas las operaciones indicadas en el numerador y denominador hasta convertir cada uno de ellos en un solo decimal, y luego se efectúa la división de estos dos decimales.

Ejemplos

(1) Simplificar $\dfrac{(2 + 0.16 - 0.115) \times 3}{(0.336 + 1.5 - 0.609) \div 0.4}$

$$\frac{(2 + 0.16 - 0.115) \times 3}{(0.336 + 1.5 - 0.609) \div 0.4} = \frac{2.045 \times 3}{1.227 \div 0.4} = \frac{6.135}{3.0675} = 2. \quad \text{R.}$$

(2) Simplificar $\dfrac{\left(\dfrac{0.05}{0.15} + \dfrac{3}{0.4} + 2\right) \times 3.20}{\left(\dfrac{0.16}{0.4/_{0.1}} + 0.532\right) \div 7.15}$

Tendremos:

$$\frac{\left(\dfrac{0.05}{0.15} + \dfrac{3}{0.4} + 2\right) \times 3.20}{\left(\dfrac{0.16}{0.4/_{0.1}} + 0.532\right) \div 7.15} = \frac{(0.33 + 7.50 + 2) \times 3.20}{(0.04 + 0.532) \div 7.15}$$

$$= \frac{9.83 \times 3.20}{0.572 \div 7.15} = \frac{31.456}{0.08} = 393.2. \quad \text{R.}$$

➤ **EJERCICIO 179**

Simplificar:

1. $\dfrac{(0.03 + 0.456 + 8) \times 6}{25.458}$. **R. 2.**

2. $\dfrac{(8.006 + 0.452 + 0.15) \div 0.1}{(8 - 0.1 + 0.32) \times 4}$. **R. 2.618.**

3. $\dfrac{0.5 \times 3 + 0.6 \div 0.03 + 0.5}{0.08 \div 8 + 0.1 \div 0.1 - 0.01}$. **R. 22.**

4. $\dfrac{(8.3 - 0.05) - (4.25 - 3.15)}{0.04 \div 0.4 + 0.006 \div 0.6 + 7.04}$. **R. 1.**

5. $\dfrac{4 \div 0.01 + 3 \div 0.001 + 0.1 \div 0.01}{4 \times 0.01 + 3 \times 0.001 + 1704.957}$. **R. 2.**

6. $\left(\dfrac{1}{0.1} + \dfrac{1}{0.01} + \dfrac{1}{0.001} \right) \times 0.3$. **R. 333.**

7. $\left(\dfrac{8}{0.16} - \dfrac{0.15}{0.5} \right) + 0.01$. **R. 49.71.**

8. $\left(\dfrac{0.06}{0.3} + \dfrac{0.052}{2} \right) \div \dfrac{6}{0.36/_3}$. **R. 0.00452.**

9. $0.0056 + \dfrac{0.03/_3}{0.564/_3} + \dfrac{0.56}{32/_{0.16}}$. **R. 0.616.**

10. $\dfrac{5}{0.32/_2} + \dfrac{0.3/_{0.5}}{0.001}$. **R. 631.25.**

11. $\dfrac{0.4/_4}{4/_{0.4}} + \dfrac{0.05/_5}{5/_{0.05}} + \dfrac{0.006/_6}{6/_{0.006}}$. **R. 0.010101.**

12. $\dfrac{16/_{0.01}}{0.1} + \dfrac{0.1}{0.02/_{16}} - \dfrac{0.001/_{0.1}}{0.1/_{0.001}}$. **R. 16079.9999.**

➤ **EJERCICIO 180**

1. Pedro tiene $5.64, Juan $2.37 más que Pedro y Enrique $1.15 más que Juan. ¿Cuánto tienen entre los tres? **R. $22.81.**

2. Un hombre se compra un traje, un sombrero, un bastón y una billetera. Esta le ha costado $3.75; el sombrero le ha costado el doble de lo que le costó la billetera; el bastón $1.78 más que el sombrero, y el traje 5 veces lo que la billetera. ¿Cuánto le ha costado todo? **R. $39.28.**

3. Se adquiere un libro por $4.50; un par de zapatos por $2 menos que el libro; una pluma fuente por la mitad de lo que costaron el libro y los zapatos. ¿Cuánto sobrará al comprador después de hacer estos pagos, si tenía $15.83? **R. $5.33.**

4. Tenía $14.25 el lunes; el martes cobré $16.89; el miércoles cobré $97 y el jueves pagué $56.07. ¿Cuánto me queda? **R. $72.07.**

5. Un muchacho que tiene $0.60 quiere reunir $3.75. Pide a su padre $1.75 y éste le da 17 cts. menos de lo que le pide; pide a un hermano 30 cts. y éste le da 15 cts. más de lo que le pide. ¿Cuánto le falta para obtener lo que desea? **R.** $1.12.

6. Un comerciante hace un pedido de 3000 Kgs. de mercancías y se lo envían en cuatro partidas. En la primera le mandan 71.45 Kgs.; en la segunda, 40 Kgs. más que en la primera; en la tercera, tanto como en las dos anteriores y en la cuarta lo restante. ¿Cuántos Kgs. le enviaron en la última partida? **R.** 2634.2 Kgs.

7. Un camión conduce cinco fardos de mercancías. El primero pesa 72.675 Kgs.; el segundo, 8 Kgs. menos que el primero; el tercero, 6.104 Kgs. mas que los dos anteriores juntos, y el cuarto tanto como los tres anteriores. ¿Cuál es el peso del quinto fardo si el peso total de las mercancías es 960.34 Kgs.?. **R.** 398.732 Kgs.

8. Se reparte una herencia entre tres personas. A la primera le corresponden $1245.67; a la segunda el triplo de lo de la primera más $56.89; a la tercera, $76.97 menos que la suma de lo de las otras dos. Si además, se han separado $301.73 para gastos, ¿a cuánto ascendía la herencia? **R.** $10303.90.

9. La altura de una persona es 1.85 ms. y la de una torre es 26 veces la altura de la persona menos 1.009 ms. Hallar la altura de la torre. **R.** 47.091 ms.

10. El agua contenida en cuatro depósitos pesa 879.002 Kgs. El primer depósito contiene 18.132 Kgs. menos que el segundo; el segundo, 43.016 Kgs. más que el tercero, y el tercero 78.15 Kgs. más que el cuarto. Hallar el peso del agua contenida en cada depósito. **R.** 1º, 247.197; 2º, 265.329; 3º, 222.313; 4º, 144.163 Kgs.

11. La suma de dos números es 15.034 y su diferencia 6.01. Hallar los números. **R.** 10.522 y 4.512.

12. El triplo de la suma de dos números es 84.492 y el duplo de su diferencia 42.02. Hallar los números. **R.** 24.587 y 3.577.

13. Una caja de tabacos vale $4.75 y los tabacos valen $3.75 más que la caja. Hallar el precio de los tabacos y de la caja. **R.** Tabacos, $4.25; caja, $0.50.

14. La suma de dos números es 10.60 y su cociente 4. Hallar los números. **R.** 8.48 y 2.12.

15. La diferencia de dos números es 6.80 y su cociente 5. Hallar los números. **R.** 8.50 y 1.70.

16. Un hombre compra 4 docenas de sombreros a $10 la docena, y 3 docenas de lápices. Cada docena de lápices le cuesta la vigésima parte del costo de una docena de sombreros más 6 cts. ¿Cuánto importa la compra? **R.** $41.68.

17. Un rodillo de piedra tiene de circunferencia 6.34 pies. De un extremo a otro de un terreno de tennis da 24.75 vueltas. ¿Cuál es la longitud del terreno? **R.** 156.915. pies.

18. Un comerciante paga a otro las siguientes compras que le había hecho: 20 lbs. de mantequilla a $0.18. lb.; 80 lbs. de dulce a $0.05 lb.; 312 lbs. de harina a $0.06 lb., y 8 docenas de cajas de fósforos a $0.03 caja. Si entrega $30, ¿cuánto le devolverán? **R.** $0.80.

19. El vino de un tonel pesa 1962 Kgs. Si cada litro de vino pesa 0.981 Kgs., ¿cuántos litros contiene el tonel? **R.** 2000 l.

20. Un tonel lleno de vino pesa 614 Kgs. Si el litro de vino pesa 0.980 Kgs. y el peso del tonel es 75 Kgs., ¿cuántos litros contiene el tonel? **R.** 550 l.

21. Un kilogramo de una mercancía cuesta 1300 bolívares y un kilogramo de otra 32.50. ¿Cuántos kilogramos de la segunda mercancía se podrán comprar con un kilogramo de la primera? **R.** 40 kgs.

22. Se compran 21 metros de cinta por $7.35. ¿Cuánto importarían 18 metros? **R.** $6.30.

23. A $85 los 1000 kgs. de una mercancía, ¿cuánto importarán 310 kgs.? **R.** $26.35.

24. Tengo 14 Kgs. de una mercancía y me ofrecen comprármela pagándome $9.40 por el Kg.; pero desisto de la venta y más tarde entrego mi provisión por $84.14. ¿Cuánto he perdido por Kg.? **R.** $3.39.

25. Se compran 4 docenas de sombreros a Q. 3.90 cada sombrero. Si se reciben 13 por 12, ¿a cómo sale cada sombrero? **R.** Q. 3.60.

26. Un empleado ahorra cada semana cierta suma ganando $75 semanales. Cuando tiene ahorrado $24.06 ha ganado $450. ¿Qué suma ahorró semanalmente? **R.** $4.01.

27. Si ganara $150 más al mes podría gastar diariamente $6.50 y ahorrar mensualmente $12.46. ¿Cuál es mi sueldo mensual? (Mes de 30 días). **R.** $57.46.

28. Compro 100 libros por $85. Vendo la quinta parte a $0.50; la mitad de los restantes a $1.75 y el resto a $2 uno. ¿Cuál es mi beneficio? **R.** $75.

29. Cierto número de libros se vendería por $300 si hubiera $\frac{1}{3}$ más de los que hay. Si cada libro se vende por $1.25, ¿cuántos libros hay? **R.** 200 libros.

30. Enrique compra lápices a $0.54 los 6 lápices y los vende a $0.55 los 5 lápices. Si su ganancia es de $0.80, ¿cuántos lápices ha comprado? **R.** 40 lápices.

31. Para comprar 20 periódicos me faltan 8 cts., y si compro 15 periódicos me sobran $0.12. ¿Cuánto vale cada periódico? **R.** 4 cts.

32. En una carrera de 400 metros un corredor hace 8 metros por segundo y otro 6.75 metros por segundo. ¿Cuántos segundos antes llegará el primero? **R.** 9.2. seg.

33. Compro igual número de vacas y caballos por $540.18. Cada vaca vale $56.40 y cada caballo $33.63. ¿Cuántas vacas y cuántos caballos he comprado? **R.** 6 v. y 6 c.

34. Compro igual número de libras de harina, azúcar, pan y frijoles por $36.66. Cada libra de harina cuesta $0.06, cada libra de azúcar $0.08; la libra de pan $0.07 y la de frijoles $0.05. ¿Cuántas libras de cada cosa he comprado? **R.** 141 lbs.

35. Quiero repartir 20 sucres entre dos muchachos de modo que cuando el mayor reciba 1.50 el menor reciba 0.50. ¿Cuánto recibirá cada muchacho? **R.** Mayor, 15; menor, 5 sucres.

36. Se compran 200 tabacos a $5 el ciento. Se echan a perder 20 y los restantes los vendo a $0.84 la docena. ¿Cuánto se gana? **R.** $2.60.

37. Pierdo $19 en la venta de 95 sacos de azúcar a $9.65 el saco. Hallar el costo de cada saco. **R.** $9.85.

38. Pedro adquiere cierto número de libros por $46.68. Si hubiera comprado 4 más le habrían costado $77.80. ¿Cuántos libros ha comprado y cuánto ganará si cada libro lo vende por $9.63? **R.** Compró 6; ganará $11.10.

39. Pago $54.18 de derechos por la mercancía de una caja cuyo peso bruto es de 60 Kgs. Si el peso del envase es 8.40 Kgs., ¿cuánto he pagado por Kg. de mercancía? **R.** $1.05.

40. Tres cajas contienen mercancías. La primera y la segunda pesan 76.580 Kgs.; la segunda y la tercera 90.751 Kgs., y la primera y la tercera 86.175 Kgs. ¿Cuánto pesa cada caja? **R.** 1ª, 36.002 Kgs.; 2ª, 40.578 Kgs.; 3ª, 50.173 Kgs.

41. Un depósito se puede llenar por dos llaves. La primera vierte 25.23 litros en 3 minutos y la segunda 31.3 litros en 5 minutos. ¿Cuánto tiempo tardará en llenarse el estanque, si estando vacío, se abren a un tiempo las dos llaves, sabiendo que su capacidad es de 425.43 litros? **R.** 29 min.

42. ¿Cuál es el número que si se multiplica por 4; si este producto se divide por 6, al cociente se le añade 18 y a esta suma se resta 6, se obtiene 12.002? **R.** 0.003.

43. Se compran 15 trajes por $210.75. Se venden 6 a $15.30. ¿A cómo hay que vender el resto para ganar en todo $30? **R.** $16.55.

44. Un caballista adquiere cierto número de caballos en $5691. Vende una parte en $1347.50 a razón de $61.25 cada caballo, perdiendo $20.05 en cada uno. ¿A cómo tiene que vender el resto para ganar $1080.50 en todo? **R.** $113.

45. Un avicultor compra 6 gallinas y 8 gallos por $8.46. Más tarde a los mismos precios, compra 7 gallinas y 8 gallos por $8.91. Hallar el precio de una gallina y de un gallo. **R.** Una gallina, $0.45; un gallo, $0.72.

46. Un padre de familia, con objeto de llevar su familia al circo, adquiere tres entradas de adulto y dos de niño por $2.20. Después, como hubiera invitado a otras personas, adquiere a los mismos precios, seis entradas para niño y dos de adulto, en $2.40. Hallar el precio de una entrada de niño y de una de adulto. **R.** De niño, $0.20; de adulto, $0.60.

47. Un contratista contrata los servicios de un obrero por 36 días, y como no tiene trabajo para todos los días le ofrece $1.25 por cada día que trabaje y $0.50 por cada día que no trabaje. Al cabo de los 36 días el obrero ha recibido $30. ¿Cuántos días trabajó y cuántos no trabajó? **R.** Trab. 16 ds.; no trab. 20 ds.

48. Un colono ofrece a un empleado un sueldo anual de $481.16 y una sortija. Al cabo de 8 meses despide al obrero y le entrega $281.16 y la sortija. ¿En cuánto se aprecio el valor de la sortija? **R.** $118.84.

49. ¿Cuál es el número que sumado con su quíntuplo da por resultado 4.0134? **R.** 0.6689.

50. Se compra cierto número de libros pagando 609 bolívares por cada 84 libros que se compraron y luego se vendieron todos cobrando bs. 369 por cada 60 libros. Si ha habido en la venta una pérdida de bs. 110, ¿cuántos libros se habían comprado? **R.** 100 libros.

51. Para pagar cierto número de cajas que compré a $0.70 una, entregué 14 sacos de azúcar de $6.25 cada uno. ¿Cuántas cajas compré? **R.** 125.

52. Se han comprado 4 cajas de sombreros por $276. Al vender 85 sombreros por $106.25 se ha ganado $0.10 en cada sombrero. ¿Cuántos sombreros se compraron y cuántos había en cada caja? **R.** 240; 60.

Al inventar Simón Stevin las fracciones decimales introdujo para expresarlas un cero dentro de un círculo. Este procedimiento resultaba muy engorroso. En 1616, al publicar su obra sobre los logaritmos, Neper, Napier o Nepair, dio a conocer el uso del punto decimal que se usa hoy para separar las cifras enteras de las decimales. En los países de habla inglesa este punto decimal se sustituye por una coma.

CONVERSION DE FRACCIONES   CAPITULO **XXIX**

I. CONVERSION DE FRACCIONES COMUNES A FRACCIONES DECIMALES

435 Todo quebrado es el cociente de la división indicada de su numerador entre su denominador; por lo tanto, para convertir un quebrado común a fracción decimal se sigue la siguiente:

REGLA

Se divide el numerador entre el denominador, aproximando la división hasta que dé cociente exacto o hasta que se repita en el cociente indefinidamente una cifra o un grupo de cifras.

Ejemplos

(1) Convertir $\frac{3}{5}$ y $\frac{7}{20}$ en fracciones decimales.

$$
\begin{array}{r|l}
30 & 5 \\
0 & 0.6
\end{array}
\qquad \frac{3}{5} = 0.6 \ \text{R.}
$$

$$
\begin{array}{r|l}
70 & 20 \\
100 & 0.35 \\
00 &
\end{array}
\qquad \frac{7}{20} = 0.35 \ \text{R.}
$$

324

(2) Convertir $\frac{1}{3}$ y $\frac{4}{33}$ en fracciones decimales.

```
10 | 3                              40 | 33
  10   0.333...                       70   0.1212...
  10                                  40
   1            $\frac{1}{3} = 0.333...$  R.   70            $\frac{4}{33} = 0.1212...$  R.
   .                                    4
   .                                    .
   .                                    .
                                        .
```

(3) Convertir en fracciones decimales $\frac{1}{12}$ y $\frac{233}{990}$.

```
100 | 12                            2330 | 990
  40   0.0833...                     3500   0.23535...
  40                                 5300
   .         $\frac{1}{12} = 0.0833...$  R.   3500          $\frac{233}{990} = 0.23535...$  R
   .                                   5300
   .                                    .
                                        .
                                        .
```

De la observación de los ejemplos anteriores se deduce que al reducir un quebrado común a decimal puede ocurrir que la división sea exacta, originando las fracciones decimales *exactas,* o que haya una cifra o un grupo de cifras que se repita en el mismo orden indefinidamente, originando las fracciones decimales *inexactas.*

(436) DISTINTAS CLASES DE FRACCIONES DECIMALES A QUE DAN ORIGEN LAS FRACCIONES COMUNES

Son las que se expresan a continuación:

Fracciones decimales que originan los quebrados comunes .....
- exactas
- inexactas periódicas
  - periódicas puras.
  - periódicas mixtas.

Fracción decimal **exacta** es la que tiene un número limitado de cifras decimales.

Ejemplos

0.6 y 0.35 del ejemplo anterior **1.**

Fracción decimal **inexacta periódica** es aquella en la cual hay una cifra o un grupo de cifras que se repiten indefinidamente y en el mismo orden.

Ejemplos	0.333... y 0.1212... del ejemplo anterior **2;**
	0.08333... y 0.23535... del ejemplo **3.**

Período es la cifra o grupo de cifras que se repiten indefinidamente y en el mismo orden.

Así, en la fracción periódica 0.333... el período es 3; en la fracción 0.1212... el período es 12; en la fracción 0.23535... el período es 35.

Fracción decimal **periódica pura** es aquella en la cual el período empieza en las décimas.

Ejemplos	0.(3)333..., 0.(12)12..., 0.(786)786...

Fracción decimal **periodica mixta** es aquella en la cual el período no empieza en las décimas.

Ejemplos	0.08(3)3... 0.2(35)35... 0.00(171)171...

Parte no periódica o **parte irregular** de una fracción periódica mixta es la cifra o grupo de cifras que se hallan entre el punto decimal y el período.

Ejemplos	

Así, en la fracción   0.0833... la parte no periódica es 08;
  en la fracción   0.23535... la parte no periódica es 2;
  en la fracción 0.00171171... la parte no periódica es 00.

Las fracciones ordinarias *sólo pueden dar origen a fracciones decimales exactas, periódicas puras o periódicas mixtas.*

(437) FRACCION DECIMAL INEXACTA NO PERIODICA es la que tiene un número ilimitado de cifras decimales, pero no se repiten siempre en el mismo orden, o sea, que no hay período.

Ejemplos	$\pi = 3.1415926535...$
	$\dfrac{1}{\pi} = 0.3183098861...$
	$e = 2.7182818285...$

Estos son números notables del Cálculo.

Estas fracciones decimales *inexactas no periódicas* no provienen de quebrados comunes, pues éstos sólo pueden dar origen a las tres clases de fracciones indicadas arriba.

➤ **EJERCICIO 181**

Hallar la fracción decimal equivalente y decir, en cada caso, de qué clase es la fracción decimal obtenida:

1. $\dfrac{1}{2}$.   4. $\dfrac{1}{5}$.   7. $\dfrac{1}{8}$.   10. $\dfrac{3}{5}$.   13. $\dfrac{5}{12}$.   16. $\dfrac{105}{140}$.   19. $\dfrac{6}{111}$.

2. $\dfrac{1}{3}$.   5. $\dfrac{1}{6}$.   8. $\dfrac{1}{9}$.   11. $\dfrac{2}{3}$.   14. $\dfrac{7}{11}$.   17. $\dfrac{1}{500}$.   20. $\dfrac{13}{740}$.

3. $\dfrac{1}{4}$.   6. $\dfrac{1}{7}$.   9. $\dfrac{2}{5}$.   12. $\dfrac{4}{5}$.   15. $\dfrac{24}{96}$.   18. $\dfrac{1}{333}$.

➤ **EJERCICIO 182**

Dígase qué clase de fracciones decimales son las siguientes:

1. 0.04.   5. 0.005.   9. 0.0767.   13. 0.12341234.   17. 0.000111.
2. 0.777.   6. 0.178178.   10. 0.001818.   14. 0.0109898.   18. 0.03390972.
3. 0.1333.   7. 0.45111.   11. 0.765765.   15. 2.654886.   19. 0.99102557.
4. 0.1717.   8. 0.1981616. 12. 0.00303.   16. 3.33345345.   20. 9.78102793.

(438) SIMPLIFICACION DE UNA EXPRESION FRACCIONARIA COMPLEJA REDUCIENDO LOS QUEBRADOS COMUNES A FRACCIONES DECIMALES

Ejemplos

Simplificar $\dfrac{\frac{1}{2}+\frac{3}{5}+\frac{1}{4}}{1\frac{4}{5}-\frac{9}{20}}$, reduciendo los quebrados comunes a decimales.

Se tiene: $\dfrac{1}{2}=0.5$ $\dfrac{3}{5}=0.6$ $\dfrac{1}{4}=0.25$ $1\dfrac{4}{5}=1.8$ $\dfrac{9}{20}=0.45$

Tendremos: $\dfrac{\frac{1}{2}+\frac{3}{5}+\frac{1}{4}}{1\frac{4}{5}-\frac{9}{20}}=\dfrac{0.5+0.6+0.25}{1.8-0.45}=\dfrac{1.35}{1.35}=1$ R.

➤ **EJERCICIO 183**

Simplificar, convirtiendo los quebrados comunes en decimales:

1. $\dfrac{\frac{1}{2}+\frac{1}{8}}{\frac{3}{4}-\frac{1}{8}}$.   **R.** 1.

2. $\dfrac{\frac{7}{8}+5\frac{2}{5}-1\frac{1}{4}}{1\frac{1}{10}+2\frac{3}{5}-1\frac{3}{16}}$.   **R.** 2.

3. $\dfrac{\frac{1}{5} + 0.166 + \frac{9}{125}}{\frac{1}{10} + \frac{77}{100} + \frac{3}{500}}$.   R. 0.5

6. $\dfrac{\dfrac{^1/_{16}}{0.5} + \dfrac{^1/_{20}}{0.4}}{\dfrac{^1/_{25}}{0.04} + \dfrac{^1/_{50}}{0.02}}$ R. 0.125

4. $\dfrac{(\frac{7}{20} + \frac{1}{50}) + 3\frac{3}{4}}{(\frac{4}{5} + \frac{7}{10}) + 3\frac{7}{10}}$.   R. 0.25

7. $\dfrac{(3\frac{1}{2} - 2\frac{1}{8} + 0.16) \times 1\frac{1}{2}}{(1\frac{3}{4} + 1\frac{3}{5} - 1\frac{1}{10}) + \frac{21}{400}}$.   R. 1.

5. $\dfrac{(\frac{9}{50} + 1\frac{19}{25} - \frac{1}{500}) \div \frac{1}{500}}{(\frac{1}{8} + \frac{27}{250} + \frac{9}{100}) \div \frac{1}{1000}}$.   R. 3.

8. $\dfrac{\dfrac{^2/_5}{^1/_{10}} + \dfrac{^3/_5}{^1/_5} + \dfrac{^4/_5}{^2/_5}}{\dfrac{^4/_{25}}{^2/_{25}} + \dfrac{^{16}/_{25}}{^4/_{25}} - \dfrac{^3/_{20}}{^1/_{20}}}$.   R. 3.

(439) REGLAS PARA CONOCER QUE CLASE DE FRACCION DECIMAL HA DE DAR UNA FRACCION ORDINARIA

1) **Si el denominador de una fracción irreducible es divisible solamente por los factores primos 2 ó 5 o por ambos a la vez, el quebrado dará fracción decimal exacta.**

Ejemplos

(1) La fracción $\frac{3}{8}$ será equivalente a una fracción decimal exacta porque es irreducible y su denominador, 8, es divisible solamente por el factor primo 2.

En efecto:
```
30  |8
60   0.375
 40
  0
```
luego $\dfrac{3}{8} = 0.375$

La fracción $\frac{3}{8}$ es la *fracción generatriz* de 0.375 porque genera o produce el decimal 0.375 al dividirse 3 entre 8.

(2) La fracción $\frac{11}{40}$ será equivalente a una fracción decimal exacta porque es irreducible y su denominador, 40, es divisible solamente por los factores primos 2 y 5.

En efecto:
```
110  |40
300   0.275
200
 00
```
luego $\dfrac{11}{40} = 0.275$

La fracción $\frac{11}{40}$ es la fracción generatriz de 0.275

2) Si el denominador de una fracción irreducible no es divisible por los factores primos 2 ó 5, el quebrado dará una fracción decimal periódica pura.

Ejemplos

(1) El quebrado $\frac{1}{3}$ será equivalente a una fracción decimal periódica pura porque es irreducible y su denominador, 3, no es divisible por los factores primos 2 ni 5.

En efecto: 10 | 3
      10   0.333...
      10
      1

luego $\frac{1}{3}$ 0.(3)33...

$\frac{1}{3}$ es la fracción generatriz de 0.333...

(2) El quebrado $\frac{2}{7}$ dará una fracción decimal periódica pura, porque es irreducible y su denominador, 7, no es divisible por los factores primos 2 ni 5.

En efecto: 20 | 7
      60   0.285714285714...
      40
      50
      10
      30
      20
      60
      40
      50
      10
      30
      2

luego $\frac{2}{7} = 0.(285714)285714...$

$\frac{2}{7}$ es la generatriz de 0.(285714)285714...

3) Si el denominador de una fracción irreducible es divisible por los factores primos 2 ó 5 o por ambos a la vez y además por algún otro factor primo, el quebrado dará una fracción decimal periódica mixta.

Ejemplos

(1) El quebrado $\frac{1}{6}$ dará una fracción decimal periódica mixta, porque es irreducible y su denominador, 6, es divisible por 2 y además por 3.

En efecto: 10 | 6
      40   0.166...
      40
      4

luego $\frac{1}{6} = 0.1(6)6.$

$\frac{1}{6}$ es la generatriz de 0.166...

(2) La fracción ordinaria $\frac{1}{110}$ dará fracción decimal periódica mixta, porque es irreducible y su denominador, 110, es divisible por los factores primos 2 y 5 y además por el factor primo 11.

En efecto:
$$1000 \underline{\left| 110 \right.}$$
$$1000 \quad 0.009090\ldots$$
$$100$$

luego $\dfrac{1}{110} = 0.00(90)90\ldots$

$\frac{1}{110}$ es la fracción generatriz de $0.00(90)90\ldots$

OBSERVACION IMPORTANTE

Las reglas anteriores se refieren únicamente a fracciones **irreducibles.** Si se quiere saber qué clase de fracción decimal dará una fracción que no es irreducible, lo primero que debemos hacer es simplificarla hasta hacerla irreducible y entonces ya se pueden aplicar las reglas anteriores.

Ejemplo

¿Qué clase de fracción decimal dará $\frac{105}{165}$?

Hagámosla irreducible: $\dfrac{105}{165} = \dfrac{35}{55} = \dfrac{7}{11}$.

Como el denominador de $\frac{7}{11}$ no es divisible ni por 2 ni por 5, nos dará fracción decimal periódica pura.

En efecto:
$$70 \underline{\left| 11 \right.}$$
$$40 \quad 0.6363\ldots$$
$$70$$
$$40$$
$$7$$

luego $\dfrac{105}{165} = \dfrac{7}{11} = 0.(63)63\ldots$ R.

➤ **EJERCICIO 184**

Dígase qué clase de fracción decimal darán los siguientes quebrados, y por qué:

1. $\frac{1}{2}$.	5. $\frac{1}{6}$.	9. $\frac{1}{10}$.	13. $\frac{2}{11}$.	17. $\frac{11}{30}$.	21. $\frac{3}{30}$.	25. $\frac{16}{46}$.	29. $\frac{1000}{14000}$.
2. $\frac{1}{3}$.	6. $\frac{1}{7}$.	10. $\frac{1}{11}$.	14. $\frac{3}{13}$.	18. $\frac{5}{14}$.	22. $\frac{5}{35}$.	26. $\frac{140}{420}$.	30. $\frac{158}{237}$.
3. $\frac{1}{4}$.	7. $\frac{1}{8}$.	11. $\frac{1}{12}$.	15. $\frac{5}{17}$.	19. $\frac{13}{121}$.	23. $\frac{6}{18}$.	27. $\frac{36}{108}$.	
4. $\frac{1}{5}$.	8. $\frac{1}{9}$.	12. $\frac{1}{15}$.	16. $\frac{7}{55}$.	20. $\frac{2}{6}$.	24. $\frac{33}{55}$.	28. $\frac{3000}{4500}$.	

II. CONVERSION DE FRACCIONES DECIMALES A QUEBRADOS COMUNES

(440) FRACCION GENERATRIZ de una fracción decimal es el quebrado común irreducible equivalente a la fracción decimal.

(441) DEDUCCION DE LA REGLA PARA HALLAR LA GENERATRIZ DE UNA FRACCION DECIMAL EXACTA

Sea la fracción $0.abc$. Llamando f a la fracción generatriz, tendremos:

$$f = 0.abc.$$

Multiplicando ambos miembros de esta igualdad por la unidad seguida de tantos ceros como cifras decimales tiene la fracción, aquí por 1000, tendremos:

$$1000 \times f = abc.$$

Dividiendo ambos miembros por 1000 y simplificando.

$$\frac{1000 \times f}{1000} = \frac{abc}{1000} \quad \therefore \quad f = \frac{abc}{1000}$$

luego:

Para hallar la generatriz de una fracción decimal exacta se pone por numerador la fracción decimal, prescindiendo del punto, y por denominador la unidad seguida de tantos ceros como cifras decimales haya.

Ejemplos

(1) Hallar la generatriz de 0.564

$$0.564 = \frac{564}{1000} = \frac{141}{250} \quad R.$$

(2) Hallar la generatriz de 0.0034

$$0.0034 = \frac{34}{10000} = \frac{17}{5000} \quad R.$$

OBSERVACION

Si la fracción decimal tiene parte entera, se coloca ésta delante del quebrado equivalente a la parte decimal, formando un número mixto, que después se reduce a quebrado.

Ejemplo

Hallar la generatriz de 5.675

$$5.675 = 5\frac{675}{1000} = 5\frac{27}{40} = \frac{227}{40} \quad R.$$

→ **EJERCICIO 185**

Hallar la generatriz o quebrado irreducible equivalente a:

1. 0.4.   **R.** $\frac{2}{5}$.

2. 0.05.   **R.** $\frac{1}{20}$.

3. 0.06.   **R.** $\frac{3}{50}$.

4. 0.007.   **R.** $\frac{7}{1000}$.

5. 0.0008.   **R.** $\frac{1}{1250}$.

6. 0.00009.   **R.** $\frac{9}{100000}$.

7. 0.000004. **R.** $\frac{1}{250000}$.

8. 0.018.   **R.** $\frac{9}{500}$.

9. 1.0036.   **R.** $\frac{2509}{2500}$.

10. 2.00048. **R.** $\frac{12503}{6250}$.

11. 3.000058. **R.** $\frac{1500029}{500000}$.

12. 4.00124. **R.** $\frac{100031}{25000}$.

13. 0.03215. **R.** $\frac{643}{20000}$.

14. 0.198.   **R.** $\frac{99}{500}$.

15. 0.3546.   **R.** $\frac{1773}{5000}$.

16. 0.72865. **R.** $\frac{14573}{20000}$.

17. 1.186.   **R.** $\frac{593}{500}$.

18. 3.004.   **R.** $\frac{751}{250}$.

19. 5.0182.   **R.** $\frac{25091}{5000}$.

20. 7.14684. **R.** $\frac{178671}{25000}$.

(442) DEDUCCION DE LA REGLA PARA HALLAR LA GENERATRIZ DE UNA FRACCION DECIMAL PERIODICA PURA

Sea la fracción 0.*abab*... Llamando f a la generatriz, tendremos:

$$f = 0.(ab)ab \ldots \quad (1)$$

Multiplicando ambos miembros de esta igualdad por la unidad seguida de tantos ceros como cifras tiene el período, aquí por 100, tendremos:

$$100 \times f = ab.abab \ldots \quad (2)$$

De esta igualdad (2) restamos la igualdad (1):

$$
\begin{array}{r}
100 \times f = ab.abab \ldots \\
\rightarrow f = 0.abab \\
\hline
99 \times f = ab
\end{array}
$$

Dividiendo ambos miembros por 99 y simplificando, queda

$$\frac{99 \times f}{99} = \frac{ab}{99} \quad \therefore \quad f = \frac{ab}{99}$$

luego:

Para hallar la generatriz de una fracción decimal periódica pura se pone por numerador un período y por denominador tantos nueves como cifras tenga el período.

Ejemplos

(1) Hallar la generatriz de 0.4545..., $0.4545\ldots = \dfrac{45}{99} = \dfrac{5}{11}$ R.

(2) Hallar la generatriz de 0.00360036... $0.00360036\ldots = \dfrac{36}{9999} = \dfrac{4}{1111}$ R.

OBSERVACION

Si la fracción decimal periódica pura tiene parte entera, se coloca ésta delante del quebrado equivalente a la parte decimal formando un número mixto y después se reduce a quebrado.

| Ejemplo |

Hallar la generatriz de 7.135135... $\qquad 7.135135... = 7\dfrac{135}{999} = 7\dfrac{5}{37} = \dfrac{264}{37}$ R.

➤ **EJERCICIO 186**

Hallar la generatriz o quebrado irreducible equivalente a:

1. 0.33.   R. $\dfrac{1}{3}$.

2. 0.44.   R. $\dfrac{4}{9}$.

3. 0.66.   R. $\dfrac{2}{3}$.

4. 0.1212.   R. $\dfrac{4}{33}$.

5. 0.1515.   R. $\dfrac{5}{33}$.

6. 0.1818.   R. $\dfrac{2}{11}$.

7. 0.2020.   R. $\dfrac{20}{99}$.

8. 0.8181.   R. $\dfrac{9}{11}$.

9. 0.123123.   R. $\dfrac{41}{333}$.

10. 0.156156.   R. $\dfrac{52}{333}$.

11. 0.143143.   R. $\dfrac{143}{999}$.

12. 0.18961896.   R. $\dfrac{632}{3333}$.

13. 0.003003.   R. $\dfrac{1}{333}$.

14. 1.0505.   R. $\dfrac{104}{99}$.

15. 1.7272.   R. $\dfrac{19}{11}$.

16. 2.009009.   R. $\dfrac{223}{111}$.

17. 3.00450045.   R. $\dfrac{3338}{1111}$.

18. 4.186186.   R. $\dfrac{1394}{333}$.

19. 5.018018.   R. $\dfrac{557}{111}$.

20. 6.00060006.   R. $\dfrac{20000}{3333}$.

(443) DEDUCCION DE LA REGLA PARA HALLAR LA GENERATRIZ DE UNA FRACCION DECIMAL PERIODICA MIXTA

Sea la fracción $0.ab(cd)cd...$ Llamando f a la generatriz, tendremos:

$$f = 0.ab(cd)cd... \quad (1)$$

Multiplicando ambos miembros de esta igualdad por la unidad seguida de tantos ceros como cifras tengan la parte no periódica y el período, aquí por 10000, porque son cuatro esas cifras, tendremos:

$$10000 \times f = abcd.cdcd... \quad (2)$$

Multiplicando ambos miembros de la primera igualdad (1) por la unidad seguida de tantos ceros como cifras tenga la parte no periódica, aquí por 100, tendremos:

$$100 \times f = ab.cdcd... \quad (3)$$

Restando de la igualdad (2) la igualdad (3), tendremos:

$$
\begin{aligned}
10000 \times f &= abcd.cdcd... \\
100 \times f &= ab.cdcd... \\
\hline
9900 \times f &= abcd - ab
\end{aligned}
$$

Dividiendo ambos miembros de esta igualdad por 9900 y simplificando:

$$\frac{9900 \times f}{9900} = \frac{abcd - ab}{9900} \therefore f = \frac{abcd - ab}{9900}$$

luego:

Para hallar la generatriz de una fracción decimal periódica mixta se pone por numerador la parte no periódica seguida de un período, menos la parte no periódica, y por denominador tantos nueves como cifras tenga el período y tantos ceros como cifras tenga la parte no periódica.

Ejemplos

(1) Hallar la generatriz de 0.56777... $0.56777\ldots = \frac{567 - 56}{900} = \frac{511}{900}$ R.

(2) Generatriz de 0.0056767... $0.0056767\ldots = \frac{567 - 5}{99000} = \frac{562}{99000} = \frac{281}{49500}$ R.

OBSERVACION

Si la fracción tiene parte entera, se pone ésta delante del quebrado equivalente a la parte decimal, formando un número mixto y luego se reduce a quebrado.

Hallar la generatriz de 8.535656... $8.535656\ldots = 8\frac{5356 - 53}{9900} = 8\frac{5303}{9900} = \frac{84503}{9900}$ R.

➤ EJERCICIO 187

Hallar la generatriz o quebrado irreducible equivalente a:

1. 0.355.   R. $\frac{16}{45}$.

2. 0.644.   R. $\frac{29}{45}$.

3. 0.988.   R. $\frac{89}{90}$.

4. 0.133.   R. $\frac{2}{15}$.

5. 0.6655.   R. $\frac{599}{900}$.

6. 0.1244.   R. $\frac{28}{225}$.

7. 0.3622.   R. $\frac{163}{450}$.

8. 0.1844.   R. $\frac{83}{450}$.

9. 0.2366.   R. $\frac{71}{300}$.

10. 0.51919.   R. $\frac{257}{495}$.

11. 0.012323.   R. $\frac{61}{4950}$.

12. 0.0011818.   R. $\frac{13}{11000}$.

13. 0.124356356.   R. $\frac{15529}{124875}$.

14. 0.451201201.   R. $\frac{601}{1332}$.

15. 1.033.   R. $\frac{31}{30}$.

16. 1.766.   R. $\frac{53}{30}$.

17. 1.031515.   R. $\frac{851}{825}$.

18. 2.014545.   R. $\frac{554}{275}$.

19. 3.6112112.   R. $\frac{18038}{4995}$.

20. 4.09912912.   R. $\frac{136501}{33300}$.

EJERCICIO 188

MISCELANEA

Hallar la generatriz o quebrado irreducible equivalente a:

1.	0.8.	R. $\frac{4}{5}$.	16.	0.87611.	R. $\frac{1577}{1800}$.	31.	14.66.	R. $\frac{44}{3}$.

1. 0.8.   R. $\frac{4}{5}$.

2. 0.185.   R. $\frac{37}{200}$.

3. 0.4646.   R. $\frac{46}{99}$.

4. 0.3636.   R. $\frac{4}{11}$.

5. 0.544.   R. $\frac{49}{90}$.

6. 0.32.   R. $\frac{8}{25}$.

7. 3.55.   R. $\frac{32}{9}$.

8. 0.143636.   R. $\frac{79}{550}$.

9. 0.17333.   R. $\frac{13}{75}$.

10. 0.146.   R. $\frac{73}{500}$.

11. 0.00540054.   R. $\frac{6}{1111}$.

12. 0.1861515.   R. $\frac{6143}{30000}$.

13. 0.02.   R. $\frac{1}{50}$.

14. 0.0036.   R. $\frac{9}{2500}$.

15. 0.144144.   R. $\frac{16}{111}$.

16. 0.87611.   R. $\frac{1577}{1800}$.

17. 0.15169169.   R. $\frac{7577}{49950}$.

18. 0.00564.   R. $\frac{141}{25000}$.

19. 6.018018.   R. $\frac{668}{111}$.

20. 5.1515.   R. $\frac{170}{33}$.

21. 0.008.   R. $\frac{1}{125}$.

22. 3.05.   R. $\frac{61}{20}$.

23. 0.060060.   R. $\frac{20}{333}$.

24. 4.1344.   R. $\frac{3721}{900}$.

25. 0.0001515.   R. $\frac{1}{6600}$.

26. 0.0000014.   R. $\frac{7}{5000000}$.

27. 8.03210321.   R. $\frac{26771}{3333}$.

28. 0.086363.   R. $\frac{19}{220}$.

29. 6.891616.   R. $\frac{68227}{9900}$.

30. 18.0326.   R. $\frac{90163}{5000}$.

31. 14.66.   R. $\frac{44}{3}$.

32. 0.096055.   R. $\frac{1729}{18000}$.

33. 15.075.   R. $\frac{603}{40}$.

34. 0.0885608856.   R. $\frac{984}{11111}$.

35. 0.1868.   R. $\frac{467}{2500}$.

36. 0.01369346934.   R. $\frac{136921}{9999000}$.

37. 0.000018.   R. $\frac{9}{500000}$.

38. 0.000000864.   R. $\frac{27}{31250000}$.

39. 5.165165.   R. $\frac{1720}{333}$.

40. 0.894894.   R. $\frac{298}{333}$.

41. 0.056893893.   R. $\frac{56837}{999000}$.

42. 9.00360036.   R. $\frac{10003}{1111}$.

43. 0.54323323.   R. $\frac{54269}{99900}$.

44. 21.006.   R. $\frac{10503}{500}$.

45. 4.0088300883.   R. $\frac{400879}{99999}$.

(444) SIMPLIFICACION DE UNA EXPRESION COMPLEJA HALLANDO LA GENERATRIZ DE LOS DECIMALES

> **Ejemplo**

Simplificar $\dfrac{(0.5 + 0.66\ldots - 0.055\ldots) \times \frac{9}{10}}{3.11\ldots - 2.066\ldots}$ hallando la generatriz de los decimales.

Se tiene:

$$0.5 = \frac{5}{10} = \frac{1}{2}. \quad 0.66\ldots = \frac{6}{9} = \frac{2}{3}. \quad 0.055\ldots = \frac{05-0}{90} = \frac{5}{90} = \frac{1}{18}.$$

$$3.11\ldots = 3\frac{1}{9} = \frac{28}{9}. \quad 2.066\ldots = 2\frac{06-0}{90} = 2\frac{6}{90} = 2\frac{1}{15} = \frac{31}{15}.$$

Tendremos:

$$\frac{\left(\frac{1}{2} + \frac{2}{3} - \frac{1}{18}\right) \times \frac{9}{10}}{\frac{28}{9} - \frac{31}{15}} = \frac{\frac{10}{9} \times \frac{9}{10}}{\frac{47}{45}} = \frac{1}{^{47}/_{45}} = \frac{45}{47}. \quad \text{R.}$$

EJERCICIO 189

Simplificar las expresiones siguientes, hallando la generatriz de los decimales:

1. $0.5 + 0.02 + \frac{1}{2}$.   R. $1\frac{1}{50}$.

2. $0.16 + 4\frac{1}{5} - 0.666\ldots$ R. $3\frac{52}{75}$.

3. $(0.1515\ldots - \frac{1}{33}) + (0.0909\ldots + \frac{1}{3})$.   R. $\frac{6}{11}$.

4. $(\frac{1}{4} + 0.04 + \frac{1}{5}) \times 0.03$.   R. $\frac{147}{10000}$.

5. $\dfrac{0.005\ldots + \frac{5}{6} - 0.111\ldots}{3\frac{1}{6}}$.   R. $\frac{14}{57}$.

6. $\frac{0.25}{0.55} + \frac{1}{9} + 0.56565\ldots$ R. $1\frac{13}{99}$.

7. $\dfrac{(0.3636\ldots + \frac{1}{22} + 1\frac{1}{2}) \div 0.3}{0.333\ldots}$.   R. $19\frac{1}{11}$.

8. $\dfrac{(0.1818\ldots - \frac{1}{15}) + (0.036 - \frac{1}{500})}{\frac{1}{2}}$.   R. $\frac{2461}{8250}$.

9. $\dfrac{(0.244\ldots + \frac{1}{3} + 0.22\ldots) \times 1\frac{1}{4}}{3 + 0.153153\ldots}$ R. $\frac{111}{350}$.

10. $\dfrac{\frac{0.18}{0.6} + \frac{0.1515\ldots}{0.1010\ldots} - \frac{1}{15}}{0.01818\ldots}$.   R. $95\frac{1}{3}$.

11. $\frac{3.2 - 2.11\ldots + 3.066\ldots}{2.2 - 1.166\ldots + 2.033\ldots}$.   R. $1\frac{49}{138}$.

445 SIGNIFICACION DE LAS FRACCIONES DECIMALES PERIODICAS

Si una cantidad experimenta variaciones que cambian su valor, haciéndola aumentar o disminuir de un modo regular, se dice que es una **variable** y si tiene un valor fijo se llama **constante.**

Cuando los diversos valores que recibe una cantidad variable se aproximan cada vez más a una cantidad fija, constante, de modo que la diferencia entre la variable y la constante, **sin llegar a anularse,** pueda ser tan pequeña como se quiera, se dice que la constante es el **límite** de la variable o que la variable **tiende a un límite** que es la constante.

Las fracciones decimales periódicas son cantidades variables. Así, la fracción 0.111... es una variable porque a medida que aumentamos el **número de períodos** aumenta más y más su valor y cada vez se va aproximando más al valor de su generatriz $\frac{1}{9}$ sin llegar nunca a alcanzar este valor, pero la diferencia entre 0.111... y su generatriz $\frac{1}{9}$ se va haciendo cada vez menor, sin llegar a ser cero.

En efecto: Tomando un solo período, tenemos 0.1 = $\frac{1}{10}$ y la diferencia entre la generatriz y esta fracción es:

$$\frac{1}{9} - \frac{1}{10} = \frac{10-9}{90} = \frac{1}{90}.$$

Tomando dos períodos tenemos 0.11 = $\frac{11}{100}$, y la diferencia entre la generatriz y esta fracción es:

$$\frac{1}{9} - \frac{11}{100} = \frac{100-99}{900} = \frac{1}{900}.$$

Tomando tres períodos, tenemos 0.111 = $\frac{111}{1000}$ y la diferencia con la generatriz es:

$$\frac{1}{9} - \frac{111}{1000} = \frac{1000-999}{9000} = \frac{1}{9000}.$$

Vemos que la diferencia entre la fracción periódica 0.111... y su generatriz $\frac{1}{9}$ se hace cada vez menor a medida que aumentamos el número de períodos, porque de varios quebrados que tienen igual numerador es menor el que tiene mayor denominador.

Por lo tanto, tomando cada vez mayor número de períodos, la diferencia entre la fracción 0.111... y su generatriz $\frac{1}{9}$ puede llegar a ser tan pequeña como se quiera, pero sin llegar nunca a anularse; luego, 0.111... **es una variable que tiende al límite** $\frac{1}{9}$ cuando el número de períodos aumenta indefinidamente.

Del propio modo, 0.1818... es una variable porque a medida que aumentamos el número de períodos su valor se hace cada vez mayor, acercándose cada vez más al valor de su generatriz $\frac{18}{99} = \frac{2}{11}$, sin llegar nunca a tener este valor, pero la diferencia entre 0.1818... y su generatriz $\frac{2}{11}$ puede llegar a ser tan pequeña como se quiera, sin anularse nunca; luego, 0.1818... es una variable que tiende al límite $\frac{2}{11}$ cuando el número de períodos aumenta indefinidamente.

Así, pues, las fracciones periódicas pueden interpretarse como **cantidades variables que tienden al límite representado por su generatriz, cuando el número de períodos crece indefinidamente.**

(446) SIGNIFICACION DE LAS FRACCIONES PERIODICAS DE PERIODO 9.

La fracción periódica pura 0.999... y las fracciones periódicas mixtas de período 9, tales como 0.0999..., 0.1999..., 0.2999..., 0.01999..., 0.02999..., etc., no son originadas por quebrados comunes, es decir, que no existe ningún quebrado común tal que, dividiendo su numerador entre su denominador, se obtengan dichas fracciones.

La fracción 0.999... difiere de 1 en 1 milésima; 0.9999... difiere de 1 en 1 diezmilésima; 0.99999... difiere de 1 en 1 cienmilésima, etc. Vemos, pues, que a medida que aumentamos el número de períodos el valor de esta fracción 0.999... se va aproximando indefinidamente a 1, sin llegar nunca a tener este valor; luego, la diferencia entre 0.999... y 1 puede llegar a ser tan pequeña como se quiera, sin llegar a valer 0; **luego, la fracción 0.999... es una variable que tiende al límite 1,** cuando el número de períodos aumenta indefinidamente. Por eso, si se halla su generatriz se encuentra que es $\frac{9}{9} = 1$.

La fracción periódica mixta 0.0999... difiere de 0.1 en una diezmilésima; 0.09999... difiere de 0.1 en una cienmilésima, etc.; luego, la diferencia entre esta fracción 0.0999... y 0.1 puede llegar a ser tan pequeña como se quiera, o sea, que **la fracción 0.0999... es una variable que tiende al límite 0.1,** cuando el número de períodos aumenta **indefinidamente. Por** eso, si se halla su generatriz se encuentra que es $\frac{09-0}{90} = \frac{9}{90} = \frac{1}{10} = 0.1$.

Del propio modo, 0.1999....., 0.2999..., 0.3999..., etc., son variables que tienden respectivamente a los límites 0.2, 0.3, 0.4, etc., cuando el número de períodos crece indefinidamente.

Las fracciones 0.00999..., 0.01999..., 0.02999..., etc., son cantidades variables que tienden respectivamente a los límites 0.01, 0.02, 0.03..., etc., cuando el número de períodos crece indefinidamente.

Las fracciones 0.10999..., 0.11999..., 0.12999..., etc., son variables que tienden respectivamente a los límites 0.11, 0.12, 0.13..., etc., cuando el número de períodos crece indefinidamente.

Los babilonios utilizaban la elevación a potencia como auxiliar de la multiplicación, y los griegos sentían especial predilección por los cuadrados y cubos. Diofanto, siglo III (D. C.), ideó la yuxtaposición adhesiva para la notación de las potencias. Así x, xx, xxx, etc., para expresar la primera, segunda, tercera potencias de x. Renato Descartes (1596-1650), introdujo la notación x, xx, x^3, x^4, etc.

POTENCIACION

CAPITULO XXX

(447) LEYES DE LA POTENCIACION

Las leyes de la potenciación son tres: la ley de uniformidad, la ley de monotonía y la ley distributiva.

En la potenciación no se cumple la ley conmutativa.

En algunos casos, permutando la base por el exponente se obtiene el mismo resultado. Así:

$$4^2 = 16 \quad y \quad 2^4 = 16$$

pero casi nunca sucede esto, como se ve a continuación:

$$3^2 = 9 \quad y \quad 2^3 = 8,$$
$$5^3 = 125 \quad y \quad 3^5 = 243.$$

(448) LEY DE UNIFORMIDAD

Esta ley puede enunciarse de dos modos equivalentes:

1) **Cualquier potencia de un número tiene un valor único o siempre igual.**

Así: $2^2 = 4$ siempre, $5^3 = 125$ siempre.

2) Puesto que números iguales son el mismo número, se verifica que:
Si los dos miembros de una igualdad se elevan a una misma potencia, resulta otra igualdad.

339

Ejemplos	

$$a^2 = 3^2 \quad \text{o sea} \quad a^2 = 9$$
$$a^3 = 3^3 \quad \text{o sea} \quad a^3 = 27$$
$$a^4 = 3^4 \quad \text{o sea} \quad a^4 = 81, \text{ etc.}$$

y en general $a^n = 3^n$.

(449) LEY DISTRIBUTIVA

La potenciación es distributiva respecto de la multiplicación y de la división exacta.

(450) POTENCIA DE UN PRODUCTO. TEOREMA

Para elevar un producto a una potencia se eleva cada uno de los factores a dicha potencia y se multiplican estas potencias.

Sea el producto abc. Vamos a probar que: $(abc)^n = a^n \cdot b^n \cdot c^n$.

En efecto: Elevar el producto abc a la enésima potencia equivale a tomar este producto como factor n veces; luego:

$$(abc)^n = (abc)(abc)(abc)\ldots n \text{ veces}$$
$$= abc \cdot abc \cdot abc \ldots \ldots n \text{ veces}$$
$$= (a \cdot a \cdot a \ldots n \text{ veces})(b \cdot b \cdot b \ldots n \text{ veces})(c \cdot c \cdot c \ldots n \text{ veces})$$
$$= a^n \cdot b^n \cdot c^n.$$

que era lo que queríamos demostrar.

Esta propiedad constituye **la ley distributiva de la potenciación respecto de la multiplicación.**

Ejemplos	

(1) $(3 \times 4 \times 5)^2 = 3^2 \cdot 4^2 \cdot 5^2 = 9 \times 16 \times 25 = 3600$. R.

(2) $(5ab)^3 = 5^3 \cdot a^3 \cdot b^3 = 125a^3b^3$. R.

➤ EJERCICIO 190

Desarrollar, aplicando la regla anterior:

1. $(3 \times 5)^2$.   R. 225.
2. $(2 \times 3 \times 4)^2$.   R. 576.
3. $(3 \times 5 \times 6)^3$.   R. 729000.
4. $(0.1 \times 0.3)^2$.   R. 0.0009.
5. $(0.1 \times 7 \times 0.03)^2$.   R. 0.000441.
6. $(3 \times 4 \times 0.1 \times 0.2)^3$. R. 0.013824.
7. $(6 \times \frac{1}{2} \times \frac{2}{3})^2$.   R. 4.

8. $(2 \times 0.5 \times \frac{1}{5})^3$.   R. 0.008.
9. $(0.1 \times 0.2 \times 0.4)^4$.   R. 0.000000004096.
10. $(\frac{1}{4} \times 4 \times \frac{1}{2} \times 6)^4$.   R. 81.
11. $(\frac{2}{3} \times 1\frac{1}{2} \times \frac{10}{3} \times 0.01)^5$. R. $\frac{1}{24300000}$.
12. $(\frac{5}{6} \times 1\frac{1}{5} \times 0.3 \times 6\frac{2}{3})^6$. R. 64.

451 POTENCIA DE UN NUMERO FRACCIONARIO. TEOREMA

Para elevar un cociente exacto o una fracción a una potencia cualquiera se elevan su numerador y denominador a dicha potencia.

Sea la fracción $\dfrac{a}{b}$. Vamos a demostrar que $\left(\dfrac{a}{b}\right)^n = \dfrac{a^n}{b^n}$.

En efecto: Según la definición de potencia, elevar $\dfrac{a}{b}$ a la potencia n será tomarlo como factor n veces; luego:

$$\left(\frac{a}{b}\right)^n = \frac{a}{b} \times \frac{a}{b} \times \frac{a}{b} \times \frac{a}{b} \times \frac{a}{b} \dots n \text{ veces} = \frac{a \times a \times a \times a \times a \dots n \text{ veces}}{b \times b \times b \times b \times b \dots n \text{ veces}} = \frac{a^n}{b^n}$$

que era lo que queríamos demostrar.

Esta propiedad constituye **la ley distributiva de la potenciación respecto de la división exacta.**

Ejemplos

(1) Elevar $\left(\dfrac{4}{5}\right)^5$

$$\left(\frac{4}{5}\right)^5 = \frac{4^5}{5^5} = \frac{1024}{3125}. \quad \text{R.}$$

Cuando se trate de elevar un *número mixto* a una potencia cualquiera, se reduce el número mixto a quebrado y se aplica la regla anterior.

(2) Desarrollar $\left(3\dfrac{1}{2}\right)^4$

$$\left(3\frac{1}{2}\right)^4 = \left(\frac{7}{2}\right)^4 = \frac{7^4}{2^4} = \frac{7 \times 7 \times 7 \times 7}{2 \times 2 \times 2 \times 2} = \frac{2401}{16} = 150\frac{1}{16}. \quad \text{R.}$$

➤ **EJERCICIO 191**

Desarrollar:

1. $\left(\frac{1}{2}\right)^2$.　R. $\frac{1}{4}$.

2. $\left(\frac{1}{4}\right)^2$.　R. $\frac{1}{16}$.

3. $\left(\frac{5}{7}\right)^2$.　R. $\frac{25}{49}$.

4. $\left(\frac{1}{3}\right)^3$.　R. $\frac{1}{27}$.

5. $\left(\frac{2}{5}\right)^4$.　R. $\frac{16}{625}$.

6. $\left(\frac{1}{2}\right)^5$.　R. $\frac{1}{32}$.

7. $\left(\frac{1}{3}\right)^6$.　·R. $\frac{1}{729}$.

8. $\left(\frac{1}{5}\right)^7$.　R. $\frac{1}{78125}$.

9. $\left(\frac{3}{7}\right)^5$.　R. $\frac{243}{16807}$.

10. $\left(\frac{1}{4}\right)^{10}$.　R. $\frac{1}{1048576}$.

11. $\left(1\frac{1}{2}\right)_2$　R. $2\frac{1}{4}$.

12. $\left(2\frac{1}{3}\right)^3$.　R. $12\frac{19}{27}$.

13. $\left(4\frac{2}{3}\right)^3$.　R. $101\frac{17}{27}$.

14. $\left(1\frac{2}{5}\right)^4$.　R. $3\frac{526}{625}$.

15. $\left(1\frac{1}{8}\right)^5$.　R. $1\frac{26281}{32768}$.

16. $\left(2\frac{1}{2}\right)^5$.　R. $97\frac{21}{32}$.

17. $\left(3\frac{1}{3}\right)^6$.　R. $1371\frac{541}{729}$.

18. $\left(1\frac{1}{5}\right)^6$.　R. $2\frac{15406}{15625}$.

19. $\left(2\frac{1}{4}\right)^4$.　R. $25\frac{161}{256}$.

20. $\left(1\frac{1}{2}\right)^8$.　R. $25\frac{161}{256}$.

452 LEY DE MONOTONIA

Si los dos miembros de una desigualdad se elevan a una misma potencia que no sea cero, resulta una desigualdad del mismo sentido que la dada.

Ejemplos

(1) Siendo $7 > 5$ resulta: $7^2 > 5^2$ o sea $49 > 25,$
$7^3 > 5^3$ o sea $343 > 125,$
$7^4 > 5^4$ o sea $2401 > 625$, etc.

y en general $7^n > 5^n$.

(2) Siendo $3 < 8$ resulta: $3^2 < 8^2$ o sea $9 < 64,$
$3^3 < 8^3$ o sea $27 < 512,$
$3^4 < 8^4$ o sea $81 < 4096$, etc.

y en general $3^n < 8^n$.

➤ ## EJERCICIO 192

Aplicar la ley de uniformidad en:

1. $x = 5.$　　　2. $8 = 4 \times 2.$　　　3. $10 \times 2 = 5 \times 4.$

Aplicar la ley distributiva en:

4. $(3 \times 4)^2.$　　5. $(5 \times 6)^3.$　　6. $(2 \times 3 \times 4)^4.$　　7. $(m.n.p)^4.$

Aplicar la ley distributiva en:

8. $(a \div b)^2.$　　　9. $\left(\dfrac{b}{3}\right)^3.$　　　10. $\left(\dfrac{m}{n}\right)^p.$

11. Siendo $a > b$ se verifica por la ley de monotonía que... (Poner 3 ejemplos).
12. Siendo $5 < 9$ se verifica por la ley de monotonía que... (Poner 3 ejemplos).

Desarrollar aplicando las leyes adecuadas:

13. $(3a)^2.$　　16. $(bcde)^n.$　　19. $\left(\dfrac{a}{6}\right)^3.$　　22. $\left(\dfrac{3 \times 6}{9 \times 2}\right)^2.$

14. $(8ab)^3.$　　17. $(2.3.b)^5.$　　20. $\left(\dfrac{1}{x}\right)^3.$　　23. $\left(\dfrac{ab}{5cd}\right)^4.$

15. $(amx)^4.$　　18. $\left(\dfrac{15}{3}\right)^2.$　　21. $\left(\dfrac{2 \times 8}{4}\right)^2.$　　24. $\left(\dfrac{8 \times 5 \times 6}{10 \times 2 \times 3}\right)^2.$

Hallar por simple inspección, el resultado de:

25. $2^3 . 5^3.$　　　　26. $50^4 . 2^4.$　　　27. $2^3 . 5^3 . 10^3.$

453 CUADRADO DE LA SUMA DE DOS NUMEROS. TEOREMA

El cuadrado de la suma indicada de dos números es igual al cuadrado del primero, más el duplo del primero por el segundo, más el cuadrado del segundo.

Sea la suma $(a + b)$. Vamos a demostrar que $(a + b)^2 = a^2 + 2ab + b^2$.

En efecto: Según la definición de potencia, elevar una cantidad cualquiera al cuadrado equivale a multiplicarla por sí misma; luego,

$$(a + b)^2 = (a + b)(a + b).$$

Efectuando la multiplicación de estas dos sumas indicadas, como se vio al tratar de las operaciones indicadas (**159**), tendremos:

$$(a + b)^2 = (a + b)(a + b) = a.a + a.b + b.a + b.b = a^2 + 2ab + b^2,$$

que era lo que queríamos demostrar.

Ejemplos

(1) Elevar al cuadrado $(3 + 5)$.

$$(3 + 5)^2 = 3^2 + 2 \times 3 \times 5 + 5^2 = 9 + 30 + 25 = 64. \quad R.$$

(2) Desarrollar $(0.25 + 3.41)^2$.

$$(0.25 + 3.41)^2 = 0.25^2 + 2 \times 0.25 \times 3.41 + 3.41^2 = 0.0625 + 1.705 + 11.6281$$
$$= 13.3956. \quad R.$$

(3) Desarrollar $(\frac{1}{3} + \frac{1}{4})^2$.

$$\left(\frac{1}{3} + \frac{1}{4}\right)^2 = \left(\frac{1}{3}\right)^2 + 2 \times \frac{1}{3} \times \frac{1}{4} + \left(\frac{1}{4}\right)^2 = \frac{1}{9} + \frac{1}{6} + \frac{1}{16} = \frac{49}{144}. \quad R.$$

➤ **EJERCICIO 193**

Desarrollar, aplicando la regla anterior:

1. $(1 + 2)^2$.   **R.** 9.

2. $(6 + 9)^2$.   **R.** 225.

3. $(5 + 11)^2$.   **R.** 256.

4. $(12 + 15)^2$.   **R.** 729.

5. $(30 + 42)^2$.   **R.** 5184.

6. $(\frac{1}{2} + \frac{1}{3})^2$.   **R.** $\frac{25}{36}$.

7. $(0.5 + 3.8)^2$.   **R.** 18.49.

8. $(5 + \frac{1}{5})^2$.   **R.** $27\frac{1}{25}$.

9. $(6 + \frac{1}{6})^2$.   **R.** $38\frac{1}{36}$.

10. $(0.1 + \frac{5}{6})^2$.   **R.** $\frac{196}{225}$.

11. $(0.3 + \frac{2}{3})^2$.   **R.** $\frac{841}{900}$.

12. $(3\frac{1}{2} + 5\frac{1}{4})^2$.   **R.** $76\frac{9}{16}$.

13. $(1\frac{1}{3} + 2\frac{3}{5})^2$.   **R.** $15\frac{106}{225}$.

14. $(8\frac{1}{2} + \frac{3}{4})^2$.   **R.** $85\frac{9}{16}$.

15. $(0.001 + \frac{8}{100})^2$.   **R.** $\frac{961}{1000000}$.

16. $(\frac{3}{5} + \frac{1}{10})^2$.   **R.** $\frac{49}{100}$.

17. $(1\frac{1}{3} + \frac{1}{12})^2$.   **R.** $2\frac{1}{144}$.

18. $(0.5 + 2\frac{1}{2})^2$.   **R.** 9.

19. $(3\frac{1}{5} + \frac{4}{5})^2$.   **R.** 16.

20. $(0.02 + 0.002)^2$.   **R.** 0.00048.

21. $(1 + \frac{1}{10})^2$.   **R.** 1.21.

(454) ELEVAR AL CUADRADO UN ENTERO DESCOMPONIENDOLO EN DECENAS Y UNIDADES

De acuerdo con la regla demostrada en el número anterior, podemos decir que **el cuadrado de un número entero descompuesto en decenas y**

unidades es igual al cuadrado de las decenas, más el duplo de las decenas por las unidades, más el cuadrado de las unidades.

Ejemplos

(1) $56^2 = (50 + 6)^2 = 50^2 + 2 \times 50 \times 6 + 6^2 = 2500 + 600 + 36 = 3136$.   R.

(2) Elevar al cuadrado 123 descomponiéndolo en decenas y unidades.

$123^2 = (120 + 3)^2 = 120^2 + 2 \times 120 \times 3 + 3^2 = 14400 + 720 + 9 = 15129$.   R.

➤ **EJERCICIO 194**

Elevar al cuadrado los siguientes números, descomponiéndolos en decenas y unidades:

1.	15.	R. 225.	6.	97.	R. 9409.	11.	536.	R. 287296.
2.	23.	R. 529.	7.	109.	R. 11881.	12.	621.	R. 385641.
3.	56.	R. 3136.	8.	131.	R. 17161.	13.	784.	R. 614656.
4.	89.	R. 7921.	9.	281.	R. 78961.	14.	3142.	R. 9872164.
5.	93.	R. 8649.	10.	385.	R. 148225.	15.	4132.	R. 17073424.

(455) CUADRADO DE LA DIFERENCIA DE DOS NUMEROS.   TEOREMA

El cuadrado de la diferencia indicada de dos números es igual al cuadrado del primero, menos el duplo del primero por el segundo, más el cuadrado del segundo.

Sea la diferencia $(a - b)$.   Vamos a demostrar que

$$(a - b)^2 = a^2 - 2ab + b^2$$

En efecto: Según la definición de potencia, elevar la diferencia $(a - b)$ al cuadrado equivale a multiplicarla por sí misma; luego:

$$(a - b)^2 = (a - b)(a - b).$$

Efectuando la multiplicación de estas dos diferencias indicadas, según se vio en las operaciones indicadas (162), tendremos:

$$(a - b)^2 = (a - b)(a - b) = a.a - a.b - b.a + b.b = a^2 - 2ab + b^2,$$

que era lo que queríamos demostrar.

Ejemplos

(1) Desarrollar $(8 - 6)^2$.

$(8 - 6)^2 = 8^2 - 2 \times 8 \times 6 + 6^2 = 64 - 96 + 36 = 64 + 36 - 96 = 4$.   R.

(2) Desarrollar $(0.2 - 0.04)^2$.

$(0.2 - 0.04)^2 = 0.2^2 - 2 \times 0.2 \times 0.04 + 0.04^2 = 0.04 - 0.016 + 0.0016 = 0.0256$.   R.

(3) Desarrollar $(5\frac{2}{3} - \frac{1}{6})^2$. $\left(5\frac{2}{3} - \frac{1}{6}\right)^2 = \left(\frac{17}{3} - \frac{1}{6}\right)^2$

$$= \left(\frac{17}{3}\right)^2 - 2 \times \frac{17}{3} \times \frac{1}{6} + \left(\frac{1}{6}\right)^2 = \frac{289}{9} - \frac{17}{9} + \frac{1}{36} = \frac{121}{4} = 30\frac{1}{4}. \quad R.$$

➤ **EJERCICIO 195**

Desarrollar, aplicando la regla anterior:

$(9 - 7)^2$.　**R.** 4.

8.　$(15 - \frac{3}{5})^2$.　**R.** $207\frac{9}{25}$.

15.　$(8\frac{2}{5} - 3.2)^2$.　**R.** $27\frac{1}{25}$.

$(50 - 2)^2$.　**R.** 2304.

9.　$(20 - \frac{7}{40})^2$.　**R.** $393\frac{49}{1600}$.

16.　$(3\frac{1}{4} - \frac{1}{2})^2$.　**R.** $7\frac{9}{16}$.

$(18.1 - 7)^2$.　**R.** 123.21.

10.　$(0.7 - 0.003)^2$.　**R.** 0.485809

17.　$(\frac{1}{5} - 0.1)^2$.　**R.** 0.01.

$(\frac{1}{3} - \frac{1}{4})^2$.　**R.** $\frac{1}{144}$.

11.　$(2.14 - \frac{5}{4})^2$.　**R.** 0.7921.

18.　$(6\frac{3}{5} - 5\frac{7}{20})^2$.　**R.** $1\frac{9}{16}$.

$(\frac{1}{4} - \frac{1}{8})^2$.　**R.** $\frac{1}{64}$.

12.　$(2\frac{1}{2} - 1\frac{1}{4})^2$.　**R.** $1\frac{9}{16}$.

19.　$(\frac{15}{2} - 6\frac{1}{4})^2$.　**R.** $1\frac{9}{16}$.

$(\frac{3}{5} - \frac{1}{10})^2$.　**R.** $\frac{1}{4}$.

13.　$(5\frac{1}{5} - \frac{1}{5})^2$.　**R.** 25.

20.　$(0.02 - 0.001)^2$.　**R.** 0.000361.

$(8 - \frac{1}{2})^2$.　**R.** $56\frac{1}{4}$.

14.　$(7\frac{1}{3} - 3\frac{1}{6})^2$.　**R.** $17\frac{13}{36}$.

21.　$(1 - \frac{1}{10})^2$.　**R.** 0.81.

(456) CUBO DE LA SUMA DE DOS NUMEROS. TEOREMA

El cubo de la suma indicada de dos números es igual al cubo del primero, más el triplo del cuadrado del primero por el segundo, más el triplo del primero por el cuadrado del segundo, más el cubo del segundo.

Sea la suma $(a + b)$. Vamos a demostrar que $(a + b)^3 = a^3 + 3a^2b + 3ab^2 + b^3$.

En efecto: Según la definición de potencia, elevar una cantidad al cubo equivale a tomarla como factor tres veces; luego:

$$(a + b)^3 = (a + b)(a + b)(a + b).$$

Teniendo presente que $(a + b)(a + b) = (a + b)^2 = a^2 + 2ab + b^2$, tendremos:

$$(a + b)^3 = (a + b)(a + b)(a + b) = (a + b)^2(a + b) = (a^2 + 2ab + b^2)(a + b)$$

(efectuando la multiplicación de estas sumas indicadas)

$$= a^2 \cdot a + 2a^2 \cdot b + b^2 \cdot a + a^2 \cdot b + 2a \cdot b^2 + b^2 \cdot b = a^3 + 3a^2b + 3ab^2 + b^3,$$

que era lo que queríamos demostrar.

Ejemplos

(1) Desarrollar $(2 + 5)^3$.

$$(2 + 5)^3 = 2^3 + 3 \times 2^2 \times 5 + 3 \times 2 \times 5^2 + 5^3 = 8 + 60 + 150 + 125 = 343. \quad R.$$

(2) Desarrollar $(\frac{3}{5}+\frac{1}{6})^3$.

$$\left(\frac{3}{5}+\frac{1}{6}\right)^3 = \left(\frac{3}{5}\right)^3 + 3 \times \left(\frac{3}{5}\right)^2 \times \frac{1}{6} + 3 \times \frac{3}{5} \times \left(\frac{1}{6}\right)^2 + \left(\frac{1}{6}\right)^3$$

$$= \frac{27}{125} + \frac{9}{50} + \frac{1}{20} + \frac{1}{216} = \frac{12167}{27000}. \quad \text{R.}$$

➤ **EJERCICIO 196**

Aplicando la regla anterior, desarrollar:

1. $(3+4)^3$.   **R. 343.**

2. $(5+7)^3$.   **R. 1728.**

3. $(2+9)^3$.   **R. 1331.**

4. $(4+0.1)^3$.   **R. 68.921.**

5. $(3+0.2)^3$.   **R. 32.768.**

6. $(5+0.02)^3$.   **R. 126.506008.**

7. $(\frac{1}{2}+\frac{1}{3})^3$.   **R. $\frac{125}{216}$.**

8. $(\frac{1}{3}+\frac{1}{4})^3$.   **R. $\frac{343}{1728}$.**

9. $(\frac{3}{2}+\frac{2}{3})^3$.   **R. $10\frac{37}{216}$.**

10. $(0.04+0.1)^3$.   **R. 0.002744.**

11. $(\frac{1}{5}+0.3)^3$.   **R. $\frac{1}{8}$.**

12. $(2\frac{1}{4}+1\frac{2}{5})^3$.   **R. $48\frac{5017}{8000}$.**

13. $(3\frac{1}{4}+\frac{1}{2})^3$.   **R. $52\frac{47}{64}$.**

14. $(5+\frac{5}{6})^3$.   **R. $198\frac{107}{216}$.**

15. $(3\frac{1}{5}+1)^3$.   **R. $74\frac{11}{125}$.**

16. $(2\frac{1}{3}+\frac{2}{3})^3$.   **R. 27.**

17. $(5\frac{1}{4}+4\frac{3}{4})^3$.   **R. 1000.**

18. $(6\frac{1}{8}+0.875)^3$.   **R. 343.**

19. $(4\frac{1}{2}+1)^3$.   **R. $166\frac{3}{8}$.**

20. $(0.02+\frac{1}{100})^3$.   **R. 0.000**

21. $(1+\frac{1}{10})^3$.   **R. 1.331**

(457) ELEVAR AL CUBO UN NUMERO ENTERO DESCOMPONIENDOLO EN DECENAS Y UNIDADES

De acuerdo con la regla demostrada en el número anterior, podemos decir que **el cubo de un número entero descompuesto en decenas y unidades es igual al cubo de las decenas, más el triplo del cuadrado de las decenas por las unidades, más el triplo de las decenas por el cuadrado de las unidades, más el cubo de las unidades.**

Ejemplos

(1) $24^3 = (20+4)^3 = 20^3 + 3 \times 20^2 \times 4 + 3 \times 20 \times 4^2 + 4^3$
       $= 8000 + 4800 + 960 + 64 = 13824.$ **R.**

(2) $152^3 = (150+2)^3 = 150^3 + 3 \times 150^2 \times 2 + 3 \times 150 \times 2^2 + 2^3$
       $= 3375000 + 135000 + 1800 + 8 = 3511808.$ **R.**

➤ **EJERCICIO 197**

Elevar al cubo, descomponiendo en decenas y unidades:

1. 15.   **R. 3375.**
2. 23.   **R. 12167.**
3. 56.   **R. 175616.**
4. 89.   **R. 704969.**
5. 93.   **R. 804357.**

6. 97.   **R. 912673.**
7. 109.   **R. 1295029.**
8. 131.   **R. 2248091.**
9. 153.   **R. 3581577.**
10. 162.   **R. 4251528.**

11. 281.   **R. 22188041.**
12. 385.   **R. 57066625.**
13. 536.   **R. 153990656.**
14. 872.   **R. 663054848.**
15. 4132.   **R. 70547387968.**

458 CUBO DE LA DIFERENCIA DE DOS NUMEROS. TEOREMA

El cubo de la diferencia indicada de dos números es igual al cubo del primero, menos el triplo del cuadrado del primero por el segundo, más el triplo del primero por el cuadrado del segundo, menos el cubo del segundo.

Sea la diferencia $(a - b)$. Vamos a demostrar que

$$(a - b)^3 = a^3 - 3a^2b + 3ab^2 - b^3$$

En efecto: Según la definición de potencia, elevar $(a - b)$ al cubo equivale a tomar esta diferencia tres veces como factor, o sea:

$$(a - b)^3 = (a - b)(a - b)(a - b)$$

Teniendo presente que

$$(a - b)(a - b) = (a - b)^2 = a^2 - 2ab + b^2, \text{ tendremos:}$$

$$(a - b)^3 = (a - b)(a - b)(a - b) = (a - b)^2(a - b) = (a^2 - 2ab + b^2)(a - b)$$

(efectuando esta multiplicación indicada)

$$= a^2 . a - 2a^2 . b + b^2 . a - a^2 . b + 2a . b^2 - b^2 . b = a^3 - 3a^2b + 3ab^2 - b^3,$$

que era lo que queríamos demostrar.

Ejemplos

(1) Elevar al cubo $(10 - 4)$.

$(10 - 4)^3 = 10^3 - 3 \times 10^2 \times 4 + 3 \times 10 \times 4^2 - 4^3 = 1000 - 1200 + 480 - 64 = 216$ R.

(2) Desarrollar $(1 - \frac{1}{2})^3$.

$$\left(1 - \frac{1}{2}\right)^3 = 1^3 - 3 \times 1^2 \times \frac{1}{2} + 3 \times 1 \times \left(\frac{1}{2}\right)^2 - \left(\frac{1}{2}\right)^3 = 1 - \frac{3}{2} + \frac{3}{4} - \frac{1}{8} = \frac{1}{8}$$ R.

➤ **EJERCICIO 198**

Aplicando la regla anterior, desarrollar:

1. $(8 - 3)^3$.   R. 125.

2. $(15 - 7)^3$.   R. 512.

3. $(20 - 3)^3$.   R. 4913.

4. $(3 - 0.1)^3$.   R. 24.389.

5. $(4 - 0.2)^3$.   R. 54.872.

6. $(6 - 0.03)^3$.   R. 212.776173.

7. $(\frac{1}{3} - \frac{1}{5})^3$.   R. $\frac{8}{3375}$.

8. $(\frac{2}{3} - \frac{1}{4})^3$.   R. $\frac{125}{1728}$.

9. $(\frac{7}{4} - \frac{2}{3})^3$.   R. $1\frac{469}{1728}$.

10. $(3.6 - 2.1)^3$.   R. 3.375.

11. $(\frac{3}{5} - 0.3)^3$.   R. $\frac{27}{1000}$.

12. $(3\frac{1}{3} - 1\frac{1}{6})^3$.   R. $10\frac{37}{216}$.

13. $(7\frac{1}{4} - \frac{1}{2})^3$.   R. $307\frac{35}{64}$.

14. $(5 - \frac{5}{7})^3$.   R. $78\frac{240}{343}$.

15. $(4\frac{3}{4} - \frac{19}{4})^3$.   R. 0.

16. $(4\frac{1}{5} - \frac{1}{5})^3$.   R. 64.

17. $(6\frac{2}{3} - 5\frac{1}{3})^3$.   R. $2\frac{10}{27}$.

18. $(1\frac{1}{4} - \frac{1}{8})^3$.   R. $1\frac{217}{512}$.

19. $(2.02 - 1\frac{1}{50})^3$.   R. 1.

20. $(5\frac{2}{5} - \frac{4}{10})^3$.   R. 125.

21. $(1 - \frac{1}{10})^3$.   R. 0.729.

459 DIFERENCIA DE LOS CUADRADOS DE DOS NUMEROS ENTEROS CONSECUTIVOS. TEOREMA

La diferencia de los cuadrados de dos números enteros consecutivos es igual al duplo del menor, más la unidad.

Sean los números enteros consecutivos N y $N + 1$. Vamos a demostrar que $(N + 1)^2 - N^2 = 2N + 1$.

En efecto: $(N + 1)^2 - N^2 = (N^2 + 2.N.1 + 1^2) - N^2 = 2N + 1$, que era lo que queríamos demostrar.

Ejemplo	Hallar la diferencia de los cuadrados de 12 y 11:
	$12^2 - 11^2 = 2 \times 11 + 1 = 23$. R.

➤ EJERCICIO 199

Hallar la diferencia de los cuadrados de:

1.	2 y 3.	4.	10 y 11.	7.	20 y 21.	10.	50 y 51.	13.	400 y 401.
2.	5 y 6.	5.	12 y 13.	8.	23 y 24.	11.	62 y 63.	14.	890 y 891.
3.	8 y 9.	6.	15 y 16.	9.	30 y 31.	12.	101 y 102.	15.	1002 y 1003.

460 MANERA DE HALLAR EL CUADRADO DE UN NUMERO CUANDO SE CONOCE EL CUADRADO DEL NUMERO ANTERIOR

Cuando queremos averiguar el cuadrado de un número conociendo el cuadrado del anterior, bastará añadirle a este cuadrado el duplo de dicho número anterior más una unidad.

Así, si queremos hallar el cuadrado de 13, sabiendo que $12^2 = 144$, haremos lo siguiente: $13^2 = 144 + 2 \times 12 + 1 = 144 + (24 + 1) = 169$. R.

➤ EJERCICIO 200

1.	Hallar el	cuadrado	de	8	sabiendo	que		$7^2 = 49.$
2.	„	„	„	12	„	„		$11^2 = 121.$
3.	„	„	„	15	„	„		$14^2 = 196.$
4.	„	„	„	21	„	„		$20^2 = 400.$
5.	„	„	„	18	„	„		$17^2 = 289.$
6.	„	„	„	32	„	„		$31^2 = 961.$
7.	„	„	„	57	„	„		$56^2 = 3136.$
8.	„	„	„	74	„	„		$73^2 = 5329.$
9.	„	„	„	102	„	„		$101^2 = 10201.$

461 DIFERENCIA DE LOS CUBOS DE DOS NUMEROS ENTEROS CONSECUTIVOS. TEOREMA

La diferencia de los cubos de dos números enteros consecutivos es igual al triplo del cuadrado del menor, más el triplo del menor, más la unidad.

Sean los números enteros consecutivos N y $N + 1$. Vamos a demostrar que: $(N + 1)^3 - N^3 = 3N^2 + 3N + 1$.

En efecto: $(N + 1)^3 - N^3 = (N^3 + 3 . N^2 . 1 + 3 . N . 1^2 + 1^3) - N^3 = 3N^2 + 3N + 1$, que era lo que queríamos demostrar.

> ## Ejemplo
>
> Hallar la diferencia de los cubos de 7 y 8.
> $8^3 - 7^3 = 3 \times 7^2 + 3 \times 7 + 1 = 147 + 21 + 1 = .169.$ **R.**

➤ EJERCICIO 201

Aplicando la regla anterior, hallar la diferencia de los cubos de:

1. 2 y 3.	4. 10 y 11.	7. 20 y 21.	10. 100 y 101.
2. 4 y 5.	5. 13 y 14.	8. 30 y 31.	11. 201 y 202.
3. 9 y 10.	6. 17 y 18.	9. 50 y 51.	12. 500 y 501.

(462) MANERA DE HALLAR EL CUBO DE UN NUMERO CUANDO SE CONOCE EL CUBO DEL NUMERO ANTERIOR

Cuando queremos averiguar el cubo de un número conociendo el cubo del número anterior, bastará sumarle a este cubo el triplo del cuadrado de dicho número anterior, más el triplo del mismo número, más la unidad.

Así, si queremos hallar el cubo de 14, sabiendo que $13^3 = 2197$, haremos lo siguiente:

$$14^3 = 2197 + 3 \times 13^2 + 3 \times 13 + 1 = 2197 + (507 + 39 + 1) = 2744 \quad \text{R.}$$

➤ EJERCICIO 202

1. Hallar el cubo de 3 sabiendo que	$2^3 = 8.$
2. ,, ,, ,, ,, 4 ,, ,,	$3^3 = 27.$
3. ,, ,, ,, ,, 7 ,, ,,	$6^3 = 216.$
4. ,, ,, ,, ,, 10 ,, ,,	$9^3 = 729.$
5. ,, ,, ,, ,, 11 ,, ,,	$10^3 = 1000.$
6. ,, ,, ,, ,, 14 ,, ,,	$13^3 = 2197.$
7. ,, ,, ,, ,, 18 ,, ,,	$17^3 = 4913.$
8. ,, ,, ,, ,, 31 ,, ,,	$30^3 = 27000.$
9. ,, ,, ,, ,, 101 ,, ,,	$100^3 = 1000000.$

(463) POTENCIA DE POTENCIA. TEOREMA

Para elevar una potencia a otra potencia, se deja la misma base, poniéndole por exponente el producto de los exponentes.

Sea la potencia a^m. Vamos a demostrar que $(a^m)^n = a^{mn}$.

En efecto: Elevar a^m a la potencia n, significa que a^m se toma como factor n veces; luego, $(a^m)^n = a^m \times a^m \times a^m \ldots n$ veces $= a^{m \times m \times m} \ldots^{n \text{ veces}} = a^{mn}$, que era lo que queríamos demostrar.

$Ejemplo$	Desarrollar $(2^3)^4$

$$(2^3)^4 = 2^{3 \times 4} = 2^{12} = 4096 \quad \text{R.}$$

➤ **EJERCICIO 203**

Desarrollar:

1. $(2^2)^2$.   R. 16.
2. $(2^2)^3$.   R. 64.
3. $(2^3)^4$.   R. 4096.
4. $(3^3)^4$.   R. 531441.
5. $(1^3)^5$.   R. 1.
6. $(5^2)^3$.   R. 15625.
7. $[(\frac{1}{2})^2]^3$.   R. $\frac{1}{64}$.
8. $(0.01^2)^3$.   R. 0.000000000001.
9. $[(\frac{1}{4})^2]^4$.   R. $\frac{1}{65536}$.
10. $[(3^2)^3]^2$.   R. 531441.

11. $(a^3)^x$.   R. a^{3x}.
12. $(x^a)^2$.   R. x^{2a}.
13. $[(2 \times 3)^2]^2$.   R. 1296.
14. $[(abc)^3]^4$.   R. $a^{12}b^{12}c^{12}$.
15. $[(\frac{m}{n})^4]^5$.   R. $\frac{m^{20}}{n^{20}}$.
16. $[(0.2^2)^2]^4$.   R. 0.0000000000065536.
17. $[(0.3^2)^3]^2$.   R. 0.000000531441.
18. $[(\frac{2}{3})^2]^3$.   R. $\frac{64}{729}$.
19. $[(\frac{3}{5})^2]^3$.   R. $\frac{729}{15625}$.
20. $[[(\frac{2}{3})^2]^2]^2$.   R. $\frac{256}{6561}$.

(464) AGRUPACION DE LOS CASOS ESTUDIADOS

En algunas expresiones pueden reunirse dos o más de los casos de elevación a potencias estudiados. Por ser de interés esta materia, resolveremos los siguientes

$Ejemplos$	**(1)** Desarrollar $\left(\dfrac{2 \times 0.3 \times 5}{0.1 \times 3 \times 0.2} \right)^2$

$$\left(\frac{2 \times 0.3 \times 5}{0.1 \times 3 \times 0.2} \right)^2 = \frac{(2 \times 0.3 \times 5)^2}{(0.1 \times 3 \times 0.2)^2} = \frac{2^2 \times 0.3^2 \times 5^2}{0.1^2 \times 3^2 \times 0.2^2} = \frac{4 \times 0.09 \times 25}{0.01 \times 9 \times 0.04} = \frac{9}{0.0036} = 2500 \quad \text{R.}$$

(2) Desarrollar $\left(\dfrac{\dfrac{1}{2} \times \dfrac{4}{3} \times \dfrac{1}{5}}{\dfrac{2}{5} \times \dfrac{4}{5}} \right)^2$

$$\left(\frac{\frac{1}{2} \times \frac{4}{3} \times \frac{1}{5}}{\frac{2}{5} \times \frac{4}{5}} \right)^2 = \frac{\left(\frac{1}{2} \times \frac{4}{3} \times \frac{1}{5} \right)^2}{\left(\frac{2}{5} \times \frac{4}{5} \right)^2} = \frac{\left(\frac{1}{2} \right)^2 \times \left(\frac{4}{3} \right)^2 \times \left(\frac{1}{5} \right)^2}{\left(\frac{2}{5} \right)^2 \times \left(\frac{4}{5} \right)^2} = \frac{\frac{1}{4} \times \frac{16}{9} \times \frac{1}{25}}{\frac{4}{25} \times \frac{16}{25}} = \frac{\frac{16}{900}}{\frac{64}{625}} = \frac{25}{144} \quad \text{R.}$$

(3) Desarrollar $\left[\dfrac{2^3\times\left(\dfrac{1}{2}\right)^3}{3^2\times\left(\dfrac{2}{3}\right)^2}\right]^2$

$$\left[\dfrac{2^3\times\left(\dfrac{1}{2}\right)^3}{3^2\times\left(\dfrac{2}{3}\right)^2}\right]^2=\dfrac{\left[2^3\times\left(\dfrac{1}{2}\right)^3\right]^2}{\left[3^2\times\left(\dfrac{2}{3}\right)^2\right]^2}=\dfrac{(2^3)^2\times\left[\left(\dfrac{1}{2}\right)^3\right]^2}{(3^2)^2\times\left[\left(\dfrac{2}{3}\right)^2\right]^2}=\dfrac{2^6\times\left(\dfrac{1}{2}\right)^6}{3^4\times\left(\dfrac{2}{3}\right)^4}=\dfrac{64\times\dfrac{1}{64}}{81\times\dfrac{16}{81}}=\dfrac{1}{16}.\ \text{R.}$$

➤ **EJERCICIO 204**

1. $\left(\dfrac{\dfrac{3}{5}}{\dfrac{6}{5}}\right)^2$ R. $\dfrac{1}{4}$.

2. $\left(\dfrac{0.2\times\dfrac{2}{3}}{\dfrac{1}{2}\times\dfrac{1}{3}}\right)^3$. R. $\dfrac{64}{125}$.

3. $\left(\dfrac{2^2\times3^5\times4^2}{2^4\times3^2}\right)^2$. R. 11664.

4. $\left[\left(\dfrac{ab}{c}\right)^5\right]^6$ R. $\dfrac{a^{30}b^{30}}{c^{30}}$.

5. $\left[\left(\dfrac{ax}{bm}\right)^4\right]^3$. R. $\dfrac{a^{12}x^{12}}{b^{12}m^{12}}$.

6. $\dfrac{(2^2)^3\times(3^3)^2}{(3^2)^3\times(2^3)^4}$. R. $\dfrac{1}{64}$.

7. $\left[\dfrac{\left(\dfrac{2}{3}\right)^4\times\left(\dfrac{3}{2}\right)^2}{2\times\left(\dfrac{1}{3}\right)^2}\right]^2$ R. 4.

8. $\dfrac{[(2^3)^3]^2}{(4^3)^2}$. R. 64.

9. $\left(\dfrac{2a^2b^2}{x^3}\right)^2$. R. $\dfrac{4a^4b^4}{x^6}$.

10. $\left(\dfrac{3\times0.3\times10}{2\times0.2\times20}\right)^2$. R. $1\dfrac{17}{64}$.

11. $\left(\dfrac{\dfrac{3}{4}\times4\times\dfrac{1}{6}}{\dfrac{5}{6}\times6\times\dfrac{1}{10}}\right)^3$. R. 1.

12. $\left[\dfrac{3^3\times\left(\dfrac{1}{3}\right)^3}{2^3\times\left(\dfrac{1}{2}\right)^3\times\left(\dfrac{1}{3}\right)^2}\right]^2$. R. 81.

(465) CUADRADO PERFECTO

Un número es cuadrado perfecto cuando es el cuadrado de otro número. Así, 9 es cuadrado perfecto porque $3^2=9$; 81 es cuadrado perfecto porque $9^2=81$.

El único número que es el cuadrado de él mismo es 1.

Todo número cuadrado perfecto tiene raíz cuadrada exacta, que será el número del cual él es el cuadrado.

(466) CONDICION DE RACIONALIDAD

Para que un número sea cuadrado perfecto es necesario que todos sus factores primos estén elevados a exponentes pares.

En efecto: Elevar un número al cuadrado es lo mismo que elevar al cuadrado el producto de sus factores primos, y al hacer esta operación el exponente de cada factor primo se multiplica por 2; luego queda par.

Así, al elevar $24 = 2^3 . 3$ al cuadrado, tenemos:

$$24^2 = (2^3 . 3)^2 = (2^3)^2 . 3^2 = 2^6 . 3^2, \text{ exponentes pares.}$$

Al elevar $60 = 2^2 . 3 . 5$ al cuadrado, tenemos:

$$60^2 = (2^2 . 3 . 5)^2 = (2^2)^2 . 3^2 . 5^2 = 2^4 . 3^2 . 5^2, \text{ exponentes pares.}$$

(467) CARACTERES DE EXCLUSION DE CUADRADOS PERFECTOS

Son ciertas señales de los números que nos permiten afirmar, por simple inspección, que el número que tenga alguna de ellas, **no es cuadrado perfecto,** o sea, **que no tiene raíz cuadrada exacta.**

Enumeraremos los principales caracteres de exclusión de cuadrados perfectos.

No son cuadrados perfectos:

1) Los números que contengan algún factor primo elevado a un exponente impar.

| *Ejemplo* | El número 108 no es cuadrado perfecto porque descompuesto en sus factores primos da $108 = 2^2 \times 3^3$, y vemos que el exponente del factor primo 3 es impar. |

2) Los números terminados en 2, 3, 7 u 8.

| *Ejemplo* | 152, 273, 867 y 1048 no son cuadrados perfectos por terminar respectivamente en 2, 3, 7 y 8. |

3) Los números terminados en 5 cuya cifra de las decenas no sea 2.

| *Ejemplo* | 345 no es cuadrado perfecto, porque termina en 5 y la cifra de las decenas no es 2, sino 4. |

4) Los números que siendo divisibles por un factor primo no lo sean por su cuadrado.

| *Ejemplo* | 134 no es cuadrado perfecto porque es divisible por 2 y no lo es por el cuadrado de 2, 4; 567 no tiene raíz cuadrada exacta porque es divisible por 7 y no lo es por el cuadrado de 7, 49. |

⁵) **Los números enteros terminados en un número impar de ceros.**

| Ejemplo |
5000 no es cuadrado perfecto porque termina en tres ceros.

⁶) **Los números pares que no sean divisibles por 4.**

| Ejemplo |
1262 no tiene raíz cuadrada exacta porque es par y no es divisible por 4.

⁷) **Los números impares que, disminuidos en una unidad, no son divisibles por 4.**

| Ejemplo |
1131 no es cuadrado perfecto porque disminuyendolo en una unidad queda 1130 y este número no es divisible por 4.

⁸) **Los números decimales terminados en un número impar de cifras decimales.**

| Ejemplo |
3.786 no es cuadrado perfecto porque tiene tres cifras decimales.

ESCOLIO

Estas señales indican que el número que tenga alguna de ellas *no es cuadrado perfecto*, pero por el solo hecho de que un número no tenga ninguna de estas señales con excepción de la primera, *no podemos afirmar que sea cuadrado perfecto*. Un número que no tenga ninguna de estas señales será cuadrado perfecto si cumple la condición general de racionalidad (**466**) de que descompuesto en sus factores primos, *todos los exponentes de estos factores sean pares*.

Así 425 termina en 5 y la cifra de sus decenas es 2 y sin embargo no es cuadrado perfecto porque $425 = 5^2 \times 17$ y aquí vemos que el exponente del factor primo 17 es impar, la unidad.

(468) CUBO PERFECTO

Un número es cubo perfecto cuando es el cubo de otro número. Así, 64 es cubo perfecto porque $4^3 = 64$; 729 es cubo perfecto porque $9^3 = 729$.

El único número que es el cubo de él mismo es 1.

Todo número cubo perfecto tiene raíz cúbica exacta.

(469) CONDICION DE RACIONALIDAD

Para que un número dado sea cubo perfecto es necesario que todos sus factores estén elevados a exponentes múltiplos de 3.

En efecto: Elevar un número al cubo es lo mismo que elevar al cubo el producto de sus factores primos, y al realizar esta operación el exponente de cada factor primo se multiplica por 3; luego queda múltiplo de 3.

Así, al elevar $12 = 2^2 . 3$ al cubo, tenemos:

$$12^3 = (2^2 . 3)^3 = (2^2)^3 . 3^3 = 2^6 . 3^3, \text{ exponentes múltiplos de 3.}$$

(470) CARACTERES DE EXCLUSION DE CUBOS PERFECTOS

Son ciertas señales de los números que nos permiten afirmar, por simple inspección, que el número que tenga alguna de ellas, **no es cubo perfecto**, o sea, **que no tiene raíz cúbica exacta.**

Enumeraremos los principales caracteres de exclusión de cubos perfectos.

No son cubos perfectos:

1) **Los números que contengan algún factor primo elevado a un exponente que no sea múltiplo de 3.**

Ejemplo	El número 5400 no es cubo perfecto porque descompuesto en sus factores primos da $5400 = 2^3 \times 3^3 \times 5^2$, y vemos que el exponente del factor primo 5 no es múltiplo de 3.

2) **Los números que siendo divisibles por un factor primo no lo sean por su cubo.**

Ejemplos	3124 no es cubo perfecto porque es divisible por 2 y no lo es por el cubo de 2, 8. 8600 no es cubo perfecto porque es divisible por el factor primo 5 y no lo es por el cubo de 5, 125.

3) **Los números enteros terminados en un número de ceros que no sea múltiplo de 3.**

Ejemplo	400 no es cubo perfecto porque termina en un número de ceros que no es múltiplo de 3.

4) **Los números pares que no sean divisibles por 8.**

Ejemplo	116 no es cubo perfecto porque es par y no es divisible por 8.

5) **Los números impares que disminuidos en una unidad no sean divisibles por 8.**

Ejemplo	2135 no es cubo perfecto, porque disminuyéndolo en una unidad queda 2134 y este número no es divisible por 8.

6) **Los números decimales terminados en un número de cifras decimales que no sea múltiplo de 3.**

| Ejemplo |

0.0067 no es cubo perfecto porque tiene cuatro cifras decimales y este número de cifras no es múltiplo de 3.

OBSERVACION

Estas señales indican que el número que tenga alguna de ellas *no es cubo perfecto,* pero por el solo hecho de que un número no tenga ninguna de estas señales, con excepción de la primera, *no podemos afirmar que sea cubo perfecto.*

Un número que no tenga ninguna de estas señales será cubo perfecto si cumple la **condición general** de **racionalidad (469)** de que descompuesto en sus factores primos, **todos los exponentes de estos factores sean múltiplos de 3.**

| Ejemplo |

5000 es divisible por 2 y por el cubo de 2, 8 y termina en un número de ceros múltiplo de 3, pero no es cubo perfecto porque descompuesto en sus factores primos da $5000 = 2^3 . 5^4$ y aquí vemos que el exponente del factor primo 5 no es múltiplo de 3.

➤ **EJERCICIO 205**

Diga si los números siguientes son o no cuadrados perfectos y por qué:

1. 108.	4. 13.352.	7. 900.	10. 70000.
2. 325.	5. 400.	8. 256.	11. 8400.
3. 5000.	6. 530.	9. 19.2963.	12. 1425.

Diga si los números siguientes son o no cubos perfectos y por qué:

13. 324.	16. 512.	19. 18.56.
14. 3000.	17. 70000.	20. 540.
15. 0.532.	18. 729.	21. 1331.

La palabra raíz viene del latín radix, radicis; pero es indudable que los árabes conocían la radicación que habían tomado de los hindúes. Es decir, que la radicación era conocida mucho antes de que los romanos inventaran una palabra para nombrarla. Los árabes la designaban con la palabra gidr, una traducción de la palabra sánscrita mula, que significa vegetal y también raíz cuadrada de un número.

RADICACION

CAPITULO XXXI

(471) LEYES DE LA RADICACION

Las leyes de la radicación son dos: la ley de la uniformidad y la ley distributiva.

(472) I. LEY DE UNIFORMIDAD

Esta ley puede enunciarse de dos modos:

1) La raíz de un grado dado de un número tiene un valor único o siempre es igual.

Así: $\sqrt{49} = 7$ únicamente, porque 7 es el único número que elevado al cuadrado da 49.

2) Puesto que números iguales son el mismo número, podemos decir:

Si a los dos miembros de una igualdad se extrae una misma raíz, la igualdad subsiste.

Ejemplos

(1) Siendo $a = 25$ se tendrá $\sqrt{a} = \sqrt{25}$ o sea $\sqrt{a} = 5$.

(2) Siendo $m = n$ se tendrá $\sqrt[3]{m} = \sqrt[3]{n}$.

(3) Siendo $x^2 = 81$ se tendrá $\sqrt{x^2} = \sqrt{81}$ o sea $x = 9$.

356

473 II. LEY DISTRIBUTIVA

La radicación no es distributiva con relación a la suma y a la resta. Así

$$\sqrt{36 + 64} \text{ no es igual a } \sqrt{36} + \sqrt{64}$$

porque: $\sqrt{36 + 64} = \sqrt{100} = 10$ y $\sqrt{36} + \sqrt{64} = 6 + 8 = 14.$

Igualmente: $\sqrt{25 - 9}$ no es igual a $\sqrt{25} - \sqrt{9}$

porque $\sqrt{25 - 9} = \sqrt{16} = 4$ y $\sqrt{25} - \sqrt{9} = 5 - 3 = 2.$

La radicación es distributiva con relación a la multiplicación y a la división.

474 RAIZ DE UN PRODUCTO INDICADO. TEOREMA

La raíz de cualquier grado de un producto indicado de varios factores es igual al producto de las raíces del mismo grado de cada uno de los factores.

Sea el producto $a \cdot b \cdot c.$ Vamos a demostrar que:

$$\sqrt[n]{a \cdot b \cdot c} = \sqrt[n]{a} \cdot \sqrt[n]{b} \cdot \sqrt[n]{c}.$$

En efecto: Según la definición de raíz, $\sqrt[n]{a} \cdot \sqrt[n]{b} \cdot \sqrt[n]{c}$ será la raíz enésima de $a \cdot b \cdot c$ si elevada a la potencia n reproduce el producto $a \cdot b \cdot c.$

Elevando la raíz a la enésima potencia, tendremos:

$$(\sqrt[n]{a} \cdot \sqrt[n]{b} \cdot \sqrt[n]{c})^n = (\sqrt[n]{a})^n \times (\sqrt[n]{b})^n \times (\sqrt[n]{c})^n = a \cdot b \cdot c.$$

Luego queda demostrado lo que nos proponíamos.

Esta propiedad es **la ley distributiva de la radicación con relación a la multiplicación.**

Ejemplos	(1) $\sqrt{4 \times 9} = \sqrt{4} \times \sqrt{9} = 2 \times 3 = 6.$ R.
	(2) $\sqrt{1 \times 16 \times 25} = \sqrt{1} \times \sqrt{16} \times \sqrt{25} = 1 \times 4 \times 5 = 20.$ R.

➤ **EJERCICIO 206**

Efectuar:

1. $\sqrt{4 \times 25}.$ R. 10.   4. $\sqrt{4 \times 25 \times 36}.$ R. 60.   7. $\sqrt[3]{1 \times 64 \times 125}.$ R. 20.

2. $\sqrt{9 \times 16}.$ R. 12.   5. $\sqrt{64 \times 81 \times 100}.$ R. 720.   8. $\sqrt[3]{8 \times 27 \times 216}.$ R. 36.

3. $\sqrt{36 \times 49}.$ R. 42.   6. $\sqrt[3]{8 \times 27}.$ R. 6.

475 RAIZ DE UN NUMERO FRACCIONARIO. TEOREMA

La raíz de cualquier grado de un cociente exacto o un quebrado es igual a la raíz de dicho grado del numerador partida por la raíz del mismo grado del denominador.

Sea la fracción $\dfrac{a}{b}.$ Vamos a demostrar que $\sqrt[n]{\dfrac{a}{b}} = \dfrac{\sqrt[n]{a}}{\sqrt[n]{b}}.$

En efecto: Según la definición de raíz, $\dfrac{\sqrt[n]{a}}{\sqrt[n]{b}}$ será la raíz enésima de $\dfrac{a}{b}$, si elevada a la potencia n reproduce el quebrado $\dfrac{a}{b}$.

Elevemos $\dfrac{\sqrt[n]{a}}{\sqrt[n]{b}}$ a la potencia enésima y .tendremos: $\left(\dfrac{\sqrt[n]{a}}{\sqrt[n]{b}}\right)^n = \dfrac{(\sqrt[n]{a})^n}{(\sqrt[n]{b})^n} = \dfrac{a}{b}$

luego, $\dfrac{\sqrt[n]{a}}{\sqrt[n]{b}}$ es la raíz enésima de $\dfrac{a}{b}$.

Esta propiedad es **la ley distributiva de la radicación con relación a la división exacta.**

Ejemplos

(1) $\sqrt{\dfrac{4}{9}} = \dfrac{\sqrt{4}}{\sqrt{9}} = \dfrac{2}{3}$. R.

(2) $\sqrt[3]{\dfrac{1}{8}} = \dfrac{\sqrt[3]{1}}{\sqrt[3]{8}} = \dfrac{1}{2}$. R.

➤ **EJERCICIO 207**

Aplicar la ley distributiva:

1. $\sqrt{9 \div 4}$. R. $\dfrac{3}{4}$.

2. $\sqrt{\dfrac{16}{25}}$. R. $\dfrac{4}{5}$.

3. $\sqrt{1 \div 36}$. R. $\dfrac{1}{6}$.

4. $\sqrt{\dfrac{49}{81}}$. R. $\dfrac{7}{9}$.

5. $\sqrt[3]{8 \div 27}$. R. $\dfrac{2}{3}$.

6. $\sqrt[3]{\dfrac{1}{64}}$. R. $\dfrac{1}{4}$.

(476) RAIZ DE UNA POTENCIA. TEOREMA

La raíz de cualquier grado de una potencia se obtiene dividiendo el exponente de la potencia por el índice de la raíz.

Sea la potencia a^m. Vamos a demostrar que $\sqrt[n]{a^m} = a^{\frac{m}{n}}$.

En efecto: Según la definición de raíz, $a^{\frac{m}{n}}$ será la raíz enésima de a^m si elevada a la potencia n reproduce la cantidad subradical a^m.

Elevando $a^{\frac{m}{n}}$ a la potencia n según lo demostrado en potencia de potencia (**463**), tendremos:

$$\left(a^{\frac{m}{n}}\right)^n = a^{\frac{m}{n} \times n} = a^m$$

luego, queda demostrado lo que nos proponíamos.

Ejemplos

(1) $\sqrt{2^4} = 2^{\frac{4}{2}} = 2^2 = 4$. R.

(2) $\sqrt[3]{2^9} = 2^{\frac{9}{3}} = 2^3 = 8$. R.

(3) $\sqrt{2^4 \times 5^4} = \sqrt{2^4} \times \sqrt{5^4} = 2^{\frac{4}{2}} \times 5^{\frac{4}{2}} = 2^2 \times 5^2 = 100$. R.

→ **EJERCICIO 208**

Efectuar:

1. $\sqrt{2^6}$.   **R. 8.**   5. $\sqrt{3^{12}}$.   **R. 729.**   9. $\sqrt[3]{2^{15}}$.   **R. 32.**
2. $\sqrt{3^4}$.   **R. 9.**   6. $\sqrt[3]{4^3}$.   **R. 4.**   10. $\sqrt[4]{2^8}$.   **R. 4.**
3. $\sqrt{5^6}$.   **R. 125.**   7. $\sqrt[3]{2^6}$.   **R. 4.**   11. $\sqrt[5]{3^{15}}$.   **R. 27.**
4. $\sqrt{2^8}$.   **R. 16.**   8. $\sqrt[3]{5^9}$.   **R. 125.**   12. $\sqrt[6]{5^{24}}$.   **R. 625.**

→ **EJERCICIO 209**

Efectuar:

1. $\sqrt{2^2 \times 3^2}$.   **R. 6.**   7. $\sqrt[3]{2^6 \times 3^9}$.   **R. 108.**
2. $\sqrt{2^4 \times 3^4}$.   **R. 36.**   8. $\sqrt[3]{2^9 \times 3^{12}}$.   **R. 648.**
3. $\sqrt{2^6 \times 3^4}$.   **R. 72.**   9. $\sqrt[3]{2^6 \times 3^3 \times 5^6}$ **R. 300.**
4. $\sqrt{2^8 \times 3^6}$.   **R. 432.**   10. $\sqrt[4]{2^8 \times 3^4}$.   **R. 12.**
5. $\sqrt{5^2 \times 6^2 \times 3^4}$.   **R. 270.**   11. $\sqrt[5]{2^{10} \times 3^{15}}$.   **R. 108.**
6. $\sqrt{2^{10} \times 3^2 \times 5^4}$.   **R. 2400.**   12. $\sqrt[6]{2^{18} \times 3^{24}}$.   **R. 648.**

(477) EXPONENTE FRACCIONARIO. SU ORIGEN

Hemos visto en el número anterior que para extraer una raíz a una potencia, se divide el exponente de la potencia por el índice de la raíz. **Si el exponente no es divisible por el índice, hay que dejar indicada la división,** originándose de este modo el **exponente fraccionario.**

| *Ejemplos* |

(1) $\sqrt{2} = \sqrt{2^1} = 2^{\frac{1}{2}}$. R.   (2) $\sqrt[3]{2^2} = 2^{\frac{2}{3}}$. R.

(3) $\sqrt[4]{3^2 \times 5^3} = \sqrt[4]{3^2} \times \sqrt[4]{5^3} = 3^{\frac{2}{4}} \times 5^{\frac{3}{4}} = 3^{\frac{2}{2}} \times 5^{\frac{3}{4}}$. R.

→ **EJERCICIO 210**

Expresar con exponente fraccionario:

1. $\sqrt{3}$.   **R.** $3^{\frac{1}{2}}$.   5. $\sqrt[6]{3^3}$.   **R.** $3^{\frac{1}{2}}$.   9. $\sqrt{5} \times \sqrt[3]{3^2}$.   **R.** $5^{\frac{1}{2}} \times 3^{\frac{2}{3}}$.
2. $\sqrt[3]{5^2}$.   **R.** $5^{\frac{2}{3}}$.   6. $\sqrt[7]{2^5}$.   **R.** $2^{\frac{5}{7}}$.   10. $\sqrt{3 \times 5}$.   **R.** $2^{\frac{1}{2}} \times 5^{\frac{1}{2}}$.
3. $\sqrt[4]{2^3}$.   **R.** $2^{\frac{3}{4}}$.   7. $\sqrt[8]{2^4}$.   **R.** $2^{\frac{1}{2}}$.   11. $\sqrt[3]{2 \times 3^2}$.   **R.** $2^{\frac{1}{3}} \times 3^{\frac{2}{3}}$.
4. $\sqrt[5]{2^4}$.   **R.** $2^{\frac{4}{5}}$.   8. $\sqrt[11]{7^5}$.   **R.** $7^{\frac{5}{11}}$.   12. $\sqrt[5]{2^3 \times 3^4 \times 5^2}$.   **R.** $2^{\frac{3}{5}} \times 3^{\frac{4}{5}} \times 5^{\frac{2}{5}}$.

(478) INTERPRETACION DEL EXPONENTE FRACCIONARIO

Hemos visto en el **número** anterior que el exponente fraccionario proviene de extraer una raíz a una potencia, cuando el exponente de la potencia no es divisible por el índice de la raíz, así que $a^{\frac{2}{3}}$ proviene de extraer la raíz cúbica a a^2. Por lo tanto, podemos decir que:

Una cantidad elevada a un exponente fraccionario equivale a una raíz cuyo índice es el denominador del exponente y la cantidad subradical es la base de la potencia elevada al exponente que indica el numerador de su exponente.

Ejemplos

(1) $2^{\frac{2}{3}} = \sqrt[3]{2^2} = \sqrt[3]{4}$. **R.**

(2) $3^{\frac{4}{5}} = \sqrt[5]{3^4} = \sqrt[5]{81}$. **R.**

(3) $2^{\frac{1}{2}} \times 3^{\frac{1}{3}} = \sqrt{2} \times \sqrt[3]{3}$. **R.**

→ **EJERCICIO 211**

Expresar con signo radical:

1. $3^{\frac{1}{3}}$. **R.** $\sqrt[3]{3}$.

2. $2^{\frac{2}{5}}$. **R.** $\sqrt[5]{4}$.

3. $5^{\frac{2}{3}}$. **R.** $\sqrt[3]{25}$.

4. $2^{\frac{3}{4}}$. **R.** $\sqrt[4]{8}$.

5. $3^{\frac{1}{2}}$. **R.** $\sqrt{3}$.

6. $7^{\frac{2}{5}}$. **R.** $\sqrt[5]{49}$.

7. $5^{\frac{2}{3}}$. **R.** $\sqrt[3]{25}$.

8. $6^{\frac{3}{4}}$. **R.** $\sqrt[4]{216}$.

9. $11^{\frac{2}{5}}$. **R.** $\sqrt[5]{121}$.

10. $2^{\frac{2}{3}} \times 3^{\frac{1}{3}}$. **R.** $\sqrt[3]{4} \times \sqrt[3]{3}$.

11. $5^{\frac{1}{2}} \times 3^{\frac{2}{3}}$. **R.** $\sqrt{5} \times \sqrt[3]{9}$.

12. $2^{\frac{1}{2}} \times 3^{\frac{1}{3}} \times 5^{\frac{1}{5}}$ **R.** $\sqrt{2} \times \sqrt[3]{3} \times \sqrt[5]{5}$.

(479) RAIZ DE UNA RAIZ. TEOREMA

La raíz de cuálquier grado de una raíz se obtiene multiplicando los índices de ambas raíces.

Se trata de extraer la raíz cúbica de $\sqrt{a}$. Vamos a demostrar que

$$\sqrt[3]{\sqrt{a}} = \sqrt[3\times2]{a} = \sqrt[6]{a}.$$

En efecto: Según la definición de raíz, $\sqrt[6]{a}$ será la raíz cúbica de $\sqrt{a}$ si elevada al cubo reproduce la cantidad subradical $\sqrt{a}$, y en efecto:

$$\left(\sqrt[6]{a}\right)^3 = \left(a^{\frac{1}{6}}\right)^3 = a^{\frac{1}{6}\times3} = a^{\frac{3}{6}} = a^{\frac{1}{2}} = \sqrt{a}$$

luego, queda demostrado lo que nos proponíamos.

→ **EJERCICIO 212**

Efectuar:

1. $\sqrt{\sqrt{2}}$. **R.** $\sqrt[4]{2}$.

2. $\sqrt{\sqrt[3]{3}}$. **R.** $\sqrt[6]{3}$.

3. $\sqrt{\sqrt[5]{5}}$. **R.** $\sqrt[10]{5}$.

4. $\sqrt[3]{\sqrt{7}}$. **R.** $\sqrt[6]{7}$.

5. $\sqrt[3]{\sqrt[3]{11}}$. **R.** $\sqrt[9]{11}$.

6. $\sqrt[3]{\sqrt[5]{7}}$. **R.** $\sqrt[15]{7}$.

7. $\sqrt{\sqrt[5]{3}}$. **R.** $\sqrt[10]{3}$.

8. $\sqrt[3]{\sqrt[5]{13}}$. **R.** $\sqrt[15]{13}$.

480 Esta propiedad, a la inversa, nos permite extraer la **raíz cuarta** extrayendo dos veces la raíz cuadrada; la **raíz sexta** extrayendo la raíz cuadrada y la cúbica, etc. Así:

$$\sqrt[4]{16} = \sqrt{\sqrt{16}} = \sqrt{4} = 2. \quad \text{R.} \qquad \sqrt[6]{64} = \sqrt[3]{\sqrt{64}} = \sqrt[3]{8} = 2. \quad \text{R.}$$

➤ **EJERCICIO 213**

Hallar:

1. $\sqrt[4]{81}$. R. 3.
3. $\sqrt[6]{64}$. R. 2.
5. $\sqrt[8]{256}$. R. 2.

2. $\sqrt[4]{625}$. R. 5.
4. $\sqrt[6]{729}$. R. 3.
6. $\sqrt[10]{1024}$. R. 2.

481 TEOREMA.

Todo número entero que no tiene raíz exacta entera, tampoco la tiene fraccionaria.

Sea el número entero P, que no tiene raíz exacta entera de grado n. Vamos a demostrar que la raíz enésima exacta de P no puede ser un quebrado.

En efecto: Supongamos que la raíz enésima exacta de P fuera un quebrado irreducible, por ejemplo $\dfrac{a}{b}$, o sea, supongamos que $\sqrt[n]{P} = \dfrac{a}{b}$.

Si el quebrado $\dfrac{a}{b}$ fuera la raíz enésima exacta de P, este quebrado elevado a la potencia n tendría que dar P, porque toda raíz exacta, elevada a la potencia que indica el índice de la raíz, tiene que reproducir la cantidad subradical; luego tendríamos que

$$\left(\frac{a}{b}\right)^n = P \quad \text{o sea} \quad \frac{a^n}{b^n} = P$$

lo cual es imposible, porque $\dfrac{a}{b}$ es un quebrado irreducible que, elevado a n, dará otro quebrado irreducible, porque cualquier potencia de un quebrado irreducible es otro quebrado irreducible **(361)**, y un quebrado no puede ser igual a un entero; luego, queda demostrado que la raíz enésima exacta de P no puede ser un quebrado.

Así, 5 no tiene raíz cuadrada exacta entera y tampoco puede tener raíz cuadrada exacta fraccionaria; 7 no tiene raíz cuadrada exacta entera y tampoco puede tener raíz exacta fraccionaria; 9 no tiene raíz cúbica exacta entera y tampoco puede tener raíz cúbica exacta fraccionaria.

Estas raíces que no pueden expresarse exactamente por ningún número entero ni fraccionario, son **inconmensurables con la unidad** y se llaman **raíces inconmensurables** o **números irracionales**.

Se ignora quien haya descubierto los números irracionales; pero, en cambio, se sabe que los pitagóricos hacia fines del siglo V (A. C.) en Grecia, conocían la irracionalidad del radical $\sqrt{2}$ (números inconmensurables). Dando muestras de una fina intuición matemática, los griegos de la Escuela de Crotona, trataron de hallar valores aproximados de $\sqrt{2}$, mediante soluciones sucesivas de $2x^2 - y^2 = \pm 1$.

LIGERO ESTUDIO DE LOS RADICALES DE SEGUNDO Y TERCER GRADO

(482) Los **números irracionales** o raíces indicadas que no pueden expresarse exactamente por ningún número entero ni fraccionario, reciben el nombre de **radicales**.

Así pues, $\sqrt{2}$, $\sqrt{3}$, $\sqrt[3]{5}$, $\sqrt[3]{7}$ son radicales

El **grado** de un radical lo indica el índice de la raíz. Así, $\sqrt{2}$ es un radical de segundo grado; $\sqrt[3]{5}$ es un radical de tercer grado.

Radicales semejantes son los que tienen el mismo grado y la misma cantidad bajo el signo radical. Así, $\sqrt{2}$ y $3\sqrt{2}$ son semejantes; $\sqrt{2}$ y $\sqrt{3}$ no son semejantes.

(483) COEFICIENTE

El número que precede a un radical y que está multiplicado por él, se llama **coeficiente**. Así, en $3\sqrt{2}$ el coeficiente es 3; en $5\sqrt{3}$ el coeficiente es 5.

El coeficiente indica las veces que el radical se toma como sumando. Así, $3\sqrt{2}$ equivale a $\sqrt{2} + \sqrt{2} + \sqrt{2}$; $5\sqrt{3}$ equivale a $\sqrt{3} + \sqrt{3} + \sqrt{3} + \sqrt{3} + \sqrt{3}$.

I. SIMPLIFICACION DE RADICALES

(484) Un radical está **reducido a su más simple expresión** cuando descomponiendo en sus factores primos la cantidad subradical se observa que todos los factores primos están elevados a exponentes **menores que el índice del radical.**

Así, $\sqrt{30}$ está reducido a su más simple expresión porque descomponiendo 30 en sus factores primos se tiene: $\sqrt{30} = \sqrt{2 \times 3 \times 5}$ y aquí observamos que los exponentes de los factores primos son menores que el índice del radical 2.

$\sqrt{24}$ no está reducido a su más simple expresión porque descomponiendo 24 en sus factores primos tenemos: $\sqrt{24} = \sqrt{2^3 \times 3}$ y aquí vemos que el exponente del factor primo 2 es 3, mayor que el índice del radical.

Para reducir un radical a su más simple expresión se descompone la cantidad subradical en factores primos y se hacen con ellos los arreglos que se indican a continuación.

Ejemplos

(1) Simplificar $\sqrt{18}$.

$$\sqrt{18} = \sqrt{3^2 \cdot 2} = \sqrt{3^2} \, \sqrt{2} = 3\sqrt{2} \quad \text{R.}$$

(2) Simplificar $\sqrt{72}$.

$$\sqrt{72} = \sqrt{2^3 \cdot 3^2} = \sqrt{2^2 \cdot 3^2 \cdot 2} = \sqrt{2^2} \cdot \sqrt{3^2} \cdot \sqrt{2} = 2 \cdot 3 \sqrt{2} = 6\sqrt{2} \quad \text{R.}$$

(3) Simplificar $3\sqrt{720}$.

$$3\sqrt{720} = 3\sqrt{2^4 \cdot 3^2 \cdot 5} = 3 \cdot 2^2 \cdot 3\sqrt{5} = 36\sqrt{5} \quad \text{R.}$$

(4) Simplificar $\frac{2}{3}\sqrt{45}$.

$$\frac{2}{3}\sqrt{45} = \frac{2}{3}\sqrt{3^2 \cdot 5} = \frac{2}{3} \cdot 3\sqrt{5} = \frac{6}{3}\sqrt{5} = 2\sqrt{5} \quad \text{R.}$$

➤ EJERCICIO 214

Simplificar:

1. $\sqrt{50}$.	R. $5\sqrt{2}$.	7. $\sqrt{180}$. R. $6\sqrt{5}$.	13. $\frac{1}{2}\sqrt{8}$. R. $\sqrt{2}$.
2. $\sqrt{27}$.	R. $3\sqrt{3}$.	8. $\sqrt{300}$. R. $10\sqrt{3}$.	14. $\frac{2}{3}\sqrt{18}$. R. $2\sqrt{2}$.
3. $\sqrt{32}$.	R. $4\sqrt{2}$.	9. $2\sqrt{108}$. R. $12\sqrt{3}$.	15. $\frac{3}{4}\sqrt{48}$. R. $3\sqrt{3}$.
4. $\sqrt{162}$.	R. $9\sqrt{2}$.	10. $5\sqrt{490}$. R. $35\sqrt{10}$.	16. $\frac{1}{5}\sqrt{50}$. R. $\sqrt{2}$.
5. $\sqrt{250}$.	R. $5\sqrt{10}$.	11. $3\sqrt{243}$. R. $27\sqrt{3}$.	17. $\frac{1}{6}\sqrt{72}$. R. $\sqrt{2}$.
6. $\sqrt{160}$.	R. $4\sqrt{10}$.	12. $7\sqrt{432}$. R. $84\sqrt{3}$.	18. $\frac{3}{8}\sqrt{80}$. R. $\frac{3}{2}\sqrt{5}$.

ARITMETICA

(5) Simplificar $\sqrt[3]{24}$.

$$\sqrt[3]{24} = \sqrt[3]{2^3.3} = \sqrt[3]{2^3}.\ \sqrt[3]{3} = 2\sqrt[3]{3}.\quad R.$$

(6) Simplificar $\sqrt[3]{432}$.

$$\sqrt[3]{432} = \sqrt[3]{2^3.3^3.2} = 2.3.\sqrt[3]{2} = 6\sqrt[3]{2}.\quad R.$$

(7) Simplificar $2\sqrt[3]{2187}$

$$2\sqrt[3]{2187} = 2\sqrt[3]{3^6.3} = 2.3^2\sqrt[3]{3} = 18\sqrt[3]{3}.\quad R.$$

(8) Simplificar $\dfrac{3}{5}\sqrt[3]{375}$.

$$\frac{3}{5}\sqrt[3]{375} = \frac{3}{5}\sqrt[3]{5^3.3} = \frac{3}{5}.5\sqrt[3]{3} = \frac{15}{5}\sqrt[3]{3} = 3\sqrt[3]{3}.\quad R.$$

➤ **EJERCICIO 215**

Simplificar:

1. $\sqrt[3]{81}$.	R. $3\sqrt[3]{3}$.	12. $6\sqrt[3]{16000}$.	R. $120\sqrt[3]{2}$.
2. $\sqrt[3]{56}$.	R. $2\sqrt[3]{7}$.	13. $\frac{1}{2}\sqrt[3]{16}$.	R. $\sqrt[3]{2}$.
3. $\sqrt[3]{250}$.	R. $5\sqrt[3]{2}$.		
4. $\sqrt[3]{162}$.	R. $3\sqrt[3]{6}$.	14. $\frac{2}{8}\sqrt[3]{54}$.	R. $2\sqrt[3]{2}$.
5. $\sqrt[3]{375}$.	R. $\sqrt[3]{3}$.	15. $\frac{8}{4}\sqrt[3]{128}$.	R. $3\sqrt[3]{2}$.
6. $\sqrt[3]{48}$.	R. $2\sqrt[3]{6}$.		
7. $\sqrt[3]{144}$.	R. $2\sqrt[3]{18}$.	16. $\frac{1}{5}\sqrt[3]{375}$.	R. $\sqrt[3]{3}$.
8. $\sqrt[3]{192}$.	R. $4\sqrt[3]{3}$.	17. $\frac{8}{5}\sqrt[3]{600}$.	R. $\frac{6}{5}\sqrt[3]{75}$.
9. $2\sqrt[3]{360}$.	R. $4\sqrt[3]{45}$.		
10. $5\sqrt[3]{3000}$.	R. $50\sqrt[3]{3}$.	18. $\frac{1}{8}\sqrt[3]{192}$.	R. $\frac{1}{2}\sqrt[3]{3}$.
11. $7\sqrt[3]{5488}$.	R. $98\sqrt[3]{2}$.		

II. SUMA Y RESTA DE RADICALES

(485) REGLA

Simplifíquense los radicales dados si es posible y efectúense las operaciones indicadas.

Ejemplos

(1) Efectuar $\sqrt{45} + \sqrt{80}$.

Primero descomponemos en factores primos las cantidades subradicales para simplificar y tendremos:

$$\sqrt{45} = \sqrt{3^2.5} = 3\sqrt{5}.$$
$$\sqrt{80} = \sqrt{2^4.5} = 2^2\sqrt{5} = 4\sqrt{5}.$$

Por tanto: $\quad\sqrt{45} + \sqrt{80} = 3\sqrt{5} + 4\sqrt{5} = 7\sqrt{5}.\quad R.$

porque es evidente que *tres veces* $\sqrt{5}$ más *cuatro veces* $\sqrt{5}$ equivale a *siete veces* $\sqrt{5}$.

(2) Efectuar $2\sqrt{3}+5\sqrt{27}-\sqrt{48}$.

Simplificando los radicales, tenemos: $2\sqrt{3}=2\sqrt{3}$.

$$5\sqrt{27}=5\sqrt{3^2.3}=5.3\sqrt{3}=15\sqrt{3}.$$
$$\sqrt{48}=\sqrt{2^4\times 3}=2^2\sqrt{3}=4\sqrt{3}.$$

Entonces: $2\sqrt{3}+5\sqrt{27}-\sqrt{48}=2\sqrt{3}+15\sqrt{3}-4\sqrt{3}$

$$=(2+15-4)\sqrt{3}=13\sqrt{3}. \quad \text{R.}$$

(3) Efectuar $2\sqrt{75}+\sqrt{28}-\sqrt{12}$.

$$2\sqrt{75}=2\sqrt{5^2.3}=2.5\sqrt{3}=10\sqrt{3}.$$
$$\sqrt{28}=\sqrt{2^2.7}=2\sqrt{7}.$$
$$\sqrt{12}=\sqrt{2^2.3}=2\sqrt{3}.$$

Entonces: $2\sqrt{75}+\sqrt{28}-\sqrt{12}=10\sqrt{3}+2\sqrt{7}-2\sqrt{3}$

$$=10\sqrt{3}-2\sqrt{3}+2\sqrt{7}=(10-2)\sqrt{3}+2\sqrt{7}=8\sqrt{3}+2\sqrt{7}. \quad \text{R.}$$

$2\sqrt{7}$ no se puede sumar con $8\sqrt{3}$ porque estos radicales no son semejantes.

(4) Efectuar $\frac{2}{3}\sqrt{18}+\frac{3}{5}\sqrt{50}-\frac{1}{3}\sqrt{45}$.

Simplificando: $\frac{2}{3}\sqrt{18}=\frac{2}{3}\sqrt{3^2.2}=\frac{2}{3}.3\sqrt{2}=2\sqrt{2}.$

$$\frac{3}{5}\sqrt{50}=\frac{3}{5}\sqrt{5^2.2}=\frac{3}{5}.5\sqrt{2}=3\sqrt{2}.$$

$$\frac{1}{3}\sqrt{45}=\frac{1}{3}\sqrt{3^2.5}=\frac{1}{3}.3\sqrt{5}=\sqrt{5}.$$

Entonces: $\frac{2}{3}\sqrt{18}+\frac{3}{5}\sqrt{50}-\frac{1}{3}\sqrt{45}=2\sqrt{2}+3\sqrt{2}-\sqrt{5}=5\sqrt{2}-\sqrt{5}$ R.

► EJERCICIO 216

Simplificar:

1. $2\sqrt{2}+3\sqrt{2}$.   R. $5\sqrt{2}$.

2. $6\sqrt{5}+8\sqrt{5}+7\sqrt{5}$.   R. $21\sqrt{5}$.

3. $3\sqrt{5}+\sqrt{20}$.   R. $5\sqrt{5}$.

4. $\sqrt{12}+\sqrt{27}$.   R. $5\sqrt{3}$.

5. $\sqrt{18}+\sqrt{50}$.   R. $8\sqrt{2}$.

6. $3\sqrt{20}-\sqrt{45}$.   R. $3\sqrt{5}$.

7. $\sqrt{32}+\sqrt{72}$.   R. $10\sqrt{2}$.

8. $\sqrt{108}-\sqrt{75}$.   R. $\sqrt{3}$.

9. $3\sqrt{28}-\sqrt{63}$.   R. $3\sqrt{7}$.

10. $3\sqrt{5}+\sqrt{20}+\sqrt{45}$.   R. $8\sqrt{5}$.

11. $\sqrt{12}+\sqrt{48}+\sqrt{75}$.   R. $11\sqrt{3}$.

12. $4\sqrt{300}+\sqrt{192}+\sqrt{243}$.   R. $57\sqrt{3}$.

13. $\frac{1}{2}\sqrt{8}+\frac{3}{5}\sqrt{50}$.   R. $4\sqrt{2}$.

14. $\frac{1}{3}\sqrt{27}+\frac{3}{4}\sqrt{48}+\frac{1}{2}\sqrt{12}$.   R. $5\sqrt{3}$.

15. $\frac{1}{5}\sqrt{125}+\frac{2}{3}\sqrt{45}-\frac{3}{7}\sqrt{245}$.   R. 0.

(5) Efectuar $\sqrt[3]{24} + \sqrt[3]{81}$.

Simplificando los radicales, tenemos: $\sqrt[3]{24} = \sqrt[3]{2^3.3} = 2\sqrt[3]{3}$.

$$\sqrt[3]{81} = \sqrt[3]{3^3.3} = 3\sqrt[3]{3}.$$

Entonces:

$$\sqrt[3]{24} + \sqrt[3]{81} = 2\sqrt[3]{3} + 3\sqrt[3]{3} = 5\sqrt[3]{3}. \quad R.$$

(6) Efectuar $3\sqrt[3]{40} + \sqrt[3]{135} - \sqrt[3]{625}$.

Simplificando: $3\sqrt[3]{40} = 3\sqrt[3]{2^3.5} = 3.2\sqrt[3]{5} = 6\sqrt[3]{5}$.

$$\sqrt[3]{135} = \sqrt[3]{3^3.5} = 3\sqrt[3]{5}.$$

$$\sqrt[3]{625} = \sqrt[3]{5^3.5} = 5\sqrt[3]{5}.$$

Entonces:

$$3\sqrt[3]{40} + \sqrt[3]{135} - \sqrt[3]{625} = 6\sqrt[3]{5} + 3\sqrt[3]{5} - 5\sqrt[3]{5} = 4\sqrt[3]{5}. \quad R.$$

(7) Efectuar $5\sqrt[3]{16} + \sqrt[3]{81} - \sqrt[3]{128}$.

Simplificando: $5\sqrt[3]{16} = 5\sqrt[3]{2^3.2} = 10\sqrt[3]{2}$.

$$\sqrt[3]{81} = \sqrt[3]{3^3.3} = 3\sqrt[3]{3}.$$

$$\sqrt[3]{128} = \sqrt[3]{2^6.2} = 2^2\sqrt[3]{2} = 4\sqrt[3]{2}.$$

Entonces:

$$5\sqrt[3]{16} + \sqrt[3]{81} - \sqrt[3]{128} = 10\sqrt[3]{2} + 3\sqrt[3]{3} - 4\sqrt[3]{2}$$
$$= 10\sqrt[3]{2} - 4\sqrt[3]{2} + 3\sqrt[3]{3} = 6\sqrt[3]{2} + 3\sqrt[3]{3}. \quad R.$$

(8) Efectuar $\dfrac{1}{2}\sqrt[3]{16} + \dfrac{2}{3}\sqrt[3]{54} - \dfrac{2}{5}\sqrt[3]{250}$.

Simplificando: $\dfrac{1}{2}\sqrt[3]{16} = \dfrac{1}{2}\sqrt[3]{2^3.2} = \dfrac{1}{2}.2\sqrt[3]{2} = \sqrt[3]{2}$.

$$\dfrac{2}{3}\sqrt[3]{54} = \dfrac{2}{3}\sqrt[3]{3^3.2} = \dfrac{2}{3}.3\sqrt[3]{2} = 2\sqrt[3]{2}.$$

$$\dfrac{2}{5}\sqrt[3]{250} = \dfrac{2}{5}\sqrt[3]{5^3.2} = \dfrac{2}{5}.5\sqrt[3]{2} = 2\sqrt[3]{2}.$$

Entonces:

$$\dfrac{1}{2}\sqrt[3]{16} + \dfrac{2}{3}\sqrt[3]{54} - \dfrac{2}{5}\sqrt[3]{250} = \sqrt[3]{2} + 2\sqrt[3]{2} - 2\sqrt[3]{2} = \sqrt[3]{2}. \quad R.$$

➤ **EJERCICIO 217**

Efectuar:

1. $3\sqrt[3]{5} + 2\sqrt[3]{5}.$ R. $5\sqrt[3]{5}.$
2. $\sqrt[3]{2} + 3\sqrt[3]{2} + 5\sqrt[3]{2}.$ R. $9\sqrt[3]{2}.$
3. $\sqrt[3]{24} + \sqrt[3]{81}.$ R. $5\sqrt[3]{3}.$
4. $\sqrt[3]{16} + \sqrt[3]{250}.$ R. $7\sqrt[3]{2}.$
5. $\sqrt[3]{54} - \sqrt[3]{16}.$ R. $\sqrt[3]{2}.$
6. $3\sqrt[3]{32} - \sqrt[3]{500}.$ R. $\sqrt[3]{4}.$
7. $\sqrt[3]{648} + \sqrt[3]{1029}.$ R. $13\sqrt[3]{3}.$
8. $2\sqrt[3]{1024} - \sqrt[3]{2000}.$ R. $6\sqrt[3]{2}.$

9. $8\sqrt[3]{189} + 6\sqrt[3]{448}.$ R. $33\sqrt[3]{7}.$
10. $\sqrt[3]{40} + \sqrt[3]{1715} + \sqrt[3]{320}.$ R. $13\sqrt[3]{5}.$
11. $5\sqrt[3]{81} - \sqrt[3]{56} + \sqrt[3]{192}.$ R. $19\sqrt[3]{3} - 2\sqrt[3]{7}.$
12. $2\sqrt[3]{48} + \sqrt[3]{432} - \sqrt[3]{384}.$ R. $6\sqrt[3]{2}.$
13. $\frac{1}{2}\sqrt[3]{16} + \frac{1}{8}\sqrt[3]{250}.$ R. $2\frac{2}{3}\sqrt[3]{2}.$
14. $\frac{3}{2}\sqrt[3]{24} + \frac{1}{5}\sqrt[3]{375} + \frac{1}{7}\sqrt[3]{1029}.$ R. $5\sqrt[3]{3}.$
15. $\frac{3}{4}\sqrt[3]{128} + \frac{2}{5}\sqrt[3]{250} + \frac{1}{3}\sqrt[3]{135}.$ R. $5\sqrt[3]{2} + \sqrt[3]{5}.$

III. MULTIPLICACION DE RADICALES

(486) REGLA

Para multiplicar radicales del mismo índice se multiplican los coeficientes entre sí y las cantidades subradicales entre sí, y el producto de las cantidades subradicales se coloca bajo el signo radical común.

Ejemplos

(1) Efectuar $\sqrt{6} \cdot \sqrt{10}$

Tendremos: $\sqrt{6} \cdot \sqrt{10} = \sqrt{6.10} = \sqrt{60} = \sqrt{2^2 . 3.5} = 2\sqrt{15}$ R.

En efecto: Se ha demostrado **(474)** que para extraer la raíz de cualquier grado de un producto se extrae la raíz de cada factor y se multiplican entre sí estas raíces, luego:

$$\sqrt{6.10} = \sqrt{6} \cdot \sqrt{10}$$

o lo que es lo mismo $\sqrt{6} \cdot \sqrt{10} = \sqrt{6.10}$

que es la regla que hemos aplicado.

(El resultado debe siempre reducirse a su más simple expresión.)

(2) Efectuar $2\sqrt{3} \cdot 5\sqrt{18}$

$2\sqrt{3}\ 5\sqrt{18} = 2\ 5\sqrt{3.18} = 10\sqrt{54} = 10\sqrt{3^2\ 3\ 2} = 30\sqrt{6}$ R

(3) Efectuar $3\sqrt[3]{10} \cdot 5\sqrt[3]{12}$

$3\sqrt[3]{10}\ 5\sqrt[3]{12} = 3.5\sqrt[3]{10.12} = 15\sqrt[3]{120} = 15\sqrt[3]{2^3.3.5} = 30\sqrt[3]{15}$ R.

(4) Efectuar $\frac{2}{3}\sqrt{15} \cdot \frac{3}{4}\sqrt{30} \cdot \frac{5}{6}\sqrt{8}$

$$\frac{2}{3}\sqrt{15} \cdot \frac{3}{4}\sqrt{30} \cdot \frac{5}{6}\sqrt{8} = \frac{2}{3} \cdot \frac{3}{4} \cdot \frac{5}{6}\sqrt{15.30.8} = \frac{5}{12}\sqrt{3600}$$

$$= \frac{5}{12}\sqrt{2^4 . 3^2\ 5^2} = \frac{5}{12}\ 2^2.\ 3.5 = \frac{5}{12}\ 4.3..5 = 25 \quad R.$$

> **EJERCICIO 218**

Efectuar:

1. $\sqrt{2} \cdot \sqrt{6}.$ **R.** $2\sqrt{3}.$
2. $\sqrt{3} \cdot \sqrt{21}.$ **R.** $3\sqrt{7}.$
3. $2\sqrt{5} \cdot 3\sqrt{20}.$ **R.** 60.
4. $3\sqrt{7} \cdot 5\sqrt{35}.$ **R.** $105\sqrt{5}.$
5. $\sqrt[3]{4} \cdot \sqrt[3]{6}.$ **R.** $2\sqrt[3]{3}.$
6. $\sqrt[3]{10} \cdot \sqrt[3]{20}.$ **R.** $2\sqrt[3]{25}.$
7. $3\sqrt[3]{6} \cdot 2\sqrt[3]{36}.$ **R.** 36.
8. $2\sqrt[3]{12} \cdot 5\sqrt[3]{72}.$ **R.** $60\sqrt[3]{4}.$
9. $\sqrt{2} \cdot \sqrt{6} \cdot \sqrt{8}.$ **R.** $4\sqrt{6}.$
10. $3\sqrt{10} \cdot 7\sqrt{14} \cdot \sqrt{5}.$ **R.** $210\sqrt{7}.$

11. $\sqrt[3]{4} \cdot \sqrt[3]{6} \cdot \sqrt[3]{2}.$ **R.** $2\sqrt[3]{6}.$
12. $2\sqrt[3]{3} \cdot 3\sqrt[3]{4} \cdot 4\sqrt[3]{10}.$ **R.** $48\sqrt[3]{15}.$
13. $\dfrac{1}{2}\sqrt{6} \cdot \dfrac{2}{3}\sqrt{15}.$ **R.** $\sqrt{10}.$
14. $\dfrac{1}{2}\sqrt[3]{4} \cdot 3\sqrt[3]{6}.$ **R.** $3\sqrt[3]{3}.$
15. $\dfrac{2}{3}\sqrt{5} \cdot \dfrac{3}{4}\sqrt{10} \; \dfrac{1}{2}\sqrt{15}.$ **R.** $1\dfrac{1}{4}\sqrt{30}.$
16. $\dfrac{5}{6}\sqrt[3]{4} \cdot \dfrac{1}{5}\sqrt[3]{16} \cdot 6\sqrt[3]{12}.$ **R.** $4\sqrt[3]{12}.$

IV. DIVISION DE RADICALES

(487) REGLA

Para dividir radicales del mismo índice se dividen los coeficientes entre sí y las cantidades subradicales entre sí y el cociente de las cantidades subradicales se coloca bajo el signo radical común.

Ejemplos

(1) Efectuar $\sqrt{150} \div \sqrt{2}$

Tendremos:

$$\sqrt{150} \div \sqrt{2} = \sqrt{150 \div 2} = \sqrt{75} = \sqrt{3.5^2} = 5\sqrt{3} \quad \text{R.}$$

En efecto: Hemos probado en el número anterior que

$$\sqrt{2} \cdot \sqrt{75} = \sqrt{2.75} = \sqrt{150}$$

Si dividimos el producto $\sqrt{150}$ por uno de los factores $\sqrt{2}$ evidentemente obtendremos el otro factor, $\sqrt{75}$ y tendremos:

$$\sqrt{150} \div \sqrt{2} = \sqrt{75}$$

que es la regla que hemos aplicado.

(2) Efectuar $10\sqrt{10} \div 5\sqrt{2}$

$$10\sqrt{10} \div 5\sqrt{2} = \frac{10}{5}\sqrt{10 \div 2} = 2\sqrt{5} \quad \text{R.}$$

(3) Efectuar $3\sqrt[3]{108} \div 4\sqrt[3]{4}$

$$3\sqrt[3]{108} \div 4\sqrt[3]{4} = \frac{3}{4}\sqrt[3]{108 \div 4} = \frac{3}{4}\sqrt[3]{27} = \frac{3}{4}\sqrt[3]{3^3} = \frac{3}{4} \cdot 3 = \frac{9}{4} = 2\frac{1}{4} \quad \text{R.}$$

(4) Efectuar $\dfrac{2}{3}\sqrt{350} \div \dfrac{3}{4}\sqrt{7}$

$$\frac{2}{3}\sqrt{350} \div \frac{3}{4}\sqrt{7} = \frac{^2/_3}{^3/_4}\sqrt{350 \div 7} = \frac{8}{9}\sqrt{50} = \frac{8}{9}\sqrt{2.5^2} = \frac{8}{9} \cdot 5\sqrt{2} = \frac{40}{9}\sqrt{2} = 4\frac{4}{9}\sqrt{2} \quad \text{R.}$$

➤ **EJERCICIO 219**

Efectuar:

1    $\sqrt{8} \div \sqrt{2}.$ R. 2.   9. $\frac{1}{2}\sqrt{10} \div 2\sqrt{5}.$ R. $\frac{1}{4}\sqrt{2}.$

2. $\sqrt{10} \div \sqrt{5}.$ R. $\sqrt{2}.$ 10. $\frac{8}{5}\sqrt{500} \div \frac{8}{2}\sqrt{20}.$ R. 2.

3. $\sqrt{24} \div \sqrt{3}.$ R. $2\sqrt{2}.$ 11. $\sqrt[3]{48} \div \sqrt[3]{3}.$ R. $2\sqrt[3]{2}.$

4. $\sqrt{60} \div \sqrt{5}.$ R. $2\sqrt{3}.$ 12. $\sqrt[3]{200} \div \sqrt[3]{25}.$ R. 2.

5. $4\sqrt{75} \div 2\sqrt{3}.$ R. 10.   13. $2\sqrt[3]{405} \div 3\sqrt[3]{3}.$ R. $2\sqrt[3]{5}.$

6. $5\sqrt{120} \div 6\sqrt{40}.$ R. $\frac{5}{6}\sqrt{3}.$ 14. $\frac{1}{2}\sqrt[3]{16} \div 2\sqrt[3]{2}.$ R. $\frac{1}{2}.$

7. $7\sqrt{140} \div 8\sqrt{7}.$ R. $1\frac{3}{4}\sqrt{5}.$ 15. $\frac{3}{5}\sqrt[3]{686} \div \frac{6}{5}\sqrt[3]{2}.$ R. $3\frac{1}{2}.$

8. $5\sqrt{560} \div 7\sqrt{10}.$ R. $1\frac{3}{7}\sqrt{14}.$ 16. $\frac{7}{8}\sqrt[3]{1024} \div \frac{3}{4}\sqrt[3]{2}.$ R. $9\frac{1}{3}.$

V. POTENCIAS DE RADICALES

(488) **REGLA**

Para elevar un radical a una potencia cualquiera se eleva a esa potencia la cantidad subradical.

| Ejemplos | (1) Elevar $\sqrt{2}$ al cubo. |

Tendremos: $(\sqrt{2})^3 = \sqrt{2^3} = \sqrt{8} = \sqrt{2^2 \cdot 2} = 2\sqrt{2}$ R.

En efecto: Recordando **(477)** que $\sqrt{2} = 2^{\frac{1}{2}}$ tendremos:

$$(\sqrt{2})^3 = \left(2^{\frac{1}{2}}\right)^3 = 2^{\frac{3}{2}} = \sqrt{2^3} \quad \textbf{(478)}$$

luego queda justificada la regla aplicada.

(2) Elevar $\sqrt[3]{2}$ a la cuarta potencia.

$$(\sqrt[3]{2})^4 = \sqrt[3]{2^4} = \sqrt[3]{16} = \sqrt[3]{2^3 \cdot 2} = 2\sqrt[3]{2} \quad \text{R.}$$

➤ **EJERCICIO 220**

Efectuar:

1. $(\sqrt{5})^2.$ R. 5.   4. $(\sqrt{10})^2.$ R. 10.   7. $(\sqrt[3]{15})^2.$ R. $\sqrt[3]{225}.$

2. $(\sqrt{3})^3.$ R. $3\sqrt{3}.$ 5. $(\sqrt[3]{4})^2.$ R. $2\sqrt[3]{2}.$ 8. $(\sqrt[3]{20})^2.$ R. $2\sqrt[3]{25}.$

3. $(\sqrt{5})^4.$ R. 25.   6. $(\sqrt[3]{18})^2.$ R. $3\sqrt[3]{12}.$ 9. $(\sqrt[3]{50})^3.$ R. $5\sqrt[3]{40}.$

VI. RAICES DE RADICALES

(489) REGLA

Se multiplican los índices de los radicales y se coloca la cantidad subradical bajo un radical que tenga por índice el producto de los índices de los radicales.

| Ejemplo |

Extraer la raíz cúbica de $\sqrt{128}$

Tendremos: $\sqrt[3]{\sqrt{128}} = \sqrt[6]{128} = \sqrt[6]{2^6 . 2} = 2\sqrt[6]{2}$ R.

➤ **EJERCICIO 221**

Efectuar:

1. $\sqrt{\sqrt{16}}$.	**R.** 2.	4. $\sqrt{\sqrt[3]{256}}$.	**R.** $2\sqrt[6]{4}$.	7. $\sqrt[3]{\sqrt[4]{20}}$.	**R.** $\sqrt[12]{20}$.
2. $\sqrt{\sqrt{32}}$.	**R.** $2\sqrt[4]{2}$.	5. $\sqrt[3]{\sqrt[3]{1024}}$.	**R.** $2\sqrt[9]{2}$.	8. $\sqrt[5]{\sqrt{2048}}$.	**R.** $2\sqrt[10]{2}$.
3. $\sqrt{\sqrt{80}}$.	**R.** $2\sqrt[4]{5}$.	6. $\sqrt[4]{\sqrt{6561}}$.	**R.** 3.	9. $\sqrt{\sqrt{\sqrt{6561}}}$.	**R.** 3.

VII. RACIONALIZACION

(490) RACIONALIZAR EL DENOMINADOR DE UN QUEBRADO es transformar un quebrado que tenga por denominador un número irracional en otro quebrado equivalente cuyo denominador sea racional, es decir, que tenga raíz exacta, a fin de extraer esta raíz y que **desaparezca el signo radical del denominador.**

(491) RACIONALIZAR EL DENOMINADOR DE UN QUEBRADO CUANDO EL DENOMINADOR ES UN RADICAL DE SEGUNDO GRADO

REGLA

Se multiplican los dos términos del quebrado por el radical que multiplicado por el denominador lo convierte en cuadrado perfecto y se simplifica el resultado.

| Ejemplos |

(1) Racionalizar el denominador de $\dfrac{2}{\sqrt{2}}$

Se multiplican los dos términos del quebrado por $\sqrt{2}$ y se efectúan operaciones:

$$\frac{2}{\sqrt{2}} = \frac{2.\sqrt{2}}{\sqrt{2}.\sqrt{2}} = \frac{2\sqrt{2}}{\sqrt{2^2}} = \frac{2\sqrt{2}}{2} = \sqrt{2}   \text{R.}$$

(2) Racionalizar el denominador de $\dfrac{5}{2\sqrt{3}}$.

$$\frac{5}{2\sqrt{3}} = \frac{5.\sqrt{3}}{2\sqrt{3}.\sqrt{3}} = \frac{5\sqrt{3}}{2\sqrt{3^2}} = \frac{5\sqrt{3}}{2.3} = \frac{5}{6}\sqrt{3} \quad R.$$

(3) Racionalizar el denominador de $\dfrac{2}{\sqrt{18}}$.

Como $18 = 2 \cdot 3^2$ multiplicamos ambos términos del quebrado por $\sqrt{2}$ para que el exponente del 2 se haga par:

$$\frac{2}{\sqrt{18}} = \frac{2\sqrt{2}}{\sqrt{2 \cdot 3^2}.\sqrt{2}} = \frac{2\sqrt{2}}{\sqrt{2^2 \cdot 3^2}} = \frac{2\sqrt{2}}{2.3} = \frac{\sqrt{2}}{3} = \frac{1}{3}\sqrt{2} \quad R.$$

➤ **EJERCICIO 222**

Racionalizar el denominador de:

1. $\dfrac{1}{\sqrt{3}}$. **R.** $\frac{1}{3}\sqrt{3}$.

2. $\dfrac{3}{\sqrt{2}}$. **R.** $1\frac{1}{2}\sqrt{2}$.

3. $\dfrac{2}{\sqrt{5}}$. **R.** $\frac{2}{5}\sqrt{5}$.

4. $\dfrac{3}{\sqrt{7}}$. **R.** $\frac{3}{7}\sqrt{7}$.

5. $\dfrac{7}{\sqrt{10}}$. **R.** $\frac{7}{10}\sqrt{10}$.

6. $\dfrac{11}{\sqrt{6}}$. **R.** $1\frac{5}{6}\sqrt{6}$.

7. $\dfrac{2}{\sqrt{12}}$. **R.** $\frac{1}{3}\sqrt{3}$.

8. $\dfrac{3}{\sqrt{27}}$. **R.** $\frac{1}{3}\sqrt{3}$.

9. $\dfrac{14}{\sqrt{15}}$. **R.** $\frac{14}{15}\sqrt{15}$.

10. $\dfrac{5}{\sqrt{90}}$. **R.** $\frac{1}{6}\sqrt{10}$.

11. $\dfrac{9}{\sqrt{32}}$. **R.** $1\frac{1}{8}\sqrt{2}$.

12. $\dfrac{6}{\sqrt{128}}$. **R.** $\frac{3}{8}\sqrt{2}$.

13. $\dfrac{1}{2\sqrt{2}}$. **R.** $\frac{1}{4}\sqrt{2}$.

14. $\dfrac{1}{3\sqrt{3}}$. **R.** $\frac{1}{9}\sqrt{3}$.

15. $\dfrac{3}{2\sqrt{2}}$. **R.** $\frac{3}{4}\sqrt{2}$.

16. $\dfrac{4}{3\sqrt{3}}$. **R.** $\frac{4}{9}\sqrt{3}$.

17. $\dfrac{1}{3\sqrt{5}}$. **R.** $\frac{1}{15}\sqrt{5}$.

18. $\dfrac{7}{4\sqrt{7}}$. **R.** $\frac{1}{4}\sqrt{7}$.

(492) **RACIONALIZAR EL DENOMINADOR DE UN QUEBRADO CUANDO EL DENOMINADOR ES UN RADICAL DE TERCER GRADO**

REGLA

Se multiplican los dos términos del quebrado por el radical que multiplicado por el denominador lo convierte en cubo perfecto y se simplifica el resultado.

Ejemplos

(1) Racionalizar el denominador de $\dfrac{2}{\sqrt[3]{2}}$

Se multiplican ambos términos del quebrado por $\sqrt[3]{2^2}$ y se efectúan operaciones:

$$\frac{2}{\sqrt[3]{2}} = \frac{2 \cdot \sqrt[3]{2^2}}{\sqrt[3]{2} \cdot \sqrt[3]{2^2}} = \frac{2\sqrt[3]{4}}{\sqrt[3]{2^3}} = \frac{2\sqrt[3]{4}}{2} = \sqrt[3]{4} \quad \text{R.}$$

(2) Racionalizar el denominador de $\dfrac{2}{3\sqrt[3]{3}}$

Se multiplican ambos términos del quebrado por $\sqrt[3]{3^2}$ y tenemos:

$$\frac{2}{3\sqrt[3]{3}} = \frac{2 \cdot \sqrt[3]{3^2}}{3\sqrt[3]{3} \cdot \sqrt[3]{3^2}} = \frac{2\sqrt[3]{9}}{3\sqrt[3]{3^3}} = \frac{2\sqrt[3]{9}}{3 \cdot 3} = \frac{2\sqrt[3]{9}}{9} = \frac{2}{9}\sqrt[3]{9} \quad \text{R.}$$

(3) Racionalizar el denominador de $\dfrac{3}{\sqrt[3]{12}}$

Como $12 = 2^2 \cdot 3$ hay que multiplicar ambos términos por $\sqrt[3]{2 \cdot 3^2}$ para que los exponentes queden múltiplos de 3 y tenemos:

$$\frac{3}{\sqrt[3]{12}} = \frac{3 \cdot \sqrt[3]{2 \cdot 3^2}}{\sqrt[3]{2^2 \cdot 3} \cdot \sqrt[3]{2 \cdot 3^2}} = \frac{3\sqrt[3]{18}}{\sqrt[3]{2^3 \cdot 3^3}} = \frac{3 \cdot \sqrt[3]{18}}{2 \cdot 3} = \frac{1}{2}\sqrt[3]{18} \quad \text{R.}$$

➤ EJERCICIO 223

Racionalizar el denominador de:

1. $\dfrac{1}{\sqrt[3]{2}}$.   R. $\frac{1}{2}\sqrt[3]{4}$.

2. $\dfrac{5}{\sqrt[3]{2}}$.   R. $2\frac{1}{2}\sqrt[3]{4}$.

3. $\dfrac{3}{\sqrt[3]{3}}$.   R. $\sqrt[3]{9}$.

4. $\dfrac{7}{\sqrt[3]{5}}$.   R. $1\frac{2}{5}\sqrt[3]{25}$.

5. $\dfrac{4}{\sqrt[3]{16}}$.   R. $\sqrt[3]{4}$.

6. $\dfrac{7}{\sqrt[3]{11}}$.   R. $\frac{7}{11}\sqrt[3]{121}$.

7. $\dfrac{2}{\sqrt[3]{4}}$.   R. $\sqrt[3]{2}$.

8. $\dfrac{9}{\sqrt[3]{9}}$.   R. $3\sqrt[3]{3}$.

9. $\dfrac{3}{\sqrt[3]{6}}$.   R. $\frac{1}{2}\sqrt[3]{36}$.

10. $\dfrac{1}{2\sqrt[3]{3}}$.   R. $\frac{1}{6}\sqrt[3]{9}$.

11. $\dfrac{5}{3\sqrt[3]{2}}$.   R. $\frac{5}{6}\sqrt[3]{4}$.

12. $\dfrac{7}{5\sqrt[3]{5}}$.   R. $\frac{7}{25}\sqrt[3]{25}$.

13. $\dfrac{1}{10\sqrt[3]{7}}$.   R. $\frac{1}{70}\sqrt[3]{49}$.

14. $\dfrac{5}{2\sqrt[3]{4}}$.   R. $1\frac{1}{4}\sqrt[3]{2}$.

15. $\dfrac{3}{5\sqrt[3]{10}}$.   R. $\frac{3}{50}\sqrt[3]{100}$.

El grado de desarrollo a que llegaron los hindúes en matemáticas se debe al carácter abstracto de su pensamiento. Esto los llevó a plantearse problemas numéricos de mayor profundidad, mucho antes que otros pueblos preciados de más cultos y civilizados. En el siglo VI después de Jesucristo, Aryabhata, estableció el valor aproximado de π (3.14159.....), y además dio la regla para la extracción de la raíz cuadrada.

RAIZ CUADRADA   **CAPITULO XXXIII**

(493) RAIZ CUADRADA EXACTA de un número es el número que elevado al cuadrado reproduce exactamente el número dado.

Así, 3 es la raíz cuadrada exacta de 9 porque $3^2 = 9$; 5 es la raíz cuadrada exacta de 25 porque $5^2 = 25$.

(494) RAIZ CUADRADA INEXACTA O ENTERA de un número es el mayor número cuyo cuadrado está contenido en el número dado (**raíz cuadrada inexacta por defecto**) o el número cuyo cuadrado excede en menos al número dado (**raíz cuadrada inexacta por exceso**).

Así, 5 es la raíz cuadrada inexacta por defecto de 32 porque $5^2 = 25$ y 5 es el mayor número cuyo cuadrado está contenido en 32; 6 es la raíz cuadrada inexacta por exceso de 32 porque $6^2 = 36$, y 6 es el número cuyo cuadrado excede en menos a 32.

(495) RESIDUO POR DEFECTO DE LA RAIZ CUADRADA INEXACTA DE UN NUMERO es la diferencia entre el número y el cuadrado de su raíz cuadrada por defecto.

Así, la raíz cuadrada de 52 es 7 y el residuo es $52 - 7^2 = 52 - 49 = 3$; la raíz cuadrada de 130 es 11 y el residuo es $130 - 11^2 = 130 - 121 = 9$.

373

I. RAIZ CUADRADA DE LOS NUMEROS ENTEROS

(496) CASOS QUE OCURREN

Pueden ocurrir dos casos: 1) Que el número dado sea menor que 100. 2) Que el número dado sea mayor que 100.

(497) RAIZ CUADRADA DE UN NUMERO MENOR QUE 100

REGLA

Se busca entre los nueve primeros números aquel cuyo cuadrado sea igual o se acerque más al número dado, y dicho número será la raíz cuadrada del número dado.

| Ejemplos | $\sqrt{36} = 6$ porque $6^2 = 36$; $\sqrt{71} = 8$ porque $8^2 = 64$ y es el que más se acerca. |

(498) RAIZ CUADRADA DE UN NUMERO MAYOR QUE 100

La regla para este caso se funda en los siguientes teoremas.

(499) TEOREMA

La raíz cuadrada entera de las centenas de un número es exactamente las decenas de la raíz cuadrada de dicho número.

Sea el número N, cuya raíz cuadrada, que consta de decenas y unidades, la vamos a representar por $d + u$, donde d representa las decenas y u las unidades de la raíz, y sea R el resto.

Según la definición de raíz cuadrada, tendremos:

$$N = (d + u)^2 + R = d^2 + 2du + u^2 + R \text{ (si hay resto)}$$
$$\text{o sea } N = d^2 + 2du + u^2 + R$$

es decir, que el número N está compuesto del cuadrado de las decenas de la raíz, más el duplo de las decenas por las unidades, más el cuadrado de las unidades, más el resto si lo hay.

Ahora bien: d^2 da centenas; luego, estará contenido en las centenas de N; pero en las centenas de N puede haber otras centenas además de las que provienen de d^2, pudiendo provenir estas nuevas centenas de $2du$ y de R; luego, extrayendo la raíz cuadrada de las centenas de N, obtendremos un número que no será menor que las decenas de la raíz y que tampoco será mayor, porque si lo fuera, habría más centenas en el cuadrado de las decenas de la raíz que en el número dado, lo cual es imposible. Luego, si la raíz cuadrada de las centenas de N no es mayor ni menor que las decenas de la raíz, es exactamente dichas decenas, que era lo que queríamos demostrar.

500 TEOREMA

Si de un número se resta el cuadrado de las decenas de su raíz cuadrada y el resto, separando la primera cifra de la derecha, se divide por el duplo de dichas decenas, el cociente será la cifra de las unidades de la raíz o una cifra mayor.

En efecto:

Ya sabemos que $N = d^2 + 2du + u^2 + R$.

Si de N, o sea, de su igual $d^2 + 2du + u^2 + R$ restamos d^2, tendremos:

$$N - d^2 = d^2 + 2du + u^2 + R - d^2 = 2du + u^2 + R,$$

o sea,
$$N - d^2 = 2du + u^2 + R.$$

Ahora bien: $2du$ produce decenas que estarán contenidas en las decenas del resto; pero en este resto también puede haber otras decenas que provengan de u^2 y de R. Luego, dividiendo las decenas del resto $N - d^2$ por $2d$, obtendremos u o una cifra mayor.

501 REGLA PRACTICA PARA EXTRAER LA RAIZ CUADRADA DE UN NUMERO MAYOR QUE 100

Se divide el número dado en grupos de dos cifras, empezando por la derecha; el último grupo, período o sección puede tener una o dos cifras. Se extrae la raíz cuadrada del primer grupo o período y ésta será la primera cifra de la raíz. Esta cifra se eleva al cuadrado y este cuadrado se resta de dicho primer período. A la derecha de este resto se coloca la sección siguiente; se separa con una coma la primera cifra de la derecha y lo que queda a la izquierda lo dividimos por el duplo de la raíz hallada. El cociente representará la cifra siguiente de la raíz o una cifra mayor. Para probar si esa cifra es buena se la escribe a la derecha del duplo de la raíz hallada, y el número así formado se multiplica por la cifra que se comprueba. Si este producto se puede restar del número del cual separamos la primera cifra de la derecha, la cifra es buena y se sube a la raíz; si no se puede restar, se le disminuye una unidad o más hasta que el producto se pueda restar. Hecho esto, se resta dicho producto; a la derecha del resto se escribe la sección siguiente y se repiten las operaciones anteriores hasta haber bajado el último período.

Extraer la raíz cuadrada de 103681.

Ejemplo

$$
\begin{array}{r|l}
\sqrt{\quad 10,\ 36,\ 81} & 321 \\
-\ 9 & 3 \times 2 = 6 \\
\hline
13,6 & 62 \times 2 = 124 \qquad 13 \div 6 = 2 \\
-\ 12\,4 & \\
\hline
01\,28,1 & 32 \times 2 = 64 \\
& 642 \times 2 = 1284 \\
-\ \quad 64\,1 & 641 \times 1 = 641 \qquad 128 \div 64 = 2 \\
\hline
0\,64\,0 & \\
\end{array}
$$

EXPLICACION

Hemos dividido el número dado en grupos de dos cifras, empezando por la derecha. Extraemos la raíz cuadrada del primer período de la raíz 10, que es 3, la elevamos al cuadrado y nos da 9; este 9 lo restamos del primer período. Nos da 1 de resto. A la derecha de este 1 bajamos el segundo período 36 y se forma el número 136. Separamos la primera cifra de la derecha y queda 13,6. Lo que queda a la izquierda, 13, lo dividimos por el duplo de la raíz hallada que es 6 y nos da de cociente 2. Para ver si esta cifra es buena la escribimos al lado del duplo de la raíz y se forma el número 62 que lo multiplicamos por la misma cifra 2, siendo el producto 124.

Como este producto se puede restar de 136 lo restamos y subimos el 2 a la raíz. La resta nos da 12, le escribimos a la derecha la sección siguiente 81 y se forma el número 1281. Separamos su primera cifra de la derecha y queda 128,1 y dividimos 128 entre el duplo de la raíz 32, que es 64 y nos da de cociente 2. Para probar esta cifra la escribimos al lado del 64 y formamos el número 642 que lo multiplicamos por 2 y nos da 1284. Como este producto no se puede restar de 1281 la cifra 2 no es buena; la rebajamos una unidad y queda 1; probamos el 1 escribiéndolo al lado del 64 y formamos el número 641; este producto lo multiplicamos por 1, nos da 641, y como 641 se puede restar de 1281 lo restamos y subimos el 1 a la raíz. 640 es el resto de la raíz.

OBSERVACION

Si al separar la primera cifra de la derecha nos encontramos con que lo que queda a la izquierda no se puede dividir por el duplo de la raíz, ponemos cero en la raíz, bajamos el período siguiente y continuamos la operación.

(502) PRUEBA DE LA RAIZ CUADRADA

Se eleva al cuadrado la raíz; a este cuadrado se le suma el residuo, y la suma debe dar la cantidad subradical.

Así, en el ejemplo anterior, tendremos: ⟶

Cuadrado de la raíz: $321 \times 321 = 103041$
Residuo .... $+ \quad 640$
$\overline{}$
Cantidad subradical: $\quad 103681$

(503) PRUEBA DEL 9 EN LA RAIZ CUADRADA

Se halla el residuo entre 9 de la cantidad subradical y de la raíz. El residuo entre 9 de la raíz se eleva al cuadrado; a este cuadrado se le halla el residuo entre 9 y este residuo se suma con el residuo entre 9 del residuo de la raíz cuadrada, si lo hay. El residuo entre 9 de esta suma tiene que ser igual, si la operación está correcta, al residuo entre 9 de la cantidad subradical.

Así, en el ejemplo anterior, tendremos: ⟶

Residuo entre 9 de 103681...........	1
Residuo entre 9 de 321..............	6
Cuadrado de este residuo............	36
Residuo entre 9 de este cuadrado......	0
Residuo entre 9 del residuo 640.......	1
Suma de estos dos últimos residuos.. $.0 + 1 =$	1
Residuo entre 9 de esta suma.........	1

➤ **EJERCICIO 224**

Hallar la raíz cuadrada de:

1.	324.	R. 18.	10.	641601.	R. 801.
2.	841.	R. 29.	11.	822649.	R. 907.
3.	3969.	R. 63.	12.	870620.	R. 933. Res. 131.
4.	9409.	R. 97.	13.	999437.	R. 999. Res. 1436.
5.	9801.	R. 99.	14.	1003532.	R. 1001. Res. 1531.
6.	10201.	R. 101.	15.	21487547.	R. 4635. Res. 4322.
7.	11881.	R. 109.	16.	111001210.	R. 10535. Res. 14985.
8.	254016.	R. 504.	17.	2025150194.	R. 45001. Res. 60193.
9.	603729.	R. 777.	18.	552323657856.	R. 743184. Res. 1200000.

(504) TEOREMA

El residuo de la raíz cuadrada de un número entero es siempre menor que el duplo de la raíz más 1.

Sea A un número entero, N su raíz cuadrada inexacta por defecto y R el residuo. Tendremos: $A = N^2 + R$.

Siendo N la raíz cuadrada inexacta por defecto de A, $N + 1$ será la raíz cuadrada por exceso y tendremos: $A < (N + 1)^2$, o sea, $A < N^2 + 2N + 1$.

Ahora bien, como $A = N^2 + R$ en lugar de A podemos poner $N^2 + R$ y la última desigualdad se convierte en: $N^2 + R < N^2 + 2N + 1$.

Suprimiendo N^2 en los dos miembros de la desigualdad anterior, ésta no varía y nos queda: $R < 2N + 1$ que era lo que queríamos demostrar.

II. RAIZ CUADRADA DE LOS DECIMALES

(505) REGLA

Se separa el número decimal en grupos de dos cifras a derecha e izquierda del punto decimal, teniendo cuidado de añadir un cero al último grupo de la derecha si quedara con una sola cifra decimal. Hecho esto, se extrae la raíz como si fuera un número entero, poniendo punto decimal en la raíz al bajar el primer grupo decimal o también separando en la raíz, de derecha a izquierda, con un punto decimal, tantas cifras como sea la mitad de las cifras decimales del número dado.

Extraer la raíz cuadrada de 1703.725.

Ejemplo

$$
\begin{array}{l|l}
\sqrt{}\ \ 17,03.72,50 & 41.27 \\
-\ 16 & 4 \times 2 = 8 \\
\ \ \ 10,3 & 81 \times 1 = 81 \qquad \text{Prueba:} \\
-\ \ \ 81 & 41 \times 2 = 82 \qquad 41.27 \times 41.27 = 1703.2129 \\
\ \ \ 2\,27,2 & 822 \times 2 = 1644 \qquad\quad +\qquad 0.5121 \\
-\ 1\,64\,4 & 412 \times 2 = 824 \qquad\qquad\quad \overline{1703.7250} \\
\ \ \ 62\,85,0 & 8247 \times 7 = 57729 \\
-\ 57\,72\,9 & \\
\ \ \ \ 5\,12\,1 &
\end{array}
$$

Obsérvese que al dividir en grupos de dos cifras, a partir del punto, como el último grupo de la derecha, 5, quedaba con una sola cifra le añadimos un cero. El punto decimal lo hemos puesto en la raíz al bajar el grupo 72, que es el primer grupo decimal.

> ## EJERCICIO 225

Hallar la raíz cuadrada de:

1.69.	R. 1.3.	10.	0.3256432.	R. 0.5706. Res. 0.00005884.
5.29.	R. 2.3.	11.	17.89645.	R. 4.230. Res. 0.003550.
0.0001.	R. 0.01.	12.	135.05643.	R. 11.621. Res. 0.008789.
2.3409.	R. 1.53.	13.	100.201.	R. 10.01. Res. 0.0009.
25.1001.	R. 5.01.	14.	4021.143.	R. 63.41 Res. 0.3149.
0.001331.	R. 0.036. Res. 0.000035.	15.	62.04251.	R. 7.876. Res. 0.011134.
9.8596.	R. 3.14.	16.	11.9494069.	R. 3.4567. Res. 0.00063201.
49.8436.	R. 7.06.	17.	4100.1617797.	R. 64.0325. Res. 0.00072345.
9.503.	R. 3.08. Res. 0.0166.	18.	9663.49454.	R. 98.303. Res. 0.014731.

III. RAIZ CUADRADA DE LOS QUEBRADOS

(506) CASOS QUE OCURREN

Pueden ocurrir dos casos: 1) Que el denominador del quebrado sea cuadrado perfecto. 2) Que el denominador del quebrado no sea cuadrado perfecto.

1) **Raíz cuadrada de un quebrado cuando el denominador es cuadrado perfecto. Regla.** Se extrae la raíz cuadrada del numerador y denominador, simplificando la raíz del numerador, si no es exacta.

$\boxed{Ejemplos}$ (1) $\sqrt{\dfrac{36}{81}} = \dfrac{\sqrt{36}}{\sqrt{81}} = \dfrac{6}{9} = \dfrac{2}{3}$ R

(2) $\sqrt{\dfrac{20}{25}} = \dfrac{\sqrt{20}}{\sqrt{25}} = \dfrac{\sqrt{2^2 . 5}}{5} = \dfrac{2\sqrt{5}}{5} = \dfrac{2}{5}\sqrt{5}.$ R.

o también $\sqrt{\dfrac{20}{25}} = \dfrac{\sqrt{20}}{\sqrt{25}} = \dfrac{4}{5}$ con error $< \dfrac{1}{5}$.

(3) $\sqrt{\dfrac{75}{121}} = \dfrac{\sqrt{75}}{\sqrt{121}} = \dfrac{\sqrt{5^2 . 3}}{11} = \dfrac{5\sqrt{3}}{11} = \dfrac{5}{11}\sqrt{3}.$ R.

o también $\sqrt{\dfrac{75}{121}} = \dfrac{\sqrt{75}}{\sqrt{121}} = \dfrac{8}{11}$ con error $< \dfrac{1}{11}$.

OBSERVACION

En el ejemplo **2** decimos que $\dfrac{4}{5}$ es la raíz cuadrada de $\dfrac{20}{25}$ con error menor que $\dfrac{1}{5}$.
En efecto: $\dfrac{4}{5}$ es *menor* que la raíz exacta de $\dfrac{20}{25}$ porque elevando $\dfrac{4}{5}$ al cuadrado se

tiene $(\frac{4}{5})^2 = \frac{16}{25} < \frac{20}{25}$. Sin embargo, lo que falta a $\frac{4}{5}$ para ser la raíz exacta de $\frac{20}{25}$

es menos que $\frac{1}{5}$, porque si a $\frac{4}{5}$ le añadimos $\frac{1}{5}$ nos da $\frac{5}{5}$ y $(\frac{5}{5})^2 = \frac{25}{25} > \frac{20}{25}$. Así que

la verdadera raíz de $\frac{20}{25}$ es mayor que $\frac{4}{5}$ y menor que $\frac{5}{5}$ o sea que a $\frac{4}{5}$ le falta

menos de $\frac{1}{5}$ para ser la raíz cuadrada exacta de $\frac{20}{25}$.

➤ EJERCICIO 226

Hallar la raíz cuadrada de:

1. $\frac{1}{4}$.   R. $\frac{1}{2}$.   6. $\frac{42}{64}$.   R. $\frac{1}{8}\sqrt{42}$ o $\frac{3}{4}$.   11. $\frac{40}{289}$.   R. $\frac{2}{17}\sqrt{10}$ o $\frac{6}{17}$.

2. $\frac{18}{25}$.   R. $\frac{3}{5}\sqrt{2}$ o $\frac{4}{5}$.   7. $\frac{63}{100}$.   R. $\frac{3}{10}\sqrt{7}$ o $\frac{7}{10}$.   12. $\frac{81}{225}$.   R. $\frac{3}{5}$.

3. $\frac{30}{49}$.   R. $\frac{1}{7}\sqrt{30}$ o $\frac{5}{7}$.   8. $\frac{80}{121}$.   R. $\frac{4}{11}\sqrt{5}$ o $\frac{8}{11}$.   13. $\frac{90}{256}$.   R. $\frac{3}{16}\sqrt{10}$ o $\frac{9}{16}$.

4. $\frac{50}{36}$.   R. $\frac{5}{6}\sqrt{2}$ o $1\frac{1}{6}$.   9. $\frac{96}{169}$.   R. $\frac{4}{13}\sqrt{6}$ o $\frac{9}{13}$.   14. $\frac{169}{324}$.   R. $\frac{13}{18}$.

5. $\frac{60}{81}$.   R. $\frac{2}{9}\sqrt{15}$ o $\frac{7}{9}$.   10. $\frac{121}{144}$.   R. $\frac{11}{12}$.   15. $\frac{108}{361}$.   R. $\frac{6}{19}\sqrt{3}$ o $\frac{10}{19}$.

2) Raíz cuadrada de un quebrado cuando el denominador no es cuadrado perfecto.

Cuando el denominador de un quebrado no es cuadrado perfecto, pueden presentarse los dos casos siguientes:

a) Que al simplificar el quebrado, se obtenga un denominador cuadrado perfecto, con lo cual estaremos en el caso anterior.

Ejemplo   Hallar la raíz cuadrada de $\frac{105}{560}$.

Simplificando el quebrado, tenemos: $\frac{105}{560} = \frac{21}{112} = \frac{3}{16}$

El denominador de este último quebrado, 16, es cuadrado perfecto, luego podemos aplicar la regla del caso anterior: $\sqrt{\frac{105}{560}} = \sqrt{\frac{3}{16}} = \frac{\sqrt{3}}{\sqrt{16}} = \frac{\sqrt{3}}{4} = \frac{1}{4}\sqrt{3}$.

➤ EJERCICIO 227

Hallar la raíz cuadrada de:

1. $\frac{12}{18}$.   R. $\frac{1}{3}\sqrt{6}$ o $\frac{2}{3}$.   5. $\frac{21}{108}$.   R. $\frac{1}{6}\sqrt{7}$ o $\frac{1}{3}$.   9. $\frac{96}{968}$.   R. $\frac{2}{11}\sqrt{3}$ o $\frac{8}{11}$.

2. $\frac{8}{32}$.   R. $\frac{1}{2}$.   6. $\frac{80}{245}$.   R. $\frac{4}{7}$.   10. $\frac{6}{294}$.   R. $\frac{1}{7}$.

3. $\frac{35}{80}$.   R. $\frac{1}{4}\sqrt{7}$ o $\frac{1}{2}$.   7. $\frac{18}{486}$.   R. $\frac{1}{9}\sqrt{3}$ o $\frac{1}{9}$.   11. $\frac{7}{567}$.   R. $\frac{1}{9}$.

4. $\frac{14}{175}$.   R. $\frac{1}{5}\sqrt{2}$ o $\frac{1}{5}$.   8. $\frac{84}{700}$.   R. $\frac{1}{5}\sqrt{3}$ o $\frac{3}{10}$.   12. $\frac{40}{2000}$.   R. $\frac{1}{10}\sqrt{2}$ o $\frac{1}{10}$.

b) Que el quebrado sea irreducible o que después de simplificado el denominador no sea cuadrado perfecto.

Ejemplos

(1) Hallar la raíz cuadrada de $\dfrac{35}{160}$

Simplificamos: $\dfrac{35}{160} = \dfrac{7}{32}$

Como 32 no es cuadrado perfecto hay que *racionalizar el denominador* multiplicando los dos términos del quebrado por 2, porque de esa manera queda $32 \times 2 = 64$ cuadrado perfecto, y tendremos:

$$\sqrt{\dfrac{35}{160}} = \sqrt{\dfrac{7}{32}} = \dfrac{\sqrt{7 \cdot 2}}{\sqrt{32 \cdot 2}} = \dfrac{\sqrt{14}}{\sqrt{64}} = \dfrac{\sqrt{14}}{8} = \dfrac{1}{8}\sqrt{14} \quad \text{R.}$$

(2) Hallar la raíz cuadrada de $\dfrac{4}{45}$

Este quebrado es irreducible. Hay que *racionalizar el denominador*, multiplicando los dos términos del quebrado por 5 porque de ese modo tenemos $45 \times 5 = 225$, cuadrado perfecto, y tendremos:

$$\sqrt{\dfrac{4}{45}} = \dfrac{\sqrt{4 \cdot 5}}{\sqrt{45 \cdot 5}} = \dfrac{\sqrt{20}}{\sqrt{225}} = \dfrac{\sqrt{2^2 \cdot 5}}{15} = \dfrac{2}{15}\sqrt{5} \quad \text{R.}$$

(3) Hallar la raíz cuadrada de $\dfrac{5}{252}$

Cuando el denominador es un número alto, como en este caso, no es fácil ver por cuál factor hay que multiplicar los dos términos del quebrado para que el denominador se convierta en cuadrado perfecto. En casos como éste, debe descomponerse el denominador en factores primos y tendremos: $252 = 2^2 \cdot 3^2 \cdot 7$

Aquí vemos que 252 no es cuadrado perfecto porque el exponente del factor primo 7 es impar. Para que se convierta en cuadrado perfecto es necesario que este exponente sea par y para ello bastará multiplicar 252 por 7, porque tendremos: $252 \times 7 = 2^2 \cdot 3^2 \cdot 7^2$. Así que hay que multiplicar los dos términos del quebrado por 7 y tendremos:

$$\sqrt{\dfrac{5}{252}} = \dfrac{\sqrt{5 \cdot 7}}{\sqrt{252 \cdot 7}} = \dfrac{\sqrt{35}}{\sqrt{2^2 \cdot 3^2 \cdot 7^2}} = \dfrac{\sqrt{35}}{2 \cdot 3 \cdot 7} = \dfrac{\sqrt{35}}{42} = \dfrac{1}{42}\sqrt{35} \quad \text{R.}$$

(4) Hallar la raíz cuadrada de $\dfrac{9}{7700}$

Descomponiendo 7700 en sus factores primos tenemos: $7700 = 2^2 \cdot 5^2 \cdot 7 \cdot 11$.
Para que 7700 se convierta en cuadrado perfecto hay que lograr que los exponentes de 7 y 11 sean pares; para eso hay que multiplicar 7700 por 7 y por 11 o sea por 77 y tendremos: $7700 \times 77 = 2^2 \cdot 5^2 \cdot 7^2 \cdot 11^2$. Así que hay que multiplicar los dos términos del quebrado por 77 y tendremos:

$$\sqrt{\dfrac{9}{7700}} = \dfrac{\sqrt{9 \cdot 77}}{\sqrt{7700 \cdot 77}} = \dfrac{\sqrt{693}}{\sqrt{2^2 \cdot 5^2 \cdot 7^2 \cdot 11^2}} = \dfrac{\sqrt{693}}{2 \cdot 5 \cdot 7 \cdot 11} = \dfrac{\sqrt{693}}{770} = \dfrac{\sqrt{3^2 \cdot 7 \cdot 11}}{770} = \dfrac{3}{770}\sqrt{77} \quad \text{R.}$$

➤ **EJERCICIO 228**

Hallar la raíz cuadrada de:

1. $\frac{1}{2}$. R. $\frac{1}{2}\sqrt{2}$.

13. $\frac{9}{80}$. R. $\frac{3}{20}\sqrt{5}$.

25. $\frac{8}{99}$. R. $\frac{2}{33}\sqrt{22}$.

2. $\frac{1}{3}$. R. $\frac{1}{3}\sqrt{3}$.

14. $\frac{21}{24}$. R. $\frac{1}{4}\sqrt{14}$.

26. $\frac{21}{90}$. R. $\frac{1}{30}\sqrt{210}$.

3. $\frac{2}{5}$. R. $\frac{1}{5}\sqrt{10}$.

15. $\frac{7}{70}$. R. $\frac{1}{10}\sqrt{10}$.

27. $\frac{11}{135}$. R. $\frac{1}{45}\sqrt{165}$.

4. $\frac{8}{8}$. R. $\frac{1}{4}\sqrt{6}$.

16. $\frac{5}{21}$. R. $\frac{1}{21}\sqrt{105}$.

28. $\frac{11}{450}$. R. $\frac{1}{30}\sqrt{22}$.

5. $\frac{11}{72}$. R. $\frac{1}{12}\sqrt{22}$.

17. $\frac{25}{12}$. R. $\frac{5}{6}\sqrt{3}$.

29. $\frac{5}{84}$. R. $\frac{1}{42}\sqrt{105}$.

6. $\frac{10}{14}$. R. $\frac{1}{7}\sqrt{35}$.

18. $\frac{10}{98}$. R. $\frac{1}{7}\sqrt{5}$.

30. $\frac{7}{600}$. R. $\frac{1}{60}\sqrt{42}$.

7. $\frac{7}{20}$. R. $\frac{1}{10}\sqrt{35}$.

19. $\frac{11}{48}$. R. $\frac{1}{12}\sqrt{33}$.

31. $\frac{7}{540}$. R. $\frac{1}{90}\sqrt{105}$.

8. $\frac{1}{6}$. R. $\frac{1}{6}\sqrt{6}$.

20. $\frac{49}{44}$. R. $\frac{7}{22}\sqrt{11}$.

32. $\frac{9}{700}$. R. $\frac{3}{70}\sqrt{7}$.

9. $\frac{5}{24}$. R. $\frac{1}{12}\sqrt{30}$.

21. $\frac{7}{26}$. R. $\frac{1}{26}\sqrt{182}$.

33. $\frac{11}{1200}$. R. $\frac{1}{60}\sqrt{33}$.

10. $\frac{4}{27}$. R. $\frac{2}{9}\sqrt{3}$.

22. $\frac{21}{40}$. R. $\frac{1}{20}\sqrt{210}$.

34. $\frac{77}{1500}$. R. $\frac{1}{150}\sqrt{1115}$.

11. $\frac{1}{40}$. R. $\frac{1}{20}\sqrt{10}$.

23. $\frac{7}{48}$. R. $\frac{1}{12}\sqrt{21}$.

35. $\frac{9}{2000}$. R. $\frac{3}{100}\sqrt{5}$.

12. $\frac{7}{54}$. R. $\frac{1}{18}\sqrt{42}$.

24. $\frac{5}{96}$. R. $\frac{1}{24}\sqrt{30}$.

36. $\frac{18}{3250}$. R. $\frac{1}{50}\sqrt{10}$.

(507) RAIZ CUADRADA DE LOS NUMEROS MIXTOS

REGLA

Se reduce el mixto a quebrado y se extrae la raíz cuadrada de este quebrado.

| *Ejemplo* | Hallar la raíz cuadrada de $1\frac{1}{8}$ |

$$\sqrt{1\frac{1}{8}} = \sqrt{\frac{9}{8}} = \frac{\sqrt{9}}{\sqrt{8}}\frac{\sqrt{2}}{\sqrt{2}} = \frac{\sqrt{18}}{\sqrt{16}} = \frac{\sqrt{3^2 \cdot 2}}{4} = \frac{3}{4}\sqrt{2} \quad \text{R.}$$

➤ **EJERCICIO 229**

Hallar la raíz cuadrada de:

1. $1\frac{3}{4}$. R. $\frac{1}{2}\sqrt{7}$.

4. $6\frac{1}{20}$. R. $1\frac{1}{10}\sqrt{5}$.

7. $14\frac{1}{17}$. R. $\frac{1}{17}\sqrt{4063}$.

2. $14\frac{1}{5}$. R. $\frac{1}{5}\sqrt{355}$.

5. $15\frac{2}{27}$. R. $\frac{1}{9}\sqrt{1221}$.

8. $3\frac{1}{40}$. R. $\frac{11}{20}\sqrt{10}$.

3. $3\frac{1}{72}$. R. $\frac{1}{12}\sqrt{434}$.

6. $3\frac{6}{25}$. R. $1\frac{4}{5}$.

9. $4\frac{1}{90}$. R. $\frac{19}{30}\sqrt{10}$.

(508) RAIZ CUADRADA DE FRACCIONES COMUNES QUE NO SEAN CUADRADOS PERFECTOS MEDIANTE LA REDUCCION A DECIMAL

Cuando el denominador de una fracción no es cuadrado perfecto, puede hallarse la raíz cuadrada de dicha fracción reduciéndola a fracción decimal y hallando la raíz cuadrada de ésta.

$\boxed{\textit{Ejemplo}}$ Hallar la raíz cuadrada de $\dfrac{5}{11}$

Reduciendo a decimal:

```
50  |11
60   0.454545...
50
60
50
60
```

$\dfrac{5}{11} = 0.454545\ldots$

Ahora hallamos la raíz cuadrada de este decimal:

```
√ 0.4 5,4 5,4 5 | 0.674
    9 4,5       | 127× 7= 889
  − 8 8 9       | 1344× 4= 5376
  ─────────
    0 5 6 4,5
  − 5 3 7 6
  ─────────
    0 2 6 9
```

luego $\sqrt{\dfrac{5}{11}} = 0.674$ R.

➤ EJERCICIO 230

Hallar la raíz cuadrada de las fracciones siguientes mediante la reducción a decimal:

1. $\dfrac{5}{8}$.   R. 0.79. Res. 0.0009.

2. $\dfrac{7}{20}$.   R. 0.591. Res. 0.000719.

3. $\dfrac{2}{9}$.   R. 0.471. Res. 0.000381.

4. $\dfrac{7}{40}$.   R. 0.418. Res. 0.000276.

5. $\dfrac{1}{5}$.   R. 0.447. Res. 0.000191.

6. $\dfrac{11}{80}$.   R. 0.37. Res. 0.0006.

7. $\dfrac{4}{15}$.   R. 0.516. Res. 0.00041.

8. $\dfrac{13}{95}$.   R. 0.369. Res. 0.000681.

9. $\dfrac{17}{360}$.   R. 0.217. Res. 0.000133.

10. $5\dfrac{3}{17}$.   R. 2.275. Res. 0.000845.

11. $2\dfrac{8}{31}$.   R. 1.502. Res. 0.00206.

12. $9\dfrac{6}{49}$.   R. 3.02. Res. 0.002049.

(509) METODO ABREVIADO PARA EXTRAER LA RAIZ CUADRADA

Cuando se quiere hallar la raíz cuadrada de un número de muchas cifras, y se quiere abreviar la operación, se puede aplicar la siguiente regla:

Se hallan por el método explicado la mitad más 1 de las cifras de la raíz. Para hallar las cifras restantes se bajan todos los períodos que falten y se divide el número así formado entre el duplo de la raíz hallada, añadiéndole tantos ceros como períodos faltaban por bajar. El cociente de esta división será la parte que falta de la raíz cuadrada.

Si el número de cifras del cociente es menor que el número de cifras que faltan en la raíz, se escriben entre la parte hallada por el método corriente y el cociente de la división los ceros necesarios para completar las cifras que se necesitan.

El residuo de la raíz cuadrada se halla restando el cuadrado del cociente de la división del residuo de la división.

| **Ejemplo** | Hallar la raíz cuadrada de 18020516012314 por el método abreviado. |

$$\sqrt{\,18,0\,2,0\,5,1\,6,01,23,14\,}\quad | \quad 4245057$$

```
√ 18,0 2,0 5,1 6,01,23,14  | 4245057
 - 16
    2 0,2                    | 82 × 2 = 164
  - 1 6 4
      3 8 0,5               | 844 × 4 = 3376
    - 3 3 7 6
        4 2 9 1,6           | 8485 × 5 = 42425
      - 4 2 4 2 5
          0 0 4 9 1 012314  | 8490000
          6 6 5 1 2314      | 57
Residuo de la división  7 082314
57² . . . . . . . . . . . . . . .3249
Residuo de la raíz . . 7 079065
```

EXPLICACION

Como la cantidad subradical tiene 7 períodos, en la raíz habrá 7 cifras. Hemos hallado las 4 primeras cifras 4245 por el método corriente y tenemos un residuo que es 491. Bajamos los tres períodos que faltan 012314; los escribimos al lado de 491 y se forma el número 491012314. Este número lo dividimos por el duplo de la raíz hallada 4245 que es 8490, añadiéndole 3 ceros, porque faltaban tres períodos por bajar y se forma el número 8490000. Dividimos 491012314 entre 8490000 y nos da de cociente 57. Las cifras que escribimos en la raíz son 057 porque faltaban tres cifras y el cociente de esta división sólo tiene 2 cifras.

Para hallar el residuo de la raíz hemos elevado el cociente de la división, 57, al cuadrado y nos dio 3249; este número lo restamos del residuo de la división 7082314 y la diferencia 7079065 es el residuo de la raíz cuadrada.

➤ **EJERCICIO 231**

Hallar la raíz cuadrada de los números siguientes por el método abreviado:

1. 1000002000001.   R. 1000001.
2. 4008012008004.   R. 2002002.
3. 25030508130200.   R. 5003049. Res. 8833799.
4. 91234560102233.   R. 9551678. Res. 7486549.
5. 403040512567832.   R. 20075868. Res. 36614408.
6. 8134131712153401.   R. 90189421. Res. 51838160.
7. 234569801435476.   R. 15315671. Res. 23255235.
8. 498143000001172314.   R. 705792462. Res. 585150870.
9. 10002976543201023.   R. 100014881. Res. 121756862.
10. 2134567030405060406.   R. 1461015752. Res. 2812934902.

APROXIMACION DE LA RAIZ CUADRADA

(510) RAIZ CUADRADA DE UN ENTERO CON APROXIMACION DECIMAL

REGLA

Para extraer la raíz cuadrada de un entero con una aproximación de 0.1, 0.01, 0.001, 0.0001, etc., se pone punto decimal al entero y se le añade doble número de ceros que las cifras decimales de la aproximación. Hecho esto, se extrae la raíz cuadrada, teniendo cuidado de poner el punto decimal al bajar el primer grupo decimal.

De esta regla se deduce que para hallar la raíz cuadrada de un número entero con **aproximación de 0.1**, ponemos punto decimal al entero y le añadimos **dos ceros**; para hallar la raíz con error menor que **0.01** añadiremos **cuatro ceros**; para hallar la raíz en menor de **0.001** añadiremos **seis ceros**, y así sucesivamente.

Ejemplos

(1) $\sqrt{17}$ con aproximación de 0.1.

$\sqrt{17.00}$	4.1
− 16	$2 \times 4 = 8$
10,0	$81 \times 1 = 81$
− 81	
19	

(2) $\sqrt{31}$ con error < 0.001

$\sqrt{31.00,00,00}$	5.567
− 25	$5 \times 2 = 10$
60,0	$105 \times 5 = 525$
− 52 5	$55 \times 2 = 110$
7 50,0	$1106 \times 6 = 6636$
− 6 63 6	$556 \times 2 = 1112$
86 40,0	$11127 \times 7 = 77889$
− 77 88 9	
8 51 1	

> **EJERCICIO 232**

Hallar la raíz cuadrada de:

1.	7	con aproximación de	0.1.	R. 2.6.	Res. 0.24.
2.	14	,, ,, ,,	0.1.	R. 3.7.	Res. 0.31.
3.	115	,, ,, ,,	0.1.	R. 10.7.	Res. 0.51.
4.	1268	,, ,, ,,	0.1.	R. 35.6.	Res. 0.64.
5.	6	,, ,, ,,	0.01.	R. 2.44.	Res. 0.0464.
6.	185	,, ,, ,,	0.01.	R. 13.60.	Res. 0.04.
7.	3001	,, ,, ,,	0.01.	R. 54.78.	Res. 0.1516.
8.	25325	,, ,, ,,	0.01.	R. 159.13.	Res. 2.6431.
9.	2	,, ,, ,,	0.001.	R. 1.414.	Res. 0.000604.
10.	186	,, ,, ,,	0.001.	R. 13.638.	Res. 0.004956.
11.	8822	,, ,, ,,	0.001.	R. 93.925.	Res. 0.094375.
12.	6813	,, ,, ,,	0.0001.	R. 82.5408.	Res. 0.01633536.
13.	999	,, ,, ,,	0.00001.	R. 31.60696.	Res. 0.0000795584.
14.	326	,, ,, ,,	0.000001.	R. 18.055470.	Res. 0.000003079100.

(511) RAIZ CUADRADA DE UN DECIMAL CON APROXIMACION DECIMAL

REGLA

Para extraer la raíz cuadrada de un decimal con aproximación de 0.1, 0.01, 0.001, 0.0001, etc., se añaden al decimal los ceros necesarios para que el número total de cifras decimales sea el doble de las cifras decimales de la aproximación. Hecho esto se extrae la raíz cuadrada, teniendo cuidado de poner el punto decimal en la raíz al bajar el primer grupo decimal.

> *Ejemplos*

(1) $\sqrt{0.6}$ con aproximación de 0.01.

Como la aproximación 0.01 tiene *dos cifras decimales*, el número tendrá que tener *cuatro* y como ya tiene una cifra decimal, el 6, le añadiremos *tres ceros* y quedará 0.6000. Ahora se extrae la raíz cuadrada de 0.6000;

$$
\begin{array}{r|l}
\sqrt{0.60,00} & 0.77 \\
-49 & 7\times2=14 \\
\hline
110,0 & 147\times7=1029 \\
-1029 \\
\hline
71
\end{array}
$$

(2) $\sqrt{8.72}$ en menos de 0.0001.

Como la aproximación 0.0001 tiene *cuatro cifras decimales*, el número tendrá que tener *ocho*, y como ya tiene dos cifras decimales, 72, le añadiremos *seis ceros* y quedará 8.72000000. Ahora, extraemos la raíz cuadrada de 8.72000000:

$$
\begin{array}{r|l}
\sqrt{8.72,00,00,00} & 2.9529 \\
-4 & 2\times2=4 \\
\hline
47,2 & 49\times9=441 \\
-441 & 29\times2=58 \\
\hline
310,0 & 585\times5=2925 \\
-2925 & 295\times2=590 \\
\hline
1750,0 & 5902\times2=11804 \\
-1180\,4 & 2952\times2=5904 \\
\hline
569\,60,0 & 59049\times9=531441 \\
-531\,441 \\
\hline
38\,159
\end{array}
$$

➤ EJERCICIO 233

Hallar la raíz cuadrada de:

1.	0.3	con error menor que 0.01.				R. 0.54.	Res. 0.0084.
2.	7.3	„	„	„˙	„ 0.01.	R. 2.70.	Res. 0.01.
3.	9.3	„	„	„	„ 0.01.	R. 3.04.	Res. 0.0584.
4.	9.325	„	„	„	„ 0.01.	R. 3.05.	Res. 0.0225.
5.	117.623	„	„	„	„ 0.01.	R. 10.84.	Res. 0.1174.
6.	150.5	„	„	„	„ 0.001.	R. 12.267.	Res. 0.020711.
7.	64.03	„	„	„	„ 0.0001.	R. 8.0018.	Res. 0.00119676.
8.	0.006 con error menor que 0.00001.					R. 0.07745.	Res. 0.0000014975.

9. 0.005 con error menor que 0.000001.
$\qquad$ R. 0.070710. Res. 0.000000095900.

10. 6.003 con error menor que 0.00000001.
$\qquad$ R. 2.45010203. Res. 0.0000000425898791.

(512) RAIZ CUADRADA DE UN NUMERO CON APROXIMACION FRACCIONARIA

REGLA

Para extraer la raíz cuadrada de un número en menos de $\frac{1}{2}$, $\frac{1}{3}$, $\frac{1}{4}$, $\frac{1}{5}$ ... se multiplica el número dado por el cuadrado del denominador de la aproximación buscada, se halla la raíz cuadrada de este producto, y esta raíz cuadrada se divide por el denominador de la aproximación buscada.

Ejemplos

(1) $\sqrt{19}$ en menos de $\frac{1}{5}$.

Multiplicamos 19 por el cuadrado de 5: $19 \times 25 = 475$.

Extraemos la raíz cuadrada de 475: $\sqrt{475} = 21$.

21 se divide por 5: $21 \div 5 = \frac{21}{5} = 4\frac{1}{5}$. R.

(2) $\sqrt{3.25}$ en menos de $\frac{1}{7}$.

Multiplicamos 3.25 por el cuadrado de 7: $3.25 \times 49 = 159.25$.

Extraemos la raíz cuadrada de 159.25: $\sqrt{159.25} = 12.6$.

12.6 se divide entre 7: $12.6 \div 7 = 1.8$. R.

(3) $\sqrt{\dfrac{2}{3}}$ en menos de $\frac{1}{8}$.

Multiplicamos $\frac{2}{3}$ por el cuadrado de 8: $\frac{2}{3} \times 64 = \frac{128}{3}$

$$\sqrt{\frac{128}{3}} = \frac{\sqrt{128 \times 3}}{\sqrt{3 \times 3}} = \frac{\sqrt{384}}{\sqrt{9}} = \frac{19}{3}.$$

$\frac{19}{3}$ se divide entre 8: $\frac{19}{3} \div 8 = \frac{19}{3} \times \frac{1}{8} = \frac{19}{24}$. R.

➤ **EJERCICIO 234**

Hallar la raíz cuadrada de:

1. 20 con error $< \frac{1}{4}$. R. $4\frac{1}{4}$.

2. 21 „ „ $< \frac{1}{5}$. R. $4\frac{2}{5}$.

3. 40 „ „ $< \frac{1}{6}$. R. $6\frac{1}{6}$.

4. 60 „ „ $< \frac{1}{7}$. R. $7\frac{5}{7}$.

5. 75 „ „ $< \frac{1}{8}$. R. $8\frac{5}{8}$.

6. 115 „ „ $< \frac{1}{9}$. R. $10\frac{2}{8}$.

7. 120 „ „ $< \frac{1}{3}$. R. $10\frac{2}{3}$.

8. 135 „ „ $< \frac{1}{11}$. R. $11\frac{6}{11}$.

9. 128 „ „ $< \frac{1}{8}$. R. $11\frac{1}{4}$.

10. 23 con error $< \frac{1}{9}$. R. $4\frac{7}{9}$.

11. 0.5 „ „ $< \frac{1}{4}$. R. $\frac{1}{2}$.

12. 0.13 „ „ $< \frac{1}{7}$. R. $\frac{5}{14}$.

13. 3.16 „ „ $< \frac{1}{3}$. R. $1\frac{23}{30}$.

14. $\frac{1}{2}$ „ „ $< \frac{1}{5}$. R. $\frac{7}{10}$.

15. $\frac{3}{5}$ „ „ $< \frac{1}{4}$. R. $\frac{3}{4}$.

16. $\frac{1}{3}$ „ „ $< \frac{1}{100}$. R. $\frac{173}{300}$.

17. $13\frac{2}{7}$ „ „ $< \frac{1}{5}$. R. $3\frac{22}{35}$.

18. $5\frac{2}{5}$ „ „ $< \frac{1}{11}$. R. $2\frac{17}{55}$.

APLICACIONES DE LA RAIZ CUADRADA

(513) **La suma de los cuadrados de dos números es 613 y el número mayor es 18. Hallar el menor.**

613 contiene el cuadrado de 18 y el cuadrado del número buscado; luego, si a 613 le restamos el cuadrado de 18, obtendremos el cuadrado del número buscado:

$$613 - 18^2 = 613 - 324 = 289.$$

289 es el cuadrado del número que se busca; luego, el número que se busca será $\sqrt{289} = 17$. R.

(514) **Un terreno cuadrado de 1369 ms.² de superficie se quiere cercar con una cerca que vale a \$0.60 el m. ¿Cuánto importa la obra?**

La superficie 1369 ms.² es el cuadrado del lado del terreno; luego, el lado del terreno será:

$$\sqrt{1369 \text{ ms.}^2} = 37 \text{ ms.}$$

Si un lado mide 37 ms., el perímetro del terreno será $37 \times 4 = 148$ ms.

Sabiendo que cada metro de cerca importa \$0.60, los 148 ms. importarán 148 ms. × \$0.60 = \$88.80. R.

(515) **Se ha comprado cierto número de trajes por \$625. Sabiendo que el número de trajes comprados es igual al número que representa el precio de un traje, ¿cuántos trajes se compraron y cuánto costó cada uno?**

El importe de la venta, $625, es el producto del número de trajes por el precio de un traje, pero el número de trajes es igual al precio de un traje; luego, $625 es el cuadrado del número de trajes y del número que representa el precio de un traje; luego, $\sqrt{625} = 25$ representa el número de trajes comprados y el precio de un traje.

Se compraron 25 trajes y cada uno costó $25.   **R.**

➤ EJERCICIO 235

1. La suma de los cuadrados de dos números es 1186 y el número menor es 15. Hallar el número mayor.   **R.** 31.
2. La suma de los cuadrados de dos números es 3330 y el número mayor es 51. Hallar el número menor.   **R.** 27.
3. Una mesa cuadrada tiene 225 dms.^{2} de superficie. Hallar sus dimensiones. **R.** 15 dms. de lado.
4. ¿Cuántos metros de longitud tendrá la cerca de un solar cuadrado de 145.2025 ms.^{2} de superficie?   **R.** 48.20 m.
5. La superficie de un terreno cuadrado es 400 ms.^{2} ¿Cuánto importará cercarlo si el metro de cerca vale 25 bolívares?   **R.** bs. 2000.
6. Un terreno tiene 500 metros de largo y 45 de ancho. Si se le diera forma cuadrada, ¿cuáles serían las dimensiones de este cuadrado? **R.** 150 m. de lado.
7. Se tiene una mesa de 16 ms. de largo por 9 de ancho. ¿Cuánto se deberá disminuir la longitud y aumentar el ancho para que, sin variar su superficie, tenga forma cuadrada?   **R.** 4 m.; 3 m.
8. ¿Cuál es el número cuyo cuadrado equivale a los $\frac{2}{3}$ de 24?   **R.** 4.
9. Hallar el lado del cuadrado cuya superficie es los $\frac{2}{3}$ de la superficie de un rectángulo de 50 ms. de largo por 14.45 ms. de ancho.   **R.** 17 m.
10. El cuadrado de la suma de dos números es 5625 y el cuadrado de su diferencia 625. Hallar los números.   **R.** 50 y 25.
11. ¿Cuál es el número cuyo cuadrado multiplicado por 2 y dividido entre 9 da 8?   **R.** 6.
12. ¿Cuál es el número cuyo cuadrado multiplicado por 3; añadiendo 6 a este producto y dividiendo esta suma entre 3 se obtiene por resultado 291?   **R.** 17.
13. Se quieren distribuir los 144 soldados de una compañía formando un cuadrado. ¿Cuántos hombres habrá en cada lado del cuadrado?   **R.** 12.
14. Se compra cierto número de relojes por 5625 bolívares. Sabiendo que el número de relojes comprados es igual al precio de un reloj, ¿cuántos relojes se han comprado y cuánto costó cada uno?   **R.** 75 relojes; bs. 75.
15. El número de caballos que he comprado es igual al precio que he pagado por cada caballo. Si hubiera comprado 2 caballos más y hubiera pagado $2 más por cada uno, habría gastado $1681. ¿Cuántos caballos compré y cuánto pagué por cada uno?   **R.** 39 cab.; $39.
16. Un comerciante compró cierto número de trajes y el precio que pagó por cada traje era la cuarta parte del número de trajes que compró. Si gastó 30976 bolívares, ¿cuántos trajes compró y cuánto pagó por cada uno?   **R.** 352 trajes; bs. 88.
17. ¿Cuáles son las dimensiones de un terreno rectangular de 722 ms.^{2} si su longitud es el doble del ancho?   **R.** 38 ms. × 19 ms.

Se da por seguro que fueron los hindúes los primeros en hallar las reglas para la extracción de las raíces cuadrada y cúbica. Resulta curioso conocer la terminología que ellos empleaban. Para la raíz tenían el vocablo sánscrito mula, que además quiere decir vegetal, al cual añadían varga o ghana, y formaban las expresiones varga mula o ghana mula, que significaba raíz cuadrada y raíz cúbica respectivamente.

RAIZ CUBICA

CAPITULO **XXXIV**

(516) **RAIZ CUBICA EXACTA** de un número es el número que elevado al cubo reproduce exactamente el número dado.

Así, 3 es la raíz cúbica exacta de 27 porque $3^3 = 27$; 6 es la raíz cúbica exacta de 216 porque $6^3 = 216$.

(517) **RAIZ CUBICA INEXACTA O ENTERA** de un número es el mayor número cuyo cubo está contenido en el número dado (**raíz cúbica inexacta por defecto**) o el número cuyo cubo excede en menos al número dado (**raíz cúbica inexacta por exceso**).

Así, 5 es la raíz cúbica inexacta por defecto de 130 porque $5^3 = 125$ y 5 es el mayor número cuyo cubo está contenido en 130; 6 es la raíz cúbica inexacta por exceso de 130 porque $6^3 = 216$ y es el número cuyo cubo excede en menos a 130.

(518) **RESIDUO POR DEFECTO DE LA RAIZ CUBICA DE UN NUMERO** es la diferencia entre el número y el cubo de su raíz cúbica por defecto.

Así, la raíz cúbica de 40 es 3 y el residuo es $40 - 3^3 = 40 - 27 = 13$; la raíz cúbica de 350 es 7 y el residuo es $350 - 7^3 = 350 - 343 = 7$.

I. RAIZ CUBICA DE LOS NUMEROS ENTEROS

(519) CASOS QUE OCURREN

Pueden ocurrir dos casos: 1) Que el número dado sea menor que 1000.
2) Que el número dado sea mayor que 1000.

(520) RAIZ CUBICA DE UN NUMERO MENOR QUE 1000

REGLA

Se busca entre los nueve primeros números aquel cuyo cubo sea igual
o más se acerque al número dado, y este número será la raíz cúbica del
número dado.

Ejemplos $\sqrt[3]{347} = 7$, porque $7^3 = 343$; $\sqrt[3]{512} = 8$, porque $8^3 = 512$.

(521) RAIZ CUBICA DE UN NUMERO MAYOR QUE 1000.

La regla para este caso se funda en los siguientes teoremas.

(522) TEOREMA

**La raíz cúbica de los millares de un número es exactamente las dece-
nas de la raíz cúbica de dicho número.**

Sea el número N, cuya raíz cúbica, que consta de decenas y unidades,
la vamos a representar por $d + u$, donde d representa las decenas y u las
unidades, y sea R el resto.

Según la definición de raíz cúbica, tendremos: $N = (d + u)^3 + R = d^3
+ 3d^2u + 3du^2 + u^3 + R$, o sea, $N = d^3 + 3d^2u + 3du^2 + u^3 + R$; es decir, que el
número N está compuesto del cubo de las decenas de la raíz, más el triplo del
cuadrado de las decenas por las unidades, más el triplo de las decenas por el
cuadrado de las unidades, más el cubo de las unidades, más el resto si lo hay.

Ahora bien: d^3 da millares; luego, estará contenido en los millares
de N; pero en los millares de N puede haber otros millares además de los
que provienen de d^3, pudiendo provenir de $3d^2u$, de $3du^2$, de u^3 y de R;
luego, extrayendo la raíz cúbica de los millares de N, obtendremos un número que no será menor que las decenas de la raíz, pero tampoco será
mayor, porque si lo fuera, habría más millares en el cubo de las decenas
de la raíz que en el número dado, lo cual es imposible.   Luego, si la raíz
cúbica de los millares de N no es menor ni mayor que las decenas de la
raíz, es exactamente dichas decenas, que era lo que queríamos demostrar.

(523) TEOREMA

**Si de un número se resta el cubo de las decenas de su raíz cúbica y
el resto, separando las dos primeras cifras de la derecha, se divide por el
triplo del cuadrado de estas decenas, el cociente será la cifra de las unidades o una cifra mayor.**

En efecto: Ya sabemos que $N = d^3 + 3d^2u + 3du^2 + u^3 + R$.

Si de N, o sea de su igual $d^3 + 3d^2u + 3du^2 + u^3 + \overset{\cdot}{R}$, restamos d^3, tendremos: $$N - d^3 = d^3 + 3d^2u + 3du^2 + u^3 + R - d^3 = 3d^2u + 3du^2 + u^3 + R,$$

o sea,
$$N - d^3 = 3d^2u + 3du^2 + u^3 + R.$$

Ahora bien: $3d^2u$ produce centenas que estarán contenidas en las centenas del resto, pero en este resto puede haber otras centenas que provengan de $3du^2$, de u^3 y de R. Luego, dividiendo las centenas del resto $N - d^3$ por $3d^2$ obtendremos de cociente u o una cifra mayor, que era lo que queríamos demostrar.

(524) REGLA PRACTICA PARA EXTRAER LA RAIZ CUBICA DE UN NUMERO MAYOR QUE 1000

Se divide el numero dado en grupos o períodos de tres cifras empezando por la derecha; el último período puede tener una o dos cifras. Se extrae la raíz cúbica del primer período y ésta será la primera cifra de la raíz. Esta cifra se eleva al cubo y este cubo se resta del primer período. A la derecha de este resto se coloca la sección siguiente; se separan con una coma las dos primeras cifras de la derecha y lo que queda a la izquierda se divide por el triplo del cuadrado de la raíz hallada. El cociente representará la cifra de las unidades o una cifra mayor. Para probarla se forman tres sumandos: 1) Triplo del cuadrado de la raíz hallada por la cifra que se prueba, multiplicado por 100. 2) Triplo de la raíz hallada por el cuadrado de la cifra que se prueba por 10. 3) Cubo de la cifra que se prueba. Se efectúan estos productos y se suman. Si esta suma se puede restar del número del cual separamos las dos primeras cifras de la derecha, la cifra hallada es buena y se sube a la raíz; si no se puede restar se le disminuye una unidad o más hasta que esta suma se pueda restar. Hecho esto, se resta dicho producto, a la derecha del resto se escribe la sección o período siguiente y se repiten las operaciones anteriores hasta haber bajado el último período.

Extraer la raíz cúbica de 12910324:

Ejemplo		

$\sqrt[3]{}$ 12,910,324 | 234
− 8
49,10 | $3 \times 2^2 = 12$
− 41 67 | $49 \div 12 = 4$
07 433,24 | $3 \times 23^2 = 1587$
− 6 459 04 | $7433 \div 1587 = 4$
0 974 20

Pruebas:

$3 \times 2^2 \times 4 \times 100 = 4800$
$3 \times 2 \times 4^2 \times 10 = 960$
$4^3 = 64$
_____
5824

$3 \times 2^2 \times 3 \times 100 = 3600$
$3 \times 2 \times 3^2 \times 10 = 540$
$3^3 = 27$
_____
4167

$3 \times 23^2 \times 4 \times 100 = 634800$
$3 \times 23 \times 4^2 \times 10 = 11040$
$4^3 = 64$
_____
645904

EXPLICACION

Hemos dividido el número dado en grupos de tres cifras empezando por la derecha. Extraemos la raíz cúbica del primer período de la izquierda que es 12 y su raíz cúbica 2; este 2 lo escribimos en la raíz, lo elevamos al cubo y nos da 8 y este 8 lo restamos del primer período. Nos da 4 de resto. A la derecha de este 4 escribimos el siguiente período 910 y se forma el número 4910. Separamos las dos primeras cifras de la derecha y nos queda 49,10. Lo que queda a la izquierda, 49, lo dividimos por el triplo del cuadrado de la raíz hallada, $3 \times 2^2 = 12$ y nos da de cociente 4. Para probar este 4, para ver si es buena cifra, formamos tres sumandos: $3 \times 2^2 \times 4 \times 100$, $3 \times 2 \times 4^2 \times 10$ y 4^3, los efectuamos y sumamos y vemos qe nos da 5824 que es mayor que 4910, lo que indica que la cifra 4 es muy grande. Le rebajamos una unidad y probamos el 3. Esta suma 4167 se puede restar de 4910, luego el 3 es buena cifra; la subimos a la raíz y restamos 4167 de 4910. Nos da de resto 743. Escribimos a la derecha de este resto el siguiente período 324 y se forma el número 743324. Separamos sus dos primeras cifras de la derecha y queda 7433,24. Dividimos lo que queda a la izquierda, 7433, por el triplo del cuadrado de la raíz que es $3 \times 23^2 = 1587$ y nos da de cociente 4. Para probar este 4 formamos tres sumandos: $3 \times 23^2 \times 4 \times 100$, $3 \times 23 \times 4^2 \times 10$ y 4^3, los efectuamos y sumamos y nos da 645904 y como esta suma se puede restar de 743324 el 4 es buena cifra. Lo subimos a la raíz y restamos la suma 645904 de 743324. 97420 será el resto de la raíz.

OBSERVACION

Si al separar las dos primeras cifras de la derecha, lo que queda a la izquierda no se puede dividir entre el triplo del cuadrado de la raíz, se pone cero en la raíz y se baja el período siguiente, continuando la operación. Si algún cociente resulta mayor que 9 se prueba el 9.

(525) PRUEBA DE LA RAIZ CUBICA

Se eleva al cubo la raíz; a este cubo se le suma el residuo y la suma debe dar la cantidad subradical.

Así, en el ejemplo anterior, tendremos:

$$\begin{array}{ll} \text{Cubo de la raíz:} & 234 \times 234 \times 234 = 12812904 \\ \text{Residuo:} & + 97420 \\ \text{Cantidad subradical} \ldots \ldots & \overline{12910324} \end{array}$$

(526) PRUEBA DEL 9 EN LA RAIZ CUBICA

Se halla el residuo entre 9 de la cantidad subradical y de la raíz. El residuo entre 9 de la raíz se eleva al cubo; a este cubo se le halla el residuo entre 9 y este residuo se suma con el residuo entre 9 del residuo de la raíz cúbica, si lo hay. El residuo entre 9 de esta suma tiene que ser igual, si la operación está correcta, al residuo entre 9 de la cantidad subradical.

Así, en la raíz cúbica siguiente:

$$\sqrt{1,953,264} \quad | \quad 125$$

		Pruebas·
$\sqrt{1,953,264}$	125	
-1	$3 \times \ 1^2 = 3$	$3 \times 1^2 \times 2 \times 100 = 600$
$\overline{09,53}$		$3 \times 1 \times 2^2 \times \ 10 = 120$
$-\ \ 7\ 28$		$2^3 = \ \ \ \ 8$
$\overline{2\ 252,64}$		$\overline{728}$
$2\ 251\ 25$	$3 \times 12^2 = 432$	$3 \times 12^2 \times 5 \times 100 = 216000$
$\overline{0\ 001\ 39}$		$3 \times 12 \times 5^2 \times \ 10 = \ \ \ 9000$
		$5^3 = \ \ \ \ 125$
		$\overline{225125}$

la **prueba del 9** sería:

Residuo entre 9 de 1953264............. 3
Residuo entre 9 de 125................. 8
Cubo de este residuo.................. 512
Residuo entre 9 de este cubo........... 8
Residuo entre 9 de 139................. 4
Suma de estos dos últimos residuos....... 12
Residuo entre 9 de esta suma........... 3

➤ **EJERCICIO 236**

Hallar la raíz cúbica de:

1.	2744.	R. 14.
2.	1250.	R. 10. Res. 250.
3.	5832.	R. 18.
4.	12167.	R. 23.
5.	19103.	R. 26. Res. 1527.
6.	91125.	R. 45.
7.	912673.	R. 97.
8.	186345.	R. 57. Res. 1152.
9.	1030301.	R. 101.
10.	28372625.	R. 305.
11.	77308776.	R. 426.
12.	181321496.	R. 566.
13.	356794011.	R. 709. Res. 393182.
14.	876532784.	R. 957. Res. 65291.
15.	1003567185.	R. 1001. Res. 564184.
16.	196874325009.	R. 5817. Res. 41651496.
17.	41278242816.	R. 3456.
18.	754330668451.	R. 9103. Res. 14132724.

(527) TEOREMA

El residuo de la raíz cúbica de un número entero es siempre menor que el triplo del cuadrado de la raíz, más el triplo de la raíz, más 1.

Sea A un número entero, N su raíz cúbica inexacta por defecto y R el residuo. Tendremos:

$$A = N^3 + R.$$

Siendo N la raíz cúbica inexacta por defecto de A, $N+1$ será la raíz cúbica por exceso y tendremos:

$$A < (N+1)^3, \text{ o sea, } A < N^3 + 3N^2 + 3N + 1.$$

Ahora bien, como $A = N^3 + R$, en lugar de A podemos poner $N^3 + R$ y la última desigualdad se convierte en:

$$N^3 + R < N^3 + 3N^2 + 3N + 1.$$

Suprimiendo N^3 en los dos miembros de la desigualdad anterior, ésta no varía y nos queda:

$$R < 3N^2 + 3N + 1,$$

que era lo que queríamos demostrar.

II. RAIZ CUBICA DE LOS DECIMALES

(528) REGLA

Se separa el número decimal en grupos de tres cifras a derecha e izquierda del punto decimal, teniendo cuidado de añadir uno o dos ceros al último grupo de la derecha si quedara con dos o una cifra decimal. Hecho esto, se extrae la raíz cúbica como si fuera un entero, poniendo punto decimal en la raíz al bajar el primer grupo decimal o también separando en la raíz, de derecha a izquierda, con un punto decimal, tantas cifras como sea la tercera parte de las cifras decimales del número dado.

Ejemplo

Extraer la raíz cúbica de 143.0003

```
√ 143.000,300    | 5.22
−  125           | 3 × 5² = 75
   ───────       | 180 ÷ 75 = 2
   180,00        | 3 × 52² = 8112
−  156 08        | 23923 ÷ 8112 = 2
   ───────
   23 923,00
−  16 286 48
   ───────
    7 636 52
```

Pruebas:

$$3 \times 5^2 \times 2 \times 100 = 15000$$
$$3 \times 5 \times 2^2 \times 10 = 600$$
$$2^3 = 8$$
$$\overline{15608}$$

$$3 \times 52^2 \times 2 \times 100 = 1622400$$
$$3 \times 52 \times 2^2 \times 10 = 6240$$
$$2^3 = 8$$
$$\overline{1628648}$$

Prueba:

$$5.22^3 = 142.236648$$
$$+ \quad 0.763652$$
$$\overline{143.000300}$$

Obsérvese que al dividir en grupos de tres cifras, a partir del punto decimal, como el último grupo de la derecha, 3, quedaba con una sola cifra, le añadimos dos ceros. El punto decimal, lo hemos puesto en la raíz al bajar el grupo 000, que es el primer grupo decimal.

➤ **EJERCICIO 237**

Hallar la raíz cúbica de:

1. 0.05.   R. 0.3. Res. 0.023.
2. 6.03.   R. 1.8. Res. 0.198.
3. 14.003.   R. 2.4 Res. 0.179.
4. 0.000064.   R. 0.04.
5. 0.00018.   R. 0.05. Res. 0.000055
6. 912.98.   R. 9.7. Res. 0.307.
7. 1.04027.   R. 1.01. Res. 0.009969.
8. 221.44516.   R. 6.05. Res. 0.000035.

9. 874.00356.   R. 9.56. Res. 0.280744.
10. 187.1536.   R. 5.72. Res. 0.004352.
11. 0.0082505.   R. 0.202. Res. 0.000008092.
12. 4.0056325.   R. 1.588. Res. 0.001103028.
13. 70240.51778.   R. 41.26. Res. 0.005404.
14. 343.44121388. R. 7.003. Res. 0.000024853.
15. 512.76838407. R. 8.004. Res. 0.000000006.

III. RAIZ CUBICA DE LOS QUEBRADOS

(529) CASOS QUE OCURREN

Pueden ocurrir dos casos: **1)** Que el denominador del quebrado sea cubo perfecto. **2)** Que el denominador del quebrado no sea cubo perfecto.

1) **Raíz cúbica de un quebrado cuando el denominador es cubo perfecto. Regla. Se extrae la raíz cúbica del numerador y denominador, simplificando la raíz del numerador si no es exacta.**

| *Ejemplos* |

(1) $\sqrt[3]{\dfrac{27}{64}} = \dfrac{\sqrt[3]{27}}{\sqrt[3]{64}} = \dfrac{3}{4}$ R.

(2) $\sqrt[3]{\dfrac{16}{125}} = \dfrac{\sqrt[3]{16}}{\sqrt[3]{125}} = \dfrac{\sqrt[3]{2^3 \cdot 2}}{5} = \dfrac{2\sqrt[3]{2}}{5} = \dfrac{2}{5}\sqrt[3]{2}$ R.

o también $\sqrt[3]{\dfrac{16}{125}} = \dfrac{\sqrt[3]{16}}{\sqrt[3]{125}} = \dfrac{2}{5}$ con error $< \dfrac{1}{5}$

(3) $\sqrt[3]{\dfrac{135}{729}} = \dfrac{\sqrt[3]{135}}{\sqrt[3]{729}} = \dfrac{\sqrt[3]{3^3 \cdot 5}}{9} = \dfrac{3\sqrt[3]{5}}{9} = \dfrac{1}{3}\sqrt[3]{5}$ R.

o también $\sqrt[3]{\dfrac{135}{729}} = \dfrac{\sqrt[3]{135}}{\sqrt[3]{729}} = \dfrac{5}{9}$ con error $< \dfrac{1}{9}$

OBSERVACION

En el ejemplo **2** decimos que $\dfrac{2}{5}$ es la raíz cúbica de $\dfrac{16}{125}$ con error menor que $\dfrac{1}{5}$.

En efecto: $\dfrac{2}{5}$ es *menor* que la raíz cúbica exacta de $\dfrac{16}{125}$ porque elevando $\dfrac{2}{5}$ al cubo se tiene $(\dfrac{2}{5})^3 = \dfrac{8}{125} < \dfrac{16}{125}$. Sin embargo, lo que falta a $\dfrac{2}{5}$ para ser la· raíz cúbica exacta de $\dfrac{16}{125}$ es menos que $\dfrac{1}{5}$ porque si a $\dfrac{2}{5}$ le añadimos $\dfrac{1}{5}$ nos da $\dfrac{3}{5}$ y $(\dfrac{3}{5})^3 = \dfrac{27}{125} > \dfrac{16}{125}$. Así que la verdadera raíz de $\dfrac{16}{125}$ es mayor que $\dfrac{2}{5}$ y menor que $\dfrac{3}{5}$ o sea que a $\dfrac{2}{5}$ le falta menos de $\dfrac{1}{5}$ para ser la raíz cúbica exacta de $\dfrac{16}{125}$

➤ **EJERCICIO 238**

Hallar la raíz cúbica de:

1. $\frac{8}{27}$.   **R.** $\frac{2}{3}$.

2. $\frac{64}{125}$.   **R.** $\frac{4}{5}$.

3. $\frac{343}{216}$.   **R.** $1\frac{1}{6}$.

4. $\frac{24}{343}$.   **R.** $\frac{2}{7}\sqrt[3]{3}$ o $\frac{2}{7}$.

5. $\frac{250}{512}$.   **R.** $\frac{5}{8}\sqrt[3]{2}$ o $\frac{3}{4}$.

6. $\frac{32}{729}$.   **R.** $\frac{2}{9}\sqrt[3]{4}$ o $\frac{1}{3}$.

7. $\frac{375}{1000}$.   **R.** $\frac{1}{2}\sqrt[3]{3}$ o $\frac{7}{10}$.

8. $\frac{54}{1331}$.   **R.** $\frac{3}{11}\sqrt[3]{2}$ o $\frac{3}{11}$.

9. $\frac{686}{1728}$.   **R.** $\frac{7}{12}\sqrt[3]{2}$ o $\frac{2}{3}$.

10. $\frac{160}{2197}$.   **R.** $\frac{2}{13}\sqrt[3]{20}$ o $\frac{5}{13}$.

11. $\frac{24}{2744}$ **R.** $\frac{1}{7}\sqrt[3]{3}$ o $\frac{1}{7}$.

12. $\frac{125}{2197}$.   **R.** $\frac{5}{13}$.

13. $\frac{54}{3375}$.   **R.** $\frac{1}{5}\sqrt[3]{2}$ o $\frac{1}{5}$.

14. $\frac{128}{4096}$.   **R.** $\frac{1}{4}\sqrt[3]{2}$ o $\frac{5}{16}$.

15. $\frac{375}{8000}$.   **R.** $\frac{1}{4}\sqrt[3]{3}$ o $\frac{7}{20}$.

2) Raíz cúbica de un quebrado cuando el denominador no es cubo perfecto.

Cuando el denominador del quebrado no es cubo perfecto, pueden presentarse los dos casos siguientes:

a) Que al simplificar el quebrado obtengamos un denominador cubo perfecto, con lo cual estaremos en el caso anterior.

$\boxed{Ejemplo}$ Hallar la raíz cúbica de $\dfrac{108}{250}$.

Simplificando el quebrado, tenemos: $\dfrac{108}{250} = \dfrac{54}{125}$.

El denominador de este último quebrado, 125, es cubo perfecto, luego podemos aplicar la regla del caso anterior:

$$\sqrt[3]{\frac{108}{250}} = \sqrt[3]{\frac{54}{125}} = \frac{\sqrt[3]{54}}{\sqrt[3]{125}} = \frac{\sqrt[3]{54}}{5} = \frac{\sqrt[3]{2 \cdot 3^3}}{5} = \frac{3}{5}\sqrt[3]{2} \quad \text{R.}$$

➤ **EJERCICIO 239**

Hallar la raíz cúbica de:

1. $\frac{2}{16}$.   **R.** $\frac{1}{2}$.

2. $\frac{5}{135}$.   **R.** $\frac{1}{3}$.

3. $\frac{27}{81}$.   **R.** $\frac{1}{3}\sqrt[3]{9}$ o $\frac{2}{3}$.

4. $\frac{135}{320}$.   **R.** $\frac{3}{4}$.

5. $\frac{160}{1250}$.   **R.** $\frac{2}{5}\sqrt[3]{2}$ o $\frac{2}{5}$.

6. $\frac{56}{1512}$.   **R.** $\frac{1}{3}$.

7. $\frac{243}{3087}$.   **R.** $\frac{3}{7}$.

8. $\frac{324}{2048}$.   **R.** $\frac{3}{8}\sqrt[3]{3}$ o $\frac{1}{2}$.

9. $\frac{5}{1080}$.   **R.** $\frac{1}{6}$.

10. $\frac{6}{24}$.   **R.** $\frac{1}{2}\sqrt[3]{2}$ o $\frac{1}{2}$.

11. $\frac{45}{1029}$.   **R.** $\frac{2}{7}\sqrt[3]{15}$ o $\frac{2}{7}$.

12. $\frac{20}{1024}$.   **R.** $\frac{1}{8}\sqrt[3]{10}$ o $\frac{1}{4}$.

b) Que el quebrado sea irreducible o que, después de simplificado, el denominador no sea cubo perfecto

Ejemplos

(1) Hallar la raíz cúbica de $\dfrac{15}{20}$.

Simplificando el quebrado tenemos $\dfrac{15}{20} = \dfrac{3}{4}$.

Como el denominador 4, no es cubo perfecto, hay que *racionalizar el denominador*, multiplicando los dos términos del quebrado por 2, porque de esa manera queda $4 \times 2 = 8$, cubo perfecto, y tendremos:

$$\sqrt[3]{\dfrac{15}{20}} = \sqrt[3]{\dfrac{3}{4}} = \dfrac{\sqrt[3]{3 \cdot 2}}{\sqrt[3]{4 \cdot 2}} = \dfrac{\sqrt[3]{6}}{\sqrt[3]{8}} = \dfrac{\sqrt[3]{6}}{2} = \dfrac{1}{2}\sqrt[3]{6} \quad \text{R.}$$

(2) Hallar la raíz cúbica de $\dfrac{8}{25}$.

Este quebrado es irreducible. Hay que *racionalizar el denominador*, multiplicando los dos términos del quebrado por 5, porque con ello se tiene $25 \times 5 = 125$, cubo perfecto, y tendremos:

$$\sqrt[3]{\dfrac{8}{25}} = \dfrac{\sqrt[3]{8 \cdot 5}}{\sqrt[3]{25 \cdot 5}} = \dfrac{\sqrt[3]{40}}{\sqrt[3]{125}} = \dfrac{\sqrt[3]{2^3 \cdot 5}}{5} = \dfrac{2\sqrt[3]{5}}{5} = \dfrac{2}{5}\sqrt[3]{5}$$

(3) Hallar la raíz cúbica de $\dfrac{7}{675}$.

Cuando el denominador es un número alto, como en este caso, no es fácil ver por qué número hay que multiplicar los dos términos del quebrado para que el denominador se convierta en cubo perfecto. En casos como éste debe descomponerse el denominador en factores primos y tendremos:

$$675 = 3^3 \cdot 5^2.$$

Aquí vemos que 675 no es cubo perfecto porque el exponente del factor primo 5 no es múltiplo de 3. Para que se convierta en cubo perfecto es necesario que este exponente sea múltiplo de 3 y para eso bastará multiplicar 675 por 5, porque tendremos: $675 \times 5 = 3^3 \times 5^3$. Así que hay que multiplicar los dos términos del quebrado por 5 y. tendremos:

$$\sqrt[3]{\dfrac{7}{675}} = \dfrac{\sqrt[3]{7 \cdot 5}}{\sqrt[3]{675.5}} = \dfrac{\sqrt[3]{35}}{\sqrt[3]{3^3 \cdot 5^3}} = \dfrac{\sqrt[3]{35}}{3 \cdot 5} = \dfrac{\sqrt[3]{35}}{15} = \dfrac{1}{15}\sqrt[3]{35} \quad \text{R.}$$

(4) Hallar la raíz cúbica de $\dfrac{11}{900}$.

Descomponiendo 900 en sus factores primos tenemos: $900 = 2^2 \cdot 3^2 \cdot 5^2$. Para que 900 se convierta en cubo perfecto hay que lograr que los exponentes de 2, 3 y 5 sean múltiplos de 3; para eso hay que multiplicar 900 por 2, por 3 y por 5 o sea por 30 y tendremos: $900 \times 30 = 2^3 \cdot 3^3 \cdot 5^3$.

Así que hay que multiplicar los dos términos del quebrado por 30 y tendremos:

$$\sqrt[3]{\dfrac{11}{900}} = \dfrac{\sqrt[3]{11 \times 30}}{\sqrt[3]{900 \times 30}} = \dfrac{\sqrt[3]{330}}{\sqrt[3]{2^3 \cdot 3^3 \cdot 5^3}} = \dfrac{\sqrt[3]{330}}{2.3.5} = \dfrac{\sqrt[3]{330}}{30} = \dfrac{1}{30}\sqrt[3]{330} \quad \text{R.}$$

➤ **EJERCICIO 240**

Hallar la raíz cúbica de:

1. $\frac{1}{2}$. R. $\frac{1}{2}\sqrt[3]{4}$.   9. $\frac{3}{64}$. R. $\frac{1}{4}\sqrt[3]{3}$.   17. $\frac{11}{54}$. R. $\frac{1}{6}\sqrt[3]{44}$.   25. $\frac{7}{2000}$. R. $\frac{1}{20}\sqrt[3]{28}$.

2. $\frac{5}{9}$. R. $\frac{1}{3}\sqrt[3]{15}$.   10. $\frac{8}{81}$. R. $\frac{2}{9}\sqrt[3]{9}$.   18. $\frac{81}{250}$. R. $\frac{3}{10}\sqrt[3]{12}$.   26. $\frac{11}{300}$. R. $\frac{1}{30}\sqrt[3]{990}$.

3. $\frac{11}{32}$. R. $\frac{1}{4}\sqrt[3]{22}$.   11. $\frac{5}{36}$. R. $\frac{1}{6}\sqrt[3]{30}$.   19. $\frac{125}{192}$. R. $\frac{5}{12}\sqrt[3]{9}$.   27. $\frac{13}{400}$. R. $\frac{1}{20}\sqrt[3]{260}$.

4. $\frac{5}{7}$. R. $\frac{1}{7}\sqrt[3]{245}$.   12. $\frac{5}{13}$. R. $\frac{1}{13}\sqrt[3]{845}$.   20. $\frac{343}{500}$. R. $\frac{7}{10}\sqrt[3]{2}$.   28. $\frac{23}{540}$. R. $\frac{1}{30}\sqrt[3]{1150}$.

5. $\frac{9}{16}$. R. $\frac{1}{4}\sqrt[3]{36}$.   13. $\frac{1}{20}$. R. $\frac{1}{10}\sqrt[3]{50}$.   21. $\frac{5}{432}$. R. $\frac{1}{12}\sqrt[3]{20}$.   29. $\frac{29}{600}$. R. $\frac{1}{30}\sqrt[3]{1305}$.

6. $\frac{3}{25}$. R. $\frac{1}{5}\sqrt[3]{15}$.   14. $\frac{27}{200}$. R. $\frac{3}{10}\sqrt[3]{5}$.   22. $\frac{9}{686}$. R. $\frac{1}{14}\sqrt[3]{36}$.   30. $\frac{51}{800}$. R. $\frac{1}{20}\sqrt[3]{510}$.

7. $\frac{13}{36}$. R. $\frac{1}{6}\sqrt[3]{78}$.   15. $\frac{5}{108}$. R. $\frac{1}{6}\sqrt[3]{10}$.   23. $\frac{729}{1536}$. R. $\frac{3}{8}\sqrt[3]{9}$.

8. $\frac{8}{49}$. R. $\frac{2}{7}\sqrt[3]{7}$.   16. $\frac{7}{24}$. R. $\frac{1}{6}\sqrt[3]{63}$.   24. $\frac{64}{2187}$. R. $\frac{4}{27}\sqrt[3]{9}$.

(530) RAIZ CUBICA DE LOS NUMEROS MIXTOS

REGLA

Se reduce el mixto a quebrado y se extrae la raíz cúbica de este quebrado.

$$\boxed{Ejemplo} \qquad \sqrt[3]{5\frac{1}{9}} = \sqrt[3]{\frac{46}{9}} = \frac{\sqrt[3]{46.3}}{\sqrt[3]{9.3}} = \frac{\sqrt[3]{138}}{\sqrt[3]{27}} = \frac{\sqrt[3]{138}}{3} = \frac{1}{3}\sqrt[3]{138} \quad R.$$

➤ **EJERCICIO 241**

Hallar la raíz cúbica de:

1. $1\frac{1}{8}$.   R. $\frac{1}{2}\sqrt[3]{9}$.   4. $3\frac{2}{125}$. R. $\frac{1}{5}\sqrt[3]{377}$.   7. $3\frac{1}{500}$. R. $\frac{1}{10}\sqrt[3]{3002}$.

2. $3\frac{1}{16}$.   R. $\frac{1}{4}\sqrt[3]{196}$.   5. $4\frac{7}{81}$. R. $\frac{1}{9}\sqrt[3]{2979}$.   8. $1\frac{43}{200}$. R. $\frac{3}{10}\sqrt[3]{45}$.

3. $6\frac{2}{3}$.   R. $\frac{1}{3}\sqrt[3]{180}$.   6. $2\frac{48}{343}$. R. $1\frac{2}{7}$.   9. $8\frac{1}{9}$. R. $\frac{1}{3}\sqrt[3]{219}$.

(531) RAIZ CUBICA DE FRACCIONES COMUNES QUE NO SEAN CUBOS PERFECTOS MEDIANTE LA REDUCCION A DECIMAL

Cuando el denominador de una fracción común no es cubo perfecto puede también hallarse la raíz cúbica de dicha fracción reduciéndola a fracción decimal y hallando la raíz cúbica de ésta.

| *Ejemplo* | Hallar la raíz cúbica de $\dfrac{5}{7}$. |

Reduciendo a decimal:

```
50 | 7
10   0.714285...
30
20
60
40
 5
 ·
 ·
 ·
```

$\dfrac{5}{7} = 0.714285...$

Ahora hallamos la raíz cúbica de este decimal:

$\sqrt{}$ 0.714,285	0.89		Prueba
− 512	$3 \times 8^2 = 192$		$3 \times 8^2 \times 9 \times 100 = 172800$
2022,85	$2022 \div 192 = 9$		$3 \times 8 \times 9^2 \times \ 10 = \ 19440$
1929 69			$9^3 = \underline{\qquad 729}$
0093 16			192969

luego $\sqrt[3]{\dfrac{5}{7}} = 0.89$

→ **EJERCICIO 242**

Hallar la raíz cúbica de las fracciones siguientes, mediante la reducción a decimal:

1. $\dfrac{3}{4}$.   R. 0.908. Res. 0.001386688.

2. $\dfrac{5}{8}$.   R. 0.854. Res. 0.002164136.

3. $\dfrac{2}{3}$.   R. 0.873. Res. 0.001328049.

4. $\dfrac{5}{9}$.   R. 0.822. Res. 0.000143307.

5. $\dfrac{8}{14}$.   R. 0.598. Res. 0.000438522.

6. $\dfrac{7}{13}$.   R. 0.813. Res. 0.001093741.

7. $\dfrac{2}{15}$.   R. 0.5108. Res. 0.000057113621.

8. $\dfrac{11}{40}$.   R. 0.65. Res. 0.000375.

9. $\dfrac{17}{5}$.   R. 1.503. Res. 0.004709473.

10. $4\dfrac{1}{10}$.   R. 1.6005. Res. 0.000158799875.

11. $3\dfrac{2}{21}$.   R. 1.45. Res. 0.046613.

12. $8\dfrac{5}{28}$.   R. 2.01. Res. 0.05797.

(532) METODO ABREVIADO PARA EXTRAER LA RAIZ CUBICA

Cuando se quiere hallar la raíz cúbica de un número de muchas cifras se puede abreviar la operación, aplicando la siguiente **regla:**

Se hallan, por el método explicado, la mitad más 1 de las cifras de la raíz. Para hallar las cifras restantes, se bajan todos los períodos que falten por bajar y se divide el número así formado por el triplo del cuadrado de la parte de raíz hallada, seguido de tantos grupos de dos ceros como períodos faltaban por bajar.

El cociente de esta división será la parte que falta de la raíz cúbica.

Si el número de cifras de este cociente es menor que el número de cifras que faltan en la raíz, se escriben entre la parte hallada por el método corriente y el cociente de esta división los ceros necesarios para completar las cifras que se necesitan.

El residuo de la raíz cúbica se obtiene restándole al residuo de la división la suma del cubo del cociente, más el triplo del cuadrado del cociente multiplicado por la parte de raíz hallada por el método corriente, reducida a unidades.

| Ejemplo | Extraer la raíz cúbica de 1009063243757297728 por el método abreviado: |

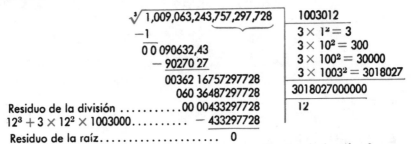

$$\sqrt[3]{1,009,063,243,757,297,728} \quad | \quad 1003012$$

$$-1$$

$$0\,0\,090632,43 \qquad \qquad 3 \times 1^2 = 3$$
$$-\,90270\,27 \qquad \qquad 3 \times 10^2 = 300$$
$$\qquad \qquad \qquad \qquad 3 \times 100^2 = 30000$$
$$00362\,16757297728 \qquad 3 \times 1003^2 = 3018027$$
$$060\,36487297728 \qquad \overline{3018027000000}$$

Residuo de la división . . . . 00 00433297728   1́2

$12^3 + 3 \times 12^2 \times 1003000$ . . . . $-\,433297728$

Residuo de la raíz. 0

Prueba de la cifra 3

$$3 \times 100^2 \times 3 \times 100 = 9000000$$
$$3 \times 100 \times 3^2 \times \quad 10 = \quad 27000$$
$$3^3 = \qquad 27$$
$$\overline{9027027}$$

EXPLICACION

Como la cantidad subradical tiene 7 períodos en la raíz habrá 7 cifras.

Hemos hallado las cuatro primeras cifras 1003 por el método corriente y tenemos un residuo que es 36216. Bajamos los tres períodos que faltan por bajar y se forma el número 36216757297728. Este número lo dividimos por el triplo del cuadrado de la parte de raíz hallada 1003 que es 3018027, pero añadimos a este número tres grupos de dos ceros, porque faltaban por bajar tres períodos y tenemos 3018027000000. Dividimos 36216757297728 entre 3018027000000 y nos da de cociente 12. Las cifras que escribimos en la raíz son 012 porque faltaban tres cifras y el cociente de esta división sólo tiene dos cifras.

Para hallar el residuo de la raíz, elevamos al cubo el cociente 12, $12^3 = 1728$ y le sumamos $3 \times 12^2 \times 1003000 = 433296000$ y esta suma nos da 433297728. Esta suma la restamos del residuo de la división y vemos que la diferencia es 0, luego la raíz es exacta.

➤ **EJERCICIO 243**

Hallar, por el método abreviado, la raíz cúbica de:

1. 1000300030001.   **R.** 10001.
2. 8244856482408.   **R.** 20202.
3. 27000810008100027.   **R.** 300003.
4. 1371775034556928.   **R.** 111112.
5. 10973933607682085048.   **R.** 2222222.
6. 1866459733247500606.   **R.** 1231231. Res. 1215.

IV. APROXIMACION DE LA RAIZ CUBICA

(533) RAIZ CUBICA DE UN ENTERO CON APROXIMACION DECIMAL

REGLA

Para extraer la raíz cúbica de un entero con una aproximación de 0.1, 0.01, 0.001, 0.0001, etc., se pone punto decimal al entero y se le añade triple número de ceros que las cifras decimales de la aproximación. Hecho esto, se extrae la raíz cúbica, teniendo cuidado de poner el punto decimal al bajar el primer grupo decimal.

De esta regla se deduce que para hallar la raíz cúbica de un entero con **aproximación de 0.1,** ponemos punto decimal al entero y le añadimos **tres ceros;** para hallar la raíz con error menor que **0.01,** añadiremos **seis ceros;** para hallar la raíz en menos de **0.001,** añadiremos **nueve ceros,** y así sucesivamente.

Ejemplo

$\sqrt[3]{17}$ con aproximación de 0.01

Pruebas:

$$\begin{array}{r|l}
\sqrt[3]{17.000.000} & 2.57 \\
-8 & \overline{3 \times 2^2 = 12} \\
\quad 9\,0,00 & 90 \div 12 = 7 \\
-7\,6\,25 & \overline{3 \times 25^2 = 1875} \\
\quad 1\,375\,0,00 & 13750 \div 1875 = 7 \\
-1\,349\,593 & \\
\quad\quad 25\,4\,07 &
\end{array}$$

$$3 \times 2^2 \times 5 \times 100 = 6000$$
$$3 \times 2 \times 5^2 \times 10 = 1500$$
$$5^3 = \underline{\quad 125}$$
$$7625$$

$$3 \times 25^2 \times 7 \times 100 = 1312500$$
$$3 \times 25 \times 7^2 \times 10 = 36750$$
$$7^3 = \underline{\quad 343}$$
$$1349593$$

➤ **EJERCICIO 244**

Hallar la raíz cúbica de:

1. 7   con aprox. de 0.1.   **R.** 1.9. Res. 0.141.
2. 251 „   „   „ 0.1.   **R.** 6.3. Res. 0.953.
3. 232 „   „   „ 0.01.   **R.** 6.14. Res. 0.524456.
4. 2   „   „   „ 0.01.   **R.** 1.25. Res. 0.046875.

5. 520 con aprox. de 0.01.   **R. 8.04. Res. 0.281536.**
6. 542 „   „   „ 0.01.   **R. 8.15. Res. 0.656625.**
7. 874 „   „   „ 0.01.   **R. 9.56. Res. 0.277184.**
8. 54 „   „   „ 0.001.   **R. 3.779. Res. 0.032701861.**
9. 72 „   „   „ 0.0001.   **R. 4.1601. Res. 0.003512195199.**
10. 162 „   „   „ 0.0001.   **R. 5.4513. Res. 0.005507616303.**

(534) RAIZ CUBICA DE UN DECIMAL CON APROXIMACION DECIMAL

REGLA

Para extraer la raíz cúbica de un decimal con aproximación de 0.1, 0.01, 0.001, 0.0001, etc., se añaden al decimal los ceros necesarios para que el número total de cifras decimales del decimal sea el triplo de las cifras decimales de la aproximación. Hecho esto, se extrae la raíz cúbica, teniendo cuidado de poner punto decimal en la raíz al bajar el primer grupo decimal.

Ejemplo	$\sqrt[3]{5.03}$ con aproximación de 0.01

Pruebas

$$\sqrt[3]{5.030,000} \quad | \quad 1.71$$

$\sqrt[3]{5.030,000}$	1.71
-1	$3 \times 1^2 = 3$
$\overline{40,30}$	$40 \div 3 = 13$
$-39\ 13$	$3 \times 17^2 = 867$
$\overline{01\ 170,00}$	$1170 \div 867 = 1$
$-\qquad 872\ 11$	
$\overline{297\ 89}$	

$$3 \times 1^2 \times 7 \times 100 = 2100$$
$$3 \times 1 \times 7^2 \times 10 = 1470$$
$$7^3 = 343$$
$$\overline{\qquad\qquad 3913}$$

$$3 \times 17^2 \times 1 \times 100 = 86700$$
$$3 \times 17 \times 1^2 \times 10 = 510$$
$$1^3 = 1$$
$$\overline{\qquad\qquad 87211}$$

➤ EJERCICIO 245

Hallar la raíz cúbica de:

1. 5.4   en menos de 0.01.   **R. 1.75. Res. 0.040625.**
2. 18.65   „   „   „ 0.01.   **R. 2.65. Res. 0.040375.**
3. 746.2   „   „   „ 0.01.   **R. 9.07. Res. 0.057357.**
4. 231.48   „   „   „ 0.01.   **R. 6.14. Res. 0.004456.**
5. 28.03   „   „   „ 0.001.   **R. 3.037. Res. 0.018628347.**
6. 0.00399   „   „   „ 0.0001.   **R. 0.1586. Res. 0.000000581944.**
7. 0.0000061   „   „   „ 0.0001.   **R. 0.0182. Res. 0.000000071432.**
8. 0.0000334   „   „   „ 0.0001.   **R. 0.0322. Res. 0.000000013752.**
9. 0.0056   „   „   „ 0.00001.   **R. 0.17758. Res. 0.000000075716488.**
10. 0.000000349   „   „   „ 0.00001.   **R. 0.00704. Res. 0.000000000086336.**

(535) RAIZ CUBICA DE UN NUMERO CON APROXIMACION FRACCIONARIA

REGLA

Para extraer la raíz cúbica de un número en menos de $\frac{1}{2}$, $\frac{1}{3}$, $\frac{1}{4}$, $\frac{1}{5}$..., se multiplica el número dado por el cubo del denominador de la aproximación buscada; se halla la raíz cúbica de este producto y esta raíz cúbica se divide por el denominador de la aproximación buscada.

Ejemplos

(1) $\sqrt[3]{56}$ con error $< \frac{1}{3}$.

56 se multiplica por el cubo de 3: $56 \times 27 = 1512$.
Se halla la raíz cúbica de 1512: $\sqrt[3]{1512} = 11$.

11 se divide por 3: $11 \div 3 = \frac{11}{3} = 3\frac{2}{3}$ R.

(2) $\sqrt[3]{0.16}$ en menos de $\frac{1}{5}$.

Multiplicamos 0. 16 por el cubo de 5: $0.16 \times 125 = 20$
Extraemos la raíz cúbica de 20: $\sqrt[3]{20} = 2$

2 se divide entre 5: $2 \div 5 = \frac{2}{5} = 0.4$ R.

(3) $\sqrt[3]{\dfrac{5}{27}}$ en menos de $\frac{1}{4}$.

Multiplicamos $\frac{5}{27}$ por el cubo de 4: $\frac{5}{27} \times 64 = \frac{320}{27}$

Extraemos la raíz cúbica de $\frac{320}{27}$: $\sqrt[3]{\dfrac{320}{27}} = \dfrac{\sqrt[3]{320}}{\sqrt[3]{27}} = \frac{6}{3} = 2$

2 se divide por 4: $2 \div 4 = \frac{2}{4} = \frac{1}{2}$ R.

➤ EJERCICIO 246

Hallar la raíz cúbica de:

1. 25 con error $< \frac{1}{4}$. R. $2\frac{3}{4}$.

2. 60 „ „ $< \frac{1}{5}$. R. $3\frac{4}{5}$.

3. 96 „ „ $< \frac{1}{6}$. R. $4\frac{1}{2}$.

4. 120 „ „ $< \frac{1}{7}$. R. $4\frac{6}{7}$.

5. 185 „ „ $< \frac{1}{8}$. R. $5\frac{5}{8}$.

6. 300 con error $< \frac{1}{9}$. R. $6\frac{2}{3}$.

7. 800 „ „ $< \frac{1}{10}$. R. $9\frac{1}{5}$.

8. 1050 „ „ $< \frac{1}{8}$. R. $10\frac{1}{8}$

9. 2000 „ „ $< \frac{1}{4}$. R. $12\frac{1}{2}$.

10. 19 „ „ $< \frac{1}{9}$. R. $2\frac{2}{3}$.

11. 0.6 con error $< \frac{1}{8}$. **R. $\frac{5}{6}$.** 15. $\frac{1}{18}$ con error $< \frac{1}{6}$. **R. $\frac{1}{3}$.**

12. 3.83 „ . „ $< \frac{1}{9}$. **R. $1\frac{5}{9}$.** 16. $\frac{3}{4}$ „ „ $< \frac{1}{10}$. **R. $\frac{9}{10}$.**

13. 0.04 „ „ $< \frac{1}{5}$. **R. $\frac{1}{5}$.** 17. $3\frac{1}{2}$ „ „ $< \frac{1}{4}$. **R. $1\frac{1}{2}$.**

14. $\frac{1}{5}$ „ „ $< \frac{1}{4}$. **R. $\frac{11}{20}$.** 18. $5\frac{4}{5}$ „ „ $< \frac{1}{3}$. **R. $1\frac{11}{15}$.**

APLICACIONES DE LA RAIZ CUBICA

(536) **Una caja de forma cúbica tiene 27000 cms.³ de volumen. ¿Cuál es su arista?**

Si la caja es de forma cúbica, el largo es igual al ancho e igual a la altura, y como el volumen se halla multiplicando entre sí las tres dimensiones de la caja, 27000 cms.³ es el producto de tres factores iguales, o sea el cubo de la arista; luego, la arista será: $\sqrt[3]{27000}$ cms.³ = 30 cms. **R.**

(537) **El volumen de una caja de forma cúbica es 216000 cms.³. Si se corta la mitad superior, ¿cuáles serán las dimensiones de la nueva caja?**

$\sqrt[3]{216000}$ cms.³ = 60 cms.; luego, esta caja tiene 60 cms. de largo, 60 cms. de ancho y 60 cms. de altura. Cortando la mitad superior resulta una caja de 60 cms. de largo, 60 cms. de ancho y 30 cms. de altura. **R.**

(538) **Un comerciante compró cierto número de trajes por $512. Si el precio de un traje es el cuadrado del número de trajes comprados, ¿cuántos trajes compró y cuánto costó cada uno?**

El importe de la venta, $512, es el producto del número de trajes por el precio de un traje, pero como el precio de un traje es el cuadrado del número de trajes, 512 es el cubo del número de trajes comprado; luego,· el número de trajes comprado es $\sqrt[3]{512}$ = 8 trajes, y el precio de un traje, $8^2 = \$64$. **R.**

➤ EJERCICIO 247

1. Una sala de forma cúbica tiene 3375 ms.³ Hallar sus dimensiones. **R. 15 m.**
2. Un cubo tiene 1728 dms.³ ¿Cuál es la longitud de su arista? **R. 12 dm.**
3. ¿Cuáles serán las dimensiones de un depósito cúbico cuya capacidad es igual a la de otro depósito de 45 ms. de largo, 24 ms. de ancho y 25 ms. de alto? **R. 30 ms. de arista.**
4. A un depósito de 49 ms. de largo, 21 ms. de profundidad y 72 ms. de ancho se le quiere dar forma cúbica, sin que varíe su capacidad. ¿Qué alteración sufrirán sus dimensiones? **R. El largo disminuye 7 ms., el ancho 30 ms. y la prof. aumenta 21 ms.**

5. ¿Cuál será la arista de un cubo cuyo volumen es los $^3/_4$ del volumen de una pirámide de 288000 ms.³? **R.** 60 m.

6. Una caja de forma cúbica tiene 2197 cms.³ Si se corta la mitad superior, ¿cuáles serán las dimensiones de lo restante? **R.** 13 ms. largo y ancho; 6.50 ms. alto.

7. ¿Cuál es el número cuyo cubo, multiplicado por 4, da 256? **R.** 4.

8. La suma de los cubos de dos números es 91 y el número menor es 3. Hallar el número mayor. **R.** 4.

9. La suma de los cubos de dos números es 468 y el número mayor es 7. Hallar el número menor. **R.** 5.

10. La suma de los cubos de dos números es 728 y los $^2/_3$ del cubo del número menor equivalen a 144. Hallar el mayor. **R.** 8.

11. En un depósito hay 250047 dms.³ de agua, la cual adopta la forma de un cubo. Si el agua llega a 15 dms. del borde, ¿cuáles seran las dimensiones del estanque? **R.** 63 dm. de ancho y largo; 78 dm. de alto.

12. ¿Por cuál número habrá que multiplicar la raíz cúbica de 1331 para que de 3.3? **R.** Por 0.3.

13. ¿Por cuál número hay que dividir la raíz cúbica de 5832 para obtener 0.2 de cociente? **R.** Por 90.

14. El cubo de un número multiplicado por 3 y dividido por 7 da por resultado 147. Hallar el número. **R.** 7.

15. ¿Cuál es el número cuyo cubo aumentado en 4; disminuyendo esta suma en 41; multiplicando esta diferencia por 2 y dividiendo el producto entre 74 da por resultado 1368? **R.** 37.

16. Se compra cierto número de libros por $729. Si el número de libros comprado es el cuadrado del precio de un libro, ¿cuántos libros he comprado y cuánto costó cada uno? **R.** 81 libros; $9.

17. Se ha comprado cierto número de caballos pagando por cada uno una cantidad igual al cuadrado del número de caballos comprados. Si hubiera comprado dos caballos más y hubiera pagado por cada uno una cantidad igual al cuadrado de este número nuevo de caballos hubiera pagado por ellos $2197. ¿Cuántos caballos he comprado y cuánto pagué por cada uno? **R.** 11 cab.; $121.

18. El quinto de un número multiplicado por el cuadrado del mismo número da por resultado 200. Hallar el número. **R.** 10.

19. Un comerciante compró cierto número de cajas grandes de madera, las que contenían cajas de corbatas. En cada caja de madera hay 1024 cajas de corbatas. Si el número de cajas de corbatas de cada caja de madera es el doble del cubo del número de cajas de madera, ¿cuántas cajas de madera compró el comerciante y cuántas cajas de corbatas? **R.** 8, 8192.

20. La altura de una caja es el triplo de su longitud y de su ancho. Si el volumen de la caja es de 24000 cms.³, ¿cuáles son las dimensiones de la caja? **R.** 20 cms. de largo y ancho; 60 cms. de altura.

CAPITULO **XXXV**

SISTEMA METRICO DECIMAL

(539) MAGNITUD EN GENERAL

Se ha visto (8) que **magnitud** es todo lo abstracto que puede compararse y sumarse y que **cantidad** es todo estado de una magnitud.

Así, la **longitud** es una magnitud y la longitud de una regla o la longitud de una sala son cantidades; el **peso** es una magnitud y mi peso o el peso de un libro son cantidades; la **velocidad** es una magnitud y la velocidad de un auto o la velocidad de un tren son cantidades.

(540) CANTIDADES MENSURABLES son las cantidades que pueden **medirse.** Tales son las cantidades continuas.

La comparación de cantidades homogéneas (de la misma magnitud) puede verificarse a veces **directamente.**

Así, yo puedo comparar la longitud de una regla con la longitud de un libro, poniendo el libro junto a la regla de modo que uno de sus extremos coincidan, y de este modo podré ver si el libro y la regla tienen igual longitud o si uno es más largo que el otro.

Del propio modo, es fácil comparar el peso de dos objetos poniendo uno de ellos en un platillo de una balanza y otro en el otro platillo. Si la balanza queda en equilibrio, ambos pesos son iguales, y si uno de los platillos queda más bajo que el otro, el peso del objeto que se halle en el platillo más bajo es mayor que el peso del objeto que se halla en el otro.

541 MEDICION

La comparación directa de cantidades de la misma magnitud de que se ha hablado en el número anterior, no siempre es posible. Así, yo no podría comparar de ese modo la longitud de la sala de mi casa y la longitud de otra sala.

En estos casos se verifica la comparación **indirecta,** que consiste en comparar cada una de las cantidades dadas con otra cantidad de la misma magnitud elegida como **unidad de medida,** y esta operación se llama **medición.**

Así, en el ejemplo citado, yo tomaré la cantidad elegida como unidad de medida, por ejemplo el metro, y lo llevaré sobre la longitud de la sala de mi casa.

De este modo veré cuántas veces la cantidad (longitud de la sala de mi casa) contiene a la unidad (el metro). Supongamos que la contiene 5 veces. Entonces 5 **metros** es la **medida** de la longitud de mi sala. Repetiré entonces la operación con la otra sala y supongamos que la longitud de ésta contiene 4 veces el metro. 4 **metros** es la **medida** de la otra sala. Entonces ya yo sé que la longitud de la sala de mi casa es mayor que la longitud de la otra sala.

De modo semejante podrían computarse los pesos de dos personas. Una de ellas se para en una pesa y vemos qué número de libras (unidad de medida) equilibra su peso. Supongamos que sean 120 libras. La otra hace lo mismo después que ella y supongamos que el peso que equilibra el suyo es 150 libras. 120 libras y 150 libras expresan las **medidas** de los pesos de ambas personas y yo sabré que la primera tiene menos peso que la segunda.

542 UNIDADES DE MEDIDA. DISTINTAS CLASES

Visto lo anterior podemos decir que **unidades de medida** son las cantidades elegidas para comparar con ellas las demás cantidades de su misma magnitud.

Medir una cantidad es compararla con la unidad de medida para saber cuántas veces la cantidad contiene a la unidad. Este número de veces seguido del **nombre** de la unidad expresa la **medida** de la cantidad.

Habiendo cantidades de distintas magnitudes y debiendo ser la unidad de la misma magnitud que la cantidad, habrá necesariamente distintas clases de unidades de medida.

Así, el metro, la vara, la yarda son unidades de medida para longitudes; el metro cuadrado, la vara cuadrada, la yarda cuadrada son unidades de medida para superficie; el metro cúbico, el pie cúbico son unidades de medida para el volumen; el gramo, la libra son unidades de medida para el peso; el litro es una unidad de medida para la capacidad.

(543) SISTEMA METRICO DECIMAL es el conjunto de medidas que se derivan del metro.

Es un **sistema** porque es un conjunto de medidas; **métrico,** porque su unidad fundamental es el metro; **decimal,** porque sus medidas aumentan y disminuyen como las potencias de 10.

(544) ORIGEN

Debido a la gran variedad de medidas que se empleaban en los distintos países y aun en las provincias o regiones de un mismo país, lo que dificultaba las transacciones comerciales, en Francia surgió la idea de crear un sistema de medidas cuya unidad fundamental fuera la unidad de longitud, que ésta tuviera relación con las dimensiones de la Tierra y que sus diversas medidas guardaran entre sí la relación que guardan las potencias de 10.

En 1792 la Academia de Ciencias de París designó a los profesores Mechain y Delambre para que midieran el arco de meridiano comprendido entre las ciudades de Dunkerque, en Francia, y Barcelona, en España.

Hecha esta medida y por cálculos sucesivos se halló la longitud de la distancia del Polo Norte al Ecuador, o sea de un cuadrante de meridiano terrestre, y a la diezmillonésima parte de esa longitud se le llamó **metro,** que quiere decir **medida,** haciéndose una regla de platino de esa longitud.

Sin embargo, cálculos posteriores han hecho ver que hubo algo de error en esa medición, pues el cuadrante de meridiano terrestre no tiene diez millones de metros, sino $10_{1}002,208$ metros; por lo tanto, el metro no es exactamente, sino **aproximadamente** la diezmillonésima parte del cuadrante de meridiano terrestre; el metro es algo menor que la diezmillonésima parte del cuadrante.

La Conferencia Internacional de Pesas y Medidas de París, 1889, acordó que el **metro legal, patrón** o **tipo,** fuera la longitud, a 0°, de la distancia que existe entre las dos marcas que tiene cerca de sus extremos una regla de platino iridiado (figura 37), construida por el físico Borda. Este metro **legal internacional** fue depositado y se conserva en la oficina de Pesas y Medidas de Sevres.

Este sistema ha sido aceptado oficialmente por la mayor parte de las naciones. Inglaterra y Estados Unidos de Norte-América no lo han aceptado oficialmente, pero no prohiben usarlo.

(545) CLASES DE MEDIDAS

Hay cinco clases de medidas: de longitud, de superficie, de volumen, de capacidad y de peso.

546 UNIDADES DE LONGITUD. NOMENCLATURA

La unidad de las medidas de longitud es el **metro,** que se representa por **m.**

El metro es aproximadamente igual a la diezmillonésima parte del
cuadrante del meridiano terrestre y se define diciendo que es la distancia entre las dos marcas de la
regla de platino construida por Borda, a la temperatura de 0°.

Los **múltiplos** del metro se forman anteponien-
do a la palabra metro las palabras griegas **Deca,
Hecto, Kilo** y **Miria,** que significan **diez, cien, mil**
y **diez mil,** y los submúltiplos se forman anteponien-
do las palabras griegas **deci, centi** y **mili,** que significan **décima, centésima** y **milésima** parte.

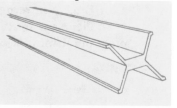

FIGURA 37
METRO INTERNACIONAL

Estas medidas aumentan y disminuyen de **diez en diez.**

Los múltiplos y submúltiplos del metro son:

Mm.	Km.	Hm.	Dm.	m.	dm.	cm.	mm.
10000 m.	1000 m.	100 m.	10 m.	1	0.1 m.	0.01 m.	0.001 m.

Para medidas de precisión muy pequeñas se usa la **micra** o milésima
de milímetro.

547 UNIDADES DE SUPERFICIE. NOMENCLATURA

La **unidad** de las medidas de superficie (figura 38) es el **metro cuadrado,** que es un cuadrado que tiene de lado un
metro lineal.

Se representa por **m.².**

Estas medidas aumentan y disminuyen de **cien
en cien.**

Los múltiplos y submúltiplos del m.² son:

Mm.²	Km.²
100000000 m.²	1000000 m.²

Hm.²	Dm.²	m.²
10000 m.²	100 m.²	1

dm.²	cm.²	mm.²
0.01 m.²	0.0001 m.²	0.000001 m.²

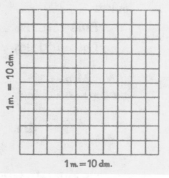

1 m. = 10 dm.

1 m. = 10 dm.

FIGURA 38
METRO CUADRADO

548 UNIDADES AGRARIAS. NOMENCLATURA

Cuando las medidas de superficie se aplican a la medición de tierras, se llaman medidas agrarias.

La unidad de las medidas agrarias es el **área** (figura 39), que equivale a un Dm.² y se representa abreviadamente por **á**.

Tiene un múltiplo, que es la **hectárea** (há.), que equivale al **Hm.²** y un submúltiplo, la **centiárea** (cá.), que equivale al m.².

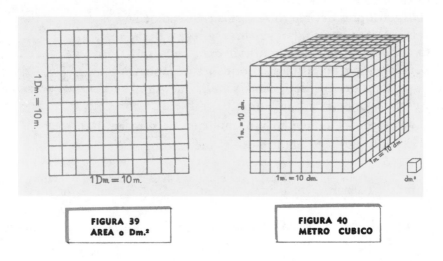

FIGURA 39
AREA o Dm.²

FIGURA 40
METRO CUBICO

549 UNIDADES DE VOLUMEN. NOMENCLATURA

La unidad de estas medidas es el **metro cúbico** (figura 40), que es un cubo que tiene de arista un metro lineal y se representa abreviadamente por **m.³**.

Estas medidas aumentan y disminuyen de **mil en mil**.

Los múltiplos y submúltiplos de m.³ son:

Mm.³	Km.³	Hm.⁵	Dm.³	m.³
1000000000000 m.³	1000000000 m.³	1.000000 m.³	1000 m.³	1

dm.³	cm.³	mm.³
0.001 m.³	0.000001 m.³	0.000000001 m.³

Cuando el metro cúbico se emplea para medir leña recibe el nombre de **estéreo**, teniendo un múltiplo, el **decaestéreo**, que vale 10 metros cúbicos, y un submúltiplo, el **deciestéreo**, que es la décima parte de un metro cúbico.

550 UNIDADES DE CAPACIDAD. NOMENCLATURA

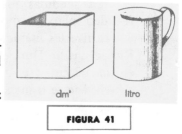

La unidad de estas medidas es el **litro** (figura 41), que es una medida cuya capacidad es igual a un dm.³.

Estas medidas aumentan y disminuyen de **diez en diez**.

Los múltiplos y submúltiplos del litro son:

FIGURA 41

Ml.	**Kl.**	**Hl.**	**Dl.**	**l.**	**dl.**	**cl.**	**ml.**
10000 l.	1000 l.	100 l.	10 l.	1 l.	0.1 l.	0.01 l.	0.001 l.

551 MEDIDAS DE PESO

La unidad de estas medidas es el **gramo** (figura 42), que es el peso de la masa de un centímetro cúbico de agua destilada, pesado en el vacío, a la temperatura de 4° del termómetro centígrado y se representa por **g**.

Como un decímetro cúbico de agua destilada contiene 1000 cms.³, habiendo llamado **gramo** al peso de la masa de un cm.³ de agua destilada,

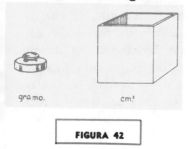

se llamó **kilogramo** al peso de la masa de un dm.³ de agua destilada.

Para representar el **kilogramo teórico** el físico Borda construyó un cilindro de platino cuyo peso debía ser el peso de la masa del Kilogramo teórico, o sea, el peso de la masa de un dm.³ de agua destilada. Este cilindro, que es el **kilogramo tipo,** se halla depositado en los archivos de Sevres, pero su masa es ligeramente superior a la del Kilogramo teórico.

FIGURA 42

Actualmente el **gramo** se define como el peso de la milésima parte de la masa del Kilogramo tipo de Borda.

Las medidas de peso aumentan y disminuyen de **diez en diez**.

Los múltiplos y submúltiplos del gramo son:

Tm.	**Qm.**	**Mg.**	**Kg.**	**Hg.**	**Dg.**	**g.**
1000000 g.	100000 g.	10000 g.	1000 g.	100 g.	10 g.	1 g.

dg.	**cg.**	**mg.**
0.1 g.	0.01 g.	0.001 g.

552 MEDIDAS EFECTIVAS

Se llaman medidas efectivas a las que existen en la realidad, pues se construyen objetos o instrumentos que las representan, llamados **patrones,** para uso de la industria y el comercio.

Las medidas que no son efectivas se llaman **ficticias;** no existen en la realidad, pero se emplean en el cálculo.

Entre las medidas de **longitud** son efectivas el Hm., el doble Dm., el Dm., el medio Dm., el doble metro, el metro, el medio metro, el doble dm., el dm., el cm. y el mm. Estas medidas se construyen en forma de cintas de tela fuerte o metal (lienzas), cadenas de agrimensor y reglas de madera o metal.

Entre las medidas de **capacidad** son efectivas el Hl., medio Hl., doble Dl., Dl., medio Dl., doble litro, litro, medio litro, doble dl., dl., medio dl., doble cl. y cl.

Estas medidas se construyen en forma de depósitos cilíndricos, generalmente de metal.

Entre las medidas de **peso** son efectivas las pesas de 50 Kgs., 20 Kgs., 10 Kgs. (Mg.), 5 Kgs., 2 Kgs., 1 Kg., medio Kg., 2 Hgs., 1 Hg. y medio Hg., que se construyen en forma de pirámide truncada de hierro con un anillo para tomarlas; las de 20 gs., 10 gs. (Dg.), 5 gs., 2 gs. y 1 g., que se construyen en forma de cilindros de latón que terminan por la parte superior en una especie de botón para tomarlas, y las de 5 dgs., 2 dgs., 1 dg., 5 cgs., 2 cgs., 1 cg., 5 mgs., 2 mgs. y 1 mg., que se fabrican en forma de chapas cuadradas de latón, plata o platino, con una punta doblada para tomarlas.

Las medidas de **superficie** y de **volumen** son **ficticias;** no se suelen construir instrumentos que las representen. Para medir las superficies y los volúmenes nos valemos de las fórmulas que da la Geometría, las cuales se estudian en el Cap. XXXVIII, usando como base para hallarlos las medidas de longitud.

REDUCCION DE UN NUMERO METRICO DE ESPECIE DADA A OTRA ESPECIE

(553) REDUCCION DE UN NUMERO METRICO QUE EXPRESE UNIDADES DE LONGITUD, CAPACIDAD O PESO A OTRA ESPECIE DADA

Estudiamos estas tres clases de medidas juntas porque aumentan o disminuyen de **diez en diez.**

REGLA

Si hay que reducir de especie superior a inferior se multiplica el número dado, y si de especie inferior a superior, se divide el número dado por la unidad seguida de tantos ceros como lugares separen a la medida dada de aquella a que se va a reducir.

Ejemplos

(1) Reducir 123 Km. a m.

Como es de mayor a menor tenemos que multiplicar. Contemos los lugares que separan las dos medidas: De Km. a Hm. uno, a Dm. dos, a m. tres; luego tendremos que multiplicar por la unidad seguida de tres ceros, o sea por 1000 y tendremos: $123 \text{ Km.} = 123 \times 1000 = 123000 \text{ m.}$ R.

(2) Reducir 456.789 cm a m.

Como es de menor a mayor tenemos que dividir. De cm. a dm. uno, a m. dos, luego tenemos que dividir por 100 y tendremos

$$456.789 \text{ cm.} = 456.789 \div 100 = 4.56789 \text{ m.} \quad \text{R.}$$

(3) Reducir 12.003 Ml. a dl.

Como es de mayor a menor hay que multiplicar. De Ml. a Kl. uno, a Hl. dos, a Dl. tres, a l. cuatro, a dl. cinco, luego tenemos que multiplicar por 100000 y tendremos: $12.003 \text{ Ml.} = 12.003 \times 100000 = 1200300 \text{ dl.}$ R.

(4) Reducir 114.05 Dg. a Qm.

Como es de menor a mayor hay que dividir. De Dg. a Hg. uno, a Kg. dos, a Mg. tres, a Qm. cuatro, luego tenemos que dividir por 10000 y tendremos:

$$114.05 \text{ Dg.} = 114.05 \div 10000 = 0.011405 \text{ Qm.} \quad \text{R.}$$

➤ EJERCICIO 248

Reducir:

1. 8 m. a dm.	R. 80 dms.	16. 13 ml. a l.	R. 0.013 l.
2. 15 Dm. a cm.	R. 15000 cm.	17. 12 cl. a l.	R. 0.12 l.
3. 7.05 Hm. a cm.	R. 70500 cms.	18. 215 dl. a Hl.	R. 0.215 Hl.
4. 17.005 Km. a dm.	R. 170050 dm.	19. 89.89 Dl. a Kl.	R. 08989 Kl.
5. 12.56789 Mm. a mm.	R. 125678900 mm.	20. 201.201 dl. a Ml.	R. 0.00201201 Ml.
6. 19 mm. a m.	R. 0.019 m.	21. 14 g. a cg.	R. 1400 cg.
7. 185 cm. a Dm.	R. 0.185 Dm.	22. 8 dg. a mg.	R. 800 mg.
8. 9 cm. a m.	R. 0.09 m.	23. 219 Hg. a dg.	R. 219000 dg.
9. 1824.72 m. a Km.	R. 1.82472 Km.	24. 7.001 Kg. a g.	R. 7001 g.
10. 193456.8 Hm. a Mm.	R. 1934.568 Mm.	25. 94.56 Mg. a Hg.	R. 9456 Hg.
11. 25 l. a cl.	R. 2500 cl.	26. 81 Qm. a Hg.	R. 81000 Hg.
12. 9 l. a ml.	R. 9000 ml.	27. 7 Tm. a Mg.	R. 700 Mg.
13. 18.07 Dl. a dl.	R. 1807 dl.	28. 35.762 Dg. a Qm.	R. 0.0035762 Qm.
14. 125.007 Kl. a Dl.	R. 12500.7 Dl	29. 1915 g. a Tm.	R. 0.001915 Tm.
15. 87.723 Ml. a l.	R. 877230 l.	30. 1001001 cg. a Kg.	R. 10.01001 Kg.

(554) REDUCCION DE UN NUMERO METRICO QUE EXPRESE UNIDADES DE SUPERFICIE A OTRA ESPECIE DADA

REGLA

Si hay que reducir de especie superior a inferior, se multiplica, y si de inferior a superior, se divide el número dado por la unidad seguida tantas veces dos ceros como lugares separen a la medida dada de aquella a que se va a reducir.

Ejemplos

(1) Reducir 18 Hm.² a m.²

Como es de mayor a menor hay que multiplicar. De Hm.² a Dm.² uno, a m², dos; luego tenemos que multiplicar por la unidad seguida de dos grupos de dos ceros, o sea, de cuatro ceros y tendremos:

$$18 \text{ Hm.}^2 = 18 \times 10000 = 180000 \text{ m.}^2 \quad \text{R.}$$

(2) Reducir 3456.789 mm.² a Dm.²

Como es de menor a mayor hay que dividir. De mm.² a cm.² uno, a dm.² dos, a m.² tres, a Dm.² cuatro; luego tenemos que dividir por la unidad seguida de cuatro grupo de dos ceros, o sea, por 100000000 y tendremos:

$$3456.789 \text{ mm.}^2 = 3456.789 \div 100000000 = 0.00003456789 \text{ Dm.}^2 \quad \text{R.}$$

(3) Reducir 14.32 há. a cá.

Como la há. es igual al Hm.² y la cá. igual al m.² tendremos que multiplicar porque es de mayor a menor. De há. a área uno, a cá. dos; luego tenemos que multiplicar por 10000 y tendremos:

$$14.32 \text{ há.} = 14.32 \times 10000 = 143200 \text{ cá.} \quad \text{R.}$$

➤ **EJERCICIO 249**

Reducir:

1. 9 m.² a dm.²	R. 900 dm.²	
2. 37 Dm.² a dm.²	R. 370000 dm.²	
3. 9 Hm.² a m.²	R. 90000 m.²	
4. 56 Km.² a m.²	R. 56000000 m.²	
5. 7.85 Hm.² a mm.²	R. 78500000000 mm.²	
6. 13.456 Dm.² a mm.²	R. 1345600000 mm.²	
7. 7893.25 Hm.² a cm.²	R. 789325000000 cm.²	
8. 7.8965 Km.² a Dm.²	R. 78965 Dm.²	
9. 7 há. a á.	R. 700 á.	
10. 15 há. a cá.	R. 150000 cá.	
11. 23 á. a cá.	R. 2300 cá.	
12. 123.45 há. a cá.	R. 1234500 cá.	
13. 89.003 á. a cá.	R. 8900.3 cá.	
14. 7.001 Km.² a há.	R. 700.1 há.	
15. 9 mm.² a cm.²	R. 0.09 cm.²	
16. 57 mm.² a dm.²	R. 0.0057 dm.²	
17. 1234 cm.² a Dm.²	R. 0.001234 Dm.²	
18. 1089 m.² a Hm.²	R. 0.1089 Hm.²	
19. 23.56 m.² a Km.²	R. 0.00002356 Km.²	
20. 12345.7 Dm.² a Mm.²	R. 0.0123457 Mm.²	
21. 789.004 cm.² a Dm.²	R. 0.000789004 Dm.²	
22. 1345.89 mm.² a Hm.²	R. 0.000000134589 H.	
23. 8.7 m.² a Dm.²	R. 0.087 Dm.²	
24. 9 cá. a á.	R. 0.09 á.	
25. 6 á a há.	R. 0.06 há.	
26. 115 cá. a á.	R. 1.15 á.	
27. 345 á. a há.	R. 3.45 há.	
28. 1234 há. a Km.²	R. 12.34 Km.²	
29. 876 cá. a Mm.²	R. 0.00000876 Mm.²	
30. 19876543 á. a Km.²	R. 1987.6543 Km.²	

555 REDUCCION DE UN NUMERO METRICO QUE EXPRESE UNIDADES DE VOLUMEN A OTRA ESPECIE DADA

REGLA

Si hay que reducir de especie superior a inferior, se multiplica, y si de inferior a superior, se divide el número dado por la unidad seguida de

tantas veces tres ceros como lugares separen a la medida dada de aquella a que se va a reducir.

> ## Ejemplos

(1) Reducir 345.76 m³ a cm.³

Como es de mayor a menor hay que multiplicar. De m.³ a dm.³ uno, a cm.³ dos; luego tendremos que multiplicar por la unidad seguida de dos grupos de tres ceros, o sea, por 1000000 y tendremos:

$$345.76 \ m.^3 = 345.76 \times 1000000 = 345760000 \ cm.^3 \quad R.$$

(2) Reducir 85.72 m.³ a Mm.³

Como es de menor a mayor hay que dividir. De m.³ a Dm.³ uno, a Hm.³ dos, a Km.³ tres, a Mm.³ cuatro; luego hay que dividir por la unidad seguida de cuatro grupos de tres ceros, o sea, por 1000000000000, y tendremos:

$$85.72 \ m.^3 = 85.72 \div 1000000000000 = 0.00000000008572 \ Mm.^3$$

➤ EJERCICIO 250

Reducir:

1. 6 m.³ a cm.³	R. 6000000 cm.³	10. 23.789876 Km.³ a cm.³	R. 23789876000000000 cm.³
2. 19 m.³ a mm.³	R. 19000000000 mm.³	11. 67 mm.³ a cm.³	R. 0.067 cm.³
3. 871 m.³ a dm.³	R. 871000 dm.³	12. 1145 cm.³ a m.³	R. 0.001145 m.³
4. 14 Hm.³ a dm.³	R. 14000000000 dm.³	13. 8765 dm.³ a Hm.³	R. 0.000008765 Hm.³
5. 7 Km.³ a m.³	R. 7000000000 m.³	14. 123456789 dm.³ a Km.³	R. 0.000123456789 Km.³
6. 8.96 Dm.³ a cm.³	R. 8960000000 cm.³	15. 1215 Dm.³ a Mm.³	R. 0.000001215 Mm.³
7. 14.567 Km.³ a m.³	R. 14567000000 m.³	16. 876 m.³ a Mm.³	R. 0.000000000876 Mm.³
8. 23.7657 Mm.³ a m.³	R. 23765700000000 m.³	17. 8765 Dm.³ a Mm.³	R. 0.000008765 Mm.³.
9. 2.345678 Hm.³ a m.³	R. 2345678 m.³		

18. 76895.7345 cm.³ a Km.³   R. 0.0000000000768957345 Km.³
19. 3457689.003 dm.³ a Hm.³   R. 0.003457689003 Hm.³
20. 123456.008 m.³ a Mm.³   R. 0.000000123456008 Mm.³

➤ EJERCICIO 251

MISCELANEA

Reducir:

1. 54 Hm. a m.	R. 5400 m.	9. 0.0806 Hm. a dm.	R. 80.6 dm.
2. 128.003 Kg. a Dg.	R. 12800.3 Dg.	10. 180.056 m.² a á.	R. 1.80056 á.
3. 195.03 Mm.² a Dm.²	R. 195030000 Dm.²	11. 16.50 Mm. a Hm.	R. 1650 Hm.
4. 2 cm.³ a m.³	R. 0.000002 m.³	12. 165.345 m. a cm.	R. 16534.5 cm.
5. 1850 Km. a m.	R. 1850000 m.	13. 0.56 Hg. a Tm.	R. 0.000056 Tm.
6. 16 Dm. a Hm.	R. 1.6 Hm.	14. 1832 Tm. a g.	R. 1832000000 g.
7. 18 Dl. a cl.	R. 18000 cl.	15. 14.0056 cm.² a á.	R. 0.0000140056 á.
8. 186.325 mm.² a m.²	R. 0.000186325 m.²	16. 1803 mm.³ a m.³	R. 0.000001803 m.³

17.	18 m.² a há.	R. 0.0018 há.	34. 1832 cl. a Dl.	R. 1.832 Dl.
18.	85.003 Dm. a mm.	R. 850030 mm.	35. 0.0506 m.³ a Dm.³	R. 0.0000506 Dm.³
19.	1230.05 cl. a Ml.	R. 0.00123005 Ml.	36. 1864.003 m. a Mm.	R. 0.1864003 Mm.
20.	14 Hm.² a m.²	R. 140000m.²	37. 123.056 Kl. a ml.	R. 123056000 ml.
21.	5063.0032 ml. a Hl.	R. 0.050630032 Hl.	38. 0.05 m.³ a Hm.³	R. 0.00000005 Hm.³
22.	1936 m.³ a dm.³	R. 1936000 dm.³	39. 1 m.³ a Mm.³	R. 0.00000000001 M
23.	156.003 Dm.³ a dm.³	R. 156003000 dm.³	40. 0.0086 dm.² a há.	R. 0.0000000086 há.
24.	143.056 Dm. a Km.	R. 1.43056 Km.	41. 8 g. a Tm.	R. 0.000008 Tm.
25.	1932 Mm.² a há.	R. 19320000 há.	42. 5¹/₄ há. a cá.	R. 52500 cá.
26.	12356.003 dg.a.Mg.	R. 0.12356003 Mg.	43. 6²/₃ m.³ a dm.³	R. 6666⅔ dm.³
27.	15.0036 ml. a Kl.	R. 0.0000150036 Kl.	44. ³/₅ l. a cl.	R. 60 cl.
28.	98035006 dm.³ a m.³	R. 98035.006 m.³	45. ¹/₈ Qm. a Hg.	R. 125 Hg.
29.	19336 cm² a Dm.²	R. 0.019336 Dm.	46. ²/₉ cm.³ a dm.³	R. 0.00022 dm.³
30.	19325.0586 Dm.³ a Km.³	R. 0.0193250586 Km.³	47. 5¹/₈ cá. a á.	R. 0.05125 á.
31.	18.0035 m. a mm.	R. 18003.5 mm.	48. 5¹/₂ Dl. a ml.	R. 55000 ml.
32.	0.056432 dm. a mm.	R. 5.6432 mm.	49. 7³/₄ cm.² a Dm.²	R. 0.00000775 Dm.²
33.	0.832 á a cá.	R. 83.2 cá.	50. 11¹/₅ g. a mg.	R. 11200 mg.

DESCOMPOSICION DE UN NUMERO METRICO DECIMAL DE LAS DISTINTAS UNIDADES DE QUE CONSTA

(556) REDUCIR UN INCOMPLEJO METRICO QUE EXPRESE UNIDADES DE LONGITUD, PESO O CAPACIDAD A COMPLEJOS

REGLA

La última cifra entera es de la especie dada. Hacia su izquierda cada cifra representa una especie superior, y hacia la derecha, una especie inferior.

Ejemplos

(1) Reducir a complejo 345.78 Hm.

La última cifra entera que es el 5 expresará Hm. Hacia su izquierda, la cifra siguiente representará la especie superior a Hm. o sea Km., y el 3 representará Mm. Hacia su derecha el 7 representará la especie inferior a Hm., o sea Dm. y el 8 m., y tendremos:

345.78 Hm. = 3 Mm. 4 Km. 5 Hm. 7 Dm. 8 m. R.

(2) Descomponer 98006 dm.

La última cifra entera que es el 6 son dm. y hacia su izquierda el primer 0 son m., el otro 0 son Dm., el 8 Hm. y el 9 Km., y tendremos:

98006 dm. = 9 Km., 8 Hm., 6 dm. R.

(3) Descomponer 7004.89 Kg.
Tendremos:

> 7004.89 Kg. = 7 Tm., 4 Kg., 8 Hg., 9 Dg.   R.

(4) Reducir a complejo 23456.71 Hl.
Tendremos:

> 23456.71 Hl. = 234 Ml., 5 Kl., 6 Hl., 7 Dl., 1 l.   R.

(Véase que como al llegar a Ml. se terminaban las medidas y quedaban todavía dos cifras, las referimos todas a la especie Ml.).

➤ EJERCICIO 252

Reducir a complejo:

1.	18 m.	R. 1 Dm. 8 m.
2.	125 cm.	R. 1 m. 2 dm. 5 cm.
3.	18345 mm.	R. 1 Dm. 8 m. 3 dm. 4 cm. 5 mm.
4.	923 Km.	R. 92 Mm. 3 Km.
5.	18765 Dm.	R. 18 Mm. 7 Km. 6 Hm. 5 Dm.
6.	32.076 m.	R. 3 Dm. 2 m. 7 cm. 6 mm.
7.	184.0054 Dm.	R. 1 Km. 8 Hm. 4 Dm. 5 cm. 4 mm.
8.	9072.056 Hm.	R. 90 Mm. 7 Km. 2 Hm. 5 m. 6 dm.
9.	1234.0007 Mm.	R. 1234 Mm. 7 m.
10.	98.000087 Hm.	R. 9 Km. 8 Hm. 8.7 mm.
11.	134 g.	R. 1 Hg. 3·Dg. 4 g.
12.	1786 mg.	R. 1 g. 7 dg. 8 cg. 6 mg.
13.	98654 cg.	R. 9 Hg. 8 Dg. 6 g. 5dg. 4 cg.
14.	1008 Dg.	R. 1 Mg. 8 Dg.
15.	145 Mg.	R. 1 Tm. 4 Qm. 5 Mg.
16.	23.006 Kg.	R. 2 Mg. 3 Kg. 6 g.
17.	184.00765 Hg.	R. 1 Mg. 8 Kg. 4 Hg. 7 dg. 6 cg. 5 mg.
18.	3145.00101 Qm.	R. 314 Tm. 5 Qm. 1 Hg. 1 g.
19.	876.00654 Tm.	R. 876 Tm. 6 Kg. 5 Hg. 4 Dg.
20.	73.0076 g.	R. 7 Dg. 3 g. 7.6 mg.
21.	987 l.	R. 9 Hl. 8 Dl. 7 l.
22.	8765 ml.	R. 8 l. 7 dl. 6 cl. 5 ml.
23.	187654 Dl.	R. 187 Ml. 6 Kl. 5 Hl. 4 Dl.
24.	1005 Hl.	R. 10 Ml. 5 Hl.
25.	34.06 Dl.	R. 3 Hl. 4 Dl. 6 dl.
26.	124.078 Ml.	R. 124 Ml. 7 Hl. 8 Dl.
27.	8.00009 Hl.	R. 8 Hl. 9 ml.
28.	234.0734 l.	R. 2 Hl. 3 Dl. 4 l. 7 cl. 3.4 ml.
29.	9.86 cl.	R. 9 cl. 8.6 ml
30.	14.7854 l.	R. 1 Dl. 4 l. 7 dl. 8 cl. 5.4 ml.

⟨557⟩ REDUCIR UN INCOMPLEJO METRICO QUE EXPRESE UNIDADES DE SUPERFICIE A COMPLEJO

REGLA

El número que forman las dos últimas cifras enteras es de la especie
dada.   Hacia la izquierda de este grupo, cada grupo de dos cifras representa una especie superior, y hacia la derecha, una especie inferior.   Si a

la derecha queda una sola cifra se le añade un cero para completar el grupo de dos cifras.

Ejemplos

(1) Reducir a complejo 567.897 Km.²

Las dos últimas cifras enteras 67 son Km.²; hacia su izquierda 5 son Mm.² y hacia su derecha 89 son Hm.² y 70 (se añade un cero) Dm.², y tendremos:

567.897 Km.² = 5 Mm.², 67 Km.², 89 Hm.², 70 Dm². R.

(2) Descomponer 560034.654 há.

Las dos últimas cifras enteras 34 son há.; hacia su izquierda tenemos 00 Km.², 56 Mm.² y hacia la derecha 65 á. y 40 cá., o sea

560034.654 há. = 56 Mm.², 34 há. 65 á., 40 cá. R.

➤ EJERCICIO 253

Reducir a complejo:

1. 817 m.²   R. 8 Dm.² 17 m.²
2. 1215 cm.²   R. 12 dm.² 15 cm.²
3. 18765 mm.²   R. 1 dm.² 87 cm.² 65 mm.²
4. 3456789 Dm.²   R. 3 Mm.² 45 Km.² 67 Hm.² 89 Dm.²
5. 123 á.   R. 1 há. 23 á.
6. 1085 cá.   R. 10 á 85 cá.
7. 198765432 há.   R. 19876 Mm.² 54 Km.² 32 há.
8. 123.00875 m.²   R. 1 Dm.² 23 m.² 87 cm.² 50 mm.²
9. 134.00075 Dm.²   R. 1 Hm.² 34 Dm.² 7 dm.² 50 cm.²
10. 9876.01023 Hm.²   R. 98 Km.² 76 Hm.² 1 Dm.² 2 m.² 30 dm.²
11. 12345.007 Km.²   R. 123 Mm.² 45 Km.² 70 Dm.²
12. 834.50063 á.   R. 8 há. 34 á. 50 cá. 6 dm.² 30 cm.²
13. 7654.0000071 Mm.²   R. 7654 Mm.² 7 m.² 10 dm.²
14. 183.03033 há.   R. 1 Km.² 83 há. 3 á. 3 ca. 30 dm.²
15. 0.00081 Km.²   R. 8 Dm.² 10 m.²
16. 0.7301003 há.   R. 73 á., 1 cá. 30 cm².
17. 0.00001 Dm.²   R. 10 cm.²
18. 431.98073 Mm.²   R. 431 Mm.² 98 Km.² 7 Hm.² 30 Dm.²
19. 215.87654 dm.²   R. 2 m.² 15 dm.² 87 cm.² 65.4 mm.²
20. 180.00003 cm.²   R. 1 dm.² 80 cm.² 0.003 mm.²

(558) REDUCIR UN INCOMPLEJO METRICO QUE EXPRESE UNIDADES DE VOLUMEN A COMPLEJO

REGLA

El número que forman las tres últimas cifras enteras es de la especie dada. Hacia la izquierda de este grupo, cada grupo de tres cifras representa una especie superior, y hacia la derecha, una especie inferior. Si a la derecha queda una cifra, se le añaden dos ceros, y si quedan dos, se le añade un cero para completar el grupo de tres cifras.

Ejemplo

Reducir a complejo 56789.0045 m.³

Las tres últimas cifras enteras 789 son m.³; hacia su izquierda 56 son Dm.³ y hacia su derecha 004 son dm.³ y 500 cm.³ y tendremos:

$$56789.0045 \text{ m.}^3 = 56 \text{ Dm.}^3, 789 \text{ m.}^3, 4 \text{ dm.}^2, 500 \text{ cm.}^3 \quad \text{R.}$$

➤ EJERCICIO 254

Reducir a complejo:

1. 1815 m.³   R. 1 Dm.³ 815 m.³
2. 23456 mm.³   R. 23 cm.³ 456 mm.³
3. 1834567 cm.³   R. 1 m.³ 834 dm.³ 567 cm.³
4. 23456789 Dm.³   R. 23 Km.³ 456 Hm.³ 789 Dm.³
5. 19876543 Hm.³   R. 19 Mm.³ 876 Km.³ 543 Hm.³
6. 20003456001 cm.³   R. 20 Dm.³ 3 m.³ 456 dm.³ 1 cm.³
7. 70007650043 dm.³   R. 70 Hm.³ 7 Dm.³ 650 m.³ 43 dm.³
8. 18.0072 Dm.³   R. 18 Dm.³ 7 m.³ 200 dm.³
9. 1324.0007 dm.³   R. 1 m.³ 324 dm.³ 700 mm.³
10. 198654.00008 Dm.³   R. 198 Hm.³ 654 Dm.³ 80 dm.³
11. 87345.0000005 Km.³   R. 87 Mm.³ 345 Km.³ 500 m.³
12. 17653.0000437 Hm.³   R. 17 Km.³ 653 Hm.³ 43 m.³ 700 dm.³
13. 18.0000000000072 Mm.³   R. 18 Mm.³ 7 m.³ 200 dm.³
14. 0.0032 m.³   R. 3 dm.³ 200 cm.³
15. 0.00007645 Dm.³   R. 76 dm.³ 450 cm.³
16. 0.8765432075 Km.³   R. 876 Hm.³ 543 Dm.³ 207 m.³ 500 dm.³
17. 9.07208109 Mm.³   R. 9 Mm.³ 72 Km.³ 81 Hm.³ 90 Dm.³
18. 6754327.0060572 Dm.³   R. 6 Km.³ 754 Hm.³ 327 Dm.³ 6 m.³ 57 dm.³ 200 cm.³
19. 23.0040056 dm.³   R. 23 dm.³ 4 cm.³ 5.6 mm.³
20. 1234.7645 cm.³   R. 1 dm.³ 234 cm.³ 764.5 mm.³

➤ EJERCICIO 255

MISCELANEA

Reducir a complejo:

1. 145.03 Dm.   R. 1 Km. 4 Hm. 5 Dm. 3 dm.
2. 1324 Qm.   R. 132 Tm. 4 Qm.
3. 116 há.   R. 1 Km.² 16 há.
4. 1603 m.³   R. 1 Dm.³ 603 m.³
5. 456.89 dm.   R. 4 Dm. 5 m. 6 dm. 8 cm. 9 mm.
6. 189.003 Dg.   R. 1 Kg. 8 Hg. 9 Dg. 3 cg.
7. 108.0035 cá.   R. 1 á. 8 cá. 35 cm.²
8. 1803564 Dm.³   R. 1 Km.³ 803 Hm.³ 564 Dm.³
9. 0.0001 m.   R. 0.1 mm.
10. 89306.054 Km.²   R. 893 Mm.² 6 Km.² 5 Hm.² 40 Dm.²
11. 1803.05 Hm.³   R. 1 Km.³ 803 Hm.³ 50 Dm.³
12. 1234.056 Ml.   R. 1234 Ml. 5 Hl. 6 Dl.

13.	89325 m.²	R. 8 Hm.² 93 Dm.² 25 m.²
14.	0.56896 Tm.	R. 5 Qm. 6 Mg. 8 Kg. 9 Hg. 6 Dg.
15.	0.00013 Hm.²	R. 1 m.² 30 dm.²
16.	19035.6543 Km.³	R. 19 Mm.³ 35 Km.³ 654 Hm.³ 300 Dm.³
17.	98.003 Mm.	R. 98 Mm. 3 Dm.
18.	1890.00003 á.	R. 18 há. 90 á. 30 cm.²
19.	186432.007 há.	R. 18 Mm.² 64 Km.² 32 há. 70 cá.
20.	0.0010325 m³	R. 1 dm.³ 32 cm.³ 500 mm.³
21.	0.0013 dm.³	R. 1 cm.³ 300 mm.³
22.	1403.564 Kg.	R. 1 Tm. 4 Qm. 3 Kg. 5 Hg. 6 Dg. 4 g.
23.	10035.05643 á.	R. 1 Km² 35 á. 5 cá. 64 dm.² 30 cm.²
24.	0.05 cm.³	R. 50 mm.³
25.	1056.00432 Hl.	R. 10 Ml. 5 Kl. 6 Hl. 4 dl. 3 ol. 2 ml.
26.	0.00356 Qm.	R. 3 Hg. 5 Dg. 6 g.
27.	188643253.0056 m.³	R. 188 Hm.³ 643 Dm.³ 253 m.³ 5 dm.³ 600 cm.³

28. $285\frac{3}{4}$ Dm.   R. 2 Km. 8 Hm. 5 Dm. 7 m. 5 dm.

29. $1008\frac{7}{10}$ á.   R. 10 há. 8 á. 70 cá.

30. $234\frac{3}{5}$ m.³   R. 234 m.³ 600 dm.³ ·

31. $12345\frac{1}{8}$ Dm.³   R. 12 Hm.³ 345 Dm.³ 125 m.³

32. $7654329\frac{7}{20}$ há.   R. 765 Mm.² 43 Km.² 29 há. 35 á.

33. $1008\frac{9}{16}$ cá.   R. 10 á. 8 cá. 56 dm.² 25 cm.²

34. $8\frac{1}{2}$ Kl.   R. 8 Kl. 5 Hl.

35. $879\frac{4}{5}$ Tm.   R. 879 Tm. 8 Qm.

36. $10000\frac{1}{500}$ dm.²   R. 1 Dm.² 20 mm.²

(559) REDUCCION DE UN COMPLEJO METRICO A INCOMPLEJO

REGLA

Se reducen cada una de las especies del complejo a la especie pedida y se suman esos resultados.

Ejemplos

(1) Reducir 5 Kl., 14 l. y 34 dl. a Hl.

$$5 \text{ Kl. a Hl.} = 5 \times 10 = 50 \text{ Hl.}$$
$$14 \text{ l. a Hl.} = 14 \div 100 = 0.14 \text{ „}$$
$$34 \text{ dl. a Hl.} = 34 \div 1000 = 0.034 \text{ „}$$

$$50.174 \text{ Hl. R.}$$

(2) Reducir 3 Km.^{2}, 16 há., 6 cá. y 345 mm.^{2} a m.^{2}

$$3 \text{ Km.}^2 \quad \text{a m.}^2 = \quad 3 \times 1000000 = 3000000 \text{ m.}^2$$
$$16 \text{ há.} \quad \text{a m.}^2 = \quad 16 \times 10000 \quad = \quad 160000 \text{ ,,}$$
$$6 \text{ cá} = \qquad\qquad\qquad = \qquad 6 \text{ ,,}$$
$$345 \text{ mm.}^2 \quad \text{a m.}^2 = 345 \div 1000000 = \qquad 0.000345 \text{ m.}^2$$

$$3160006.000345 \text{ m.}^2 \quad \text{R.}$$

(3) 14 Hm.^{3}, 45 Dm.^{3}, 6 cm.^{3} a Hm.^{3}

$$14 \text{ Hm.}^3 \qquad\qquad\qquad\qquad = 14 \text{ Hm.}^3$$
$$45 \text{ Dm.}^3 \text{ a Hm.}^3 = 45 \div 1000 \qquad\qquad = 0.045 \text{ Hm.}^3$$
$$6 \text{ cm.}^3 \text{ a Hm.}^3 = 6 \div 1000000000000 = 0.000000000006 \text{ Hm.}^3$$

$$14.045000000006 \text{ Hm.}^3 \quad \text{R.}$$

➤ EJERCICIO 256

Reducir a la especie indicada:

1. 14 Km., 10 Dm., 8 cm. a mm.   R. 14100080 mm.
2. 8 Dm., 6 dm., 114 mm., a m.   R. 80.714 m.
3. 19 Mm., 16 m., 1142 dm. a Hm.   R. 1901.302 Hm.
4. 8 Tm., 105 Hg., 12 cg. a mg.   R. 8010500120 mg.
5. 9 Kg, 12 g., 16 mg. a dg.   R. 90120.16 dg.
6. 14 Hl., 18 Dl., 115 l. a cl.   R. 169500 cl.
7. 19 l., 8 dl., 6 cl. a Hl.   R. 0.1986 Hl.
8. 14 m., 5 dm., 8 cm. a Dm.   R. 1.458 Dm.
9. 14 Hg., 16 Dg., 114 g., 2013 cg. a Qm.   R. 0.0169413 Qm.
10. 9 Km.^{2}, 16 Dm.^{2}, 8 m.^{2} a m.^{2} R. 9001608 m.^{2}
11. 8 Hm.^{2}, 9 m.^{2}, 114 cm.^{2} a dm.^{2} R. 8000901.14 dm.^{2}
12. 14 há., 8 á., 16.2 cá. a á.   R. 1408.162 á.
13. 15 Km.^{2}, 16 á., 8 cá., 9 dm.^{2} a há.   R. 1500.160809 há.
14. 6 m.^{2}, 18 dm.^{2}, 104 mm.^{2} a Km.^{2} R. 0.000006180104 Km.^{2}
15. 9 m.^{3}, 143 dm.^{3}, 114 mm.^{3} a mm^3.   R. 9143000114 mm.^{3}
16. 14 Dm.^{3}, 13.5 m.^{3}, 9.4 mm.^{3} a Dm.^{3} R. 14.0135000000094 Dm.^{3}
17. 8 Km.^{3}, 19 Dm.^{3}, 112 cm.^{3} a m.^{3} R. 8000019000.000112 m.^{3}
18. 6.2 mm.^{3}, 19 m.^{3} a Dm.^{3} R. 0.0190000000062 Dm.^{3}
19. 14 Mm.^{3}, 19 Hm.^{3}, 114.3 dm.^{3} a Km.^{3} R. 14000.0190000001143 Km.^{3}
20. 8.6 Kl., 1024 l., 10.56 dl. a Hl.   R. 96.25056 Hl.

PROBLEMAS SOBRE EL SISTEMA METRICO DECIMAL

MEDIDAS DE LONGITUD

(560) Las ruedas de un automóvil tienen una circunferencia de **2 m. 62 cm.** ¿Cuántas vueltas dará cada rueda si el auto recorre una distancia de **2 Km., 132 m., 68 cm.?**

Cada vez que las ruedas dan una vuelta, el auto avanza 2 m. 62 cm.; luego, el número de vueltas que da cada rueda será las veces que 2 m. 62 cm. esté contenido en la distancia recorrida.

Reduciendo a ms. la distancia: 2 Km., 132 in., 68 cm. = 2132.68 m.

Reduciendo a m. la circunferencia de las ruedas:

2 m. 62 cm. = 2.62 m.

Cada rueda dará: 2132.68 m. ÷ 2.62 m. = 814 vueltas.   R.

561 ¿Cuánto costará cercar un potrero rectangular de 8 Hm., 6 m., 14 cm. de largo por 316 m., 28 cm. de ancho, si el metro de cerca, incluyendo la mano de obra, se cobra a $0.60?

Tenemos que hallar el perímetro del potrero. Como es rectangular, tiene dos lados que miden 8 Hm., 6 m., 14 cm. = 806.14 m. cada uno, y dos lados que miden 316 m., 28 cm. = 316.28 m. cada uno. Luego, el perímetro del potrero será: (806.14 m. + 316.28 m.) × 2 = 2244.84 m.

Entonces, la longitud de la cerca ha de ser 2244.84 m. Como cada metro se cobra a $0.60, la cerca importará:

2244.84 m. × $0.60 = $1346.90   R.

➤ EJERCICIO 257

1. Una sección de trabajadores tiende en Enero, 3 Kms. de vía de ferrocarril; en Febrero, 3 Hms. 8 ms.; en Marzo, 14 Dms. 34 ms. ¿Cuántos Hms. de vía se han tendido en los tres meses? **R.** 32.84 Hm.
2. Se compran 13 Dms. de una tela y ya se han entregado 114 dms. ¿Cuántos dms. faltan por entregar? **R.** 1186 dms.
3. Un hombre camina 200 ms. cada dos minutos y va de una ciudad a otra que dista 130 Hms. 14 dms. Al cabo de 25 minutos, ¿a qué distancia se halla del punto a que va? **R.** 10501.4 ms.
4. ¿Cuántas varillas de 28 cms. de longitud se pueden sacar de una vara de madera de 5 ms. 6 dms.? **R.** 20.
5. Yo pedí 14.25 ms. de tela en una tienda pero al vendérmela la midieron con un metro que sólo tenía 96 cms. Si pagué 35 bolívares por cada metro verdadero de tela, ¿cuánto pierdo? **R.** 19.95 bolívares.
6. ¿Cuál será el perímetro, en metros, de un potrero rectangular de 815 ms. 9 dms. 6 cms. de longitud por 424 ms. 18 cms. de ancho? **R.** 2480.28 ms.
7. En una cuadra (100 ms.) hay fabricadas cuatro casas cuyos frentes miden 8 ms. 24 cms., 10 ms. 75 cms., 15 ms. 16 cms. y 20 ms. 32 cms. respectivamente. ¿Cuántos metros de la cuadra quedan sin casas? **R.** 45.53 ms.
8. A un potrero rectangular de 9 Hms. 16 ms. 75 cms. de longitud por 3 Hms. 19 ms. 62 cms. de ancho, se le pone una cerca que vale $0.50 el metro. Si además el acarreo y mano de obra importan $315, ¿cuánto importa poner la cerca? **R.** $1551.37.
9. A un cuadro rectangular de 80 cms. por 60 cms. se le pone un marco que cuesta, incluyendo la mano de obra, a 3 bolívares el dm. ¿Cuánto importará el marco? **R.** 84 bolívares.
10. ¿Cuánto importarán los marcos de 4 cuadros rectangulares de 75 cms. por 45 cms. si el dm. de marco cuesta 4.50 bolívares? **R.** 432 bolívares.
11. Un terreno rectangular de 45 ms. por 123 dms., se cerca con estacas de 2 dms. de ancho, que se colocan a 4 dms. de distancia una de otra. ¿Cuántas estacas se necesitarán? **R.** 191.

12. Un corredor hace 100 ms. en 10 segundos y otro 200 ms. en 22 segundos. ¿Cuál llegará primero en una carrera de 50000 dms.? ¿Qué tiempo de ventaja sacará el ganador al vencido? **R.** El 1º, 50 seg.

13. ¿Cuál es la velocidad por minuto de un automóvil que en 2 horas recorre 150 Kms. 4 Hms. 800 dms.? **R.** 1254 m.

14. Un rodillo de apisonar terreno tiene una circunferencia de 80 cms. 6 mms. Al recorrer un terreno de tennis, de norte a sur, da 53 vueltas, y al recorrerlo de este a oeste da 20 vueltas. ¿Cuáles son las dimensiones del terreno de tennis? **R.** 42.718 ms. por 16.12 ms.

15. Las ruedas de un carro tienen una circunferencia de 3 ms. 24 cms. ¿Cuántas vueltas dará cada rueda si el coche recorre una distancia de 2 Kms. 9 Hms. 8 Dms. 8 dms.? **R.** 920.

16. Las ruedas delanteras de un automóvil tienen una circunferencia de 1 m. 80 cms. y las traseras de 2 ms. 60 cms. ¿Cuántas vueltas darán las ruedas delanteras y las traseras si el automóvil recorre una distancia de 1 Km. 1 Hm. 70 ms.? **R.** D. 650, T. 450.

MEDIDAS DE SUPERFICIE

(562) **Un terreno rectangular de 14 Dm. de largo por 8.50 m. de ancho se vende a $7.50 el m.^{2}. ¿Cuánto importará la venta?**

Tenemos que averiguar cuántos metros cuadrados tiene el terreno. Para ello, para buscar la superficie, se multiplica el largo por el ancho, y como queremos tener la superficie en m.^{2}, tenemos que reducir el largo y el ancho a m., y después multiplicar:

$$14 \text{ Dm. a m.} = 14 \times 10 = 140 \quad \text{m.}$$
$$8.50 \text{ m.} \quad = \quad = \quad 8.50 \text{ ,,}$$
$$140 \text{ m.} \times 8.50 \text{ m.} = 1190 \text{ m.}^2$$

Ahora, como cada m.^{2} se vende a $7.50, no hay más que multiplicar la superficie en m.^{2} por $7.50, y tendremos: $1190 \text{ m.}^2 \times \$7.50 = \$8925$. **R.**

(563) **Una sala rectangular de 4.6 Dm. por 35.4 dm. se pavimenta con losas de 20 cms. por 16 cms. ¿Cuántas losas harán falta?**

Tenemos que hallar la superficie de la sala y la superficie de una losa, y después dividir la superficie de la sala por la de una losa, para ver cuántas losas caben.

Para hallar la superficie de la sala tenemos que multiplicar su largo por su ancho, pero para eso hay que reducirlos previamente a una misma medida, por ejemplo a m., y tendremos:

$$4.6 \text{ Dm. a m.} = 4.6 \times 10 = 46 \text{ m.}$$
$$35.4 \text{ dm. a m.} = 35.4 \div 10 = 3.54 \text{ m.}$$
$$\text{Sup. de la sala: } 46 \text{ m.} \times 3.54 \text{ m.} = 162.84 \text{ m.}^2$$

Ahora, para hallar la superficie de una losa, multiplicamos su largo por su ancho:

$$\text{Sup. de una losa: } 20 \text{ cms.} \times 16 \text{ cms.} = 320 \text{ cms.}^2$$

Ahora tenemos que dividir la superficie de la sala, 162.84 m.², entre la superficie de una losa, pero para ello tenemos que reducir las dos a una misma medida, por ejemplo, los 162.84 m.² a cm.², y tendremos:

162.84 m.² a cm.² = 162.84 × 10000 = 1628400 cm.²

Harán falta: 1628400 ÷ 320 = 5088¾ losas.   R.

564 Un terreno rectangular de 14 há., 8 cá. mide de largo 45.6 Dm. ¿Cuántos metros tiene de ancho?

Cuando se conoce la extensión o superficie y una de las dimensiones, para hallar la otra, se divide la superficie por la dimensión conocida, pero es necesario reducirlas previamente a una misma medida.

Primero reducimos la superficie 14 há. 8 cá. a una sola medida, por ejemplo, a cá.:

14 há. a cá. = 14 × 10000 = 140000 cá.

8 cá.   =   =   8 „

—————————

140008 cá.

Ahora tenemos que dividir 140008 cá. o m.² entre el largo 45.6 Dm., pero primero tenemos que reducir los 45.6 Dm. a m.:

45.6 Dm. a m. = 45.6 × 10 = 456 m.

El ancho será: 140008 m.² ÷ 456 m. = $307\frac{2}{57}$ m.   R.

565 Un terreno cuadrado de 3 Hm., 6 Dm. de lado se vende a 500 bolívares el área.   ¿Cuánto importará?

Tenemos que hallar la superficie del terreno en áreas y multiplicarla por bs. 500.   Pero como el terreno es cuadrado, el largo es igual al ancho; luego, la superficie será:

3 Hm. 6 Dm. = 36 Dm.   36 Dm. × 36 Dm. = 1296 Dm.² o á.

El terreno importará: 1296 × 500 = 648000 bolívares.   R.

➤ EJERCICIO 258

1. Si el dm.² de paño vale $0.15, ¿a cómo sale el cm.², el m.², el Dm.²? R. $0.0015; $15; $1500.
2. Se compran 8 há. 12 á y 23 cá. de terreno a razón de 45 bolívares el área. ¿Cuánto importa la venta?   R. 36550.35 bolívares.
3. Si la tela de una pieza se vende a $0.50 el dm.², ¿cuánto importan 5½ ms.²? R. $275.
4. Se compró una finca de 4 Kms.² 6 há. y 34 á. en $4997982. ¿A cómo sale el área?   R. $123.
5. Se compra a razón de $0.90 la cá. un terreno de 14 há. 6 á. ¿Cuál es la ganancia si se vende por $200000?   R. $73460.
6. Compré un terreno de 30 á. 6 cá. y otro de 40 á. y pagué por el segundo bs. 1988 más que por el primero. Si el precio de la cá. es igual en ambos, hállese el importe de cada compra.   R. bs. 6012 y bs. 8000.

7. Se ha comprado un terreno de 14 há. en $280000. Si se quiere ganar $70000, ¿a cómo se debe vender el m²? **R.** $2.50.

8. ¿Cuál es la superfecie en hectáreas, de un terreno rectangular de 13 Hms. de largo por 3 Dms. 6 ms. de ancho? **R.** 4.68 há.

9. ¿Cuánto importará un solar rectangular de 4 Dms. 6 ms. de largo por medio Hm. de ancho a razón de $5.60 la cá.? **R.** $12880.

10. Se quiere pavimentar una sala rectangular de 6 Dms. de largo por 15 ms. de ancho con losas de mármol de 25 cms. por 18 dms. ¿Cuántas losas se necesitarán? **R.** 2000.

11. ¿Cuánto costará pavimentar un cuarto cuadrado de 4 ms. por 4 ms. con losas de 20 cms. por 20 cms. que se compran a $50 el millar? **R.** $20.

12. Una sala rectangular de 8 ms. por 6 ms. que tiene dos puertas de 1.50 ms. de ancho se le quiere poner un zócalo de 20 cms. de altura empleando azulejos cuadrados de 20 cms. × 20 cms. ¿Cuántos azulejos harán falta? **R.** 125.

13. A una sala rectangular de 6 ms. por 4 ms. se le quiere poner en el piso, junto a las paredes, una cenefa de 20 cms. de ancho. ¿Cuántas losas cuadradas de 20 cms. × 20 cms. harán falta para la cenefa? **R.** 96.

14. Una sala tiene 4.40 ms. de largo y 3.80 ms. de ancho. ¿Cuántas losas cuadradas de 20 cms. de lado harán falta para ponerle al piso de dicha sala una cenefa, junto a las paredes, que tenga dos losas de ancho? **R.** 148.

15. A 500 bolívares el millar de adoquines, ¿cuánto costará pavimentar una calle rectangular de 50 ms. de largo y 8.50 ms. de ancho si cada adoquín cubre una superficie de 80 cms.²? **R.** 26562.50 bolívares.

16. Un terreno cuadrado cuyo lado es 4 Hms. 3 ms. se vende a $45.32 la cá. ¿Cuánto importa la venta? **R.** $7360375.88.

17. Hallar las dimensiones de una extensión cuadrada de 4 há. **R.** 2 Hm. de lado.

18. De una extensión cuadrada de 4.5 Dms. de lado se vende $\frac{2}{5}$ y lo restante se cultiva. ¿Cuántas áreas tiene la porción cultivada? **R.** 16.20 á.

19. Una extensión rectangular de 4 Kms.² 8 há. mide de largo 45 Dms. ¿Cuál es el ancho? **R.** 906$\frac{2}{3}$ Dms.

20. Si una casa ocupa un terreno rectangular de 10 á. y tiene de frente 20 ms. ¿cuántos metros tiene de fondo? **R.** 50 ms.

21. A un cuadro rectangular que tiene 2400 cms.² con 60 cms. de largo se le quiere poner un marco que vale 7.50 bolívares el m. ¿Cuánto importará el marco? **R.** 15 bolívares.

22. Un terreno rectangular de 14 há. que tiene de largo 70 Dms. se quiere rodear con una cerca que vale a $1.50 el m. ¿Cuánto importa la cerca? **R.** $2700.

23. De mi finca de 5 há., 4 á y 15 cá. vendí los $\frac{2}{3}$, alquilé $\frac{1}{5}$ y lo restante lo estoy cultivando. ¿Cuántas áreas estoy cultivando? **R.** 67.22 á.

24. Se empapelan las cuatro paredes de una sala rectangular de 15 ms. de largo, 8 ms. de ancho y 4 ms. de altura con piezas de papel de 368 cms.² cada una. ¿Cuántas piezas se necesitarán y cuánto importará la obra si cada pieza de papel vale $0.25? **R.** 5000; $1250.

25. Una sala rectangular tiene 15 ms. de largo, 6 ms. de ancho y 5 ms. de altura. La sala tiene cuatro ventanas de 1.50 ms. por 2 ms. ¿Cuál es la superficie total de las cuatro paredes y cuántas piezas de papel de 44 cms. por 18 cms. harán falta para cubrir las paredes? **R.** 198 m²; 2500 piezas.

26. Mi casa tiene 400 ms.² y mide de largo 40 ms. ¿Cuántos dms. tiene de ancho? **R.** 100 dm.

MEDIDAS DE VOLUMEN

566 ¿Cuál será el volumen de una caja de 35 dm. de largo, 16 dm. de ancho y 140 cms. de altura?

Para hallar el volumen hay que multiplicar las tres dimensiones, pero reduciéndolas previamente a una misma medida, por ejemplo, a dm.

No tenemos más que reducir los 140 cms. de alto a dm., porque ya las otras dimensiones están expresadas en dms.:

$$140 \text{ cms. a dms.} = 140 \div 10 = 14 \text{ dms.}$$

El volumen será: 35 dms. $\times$ 16 dms. $\times$ 14 dms. = 7840 dms.³.   **R.**

567 En un montón de ladrillos de 48 ms.³, ¿cuántos ladrillos habrá si cada uno tiene 4 dms. de largo, 10 cms. de ancho y 6 cms. de altó?

Hay que dividir el volumen del montón por el volumen de un ladrillo.

Para hallar el volumen de ún ladrillo tenemos que multiplicar sus tres dimensiones, reduciéndolas previamente a una misma medida; por ejemplo, a ms.:

$$4 \text{ dms. a m.} = 4 \div 10 = 0.4 \text{ m.}$$
$$10 \text{ cms. a m.} = 10 \div 100 = 0.1 \text{ „}$$
$$6 \text{ cms. a m.} = 6 \div 100 = 0.06 \text{ „}$$

El volumen de un ladrillo será: 0.4 m. $\times$ 0.1 m. $\times$ 0.06 m. = 0.0024 m.³.

En el montón habrá: 48 m.³ $\div$ 0.0024 m.³ = 20000 ladrillos.   **R.**

➤ **EJERCICIO 259**

1. ¿Cuántos dms.³ tendrá un depósito que mide 4 ms. de largo, 15 dms. de altura y 6.5 ʌns. de ancho?   **R.** 39000 dm.³

2 En una caja de 12500 cms.³, ¿cuántas cajas de cartón de 1 dm. de largo, 0.5 dm. de ancho y 5 cms. de altura cabrán?   **R.** 50.

3. En una caja de madera de 1.50 ms. de largo, 1 m. de ancho y 80 cms. de altura, ¿cuántas cajas de zapatos de 40 cms. de largo, 20 cms. de ancho y 10 cms. de altura cabrán?   **R.** 150.

4. Se quiere construir una pared de 25 ms. de largo, 21 dms. de espesor y 10 ms. de altura. ¿Cuántos ladrillos se necesitarán si cada uno tiene 25 cms. $\times$ 14 cms. $\times$ 15 cms.?   **R.** 100000.

5. Cuatro vigas de 105 dms.³ cada una han costado 168 colones. ¿A cómo sale el metro cúbico?   **R.** 400 colones.

6. Una caja de 500 dms.³ tiene de largo 10 dms. y de ancho 50 cms. ¿Cuántos dms. tiene de altura?   **R.** 10 dm.

7. En un patio de 35.42 ms. de largo y 16 ms. de ancho se quiere poner una capa de arena de 2 dms. de altura. ¿Cuántos ms.³ de areña harán falta?   **R.** 113.344 ms.³

8. En una sala hay 100 personas correspondiendo a cada una 6 ms.³ de aire. Si la longitud de la sala es de 25 ms. y el ancho 6 ms., ¿cuál es la altura? **R. 4 m.**

9. Una sala tiene 12 ms. de largo, 5 ms. de ancho y 4 ms. de altura. ¿Cuánto más alta que esta sala es otra sala del mismo largo y ancho en la cual, entrando 30 personas corresponden 9 ms.³ de aire a cada una? **R. 50 cms.**

10. Se ha abierto una zanja de 8.5 ms. de largo, 1.5 ms. de ancho y 2 ms. de profundidad. ¿Cuantos viajes tendrá que hacer un camión que en cada viaje puede llevar 1.5 m.³ de tierra para transportar la tierra removida a otro lugar? **R. 17 viajes.**

MEDIDAS DE CAPACIDAD

(568) Si el Dl. de vino se paga a $20, ¿cuánto valdrá cada botella de 65 cls. si las botellas vacías se pagan a $5 el ciento?

Si 1 Dl. o 10 litros de vino cuestan $20, un litro costará $20 ÷ 10 = $2. Como 1 litro o 100 cls. cuestan $2, 1 cl. costará $2 ÷ 100 = $0.02, y si cada botella contiene 65 cls. de vino, el vino de cada botella costará $0.02 × 65 = $1.30.

Si las botellas se pagan a $5 el ciento, 1 botella vale $5 ÷ 100 = $0.05; luego, la botella llena de vino vale $1.30 + $0.05 = $1.35. **R.**

➤ EJERCICIO 260

1. Se han vendido 35 Hls. de vino por $1050. ¿Cuánto valdrán 4 Dls.? **R. $12.**

2. Un mechero consume 3.5 Hls de gas cada dos horas Si el Hl. cuesta 20 cts., ¿cuánto se pagará por el consumo de tres días? **R. $25.20.**

3. En una há. de terreno se siembran 200 litros de trigo. ¿Cuántos Hls. se sembrarán en 5 á. 8 cá.? **R. 0.1016 Hl**

4. ¿Cuántos cl. hay que verter en un Hl. para llenarlo hasta su cuarta parte? **R. 2500 cl.**

5. Un depósito se llena por tres llaves. Una vierte 8 ls. por minuto, otra 14 Dls. en 2 minutos y la tercera 6 Hls. en 20 minutos. ¿Cuál será la capacidad del depósito si abriendo los tres gritos tarda en llenarse 8 horas? **R. 51840 l.**

6. Para envasar 540 Dls. de vino, ¿cuántas botellas de 5 dls. harán falta? **R. 10800.**

7. Un comerciante ha comprado cierta cantidad de vino por $270, pagando $1.80 por el Dl. ¿A cómo tiene que vender el litro para ganar $30? **R. $0.20.**

8. Se quieren envasar 3 Hls. 4 Dls. de vino en botellas de 85 cls. de capacidad. ¿Cuántas botellas harán falta? **R. 400.**

9. ¿Cuánto gasta al año en beber una persona que bebe diariamente 5 dls. de vino si lo paga a 8 sucres el litro? **R. 1460 sucres.**

10. Si un litro de ron cuesta $1.50, ¿a cómo hay que vender el vasito de 5 cls. para que la ganancia de un litro sea igual al costo? **R. $0.15.**

MEDIDAS DE PESO

(569) La mitad del agua que puede contener un depósito pesa 123 Kgs. ¿Cuántos Dgs. pesarán los $\frac{2}{5}$ del agua contenida en el depósito cuando está lleno?

Si la mitad del agua que puede contener el depósito pesa 123 Kgs., cuando el depósito esté lleno contendrá una cantidad de agua que pesará

123 Kgs. × 2 = 246 Kgs. = 24600 Dgs. Luego, $\frac{1}{5}$ del agua que contiene el depósito cuando está lleno pesa 24600 Dgs. ÷ 5 = 4920 Dgs. y los $\frac{2}{5}$ pesarán 4920 Dgs. × 2 = 9840 Dgs. R.

➤ **EJERCICIO 261**

1. Se compran 14 Kgs. de una mercancía por $64. ¿A cómo hay que vender el Dg. para ganar $20? **R.** $0.06.

2. A un comerciante le ofrecen comprarle 8 Kgs. de mantequilla a $0.70 el Kg. pero no acepta y dos días después tiene que vender esa cantidad de mantequilla a razón de $0.06 el Hg. ¿Cuánto perdió? **R.** $0.80.

3. Un comerciante que había comprado 5 Qm. de papas, vendió los $\frac{3}{5}$. ¿Cuántos Dgs. de papas le quedan? **R.** 20000 Dg.

4. Un comerciante compró 145 Kgs. de una mercancía a $0.80 el Kg. $\frac{1}{3}$ de esta mercancía la vendió a $0.09 el Hg. y el resto a $0.11 el Hg. ¿Ganó o perdió y cuánto? **R.** $37.70.

5. Se venden 13.56 Kgs. de una mercancía a 800 sucres el Qm. ¿Cuánto importa la venta? **R.** 108.48 sucres.

6. Se hace una aleación de 3 Kgs. 5 Hgs. de plata con 45 gs. de níquel. ¿Cuánto se obtendrá de la aleación si el Dg. se vende a bs. 42.50? **R.** bs. 15066.25.

7. Si el Kg. de una substancia vale $2.50, ¿a cómo salen los 5 Qm.? **R.** $1250.

8. Si el Hg. de aceite vale bs. 8, ¿cuánto importará el aceite contenido en una botella que llena pesa 300 gs. y vacía 250 gs.? **R.** bs. 4.

9. Se compran 24 Kgs. de una mercancía a razón de $0.20 el Hg. ¿A cómo hay que vender el Dg. para ganar en total $24? **R.** $0.03.

10. Un barril lleno de aceite ha costado $246.09. El barril lleno de aceite pesa 315.18 Kgs. y el peso del barril vacío es 45.08 Kgs. Si por el envase se cobran $3, ¿a cómo sale el Kg. de aceite? **R.** $0.90.

(570) EQUIVALENCIAS ENTRE LAS MEDIDAS DE PESO, CAPACIDAD Y VOLUMEN

PESO	CAPACIDAD	VOLUMEN
Tm............	Kl................	m.^{3}
Kg.	l................	dm.^{3}
g.................	ml.	cm.^{3}

OBSERVACION

Las equivalencias entre las medidas de capacidad y volumen son ciertas para todos los cuerpos, pero las equivalencias entre las medidas de capacidad y volumen con las de peso **sólo son exactas para el agua destilada.** Para los demás cuerpos, hay que tener en cuenta su **densidad.** Si se trata de cuerpos **más densos que el agua destilada** sucederá que 1 Kl. o 1 m.³ de estos cuerpos pesará más de 1 Tm.; 1 litro o 1 dm.³ pesará más de 1 Kg. y 1 ml. o 1 cm.³ pesará más de 1 g., y si se trata de cuerpos **menos densos que el agua destilada,** sucederá que 1 Kl. o 1 m.³ de estos cuerpos pesará menos de 1 Tm., 1 litro o 1 dm.³ pesará menos de 1 Kg. y 1 ml. o 1 cm.³ pesará menos de 1 g.

(571) EJERCICIOS SOBRE ESTAS EQUIVALENCIAS

(En los ejercicios siguientes nos referimos siempre al agua destilada).

Ejemplos

(1) *Si el agua de un depósito pesa 12.56 Kgs., ¿cuántos litros de agua hay en el depósito?*

Como 1 litro de agua pesa 1 Kg., en el depósito habrá 12.56 l. de agua.   R.

(2) *¿Cuál es el volumen en dm.³ de una masa de agua que pesa 345.32 g.?*

345.32 g. = 0.34532 Kg. y como 1 dm.³ de agua pesa 1 Kg., el volumen de esa masa de agua será 0.34532 dm.³   R.

(3) *¿Cuántos ml. de agua pesan 3 Qm. y 4 Kg.?*

Como 1 ml. de agua pesa 1 g. debemos reducir el complejo a gramos:

$$3 \text{ Qm. a g.} = 3 \times 100000 = 300000 \text{ g.}$$
$$4 \text{ Kg. a g.} = 4 \times 1000 \quad = \quad \underline{4000 \text{ g.}}$$
$$304000 \text{ g. o ml.}   \text{R.}$$

(4) *Si el agua de un depósito pesa 13.45 Hg., ¿cuántos Dls. de agua hay en el depósito?*

El agua pesa 13.45 Hg. = 1.345 Kg. y como un litro de agua pesa 1 Kg. en el depósito habrá 1.345 ls. de agua = 0.1345 Dl.   R.

(5) *¿Cuántos Qm. pesan 14 m.³ 13 mm.³ de agua*

Reduzcamos el volumen del agua a dm.³:

$$14 \text{ m.}^3 \quad = 14 \times 1000 \quad = 14000 \text{ dm.}^3$$
$$13 \text{ mm.}^3 = 13 \div 1000000 = \quad \underline{0.000013 \text{ dm.}^3}$$
$$= 14000.000013 \text{ dm.}^3$$

Como 1 dm.³ de agua pesa 1 Kg., el peso del agua será
$$14000.000013 \text{ Kg.} = 140.00000013 \text{ Qm.}   \text{R.}$$

➤ EJERCICIO 262

Reducir, refiriéndose al agua destilada:

1. 14 l. a cm.³   R. 14000 cm.³
2. 195 Kl. a dm.³   R. 195000 dm.³
3. 10.45 ml. a ·m.³   R. 0.00001045 m.³
4. 156.34 Kg. a cm.³   R. 156340 cm.³
5. 8.63 Tm. a dm.³   R. 8630 dm.³ ·
6. 145.32 g. a m.³   R. 0.00014532 m.³
7. 1834.563 m.³ a l.   R. 1834563 l.
8. 165 cm.³ a l.   R. 0.165 l.
9. 12.356 dm.³ a ml.   R. 12356 ml.
10. 20.345 l. a g.   R. 20345 g.
11. 116.35 Kl. a Kg.   R. 116350 Kg.
12. 20356.4 dm.³ a g.   R. 20356400 g.

13. 8.65 m.³ a Kg.   R. 8650 Kg.
14. $\frac{1}{5}$ Kg. a cm.³   R. 200 cm.³
15. $\frac{2}{3}$ l. a Tm.   R. 0.00067 Tm.
16. $\frac{1}{8}$ m.³ a g.   R. 125000 g.
17. $\frac{2}{5}$ cm.³ a l.   R. 0.0004 l.
18. 8$\frac{1}{5}$ g. a dm.³   R. 0.0082 dm.³
19. 2$\frac{1}{5}$ Tm. a ml.   R. 2200000 ml.
20. $\frac{1}{2}$ ml. a dm.³   R. 0.0005 dm.³
21. $\frac{1}{4}$ Kl. a Kg.   R. 250 Kg.
22. 23$\frac{1}{6}$ l. a g.   R. 23167 g.
23. 14 Hl. a g.   R. 1400000 g.
24. 56.32 Ml. a dm.³   R. 563200 dm.³

25. 51.032 Dg. a m.³   R. 0.00051032 m.³
26. 1142.003 mm.³ a Hl.   R. 0.00001142003 Hl.
27. 18134 Hg. a Hl.   R. 18.134 Hl.
28. 1413.5 dg. a cl.   R. 14.135 cl.
29. 103.54 Hm.³ a Hg.   R. 1035400000000 Hg.
30. 1536 dl. a Qm.   R. 1.536 Qm.
31. 8 Kg. 6 Dg. a dm.³   R. 8.06 dm.³
32. 15 Hl. 142 l. a cm.³   R. 1642000 cm.³
33. 16 Hl. 19 dl. a Hg.   R. 16019 Hg.
34. 8 Dm.³ 14 m.³ 6 cm.³ a Dl.   R. 801400.0006 Dl.
35. 14 Ml. 8 Dl. 16 cl. a Dg.   R. 14008016 Dg.
36. 8 Qm. 14 g. 16 dg. 6 ⋅cg a cl.   R. 80001.566 cl.
37. 14 Dg. 8 g. 6 cg. 4 mg. a Dl.   R. 0.0148064 Dl.
38. 19 Ml. 16 Dl. 8 dl. 14 cl. a Dm.³   R. 0.19016094 Dm.³
39. 16 g. 8 dg. 6 cg. 14 mg. a Ml.   R. 0.0000016874 Ml.
40. 10 Hm.³ 14 m.³ 5 cm.³ 6 mm.³ a cl.   R. 1000001400000.5006 cl.

PROBLEMAS SOBRE LAS EQUIVALENCIAS ENTRE LAS MEDIDAS DE PESO, CAPACIDAD Y VOLUMEN

(572) ¿Cuántos litros de agua caben en un depósito de 10 ms. de largo, 6.5 ms. de ancho y 45 dms. de altura?

Hallemos el volumen del depósito, y del volumen, por las equivalencias que conocemos, pasaremos a la capacidad.

El volumen del depósito es:

$$10 \text{ ms.} \times 6.5 \text{ ms.} \times 4.5 \text{ ms.} = 292.5 \text{ ms.}^3 = 292500 \text{ dms.}^3$$

Como 1 dm.³ equivale a 1 litro, en el depósito caben 292500 l.   R.

573 Un cubo lleno de agua pesa 9 Kg., 6 Hg., y vacío, 1.2 Kg. ¿Cuántos litros de agua contiene el cubo lleno?

El cubo lleno de agua pesa 9 Kg. 6 Hg. = 9.6 Kg., y vacío, 1.2 Kg.; luego, la diferencia 9.6 Kg. − 1.2 Kg. = 8.4 Kg. es el peso del agua. Como un litro de agua pesa 1 Kg., el cubo contiene 8.4 ls. de agua. R.

> ### EJERCICIO 263

1. ¿Cuántos Kgs. pesará el agua contenida en un depósito de 125 dms.³? **R.** 125 Kg.

2. La capacidad de un estanque es de 14 ms.³ 16 dms.³ ¿Cuántos dls. de agua contendrá si se llena hasta la mitad? **R.** 70080 dl.

3. Los ⅔ de la capacidad de un estanque son 4 Hls. y 6 litros. ¿Cuántos Hgs. pesará el agua del estanque lleno? **R.** 6090 Hg.

4. ¿Cuántos litros de agua caben en un estanque de 15 ms. de largo, 56 dms. de ancho y 45 dms. de alto? **R.** 378000 l.

5. Un estanque tiene 20 ms. de largo, 8 ms. de ancho y 45 dms. de alto. ¿Cuántos dls. de agua contiene si el agua llega a 50 cms. del borde? **R.** 6400000 dl.

6. De un estanque que contiene 56.54 ms.³ de agua, se sacan 14 Hls. Dígase el peso del agua antes de sacar nada y el peso después de sacar los 14 Hls. en Kgs. **R.** 56540 Kg ; 55140 Kg.

7. Un cubo lleno de agua pesa 14 Kgs. 5 Hgs., y vacío, 4 Dgs. ¿Cuántos litros contiene lleno? **R.** 14.46 l.

8. Un depósito metálico lleno de agua pesa 45 Kgs. 3 Dgs. Si se vacía ¼ del contenido no pesa más que 38 Kgs. 16 Dgs. ¿Cuántos litros contiene lleno y cuánto pesa el depósito? **R.** 27.48 l; 17.55 Kg.

9. Un cubo vacío pesa 65 Hgs. y lleno de agua 14 Kgs. 6 Hgs. ¿Cuánto pesa si se vacía ⅓ del agua? **R.** 11.9 Kg.

10. Se compran 4 Dls. 6 litros de agua destilada por $9.20. ¿A cómo sale el gramo de agua? **R.** $0.0002.

11. ¿Cuántos litros de agua contiene lleno un tanque de 80 cms. × 60 cms. × 50 cms.? **R.** 240 l.

12. Si un tanque de 1 m. de altura por 90 cms. de ancho por 1.20 ms. de largo contiene 534 litros de agua, ¿cuánta agua habrá que echarle para llenarlo? **R.** 546 l.

13. ¿Cuántos Kgs. pesa el agua que puede contener un depósito cuyo ancho es el doble de su altura y cuya longitud es el doble de su ancho, siendo la altura 1 m.? **R.** 8000 Kgs.

14. Si se quiere que en un depósito haya una masa de agua de 4 toneladas métricas, ¿cuánto tiempo debe estar abierta una llave que echa 8 litros por minuto? **R.** 8⅓ h.

15. Un depósito de 3 ms. de largo, 2 ms. de ancho y 1.50 m. de altura está lleno hasta sus ¾. ¿En cuánto tiempo acabará de llenarlo un grifo que vierte 50 litros de agua por minuto? **R.** 45 min.

16. Si un grifo llena los ⅖ de un estanque de 1.20 ms. de largo, 1 m. de ancho y 0.90 ms. de altura en 27 minutos, ¿cuántos Kgs. pesa el agua que vierte el grifo en 1 minuto? **R.** 24 Kgs.

La determinación de la densidad de los cuerpos es una consecuencia del Principio de Arquímedes, célebre físico y matemático griego del siglo III, antes de Jesucristo (287-212 A. C.). Lefevre-Gineau y Giovanni Valentino Matías Fabroni, que investigaban el valor del gramo, descubrieron incidentalmente que el mínimo volumen del agua destilada se produce a los 4° C., que se toma como unidad.

CAPITULO XXXVI

DENSIDAD

(574) DENSIDAD de un cuerpo es el número que representa el peso, en gramos, de un centímetro cúbico de ese cuerpo.

Asi, 1 cm.³ de alcohol pesa 0.79 gs.; luego, la densidad del alcohol es 0.79; 1 cm.³ de agua de mar pesa, por término medio, 1.03 gs.; luego, la densidad del agua de mar es 1.03.

Es evidente que si un cm.³ de alcohol pesa 0.79 gs., 1 dm.³, que es 1000 veces mayor, pesará mil veces más o sea 790 gs. = 0.79 Kg., y 1 m.³ de alcohol, que es un millón de veces mayor que el cm.³, pesará un millón de veces más, o sea 790000 gs. = 0.79 Tm.

Podemos, por tanto, decir también que la **densidad** de un cuerpo es el número que representa el **peso en Kg. de 1 dm.³ del cuerpo** o **el peso en Tm. de 1 m.³ del cuerpo.**

(575) CUERPOS MAS DENSOS Y MENOS DENSOS QUE EL AGUA

Cuando 1 cm.³ de un cuerpo pesa más de un gramo, ese cuerpo es **más denso que el agua destilada,** porque 1 cm.³ de agua destilada, a 4° Centígrado, pesa un gramo y este es el peso que se toma como **unidad** para determinar las densidades, y cuando 1 cm.³ de un cuerpo pesa menos de un gramo, ese cuerpo es **menos denso que el agua destilada.**

432

Por tanto, cuerpos **más densos** que el agua destilada son aquellos cuya **densidad es mayor que 1,** y cuerpos **menos densos** que el agua destilada son aquellos cuya **densidad es menor que 1.**

DENSIDAD DE ALGUNOS CUERPOS

CUERPOS	DENSIDAD	CUERPOS	DENSIDAD	CUERPOS	DENSIDAD
Aceite de oliva .	0.91	Cedro	0.52	Leche	1.03
Acero	7.7	Cerveza	1.02	Marfil	1.87
Agua destilada .	1	Cobre	8.9	Mármol	2.7
Agua de mar ...	1.03	Corcho	0.24	Mercurio	13.59
Aire	0.00129	Diamante	3.5	Níquel	8.67
Alcohol	0.79	Estaño	7.3	Oro	19.36
Aluminio	2.58	Eter	0.72	Plata fundida ...	10.6
Arena	2.3	Gasolina	0.73	Platino	21.5
Azúcar	1.6	Glicerina	1.26	Petróleo	0.80
Bencina	0.90	Hielo	0.92	Plomo	11.35
Bronce	8.8	Hierro	7.8	Vino	0.99
Caucho	0.93				

(576) HALLAR LA DENSIDAD (1) **DE UN CUERPO CONOCIENDO SU PESO Y SU VOLUMEN**

Cuando se conoce el **peso** de un cuerpo y su **volumen,** para hallar la **densidad** del cuerpo, no hay más que **dividir el peso por el volumen:**

$$D = \frac{P}{V}.$$

Ejemplos

(1) Sabiendo que 90 cms.³ de aceite de oliva pesan 81.9 gs., ¿cuál es la densidad del aceite de oliva?

Siendo la densidad el peso en gs. de 1 cm.³ del cuerpo, dividiendo el peso total 81.9 gs., por el volumen 90 cms.³ obtendremos el peso en g. de 1 cm.³ del cuerpo, que es la densidad:

$$\frac{81.9 \text{ gs.}}{90 \text{ cms.}^3} = 0.91, \text{ densidad del aceite de oliva. R.}$$

(2) Si 3 dms.³ de oro pesan 58.08 Kgs., ¿cuál es la densidad del oro?

Como la densidad es el peso en Kg. de 1 dm.³ del cuerpo, dividiendo el peso 58.08 Kgs., por los 3 dms.³ del cuerpo obtendremos el peso en Kg. de 1 dm.³ del cuerpo, que es la densidad:

$$\frac{58.08 \text{ Kgs.}}{3 \text{ dms.}^3} = 19.36, \text{ densidad del oro. R.}$$

(1) **En la práctica,** la densidad de un cuerpo **se** halla dividiendo el peso de un volumen cualquiera del cuerpo por el peso de un volumen igual de agua destilada.

(3) 3 litros de leche pesan 3.09 Kgs. ¿Cuál es la densidad de la leche?
3 litros de leche = 3 dms.³ de leche, y como la densidad es el peso en Kg.
de 1 dm.³ de leche, tendremos:

$$\frac{3.09 \text{ Kgs.}}{3 \text{ dms.}^3} = 1.03, \text{ densidad de la leche. } \textbf{R.}$$

➤ EJERCICIO 264

Hallar la densidad de los cuerpos siguientes, comprobando los resultados
con la tabla de densidades:

1.	Platino	sabiendo que	8	cms.³	de platino	pesan	172	gs.
2.	Cobre	„	„	20	„	„ cobre	„	178 „
3.	Hierro	„	„	30	„	„ hierro	„	234 „
4.	Diamante	„	„	0.4	„	„ diamante	„	1.4 „
5.	Corcho	„	„	2 dms.³	„ corcho	„	0.48	Kgs.
6.	Cedro	„	„	0.05 „	„ cedro	„	0.026	„
7.	Caucho	„	„	0.01 „	„ caucho	„	0.0093	„
8.	Leche	„	„	1 litro	„ leche	„	1.03	„
9.	Eter	„	„	2 cl.	„ éter	„	14.4 gs.	
10.	Cerveza	„	„	3 ls.	„ cerveza	„	3 Kg. 60 gs.	

(577) HALLAR EL PESO DE UN CUERPO CONOCIENDO SU VOLUMEN Y SU DENSIDAD

Cuando se conoce el **volumen** de un cuerpo y su **densidad,** para hallar
su **peso** no hay más que **multiplicar el volumen por la densidad:**

$$P = V \times D.$$

Si el volumen se da cms.³, el peso resulta en gs.; si el volumen se da
en dm.³, el peso resulta en Kg., y si se da en m.³, el peso resulta en Tm.

Ejemplos

(1) ¿Cuánto pesa una barra de hierro de 800 cms.³?
Densidad del hierro, según la tabla, 7.8, lo que significa que 1 cm.³ de hierro
pesa 7.8 gs., luego 800 cms.³ de hierro pesarán 800 veces más o sea

$$800 \text{ cms.}^3 \times 7.8 \text{ gs.} = 6240 \text{ gs.} = 6.24 \text{ Kgs. } \textbf{R.}$$

(2) ¿Cuánto pesan 5 litros de vino?
Densidad del vino 0.99, lo que significa que 1 dm.³ o sea 1 litro de vino pesa 0.99 Kgs.,
luego 5 litros de vino pesarán 5 veces más o sea 5 ls. × 0.99 Kgs. = 4.95 Kgs. R.

(3) ¿Cuánto pesan 8 m.³ de aire?
Densidad del aire 0.00129 lo que significa que 1 m.³ de aire pesa 0.00129 Tm.
luego 8 m.³ de aire pesarán 0.00129 Tm. × 8 = 0.01032 Tm. = 10.32 Kg. R.

➤ **EJERCICIO 265**

Hallar el peso de los cuerpos siguientes (busque sus densidades en la tabla):

1.	10 cms.³ de platino.	**R.** 215 g.	6.	20 dms.³ de aceite.	**R.** 18.2 Kgs.
2.	43 cms.³ de mármol.	**R.** 116.1 g.	7.	30 ls. de gasolina.	**R.** 21.9 Kgs.
3.	890 cms.³ de leche.	**R.** 916.7 g.	8.	1 litro de alcohol.	**R.** 0.79 Kgs.
4.	300 mls. de vino.	**R.** 297. g.	9.	30 ls. de cerveza.	**R.** 30.6 Kgs.
5.	30 dms.³ de petróleo.	**R.** 24 Kgs.	10.	9 ms.³ de aire.	**R.** 0.01161 Tm.

(578) HALLAR EL VOLUMEN DE UN CUERPO CONOCIENDO SU PESO Y SU DENSIDAD

Cuando se conoce el **peso** de un cuerpo y su **densidad,** para hallar el **volumen** no hay más que **dividir el peso por la densidad:**

$$V = \frac{P}{D}.$$

Si el peso se da en gs., el volumen resulta en cm.³; si se da en Kg., el volumen resulta en dm.³, y si se da en Tm., el volumen resulta en m.³.

Ejemplos

(1) ¿Cuál es el volumen de una barrita de hierro que pesa 390 gs.?
Densidad del hierro, según la tabla, 7.8, lo que significa que 1 cm.³ de hierro pesa 7.8 gs., luego dividiendo los 390 gs. que pesa la barra de hierro por el peso de 1 cm.³ de hierro que es 7.8 gs. obtendremos el volumen de la barra en cms.³ o sea:

$$\frac{390 \text{ gs.}}{7.8 \text{ gs.}} = 50 \text{ cms.}^3. \quad \text{R.}$$

(2) ¿Cuántos litros de gasolina pesan 29.2 Kgs.?
Densidad de la gasolina 0.73, lo que significa que 1 dm.³ = 1 litro de gasolina pesa 0.73 Kgs., luego dividiendo el peso total 29.2 Kgs. entre el peso de 1 litro, 0.73 Kgs. obtendremos el total de litros:

$$\frac{29.2 \text{ Kgs.}}{0.73 \text{ Kgs.}} = 40 \text{ ls.} \quad \text{R.}$$

(3) Si una masa de plata fundida pesa 0.4558 Tm., ¿cuántos ms.³ de plata hay?
Densidad de la plata fundida 10.6, lo que significa que 1 m.³ de plata fundida pesa 10.6 Tm., luego dividiendo el peso total 0.4558 Tm. entre el peso de 1 m.³, 10.6 Tm., obtendremos el volumen de la plata en ms.³:

$$\frac{0.4558 \text{ Tm.}}{10.6 \text{ Tm.}} = 0.043 \text{ m.}^3. \quad \text{R.}$$

➤ **EJERCICIO 266**

(Busque las densidades en la tabla de la pág. 433.)

1. Hallar el volumen de una barra de acero que pesa 3080 gs. **R.** 400 cm.³
2. Hallar el volumen de la cantidad de petróleo que pesa 400 gs. **R.** 500 cms.³

3. Hallar el volumen de una barra de cobre que pesa 6408 gs.   **R.** 720 cm.³
4. ¿Cuántos dms.³ tiene un trozo de mármol que pesa 16.2 Kgs.?   **R.** 6 dm.³
5. ¿Cuántos ls. de cerveza pesan 8.16 Kgs.?   **R.** 8 ls.
6. ¿Cuántos dms.³ de arena pesan 11.50 Kgs.?   **R.** 5 dm.³
7. Si la leche de un depósito pesa 9.27 Kgs., ¿cuántos ls. de leche hay? **R.** 9 ls.
8. ¿Qué volumen ocupa una masa de azúcar que pesa 12.8 Kgs.?   **R.** 8 dms.³
9. ¿Cuántos litros de éter pesan 14.40 Kgs.?   **R.** 20 ls.
10. ¿Qué volumen ocupa el cedro que pesa 41.6 Tm.?   **R.** 80 m.³

PROBLEMAS SOBRE DENSIDADES

579 Una vasija vacía pesa 1.5 Kgs. y llena de alcohol pesa 6.24 Kgs. ¿Cuál es la capacidad de la vasija?

El alcohol de la vasija pesa 6.24 Kgs.· − 1.5 Kgs. = 4.74 Kgs.

Siendo la densidad del alcohol 0.79, 1 dm.³ de alcohol, o sea 1 litro, pesa 0.79 Kg.; luego, dividiendo el peso del alcohol, 4.74 Kgs., por el peso de 1 litro, 0.79 Kgs., obtendremos los litros de alcohol que hay en la vasija:

$$\frac{4.74 \text{ Kgs.}}{0.79 \text{ Kgs.}} = 6 \text{ ls., capacidad de la vasija.}\quad \textbf{R.}$$

580 En una vasija llena de agua se introduce un pedazo de bronce y se derraman 2 ls. 6 dls. de agua. ¿Cuánto pesa el pedazo de bronce?

Si al introducir el pedazo de bronce el agua desalojada es 2 ls. 6 dls. = 2.6 ls. = 2.6 dms.³, el volumen del trozo de bronce es 2.6 dms.³.

La densidad del bronce es 8.8, o sea que 1 dm.³ de bronce pesa 8.8 Kgs.; luego, 2.6 dms.³ de bronce pesarán 2.6 dms.³ × 8.8 Kgs. = 22.88 Kgs.   **R.**

581 Un lechero vende 8 litros de leche que pesan 8.18 Kgs. Siendo la densidad de la leche 1.03, averiguar si la leche es pura o no, y en caso negativo, hallar con qué cantidad de agua adulteró la leche.

Siendo la densidad de la leche 1.03, 1 dm.³, o sea 1 litro de leche, pesa 1.03 Kgs.; luego, los 8 litros de leche debían pesar 8 × 1.03 Kgs. = 8.24 Kgs., y como la leche vendida pesa 8.18 Kgs., la leche no es pura, porque hay una diferencia de peso de 8.24 Kgs. − 8.18 Kgs. = 0.06 Kgs.

Siendo la densidad de la leche 1.03, 1 litro de leche pesa 1.03 Kgs., y como 1 litro de agua pesa 1 Kg., cada vez que en lugar de 1 litro de leche ponga un litro de agua, el peso bajará 1.03 Kg. − 1 Kg. = 0.03 Kg.; luego, como la diferencia total de peso es 0.06 Kg., dividiendo 0.06 Kg. por 0.03 Kg. obtendremos los litros de agua que se han añadido, o sea 0.06 Kg. ÷ 0.03 Kg. = 2 litros de agua.

Luego, en los 8 litros que se han vendido como leche, hay 6 litros de leche y 2 de agua.   **R.**

➤ EJERCICIO 267

(Para estos ejercicios consulte la tabla de densidades, pág. 433).

1. Si 6 litros de leche pesan 6.14 Kgs., ¿es pura la leche?   **R.** No.
2. Si a 5 litros de leche se añade 1 litro de agua, ¿cuál es la densidad de la mezcla?   **R.** 1.025.
3. Si a 8 litros de alcohol se añade 1 litro de agua, ¿cuánto pesa la mezcla?   **R.** 7.32 Kgs.
4. Una vasija que pesa 1.5 Kgs. y cuya capacidad es de 6 ls., ¿cuánto pesará llena de alcohol?   **R.** 6.24 Kgs.
5. Una vasija llena de cerveza pesa 12.2 Kgs. y vacía pesa 2 Kgs. ¿Cuál es la capacidad de la vasija?   **R.** 10 ls.
6. Un depósito lleno de petróleo pesa 4023.16 Kgs. y vacío pesa 23.16 Kgs. ¿Cuál es la capacidad del depósito?   **R.** 5000 ls.
7. Si en un depósito se echan 8 ls. de glicerina pesa 13.14 Kgs. ¿Cuál es el peso del depósito?   **R.** 3.06 Kgs.
8. Si en un depósito lleno de agua se introduce un pedazo de hierro se derraman 3 ls. 8 dls. de agua. ¿Cuál es el peso del trozo de hierro? **R.** 29.64 Kgs.
9. ¿Cuánto pesa un pedazo de hielo de 500 cms.^{3}?   **R.** 460 gs.
10. Un lechero vende 9 ls. de leche que pesan 9.18 Kgs. ¿Es pura la leche? ¿Qué cantidad de agua y de leche hay en la mezcla?   **R.** No; 6 ls. de leche y 3 de agua.
11. Si en una vasija llena de agua se introduce un pedazo de mármol se derrama $\frac{1}{2}$ litro de agua. Si la vasija pesa ahora 850 gs. más que antes, ¿cuál es la densidad del mármol?   **R.** 2.7.
12. ¿Cuánto pesa un trozo de níquel si al introducirlo en una vasija llena de agua se derrama medio litro?   **R.** 4.335 Kgs.
13. Si en una vasija se echan 100 cms.^{3} de vino, la vasija pesa 224 gs. ¿Cuál es el peso de la vasija?   **R.** 125 gs.
14. Un vaso vacío pesa 200 gs., lleno de agua 300 gs. y lleno de ácido nítrico 350 gs. ¿Cuál es la densidad del ácido nítrico?   **R.** 1.5.
15. En un frasco cuya capacidad es 2 litros se echa una cantidad de alcohol que pesa 1.185 Kgs. ¿Cuántos litros de alcohol se han echado y cuánto pesa el agua necesaria para acabar de llenar el frasco?   **R.** 1.5 ls. de alcohol; 0.5 Kg.
16. Una barrica contiene 300 ls. de vino y el vino pesa 297.3 Kgs. Decir si el vino es puro o no y en caso negativo qué cantidad de agua y de vino hay en la mezcla.   **R.** No; 270 ls. de vino y 30 de agua.

Contar y medir son las primeras actividades matematicas del hombre. Los primitivos para medir el largo de una cosa cualquiera, utilizaban medidas basadas en el cuerpo humano. Los egipcios, quienes llegaron a poseer un sistema de medidas bastante aceptable, emplearon las proporciones del cuerpo humano para establecer las primeras unidades de medida. Así surgió el palmo, el pie, el cúbito, etc.

MEDIAS

582 En Cuba se emplea el Sistema Métrico Decimal, así como algunas medidas del antiguo y original sistema español. También se usan las medidas genuinamente cubanas y otras medidas angloamericanas.

583 MEDIDAS ANTIGUAS

Este sistema de medidas fue introducido en Cuba por los colonizadores españoles. De ellas se usan hoy, principalmente, las medidas de peso y también las de longitud.

Además, dadas las estrechas relaciones de orden afectivo y comercial que existen entre España y Cuba, el conocimiento de este sistema de medidas es de gran importancia.

MEDIDAS ANTIGUAS

(SISTEMA DE CASTILLA)

MEDIDAS LINEALES

1 legua $= 6666^2/_3$ vs.
1 vara $= 3$ pies $= 0.836$ m.
1 pie $= 12$ pulgadas.
1 pulg. $= 12$ líneas.
1 linea $= 12$ puntos.

MEDIDAS SUPERFICIALES

1 legua^2 $== 44_1444,444^4/_9$,v.^{2}
1 vara^2 $= 9$ pies.^{2}
1 pie^2 $= 144$ pulg.^{2}
1 pulg.^{2} $= 144$ líneas.^{2}

MEDIDAS CUBICAS

1 vara³ = 27 pies³.
1 pie³ = 1728 pulg.³
1 pulg.³ = 1728 líneas³

MEDIDAS DE CAPACIDAD

PARA ARIDOS

1 cahiz = 12 fanegas
1 fanega = 2 celemines.
1 celemín = 4 cuartillos.
1 cuartillo = 4 ochavos.

PARA LIQUIDOS

1 cántara = 8 azumbres.
1 azumbre = 4 cuartillos.
1 cuartillo = 4 copas.

MEDIDAS DE PESO

PESAS COMERCIALES

1 tonelada = 20 quintales.
1 quintal = 4 arrobas.
1 arroba = 25 libras.
1 libra = 16 onzas = 460 gramos.
1 onza = 16 adarmes.
1 adarme = 3 tomines
1 tomín = 12 granos.
1 grano = 0.049 gramos.

PESAS PARA MEDICINA Y FARMACIA

1 libra = 12 onzas = 345.7 gramos.
1 onza = 8 dracmas.
1 dracma = 3 escrúpulos.
1 escrúpulo = 24 granos.

PESAS PARA ORO, PLATA Y PIEDRAS PRECIOSAS

1 libra = 2 marcos.   1 ochavo = 6 tomines.
1 marco = 8 onzas.   1 tomín = 3 quilates.
1 onza = 8 ochavos.   1 quilate = 4 granos.

El **quilate** es la principal medida de peso para oro, plata y piedras preciosas. Equivale a 0.2 gramos.

El **quilate** también se emplea para medir la **proporción de oro** de un objeto, pero en este caso significa $\frac{1}{24}$. Así, oro de 14 K. significa que tiene $\frac{14}{24}$ de oro y $\frac{10}{24}$ de otro metal; oro de 18 K. significa que tiene $\frac{18}{24}$ de oro y $\frac{6}{24}$ de otro metal.

MEDIDAS CUBANAS

584 El conocimiento del sistema de medidas genuinamente cubanas es de gran importancia por su mucho uso en nuestra República.

MEDIDAS DE LONGITUD

La unidad de las medidas cubanas de longitud es la **vara cubana,** que tiene 0.848 ms.

Tiene dos múltiplos: el **cordel lineal** y la **legua cubana.**

El **cordel lineal** tiene 24 varas, y como cada vara tiene 0.848 ms., el cordel lineal mide 24 × 0.848 ms. = 20.352 ms.

La **legua cubana** tiene $208\frac{1}{3}$ cordeles, y como cada cordel tiene 24 varas, la legua tiene $208\frac{1}{3} \times 24$ vs. = 5000 vs., y como cada vara tiene 0.848 ms., la legua tiene 5000 × 0.848 ms. = 4240 ms.

MEDIDAS DE SUPERFICIE

La unidad es la **vara cuadrada** o **vara plana,** que es un cuadrado cuyo lado es una vara lineal cubana. Si cada lado de la vara cuadrada es una vara lineal cubana y ésta mide 0.848 ms., la vara cuadrada tiene 0.848 ms. × 0.848 ms. = 0.719104 ms.².

Tiene tres múltiplos: el **cordel plano** o **cuadrado,** la **mesana** y la **ca-ballería.**

El **cordel plano** o **cuadrado** es un cuadrado cuyo lado es un cordel lineal, o sea, que su lado vale 24 varas o 20.352 ms.; luego, un cordel plano tiene 24 vs. $\times$ 24 vs. = 576 vs.^{2} y en ms.^{2} su superficie es 20.352 ms. $\times$ 20.352 ms. = 414.2 ms.^{2}.

La **mesana** o **besana** es un cuadrado que tiene 60 varas de lado, o sea, 3600 vs.^{2}. Como 60 vs. = 60 $\times$ 0.848 ms. = 50.88 ms., la mesana tiene 50.88 ms. $\times$ 50.88 ms. = 2588.7 ms.^{2}.

La **caballería de tierra** es un cuadrado que tiene 18 cordeles de lado, o sea, 18 c. $\times$ 18 c. = 324 c.^{2}. Como 1 cordel cuadrado tiene 576 vs.^{2}, la caballería mide 324 $\times$ 576 vs.^{2} = 186624 vs.^{2}, y como cada vara cuadrada tiene 0.719 ms.^{2}, la caballería mide 186624 $\times$ 0.719 ms.^{2} = 134202 ms.^{2}.

Existen otras dos medidas de superficie que son el **corral** y el **hato.**

El **corral** es una medida circular que tiene una legua cubana de radio, equivaliendo a 421 caballerías, y el **hato** es una medida circular que tiene dos leguas cubanas de radio, siendo por tanto 4 veces mayor que el corral, o sea, 1684 caballerías.

MEDIDAS CUBICAS

Existe la **vara cúbica cubana,** que es un cubo cuyo lado es una vara lineal. La vara cúbica tiene, por tanto, 0.848 $\times$ 0.848 $\times$ 0.848 ms. = 0.609 ms.^{3}.

La vara cúbica cubana no se usa en la práctica. Se emplea el m.^{3}.

MEDIDAS DE CAPACIDAD

La unidad de las medidas cubanas de capacidad es la **botella,** que equivale a 0.725 ls. Tiene dos múltiplos: el **garrafón,** que tiene 25 bote-llas, y la **pipa,** que tiene 24 garrafones.

MEDIDAS DE PESO

Para medir los pesos empleamos las medidas de peso del Sistema de Castilla, expuestas antes, cuya unidad es la **libra** = 0.46 Kgs.

RESUMEN DE LAS MEDIDAS CUBANAS

MEDIDAS LINEALES

$$1 \text{ vara } = 0.848 \text{ ms.}$$
$$1 \text{ cordel} = \quad 24 \text{ varas} = 20.352 \text{ „}$$
$$1 \text{ legua} = 208\tfrac{1}{3} \text{ cordeles} = 5000 \text{ varas} = 4240 \quad \text{„}$$

MEDIDAS DE SUPERFICIE

$$1 \text{ vara}^2 = 0.719 \quad \text{ms.}^2$$
$$1 \text{ cord.}^2 = \quad 576 \text{ varas}^2 = 414.2 \quad \text{„}$$
$$1 \text{ mesana } = 6.25 \quad \text{„} = \quad 3600 \quad \text{„} = 2588.7 \quad \text{„}$$
$$1 \text{ caballería} = 324 \quad \text{„} = 186624 \quad \text{„} = 134202 \quad \text{„}$$

MEDIDAS CUBICAS

$$1 \text{ vara}^3 = 0.609 \text{ ms.}^3$$

MEDIDAS DE CAPACIDAD

1 botella = 0.725 ls.
1 garrafón = 25 botellas = 18.125 „
1 pipa = 24 garrafones = 600 „ = 435 „

OTRAS MEDIDAS USUALES EN CUBA

1 vara española = 0.836 ms.
1 yarda = 0.914 ms.
1 milla = 1609 ms.
1 Kg. = 2.17 lbs. o 2.2 lbs.
1 galón americano = 3.78 litros.

(585) REDUCCION DE MEDIDAS CUBANAS A METRICAS

REGLA

Se multiplica la medida dada por su equivalente métrico.

Ejemplos

(1) ¿Cuántos ms. son 23.5 varas cubanas?
Como una vara cubana tiene 0.848 ms., 23.5 varas tendrán:

23.5 v.× 0.848 ms. = 19.928 ms.   R.

(2) ¿Cuántos Kms. son $5\frac{1}{2}$ leguas?
Como una legua tiene 4240 ms., 5.5 leguas tendrán:

5.5 leg. × 4240 ms. = 23320 ms. = 23.32 Kms.   R.

(3) ¿Cuántas cás. hay en $8\frac{1}{2}$ cordeles planos?

Como un cordel plano tiene 414.2 ms.² o cá., $8\frac{1}{2}$ cord. planos tendrán:

8.5 cord. × 414.2 ms.² = 3520.7 cá.   R.

(4) ¿Cuántas hás. hay en $3\frac{3}{4}$ caballerías?

Como una caballería tiene 134202 ms.², en $3\frac{3}{4}$ cab. habrá:

3.75 cab. × 134202 ms.² = 503257.5 ms.² = 50.32575 hás.   R.

(5) ¿Cuántos Dls. hay en 50 botellas?
Como una botella tiene 0.725 ls., 50 botellas tendrán:

50 bot. × 0.725 ls. = 36.25 ls. = 3.625 Dls.   R.

➤ **EJERCICIO 268**

Reducir:

1. 50 vs. a ms., a Dms.   R. 42.4 m.; 4.24 Dm.
2. 7 cord a vs.   R. 168 v.
3. 9 cord. a ms., a Dms.   R. 183.168 m.; 18.3168 Dm.
4. 4 leg. a cord.   R. 833⅓ cord.
5. 1½ leg. a varas.   R. 7500 v.
6. 1¾ leg. a ms., a Kms.   R. 7420 m.; 7.42 Km.
7. 30 vs.² a cá., a á.   R. 21.57 v.²; 0.2157 á.

8. 5 cord. planos a vs.² **R.** 2880 v.²
9. 3½ cord.² a á. **R.** 14.497 á.
10. 3 mes. a cord.² **R.** 18.75 cord.²
11. 7¾ bes. .a vs.² **R.** 27900 v.²
12. 20 bes. a á. **R.** 517.74 á.
13. 2½ cab. a cord.² **R.** 810 cord.²
14. 1⅖ cab. a cord.² **R.** 453.6 cord.²
15. 2¾ cab. a vs.² **R.** 513216 v.²
16. 3⅖ cab. a cá., a há. **R.** 509967.6 cá.; 50.99676 há.
17. 70 bot. a ls., a Dls. **R.** 50.75 l.; 5.075 Dl.
18. 3 garraf. a botellas. **R.** 75 bot.
19. 7 garraf. a ls., a Dls. **R.** 126.875 l.; 12.6875 Dl.
20. 2 pipas a bot., a ls. **R.** 1200 bot.; 870 l.
21. 80 lbs. a Kgs. **R.** 36.8 Kg.
22. 3@ a Kgs. **R.** 34.50 Kg.
23. 5 gal. a ls., a Dls. **R.** 18.9 ls.; 1.89 Dl.
24. 100 yard. a ms., a Dms. **R.** 91.4 m.; 9.14 Dm.
25. 100 vs. esp. a ms. a Dms. **R.** 83.6 m.; 8.36 Dm.
26. 50 millas a Kms. **R.** 80.45 Km.

(6) ¿Cuántos ms. hay en 7 cord. 8 varas?

En 7 cord. hay 7×24 vs. = 168 vs. Añadiendo las 8 varas habrá 168 vs. + 8 vs. = 176 vs. Reduciendo estas varas a metros:

$$176 \text{ vs.} \times 0.848 \text{ ms.} = 149.248 \text{ ms.} \quad \textbf{R.}$$

(7) ¿Cuántos Hms. hay en 3 leg., 7 cord. 9 varas?

Reducimos las 3 leg. a cords.: $3 \times 208\frac{1}{3} = 625$ cords.

$$625 \text{ cords.} + 7 \text{ cords.} = 632 \text{ cords.}$$

Reducimos los 632 cords. a varas: $632 \times 24 = 15168$ vs.

$$15168 \text{ vs.} + 9 \text{ vs.} = 15177 \text{ vs.}$$

Reduciendo estas varas a ms.:

$$15177 \text{ vs.} \times 0.848 \text{ ms.} = 12870.096 \text{ ms.} = 128.70096 \text{ Hms.} \quad \textbf{R.}$$

(8) ¿Cuántas áreas hay en 2 cab. 80 cordeles planos?

Reducimos las 2 cab. a cords.²: $2 \times 324 = 648$ cords.²

$$648 \text{ cords.}^2 + 80 \text{ cords.}^2 = 728 \text{ cords.}^2$$

Reduciendo los 728 cords.² a ms.²:

$$728 \times 414.2 \text{ ms.}^2 = 301537.6 \text{ ms.}^2 = 3015.376 \text{ á.} \quad \textbf{R.}$$

(9) ¿Cuántos ls. hay en 2 garrafones 5 botellas?

En 2 garrafones hay $2 \times 25 = 50$ botellas, más las 5 botellas que ya tenemos son 55 botellas. Reduciendo estas 55 botellas a litros:

$$55 \times 0.725 \text{ ls.} = 39.875 \text{ ls.} \quad \textbf{R.}$$

➤ **EJERCICIO 269**

Reducir:

1.	2 cord. 5 vs. a ms.	**R.** 44.944 m.
2.	3 leg. 900 vs. a ms.	**R.** 13483.2 m.
3.	6 leg. 100 cords. a Km.	**R.** 27.4752 Km.
4.	2 mes. 200 vs² a ms.²	**R.** 5320.6 m.²
5.	3 cord² 50 vs.² a á.	**R.** 12.78382 á.
6.	3 cab. 1000 vs.² a á.	**R.** 4032.66968 á.
7.	5 cab. 80 cord.² a há.	**R.** 70.414 há.
8.	3 garraf. 10 bot. a ls.	**R.** 61.625 ls.
9.	2 pipas 50 bot. a Kl.	**R.** 0.90625 Kl
10.	2 @ 8 lbs. a Kgs.	**R.** 26.68 Kg.
11.	5 qq. 10 lbs. a Kgs.	**R.** 234.6 Kg.
12.	2 T. a Hg.	**R.** 18400 Hg.

➤ **EJERCICIO 270**

Reducir:

1.	8000 vs. a cord., a leguas.	**R.** $333\frac{1}{3}$ cord.; $1\frac{2}{5}$ l.
2.	1875 cords. a leguas.	**R.** 9 leg.
3.	2000 vs.² a cords. planos.	**R.** $3\frac{17}{36}$ cord.²
4.	1306368 vs.² a cab.	**R.** 7 cab.
5.	18000 vs² a mesanas.	**R.** 5 mes.
6.	1134 cords.² a cab.	**R.** $3\frac{1}{2}$ cab.
7.	75 bot. a garraf.	**R.** 3 garr.
8.	2400 bot. a garraf., a pipas.	**R.** 96 garr.; 4 p.
9.	80 lbs. a arrobas.	**R.** $3\frac{1}{5}$ @.
10.	5000 lbs. a T.	**R.** $2\frac{1}{2}$ T.

(586) REDUCCION DE MEDIDAS METRICAS A CUBANAS

REGLA

Se reducen las medidas métricas a su unidad y se divide este resultado por el equivalente métrico de la medida a que se quiere reducir.

Ejemplos

(1) Reducir 4 Dms. a varas cubanas.
Primero reducimos los 4 Dms. a ms.: 4 Dms. = 40 ms. Como una vara cubana tiene 0.848 ms., las veces que 0.848 ms. esté contenido en 40 ms. serán las varas cubanas que hay en 40 ms.:

$$40 \text{ ms.} \div 0.848 \text{ ms.} = 47.16 \text{ vs.} \quad \textbf{R.}$$

(2) ¿Cuántos cordeles hay en 4 Kms. 3 Dms.?
Reducimos los 4 Kms. 3 Dms. a ms. y tendremos 4030 ms. Como un cordel lineal tiene 20.352 ms., las veces que este número esté contenido en 4030 ms., serán los cordeles que hay en 4030 ms.:

$$4030 \text{ ms.} \div 20.352 \text{ ms.} = 198.01 \text{ cords.} \quad \textbf{R.}$$

(3) ¿Cuántas caballerías hay en 46 hás., 97 ás., 7 cás.?
Reduciendo este complejo a cás. tenemos 469707 cás.
Como una cab. tiene 134202 cás., las veces que este número esté contenido en 469707 cás. serán las cabs. que hay en esta cantidad:

$$469707 \text{ cás.} \div 134202 \text{ cás.} = 3.5 \text{ cab.} \quad \text{R.}$$

(4) ¿Cuántas libras hay en 3 Qms. 4 Hgs.?
Reduciendo este complejo a Kgs. tendremos 300.4 Kgs.
Como 1 libra tiene 0.46 Kgs., dividiendo 300.4 Kgs. entre 0.46 Kgs. tendremos las libras que hay en 300.4 Kgs.:

$$300.4 \text{ Kgs.} \div 0.46 \text{ Kgs.} = 653.04 \text{ lbs.} \quad \text{R.}$$

➤ EJERCICIO 271

Reducir:

1.	50 ms. a vs., a cord.	R. 58.962 vs.; 2.457 cord.
2.	8 Dms. a cords.	R. 3.931 cord.
3.	9 Kms. a vs., a leg.	R. 10613.208 v.; 2.123 leg.
4.	80 cá. a vs.²	R. 111.266 v.²
5.	9 á. a cords.²	R. 2.173 cord.²
6.	3 hás. a besanas.	R. 11.589 bes.
7.	8 Kms.² a cab.	R. 59.612 cab.
8.	15 ls. a bot.	R. 20.69 bot.
9.	50 Dls. a garraf.	R. 27.586 garr.
10.	5 gal. a bot.	R. 26.069 bot.
11.	125 Kgs. a lbs.	R. 271.25 lbs.
12.	500 vs. esp. a Dms.	R. 41.8 Dms.
13.	500 yards. a Dms.	R. 45.7 Dms.
14.	50 Kms. a millas.	R. 31.075 mill.
15.	89 Hms. a millas.	R. 5.531 mill.
16.	3 Hms. 5 Dms. a varas.	R. 412.736 v.
17.	2 Kms. 18 ms. a cords.	R. 99.155 cord.
18.	12 Kms. 5 Hms. a leg.	R. 2.948 leg.
19.	3 ás. 8 cás. a vs.²	R. 428.373 v.²
20.	3 hás. 8 ás. a cords.²	R. 74.36 cord.²
21.	2 Kms.² 8 hás. a cab.	R. 15.499 cab.
22.	7 Hls. 6 ls. a bot.	R. 973.793 bot.
23.	9 Kl. 7 Dls. a garraf.	R. 500.414 garr.
24.	4 Dls. 6 ls. a gal.	R. 12.169 gal.
25.	2 Qm. 8 Kgs. a lbs.	R. 451.36 lbs.
26.	5 Dm. 8 ms. a vs. esp.	R. 69.378 v. esp.
27.	3 Kms. 8 Hms. a yardas.	R. 4157.549 y.
28.	500 vs. cub. a vs. esp.	R. 507.177 v. esp.
29.	500 vs. cub. a yardas.	R. 463.895 y.

PROBLEMAS SOBRE MEDIDAS CUBANAS

587 Un terreno rectangular de **14** cordeles de frente por **45** varas de fondo se vende a **$50** el área. ¿Cuánto importa?

Primero reducimos los cordeles de frente y las varas de fondo a metros:

14 cords. a metros = 14 × 20.352 = 284.9 ms.

45 varas a metros = 45 × 0 848 = 38.16 ms.

Ahora, multiplicando, hallaremos el área en metros cuadrados, que los reducimos a áreas:

284.9 ms. × 38.16 ms. = 10871.784 ms.^{2} = 108.72 áreas.

El terreno importará

    108.72 áreas × $50 = $5436.   R.

588 Una extensión rectangular de **6.5** caballerías mide de largo **14** cordeles **8** varas. ¿Cuántos Dms. tiene de ancho?

Tenemos que dividir la superficie por el largo, pero previamente reducimos las caballerías a ms.^{2} y los cordeles y varas a metros.

6.5 cabs. a ms.^{2} = 6.5 × 134202 = 872313 ms.^{2}.

14 cords. a varas = 14 × 24 = 336 varas.

336 v. + 8 v. = 344 varas.

344 varas a metros = 344 × 0.848 = 291.71 ms.

Ahora hallamos el ancho dividiendo:

    872313 ms.^{2} ÷ 291.71 ms. = 2990.34 ms. = 299.034 Dms.   R.

589 De una extensión de **230** cordeles cuadrados se venden **3** hás. ¿Cuántas varas cuadradas cubanas quedan?

Reducimos los 230 cordeles^2 a metros^2 y las 3 hectáreas a metros^2:

230 cords.^{2} = 230 × 414.2 = 95266 ms.^{2}

3 hás. = 3 × 10000 = 30000 ms.^{2}

Quedarán: 95266 ms.^{2} − 30000 ms.^{2} = 65266 ms.^{2}

Ahora reducimos estos 65266 ms.^{2} a varas cuadradas cubanas dividiendo por el equivalente métrico de la vara cuadrada, que es 0.719 m.^{2}:

65266 ms.^{2} ÷ 0.719 = 90773.29 vs.^{2}

Quedan 90773.29 vs.^{2}.   R.

➤ **EJERCICIO 272** (1)

1. ¿Cuántos metros recorrerá un atleta en una carrera de 500 varas cubanas? **R.** 424 m.

2. ¿En cuánto tiempo se recorrerá una distancia de 120 cord. a razón de 6 metros por segundo?   **R.** 6 min $47\frac{1}{25}$ seg.

(1) Las varas de que se trata en este ejercicio son cubanas.

3. En una carrera un corredor hace 10 metros por segundo y otro 11 varas por segundo. ¿Cuál llegará primero?   **R.** El 1º,

4. ¿Cuántas varas anda un corredor en una carrera de 3 Kms?   **R.** 3537.736 v.

5. La distancia que separa dos pueblos es de 27 Kms., 5 Hms. y 60 ms. ¿Cuántas leguas hay de uno a otro?   **R.** 6.5 leg.

6. Un terreno rectangular de 45 varas por 2 cordeles se rodea con una cerca que vale $0.60 el metro. ¿Cuánto importará la cerca?   **R.** $94.64.

7. Una mesa de 2 varas de largo por vara y media de ancho, ¿cuántos metros cuadrados tiene?   **R.** 2.157 m.²

8. Hallar en metros cuadrados la superficie de una sala rectangular de 15 varas por 4.5 varas.   **R.** 48.5325 m.²

9. ¿Cuántos cms.² tendrá una mesa de 6.5 varas por 2 varas y cuarto?   **R.** 105153.75 cm.²

10. Para enlosar un patio rectangular de 30 varas por 18 varas, ¿cuántas losas de 40 cms.² cada una harán falta?   **R.** 97065 losas.

11. Juan tiene un solar de 3 cordeles de fondo y 56.75 varas de frente. ¿Cuánto le importará la venta del terreno a $3.50 el m.²?   **R.** $10282.42

12. Hallar en hectáreas la superficie de una extensión de 18 cordeles por 20 cordeles.   **R.** 14.9112 há.

13. Un patio de 6 cords. por 3.25 cords. se quiere pavimentar con losas de 20 por 15 cms. ¿Cuántas losas harán falta?   **R.** 269230 losas.

14. Mario pone en venta un terreno que mide 82.16 varas de frente y 12 cordeles de fondo. Un comprador le dice que no le conviene porque el terreno que él necesita ha de tener 4 hectáreas. ¿Cuántos ms.² es menor el terreno de Mario que el que el comprador necesita?   **R.** 22986.96 m.²

15. Se vende una extensión de 54 cordeles por 1200 varas a razón de $20000 la hectárea. ¿Cuánto importa la venta?   **R.** $2236377.60.

16. Un terreno cuadrado de 22500 varas², ¿cuántos metros y Dms. tiene de lado?   **R.** 127.2 m.; 12.72 Dm.

17. Hallar en varas cubanas el ancho de un terreno de 14 cordeles² que mide de largo 72 varas.   **R.** 112 v.

18. ¿Cuánto importa cercar un terreno cuadrado de 14400 varas² que se rodea con una cerca que vale $0.80 el metro?   **R.** $325.63.

19. Una finca de 5 leguas por 12 cordeles, ¿cuántas áreas mide?   **R.** 51775.488 á.

20. Una finca de 3½ caballerías se vende a razón de $0.60 el metro². ¿Cuánto importa la venta?   **R.** $281824.20.

21. Una extensión cuadrada de 2 leguas y 5 cordeles de lado, ¿cuántas varas² tiene?   **R.** 102414400 v.².

22. Se venden 2 fincas, una de 12 caballerías y otra de 15 caballerías y la segunda importa $201303 más que la primera. Si el precio del ms.² es el mismo en las dos, ¿cuánto importa cada finca?   **R.** $805212; $1006515.

23. De una extensión de 8.5 caballerías se venden ⅔ y lo restante se cultiva. ¿Cuántas hectáreas hay cultivadas?   **R.** 38.0239 há.

24. Felipe arrienda 6 áreas y 9 centiáreas de una finca suya que tiene 4 cordeles² y lo restante lo cultiva. ¿Cuántas áreas cultiva?   **R.** 10.478 á.

25. Un patio de 35.95 Dms. de largo y 15 ms. de ancho se pavimentan con losas de 1.5 varas². ¿Cuántas losas se necesitarán? **R.** 5000 losas.

26. Enrique tiene un terreno de 3 Hms. por 6 Dms. 4 ms. ¿Cuánto le producirá venderlo a $4.50 la vara cuadrada? **R.** $120166.8975.

27. De una finca de 6 Mms.² y 14 Hms.² se venden 2 caballerías. ¿Cuántas hás. mide lo restante? **R.** 59987.1596 há.

28. Una extensión cuadrada de 16 hás. se rodea con una cerca que vale $0.75 la vara. ¿Cuánto importa la obra? **R.** $1415.09.

29. Una calle rectangular de 7 Dms. 2.619 ms. de largo y 2.5 Dms. de ancho se pavimenta con losas de una vara por 0.25 varas. ¿Cuánto importará la obra si cada losa vale $0.30? **R.** $3030.

30. ¿Cuánto importan 5 galones de gasolina a $0.07 el litro? **R.** $1.32

31. ¿Cuánto importan 5 litros de gasolina a $0.28 el galón? **R.** $0.37

32. ¿Cuántos dms.³ de volumen tiene un depósito en el que caben 50 botellas de agua? **R.** 36.25 dm.³

33. Si se compran 8 Qms. de una mercancía por $320, ¿a cómo sale la libra? **R.** $0.18

34. Si se compran 3 arrobas de una mercancía por $45, ¿a cómo sale el Kg? **R.** $1.30

35. ¿Qué distancia es mayor, 100 yardas o 90 ms.? **R.** 100 y.

36. ¿Qué velocidad es mayor, 50 millas por hora u 80 Kms. por hora? **R.** 50 mill.

MEDIDAS ANGLO-AMERICANAS

(590) Dadas las estrechas relaciones comerciales que existen entre los Estados Unidos de América y demás países latinoamericanos, el conocimiento de estas medidas ha de ser de gran utilidad para el alumno.

SISTEMA ANGLO-AMERICANO

MEDIDAS LINEALES

1 milla = 8 furlongs.
1 furlong — 40 poles.
1 pole = 5.5 yardas.
1 yarda = 3 pies = 0.914 ms.
1 pie = 12 pulgadas.
1 pulg. = 12 líneas.

MEDIDAS SUPERFICIALES

1 milla² = 640 acres.
1 acre = 160 rods.² = 4046.8 ms.²
1 rod.² = $30\frac{1}{4}$ yardas.²
1 yarda² = 9 pies².
1 pie² = 144 pulg.²

MEDIDAS DE CAPACIDAD

MEDIDAS CUBICAS

1 cord. = 128 pies³
1 yard.³ = 27 pies³
1 pie³ = 1728 pulg.³

PARA LIQUIDOS

1 galón = 4 cuartos.
1 cuarto = 2 pintas.
1 pinta = 4 gills.

PARA ARIDOS

1 bushel = 4 pecks.
1 peck = 8 cuartos.
1 cuarto = 2 pintas.

MEDIDAS DE PESO

PESOS AVOIRDUPOIS PARA TODA CLASE DE ARTICULOS MENOS ORO Y PLATA

1 ton. = 20 qq. (hundred-weight)
1 qq. = 100 libras.
1 libra = 16 onzas = 453.6 g.
1 onza = 16 dracmas.

PESOS TROY PARA ORO, PLATA Y PIEDRAS PRECIOSAS

1 libra Troy = 12 onzas = 373.24 g.
1 onza Troy = 20 pennyweights.
1 pennyweight = 24 granos.

PESAS PARA MEDICINA Y FARMACIA

1 libra = 12 onzas = 373.24 g.
1 onza = 8 dracmas.
1 dracma = 3 escrúpulos.
1 escrúpulo = 20 granos.

Para pesar carbón en las minas y artículos pesados se usa la *tonelada larga* de 2240 libras inglesas que equivale a 1016 Kgs. Cuando se usa la *tonelada larga* el quintal tiene 112 libras.

OTRAS MEDIDAS

MEDIDAS ANGULARES

DIVISION CENTESIMAL DE LA CIRCUNFERENCIA

1 circunf. = 400° C.
1° C. = 100′ C.
1′ C. = 100″ C.

DIVISION SEXAGESIMAL DE LA CIRCUNFERENCIA

1 Circunf. = 360° S.
1° S. = 60′ S.
1′ S. = 60″ S.

MEDIDAS DE TIEMPO

1 siglo = 10 décadas.
1 década = 2 lustros.
1 lustro = 5 años.
1 año = 12 meses.
1 mes = 30 días.
1 día = 24 horas.
1 hora = 60 minutos.

1 min. = 60 segundos = $\frac{1}{86400}$ del día.

MEDIDAS GEOGRAFICAS

1 legua marina o geográfica = 5555 ms.
1 legua terrestre = 4444 ms.
1 milla marina = 1852 ms.
1 nudo = 1 milla marina por hora.

La *legua marina* es de 20 al grado lo que significa que en la longitud de un grado que es 111111 ms. hay 20 leguas marinas, luego la legua marina vale
111111 ms. ÷ 20 = 5555.55 ms.
La *legua terrestre* es de 25 al grado, luego una legua terrestre tiene
111111ms. ÷ 25 = 4444.44 ms.

La *milla marina* es un $\frac{1}{3}$ de la legua marina y es la longitud de un arco de un minuto; vale 5555.55 ms.÷ 3 = 1851.85 ms. = 1852 ms. prácticamente.
El *nudo* es una unidad de velocidad que se emplea para medir la velocidad de los buques.
Un *nudo* equivale a *una milla marina por hora;* decir que un buque navega, por ejemplo, a 30 *nudos* quiere decir que navega a 30 *millas marinas por hora.*

TABLA DE CONVERSION DE MEDIDAS DEL SISTEMA ANGLO-AMERICANO AL SISTEMA METRICO DECIMAL

MEDIDAS LINEALES

1 milla	=	1609.35 m.	1 m.	=	0.0006214	milla
1 furlong	=	201.1644 m.	1 m.	=	0.004971	furlong
1 pole	=	5.029 m.	1 m.	=	0.19885	pole
1 yarda	=	0.9144 m.	1 m.	=	1.0936	yardas
1 pie	=	0.3048 m.	1 m.	=	3.2808	pies
1 pulgada	=	0.0254 m.	1 m.	=	39.37	pulgadas

MEDIDAS SUPERFICIALES

1 milla^2	=	2589900 m^2	1 m^2	=	0.0000003861	milla^2
1 acre	=	4046.8 m^2	1 m^2	=	0.0002471	acre
1 rod^2	=	25.293 m^2	1 m^2	=	0.03954	rod^2
1 yarda^2	=	0.8361 m^2	1 m^2	=	1.196	yarda^2
1 pie^2	=	0.0929 m^2	1 m^2	=	10.7638	pies^2
1 pulgada^2	=	0.000645 m^2	1 m^2	=	1550	pulgadas^2

MEDIDAS CUBICAS

1 cord	=	3.624 m^3	1 m^3	=	0.276	cord
1 yarda^3	=	0.7645 m^3	1 m^3	=	1.308	yarda^3
1 pie^3	=	0.028317 m^3	1 m^3	=	35.3145	pies^3
1 pulgada^3	=	0.00001639 m^3	1 m^3	=	61012.81	pulgadas^3

MEDIDAS DE CAPACIDAD

PARA LIQUIDOS

1 galón U. S.	=	3.7854 litros	1 litro	=	0.26418 galón U. S.
1 cuarto U. S.	=	0.94636 litro	1 litro	=	1.05671 cuartos U. S.
1 pinta U. S.	=	0.47312 litro	1 litro	=	2.11345 pintas U. S.
1 gill U. S.	=	0.11828 litro	1 litro	=	8.4538 gills U. S.

PARA ARIDOS

1 bushel U. S.	=	35.237 litros	1 litro	=	0.02838 bushel U. S.
1 peck U. S.	=	8.80925 litros	1 litro	=	0.1135 peck U. S.
1 cuarto U. S.	=	1.1012 litros	1 litro	=	0.908 cuarto U. S.

MEDIDAS DE PESO

1 tonelada U. S.	=	907.18 kg.	1 kg.	=	0.00110232	tonelada U. S.
1 quintal U. S.	=	45.359 kg.	1 kg.	=	0.0220463	quintal U. S.
1 libra U. S.	=	0.45359 kg.	1 kg.	=	2.2046	libras U. S.
1 onza U. S.	=	0.028349 kg.	1 kg.	=	35.2736	onzas U. S.

La geometría como ciencia empírica surgió en Egipto. Como ciencia teórica es exclusiva de los griegos. Euclides, un griego, le dio la estructura teórica que ha tenido hasta el nacimiento de la geometría no euclidiana. En un documento descubierto en 1930, está el trabajo de un geómetra egipcio que en 1850 A. C., dio la fórmula 1/3 h (a²—ab+b²), para el volumen de un tronco de pirámide de base cuadrada.

CAPITULO XXXVIII

AREAS DE FIGURAS PLANAS
Y VOLUMENES DE CUERPOS GEOMETRICOS

I. AREAS DE FIGURAS PLANAS

(591) **TRIANGULO** es la porción de plano limitada por tres segmentos de recta.

Lados del triángulo son los segmentos que lo limitan; en la figura 43, AB, BC y CA son los lados. Los lados del triángulo suelen representarse por la misma letra minúscula que el vértice opuesto.

Como **base** de un triángulo puede tomarse uno cualquiera de sus lados, pero cuando el triángulo descansa sobre uno de ellos se suele tomar éste como base.

Altura correspondiente a un lado de un triángulo es la perpendicular a dicho lado bajada desde el vértice opuesto. En la figura 43 están trazadas las tres alturas del triángulo, que se expresan h_a, h_b, h_c, según el lado a que corresponden.

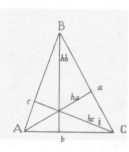

FIGURA 43

450

Area del triángulo. **El área o superficie** de un triángulo es **la mitad del producto del lado elegido como base por la altura correspondiente a él.**

Siendo A = área del triángulo, b = base y h = altura, tendremos:

$$A = \frac{b \times h}{2}$$

Ejemplo

Hallar el área de un triángulo siendo uno de sus lados 20 cms. y la altura correspondiente a él 14 cms.
Aquí b = 20 cms., h = 14 cms., luego:

$$A = \frac{b \times h}{2} = \frac{20 \text{ cms.} \times 14 \text{ cms.}}{2} = 140 \text{ cms.}^2 \quad R.$$

592 **PARALELOGRAMOS** son los cuadriláteros que tienen sus lados opuestos iguales y paralelos.

Los paralelogramos se dividen (figura 44) en **cuadrado** cuando tienen sus cuatro lados iguales y sus ángulos rectos; **rombo** cuando tiene sus cuatro lados iguales, pero sus ángulos no son rectos; **rectángulo** cuando tiene sus lados opuestos iguales dos a dos y sus ángulos rectos, y **romboide** cuando tiene sus lados opuestos iguales dos a dos, pero sus ángulos no son rectos.

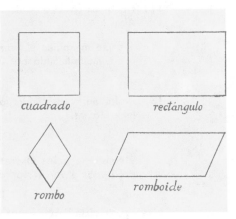

cuadrado   rectángulo

rombo   romboide

FIGURA 44

Area del paralelogramo. El área de un paralelogramo cualquiera es igual al **producto de su base por su altura.**

Siendo A = área del paralelogramo, b = base y h = altura, tendremos:

$$A = b \times h.$$

Ejemplo

Hallar el área de un rectángulo sabiendo que dos de sus lados desiguales miden 18 cms. y 15 cms. respectivamente. Como los lados desiguales de un rectángulo son perpendiculares entre sí, podemos considerar a uno de ellos como la base y al otro como altura.
Entonces, siendo b = 18 cms., h = 15 cms., tendremos:

$$A = b \times h = 18 \text{ cms.} \times 15 \text{ cms.} = 270 \text{ cms.}^2 \quad R.$$

Caso particular del cuadrado. Como los cuatro lados de un cuadrado (figura 45) son iguales y perpendicu-

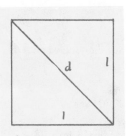

FIGURA 45

lares entre sí, tenemos que tomando un lado cualquiera como base, la altura es otro lado igual a éste; luego, siendo $A =$ área de! cuadrado. $l =$ lado del cuadrado, tendremos:

$$A = l \times l = l^2$$

lo que nos dice que el área de un cuadrado en función del lado es igual al **cuadrado de su lado.**

Area del cuadrado en función de la diagonal. El área de un cuadrado (figura 45) también es igual a **la mitad del cuadrado de su diagonal.**

Siendo $A =$ área del cuadrado, $d =$ diagonal del cuadrado, tendremos:

$$A = \frac{d^2}{2}.$$

Ejemplos

(**1**) Hallar en cá. el área de un cuadrado cuyo lado mide 10 varas cubanas.
Aquí $l = 10$ v., luego: $A = l^2 = 10^2 = 100$ v^2

y como me piden el área en cá. reduzco las 100 varas cuadradas cubanas a cá. multiplicando por 0.719 y tendremos:

$$A = 100 \times 0.719 = 71.9 \text{ cá.} \quad R.$$

(**2**) Hallar en varas cuadradas cubanas el área de un cuadrado cuya diagonal mide 16 ms.

$$A = \frac{d^2}{2} = \frac{16^2}{2} = \frac{256}{2} = 128 \text{ ms.}^2$$

y como me piden el área en varas cuadradas cubanas reduzco los 128 ms. cuadrados a varas cuadradas cubanas dividiendo entre 0.719 y tendremos:

$$A = 128 \div 0.719 = 178.02 \text{ v.}^2 \text{ cub.} \quad R.$$

Caso particular del Rombo. El área de un rombo (figura 46), además de ser igual al producto dè su base por su altura, es igual al **semiproducto de sus diagonales.**

Siendo $A =$ área del rombo, d y d' sus diagonales, tendremos:

$$A = \frac{d \times d'}{2}$$

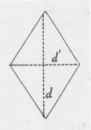

FIGURA 46

Ejemplo

Hallar el área de un rombo sabiendo que una de sus diagonales mide 8 yardas y la otra 2 cordeles.
Aquí $d = 8$ yardas, $d' = 2$ cordeles.
Reduciendo las 8 y. a metros: $8 \times 0.914 = 7.312$ ms.
Reduciendo los 2 cords. a metros: $2 \times 20.352 = 40.704$ ms.

Entonces: $A = \dfrac{d \times d'}{2} = \dfrac{7.312 \times 40.704}{2} = 148.813 \text{ ms.}^2 \quad R.$

(593) TRAPECIO es el cuadrilátero que tiene dos de s' lados paralelos y los otros dos no.

Bases de un trapecio son sus lados paralelos, b y b' en la figura 47.

Altura de un trapecio es la perpendicular bajada de una base a la otra, h en la figura 47.

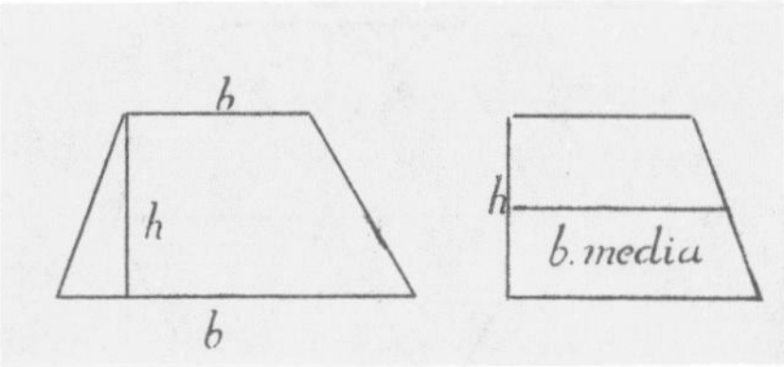

Base media o **paralela media** de un trapecio es el segmento que une los puntos medios de los lados no paralelos (figura 47).

FIGURA 47

Area del trapecio. El área de un trapecio se puede expresar de tres modos:

a) El área de un trapecio es igual a **la mitad de su altura por la suma de las bases.**

Siendo A = área del trapecio, h = altura, b y b' las bases, tendremos:

$$A = \frac{h}{2}(b + b').$$

b) En la fórmula anterior el segundo miembro no se altera si el divisor 2 se lo quitamos al factor h y se lo ponemos al factor $(b + b')$ y quedará:

$$A = h\left(\frac{b + b'}{2}\right)$$

lo que nos dice que el área de un trapecio es igual a **la altura multiplicada por la semisuma de las bases.**

c) Como la semisuma de las bases de un trapecio es igual a la base media (según estudiará el alumno más adelante), tendremos también que:

$$A = h \times base\ media$$

lo que nos dice que el área de un trapecio también es igual a **la altura multiplicada por la base media.**

Ejemplos

(1) Hallar el área de un trapecio cuyas bases miden 10 y 12 cms. y su altura 6 cms.

Aquí $b = 10$ cms., $b' = 12$ cms., $h = 6$ cms., luego:

$$A = \frac{h}{2}(b + b') = \frac{6}{2}(10 + 12) = 3 \times 22 = 66 \text{ cms.}^2 \quad \text{R.}$$

(2) Hallar en áreas la superficie de un trapecio sabiendo que la base media mide 8 varas españolas y la altura 5 varas cubanas.

Aquí $h = 5$ v. cub., base media = 8 v. esp.

Reduciendo las 5 v. cub. a metros: $5 \times 0.848 = 4.240$ ms.

Reduciendo las 8 v. esp. a metros: $8 \times 0.836 = 6.688$ ms.

Entonces, aplicando la fórmula:

$$A = h \times base\ media = 4.240 \times 6.688 = 28.357 \text{ ms.}^2 \quad \text{R.}$$

594 POLIGONO es la porción de plano limitada por segmentos de recta. Por el número de sus lados los polígonos se llaman **pentágono** el de 5 lados; **exágono** el de 6 lados; **heptágono** el de 7 lados; **octógono** el de 8 lados, etc.

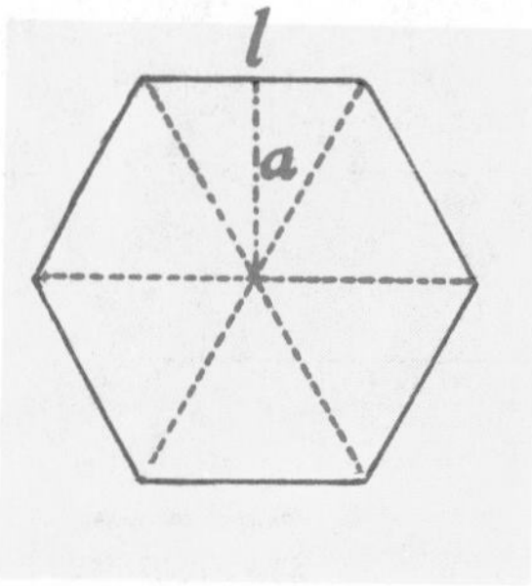

Un polígono es **regular** cuando todos sus lados son iguales y todos sus ángulos también iguales, e **irregular** si no cumple estas condiciones.

Perímetro de un polígono es la suma de sus lados. Cuando el polígono es regular, como todos sus lados son iguales, el perímetro es igual a un lado multiplicado por el número de lados, *ln*.

Centro de un polígono regular es el punto interior del mismo en el cual se cortan las diagonales. El centro equidista de todos los vértices y todos los lados.

FIGURA 48

Apotema de un polígono regular es la perpendicular bajada desde el centro a uno cualquiera de los lados (*a* en la figura 48), o sea la altura de uno de los triángulos iguales en que se puede descomponer el polígono, considerando el lado como base.

Area del polígono regular. El área de un polígono regular es igual a la **mitad del producto del apotema por el perímetro.**

Siendo A = área del polígono, a = apotema, l = lado, n = número de lados y, por tanto, ln = perímetro, tendremos:

$$A = \frac{a \times ln}{2}.$$

Ejemplo

Hallar el área de un octógono regular cuyo lado mide 6 cms. y el apotema 4 cms.

Aquí $a = 4$ cms., $l = 6$ cms., $n = 8$, luego:

$$A = \frac{a \times ln}{2} = \frac{4 \times 6 \times 8}{2} = 96 \text{ cms.}^2 \quad R.$$

Area de un polígono irregular. Para hallar el área de un polígono irregular se divide en triángulos; se halla el área de cada triángulo y la suma de las áreas de estos triángulos será el área del polígono.

595 CIRCUNFERENCIA es una línea curva (figura 49) plana y cerrada en la cual todos los puntos equidistan de un punto interior llamado **centro.**

Círculo es la porción de plano limitada por la circunferencia.

Radio es el segmento de recta que une el centro con un punto cualquiera de la circunferencia, y **diámetro** es el segmento de recta que une dos puntos de la circunferencia pasando por el centro.

FIGURA 49

Longitud de la circunferencia. **La longitud de la circunferencia es igual a π (cantidad constante que vale 3.1416) multiplicada por el diámetro**

Siendo C = longitud de la circunferencia, r = radio y por tanto $2r$ = diámetro, tendremos: $\boxed{C = \pi \times 2r = 2\pi r.}$

NOTA

La constante $\pi = 3.1416$ es el cociente que se obtiene al dividir la longitud de cualquier circunferencia entre la longitud de su diámetro.

Area del círculo. El área del círculo es igual a π **multiplicada por el cuadrado del radio.**

Siendo A = área del círculo, r = radio, tendremos: $\boxed{A = \pi r^2.}$

Ejemplos	**(1)** ¿Cuántos metros de largo tendrá la cerca de un gallinero circular de 5 metros de radio? Hay que hallar la longitud de la circunferencia cuyo radio es 5 ms. Tendremos:

$$C = 2\pi r = 2 \times 3.1416 \times 5 = 31.416 \text{ ms.}$$

La cerca tendrá 31.416 metros de longitud. R.

(2) ¿Cuál será la superficie ocupada por el gallinero del ejemplo anterior?
Hay que hallar la superficie del círculo cuyo radio es 5 ms. Tendremos:

$$A = \pi r^2 = 3.1416 \times 5^2 = 78.54 \text{ ms.}^2$$

La superficie que ocupa el gallinero es 78.54 ms.² R.

CUADRO DE LAS AREAS ESTUDIADAS

FIGURA	AREA	FORMULA
Triángulo	La mitad del producto de la base × la altura.	$\dfrac{b \times h}{2}$
Paralelogramos	El producto de la base × la altura.	$b \times h$
Cuadrado	El cuadrado del lado.	l^2
	La mitad del cuadrado de la diagonal.	$\dfrac{d^2}{2}$
Rombo	El semiproducto de las diagonales.	$\dfrac{d \times d'}{2}$
Trapecio	La mitad de la altura × la suma de las bases.	$\dfrac{h}{2}(b + b')$
	La altura × la semisuma de las bases.	$h\left(\dfrac{b + b'}{2}\right)$
	La altura × la base media.	$h \times base\ media$
Polígono regular	La mitad del producto del apotema × el perímetro.	$\dfrac{a \times ln}{2}$
Círculo	π × el cuadrado del radio.	$\pi \times r^2.$

> **EJERCICIO 273**

1. Hallar el área de un triángulo siendo la base 10 cms. y la altura 42 cms.
   R. 210 cms.^{2}

2. La base de un triángulo es 8 cms. 6 mms. y la altura 0.84 dms. Hallar el área en metros cuadrados. **R.** 0.003612 ms.^{2}

3. ¿Cuánto importará un pedazo triangular de tierra de 9 varas cubanas por 6 varas cubanas a $0.80 la cá.? **R.** $15.53.

4. ¿Cuánto importará un solar triangular de 9 Dms. de base por 30 ms. 6 dms. de altura a $1.25 la vara cuadrada cubana? **R.** $2393.95.

5. Hallar en áreas la superficie de un triángulo cuya base es 3 cordeles y su altura 50 yardas. **R.** 13.95 á.

6. Los catetos de un triángulo rectángulo miden 5 y 6 ms. respectivamente. Hallar su área en varas cuadradas cubanas. **R.** 20.86 v.^{2}

7. La base de un triángulo es $\frac{1}{2}$ Hm. y su altura $\frac{3}{8}$ de Km. Expresar la superficie en complejo métrico decimal. **R.** 93 á. 75 cá.

8. Uno de los catetos de un triángulo rectángulo mide 3 cords. y el otro 60 varas cubanas. Expresar su superficie en complejo métrico decimal. **R.** 15 á., 53 cá., 4 dm.^{2}

9. La base de un rectángulo es 5 ms. y la altura 2 ms. 5 cms. Expresar su área en complejo. **R.** 10 m.^{2}, 25 dm.^{2}

10. Expresar en complejo el área de un romboide cuya altura es 1 vara cubana y la base 6 ms. 3 cms. **R.** 5 m.^{2}, 11 dm.^{2}, 34 cm.^{2}, 40 mms.^{2}

11. Hallar la superficie de una losa cuadrada de 1 m. 20 cms. de lado. **R.** 1.44 ms.^{2}

12. ¿Cuál es, en metros cuadrados, la superficie de un cuadrado cuya diagonal mide 8 varas cubanas? **R.** 23.008 ms.^{2}

13. Expresar en complejo métrico decimal el área de un rombo cuya base es 8 ms. 5 mms. y su altura 6 yardas. **R.** 43 ms.^{2}, 89 dms.^{2}, 94 cms.^{2}, 20 mms.^{2}

14. Las diagonales de un rombo miden 5 ms., 4 dms. y 300 cms. respectivamente. Expresar su área en complejo métrico. **R.** 8 ms.^{2}, 10 dms.^{2}

15. Expresar en complejo métrico decimal la superficie de la tapa de una caja de tabacos rectangular que mide $\frac{1}{2}$ vara española por $\frac{1}{4}$ de vara española. **R.** 8 dms.^{2}, 73 cms.^{2}, 62 mms.^{2}

16. Las bases de un trapecio son 12 y 15 ms., y su altura 6 ms. Hallar su área. **R.** 81 ms.^{2}

17. La semisuma de las bases de un trapecio es 40 varas cubanas y su altura 6 ms. 8 dms. Hallar su área en há. **R.** 0.0230656 há.

18. ¿Cuántas varas cuadradas cubanas mide la superficie de un trapecio cuya base media tiene 3 Dms., 5 dms., 6 cms., y su altura 2 cordeles? **R.** 1729.87 vs.^{2}

19. Expresar en complejo métrico la superficie de un trapecio rectángulo cuyas bases miden 3 dms. y 800 mms. respectivamente y el lado perpendicular a ellas 50 cms. **R.** 27 dms.^{2}, 50 cms.^{2}

20. Hallar el área de un pentágono regular de 7.265 ms. de lado y 5 ms. de apotema. **R.** 90.8125 ms.^{2}

21. Expresar en áreas la superficie de un exágono regular de 3.46 ms. de lado y 3 ms. de apotema. **R.** 0.3114 á.

22. Expresar en complejo métrico decimal el área de un dodecágono regular cuyo lado mide 3.75 varas cubanas y el apotema 7 varas cubanas. **R.** 1 á., 13 cá., 24 dms.^{2}, 25 cms.^{2}

23. El corral es una medida superficial cubana circular cuyo radio es una legua cubana. ¿Cuántas caballerías hay en un corral? **R.** 420.8 cab.

24. ¿Cuánto importa una extensión de terreno circular cuyo radio es 80 varas cubanas a razón de $32 el cordel cuadrado? **R.** $1117.

25. ¿Cuál es la superficie de un cantero semicircular de 3 ms. de radio? **R.** 14.1372 ms.^{2}

26. Un cantero circular de 4 ms. de diámetro tiene una cerca que se pagó a $0.90 el m. ¿Cuánto importó dicha cerca? **R.** $11.31.

27. Se compró un terreno semicircular de 10 ms. de radio a $2 la cá. y además se le puso a todo él una cerca que se pagó a $0.50 el m. ¿Cuánto se pagó en total por el terreno y su cerca? **R.** $339.87.

➤ EJERCICIO 274

Hallar el área de las figuras que siguen. (Para ello, primero escríbase la fórmula del área de la figura de que se trate y con ella verá los datos que necesite. Luego fíjese en cuáles datos no le doy en la figura y los traza. Después, con una reglita graduada en mms. mida todos los datos que hagan falta para aplicar la fórmula y aplique ésta sustituyendo las letras por los datos que ha medido).

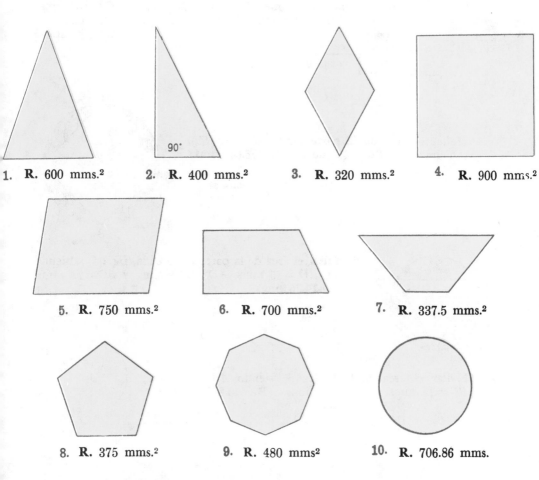

1. **R.** 600 mms.^{2} 2. **R.** 400 mms.^{2} 3. **R.** 320 mms.^{2} 4. **R.** 900 mms.^{2}

5. **R.** 750 mms.^{2} 6. **R.** 700 mms.^{2} 7. **R.** 337.5 mms.^{2}

8. **R.** 375 mms.^{2} 9. **R.** 480 mms^2 10. **R.** 706.86 mms.

➤ EJERCICIO 275

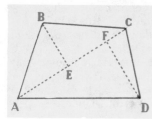

1. Hallar el área del cuadrilátero $ABCD$ (fig. 50) sabiendo que $AC = 40$ ms., $BE = 15$ ms. y $DF = 20$ ms. **R.** 700 ms.^{2}

FIGURA 50

2. Hallar el área del exágono $ABCDEF$ (figura 51) siendo $AF=30$ ms., $DF=AC=20$ ms., $EH = BI = 10$ ms. **R.** 800 ms.^{2}

FIGURA 51

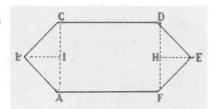

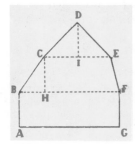

3. Hallar el área del polígono representado en la fig. 52 sabiendo que $AG = BF = 30$ mms., $FG = 10$ mms., $CH = 10$ mms., $CE = 20$ mms. y $DI = 10$ mms.

R. 650 mms.^{2}

FIGURA 52

4. Hallar el área de la parte sombreada (fig. 53), sabiendo que $BD = 40$ mms. **R.** 456.64 mms.^{2}

FIGURA 53

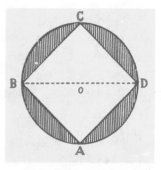

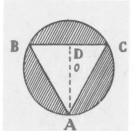

5. Hallar el área de la parte sombreada (fig. 54) sabiendo que $AO = 15$ mms. $AD = 22.5$ mms. y $BC = 26$ mms. **R.** 414.36 mms.^{2}

FIGURA 54

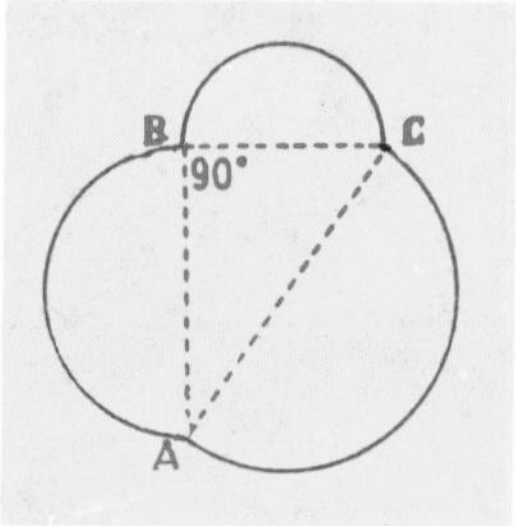

6. Hallar el área de la figura 55 siendo $AB = 20$ mms., $BC = 15$ mms. y $AC = 25$ mms. **R.** 640.8750 mms.^{2}

FIGURA 55

7.Hallar el área de la parte sombreada (fig. 56) sabiendo que $AC = 15$ mms. y $DB = 13$ mms. **R.** 54.0696 mms.²

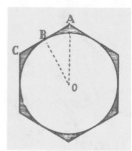

FIGURA 56

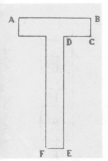

FIGURA 57

8.Hallar el área de la figura 57 siendo $AB = 20$ mms., $BC = 5$ mms., $DE = 30$ mms. y $EF = 5$ mms. **R.** 250 mms.²

9.Hallar el área de la fig. 58 siendo $AB = 40$ mms., $BC = 30$ mms., $CD = FG = AH = 5$ mms., $EF = 10$ mms.
R. 375 mms.²

FIGURA 58

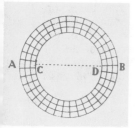

FIGURA 59

10.La fig. 59 representa un paseo circular pavimentado con losas de 400 cms.² en cuyo interior hay un jardín circular. Siendo $AB = 30$ ms. y $CD = 20$ ms., ¿cuántas losas fueron necesarias para pavimentar el paseo? **R.** 9817.5 losas.

11.La fig. 60 representa el marco de un cuadro cuadrado que se pagó a $1.60 el dm.². Siendo $CD = 20$ cms. y $AB = 30$ cms., ¿cuánto importó el marco? **R.** $8.

FIGURA 60

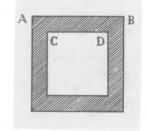

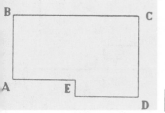

12.¿Cuánto costará un piso de concreto como el representado en la fig. 61 siendo $AB = 20$ ms., $BC = 40$ ms., $CD = 25$ ms., $AE = 20$ ms., a $1.80 el m.²? **R.** $1620.

FIGURA 61

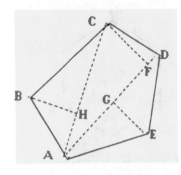

13. Hallar el valor del terreno representado en la fig. 62 que se pagó a $0.80 la cá. sabiendo que $AC = 40$ ms., $BH = 15$ ms., $AD = 39$ ms., $CF = 17.5$ metros y $GE = 12.5$ ms. **R. $708.**

FIGURA 62

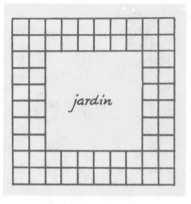

14. La fig. 63 representa un parque cuadrado de 100 metros de lado que tiene en el centro un jardín cuadrado de 60 ms. de lado y el resto es acera. ¿Cuántos ms.^{2} de aceras tiene el parque? **R. 6400 ms.^{2}**

FIGURA 63

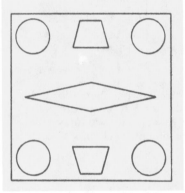

15. La fig. 64 representa un parque cuadrado de 90 ms. de lado. En el parque hay cuatro canteros circulares de 6 ms. de radio; dos canteros iguales en forma de trapecio cuyas bases son 20 y 12 ms. y su altura 10 ms., y en el centro un estanque en forma de rombo cuyas diagonales miden 70 y 15 ms. respectivamente. El resto es paseo cementado. ¿Cuántos ms.^{2} de paseo cementado hay? **R. 6802.6096 ms.^{2}**

FIGURA 64

16. La fig. 65 representa un parque cuadrado de 100 ms. de lado en el cual hay cuatro canteros rectangulares iguales de 20 ms. de base y 5 ms. de altura; cuatro canteros iguales en forma de triángulo rectángulo isósceles cuyos catetos miden 12 ms. y un estanque central en forma de exágono regular de 20 ms. de lado y 17.3 ms. de apotema. El resto es paseo por cuya construcción se pagó a $1.50 el metro cuadrado. ¿Cuánto importó la construcción del paseo? **R. $12411.**

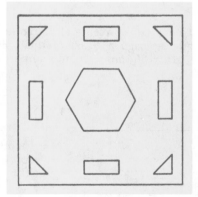

FIGURA 65

II. VOLUMENES DE CUERPOS GEOMETRICOS

(596) **PRISMA** es un cuerpo geométrico cuyas bases son dos polígonos iguales y paralelos y sus caras laterales son paralelogramos.

Por su **base** los prismas pueden ser **triangulares, cuadrangulares, pentagonales, exagonales,** etc.

Aristas de un prisma son las intersecciones de las **caras.**

El prisma es **recto** (figura 66) cuando las aristas son perpendiculares a las bases, y oblicuo en caso côntrario.

Un prisma es **regular** cuando es recto y sus bases son polígonos regulares, e **irregular** cuando no cumple alguna de estas condiciones.

Altura de un prisma es la perpendicular bajada de una base a la otra. Cuando el prisma es recto, la altura es igual a la arista.

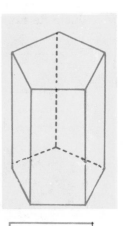

FIGURA 66

Paralelepípedo es el prisma cuyas bases son paralelogramos iguales: Cuando el paralelepípedo es recto y sus bases son rectángulos iguales recibe el nombre de **paralelepípedo recto rectangular** u **ortoedro** (figura 67).

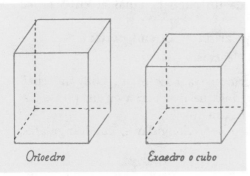

Ortoedro *Exaedro o cubo*

FIGURA 67

Un ladrillo, una caja de zapatos, una caja de tabacos, las cajas de mercancías, la sala de una casa, etc., son ortoedros.

Cuando las caras del ortoedro son cuadradas, éste recibe el nombre de **exaedro** o **cubo** (figura 67).

Volumen del prisma. El volumen de un prisma es igual a su altura multiplicada por el área de su base.

Siendo V = volumen del prisma, h = altura, B = área de la base, tendremos: $V = h \times B$.

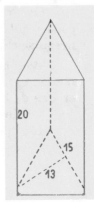

> **Ejemplo**

Hallar el volumen de un prisma recto regular triangular cuya altura es 20 cms.; el lado del triángulo de la base 15 cms. y la altura de este triángulo 13 cms. (figura 68).

Hallemos el área de la base que por ser un triángulo será igual a la mitad del producto de la base por la altura:

$$\text{Area de la base: } \frac{15 \times 13}{2} = 97.5 \text{ cms.}^2$$

Entonces tenemos: $h = 20$ cms., $B = 97.5$ cms.^{2}, luego:

$$V = h \times B = 20 \times 97.5 = 1950 \text{ cms.}^3 \quad \text{R.}$$

FIGURA 68

Volumen del ortoedro. El volumen de un ortoedro es igual al **producto de sus tres dimensiones** (figura 69).

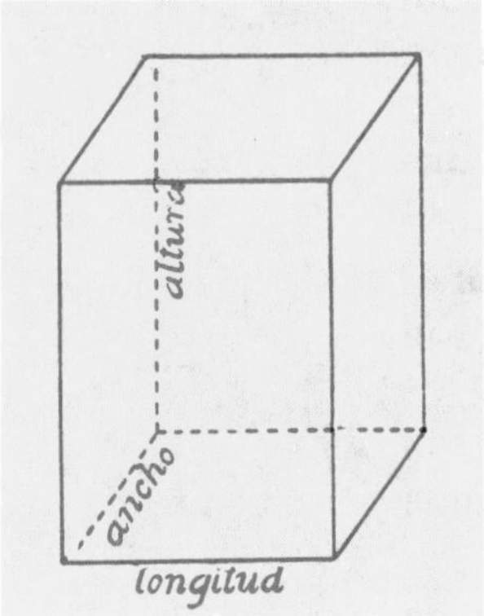

En efecto: El ortoedro es un prisma y el volumen de todo prisma es:

$$V = altura \times área\ de\ la\ base$$

pero como la base del ortoedro es un rectángulo y el área de un rectángulo es igual al producto de su base (**longitud** en la figura 69) por su altura (**ancho** en la figura 69), tendremos que en la fórmula anterior, en lugar de **área de la base** podemos poner *longitud* × *ancho* y tendremos:

$$Vol.\ del\ ortoedro = altura \times longitud$$
$$\times ancho = h \times l \times a.$$

FIGURA 69

Ejemplos

El volumen de una cajita cuyas dimensiones sean 10 cms., por 8 cms. por 5 cms. sería:

$$V = 10 \times 8 \times 5 = 400\ cms.^3\ \ R.$$

Volumen del cubo. Como el cubo es un ortoedro en el cual las tres dimensiones son iguales, el volumen de un cubo es igual al **cubo de su arista**, $V = a^3$.

Así, el volumen de un dado cuya arista es 12 cms. sería:

$$V = a^3 = 12^3 = 1728\ cms.^3\ \ \ R.$$

(597) PIRAMIDE es un cuerpo geométrico cuya base es un polígono cualquiera y sus caras laterales triángulos que concurren en un punto llamado **vértice** de la pirámide (S en la figura 70).

Por su **base** las pirámides pueden ser **triangulares, cuadrangulares, pentagonales, exagonales,** etc.

Las pirámides triangulares se llaman **tetraedros.**

Altura de una pirámide es la perpendicular bajada desde el vértice de la pirámide a la base o su prolongación (*SO* en la figura 70).

La pirámide es **regular** cuando la base es un polígono regular y la altura cae en el centro de la base, e **irregular** cuando no cumple estas condiciones.

Volumen de la pirámide. El volumen de una pirámide es igual al **tercio de su altura multiplicada por el área de la base.**

Siendo V = volumen de la pirámide, h = altura, B = área de la base, tendremos:

$$V = \frac{1}{3}\,h \times B.$$

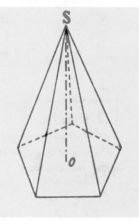

FIGURA 70

Ejemplos

(1) El volumen de una pirámide cuya altura es 20 cms. y el área de la base
180 cms.² será:

$$V = \frac{1}{3} h \times B = \frac{20 \times 180}{3} = 1200 \text{ cms.}^3 \quad \text{R.}$$

(2) Hallar el volumen de una pirámide regular pentagonal siendo su altura 6 varas cubanas, el lado de la base 6 ms. y el apotema de la base 4 ms.

$$V = \frac{1}{3} h \times B.$$

Aquí, $h = 6$ v. cub. $= 6 \times 0.848 = 5.088$ ms.

Hay que hallar el área de la base aplicando la fórmula del área de un polígono regular:

$$B = \frac{a \times ln}{2} = \frac{4 \times 6 \times 5}{2} = 60 \text{ ms.}^2$$

Entonces,

$$V = \frac{1}{3} h \times B = \frac{5.088 \times 60}{3} = 101.76 \text{ ms.}^3 \quad \text{R.}$$

598 CILINDRO de revolución o cilindro circular recto es el cuerpo geométrico engendrado por la revolución de un rectángulo alrededor de uno de sus lados.

El cilindro de la figura 71 ha sido engendrado por el rectángulo $ABOO'$ girando alrededor del lado OO'.

El lado OO' es el **eje** y **altura** del cilindro; el lado opuesto a éste, AB, es la **generatriz** del cilindro; los lados AO' y BO son los **radios** iguales de las bases del cilindro.

La **altura** del cilindro puede definirse también diciendo que es la distancia entre las dos bases.

Cuando el cilindro es recto (sólo estudiamos éste), la altura es igual a la generatriz.

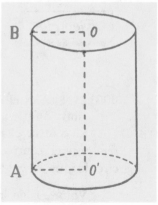

FIGURA 71

Volumen del cilindro. El volumen de un cilindro es igual a su **altura multiplicada por el área del círculo de la base.**

Siendo V = volumen del cilindro, h = altura, r = radio del círculo de la base y por tanto πr^2 = área de la base, tendremos:

$$V = h \times \pi r^2.$$

Ejemplo	Hallar el volumen de un cilindro cuya altura mide 40 cms. y el diámetro del círculo de la base 10 cms. Aquí $h = 40$ cms., $r = 5$ cms., luego: $V = h \times \pi r^2 = 40 \times 3.1416 \times 25 = 3141.6$ cms.³ R.

(599) CONO de revolución o **cono circular recto** es el cuerpo geométrico engendrado por la revolución de un triángulo rectángulo alrededor de uno de sus catetos.

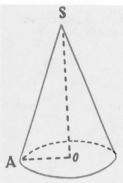

El cono de la figura 72 ha sido engendrado por la revolución del triángulo rectángulo *SOA* alrededor del cateto *SO*.

El punto *S* es el **vértice** del cono; el cateto *SO* es la **altura** y **eje** del cono; el cateto *OA* es el **radio** del círculo de la base; la hipotenusa *SA* es la **generatriz** del cono.

La altura *SO* del cono puede definirse también como la perpendicular bajada del vértice a la base.

FIGURA 72

Volumen del cono. El volumen de un cono es igual al **tercio de su altura multiplicada por el área del círculo de la base.**

Siendo V = volumen del cono, h = altura, r = radio de la base, tendremos: $V = \dfrac{1}{3} h \times \pi r^2.$

Ejemplo	Hallar el volumen de un cono cuya altura mide 12 cms. y el diámetro de la base 8 cms. Aquí $h = 12$ cms., $r = 4$ cms., luego: $V = \dfrac{1}{3} h \times \pi r^2 = \dfrac{12 \times 3.1416 \times 16}{3} = 201.0624$ cms.³ R.

(600) ESFERA es el cuerpo geométrico (figura 73) engendrado por la revolución completa de un semicírculo alrededor de su diámetro.

El **centro,** el **radio** y el **diámetro** de la esfera son el centro, el radio y el diámetro del círculo que la engendra.

Volumen de la esfera. El volumen de una esfera es igual a $\dfrac{4}{3}$ de π por el **cubo del radio.**

Siendo V = volumen de la esfera y r = radio, tendremos:

$$V = \frac{4}{3} \pi r^3.$$

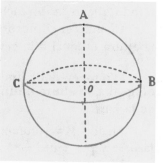

FIGURA 73

	El volumen de una esfera cuyo radio sea 30 cms. sería:
$Ejemplo$	$$V = \frac{4}{3} \pi r^3 = \frac{4 \times 3.1416 \times 30^3}{3} = 113097.6 \text{ cms.}^3. \quad \text{R.}$$

CUADRO DE LOS VOLUMENES ESTUDIADOS

CUERPO GEOMETRICO	VOLUMEN	FORMULA
Prisma	Altura × área de la base.	$h \times B$
Ortoedro	Altura × longitud × ancho.	$h \times l \times a$
Cubo	El cubo de la arista.	a^3
Piramide	$\frac{1}{3}$ de la altura × área de la base.	$\frac{1}{3} h \times B$
Cilindro	Altura × área de la base.	$h \times \pi r^2$
Cono	$\frac{1}{3}$ de la altura × área de la base.	$\frac{1}{3} h \times \pi r^2$
Esfera	$\frac{4}{3} \pi \times$ el cubo del radio.	$\frac{4}{3} \pi \times r^3$

➤ EJERCICIO 276

1. Una caja de zapatos mide 35 cms. por 18 cms. por 15 cms. Expresar su volumen en complejo. **R.** 9 dms.^{3} 450 cms.^{3}
2. ¿Cuántos ms. cúbicos de aire hay en una habitación que mide 8 vs. cubanas por 4 ms. por 50 dms.? **R.** 135.68 ms.^{3}
3. En una nave de 12 vs. cubanas por 10 ms. por 2500 cms., ¿cuántas cajas cúbicas de 50 cms. de arista caben? **R.** 20352 cajas.
4. Hallar el volumen de un prisma cuya altura es 1.50 ms. y la base un rombo cuyas diagonales miden 70 cms. y 50 cms. **R.** 262 dms.^{3} 500 cms.^{3}
5. ¿Cuál será el volumen de un prisma recto regular cuya altura es 3 dms. 5 cms. y la base un exágono regular cuyo lado mide 6.9282 cms. y el apotema 6 cms.? **R.** 4 dms.^{3}, 364 cms.^{3}, 766 mms.^{3}
6. ¿Cuántos litros de aceite caben en una lata de base cuadrada de 30 cms. de lado cuya altura es $\frac{3}{4}$ de vara cubana? **R.** 57.24 ls.
7. Hallar la capacidad de un depósito cuya base es un triángulo que tiene 60 cms. de base y 50 cms. de altura siendo la altura del depósito $\frac{9}{5}$ de metro. **R.** 270 ls.
8. Hallar el volumen de una pirámide regular pentagonal cuya altura mide 3 ms. 20 cms., el lado de la base 87.185 cms. y el apotema de la base 60 cms. **R.** 1 m.^{3}, 394 dms.^{3}, 960 cms.^{3}
9. ¿Cuál será el volumen de una pirámide cuya altura es 10 yardas y el área de la base 18 ms.^{2}? **R.** 54.84 ms.^{3}

10. Hallar el volumen de un tetraedro cuya altura es 2 ms. 15 cms., la base del triángulo de la base es 40 cms. y su altura 36 cms. **R. 51 dms.³ 600 cms.³**

11. En una pirámide regular octogonal la altura es 5 ms. 40 cms., el lado de la base 12.426 cms. y el apotema de la base 15 cms. Hallar el volumen. **R. 134 dms.³, 200 cms.³, 800 mms.³**

12. Hallar el volumen de un cilindro de 80 cms. de altura siendo el radio del círculo de la base 20 cms. **R. 100 dm.³, 531 cm.³, 200 mms.³**

13. ¿Cuál es la capacidad en litros de un tonel cilíndrico cuya altura es 1 m. 40 cms. y el diámetro de la base 60 cms.? **R. 395.8416 ls.**

14. ¿Qué cantidad de agua cabe en un jarro cilíndrico de 20 cms. de altura si el radio de la base es 5 cms.? **R. 1.5708 ls.**

15. Expresar en complejo la cantidad de agua que puede almacenar un tanque cilíndrico cuya altura es 90.5 cms. y el diámetro de la base 30 dms. **R. 6 Kl. 3 Hl. 9 Dl. 7 l. 8 cl. 3 ml.**

16. ¿Cuántos tanques cilíndricos de 2 ms. de altura y 6 ms. de diámetro harán falta para almacenar 1130976 litros de agua? **R. 20 tanques.**

17. Hallar el volumen de un cono cuya altura es 6 dms. y el diámetro de la base 20 cms. **R. 6 dms.³, 283 cms.³, 200 mms.³.**

18. En un barquillo de helado de forma cónica el diámetro de la base es 4 cms. y la altura 12 cms. ¿Cuántos cms.³ de helado hay en el barquillo cuando está lleno? **R. 50.2656 cms.³**

19. ¿Cuál es el volumen de una pelota cuyo diámetro es 20 cms? **R. 4188.8 cms.³**

20. Una pelota de basket inflada tiene un diámetro interior de 24 cms. ¿Qué cantidad de aire contiene? **R. 7 dms.³, 238 cms.³, 246.4 mms.³**

(601) PROBLEMAS EN QUE SE COMBINA VOLUMEN CON PESO Y DENSIDAD

Para la resolución de estos problemas el alumno debe tener presente las fórmulas:

$$D = \frac{P}{V} \qquad P = V \times D \qquad V = \frac{P}{D}$$

1. Un listón de cedro que mide 15 cms. por 10 cms. por 5 cms. pesa 390 g. ¿Cuál es la densidad del cedro?

La fórmula a aplicar es $D = \dfrac{P}{V}$

$P = 390$ g. Hallemos el volumen del listón; $V = 15 \times 10 \times 5 = 750$ cms.³.

Entonces $D = \dfrac{P}{V} = \dfrac{390}{750} = 0.52$ **R.**

2. ¿Cuánto pesa una esfera de hierro (densidad 7.8) cuyo diámetro es 20 cms.?

La fórmula a aplicar es $r = V \times D$

Aquí $D = 7.8$. Hallemos el volumen de la esfera: $V = \dfrac{4}{3} \pi r^3 = \dfrac{4 \times 3.1416 \times 10^3}{3} = 4188.8$ cms.³

Entonces: $P = V \times D = 4188.8 \times 7.8 = 32672.64$ **g.** $= 32.67264$ Kg. **R.**

3. Hallar el volumen de un cono de cobre (densidad 8.9), sabiendo que pesa 2 Tm. 4 Mg. 7 Kg.

La fórmula a aplicar es $V = \dfrac{P}{D}$.

Aquí $P = 2$ Tm. 4 Mg. 7 Kg. $= 2047$ Kg.
y $D = 8.9$; luego: ⟋

$$V = \frac{P}{D} = \frac{2047}{8.9} = 230 \text{ dms.}^3 \text{ R.}$$

> **EJERCICIO 277**

1. Un terrón de azúcar de 3 cms. por 2 cms. por 1 cm. pesa 9.6 g. Hallar la densidad del azúcar. **R.** 1.6.

2. La goma de borrar de un lápiz tiene forma de cilindro. Si su altura es 1.5 cms. y el diámetro de la base 1 cm., ¿cuánto pesa la goma? (Densidad de la goma 0.9). **R.** 1.06129 g.

3. Un trozo de cedro pesa 2 Dg. 6 g. Siendo la densidad del cedro 0.52, ¿cuál es su volumen? **R.** 50 cms.³

4. Hallar el peso de un cono de bronce (densidad 8.8) cuya altura es 30 cms. y el diámetro de la base 12 cms. **R.** 9.952 Kg.

5. ¿Cuánto pesa el aceite de oliva que contiene lleno un jarro de lata cilíndrico de 20 cms. de altura, siendo 5 cms. el radio de su base? (Densidad del aceite de oliva 0.91). **R.** 1.429 Kg.

6. El pedestal de una estatua es una columna de mármol (densidad 2.7) que tiene la forma de un prisma regular de base octogonal. La altura del pedestal es 5 ms., el perímetro de la base 198.82 cms. y el apotema de la base 30 cms. ¿Cuánto pesa el pedestal? **R.** 4026.105 Kg.

7. Un tanque cuyas dimensiones interiores son 2 ms. $\times$ 3 ms. $\times$ 1.5 ms. de altura contiene gasolina. Si la gasolina llega a 30 cms. del borde y la densidad de la gasolina es 0.73, ¿cuánto pesa esa cantidad de gasolina? **R.** 5256 Kg.

8. Hallar el peso de una esfera de plomo (densidad 11.35) cuyo diámetro es 6 cms. **R.** 1.2836 Kg.

9. Las dimensiones interiores de un latón cilíndrico son: Altura 1 m. 20 cms. y radio de la base 30 cms. ¿Cuánto pesará el alcohol (densidad 0.79) que puede contener el latón llenándolo hasta sus $\frac{2}{3}$? **R.** 178.694 Kg.

10. Se tiene una copa de forma cónica en la cual la altura es 15 cms. y el diámetro del círculo que forma la boca de la copa es 8 cms. Esta copa se llena con cierto líquido y el peso de este líquido que llena la copa es 15 Dg. 79 cg. 6.8 mg. ¿Cuál es la densidad de ese líquido? **R.** 0.6.

11. Un tanque cilíndrico cuyas dimensiones interiores son 1 m. de altura y 2 ms. 60 cms. de diámetro de la base, pesa vacío 180 Kg. ¿Cuánto pesará lleno de petróleo? (Densidad del petróleo 0.80). **R.** 4427.4432 Kg.

12. Un pisapapel de marfil tiene la forma de una pirámide regular de base cuadrada de 8 cms. de lado y 2 dms. 4 cms. de altura. ¿Cuánto pesa el pisapapel? (Densidad del marfil 1.87). Expresar el resultado en complejo. **R.** 9 Hg., 5 Dg., 7 g., 4 dg., 4 cg.

13. Si un tanque cuyas dimensiones interiores son 2 ms. $\times$ 1m. $\times$ 3 ms. se llena de arena (densidad 2.3) pesa 13845 Kg. ¿Cuánto pesa el tanque vacío? **R.** 45 Kg.

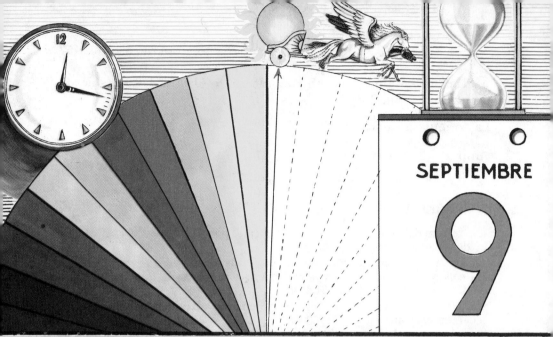

NUMEROS COMPLEJOS O DENOMINADOS CAPITULO XXXIX

(602) NUMERO COMPLEJO es el que consta de diversas unidades de medida de la misma magnitud, como 4 arrobas y 6 libras; 3 leguas, 4 cordeles y 8 varas.

(603) NUMERO INCOMPLEJO es el que consta de unidades de una sola especie, como 45 libras; 8 yardas; 8 meses.

REDUCCION DE COMPLEJOS A INCOMPLEJOS

(604) REDUCCION DE UN COMPLEJO A INCOMPLEJO DE ESPECIE INFERIOR

Ejemplos

(1) Reducir 4 vs. 2 p. 5 pulgs. a pulgs.

Se reducen las varas a pies: 4 vs. × 3 = 12 pies.

A 12 pies le sumamos los 2 pies del número dado:

12 ps. + 2 ps. = 14 ps.

Se reducen los 14 ps. a pulgadas: 14 × 12 = 168 pulgs.

A 168 pulgs. le sumamos las 5 pulgadas del número dado:

168 pulgs. + 5 pulgs. = 173 pulgs.   R.

(2) Reducir 3 qq. 2 @ 5 oz. a onzas.

3 qq. × 4 = 12 @s.	12 @s. + 2 @. = 14 @s.
14 @ × 25 = 350 lbs.	
350 lbs. × 16 = 5600 oz.	5600 oz. + 5 oz. = 5605 oz. R.

468

> **EJERCICIO 278**

Reducir a incomplejo de la especie indicada:

1. 3 leg. 8 cords. 16 vs. a varas.   R. 15208 v.
2. 1 leg. 200 vs. a varas.   R. 5200 v.
3. 1 cab. 10 cords.² 500 vs.² a varas².   R. 192884 v.²
4. 3 mesanas 18 vs.² a varas².   R. 10818 v.²
5. 3 cab. 400 vs.² a varas².   R. 560272 v.²
6. 2 pipas 3 garrafs. a botellas.   R. 1275 bot.
7. 7 vs. 2 ps. 6 pulgs. a pulgs.   R. 282 pulg.
8. 5 vs. 3 pulgs. a líneas.   R. 2196 lin.
9. 2 vs.² 2 ps.² 6 pulgs.² a pulgs.²   R. 2886 pulg.²
10. 1 T. 3 qq. 5 arrobas a arrobas.   R. 97 @.
11. 1 qq. 18 lbs. a onzas.   R. 1888 oz.
12. 14 lbs. 6 onzas a adarmes.   R. 3680 ad.
13. 1 milla 2 furl. 3 poles a poles.   R. 403 pol.
14. 1 pole 2 yards. 2 pies a pulgs.   R. 294 pulg.
15. 2 poles 3 yards. a pies.   R. 42 p.
16. 8° 6' 14" a seg. (S).   R. 29174" s.
17. 20° 6" a seg. (S).   R. 72006" s.
18. 35' 46" a seg. (S).   R. 2146" s.
19. 3° 4' 5" a seg. (C).   R. 30405" C.
20. 15° 23" a seg. (C).   R. 150023" C.
21. 3 ds. 4 h. 9 min. a seg.   R. 274140 seg.
22. 2 ds. 16 min. a seg.   R. 173760 seg.
23. 3 años 6 hs. 9 min. a min.   R. 1555569 min.
24. 4 lustros 3 meses a horas.   R. 174960 h.

(605) REDUCCION DE UN COMPLEJO A INCOMPLEJO DE ESPECIE INTERMEDIA O SUPERIOR

Ejemplos   (1) Reducir 4 T. 5 qq. 3 lbs. a quintales.

Reducimos las 4 T. a qq.: 4 T. $\times$ 20 = 80 qq.

$$80 \text{ qq.} + 5 \text{ qq.} = 85 \text{ qq.}$$

Reducimos las 3 libras a quintales dividiéndolas por las 100 lbs. que tiene un quintal:

$$3 \text{ lbs.} = \frac{3}{100} \text{ qq.}$$

Esta fracción de quintal la sumamos con los 85 qq. que ya teníamos:

$$85 \text{ qq.} + \frac{3}{100} \text{ qq.} = 85\frac{3}{100} \text{ qq.} \quad \text{R.}$$

(2) Reducir 5 meses 3 días 8 horas 6 min. a días.
Reducimos los 5 meses y 3 días a días:

$$5 \text{ meses} \times 30 = 150 \text{ ds.} \qquad 150 \text{ ds.} + 3 \text{ ds.} = 153 \text{ ds.}$$

Ahora hay que reducir las 8 hs. 6 min. a días, pero para ello se reducen primero a minutos:

$$8 \text{ h.} \times 60 = 480 \text{ min.} \qquad 480 \text{ min.} + 6 \text{ min.} = 486 \text{ min.}$$

Estos 486 min. tenemos que reducirlos a días, dividiéndolos por los minutos que tiene un día. Para saberlo, digo: 1 día tiene 24 horas y 1 hora tiene 60 minutos, luego un día tiene $24 \times 60 = 1440$ min. Así que divido los 486 min. por 1440 min. que tiene un día y tendré:

$$486 \text{ min.} = \frac{486}{1440} \text{ ds.} = \frac{27}{80} \text{ ds.}$$

Esta fracción de día la sumamos con los 153 días y tendremos:

$$153 \text{ ds.} + \frac{27}{80} \text{ ds.} = 153\frac{27}{80} \text{ ds.} \quad \text{R.}$$

(3) Reducir 5° 9' 16'' S. a grados.
Ya tengo 5°. Reduzco los 9' 16'' a seg. y después a grados.

$$9' \times 60 = 540'' \qquad 540'' + 16'' = 556''.$$

Estos 556'' tengo que reducirlos a grados, dividiéndolos por los segundos que tiene un grado. Para saberlo, digo: 1° tiene 60' y 1' tiene 60'', luego un grado tiene $60 \times 60 = 3600''$. Así que divido los 556'' por 3600 y tendré:

$$556'' = \frac{556°}{3600} = \frac{139°}{900}.$$

Esta fracción de grado la sumo con los 5° del número dado y tengo:

$$5° + \frac{139°}{900} = 5\frac{139°}{900}. \quad \text{R.}$$

➤ **EJERCICIO 279**

Reducir a incomplejo de la especie pedida:

1. 3 cord. 8 vs. a cord.   R. $3\frac{1}{3}$ cord.

2. 3 leg. 8 cord. 4 vs. a cord.   R. $633\frac{1}{6}$ cord.

3. 2 leg. 3 cord. 18 vs. a leg.   R. $2\frac{9}{500}$ leg.

4. 1 cab. 20 cord.² 500 vs.² a cord.²   R. $344\frac{125}{144}$ cord.²

5. 3 cab. 300 cord.² 100 vs.² a cab.   R. $3\frac{43225}{46656}$ cab.

6. 4 mes. 200 vs.² a cord.²   R. $25\frac{25}{72}$ cord.²

7. 2 pipas 3 garraf. 20 bot. a garraf.   R. $51\frac{4}{5}$ garr.

8. 5 vs. 2 p. 6 pulg. a pies.   R. $17\frac{1}{2}$ p.

9. 7 vs. 10 pulg. a pies.   R. $21\frac{5}{6}$ p.

10 2 vs. 1 p. 2 lin. a pulg.   R. $84\frac{2}{3}$ pulg.

11. 12 vs. 3 pulg. 6 lin. a pulg.   R. $435\frac{1}{2}$ pulg.

12. 7 vs. 2 pulg. 4 lin. a varas.   R. $7\frac{7}{108}$ v.

13. 3 @ 8 lbs. 8 oz. a lbs.   R. $83\frac{1}{2}$ lbs.

14. 2 qq. 3 @ 9 lbs. 6 oz. a @.   R. $11\frac{3}{8}$ @.

15. 2 T. 2 @ 10 oz. a quintales.   R. $40\frac{81}{160}$ qq.

16. 3 qq. 9 lbs. 4 oz. a quintales.   R. $3\frac{37}{400}$ qq.

17. 2 y. 2 p. 6 pulg. a yardas.   R. $2\frac{5}{6}$ y.

18. 2 furl. 3 poles 4 y. 4 pulg. a poles.   R. $83\frac{149}{198}$ pol.

19. 5 mill. 40 yard. 8 pulg. a yardas.   R. $8840\frac{2}{9}$ ys.

20. 5° 6′ 10″ a minutos. (S).   R. $306\frac{1}{6}$′ S.

21. 23° 40′ 24″ a minutos. (S).   R. $1420\frac{2}{5}$′ S.

22. 14° 50″ a minutos. (S).   R. $840\frac{5}{6}$′ S.

23. 6° 6′ 6″ a grados. (S).   R. $6\frac{61}{600}$° S.

24. 5° 6′ 10″ a minutos. (C).   R. $506\frac{1}{10}$′ C.

25. 23° 40′ 24″ a minutos. (C).   R. $2340\frac{6}{25}$′ C.

26. 14° 50″ a minutos. (C).   R. $1400\frac{1}{2}$′ C.

27. 6° 6′ 6″ a grados. (C).   R. $6\frac{303}{5000}$° C.

28. 9 días 6 hs. 14 min. a horas.   R. $222\frac{7}{20}$ h.

29. 1 mes 4 ds. 30 min. a horas.   R. $816\frac{1}{2}$ h.

30. 2 mes. 20 días 18 seg. a horas.   R. $1920\frac{1}{200}$ h.

31. 2 mes. 15 ds. 16 seg. a días.   R. $75\frac{1}{5400}$ d.

32. 2 a. 20 ds. 24 min. a meses.   R. $24\frac{1201}{1800}$ mes.

33. 8 mes. 8 hs. 8 min. 8 seg. a meses.   R. $8\frac{3661}{324000}$ mes.

REDUCCION DE INCOMPLEJOS A COMPLEJOS

606 REDUCCION DE UN INCOMPLEJO ENTERO DE ESPECIE INFERIOR A COMPLEJO

REGLA

Se reduce el número dado a la especie superior inmediata, dividiendo; el cociente que resulte se reduce a la especie superior inmediata; con el nuevo cociente se hace lo mismo y así sucesivamente. El complejo se forma con el último cociente y todos los residuos con sus especies respectivas.

Ejemplos

(1) Reducir a complejo 123121 segundos.

```
123121 s. | 60
0312        2052 m.  | 60 h.
  121        252        34 h.  | 24
    1 s.      12 m.      10 h.   1 d.
```

123121 seg. = 1 d. 10 h. 12 min. 1 seg.   R.

(2) Reducir 10126 líneas a complejo.

```
10126 lin. | 12
   52        843 pulg.  | 12
   46         03 pulg.    70 p.  | 3
   10 lin.                 10      23 vs.
                            1 p.
```

10126 lin. = 23 vs. 1 p. 3 pulg. 10 lin.   R.

➤ **EJERCICIO 280**

Reducir a complejo:

1.	121207 seg.	R. 1 d., 9 h. 40 m. 7 s.
2.	8197 días.	R. 2 dec. 2 a. 9 mes. 7 d.
3.	19123 lbs.	R. 9 T. 11 qq. 23 lbs.
4.	873 @.	R. 10 T. 18 qq. 1 @.
5.	186931 ad.	R. 7 qq. 1 @ 5 lbs. 3 oz. 3 ad.
6.	50131'' S.	R. 13° 55′ 13″ S.
7.	563 pulg.	R. 15 v. 1 p. 11 pul.
8.	37932 oz.	R. 1 T. 3 qq. 2 @ 20 lbs. 12 oz.

9.	1097 hs.	**R.** 1 m. 15 d. 17 h.
10.	1201 lin.	**R.** 2 v. 2 p. 4 pulg. 1 lin.
11.	517 años.	**R.** 5 sig. 1 dec. 1 l. 2 a.
12.	10800 puntos.	**R.** 2 v. 3 pulg.
13.	1901' S.	**R.** 31° 41' S.
14.	3154'' C.	**R.** 31' 54'' C.
15.	123104'' C.	**R.** 12° 31' 4'' C.
16.	3410 yardas.	**R.** 1 mill. 7 furl. 20 pol.
17.	20318'' S.	**R.** 5° 38' 38'' S.
18.	180180 pulg. ing.	**R.** 2 mill. 6 f. 30 pol.

(607) REDUCCION DE UN INCOMPLEJO FRACCION DE ESPECIE SUPERIOR A COMPLEJO

REGLA

Se reduce el quebrado a su especie inferior inmediata, multiplicándolo; se anota la parte entera y la fracción que resulte se reduce a la especie siguiente, y así sucesivamente hasta llegar a la última especie. Al llegar a ésta, se anotan el entero y el quebrado.

Ejemplos

(1) Reducir a complejo o valuar el quebrado $\frac{2}{7}$ de día.

Reducimos los $\frac{2}{7}$ de día a horas:

$$\frac{2}{7} \text{ ds.} \times 24 = \frac{48}{7} = 6\frac{6}{7} \text{ h.} \qquad \text{6 horas.}$$

$\frac{6}{7}$ de hora lo reducimos a minutos:

$$\frac{6}{7} \text{ hs.} \times 60 = \frac{360}{7} = 51\frac{3}{7} \text{ m.} \qquad \text{51 minutos.}$$

$\frac{3}{7}$ de minuto lo reducimos a segundos:

$$\frac{3}{7} \text{ m.} \times 60 = \frac{180}{7} = 25\frac{5}{7} \text{ seg.} \qquad 25\frac{5}{7} \text{ segundos.}$$

Luego $\frac{2}{7}$ de día = 6 horas, 51 minutos, $25\frac{5}{7}$ segundos. **R.**

Esta operación se llama *valuar una fracción*.

(2) Valuar $\frac{2}{5}$ de vara.

$$\frac{2}{5} \text{ v.} \times 3 = \frac{6}{5} = 1\frac{1}{5} \text{ p.} \qquad\qquad 1 \text{ pie.}$$

$$\frac{1}{5} \text{ p.} \times 12 = \frac{12}{5} = 2\frac{2}{5} \text{ pulg.} \qquad 2 \text{ pulg.}$$

$$\frac{2}{5} \text{ pulg.} \times 12 = \frac{24}{5} = 4\frac{4}{5} \text{ lin.} \qquad 4 \text{ lin.}$$

$$\frac{4}{5} \text{ lin.} \times 12 = \frac{48}{5} = 9\frac{3}{5} \text{ puntos.} \qquad 9\frac{3}{5} \text{ puntos.}$$

$$\frac{2}{5} \text{ de vara} = 1 \text{ p. } 2 \text{ pulg. } 4 \text{ lin. } 9\frac{3}{5} \text{ puntos. R.}$$

EJERCICIO 281

Reducir a complejo o valuar:

1. $\frac{1}{7}$ de hora. R. 8. min. $34\frac{2}{7}$ seg.

2. $\frac{3}{11}$ de año. R. 3 mes. 8 d. 4 h. 21 min. $49\frac{1}{11}$ seg.

3. $\frac{5}{13}$ de @. R. 9 lbs. 9 oz. 13 ad. 1 tom. $7\frac{5}{13}$ gr.

4. $\frac{6}{17}$ de grado S. R. 21′ $10\frac{10}{17}''$ S.

5. $\frac{5}{7}$ de libra. R. 11 oz. 6 ad. 2 tom. $6\frac{6}{7}$ gr.

6. $\frac{8}{19}$ de vara. R. 1 p. 3 pulg. $1\frac{17}{19}$ lin.

7. $\frac{2}{3}$ de leg. cubana. R. 138 cord. 21 v. 1 p.

8. $\frac{2}{9}$ de caballería. R. 72 cord.²

9. $\frac{5}{7}$ de día. R. 17 h. 8 min. $34\frac{2}{7}$ seg.

10. $\frac{3}{5}$ de Grado C. R. 60′ C.

11. $\frac{7}{9}$ de pie. R. 9 pulg. 4 lin.

12. $\frac{3}{8}$ de minuto. R. $22\frac{1}{2}$ seg.

13. $\frac{5}{7}$ de yarda. R. 2 p. 1 pulg. $8\frac{4}{7}$ lin.

14. $\frac{1}{19}$ de mes. R. 1 d. 13 h. 53 m. $41\frac{1}{19}$ seg.

15. $\frac{2}{11}$ de día. R. 4 h. 21 min. $49\frac{1}{11}$ seg.

(608) REDUCCION DE UN INCOMPLEJO NUMERO MIXTO DE ESPECIE SUPERIOR A COMPLEJO

REGLA

Con la parte entera se opera como en el primer caso, y con la fracción, como en el segundo.

> ## Ejemplo

Reducir $325\frac{2}{11}$ @ a complejo.

Primero reducimos a complejo las 325 @:

$$
\begin{array}{r|l}
325 \ @ & \underline{4} \\
05 & 81 \ qq. \qquad \underline{20} \\
1 \ @ & 1 \ qq. \qquad\quad 4 \ T.
\end{array}
$$

Ahora reducimos los $\frac{2}{11}$ @ a complejo:

$$\frac{2}{11} \ @ \ \times 25 = \frac{50}{11} = 4\frac{6}{11} \ tbs. \qquad\qquad 4 \ tbs.$$

$$\frac{6}{11} \ tbs. \times 16 = \frac{96}{11} = 8\frac{8}{11} \ oz. \qquad\qquad 8 \ oz.$$

$$\frac{8}{11} \ oz. \ \times 16 = \frac{128}{11} = 11\frac{7}{11} \ ad. \qquad\qquad 11 \ ads.$$

$$\frac{7}{11} \ ads. \times 3 = \frac{21}{11} = 1\frac{10}{11} \ tom. \qquad\qquad 1 \ tom.$$

$$\frac{10}{11} \ tom. \times 12 = \frac{120}{11} = 10\frac{10}{11} \ granos. \qquad 10\frac{10}{11} \ granos.$$

Luego $325\frac{2}{11}$ @s. $= 4$ T. 1 qq. 1 @ 4 tbs. 8 oz. 11 ad. 1 tom. $10\frac{10}{11}$ gran.

➤ EJERCICIO 282

Reducir a complejo:

1. $36\frac{2}{3}$ pulg.   R. 1 v. 8 lin.

2. $18\frac{2}{5}$ lbs.   R. 18 lbs. 6 oz. 6 ad. 1 tom. $2\frac{2}{5}$ gr.

3. $200\frac{3}{8}'$ S.   R. 3° 20′ $22\frac{1}{2}''$ S.

4. $32\frac{3}{5}$ pies.   R. 10 v. 2 p. 7 pulg. $2\frac{2}{5}$ lin.

5. $200\frac{8}{8}'$ C.　　　R. $2°$ $37\frac{1}{2}''$ C.

6. $108\frac{2}{7}$ pul. ing.　　R. 3 v. $3\frac{8}{7}$ lin.

7. $1023\frac{4}{7}$ lbs.　　R. 10 qq. 23 lbs. 9 oz. 2 ad. $10\frac{2}{7}$ gr.

8. $503\frac{1}{13}$ hs.　　R. 20 d. 23 h. 4 n...... $36\frac{12}{13}$ seg.

9. $103\frac{2}{11}'$ S.　　R. $1°$ $43'$ $10\frac{10}{11}''$ S.

10. $5608\frac{5}{7}$ ds.　　R. 1 dec. 1 lust. 6 mes. 28 d. 17 h. 8 min. $34\frac{2}{7}$ seg.

11. $14\frac{2}{5}$ meses.　　R. 1 a. 2 m. 12 d.

12. $803\frac{2}{3}$ oz.　　R. 2 @ 3 oz. 10 ad 2 tom.

13. $184\frac{8}{7}$ ds.　　R. 6 mes. 4 ds. 10 h. 17 min. $8\frac{4}{7}$ seg.

14. $315\frac{8}{11}$ pulg. ing.　R. 8 y. 2 p. 3 pulg. $3\frac{8}{11}$ lin.

15. $16\frac{2}{15}$ adarmes.　　R. 1 oz. $5\frac{7}{13}$ gr.

SUMA DE COMPLEJOS

(609) REGLA

Se colocan los complejos unos debajo de los otros de modo que las unidades de la misma especie se correspondan. Hecho esto, sumamos independientemente las unidades de cada especie, y terminada esta operación, vemos si las distintas especies contienen unidades de la especie superior inmediata, y en caso afirmativo, se las agregamos.

Ejemplos

(1) Sumar 4 @ 9 libras 6 onzas 4 adarmes con 3@ 8 libras 7 onzas 9 adarmes con 1@ 9 libras 12 onzas 13 adarmes.

4 @	9 libras	6 onzas	4 adarmes
+3 „	8 „	7 „	9 „
1 „	9 „	12 „	13 „
8 @	26 libras	25 onzas	26 adarmes

Suma reducida: 2 qq. 1 @ 2 libras 10 onzas 10 adarmes. R.

(2) Una persona nació el 5 de mayo de 1903. ¿En qué fecha cumplió 14 años, 6 meses y 28 días de edad?

A la fecha del nacimiento hay que sumarle la edad para hallar la fecha en que cumplió esa edad.

Para escribir la fecha del nacimiento se escriben los *años* y *meses completos*
transcurridos y tendremos:

1902 años	4 meses	5 días
+ 14 „	6 „	28 „
1916 „	10 „	33 „

Suma reducida: 1916 años 11 meses 3 días.

Esto significa que el día en que cumplió la edad habían transcurrido 1916 años
11 meses y 3 días a partir del inicio de nuestra Era.

Si han transcurrido 1916 años, los 11 meses y 3 días son de 1917; si han transcurrido 11 meses completos ya ha pasado hasta el mes de Noviembre inclusive de 1917, luego los 3 días son de Diciembre, luego cumplió la edad
dicha el *3 de Diciembre de 1917.* R.

➤ EJERCICIO 283

(En este ejercicio y en los demás de este Capítulo las **medidas angulares
son sexagesimales.**)

Sumar:

1. 5 varas 2 pies 7 pulgadas; 3 varas 1 pie 9 pulgadas.   **R.** 9 v. 1 p. 4 pulg.

2. 9 varas 1 pie 6 pulgadas; 4 varas 2 pies 8 pulgadas; 2 varas 10 pulgadas.
   R. 16 v. 2 p.

3. 18 varas 3 pulgadas; 2 pies 5 pulgadas; 7 varas 11 pulgadas. **R.** 26 v. 7 pulg.

4. 9 varas 6 pulgadas 8 líneas; 1 pie 9 pulgadas 10 líneas; 3 varas 9 líneas.
   R. 12 v. 2 p. 5 pulg. 3 lín.

5. 7 varas^2 5 pies^2 4 pulgadas^2; 7 pies^2 10 pulgadas^2 14 líneas^2; 1 vara^2
   28 pulgadas^2 36 líneas^2.   **R.** 9 v.^{2} 3 p.^{2} 42 pulg.^{2} 50 lín.^{2}

6. 8° 16′ 45″; 19° 32′ 56″.   **R.** 27° 49′ 41″.

7. 43° 43′ 44″; 23° 46′ 34″; 18° 40′ 57″   **R.** 86° 11′ 15″.

8. 67° 39″; 22′ 52″; 7° 48′.   **R.** 75° 11′ 31″.

9. 2 T. 3 qq. 2 @; 2 qq. 3 @ 18 libras; 1 @ 23 libras.   **R.** 2 T. 6 qq.
   3 @ 16 lbs.

10. 2 qq. 1 @ 15 libras 6 onzas; 2 @ 11 libras 7 onzas; 14 libras 6 onzas
    2 adarmes.   **R.** 3 qq. 16 lbs. 3 oz. 2 ad.

11. 5 T. 17 libras 18 onzas; 3 qq. 7 libras 12 onzas 4 adarmes; 3 @ 13
    libras 14 adarmes.   **R.** 5 T. 4 qq. 13 lbs. 15 oz. 2 ad.

12. 134 libras; 14 onzas 12 adarmes 2 tomines; 8 libras; 15 adarmes 1 tomín.
    R. 1 qq. 1 @ 17 lbs. 15 oz. 12 ad.

13. 3 días 6 horas 23 minutos; 5 días 9 horas 56 minutos; 9 días 12 horas
    48 minutos.   **R.** 18 d. 5 h. 7 min.

14. 2 años 7 meses 24 días 17 horas; 7 años 27 días 14 horas; 9 meses
    14 días 19 horas.   **R.** 10 a. 6 mes. 7 d. 2 h.

15. 4 meses 17 días; 9 días 17 horas 45 minutos: 56 minutos 59 segundos;
    54 segundos.   **R.** 4 mes. 26 d. 18 h. 42 min. 53 seg.

16. 5 furlongs 20 poles 3 yardas; 4 furlongs 14 poles 4 yardas; 30 poles
    5 yardas.   **R.** 1 mill. 2 f. 26 p. 1 y.

17. Un padre tiene tres hijos cuyas edades son: la del mayor, 15 años 5
    meses y 6 días; la del segundo, 7 años 4 meses y 8 días, y la del tercero,
    4 años 18 días. ¿Cuánto suman las tres edades?   **R.** 26 a. 10 m. 2 d.

18. Un comerciante hace tres pedidos de efectos. El 1º de 4 T. 4 qq. 2 @ 8 libras 5 adarmes; el 2º de 1 T. 14 qq. 9 libras 14 onzas 4 adarmes; el 3º de 1234 libras. ¿Cuánto ha pedido en total? **R.** 6 T. 11 qq. 1 lb. 14 oz. 9 ad.

19. Hallar la suma de cuatro ángulos, cuyos valores respectivos son: 21° 35′ 43″; 19° 59′ 47″; 39° 54′ y 51′ 38″. **R.** 82° 21′ 8″.

20. Una cinta de 2 varas 1 pie 11 pulgadas 6 líneas de longitud, se une con otras dos de 3 varas 2 pies 6 pulgadas 4 líneas y 1 vara 2 pies 8 pulgadas respectivamente. ¿Cuál será la longitud de la cinta que resulte? **R.** 8 v. 1 p. 1 pulg. 10 lín.

21. Una persona nació el 17 de junio de 1910 y al morir tenía 56 años 5 meses y 14 días de edad. Hallar la fecha de su muerte. **R.** 1 de dic. 1966.

22. Si una persona nació el 22 de octubre de 1939, ¿en qué fecha cumplió 26 años, 9 meses y 14 días? **R.** 6 de ag. 1966.

23. Una persona que nació el 22 de agosto de 1945, se graduó de abogado cuando tenía 21 años 1 mes y 17 días de edad. ¿En qué fecha se graduó de abogado? **R.** 9 de oct. de 1966.

24. Una muchacha nació el 15 de septiembre de 1946, se casó cuando tenía 18 años 4 meses y 20 días de nacida y tuvo el primer hijo, 1 año 2 meses y 3 días después de casada. ¿En qué fecha nació su hijo? **R.** 8 de abril de 1966.

RESTA DE COMPLEJOS

(610) REGLA

Se coloca el sustraendo debajo del minuendo de modo que las unidades de la misma especie se correspondan. Hecho esto, se restan las distintas especies independientemente, empezando por la inferior. Si algún sustraendo parcial es mayor que el minuendo, se le agrega una unidad de la especie superior inmediata para que la resta sea posible, teniendo cuidado de restar dicha unidad al minuendo siguiente.

Ejemplos

(1) Restar 4 días 8 horas 20 minutos 18 segundos de 10 días 7 horas 15 minutos 16 segundos.

	9 30 ̶1̶0̶ días	̶6̶ 74 ̶7̶ horas	̶1̶4̶ 76 ̶1̶5̶ min.	̶1̶6̶ seg.
−	4 „	8 „	20 „	18 „
	5 días	22 horas	54 min.	58 seg. R.

(2) Hallar el complemento de un ángulo de 67° 34' 54''.
Tenemos que restar este ángulo de 90°:

$$90°$$
$$-67° \quad 34' \quad 54''$$

Ahora, de los 90° quitamos un grado que tiene 60 quedándonos 89°; de los 60' quitamos un minuto que tiene 60'' y nos quedan 59' y restamos:

$$89° \quad 59' \quad 60''$$
$$-67° \quad 34' \quad 54''$$
$$\overline{22° \quad 25' \quad 6''} \quad \text{R.}$$

(3) Una persona nació el 7 de Marzo de 1926 y murió el 3 de Agosto de 1956. ¿Qué edad tenía al morir?
Se escribe la fecha en que murió, 3 de agosto de 1956, y debajo la fecha en que nació, 7 de marzo de 1926, restándose dichas fechas, en esta forma:

		7	33
1956 años	8́ meses	3́ días
−1926 „	3 „	7 „
30 años	4 meses	26 días

Tenía al morir 30 años, 4 meses y 26 días. R.

➤ EJERCICIO 284

1. De 5 varas 2 pies 3 pulgadas, restar 2 varas 1 pie 5 pulgadas. **R.** 3 v. 10 pulg.
2. De 11 varas 1 pie 6 pulgadas 10 líneas restar 2 varas 2 pies 8 pulgadas 9 líneas. **R.** 8 v. 1 p. 10 pulg. 1 lín.
3. De 8 varas 8 pulgadas, restar 2 pies 5 pulgadas 7 líneas. **R.** 7 v. 1 p. 2 pulg. 5 lín.
4. De 89 varas restar 17 varas 11 pulgadas 9 líneas. **R.** 71 v. 2 p. 3 lín.
5. De 5 varas² 9 pulgadas² 120 líneas² restar 7 pies² 44 pulgadas² 132 líneas². **R.** 4 v.² 1 p.² 108 pulg.² 132 lín.²
6. De 45° 35' 45'' restar 23° 58' 49''. **R.** 21° 36' 56''.
7. De 120° 14' 42'' restar 57' 48''. **R.** 119° 16' 54''.
8. De 75° 26'' restar 29° 35' 46''. **R.** 45° 24' 40''.
9. De 90° restar 18° 37' 51''. **R.** 71° 22' 9''.
10. De 114° restar 78° 16' 34''. **R.** 35° 43' 26''.
11. De 4 @ 15 libras 14 onzas restar 1 @ 18 libras 15 onzas. **R.** 2 @ 21 lb. 15 oz.
12. De 17 libras 9 onzas 13 adarmes restar 15 onzas 14 adarmes 2 tomines. **R.** 16 lb. 9 oz. 14 ad. 1 tom.
13. De 2 T. 3 @ 11 onzas, restar 2 qq. 1 @ 7 libras 9 onzas. **R.** 1 T. 18 qq. 1 @ 18 lb. 2 oz.
14. De 5 días 12 horas 34 minutos restar 2 días 15 horas 56 minutos. **R.** 2 d. 20 h. 38 min.
15. De 7 meses 9 días 18 horas 23 segundos restar 10 días 22 horas 7 minutos 46 segundos. **R.** 6 mes. 28 d. 19 h. 52 min. 37 seg.

16. De 9 años 6 meses 27 días restar 29 días 13 horas 45 minutos 23 segundos.
   R. 9 a. 5 mes. 27 d. 10 h. 14 min. 37 seg.

17. De una cinta de 5 varas 2 pies 3 pulgadas se corta un pedazo de 2 varas 1 pie 11 pulgadas. ¿Cuál es la longitud de la parte que queda? **R.** 3 v. 4 pulg.

18. Si de una circunferencia se quita un arco 93° 53' 19'', ¿cuál es el valor del arco que queda? **R.** 266° 6' 41''.

19. Una persona nació el 5 de marzo de 1949 y murió el 4 de abril de 1966. ¿Qué edad tenía al morir? **R.** 17 a. 29 d.

20. ¿Cuánto tiempo ha transcurrido desde que Colón descubrió la América, el 12 de octubre de 1492?

21. ¿Cuánto tiempo hace que se constituyó la República Cubana, sabiendo que la fecha fue el 20 de mayo de 1902?

22. Una persona, el 8 de noviembre de 1966 cumplió 69 años, 4 meses 20 días. ¿En qué fecha nació? **R.** 18 de junio de 1897.

23. Hallar el complemento de un ángulo de 34° 56' 49''. **R.** 55° 3' 11''.

24. Hallar el suplemento de un ángulo de 112° 54' 58''. **R.** 67° 5' 2''.

25. Un hombre que nació el 6 de julio de 1939, terminó su carrera el 25 de junio de 1966. ¿Qué edad tenía al terminar la carrera? **R.** 26 a. 11 m. 19 ds.

26. Si una persona cumplió 17 años 7 meses y 26 días el 14 de septiembre de 1966, ¿en qué fecha nació? **R.** 18 de enero de 1949.

SUMA Y RESTA COMBINADAS DE COMPLEJOS

➤ EJERCICIO 285

1. De la suma de 4 varas 2 pies 7 pulgadas con 5 varas 1 pie 10 pulgadas, restar 6 varas 2 pies 8 pulgadas. **R.** 3 v. 1 p. 9 pulg.

2. De la suma de 14 varas 7 pulgadas con 4 varas 11 pulgadas, restar 12 varas 2 pies 9 pulgadas. **R.** 5 v. 1 p. 9 pulg.

3. De 9 varas 10 pulgadas, restar la suma de 2 varas 1 pie 6 pulgadas con 3 varas 2 pies 10 pulgadas. **R.** 2 v. 2 p. 6 pulg.

4. De la suma de 7 varas 1 pie 8 pulgadas con 11 varas 7 pulgadas, restar la suma de 4 varas 1 pie 4 pulgadas con 5 varas 9 pulgadas. **R.** 9 v. 2 pulg.

5. De 78° 6' 57'', restar la suma de 24° 43' 48'' con 10° 10' 20''. **R.** 43° 12' 49''.

6. De la suma de 32° 45' 26'' con 18° 19' 51'', restar 42° 59''. **R.** 9° 4' 18''.

7. De la suma de 8° 16' con 71° 53' 34'', restar la suma de 45° 45' 45'' con 7° 39' 38''. **R.** 26° 44' 11''.

8. De 2 qq. 3 @ 17 libras 6 onzas, restar la suma de 14 libras 7 onzas con 1 @ 20 libras 15 onzas. **R.** 2 qq. 1 @ 7 lbs.

9. De la suma de 3 T. 1 @ 17 libras con 2 qq. 2 @ 14 libras 7 onzas, restar la suma de 1 T. 3 qq. 2 @ 14 libras con 19 libras 8 onzas. **R.** 1 T. 19 qq. 22 lbs. 15 oz.

10. De 2 años 7 meses 23 días, restar la suma de 11 meses 24 días 23 horas con 2 meses 8 días 16 horas 43 minutos. **R.** 1 a. 5 mes. 19 d. 8 h. 17 min.

11. Restar 9 meses 18 horas 23 minutos 45 segundos de la suma de 1 año 8 meses 32 segundos con 9 meses 17 días 13 horas 17 minutos. **R.** 1 a. 8 mes. 16 d. 18 h. 53 min. 47 seg.

12. Restar la suma de 2 años con 1 año 7 meses 24 minutos de la suma de 5 años 2 meses 17 horas 14 minutos con 23 horas 16 minutos.   **R.** 1 a. 7 mes. 1 d. 16 h. 6 min.

13. De 90° restar la suma de 45° 45′ 56″ con 7° 23′ 56″.   **R.** 36° 50′ 8″.

14. De 180° restar la suma de 17° 56′ 43″ con 10° 10′ 19″.   **R.** 151° 52′ 58″.

15. De 7 años restar la suma de 2 años 5 meses 20 días con 3 meses 14 días.   **R.** 4 a. 2 mes. 26 d.

16. De 5 T. restar la suma de 2 T. 1 qq. 3 @ 18 libras con 2 @ 10 libras 14 onzas 7 adarmes.   **R.** 2 T. 17 qq. 1 @ 21 lb. 1 oz. 9 ad.

17. La suma de los tres ángulos de un triángulo es 180° y dos de ellos valen respectivamente 78° 45′ 34″ y 23° 21′ 39″. ¿Cuánto vale el tercer ángulo?   **R.** 77° 52′ 47″.

18. Hallar el complemento de la suma de 2 ángulos de 17° 61′ y 41° 54′ 59″.   **R.** 30° 4′ 1″.

19. Un comerciante hace un pedido de 5 T. 3 qq. 2 @ 23 libras de mercancías y le mandan primero 2 T. 2 qq. 15 libras 8 onzas y más tarde 1 T. 3 @ 14 libras. ¿Cuánto falta por enviarle?   **R.** 2 T. 2 @ 18 lbs. 8 oz.

20. La edad de Juan es 60 años y las de sus tres hijos 14 años 7 meses 6 días; 12 años 8 días y 10 años 8 meses. ¿Cuánto falta a la suma de las edades de los hijos para igualar la edad del padre?   **R.** 22 a. 8 mes. 16 d.

21. Un alumno hizo el examen de Ingreso al Bachillerato cuando tenía 13 años 4 meses y 20 días de edad, y lo terminó 4 años 3 meses y 6 días después. Si terminó el 14 de septiembre de 1966, ¿en qué fecha había nacido?   **R.** 18 de enero de 1949.

22. María se casó cuando tenía 19 años 8 meses y 3 días de edad, y tuvo su primer hijo al año 2 meses y 20 días de casada. El niño cumplió 5 años 6 meses y 9 días el día 1º de mayo de 1966. ¿En qué fecha nació María?   **R.** 29 de nov. de 1939.

23. El padre de Miguel murió a los 65 años 7 meses y 4 días de edad. Miguel nació cuando su padre tenía 23 años 2 meses y 17 días; y se casó a los 27 años y 15 días. El primer hijo de Miguel, Guillermo, nació a los 11 meses y 20 dias de casado Miguel. Guillermo cumplió 7 años 8 meses y 9 días el 18 de agosto de 1966. ¿Qué día nació el padre de Miguel y cuántos años tenía Guillermo cuando él murió?   **R.** 17 de septiembre de 1907; 14 a. 4 m. 12 ds.

MULTIPLICACION DE COMPLEJOS

(611) **Hallar el quíntuplo de un ángulo de 18° 39′ 43″.**

Hay que multiplicar este complejo por 5. Para ello, se multiplica cada una de las especies del complejo por 5 y después se hace la reducción de cada especie a la especie superior:

	18°	39′	43″
			× 5
	90°	195′	215″
Producto reducido:	93°	18′	35″. **R.**

612 A $0.50 la libra de mercancía, ¿cuánto cuestan 3 @ 8 lbs. 8 oz.?

Como nos dan el precio de una libra, debemos reducir 3 @ 8 lbs. 8 oz. a libras:

$$3 \; @ \times 25 = 75 \text{ lbs.} \qquad\qquad 75 \text{ lbs.} + 8 \text{ lbs.} = 83 \text{ lbs.}$$

$$8 \text{ oz.} = \frac{8}{16} \text{ lbs.} = \frac{1}{2} \text{ lb.}$$

$$83 \text{ lbs.} + \frac{1}{2} \text{ lb.} = 83\frac{1}{2} \text{ lbs.}$$

Entonces, si una libra cuesta $0.50, $83\frac{1}{2}$ lbs. costarán:

$$\$0.50 \times 83\frac{1}{2} = \$41.75 \quad \text{R.}$$

613 Un móvil recorre 8 varas 1 pie 3 pulgadas en 1 segundo. ¿Cuánto recorrerá en 3 minutos 8 segundos?

Como me dan lo que el móvil recorre en 1 seg. debo reducir los 3 min. 8 seg. a segundos:

$$3 \text{ min.} \times 60 = 180 \text{ seg.} \qquad\qquad 180 \text{ seg} + 8 \text{ seg.} = 188 \text{ seg.}$$

Ahora, si en 1 seg. el móvil recorre 8 vs. 1 pie 3 pulgs. en 188 seg. recorrerá:

8 vs.	1 pie	3 pulg.
	$\times$ 188	
1504 vs.	188 p.	564 pulg.

Producto reducido: 1582 v. 1 p.   R.

➤ EJERCICIO 286

1. Una persona recorre 25 varas 2 pies 9 pulgadas en 1 minuto. ¿Cuánto recorrerá en 8 minutos?   **R.** 207 v. 1 p.

2. Si un móvil recorre 4 varas 1 pie 7 pulgadas 10 líneas en 1 segundo, ¿cuánto recorrerá en $\frac{2}{5}$ de minuto?   **R.** 109 v. 8 pulg.

3. Un móvil recorre 15 varas 8 pulgadas 3 líneas en 1 segundo. ¿Cuánto recorrerá en 2 minutos 5 segundos?   **R.** 1903 v. 1 p. 11 pulg. 3 lín.

4. Un ángulo vale 23° 56" 58". ¿Cuánto valdrá el triplo de ese ángulo?   **R.** 71° 50′ 54″.

5. ¿Cuál es el séxtuplo de un ángulo de 72° 34′ 56″?   **R.** 435° 29′ 36″.

6. Si con $0.20 pueden comprarse 2 libras 7 onzas y 4 adarmes de una mercancía, ¿cuánto podrá adquirirse con $1.20?   **R.** 14 lb. 11 oz. 8 ad.

7. Un mecanógrafo ha empleado 3 horas. 16 minutos 18 segundos en hacer un trabajo. ¿Cuánto tiempo necesitará para hacer una tarea 7 veces mayor? **R.** 22 h. 54 min. 6 seg.

8. A $0.06 el pie de madera, ¿cuánto importarán 7 pies 10 pulgadas? **R.** $0.47.

9. A $0.25 la @ de una mercancía, ¿cuánto importarán 3 T. 5 qq. 3 @ y 6 libras? **R.** $65.81.

10. Hallar el duplo de la suma de dos ángulos de 54° 56′ 58″ y 31° 34′ 38″ **R.** 173° 3′ 12″.

11. Hallar el quíntuplo del complemento de un ángulo de 72° 37′ 56″. **R.** 86° 50′ 20″.

12. Un comerciante hace tres pedidos de efectos. El 1º de 3 @ 17 libras 8 onzas; el 2º de 2 qq., y el 3º de 1 T. 2 qq. 4 onzas. ¿Cuánto importarán los tres pedidos a $0.18 la libra? **R.** $448.695.

13. La tercera parte de la distancia entre dos puntos es 48 varas 2 pies 8 pulgadas 5 líneas. ¿Cuál será dicha distancia? **R.** 146 v. 2 p. 1 pulg. 3 lín.

14. La distancia que ha recorrido un móvil es el cuádruplo de la diferencia entre 78 varas 1 pie 9 pulgadas y 35 varas 2 pies 11 pulgadas. Hallar la distancia recorrida por el móvil. **R.** 170 v. 1 p. 4 pulg.

DIVISION DE COMPLEJOS

(614) **Se reparten 4 T. 3 @ 18 lbs. de alimentos entre 3 asilos en partes iguales. ¿Cuánto corresponde a cada uno?**

Tenemos que dividir el complejo entre 3. Para ello se divide entre 3 cada una de las especies, teniendo cuidado de reducir cada resto a la especie siguiente y sumarlo a dicha especie:

4 T.	20 qq.	3 @	18 lbs.	32 oz.	3
1 T.	2 qq.	+ 8 @	+ 50 lbs.	2 oz.	1 T. 6 qq. 3 @ 22 lbs. $10\frac{2}{3}$ oz.
× 20	× 4	11 @	68 lbs.		
20 qq.	8 @	2 @	08		
		× 25	2 lbs.		
		50 lbs.	× 16		
			32 oz.		

A cada uno corresponde 1 T. 6 qq. 3 @ 22 lbs. $10\frac{2}{3}$ oz. **R.**

(615) **Se compran 8 lbs. 4 oz. de una mercancía por $6.60. ¿A cómo sale la onza?**

Como nos piden el precio de una onza debemos reducir el complejo a onzas:

$$8 \text{ lbs.} \times 16 = 128 \text{ oz.} \qquad 128 \text{ oz.} + 4 \text{ oz.} = 132 \text{ oz.}$$

Ahora, si 132 onzas han costado $6.60 la onza sale a:

$$\$6.60 \div 132 \text{ oz.} = \$0.05. \quad \textbf{R.}$$

616 Si una persona anda 300 vs. 2 p. 5 pulg. en 3 min. 6 seg., ¿cuánto anda por segundo?

Reduzco los 3 min. 6 seg. a segundos:

$$3 \text{ min.} \times 60 = 180 \text{ seg.} \qquad\qquad 180 \text{ seg.} + 6 \text{ seg.} = 186 \text{ seg.}$$

Si en 186 seg. la persona anda 300 vs. 2 p. 5 pulg. para saber lo que anda en 1 seg. tengo que dividir este complejo entre 186:

300 vs.	2 p.	5 pulg.	492 lin.	186

114 vs. $+342$ p. $+1896$ pulg. 120 lin.   1 v. 1 p. 10 pulg. $2\frac{20}{31}$ lin. R.

$\times\ \underline{\ \ 3}$ 344 p.   1901 pulg.

342 p.   158 p.   41 pulg.

$\times\ \underline{\ 12}$ $\times\ \underline{\ 12}$

316   82

$\underline{158}$ $\underline{41}$

1896 pulg. 492 lin.

► EJERCICIO 287

1. Seis ángulos iguales suman 1345° 23' 57''. ¿Cuánto vale cada ángulo? **R.** 224° 13' 59$\frac{1}{2}$''.

2. El triplo de un ángulo es 137° 56' 42''. Hallar el ángulo. **R.** 45° 58' 54''.

3. Un ángulo vale 109° 45''. ¿Cuánto valdrá su cuarta parte? **R.** 27° 15' 11$\frac{1}{4}$''.

4. Una distancia de 1234 varas 2 pies 11 pulgadas se quiere recorrer en tres jornadas iguales. ¿Cuánto se andará en cada una? **R.** 411 v. 1 p. 11 pulg. 8 lín.

5. ¿Cuál será la sexta parte de una varilla de 7 pies 8 pulgadas 4 líneas de longitud? **R.** 1 p. 3 pulg. 4$\frac{2}{3}$ lín.

6. De un pedido de 3 @ 18 libras 7 onzas se envía la quinta parte. ¿Cuánto falta por enviar? **R.** 2 @ 24 lbs. 12 oz.

7. Se quieren repartir 5 T. 17 libras 3 adarmes de alimentos entre 15 personas. ¿Cuánto corresponderá a cada una? **R.** 6 qq. 2 @ 17 lbs. 12 oz. 13 ad.

8. Tres personas tienen la misma edad y la suma de las tres edades es 61 años 18 días. Hallar la edad, común. **R.** 20 a. 4 mes. 6 d.

9. ¿Cuál será la mitad del complemento de un ángulo de 18° 19' 19''? **R.** 35° 50' 20$\frac{1}{2}$''.

10. De las 7 libras 6 onzas 5 adarmes de alimentos que tenía Pedro, separó para sí 2 libras 8 onzas y el resto lo dividió en partes iguales entre tres pobres. ¿Cuánto correspondió a cada uno? **R.** 1 lb. 10 oz. 1 ad. 2 tom.

11. ¿Cuál será el quinto del suplemento de la suma de dos ángulos de 45° 54' 35'' y 19° 42' 38''? **R.** 22° 52' 33$\frac{2}{5}$''.

12. Se vende en $500 una cadena de plata de 18 varas 2 pies 8 pulgadas de longitud. ¿A cómo sale la vara? **R.** 26\frac{8}{17}$.

13. En una circunferencia, un arco de 12° 25' 36'' tiene una longitud de 36 cms. ¿Cuál es la longitud correspondiente a cada minuto? **R.** $\frac{45}{932}$ cms.

14. Un móvil anda 300 vs. 8 pulgs. en 1 minuto 20 segundos. ¿Cuánto anda por segundo? **R.** 3 v. 2 p. 3 pulg. $1\frac{1}{5}$ lín.

15. Si un móvil recorre 5000 vs. 1 pie en 3 minutos 20 segundos, ¿cuál es su velocidad por segundo? **R.** 25 v. $\frac{18}{25}$ lín.

MULTIPLICACION Y DIVISION COMBINADAS

(617) Si un móvil recorre 8 vs. 2 p. 6 pulg. en 3 min. 6 seg., ¿cuánto recorrerá en 5 minutos?

Reducimos 8 vs. 2 p. 6 pul. a pulgadas:

$$8 \text{ v.} \times 3 = 24 \text{ p.} \qquad\qquad 24 \text{ p.} + 2 \text{ p.} = 26 \text{ p.}$$

$$26 \text{ p.} \times 12 = 312 \text{ pulg.} \qquad 312 \text{ pulg.} + 6 \text{ pulg.} = 318 \text{ pulg.}$$

Reducimos 3 min. 6 seg. a segundos:

$$3 \text{ min.} \times 60 = 180 \text{ seg.} \qquad 180 \text{ seg.} + 6 \text{ seg.} = 186 \text{ seg.}$$

Reducimos los 5 min. a segundos:

$$5 \text{ min.} \times 60 = 300 \text{ seg.}$$

El problema queda reducido a lo siguiente:

Si un móvil recorre 318 pulg. en 186 seg., ¿cuánto recorrerá en 300 seg.?

Si en 186 seg. recorre 318 pulg. en 1 seg. recorrerá: $\dfrac{318}{186}$ pulgs. y en

300 seg. recorrerá $\dfrac{318 \times 300}{186}$ pulgs. $= 512\dfrac{28}{31}$ pulgs.

Reduciendo este número a complejo, tenemos: 14 vs. 8 pulgs. $10\dfrac{26}{31}$ líneas. **R.**

(618) Un móvil recorre 8 vs. 3 pulgs. en $\frac{8}{5}$ de min. ¿Cuánto recorrerá en $\frac{8}{4}$ de hora?

Reducimos 8 vs. 3 pulgs. a pulgs.:

$$8 \text{ vs.} \times 36 = 288 \text{ pulgs.}$$
$$288 \text{ pulgs.} + 3 \text{ pulgs.} = 291 \text{ pulgs.}$$

Reducimos los $\frac{3}{5}$ de minuto a segundos: $\dfrac{3}{5}$ min. $\times 60 = \dfrac{180}{5} = 36$ seg.

Reducimos los $\frac{3}{4}$ de hora a segundos: $\dfrac{3}{4}$ h. $\times 3600 = \dfrac{10800}{4} = 2700$ seg.

El problema queda reducido a lo siguiente:

Un móvil recorre 291 pulgs. en 36 seg. ¿Cuánto recorrerá en 2700 seg.?

Si en 36 seg. recorre 291 pulgs. en 1 seg. recorrerá $\dfrac{291}{36}$ pulgs. y en 2700 seg. recorrerá $\dfrac{291 \times 2700}{36}$ pulgs. $= 21825$ pulg. $= 606$ vs. 9 pulgs.   **R.**

➤ **EJERCICIO 288**

1. Un móvil recorre 5 varas 2 pies 8 pulgadas en 3 segundos. ¿Cuánto recorrerá en $\dfrac{3}{4}$ de minuto?   **R.** 88 v. 1 p.

2. Un móvil recorre 50 varas 1 pie 11 pulgadas en 12 minutos 6 segundos. ¿Qué distancia andará en $\dfrac{2}{5}$ de minuto?   **R.** 1 v. 2 p. 3 $\frac{21}{121}$ lín.

3. Si un móvil anda 8 varas 9 pulgadas en $\dfrac{9}{20}$ de minuto, ¿cuánto andará en $\dfrac{1}{8}$ de hora?   **R.** 366 v. 2 p.

4. Para tejer 15 varas 8 pulgadas una obrera emplea 4 horas 15 minutos 18 segundos. ¿Qué tiempo empleará en tejer $\dfrac{2}{3}$ de vara? **R.** 11 min. 10$\frac{118}{137}$ seg.

5. Un móvil recorre en $\dfrac{2}{5}$ de minuto una distancia de 1 cordel 14 varas. ¿Cuánto recorrerá en $\dfrac{3}{10}$ de hora?   **R.** 71 c. 6 v.

6. Un arco de 8° 9′ 10″ tiene una longitud de 9 dms. 5 cms. ¿Cuál será la longitud de otro arco de 2° 14″ en la misma circunferencia? **R.** 2 dm. 3 cm. 3.502 mm.

7. La sexta parte de un ángulo vale 10° 9′ 8″. ¿Cuánto valdrán los $\dfrac{3}{4}$ de dicho ángulo?   **R.** 45° 41′ 6″.

8. En $\dfrac{1}{6}$ de hora un hombre camina una distancia de 128 varas 2 pies 6 pulgadas. ¿Cuánto recorrerá en 2 horas 16 segundos?   **R.** 1549 v. 1 p. 3 pulg. 8$\frac{4}{25}$ lín.

9 Se compran 4 @ 3 libras 12 onzas de una mercancía por \$4.50. ¿Cuánto importarán $\dfrac{2}{5}$ de arroba de la misma mercancía?   **R.** \$0.434.

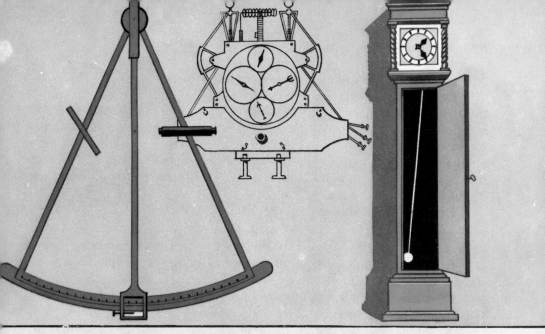

...s antiguos tropezaban con muchas dificultades para determinar la longitud. En el siglo II D. C., Ptolomeo
...tableció la longitud aproximada de cinco o seis ciudades, tomando como referencia a Alejandría. El des-
...brimiento del sextante permitió a los marinos determinar la longitud exacta durante la navegación. A fines
...l siglo XVII, y partiendo de los descubrimientos de Galileo, el holandés Huygens construyó los primeros
relojes de péndulo, de gran precisión.

LONGITUD Y TIEMPO

CAPITULO XL

(619) MERIDIANO es un círculo máximo (figura 74) que pasa por los polos
de la Tierra y corta perpendicularmente al Ecuador.
Cada punto o lugar de la Tierra tiene su meridiano.

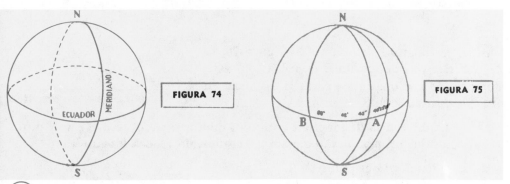

FIGURA 74

FIGURA 75

(620) LONGITUD de un punto o lugar de la Tierra es la distancia de este
punto al primer meridiano.

Primer meridiano es el meridiano de un lugar escogido para referir
a él todas las longitudes. El primer meridiano aceptado generalmente
es el que pasa por Greenwich, cerca de Londres.

487

La longitud se mide en grados, minutos y segundos.

La longitud puede ser **este** u **oeste,** según que el lugar de que se trate esté situado al este o al oeste del primer meridiano. Así, decir que la longitud de un punto A (figura 75) es 40° 23′ 50″ **este** significa que este punto está situado al este del primer meridiano y a una distancia de él igual a 40° 23′ 50″, y decir que la longitud del punto B es 80° 42′ 43″ **oeste** significa que este punto está situado al oeste del primer meridiano y a una distancia de él igual a 80° 42′ 43″.

La longitud **no puede pasar de 180°.**

(621) DIFERENCIA DE LONGITUD entre dos puntos es la **distancia,** medida en grados, minutos y segundos, que hay entre los meridianos que pasan por ambos puntos.

La **diferencia de longitud** entre dos puntos situados **ambos al este** o al **oeste** del primer meridiano, se halla **restando ambas longitudes.**

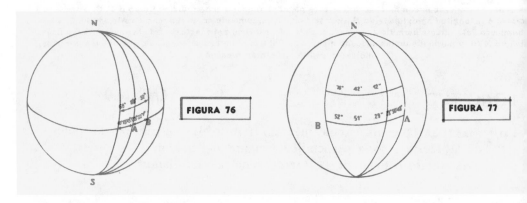

FIGURA 76

FIGURA 77

Así, si la longitud del punto A (figura 76) es 40° 18′ 45″ **este** y la del punto B es 68° 50′ 52″ **este,** la diferencia de sus longitudes, o sea la distancia en longitud de A a B, será:

68°	50′	52″
−40°	18′	45″
28°	32′	7″ R.

La **diferencia de longitud** entre dos puntos situados **uno al este** y **otro al oeste** del primer meridiano se halla **sumando ambas longitudes.**

Así, si la longitud del punto A (figura 77) es 23° 50′ 43″ **este** y la del punto B es 52° 51′ 29″ **oeste,** la diferencia de sus longitudes, o sea la distancia en longitud de A a B, será: Reduciendo:

23°	50′	43″
+52°	51′	29″
75°	101′	72″
76°	42′	12″ R.

Cuando, al sumar ambas longitudes, la **suma es mayor que 180°,** debe restarse de 360°.

Así, si la longitud de un punto es 120° 42'' 17'' oeste y la de otro 80° 9' 23'' este, la diferencia de sus longitudes será: _____

120°	42'	17''
+ 80°	9'	23''
200°	51'	40''

pero como esta suma es mayor que 180° hay que restarla de 360° para hallar la verdadera distancia en longitud entre los dos puntos y tendremos: _____

	359°	59'	60''
−	200°	51'	40''
	159°	8'	20''	R.

> ## EJERCICIO 289

Hallar la diferencia de longitud entre:
1. Cienfuegos (longitud 80° 29' 16'' oeste) y Liverpool (longitud 3° 37'' oeste). R. 77° 28' 39''.
2. Santiago de Cuba (75° 45' 7'' oeste) y Coruña (8° 2' 24'' oeste). R. 67° 20' 43''.
3. Otawa (75° 42' 59'' oeste) y Río Janeiro (43° 10' 22'' oeste). R. 32° 32' 37''.
4. Key West (81° 48' 24'' oeste) y Montevideo (56° 15' 30'' oeste). R. 25° 32' 37''.
5. Barcelona (2° 11' 4'' este) y Leningrado (30° 17' 42'' este). R. 28° 6' 38''.
6. El Havre (6' 28'' este) y Hong-Kong (114° 10' 19'' este). R. 114° 3' 51''.
7. Varsovia (21° 1' 49'' este) y Melbourne (144° 58' 33'' este). R. 123° 56' 44''.
8. Marsella (5° 23' 37'' este) y Calcuta (88° 20' 12'' este). R. 82° 56' 35''.
9. New Orleans (90° 3' 51'' oeste) y Viena (16° 20' 20'' este). R. 106° 24' 11''.
10. Vladivostok (131° 53' 6'' este) y Chicago (87° 37' 37'' oeste). R. 140° 29' 17''.
11. Bogotá (70° 4' 53'' oeste) y Hamburgo (9° 58' 21'' este). R. 80° 3' 14''.
12. Tahití (149° 29' 16'' oeste) y Wellington (174° 46' 6'' este). R. 35° 44' 38''.

(622) RELACION ENTRE EL TIEMPO Y LA LONGITUD

Cada punto de la Tierra da una vuelta completa en 24 horas o sea que describe una circunferencia, 360° en 24 horas, luego en una hora describe un arco que será $\frac{1}{24}$ de 360° o sea $\frac{360}{24}° = 15°$.

Como 1 hora tiene 60 minutos, si en una hora un punto de la Tierra describe un arco de 15°, en un minuto describirá un arco que será $\frac{1}{60}$ de 15° o sea $\frac{15}{60}° = \frac{1}{4}° = 15'$.

Como 1 minuto tiene 60 segundos, si en un minuto un punto de la Tierra describe un arco de 15', en un segundo describirá un arco que será $\frac{1}{60}$ de 15' o sea $\frac{15}{60}' = \frac{1}{4}' = 15''$.

Por tanto: 1 hora ⎯⎯ de tiempo equivale a 15° de longitud.
    1 minuto „ „ „ „ 15' „ „
    1 segundo „ „ „ „ 15'' „ „

(623) RELACION ENTRE LA LONGITUD Y EL TIEMPO

Como que un punto de la Tierra describe un arco de 15° en 1 hora o 60 minutos, para describir un arco de 1° empleará un tiempo 15 veces menor o sea $\frac{60}{15}$ min. = 4 minutos.

Como 1° tiene 60', si para recorrer un arco de un grado emplea 4 minutos, para recorrer un arco de 1' empleará un tiempo 60 veces menor o sea $\frac{4}{60}$ min. = $\frac{1}{15}$ de min. = 4 seg.

Luego: 15° de longitud equivalen a 1 hora   de tiempo.
       1° ,,   ,,   ,,   ,, 4 minutos ,,   ,,
       1' ,,   ,,   ,,   ,, 4 segundos ,,   ,,

(624) EXPRESAR EL TIEMPO EN LONGITUD

Expresar en longitud 2 horas 8 minutos 16 segundos.

Como 1 hora equivale a 15°, 1 minuto a 15' y 1 segundo a 15'', no hay más que **multiplicar** 2 h. 8 min. 16 seg. por 15 y el resultado será la longitud en grados, minutos y segundos.

	2 h.	8 min.	16 seg.
			× 15
	30°	120'	240''
Reduciendo:	32°	4'	0'' R.

(625) Hallar la diferencia de longitud entre dos ciudades cuya diferencia de hora es 1 hora 20 minutos 7 segundos.

No hay más que **multiplicar** la diferencia de tiempo por 15: →

	1 hora	20 min.	7 seg.
			× 15
	15°	300'	105''
Reduciendo:	20°	1'	45''

Luego la diferencia de longitud es 20° 1' 45''.   R.

➤ **EJERCICIO 290**

Expresar en longitud:

1. 40 min. 20 seg.   R. 10°5'.
2. 1 h. 10 min. 6 seg.   R. 17° 31' 30''.
3. 1 h. 43 min. 54 seg.   R. 25° 58' 30''.
4. 2 h. 18 min.   R. 34° 30'.

5. 3 h. 23 min. 18 seg.   R. 50° 49' 30''.
6. 4 h. 6 min. 7 seg.   R. 61° 31' 45''.
7. 5 h. 52 min. 16 seg.   R. 88° 4'.
8. 6 h. 33 seg.   R. 90° 8' 15''.

Hallar la diferencia de longitud entre dos ciudades, cuya diferencia de hora es:

9. 2 h. 20 min. 17 seg.   R. 35° 4' 15''.
10. 3 h. 42 min. 7 seg.   R. 55° 31' 45''.
11. 5 h. 54 min.   R. 88° 30'.

12. 6 h. 28 min.   R. 97°.
13. 7 h. 24 min. 36 seg. R. 111° 9'.
14. 8 h. 5 min. 5 seg.   R. 121° 16' 15''.

(626) EXPRESAR LA LONGITUD EN TIEMPO

Expresar en tiempo 18° 9′ 8″.

Como 15° de longitud equivalen a 1 hora, 15′ a 1 minuto y 15″ a 1 segundo, no hay más que **dividir** 18° 9′ 8″ entre 15 y el cociente expresará el tiempo en horas, minutos y segundos:

$$
\begin{array}{cccc}
18° & 9' & 8'' & \underline{15} \\
\\
3 & +180 & +540 & 1\ \text{h. } 12\ \text{min. } 36\frac{8}{15}\ \text{seg. R.} \\
\times\ 60 & \overline{189'} & \overline{548''} \\
\overline{180'} & 39 & 98 \\
& 9' & 8 \\
& \times\ 60 \\
& \overline{540''}
\end{array}
$$

(627) Hallar la diferencia de tiempo entre dos ciudades cuya diferencia de longitud es 16° 43′ 9″.

Dividimos la diferencia de longitud entre 15:

$$
\begin{array}{cccc}
16° & 43' & 9'' & \underline{15} \\
\\
1 & +\ 60 & +780 & 1\ \text{h. } 6\ \text{min. } 52\frac{3}{5}\ \text{seg. R.} \\
\times\ 60 & \overline{103'} & \overline{789''} \\
\overline{60'} & 13' & 39 \\
& \times\ 60 & 9'' \\
& \overline{780''}
\end{array}
$$

➤ **EJERCICIO 291**

Expresar en tiempo:

1. 1° 6′ 8″.   **R.** 4 m. $24\frac{8}{15}$ seg.

2. 9° 23′ 40″.   **R.** 37 m. $34\frac{2}{3}$ seg.

3. 24° 24′ 8″.   **R.** 1 h. 37 m. $36\frac{8}{15}$ seg.

4. 30° 30′ 15″.   **R.** 2 h. 2 m. 1 seg.

5. 32° 45′ 50″.   **R.** 2 h. 11 m. $3\frac{1}{3}$ seg.

6. 45° 52′ 56″.   **R.** 3 h. 3 m. $31\frac{11}{15}$ seg.

7. 60° 31′.   **R.** 4 h. 2 m. 4 seg.

8. 72° 54″.   **R.** 4 h. 48 m. $3\frac{8}{5}$ seg.

Hallar la diferencia de tiempo entre dos ciudades, cuya diferencia de longitud es:

9. 32° 43′ 7″.   **R.** 2 h. 10 m. $52\frac{7}{15}$ seg.

10. 45° 7′ 16″.   **R.** 3 h. $29\frac{1}{15}$ seg.

11. 50° 52′ 52″.   **R.** 3 h. 23 m. $31\frac{7}{15}$ seg.

12. 60° 15′ 45″.   **R.** 4 h. 1 m. 3 seg.

13. 72° 34′ 41″.   **R.** 4 h. 50 m. $18\frac{11}{15}$ seg.

14. 106° 56′ 3″.   **R.** 7 h. 7 m. $44\frac{1}{5}$ seg.

628 **DADA LA LONGITUD DE DOS LUGARES Y LA HORA DE UNO DE ELLOS, HALLAR LA HORA DEL OTRO**

Como la Tierra gira de oeste a este, si fijamos un lugar en la superficie de la Tierra sucederá que en todos los lugares situados al **este** de ese punto, el sol sale más temprano que en ese punto y en todos los lugares situados al **oeste,** el sol sale más tarde.

Por tanto, conociendo la **hora de un lugar,** para hallar la hora de otro lugar situado al **este,** se **suma** a la hora dada la diferencia de hora entre los dos lugares, y para hallar la hora de otro lugar situado al **oeste** del primero, se **resta** de la hora dada la diferencia de hora entre los dos lugares.

La diferencia de hora entre los dos lugares se halla, como se ha visto antes, hallando la diferencia de longitud entre los dos lugares y dividiéndola entre 15.

Ejemplos

629 Cuando es mediodía en Greenwich, ¿qué hora es en Bombay (longitud 72° 48′ 54″ este)?

A la hora de Greenwich, 12 del día, hay que *sumarle* la diferencia de hora entre Greenwich y Bombay, porque Bombay está al *este* de Greenwich. Para hallar la diferencia de hora hay que hallar la diferencia de longitud y dividirla entre 15, pero como la longitud de Greenwich, es 0, la diferencia de longitud es 72° 48′ 54″. Por tanto, dividido 72° 48′ 54″ entre 15:

```
  72°        48′        54″     | 15
  12°      + 720′     + 180″     ⎯⎯⎯⎯⎯⎯⎯⎯⎯⎯⎯⎯⎯⎯⎯
× 60       ⎯⎯⎯⎯⎯      ⎯⎯⎯⎯⎯     4 h. 51 min. 15 8/5 seg.
 ⎯⎯⎯⎯        768′       234″
  720′
             18          84
              3′          9
            × 60
            ⎯⎯⎯⎯⎯
             180″
```

A la hora de Greenwich 12 del día, le *sumo* la diferencia de hora 4 h. 51 min. $15\frac{8}{5}$ seg. y en Bombay serán las 4 h. 51 min. $15\frac{8}{5}$ seg. p. m.   R.

630 Cuando son las 8 a. m. en Barcelona (longitud 2° 11′ 4″ este), ¿qué hora es en Sidney, Australia (longitud 151° 12′ 23″ este)?

Hallamos la diferencia de longitud *restando* ambas longitudes, porque los dos lugares están al *este* del primer meridiano:

```
      151°    12′    23″
  −     2°    11′     4″
      ⎯⎯⎯⎯⎯⎯⎯⎯⎯⎯⎯⎯⎯⎯⎯⎯⎯
      149°     1′    19″
```

La *diferencia de hora* la obtengo dividiendo entre 15 la diferencia de longitud:

$$
\begin{array}{r}
149° \\
14° \\
\times\ 60 \\
\hline
840'
\end{array}
\qquad
\begin{array}{r}
1' \\
+840' \\
\hline
841' \\
91 \\
1' \\
\times\ 60 \\
\hline
60''
\end{array}
\qquad
\begin{array}{r}
19'' \\
+60'' \\
\hline
79'' \\
4
\end{array}
\quad
\begin{array}{|l}
15 \\
\hline
9 \text{ h. } 56 \text{ min. } 5\frac{4}{15} \text{ seg.}
\end{array}
$$

Como Sidney está al este de Barcelona, a la hora dada de Barcelona, 8 a. m., le sumo la diferencia de hora, 9 h. 56 min. $5\frac{4}{15}$ seg. y tendremos que en Sidney serán las 5 h. 56 min. $5\frac{4}{15}$ seg. p. m.   R.

(631) **¿Qué hora es en Calcuta (longitud 88° 20′ 12″ este) cuando en la Habana (longitud 82° 20′ 54″ oeste) son las 9 p. m.?**

Hallo la diferencia de la longitud *sumando* ambas longitudes porque la Habana está al oeste y Calcuta al este del primer meridiano:

$$
\begin{array}{rrr}
88° & 20' & 12'' \\
+\ 82° & 20' & 54'' \\
\hline
170° & 41' & 6'' \quad \text{(reducida)}
\end{array}
$$

Diferencia de hora: $\dfrac{170°\ 41'\ 6''}{15} = 11$ h. 22 min. $44\frac{2}{5}$ seg.

A la hora dada en la Habana, 9 p. m., le *sumo* esta diferencia de hora y en Calcuta serán las 8 h. 22 min. $44\frac{2}{5}$ seg. a. m. del día siguiente.   R.

(632) **¿Qué hora es en Washington (longitud 77° 3′ 56″ oeste) cuando en París (longitud 2° 20′ 14″ este) son las 7 a. m.?**

Hallo la diferencia de hora *sumando* ambas longitudes:

$$
\begin{array}{rrr}
77° & 3' & 56'' \\
2° & 20' & 14'' \\
\hline
79° & 24' & 10'' \quad \text{(reducida)}
\end{array}
$$

La diferencia de hora será: $\dfrac{79°\ 24'\ 10''}{15} = 5$ h. 17 min. $36\frac{2}{3}$ seg.

A la hora de París, 7 a. m., tengo que *restarle* la diferencia de hora, porque Washington está al oeste de París y tendremos que la hora de Washington será la 1 h. 42′ $23\frac{1}{3}$″ seg. a. m. del mismo día.   R.

► EJERCICIO 292

¿Qué hora es en:

1. La Habana (longitud 82° 20′ 54″ oeste) cuando en Greenwich son las 10 a. m.?   **R.** Las 4 h. 30 m. $36\frac{2}{5}$ seg. a. m.

2. Londres (5′ 43″ oeste) cuando en Greenwich son las 3 p. m.?   **R.** Las 2 h. 59 m. $37\frac{2}{15}$ seg. p. m.

3. Moscú (37° 34′ 15″ este) cuando en Greenwich son las 12 p. m.? **R.** Las 2 h. 30 m. 17 seg. p. m.

4. Manila (120° 57′ 24″ este) cuando en Roma (12° 29′ 5″ este) son las 6 a. m.?   **R.** Las 1 h. 13 m. $53\frac{4}{15}$ seg. p. m.

5. Washington (77° 3′ 56″ oeste) cuando en La Habana (82° 20′ 54″ oeste) son las 3 p. m.?   **R.** Las 3 h. 21 m. $7\frac{13}{15}$ seg. p. m.

6. Panamá (79° 32′ 4″ oeste) cuando en Buenos Aires (58° 15′ 14″ oeste) son las 9 p. m.?   **R.** Las 7 h. 34 m. $52\frac{2}{3}$ seg. p. m.

7. Ciudad de México (99° 11′ 41″ oeste) cuando en Dublín (6° 20′ 16″ oeste) son las 10 p. m.?   **R.** Las 3 h. 48 m. $34\frac{1}{8}$ seg. p. m.

8. Honolulú (157° 51′ 48″ oeste) cuando en Santiago de Chile (70° 41′ 16″ oeste) son las 2 a. m.?   **R.** Las 8 h. 11 m. $17\frac{13}{15}$ seg. p. m. del día anterior.

9. París (2° 20′ 14″ este) cuando en La Habana (82° 20′ 54″ oeste) son las 5 p. m.?   **R.** Las 10 h. 38 m. $44\frac{8}{15}$ seg. p. m.

10. San Francisco de California (122° 23′ 39″ oeste) cuando en Cape-Town, Africa (18° 28′ 38″ este) son las 3 a. m.?   **R.** Las 5 h. 36 m. $30\frac{13}{15}$ seg. p. m. del día anterior.

11. La Habana (82° 20′ 54″ oeste) cuando en Manila (120° 57′ 24″ este) son las 12 del día?   **R.** Las 10 h. 26 m. $46\frac{4}{5}$ seg. p. m. del día anterior.

12. Madrid (3° 41′ 15″ oeste) cuando en Bombay (72° 48′ 54″ este) son las 2 p. m.?   **R.** Las 8 h. 53 m. $59\frac{2}{5}$ seg. a. m.

13. Un viajero va de New York (74° 25″ oeste) hasta Lisboa (9° 11′ 10″ oeste). Al llegar a Lisboa, ¿estará su reloj adelantado o atrasado y cuánto? **R.** 4 h. 19 m. 17 seg. atrasado.

14. Si un viajero va de Roma (12° 29′ 5″ este) a Londres (5′ 43″ oeste), ¿encontrará su reloj adelantado o atrasado en Londres, y cuánto? **R.** 50 m. $19\frac{1}{5}$ seg. adelantado.

Los griegos tuvieron un concepto teórico de las proporciones. La aplicación práctica del conocimiento de las proporciones se la debemos a los matemáticos italianos del Renacimiento. Regiomontano y Lucas Pacioli (Fray Lucas de Burgos) divulgaron considerablemente el empleo de las proporciones en sus leídas obras, especialmente este último, que ha pasado a la historia como el inventor de la contabilidad por partida doble.

RAZONES Y PROPORCIONES

CAPITULO XLI

I. RAZONES

(633) RAZON o RELACION de dos cantidades es el resultado de comparar dos cantidades.

Dos cantidades pueden compararse de dos maneras: Hallando en cuánto excede una a la otra, es decir, **restándolas,** o hallando cuántas veces contiene una a la otra, es decir, **dividiéndolas.** De aquí que haya dos clases de razones: **razón aritmética** o **por diferencia** y **razón geométrica** o **por cociente.**

(634) RAZON ARITMETICA O POR DIFERENCIA de dos cantidades es la diferencia indicada de dichas cantidades.

Las razones aritméticas se pueden escribir de dos modos: Separando las dos cantidades con el signo − o con un punto (.).

Así, la razón aritmética de 6 a 4 se escribe: $6 - 4$ ó 6.4 y se lee **seis es a cuatro.**

Los términos de la razón se llaman: **antecedente** el primero y **consecuente** el segundo. Así, en la razón $6 - 4$, el antecedente es 6 y el consecuente 4.

(635) RAZON GEOMETRICA O POR COCIENTE de dos cantidades es el cociente indicado de dichas cantidades.

Las razones geometricas se pueden escribir de dos modos: En forma de quebrado, separados numerador y denominador por una raya horizontal o separadas las cantidades por el signo de división ($\div$).

Así, la razón geométrica de 8 a 4 se escribe: $\frac{8}{4}$ u $8 \div 4$, y se lee **ocho es a cuatro.**

Los términos de la razón geométrica se llaman **antecedente** el primero y **consecuente** el segundo. Así, en la razón $8 \div 4$, el antecedente es 8 y el consecuente 4.

(636) PROPIEDADES DE LAS RAZONES ARITMETICAS O POR DIFERENCIA

Como la razón aritmética o por diferencia de dos cantidades no es más que la diferencia indicada de dichas cantidades, las propiedades de las razones aritméticas serán las propiedades de toda resta o diferencia (**113**):

1) Si al antecedente de una razón aritmética se suma o resta un número, la razón queda aumentada o disminuida en ese número.

2) Si al consecuente de una razón aritmética se suma o resta un número, la razón queda disminuida en el primer caso y aumentada en el segundo en el mismo número.

3) Si al antecedente y consecuente de una razón aritmética se suma o resta un mismo número, la razón no varía.

(637) PROPIEDADES DE LAS RAZONES GEOMETRICAS O POR COCIENTE

Como la razón geométrica o por cociente de dos cantidades no es más que una división indicada o un quebrado, las propiedades de las razones geométricas serán las propiedades de los quebrados (**352, 353, 354**):

1) Si el antecedente de una razón geométrica se multiplica o divide por un número, la razón queda multiplicada o dividida por ese número.

2) Si el consecuente de una razón geométrica se multiplica o divide por un número, la razón queda dividida en el primer caso y multiplicada en el segundo por ese mismo número.

3) Si el antecedente y el consecuente de una razón geométrica se multiplican o dividen por un mismo número, la razón no varía.

➤ EJERCICIO 293

(En los ejercicios siguientes, cuando se diga simplemente razón o relación, se entenderá que la razón pedida es geométrica).

1. Cite dos números cuya razón aritmética sea 6; dos números cuya razón geométrica sea $\frac{2}{8}$.

2. Hallar la razón aritmética y geométrica de:

    a) 60 y 12. **R.** 48; 5.   c) 5.6 y 3.5 **R.** 2.1; $\frac{8}{5}$.

    b) $\frac{11}{12}$ y $\frac{5}{6}$. **R.** $\frac{1}{12}$; $\frac{11}{10}$.   d) $\frac{3}{8}$ y 0.02. **R.** 0.355; $\frac{75}{4}$.

3. Hallar la relación entre las edades de dos niños de 10 y 14 años. **R.** $\frac{5}{7}$.

4. Cite tres pares de números que estén en la relación de 2 y 3.

5. Cite tres pares de números cuya razón sea $\frac{8}{4}$; tres pares de números cuya relación sea de 1 a 6.

6. La razón de dos números es $\frac{5}{6}$. Si el menor es 20, ¿cuál es el mayor? **R.** 24.

7. El mayor de dos números es 42 y la relación entre ambos de 5 a 7. Hallar el número menor. **R.** 30.

8. Dos números son entre sí como 2 es a 17. Si el menor es 14, ¿cuál es el mayor? **R.** 119.

II. PROPORCIONES ARITMETICAS

(638) EQUIDIFERENCIA O PROPORCION ARITMETICA es la igualdad de dos diferencias o razones aritméticas.

Una equidiferencia se escribe de los dos modos siguientes:

$a - b = c - d$ y $a \cdot b :: c \cdot d$ y se lee *a* **es a** *b* **como** *c* **es a** *d*.

(639) TERMINOS DE UNA EQUIDIFERENCIA

Los términos de una equidiferencia se llaman: **extremos** el primero y el cuarto, y **medios** el segundo y tercero. También según lo visto antes **(634)** se llaman **antecedentes** al primero y tercer términos y **consecuentes** al segundo y al cuarto.

Así, en la equidiferencia $20 - 5 = 21 - 6$, 20 y 6 son los extremos, 5 y 21 son los medios, 20 y 21 son los antecedentes, 5 y 6 son los consecuentes.

(640) CLASES DE EQUIDIFERENCIAS

Hay dos clases: Equidiferencia **discreta,** que es aquella cuyos medios no son iguales; por ejemplo, $9 - 7 = 8 - 6$ y equidiferencia **continua,** que es la que tiene los medios iguales; por ejemplo, $10 - 8 = 8 - 6$.

(641) PROPIEDAD FUNDAMENTAL DE LAS EQUIDIFERENCIAS TEOREMA

En toda equidiferencia la suma de los extremos es igual a la suma de los medios.

Sea la equidiferencia $a - b = c - d$. Vamos a demostrar que $a + d = c + b$.

En efecto: Sumando a los dos miembros de la equidiferencia dada $a - b = c - d$ un extremo y un medio, $b + d$, tendremos:

$$a - b + b + d = c - d + b + d$$

y simplificando, queda $a + d = c + b$ que era lo que queríamos demostrar.

Ejemplo	En la equidiferencia $8-6=9-7$ tenemos: $8+7=9+6$ o sea $15=15$.

642 COROLARIOS

De la propiedad fundamental de las equidiferencias se derivan los siguientes corolarios:

1) En toda equidiferencia un extremo es igual a la suma de los medios, menos el otro extremo.

Sea la equidiferencia $a-b=c-d$. Vamos a demostrar que $a=b+c-d$.
En efecto: Ya sabemos por la propiedad fundamental, que: $a+d=b+c$.
Restando d a ambos miembros, tendremos: $a+d-d=b+c-d$
y simplificando $a=b+c-d$.

Ejemplo	En $9-5=10-6$ tenemos que $9=5+10-6$.

2) En toda equidiferencia un medio es igual a la suma de los extremos, menos el otro medio.

Sea la equidiferencia $a-b=c-d$. Vamos a demostrar que $b=a+d-c$.
En efecto: Ya sabemos que $a+d=b+c$.
Restando c a los dos miembros, tendremos: $a+d-c=b+c-c$
y simplificando: $b=a+d-c$.

Ejemplo	En $11-7=9-5$ tenemos que $7=11+5-9$.

643 MEDIA DIFERENCIAL O MEDIA ARITMETICA es cada uno de los términos medios de una equidiferencia continua, o sea cada uno de los medios de una equidiferencia, cuando son iguales. Así, en la equidiferencia $8-6=6-4$, la media diferencial es 6.

644 TEOREMA

La media diferencial es igual a la semisuma de los extremos.

Sea la equidiferencia $a-b=b-c$. Vamos a demostrar que $b=\dfrac{a+c}{2}$

En efecto: Por la propiedad fundamental sabemos que $a+c=b+b$
o sea $a+c=2b$.

Dividiendo ambos miembros por 2, queda: $\dfrac{a+c}{2}=\dfrac{2b}{2}$ o sea $\dfrac{a+c}{2}=b$
que era lo que queríamos demostrar.

Ejemplo	En $12-9=9-6$ tenemos $9=\dfrac{12+6}{2}$.

HALLAR TERMINOS DESCONOCIDOS EN EQUIDIFERENCIAS

> **Ejemplos**

(1) Hallar el término desconocido en $8 - 6 = 4 - x$.

Como el término desconocido es un extremo y un extremo es igual a la suma de los medios menos el extremo conocido, tendremos:

$$x = 6 + 4 - 8 = 2$$

y queda, sustituyendo el valor de x en la equidiferencia: $8 - 6 = 4 - 2$.

(2) Hallar el término desconocido en $3.4 - x = \dfrac{8}{5} - 1$.

Como el término desconocido es un medio y un medio es igual a la suma de los extremos menos el medio conocido, tendremos:

$$x = 3.4 + 1 - \frac{8}{5} = 4.4 - \frac{8}{5} = \frac{14}{5} = 2\frac{4}{5}$$

y sustituyendo el valor de x: $3.4 - 2\dfrac{4}{5} = \dfrac{8}{5} - 1$.

(3) Hallar el término desconocido en $14 - x = x - 3.04$

Aquí el término desconocido es la media diferencial, que es igual a la semisuma de los extremos, luego:

$$x = \frac{14 + 3.04}{2} = \frac{17.04}{2} = 8.52$$

y queda, sustituyendo el valor de x en la equidiferencia dada: $14 - 8.52 = 8.52 - 3.04$

➤ **EJERCICIO 294**

Hallar el término desconocido en:

1. $50 - 42 = 25 - x$. **R.** 17.

2. $16.5 - 8 = x - 2$. **R.** 10.5.

3. $45.3 - x = 18 - 0.03$. **R.** 27.33.

4. $x - 0.4 = 25 - 0.004$. **R.** 25.396.

5. $\dfrac{1}{3} - \dfrac{1}{7} = \dfrac{5}{6} - x$. **R.** $\dfrac{9}{14}$.

6. $\dfrac{9}{19} - x = \dfrac{3}{7} - \dfrac{1}{4}$. **R.** $\dfrac{157}{532}$.

7. $8\dfrac{2}{3} - \dfrac{3}{5} = x - 5\dfrac{1}{4}$. **R.** $13\dfrac{19}{60}$.

8. $0.03 - 0.01 = 15\dfrac{2}{5} - x$. **R.** 15.38.

9. $x - \dfrac{5}{16} = 6\dfrac{2}{5} - \dfrac{1}{8}$. **R.** $6\dfrac{47}{80}$.

10. $8\dfrac{1}{3} - x = 5\dfrac{1}{4} - 14\dfrac{1}{12}$. **R.** $17\dfrac{1}{6}$.

11. $\dfrac{1}{2} - 0.36 = x - 4\dfrac{1}{8}$. **R.** 4.265.

12. $x - 14 = 16\dfrac{2}{9} - \dfrac{1}{12}$. **R.** $30\dfrac{5}{36}$.

13. $50 - x = x - 14.26$. **R.** 32.13.

14. $\dfrac{1}{3} - x = x - \dfrac{1}{5}$. **R.** $\dfrac{4}{15}$.

15. $16\dfrac{2}{9} - x = x - \dfrac{1}{36}$. **R.** $8\dfrac{1}{8}$.

16. $5.04 - x = x - 5\dfrac{1}{4}$. **R.** 5.145.

646 HALLAR EL TERMINO MEDIO DIFERENCIAL ENTRE DOS NUMEROS

Ejemplo

Hallar la media diferencial entre 8.04 y 4.

No hay más que formar una equidiferencia continua cuyo medio diferencial sea x y los extremos los números dados y despejar x; ↗

$$8.04 - x = x - 4$$

Despejando x: $x = \dfrac{8.04 + 4}{2} = \dfrac{12.04}{2} = 6.02$

y sustituyendo el valor de x: $8.04 - 6.02 = 6.02 - 4$.

➤ **EJERCICIO 295**

Hallar el término medio diferencial entre:

1. 26 y 14.   R. 20.

2. 18 y 14.04.   R. 16.02.

3. 25.02 y 0.004.   R. 12.512.

4. 5.004 y 0.0016.   R. 2.5028

5. $\frac{2}{5}$ y $\frac{1}{3}$.   R. $\frac{11}{30}$.

6. $\frac{5}{7}$ y $\frac{1}{8}$.   R. $\frac{47}{112}$.

7. $6\frac{2}{3}$ y $5\frac{1}{4}$.   R. $5\frac{23}{24}$.

8. $14\frac{2}{5}$ y $\frac{3}{7}$.   R. $7\frac{29}{70}$.

9. 100 y $50\frac{3}{11}$.   R. $75\frac{3}{22}$.

10. 150 y 20.364.   R. 85.182.

11. $5\frac{3}{5}$ y 0.006.   R. 2.803.

12. 3.42 y $\frac{8}{4}$.   R. 2.085.

13. 8.16 y $5\frac{1}{5}$.   R. 6.68.

14. $16\frac{2}{7}$ y $\frac{1}{17}$.   R. $8\frac{41}{238}$.

15. 50.36 y $\frac{8}{4}$.   R. 25.555.

16. $\frac{1}{300}$ y $\frac{1}{1150}$.   R. $\frac{29}{13800}$.

III. PROPORCIONES GEOMETRICAS

647 PROPORCION GEOMETRICA o EQUICOCIENTE es la igualdad de dos razones geométricas o por cociente.

Una proporción geométrica se escribe de los dos modos siguientes: ↗

$$\frac{a}{b} = \frac{c}{d} \text{ o } a : b :: c : d$$

y se lee: a **es a** b **como** c **es a** d.

648 TERMINOS DE UNA PROPORCION GEOMETRICA

Los términos de una proporción geométrica se llaman: **extremos** el primero y el cuarto, y **medios** el segundo y tercero.

También, según lo visto antes **(635)**, se llaman **antecedentes** el primero y tercer términos, y **consecuentes** el segundo y cuarto términos.

Así, en la proporción $\dfrac{8}{4} = \dfrac{10}{5}$ los extremos son 8 y 5 y los medios 10 y 4; los antecedentes son 8 y 10 y los consecuentes 4 y 5.

(649) CLASES DE PROPORCIONES GEOMETRICAS

Hay dos clases de proporciones geométricas: Proporción **discreta,** que es aquella cuyos medios no son iguales; por ejemplo, $8:4::10:5$, y proporción **continua,** que es la que tiene los medios iguales; por ejemplo, $20:10::10:5$.

(650) PROPIEDAD FUNDAMENTAL DE LAS PROPORCIONES GEOMETRICAS. TEOREMA

En toda proporción geométrica el producto de los extremos es igual al producto de los medios.

Sea la proporción $\dfrac{a}{b} = \dfrac{c}{d}$. Vamos a demostrar que $a \times d = c \times b$.

En efecto: Multiplicando ambos miembros de la igualdad $\dfrac{a}{b} = \dfrac{c}{d}$ por el producto de un medio y un extremo, $b \times d$, para lo cual basta multiplicar solamente los numeradores, tendremos:

$$\frac{a \times b \times d}{b} = \frac{c \times b \times d}{d}$$

y simplificando queda: $a \times d = c \times b$ que era lo que queríamos demostrar.

| **Ejemplo** | En la proporción $\dfrac{6}{4} = \dfrac{3}{2}$ tenemos que $6 \times 2 = 3 \times 4$ o sea $12 = 12$. |

(651) COROLARIOS

De la propiedad fundamental de las proporciones geométricas se derivan los siguientes corolarios:

1) En toda proporción geométrica un extremo es igual al producto de los medios dividido por el otro extremo.

Sea la proporción $\dfrac{a}{b} = \dfrac{c}{d}$. Vamos a demostrar que $a = \dfrac{b \times c}{d}$.

En efecto: Ya sabemos por la propiedad fundamental que $a \times d = b \times c$.

Dividiendo los dos miembros de esta igualdad por d, tendremos: $\dfrac{a \times d}{d} = \dfrac{b \times c}{d}$

y simplificando: $a = \dfrac{b \times c}{d}$.

| **Ejemplo** | En $\dfrac{9}{12} = \dfrac{3}{4}$ tenemos $9 = \dfrac{12 \times 3}{4}$. |

2) **En toda proporción geométrica un medio es igual al producto de los extremos dividido por el otro medio.**

Sea la proporción $\dfrac{a}{b} = \dfrac{c}{d}$. Vamos a demostrar que $b = \dfrac{a \times d}{c}$.

En efecto: Ya sabemos que $a \times d = b \times c$.

Dividiendo ambos miembros de esta igualdad por c, tendremos: $\dfrac{a \times d}{c} = \dfrac{b \times c}{c}$

y simplificando: $b = \dfrac{a \times d}{c}$.

> **Ejemplo**

En $\dfrac{5}{10} = \dfrac{2}{4}$ tenemos $2 = \dfrac{5 \times 4}{10}$.

(652) MEDIA PROPORCIONAL O MEDIA GEOMETRICA es cada uno de los términos medios de una proporción geométrica continua, o sea, cada uno de los términos medios de una proporción geométrica, cuando son iguales. Así, en la proporción $8 : 4 :: 4 : 2$ la media proporcional es 4.

(653) TEOREMA

La media proporcional es igual a la raíz cuadrada del producto de los extremos.

Sea la proporción continua $\dfrac{a}{b} = \dfrac{b}{c}$. Vamos a demostrar que $b = \sqrt{a \times c}$.

En efecto: Ya sabemos por la propiedad fundamental que $a \times c = b \times b$ o sea $a \times c = b^2$.

Extrayendo la raíz cuadrada a ambos miembros, tendremos: $\sqrt{a \times c} = \sqrt{b^2}$ y simplificando: $b = \sqrt{a \times c}$ que era lo que queríamos demostrar.

> **Ejemplo**

En $\dfrac{9}{6} = \dfrac{6}{4}$ tenemos que $6 = \sqrt{9 \times 4} = \sqrt{36} = 6$.

(654) HALLAR TERMINOS DESCONOCIDOS EN PROPORCIONES GEOMETRICAS

> **Ejemplos**

(1) Hallar el término desconocido en $8 : 4 :: 10 : x$.

Como el término desconocido es un extremo y un extremo es igual al producto de los medios dividido por el extremo co nocido, tendremos:

$$x = \frac{4 \times 10}{8} = 5.$$

Sustituyendo el valor de la x en la proporción dada, queda: $8 : 4 :: 10 : 5$.

(**2**) Hallar el término desconocido en $10 : \dfrac{1}{6} :: x : 4$.

Como el término desconocido es un medio y un medio es igual al producto de los extremos dividido por el medio conocido, tendremos: _____

$$x = \frac{10 \times 4}{^{1}/_{6}} = \frac{40}{^{1}/_{6}} = 240.$$

Sustituyendo el valor de x en la proporción dada, queda: $10 : {}^{1}/_{6} :: 240 : 4$.

(**3**) Hallar el término desconocido en $25 : x :: x : \dfrac{1}{16}$.

Como el término desconocido es la media proporcional y la media proporcional es igual a la raíz cuadrada del producto de los extremos, tendremos:

$$x = \sqrt{25 \times \frac{1}{16}} = \sqrt{\frac{25}{16}} = \frac{5}{4} = 1\frac{1}{4}.$$

Sustituyendo el valor de x en la proporción dada, queda: $25 : 1\dfrac{1}{4} :: 1\dfrac{1}{4} : \dfrac{1}{16}$.

> ## EJERCICIO 296

Hallar el término desconocido en:

1. $8 : x :: 16 : 4$.   R. 2.

2. $x : 0.04 :: 24 : 0.4$.   R. 2.4.

3. $14.25 : 14 :: x : 0.002$.   R. $\dfrac{57}{28000}$.

4. $0.04 : 0.05 :: 0.06 : x$.   R. 0.075.

5. $\dfrac{1}{3} : \dfrac{1}{5} :: x : \dfrac{2}{3}$.   R. $1\dfrac{1}{9}$.

6. $5\dfrac{2}{3} : x :: 8\dfrac{1}{4} : \dfrac{5}{6}$.   R. $\dfrac{170}{297}$.

7. $\dfrac{1}{12} : 3\dfrac{1}{6} :: \dfrac{2}{3} : x$.   R. $25\dfrac{1}{3}$.

8. $0.45 : \dfrac{1}{12} :: 10\dfrac{2}{9} : x$.   R. $1\dfrac{217}{243}$.

9. $3.45 : \dfrac{1}{8} :: x : 4.36$.   R. 120.336

10. $x : \dfrac{1}{5} :: 6 : 2$.   R. $\dfrac{3}{5}$.

11. $5 : \dfrac{1}{2} :: x : 0.04$.   R. 0.4.

12. $\dfrac{1}{3} : \dfrac{2}{5} :: 4.25 : x$.   R. $5\dfrac{1}{10}$.

13. $8\dfrac{1}{4} : 5\dfrac{1}{6} :: x : 3\dfrac{1}{7}$.   R. $5\dfrac{4}{217}$.

14. $0.03 : x :: \dfrac{1}{6} : \dfrac{2}{9}$.   R. $\dfrac{1}{25}$.

15. $16 : x :: x : 25$.   R. 20.

16. $0.49 : x :: x : 0.64$.   R. 0.56.

17. $\dfrac{1}{4} : x :: x : \dfrac{9}{16}$.   R. $\dfrac{3}{8}$.

18. $2.25 : x :: x : 1.69$.   R. 1.95.

(655) HALLAR EL TERMINO MEDIO PROPORCIONAL ENTRE DOS NUMEROS

Ejemplo

Hallar el término medio proporcional entre 16 y 81.

No hay más que formar una proporción geométrica continua cuyo medio proporcional sea x y los extremos los números dados y despejar x: $16 : x :: x : 81$.

Despejando x: $x = \sqrt{16 \times 81} = 4 \times 9 = 36$.

Sustituyendo el valor de x en la proporción dada, queda: $16 : 36 :: 36 : 81$.

⟹ EJERCICIO 297

Hallar el término medio proporcional entre:

1. 81 y 4.   **R.** 18.

2. 64 y 25.   **R.** 40.

3. 49 y 0.25.   **R.** 3.5.

4. 0.16. y 169.   **R.** 5.2.

5. 0.0064 y 225.   **R.** 1.2.

6. 144 y 0.0169.   **R.** 1.56.

7. $\frac{1}{4}$ y $\frac{1}{9}$.   **R.** $\frac{1}{6}$.

8. $\frac{25}{36}$ y $\frac{49}{81}$.   **R.** $\frac{35}{54}$.

9. 0.0144 y $\frac{1}{324}$.   **R.** $\frac{1}{150}$.

10 $\frac{121}{169}$ y $\frac{289}{361}$.   **R.** $\frac{187}{247}$.

11. $2\frac{1}{4}$ y $3\frac{1}{16}$.   **R.** $2\frac{5}{8}$.

12. $1\frac{47}{529}$ y $1\frac{49}{576}$.   **R.** $1\frac{2}{23}$.

(656) HALLAR UNA CUARTA PROPORCIONAL DE TRES NUMEROS

Cuarta proporcional es cualquiera de los cuatro términos de una proporción geométrica discreta. Así, en la proporción 8 : 16 :: 5 : 10, cualquiera de estos cuatro términos es cuarta proporcional respecto de los otros tres.

| *Ejemplo* | Hallar una cuarta proporcional de 20, $\frac{1}{3}$ y $\frac{2}{5}$. |

Se forma una proporción geométrica con estas tres cantidades, poniendo de último extremo x y se despeja el valor de x: → $20 : \frac{1}{3} :: \frac{2}{5} : x.$

Despejando x: $\quad x = \dfrac{\frac{1}{3} \times \frac{2}{5}}{20} = \dfrac{\frac{2}{15}}{20} = \dfrac{2}{300} = \dfrac{1}{150}.$

Sustituyendo el valor de x: $\quad 20 : \dfrac{1}{3} :: \dfrac{2}{5} : \dfrac{1}{150}$

⟹ EJERCICIO 298

Hallar una cuarta proporcional entre:

1. 5, 6 y 0.04.   **R.** 0.048.

2. $\frac{5}{6}$, $\frac{1}{4}$ y $\frac{2}{3}$.   **R.** $\frac{1}{5}$.

3. $\frac{1}{16}$, $5\frac{2}{3}$ y $6\frac{1}{12}$.   **R.** $551\frac{5}{9}$.

4. 150, $24\frac{1}{7}$ y $16\frac{2}{5}$.   **R.** $2\frac{1679}{2625}$.

5. $\frac{5}{12}$, 0.004 y 3.24.   **R.** $\frac{486}{15625}$.

6. $\frac{1}{14}$, 5.34 y $16\frac{2}{5}$.   **R.** $1226\frac{8}{125}$.

(657) HALLAR UNA TERCERA PROPORCIONAL DE DOS NUMEROS

Tercera o tercia proporcional es el primero o cuarto término de una proporción geométrica continua. Así, en la proporción 20 : 10 :: 10 : 5.

20 es una tercia proporcional de 10 y 5, y 5 es una tercia proporcional de 20 y 10.

Ejemplo

Hallar una tercera proporcional entre $\dfrac{1}{5}$ y 6.

Se forma una proporción continua, poniendo de término medio proporcional uno de los números dados y x de último extremo y se despeja x:

$$\frac{1}{5} : 6 :: 6 : x.$$

Despejando x: $\qquad x = \dfrac{6 \times 6}{1/_5} = \dfrac{36}{1/_5} = 180.$

Sustituyendo el valor de x: $\qquad \dfrac{1}{5} : 6 :: 6 : 180.$

➤ EJERCICIO 299

Hallar una tercera proporcional entre:

1. 8 y 0.4. **R.** 0.02.

2. $\dfrac{5}{6}$ y $\dfrac{2}{3}$. **R.** $\dfrac{8}{15}$.

3. $\dfrac{1}{8}$ y $14\dfrac{2}{5}$. **R.** $1658\dfrac{22}{25}$.

4. 0.12 y 0.36. **R.** 1.08.

5. $\dfrac{1}{3}$ y $8\dfrac{1}{4}$. **R.** $204\dfrac{3}{16}$.

6. 0.002 y 16.34. **R.** 133497.8.

TRANSFORMACION, COMPARACION Y PROPIEDADES DE LAS PROPORCIONES GEOMETRICAS

CAPITULO XLII

I. TRANSFORMACION DE LAS PROPORCIONES GEOMETRICAS

(658) DIVERSOS CAMBIOS QUE PUEDEN VERIFICARSE EN UNA PROPORCION GEOMETRICA SUBSISTIENDO LA PROPORCIONALIDAD

Una proporción geométrica puede sufrir diversas transformaciones, pero para que éstas sean legítimas es necesario que se conserve el **producto de los extremos igual al producto de los medios.**

Así, una proporción geométrica puede recibir ocho formas distintas, haciendo con sus términos los cambios que se indican a continuación:

1º	La proporción dada	$a : b :: c : d$
2º	Cambiando los medios en la 1ª..........	$a : c :: b : d$
3º	Cambiando los extremos en la 1ª........	$d : b :: c : a$
4º	Cambiando los medios en la anterior.....	$d : c :: b : a$
5º	Invirtiendo las razones de la 1ª..........	$c : d :: a : b$
6º	Invirtiendo las razones de la 2ª..........	$b : d :: a : c$
7º	Invirtiendo las razones de la 3ª..........	$c : a :: d : b$
8º	Invirtiendo las razones de la 4ª..........	$b : a :: d : c$

Todos estos cambios son legítimos porque en todas las proporciones se conserva el producto de los extremos igual al de los medios $a \times d = b \times c$,. lo mismo que en la proporción dada.

| $Ejemplo$ | La proporción $\dfrac{3}{2} = \dfrac{6}{4}$ puede escribirse de ocho modos: |

1º $\dfrac{3}{2} = \dfrac{6}{4}$.   3º $\dfrac{4}{2} = \dfrac{6}{3}$.   5º $\dfrac{6}{4} = \dfrac{3}{2}$.   7º $\dfrac{6}{3} = \dfrac{4}{2}$.

2º $\dfrac{3}{6} = \dfrac{2}{4}$.   4 $\dfrac{4}{6} = \dfrac{2}{3}$.   6º $\dfrac{2}{4} = \dfrac{3}{6}$.   8º $\dfrac{2}{3} = \dfrac{4}{6}$.

Todas estas formas son legíti-mas porque en cualquiera de ellas se tiene que $6 \times 2 = 3 \times 4$.

II. COMPARACION DE PROPORCIONES GEOMETRICAS

(659) TEOREMA

Si dos proporciones geométricas tienen una razón común, las otras dos razones forman proporción geométrica.

Sean las proporciones $\dfrac{a}{b} = \dfrac{c}{d}$ y $\dfrac{a}{b} = \dfrac{m}{n}$. Vamos a demostrar que $\dfrac{c}{d} = \dfrac{m}{n}$.

En efecto: En las proporciones dadas $\dfrac{a}{b} = \dfrac{c}{d}$ y $\dfrac{a}{b} = \dfrac{m}{n}$

vemos que la razón $\dfrac{c}{d}$ es igual a $\dfrac{a}{b}$ y la razón

$\dfrac{m}{n}$ también es igual a $\dfrac{a}{b}$ y como dos cosas iguales a una tercera son iguales entre sí____

$\dfrac{c}{d} = \dfrac{m}{n}$ que era lo que queríamos demostrar.

| $Ejemplo$ | De las proporciones $\dfrac{2}{4} = \dfrac{1}{2}$ y $\dfrac{5}{10} = \dfrac{1}{2}$ resulta que $\dfrac{2}{4} = \dfrac{5}{10}$. |

(660) TEOREMA

Si dos proporciones geométricas tienen los antecedentes iguales, los consecuentes forman proporción geométrica.

Sean las proporciones $\dfrac{a}{b} = \dfrac{c}{d}$ y $\dfrac{a}{m} = \dfrac{c}{n}$. Vamos a demostrar que $\dfrac{b}{d} = \dfrac{m}{n}$.

En efecto: En las dos proporciones dadas $\dfrac{a}{b} = \dfrac{c}{d}$ y $\dfrac{a}{m} = \dfrac{c}{n}$

cambiemos los medios y tendremos: $\dfrac{a}{c} = \dfrac{b}{d}$ y $\dfrac{a}{c} = \dfrac{m}{n}$

y como por el teorema anterior sabemos que si dos proporciones tienen una razón común, las otras dos razones forman proporción, tendremos: $\dfrac{b}{d} = \dfrac{m}{n}$ que era lo que queríamos demostrar.

Ejemplo

De las proporciones $\dfrac{1}{2} = \dfrac{3}{6}$ y $\dfrac{1}{4} = \dfrac{3}{12}$ resulta $\dfrac{2}{6} = \dfrac{4}{12}$.

---

(661) TEOREMA

Si dos proporciones geométricas tienen los consecuentes iguales, los antecedentes forman proporción geométrica.

Sean las proporciones $\dfrac{a}{b} = \dfrac{c}{d}$ y $\dfrac{m}{b} = \dfrac{n}{d}$. Vamos a demostrar que $\dfrac{a}{c} = \dfrac{m}{n}$.

En efecto: En las dos proporciones dadas $\dfrac{a}{b} = \dfrac{c}{d}$ y $\dfrac{m}{b} = \dfrac{n}{d}$

cambiemos los medios y tendremos: $\dfrac{a}{c} = \dfrac{b}{d}$ y $\dfrac{m}{n} = \dfrac{b}{d}$

y como si dos proporciones tienen una razón común, las otras dos forman proporción, tendremos: $\dfrac{a}{c} = \dfrac{m}{n}$

que era lo que queríamos demostrar.

Ejemplo

De las proporciones $\dfrac{1}{2} = \dfrac{3}{6}$ y $\dfrac{4}{2} = \dfrac{12}{6}$ resulta $\dfrac{1}{3} = \dfrac{4}{12}$

---

(662) TEOREMA

Los productos que resultan de multiplicar término a término varias proporciones geométricas forman proporción geométrica.

Sean las proporciones $\dfrac{a}{b} = \dfrac{c}{d}$; $\dfrac{a'}{b'} = \dfrac{c'}{d'}$ y $\dfrac{a''}{b''} = \dfrac{c''}{d''}$.

Vamos a demostrar que $\dfrac{a \times a' \times a''}{b \times b' \times b''} = \dfrac{c \times c' \times c''}{d \times d' \times d''}$

En efecto: Multiplicando miembro a miembro las tres proporciones dadas, tendremos: $\dfrac{a}{b} \times \dfrac{a'}{b'} \times \dfrac{a''}{b''} = \dfrac{c}{d} \times \dfrac{c'}{d'} \times \dfrac{c''}{d''}$

y efectuando la multiplicación de estas fracciones, tendremos: $\dfrac{a \times a' \times a''}{b \times b' \times b''} = \dfrac{c \times c' \times c''}{d \times d' \times d''}$

que era lo que queríamos demostrar.

| Ejemplo | De las proporciones $\dfrac{1}{2}=\dfrac{3}{6}$; $\dfrac{1}{4}=\dfrac{3}{12}$ y $\dfrac{1}{5}=\dfrac{2}{10}$ resulta $\dfrac{1\times1\times1}{2\times4\times5}$ |

$$=\frac{3\times3\times2}{6\times12\times10}\ \text{o sea}\ \frac{1}{40}=\frac{18}{720}\ \text{que es legítima porque}\ 1\times720=40\times18.$$

(663) TEOREMA

Con los cuatro términos de dos productos iguales se puede formar proporción geométrica.

Sean los productos $a\times d=c\times b$. Vamos a demostrar que con sus cuatro términos podemos formar la proporción $\dfrac{a}{b}=\dfrac{c}{d}$.

En efecto: Dividiendo los dos miembros de la igualdad $a\times d=c\times b$ por $b\times d$, tendremos:

$$\boxed{\frac{a\times d}{b\times d}=\frac{c\times b}{b\times d}}$$

y simplificando los factores iguales en el numerador y denominador, queda:

$\dfrac{a}{b}=\dfrac{c}{d}$ que era lo que queríamos demostrar.

| Ejemplo | De $5\times4=10\times2$ resulta $\dfrac{5}{10}=\dfrac{2}{4}$. |

III. PROPIEDADES DE LAS PROPORCIONES GEOMETRICAS

(664) TEOREMA. DIVERSAS OPERACIONES QUE PUEDEN VERIFICARSE CON LOS TERMINOS DE UNA PROPORCION GEOMETRICA

Con los términos de una proporción geométrica pueden verificarse las operaciones siguientes, sin que la proporción varíe:

1) **Multiplicar o dividir todos los términos por un mismo número.**

Sea la proporción $\dfrac{a}{b}=\dfrac{c}{d}$. Tendremos: $\dfrac{a\times m}{b\times m}=\dfrac{c\times m}{d\times m}$ y $\dfrac{a\div m}{b\div m}=\dfrac{c\div m}{d\div m}$

porque al multiplicar o dividir los dos términos de un quebrado por un mismo número, el quebrado o razón no varía.

| Ejemplo | En $\dfrac{4}{6}=\dfrac{2}{3}$ tenemos: |

$$\frac{4\times2}{6\times2}=\frac{2\times2}{3\times2}\ \text{o sea}\ \frac{8}{12}=\frac{4}{6}\ \text{legítima porque}\ 8\times6=12\times4$$

$$y\ \frac{4\div2}{6\div2}=\frac{2\div2}{3\div2}\ \text{o sea}\ \frac{2}{3}=\frac{1}{1.5}\quad''\qquad''\quad 2\times1.5=1\times3.$$

**2) Multiplicar o dividir los antece-
dentes por un mismo número.**

$$\frac{a \times m}{b} = \frac{c \times m}{d} \quad \text{y} \quad \frac{a \div m}{b} = \frac{c \div m}{d}$$

porque al multiplicar o dividir los numeradores de los dos quebrados o razones por un mismo número, ambos quebrados quedan multiplicados en el primer caso y divididos en el segundo por el mismo número, luego la igualdad no varía.

Ejemplo

En $\dfrac{4}{6} = \dfrac{2}{3}$ tenemos:

$$\frac{4 \times 2}{6} = \frac{2 \times 2}{3} \quad \text{o sea} \quad \frac{8}{6} = \frac{4}{3} \quad \text{legítima porque } 8 \times 3 = 6 \times 4$$

$$\text{y} \quad \frac{4 \div 2}{6} = \frac{2 \div 2}{3} \quad \text{o sea} \quad \frac{2}{6} = \frac{1}{3} \qquad \text{,,} \qquad \text{,,} \quad 2 \times 3 = 6 \times 1.$$

**3) Multiplicar o dividir los conse-
cuentes por un mismo número.**

$$\frac{a}{b \times m} = \frac{c}{d \times m} \quad \text{y} \quad \frac{a}{b \div m} = \frac{c}{d \div m}$$

porque al multiplicar o dividir los denominadores de los dos quebrados o razones por un mismo número, ambos quebrados quedan divididos en el primer caso y multiplicados en el segundo por el mismo número, luego la igualdad no varía.

Ejemplo

En $\dfrac{4}{6} = \dfrac{2}{3}$ tenemos:

$$\frac{4}{6 \times 2} = \frac{2}{3 \times 2} \quad \text{o sea} \quad \frac{4}{12} = \frac{2}{6} \quad \text{legítima porque } 4 \times 6 = 12 \times 2$$

$$\text{y} \quad \frac{4}{6 \div 3} = \frac{2}{3 \div 3} \quad \text{o sea} \quad \frac{4}{2} = \frac{2}{1} \qquad \text{,,} \qquad \text{,,} \quad 4 \times 1 = 2 \times 2.$$

**4) Multiplicar o dividir los dos términos
de una de las razones por un mismo número.**

$$\frac{a \times m}{b \times m} = \frac{c}{d} \quad \text{y} \quad \frac{a}{b} = \frac{c \div m}{d \div m}$$

porque al multiplicar o dividir los dos términos de un quebrado por un mismo número, el quebrado o razón no varía.

Ejemplo

En $\dfrac{7}{2} = \dfrac{14}{4}$ tenemos:

$$\frac{7 \times 5}{2 \times 5} = \frac{14}{4} \quad \text{o sea} \quad \frac{35}{10} = \frac{14}{4} \quad \text{legítima porque } 35 \times 4 = 14 \times 10$$

$$\text{y} \quad \frac{7 \div 2}{2 \div 2} = \frac{14}{4} \quad \text{o sea} \quad \frac{3.5}{1} = \frac{14}{4} \qquad \text{,,} \qquad \text{,,} \quad 3.5 \times 4 = 14 \times 1.$$

5) **Elevar todos sus términos a una misma potencia.** $\dfrac{a^m}{b^m} = \dfrac{c^m}{d^m}$

porque si en la proporción o igualdad dada $\dfrac{a}{b} = \dfrac{c}{d}$, elevamos sus dos miembros a una misma potencia, la igualdad no varía y tendremos:

$$\left(\frac{a}{b}\right)^m = \left(\frac{c}{d}\right)^m \text{ o sea } \frac{a^m}{b^m} = \frac{c^m}{d^m}.$$

| Ejemplo |

En $\dfrac{2}{3} = \dfrac{4}{6}$ tenemos:

$\dfrac{2^2}{3^2} = \dfrac{4^2}{6^2}$ o sea $\dfrac{4}{9} = \dfrac{16}{36}$ legítima porque $4 \times 36 = 9 \times 16$.

6) **Extraer una misma raíz a todos los términos.**

$$\frac{\sqrt[m]{a}}{\sqrt[m]{b}} = \frac{\sqrt[m]{c}}{\sqrt[m]{d}}$$

porque si en la proporción o igualdad dada $\dfrac{a}{b} = \dfrac{c}{d}$ extraemos una misma raíz a sus dos miembros, la igualdad no varía, y tendremos:

$$\sqrt[m]{\frac{a}{b}} = \sqrt[m]{\frac{c}{d}} \text{ o sea } \frac{\sqrt[m]{a}}{\sqrt[m]{b}} = \frac{\sqrt[m]{c}}{\sqrt[m]{d}}$$

| Ejemplo |

En $\dfrac{4}{9} = \dfrac{16}{36}$ tenemos:

$\dfrac{\sqrt{4}}{\sqrt{9}} = \dfrac{\sqrt{16}}{\sqrt{36}}$ o sea $\dfrac{2}{3} = \dfrac{4}{6}$ legítima porque $2 \times 6 = 3 \times 4$.

(665) TEOREMA

En toda proporción geométrica la suma o resta de los dos términos de la primera razón es a su consecuente o antecedente como la suma o resta de los dos términos de la segunda razón es a su consecuente o antecedente.

Dividiremos la demostración en dos partes:

1) **La suma o resta de los dos términos de la primera razón es a su consecuente como la suma o resta de los dos términos de la segunda razón es a su consecuente.**

Sea la proporción $\dfrac{a}{b} = \dfrac{c}{d}$. Vamos a demostrar que $\dfrac{a \pm b}{b} = \dfrac{c \pm d}{d}$.

En efecto: Sumando o restando a los dos miembros de la igualdad o proporción dada la unidad, tendremos: $$\frac{a}{b} \pm 1 = \frac{c}{d} \pm 1$$

y efectuando operaciones, queda: $\dfrac{a \pm b}{b} = \dfrac{c \pm d}{d}$ que era lo que queríamos demostrar.

2) **La suma o resta de los dos términos de la primera razón es a su antecedente como la suma o resta de los dos términos de la segunda razón es a su antecedente.**

Sea la proporción $\dfrac{a}{b} = \dfrac{c}{d}$. Vamos a demostrar que $\dfrac{a \pm b}{a} = \dfrac{c \pm d}{c}$

En efecto: Invirtiendo las razones en la proporción dada, tendremos: $$\frac{b}{a} = \frac{d}{c}.$$

Sumando los dos miembros de esta igualdad con la unidad o restándolos de la unidad, tendremos: $$1 \pm \frac{b}{a} = 1 \pm \frac{d}{c}$$

y efectuando operaciones, quedará: $\dfrac{a \pm b}{a} = \dfrac{c \pm d}{c}$ que era lo que queríamos demostrar.

| **Ejemplos** |

En la proporción $\dfrac{10}{5} = \dfrac{4}{2}$ tenemos:

(1) $\dfrac{10 + 5}{5} = \dfrac{4 + 2}{2}$ o sea $\dfrac{15}{5} = \dfrac{6}{2}$ legítima porque $15 \times 2 = 6 \times 5$.

(2) $\dfrac{10 - 5}{5} = \dfrac{4 - 2}{2}$ o sea $\dfrac{5}{5} = \dfrac{2}{2}$ " " $5 \times 2 = 5 \times 2$.

(3) $\dfrac{10 + 5}{10} = \dfrac{4 + 2}{4}$ o sea $\dfrac{15}{10} = \dfrac{6}{4}$ " " $15 \times 4 = 10 \times 6$.

(4) $\dfrac{10 - 5}{10} = \dfrac{4 - 2}{4}$ o sea $\dfrac{5}{10} = \dfrac{2}{4}$ " " $5 \times 4 = 10 \times 2$.

(666) TEOREMA

En toda proporción geométrica la suma o resta de los antecedentes es a la suma o resta de los consecuentes como un antecedente es a su consecuente.

Sea la proporción $\dfrac{a}{b} = \dfrac{c}{d}$. Vamos a demostrar que $\dfrac{a \pm c}{b \pm d} = \dfrac{a}{b}$

En efecto: Cambiando los medios en la proporción dada, tendremos:

$\dfrac{a}{c} = \dfrac{b}{d}$ y según el teorema anterior: $\dfrac{a \pm c}{a} = \dfrac{b \pm d}{b}$

y cambiando los medios en esta última proporción, queda: $\boxed{\dfrac{a \pm c}{b \pm d} = \dfrac{a}{b}}$

que era lo que queríamos demostrar.

| $Ejemplo$ | En $\dfrac{10}{5} = \dfrac{2}{1}$ tenemos: |

$\dfrac{10 + 2}{5 + 1} = \dfrac{10}{5}$ o sea $\dfrac{12}{6} = \dfrac{10}{5}$ legítima porque $12 \times 5 = 6 \times 10$

y $\dfrac{10 - 2}{5 - 1} = \dfrac{2}{1}$ o sea $\dfrac{8}{4} = \dfrac{2}{1}$,, ,, $8 \times 1 = 4 \times 2.$

(667) TEOREMA

En toda proporción geométrica la suma de los dos términos de la primera razón es a su diferencia como la suma de los dos términos de la segunda razón es a su diferencia.

Sea la proporción $\dfrac{a}{b} = \dfrac{c}{d}$. Vamos a demostrar que $\dfrac{a + b}{a - b} = \dfrac{c + d}{c - d}.$

En efecto: Ya sabemos, por el número **665**, que: $\dfrac{a \pm b}{a} = \dfrac{c \pm d}{c}.$

Cambiando los medios, tendremos: $\dfrac{a \pm b}{a \pm d} = \dfrac{a}{c}$

Desarrollando en sus dos formas la igualdad anterior, tendremos: $\longrightarrow$ $\boxed{\dfrac{a + b}{c + d} = \dfrac{a}{c}}$ y $\boxed{\dfrac{a - b}{c - d} = \dfrac{a}{c}}$

y como dos cosas iguales a una tercera son iguales entre sí: $\dfrac{a + b}{c + d} = \dfrac{a - b}{c - d}$

y cambiando los medios en esta última proporción, queda: $\dfrac{a + b}{a - b} = \dfrac{c + d}{c - d}$

que era lo que queríamos demostrar.

| $Ejemplo$ | En $\dfrac{12}{2} = \dfrac{6}{1}$ tenemos $\dfrac{12 + 2}{12 - 2} = \dfrac{6 + 1}{6 - 1}$ o sea |

$\dfrac{14}{10} = \dfrac{7}{5}$ legítima porque $14 \times 5 = 10 \times 7.$

(668) TEOREMA

En toda proporción geométrica, la suma de los antecedentes es a su diferencia como la suma de los consecuentes es a su diferencia.

Sea la proporción $\dfrac{a}{b} = \dfrac{c}{d}$. Vamos a demostrar que $\dfrac{a+c}{a-c} = \dfrac{b+d}{b-d}$.

En efecto: Ya hemos demostrado que la suma o diferencia de los antecedentes es a la suma o diferencia de los consecuentes como un antecedente es a su consecuente, luego $\dfrac{a \pm c}{b \pm d} = \dfrac{a}{b}$.

Desarrollando en sus dos formas la igualdad anterior, tendremos: $\dfrac{a+c}{b+d} = \dfrac{a}{b}$ y $\dfrac{a-c}{b-d} = \dfrac{a}{b}$

y como dos cosas iguales a una tercera son iguales entre sí: $\dfrac{a+c}{b+d} = \dfrac{a-c}{b-d}$

y cambiando los medios en esta última proporción, queda: $\dfrac{a+c}{a-c} = \dfrac{b+d}{b-d}$

que era lo que queríamos demostrar.

Ejemplo

En $\dfrac{8}{4} = \dfrac{6}{3}$ tenemos $\dfrac{8+6}{8-6} = \dfrac{4+3}{4-3}$ o sea

$\dfrac{14}{2} = \dfrac{7}{1}$ legítima porque $14 \times 1 = 7 \times 2$.

(669) TEOREMA

En toda serie de razones iguales la suma de los antecedentes es a la suma de los consecuentes como un antecedente es a su consecuente.

Sea la serie de razones iguales $\dfrac{a}{b} = \dfrac{c}{d} = \dfrac{m}{n}$. Vamos a demostrar que

$$\dfrac{a+c+m}{b+d+n} = \dfrac{a}{b}; \quad \dfrac{a+c+m}{b+d+n} = \dfrac{c}{d} \text{ y } \dfrac{a+c+m}{b+d+n} = \dfrac{m}{n}$$

En efecto: Para dos razones ya hemos demostrado **(666)** que la suma de los antecedentes es a la suma de los consecuentes como un antecedente es a su consecuente, luego $\dfrac{a+c}{b+d} = \dfrac{c}{d}$

y como $\dfrac{c}{d} = \dfrac{m}{n}$ tendremos: $\dfrac{a+c}{b+d} = \dfrac{m}{n}$.

Aplicando a estas dos razones el mismo teorema antes citado, tendremos: $\dfrac{a+c+m}{b+d+n} = \dfrac{m}{n}$

y como $\dfrac{m}{n} = \dfrac{a}{b} = \dfrac{c}{d}$ tendremos: $\dfrac{a+c+m}{b+d+n} = \dfrac{a}{b}$ y $\dfrac{a+c+m}{b+d+n} = \dfrac{c}{d}$

que era lo que queríamos demostrar.

| Ejemplo | En $\dfrac{1}{2} = \dfrac{3}{6} = \dfrac{4}{8}$ tenemos: |

$\dfrac{1+3+4}{2+6+8} = \dfrac{1}{2}$ o sea $\dfrac{8}{16} = \dfrac{1}{2}$ legítima porque $8 \times 2 = 16 \times 1$.

$\dfrac{1+3+4}{2+6+8} = \dfrac{3}{6}$ o sea $\dfrac{8}{16} = \dfrac{3}{6}$ „ „ $8 \times 6 = 16 \times 3$.

$\dfrac{1+3+4}{2+6+8} = \dfrac{4}{8}$ o sea $\dfrac{8}{16} = \dfrac{4}{8}$ „ „ $8 \times 8 = 16 \times 4$.

➤ **EJERCICIO 300**

1. Escribir la proporción $\dfrac{2}{3} = \dfrac{4}{6}$ de ocho modos distintos.

2. Escriba de todos los modos posibles la proporción $\dfrac{x}{y} = \dfrac{m}{n}$.

3. De $\dfrac{2}{3} = \dfrac{4}{6}$ y $\dfrac{4}{6} = \dfrac{6}{9}$, que tienen una razón común, se deduce que...

4. Formar la proporción que resulte de $\dfrac{a}{b} = \dfrac{x}{y}$ y $\dfrac{a}{z} = \dfrac{m}{n}$.

5. De las proporciones $\dfrac{2}{a} = \dfrac{3}{b}$ y $\dfrac{2}{m} = \dfrac{3}{n}$, que tienen los antecedentes iguales se deduce que...

6. Formar la proporción que resulte de $\dfrac{8}{a} = \dfrac{6}{b}$ y $\dfrac{20}{a} = \dfrac{15}{b}$.

7. Mulitplicar término a término $\dfrac{1}{2} = \dfrac{4}{8}$ y $\dfrac{1}{3} = \dfrac{2}{6}$. **R.** $\dfrac{1}{6} = \dfrac{8}{48}$.

8. Multiplicar término a término $\dfrac{2}{3} = \dfrac{10}{15}$, $\dfrac{5}{7} = \dfrac{10}{14}$ y $\dfrac{a}{b} = \dfrac{m}{n}$. **R.** $\dfrac{10a}{21b} = \dfrac{100m}{210n}$.

9. Enunciar cuatro teoremas de proporciones y aplicarlos a proporciones numéricas.

10. Enunciar seis teoremas de proporciones y aplicarlos a proporciones geométricas.

11. Formar la proporción que resulte de $3 \times 10 = 6 \times 5$. **R.** $\dfrac{3}{6} = \dfrac{5}{10}$.

12. Formar la proporción que resulte en cada caso:

   a) $3 \times 4 = m \times n$. **R.** $\dfrac{3}{m} = \dfrac{n}{4}$.

   b) $x \times y = a \times b$. **R.** $\dfrac{x}{a} = \dfrac{b}{y}$.

   c) $ax^2 = 5b^3$. **R.** $\dfrac{a}{5} = \dfrac{b^3}{x^2}$.

   d) $a(m-n) = 6(x-y)$. **R.** $\dfrac{a}{x-y} = \dfrac{6}{m-n}$.

   e) $3\sqrt{b} = m^2 n$. **R.** $\dfrac{3}{m^2} = \dfrac{n}{\sqrt{b}}$.

13. ¿La proporción $\dfrac{6}{5} = \dfrac{3}{2.5}$ resulta de $3 \times 5 = 6 \times 2.5$? Diga la razón.

14. ¿De los productos iguales $ax = pq$ resulta la proporción $\frac{a}{p} = \frac{x}{q}$? Diga la razón.

15. $\frac{x}{y} = \frac{2}{3}$ y $x + y = 10$. Hallar x e y.   R. $x = 4$, $y = 6$.

16. $\frac{7}{5} = \frac{a}{b}$ y $a - b = 30$. Hallar a y b.   R. $a = 105$, $b = 75$.

17. $\frac{a}{b} = \frac{m}{n}$. Si $a + m = 45$, $b + n = 40$ y $m = 5$, ¿cuánto vale n?   R. $\frac{40}{9}$.

18. $\frac{x}{y} = \frac{m}{n}$. Siendo $x - m = 20$, $y - n = 15$, $n = 6$, ¿cuánto vale m?   R 8.

19. $\frac{a}{b} = \frac{c}{d}$. Siendo $a + b = 40$, $a - b = 30$, $c + d = 50$, ¿cuánto vale $c - d$?

R. $37\frac{1}{2}$.

20. $\frac{x}{y} = \frac{m}{n}$. Siendo $x - m = 10$, $y + n = 30$, $y - n = 20$, hallar $x + m$.   R. 15.

21. $\frac{a}{6} = \frac{b}{5}$. Sabiendo que $b + 5 = 15$, hallar a.   R. 12.

22. $\frac{m}{4} = \frac{n}{5}$. Siendo $m + n = 18$, ¿cuánto vale n?   R. 10.

23. $\frac{a}{12} = \frac{b}{7}$. Siendo $a - b = 15$, ¿cuánto vale a?   R. 36.

24. $\frac{a}{b} = \frac{6}{5}$. Siendo $a - b = 12$, ¿cuánto vale $a + b$?   R. 132.

25. La relación entre dos números es de 5 a 2. Hallar los números sabiendo que su suma es 49.   R. 35 y 14.

26. La razón de dos números es $\frac{8}{3}$ y su diferencia 55. Hallar los números.   R. 88 y 33.

27. $\frac{a}{2} = \frac{m}{3} = \frac{n}{4}$. Hallar a, m y n sabiendo que $a + m + n = 36$.
R. $a = 8$, $m = 12$, $n = 16$.

28. $\frac{5}{c} = \frac{4}{d} = \frac{6}{e}$. Sabiendo que $c + d + e = 120$, hallar c, d y e.
R. $c = 40$, $d = 32$, $e = 48$.

29. $\frac{1}{m} = \frac{2}{n} = \frac{3}{x} = \frac{4}{y}$. Siendo $m + n + x + y = 14$, hallar m, n, x e y.

R. $m = 1\frac{2}{5}$, $n = 2\frac{4}{5}$, $x = 4\frac{1}{5}$, $y = 5\frac{3}{5}$.

30. Tres números cuya suma es 240 guardan entre sí la relación de los números 2, 3 y 5. Hallar los números.   R. 48, 72 y 120.

En la evolución del concepto de función ejercieron una influencia decisiva Fourier (francés, 1758-1830), Cauchy francés (1789-1857), Dirichlet (alemán, 1805-1859). Todos los trabajos de estos matemáticos contribuyeron al desarrollo de la teoría de las funciones. Sin embargo, fue Riemann (alemán, 1826-1866), en su tesis de 1851, quien echó las bases de la actual teoría de las funciones.

CAPITULO XLIII

MAGNITUDES PROPORCIONALES

(670) CANTIDAD VARIABLE Y CONSTANTE

Las cantidades que intervienen en una cuestión matemática son **variables** cuando varían, es decir, cuando pueden tomar diversos valores, y son **constantes** cuando tienen un valor fijo y determinado. Pondremos dos ejemplos.

1) Si un metro de tela cuesta $2, el **costo** de una pieza de tela dependerá del **número de metros** que tenga la pieza. Si la pieza tiene 5 metros, el costo será $10; si tiene 8 metros, el costo será $16. Aquí, el costo de un metro, $2, que no varía, es una **constante,** mientras que el **número de metros** de la pieza y su **costo,** que toman diversos valores, son **variables.**

¿De qué depende en este caso el costo de la pieza? Del número de metros que tenga. Entonces, el **costo** de la pieza es la **variable dependiente** y el **número de metros** la **variable independiente.**

2) Si un movil tiene una velocidad constante de 6 ms. por seg., el **espacio** que recorra dependerá del **tiempo** que esté andando. Si anda durante 2 seg., recorrerá un espacio de 12 ms.; si anda durante 5 seg. recorrerá un espacio de 30 ms. Aquí la velocidad, 6 ms., es una constante, mientras que el **tiempo** y el **espacio** recorrido que toman sucesivos valores son **variables.**

¿De qué depende en este caso el espacio recorrido? Del tiempo que ha estado andando el móvil. Entonces, el **tiempo** es la variable **independiente** y el **espacio** recorrido es la variable **dependiente.**

(671) CONCEPTO DE FUNCION

En el ejemplo **1)** anterior, el costo de la pieza depende del número de metros que tenga; el costo de la **pieza** es **función** del número de metros.

En el ejemplo **2)** anterior el espacio recorrido depende del tiempo que ha estado andando el móvil; el espacio recorrido es **función** del tiempo.

Siempre que una cantidad variable depende de otra se dice que es función de esta última.

La definición moderna de función, debida a Cauchy, es la siguiente:

Se dice que y es función de x cuando a cada valor de la variable x corresponden uno o varios valores de la variable y.

La notación para expresar que **y** es función de **x** es $y = f(x)$.

(672) EJEMPLOS ARITMETICOS Y GEOMETRICOS DE FUNCIONES

Para aclarar el concepto de función exponemos a continuación algunos ejemplos.

FUNCIONES ARITMETICAS

1) El costo de una pared depende entre otras cosas de su superficie; luego, el costo es función de la superficie: **Costo** $= f$ **(superficie).**

2) El trabajo realizado por cierto número de obreros depende del número de días que trabajen; luego, el trabajo realizado es función del número de días: **Trabajo realizado** $= f$ **(tiempo).**

3) El tiempo empleado en hacer una obra depende del número de obreros empleados; luego, el tiempo es función del número de obreros: **Tiempo** $= f$ **(obreros).**

4) El interés mensual que produce un capital de $5000, por ejemplo, depende del tanto por ciento a que esté colocado; luego, el interés es función del tanto por ciento: $I = f$ **(r).**

5) El salario de un obrero depende del tiempo que haya trabajado; luego, el salario es función del número de días de trabajo: **Salario** $= f$ **(tiempo).**

FUNCIONES GEOMETRICAS

1) Si la base de un rectángulo es fija, el área del rectángulo depende de la altura, pues cuanto mayor sea la altura, mayor será el área; luego, el área de un rectángulo es función de su altura.

Del propio modo, si la altura es fija, cuanto mayor sea la base, mayor será el área; luego, el área es también función de la base.

De modo, que el área de un rectángulo es función de la base y de la altura: $A = f (b, h)$.

2) El área de un cuadrado depende de la longitud de su diagonal; luego, el área de un cuadrado es función de su diagonal: $A = f (d)$.

3) El área de un círculo depende de la longitud del radio; luego, el área de un círculo es función del radio: $A = f (R)$.

4) El volumen de un ortoedro. depende de su ancho, su largo y su altura; luego, el volumen es función del ancho, del largo y de la altura: $V = f (a, l, h)$.

(673) MAGNITUDES PROPORCIONALES

Dos magnitudes son **proporcionales** cuando multiplicando o dividiendo una de ellas por un número, la otra queda multiplicada o dividida (o viceversa) por el mismo número.

Las magnitudes **proporcionales** pueden ser **directamente proporcionales** e **inversamente proporcionales**.

(674) MAGNITUDES DIRECTAMENTE PROPORCIONALES son dos magnitudes tales que, **multiplicando** una de ellas por un número, la otra queda **multiplicada** por el mismo número y **dividiendo** una de ellas por un número, la otra queda **dividida** por el mismo número.

Ejemplo

Si una cuadrilla de obreros puede hacer en 4 días 20 metros de una obra, en 8 días (doble número de días) hará 40 metros de la misma obra (doble número de metros) y en 2 días (la mitad del número de días) hará 10 metros (la mitad del número de metros). Por lo tanto, el *tiempo* y las *unidades de trabajo realizadas* son magnitudes directamente proporcionales o están en *razón directa*.

Son magnitudes directamente proporcionales:

El *tiempo* y las *unidades de trabajo* realizadas.

El *número de cosas* y el *precio* cuando se paga a razón del número.

El *peso* y el *precio* de una mercancía, cuando se paga a razón del peso.

El *tiempo de trabajo* y el *salario* de un obrero.

El *espacio* con la *velocidad*, si el tiempo no varía.

El *espacio* con el *tiempo*, si la velocidad no varía.

El *número de obreros* empleado y el *trabajo realizado*.

(675) MAGNITUDES INVERSAMENTE PROPORCIONALES son dos magnitudes tales que, **multiplicando** una de ellas por un número, la otra queda **dividida** por el mismo número, y **dividiendo** una de ellas por un número, la otra queda **multiplicada** por el mismo número.

> ## Ejemplo

Si 4 hombres pueden hacer una obra en 6 días, 8 hombres (doble número de hombres) harían la misma obra en 3 días (la mitad del número de días) y 2 hombres (la mitad del número de hombres) harían la obra en 12 días (doble número de días). Por lo tanto, el *número de hombres* y el *tiempo* necesario para hacer una obra son magnitudes inversamente proporcionales o están en *razón inversa*.

Son magnitudes inversamente proporcionales:

El *número de obreros* empleado y el *tiempo* necesario para hacer una obra.

Los *días de trabajo* y las *horas diarias* que se trabajan.

La *longitud* con el *ancho* y la *altura* y en general cualquier dimensión de un cuerpo con otra, si la superficie o el volumen del cuerpo permanecen constantes.

La *velocidad* de un móvil con el *tiempo* empleado en recorrer un espacio.

(676) RAZON DE PROPORCIONALIDAD

Siempre que dos magnitudes sean directamente proporcionales, la relación entre dos de sus cantidades correspondientes es **constante.**

Así, si 5 ms. de tela cuestan $10, 10 ms. costarán $20 y 20 ms. costarán $40, y la relación entre cada dos de estas cantidades correspondientes es constante:

$$\frac{\$10}{5} = 2 \qquad \frac{\$20}{10} = 2 \qquad \frac{\$40}{20} = 2$$

y esta relación constante es lo que se llama **razón de proporcionalidad** entre la magnitud pesos y la magnitud metros.

En general, siendo A y B directamente proporcionales, la relación constante $\dfrac{A}{B}$ se llama **razón de proporcionalidad** entre la magnitud A y la magnitud B.

(677) RAZONES DIRECTAS E INVERSAS

Si tenemos cuatro cantidades, homogéneas dos a dos y proporcionales; por ejemplo:

	1ª		3ª
3 naranjas	cuestan	5	cts
6 naranjas	,,	10	cts
	2ª		4ª

y establecemos con ellas el **orden** que se ha indicado, llamamos **razones directas** a las razones $\dfrac{3}{6}$ y $\dfrac{5}{10}$, o sea las razones $\dfrac{1^{a}\ \text{cantidad}}{2^{a}\ \text{cantidad}}$ y $\dfrac{3^{a}\ \text{cantidad}}{4^{a}\ \text{cantidad}}$ y **razones inversas** a las razones $\dfrac{6}{3}$ y $\dfrac{10}{5}$, o sea a las razones $\dfrac{2^{a}\ \text{cantidad}}{1^{a}\ \text{cantidad}}$ y $\dfrac{4^{a}\ \text{cantidad}}{3^{a}\ \text{cantidad}}$

678 MODO DE FORMAR PROPORCION CON CANTIDADES DIRECTAMENTE PROPORCIONALES

Si tenemos cuatro cantidades, homogéneas dos a dos, y directamente proporcionales; por ejemplo: ⟍

	1ª		3ª
5	libros	cuestan	$15
10	libros	,,	$30
	2ª		4ª

tenemos que las **razones directas son iguales.** Así, en este caso,

$\frac{5}{10} = \frac{1}{2}$ y $\frac{15}{30} = \frac{1}{2}$; y si las dos razones directas son iguales, podemos igualarlas y tendremos la proporción: ⟍ $\quad \dfrac{5}{10} = \dfrac{15}{30}$

Por tanto, para formar proporción con cuatro cantidades, homogéneas dos a dos, **directamente proporcionales** se **iguala** la **razón directa** de las dos primeras con la **razón directa** de las dos últimas.

679 MODO DE FORMAR PROPORCION CON CANTIDADES INVERSAMENTE PROPORCIONALES

Si tenemos cuatro cantidades, homogéneas dos a dos e inversamente proporcionales, por ejemplo: ⟍

	1ª		3ª
3 hombres		hacen una obra en	8 días
6 hombres		harían la misma obra en	4 ,,
	2ª		4ª

tenemos que la **razón directa** de las dos primeras es igual a la **razón inversa** de las dos últimas y viceversa. Así, en este caso $\frac{3}{6}$ (directa) $= \frac{1}{2}$ y $\frac{4}{8}$ (inversa) $= \frac{1}{2}$; $\frac{6}{3}$ (inversa) $= 2$ y $\frac{8}{4}$ (directa) $= 2$; y si la razón directa de las dos primeras es igual a la razón ·inversa de las dos últimas y viceversa, podemos igualar una razón directa con una inversa y tendremos la proporción: ⟍ $\quad \dfrac{3}{6} = \dfrac{4}{8}$ ó $\dfrac{6}{3} = \dfrac{8}{4}.$

Por tanto, para formar proporción con cuatro cantidades, homogéneas dos a dos, **inversamente proporcionales,** se **iguala la razón directa** de las dos primeras con la **razón inversa** de las dos últimas o viceversa.

REGLA DE TRES

CAPITULO **XLIV**

APLICACIONES ARITMETICAS DE LA PROPORCIONALIDAD

(680) La **Regla de Tres** es una operación que tiene por objeto hallar el cuarto término de una proporción, cuando se conocen tres.

La Regla de Tres puede ser **simple** y **compuesta**.

Es **simple** cuando solamente intervienen en ella dos magnitudes y es **compuesta** cuando intervienen tres o más magnitudes.

(681) SUPUESTO Y PREGUNTA

En una Regla de Tres el **supuesto** está constituido por los datos de la parte del problema que ya se conoce y la **pregunta** por los datos de la parte del problema que contiene la **incógnita**.

Así en el problema: Si 4 libros cuestan $8, ¿cuánto costarán 15 libros?, el supuesto está constituido por 4 libros y $8 y la pregunta por 15 libros y x pesos.

(682) METODOS DE RESOLUCION

La Regla de Tres se puede resolver por tres métodos: 1) Método de reducción a la unidad. 2) Método de las proporciones. 3) Método práctico.

I. METODO DE REDUCCION A LA UNIDAD

(683) REGLA DE TRES SIMPLE DIRECTA

Si 4 libros cuestan $8, ¿cuánto costarán 15 libros?

Supuesto .... 4 libros......$ 8
Pregunta .... 15 „ ......$ x

Si 4 libros cuestan $8, 1 libro costará 4 veces menos: $8 ÷ 4 = $2 y 15 libros costarán 15 veces más, $2 × 15 = $30. **R.**

(684) REGLA DE TRES SIMPLE INVERSA

4 hombres hacen una obra en 12 días. ¿En cuántos días podrían hacer la misma obra 7 hombres?

Supuesto ...... 4 hombres 12 días
Pregunta ...... 7 „ x „

Si 4 hombres hacen la obra en 12 días, 1 hombre tardaría para hacerla 4 veces más: $4 \times 12 = 48$ días y 7 hombres tardarían 7 veces menos: $\dfrac{48}{7} = 6\dfrac{6}{7}$ ds. **R.**

(685) REGLA DE TRES COMPUESTA

3 hombres trabajando 8 horas diarias han hecho 80 metros de una obra en 10 días. ¿Cuántos días necesitarán 5 hombres, trabajando 6 horas diarias, para hacer 60 metros de la misma obra?

Supuesto ...... 3 hombres 8 h. diarias 80 ms. 10 días
Pregunta ...... 5 hombres 6 h. diarias 60 ms. x días

Si 3 hombres trabajando 8 horas diarias han hecho 80 metros de la obra en 10 días, 1 hombre tardará 3 veces más y 5 hombres, 5 veces menos: $\dfrac{10 \times 3}{5}$ días, trabajando 8 horas diarias.

Si en lugar de trabajar 8 horas diarias, trabajaran 1 hora diaria, tardarían 8 veces más y trabajando 6 horas diarias, tardarían 6 veces menos: $\dfrac{10 \times 3 \times 8}{5 \times 6}$ días, para hacer 80 metros.

Si en lugar de hacer 80 ms. hicieran 1 metro, tardarían 80 veces menos y para hacer 60 ms. tardarían 60 veces más: $\dfrac{10 \times 3 \times 8 \times 60}{5 \times 6 \times 80}$ días.

Luego: $x = \dfrac{10 \times 3 \times 8 \times 60}{5 \times 6 \times 80} = 6$ días. **R.**

METODO DE LAS PROPORCIONES

Aplicaremos este método a los ejemplos anteriores.

(686) REGLA DE TRES SIMPLE DIRECTA

Si 4 libros cuestan $8, ¿cuánto costarán 15 libros?

$$\begin{aligned}\text{Supuesto} &\dots\dots\dots\quad 4 \text{ libros}\dots\dots\$\,8 \\ \text{Pregunta} &\dots\dots\dots\quad 15 \quad ,, \quad\dots\dots\$\,x\end{aligned}$$

Como que a **más** libros, **más** pesos, estas cantidades son directamente proporcionales y sabemos **(678)** que la proporción se forma igualando las **razones directas:**

$$\frac{4}{15} = \frac{8}{x} \therefore x = \frac{8 \times 15}{4} = \$\,30. \quad \text{R}$$

(687) REGLA DE TRES SIMPLE INVERSA

4 hombres hacen una obra en 12 días. ¿En cuántos días podrían hacer la obra 7 hombres?

$$\begin{aligned}\text{Supuesto} &\dots\dots\dots\quad 4 \text{ hombres, } 12 \text{ días} \\ \text{Pregunta} &\dots\dots\dots\quad 7 \quad ,, \quad x \quad ,,\end{aligned}$$

Como que a **más** hombres, **menos** días, estas cantidades son inversamente proporcionales y sabemos **(679)** que la proporción se forma igualando la **razón directa** de las dos primeras con la **razón inversa** de las dos últimas o viceversa:

$$\frac{7}{4} = \frac{12}{x} \therefore x = \frac{4 \times 12}{7} = 6\frac{6}{7} \text{ días. } \quad \text{R}$$

(688) REGLA DE TRES COMPUESTA

3 hombres trabajando 8 horas diarias han hecho 80 metros de una obra en 10 días. ¿Cuántos días necesitarán 5 hombres, trabajando 6 horas diarias, para hacer 60 metros de la misma obra?

$$\begin{aligned}\text{Supuesto} &\dots\dots\dots\quad 3 \text{ hombres } 8 \text{ h. diarias } 80 \text{ ms. } 10 \text{ días} \\ \text{Pregunta} &\dots\dots\dots\quad 5 \quad ,, \quad 6 ,, \quad ,, \quad 60 ,, \quad x \quad ,,\end{aligned}$$

El método de las proporciones consiste en descomponer la Regla de Tres compuesta en Reglas de Tres simples y luego multiplicar ordenadamente las proporciones formadas.

Al formar cada Regla de Tres simple, consideramos que las demás magnitudes no varían.

En este caso, tenemos 3 proporciones:

1ª   3 hombres hacen la obra en 10 días
    5 „ la harán en y „

A **más** hombres, **menos** días; luego, son inversamente proporcionales: $\dfrac{5}{3} = \dfrac{10}{y}.$ (1).

2ª   Se emplean y días trabajando 8 horas diarias
     se emplearán y' „   „ 6 „   „

A **más** días, **menos** horas diarias; luego, son inversamente proporcionales: $\dfrac{6}{8} = \dfrac{y}{y'}.$ (2).

3ª   Se emplean y' días para hacer 80 ms. de la obra
     se emplearán x „ „   „ 60 „ „ „ „

A **más** días, **más** metros; luego, son directamente proporcionales: $\dfrac{80}{60} = \dfrac{y'}{x}.$ (3).

Multiplicando término a término las proporciones (1), (2) y (3), tenemos: $\dfrac{5 \times 6 \times 80}{3 \times 8 \times 60} = \dfrac{10 \times y \times y'}{y \times y' \times x}$

Simplificando, queda: $\dfrac{5}{3} = \dfrac{10}{x} \therefore x = \dfrac{10 \times 3}{5} = 6$ días. **R.**

III. METODO PRACTICO

(689) **REGLA PRACTICA PARA RESOLVER CUALQUIER PROBLEMA DE REGLA DE TRES SIMPLE O COMPUESTA**

Se escriben el supuesto y la pregunta. Hecho esto, se compara cada una de las magnitudes con la incógnita (suponiendo que las demás no varían), para ver si son directa o inversamente proporcionales con la incógnita. A las magnitudes que sean directamente proporcionales con la incógnita se les pone debajo un signo + y encima un signo −, y a las magnitudes que sean inversamente proporcionales con la incógnita se les pone debajo un signo − y encima un signo +. El valor de la incógnita x, será igual al valor conocido de su misma especie (al cual siempre se le pone +), multiplicado por todas las cantidades que llevan el signo +, partiendo este producto por el producto de las cantidades que llevan el signo −.

Resolveremos primero los ejemplos que hemos resuelto por los métodos anteriores y después otros ejemplos más, ya que este método es el más rápido.

(690) REGLA DE TRES SIMPLE

Si **4** libros cuestan **$8**, ¿cuánto costarán **15** libros?

$$\overset{-}{4} \text{ libros} \ldots \ldots \overset{+}{\$} 8$$

Supuesto .... $\overset{-}{4}$ libros......$\overset{+}{\$}8$
Pregunta .... 15 „ .....$ x
$$+$$

Comparamos: A **más** libros **más** pesos; luego, estas magnitudes son directamente proporcionales; ponemos + debajo de los libros y − encima; ponemos + también a $8.

Ahora, el valor de *x* será igual al producto de 8 por 15, que son los que tienen el signo +, partido por 4 que tiene −, y tendremos:

$$x = \frac{8 \times 15}{4} = \$ 30. \quad \text{R.}$$

(691) 4 hombres hacen una obra en 12 días. ¿En cuántos días podrían hacer la obra 7 hombres?

Supuesto .... $\overset{+}{4}$ hombres.... $\overset{+}{12}$ días
Pregunta .... 7 „ .... *x* „
$$-$$

Comparamos: A **más** hombres, **menos** días; luego, son inversamente proporcionales.

Ponemos − debajo de hombres y + arriba; ponemos + también a 12 días.

Ahora, el valor de *x* será igual al producto de 12 por 4, que son los que tienen signo + partido por 7 que tiene −, y tendremos:

$$x = \frac{12 \times 4}{7} = 6\frac{6}{7} \text{ días. R.}$$

(692) Una cuadrilla de obreros ha hecho una obra en 20 días trabajando 6 horas diarias. ¿En cuántos días habrían hecho la obra si hubieran trabajado 8 horas diarias?

Supuesto .... $\overset{+}{20}$ días.... $\overset{+}{6}$ horas diarias
Pregunta .... *x* „ .... 8 „ „
$$-$$

A más días, **menos** horas diarias; ponemos − debajo de horas diarias y + encima; ponemos + a 20 días y el valor de *x* será:

$$x = \frac{20 \times 6}{8} = 15 \text{ días. R.}$$

(693) REGLA DE TRES COMPUESTA

3 hombres trabajando 8 horas diarias han hecho 80 metros de una obra en 10 días. ¿Cuántos días necesitarán 5 hombres trabajando 6 horas diarias para hacer 60 metros de la misma obra?

$$
\begin{array}{lccccc}
 & + & + & - & + \\
\text{Supuesto} \ldots\ldots & 3 \text{ homb.} & 8 \text{ h. diarias} & 80 \text{ ms.} & 10 \text{ días} \\
\text{Pregunta} \ldots\ldots & 5 \text{ ,,} & 6 \text{ ,, ,,} & 60 \text{ ,,} & x \text{ ,,} \\
 & - & - & + &
\end{array}
$$

Comparamos: A **más hombres, menos días;** ponemos − debajo de hombres y + encima; a **más horas diarias** de trabajo, **menos días** en hacer la obra: ponemos − debajo de horas diarias y + encima; a **más metros, más días,** ponemos + debajo de metros y − encima; ponemos + también a 10 días.

El valor de x será el producto de 10 por 60, por 8 y por 3, que son los que tienen signo + partido por el producto de 80 por 6 y por 5, que son los que tienen signo −, y tendremos:

$$x = \frac{10 \times 60 \times 8 \times 3}{80 \times 6 \times 5} = 6 \text{ días.} \quad \text{R.}$$

(694)

Una guarnición de 1600 hombres tiene víveres para 10 días a razón de 3 raciones diarias cada hombre. Si se refuerzan con 400 hombres, ¿cuántos días durarán los víveres si cada hombre toma 2 raciones diarias?

Escribimos el supuesto y la pregunta:

$$
\begin{array}{lccc}
\text{Supuesto} \ldots\ldots & 1600 \text{ hombres} & 10 \text{ días} & 3 \text{ rac. diarias} \\
\text{Pregunta} \ldots\ldots & 2000 \text{ ,,} & x \text{ ,,} & 2 \text{ ,, ,,}
\end{array}
$$

Comparamos: A **más hombres,** suponiendo que las raciones no varían, **menos días** durarán los víveres: ponemos signo − debajo de los hombres y + encima; a **más raciones diarias,** suponiendo que el número de hombres no varía, **menos días** durarán los víveres: ponemos signo − debajo de raciones y signo + encima; además ponemos + en 10 días, y tendremos:

$$
\begin{array}{ccc}
+ & + & + \\
1600 \text{ hombres} & 10 \text{ días} & 3 \text{ rac. diarias} \\
2000 \text{ ,,} & x \text{ ,,} & 2 \text{ ,, ,,} \\
- & & -
\end{array}
$$

Entonces, x será igual al producto de las cantidades que tienen el signo +, que son 3, 1600 y 10, partido por el producto de las que tienen el signo −, que son 2000 y 2, y tendremos:

$$x = \frac{1600 \times 10 \times 3}{2000 \times 2} = 12 \text{ días.} \quad \text{R}$$

695 Se emplean 10 hombres durante 5 días, trabajando 4 horas diarias, para cavar una zanja de 10 ms. de largo, 6 ms. de ancho y 4 ms. de profundidad. ¿Cuántos días necesitarán 6 hombres, trabajando 3 horas diarias, para cavar otra zanja de 15 ms. de largo, 3 ms. de ancho y 8 ms. de profundidad, en un terreno de doble dificultad?

Escribimos el supuesto y la pregunta, teniendo en cuenta que, como en el supuesto no se da dificultad y en la pregunta sí, se considera que la dificultad del supuesto es 1 y tendremos:

$$
\begin{array}{ccccccc}
+ & + & + & - & - & - & - \\
10 \text{ hs.} & 5 \text{ ds.} & 4 \text{ h. d.} & 10 \text{ m. l.} & 6 \text{ m. a.} & 4 \text{ m. prof.} & 1 \text{ dif.} \\
6 \text{ ,,} & x \text{ ,,} & 3 \text{ ,,} & 15 \text{ ,,} & 3 \text{ ,,} & 8 \text{ ,,} & 2 \text{ ,,} \\
- & & - & + & + & + & +
\end{array}
$$

Comparamos: **A más hombres** trabajando, **menos días** se tardaría en terminar la obra: ponemos signo − debajo de hombres y + encima; a **más horas diarias** de trabajo, **menos días** se tardaría: ponemos signo − debajo de horas diarias y + encima; a **más metros de largo, más días**: ponemos signo + debajo de metros de largo y − encima; a **más metros de ancho, más días**: ponemos signo + debajo de metros de ancho y signo − encima; a **más metros de profundidad, más días**: ponemos + debajo de metros de profundidad y − encima; a **más dificultad, más días**: ponemos signo + debajo de dificultad y − encima; también ponemos + en 5 días.

Entonces, *x* será igual al producto de las cantidades que tienen el signo +, que son 10, 5, 4, 15, 3, 8 y 2, partido por el producto de las que tienen el signo −, que son 6, 3, 10, 6, 4 y 1, o sea:

$$
x = \frac{10 \times 5 \times 4 \times 15 \times 3 \times 8 \times 2}{6 \times 3 \times 10 \times 6 \times 4 \times 1} = 33\frac{1}{3} \text{ días.} \quad \textbf{R}
$$

➤ **EJERCICIO 301**

1. Si 4 libros cuestan bs. 20, ¿cuánto costarán 3 docenas de libros? **R.** bs. 180.

2. Si una vara de 2.15 ms. de longitud da una sombra de 6.45 ms., ¿cuál será la altura de una torre cuya sombra, a la misma hora, es de 51 ms.? **R.** 17 m.

3. Una torre de 25.05 ms. da una sombra de 33.40 ms. ¿Cuál será, a la misma hora, la sombra de una persona cuya estatura es 1.80 ms.? **R.** 2.40 ms.

4. Si $\frac{1}{2}$ doc. de una mercancía cuestan 14.50 bolívares, ¿cuánto importarán 5 doc. de la misma? **R.** 145 bolívares.

5. Los $\frac{2}{5}$ de capacidad de un estanque son 500 litros. ¿Cuál será la capacidad de los $\frac{3}{8}$ del mismo estanque? **R.** $468\frac{3}{4}$ l.

6. Los $\frac{3}{7}$ de la capacidad de un estanque son 8136 litros. Hallar la capacidad del estanque. **R.** 18984 l.

7. Dos individuos arriendan una finca. El primero ocupa los $\frac{5}{11}$ de la finca y paga 6000 bolívares de alquiler al año. ¿Cuánto paga de alquiler anual el segundo?   **R.** 7200 bolívares.

8. Una casa es de dos hermanos. La parte del primero, que es los $\frac{5}{13}$ de la casa, está valuada en 15300 bolívares. Hallar el valor de la parte del otro hermano.   **R.** 24480 bolívares.

9. Una cuadrilla de obreros emplea 14 días, trabajando 8 horas diarias, en realizar cierta obra. Si hubiera trabajado una hora menos al día, ¿en cuántos días habrían terminado la obra?   **R.** 16 d.

10. 9 hombres pueden hacer una obra en 5 días. ¿Cuántos hombres más harían falta para hacer la obra en un día? ¿Cuántos hombres menos para hacerla en 15 días?   **R.** 36 h. más; 6 h. menos.

11. A la velocidad de 30 Kms. por hora un automóvil emplea $8\frac{1}{4}$ horas en ir de una ciudad a otra.   ¿Cuánto tiempo menos se hubiera tardado si la velocidad hubiera sido triple?   **R.** $5\frac{1}{2}$ h. menos.

12. Una pieza de tela tiene 32.32 ms. de largo y 75 cms. de ancho. ¿Cuál será la longitud de otra pieza, de la misma superficie, cuyo ancho es de 80 cms.?   **R.** 30.30 m.

13. Una mesa tiene 6 ms. de largo y 1.50 ms. de ancho. ¿Cuánto se debe disminuir la longitud, para que sin variar la superficie, el ancho sea de 2 ms.?   **R.** 1.50 m.

14. Una fuente da 120 Dls. de agua en 10 minutos. ¿Cuántos litros más dará en $12\frac{1}{12}$ minutos?   **R.** 250 l. más.

15. Un móvil recorre 3 cordeles 6 varas en 4 minutos. ¿Qué tiempo empleará en recorrer 198.432 ms.?   **R.** 12 min.

16. Se compran 3 @ 15 libras de una mercancía por $4.50. ¿A cómo sale el Kilogramo?   **R.** $0.1085.

17. Un móvil recorre 2 yardas, 1 pie, 6 pulgadas en $\frac{3}{4}$ de minuto. ¿Qué distancia recorrerá en 3 minutos 4 segundos?   **R.** 10 y. 8 pulg.

18. Una persona que debe Q. 1500 conviene con sus acreedores en pagar 0.75 por cada quetzal. ¿Cuánto tiene que pagar?   **R.** Q. 1125.

19. Ganando $3.15 en cada metro de tela, ¿cuántos metros se han vendido si la ganancia ha sido $945?   **R.** 300 ms.

20. Dos piezas de paño de la misma calidad cuestan, una bs. 450 y otra bs. 300. Si la primera tiene 15 ms. más que la segunda, ¿cuál es la longitud de cada pieza?   **R.** 45 m.; 30 m.

21. Una guarnición de 1300 hombres tiene víveres para 4 meses. Si se quiere que los víveres duren 10 días más; ¿cuántos hombres habrá que rebajar de la guarnición?   **R.** 100 homb.

22. Un obrero tarda $12\frac{3}{5}$ días en hacer $\frac{7}{12}$ de una obra. ¿Cuánto tiempo necesitará para terminar la obra?   **R.** 9 d.

23. Una guarnición de 500 hombres tiene víveres para 20 días a razón de 3 raciones diarias. ¿Cuántas raciones diarias tomará cada hombre si se quiere que los víveres duren 5 días más?   **R.** $2\frac{2}{5}$ rac. diarias.

24. Dos números están en la relación de 5 a 3. Si el mayor es 655, ¿cuál es el menor? **R.** 393.

25. Dos números están en relación de 19 a 17. Si el menor es 289, ¿cuál es el mayor? **R.** 323.

26. Un ganadero compra 1140 reses con la condición de recibir 13 por cada 12 que compre. ¿Cuántas reses debe recibir? **R.** 1235.

27. Al vender cierto número de caballos por $4500 gano $6 en cada $100. ¿Cuánto me costaron los caballos? **R.** $4230..

28. Al vender cierto número de caballos por $960 pierdo $8 en cada $100. ¿Cuánto me costaron los caballos? **R.** $1036.80.

29. Dos números están en la relación de 6 a 1. Si la suma de los dos números es 42, ¿cuáles son los números? **R.** 36 y 6.

30. Dos números guardan la relación de 4 a $\frac{1}{2}$. Si la suma de los dos números es 63, ¿cuáles son los números? **R.** 56 y 7.

31. Se han empleado 8 días para cavar una zanja. Si la dificultad de otro terreno guarda con la dificultad del anterior la relación de 4 a 3, ¿cuántos días llevaría cavar una zanja igual en el nuevo terreno? **R.** $10\frac{2}{3}$ ds.

32. 8 hombres han cavado en 20 días una zanja de 50 ms. de largo, 4 ms. de ancho y 2 ms. de profundidad. ¿En cuánto tiempo hubieran cavado la zanja 6 hombres menos? **R.** 80 ds.

33. Una calle de 50 ms. de largo y 8 ms. de ancho se halla pavimentada con 20000 adoquines. ¿Cuántos adoquines serán necesarios para pavimentar otra calle de doble largo y cuyo ancho es los $\frac{3}{4}$ del ancho anterior? **R.** 30000 adoq.

34. 10 hombres, trabajando en la construcción de un puente hacen $\frac{3}{5}$ de la obra en 8 días. Si retiran 8 hombres, ¿cuánto tiempo emplearán los restantes para terminar la obra? **R.** $26\frac{2}{3}$ d.

35. Dos hombres han cobrado 350 colones por un trabajo realizado por los dos. El primero trabajó durante 20 días a razón de 9 horas diarias y recibió 150 colones. ¿Cuántos días, a razón de 6 horas diarias, trabajó el segundo? **R.** 40 d.

36. Una cuadrilla de 15 hombres se compromete a terminar en 14 días cierta obra. Al cabo de 9 días sólo han hecho los $\frac{3}{7}$ de la obra. ¿Con cuántos hombres tendrán que ser reforzados para terminar la obra en el tiempo fijado? **R.** 21 homb.

37. Se emplean 12 hombres durante 6 días para cavar una zanja de 30 ms. de largo, 8 ms. de ancho y 4 ms. de alto, trabajando 6 horas diarias. Si se emplea doble número de hombres durante 5 días, para cavar otra zanja de 20 ms. de largo, 12 ms. de ancho y 3 ms. de alto, ¿cuántas horas diarias han trabajado? **R.** $2\frac{7}{10}$ h. d.

38. Se emplean 14 hombres en hacer 45 ms. de una obra, trabajando durante 20 días. ¿Cuánto tiempo empleará la mitad de esos hombres en hacer

16 ms. de la misma obra, habiendo en esta obra triple dificultad que en la anterior?   **R.** $42\frac{2}{3}$ d.

39. Se emplean 14 días en hacer una obra de 15 ms. de largo, 8 ms. de ancho y 4.75 ms. de alto, a razón de 6 horas de trabajo cada día. Si se emplean 8 días en hacer otra obra del mismo ancho y de doble largo, trabajando 7 horas diarias, y siendo la dificultad de esta obra los $\frac{3}{4}$ de la anterior, ¿cuál es la altura de la obra?   **R.** $2\frac{1}{9}$ m.

40. Un obrero emplea 9 días de 6 horas en hacer 270 ms. de una obra. ¿Cuántas horas deberá trabajar ese obrero para hacer otra obra de 300 ms. si la dificultad de la primera obra y la de la segunda están en relación de 3 a 4?   **R.** 80 h.

41. Una pared de 5 ms. de largo, 1 m. de alto y 0.07 ms. de espesor ha costado $25. ¿Cuál será el espesor de otra pared de 14 ms. de largo y 0.70 ms. de alto, por la cual se pagan $490?   **R.** 0.7 m.

42. En 10 días un hombre recorre 112 Kms. a razón de 5 horas diarias de marcha. ¿Cuál será la distancia que recorrerá en 7.5 días a razón de $5\frac{1}{2}$ horas de marcha diaria, si disminuye su marcha de $\frac{1}{8}$?   **R.** 80.85 Km.

43. 6 hombres trabajando durante 9 días, a razón de 8 horas diarias han hecho los $\frac{8}{8}$ de una obra. Si se refuerzan con 4 hombres, y los obreros trabajan ahora 6 horas diarias, ¿en cuántos días terminarán la obra?   **R.** 12 ds.

44. 50 hombres tienen provisiones para 20 días a razón de 3 raciones diarias. Si las raciones se disminuyen de $\frac{1}{3}$ y se aumentan 10 hombres, ¿cuántos días durarán los víveres?   **R.** 25 ds.

45. Si 20 hombres cavaron un pozo en 10 días trabajando 8 horas diarias y 40 hombres cavaron otro pozo igual en 8 días trabajando 5 horas diarias, ¿era la dificultan de la segunda obra mayor o menor que la de la primera?   **R.** Igual.

46. 30 hombres se comprometen a hacer una obra en 15 días. Al cabo de 9 días sólo han hecho los $\frac{8}{11}$ de la obra. Si el capataz refuerza la cuadrilla con 42 hombres, ¿podrán terminar la obra en el tiempo fijado o no, y si no es posible, cuántos días más necesitarán?   **R.** No; 4 ds. más.

47. 10 hombres se comprometieron a realizar en 24 días cierta obra. Trabajaron 6 días a razón de 8 horas diarias. Entonces se les pidió que acabaran la obra 8 días antes del plazo que se les dio al principio. Se colocaron más obreros, trabajaron todos 12 horas diarias y terminaron la obra en el plazo pedido. ¿Cuántos obreros se aumentaron? **R.** 2 obreros.

48. Un capataz contrata una obra que debe comenzarla el día 1 de junio y terminarla el 5 de julio. El día 1 de junio pone a trabajar 20 hombres, los cuales trabajan hasta el día 14 inclusive a razón de 6 horas diarias. Ese día el propietario le dice que necesita la obra terminada el día 24 de junio. Entonces, a partir del día 15, coloca más obreros, se trabajan 9 horas diarias en vez de 6 y logra complacer al propietario. ¿Cuántos obreros aumentó el capataz a partir del día 15?   **R.** 8 obreros.

TANTO POR CIENTO   CAPITULO XLV

(696) Se llama **tanto por ciento** de un número a una o varias de las **cien partes iguales** en que se puede dividir dicho número, es decir, uno o varios centésimos de un número. El signo del tanto por ciento es %.

Así, el 4% de 80 o $\frac{4}{100}$ de 80 equivale a **cuatro centésimas partes** de 80, es decir, que 80 se divide en **cien** partes iguales y de ellas se toman **cuatro.**

El $5\frac{3}{4}$% de 150 significa que 150 se divide en **cien** partes iguales y de ellas se toman **cinco partes y tres cuartos.**

Es evidente que el **100%** de un número es el mismo número. Así, el 100% de 8 es 8. En el tanto por ciento se pueden presentar **cinco casos.**

(697) HALLAR UN TANTO POR CIENTO DE UN NUMERO

Ejemplo

(1) Hallar el 15% de 32.

Diremos: El 100% de 32 es 32; el 15% de 32, que es lo que se busca, será x. Formamos una regla de tres simple con estas cantidades y despejamos la x:

$$100\% \ldots \ldots \ldots \ldots 32$$
$$15\% \ldots \ldots \ldots \ldots x \quad \therefore \quad x = \frac{32 \times 15}{100} = 4.8$$

Luego el 15% de 32 es 4.8   R.

(2) Hallar el $\frac{1}{8}\%$ de 96.

$$100\% \ldots\ldots\ldots\ldots\ 96$$

$$\frac{1}{8}\% \ldots\ldots\ldots\ldots\ x \therefore x = \frac{96 \times {}^1/_8}{100} = 0.12 \quad \text{R.}$$

> ## EJERCICIO 302

Hallar:

1. 18% de 72.   **R. 12.96.**
2. 35% de 180.   **R. 63.**
3. 42% de 1250.   **R. 525.**
4. 56% de 3000.   **R. 1680.**
5. 90% de 1315.   **R. 1183.5.**
6. $\frac{1}{2}\%$ de 18.   **R. 0.09.**
7. $\frac{2}{3}\%$ de 54.   **R. 0.36.**
8. $\frac{3}{5}\%$ de 108.   **R. 0.648.**
9. $\frac{2}{9}\%$ de 360.   **R. 0.8.**
10. $\frac{1}{4}\%$ de 1320.   **R. 3.3.**
11. $\frac{5}{12}\%$ de 144.   **R. 0.6.**
12. $4\frac{1}{2}\%$ de 150.   **R. 6.75.**
13. $1\frac{1}{2}\%$ de 1854.   **R. 27.81.**
14. $6\frac{5}{7}\%$ de 49.   **R. 3.29.**
15. 0.2% de 84.   **R. 0.168.**
16. 0.03% de 560.   **R. 0.168.**
17. 3.75% de 18.   **R. 0.675.**
18. 5.34% de 23.   **R. 1.2282.**

(698) CASOS ESPECIALES

Exponemos a continuación el modo rápido de hallar varios tantos por ciento de mucho uso.

El 1% de un número $= \frac{1}{100}$ del número; luego, **para** hallar el **1% de un número se divide el número entre 100.**

Así, el 1% de $915 = 915 \div 100 = 9.15$ R.

El 2% de un número $= \frac{2}{100} = \frac{1}{50}$ del número; luego, **para** hallar **el 2% de un número se divide el número entre 50.**

Así, el 2% de $350 = 350 \div 50 = 7$ R.

El 4% de un número $= \frac{4}{100} = \frac{1}{25}$ del número; luego, **para hallar el 4% de un número se divide el número entre 25.**

Así, el 4% de $750 = 750 \div 25 = 30$ R.

El 5% de un número $= \frac{5}{100} = \frac{1}{20}$ del número; luego, **para hallar el 5% de un número se divide el número entre 20.**

Así, el 5% de $1860 = 1860 \div 20 = 93$ R.

El 10% de un número $= \frac{10}{100} = \frac{1}{10}$ del número; luego, **para hallar el 10% de un número se divide el número entre 10.**

Así, el 10% de 56.78 = 56.78 ÷ 10 = 5.678   R.

El 12½% de un número $= \frac{12\frac{1}{2}}{100} = \frac{1}{8}$ del número; luego, **para hallar el 12½% de un número se divide el número entre 8.**

Así, el 12½% de 48 = 48 ÷ 8 = 6   R.

El 16⅔% de un número $= \frac{16\frac{2}{3}}{100} = \frac{1}{6}$ del número; luego, **para hallar el 16⅔% de un número se divide el número entre 6.**

Así, el 16⅔% de 78 = 78 ÷ 6 = 13   R.

El 20% de un número $= \frac{20}{100} = \frac{1}{5}$ del número; luego, **para hallar el 20% de un número se divide el número entre 5.**

Así, el 20% de 1215 = 1215 ÷ 5 = 243   R.

El 25% de un número $= \frac{25}{100} = \frac{1}{4}$ del número; luego, **para hallar el 25% de un número se divide el número entre 4.**

Así, el 25% de 1496 = 1496 ÷ 4 = 374   R.

El 33⅓% de un número $= \frac{33\frac{1}{3}}{100} = \frac{1}{3}$ del número; luego, **para hallar el 33⅓% de un número se divide el número entre 3.**

Así, el 33⅓% de 18 = 18 ÷ 3 = 6   R.

El 40% de un número $= \frac{40}{100} = \frac{2}{5}$ del número; el 60% $= \frac{60}{100} = \frac{3}{5}$ del número; el 80% $= \frac{80}{100} = \frac{4}{5}$ del número; luego, **para hallar el 40%, 60% u 80% de un número se divide el número entre 5 y se multiplica por 2, 3 ó 4.**

Así, 40% de 105 $= \frac{105 \times 2}{5} = 42$; 60% de 90 $= \frac{90 \times 3}{5} = 54$; 80% de 55 $= \frac{55 \times 4}{5} = 44$ R.

El 50% de un número $= \frac{50}{100} = \frac{1}{2}$ del número; luego, **para hallar el 50% de un número se divide el número entre 2.**

Así, 50% de 45 = 45 ÷ 2 $= 22\frac{1}{2}$ R.

El 75% de un número $= \frac{75}{100} = \frac{3}{4}$ del número; luego, **para hallar el 75% de un número se divide el número entre 4 y se multiplica por 3.**

Así, 75% de 144 $= \frac{144 \times 3}{4} = 108$ R.

EJERCICIO 303

Hallar, por simple inspección:

1. 1% de 34. R. 0.34.
2. 2% de 500. R. 10.
3. 4% de 75. R. 3.
4. 5% de 60. R. 3.
5. 10% de 98. R. 9.8.
6. 20% de 155. R. 31.
7. $16\frac{2}{3}$% de 12. R. 2.
8. 25% de 84 R. 21.
9. $33\frac{1}{3}$% de 15. R. 5.
10. 40% de 25. R. 10.
11. 60% de 40. R. 24.
12. 80% de 30. R. 24.
13. 75% de 16. R. 12.
14. 50% de 42. R. 21.
15. 20% de 85. R. 17.
16. $12\frac{1}{2}$% de 16. R. 2.

17. 25% de 104. R. 26.
18. $16\frac{2}{3}$% de 54. R. 9.
19. $33\frac{1}{3}$% de 108. R. 36.
20. 75% de 48. R. 36.
21. 50% de 56. R. 28.
22. 5% de 200. R. 10.
23. 10% de 56.75. R. 5.675.
24. 40% de 35. R. 14.
25. 80% de 45. R. 36.
26. 4% de 50. R. 2.
27. $12\frac{1}{2}$% de 56. R. 7.
28. 75% de 8. R. 6.
29. 60% de 10. R. 6.
30. 1% de 187.43. R. 1.8743.

EJERCICIO 304

Hallar:

1. 10% de $15\frac{2}{5}$. R. 1.54.
2. 25% de 1044. R. 261.
3. 20% de 1612. R. 322.4
4. 75% de 18.16. R. 13.62.
5. 5% de 95.6. R. 4.78.
6. 60% de 23455. R. 14073.
7. 80% de 134.65. R. 107.72.
8. $16\frac{2}{3}$% de 1914. R. 319.
9. $12\frac{1}{2}$% de $4\frac{4}{5}$. R. 0.6.
10. 50% de $56\frac{1}{6}$. R. $28\frac{1}{12}$.
11. 2% de $\frac{1}{2}$. R. 0.01.
12. 5% de $\frac{3}{4}$. R. 0.0375.
13. 4% de $\frac{1}{50}$. R. 0.0008.
14. 75% de 14324. R. 10743.
15. 10% de $15\frac{3}{4}$. R. 1.575.

16. $33\frac{1}{3}$% de $\frac{1}{3}$. R. $\frac{1}{9}$.
17. 20% de $108\frac{1}{2}$. R. 21.7.
18. 40% de 18745. R. 7498.
19. $33\frac{1}{3}$% de $3\frac{1}{3}$. R. $\frac{10}{9}$.
20. $16\frac{2}{3}$% de 1650. R. 275.
21. 4% de $300\frac{1}{5}$. R. 12.008.
22. 5% de 108.50. R. 5.425.
23. 25% de 56.84. R. 14.21.
24. 50% de 108.88. R. 54.44.
25. 75% de $\frac{1}{75}$. R. 0.01.
26. 80% de 97. R. 77.6.
27. 10% de $105\frac{3}{8}$. R. 10.5375
28. $12\frac{1}{2}$% de 105704. R. 13213.
29. $16\frac{2}{3}$% de $\frac{1}{6}$. R. $\frac{1}{36}$.
30. 1% de 1. R. 0.01.

699 **HALLAR UN NUMERO CUANDO SE CONOCE UN TANTO POR CIENTO DE EL**

Ejemplos

(**1**) ¿De qué número es 46 el 23%?

Diremos: El 23% del número que se busca es 46; el 100%, o sea el número buscado, será x:

$$
\begin{array}{ccc}
- & & + \\
23\% \ldots\ldots\ldots\ldots & 46 & \\
100\% \ldots\ldots\ldots\ldots & x & \therefore \quad x = \dfrac{46 \times 100}{23} = 200. \quad \text{R.} \\
+ & &
\end{array}
$$

Luego 46 es el 23% de 200.

(**2**) ¿Cuál es el número cuyos $\dfrac{3}{4}\%$ son 21?

$$
\begin{array}{ccc}
- & & + \\
\dfrac{3}{4}\% \ldots\ldots\ldots\ldots & 21 & \\
100\% \ldots\ldots\ldots\ldots & x & \therefore \quad x = \dfrac{21 \times 100}{{}^{3}/_{4}} = 2800. \quad \text{R.} \\
+ & &
\end{array}
$$

➤ **EJERCICIO 305**

¿De qué número es

1. 35 el 5%? **R.** 700.

2. 60 el 90%? **R.** $66\frac{2}{3}$.

3. 115 el 82%? **R.** $140\frac{10}{41}$.

4. 420 el 36%? **R.** $1166\frac{2}{3}$.

5. 850 el 72%? **R.** $1180\frac{5}{9}$.

6. 16 el $\frac{1}{4}\%$? **R.** 6400.

7. 40 el $\frac{1}{8}\%$? **R.** 32000.

8. 50 el $\frac{2}{5}\%$? **R.** 12500.

9. 95 el $\frac{3}{5}\%$? **R.** $15833\frac{1}{3}$

10. 24 el $\frac{1}{16}\%$? **R.** 38400.

11. 70 el $3\frac{1}{2}\%$? **R.** 2000.

12. 84 el $5\frac{1}{4}\%$? **R.** 1600.

13. 48 el $3\frac{1}{5}\%$? **R.** 1500.

14. 82 el $5\frac{1}{8}\%$? **R.** 1600.

15. 55 el $2\frac{3}{4}\%$? **R.** 2000.

16. 150 el $7\frac{1}{2}\%$? **R.** 2000.

17. $\frac{3}{7}$ los $\frac{5}{7}\%$? **R.** 60.

18. 196 el 0.56%? **R.** 35000.

19. 445 el 5.34%? **R.** $8333\frac{1}{3}$.

20. $150\frac{1}{6}$ el $\frac{1}{3}\%$? **R.** 45050.

700 **CASOS ESPECIALES**

Teniendo presente lo expuesto en el número **698,** puede hallarse por simple inspección un número cuando el tanto por ciento que se conoce de él es uno de los expuestos allí.

Ejemplos

(1) ¿De qué número es 76 el 10%?

Como que el 10% es la décima parte de un número, el número será
$76 \times 10 = 760$.   R.

(2) ¿De qué número es 7 el 25%?

Como el 25% es la cuarta parte de un número, el número será $7 \times 4 = 28$.   R.

(3) 9 es el $16\frac{2}{3}\%$ ¿de qué número?

Como el $16\frac{2}{3}\%$ es la sexta parte de un número, el número será: $9 \times 6 = 54$ R.

(4) ¿De qué número es 12 el 75%?

Como el 75% es los $\frac{3}{4}$ de un número, el número será $\frac{12 \times 4}{3} = 16$.   R.

➤ EJERCICIO 306

Decir, por simple inspección, de qué número es

1. 5 el 1%?   **R.** 500.
2. 16 el 10%?   **R.** 160.
3. 8 el 2%?   **R.** 400.
4. 9 el 4%?   **R.** 225.
5. 12 el 5%?   **R.** 240.
6. 7.8 el 10%?   **R.** 78.
7. 3 el 20%?   **R.** 15.
8. 7 el 25%?   **R.** 28.
9. 11 el $16\frac{2}{3}\%$?   **R.** 66.
10. 15 el $33\frac{1}{3}\%$?   **R.** 45.
11. 10 el 40%?   **R.** 25.

12. 15 el 60%?   **R.** 25.
13. 20 el 80%?   **R.** 25.
14. 18 el 75%?   **R.** 24.
15. 23 el 50%?   **R.** 46.
16. 18 el 25%?   **R.** 72.
17. 19 el 20%?   **R.** 95.
18. 3 el 10%?   **R.** 30.
19. 12 el 2%?   **R.** 600.
20. 1.7 el 1%?   **R.** 170.
21. 6 el 25%?   **R.** 24.
22. 14 el $33\frac{1}{3}\%$?   **R.** 42.

23. 32 el $16\frac{2}{3}\%$?   **R.** 192.
24. 9 el $12\frac{1}{2}\%$?   **R.** 72.
25. 15 el 75%?   **R.** 20.
26. 12 el 40%?   **R.** 30.
27. 24 el 60%?   **R.** 40.
28. 2 el 2%?   **R.** 100.
29. 3 el 4%?   **R.** 75.
30. 7 el $12\frac{1}{2}\%$?   **R.** 56.

(701) DADOS DOS NUMEROS, AVERIGUAR QUE TANTO POR CIENTO ES UNO DEL OTRO

Ejemplos

(1) ¿Qué % de 8400 es 2940?

Diremos: 8400 es su 100%; 2940 será su x%.

$$
\begin{array}{l}
\overset{-}{8400} \ldots\ldots\ldots\ldots \overset{+}{100\%} \\
2940 \ldots\ldots\ldots\ldots \ \ x \\
+
\end{array}
\quad \therefore \ x = \frac{100 \times 2940}{8400} = 35\%.
$$

Luego 2940 es el 35% de 8400.   R.

(2) $6\frac{2}{5}$, ¿qué % es de 16?

$$16\ldots\ldots\ldots\ldots \overset{+}{100\%}$$
$$6\frac{2}{5}\ldots\ldots\ldots\ldots\ \ x \quad \therefore x = \frac{100 \times 6\frac{2}{5}}{16} = 40\%. \quad R.$$

➤ **EJERCICIO 307**

¿Qué % de

1. 860 es 129?   **R.** 15%.
2. 95 es 30.4?   **R.** 32%.
3. 1250 es 75?   **R.** 6%.
4. 1950 es 156?   **R.** 8%.
5. 815 es 431.95?   **R.** 53%.
6. 18 es 0.045?   **R.** 0.25%.
7. 93 es 0.186?   **R.** 0.2%.
8. 36 es 0.06?   **R.** $\frac{1}{6}$%.

9. 512 es 0.64? **R.** $\frac{1}{8}$%.
10. 40 es 0.30? **R.** $\frac{3}{4}$%.
11. 1.75 es 3.5? **R.** 200%.
12. 23 es 1.2052? **R.** 5.24%.
13. 1320 es 3.3? **R.** $\frac{1}{4}$%.
14. 5.6 es 0.007? **R.** $\frac{1}{8}$%.

15. 85 es 2.7625? **R.** $3\frac{1}{4}$%.
16. 615 es 33.825? **R.** 5.5%.
17. 8400 es 147? **R.** 1.75%
18. 40000 es 550? **R.** $1\frac{3}{8}$%.
19. 86 es 172?   **R.** 200%.
20. 315 es 945?   **R.** 300%.

(702) CASOS ESPECIALES

Es posible, en ciertos casos, hallar por simple inspección qué % de un número es otro.

Ejemplos

(1) ¿Qué % de 250 es 50?

50 es $\frac{1}{5}$ de 250, luego 50 es el 20% de 250. R.

(2) ¿Qué % de 870 es 87?

87 es $\frac{1}{10}$ de 870, luego 87 es el 10% de 870. R.

(3) ¿Qué % de 48 es 36?

36 es los $\frac{3}{4}$ de 48, luego 36 es el 75% de 48. R.

(4) 60, ¿qué % es de 75?

60 es los $\frac{4}{5}$ de 75, luego 60 es el 80% de 75. R.

EJERCICIO 308

Diga, por·simple inspección, qué % de

1. 200 es 2? **R.** 1%.
2. 9 es 3? **R.** $33\frac{1}{3}$%.
3. 12 es 3? **R.** 25.%.
4. 15 es 3? **R.** 20%.
5. 18 es 6? **R.** $33\frac{1}{3}$%.
6. 24 es 3? **R.** $12\frac{1}{2}$%.
7. 30 es 6? **R.** 20%.
8. 18 es 9? **R.** 50%.
9. 8 es 6? **R.** 75%.
10. 10 es 4? **R.** 40%.
11. 20 es 12? **R.** 60%.

12. 40 es 32? **R.** 80%.
13. 18 es 1.8? **R.** 10%.
14. 500 es 5? **R.** 1%.
15. 80 es 20? **R.** 25%.
16. 80 es 16? **R.** 20%.
17. 32 es 16? **R.** 50%.
18. 32 es 24? **R.** 75%.
19. 1600 es 400? **R.** 25%.
20. 1600 es 320? **R.** 20%.
21. 314 es 157? **R.** 50%.
22. 600 es 100? **R.** $16\frac{2}{3}$%.
23. 800 es 100? **R.** $12\frac{1}{2}$%.

24. 600 es 200? **R.** $33\frac{1}{3}$%.
25. $\frac{1}{2}$ es $\frac{1}{4}$? **R.** 50%.
26. $\frac{1}{5}$ es $\frac{1}{25}$? **R.** 20%.
27. $\frac{1}{8}$ es $\frac{1}{32}$? **R.** 25%.
28. $\frac{1}{6}$ es $\frac{1}{36}$? **R.** $16\frac{2}{3}$%.
29. $\frac{1}{7}$ es $\frac{1}{28}$? **R.** 25%.
30. $\frac{1}{5}$ es $\frac{1}{15}$? **R.** $33\frac{1}{3}$%.

(703) TANTO POR CIENTO MAS

Se trata de hallar un número sabiendo el % que otro número es más que él.

Ejemplos

(1) ¿De qué número es 265 el 6% más?

El número que buscamos lo representamos por su 100%. Si 265 es el 6% más que ese número, 265 será el 100% + 6% igual a 106% del número buscado. Luego diremos: Si el 106% del número buscado es 265, el 100% o sea, el número buscado, será x:

$$\begin{matrix} - & & + \\ 106\% \ldots\ldots\ldots & 265 & \\ 100\% \ldots\ldots\ldots & x & \therefore \quad x = \frac{100 \times 265}{106} = 250. \\ + & & \end{matrix}$$

Luego 265 es el 6% más que 250. **R.**

(2) 157.50 es el $12\frac{1}{2}$% más que, ¿cuál número?

$$\begin{matrix} - & & + \\ 112.50\% \ldots\ldots\ldots & 157.50 & \\ 100\% \ldots\ldots\ldots & x & \therefore \quad x = \frac{100 \times 157.50}{112.50} = 140. \ \textbf{R.} \\ + & & \end{matrix}$$

➤ EJERCICIO 309

¿De qué número es

1. 208 el 4% más? **R. 200.**
2. 345 el 15% más? **R. 300.**
3. 258 el 20% más? **R. 215.**
4. 645 el 25% más? **R. 516.**
5. 1215 el 35% más? **R. 900.**
6. 918 el $12\frac{1}{2}\%$ más? **R. 816.**
7. 2152 el $33\frac{1}{3}\%$ más? **R. 1614.**
8. 907.5 el 21% más? **R. 750.**
9. 216.54 el $\frac{1}{4}\%$ más? **R. 216.**
10. 920.49 el $\frac{3}{5}\%$ más? **R. 915.**
11. 264 el $5\frac{3}{5}\%$ más? **R. 250.**
12. 731.5 el $4\frac{1}{2}\%$ más? **R. 700.**
13. 501.6 el 0.32% más? **R. 500.**
14. 826 el $3\frac{1}{4}\%$ más? **R. 800.**
15. 946.8 el $5\frac{1}{5}\%$ más? **R. 900.**

(704) TANTO POR CIENTO MENOS

Se trata de hallar un número conociendo el tanto por ciento que otro número es menos que él.

Ejemplos

(1) ¿De qué número es 168 el 4% menos?

El número que buscamos lo representamos por su 100%. Si 168 es el 4% menos que ese número buscado, 168 es el 100% − 4% = 96% del número buscado. Luego diremos: Si el 96% del número buscado es 168, el 100%, o sea el número buscado, será x:

$$
\begin{array}{ccc}
- & & + \\
96\%\dots\dots\dots & & 168 \\
100\%\dots\dots\dots & & x \\
+ &
\end{array}
\quad \therefore\ x = \frac{100 \times 168}{96} = 175.
$$

Luego 168 es el 4% menos que 175. R.

(2) 798 es el $\frac{1}{4}\%$ menos que, ¿cuál número?

$$
\begin{array}{ccc}
- & & + \\
99\frac{3}{4}\%\dots\dots\dots & & 798 \\
100\%\dots\dots\dots & & x \\
+ &
\end{array}
\quad \therefore\ x = \frac{798 \times 100}{99.75} = 800.\ \text{R}
$$

➤ **EJERCICIO 310**

¿De qué número es?

1. 84 el 7% menos? **R.** $90\frac{10}{31}$.

2. 276 el 8% menos? **R.** 300.

3. 91 el 35% menos? **R.** 140.

4. 774.9 el 18% menos? **R.** 945.

5. 246 el 60% menos? **R.** 615.

6. 850 el $16\frac{2}{3}$% menos? **R.** 1020.

7. 780 el 25% menos? **R.** 1040.

8. 513 el 43% menos? **R.** 900.

9. 920 el 54% menos? **R.** 2000.

10. 1680 el 72% menos? **R.** 6000.

11. 514.71 el $\frac{1}{4}$% menos? **R.** 516.

12. 6091.24 el $1\frac{1}{2}$% menos? **R.** 6184.

13. 7540 el $5\frac{3}{4}$% menos? **R.** 8000.

14. 39.95 el $\frac{1}{8}$% menos? **R.** 40.

15. 135.73 el $3\frac{1}{20}$% menos? **R.** 140.

➤ **EJERCICIO 311**

MISCELANEA

1. ¿Cuál es el 15% de 580? **R.** 87.

2. 8 es el 30%, ¿de qué número? **R.** $26\frac{2}{3}$.

3. 8 es el 30% más, ¿de qué número? **R.** $6\frac{2}{13}$.

4. ¿Qué % de 12 es 10? **R.** $83\frac{1}{3}$%.

5. 17.92 es el 32%, ¿de qué número? **R.** 56.

6. ¿Cuál es el $12\frac{1}{2}$% de 104? **R.** 13.

7. 30, ¿qué % es de 90? **R.** $33\frac{1}{3}$%.

8. 808 es el 1% más, ¿de qué número? **R.** 800.

9. ¿Qué % de 54 es 9? **R.** $16\frac{2}{3}$%.

10. ¿Qué % de 9 es 54? **R.** 600

11. Hallar el $3\frac{1}{2}$ de 216. **R.** 7.56.

12. 34 es el 25%, ¿de qué número? **R.** 136.

13. ¿Qué % de 34 es 25? **R.** $73\frac{9}{17}$%.

14. 25 es el 34% más, ¿de qué número? **R.** $18\frac{44}{67}$.

15. 25 es el 34% menos, ¿de qué número? **R.** $37\frac{29}{33}$.

16. 800 es el 4%, ¿de qué número? **R.** 20000.

17. 4, ¿qué % es de 800? **R.** $\frac{1}{2}$%.

18. Hallar el 4% de 800. **R.** 32.

19. 800 es el 4% más, ¿de qué número?   R. $769\frac{8}{13}$.

20. ¿800 es el 4% menos, ¿de qué número?   R. $833\frac{1}{3}$

21. ¿De qué número es 32 el 20%?   R. 160.

22. Hallar los $\frac{3}{8}$% de 40.   R. 0.15.

23. 833 es el 70% más, ¿de qué número?   R. 490.

24. 35 es el 70%, ¿de qué número?   R. 50.

25. 321 es el 7% más, ¿de qué número?   R. 300.

26. Hallar el 7% de 321.   R. 22.47.

27. ¿Qué % de 400 es 80?   R. 20%.

28. ¿Qué % de 800 es 40?   R. 5%.

29. ¿Cuál es el $17\frac{1}{3}$% de 24?   R. 4.16.

30. ¿Qué % de 1 es 0.2?   R. 20%.

31. Hallar el $6\frac{1}{2}$% de 850.   R. 55.25.

32. 402 es el 34% más, ¿de qué número?   R. 300.

33. 209.3 es el 23%, ¿de qué número?   R. 910.

34. ¿Qué % de 600 es 54?   R. 9%.

35. Hallar el 54% de 600.   R. 324.

36. ¿De qué número es 62 el 24% más?   R. 50.

37. ¿De qué número es 41 el 18% menos?   R. 50.

38. Hallar el $40\frac{1}{2}$% de 1860.   R. 753.3.

39. ¿Qué % de $80\frac{1}{3}$ es $20\frac{1}{12}$?   R. 25%.

40. 1120 es el 56%, ¿de qué número?   R. 2000.

PROBLEMAS DE TANTO POR CIENTO

(705) **Pedro tenía $80. Si gastó el 20% y dio a su hermano el 15% del resto, ¿cuánto le queda?**

Gastó el 20% de $80, o sea $80 ÷ 5 = $16. Si gastó $16, el resto será $80 − $16 = $64.

A su hermano le dio el 15% de $64, o sea $\dfrac{15 \times 64}{100} = \$9.60$. Por tanto, le quedan: $64 − $9.60 = $54.40   R.

➤ **EJERCICIO 312**

1. Juan tiene que pagar 90 bolívares. Si le rebajan el 5% de su deuda, ¿cuánto tiene que pagar todavía?   **R. 85.5 bolívares.**

2. Un metro de tela me cuesta 15 bolívares. ¿A cómo tengo que venderlo para ganar el 20% del costo?   **R. 18 bolívares.**

3. Por la venta de un libro a bs. 5 el ejemplar, el librero cobra el 30% de comisión. ¿Cuánto recibe el autor por cada libro? **R.** bs. 3.50.

4. Un agente tiene el 12% de comisión en las ventas que haga. Si vende 14 docenas de pañuelos a $6 una, ¿cuál es su comisión? **R.** $10.08.

5. De una finca de 50 hectáreas se vende el 16% y se alquila el 14%. ¿Cuántas hectáreas quedan? **R.** 35 hectáreas.

6. Tenía 30 lápices. Di a mi hermano Enrique el 30%, a mi primo Orlando el 20% y a mi amigo Héctor el 10%. ¿Cuántos lápices dí a cada uno y cuántos lápices me quedaron? **R.** E. 9, O. 6, H. 3; quedan 12.

7. Un hombre al morir dispone que de su fortuna, que asciende a $20000, se entregue el 35% a su hermano mayor; el 40% del resto a su hermano menor y lo restante a un asilo. ¿Cuánto correspondió al asilo? **R.** $7800.

8. Se vende el 20% de una finca de 40 hectáreas, se alquila el 50% del resto y se cultiva el 25% del nuevo resto. Hallar la porción cultivada. **R.** 4 hectáreas.

9. Una compañía adquiere una propiedad de 1800 caballerías de este modo: El 22% de la finca lo paga a $2000 la caballería; el 56% a $800 la caballería y el resto a $500 la caballería. ¿Cuánto importa la compra? **R.** $1796400.

10. De los 80 libros que tenía un librero vendió el 45% a $1.25 c/u; el 75% del resto a $1.20 c/u, y el resto a $1.00 c/u. ¿Cuál es el importe total de la venta? **R.** $95.60.

11. De los 125 alumnos de un colegio, el 36% son extranjeros. ¿Cuántos alumnos nativos hay? **R.** 80.

12. De los $5 que tenía gasté el 85%. ¿Cuánto he guardado? **R.** $0.75.

13. Las ventas de un almacén durante un año, han importado 18675 lempiras. De esa cantidad, el 64% se destina a gastos. ¿Cuál ha sido la ganancia? **R.** 6723 lempiras.

14. Mi finca tiene 480 hás. El 35% de la mitad de mi finca lo tengo sembrado de caña y el resto de la finca de frutos menores. ¿Cuántas hás. tengo sembradas con frutos menores? **R.** 396 há.

706 Se incendia una casa que estaba asegurada en el 86% de su valor y se cobran $4300 por el seguro. ¿Cuál era el valor de la casa?

Diremos: Si el 86% del valor de la casa es $4300, el 100%, que es el valor de la casa, será: x:

$$
\begin{array}{cc}
- & + \\
86\% \ldots\ldots & \$4300 \\
100\% \ldots\ldots & x \quad \therefore \quad x = \dfrac{4300 \times 100}{86} = \$5000. \quad \textbf{R.} \\
+ &
\end{array}
$$

➤ **EJERCICIO 313**

1. Comprando un traje que me costó 105 bolívares, gasté el 25% de mi dinero. ¿Cuánto tenía? **R.** 420 bolívares.

2. Se compra una propiedad pagando el 56% del precio al contado. Si la cantidad pagada es $4816, ¿cuál es el valor de la propiedad? **R.** $8600.

3. Un niño tiene 57 bolas azules que representan el $8\frac{1}{7}\%$ del total de sus bolas. ¿Cuántas bolas tiene? **R.** 700.

4. La comisión de un agente es el 15% de las ventas que haga. Si su comisión en cierta operación ha sido de 69 bolívares, ¿cuál fue el importe de la venta?   R. 460 bolívares.

5. De una caja de tabacos se rebajan 50 cts., lo que representa el 7.5% de su valor. ¿Cuánto valía la caja?   R. $6\frac{2}{3}$.

6. Al vender una casa ganando el $5\frac{3}{5}$% del precio de compra, la utilidad obtenida ha sido de 5600 bolívares. ¿Cuánto costó la casa?   R. bs. 100000.

7. Un agente recibe $364 de comisión por la venta de 4 automóviles. Si su comisión es del 7%, ¿cuál era el precio de cada automóvil?   R. $1300.

8. Al vender una casa perdiendo el $12\frac{1}{2}$% del costo, la pérdida sufrida es 10640 sucres. ¿Cuánto costó la casa?   R. 85120 sucres.

9. Habiendo salido el 84% de los alumnos de un colegio, permanecen en el mismo 20 alumnos. ¿Cuántos alumnos hay en el colegio?   R. 125.

10. Habiendo gastado el $16\frac{2}{3}$% de mi dinero, me quedé con 150 soles. ¿Cuánto tenía?   R. 180 soles.

11. Un campesino vende el 63% de sus gallinas y se queda con 74 gallinas. ¿Cuántas gallinas tenía?   R. 200.

12. Gastando el 15% y el 12% de lo que tenía gasté $21.60. ¿Cuánto tenía?   R. $80.

13. Gasté el 15% y el 12% de mi dinero, me quedaron 365 bolívares. ¿Cuánto tenía al principio?   R. 500 bolívares.

14. La diferencia entre el 60% y el 45% de un número es 126. Hallar el número.   R. 840.

(707) **De los 150 alumnos de un colegio, 27 son niñas.   Hallar el % de varones.**

El número de varones es $150 - 27 = 123$.

Tenemos que averiguar qué % del total de alumnos, 150, es el número de alumnos varones, 123.

Diremos: 150 alumnos son el 100%, 123 alumnos varones serán   %:

$$150\ldots\ldots\ldots\ 100\%$$
$$123\ldots\ldots\ldots\ \ x \quad \therefore\ x = \frac{123 \times 100}{150} = 82\%. \quad R.$$

> **EJERCICIO 314**

1. De las 240 bolas que tiene un niño, 48 son rojas. Hallar el % de las bolas rojas.   R. 20%.

2. Al vender un automóvil en 7200 bolívares me pagan 360 de comisión. ¿Cuál es mi % de comisión?   R. 5%.

3. De las 90 aves que hay en una granja 60 son gallinas y el resto gallos. Hallar el % de gallos.   R. $33\frac{1}{3}$%.

4. De los 49 alumnos de una clase, 35 son nativos. Hallar el % de extranjeros.   **R.** $28\frac{4}{7}\%$

5. Tenía Q. 60 y gasté Q. 55.20. ¿Qué % he ahorrado?   **R.** 8%.

6. De los 30 alumnos de una clase que se examinaron de Física, 8 obtuvieron sobresaliente, 12 aprovechado, 7 aprobado y el resto suspenso. Hallar el % de cada nota.   **R.** S., $26\frac{2}{3}\%$; A., 40%; a., $23\frac{1}{3}\%$; s., 10%.

7. Con los 800 bolívares que tenía compré un traje de bs. 400, zapatos por valor de bs. 300 y camisas con el resto. ¿Qué % de mi dinero empleé en cada cosa?   **R.** T., 50%; zap., $37\frac{1}{2}\%$; cam., $12\frac{1}{2}\%$.

8. ¿Qué % de rebaja se hace en una deuda de 4500 colones que se reduce a 3600?   **R.** 20%.

9. Si compré un libro por $6 y lo vendí en $5, ¿qué % del costo perdí?   **R.** $16\frac{2}{3}\%$.

10. ¿Cuánto se pierde por ciento cuando se vende en 14 balboas lo que había costado 24?   **R.** $41\frac{2}{3}\%$.

11. Un comerciante compra tres camiones iguales cuyo precio de lista era de $2200 cada uno, pero por ser la compra al contado le rebajan $450 entre los tres camiones. ¿Qué % de rebaja le han hecho en cada camión?   **R.** $6\frac{9}{11}\%$.

12. Me debían 640 soles y me pagaron 80. ¿Qué % de la deuda me pagaron y qué % me deben todavía?   **R.** Pag., $12\frac{1}{2}\%$; deb., $87\frac{1}{2}\%$.

13. Tenía 350 soles y me saqué 140 en la lotería. Lo que tengo ahora, ¿qué % es de lo que tenía al principio?   **R.** 140%.

14. Tenía 350 soles y pagué 140 que debía. Lo que me queda, ¿qué % es de lo que tenía al principio?   **R.** 60%.

(708) **Pedro tiene $63, y su dinero excede al de Juan en el 5% de éste. ¿Cuánto tiene Juan?**

El dinero de Juan lo representamos por su 100%.

Si los $63 de Pedro exceden al dinero de Juan en un 5%, los $63 de Pedro son el 100% + 5% = 105% del dinero de Juan; luego:

$$105\%\ldots\ldots\ldots\$63$$
$$100\%\ldots\ldots\ldots x\ \therefore\ x = \frac{63\times100}{105} = \$60.\quad \textbf{R.}$$

Juan tiene $60.

(709) **Al vender una casa en $4600 se pierde el 8% del precio de compra. Hallar el costo de la casa.**

El costo de la casa lo representamos por su 100%.

Si al vender la casa en $4600 pierdo el 8% del precio de compra, $4600 representa el 100% − 8% = 92% del precio de compra; luego:

$$\begin{array}{l} \overset{-}{} \qquad \overset{+}{} \\ 92\% \ldots \ldots \$4600 \\ 100\% \ldots \ldots \quad\quad x \ \therefore \ x = \dfrac{4600 \times 100}{92} = \$5000. \quad \textbf{R.} \\ + \end{array}$$

El costo fue $5000.

(710) **¿A cómo hay que vender lo que ha costado $680 para ganar el 15% de la venta?**

En el precio de venta que vamos a hallar estará contenido el costo, $680, más la ganancia.

Representamos el precio de venta por su 100% = 15% + 85%. Como la ganancia será el 15% del precio de venta, el costo, o sea $680, será el 85% del precio de venta.

Diremos: Si $680 es el 85% del precio de venta, el precio de venta o 100% será x:

$$\begin{array}{l} \overset{+}{} \qquad \overset{-}{} \\ \$680 \ldots \ldots \quad 85\% \\ x \ldots \ldots \quad 100\% \quad \therefore x = \dfrac{680 \times 100}{85} = \$800. \quad \textbf{R.} \\ + \end{array}$$

Luego hay que venderlo a $800.

➤ EJERCICIO 315

1. ¿Qué número aumentado en su 15% equivale a 437?   **R.** 380.
2. ¿Qué número disminuido en su 35% equivale a 442?   **R.** 680.
3. Pedro tiene 69 años y su edad excede a la de Juan en un 15% de ésta. ¿Qué edad tiene Juan?   **R.** 60 a.
4. Si se aumenta en su 8% el precio de un artículo, el nuevo precio es $1.62. ¿Cuál era el precio primitivo?   **R.** $1.50.
5. Después de rebajarme el 18% del precio de una caja de tabacos tengo que pagar por ella $2.87. ¿Cuál era el precio primitivo?   **R.** $3.50.
6. Al vender una casa en 63000 soles se gana el 5% del precio de compra. ¿Cuánto había costado la casa?   **R.** 60000 soles.
7. Al vender una casa en 63000 soles se gana el 5% del precio de venta. ¿Cuánto había costado la casa?   **R.** 59850 soles.
8. Si un hombre tuviera un 8% más de la edad que tiene, su edad sería 54 años. Hallar la edad actual.   **R.** 50 a.
9. Un caballo y su silla han costado $210. Sabiendo que el precio de la silla es el 40% del precio del caballo, hallar el valor del caballo y de la silla.   **R.** Cab., $150; silla, $60.
10. Un comerciante compra sombreros a 18 sucres. ¿A cómo tiene que venderlos para ganar el 20% del costo?   **R.** 21.60 sucres.

11. Un comerciante compra sombreros a 18 sucres. ¿A cómo tiene que venderlos para ganar el 20% de la venta? **R.** 22.50 sucres.

12. Al vender una casa en 75000 soles se pierde el 25% del costo. ¿Cuánto había costado la casa? **R.** 100000 soles.

13. Al vender una casa en 75000 soles se pierde el 25% de la venta. ¿Cuánto había costado la casa? **R.** 93750 soles.

14. Se compra un anillo en $22 y se quiere vender ganando el 12% del precio de venta. ¿En cuánto se venderá? **R.** $25.

15. Si Pedro tuviera un 15% menos de la edad que tiene, tendría 34 años. Hallar su edad actual. **R.** 40 a.

➤ EJERCICIO 316

MISCELANEA

1. Compré 90 libros y vendí el 60%. ¿Cuántos me quedan? **R.** 36.

2. Un campesino que tenía 120 gallinas vendió 40. ¿Qué % de sus gallinas vendió y qué % le queda? **R.** Vendió $33\frac{1}{3}\%$, queda $66\frac{2}{3}\%$.

3. Una deuda de 850 soles se reduce a 816. ¿Qué % de rebaja se ha hecho? **R.** 4%.

4. Un hombre ahorró el año pasado $1690, que era el 13% de sus ganancias en el año. ¿Cuánto ganó en el año? **R.** $13000.

5. Si me aumentaran mi sueldo en un 10% ganaría 1375 bolívares. ¿Cuánto gano? **R.** 1250 bolívares.

6. Si me rebajan el sueldo en un 20% quedo ganando 1040 bolívares mensuales. ¿Cuánto gano ahora? **R.** 1300 bolívares.

7. Si gastara 51 bolívares me quedaría con el 85% de lo que tengo. ¿Cuánto tengo? **R.** 340 bolívares.

8. Un ganadero vendió el 36% de sus reses y se quedó con 160. ¿Cuántas tenía? **R.** 250.

9. Si recibiera una cantidad igual al 30% de lo que tengo, tendría 65 bolívares. ¿Cuánto tengo? **R.** 50 bolívares.

10. Si gastara una cantidad igual al 30% de lo que tengo me quedaría con 63 bolívares. ¿Cuánto tengo? **R.** 90 bolívares.

11. ¿Qué número aumentado en su 32% equivale a 792? **R.** 600.

12. ¿Qué número disminuido en su 38% equivale a 372? **R.** 600.

13. Si gastara el 30% de lo que tengo y recibiera una cantidad igual al 28% de lo que tengo, me quedaría con $600 menos que ahora. ¿Cuánto tengo? **R.** $30000.

14. Vendiendo un libro por $1.44 se gana el 20% del costo. ¿Cuánto costó el libro? **R.** $1.20.

15. Vendiendo un libro por $1.12 se pierde el 30% del costo. ¿Cuánto costó el libro? **R.** $1.60.

16. ¿A cómo hay que vender lo que ha costado $2.10 para ganar el 30% del costo? **R.** $2.73.

17. ¿A cómo hay que vender lo que ha costado $2.38 para ganar el 15% de la venta? **R.** $2.80.

18. Se vende un reloj en 150 balboas. Si se hubiera vendido en 15 más se hubiera ganado 20. ¿Cuál ha sido el % de ganancia sobre el precio de venta?
R. $3\frac{1}{3}\%$.

19. Un hombre gasta al año el 45% de su sueldo anual y ahorra 660 balboas. ¿Cuál es su sueldo anual?   R. 1200 balboas.

20. Un muchacho que tenía $1.20 compró una pelota y le quedaron $0.15. ¿Qué % de su dinero gastó?   R. 87.5%.

21. Un hombre dispuso de $600 invirtiendo el 30% en libros, el 12% en paseos, el 18% en ropa, el 15% en limosnas y el resto lo dividió en partes iguales entre tres parientes. ¿Cuánto recibió cada uno de éstos?   R. $50.

22. La edad de García es un 32% menos que la de Suárez. Si García tiene 34 años, ¿qué edad tiene Suárez?   R. 50 a.

'23. Una persona que tenía 950 colones gastó el 14% y prestó el 15% del resto. ¿Cuánto le queda?   R. 694.45 colones.

24. ¿Qué % del costo se gana cuando se vende en 8 colones lo que ha costado 6?   R. $33\frac{1}{3}\%$.

25. ¿Qué % de la venta se gana cuando se vende en 8 quetzales lo que ha costado 6?   R. 25%.

26. Al vender cinta ganando 8 cts. en metro, la ganancia es el 25% del costo. ¿Cuánto cuesta el metro de cinta?   R. 32 cts.

27. Al vender un caballo perdiendo $80, la pérdida sufrida es el 40% del costo. ¿Cuánto costó el caballo?   R. $200.

28. ¿Cuál es el % de pérdida sobre el costo si se vende por $1710 un auto que había costado $1800?   R. 5%.

29. ¿Cuál es el % de ganancia sobre el costo cuando se vende en 90 cts. lo que ha costado 80 cts.?   R. $12\frac{1}{2}\%$.

30. Un comerciante compra artículos con un descuento del 25% del precio de lista y los vende a un 25% más que el precio de lista. ¿Cuál es su % de ganancia sobre el costo?   R. $66\frac{2}{3}\%$.

31. Se compran artículos a un 10% menos que el precio de catálogo y se venden a un 10% más que el precio de catálogo. ¿Qué % del costo se gana?   R. $22\frac{2}{9}\%$.

32. No quise vender una casita cuando me ofrecían por ella $3840, con lo cual hubiera ganado el 28% del costo y algún tiempo después tuve que venderla por $3750. ¿Qué % del costo gané al hacer la venta?   R. 25%.

33. Vendí un caballo por $792, perdiendo el 12% del costo. ¿A cómo habría tenido que venderlo para ganar el 8% del costo?   R. A $972.

34. Un hombre vendió dos caballos cobrando 5400 bolívares por cada uno. En uno de los caballos ganó el 20% de lo que le había costado y en el otro perdió el 20% de lo que le había costado. ¿Ganó o perdió en total y cuánto?   R. Perdió 450 bolívares.

35. Se vendieron dos casas a $12960 cada una. En una se ganó el 8% del costo y en la otra se perdió el 8% del costo. ¿Se ganó o perdió en total y cuánto?   R. Se perdieron $166.96.

36. Vendí dos casas a $7200 cada una. En una perdí el 25% del precio de venta y en la otra gané el 25% del costo. ¿Gané o perdí en total y cuánto?   R. Perdí $360.

El origen del préstamo con interés (usura) es remoto. Los prestamistas de la Edad Media cobraban a los particulares hasta un 43% anual; en las operaciones comerciales el tipo de interés fluctuaba entre un 12% y un 24% anual. Al fundarse lo que puede ser llamado el primer banco en el sentido moderno, en 1407, la "Casa de San Giorgio", en Génova, el interés bajó a un 10% y menos.

INTERES

(711) **La Regla de Interés** es una operación por medio de la cual se halla la ganancia o **interés** que produce una suma de dinero o capital, prestado a un **tanto por ciento** dado y durante un **tiempo** determinado.

El capital se representa por c, el tiempo por t, el % por r y el interés o **rédito** por I.

El dinero no está nunca inactivo. Toda cantidad que se presta debe producir una ganancia a quien lo presta. Esta ganancia es un % dado de la cantidad que se presta, cuyo % es convenido por las partes que hacen el contrato. Así, prestar dinero al 5% anual significa que por cada $100 que se prestan la persona que recibe el dinero tiene que pagar $5 al año; prestar dinero al $1\frac{1}{2}$% mensual significa que hay que pagar $1.50 al mes por cada $100 que se reciben.

(712) INTERES LEGAL

Cuando en una operación financiera debe existir un tipo de interés y éste no ha sido estipulado por las partes contratantes, la Ley dispone que el tipo de interés será el 6% anual. A esto se llama **interés legal.**

(713) USURA

Exigir un interés elevado por el dinero que se presta constituye la **usura,** que es penada por las leyes de algunos países. En Cuba existe una

Ley contra la usura, la cual establece que el **interés máximo** en cualquiera operación financiera será el 12% anual. Si se cobra un interés mayor que el 12%, la Ley dispone que el exceso pagado como interés se impute al capital prestado, o sea, que el exceso de interés pagado se considere como devolución de parte del capital prestado.

(714) INTERES SIMPLE Y COMPUESTO

El interés puede ser **simple** y **compuesto.**

Es **simple** cuando el **interés** o **rédito,** es decir, la ganancia que produce el capital prestado, se percibe al final de períodos iguales de tiempo, **sin que el capital varíe.**

Es **compuesto** cuando los **intereses** que produce el capital se suman al capital, al final de cada período de tiempo, formando de este modo **un nuevo capital.**

I. INTERES SIMPLE

(715) DEDUCCION DE LAS FORMULAS DEL INTERES SIMPLE

En las fórmulas que deducimos a continuación, r representa el **tanto por ciento anual,** es decir, lo que ganan $100 al año.

Consideremos cuatro casos:

1) **Siendo el tiempo 1 año.**

Diremos: $100   producen r al año
            $ c producirán I

y como el capital y el interés son directamente proporcionales, porque a doble capital, doble interés, formaremos la **proporción** igualando las razones directas (678): _____

$$\frac{100}{c} = \frac{r}{I}$$

y despejando en esta proporción I, c y r como medios o extremos desconocidos, tendremos: _____

$$I = \frac{cr}{100}. \qquad c = \frac{100I}{r}. \qquad r = \frac{100I}{c}.$$

2) **Siendo el tiempo varios años.**

Es evidente que el interés que produce un capital c durante t años, es igual al interés que produce un capital t **veces mayor** durante un año, o sea el interés durante un año del capital ct.

Por lo tanto, diremos: $100   producen r al año
                          $ ct producirán I „   „

Formando la proporción, tendremos: $\dfrac{100}{ct} = \dfrac{r}{I}$

y despejando: $I = \dfrac{ctr}{100}$ $\qquad c = \dfrac{100I}{tr}.$ $\qquad t = \dfrac{100I}{cr}.$ $\qquad r = \dfrac{100I}{ct}.$

3) Siendo el tiempo meses.

Cuando el tiempo t represente **meses**, $\dfrac{t}{12}$ representará años; luego estaremos en el caso anterior y diremos:

$100 producen r al año.

$\$\dfrac{c \times t}{12}$ producirán I.

Formando la proporción, tendremos: $\dfrac{100}{\dfrac{ct}{12}} = \dfrac{r}{I}$

Simplificando, queda: $\dfrac{1200}{ct} = \dfrac{r}{I}$

despejando: $I = \dfrac{ctr}{1200}.$ $\qquad c = \dfrac{1200I}{tr}.$ $\qquad t = \dfrac{1200I}{cr}.$ $\qquad r = \dfrac{1200I}{ct}.$

4) Siendo el tiempo días.

El año **comercial** se considera de 360 días.

Cuando el tiempo t represente **días**, $\dfrac{t}{360}$ representará años, luego diremos:

$100 producen r al año

$\$\dfrac{ct}{360}$ producirán I.

Formando la proporción $\dfrac{100}{\dfrac{ct}{360}} = \dfrac{r}{I}.$

Simplificando, queda: $\dfrac{36000}{ct} = \dfrac{r}{I}$

y despejando: $I = \dfrac{ctr}{36000}$ $\qquad c = \dfrac{36000I}{tr}.$ $\qquad t = \dfrac{36000I}{rc}.$ $\qquad r = \dfrac{36000I}{ct}.$

PROBLEMAS

Para la aplicación de las fórmulas anteriores hay que tener presente que, siendo el % **anual,** cuando el tiempo sea **años** se emplean las fórmulas con **100;** cuando sea **meses,** con **1200,** y cuando sea **días,** con **36000.**

Además, las fórmulas anteriores están deducidas en la **suposición de que el % es anual.** Por tanto, si el % que se da es **mensual** o **diario** hay que **hacerlo anual,** multiplicándolo, si es mensual, por 12, y si es diario, por 360, y entonces se pueden aplicar las fórmulas anteriores.

(716) CALCULO DEL INTERES

Hallar el interés de $450 al 5% anual en 4 años.

Aplicamos la fórmula I con 100, porque el tiempo viene dado en años:

$$I = \frac{ctr}{100} = \frac{450 \times 5 \times 4}{100} = \$90 \quad \text{R.}$$

(717) Un propietario ha tomado $3600 en hipoteca sobre una casa al $5\frac{3}{4}$% anual. ¿Cuánto pagará al mes de intereses?

Hay que hallar el interés de 1 mes. Aplicamos la fórmula de I con 1200, porque el tiempo viene en meses:

$$I = \frac{ctr}{1200} = \frac{3600 \times 1 \times 5.75}{1200} = \$17.25 \quad \text{R}$$

(718) Hallar el interés que han producido $6000 que han estado impuestos durante 2 años, 8 meses y 6 días al $\frac{1}{2}$% mensual.

Hay que reducir 2 años, 8 meses y 6 días a días = 966 días. Entonces, hay que aplicar la fórmula de I con 36000, porque el tiempo viene en días, pero para poderla aplicar primero hay que hacer el % anual. Como es $\frac{1}{2}$% mensual lo multiplico por 12 y tengo $\frac{1}{2} \times 12 = 6\%$ anual.

$$I = \frac{ctr}{36000} = \frac{6000 \times 966 \times 6}{36000} = \$966 \quad \text{R}$$

(719) Pedro Suárez toma un préstamo de $480 al 5% anual el 12 de Marzo y devuelve el dinero recibido el 15 de Mayo. ¿Cuánto pagará de interés?

Cuando se calcula el interés entre dos fechas próximas, se calcula el número exacto de días que hay de una fecha a la otra. Así, en este problema, diremos: Del 12 de Marzo al 15 de Mayo hay: 19 días en Marzo, 30 en Abril y 15 en Mayo = 64 días.

$$I = \frac{ctr}{36000} = \frac{480 \times 64 \times 5}{36000} = \$4.27 \quad \text{R}$$

➤ **EJERCICIO 317**

(En este ejercicio y en los siguientes de este capítulo, si no se dice lo contrario, el % se entiende **anual**).

1. Hallar el interés de $600 al $3\frac{1}{2}$ en 4 años. **R. $84.**

2. Hallar el interés de \$4500 al $5\frac{1}{2}\%$ en 8 meses.   **R.** \$165.

3. Hallar el interés de \$9000 al 12% en 20 días.   **R.** \$60.

4. Hallar el interés de \$2100 al $6\frac{3}{4}\%$ en 3 años y 4 meses.   **R.** \$472.50.

5. Hallar el interés de \$1800 al 5% en 3 años, 8 meses y 10 días. **R.** \$332.50.

6. Se toman \$4800 en hipoteca al 7%. ¿Cuánto hay que pagar al mes de intereses?   **R.** \$28.

7. Si presto \$120 al 1% mensual, ¿cuánto tienen que pagarme al mes de interés?   **R.** \$1.20.

8. ¿Cuánto producen 8200 bolívares que se han prestado al $\frac{1}{4}\%$ mensual durante 90 días?   **R.** 61.50 bolívares.

9. ¿Cuánto producen 750 bolívares que se prestan al $\frac{1}{80}\%$ diario en 2 meses? **R.** 7.50 bs.

10. Hallar el interés de 11000 bolívares al $\frac{3}{4}\%$ mensual durante 4 meses y 5 días.   **R.** 343.75 bolívares.

11. Hallar la renta diaria de 36000 bolívares al $\frac{1}{90}\%$ diario.   **R.** bs. 4.

12. Hallar la renta mensual de \$60000 al $\frac{1}{6}\%$ mensual.   **R.** \$100.

13. Hallar el interés de 500 sucres al 6% del 6 de febrero de 1967 al 2 de marzo del mismo año.   **R.** 2 sucres.

14. Se toman 900 sucres al $5\frac{1}{2}\%$ el 29 de abril y se devuelve el capital prestado el 8 de junio. ¿Cuánto se pagará de interés?   **R.** 5.50 sucres.

15. Hallar el interés de 400 sucres al 9% del 1 de febrero de 1964 al 30 de julio del mismo año. (Año bisiesto).   **R.** 18 sucres.

(720) CALCULO DEL CAPITAL

¿Cuál es la suma que al $5\frac{1}{5}\%$ ha producido \$104 en 8 meses?

Aplicamos la fórmula de capital con 1200 porque el tiempo viene dado en meses: ↗

$$c = \frac{1200\,I}{r\,t} = \frac{1200 \times 104}{5.2 \times 8} = \$3000. \quad \textbf{R.}$$

(721) Por un dinero que recibí en préstamo al $\frac{1}{3}\%$ mensual y que devolví a los 80 días, tuve que pagar de interés \$400. ¿Cuál fue la suma prestada?

$\frac{1}{3}\%$ mensual $= \frac{1}{3} \times 12 = 4\%$ anual.

Aplico la fórmula de capital con 36000 porque el tiempo es días: _____ ↗

$$c = \frac{36000\,I}{r\,t} = \frac{36000 \times 400}{4 \times 80} = \$45000. \quad \textbf{R.}$$

➤ EJERCICIO 318

1. ¿Qué suma al 3% en 2 años produce 60 soles?   **R.** 1000 soles.

2. ¿Qué suma al $5\frac{1}{2}\%$ en 5 meses produce bs. 110?   **R.** bs. 4800.

3. ¿Qué suma al $3\frac{3}{5}\%$ en 60 días produce 72 sucres?   **R.** 12000 sucres.

4. ¿Qué capital al $7\frac{1}{2}\%$ produce en 5 meses y 10 días $400?   **R.** $12000.

5. ¿Qué capital produce $2950 al $4\frac{4}{5}\%$ en 1 a. 7 m. y 20 días?   **R.** $37500.

6. Si pago Q. 30 al mes por un dinero que tomé en hipoteca al 6%, ¿a cuánto asciende el capital prestado?   **R.** Q. 6000.

7. Si pago $4.80 cada mes como interés de un dinero que me prestaron al 8%, ¿cuál es la suma que me prestaron?   **R.** $720.

8. Pago 6 colones como interés mensual por un dinero que me prestaron al 1% mensual. ¿Cuál es la suma prestada?   **R.** 600 colones.

9. ¿Qué suma, impuesta al $\frac{1}{2}\%$ mensual ha producido 72 córdobas en 100 días?   **R.** 4320 córdobas.

10. ¿Qué suma, impuesta al $1\frac{3}{4}\%$ mensual ha producido 357 lempiras en 5 meses y 20 días?   **R.** 3600 lempiras.

11. ¿Qué suma, impuesta al 2% mensual produce una renta mensual de 12 balboas?   **R.** 600 balboas.

12. ¿Qué suma al $\frac{1}{24}\%$ diario produce una renta diaria de $0.60?   **R.** $1440.

13. Por una suma tomada al 4% el 8 de nov. se pagan de intereses el 4 de dic. del mismo año $5.20. ¿Cuál es esa suma?   **R.** $1800.

14. Se presta al $2\frac{1}{2}\%$ una suma el 22 de junio y el 20 de sept. del mismo año se pagan de intereses $18.75. ¿Cuál fue la suma prestada?   **R.** $3000.

(722) **CALCULO DEL %**

¿A qué % anual se han impuesto $75000 que en 24 días han producido $250?

Aplicamos la fórmula r con 36000 porque el tiempo viene en días:

$$r = \frac{36000\,I}{c\,t} = \frac{36000 \times 250}{75000 \times 24} = 5\% \text{ anual.} \quad R$$

➤ **EJERCICIO 319**

1. ¿A qué % se imponen $800 que en 5 años producen $40?   **R.** 1%.
2. ¿A qué % se imponen $1254 que en 6 meses producen $62.70?   **R.** 10%.
3. ¿A qué % se imponen $8200 que en 90 días producen $410?   **R.** 20%.
4. ¿A qué % se imponen 12000 bolívares que en 2 años 9 meses y 18 días producen bs. 2016?   **R.** 6%.
5. Si 7200 bolívares en 1 año y 50 días han producido 820, ¿a qué % se impusieron?   **R.** 10%.
6. Si pago 35 bolívares al mes por una hipoteca de bs. 8400, ¿a qué % se ha dado el dinero?   **R.** 5%.

7. Tengo que pagar 70 bolívares cada 3 meses por un préstamo que recibí de 4000 bolívares. ¿A qué % me prestaron el dinero?   **R. 7%.**

8. Pagaba $50 al mes como intereses de una hipoteca de $5000, pero el acreedor me redujo los intereses a $37.50 mensuales. ¿Qué % me ha rebajado?   **R. 3%.**

9. Juan García paga $4 al mes por $480 que tomó en hipoteca sobre una casa y Pedro González paga $3 al mes por $900 que tomó en hipoteca sobre un solar. ¿Cuál de los dos préstamos se hizo a mayor % y cuánto es el exceso de un % sobre el otro?   **R. El 1º; 6%.**

10. Por $55000 que se prestaron durante 120 días se han recibido de intereses $550. ¿A qué % mensual se hizo el préstamo?   **R. $\frac{1}{4}$% mensual.**

11. ¿A qué % se impusieron 12000 bolívares el 23 de abril si el 9 de agosto del mismo año se pagaron 144 de intereses?   **R. 4%.**

12. Se toman 9000 bolívares a préstamo el 9 de junio y el capital prestado se devuelve el 20 de dic. del mismo año, pagando 169.75 de intereses. ¿Cuál fue el % de interés?   **R. $3\frac{1}{2}$%.**

(723) CALCULO DEL TIEMPO

6000 bolívares impuestos al 2% han producido 600. ¿Qué tiempo estuvieron impuestos?

Si queremos el tiempo en años aplicamos la fórmula de *t* con 100; si en meses, con 1200 y si en días con 36000. Aquí se halla en años:

$$t = \frac{100\,I}{cr} = \frac{100 \times 600}{6000 \times 2} = 5 \text{ años.} \quad \text{R.}$$

➤ EJERCICIO 320

1. ¿Qué tiempo han estado impuestos Q. 960 que al 5% han producido Q. 48?   **R. 1 año.**

2. ¿Qué tiempo han estado impuestos 5600 sucres que al 12% han producido 392?   **R. 7 m.**

3. ¿Qué tiempo han estado impuestos 8000 sucres que al 6% han producido 56?   **R. 42 d.**

4. Presté 7200 soles al $\frac{1}{6}$% mensual y me pagaron de intereses 14.40. ¿Cuánto tiempo tuve invertido el dinero?   **R. 36 d.**

5. Por 5300 soles que se prestaron al $1\frac{1}{2}$% mensual se han recibido intereses por 795. ¿Cuánto tiempo duró la imposición?   **R. 10 m.**

6. Con los intereses de 60000 soles al 1% mensual se ha adquirido un solar de 9000. ¿Cuánto tiempo estuvo impuesto el dinero?   **R. 1 a. 3 m.**

7. Mario Rodríguez hizo un préstamo de 8000 colones al 6% y pagó de intereses 360, y Sebastián Roldán hizo otro préstamo de 7000 colones al 5% y pagó de intereses 350. ¿Cuál de los dos tardó más tiempo en devolver el dinero y cuánto tiempo más?   **R. El 2º, 3 m.**

8. Por un capital de 8000 lempiras prestado al 8% he pagado 80 de intereses. Si hubiera pagado de intereses $85\frac{1}{3}$, ¿cuánto tiempo más hubiera tenido yo el dinero? **R.** 3 d. más.

9. Una suma de 1200 lempiras tomada a préstamo al 7% se devuelve el 8 de abril pagando de intereses 8.40. ¿Qué día se hizo el préstamo? **R.** 3 de marzo.

10. Se toma al 4% una suma de 9000 balboas el 13 de septiembre y al devolver el capital se pagan 74 de intereses. ¿Qué día se hizo la devolución? **R.** 26 de nov.

➤ EJERCICIO 321

MISCELANEA

(Si no se dice lo contrario, el % se entiende anual).

1. Hallar el interés anual de $450 al 5%. **R.** $22.50.

2. ¿Qué renta mensual producen $1500 al 6%? **R.** $7.50.

3. ¿A qué % se imponen $515 que producen 4\frac{7}{24}$ mensuales? **R.** 10%.

4. Hallar la suma que al $5\frac{1}{2}$% produce $22 al año. **R.** $400.

5. ¿Cuánto producirán 7200 bolívares al $3\frac{3}{4}$% en 5 meses? **R.** bs. 112.50.

6. Hallar la renta diaria de $40000 al $3\frac{2}{5}$%. **R.** 3\frac{7}{9}$.

7. ¿Qué capital al $2\frac{1}{2}$% produce en 7 años 1750 bolívares? **R.** bs. 10000.

8. ¿A qué % se impusieron $7100 que en 3 años han producido un rédito de $71 mensuales? **R.** 12%.

9. Si se quiere que una suma de $1926 al $\frac{2}{3}$% mensual produzca $321, ¿cuántos meses debe durar la imposición? **R.** 25 m.

10. ¿Qué suma hay que imponer al $1\frac{3}{4}$% mensual para que en 3 años y medio produzca $147? **R.** $200.

11. Hallar el interés anual de $800 al $8\frac{3}{4}$%. **R.** $70.

12. ¿Cuánto producirán 8400 bolívares al $3\frac{1}{2}$% en 2 años? **R.** bs. 588.

13. ¿Qué suma se impone al $4\frac{1}{2}$% si en 2 años y 5 meses produce 2610 sucres? **R.** 24000 sucres.

14. Hallar el interés de $18000 al 7% en 7 meses y 10 días. **R.** $770.

15. ¿Qué suma al $\frac{1}{30}$% diario produce $20.25 mensuales? **R.** $2025.

16. ¿A qué % mensual hay que imponer $243 para que en 5 años produzcan $81? **R.** $\frac{5}{9}$% mensual.

17. ¿Cuántos días han estado impuestos 4000 sucres que al 9% han producido 23? **R.** 23 ds.

18. Cierta suma impuesta al 14% ha producido $49 en 2 meses y 10 días. ¿Cuál fue el capital impuesto?   **R.** $1800.

19. Hallar la renta mensual de 15000 soles al $1\frac{1}{2}$% mensual.   **R.** 225 soles.

20. ¿A qué % diario se imponen $350 que producen $7 al mes? **R.** $\frac{1}{15}$% diario.

21. Por un préstamo que hice al 1% mensual durante 5 meses y 4 días he cobrado $154 de intereses. ¿Cuál fue la cantidad prestada?   **R.** $3000.

22. ¿A qué % hay que imponer una suma de 72000 soles para obtener en 5 años y 8 días un rédito de 10848?   **R.** 3% anual.

23. ¿Qué suma al 4% produce $8 al año?   **R.** $200.

24. ¿Cuánto producirán $4500 al 12% en 3 años, 5 meses y 8 días? **R.** $1857.

25. ¿Qué tiempo estuvieron impuestos $500 si al 7% produjeron $70? **R.** 2 a.

26. ¿Qué suma al $\frac{3}{4}$% mensual produce $12 al año?   **R.** 133\frac{1}{3}$.

27. Hallar la renta mensual que producen $15000 impuestos al 18%. **R.** $225.

28. 7800 colones al $3\frac{1}{2}$% han producido 928.20. ¿Qué tiempo estuvo colocado el dinero?   **R.** 3 a. 4 mes. 24 d.

29. ¿A qué % hay que imponer $325 para que produzcan $26 al año? **R.** 8% anual.

30. ¿Qué suma al 1% mensual produce $240 en 10 años?   **R.** $200.

31. ¿A qué % se han impuesto $2400 que en 7 meses han producido $28? **R.** 2% anual.

32. Hallar el interés de 2300 bolívares al 7% en 5 años.   **R.** bs. 805.

33. ¿A qué % mensual se imponen $200 que producen $16 al año?
   R. $\frac{2}{3}$% mensual.

34. ¿Cuánto producen en 40 días 9000 soles al $5\frac{1}{8}$%?   **R.** 51.25 soles.

35. ¿A qué % se imponen $6300 que en 2 años producen $252?   **R.** 2%.

36. ¿Qué tiempo han de estar impuestos 15000 sucres para que al $1\frac{1}{45}$% diario produzcan 270?   **R.** 2 m. 21 d.

37. ¿Cuánto producen 12000 colones al 3% en 2 años y 18 días? **R.** 738 colones.

38. ¿Qué suma al 4% produce 3200 bolívares en 2 años?   **R.** 40000 bolívares.

(724) CASO PARTICULAR DEL INTERES SIMPLE

Se incluyen en el **caso particular** del interés simple los problemas que corresponden a los **cuatro casos** siguientes: **1)** Conociendo c, t y r, hallar la suma del capital con el interés, que se llama **monto** y se representa por la letra C. **2)** Conociendo el monto C, c y t, hallar r. **3)** Conociendo C, c y r, hallar t. **4)** Conociendo C, t y r, hallar c.

1) **Conociendo** c, t y r, **hallar el monto, C.**

725 ¿En cuánto se convertirán 7200 bolívares al $3\frac{3}{4}\%$ anual en 5 meses?

Nos piden el monto C, que es la suma del capital con el interés, o sea, $C = c + I$. Como conocemos el capital, 7200 bolívares, sólo tenemos que hallar el interés y sumarlo con c.

$$I = \frac{ctr}{1200} = \frac{7200 \times 5 \times 3.75}{1200} = \text{bs. } 112.50$$

Como $C = c + I$, sabiendo que $c = \text{bs. } 7200$ y que $I = \text{bs. } 112.50$,

tendremos: $C = \text{bs. } 7200 + \text{bs. } 112.50 = \text{bs. } 7312.50$.   R.

2) Conociendo C, c y t, hallar r.

726 ¿A qué % anual se impusieron \$9000 que en 40 días se convirtieron en \$9051.25?

Aplicaremos la fórmula de r con 36000 y para hallar el interés no tenemos más que restar de C, el capital con sus intereses acumulados, \$9051.25, el valor de c que es \$9000. y el interés será:

$I = C - c = \$9051.25 - \$9000 = \$51.25$,

y tendremos:

$$r = \frac{36000 I}{ct} = \frac{36000 \times 51.25}{9000 \times 40} = 5\frac{1}{8}\%.$$ R.

3) Conociendo C, c y r, hallar t.

727 ¿Qué tiempo han de estar impuestos \$500 para que al 7% anual se conviertan en \$570?

Aplicamos la fórmula de t, y para hallar el interés I no tenemos más que restar el capital c que es \$500, del monto C que es \$570 y el interés $I = C - c$ será \$570 − \$500 = \$70, y tendremos:

$$t = \frac{100 I}{cr} = \frac{100 \times 70}{500 \times 7} = 2 \text{ años.}$$ R.

4) Conociendo C, t y r, hallar c.

Para resolver este caso tenemos que aplicar la fórmula que deducimos a continuación.

728 DEDUCCION DE LA FORMULA DEL CAPITAL PRIMITIVO

Sabemos que $C = c + I$ y como $I = \frac{ctr}{100}$ tendremos: $C = c + \frac{ctr}{100}$

Incorporando el entero c en el segundo miembro: $C = \frac{100c + ctr}{100}$

Pasando el divisor 100 del segundo miembro al primero: $100 C = 100c + ctr$

Sacando el factor común c en el segundo miembro: $100 \times C = c(100 + tr)$

y despejando c, queda: $c = \frac{100 C}{100 + tr}$

Esta es la fórmula que se aplica siendo t años; si es *meses* deben sustituirse los dos 100 por 1200 y si es *días* por 36000.

Ejemplos

(1) ¿Cuál es el capital que impuesto al 7% anual en 5 años se ha convertido en $3105?

Aplicamos la fórmula del capital primitivo con 100 porque el tiempo viene dado en años:

$$c = \frac{100\,C}{100 + tr} = \frac{100 \times 3105}{100 + (7 \times 5)} = \frac{100 \times 3105}{135} = \$2300. \quad R.$$

(2) Se impone cierta suma al 3% y al cabo de 2 años y 18 días se ha convertido en $12738. ¿Cuál fue la suma impuesta?

Aplicamos la fórmula del capital primitivo con 36000 porque el tiempo lo reduciremos a días:

$$c = \frac{36000\,C}{36000 + tr} = \frac{36000 \times 12738}{36000 + (3 \times 738)} = \frac{36000 \times 12738}{38214} = \$12000. \quad R.$$

➤ EJERCICIO 322

1. ¿En cuánto se convertirán $250 al 6% en 4 años?   **R. $310.**

2. ¿En cuánto se convertirán 300 quetzales impuestos al $3\frac{4}{8}$% durante 8 meses?   **R. Q. 306.80.**

3. ¿En cuánto se convertirán 720 balboas impuestos al $5\frac{3}{4}$% anual durante 4 años y 8 días?   **R. 886.52 balboas.**

4. Una persona impone 4500 bolívares al 12% anual y al cabo de 3 años, 5 meses y 8 días le entregan el capital prestado y sus intereses acumulados durante ese tiempo. ¿Cuánto recibirá?   **R. 6357 bolívares.**

5. ¿A qué tanto por ciento anual se han impuesto 8000 bolívares que en 8 años se convirtieron en 10000?   **R. $3\frac{1}{8}$% anual.**

6. ¿A qué tanto por ciento anual se impusieron 4800 bolívares que en 2 años y un mes se convirtieron en 5000?   **R. 2% anual.**

7. Una persona presta a un amigo $4500 durante un año y 40 días y al cabo de este tiempo el amigo le entrega $4700, importe del capital prestado y sus intereses acumulados ¿A qué tanto por ciento anual hizo la operación?   **R. 4% anual.**

8. ¿A qué tanto por ciento anual se impusieron $324 si al cabo de 8 años y 4 meses el capital se ha doblado.   **R. 12% anual.**

9. ¿A qué tanto por ciento anual hay que imponer $50 para que en 20 años el capital se triplique?   **R. 10% anual.**

10. ¿Qué tiempo han estado impuestos $500 que al 2% anual se han convertido en $600?   **R. 10 a.**

11. Una suma de 2700 sucres se presta al 4% anual y se convierte en 2730. ¿Cuánto tiempo duró la imposición?   **R. 3 mes. 10 d.**

12. Se impusieron 3600 sucres al $8\frac{1}{5}$% anual y se convirtieron en 3673.80. ¿Cuántos meses duró la imposición?   **R. 3 mes.**

13. ¿Cuánto tiempo han estado impuestos $815 al 10% anual si el capital se ha doblado?   **R. 10 a.**

14. ¿Cuánto tiempo han estado impuestos 4567 soles al 8% anual si el capital se ha triplicado?   **R. 25 a.**

15. ¿Cuál es la suma que impuesta al 4% en 2 años se ha convertido en 43200 soles?   **R. 40000 soles.**

16. Cierta suma impuesta al $2\frac{1}{2}$% anual durante 7 años se ha convertido en 11750 bolívares. ¿Cuál es esa suma?   **R. 10000 bolívares.**

17. Juan presta a un amigo cierta suma al $\frac{1}{2}$% anual y al cabo de 2 años y 5 meses el amigo le entrega $26610, importe del capital prestado y sus intereses acumulados. ¿Qué suma prestó Juan a su amigo?   **R.** $24000.

18. Se impone cierta suma al 14% anual y al cabo de 2 meses y 10 días se retiran $1849, importe del capital prestado y sus intereses acumulados durante ese tiempo. ¿Cuál fue la suma impuesta?   **R.** $1800.

19. Una persona impone cierto capital al $1\frac{1}{2}$% anual y al cabo de 1 año, 7 meses y 12 días recibe $40970, importe del capital prestado y sus intereses acumulados. ¿Cuál fue la suma impuesta?   **R.** $40000.

20. Me pagan 1577 bolívares como importe del principal e intereses de cierta suma que presté al 1% mensual durante 5 meses y 4 días. ¿Qué suma presté?   **R.** 1500 bolívares.

21. ¿En cuánto se convertirán 600 colones al 9% del 14 de mayo al 23 de junio del mismo año?   **R.** 606 colones.

22. ¿A qué % se impuso una suma de $300 el 19 de agosto si el 7 de noviembre del mismo año se ha convertido en $308?   **R.** 12%.

23. Se toman 6000 bolívares al 6% y el 9 de diciembre del mismo año se devuelven 6053, importe del capital prestado y sus intereses acumulados. ¿Qué día se hizo el préstamo?   **R.** 17 oct.

24. Se toma al 4% una suma el 3 de abril y el 2 de julio del mismo año se devuelven 808 bolívares, importe del capital recibido y sus intereses acumulados en ese tiempo. ¿Cuál fue el capital prestado?   **R.** bs. 800.

II. INTERES COMPUESTO

(729) SU RESOLUCION POR ARITMETICA

Los problemas de interés compuesto se resuelven en Aritmética de dos modos:

1) Por aplicaciones sucesivas del interés simple.

2) Por medio de las tablas de interés compuesto.

(730) METODO DE APLICACIONES SUCESIVAS DEL INTERES SIMPLE

Se procede así: Se halla el interés del capital en la primera unidad de tiempo y este interés se suma al capital; esta suma se considera como capital de la segunda unidad de tiempo y se halla el interés de este nuevo capital en dicha segunda unidad de tiempo; el interés que se obtenga se le suma al capital y esta suma es el capital para la tercera unidad de tiempo; se halla el interés de este nuevo capital en la tercera unidad de tiempo y se le suma al capital, y así sucesivamente hasta terminar con todas las unidades de tiempo.

Ejemplos

(1) Hallar los intereses compuestos de $200 al 3% anual en 2 años.

Hallamos el interés de $200 en el primer año:

$$= \frac{c \, t \, r}{100} = \frac{200 \times 1 \times 3}{100} = \$6.$$

Este interés del primer año se suma al capital:

$$\$200 + \$6 = \$206$$

Ahora hallamos el interés de \$206 en el segundo año:

$$I = \frac{c\,t\,r}{100} = \frac{206 \times 1 \times 3}{100} = \$6.18$$

Este interés del segundo año lo sumamos con el capital anterior:

$$\$206 + \$6.18 = \$212.18$$

Por lo tanto, si los \$200 se han convertido en \$212.18, los intereses compuestos son

$$\$212.18 - \$200 = \$12.18 \quad \text{R.}$$

(2) ¿En cuánto se convertirán \$300 al 4% anual de interés compuesto en 2 años 5 meses?

Hallamos el interés de \$300 en el primer año:

$$I = \frac{300 \times 4 \times 1}{100} = 12 \qquad \$300 + \$12 = \$312$$

Hallamos el interés de \$312 en el segundo año:

$$I = \frac{312 \times 4 \times 1}{100} = \$12.48 \qquad \$312 + \$12.48 = \$324.48$$

Hallamos el interés de \$324.48 en los 5 meses:

$$I = \frac{324.48 \times 5 \times 4}{1200} = \$5.41 \qquad \$324.48 + \$5.41 = \$329.89 \quad \text{R.}$$

(3) ¿En cuánto se convertirán \$400 al 3% anual de interés compuesto en 1 año, capitalizando los intereses por trimestres?

Como los intereses se capitalizan, es decir, se suman al capital por trimestres, tenemos que hallar el interés de trimestre en trimestre, durante los 4 trimestres que tiene un año.

Hallemos el interés de \$400 en el primer trimestre:

$$I = \frac{400 \times 3 \times 3}{1200} = \$3 \qquad \$400 + \$3 = \$403$$

Hallemos el interés de \$403 en el segundo trimestre:

$$I = \frac{403 \times 3 \times 3}{1200} = \$3.02 \qquad \$403 + \$3.02 = \$406.02$$

Hallemos el interés de \$406.02 en el tercer trimestre:

$$I = \frac{406.02 \times 3 \times 3}{1200} = \$3.05 \qquad \$406.02 + \$3.05 = \$409.07$$

Hallemos el interés de \$409.07 en el cuarto trimestre:

$$I = \frac{409.07 \times 3 \times 3}{1200} = \$3.07 \qquad \$409.07 + \$3.07 = \$412.14 \quad \text{R.}$$

Los \$400 se convertirán en \$412.14

➤ EJERCICIO 323

1. Hallar los intereses compuestos de $120 al 5% anual en 2 años. **R. $12.30.**

2. ¿En cuánto se convertirán $400 al 6% anual de interés compuesto en 3 años? **R. $476.41.**

3. ¿En cuánto se convertirán $500 al 7% anual de interés compuesto en 5 años? **R. $701.28.**

4. Hallar los intereses compuestos de $200 al 2% anual en 2 años y 7 meses. **R. $10.51.**

5. ¿En cuánto se convertirán 600 soles al 3% anual de interés compuesto en 1 año, capitalizando los intereses por trimestres? **R. 618.20 soles.**

6. Hallar los intereses compuestos de $800 al 6% anual en año y medio, capitalizando los intereses por semestres. **R. $74.18.**

7. ¿En cuánto se convertirán 700 bolívares al $4\frac{1}{2}$% anual en 1 año y 4 meses, capitalizando los intereses cada 4 meses? **R. 742.95 bolívares.**

(731) METODO DE LAS TABLAS DE INTERES COMPUESTO

El procedimiento explicado antes es muy laborioso. Mucho más rápido es usar la tabla de interés compuesto que aparece en la página 564.

El monto o importe C de un capital c colocado a interés compuesto durante t años o unidades de tiempo a un tanto por ciento dado puede calcularse por la fórmula $C = c(1 + r)^t$ en la cual r no es el tanto por ciento anual, sino el tanto por uno, es decir, lo que gana $1 en cada año o unidad de tiempo.[1]

El valor de $(1 + r)^t$ nos lo da la tabla de la página 564, con lo cual para hallar el monto no hay más que multiplicar el capital por el valor de este binomio. Hallado el monto, el interés compuesto es la diferencia entre éste y el capital.

Ejemplos

(1) ¿En cuánto se convertirán $6000 al 3% interés compuesto en 5 años?

Aquí $c = \$6000$, $t = 5$, $r = 0.03$ porque el tanto por ciento 3 significa que $100 ganan $3 al año, luego $1 ganará $3 \div 100 = \$0.03$ y este es el tanto por uno.

Aplicando la fórmula $C = c(1 + r)^t$ tenemos:

$$C = 6000 \times (1 + 0.03)^5$$
$$C = 6000 \times (1.03)^5$$

El valor de 1.03^5 o sea el valor adquirido por $1 al 3% en 5 años nos lo da la tabla y es 1.159274 luego:

$$C = 6000 \times 1.159274$$
$$C = \$6955.64$$

Los intereses compuestos serán:

$$\$6955.64 - \$6000 = \$955.64 \quad \textbf{R.}$$

( ) La deducción de esta fórmula se estudia en Algebra.

(2) Hallar los intereses compuestos de $16800 al $5\frac{1}{2}\%$ en 8 años.

El valor adquirido por $1 al $5\frac{1}{2}\%$ en 8 años según la tabla es 1.534687, luego:

$$C = 16800 \times 1.534687$$
$$C = \$25782.74$$

Los intereses compuestos son:

$$\$25782.74 - \$16800 = \$8982.74 \quad R.$$

(3) Hallar los intereses compuestos de $5820 al 9% en 17 años.

El valor adquirido por $1 al 9% en 17 años es 4.327633 luego:

$$C = 5820 \times 4.327633$$
$$C = \$25186.82$$

El interés compuesto es:

$$\$25186.82 - \$5820 = \$19366.82 \quad R.$$

(4) ¿En cuánto se convertirán $500 al 6% interés compuesto en 1 año capitalizando los intereses por trimestres?

Como la unidad de tiempo es el trimestre y en 1 año hay 4 trimestres, $t = 4$.

Como el % anual es el 6% el % trimestral será $6 \div 4 = 1\frac{1}{2}$. El valor de $1 al $1\frac{1}{2}\%$ anual en 4 trimestres (igual que si fuera en 4 años) es 1.061364, según la tabla, luego:

$$C = 500 \times 1.061364$$
$$C = \$530.68$$

Los intereses compuestos serán:

$$\$530.68 - \$500 = \$30.68 \quad R.$$

➤ **EJERCICIO 324**

Usando la tabla de interés compuesto de la página 564, hallar en cuánto se convertirán:

1. 300 sucres al 2% en 5 años.   R. 331.22 sucres.
2. $785 al 4% en 6 años.   R. $993.28.
3. 987.50 bolívares al $3\frac{1}{2}\%$ en 8 años.   R. 1300.35 bolívares.
4. 15600 bolívares al $4\frac{1}{2}\%$ en 7 años.   R. 20387.05 bolívares.
5. 23456 soles al 6% en 12 años.   R. 47198.09 soles.
6. $325.86 al 11% en 15 años.   R. $1559.11.

Hallar los intereses compuestos de:

7. $840 al 7% en 9 años.   R. $704.31.
8. 13456 soles al 8% en 3 años.   R. 3494.68 soles.
9. $876.45 al $4\frac{1}{2}\%$ en 6 años.   R. $264.92.
10. 35000 bolívares al 10% en 7 años.   R. 33205.10 bolívares.
11. $600 al 4% en un año capitalizando los intereses por trimestres. R. $24.36.
12. $800 al 9% en año y medio capitalizando los intereses por semestres. R. $112.93.
13. 1200 sucres al 12% en 2 años capitalizando los intereses por trimestres. R. 320.12 sucres.

TABLA DE INTERES COMPUESTO

VALOR ADQUIRIDO POR $ 1 A INTERES COMPUESTO
DE 1 A 20 AÑOS O SEA VALOR DE $(1 + r)^t$

AÑOS	1%	$1\frac{1}{2}$%	2%	$2\frac{1}{2}$%	3%	$3\frac{1}{2}$%	4%	$4\frac{1}{2}$%
1	1.010000	1.015000	1.020000	1.025000	1.030000	1.035000	1.040000	1.045000
2	1.020100	1.030225	1.040400	1.050625	1.060900	1.071225	1.081600	1.092025
3	1.030301	1.045678	1.061208	1.076891	1.092727	1.108718	1.124864	1.141166
4	1.040604	1.061364	1.082432	1.103813	1.125509	1.147523	1.169859	1.192519
5	1.051010	1.077284	1.104081	1.131408	1.159274	1.187686	1.216653	1.246182
6	1.061520	1.093443	1.126162	1.159693	1.194052	1.229255	1.265319	1.302260
7	1.072135	1.109845	1.148686	1.188686	1.229874	1.272279	1.315932	1.360862
8	1.082857	1.126493	1.171659	1.218403	1.266770	1.316809	1.368569	1.422101
9	1.093685	1.143390	1.195093	1.248863	1.304773	1.362897	1.423312	1.486095
10	1.104622	1.160541	1.218994	1.280085	1.343916	1.410599	1.480244	1.552969
11	1.115668	1.177949	1.243374	1.312087	1.384234	1.459970	1.539454	1.622853
12	1.126825	1.195618	1.268242	1.344889	1.425761	1.511069	1.601032	1.695881
13	1.138093	1.213552	1.293607	1.378511	1.468534	1.563956	1.665074	1.772196
14	1.149474	1.231756	1.319479	1.412974	1.512590	1.618695	1.731676	1.851945
15	1.160969	1.250232	1.345868	1.448298	1.557967	1.675349	1.800944	1.935282
16	1.172579	1.268986	1.372786	1.484506	1.604706	1.733986	1.872981	2.022370
17	1.184304	1.288020	1.400241	1.521618	1.652848	1.794676	1.947901	2.118377
18	1.196148	1.307341	1.428246	1.559659	1.702433.	1.857489	2.025817	2.208479
19	1.208109	1.326951	1.456811	1.598650	1.753506	1.922501	2.106849	2.307860
20	1.220190	1.346855	1.485947	1.638616	1.806111	1.989789	2.191123	2.411714

AÑOS	5%	$5\frac{1}{2}$%	6%	7%	8%	9%	10%	11%
1	1.050000	1.055000	1.060000	1.070000	1.080000	1.090000	1.100000	1.110000
2	1.102500	1.113025	1.123600	1.144900	1.166400	1.188100	1.210000	1.232100
3	1.157625	1.174241	1.191016	1.225043	1.259712	1.295029	1.331000	1.367631
4	1.215506	1.238825	1.262477	1.310796	1.360489	1.411582	1.464100	1.518070
5	1.276282	1.306960	1.338226	1.402552	1.469328	1.538624	1.610510	1.685058
6	1.340096	1.378843	1.418519	1.500730	1.586874	1.677100	1.771561	1.870414
7	1.407100	1.454679	1.503630	1.605782	1.713824	1.828039	1.948717	2.076160
8	1.477455	1.534687	1.593848	1.718186	1.850930	1.992563	2.143589	2.304537
9	1.551328	1.619094	1.689479	1.838459	1.999005	2.171893	2.357948	2.558036
10	1.628895	1.708145	1.790848	1.967151	2.158925	2.367364	2.593742	2.839420
11	1.710339	1.802092	1.898299	2.104852	2.331639	2.580426	2.853117	3.151757
12	1.795856	1.901208	2.012197	2.252192	2.518170	2.812665	3.138428	3.498450
13	1.885649	2.005774	2.132928	2.409845	2.719624	3.065805	3.452271	3.883279
14	1.979932	2.116092	2.260904	2.578534	2.937194	3.341727	3.797498	4.310440
15	2.078928	2.232477	2.396558	2.759032	3.172169	3.642482	4.177248	4.784588
16	2.182875	2.355263	2.540352	2.952164	3.425943	3.970306	4.594973	5.310893
17	2.292018	2.484802	2.692773	3.158815	3.700018	4.327633	5.054470	5.895091
18	2.406619	2.621466	2.854339	3.379932	3.996019	4.717120	5.559917	6.543551
19	2.526950	2.765647	3.025599	3.616528	4.315701	5.141661	6.115909	7.263342
20	2.653298	2.917758	3.207136	3.869685	4.660957	5.604411	6.727500	8.062309

TABLA DE INTERES COMPUESTO DECRECIENTE

**VALOR ACTUAL DE UNA
ANUALIDAD POR $1
A INTERES COMPUESTO
DE 1 A 20 AÑOS**

COMO USAR ESTA TABLA

En muchas operaciones mercantiles se emplea el interés compuesto decreciente, en el que se van amortizando cantidades anuales, que incluyen principal e intereses. Así, si se presta una suma con un interés compuesto decreciente en un tiempo cualquiera, tenemos que determinar las amortizaciones anuales. Para hallar dichas amortizaciones buscamos en la Tabla los años y el tipo de interés, en el punto coincidente de ambos encontraremos el factor. Este factor se multiplica por el capital prestado y nos da la anualidad de amortización.

AÑOS	1%	1½%	2%	2½%	3%	3½%
1	1.010000	1.015000	1.020000	1.025000	1.030000	1.035000
2	0.507512	0.511278	0.515050	0.518827	0.522611	0.526400
3	0.340022	0.343383	0.346755	0.350137	0.353530	0.356934
4	0.256281	0.259445	0.262624	0.265818	0.269027	0.272251
5	0.206040	0.209089	0.212158	0.215247	0.218355	0.221481
6	0.172548	0.175525	0.178526	0.181550	0.184598	0.187668
7	0.148628	0.151556	0.154512	0.157495	0.160506	0.163544
8	0.130690	0.133584	0.136510	0.139467	0.142456	0.145477
9	0.116740	0.119610	0.122515	0.125457	0.128434	0.131446
10	0.105582	0.108434	0.111327	0.114259	0.117231	0.120241
11	0.096454	0.099294	0.102178	0.105106	0.108077	0.111092
12	0.088849	0.091680	0.094560	0.097487	0.100462	0.103484
13	0.082415	0.085240	0.088118	0.091048	0.094030	0.097062
14	0.076901	0.079723	0.082602	0.085537	0.088526	0.091571
15	0.072124	0.074944	0.077825	0.080766	0.083767	0.086825
16	0.067945	0.070765	0.073650	0.076599	0.079611	0.082685
17	0.064258	0.067080	0.069970	0.072928	0.075953	0.079043
18	0.060982	0.063806	0.066702	0.069670	0.072709	0.075817
19	0.058052	0.060878	0.063782	0.066761	0.069814	0.072940
20	0.055415	0.058246	0.061157	0.064147	0.067216	0.070361

AÑOS	4%	4½%	5%	5½%	6%	7%
1	1.040000	1.045000	1.050000	1.055000	1.060000	1.070000
2	0.530196	0.533998	0.537805	0.541618	0.545437	0.553092
3	0.360349	0.363773	0.367209	0.370654	0.374110	0.381052
4	0.275490	0.278744	0.282012	0.285294	0.288591	0.295228
5	0.224627	0.227792	0.230975	0.234176	0.237396	0.243891
6	0.190762	0.193878	0.197017	0.200179	0.203363	0.209796
7	0.166610	0.169701	0.172820	0.175964	0.179135	0.185553
8	0.148528	0.151610	0.154722	0.157864	0.161036	0.167468
9	0.134493	0.137574	0.140690	0.143839	0.147022	0.153486
10	0.123291	0.126379	0.129505	0.132668	0.135868	0.142378
11	0.114149	0.117248	0.120389	0.123571	0.126793	0.133357
12	0.106552	0.109666	0.112825	0.116029	0.119277	0.125902
13	0.100144	0.103275	0.106456	0.109684	0.112960	0.119651
14	0.094669	0.097820	0.101024	0.104279	0.107585	0.114345
15	0.089941	0.093114	0.096342	0.099626	0.102963	0.109795
16	0.085820	0.089015	0.092270	0.095583	0.098952	0.105858
17	0.082199	0.085418	0.088699	0.092042	0.095445	0.102425
18	0.078993	0.082237	0.085546	0.088920	0.092357	0.099413
19	0.076139	0.079407	0.082745	0.086150	0.089621	0.096753
20	0.073582	0.076876	0.080243	0.083679	0.087185	0.094393

Ejemplo ➡

Tomamos un préstamo de $4500 al 6% de interés compuesto decreciente pagadero en 5 años. Buscamos en la tabla y encontramos el factor 0.237396; multiplicamos este factor por el capital $4500 y nos dará una anualidad de $1,068.28.

AÑOS	INTERES	PAGOS ANUALES PRINCIPAL E INTERESES		PRESTAMO TOTAL
5	6%	$1.068.28		$4,500.00
	PAGOS DEL INTERES	PAGOS DEL PRINCIPAL	PAGOS TOTALES	SALDO DEUDOR
Primer año	$270.00	$ 798.28	$1,068.28	$3,701.72
Segundo año	222.10	846.18	1,068.28	2,855.54
Tercer año	171.33	896.95	1,068.28	1,958.59
Cuarto año	117.52	950.76	1,068.28	1,007.83
Quinto año	60.47	1,007.83	1,068.30	0

El origen de la Letra de Cambio puede ubicarse en las Ferias de Flandes y Champaña. Surge al hacerse más complejas las operaciones mercantiles. Hacia el siglo XII se establece la práctica de pagar, mediante promesa escrita, una cantidad en un lugar distinto de aquel en que se contrae la deuda. El pago se podía hacer al nuntius (representante) del acreedor, o hacerlo mediante un representante del deudor.

DESCUENTO CAPITULO XLVII

732 LETRA DE CAMBIO

La **Letra de Cambio** es un documento expedido en forma legal, por el cual una persona manda a otra que pague, a la orden de ella misma o de un tercero, una cantidad de dinero, en el lugar y tiempo que determina el documento

La persona que ordena pagar es el **librador;** la persona a quien va dirigida la letra y que paga es el **librado;** la persona que cobra la Letra es el **tomador** o **tenedor.**

Todo lo relacionado con la Letra de Cambio está regulado por el Código de Comercio.

733 REQUISITOS DE UNA LETRA DE CAMBIO

Para que la Letra de Cambio surta efecto en juicio, deberá contener: 1) El lugar, día, mes y año en que se expide o libra la Letra. 2) El tiempo en que se pagará (**vencimiento**). 3) El nombre y apellido, razón social o título de la persona o entidad a cuya orden se manda hacer el pago (**tenedor**). 4) La cantidad que se manda pagar expresada en moneda efectiva (**valor nominal**). 5) Las palabras "valor recibido" o "valor en cuenta". 6) El nombre y apellido, razón social o título de aquel de quien se recibe el importe de la Letra o a cuya cuenta se carga. 7) El nombre y apellido, razón social o título del librado. 8) La firma del librador. 9) El sello del Timbre que determina la Ley.

Si la Letra de Cambio no reúne los requisitos legales, se considerará pagaré si reúne las condiciones de éste a la orden del tenedor y a cargo del librado.

MODELO DE UNA LETRA DE CAMBIO

$500.   México, D. F., 6 de marzo de 1968.

A quince días vista se servirá usted pagar por esta PRIMERA DE CAMBIO (no habiéndolo hecho por la segunda o tercera) a la orden del señor Pedro Hernández, la cantidad de quinientos pesos, valor recibido en mercancías, que anotará usted en cuenta de

a Ricardo González,
Nápoles 77, México, D. F.

En este ejemplo, el *librador* es Juan Solís y Ca., el *librado* Ricardo González y el *tenedor* Pedro Hernández.

734 PRIMERA, SEGUNDA Y TERCERA DE CAMBIO

Cuando se envían Letras, sobre todo al extranjero, se envían por duplicado o triplicado y se llaman **primera, segunda y tercera de cambio.** Se envían por separado para evitar pérdidas o demora. Si una cualquiera de ellas es aceptada o pagada, las demás quedan anuladas.

735 TERMINO O PLAZOS DE LAS LETRAS

Las Letras de Cambio pueden girarse al contado o a plazos por uno de estos términos: 1) A la vista. 2) A uno o más días, a uno o más meses vista. 3) A uno o más días, a uno o más meses fecha. 4) A día fijo o determinado.

736 VENCIMIENTO

Los términos anteriores obligan al **librado** a pagar la Letra, o sea que la Letra **vence** de este modo:

A la vista: El librado tiene que pagar la Letra el día que se la presenten.

A días o meses vista: El día en que se cumplen los días o meses señalados a contar desde el día siguiente al de la **aceptación** de la Letra por el librado o del **protesto.**

A días o meses fecha: El día en que se cumplen los días o meses señalados a contar desde el día siguiente al de la fecha de la Letra.

A día fijo: El día señalado.

Así, una Letra girada el 8 de enero a 15 días **vista** vence a los 15 días de la **aceptación** de la Letra por el librado. El tenedor presenta la Letra al librado para su aceptación; si éste la acepta escribe **aceptada** y firma; si no la acepta, el tenedor **protesta** la Letra ante Notario, y a partir del día siguiente a éste se empiezan a contar los 15 días que han de transcurrir para que la Letra **venza** y se le pueda cobrar al librado.

Una Letra girada el 8 de enero a 15 días **fecha** vence el 23 de enero.

Los **meses** se computan de fecha a fecha. Así, una Letra girada el 22 de marzo a tres meses **vista,** que es aceptada el 3 de abril, vence el 3 de julio.

El ejemplo siguiente aclarará la diferencia entre **días fecha** y **meses fecha**.

Una Letra girada el 26 de mayo a 30 **días fecha** vence el 25 de junio y girada a un **mes fecha** vence el 26 de junio.

Cuando en el mes del vencimiento no hubiere día correspondiente al de la emisión o aceptación, la Letra girada a uno o varios meses fecha o vista, vence el último día del mes. Así, una letra girada el 31 de mayo a un mes fecha vence el 30 de junio.

(737) CUANDO DEBEN PAGARSE LAS LETRAS

Las Letras deberán pagarse el día de su vencimiento, antes de la puesta del Sol, sin término de gracia.

Si el día del vencimiento es festivo, se pagará la Letra en el precedente.

Si la Letra no es pagada el día del vencimiento, el tenedor tiene que hacer el **protesto** ante Notario antes de la puesta del sol del día siguiente a aquel en que fue negado el pago. Si no hace el protesto en su oportunidad, la Letra queda **perjudicada**, es decir, el tenedor pierde las **acciones cambiarias** que establece la Ley y tiene que acudir, para exigir su pago, a otros procedimientos.

(738) ENDOSOS

El endoso consiste en que el tenedor traspasa la propiedad de la Letra a otra persona. Se llama **endoso** porque se realiza escribiendo **al dorso** de la Letra el nombre o razón social de la persona o entidad a quien se traspasa la propiedad de la Letra, el concepto (valor recibido) porque se traspasa la propiedad, la fecha y la firma del endosante.

Como se ve, los requisitos del endoso son casi los mismos que los de la Letra de Cambio. El endoso que cumple estos requisitos se llama endoso **regular**; si no los cumple todos es un endoso **irregular** que tiene distintos efectos, según la Ley.

El **endoso en blanco** es un endoso irregular. Consiste en que el tenedor simplemente firma la Letra por detrás; entonces el portador de la Letra tiene derecho a exigir su pago al librado, el día del vencimiento.

No pueden endosarse las Letras no expedidas a la orden.

(739) PAGARES

Un **pagaré** es una promesa escrita de pagar una cantidad de dinero, a una persona determinada en el documento o a su orden o al tenedor del documento, en una fecha determinada.

(740) REQUISITOS

Los pagarés deberán contener: 1) El nombre específico de **pagaré.** 2) La fecha en que se expide. 3) La cantidad (**valor nominal**). 4) La fecha del pago. 5) El nombre y apellido de la persona a cuya orden se habrá de hacer el pago. 6) El origen del valor que representa (valor recibido). 7) La firma del que contrae la obligación de pagar.

La persona que contrae la obligación de pagar es el **otorgante**; la persona que tiene derecho a cobrar el pagaré, esté o no mencionada en el documento, es el **tenedor.**

(741) PLAZO Y VENCIMIENTO

Los pagarés pueden otorgarse a su presentación, a días fecha, a meses fecha y a fecha fija. Los primeros vencen en cualquier tiempo; los demás el día señalado.

(742) ENDOSO

Los pagarés expedidos "a la orden" son endosables; si son expedidos a persona determinada no son endosables.

(743) INTERES

Cuando en el pagaré se estipula que ganará un % de interés, este % de interés es sobre el valor nominal y el pagaré gana interés desde la fecha en que se expide hasta el día del vencimiento. Entonces el valor nominal del pagaré es la cantidad escrita en el mismo más el interés que debe ganar hasta el vencimiento.

MODELOS DE PAGARES

---

bs. 800.00   Caracas, Marzo 10 de 1968.

Pagaré a veinte días fecha, al Sr. Enrique Rodríguez, la cantidad de ochocientos bolívares, valor recibido de dicho señor.

Carlos González

En este pagaré el otorgante es Carlos González; el tenedor Enrique Rodríguez. El pagaré vence el día 30 de marzo y no es endosable o negociable.

8320.75 soles   Lima, Mayo 15 de 1968.

A tres meses fecha, pagaré al Sr. Leocadio Gómez o a su orden, la cantidad de ocho mil trescientos veinte soles, 75 centavos, al 6% anual, valor recibido de dicho señor.

Pedro González

Este pagaré vence el 15 de Agosto; gana interés del 6% anual desde el 15 de Mayo al 15 de Agosto y es negociable. Si Leocadio Gómez quiere venderlo o endosarlo a Juan García escribe al dorso: *Páguese a Juan García*, firma y pone la fecha. Si solamente firma es un endoso en blanco y puede cobrarlo Juan García o cualquier otra persona.

(744) CHEQUES

El **cheque** es un documento por el cual una persona que tiene depositado dinero en poder de un Banco, manda a éste que pague todo o parte de sus fondos al portador del documento, o a la orden de una persona.

Un cheque tiene que contener la fecha en que se expide, el nombre y apellido de la persona a cuyo favor se expide, la cantidad escrita con letras y la firma del que expide el cheque.

Si el cheque es al portador, el Banco lo pagará a la persona que lo presente; si es a la orden de una persona, el Banco lo pagará a esta persona o a la persona a quien ésta lo endose. Un cheque se endosa lo mismo que un pagaré.

El **plazo** del cheque es **a la vista** o sea que se puede cobrar en cualquier momento después de su expedición, desde luego, siempre que el cheque no tenga fecha adelantada.

(745) UTILIDAD DE LAS LETRAS Y PAGARES

Es muy grande. En las ventas del comercio, el comerciante que recibe las mercancías no suele pagar al contado; el vendedor siempre le da un plazo (generalmente 30, 60, 90 ó 180 días) para pagar, con objeto de que pueda vender la mercancía al público y después pagar al vendedor. Entonces, cuando el comerciante recibe la mercancía, firma un pagaré por el valor de la mercancía recibida o autoriza al vendedor para que gire contra él una Letra de Cambio por el importe de la venta. Estos documentos son negociables y con ellos en la mano se puede comprar y pagar, es decir, pueden **circular** exactamente igual que si fueran dinero, porque dinero son ya que están respaldados por la solvencia del deudor, pero dinero que no se puede hacer efectivo hasta el día del vencimiento.

Además, con las Letras de Cambio una persona puede disponer de los fondos o créditos que tenga en lugar distante y saldar sus deudas sin necesidad de mover el dinero.

(746) DESCUENTO

El pago de una Letra o pagaré no puede exigirse al deudor hasta el día del vencimiento. Pero si una persona posee una Letra o pagaré y necesita hacerla efectiva **antes de su vencimiento,** se dirige a otra persona o entidad, generalmente un Banco, para que éste le pague el documento. El Banco se lo paga, pero como le hace un anticipo porque el Banco no puede exigir el pago al deudor hasta el día del vencimiento y como el dinero del Banco no es propio, sino de los depositantes, a los cuales paga interés por el dinero depositado, no le paga la cantidad escrita en el documento, sino **algo menos;** le rebaja un % de interés, generalmente sobre el **valor nominal,** por el **tiempo** que media entre el día en que el Banco le paga la Letra o pagaré y el día del vencimiento, en que el Banco puede cobrarla al deudor. Esta **rebaja** es lo que se llama **descuento.**

747 VALOR NOMINAL **es la** cantidad escrita en el documento o la cantidad **escrita en el** documento más el interés desde la fecha hasta el **día del** vencimiento, si **el** documento gana interés. Se representa por n.

748 TIPO DE DESCUENTO

El % de interés que cobra el Banco por pagar la Letra o pagaré antes del vencimiento se llama **tipo de descuento.** Este puede calcularse sobre el valor nominal (descuento comercial) o sobre el **valor actual (descuento racional),** por el término o plazo del descuento, que es el tiempo que media entre el día que se negocia el documento y el día del vencimiento.

749 DESCUENTO COMERCIAL O ABUSIVO **es** el interés del **valor nominal, al tipo de descuento, durante el plazo** del descuento o tiempo que falta **para el vencimiento.**

750 VALOR EFECTIVO, ACTUAL O REAL **es** el valor del documento el **día que se negocia, o sea, lo que se recibe** por el documento negociándolo antes del vencimiento. **Es, desde luego,** menor que el valor nominal, pues es igual al valor nominal n, menos el descuento d. Se representa por $e = n - d$.

751 **Hallar el descuento comercial y el valor efectivo del siguiente pagaré:**

Q. 200.   Guatemala, 10 de Febrero de 1968.

Pagaré a sesenta días fecha, al Sr. Rolando Pérez o a su orden, la cantidad de doscientos quetzales, valor recibido de dicho señor.

Rafael Portela

Descontado, Feb. 23, 1968, al 6%.

Vencimiento: **Contando 60 días a partir de Feb. 10, tenemos:** 18 días de Feb., 31 días de Marzo y 11 días de Abril; son 60 días.

El pagaré **vence** el 11 de Abril.

Plazo de descuento: Del 23 de Febrero al 11 de Abril hay 5 días en Febrero, 31 días en Marzo y 11 en Abril, o sea, 47 días.

Tipo de descuento: 6%.

El **descuento comercial,** o sea la rebaja que hace el Banco, es el interés del valor nominal Q. 200, al 6% durante el plazo de 47 días, o sea: _____

$$I = \frac{ctr}{36000} = \frac{200 \times 47 \times 6}{36000} = Q. 1.5?$$

El **valor efectivo,** o sea lo que recibe el tenedor del pagaré, es: Q. 200 − Q. 1.57 = Q. 198.43.   **R.**

(752) OTROS GASTOS EN LA NEGOCIACION DE DOCUMENTOS

Además del descuento propiamente dicho, el Banco suele cobrar una **comisión** del $\frac{1}{4}$% al $\frac{1}{2}$% sobre el valor nominal para cubrir sus gastos y compensar el riesgo, siempre posible, al comprar el documento y cuando el documento tiene que cobrarse en lugar distinto de aquel en que se paga, el Banco cobra de $\frac{1}{8}$% a $\frac{1}{2}$% por el cambio de localidad.   Estos gastos hacen aumentar el % de descuento y, por lo tanto, disminuye el valor efectivo.

I. DESCUENTO COMERCIAL

(753) DEDUCCION DE LAS FORMULAS DEL DESCUENTO COMERCIAL

El descuento comercial es el interés del valor nominal durante el tiempo que falta para el vencimiento, luego llamando n al valor nominal, t al plazo de descuento y r al tipo de descuento o % de interés, formaremos la proporción del mismo modo que en el interés **(715)**, pero poniendo n en lugar de c. Diremos, pues: _____

$100 pierden r al añ nt perderán d.

Formando la proporción, tenemos: $\dfrac{100}{nt} = \dfrac{r}{d}$

y despejando d, n, t y r tendremos: $d = \dfrac{ntr}{100}$. $n = \dfrac{100\,d}{tr}$. $r = \dfrac{100\,d}{nt}$. $t = \dfrac{100\,d}{nr}$.

Estas son las fórmulas siendo el tiempo **años**; si es **meses** (de 30 días) se sustituye el 100 por 1200, y si es **días,** por 36000.

(754) CALCULO DEL DESCUENTO

¿Cuánto se rebajará de una Letra de $850 descontada comercialmente al $6\frac{1}{2}$% anual, 2 años antes del vencimiento?

Aplicamos la fórmula de d con 100, porque el tiempo es años:↗

$$d = \frac{ntr}{100} = \frac{850 \times 2 \times 6.5}{100} = \$110.50$$ **R**

El **valor efectivo** sería: $850 − $110.50 = $739.50   **R.**

755 Hallar el descuento comercial y el valor efectivo de un pagaré de 720 bolívares que vence el 15 de Noviembre y se negocia al 5% el 17 de Agosto del mismo año.

El plazo del descuento es del 17 de Agosto al 15 de Noviembre, o sea 14 días en Agosto, 30 en Sept., 31 en Octubre y 15 en Nov. = 90 días.

Aplicamos la fórmula de d con 36,000 porque el tiempo es días: ⟋

$$d = \frac{ntr}{36000} = \frac{720 \times 90 \times 5}{36000} = \text{bs. } 9.$$

El **valor efectivo** será: bs. 720 − bs. 9 = bs. 711.   **R.**

➤ **EJERCICIO 325**

Hallar el descuento comercial y el valor efectivo de los siguientes documentos:

VALOR NOMINAL	TIPO DE DESCUENTO	PLAZO DE DESCUENTO	
1. $960	7%	3 años.	R. $201.60; $758.40.
2. bs. 1500	5½%	8 meses.	R. bs. 55; bs. 1445.
3. $4200	5⅖%	18 días.	R. $11.34; $4188.66.
4. Q. 360	8¼%	4 meses y 5 días.	R. Q. 11; Q. 349.
5. bs. 240	5%	3 años.	R. bs. 36; bs. 204.
6. $748	1% mens.	5 meses.	R. $37.40; $710. 60.
7. $1234	9%	40 días.	R. $12.34; $1221.66.

➤ **EJERCICIO 326**

Hallar el descuento comercial y el valor efectivo de los siguientes documentos. (las fechas son del mismo año)

VALOR NOMINAL	FECHA EN QUE SE NEGOCIA	VENCIMIENTO	TIPO DE DESCUENTO	
1. $1200	6 de julio	3 de agosto	10%.	R. $9.33; $1190.67.
2. $1500	2 de enero	4 de febrero	6%.	R. $8.25; $1491.75.
3. $3000	20 de marzo	20 de abril	6%.	R. $15.50; $2984.50.
4. bs. 5000	18 de junio	14 de sept.	4½%.	R. bs. 55; bs. 4945.
5. $9000	1 de julio	5 de nov.	5%.	R. $158.75; $8841.25.
6. $4500	10 de agosto	8 de dic.	2½%.	R. $37.50; $4462.50.
7. $3600	27 de marzo	4 de julio	8%.	R. $79.20; $3520.80.

756 Hallar el descuento comercial y el valor efectivo del pagaré siguiente:

---

600 sucres,   Quito, 2 de Diciembre de 1968.

Cuatro meses después de la fecha, pagaré al señor Jacinto Suárez o a su orden la cantidad de seiscientos sucres, al 4% anual, valor recibido.

Juan Fernández

Descontado: Feb. 1, 1969, al 8%.

Vencimiento: Abril 2 de 1958.

Valor nominal: A 600 sucres hay que sumar-le el interés de 600 al 4% en 4 meses: _____ ↗ $\dfrac{600 \times 4 \times 4}{1200} = 8$ sucres.

El **valor nominal** será: $600 + 8 = 608$ sucres.

Plazo de descuento: De Feb. 1º a Abril 2 hay: 27 días en Feb., 31 en Marzo y 2 en Abril = 60 días.

Tipo de descuento: 8%.

El **descuento comercial** será: $d = \dfrac{ntr}{36000} = \dfrac{608 \times 60 \times 8}{36000} = 8.11$ sucres. **R.**

El **valor efectivo** será: $608 - 8.11 = 599.89$ sucres. **R.**

➤ EJERCICIO 327

Hallar el descuento comercial y el valor efectivo de los siguientes pagarés:

1. **$180.**   Habana, junio 6 de 1967.

    Tres meses después de la fecha, pagaré al Sr. Jacinto Suárez o a su orden, la cantidad de ciento ochenta pesos, valor recibido.

    Calixto Pérez

    Descontado, agosto 17 de 1967, al 6%.   **R.** $0.60; $179.40.

2. **$300.**   Cienfuegos, febrero 26, 1967.

    A treinta días fecha, pagaré al Sr. Constantino Vázquez o a su orden, la cantidad de trescientos pesos, valor recibido.

    Mario Rovira

    Descontado, marzo 1 de 1967, al 6%.   **R.** $1.35; $298.65.

3. **$500.**   México, D. F., marzo 15 de 1967.

    A tres meses fecha, pagaré al Sr. Cándido Oyarzábal o a su orden, la cantidad de quinientos pesos, valor recibido en mercancías de dicho señor.   *Gonzalo Robau*

    Descontado, abril 4 de 1967, al 5%.   **R.** $5; $495.

4. **$900.**   Bogotá, mayo 6 de 1967.

    A sesenta días fecha, pagaré a la Sra. Juana Mendizábal o a su orden, la cantidad de novecientos pesos, valor recibido.

    Rodolfo Martin

    Descontado, 22 de mayo de 1967, al 4%.   **R.** $4.40; $895.60.

5. **$1000.**   México, D. F., abril 4 de 1967.

    A cuatro meses fecha, pagaré al Sr. Leocadio Capdevila o a su orden, la cantidad de mil pesos, valor recibido en víveres de dicho señor.

    Eugenio González

    Descontado, abril 20 de 1967, al 6%.   **R.** $17.67; $982.33.

6. **$1200.**   Veracruz, Ver., febrero 7 de 1967.

    A noventa días fecha, pagaré al Sr. Fernando López o a su orden, la cantidad de mil doscientos pesos, valor recibido de dicho señor.

    Emeterio Robreño

    Descontado, febrero 27 de 1967, al 8%.   **R.** $18.67; $1181.33.

7. 800 colones. San Salvador, octubre 31 de 1967.

A treinta días fecha, pagaré al Sr. Antonio Díaz o a su orden, la cantidad de ochocientos colones, valor recibido de dicho señor.

Carlos Fernández

Descontado, nov. 3 de 1967, al 5%. **R.** 3 colones; 797 colones.

8. 4000 balboas. Panamá, octubre 30 de 1967.

A tres meses fecha, pagaré al Sr. Miguel González o a su orden, la cantidad de cuatro mil balboas al 5% anual, valor recibido.

Enrique García

Descontado, diciembre 21 de 1967, al 6%. **R.** 27 balboas; 4023 balboas.

9. bs. 900. Caracas, octubre 22 de 1967.

A seis meses fecha, pagaré al Sr. José Zayas o a su orden, la cantidad de novecientos bolívares, al 4% anual, valor recibido.

Pedro Herrera

Descontado, diciembre 23 de 1967, al 5%. **R.** bs. 15.30; bs. 902.70.

(757) CALCULO DEL VALOR NOMINAL

Hallar el valor nominal de una Letra que vence el 3 de Agosto y descontada al $4\frac{1}{2}$% el 24 de Junio del mismo año se disminuye en $14.

Plazo del descuento: Del 24 de Junio al 3 de Agosto, 40 días. Aplico la fórmula de n con 36000:

$$n = \frac{36000d}{rt} = \frac{36000 \times 14}{4.5 \times 40} = \$2800. \quad R.$$

➤ **EJERCICIO 328**

Hallar el valor nominal, conociendo:

PLAZO DEL DESCUENTO	TIPO	DESCUENTO	
1. 5 años	8%	$20.	R. $50.
2. 4 meses	2%	$76.	R. $11400.
3. 18 días	$\frac{1}{3}$% mensual	$12.	R. $6000.
4. 2 a. 5 m. 15 ds.	$\frac{3}{8}$%	bs. 177.	R. bs. 18000.

➤ **EJERCICIO 329**

Hallar el valor nominal de los siguientes documentos:

VENCIMIENTO	FECHA DEL DESCUENTO	TIPO	DESCUENTO	
1. Mayo 4, 1967	Abril 4, 1967	6%	$ 8.	R. $1600.
2. Feb. 12, 1967	Enero 13, 1967	5%	$10.50.	R. $2520.
3. Junio 23, 1967	Dic. 2, 1967	8%	$20.30.	R. $450.
4. Marzo 12, 1964 (bisiesto)	Feb. 15, 1964	6%	$ 9.10.	R. $2100.

758 Hallar el valor nominal de un pagaré por el cual se reciben $2985, descontado al 6% por 30 días.

Los problemas de esta índole no se resuelven por las fórmulas deducidas, sino de este modo:

Descuento de $1 por 30 días al 6%: $\dfrac{1 \times 30 \times 6}{36000} = \$0.005.$

Valor efectivo de $1 pagadero dentro de 30 días: $1 − $0.005 = $0.995.

Así que, por cada $0.995 de valor efectivo, el valor nominal es $1, luego por $2985 de valor efectivo, el valor nominal será: $2985 ÷ 0.995 = $3000.   R.

> ## EJERCICIO 330

1. Hallar el valor nominal de un pagaré que vence el 8 de agosto y descontado al 6% el 15 de julio del mismo año se reduce a $498.   **R. $500.**
2. Hallar el valor nominal de un pagaré que vence el 14 de dic. y descontado al 8% el 8 de nov. del mismo año se reduce a $1190.40.   **R. $1200.**
3. Hallar el valor nominal de una Letra que vence el 14 de oct. y descontada el 4 de sept. del mismo año al 3% se reduce a $5980.   **R. $6000.**
4. Una Letra girada el 2 de marzo a 60 días fecha se negocia el 22 de marzo del mismo año al 8% y se reduce a 4460 bolívares. ¿Cuál es su valor nominal?   **R. 4500 bolívares.**
5. Una Letra girada el 10 de nov. de 1966 a 90 días fecha es descontada el 10 de dic. del mismo año al 3% y se reduce a 5970 bolívares. ¿Cuál es su valor nominal?   **R. 6000 bolívares.**

759 CALCULO DEL %

¿A qué % anual se descuenta una Letra de $900, que descontada por 4 meses sufre una rebaja de $24?

Aplicamos la fórmula de r con 1200:

$$r = \frac{1200d}{nt} = \frac{1200 \times 24}{900 \times 4} = 8\% \text{ anual.} \quad \text{R}$$

760 Un pagaré de $600 a tres meses fecha, otorgado el 15 de Junio, se descuenta el 1º de Agosto y se reciben por él $595.50.   ¿Cuál fue el tipo de descuento?

El plazo del descuento es de Agosto 1º al día del vencimiento, Septiembre 15, o sea 45 días.

Aplicamos la fórmula de r con 36000 porque el tiempo es días.   No nos dan el descuento directamente, pero lo podemos hallar muy fácilmente, porque si la Letra era de $600 y nos han pagado por ella $595.50, el descuento será la **diferencia,** o sea: $600 − $595.50 = $4.50.   Tendremos:

$$r = \frac{36000d}{nt} = \frac{36000 \times 4.50}{600 \times 45} = 6\% \text{ anual.} \quad \text{R}$$

► EJERCICIO 331

1. ¿A qué % se negoció una Letra de $500 que descontada a 3 años se disminuyó en $35?   **R.** $2\frac{1}{3}$%.

2. Se negocia una Letra de 400 bolívares a 2 años y se reciben por ella 360. ¿A qué % se negoció?   **R.** 5%.

3. ¿A qué % se negocia un pagaré de 512 bolívares, por el cual, 3 meses antes del vencimiento se reciben 488?   **R.** $18\frac{3}{4}$%.

4. Un pagaré de 2250 soles que vencía el 4 de octubre se negoció el 2 de septiembre del mismo año y se disminuyó en 9 soles. ¿A qué % se descontó?   **R.** $4\frac{1}{2}$%.

5. Un pagaré de 800 sucres que vence el 10 de julio se negocia el 4 de junio y se reciben por él 793.60 sucres. ¿A qué % se descontó?   **R.** 8%.

6. Un pagaré de 900 colones suscrito el 8 de octubre a 3 meses fecha, se negocia el 9 de noviembre y se reduce a 892.50 colones. ¿A qué % se descontó?   **R.** 5%.

(761) CALCULO DEL TIEMPO

Una Letra de bs. 800 se descuenta al 6% anual y se reduce a bs. 656. ¿Qué tiempo faltaba para el vencimiento?

Si se quiere hallar el tiempo en años se aplica la fórmula con 100; si en meses, con 1200; si en días, con 36000. El **descuento** será la diferencia bs. 800 − bs. 656 = bs. 144. Tendremos:

$$t = \frac{100\,d}{n\,r} = \frac{100 \times 144}{800 \times 6} = 3 \text{ años.} \quad \textbf{R.}$$

(762) Hallar la fecha del vencimiento de una Letra de $900 por la cual, negociada al 4% el 29 de Octubre de 1957, se recibieron $895.80.

El **descuento** será: $900 − $895.80 = $4.20.

Hallemos los días que faltaban para el vencimiento:

$$t = \frac{36000\,d}{n\,r} = \frac{36000 \times 4.20}{900 \times 4} = 42 \text{ días.}$$

Por tanto, si el 29 de Oct. faltaban 42 días para el vencimiento, el vencimiento era el 10 de Dic. de 1957.

► EJERCICIO 332

1. ¿Cuánto tiempo faltaba para el vencimiento de una Letra de $114 que se negoció al 10% y se disminuyó en $57?   **R.** 5 a.

2. Se negocia una Letra de $1400 al $\frac{1}{18}$% mensual y se disminuye en $7. ¿Cuántos meses faltaban para el vencimiento?   **R.** 9 m.

3. ¿Cuánto faltaba para el vencimiento de una Letra de bs. 1000 que negociada al $5\frac{1}{2}$% se redujo a bs. 945?   **R.** 1 a.

4. ¿Cuántos días antes del vencimiento se negoció una Letra de bs. 4000, que al $1\frac{4}{5}$% se redujo a bs. 3982?   **R.** 90 d.

5. Hallar cuántos meses antes del vencimiento se negoció un pagaré de bs. 3100 al $\frac{1}{6}$% mensual si su valor ha sido de bs. 3007. **R.** 18 m.

6. Un pagaré de $600 que vencía el 20 de julio se negoció al 5% y se redujo a $596.25. ¿En qué fecha se negoció? **R.** 5 de junio.

7. Un pagaré de $2400 se negocia al $3\frac{1}{2}$% el 14 de junio y el banquero da por él $2386. ¿Cuál era la fecha de su vencimiento? **R.** 13 de agosto.

II. DESCUENTO RACIONAL

(763) **DESCUENTO RACIONAL O LEGAL** es el interés del **verdadero** valor actual de la Letra (el **verdadero** valor que tiene la Letra o pagaré el día que se negocia), al tipo de descuento durante el tiempo que falta para el vencimiento.

El **verdadero** valor actual de un documento es la cantidad que sumada con los intereses que ella ha de producir durante el tiempo que falta para el vencimiento, da el valor nominal y se halla **restando del valor nominal el descuento racional.**

(764) **DEDUCCION DE LAS FORMULAS DEL DESCUENTO RACIONAL O LEGAL**

El descuento **racional** o **legal** es el interés del valor efectivo, $e = n - d$,(1) durante el tiempo, t, que falta para el vencimiento al tipo de descuento, r; luego, formaremos la misma proporción del interés **(715)**, poniendo en lugar de c el valor efectivo $n - d$. Diremos:

$100   pierden r al año
$(n - d)t$ perderán d.

Formando la proporción, tendremos: $\dfrac{100}{(n - d)t} = \dfrac{r}{d}$.

Como el producto de los extremos es igual al de los medios, tendremos: ⟶ $100\,d = (n - d)t\,r$.

Efectuando la multiplicación indicada en el segundo miembro: ⟶ $100\,d = n\,t\,r - d\,t\,r$.   (1)

Pasando $d\,t\,r$ como sumando al primer miembro: $100\,d + d\,t\,r = n\,t\,r$.

Sacando el factor común d: $d(100 + tr) = ntr$.   **(2)**

Despejando d, tendremos: $\mathbf{d = \dfrac{ntr}{100 + tr}}$.

Para deducir la fórmula de n partimos de la igualdad **(2)** establecida anteriormente: ⟶ $d(100 + tr) = ntr$.

---

(1) Este descuento d es el descuento *racional*.

Despejando n en esta igualdad, queda: → $n = \dfrac{d\,(100 + t\,r)}{t\,r}$.

Para deducir las fórmulas de t y r partimos de la igualdad (1) establecida anteriormente: ─────→ $100d = ntr - dtr$.

Sacando el factor común tr, tendremos: → $100d = tr(n - d)$.

En esta fórmula, despejando t y r, obtendremos: ─────⟋ $\quad t = \dfrac{100\,d}{r\,(n - d)}$. $\qquad r = \dfrac{100\,d}{t\,(n - d)}$.

OBSERVACION

Estas fórmulas están deducidas suponiendo que el tiempo es **años**. Si el tiempo es **meses,** se sustituye el 100 por 1200, y si es **días,** por 36000.

765 CALCULO DEL DESCUENTO RACIONAL

Hallar el descuento racional y el valor actual racional de una Letra de \$448, descontada al 3% anual, a 4 años.

Aplicamos la fórmula de $d.r$ con 100, porque el tiempo es años:

$$d.r = \frac{ntr}{100 + tr} = \frac{448 \times 4 \times 3}{100 + (4 \times 3)} = \frac{448 \times 4 \times 3}{112} = \$48. \quad \text{R.}$$

El verdadero **valor actual** será \$448 − \$48 = \$400.   **R.**

NOTA

El interés de este valor actual durante el tiempo que falta para el vencimiento da el descuento racional: ─────⟋ $\quad I = \dfrac{ctr}{100} = \dfrac{400 \times 4 \times 3}{100} = \$48.$

Sumando el valor actual \$400 con su interés \$48 da el valor nominal: \$400 + \$48 = \$448.

766 **Hallar el descuento racional y el valor actual racional de una Letra de bs. 4008 que vence el 10 de Mayo y se descuenta al 2% el 4 de Abril.**

El plazo del descuento es del 4 de Abril al 10 de Mayo = 36 días. Aplico la fórmula de $d.r$ con 36000, porque el tiempo es días:

$$d.r = \frac{ntr}{36000 + tr} = \frac{4008 \times 36 \times 2}{36000 + (36 \times 2)} = \frac{4008 \times 36 \times 2}{36072} = \text{bs. 8.} \quad \text{R.}$$

El verdadero **valor actual** será bs. 4008 − bs. 8 = bs. 4000.   **R.**

NOTA

El interés de este verdadero valor actual durante el tiempo que falta para el vencimiento es el descuento racional: ⟋ $\quad I = \dfrac{ctr}{36000} = \dfrac{4000 \times 36 \times 2}{36000} = \text{bs. 8.}$

Este interés, sumado con el valor actual, da el valor nominal:

bs. 4000 + bs. 8 = bs. 4008.

> ## EJERCICIO 333

Hallar el descuento racional y el valor actual racional de los siguientes documentos:

	VALOR NOMINAL	PLAZO DEL DESCUENTO	TIPO	
1.	$355	6 años	7%.	R. $105; $250.
2.	$810	5 meses	3%.	R. $10; $800.
3.	$9058	58 días	4%.	R. $58; $9000.
4.	bs. 8012	1 mes 6 días	$\frac{1}{5}$% mensual.	R. bs. 12; bs. 8000.
5.	bs. 580	5 años	$3\frac{1}{5}$%.	R. bs. 80; bs. 500.
6.	bs. 1254	2 años 3 meses	2%.	R. bs. 54; bs. 1200.
7.	$8652.50	1 año 6 días	2%.	R. $152.50; $7500.

> ## EJERCICIO 334

Hallar el descuento racional y el valor actual racional de los siguientes documentos: (las fechas son del mismo año)

	VALOR NOMINAL	VENCIMIENTO	FECHA DEL DESCUENTO	TIPO	
1.	$7209	30 de sept.	21 de sept.	5%.	R. $9; $7200.
2.	$18090	24 de junio	25 de abril	3%.	R. $90; $18000.
3.	bs. 4575	2 de nov.	5 de junio	4%.	R. bs. 75; bs. 4500.
4.	bs. 6094	3 de mayo	30 de enero	6%.	R. bs. 94; bs. 6000.
5.	$11073	19 de oct.	11 de junio	7%.	R. $273; $10800.

(767) CALCULO DEL VALOR NOMINAL, TIEMPO Y % EN EL DESCUENTO RACIONAL

Hallar el valor nominal de una Letra que descontada racionalmente al $3\frac{8}{4}$%, 8 meses antes del vencimiento, se ha disminuido en $15.

Aplicamos la fórmula de n con 1200, por ser el tiempo meses:

$$n = \frac{d(1200 + tr)}{tr} = \frac{15(1200 + 3.75 \times 8)}{3.75 \times 8} = \frac{15 \times 1230}{30} = \$615. \quad \text{R.}$$

(768) ¿A qué % anual se ha negociado una Letra de $500 que se ha disminuido en $20 siendo el descuento legal y faltando 3 meses y 10 días para el vencimiento?

Aplicaremos.la fórmula de r con 36000 porque el tiempo lo reduciremos a días, y tendremos:

$$r = \frac{36000d}{t(n-d)} = \frac{36000 \times 20}{100(500-20)} = \frac{36000 \times 20}{100 \times 480} = 15\%. \quad \text{R.}$$

769 Por una Letra de $600 se han recibido $540 con ur 'escuento racional del 5%. ¿Cuánto tiempo faltaba para el vencir er o?

Aplicaremos la fórmula de t. No nos dan el descuento, pero es muy fácil hallarlo, pues si el valor nominal de la Letra era de $600 y se han recibido por ella $540 (valor efectivo), el descuento será la **diferencia,** o sea $600 − $540 = $60, y tendremos:

$$t = \frac{100d}{r(n-d)} = \frac{100 \times 60}{5 \times (600 - 60)} = \frac{100 \times 60}{5 \times 540} = 2\frac{2}{9} \text{ años} = 2 \text{ a. } 2 \text{ m. } 20 \text{ días.} \quad \text{R.}$$

➤ EJERCICIO 335

(En los problemas siguientes el descuento es racional).

1. Hallar el valor nominal de una letra que negociada al 8% a 5 años se ha disminuido en $180. **R.** $630.

2. Se han rebajado 100 bolívares de una Letra que vencía el primero de julio y se negoció al 3% el primero de febrero del mismo año. ¿Cuál era el valor de la Letra? (Tiempo: 5 meses). **R.** 8100 bolívares.

3. Un pagaré que vencía el 22 de julio se cobra el 10 del mismo mes y año, negociándolo al 2% y se ha disminuido en 10 sucres. ¿Cuál era su valor nominal? **R.** 15010 sucres.

4. Una Letra que vence el primero de julio se cobra el primero de enero del mismo año. Si se negoció al $\frac{3}{4}$% mensual y se disminuyó en 72 sucres, ¿cuál era su valor nominal? (Tiempo: 6 meses). **R.** 1672 sucres.

5. ¿Cuánto faltaba para el vencimiento de una Letra de $352 que ha disminuido en $32 negociándola al 5%? **R.** 2 a.

6. Un pagaré de $308 negociado al 4% se disminuye en $8. ¿Cuánto faltaba para el vencimiento? **R.** 8 m.

7. Por un pagaré de $215 que se negoció al 6% se reciben $200. ¿Cuál fue el plazo del descuento? **R.** 1 a. 3 m.

8. Una Letra de 4531 soles se reduce a 4500 negociándola al 8%. ¿Cuánto faltaba para el vencimiento? **R.** 31 d.

9. A un pagaré de 195 bolívares se le rebajan 45 negociándolo a 5 años. ¿Cuál fue el tipo del descuento? **R.** 6%.

10. Una Letra que vencía el primero de junio se negocia el primero de marzo. Si la Letra era por $1632 y se cobran $1600, ¿cuál fue el % de descuento? (Tiempo: 3 meses). **R.** 8%.

11. Un pagaré de 2258 colones que vencía el 17 de septiembre se negoció el día primero del mismo mes y año y se cobraron 2250. ¿A qué % se hizo el descuento? **R.** 8%.

III. COMPARACION ENTRE EL DESCUENTO COMERCIAL Y EL RACIONAL

(770) Comparando las fórmulas del descuento comercial y el racional: ⟋

$$d.c. = \frac{n\,t\,r}{100} \qquad d.r. = \frac{n\,t\,r}{100 + t\,r}$$

vemos que son dos quebrados que tienen el **mismo numerador,** y como si dos quebrados tienen el mismo numerador, es **mayor** el que tiene **menor denominador,** resulta que el descuento comercial, que tiene menor denominador que el racional, será **mayor** que el racional.

(771) ¿POR QUE EL DESCUENTO COMERCIAL SE LLAMA ABUSIVO Y EL RACIONAL, LEGAL?

El descuento comercial se llama **abusivo** porque en él, el banquero cobra el % de interés sobre una cantidad mayor que la que él desembolsa.

Así, cuando un banquero descuenta comercialmente una Letra de $6000 al 6% por 30 días, el descuento es el interés de $6000 al 6% en 30 días, o sea: ⟋

$$\frac{6000 \times 6 \times 30}{36000} = \$$$

y paga $6000 − $30 = $5970; luego, cobra el interés del 6% sobre una cantidad **mayor** que la que desembolsa. Lo justo es cobrar el interés al 6% por 30 días del dinero que desembolsa, es decir, de $5970, que sería: _____ ⟋

$$\frac{5970 \times 6 \times 30}{36000} = \$29.8$$

En el descuento comercial, el banquero cobra el interés de lo que desembolsa más el interés de este interés. En efecto, en el ejemplo anterior tenemos:

Interés de $5970 al 6% por 30 días. $29.85

Interés de este interés, $29.85, al 6% por 30 días. . $\dfrac{29.85 \times 6 \times 30}{36000} = \$ 0.15$

$$\overline{\$30.00}$$

Vemos que la suma es $30, que es el descuento comercial.

(772) RAZON DE EMPLEAR EL DESCUENTO COMERCIAL

No obstante lo dicho, el descuento comercial es empleado generalmente en todas las operaciones del comercio, en primer lugar, porque su cálculo es rápido y sencillo, mientras que el racional es más laborioso, y en segundo lugar, porque como las operaciones de descuento suelen ser siempre a corto plazo (generalmente no pasan de 90 días), la diferencia entre el descuento comercial y el racional es insignificante.

Si se emplea el descuento comercial para negociar documentos a largo plazo el resultado es **absurdo**. Así, si una Letra de $200 se descuenta al 10% por 10 años, el descuento comercial sería:

$$\frac{200 \times 10 \times 10}{100} = \$200 \text{ y el valor efectivo } \$200 - \$200 = 0$$

o sea, que la Letra no valdría nada el día que se descuenta, lo cual es absurdo.

(773) DIFERENCIA ENTRE LOS DOS DESCUENTOS

La diferencia entre el descuento comercial y el racional es igual al **interés del descuento racional** durante el tiempo que falta para el vencimiento. Se ve en el siguiente ejemplo:

Pagaré de $900 negociado al 6% en 60 días

$$\text{Descuento comercial} = \frac{n\,t\,r}{36000} = \frac{900 \times 6 \times 60}{36000} = \$9.$$

$$\text{Descuento racional} = \frac{n\,t\,r}{36000 + t\,r} = \frac{900 \times 6 \times 60}{36000 + (6 \times 60)} = \$8.91.$$

Diferencia entre los dos descuentos: $\$9 - \$8.91 = \$0.09.$

Interés de $8.91 al 6% por 60 días: $\dfrac{8.91 \times 6 \times 60}{36000} = \$0.09.$

➤ **EJERCICIO 336**

1. Hallar la diferencia entre el descuento comercial y el racional de una Letra de $600 negociada al 3% a 2 años. **R. $2.04.**

2. Hallar la diferencia entre el descuento abusivo y el legal de un pagaré de bs. 800 que vencía el primero de octubre y se ha negociado al 6% el primero de abril. (Tiempo: 6 meses). **R. bs. 0.70.**

3. Se negocia una Letra de $800 al 7% a 45 días, siendo el descuento comercial. ¿Cuánto más se hubiera cobrado si el descuento hubiera sido racional? **R. 0.06 más.**

4. Una Letra de $2400 que vence el día último de diciembre se negocia al 1¼% el día último de agosto del mismo año. ¿Cuánto se recibirá siendo el descuento comercial y cuánto racional? (Tiempo: 4 meses). **R. C., $2386; R., $2386.08.**

5. ¿Cuánto se recibirá siendo el descuento comercial y cuánto racional si una Letra de bs. 12000 que vence el 14 de junio se negocia al 6% el 15 de mayo del mismo año? **R. C., bs. 11940; R., bs. 11940.30.**

6. Hallar el valor nominal de una Letra negociada al 9%, 40 días antes del vencimiento, sabiendo que la diferencia entre el descuento comercial y el racional es 1 sol. **R. 10100 soles.**

7. Hallar el valor nominal de un pagaré negociado al 8% por 3 meses, sabiendo que la diferencia entre el descuento comercial y el racional es 4 sucres. **R. 10200 sucres.**

Los pueblos más civilizados de América, tales como el azteca, maya e inca, alcanzaron un considerable desarrollo en las ciencias matemáticas, como podemos ver a través de su sistema de numeración. Resulta indudable que ellos aplicaran una regla rudimentaria para el repartimiento proporcional, al tener que resolver los problemas de distribución de los productos agrícolas entre los miembros de las tribus.

REPARTIMIENTOS PROPORCIONALES

CAPITULO XLVIII

(774) DEDUCCION DE LAS FORMULAS PARA DIVIDIR UN NUMERO EN PARTES PROPORCIONALES A OTROS VARIOS

Sea el número N que queremos dividir en partes proporcionales a a, b y c. Llamemos x a la parte de N que le corresponde a a, y a la que le corresponde a b y z a la que le corresponde a c. Como la suma de estas partes es igual al número dado, tendremos que $N = x + y + z$.

Es evidente que si $a > b > c$, $x > y > z$, luego podemos formar con estas cantidades una serie de razones iguales: ↗

$$\frac{x}{a} = \frac{y}{b} = \frac{z}{c}$$

y como hay un teorema que dice que en una serie de razones iguales, la suma de los antecedentes es a la suma de los consecuentes como un antecedente es a su consecuente, tendremos:

$$\frac{x+y+z}{a+b+c} = \frac{x}{a} \text{ o sea } \frac{N}{a+b+c} = \frac{x}{a} \therefore x = \frac{Na}{a+b+c}.$$

$$\frac{x+y+z}{a+b+c} = \frac{y}{b} \text{ o sea } \frac{N}{a+b+c} = \frac{y}{b} \therefore y = \frac{Nb}{a+b+c}.$$

$$\frac{x+y+z}{a+b+c} = \frac{z}{c} \text{ o sea } \frac{N}{a+b+c} = \frac{z}{c} \therefore z = \frac{Nc}{a+b+c}.$$

De lo anterior se deduce la siguiente:

REGLA

Para repartir un número en partes proporcionales a otros varios se multiplica el número que se quiere repartir por cada uno de los otros números y se divide por la suma de éstos.

I. REPARTO PROPORCIONAL DIRECTO

(775) 1) **Repartir un número en partes directamente proporcionales a varios números enteros.**

REGLA

Se multiplica el número que se quiere repartir por cada uno de los otros y se divide por su suma.

| Ejemplo |

Repartir 150 en partes directamente proporcionales a 5, 6 y 9.

$$x = \frac{150 \times 5}{5+6+9} = \frac{150 \times 5}{20} = 37.5$$

$$y = \frac{150 \times 6}{5+6+9} = \frac{150 \times 6}{20} = 45$$

$$z = \frac{150 \times 9}{5+6+9} = \frac{150 \times 9}{20} = 67.5$$

$$\overline{150.0} \text{ prueba.}$$

PRUEBA

Si la operación está bien hecha, la suma de los resultados debe dar el número que se reparte, como sucede en el caso anterior.

➤ **EJERCICIO 337**

1. Repartir 580 en partes direct. proporc. a 7, 10 y 12.
   R. 140, 200, 240.

2. Repartir 1080 en partes direct. proporc. a 13, 19 y 22.
   R. 260, 380, 440.

3. Repartir 110 en partes direct. proporc. a 0.21, 0,22 y 0.23.
   R. 35, $36\frac{2}{3}$, $38\frac{1}{3}$.

4. Repartir 357 en partes direct. proporc. a 17, 20, 38 y 44.
   R. 51, 60, 114, 132.

5. Repartir 66 en partes direct. proporc. a 2.2, 2.5, 3.1 y 3.2.
   R. 13.2, 15, 18.6, 19.2.

6. Repartir 980 en partes direct. proporc. a 1, 2, 3, 4 y 5.
   R. $65\frac{1}{3}$, $130\frac{2}{3}$, 196, $261\frac{1}{2}$, $326\frac{2}{3}$.

7. Repartir 900 en partes direct. proporc. a 7, 8, 9, 10 y 11.
   R. 140, 160, 180, 200, 220.

8. Repartir 650 en partes direct. proporc. a 8, 12, 20, 29, 39 y 31.
   R. 40, 60, 100, 145, 150, 155.

776 2) **Repartir un número en partes directamente proporcionales a varios quebrados.**

REGLA

Se reducen los quebrados a un común denominador. Se prescinde del denominador y se divide el número dado en partes proporcionales a los numeradores.

Ejemplo

Repartir 154 en partes directamente proporcionales a $\dfrac{2}{3}, \dfrac{1}{4}, \dfrac{1}{5}$ y $\dfrac{1}{6}$.

Reduciendo estos quebrados al mínimo común denominador, tendremos:

$$\frac{40}{60}, \frac{15}{60}, \frac{12}{60}, \frac{10}{60}.$$

Ahora, prescindimos del denominador común 60 y repartimos el número dado 154 en partes proporcionales a los numeradores 40, 15, 12 y 10:

$$x = \frac{154 \times 40}{40 + 15 + 12 + 10} = \frac{154 \times 40}{77} = 80$$

$$y = \frac{154 \times 15}{40 + 15 + 12 + 10} = \frac{154 \times 15}{77} = 30$$

$$z = \frac{154 \times 12}{40 + 15 + 12 + 10} = \frac{154 \times 12}{77} = 24$$

$$u = \frac{154 \times 10}{40 + 15 + 12 + 10} = \frac{154 \times 10}{77} = \underline{20}$$

$$154 \text{ prueba}$$

➤ **EJERCICIO 338**

1. Dividir 46 en partes direct. proporc. a $\dfrac{3}{4}$ y $\dfrac{2}{5}$.   R. 30, 16.

2. Dividir 10 en partes direct. proporc. a $\dfrac{1}{4}, \dfrac{5}{6}$ y $\dfrac{7}{12}$.   R. $1\dfrac{1}{2}$, 5, $3\dfrac{1}{2}$.

3. Dividir 183 en partes direct. proporc. a $\dfrac{1}{3}, \dfrac{1}{4}$ y $\dfrac{1}{7}$.   R. 84, 63, 36.

4. Dividir 17 en partes direct. proporc. a $\dfrac{5}{6}, \dfrac{7}{8}$ y $\dfrac{1}{16}$.   R. 8, $8\dfrac{2}{5}$, $\dfrac{3}{5}$.

5. Dividir 1780 en partes direct. proporc. a $\dfrac{1}{4}, \dfrac{1}{5}, \dfrac{1}{6}$ y $\dfrac{1}{8}$.

R. 600, 480, 400, 300.

6. Dividir 58 en partes direct. proporc. a $\dfrac{2}{7}, \dfrac{3}{5}, \dfrac{1}{14}$ y $\dfrac{7}{10}$.

R. 10, 21, $2\dfrac{1}{2}$, $24\dfrac{1}{2}$.

7. Dividir 1415 en partes direct. proporc. a $\frac{1}{2}$, $\frac{3}{8}$, $\frac{5}{16}$, $\frac{2}{3}$ y $\frac{1}{9}$.

R. 360, 270, 225, 480, 80.

8. Dividir 1890 en partes direct. proporc. a $\frac{1}{2}$, $\frac{1}{3}$, $\frac{1}{4}$, $\frac{1}{5}$, $\frac{1}{6}$ y $\frac{1}{8}$.

R. 600, 400, 300, 240, 200, 150.

(777) 3) **Repartir un número en partes directamente proporcionales a otros de cualquier clase.**

REGLA

Se reducen a quebrados y se opera como en el caso anterior.

Ejemplo

Repartir 49 en partes proporcionales a 0.04, $2\frac{1}{5}$, $\frac{1}{3}$ y 2.

Los reducimos a quebrados: $0.04 = \frac{4}{100} = \frac{1}{25}$; $\quad 2\frac{1}{5} = \frac{11}{5}$; $\quad \frac{1}{3}$; $\quad \frac{2}{1}$

Reduciendo estos quebrados $\frac{1}{25}$, $\frac{11}{5}$, $\frac{1}{3}$ y $\frac{2}{1}$ a un común denominador, tendremos:

$$\frac{3}{75}, \quad \frac{165}{75}, \quad \frac{25}{75}, \quad \frac{150}{75}.$$

Ahora, prescindimos del denominador común 75 y repartimos 49 en partes directamente proporcionales a los numeradores 3, 165, 25 y 150:

$$x = \frac{49 \times 3}{3 + 165 + 25 + 150} = \frac{49 \times 3}{343} = \frac{3}{7}$$

$$y = \frac{49 \times 165}{3 + 165 + 25 + 150} = \frac{49 \times 165}{343} = 23\frac{4}{7}$$

$$z = \frac{49 \times 25}{3 + 165 + 25 + 150} = \frac{49 \times 25}{343} = 3\frac{4}{7}$$

$$u = \frac{49 \times 150}{3 + 165 + 25 + 150} = \frac{49 \times 150}{343} = 21\frac{3}{7}$$

$$\overline{49 \text{ prueba.}}$$

➤ **EJERCICIO 339**

1. Dividir 670 en partes direct. proporc. a 0.4, $\frac{1}{2}$ y $1\frac{1}{3}$.

R. 120, 150, 400.

2. Dividir 2410 en partes direct. proporc. a 0.6, $2\frac{2}{3}$ y $\frac{3}{4}$.

R. 360, 1600, 450.

3. Dividir   345 en partes direct. proporc. a 0.8, 0.875 y $1\frac{1}{5}$.

   R. 96, 105, 144.

4. Dividir 2046 en partes direct. proporc. a $1\frac{1}{2}$, $1\frac{3}{4}$ y 0.16.

   R. 900, 1050, 96.

5. Dividir   686 en partes direct. proporc. a 3, $\frac{3}{4}$, $1\frac{2}{3}$ y 0.3.

   R. 360, 90, 200, 36.

6. Dividir 3236 en partes direct. proporc. a 0.36, $2\frac{1}{4}$, $2\frac{1}{3}$ y 0.45.

   R. 216, 1350, 1400, 270.

7. Dividir 6076 en partes direct. proporc. a 4, $\frac{1}{8}$, 0.6, $2\frac{3}{4}$ y 0.12.

   R. 3200, 100, 480, 2200, 96.

➤ EJERCICIO 340

MISCELANEA

1. Repartir   90 en partes direct. proporc. a 2, 3 y 4.

   R. 20, 30, 40.

2. Repartir   130 en partes direct. proporc. a $\frac{1}{2}$, $\frac{1}{3}$ y $\frac{1}{4}$.

   R. 60, 40, 30.

3. Repartir   238 en partes direct. proporc. a 7, $\frac{1}{3}$ y 0.6.

   R. 210, 10, 18.

4. Repartir   112 en partes direct. proporc. a 0.1, 0.7 y 0.32.

   R. 10, 70, 32.

5. Repartir   190 en partes direct. proporc. a $\frac{3}{7}$, $\frac{1}{14}$ y $\frac{5}{28}$.

   R. 120, 20, 50.

6. Repartir   106 en partes direct. proporc. a 7, 15 y 31.

   R. 14, 30, 62.

7. Repartir 8020 en partes direct. proporc. a 8.14, 9.19, 10.32 y 12.45.

   R. 1628, 1838, 2064, 2490.

8. Repartir 1535 en partes direct. proporc. a $\frac{5}{6}$, $\frac{7}{12}$, $\frac{1}{8}$ y $\frac{2}{7}$.

   R. 700, 490, 105, 240.

9. Repartir   26 en partes direct. proporc. a 2, 0.2, $\frac{1}{2}$ y $2\frac{1}{2}$.

   R. 10, 1, $2\frac{1}{2}$, $12\frac{1}{2}$.

10. Repartir   120 en partes direct. proporc. a 6, 9, 14, 21 y 32.

   R. $8\frac{32}{41}$, $13\frac{7}{41}$, $20\frac{20}{41}$, $30\frac{30}{41}$, $46\frac{34}{41}$.

11. Repartir 21242 en partes direct. proporc. a $5\frac{1}{6}$, $7\frac{1}{8}$, $8\frac{1}{9}$ y $9\frac{1}{10}$.

        R. 3720, 5130, 5840, 6552.

12. Repartir 53336 en partes direct. proporc. a 0.05, 0.006, $5\frac{2}{3}$ y $3\frac{1}{6}$.

        R. 300, 36, 34000, 19000.

13. Repartir 82 en partes direct. proporc. a $\frac{2}{3}$, $\frac{3}{5}$ y $\frac{1}{10}$.

        R. 40, 36, 6.

14. Repartir 60 en partes direct. proporc. a 0.04, $\frac{2}{5}$ y $3\frac{1}{10}$.

        R. $\frac{40}{59}$, $6\frac{46}{59}$, $52\frac{32}{59}$.

15. Repartir 288 en partes direct. proporc. a 2.3, 5.4 y 6.7.

        R. 46, 108, 134.

16. Repartir 357 en partes direct. proporc. a $\frac{1}{2}$, $\frac{1}{5}$, $\frac{1}{6}$ y $\frac{1}{8}$.

        R. 180, 72, 60, 45.

17. Repartir 310 en partes direct. proporc. a $\frac{2}{3}$, $4\frac{1}{5}$ y 0.25.

        R. $40\frac{120}{307}$, $254\frac{142}{307}$, $15\frac{45}{307}$.

18. Repartir 36 en partes direct. proporc. a 3, 4, 7 y 10.

        R. $4\frac{1}{2}$, 6, $10\frac{1}{2}$, 15.

19. Repartir 906 en partes direct. proporc. a $\frac{2}{7}$, $\frac{3}{8}$, $\frac{1}{14}$, $\frac{1}{16}$ y $\frac{5}{48}$.

        R. 288, 378, 72, 63, 105.

20. Repartir 1761 en partes direct. proporc. a $2\frac{1}{3}$, $3\frac{1}{4}$ y $4\frac{1}{5}$.

        R. 420, 585, 756.

II. REPARTO PROPORCIONAL INVERSO

(778) REGLA GENERAL

Se invierten los números dados y se reparte el número que se quiere dividir en partes directamente proporcionales a estos inversos.

(779) 1) Repartir un número en partes inversamente proporcionales a otros varios enteros.

Repartir 240 en partes inversamente proporcionales a 5, 6 y 8.

Se invierten estos enteros y queda: $\frac{1}{5}$, $\frac{1}{6}$ y $\frac{1}{8}$.

Ahora no tenemos más que repartir 240 en partes *directamente proporcionales* a estos quebrados, para lo cual los reduciremos al mínimo común denominador y nos darán:

$$\frac{24}{120}, \quad \frac{20}{120}, \quad \frac{15}{120}.$$

Prescindimos del denominador común, 120, y repartimos 240 en partes proporcionales a los numeradores 24, 20 y 15:

$$x = \frac{240 \times 24}{24 + 20 + 15} = \frac{240 \times 24}{59} = 97\frac{37}{59}$$

$$y = \frac{240 \times 20}{24 + 20 + 15} = \frac{240 \times 20}{59} = 81\frac{21}{59}$$

$$z = \frac{240 \times 15}{24 + 20 + 15} = \frac{240 \times 15}{59} = 61\frac{1}{59}$$

240 prueba.

➤ EJERCICIO 341

1. Repartir 33 en partes invers. proporc. a 1, 2 y 3.   R. 18, 9, 6.
2.   „   123 „   „   „   „   „ 3, 8 y 9.   R. 72, 27, 24.
3.   „ $7\frac{1}{2}$ „   „   „   „   „ 10, 12 y 15.   R. 3, $2\frac{1}{2}$, 2.
4.   „   415 „   „   „   „   „ 18, 20 y 24.   R. $156\frac{32}{53}$, $140\frac{50}{53}$, $117\frac{24}{53}$.
5.   „   11 „   „   „   „   „ 6, 9, 12 y 15.   R. $4\frac{2}{7}$, $2\frac{6}{7}$, $2\frac{1}{7}$, $1\frac{5}{7}$.
6.   „   8 „   „   „   „   „ 4, 8, 12, 20 y 40. R. $3\frac{3}{4}$, $1\frac{7}{8}$, $1\frac{1}{4}$, $\frac{3}{4}$, $\frac{3}{8}$.
7.   „   141 „   „   „   „   „ 7, 21, 84, 10 y 30. R. 60, 20, 5, 42, 14.

(780) **2)** **Repartir un número en partes inversamente proporcionales a otros varios quebrados.**

Ejemplo

Repartir 15 en partes inversamente proporcionales a $\frac{3}{4}$, $\frac{2}{5}$ y $\frac{6}{7}$.

Invertimos estos quebrados y tenemos: $\frac{4}{3}$, $\frac{5}{2}$ y $\frac{7}{6}$.

Reduciéndolos a común denominador queda: $\frac{8}{6}$, $\frac{15}{6}$, $\frac{7}{6}$.

Prescindiendo del denominador común 6, repartimos 15 en partes directamente proporcionales a los numeradores 8, 15 y 7:

$$x = \frac{15 \times 8}{8 + 15 + 7} = \frac{15 \times 8}{30} = 4$$

$$y = \frac{15 \times 15}{8 + 15 + 7} = \frac{15 \times 15}{30} = 7\frac{1}{2}$$

$$z = \frac{15 \times 7}{8 + 15 + 7} = \frac{15 \times 7}{30} = 3\frac{1}{2}$$

15 prueba.

➤ **EJERCICIO 342**

1. Dividir   18 en partes invers. proporc. a $\frac{1}{2}$, $\frac{1}{3}$ y $\frac{1}{4}$.   **R. 4, 6, 8.**

2. Dividir   72 en partes invers. proporc. a $\frac{1}{5}$, $\frac{1}{6}$ y $\frac{1}{7}$.   **R. 20, 24, 28.**

3. Dividir   174 en partes invers. proporc. a $\frac{1}{2}$, $\frac{2}{3}$ y $\frac{3}{4}$.   **R. 72, 54, 48.**

4. Dividir   649 en partes invers. proporc. a $\frac{1}{4}$, $\frac{3}{5}$, $\frac{1}{6}$ y $\frac{1}{8}$. **R. 132, 55, 198, 264.**

5. Dividir 3368 en partes invers. proporc. a $\frac{3}{4}$, $\frac{5}{6}$, $\frac{2}{7}$ y $\frac{1}{8}$. **R. 320, 288, 840, 1920.**

6. Dividir 1480 en partes invers. proporc. a $\frac{3}{4}$, $\frac{1}{5}$, $\frac{1}{8}$, $\frac{2}{9}$ y $\frac{1}{12}$.

    R. 64, 240, 384, 216, 576.

7. Dividir   73 en partes invers. proporc. a $\frac{7}{8}$, $\frac{8}{9}$, $\frac{7}{3}$, $\frac{4}{11}$ y $\frac{14}{15}$.

    R. $12\frac{4}{5}$, $12\frac{3}{5}$, $4\frac{4}{5}$, $30\frac{4}{5}$, 12.

(781) **3) Repartir un número en partes inversamente proporcionales a otros de cualquier clase.**

Ejemplo

Repartir 192.50 en partes inversamente proporcionales a 0.25, $3\frac{1}{4}$, $\frac{1}{8}$ y 0.4.

Los reducimos todos a quebrados y tendremos: $\frac{1}{4}$, $\frac{13}{4}$, $\frac{1}{8}$, $\frac{2}{5}$.

Invirtiendo estos quebrados, tenemos: $\frac{4}{1}$ $\frac{4}{13}$ $\frac{8}{1}$ $\frac{5}{2}$

Reduciéndolos a un común denominador, queda: $\frac{104}{26}$, $\frac{8}{26}$, $\frac{208}{26}$, $\frac{65}{26}$.

Repartiendo 192.50 en partes directamente proporcionales a los numeradores 104, 8, 208 y 65: ⟶

$$x = \frac{192.50 \times 104}{104 + 8 + 208 + 65} = \frac{192.50 \times 104}{385} = 52$$

$$y = \frac{192.50 \times 8}{104 + 8 + 208 + 65} = \frac{192.50 \times 8}{385} = 4$$

$$z = \frac{192.50 \times 208}{104 + 8 + 208 + 65} = \frac{192.50 \times 208}{385} = 104$$

$$u = \frac{192.50 \times 65}{104 + 8 + 208 + 65} = \frac{192.50 \times 65}{385} = \underline{32.50}$$

192.50 prueba.

⟩ EJERCICIO 343

1. Repartir 99 en partes, invers. proporc. a 0.2, $\frac{2}{5}$ y $1\frac{1}{3}$.

   R. 60, 30, 9.

2. Repartir 1095 en partes invers. proporc. a 0.08, $1\frac{1}{7}$ y $\frac{1}{14}$.

   R. 500, 35, 560.

3. Repartir 8 en partes invers. proporc. a $1\frac{1}{5}$, $2\frac{1}{4}$ y 2.

   R. $3\frac{3}{4}$, 2, $2\frac{1}{4}$.

4. Repartir 8018 en partes invers. proporc. a $2\frac{1}{5}$, 0.25, $\frac{7}{10}$ y 1.6.

   R. 560, 4928, 1760, 770.

5. Repartir 1016 en partes invers. proporc. a $4\frac{1}{2}$, 3, $1\frac{5}{7}$ y $1\frac{3}{5}$.

   R. 128, 192, 336, 360.

6. Repartir 8313 en partes invers. proporc. a 0.2, 0.3, 0.4, $2\frac{1}{2}$ y $3\frac{1}{5}$.

   R. 3600, 2400, 1800, 288, 225.

7. Repartir 3786 en partes invers. proporc. a 0.375, $1\frac{2}{7}$, 2.4, $3\frac{3}{7}$ y $4\frac{4}{11}$.

   R. 2304, 672, 360, 252, 198.

⟩ EJERCICIO 344

MISCELANEA

1. Dividir 117 en partes invers. proporc. a 5, 6 y 8.

   R. 72, 60, 45.

2. Dividir 98 en partes invers. proporc. a $\frac{2}{3}$, $\frac{3}{4}$ y $\frac{4}{5}$.

   R. 36, 32, 30.

3. Dividir 10 en partes invers. proporc. a $\frac{1}{2}$, $\frac{1}{3}$, $\frac{1}{4}$, $\frac{1}{5}$ y $\frac{1}{6}$.

   R. 1, $1\frac{1}{2}$, 2, $2\frac{1}{2}$, 3.

4. Dividir 1001 en partes invers. proporc. a 0.8, 0.15 y 0.25.

   R. 105, 560, 336.

5. Dividir 13 en partes invers. proporc. a 0.05, 0.12, $\frac{8}{5}$ y 3.

   R. $8\frac{4}{7}$, $3\frac{4}{7}$, $\frac{5}{7}$, $\frac{1}{7}$.

6. Dividir 26 en partes invers. proporc. a 2, 3 y 4.

   R. 12, 8, 6.

7. Dividir 868 en partes invers. proporc. a 0.4, $2\frac{1}{5}$ y 3.

   R. 660, 120, 88.

8. Dividir 130 en partes invers. proporc. a 0.2, 0.3 y 0.4.
> **R.** 60, 40, 30.

9. Dividir 158 en partes invers. proporc. a 0.14, 0.15, $1\frac{1}{2}$ y $1\frac{3}{4}$.
> **R.** 75, 70, 7, 6.

10. Dividir 28.50 en partes invers. proporc. a 7, 49 y 343.
> **R.** $24\frac{1}{2}$, $3\frac{1}{2}$, $\frac{1}{2}$.

11. Dividir 766 en partes invers. proporc. a $1\frac{1}{2}$, $2\frac{1}{3}$ y $3\frac{1}{4}$.
> **R.** 364, 234, 168.

12. Dividir 9 en partes invers. proporc. a 10, 15, 30 y 40.
> **R.** 4, $2\frac{2}{3}$, $1\frac{1}{3}$, 1.

13. Dividir 78.50 en partes invers. proporc. a $4\frac{1}{3}$, $5\frac{1}{4}$ y $6\frac{1}{2}$.
> **R.** $31\frac{1}{2}$, 26, 21.

14. Dividir 485 en partes invers. proporc. a 9, 12, 30, 36 y 72.
> **R.** 200, 150, 60, 50, 25.

15. Dividir 14 en partes invers. proporc. a 3.15, 6.30 y 12.60.
> **R.** 8, 4, 2.

16. Dividir 77.50 en partes invers. proporc. a $\frac{1}{3}$, $\frac{1}{6}$, $\frac{3}{5}$ y $\frac{4}{9}$.
> **R.** 18, 36, 10, $13\frac{1}{2}$.

17. Dividir 2034 en partes invers. proporc. a $\frac{3}{4}$, $\frac{5}{6}$, $\frac{6}{7}$ y $\frac{7}{8}$.
> **R.** 560, 504, 490, 480.

(782) PROBLEMAS SOBRE REPARTO PROPORCIONAL

Repartir $42 entre A, B y C de modo que la parte de A sea doble que la de B, y la de C, la suma de las partes de A y B.

Cuando A tenga $2, B tendrá $1 y C tendrá $3. Dividimos $42 en partes proporcionales a 2, 1 y 3:

$$x = \frac{42 \times 2}{6} = \$14. \qquad y = \frac{42 \times 1}{6} = \$7. \qquad z = \frac{42 \times 3}{6} = \$21.$$

A, $14; B, $7; C, $21. **R.**

(783) Dividir 175 en dos partes que sean entre sí como $\frac{3}{4}$ es a $\frac{2}{9}$.

La relación entre $\frac{3}{4}$ y $\frac{2}{9}$ es $\frac{3/4}{2/9} = \frac{27}{8}$; la relación entre las dos partes en que se va a dividir el número ha de ser $\frac{27}{8}$. Dividimos 175 en partes proporcionales a 27 y 8:

$$1^{a} \text{ parte} = \frac{175 \times 27}{35} = 135. \textbf{ R.} \qquad 2^{a} \text{ parte} = \frac{175 \times 8}{35} = 40. \textbf{ R.}$$

784 Dividir $95 entre A, B y C de modo que la parte de A sea a la de B como 4 es a 3 y la parte de B sea a la de C como 6 es a 5.

Cuando A tiene $4, B tiene $3. Lo que tiene C cuando B tiene $3 lo llamo x, y como yo sé que la relación entre la parte de B y la de C es de 6 a 5, hallo x formando la proporción:

$$\frac{3}{x} = \frac{6}{5} \therefore x = \frac{3 \times 5}{6} = 2\frac{1}{2}$$

Entonces, cuando A tiene $4, B tiene $3 y C tiene $2\frac{1}{2}$. Divido $95 en partes proporcionales a 4, 3 y $2\frac{1}{2}$.

Reduciendo a común denominador se tiene $\frac{8}{2}$, $\frac{6}{2}$ y $\frac{5}{2}$. Divido 95 en partes proporcionales a 8, 6 y 5:

$$x = \frac{95 \times 8}{19} = \$40. \qquad y = \frac{95 \times 6}{19} = \$30. \qquad z = \frac{95 \times 5}{19} = \$25.$$

La parte de A es $40; la de B, $30, y la de C, $25.   R.

➤ **EJERCICIO 345**

1. Se reparten 24 cts. en partes proporcionales a las edades de tres niños de 2, 4 y 6 años respectivamente. ¿Cuánto toca a cada uno?   **R.** Menor, 4; mediano, 8; mayor, 12.

2. Dos obreros cobran $87 por una obra que hicieron entre los dos. El primero trabajó 8 días y el segundo 6 días y medio. ¿Cuánto recibirá cada uno?   **R.** 1º, $48; 2, $39.

3. Un comerciante en quiebra tiene tres acreedores. Al 1º debe $800, al 2º, $550 y al 3º, $300. Si su haber es de $412.50, ¿cuánto cobrará cada acreedor?   **R.** 1º, $200; 2º, $137.50; 3º, $75.

4. Tres muchachos tienen: 80 cts. el 1º, 40 cts. el 2º y 30 cts. el 3º. Convienen entregar entre todos 30 cts. a los pobres, contribuyendo cada uno en proporción a lo que tiene. ¿Cuánto pondrá cada uno?   **R.** 1º, 16 cts.; 2º, 8 cts.; 3º, 6 cts.

5. Dos obreros ajustan una obra por $110. El jornal del 1º es de $3 y el del segundo $2.50. ¿Cuánto percibirá cada uno de la cantidad total?   **R.** 1º, $60; 2º, $50.

6. Cuatro hombres han realizado una obra en 90 días. El 1º recibió $50, el 2º $40, el 3º $60 y el 4º $30. ¿Cuántos días trabajó cada uno?   **R.** 1º, 25 d.; 2º, 20 d.; 3º, 30 d.; 4º, 15 d.

7. Tres hermanos adquieren una propiedad en 85000 bolívares y algún tiempo después la venden por 100000. Si las partes que impusieron son proporcionales a los números 3, 4 y 8, ¿cuánto ganó cada uno?   **R.** 1º, bs. 3000; 2º, bs. 4000; 3º, bs. 8000.

8. Un padre dispone al morir que su fortuna que está constituida por una casa valuada en $48000 y dos automóviles valuados en $1500 cada uno se reparta entre sus tres hijos de modo que el mayor tenga 8 partes de la herencia, el mediano 6 y el menor 3. ¿Cuánto corresponde a cada uno?   **R.** Mayor, $24000; mediano, $18000; menor, $9000.

9. Repartir $90 entre *A, B* y *C* de modo que la parte de *B* sea doble que la de *A* y la de *C* triple que la de *B*. **R.** *A*, $10; *B*, $20; *C*, $60.

10. En un colegio hay 130 alumnos, de los cuales hay cuádruple número de americanos que de españoles y doble número de cubanos que de americanos. ¿Cuántos alumnos de cada nacionalidad hay? **R.** Esp., 10; am., 40; cub., 80.

11. De las 120 aves que tiene un campesino, el número de gallinas es triple que el de gallos y el número de patos es la semisuma de los gallos y gallinas. ¿Cuántas aves de cada especie tiene? **R.** 20 gallos; 60 gallinas; 40 patos.

12. Repartir 240 bolívares entre *A, B* y *C* de modo que la parte de *C* sea los $\frac{3}{5}$ de la de *B* y la de *A* igual a la suma de las partes de *B* y *C*. **R.** *A*, 120; *B*, 75; *C*, 45 bolívares.

13. Partir el número 490 en tres partes tales que cada una sea los $\frac{3}{5}$ de la anterior. **R.** 1ª, 250; 2ª, 150; 3ª, 90.

14. Repartir 190 bolívares entre tres personas de modo que la parte de la 2ª sea el triplo de la parte de la 1ª y el cuádruplo de la parte de la 3ª. **R.** 1ª, 40; 2ª, 120; 3ª, 30 bolívares.

15. Se reparten 238 bolas entre cuatro muchachos en partes inversamente proporcionales a sus edades que son 2, 5, 6 y 8 años respectivamente. ¿Cuántas bolas recibirá cada uno? **R.** 1º, 120; 2º, 48; 3º, 40; 4º, 30.

16. Un padre reparte 50 cts. en partes proporcionales a la buena conducta de sus hijos. El 1º ha tenido 4 faltas, el 2º 3, el 3º 2 y el 4º 1 falta. ¿Cuánto recibirá cada hijo? **R.** 1º, 6; 2º, 8; 3º, 12; 4º, 24 cts.

17. Dividir 225 en dos partes que sean entre sí como 7 es a 8. **R.** 105 y 120.

18. Dividir 93 en dos partes que sean entre sí como 3 es a $\frac{3}{2}$. **R.** 62 y 31.

19. Dividir 190 en dos partes que sean entre sí como $\frac{5}{6}$ es a $\frac{7}{3}$. **R.** 50 y 140.

20. Dividir 240 en 3 partes de modo que la 1ª sea a la 2ª como 9 es a 8 y la 2ª a la 3ª como 8 es a 7. **R.** 1ª, 90, 2ª, 80; 3ª, 70.

21. Dividir 60 en tres partes tales que la 1ª sea a la 2ª como 2 es a 3 y la 2ª a la 3ª como 1 es a 5. **R.** 1ª, 6; 2ª, 9; 3ª, 45.

22. Repartir 111 sucres entre tres personas de modo que la parte de la 1ª sea a la parte de la 2ª como 8 es a 6 y la parte de la 2ª sea a la parte de la 3ª como 4 es a 3. **R.** 1ª, 48; 2ª, 36; 3ª, 27 sucres.

23. Un campesino tiene 275 aves entre gallos, gallinas y palomas. El número de gallinas es al de gallos como 7 es a 3 y el número de palomas es al de gallinas como 5 es a 2. ¿Cuántas aves de cada especie tiene? **R.** 70 gallinas; 30 gallos; 175 palomas.

24. Dividir 56 en cuatro partes tales que la 1ª sea a la 2ª como 2 es a 3; la 2ª a la 3ª como 3 es a 4 y la 3ª a la 4ª como 4 es a 5. **R.** 1ª, 8; 2ª, 12; 3ª, 16; 4ª, 20.

25. Dividir 74 bolívares entre *A, B, C* y *D* de modo que la parte de *A* sea a la de *B* como 3 es a 4; la parte de *B* sea a la de *C* como 1 es a 3 y la parte de *C* sea a la de *D* como 2 es a 3. **R.** *A*, 6; *B*, 8; *C*, 24; *D*, 36 bolívares.

26. Se ha repartido una cantidad de dinero entre *A, B* y *C* de modo que las partes que reciben son proporcionales a los números 4, 5 y 6. Si la parte de *A* es 20 soles, ¿cuáles son las partes de *B* y *C* y cuál la suma repartida?   **R.** *B,* 25; *C,* 30; suma 75 soles.

27. Repartir 260 bolívares entre 6 personas de modo que cada una de las dos primeras tenga el triplo de lo que tiene cada una de las restantes. **R.** 1ª, 78; 2ª, 78; las restantes 26 bolívares cada una.

28. Cuando un hombre va a almorzar a un restaurant y le sirven una mujer y un hombre, le da doble propina a la mujer que al hombre, y si le sirven el hombre y un muchacho, le da doble propina al hombre que al muchacho. Si un día le sirven el hombre, la mujer y el muchacho y da 70 cts. de propina, ¿cuánto debe recibir cada uno?   **R.** M., 40 cts.; h., 20 cts.; much., 10 cts.

III. REPARTO COMPUESTO

(785) **Reparto compuesto** es aquel en que hay que repartir una cantidad en partes proporcionales a los productos de varios números.

(786) **Repartir 170 en tres partes que sean a la vez directamente proporcionales a 4, 5, 6 y a $\frac{1}{2}$, $\frac{1}{4}$ y $\frac{1}{6}$.**

Multiplicamos 4 por $\frac{1}{2}$, 5 por $\frac{1}{4}$ y 6 por $\frac{1}{6}$ y tendremos:

$$4 \times \frac{1}{2} = 2; \qquad 5 \times \frac{1}{4} = \frac{5}{4}; \qquad 6 \times \frac{1}{6} = 1.$$

Ahora repartimos 170 en partes proporcionales a estos productos 2, $\frac{5}{4}$ y 1, para lo cual los reduciremos a un común denominador y queda:

$$\frac{8}{4}, \ \frac{5}{4}, \ \frac{4}{4}.$$

Repartimos 170 **en** partes proporcionales a los numeradores 8, 5 y 4;

$$x = \frac{170 \times 8}{8+5+4} = \frac{170 \times 8}{17} = 80$$

$$y = \frac{170 \times 5}{8+5+4} = \frac{170 \times 5}{17} = 50$$

$$z = \frac{170 \times 4}{8+5+4} = \frac{170 \times 4}{17} = \frac{40}{170} \text{ prueb}$$

(787) **Repartir 50 en tres partes que sean a la vez directamente proporcionales a $\frac{2}{3}$, $\frac{4}{5}$ y $\frac{2}{7}$ e inversamente proporcionales a $\frac{1}{6}$, $\frac{3}{10}$ y $\frac{5}{14}$.**

Se multiplican los números con relación a los cuales el reparto es directo por los **inversos** de los números con relación a los cuales el reparto es inverso. Así, en este caso, multiplicaremos $\frac{2}{3}$ por el inverso de $\frac{1}{6}$, o sea por 6; $\frac{4}{5}$ por el inverso de $\frac{3}{10}$, o sea por $\frac{10}{3}$, y $\frac{2}{7}$ por el inverso de $\frac{5}{14}$, o sea por $\frac{14}{5}$, y tendremos:

$$\frac{2}{3} \times \frac{6}{1} = 4; \qquad \frac{4}{5} \times \frac{10}{3} = \frac{8}{3}; \qquad \frac{2}{7} \times \frac{14}{5} = \frac{4}{5}.$$

Ahora repartimos 50 en partes proporcionales a estos productos 4, $\frac{8}{3}$ y $\frac{4}{5}$, para lo cual los reducimos a un común denominador: $\dfrac{60}{15} \quad \dfrac{40}{15} \quad \dfrac{12}{15}$

Repartimos 50 en partes proporcionales a los numeradores:

$$x = \frac{50 \times 60}{60 + 40 + 12} = \frac{50 \times 60}{112} = 26\frac{11}{14}$$

$$y = \frac{50 \times 40}{60 + 40 + 12} = \frac{50 \times 40}{112} = 17\frac{6}{7}$$

$$z = \frac{50 \times 12}{60 + 40 + 12} = \frac{50 \times 12}{112} = 5\frac{5}{14}$$

50 prueba.

➤ EJERCICIO 346

1. Repartir 68 en dos partes que sean a la vez directamente proporcionales a 2 y 4 y a 5 y 6. **R.** 20, 48.

2. Repartir 411 en tres partes que sean a la vez directamente proporcionales a 4, 5 y 6 y a 8, 9 y 10. **R.** 96, 135, 180.

3. Repartir 44 en dos partes que sean a la vez directamente proporcionales a $\frac{2}{3}$ y $\frac{3}{4}$ y a $\frac{3}{5}$ y $\frac{4}{9}$. **R.** 24, 20.

4. Repartir 447 en tres partes que sean a la vez directamente proporcionales a $\frac{1}{2}$, $\frac{1}{3}$ y $\frac{1}{4}$ y a $\frac{4}{5}$, $\frac{3}{7}$ y $\frac{2}{3}$. **R.** 252, 90, 105.

5. Repartir 396 en tres partes que sean a la vez directamente proporcionales a $\frac{5}{6}$, $\frac{7}{8}$ y $\frac{8}{9}$ y a $\frac{6}{7}$, $\frac{8}{11}$ y $\frac{9}{22}$. **R.** 165, 147, 84.

6. Repartir 77 en dos partes que sean a la vez directamente proporcionales a $2\frac{1}{3}$ y $3\frac{1}{4}$ y a $1\frac{1}{5}$ y $3\frac{1}{5}$. **R.** $16\frac{1}{3}$, $60\frac{2}{3}$.

7. Repartir 81 en dos partes que sean a la vez directamente proporcionales a 2 y 3 y a $\frac{1}{4}$ y $\frac{1}{3}$. **R.** 27, 54.

8. Repartir 215 en tres partes que sean a la vez directamente proporcionales a 10, 12 y 18 y a $\frac{3}{4}$, $\frac{5}{6}$ y $\frac{2}{9}$. **R.** 75, 100, 40.

9. Repartir 55 en tres partes que sean a la vez directamente proporcionales a $4\frac{1}{6}$, $7\frac{1}{8}$ y $8\frac{1}{9}$ y a 6, 8 y 9. **R.** $8\frac{27}{31}$, $20\frac{7}{31}$, $25\frac{28}{31}$.

10. Repartir 32 en dos partes que sean a la vez directamente proporcionales a 2 y 4 e inversamente proporcionales a 5 y 6. **R.** 12, 20.

11. Repartir 100 en tres partes que sean a la vez directamente proporcionales a 5, 6 y 7 e inversamente proporcionales a 2, 3 y 4. **R.** 40, 32. 28.

12. Repartir 69 en dos partes que sean a la vez directamente proporcionales a $\frac{2}{3}$ y $\frac{3}{4}$ e inversamente proporcionales a $\frac{5}{6}$ y $\frac{1}{2}$. **R.** 24, 25.

13. Repartir 13 en tres partes que sean a la vez directamente proporcionales a $\frac{5}{6}$, $\frac{7}{8}$ y $\frac{8}{9}$ e inversamente proporcionales a $\frac{1}{6}$, $\frac{3}{8}$ y $\frac{2}{3}$. **R.** $7\frac{1}{2}$, $3\frac{1}{2}$, 2

14. Repartir 2658 en tres partes que sean a la vez directamente proporcionales a $\frac{7}{11}$, $\frac{8}{13}$ y $\frac{2}{15}$ e inversamente proporcionales a $\frac{3}{22}$, $\frac{5}{26}$ y $\frac{7}{30}$. **R.** 1470, 1008, 180.

15. Repartir 48 en dos partes que sean a la vez directamente proporcionales a $2\frac{1}{3}$ y $4\frac{1}{5}$ e inversamente proporcionales a $1\frac{1}{6}$ y $3\frac{1}{10}$. **R.** $28\frac{8}{13}$, $19\frac{5}{13}$.

16. Repartir 82 en tres partes que sean a la vez directamente proporcionales a 8, 11 y 15 e inversamente proporcionales a $\frac{2}{3}$, $\frac{11}{15}$ y $\frac{3}{7}$. **R.** $15\frac{27}{31}$, $19\frac{26}{31}$, $46\frac{9}{31}$.

17. Repartir 95 en dos partes que sean a la vez directamente proporcionales a 0.4 y 0.6 e inversamente proporcionales a 1.4 y $2\frac{1}{2}$. **R.** 50, 45.

➤ EJERCICIO 347

1. Dos hombres alquilan un garage por 320 bolívares. El pirmero ha guardado en él 4 automóviles durante 6 meses y el segundo 5 automóviles por 8 meses. ¿Cuánto debe pagar cada uno? **R.** 1º, 120; 2º, 200 bolívares.

2. Tres cuadrillas de obreros han realizado un trabajo por el que se ha pagado $516. La primera cuadrilla constaba de 10 hombres y trabajó durante 12 días; la segunda, de 6 hombres, trabajó 8 días y la tercera, de 5 hombres trabajó 18 días. ¿Cuánto debe recibir cada cuadrilla? **R.** 1ª, $240; 2ª, $96; 3ª, $180.

3. En una obra se han empleado tres cuadrillas de obreros. La primera constaba de 10 hombres y trabajó 6 días a razón de 8 horas diarias de trabajo; la segunda, de 9 hombres, trabajó durante 5 días de 6 horas y la tercera, de 7 hombres, trabajó 3 días de 5 horas. ¿Cuánto debe recibir cada cuadrilla si la obra se ajustó en $427.50? **R.** 1ª, $240; 2ª, $135; 3ª, $52.50.

4. Se reparten 26 cts. entre dos niños de 3 y 4 años respectivamente en partes proporcionales a sus edades e inversamente proporcionales a sus faltas. El de 3 años tiene 6 faltas y el de 4 tiene 5 faltas. ¿Cuánto debe recibir cada niño? **R.** El de 3 años, 10 cts.; el de 4 años, 16 cts.

5. Se han comprado 2 automóviles por $3400 quetzales y se han pagado en razón directa de la velocidad que pueden desarrollar, que es proporcional a los números 60 y 70, y en razón inversa de su tiempo de servicio que es 3 y 5 años respectivamente. ¿Cuánto se ha pagado por cada uno? **R.** 1º, 2000; 2º, 1400 quetzales.

COMPAÑIA

CAPITULO  **XLIX**

(788) SOCIEDAD MERCANTIL O COMPAÑIA MERCANTIL es la reunión de dos o más personas que ponen en comun dinero, bienes o su trabajo para ejercer la industria o el comercio, es decir, con ánimo de **lucro** o intención de obtener una ganancia.

La sociedad cuya finalidad no sea el lucro no es una sociedad mercantil, sino una sociedad civil.

Todo lo relacionado con las sociedades mercantiles está regulado por el Código de Comercio.

(789) DISTINTAS CLASES DE SOCIEDADES MERCANTILES

En general las compañías mercantiles pueden ser de las clases siguientes:

1) **Sociedad regular colectiva** es aquella en que todos los socios se comprometen a participar en la proporción que establezcan de los mismos derechos y obligaciones.

En esta sociedad los socios responden de las deudas de la compañía, no sólo con el capital social sino también con el capital particular de cada uno de ellos.

2) **Sociedad anónima, (S. A.)** en la cual los socios al aportar su capital a la compañía, reciben acciones que les dan derecho a participar en las utilidades de la compañía y encargan el manejo de ésta a administradores que ellos designan.

En la sociedad anónima los socios responden de las deudas de la sociedad solamente con el capital aportado y no con sus bienes particulares.

3) **Sociedad en comandita, (S. en C.)** en la cual uno o varios socios llamados **socios comanditarios,** aportan capital determinado al fondo común y están a expensas de las operaciones de la sociedad que está dirigida por otros socios con nombre colectivo.

Estas sociedades vienen a ser mixtas de colectivas y anónimas. Hay socios colectivos, que como tales responden de las deudas de la sociedad no sólo con el patrimonio social sino también con sus bienes particulares y socios comanditarios que sólo responden de las deudas de la sociedad con el capital aportado.

(790) GANANCIAS Y PERDIDAS

El fin de la sociedad mercantil es obtener una ganancia y dividirla entre los socios. Los socios pueden acordar la proporción en que cada uno participará de las ganancias de la sociedad y desde luego, de las pérdidas. Si se estipulara que alguno de los socios no participará en las ganancias de la compañía, el contrato es nulo.

Los **socios industriales** (socios que no aportan capital sino su trabajo) generalmente quedan libres de las pérdidas de la compañía.

Salvo pacto en contrario, la distribución de las **ganancias y pérdidas** de la compañía, se hacen en **partes proporcionales al capital** aportado. y al **tiempo** que ha permanecido cada socio en la compañía.

(791) La **REGLA DE COMPAÑIA** tiene por objeto repartir entre dos o más

socios la ganancia o pérdida de una compañía. Para ello se atiende al **capital** que cada uno impuso y al **tiempo** que han estado impuestos los capitales respectivos.

(792) CLASES DE REGLA DE COMPAÑIA

Hay dos clases: **Compañía simple,** que es aquella en que los capitales o los tiempos que han estado impuestos éstos son **iguales,** y **Compañía compuesta,** que es aquella en que los capitales y los tiempos son **distintos.**

La Regla de Compañía no es más que **reparto proporcional.**

I. COMPAÑIA SIMPLE

Se pueden considerar dos casos:

(793) 1) Que los tiempos sean iguales.

REGLA

Se prescinde del tiempo y se reparte la ganancia o pérdida en partes proporcionales a los capitales.

| |
| |

Ejemplo

Tres individuos forman una sociedad por 2 años. El 1° impone $800, el 2° $750 y el 3° $600. ¿Cuánto corresponderá a cada uno si hay una ganancia de $1200?

Como el tiempo es igual para todos los socios, se prescinde del tiempo, 2 años, y se reparte la ganancia $1200, en partes proporcionales a los capitales:

$$x = \frac{1200 \times 800}{800 + 750 + 600} = \frac{1200 \times 800}{2150} = \$446\frac{22}{43}$$

$$y = \frac{1200 \times 750}{800 + 750 + 600} = \frac{1200 \times 750}{2150} = \$418\frac{26}{43}$$

$$z = \frac{1200 \times 600}{800 + 750 + 600} = \frac{1200 \times 600}{2150} = \$334\frac{38}{43}$$

1200 prueba.

El 1° gana $\$446\frac{22}{43}$; el 2°, $\$418\frac{26}{43}$ y el 3°, $\$334\frac{38}{43}$

► EJERCICIO 348

1. Dos socios emprenden un negocio que dura 4 años. El primero impone $500 y el segundo $350. ¿Cuánto corresponde a cada uno de una ganancia de $250? **R.** Al 1°, $\$147\frac{1}{17}$; al 2°, $\$102\frac{16}{17}$.

2. En un negocio que ha durado 5 años han intervenido 4 socios que han impuesto $2500 el primero, $3000 el segundo, $4500 el tercero y $6000 el cuarto. Si hay una pérdida de $1200, ¿cuánto corresponde perder a cada uno? **R.** El 1°, $187.50; el 2°, $225; el 3°, $337.50; el 4°, $450.

3. Cuatro individuos explotan una industria por 4 años y reúnen 10000 bolívares, de los cuales el primero pone 3500; el segundo, 2500; el tercero, la mitad de lo que puso el primero, y el cuarto lo restante. Hay que repartir una ganancia de 5000; ¿cuánto toca a cada uno? **R.** 1°, 1750; 2°, 1250; 3°, 875; 4°, 1125 bolívares.

4. Cinco colonos han emprendido un negocio imponiendo el primero $500; el segundo $200 más que el primero; el tercero $200 más que el segundo, y así sucesivamente los demás. Hay que hacer frente a una pérdida de $600; ¿cuánto pierde cada uno? **R.** 1°, $\$66\frac{2}{3}$; 2°, $\$93\frac{1}{3}$; 3°, $120; 4°, $\$146\frac{2}{3}$; 5°, $\$173\frac{1}{3}$.

5. Tres amigos se asocian para emprender un negocio e imponen: El primero: 2500 bolívares; el segundo, la mitad de lo que puso el primero más 600; el tercero, 400 menos que los anteriores juntos. Al cabo de 3 años se reparte un beneficio de 16600. ¿Cuánto toca a cada uno? **R.** 1°, 5000; 2°, 3700; 3°, 7900 bolívares.

6. En una industria que trabajó durante 4 años y medio, cuatro socios impusieron: El primero, $500 más que el segundo; el segundo, $600 menos que el tercero; el tercero, la mitad de lo que puso el cuarto y éste impuso $3000. Si hay que afrontar una pérdida de $3400, ¿cuánto perderá cada uno?   R. 1º, $700; 2º, $450; 3º, $750; 4º, $1500.

7. Tres comerciantes reunieron 9000 bolívares para la explotación de un negocio y ganaron: el primero, 1000; el segundo, 600 y el tercero 800. ¿Cuánto impuso cada uno?   R. 1º, 3750; 2º, 2250; 3º, 3000 bolívares.

8. Cuatro socios han ganado en los 3 años que explotaron una industria, lo siguiente: El primero, $5000; el segundo, los $\frac{2}{5}$ de lo que ganó el primero; el tercero, los $\frac{3}{4}$ de lo que ganó el segundo, y el cuarto, los $\frac{5}{8}$ de lo que ganó el tercero. Si el capital social era de $44000; ¿con cuánto contribuyó cada uno?   R. 1º, $20000; 2º, 8000; 3º, $6000; 4º, $10000.

9. Tres socios que habían interesado 25000 bolívares el primero; 24000 el segundo y 16000 el tercero, tienen que repartirse una pérdida de 19500. ¿Cuánto queda a cada uno?   R. 1º 17500; 2º, 16800; 3º, 11200 bolívares.

10. Tres individuos emprenden un negocio imponiendo $500 el 1º, $600 el 2º y $800 el 3º. Al cabo de un año tienen un beneficio de $350 y venden el negocio por $2500. ¿Cuánto gana cada socio?   R. 1º, $250; 2º, $300; 3º, $400.

11. A, B y C emprenden un negocio imponiendo A, $900; B, $800 y C, $750. Al cabo de un año A recibe como ganancia $180. ¿Cuánto han ganado B y C?   R. B ganó $160; C, $150.

12. Juan García y Pedro Fernández ganaron en 1966 y 1967, 1200 bolívares cada año en un negocio que tienen. En 1966, Juan García era dueño de los ¾ del negocio y su socio del resto, y en 1967, Juan García fue dueño de los ⅜ y su socio del resto porque el primero vendió al segundo una parte. Hallar la ganancia total de cada socio en los dos años. R. G., 1380; F., 1020 bolívares.

(794) **2) Que los capitales sean iguales.**

REGLA

Se prescinde de los capitales y se reparte la ganancia o pérdida en partes proporcionales a los tiempos.

Ejemplo

Pedro Suárez emprende un negocio con un capital de $2000. A los 4 meses toma como socio a Ignacio Rodríguez que aporta $2000 y tres meses más tarde admiten como socio a Rogelio García que aporta otros $2000. Cuando se cumple un año a contar del día en que Suárez emprendió el negocio, hay una utilidad de $1250. ¿Cuánto recibe cada socio?

Como todos impusieron el mismo capital, $2000, se prescinde del capital y se divide la ganancia $1250 en partes proporcionales a los tiempos.

Suárez ha permanecido 12 meses, Rodríguez 8 meses y García 5 meses.
Divido $1250 proporcionalmente a 12, 8 y 5:

$$x = \frac{1250 \times 12}{25} = \$600. \qquad y = \frac{1250 \times 8}{25} = \$400. \qquad z = \frac{1250 \times 5}{25} = \$250.$$

Suárez gana $600, Rodríguez $400 y García $250.   R.

➤ EJERCICIO 349

1. A emprende un negocio con $3000 y a los tres meses admite de socio a *B* con $3000 y 3 meses más tarde entra de socio *C* con $3000. Si hay un beneficio de $2700 al cabo del año de emprender *A* el negocio, ¿cuánto recibe cada uno?   *A*, $1200; *B*, $900; *C*, $600.

2. *A* emprende un negocio con $2000. Al cabo de 6 meses entra como socio *B* con $2000 y 11 meses más tarde entra como socio *C* con $2000. Si a los dos años de comenzar *A* su negocio hay un beneficio de $630, ¿cuánto recibe como ganancia cada socio?   R. *A*, 308\frac{4}{7}$; *B*, 231\frac{3}{7}$; *C*, $90.

3. *A*, *B* y *C* impusieron $3000 cada uno para la explotación de un negocio. *A* permaneció en el mismo un año, *B*, 4 meses menos que *A* y *C*, 4 meses menos que *B*. Si hay una pérdida que asciende al 20% del capital social, ¿cuánto pierde cada socio?   R. *A*, $900; *B*, $600; *C*, $300.

4. Se constituye entre cuatro comerciantes una sociedad por 4 años, reuniendo 24000 bolívares por partes iguales. El primero ha estado en el negocio 3 años; el segundo, 2 años y 7 meses; el tercero, 14 meses y el cuarto, año y medio. ¿Cuánto tocará a cada uno de una ganancia de 6930 bolívares?   R. 1º, 2520; 2º, 2170; 3º, 980; 4º, 1260 bolívares.

5. Reuniendo un capital de 10000 sucres por partes iguales, tres socios emprenden un negocio por 2 años. El primero se retira a los 3 meses; el segundo, a los 8 meses y 20 días y el tercero estuvo todo el tiempo. Si hay una pérdida de 3210 sucres, ¿cuánto pierde cada uno?   R. 1º, 270; 2º, 780; 3º, 2160 sucres.

6. En una industria en que han impuesto sumas iguales, tres socios han permanecido: El primero, 8 meses; el segundo, los $\frac{3}{4}$ del tiempo que estuvo el anterior, y el tercero, los $\frac{7}{6}$ del tiempo del segundo. ¿Cuánto pierde cada uno si hay una pérdida total de $490?   R. 1º, 186\frac{2}{3}$; 2º, $140; 3º, 163\frac{1}{8}$.

II. COMPAÑIA COMPUESTA

(795) En este caso, como los capitales y los tiempos son distintos, se sigue la siguiente:

REGLA

Se reparte la ganancia o pérdida en partes proporcionales a los productos de los capitales por los tiempos, reduciendo éstos, si es necesario, a una misma medida.

Ejemplo

Tres individuos se asocian para emprender una empresa. El 1° impone $2000 durante 3 años; ;el 2° $1800 durante 4 años y el 3° $3000 por 8 meses. ¿Cuánto corresponde a cada uno si hay un beneficio de $2500?

Hay que multiplicar los capitales por sus tiempos respectivos:

$$\$2000 \times 36 \text{ meses} = \$72000 \text{ por } 1 \text{ mes.}$$
$$\$1800 \times 48 \text{ meses} = \$86400 \text{ ,, } 1 \text{ ,,}$$
$$\$3000 \times 8 \text{ meses} = \$24000 \text{ ,, } 1 \text{ ,,}$$

Ahora se reparte la ganancia $2500 en partes proporcionales a estos productos:

$$x = \frac{2500 \times 72000}{72000 + 86400 + 24000} = \frac{2500 \times 72000}{182400} = \$ \, 986\frac{16}{19}$$

$$y = \frac{2500 \times 86400}{72000 + 86400 + 24000} = \frac{2500 \times 86400}{182400} = \$1184\frac{4}{19}$$

$$z = \frac{2500 \times 24000}{72000 + 86400 + 24000} = \frac{2500 \times 24000}{182400} = \$ \, 328\frac{18}{19}$$

$2500 prueba.

El 1° gana 986\frac{16}{19}$; el 2° 1184\frac{4}{19}$; el 3° 328\frac{18}{19}$.

➤ EJERCICIO 350

1. En una sociedad formada por tres individuos se han hecho las siguientes imposiciones: El primero, $500 por 2 años; el segundo, $400 por 4 años, y el tercero, $300 por 5 años. ¿Cuánto corresponde a cada uno si hay una ganancia de $1230? **R.** 1°, $300; 2°, $480; 3°, $450.

2. Dos individuos reúnen $8500 para explotar un negocio. El primero impone $6000 por 2 años y el segundo lo restante por 3 años. ¿Cuánto corresponde perder a cada uno si hay una pérdida total de 1365? **R.** 1°, $840; 2°, $525.

3. Para explotar una industria, tres socios imponen: El primero, $300; el segundo, $200 más que el primero, y el tercero $100 menos que los dos anteriores juntos. El primero ha permanecido en el negocio por 3 años, el segundo por 4 y el tercero por 5 años. ¿Cuánto toca a cada uno de un beneficio de $448? **R.** 1°, $63; 2°, $140; 3°, $245.

4. Tres individuos reúnen 25000 bolívares, de los cuales el primero ha impuesto 8000; el segundo 3000 más que el primero, y el tercero lo restante. El primero ha permanecido en el negocio por 8 meses, el segundo por 3 meses y el tercero por 5 meses. Si hay que afrontar una pérdida de 1143, ¿cuánto debe perder cada uno? **R.** 1°, 576; 2°, 297; 3°, 270 bolívares.

5. En una industria, tres socios han impuesto: El primero, 6000 bolívares más que el segundo; el segundo 3000 más que el tercero y éste 8000.

El primero permaneció en la industria por 1 año, el segundo por año y medio y el tercero por $2\frac{1}{2}$ años. ¿Cuánto corresponde a cada uno de un beneficio de 5885 bolívares? **R.** 1º, 1870; 2º, 1815; 3º, 2200 bolívares.

6. ¿Cuánto ganará cada uno de tres socios que en la explotación de una industria, impusieron: El primero $300 más que el segundo; éste· $850 y el tercero $200 menos que el segundo, sabiendo que el primero estuvo en el negocio por 5 meses, el segundo 2 meses más que el primero y el tercero 3 meses más que el primero, si el beneficio total es de $338? **R.** 1º, $115; 2º, $119; 3º, $104.

7. Tres socios han impuesto: El primero $5000 por 9 meses; el segundo los $\frac{2}{5}$ de lo que impuso el primero durante $\frac{7}{6}$ de año; el tercero los $\frac{9}{8}$ de lo que impuso el segundo por año y medio. ¿Cuánto corresponde a cada uno de un beneficio de $3405? **R.** 1º, $1350; 2º, $840; 3º, $1215.

8. Cuatro comerciantes asociados en una industria, han impuesto: El primero, $300 más que el tercero; el segundo $400 más que el cuarto; el tercero, $500 más que el segundo, y el cuarto, $2000. El primero permaneció en la industria durante año y medio; el segundo por $1\frac{3}{4}$ años; el tercero por $2\frac{1}{2}$ años y el cuarto por $2\frac{3}{4}$ años. Si hay que repartir una ganancia de $4350, ¿cuánto corresponde a cada uno? **R.** 1º, $960; 2º, $840; 3º, $1450; 4º, $1100.

9. De los tres individuos que constituyeron una sociedad, el primero permaneció en la misma durante 1 año; el segundo durante 7 meses más que el primero y el tercero durante 8 meses más que el segundo. El primero había impuesto $800, el segundo $200 más que el primero, y el tercero $400 menos que el segundo. Si hay una pérdida de $224, ¿cuánto corresponde perder a cada uno? **R.** 1º, $48; 2º, $95; 3º, $81.

10. Cinco socios han impuesto: El primero, $2000 por 2 años 4 meses; el segundo, $2500 por los $\frac{3}{7}$ del tiempo anterior; el tercero, $3000 por los $\frac{5}{6}$ del tiempo del segundo; el cuarto, $4000 por un año y 8 meses y el quinto, $500 menos que el cuarto por $\frac{3}{4}$ de año. Habiendo $9100 de utilidad, ¿cuánto gana cada uno? **R.** 1º, $2240; 2º, $1200; 3º, $1200; 4º, $3200; 5º, $1260.

III. REGLA DE COMPAÑIA EN QUE SE ALTERAN LOS CAPITALES

El ejemplo siguiente ilustrará esta clase de problemas.

(796) Tres individuos se asocian para un negocio que dura 2 años. El primero impone $2000 y al cabo de 8 meses $1500 más. El segundo impone al principio $5000 y después de un año saca la mitad. El tercero, que había impuesto al principio $2500, saca a los 5 meses $1000 y dos meses

más tarde agrega $500. Si hay una pérdida de $500, ¿cuánto corresponde perder a cada uno?

Hay que ver cada imposición el tiempo que ha durado. Se multiplica cada imposición por su tiempo respectivo y los productos correspondientes a cada socio se suman.

Los $2000 que impuso el primero al principio estuvieron impuestos 8 meses. Entonces añade $1500, siendo su capital entonces de $2000 + $1500 = $3500 que están impuestos, como ya habían pasado 8 meses, durante los 16 meses restantes hasta completar los dos años:

$$\$2000 \times \ \ 8 \ m. = \$16000 \text{ por 1 mes}$$
$$\$3500 \times 16 \ m. = \$56000 \ \ ,, \ \ 1 \ \ ,,$$

El 1º: $16000 + $56000 = $72000 por 1 mes.

El segundo impuso al principio $5000 pero estos $5000 sólo estuvieron impuestos un año, 12 meses, porque un año después de comenzar sacó la mitad; si al fin del primer año saca la mitad de su capital que era $5000, le quedan $2500, que han estado impuestos durante el año siguiente, o sea 12 meses:

$$\$5000 \times 12 \ m. = \$60000 \text{ por 1 mes}$$
$$\$2500 \times 12 \ m. = \$30000 \ \ ,, \ \ 1 \ \ ,,$$

El 2º: $60000 + $30000 = $90000 por 1 mes.

El tercero impone al principio $2500 que están impuestos durante 5 meses. A los 5 meses saca $1000, luego le quedan $1500 que están impuestos por 2 meses, pues al cabo de esos dos meses agrega $500, que con los $1500 anteriores suman $2000 que están impuestos los 17 meses que faltan hasta los dos años:

$$\$2500 \times \ \ 5 \ m. = \$12500 \text{ por 1 mes}$$
$$\$1500 \times \ \ 2 \ m. = \$ \ 3000 \ \ ,, \ \ 1 \ \ ,,$$
$$\$2000 \times 17 \ m. = \$34000 \ \ ,, \ \ 1 \ \ ,,$$

El 3º: $12500 + $3000 + $34000 = $49500 por 1 mes.

Ahora se reparte la pérdida $500, en partes proporcionales a las sumas que corresponden a cada uno, o sea a 72000, 90000 y 49500:

$$x = \frac{500 \times 72000}{72000 + 90000 + 49500} = \frac{500 \times 72000}{211500} = \$170\frac{10}{47}$$

$$y = \frac{500 \times 90000}{72000 + 90000 + 49500} = \frac{500 \times 90000}{211500} = \$212\frac{36}{47}$$

$$z = \frac{500 \times 49500}{72000 + 90000 + 49500} = \frac{500 \times 49500}{211500} = \$117\frac{1}{47}$$

$$\overline{\$500} \text{ prueba}$$

El 1º pierde $\$170\frac{10}{47}$; el 2º $\$212\frac{36}{47}$; el 3º $\$117\frac{1}{47}$.

► EJERCICIO 351

1. Dos individuos emprenden un negocio por 1 año. El primero empieza con $500 y 7 meses después añade $200; el segundo empieza con $600 y 3 meses después añade $300. ¿Cuánto corresponde a cada uno de un beneficio de $338? **R.** 1º, $140; 2º, $198.

2. Dos socios emprendieron un negocio que ha durado 2 años. El primero impone al principio $1500 y al año y medio retira $500; el segundo empezó con $2000 y a los 8 meses retiró $500. De una pérdida de $511, ¿cuánto pierde cada uno? **R.** 1º, $231; 2º, $280.

3. Se establece una industria por dos socios con un capital de $24000, de los cuales el primero impone $14000 y el segundo lo restante. El negocio dura 2 años. El primero a los 8 meses retira $2000 y el segundo a los 7 meses retira $5000. Si hay una ganancia de $2700, ¿cuánto corresponde a cada uno? **R.** 1º, $1788\frac{4}{17}$; 2º, $911\frac{18}{17}$.

4. En un negocio que ha durado 3 años, un socio impuso 4000 bolívares y a los 8 meses retiró la mitad; el segundo impuso 6000 y al año añadió 3000 y el tercero, que empezó con 6000, a los 2 años retiró 1500. ¿Cuánto corresponde a cada uno de un beneficio de 5740? **R.** 1º, 880; 2º, 2880; 3º, 1980 bolívares.

5. Se ha realizado un beneficio de 5610 bolívares en un negocio en el que han intervenido dos individuos. El negocio ha durado 3 años. El primero empieza con 8000, a los 7 meses retira la mitad de su capital y 2 meses más tarde agrega 2000. El segundo, que empezó con 6000, al año dobló su capital y 5 meses más tarde retiró 4000. ¿Cuánto ganará cada uno? **R.** 1º, 2486; 2º, 3124 bolívares.

6. Tres socios imponen $60000 por partes iguales en un negocio que dura 2 años. El primero al terminar el primer año añadió $1500 y 4 meses después retiró $5000; el segundo a los 8 meses añadió $4000 y 5 meses después otros $2000; el tercero a los 14 meses retiró $5600. Si hay una pérdida de $7240, ¿cuánto pierde cada uno? **R.** 1º, $2290; 2º, $2830; 3º, $2120.

El promedio y la probabilidad son las bases de la ciencia actuarial moderna. Se da por un hecho históri irrefutable que la Estadística en su concepto más reciente, debe su origen al juego de azar. Cuéntase que tando Pascal en una taberna, Antonio Gombaud, caballero de Meré, le propuso un problema basado e juego de dados. Pascal le dio solución, fundando en 1654 la Teoría de las Probabilidades.

CAPITULO L

PROMEDIOS

(797) La **Regla del Término Medio** tiene por objeto hallar un número medio entre varios de la misma especie.

(798) REGLA GENERAL

Para hallar el término medio entre varias cantidades, se suman y esta suma se divide por el número de cantidades.

(799) Un hombre ha gastado el lunes $4.95, el martes $5, el miércoles $3.85 y el jueves $8. ¿Cuál es su gasto medio por día?

Se suma lo que ha gastado en los cuatro días:

$$\$4.95 + \$5 + \$3.85 + \$8 = \$21.80$$

Esta suma·se divide entre los cuatro días:

$$\$21.80 \div 4 = \$5.45$$

El gasto medio por día ha sido de $5.45   R.

800 En una finca de 15 caballerías, hay 7 caballerías que producen
c/u 80000 @ de caña; 4 caballerías que producen c/u 100000 @ y las
restantes producen c/u 120000 @. ¿Cuál es la producción media por caballería?

$$
\begin{array}{rll}
7 \text{ cab.} \times & 80000 @ = & 560000 @ \\
4 \ \text{ ,, } \times & 100000 @ = & 400000 @ \\
4 \ \text{ ,, } \times & 120000 @ = & 480000 @ \\
\hline
15 \text{ cab.} & & 1440000 @ \text{ produc. total.}
\end{array}
$$

1440000 @ ÷ 15 cab. = 96000 @ por cab. La producción media por caballería es de 96000 @. R.

801 Un comerciante compró 500 sombreros a $3 uno. Vendió 300 a $3.50
uno; 80 a $2.25 uno y el resto a $2.15 uno. ¿Ganó o perdió en total
y cuál es el promedio de ganancia o de pérdida por sombrero?

Vendiendo 300 sombreros a $3.50 gana en cada sombrero $0.50, luego
en los 300 sombreros gana 300 × $0.50 = $150.

Vendiendo 80 sombreros a $2.25 pierde en cada uno $0.75, luego en los
80 sombreros perderá 80 × $0.75 = $60.

Vendiendo el resto, 120 sombreros, a $2.15, pierde en cada uno $0.85,
luego en los 120 sombreros perderá 120 × $0.85 = $102.

Entonces la ganancia obtenida en la primera venta es $150 y la pérdida
de la segunda y tercera venta es $60 + $102 = $162, luego tiene una pérdida
total de $162 − $150 = $12.

Si la pérdida total es $12, habiendo vendido 500 sombreros, el promedio
de pérdida por sombrero es $12 ÷ 500 = $0.024. R.

➤ EJERCICIO 352

1. Un individuo ha ganado en 4 días: El primer día, $7; el segundo día,
$4.40; el tercer día, $9 y el cuarto día, $10. ¿Cuál es su ganancia media
diaria? **R.** $7.60.

2. Un hombre camina durante 5 'días de este modo: El primer día, 12
kilómetros; el segundo, 14; el tercero, 16; el cuarto, 20 y el quinto 23.
¿Cuál es la distancia media recorrida por día? **R.** 17 kilómetros.

3. Por hacer cuatro obras se paga: Por la primera, $240; por la segunda,
$350; por la tercera, $500 y por la cuarta, $235. ¿Cuál es el precio medio
por obra? **R. R.** $331.25.

4. El primer año que un alumno estuvo en un colegio recibió 2 medallas
como premio; el segundo, 3; el tercero, 5; el cuarto, 7 y el quinto 8.
¿Cuántas medallas ha ganado por término medio cada año? **R.** 5 med.

5. Un famoso corredor alcanzó con su máquina la velocidad de 220½ millas
por hora corriendo contra el viento y 223.301 millas por hora, en sentido
contrario. ¿Cuál ha sido la velocidad media por hora? **R.** 221.713 mill.

Griegos y romanos conocían la Regla de Aligación, que usaban en su constante comercio de vinos con los fenicios. Los escritores italianos del siglo XV, dieron a conocer en sus aritméticas comerciales, numerosos problemas de mezcla y aligación que habían tomado de los griegos y romanos. Entre las 28 reglas que expone Tartaglia, en su Aritmética Comercial de 1556, incluye la Regla de Mezcla o Aligación.

ALIGACION O MEZCLA

(802) La **Regla de Aligación** tiene por objeto resolver los problemas de mezclas.

(803) PROBLEMA DIRECTO O PROBLEMA INVERSO

En la mezcla de varias substancias se pueden presentar dos problemas: el directo y el inverso.

El **problema directo** consiste, conociendo las cantidades de las substancias que se mezclan (ingredientes) y sus precios respectivos, en hallar el precio a que resulta cada unidad de la mezcla, que es lo que se llama **precio medio** o **término medio.**

El **problema inverso** consiste, conociendo el precio medio y los precios de los ingredientes, en hallar qué cantidad debe entrar en la mezcla de cada ingrediente.

I. ALIGACION DIRECTA

(804) DEDUCCION DE LA FORMULA DE LA ALIGACION DIRECTA

Sea una mezcla en la que entran a Kgs. de precio $\$p$ (cada Kg.), b Kgs. de precio $\$p'$ y c Kgs. de precio $\$p''$.

Tendremos: a Kgs. de precio $\$p$ cuestan $\$ap$.
               b Kgs. de precio $\$p'$ cuestan $\$bp'$.
               c Kgs. de precio $\$p''$ cuestan $\$cp''$.

Entonces, el importe total de la mezcla es $(ap + bp' + cp'')$ y el número de Kgs. de la mezcla es $a + b + c$, luego el precio medio m a que hay que vender cada Kg. de la mezcla para no ganar ni perder es: ————————/ $$m = \frac{ap + bp' + cp''}{a + b + c}$$
y esta es la fórmula de la aligación directa.

Este cociente, que nos da el precio a que hay que vender cada unidad de la mezcla para no ganar ni perder, es lo que se llama **precio medio.**

PROBLEMAS DE ALIGACION DIRECTA

Los problemas de aligación directa son simplemente problemas de promedios.

805 **¿A cómo sale el litro de una mezcla de 10 litros de vino de $0.84 con 8 litros de $0.90 y con 12 litros de $1.20?**

$$
\begin{array}{llllll}
10 \text{ ls. de vino de } \$0.84 & \text{cuestan} & 10 \times \$0.84 = & \$\ 8.40 \\
8 \text{ ,, ,, ,, ,, } \$0.90 & \text{,,} & 8 \times \$0.90 = & 7.20 \\
12 \text{ ,, ,, ,, ,, } \$1.20 & \text{,,} & 12 \times \$1.20 = & 14.40 \\
\hline
30 \text{ ls.} & & & \$30.00
\end{array}
$$

(cantidad total)   (precio total)

El litro de la mezcla sale a $\$30 \div 30 = \$1$.   **R.**

Vendiendo cada litro de la mezcla a $1, **no se gana ni se pierde,** pues simplemente se recupera el costo.

806 **En un tonel de 100 litros de capacidad se echan 40 ls. de vino de $0.60, 50 ls. de $0.80 y se acaba de llenar con agua. ¿A cómo sale el litro de la mezcla y a cómo hay que venderlo para ganar el 25% del costo?**

$$
\begin{array}{lll}
40 \text{ ls. de } \$0.60 & \text{cuestan} & 40 \times \$0.60 = \$24 \\
50 \text{ ,, ,, } \$0.80 & \text{,,} & 50 \times \$0.80 = \ 40 \\
10 \text{ ,, ,, agua no cuesta nada} \\
\hline
100 \text{ ls.} & & \$64
\end{array}
$$

(cantidad total)   (precio total)

El litro de la mezcla sale a $\$64 \div 100$ ls. $= \$0.64$.

Vendiendo cada litro de la mezcla a $0.64 **no se gana ni se pierde;** $0.64 es simplemente el costo de cada litro de la mezcla. Si queremos ganar el 25% del costo, sólo hay que hallar el 25% de $0.64 y sumárselo.

El 25% de $0.64 es $\$0.64 \div 4 = \$0.16$; luego; para ganar el 25% del costo habrá que vender el litro de la mezcla a $\$0.64 + \$0.16 = \$0.80$.   **R**

➤ EJERCICIO 353

1. Mezclando un litro de vino de 69 cts., con otro de 80 cts. y con otro de 45 cts., ¿a cómo sale el litro de la mezcla?   **R.** $64\frac{2}{3}$ cts.

2. Si se tienen 14 litros de vino a 80 cts. el litro y se les añaden 6 litros de agua, ¿a cómo sale el litro de la mezcla?   **R.** 56 cts.

3. Se mezclan 8 litros de vino de 90 cts. con 14 litros de 70 cts. Si a esta mezcla se añaden 5 litros de agua, ¿a cómo sale el litro de la mezcla?
   R. $62\frac{26}{27}$ cts.

4. Combinando 8 libras de café de 60 cts. la libra, con 1 qq. de a 50 cts. la libra, con 3 @ de a 40 cts. libra y con 40 libras de 30 cts., ¿a cómo habrá que vender la libra de la mezcla para no ganar ni perder?
   R. $43\frac{91}{223}$ cts.

5. ¿De cuántos grados resultara el litro de una mezcla de 500 litros de alcohol de 30 grados, con 200 litros de 40 grados, con 300 litros de 8 grados?   **R.** $25\frac{2}{5}°$.

6. En un tonel de 500 litros se echan 100 litros de vino de a 40 cts., 80 litros de vino de 50 cts., 120 litros de vino de 60 cts. y se acaba de llenar con agua. ¿A cómo saldrá el litro de la mezcla?   **R.** 30.4 cts.

7. Si se combinan 12 litros de vino de 80 cts., con 10 litros de 72 cts. y con 8 litros de 60 cts,, ¿a cómo habrá que vender el litro de la mezcla para ganar el 6% del costo?   **R.** 76.32 cts.

II. ALIGACION INVERSA

(807) DEDUCCION DE LA FORMULA DE LA ALIGACION INVERSA

Las diferencias entre los precios extremos y el precio medio son inversamente proporcionales a las cantidades que se mezclan.

Sea p el precio mayor, m el precio medio y p' el precio menor. Sea x la cantidad de precio p e y la cantidad de precio p' que deben mezclarse para obtener una mezcla de precio medio m.

p. medio	p. ingred.	cant. ingred.	
m	p	x	$p > m$
	p'	y	$m > p'$

Si una unidad del ingrediente de precio p, que es mayor que el precio medio m, se vende a m, se pierde $p - m$ y en x unidades se perderá $(p - m)x$.

Si una unidad del ingrediente de precio p', que es menor que el precio medio m, se vende a m, se gana $m - p'$ y en y unidades se ganará $(m - p')y$.

Luego tenemos:

$(p - m)x$ es la pérdida total que se obtiene vendiendo las x unidades de precio p a m, que es menor.

$(m - p')y$ es la ganancia total que se obtiene vendiendo las y unidades de precio p' a m, que es mayor.

Ahora bien: Como la ganancia tiene que ser igual a la pérdida, tendremos: $(p-m)x=(m-p)y$ y como hay un teorema (**663**) que dice que si el producto de dos cantidades es igual al producto de otras dos, con las cuatro se puede formar una proporción, tendremos: $\qquad\qquad\qquad\qquad\qquad\nearrow$

$$\frac{p-m}{m-p'}=\frac{y}{x}$$

que es la fórmula de la aligación inversa.

PROBLEMAS DE ALIGACION INVERSA

En la aligación inversa se pueden considerar los **cuatro casos** que se expresan a continuación:

1er. CASO. Dado el precio medio y los precios de los ingredientes, hallar las cantidades de los ingredientes.

808 Para obtener vino de **$0.80** el litro, ¿qué cantidades serán necesarias de vino de **$0.90** y de **$0.50?**

La operación se dispone así:

T. medio	P. de ingred.	Comparación.		Cant. de ingred.
	⌈90	$80-50$	$=$	30 de 90 cts.
80				
	⌊50	$90-80$	$=$	10 de 50 cts.
				$\overline{40}$

La **comparación** se hace restando **del precio medio el precio menor**, y esa diferencia será la **cantidad del ingrediente de precio mayor**; y restando **del precio mayor el precio medio**, y esa diferencia será la **cantidad del ingrediente de precio menor**.

R.: 30 ls. de vino de $0.90 y 10 ls. de vino de $0.50 para preparar. $30+10=40$ ls. de vino que se venden a $0.80 **sin ganar ni perder**.

809 ¿Cuántos litros de vino de **$0.90**, de **$0.85**, **$0.50** y **$0.30** el litro serán necesarios para obtener una mezcla que se pueda vender a **$0.65** el litro sin ganar ni perder?

T. medio	P. de ingred.	Comparación.	Cant. de ingred.
	⌈90	$65-30=$	35 ls. de 90 cts.
65	|85 ⌉.	$65-50=$	15 ls. de 85 cts.
	|50 ⌋.	$85-65=$	20 ls. de 50 cts.
	⌊30	$90-65=$	25 ls. de 30 cts.
			$\overline{95}$

R.: 35 ls. de $0.90, 15 ls. de $0.85, 20 ls. de $0.50 y 25 ls. de $0.30 para preparar 95 ls. que se puedan vender a $0.65 **sin ganar ni perder**.

OTRA SOLUCION

Este problema puede resolverse también comparando 90 con 50 y 85 con 30 como se expresa a continuación:

T. medio   P. de ingred.   Comparación.   Cant. de ingred.

$$
\begin{array}{c}
65
\end{array}
\left[
\begin{array}{l}
90 \quad \ldots\ldots\ldots\ldots\ldots 65 - 50 = 15 \text{ ls. de } 90 \text{ cts.} \\
85 \\
50 \\
30
\end{array}
\right.
$$

90 ....65 − 50 = 15 ls. de 90 cts.
85 ....65 − 30 = 35 ls. de 85 cts.
50 ....90 − 65 = 25 ls. de 50 cts.
30 ....85 − 65 = 20 ls. de 30 cts.

95

OBSERVACION

Véase que las comparaciones han de hacerse **siempre** con dos precios de ingredientes tales que **uno sea mayor que el término medio** y otro menor y **nunca** con dos precios **mayores los dos** o **menores los dos** que el medio.

(810) Se quiere obtener café de $0.55 la libra mezclando café de $0.75, $0.70, $0.65, $0.50 y $0.35 la libra. ¿Cuánto se tomará de cada calidad?

T. medio   P. de ingred.   Comparación   Cant. de ingred.

55

75 ...... 55 − 35.... = 20 lbs. de 75 cts.
70 ...... 55 − 50.... = 5 lbs. de 70 cts.
65 ...... 55 − 35.... = 20 lbs. de 65 cts.
50 ...... 70 − 55.... = 15 lbs. de 50 cts.
35 ...... $\begin{cases} 75 - 55 = 20 \\ 65 - 55 = 10 \end{cases} = \dfrac{30 \text{ lbs. de } 35 \text{ cts.}}{90}$

Véase que hemos comparado 75 con 35 y 70 con 50 y quedaba un precio libre, 65, mayor que el medio; éste tenemos que compararlo con cualquiera de los precios menores que el medio, con 35, por ejemplo; pero como con 35 ya se había hecho otra comparación, a este precio le tocan **dos resultados** que se suman.

(811) **INDETERMINACION**

Los problemas de este primer caso son **indeterminados,** ya que tienen muchas soluciones, porque multiplicando o dividiendo por un mismo número las cantidades de ingredientes obtenidas, tendríamos otras soluciones que cumplirían las condiciones del problema.

Los casos siguientes en que se **limita la cantidad total de la mezcla** o **se fija la proporción en que han de entrar uno o más ingredientes** son determinados.

> ### EJERCICIO 354

1. ¿Qué cantidades necesito de harina de 10 cts. kg. y 15 cts. kg. para obtener harina que pueda venderla a 13 cts. kg. sin ganar ni perder? **R.** 2 kg. de 10 cts. y 3 kg. de 15 cts. para 5 kg. de la mezcla.

2. ¿Qué cantidades de café de 25 cts. y 30 cts. lb. necesito para obtener café que pueda venderlo a 28 cts. lb. sin ganar ni perder? **R.** 2 lbs. de 25 cts. y 3 lbs. de 30 cts. para 5 lbs. de la mezcla.

3. Con café de 45 cts. lb. y 60 cts. lb. quiero hacer una mezcla tal que al vender la lb. de la mezcla por 55 cts. gane 5 cts. en cada lb. ¿Cuánto tomaré de cada ingrediente? **R.** 10 lbs. de 45 cts. y 5 lbs. de 60 cts. para 15 lbs. de la mezcla.

4. ¿Qué cantidades de vino de 80 cts. el litro y 95 cts. el litro formaban una mezcla que, vendida a 85 cts. el litro dejó una pérdida de 5 cts. en cada litro? **R.** 5 ls. de 80 cts. y 10 ls. de 95 cts. para 15 ls. de la mezcla.

5. Mezclando vino de 90 cts., 80 cts., 75 cts. y 60 cts. el litro obtuve una mezcla que vendí a 78 cts. el litro sin ganar ni perder. ¿Qué cantidad tomé de cada ingrediente? **R.** 18 ls. de 90 cts., 3 ls. de 80 cts., 2 ls. de 75 cts. y 12 ls. de 60 cts. o 3 ls. de 90 cts., 18 ls. de 80 cts.; 12 ls. de 75 cts. y 2 ls. de 60 cts. para 35 ls. de la mezcla.

2do. CASO. Dado el término medio, los precios de los ingredientes y la cantidad total de la mezcla, hallar las cantidades de los ingredientes.

(812) ¿Qué cantidades de vino de $1.20 y $0.50 el litro y de agua serán necesarias para preparar 380 litros de vino que se vendan a $0.80 el litro sin ganar ni perder?

Se procede como en los problemas anteriores, prescindiendo por ahora, de la cantidad total de la mezcla, 380 litros.

$$
\begin{array}{cccc}
\text{T. medio} & \text{P. de ingred.} & \text{Comparación} & \text{Cant. de ingred.} \\
& \left[\begin{array}{c} 120 \\ \\ 50 \\ \\ 0 \end{array}\right. & \begin{array}{l} \dots\dots \left\{\begin{array}{l} 80-50=30 \\ 80-\ 0=80 \end{array}\right\} \\ \dots\dots 120-80 \dots\dots \\ \dots\dots 120-80 \dots\dots \end{array} & \begin{array}{l} = 110 \text{ de } \$1.20 \\ \\ = \ \ 40 \text{ de } \$0.50 \\ = \ \ \underline{40} \text{ de agua} \\ \quad\ \ 190 \end{array}
\end{array}
$$

80

Estas cantidades que hemos obtenido, 110, 40 y 40, **no son las cantidades buscadas** porque su suma no nos da los 380 litros que se quieren obtener. Ahora hay que **repartir la cantidad total de la mezcla, 380 litros,** en partes proporcionales a los resultados obtenidos 110, 40 y 40:

$$x = \frac{380 \times 110}{110 + 40 + 40} = \frac{380 \times 110}{190} = 220 \text{ litros de } \$1.20.$$

$$y = \frac{380 \times 40}{110 + 40 + 40} = \frac{380 \times 40}{190} = \ 80 \text{ litros de } \$0.50. \quad \textbf{R.}$$

$$z = (\text{igual anterior}) \qquad\quad = \ 80 \text{ litros de agua.}$$

➤ EJERCICIO 355

1. ¿Qué cantidades de café de 50 cts. kg. y 40 cts. kg. harán falta para formar una mezcla de 30 kg. de café que se pueda vender a 42 cts. el kilo sin ganar ni perder? **R.** 6 kg. de 50 cts. y 24 kg. de 40 cts.

2. Para preparar 44 litros de alcohol de 75°, ¿qué cantidades serán necesarias de alcohol de 60° y 82°? **R.** 14 ls. de 60° y 30 ls. de 82°.

3. ¿Qué cantidades de vino de 90, 82, 65 y 50 cts. el litro serán necesarias para preparar 114 litros de una mezcla que se pueda vender a 75 cts. el litro sin ganar ni perder? **R.** 50 ls. de 90 cts., 20 ls. de 82 cts., 14 ls. de 65 cts. y 30 ls. de 50 cts. o 20 ls. de 90 cts., 50 ls. de 82 cts., 30 ls. de 65 cts. y 14 ls. de 50 cts.

4. Para formar mezcla de 60 libras de harina que se pueda vender a 11 cts. libra sin ganar ni perder, ¿qué cantidades serán necesarias de harina de 7, 10, 15 y 14 cts. la libra? **R.** 20 lbs. de 15 cts., 5 lbs. de 14 cts., 15 lbs. de 10 cts. y 20 lbs. de 7 cts. o 5 lbs. de 15 cts., 20 lbs. de 14 cts., 20 lbs. de 10 cts. y 15 lbs. de 7 cts.

5. Si tengo alcohol de 40°, 35°, 30° y 25°, ¿qué cantidad de cada graduación necesitaré para preparar 5 litros de 33°? **R.** 2 ls. de 40°, $\frac{3}{4}$ l. de 35°, $\frac{1}{2}$ l. de 30° y $1\frac{3}{4}$ ls. de 25° o $\frac{3}{4}$ ls. de 40°, 2 ls. de 35°, $1\frac{3}{4}$ ls. de 30° y $\frac{1}{2}$ l. de 25°.

3er. CASO. Dado el término medio, los precios de los ingredientes y la cantidad de uno de los ingredientes, hallar las cantidades de los otros.

(813) **¿Qué cantidades de café de 80 cts. libra, de 60 cts. libra y de 25 cts. libra será necesario añadir a 6 libras de café de 35 cts. para que la libra de la mezcla se pueda vender a 50 cts. libra sin ganar ni perder?**

Se hace la comparación como en los casos anteriores, prescindiendo por ahora de la cantidad, 6 libras, del ingrediente conocido.

T. medio		P. ingred.	Comparación		Cantidades
		⌐ 80	50_ 25_	25	de 80
50		60⌐	50_ 35_	15	,, 60
		25 ∣	80_ 50_	30	,, 25
	6 libs. de 35⌐		60_ 50_	10	,, 35

Estos resultados que hemos obtenido: 25, 15, 30 y 10 no son los que buscamos.

Para hallar la cantidad que se debe tomar de cada ingrediente, se establecen proporciones del modo siguiente:

Para saber qué cantidad debo tomar de café de 80 cts., diré:

Cuando pongo 10 lbs. de 35 cts. pongo 25 lbs. de 80 cts.

cuando ponga 6 lbs. de 35 cts. pondré x lbs. de 80 cts.:

$$\frac{10}{6} = \frac{25}{x} \therefore x = \frac{6 \times 25}{10} = 15 \text{ lbs. de 80 cts.}$$

Para saber la cantidad de café de 60 cts., diré:

Cuando pongo 10 lbs. de 35 cts. pongo 15 lbs. de 60 cts.
cuando ponga 6 lbs. de 35 cts. pondré x lbs. de 60 cts.:

$$\frac{10}{6}=\frac{15}{x} \therefore x = \frac{6 \times 15}{10} = 9 \text{ lbs. de 60 cts.}$$

•Para saber la cantidad de café de 25 cts., diré:

Cuando pongo 10 lbs. de 35 cts. pongo 30 lbs. de 25 cts.
cuando ponga 6 lbs. de 35 cts. pondré x lbs. de 25 cts.

$$\frac{10}{6}=\frac{30}{x} \therefore x = \frac{6 \times 30}{10} = 18 \text{ lbs. de 25 cts.}$$

R.: A las 6 libras de 35 cts. habrá que añadir 15 libras de 80 cts., 9 libras de 60 cts., y 18 libras de 25 cts.

➤ **EJERCICIO 356**

1. ¿Qué cantidad de agua hay que añadir a 3 ls. de alcohol de 40° para que la mezcla resulte de 30°? **R.** 1 l.
2. ¿Qué cantidad de vino de 30 cts. el litro hay que añadir a 5 litros de vino de 60 cts. para que la mezcla resulte de 40 cts.? **R.** 10 ls.
3. ¿Qué cantidades de café de 50, 40 y 30 cts. libra hará falta para obtener café que se pueda vender a 35 cts. la libra sin ganar ni perder, si se quiere que en la mezcla entren 6 lbs. de café de 30 cts. la libra? **R.** $1\frac{1}{2}$ lb. de 50 cts. y 40 cts.
4. ¿Qué cantidades de café de 20 y 15 cts. la libra tengo que añadir a 6 lbs. de café de 40 cts. para formar una mezcla que la pueda vender a 27 cts. la libra ganando 5 cts. por libra? **R.** 12 lbs. de 20 cts. y 15 cts.
5. Un tabernero tiene 6 ls. de vino de 80 cts. y quiere saber qué cantidades de vino de 60, 50 y 40 cts. debe añadir a los 6 litros anteriores para formar una mezcla que pueda venderla a 78 cts. el litro ganando 8 cts. en cada litro. **R.** 1 l. de 60 cts., 50 cts. y 40 cts.

4to. CASO. Dado el precio medio, los precios de los ingredientes, la cantidad total de la mezcla y la cantidad de uno o varios de los ingredientes, hallar las cantidades dè los restantes ingredientes.

(814) Un tabernero tiene 50 litros de vino de 90 cts. y quiere saber qué cantidades de vino de 80, 50 y 40 cts. el litro deberá añadirles para formar una mezcla de 185 litros que la pueda vender a 60 cts. el litro sin ganar ni perder.

Este caso es **mixto;** comprende el 2º y el 3º y lo resolveremos de este modo:

En la mezcla tienen que entrar 50 ls. de 90 cts. (precio mayor que el medio). Tomamos este dato y un ingrediente de precio **menor** que el medio, por ejemplo, 40 cts. y hallamos **qué cantidad de vino de 40 cts.**

hay que añadir a los **50 ls. de 90 cts.** para que la mezcla salga al precio medio buscado de **60 cts.** (3er. caso).

T. medio   P. de ingred.   Comparación.   Cantidades

$$\begin{array}{c} 60 \end{array} \quad \left.\begin{array}{l} 50 \text{ ls. de } 90 \\ \\ 40 \end{array}\right] \quad \begin{array}{l} 60 - 40 \ = \ 20 \text{ de } 90 \\ \\ 90 - 60 \ = \ 30 \text{ de } 40 \end{array}$$

Ahora decimos:

Cuando entran 20 ls. de 90 cts. entran   30 ls. de 40 cts.
cuando entren 50 ls. de 90 cts. entrarán x ls. de 40 cts.

$$\frac{20}{30} = \frac{50}{x} \ \therefore \ x = \frac{30 \times 50}{20} = 75 \text{ ls. de 40 cts.}$$

Entonces ya yo sé que con 50 ls. de 90 cts. y 75 ls. de 40 cts. puedo formar una mezcla de $50 + 75 = 125$ ls. que se vendan a 60 cts. (el precio medio buscado) sin ganar ni perder.

Como se quieren obtener 185 ls. de 60 cts. y ya yo tengo 125 ls. de ese precio, me falta obtener $185 - 125 = 60$ ls. de 60 cts., que tengo que obtenerlos mezclando **los dos ingredientes que faltan,** es decir, mezclando vino de 80 cts. y de 50 cts.

Ahora hallamos **qué cantidades de vino de 80 y 50 cts.** el litro **hacen falta** para obtener 60 ls. de 60 cts. (2do. caso).

T. medio   P. de ingred.   Comparación   Cantidades

$$\begin{array}{c} 60 \end{array} \quad \left[\begin{array}{l} 80 \\ \\ 50 \end{array}\right. \quad \begin{array}{l} 60 - 50 \ = 10 \text{ de 80 cts.} \\ \\ 80 - 60 \ = \underline{20} \text{ de 50 cts.} \\ \qquad\qquad\quad 30 \end{array}$$

pero como hace falta obtener 60 ls. **de 60 cts.** tengo que repartir 60 ls. en partes proporcionales a 10 y 20:

$$x = \frac{60 \times 10}{30} = 20 \text{ ls. de 80 cts.} \qquad y = \frac{60 \times 20}{30} = 40 \text{ ls. de 50 cts.}$$

R.: A los 50 ls. de vino de 90 cts. hay que añadirles 75 ls. de 40 cts., 20 ls. de 80 cts. y 40 ls. de 50 cts. para tener una mezcla de $50 + 75 + 20 + 40 = 185$ ls., que se venden a 60 cts. sin ganar ni perder.

➤ **EJERCICIO 357**

1. Con café de 60, 50, 40 y 30 cts. la libra se quieren obte.. er 40 lbs. de café, que vendidas a 45 cts. no dejen ganancia ni pérdida. Si en la mezcla han de entrar 5 lbs. de 30 cts., ¿qué cantidad se tomará de los otros ingredientes?   R. 5 lbs. de 60 cts. y 15 lbs. de 40 cts. y 50 cts.

2. ¿Qué cantidades de vino de 95, 80 y 40 cts. el litro habrá que añadir a 4 litros de 55 cts. para obtener una mezcla de 16 litros que se puedan vender a 60 cts. sin ganar ni perder?   R. 4 ls. de 95 cts., 1 l. de 80 cts. y 7 ls. de 40 cts. o $\frac{4}{7}$ ls. de 95 cts., $5\frac{5}{7}$ ls. de 80 cts. y de 40 cts.

3. Un comerciante quiere preparar 38 libras de café para venderlas a 20 cts. la libra, ganando 5 cts. en cada libra, y para ello hace una mezcla con café de 20, 18, 12 y 10 cts. la libra. Si en la mezcla han de entrar 10 libras de a 20 cts., ¿qué cantidad habrá de poner de los otros ingredientes?
R. 10 lbs. de 10 cts. y 9 lbs. de 18 cts. y 12 cts. o $4\frac{1}{4}$ lbs. de 10 cts., $7\frac{1}{12}$ lbs. de 18 cts. y $16\frac{2}{3}$ lbs. de 12 cts.

4. Tengo 20 ls. de vino de 70 cts. y quiero saber qué cantidades de vino de 50 cts. y de agua deberé añadirles para obtener 50 litros de vino que se puedan vender a 40 cts. sin ganar ni perder. **R.** 12 ls. de 50 cts. y 18 ls. de agua.

5. Con alcohol de 40°, 30° y 20° se quieren obtener 60 litros de alcohol de 25°. Si en la mezcla han de entrar 10 litros de 40°, ¿cuántos litros habrá que poner de los otros ingredientes? **R.** 40 ls. de 20° y 10 ls. de 30°.

(815) OTRA PRUEBA DE LA ALIGACION INVERSA

La aligación inversa puede probarse también por medio de la **aligación directa.** Con los resultados obtenidos se forma una aligación directa, para hallar el precio medio de la mezcla, y si el problema está bien, debe darnos como resultado el término medio.

Así, en el último problema resuelto **(814)** tomemos el resultado y formemos una aligación directa con ellos. Tendremos:

50 ls. de 90 cts. cuestan $50 \times$ 90 cts. $=$ \$ 45.00
75 ls. de 40 cts. ,, $75 \times$ 40 cts. $=$ \$ 30.00
20 ls. de 80 cts. ,, $20 \times$ 80 cts. $=$ \$ 16.00
40 ls. de 50 cts. ,, $40 \times$ 50 cts. $=$ \$ 20.00

185 ls. (cantidad total)　　　　\$111.00 (costo total)

El litro de la mezcla sale a \$111 ÷ 185 = 60 cts. (precio medio)

➤ EJERCICIO 358

MISCELANEA

1. ¿A cómo debo vender el litro de una mezcla de 30 ls. de vino de 60 cts. y 20 ls. de agua para ganar 8 cts. por litro? **R.** 44 cts.

2. Para obtener alcohol de 60°, ¿qué cantidades serán necesarias de alcohol de 70° y de 30°? **R.** 30 ls. de 70° y 10 ls. de 30° para 40 ls. de la mezcla.

3. ¿Qué cantidades de vino de 80 cts. y de agua serán necesarias para obtener vino que vendido a 55 cts. el litro deje una utilidad de 10 cts. por litro? **R.** 45 ls. de 80 cts. y 35 ls. de agua para 80 ls. de la mezcla.

4. Para obtener café de 40 cts. libra, ¿qué cantidades serán necesarias de café de 65, 50, 45, 38 y 25 cts. la libra? **R.** Una solución será: 15 lbs. de 65 cts., 2 lbs. de 50 cts. y de 45 cts., 15 lbs. de 38 cts. y 25 lbs. de 25 cts. para 59 lbs. de la mezcla.

5. De los 600 litros de vino que contiene un barril, el 20% es vino de 50 cts., el 8% vino de 60 cts., el 23% vino de 70 cts. y el resto vino de \$1 el litro. ¿A cómo sale el litro de la mezcla? **R.** \$0.799.

La aleación más antigua que se conoce es el bronce. Toda una etapa de la prehistoria se caracteriza por este descubrimiento del hombre, es decir, la aleación del cobre con el estaño. La ilustración nos muestra con bastante fidelidad una fundición de cobre y estaño explotada por los fenicios junto al Mar Rojo. La producción de estas minas era entregada al Rey Salomón, a cambio de oro, perfumes y especias.

ALEACIONES

CAPITULO LII

(816) **ALEACION** es una mezcla en la que los ingredientes son metales.

La mezcla de los metales o aleación se verifica fundiendo los metales.

Una **amalgama** es una aleación en la que uno de los ingredientes es el mercurio.

(817) **METAL FINO**

Cuando uno de los metales que entra en la aleación es precioso, como oro, plata o platino, se le llama **metal fino.**

Liga es el peso del metal inferior, cobre, níquel, etc., con que se funde el metal precioso.

(818) **LEY DE LOS METALES FINOS**

Se llama **ley de una aleación** a la proporción en que entra el metal fino en la aleación. Suele expresarse en milésimas.

Así, decir oro de 900 milésimas (0.900) significa que por cada mil partes en peso de la aleación, 900 son de oro y 100 de liga.

Si un lingote de plata pesa 1000 gs. y de ellos, 850 gs. son de plata, la ley de la aleación es 0.850, o sea el cociente de dividir 850 entre 1000.

Por tanto, la **ley** es **la relación entre el peso del metal fino y el peso total de la aleación.**

Llamando F al peso del metal fino, P al peso total de la aleación y L a la ley, tendremos:

$$L = \frac{F}{P} \text{ o } \frac{L}{1} = \frac{F}{P} \text{ y de aquí: } F = P \times L \text{ y } P = \frac{F}{L}$$

lo que nos dice que el **peso del fino** es igual al peso total por la ley y el **peso total** es igual al peso del fino dividido entre la ley.

(819) LEY DE LOS METALES FINOS EN KILATES

La ley, sobre todo del oro, suele expresarse en **kilates.** En este caso, cada **kilate** significa $\frac{1}{24}$ del peso total.

Así, anillo de **oro de 18 kilates** significa que del peso total del anillo, $\frac{18}{24}$ son de oro puro y el resto, $\frac{6}{24}$ son del metal inferior o liga; cadena de **oro de 14 kilates** significa que $\frac{14}{24}$ del peso total de la cadena son de oro puro y $\frac{10}{24}$ son de liga.

Conocida la ley en **kilates,** para expresarla en **milésimas** no hay más que dividir el número de kilates entre 24.

Así, oro de 22 kilates es oro de $\frac{22}{24} = \frac{11}{12} = 0.916\frac{2}{3}$; oro de 18 kilates es oro de $\frac{18}{24} = \frac{3}{4} = 0.750$.

PROBLEMAS SOBRE RELACIONES ENTRE EL PESO DEL FINO, EL PESO DE LA ALEACION Y LA LEY

(820) Si 8 gs. de oro puro se funden con 4 gs. de cobre, ¿cuál es la ley de la aleación?

Peso del fino: 8 gs. Peso de la aleación: 8 gs. de oro + 4 gs. de cobre = 12 gs. Aplicamos la fórmula:

$$L = \frac{F}{P}. \text{ Sustituyendo: } L = \frac{8}{12} = 0.666\frac{2}{3}. \quad \text{R.}$$

(821) Si un anillo de oro es de ley 0.900 y contiene 6 gs. de oro puro, ¿cuánto pesa el anillo?

Peso del fino: 6 gs. Ley: 0.900.

$$P = \frac{F}{L}. \text{ Sustituyendo: } P = \frac{6}{0.900} = 6\frac{2}{3} \text{ gs.} \quad \text{R.}$$

822 Un objeto de oro pesa 50 gs. Si la ley es de 0.800, ¿cuántos gs. de oro puro contiene el objeto?

Peso total: 50 gs. Ley: 0.800.

$$F = P \times L. \quad \text{Sustituyendo:} \quad F = 50 \times 0.800 = 40 \text{ gs.} \quad \textbf{R.}$$

823 Un anillo de oro de 18 kilates pesa 9 adarmes. Si el adarme de oro puro se paga a $1.80, ¿cuánto vale el anillo?

Peso total: 9 ad. Ley: $\dfrac{18}{24}$. Hallemos el peso del fino:

$$F = P \times L \therefore F = 9 \times \frac{18}{24} = 6.75 \text{ ad.}$$

Habiendo 6.75 adarmes de oro puro y pagándose a $1.80 el adarme, el anillo vale 6.75 × $1.80 = $12.15. **R.**

➤ EJERCICIO 359

1. Fundiendo 10 gs. de oro puro con 5 gs. de cobre, ¿cuál es la ley de la aleación? **R.** $0.666\frac{2}{3}$.

2. Una cadena de plata que pesa 200 gs. contiene 50 gs. de cobre. ¿Cuál es la ley? **R.** 0.750.

3. Un vaso de oro que pesa 900 gs. contiene 100 gs. de liga. ¿Cuál es la ley? **R.** $0.888\frac{8}{9}$.

4. Un arete de oro pesa 2 gs. y es de ley 0.900. ¿Cuánto pesa el oro que contiene? **R.** 1.8 g.

5. Un anillo de oro de 14 kilates pesa 12 gs. ¿Cuánto pesa el oro que contiene? **R.** 7 gs.

6. Un vasito de oro de 16 kilates pesa 60 adarmes. ¿Cuál es su valor en moneda si el adarme de oro se paga a 6 bolívares? **R.** bs. 240.

7. Un anillo de oro de 18 kilates pesa 12 gs. ¿Cuánto vale el oro del anillo pagándolo a 8 bolívares el g.? **R.** 72 bolívares.

8. Una cadenita de oro de 0.500 de ley contiene 5 adarmes de oro puro. ¿Cuánto pesa la cadenita? **R.** 10 ad.

9. Un objeto de oro de 16 quilates contiene 120 gs. de oro puro. ¿Cuántos gs. de liga tiene el objeto? **R.** 60 g.

10. Un objeto de oro pesa 1.6718 gs. y su ley es 0.900. Si el gramo de oro puro se paga a $1.15, ¿cuanto vale ese objeto? **R.** $1.73.

PROBLEMAS SOBRE ALEACIONES

Como una aleación no es más que una aligación en la que los ingredientes son metales, los problemas de aleaciones se resuelven del mismo modo que los de la aligación directa o inversa y pueden ocurrir los mismos casos vistos en ésta.

824 Fundiendo 14 gs. de plata a la ley de 0.950, con 8 gs. de plata a la ley de 0.850 y con 12 gs. de plata pura, ¿cuál es la ley de la aleación?

Se resuelve como aligación directa:

14 gs. de ley 0.950   contienen 14 × 0.950 = 13.300 gs. pl. pura.

 8 ,, ,, ,, 0.850   ,,   8 × 0.850 = 6.800 ,, ,,   ,,

12 ,, ,, plata pura   ,,   12 × 1.000 = 12.000 ,, ,,   ,,

34 gs. (peso total)   32.100 (fino)

La ley de la aleación será: $32.100 \div 34 = 0.944\frac{2}{17}$. **R.**

825 ¿Qué cantidades de oro de 0.980 y 0.940 de ley serán necesarias para obtener 20 Kgs. de oro a la ley de 0.950?

Este problema es semejante a los del 2° caso de la aligación inversa, en que se conoce la cantidad total de la mezcla y se resuelve de modo análogo:

t. medio	ley de ingred.	comparación		cant. de ingred.
0.950	$\begin{bmatrix} 0.980 \\ 0.940 \end{bmatrix}$	0.950 [−]0.940	=	0.010
		0.980 [−]0.950	=	0.030

Ahora se reparten 20 Kgs. en partes proporcionales a los resultados obtenidos:

$$x = \frac{20 \times 0.01}{0.01 + 0.03} = \frac{0.20}{0.04} = 5 \text{ Kgs. de } 0.980.$$

R.

$$y = \frac{20 \times 0.03}{0.01 + 0.03} = \frac{0.60}{0.04} = 15 \text{ Kgs. de } 0.940.$$

Si se tratara de tres o más ingredientes, se procedería igual que en la aligación inversa.

➤ EJERCICIO 360

1. Se funden 20 gramos de plata a la ley de 0.990 con 10 gramos a la ley de 0.915. ¿Cuál será la ley de la aleación?   **R.** 0.965.

2. ¿Cuál será la ley de una aleación de 35 gramos de plata a la ley de 0.960, con 42 gramos a la ley de 0.950 y con 23 gramos a la ley de 0.850?   **R.** 0.9305.

3. ¿Cuál será la ley de una aleación de 5 libras de plata a la ley de 0.970, 4 libras de 0,960, 3 libras de 0.950 y 2 libras de plata pura?   **R.** $0.967\frac{1}{7}$.

4. Se hace una aleación con 4 lingotes de oro. El primero es de 0.900 de ley y pesa 8 libras; el segundo a la ley de 0.890 pesa 7 libras; el tercero a la ley de 0.870 pesa 4 libras y el cuarto, de oro puro pesa 1 libra. ¿Cuál será la ley de la aleación?   **R.** 0.8955.

5. ¿Qué cantidades de plata a la ley de 0.980 y 0.930 serán necesarias para obtener plata de 0.960?   **R.** 30 de 0.980 y 20 de 0.940 para 50 partes de la aleación.

6. ¿Qué cantidades de plata a la ley de 0.915, 0.910, 0.870 y 0.850 serán necesarias para que la aleación salga a 0.900?   **R.** 50 de 0.915, 30 de 0.910, 10 de 0.870 y 15 de 0.850 ó 30 de 0.915, 50 de 0.910, 15 de 0.870 y 10 de 0.850 para 105 partes de la aleación.

7. Si se quiere obtener oro a la ley de 0.895, combinando oro de 0.940, 0.900 y 0.880, ¿cuánto se tomará de cada calidad?   **R.** 50 de 0.880 y 15 de 0.940 y 0.900 para 80 partes de la aleación.

8. Se tiene un lingote de 1215 gramos de plata a la ley de 0.875. La aleación está formada con plata de 0.910, 0.895 y 0.700. ¿Cuánto entra de cada clase en la aleación?   **R.** 165 gs. de 0.700 y 525 gs. de 0.910 y 0.895.

9. Un platero quiere obtener 870 gramos de plata a la ley de 0.890 y para ello funde plata de 0.940, 0.920, 0.870 y 0.845. ¿Cuánto necesitará de cada calidad?   **R.** 270 gs. de 0.940, 120 gs. de 0.920, 180 gs. de 0.870 y 300 gs. de 0.845 ó 120 gs. de 0.940, 270 gs. de 0.920, 300 gs. de 0.870 y 180 gs. de 0.845.

10. Se hace una aleación con oro de 0.950, 0.900, 0.850 y 0.800. Se quiere que la aleación resulte de 0.875 y que en ella entren 9 partes de 0.950. ¿Cuánto se tomará de cada uno de los otros componentes?   **R.** 3 partes de 0.900 y 0.850 y 9 de 0.800 ó 27 partes de 0.900 y 0.850 y 9 de 0.800.

11. ¿Qué cantidades de plata de 0.950 y 0.940 deberán ser añadidas a 25 gramos de plata de 0.850 para que la aleación resulte de 0.920?   **R.** 35 gs. de 0.950 y 0.940.

12. ¿Qué cantidad de níquel hay que añadir a 150 gs. de plata de 0.800 para obtener un lingote de 0.600 de ley? (Resuélvase como el 3$^{er.}$ caso de la aligación inversa. Ley del níquel: 0).   **R.** 50 gs.

13. ¿Qué cantidad de cobre hay que añadir a un lingote de oro de 0.980 que pesa 100 gs. para obtener otro lingote de 0.950? (3$^{er.}$ caso de la aligación. Ley del cobre: 0).   **R.** $3\frac{3}{19}$ gs.

14. ¿Con qué cantidad de cobre hay que fundir un lingote de oro de 0.900 que pesa 1500 gs. para obtener un lingote de 0.700?   **R.** $428\frac{4}{7}$ gs.

15. ¿Qué cantidad de cobre hay que añadir a un lingote de 0.900 que pesa 1000 gs. para tener otro lingote de 0.750 de ley?   **R.** 200 gs.

16. Se tiene un lingote de oro de 0.900 que pesa 1400 gs. ¿Qué cantidad de oro puro habrá que añadirle para obtener otro lingote de 0.980 de ley?   **R.** 5600 gs.

17. ¿Qué cantidades de oro de 14 K. y 20 K. harán falta para obtener oro de 17 K.?   **R.** Partes iguales.

18. Se quiere obtener oro de 18 K., y para ello se dispone de oro de 14 K., 16 K. y 22 K. ¿Qué cantidad de cada uno de éstos será necesaria? **R.** 6 partes de 22 K., 4 partes de 14 K. y 4 partes de 16 K.

19. Un joyero quiere obtener 22 gs. de oro de 14 K. y para ello funde oro de 20 K., 16 K., 13 K. y 12 K. ¿Qué cantidad de cada ingrediente necesitará para obtener lo que desea?   **R.** 4 gs. de 20 K., 2 gs. de 16 K., 4 gs. de 13 K. y 12 gs. de 12 K. o 2 gs. de 20 K., 4 gs. de 16 K., 12 gs. de 13 K. y 4 gs. de 12 K.

Desde muy antiguo la emisión de monedas se hacía para conmemorar algún hecho histórico o para rendir homenaje a algún gran personaje. Esta moneda griega, llamada decadrachma, data del 480 A. C. Se emitió para celebrar la derrota de los cartagineses a manos de los griegos en la famosa Batalla de Himera. La moneda era de plata y tenía una figura alegórica rodeada de peces. Poseía un valor de diez drachmas.

CAPITULO

MONEDAS

(826) **LA MONEDA** es una mercancía que sirve para medir toda clase de valores y que se emplea como instrumento general en los cambios.

(827) **CONDICIONES QUE DEBEN REUNIR LAS MONEDAS**

La mercancía que se emplee como moneda debe reunir las condiciones siguientes: Ser de fácil conservación; reunir mucho valor en poco volumen; ser fácilmente fraccionable; que su valor fluctúe poco y ser de fácil acuñación y difícil desacuñación.

Las mercancías que mejor reúnen estas condiciones son los metales; por eso las monedas se fabrican de metales, siendo los metales más usados el **oro**, la **plata**, el **bronce**, el **níquel** y el **cobre**.

(828) **LIGA**

Con objeto de lograr mayor consistencia en las monedas, el oro y la plata se ligan con pequeñas cantidades de cobre.

Las monedas de bronce son liga de cobre, estaño y zinc.

TABLA PARA LA CONVERSION A MONEDAS EXTRANJERAS(•)

	PANAMA	CUBA	ESTADOS UNIDOS	CANADA	HONDURAS	GUATEMALA	BOLIVIA	EL SALVADOR	HAITI	REP. DOMINICANA	BRASIL	VENEZUELA	COSTA RICA	NICARAGUA	CHILE	COLOMBIA	ECUADOR	ARGENTINA	URUGUAY	PARAGUAY	MEXICO	PERU
PANAMA (balboa)	–																					
CUBA (peso)	0.746	–																				
ESTADOS UNIDOS (dólar)	1.00	1.34	–																			
CANADA (dólar)	1.00	0.985	1.32	–																		
HONDURAS (lempira)	1.32	0.194	0.144	5.227	–																	
GUATEMALA (quetzal)	0.144	0.263	0.196	3.848	1.35	–																
BOLIVIA (boliviano)	0.196	0.0030	0.0022	329.54	0.015	0.011	–															
EL SALVADOR (colón)	0.0022	0.148	0.111	6.818	0.766	0.564	48.33	–														
HAITI (gourde)	0.111	0.268	0.200	3.787	1.38	1.016	87.00	1.8	–													
REP. DOMINICANA (peso)	0.200	0.111	0.083	9.090	0.575	0.423	36.25	0.075	0.416	–												
BRASIL (cruzeiro real)	0.083	1.34	1.00	0.757	6.90	5.08	435.00	9.00	5.00	12.00	–											
VENEZUELA (bolívar)	0.010	0.013	0.010	74.24	0.070	0.051	4.43	0.091	0.051	0.122	0.010	–										
COSTA RICA (colón)	0.0069	0.0093	0.0069	109.09	0.047	0.035	3.02	0.062	0.034	0.083	0.0069	0.68	–									
NICARAGUA (nuevo córdoba)	0.16	0.22	0.16	4.545	1.15	0.846	72.5	1.5	0.83	2.00	0.18	16.33	24.00	–								
CHILE (peso)	0.0024	0.0032	0.0024	310.60	0.016	0.012	1.06	0.02	0.012	0.029	0.0024	0.23	0.35	0.014	–							
COLOMBIA (peso)	0.0014	0.0019	0.0014	530.30	0.0098	0.0072	0.621	0.0128	0.0071	0.017	0.0014	0.14	0.205	0.0085	0.58	–						
ECUADOR (sucre)	0.5	0.67	0.5	1.515	3.45	2.54	217.5	4.5	2.50	6.00	0.5	49.00	72.00	3.00	205.00	350.00	–					
ARGENTINA (peso)	1.00	1.34	1.00	0.757	6.90	5.08	435.00	9.00	5.00	12.00	1.00	98.00	144.00	6.00	410.00	700.00	2.00	–				
URUGUAY (nuevo peso)	0.29	0.394	0.29	2.575	0.492	1.49	127.84	2.64	1.47	3.52	0.29	28.82	42.35	1.76	120.58	205.88	0.58	0.29	–			
PARAGUAY (guaraní)	0.694	0.930	0.694	0.916	4.79	3.527	302.08	6.25	3.472	8.333	0.694	68.055	100.00	4.166	284.72	486.11	1.388	0.69	2.36	–		
MEXICO (nuevo peso)	0.304	0.408	0.304	0.402	2.10	1.54	132.62	2.743	1.524	3.658	0.304	29.87	43.902	1.829	125.00	213.41	0.609	0.304	1.036	0.439	–	
PERU (nuevo sol)	1.00	1.34	1.00	1.32	6.90	5.08	435.00	9.00	5.00	12.00	1.00	98.00	144.00	6.00	410.00	700.00	2.00	1.00	3.40	1.44	3.28	–

(•) Esta tabla ha sido confeccionada tomando como base el cambio del dólar (enero de 1993), y se encuentra sujeta a variación.

(•) La tabla se usa del siguiente modo: para convertir moneda de un país a moneda de otro, localizamos el país que queremos convertir, en la columna izquierda, y después buscamos el punto de coincidencia con la columna vertical, en el extremo superior, el país que no conocemos, buscamos en la línea sin coincidir con el otro país. Si no se halla el factor, procederemos al final de la línea en moneda del país buscado, y el producto será el equivalente con el otro país, multiplicamos la cantidad por ese factor, y después hasta encontrar el país que coincida con el factor, y lo tomamos como divisor, y el número que encontramos será la cantidad que tenemos. El cociente será la moneda del país que buscamos.

EJEMPLOS DE COMO USAR LA TABLA DE CONVERSION
DE MONEDAS EXTRANJERAS

(1) Convertir 1000 pesos cubanos en bolívares: Primero buscamos Cuba en la columna vertical y seguimos hasta la convergencia con la columna horizontal, donde se encuentra Venezuela y encontramos el factor 0.013, entonces operamos en la forma siguiente:

$$1000 \times 0.013 = 13.00 \text{ bolívares}$$

(2) Convertir 3320 bolívares en pesos cubanos. Procedemos a la inversa. Buscamos Venezuela en la columna horizontal hasta la convergencia con la columna vertical Cuba y encontramos el divisor 0.013, operando como sigue:

$$3\,320 \div 0.013 = 255\,384.61 \text{ pesos cubanos}$$

(3) Convertir 12 500 nuevos córdobas en sucres: Buscamos Nicaragua en la columna vertical hasta la convergencia con Ecuador y encontramos el factor 3.00. Entonces operamos:

$$12\,500 \times 3.00 = 37.500 \text{ sucres}$$

(4) Convertir 19 000 sucres en nuevos córdobas. Procedemos a la inversa y buscamos en la columna horizontal Ecuador hasta la convergencia con Nicaragua y encontramos el divisor 3.00. Operamos en la siguiente forma:

$$19\,000 \div 3.00 = 6\,333.33 \text{ nuevos córdobas}$$

PAIS	UNIDAD	MONEDA METALICA	PAPEL MONEDA
ARGENTINA	peso	1, 5, 10, 25 y 50 centavos	1, 2, 5, 10, 20, 50 y 100 pesos
BOLIVIA	boliviano	2, 5, 10, 20 y 50 centavos; 1 boliviano	2, 5, 10, 20, 50, 100 y 200 bolivianos
BRASIL	cruzeiro real	1, 5, 10, 20, 50 centavos; 1. 2 y 5 cruzeiros reales	20, 50 centavos; 1, 5, 10, 50, 100, 500 cruzeiros reales
CANADA	dólar canadiense	1, 5, 10 y 25 centavos; 1 dólar canadiense	2, 5, 10, 20, 50 y 100 dólares canadienses
COLOMBIA	peso	1, 2, 5, 10, 20 y 50 pesos	200, 500, 1000, 2000, 5000 y 10 000 pesos
COSTA RICA	colón	5, 10, 25, 50 céntimos (las primeras tres casi en desuso): 1, 2, 5, 10 y 20 colones	5, 10, 20, 50, 100, 500 y 1000 colones
CUBA	peso	1, 5, 20 y 40 centavos; 1 peso	1, 3, 5, 10, 20 y 50 pesos
CHILE	peso	1, 5, 10, 50, 100 pesos	500, 1000, 5000 y 10 000 pesos
ECUADOR	sucre	50 centavos; 5, 10, 20 y 50 sucres	5, 10, 20, 50, 100, 500, 1000, 5000 y 10 000 sucres
EL SALVADOR	colón salvadoreño	1, 2, 3, 5, 10, 25, 50 centavos; 1 colón	1, 2, 5, 10, 25, 50 y 100 colones
ESTADOS UNIDOS	dólar	1, 5, 10, 25 y 50 centavos; 1 dólar	1, 2, 5, 10, 20, 50 y 100 dólares
GUATEMALA	quetzal	1, 5, 10, 25 centavos	50 centavos; 1, 5, 10, 20, 50, 100 quetzales
HAITI	gourde	5, 10, 20 y 50 centavos	1, 2, 5, 10, 20, 50 y 100 gourdes
HONDURAS	lempira	1, 2, 5, 10, 20, 50 centavos	1, 2, 5 10, 20, 50 y 100 lempiras
MEXICO	nuevo peso	5, 10, 20, 50 centavos; 1, 2, 5, 10, 20 nuevos pesos	10, 20, 50 y 100 nuevos pesos
NICARAGUA	nuevo córdoba	5, 10, 25, 50 centavos; 1, 5 nuevos córdobas	1, 5, 10, 20, 50, 100, 500 y 1000 nuevos córdobas
PANAMA	balboa	1, 5, 10, 25, 50 centésimos; 1, 100 balboas	1, 2, 5, 10, 20, 50, 100 dólares de EU (no hay billetes emitidos por Panamá; el papel moneda de EU tiene curso legal)
PARAGUAY	guaraní	1, 5, 10, 50 guaraníes	1, 5, 10, 50, 100, 500, 1000, 5000 y 10 000 guaraníes
PERU	nuevo sol	.05, .10, .20, .50; 1 nuevo sol	5, 10, 20, 50 nuevos soles
REP. DOMINICANA	peso	1, 5, 10, 25, 50 centavos; 1 peso	1, 5, 10, 20, 50, 100, 500, 1000 pesos
URUGUAY	nuevo peso	10, 20, 50 centésimos; 1, 5, 10 nuevos pesos	50, 100, 200, 500, 1000, 5000 y 10 000 nuevos pesos
VENEZUELA	bolívar	5, 10, 25 y 50 centésimos; 1, 2 y 5 bolívares	5, 10, 20, 50, 100, 500 y 1000 bolívares

(829) METALES FINOS

En las monedas se llama **metales finos** al oro y a la plata. La cantidad de oro o plata que tiene una moneda se dice que es la cantidad de **fino** de la moneda.

(830) LEY DE LAS MONEDAS

Se llama **ley de la moneda** a la cantidad de **fino** que hay en la moneda. La **ley** de la moneda da la proporción en que se encuentra el metal fino con el metal inferior, generalmente cobre, con que se liga.

La **ley** de la moneda suele darse en **milésimas.**

La **ley de las monedas de oro** suele ser de 0.900, lo que significa que en mil partes en peso de la moneda, 900 son de oro y 100 de cobre.

La **ley de las monedas de plata** suele ser de 0.900, como sucede en Cuba, en que las monedas de plata contienen 900 partes de plata y 100 del metal corriente, o de 0.835 como sucede en otros países.

(831) TOLERANCIA

Como es difícil conseguir que todas las monedas de una misma clase tengan rigurosamente el mismo peso y la misma ley, se suele conceder una **tolerancia** tanto en el peso como en la ley, tolerancia que puede ser en **más** y en **menos.**

La tolerancia para las monedas, tanto en la ley como en el peso, suele ser de 0.001 a 0.003, lo que significa que una moneda cuyo peso o cuya ley sea de 0.001 a 0.003 mayor o menor que lo fijado, no pierde su valor y tiene curso legal.

(832) VALORES DE LA MONEDA

En la moneda hay que distinguir tres valores: **valor legal,** que es el valor que tiene de acuerdo con las leyes del Estado que la emite, el cual va inscripto en las monedas; **valor intrínseco,** que es el valor que tiene el oro o la plata que contienen las monedas, y **valor extrínseco,** que depende de las circunstancias y en gran parte de su valor en relación con las monedas extranjeras.

El **valor legal** suele ser mayor que el **valor intrínseco** a fin de cubrir los gastos de acuñación de la moneda; el **valor extrínseco** puede ser mayor o menor que el valor legal.

(833) MONEDA FIDUCIARIA O BILLETES DE BANCO son certificados al portador que en cualquier momento pueden ser cambiados por monedas. En esta seguridad, son aceptados por todas las personas y con ello se facilitan mucho las operaciones mercantiles.

Las primeras operaciones mercantiles se hacían como simple trueque de mercancías. En plena Edad Media existían mercados adonde concurrían traficantes de todas las latitudes. En el siglo XI, fue famoso como mercado de trueques, en Bizancio, Karim-Erzerum, donde se daban cita los mercaderes del norte de Europa, los de China, los de la India, etc. Tales trueques se resolvían por medio de la Regla Conjunta.

CAPITULO LIV

CONJUNTA

834 La **Regla Conjunta** tiene por objeto determinar la relación que existe entre dos cantidades, conociendo otras relaciones intermedias.

835 ## TEOREMA FUNDAMENTAL

Si se tienen varias igualdades tales que el segundo miembro de cada una sea de la misma especie que el primero de la siguiente y se multiplican ordenadamente, el primer miembro de la igualdad que resulta es de la primera especie y el segundo de la última.

$$\text{Sean las igualdades:} \quad \begin{aligned} a \text{ libras} &= b \text{ kilogramos} \\ c \text{ kilog.} &= d \text{ arrobas} \\ e \text{ arrobas} &= f \text{ onzas.} \end{aligned}$$

Vamos a demostrar que ace libras $= dbf$ onzas.

En efecto: Multiplicando los dos miembros de la primera de las tres igualdades dadas por c y los de la segunda igualdad por b, tendremos:

$$a \text{ libras} \times c = b \text{ kilog.} \times c$$
$$c \text{ kilog.} \times b = d \text{ arrobas} \times b$$

629

y como el producto es de la misma especie
que el multiplicando, tendremos: ——————⟋

ac libras $= bc$ kilog
cb kilog. $= bd$ arrobas.

y como dos cosas iguales a una tercera son iguales entre sí, tendremos:

$$ac \text{ libras} = bd \text{ arrobas.}$$

Multipliquemos ahora los dos
miembros de esta igualdad por e y los
dos miembros de la tercera de las tres
igualdades dadas al principio por bd y
tendremos: ——————————⟋

ace libras $= bde$ arrobas
ebd arrobas $= bdf$ onzas

y como dos cosas iguales a una tercera son iguales entre sí, tendremos:

$$ace \text{ libras} = bdf \text{ onzas.}$$

que era lo que queríamos demostrar.

(836) PROBLEMAS DE REGLA CONJUNTA

Los problemas de Regla Conjunta se resuelven aplicando la siguiente:

REGLA PRACTICA

Se forma con los datos una serie de igualdades, poniendo en el primer miembro de la primera la incógnita (x), y procurando que el segundo miembro de cada igualdad sea de la misma especie que el primero de la siguiente y de este modo el segundo miembro de la última igualdad será de la misma especie que el primero de la primera. Se multiplican ordenadamente estas igualdades y se halla el valor de x.

(837) Sabiendo que 6 varas de paño cuestan lo mismo que 5 metros y que 2 metros valen $4, ¿cuánto costarán 4 varas?

Escribiremos primero la igualdad de la incógnita: $$x = 4$ varas.

Como el segundo miembro de esta igualdad
es varas, el primero de la siguiente también será
varas, o sea: ——————————⟋

6 varas $= 5$ metros.

Como el segundo miembro de esta igualdad es me-
tros, el primero de la siguiente también debe ser
metros, o sea: ——————————⟋

2 metros $= $4.

Así que tendremos: $ x $ $= 4$ varas.
6 vs. $= 5$ metros.
2 ms. $= $4.

Multipliquemos ordenadamente: $x \times 6 \times 2 = $4 \times 5 \times 4$

y de aquí: $x = \dfrac{4 \times 5 \times 4}{6 \times 2} = $6\dfrac{2}{3}$

Las 4 varas cuestan $$6\dfrac{2}{3}$

(838) DESCUENTOS SUCESIVOS

La Regla Conjunta tiene una de sus aplicaciones en los **descuentos sucesivos.**

Rebajar sucesivamente el 5%, el 10% y el 8% de una cantidad **no equivale** a rebajar el 5% + 10% + 8% = 23% de la cantidad, sino que significa que a la cantidad dada se le rebaja el 5%; a lo que queda después de esta rebaja se le rebaja el 10% y a lo que queda después de esta segunda rebaja se le rebaja el 8%.

Este cálculo puede hacerse aplicando los conocimientos del tanto por ciento, pero haciéndolo por Conjunta resulta mucho más rápido.

(839) **Sobre una mercancía marcada en $800 se hacen tres descuentos sucesivos del 20%, 25% y 5%. ¿A qué precio se vende?**

Aplicando la Conjunta, tenemos:

$ x de venta = $800 marcados.
$100 marcados = $80 con el 1er. descto.
$100 con el 1er. descto. = $75 con el 2º descto.
$100 con el 2º descto. = $95 con el 3er. descto. (venta).

$$x = \frac{800 \times 80 \times 75 \times 95}{100 \times 100 \times 100} = $456. \quad \textbf{R.}$$

La mercancía se vende a $456.

➤ EJERCICIO 361

1. ¿Cuánto costarán 6 metros de casimir, sabiendo que 4 metros de casimir cuestan lo mismo que 25 metros de lana y que 10 metros de lana cuestan $6?   **R. $22.50.**

2. ¿Cuál será el sueldo mensual de un teniente, si el sueldo mensual de 2 capitanes equivale al de 3 tenientes; el de 3 capitanes al de 2 comandantes y el sueldo mensual de un comandante es de $200?   **R. 88\frac{8}{9}$.**

3. ¿El trabajo de cuántos hombres equivaldrá al trabajo de 8 niños, si el trabajo de 4 niños equivale al de 3 niñas, el de una mujer al de 2 niñas y el de tres mujeres al de un hombre?   **R. El trabajo de un hombre.**

4. ¿Qué suma necesitará un gobierno para pagar a 4 generales, si el sueldo de 6 coroneles equivale al de 10 comandantes; el de 5 comandantes al de 12 tenientes; el de 2 generales al de 4 coroneles; el de 6 tenientes al de 9 sargentos y si 4 sargentos ganan bs. 2400 al mes?   **R.** bs. 28800.

5. ¿Cuánto costarán 6 metros de terciopelo, si 5 metros de terciopelo cuestan lo mismo que 1 de casimir; 8 de paño lo que 2 de casimir; 10 metros de tela de hilo valen $8 y 15 metros de tela de hilo cuestan lo mismo que 4 de paño?   **R.** $14.40.

6. Si una camisa marca $3 y se le rebajan sucesivamente el 15% y el 5%, ¿a cómo se vende?   **R.** $2.4225.

7. Si el precio de catálogo de un arado es de $900 y se vende haciéndole descuentos sucesivos del 15%, 20% y 2%, ¿a cómo se vende?   **R.** $599.76.

8. Sabiendo que 2 kilos de frijoles cuestan lo mismo que 3 kilos de azúcar; que 4 lápices valen lo que 5 kilos de azúcar; que 3 cuadernos valen 30 cts. y que 8 lápices cuestan lo mismo que 4 cuadernos, ¿cuánto costarán 6 kilos de frijoles?   **R.** 36 cts.

9. Un auto comprado en bs. 12000 se vende haciendo sobre el costo descuentos sucesivos del 5%, 10% y 5%. ¿En cuánto se vende?   **R.** bs. 9747.

10. Sobre el precio de catálogo de un automóvil que es de 40000 soles se rebajan sucesivamente el 4%, el 5%, el 10% y el 2%. ¿A cómo se vende?   **R.** 32175.36 soles.

11. ¿Cuál es la diferencia entre rebajar a lo que marca $600 el 15% y el 25% (no sucesivamente) y rebajar sucesivamente el 15% y el 25%?   **R.** $22.50.

12. Sobre un artículo marcado en $4000 se rebajan sucesivamente el 5%, el 10% y el 15%. ¿En cuánto menos se vendería si se rebajara el 5%, el 10% y el 15% no sucesivamente?   **R.** En $107 menos.

El primer tipo de seguro en gran escala que se practicó fue el seguro marítimo. La organización más poderosa de seguros que existe en el mundo se conoce como el Lloyd. Debe su nombre a que los primeros aseguradores se reunían en un cafetín de Londres, propiedad de Eduardo Lloyd. A mediados del siglo XVII, este cafetín de Lloyd se convirtió en una verdadera bolsa de seguros de todas clases.

CAPITULO LV

SEGUROS

(840) En el transcurso de la historia el hombre ha tenido que afrontar innumerables **riesgos,** a los que necesariamente ha estado expuesto. Tales contingencias lo han obligado a crear un sistema de previsión que amortigüe, en cierto modo, los efectos que provocan esos riesgos sobre la economía de los suyos.

Esos medios de previsión constituyen lo que se conoce generalmente con el nombre de **seguros.** En otras palabras, el seguro es un **contrato** entre dos partes, en el que se estipula que una de ellas **(asegurado)** se obliga a pagar ciertas cantidades por adelantado durante determinado tiempo; y la otra **(asegurador)** se obliga a abonar al asegurado una cantidad previamente fijada, si ocurre alguno de los hechos previstos en el contrato.

Se llama **póliza** al documento o contrato que firman las partes y donde constan los derechos y obligaciones del asegurado y del asegurador. En la póliza también aparece el **capital** asegurado.

Prima es la cantidad que debe abonar el asegurado en los plazos que se fijen en la póliza. Véase la tabla de la página 636.

En todos los países existen compañías que se dedican a realizar esta clase de negocios, es decir, a la **venta** de pólizas de seguros. Para poder establecerse, estas compañías tienen que reunir los requisitos que señalen las leyes del país en que operen. Por lo general, a las **compañías de seguros** se les exige un capital determinado, así como el depósito de una cantidad **(fianza)** en la Tesorería de la Nación.

(841) CLASES DE SEGUROS

Existen varias clases de seguros. Entre los principales están el **seguro de vida** y el **seguro contra incendios,** que estudiaremos a continuación.

I. SEGURO DE VIDA

Existen muchos planes sobre seguros de vida. Entre los más difundidos tenemos el **seguro de vida entera u ordinario, vida entera con pagos limitados** y el **dotal.**

(842) SEGURO DE VIDA ENTERA U ORDINARIO

Es aquél en el que el asegurado paga las **primas** por adelantado (años, semestres, trimestres) mientras viva. La compañía se compromete, a la muerte del asegurado, a abonar al **beneficiario** el importe total de la póliza.

(843) SEGURO DE VIDA ENTERA CON PAGOS LIMITADOS

En este plan el asegurado se compromete a pagar primas adelantadas hasta un tiempo determinado, según el número de años convenido (15 ó 20 años por lo general). Transcurrido ese plazo, cesan las obligaciones del asegurado; la compañía viene obligada a pagar al beneficiario el importe de la póliza cuando ocurra el fallecimiento del asegurado. Si el asegurado dejare de existir antes del vencimiento del plazo fijado para pagar las primas, la compañía está obligada a pagar inmediatamente al beneficiario el importe de la póliza.

(844) SEGURO DOTAL

En el plan dotal la póliza tiene un vencimiento a plazo fijo. Al decursar este plazo, el **asegurado** recibe el capital estipulado en la póliza. Si el asegurado fallece **antes,** la compañía abona al beneficiario inmediatamente el capital asegurado.

Ejemplos

(1) El Sr. Rodríguez, que tiene 34 años de edad, compra una póliza de seguro de vida entera de 15,000 pesos ¿Cuánto pagará de prima anual?

Para resolver este problema, buscamos en la tabla la edad (34 años), vamos a la columna de vida entera y bajamos hasta los 34 años, y nos da una prima de 28.77 pesos. Esta cantidad es la prima por cada 1000 pesos; si tenemos un capital de 15,000 pesos, tendremos:

$$15 \times 28.77 = 431.55 \text{ pesos. } R.$$

La prima anual será de 431.55 pesos.

(2) Juan González, que tiene 35 años de edad, suscribe una póliza de seguro de vida entera con pagos limitados, por $18,000 a veinte años. ¿Cuál será la prima semestral?
Vamos a la tabla y localizamos en la columna de los años el 35; luego buscamos en el apartado correspondiente al plan vida entera con pagos limitados a 20 años, y encontramos $40.01 de prima por cada $1,000 pesos de capital asegurado.
Como que la póliza es de $18,000 y por cada $1,000 pagamos $40.01, tendremos:

$$18 \times \$40.01 = \$720.18$$

La prima anual será de $720.18, pero como tenemos que determinar la prima semestral, hallaremos el 2% de la prima anual y se lo sumaremos a ésta:

$$\frac{\$720.18 \quad 2}{100} = \$14.40$$

$$\begin{array}{r} \$720.18 \\ + \quad 14.40 \\ \hline \$734.58 \end{array}$$

Esta cantidad la dividimos entre 2:

$$\$734.58 \div 2 = \$367.29 \quad R.$$

La prima semestral será de $367.29

(3) Andrés Reposo, compra un seguro dotal a 15 años, por $25,000.
Si el asegurado tiene 41 años de edad, ¿cuánto pagará de prima trimestral?
Encontramos en la tabla la prima $71.51. Como son $25,000, tendremos una prima anual de:

$$25 \times \$71.51 = \$1,787.75$$

Hallamos el 3% de esta cantidad, se la sumamos a la prima anual y esta suma la dividimos entre 4.

$$\frac{\$1787.75 \times 3}{100} = \$53.63$$

$$\begin{array}{r} \$1787.75 \\ + \quad 53.63 \\ \hline \$1841.38 \end{array}$$

$$\$1841.38 \div 4 = \$460.35 \quad R$$

TABLA DE PRIMAS DE SEGUROS SOBRE LA VIDA

PRIMAS ANUALES POR CADA $1000 DE CAPITAL ASEGURADO
PARA SEGUROS INDIVIDUALES

EDAD DEL ASEGURADO	VIDA ENTERA	VIDA CON PAGOS LIMITADOS		SEGUROS DOTALES	
		15 AÑOS	20 AÑOS	15 AÑOS	20 AÑOS
21	20.79	38.43	31.61	67.41	49.35
22	21.21	38.85	32.03	67.41	49.35
23	21.63	39.38	32.45	67.52	49.35
24	22.16	39.90	32.87	67.52	49.46
25	22.68	40.53	33.39	67.52	49.46
26	23.21	41.46	33.92	67.73	49.77
27	23.73	41.79	34.55	67.83	49.88
28	24.36	42.53	35.07	67.94	50.09
29	24.99	43.26	35.70	68.15	50.30
30	25.73	44.00	36.33	68.25	50.51
31	26.46	44.73	37.07	68.46	50.72
32	27.20	45.57	37.70	68.67	50.93
33	27.93	46.41	38.43	68.88	51.24
34	28.77	47.25	39.27	69.09	51.56
35	29.61	48.20	40.01	69.41	51.87
36	30.56	49.04	40.85	69.62	52.19
37	31.50	49.98	41.69	69.93	52.61
38	32.55	51.03	42.63	70.35	53.03
39	33.60	52.08	43.47	70.67	53.45
40	34.65	53.13	44.52	71.09	53.97
41	35.91	54.29	45.57	71.51	54.50
42	37.17	55.44	46.62	72.03	55.13
43	38.43	56.60	47.78	72.56	55.76
44	39.80	57.86	48.93	73.08	56.49
45	41.27	59.22	50.19	73.71	57.23
46	42.48	60.59	51.45	74.34	58.17
47	44.52	61.95	52.92	75.08	59.01
48	46.31	63.53	54.29	75.92	60.06
49	48.09	65.10	55.86	76.86	61.22
50	50.09	66.78	57.54	77.81	62.37
51	52.08	68.46	59.22	78.86	63.74
52	54.29	70.35	61.11	80.01	65.21
53	56.60	72.24	63.11	81.27	66.78
54	59.12	74.24	65.21	82.74	68.46
55	61.74	76.44	67.41	84.21	70.35

COMO USAR ESTA TABLA

Las compañías de seguros que operan en el ramo de seguros de, vida, utilizan tablas de primas similares a ésta.

Esta tabla de primas está basada en cálculos de probabilidades de vida.

Para hallar la prima busque en la tabla la edad del asegurado, localice la columna del plan a que se acoge y en el punto coincidente de ambos, encontrará la prima a pagar.

●

NOTA:

Para hallar la prima trimestral, agréguese a la prima anual el 3% de la misma, dividiendo después el resultado por 4. Para determinar la prima semestral, agréguese el 2% y divida por 2.

➤ EJERCICIO 362

Usando la tabla de la página 636, determine las primas de cada una de las siguientes pólizas:

1. Una póliza de vida ordinaria por $20000 si la edad del asegurado es de 35 años.   **R.** $592.20

2. Una póliza de pagos limitados por $30000, a 15 años, si la edad del asegurado es de 40 años.   **R.** $1593.90

3. Una póliza dotal a 20 años, de $6000, si la edad es 30 años.   **R.** $303.06

4. El presidente de una compañía petrolera se hace una póliza vida entera a los 50 años. Si la póliza es por $200000, ¿cuánto será la prima trimestral?   **R.** $2579.64

5. ¿Cuál es la prima trimestral de una póliza dotal de $60000, por 20 años, si el asegurado tiene 32 años?   **R.** $786.87

   Usando la misma tabla, determine el capital asegurado de cada una de las siguientes pólizas:

6. Una póliza de vida entera si el asegurado tiene 26 años y paga $928.40 de prima anual.   **R.** $40000.

7. Si la póliza es de pagos limitados a 15 años y el asegurado tiene 50 años, pagando $2003.40 de prima anual.   **R.** $30000.

8. Un industrial compra una póliza dotal a 20 años y su edad es de 45 años. Si paga una prima anual de $1144.60, ¿cuál será el valor del capital asegurado?   **R.** $20000.

9. El Director de la escuela suscribe una póliza dotal a 20 años, a los 35 años de edad. Si paga $1037.40 de prima anual, ¿a cuánto asciende el capital asegurado?   **R.** $20000.

10. Diga cuál es el capital de una póliza de pagos limitados a 20 años, si el que la suscribe tiene 21 años de edad y paga $885.08 de prima anual.   **R.** $28000.

II. SEGURO CONTRA INCENDIOS

(845) Uno de los seguros más utilizados es el **seguro contra incendios**.   Las primas en este tipo de seguro se determinan por cada $100 de valor de la cosa asegurada, y dependen de la clase de construcción del edificio, del fin a que está destinado y de las construcciones que lo rodean.

A los efectos del seguro contra incendios, los edificios se clasifican en cuatro clases: **clase extra, primera clase, segunda clase y tercera clase.**

Son de **clase extra** los construidos de hormigón, mampostería, ladrillos, bloques de cemento o cualquier combinación de estos materiales, sin más empleo de madera que las de las puertas, ventanas y sus marcos.   Son de **primera clase** aquellos en cuya construcción se emplean tejas de barro, techos de azotea, fibrocemento u otro material sólido.   Pertenecen a la **clase segunda** aquellos en que predomina la construcción de la primera clase, pero el porcentaje de madera utilizado no excede del 40%, y además sus techos son sólidos.   Corresponden a la **tercera clase** los construidos de madera o de construcción mixta, en los que predomina la madera en más de un 40%.

(846) También para los efectos del seguro contra incendios se tiene en cuenta la clase de ocupación a que se destina el edificio.   Así, existe una clasificación en orden ascendente al riesgo: A, B, C, D, E, etc.

TABLA DE PRIMAS ANUALES DE SEGUROS CONTRA INCENDIOS

POR CADA $100 DE CAPITAL ASEGURADO

CLASE DE OCUPACION	CLASE EXTRA		PRIMERA CLASE		SEGUNDA CLASE		TERCERA CLASE	
	E	C	E	C	E	C	E	C
A. Viviendas de familias	0.08	0.15	0.12	0.20	0.40	0.40	0.60	0.60
B. Colegios (externados)	0.15	0.25	0.18	0.35	0.65	0.65	0.85	0.85
C. Plantas de televisión	0.25	0.40	0.30	0.48	0.80	0.80	1.00	1.00
D. Tiendas de librería	0.40	0.60	0.48	0.72	1.00	1.00	1.25	1.25
E. Fábricas de aceites vegetales	0.60	0.80	0.72	0.96	1.25	1.25	1.50	1.50

NOTA:

Si la extensión de la póliza es por un período mayor de un año, se cobrará el tipo anual completo por los primeros 12 meses más el 75% del tipo anual por cada año adicional. El período de vigencia de una póliza no debe exceder de cinco años.

Ejemplos

(1) La gerencia de CWZ, planta de televisión de la capital, decide comprar una póliza de seguro contra incendios.
¿Qué prima pagará si el capital asegurado es de 1350000 pesos, teniendo en cuenta que el edificio es de clase extra y está valorado en 350000 pesos?
Tenemos que el total del seguro es 1350000 pesos y el valor del edificio es de 350000 pesos, luego $1350000 - 350000 = 1000000$ pesos, que será el valor del contenido asegurado.
Buscamos en la tabla la clase extra a que pertenece el edificio asegurado, bajamos hasta la clase C en la columna de la clase de ocupación, donde se encuentran incluidas las plantas de televisión, y tendremos una prima anual de 0.25 por cada 100 pesos de valor del edificio, y 0.40 por cada 100 pesos de valor del contenido.

Como el edificio está valorado en 350000 pesos, hallamos el 0.25% de 350000:

$$\frac{0.25 \times 350000}{100} = 0.25 \times 3500 = 875 \text{ pesos.}$$

Como el contenido asegurado asciende a 1000000 de pesos, hallamos el 0.40% de 1000000 pesos y tendremos:

$$\frac{0.40 \times 1000000}{100} = 0.40 \times 10000 = 4000 \text{ pesos.}$$

Prima anual del edificio .... 875 pesos
Prima anual del contenido .... 4000 „

Prima total anual...... 4875 „

(2) Se compra una póliza contra incendios por 4 años para un colegio cuyo edificio es de primera clase. Si el edificio se valora en $84500 y el contenido en $32700, ¿cuál será la prima pagada al cabo de los 4 años?
Localizamos en la tabla la columna de la primera clase, observamos en la columna correspondiente a la clase de ocupación el apartado B colegios, y vemos que por el edificio se paga 0.18% y por el contenido 0.35%.
Hallamos el 0.18% de $84500:

$$\frac{0.18 \times 84500}{100} = 0.18 \times 845 = \$152.10$$

Hallamos el 0.35% de $32700:

$$\frac{0.35 \times 32700}{100} = 0.35 \times 327 = \$114.45$$

Sumamos ambas primas y tendremos $266.55.
Por el primer año pagará $266.55 y por cada uno de los años restantes, el 75% de esta cantidad. Hallamos el 75% de $266.55:

$$\frac{75 \times 266.55}{100} = 75 \times 2.6675 = \$199.91$$

Multiplicamos esta cantidad por 3 y tendremos $599.73, le agregamos la prima del primer año $266.55 y nos dará $866.28, que será la prima al cabo de los 4 años.

➤ EJERCICIO 363

1. Se asegura el contenido de una fábrica de aceite en $80000. Si el edificio es de clase extra, ¿cuál será la prima anual?   R. $640.00

2. Se asegura una librería cuyo edificio es de tercera clase. Si el edificio se valora en $28000 y el contenido en $22000, ¿qué prima pagará por un seguro contra incendios por 2 años?   R. $1103.75

3. Antonio Rodríguez asegura su casa en $20000. Si la construcción es de clase extra, ¿qué prima pagará en un año?   R. $16.00

4. Una planta de televisión, cuyo edificio es de primera clase, hace un seguro por $800000. Si el valor del contenido se calcula en $500000, ¿qué prima pagará 3 años?   R. $8250.00

5. Un colegio toma un seguro contra incendios por $135000. Si el edificio es de segunda clase y está valorado en $22000, ¿qué prima anual pagará?
R. $877.50

INDICE